CÁLCULO
aplicado

Dados Internacionais de Catalogação na Publicação (CIP)

```
L334c   Larson, Ron.
            Cálculo aplicado : curso rápido / Ron Larson ; as-
        sistência de David C. Falvo ; tradução Noveritis do
        Brasil ; revisão técnica Helena Maria Ávila de Cas-
        tro. – São Paulo, SP : Cengage Learning, 2017.
            640 p. : il. ; 28 cm.

            Inclui índice e apêndice.
            Tradução de: Brief calculus: an applied approach
        (9. ed).
            ISBN 978-85-221-2505-5
            1. reimpr. da 2. ed. brasileira de 2016.

            1. Cálculo. I. Falvo, David C. II. Noveritis do
        Brasil. III. Castro, Helena Maria Ávila de.
        IV. Título.

                                           CDU 517.2/.9
                                           CDD 515
```

Índice para catálogo sistemático:
1. Cálculo 517.2/.9
(Bibliotecária responsável: Sabrina Leal Araujo – CRB 10/1507)

CÁLCULO

aplicado
Curso rápido

Tradução da 9ª edição norte-americana

Ron Larson

The Pennsylvania State University
The Behrend College

Assistência de David C. Falvo

The Pennsylvania State University
The Behrend College

Tradução

Noveritis do Brasil

Revisão técnica

Helena Maria Ávila de Castro
Doutora pela Universidade de São Paulo (USP).

Austrália • Brasil • Japão • Coreia • México • Cingapura • Espanha • Reino Unido • Estados Unidos

Cálculo aplicado – curso rápido
Tradução da 9ª edição norte-americana
2ª edição brasileira
Ron Larson

Gerente Editorial: Noelma Brocanelli

Editora de Desenvolvimento: Gisela Carnicelli

Supervisora de Produção Editorial: Fabiana Alencar Albuquerque

Título Original: Brief Calculus – An applied Approach (ISBN: 978-1-133-10978-5)

Tradução da edição anterior: All Tasks

Tradução dos trechos novos desta edição: Noveritis do Brasil

Revisão Técnica: Helena Maria Ávila de Castro

Cotejo e revisão: Solange Aparecida Visconti, Mônica Aguiar, Eduardo Kobayashi, Fábio Gonçalves

Diagramação: Cia. Editorial

Indexação: Fernanda Batista dos Santos e Casa Editorial Maluhy

Capa: BuonoDisegno

Imagem da capa: Goldenarts/Shutterstock

© 2013, 2009, 2006, BROOKS/COLE, Cengage Learning.
© 2017 Cengage Learning. Todos os direitos reservados.

Todos os direitos reservados. Nenhuma parte deste livro poderá ser reproduzida, sejam quais forem os meios empregados, sem a permissão, por escrito, da Editora. Aos infratores aplicam-se as sanções previstas nos artigos 102, 104, 106 e 107 da Lei nº 9.610, de 19 de fevereiro de 1998.

Esta editora empenhou-se em contatar os responsáveis pelos direitos autorais de todas as imagens e de outros materiais utilizados neste livro. Se porventura for constatada a omissão involuntária na identificação de algum deles, dispomo-nos a efetuar, futuramente, os possíveis acertos.

A Editora não se responsabiliza pelo funcionamento dos links contidos neste livro que possam estar suspensos.

Para informações sobre nossos produtos, entre em contato pelo telefone **0800 11 19 39**

Para permissão de uso de material desta obra, envie seu pedido para
direitosautorais@cengage.com

© 2017 Cengage Learning. Todos os direitos reservados.

ISBN-13: 978-85-221-2505-0
ISBN-10: 85-221-2505-8

Cengage Learning
Condomínio E-Business Park
Rua Werner Siemens, 111 – Prédio 11 – Torre A – Conjunto 12
Lapa de Baixo – CEP 05069-900 – São Paulo – SP
Tel.: (11) 3665-9900 – Fax: (11) 3665-9901
SAC: 0800 11 19 39

Para suas soluções de curso e aprendizado, visite
www.cengage.com.br

Impresso no Brasil.
Printed in Brazil.
1 2 3 4 5   19 18 17 16

Sumário

1 Funções, gráficos e limites — 1

- 1.1 O plano cartesiano e a fórmula da distância — 2
- 1.2 Gráficos de equações — 10
- 1.3 Retas no plano e inclinações — 21
- Teste preliminar — 33
- 1.4 Funções — 34
- 1.5 Limites — 47
- 1.6 Continuidade — 59
- Tutor de álgebra — 68
- Resumo do capítulo e estratégias de estudo — 70
- Exercícios de revisão — 72
- Teste do capítulo — 76

2 Derivação — 77

- 2.1 A derivada e a inclinação de um gráfico — 78
- 2.2 Algumas regras de derivação — 88
- 2.3 Taxas de variação: velocidade e marginais — 100
- 2.4 Regras do produto e do quociente — 114
- Teste preliminar — 124
- 2.5 A regra da cadeia — 125
- 2.6 Derivadas de ordem superior — 134
- 2.7 Derivação implícita — 141
- 2.8 Taxas relacionadas — 148
- Tutor de álgebra — 155
- Resumo do capítulo e estratégias de estudo — 157
- Exercícios de revisão — 159
- Teste do capítulo — 163

3 Aplicações da derivada — 165

- 3.1 Funções crescentes e decrescentes — 166
- 3.2 Extremos e o teste da primeira derivada — 175
- 3.3 Concavidade e o teste da segunda derivada — 184
- 3.4 Problemas de otimização — 194
- Teste preliminar — 202
- 3.5 Aplicações comerciais e econômicas — 203
- 3.6 Assíntotas — 213
- 3.7 Esboço de curvas: resumo — 224
- 3.8 Diferenciais e análise marginal — 233
- Tutor de álgebra — 240
- Resumo do capítulo e estratégias de estudo — 242
- Exercícios de revisão — 244
- Teste do capítulo — 248

4 Funções exponenciais e logarítimicas — 249

- 4.1 Funções exponenciais — 250
- 4.2 Funções exponenciais naturais — 256
- 4.3 Derivadas das funções exponenciais — 264
- Teste preliminar — 272
- 4.4 Funções logarítmicas — 273
- 4.5 Derivadas das funções logarítmicas — 281
- 4.6 Crescimento e decrescimento exponenciais — 290
- Tutor de álgebra — 298
- Resumo do capítulo e estratégias de estudo — 300
- Exercícios de revisão — 302
- Teste do capítulo — 306

5 Integração e suas aplicações — 307

- **5.1** Primitivas e integrais indefinidas — 308
- **5.2** Integração por substituição e regra da potência geral — 318
- **5.3** Integrais exponenciais e logarítmicas — 327
- Teste preliminar — 334
- **5.4** Área e o teorema fundamental do cálculo — 335
- **5.5** Área de uma região limitada por dois gráficos — 346
- **5.6** Integral definida como limite de uma soma — 355
- Tutor de álgebra — 361
- Resumo do capítulo e estratégias de estudo — 363
- Exercícios de revisão — 365
- Teste do capítulo — 368

6 Técnicas de integração — 369

- **6.1** Integração por partes e valor presente — 370
- **6.2** Tabelas de integração — 379
- Teste preliminar — 386
- **6.3** Integração numérica — 387
- **6.4** Integrais impróprias — 395
- Tutor de álgebra — 404
- Resumo do capítulo e estratégias de estudo — 407
- Exercícios de revisão — 409
- Teste do capítulo — 411

7 Funções de várias variáveis — 413

- **7.1** Sistema de coordenadas tridimensional — 414
- **7.2** Superfícies no espaço — 421
- **7.3** Funções de várias variáveis — 430
- **7.4** Derivadas parciais — 438
- **7.5** Extremos de funções de duas variáveis — 449
- Teste preliminar — 458
- **7.6** Multiplicadores de Lagrange — 459
- **7.7** Análise de regressão por mínimos quadrados — 467
- **7.8** Integrais duplas e áreas no plano — 474
- **7.9** Aplicações de integrais duplas — 482
- Tutor de álgebra — 490
- Resumo do capítulo e estratégias de estudo — 492
- Exercícios de revisão — 494
- Teste do capítulo — 498

Apêndice A – Revisão de pré-cálculo — A2

Apêndice B – Introdução alternativa ao teorema fundamental do cálculo — A32

Apêndice C – Fórmulas — A41

Respostas dos exercícios selecionados — A47

Respostas dos exercícios de autoavaliações — A101

Respostas dos tutores técnicos — A109

Índice remissivo — A110

Índice de aplicações — A116

Os apêndices D, E e F estão disponíveis na página do livro no site da Cengage: www.cengage.com.br

Prefácio

Bem-vindo à tradução da 9ª edição de *Cálculo aplicado – curso rápido*. Eu estou sempre animado com uma nova edição, mas com esta estou mais animado ainda. Eu tinha um único objetivo em mente com este livro – fornecer a você um livro que seja relevante. Ele tem um projeto brilhante orientado para negócios, que complementa a multiplicidade das aplicações das ciências biológicas e dos negócios encontradas por toda parte.

O tema para esta edição é **"É TUDO SOBRE VOCÊ."** A pedagogia do livro é bastante sólida e é baseada em anos de ensino, de escrita e de experiências de instrutores e de alunos. Por favor, dê atenção especial aos assistentes de estudo com um **U** em cor diferenciada. Eles vão ajudá-lo a aprender cálculo, utilizar a tecnologia, atualizar suas habilidades de álgebra e se preparar para os testes. Para uma visão geral desses assistentes, confira CÁLCULO e VOCÊ, logo adiante.

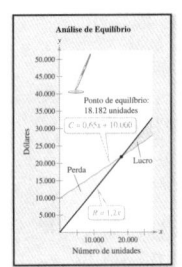

O exemplo 5 na página 14 mostra como o ponto de intersecção de dois gráficos pode ser usado para encontrar o ponto de equilíbrio para uma campanha fabricar e vender um produto.

1 Funções, gráficos e limites

1.1 O plano cartesiano e a fórmula da distância
1.2 Gráficos de equações
1.3 Retas no plano e inclinações
1.4 Funções
1.5 Limites
1.6 Continuidade

Novidades desta edição

NOVA abertura de capítulo

Cada abertura de capítulo destaca um problema da vida real que é tratado no capítulo; um gráfico relacionado com os dados descreve o conceito matemático utilizado para resolver o problema.

NOVA abertura de seção

Cada abertura de seção destaca um problema da vida real abordado nos exercícios, mostrando um gráfico para a situação com uma descrição de como você usará a matemática para solucionar o problema.

NOVO PRATIQUE

O recurso PRATIQUE, no final de cada seção, auxilia o leitor a organizar os conceitos principais do conteúdo em um resumo conciso, proporcionando uma ferramenta de estudo valiosa.

NOVO VISUALIZE

Este exercício, em cada seção, apresenta um problema da vida real que você resolverá por inspeção visual, utilizando os conceitos aprendidos na aula.

Conjuntos de exercícios revistos

O conjunto de exercícios foram cuidadosa e exaustivamente examinados para garantir que sejam rigorosos, relevantes e que cubram todos os temas sugeridos pelos nossos leitores. Foram reorganizados e intitulados para que você possa ver melhor as conexões entre os exemplos e os exercícios.

Os exercícios da vida real de etapas múltiplas reforçam as habilidades de resolução de problemas e o domínio dos conceitos, fornecendo a oportunidade de aplicá-los em situações da vida real.

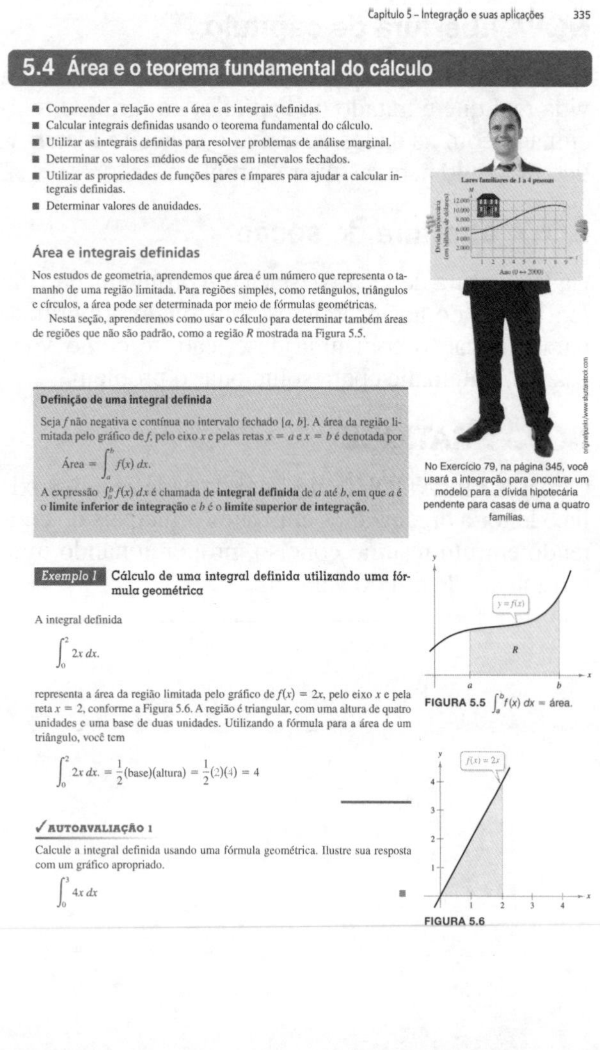

60 VISUALIZE O gráfico mostra as equações de custo e de receita para um produto.

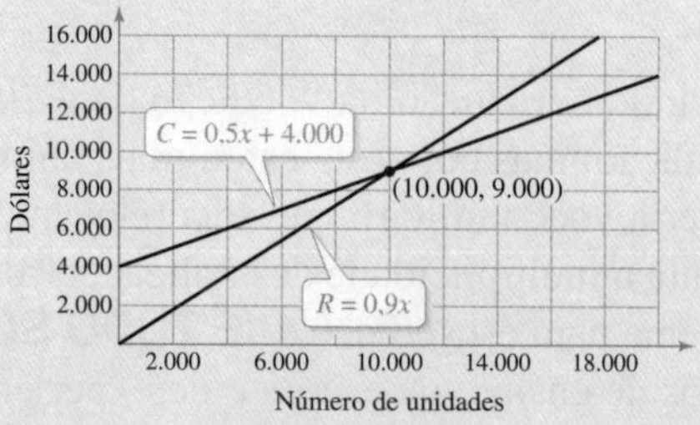

(gráfico com $C = 0.5x + 4.000$, $R = 0.9x$, ponto (10.000, 9.000))

(a) Para qual número de unidades vendidas há perda para a empresa?
(b) Para qual número de unidades vendidas a empresa se equilibrará?
(c) Para qual número de unidades vendidas há lucro para a empresa?

5.4 Área e o teorema fundamental do cálculo

- Compreender a relação entre a área e as integrais definidas.
- Calcular integrais definidas usando o teorema fundamental do cálculo.
- Utilizar as integrais definidas para resolver problemas de análise marginal.
- Determinar os valores médios de funções em intervalos fechados.
- Utilizar as propriedades de funções pares e ímpares para ajudar a calcular integrais definidas.
- Determinar valores de anuidades.

Área e integrais definidas

Nos estudos de geometria, aprendemos que área é um número que representa o tamanho de uma região limitada. Para regiões simples, como retângulos, triângulos e círculos, a área pode ser determinada por meio de fórmulas geométricas.

Nesta seção, aprenderemos como usar o cálculo para determinar também áreas de regiões que não são padrão, como a região R mostrada na Figura 5.5.

Definição de uma integral definida

Seja f não negativa e contínua no intervalo fechado $[a, b]$. A área da região limitada pelo gráfico de f, pelo eixo x e pelas retas $x = a$ e $x = b$ é denotada por

$$\text{Área} = \int_a^b f(x)\, dx.$$

A expressão $\int_a^b f(x)\, dx$ é chamada de **integral definida** de a até b, em que a é o **limite inferior de integração** e b é o **limite superior de integração**.

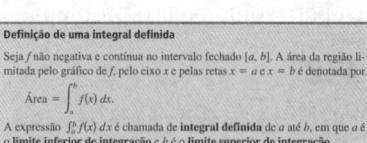

No Exercício 79, na página 345, você usará a integração para encontrar um modelo para a dívida hipotecária pendente para casas de uma a quatro famílias.

Exemplo 1 Cálculo de uma integral definida utilizando uma fórmula geométrica

A integral definida

representa a área da região limitada pelo gráfico de $f(x) = 2x$, pelo eixo x e pela reta $x = 2$, conforme a Figura 5.6. A região é triangular, com uma altura de quatro unidades e uma base de duas unidades. Utilizando a fórmula para a área de um triângulo, você tem

$$\int_0^2 2x\, dx = \frac{1}{2}(\text{base})(\text{altura}) = \frac{1}{2}(2)(4) = 4$$

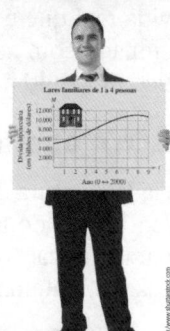

FIGURA 5.5 $\int_a^b f(x)\, dx = $ área.

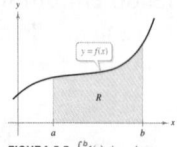

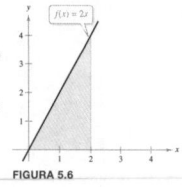

FIGURA 5.6

✓ AUTOAVALIAÇÃO 1

Calcule a integral definida usando uma fórmula geométrica. Ilustre sua resposta com um gráfico apropriado.

Recursos confiáveis

Objetivos da seção

Lista de objetivos de aprendizagem que mostra a você o que será apresentado na seção.

Definições e teoremas

Todas as definições e teoremas estão destacados para que você consiga visualizá-los facilmente.

Autoavaliação

Seguindo cada exemplo, os problemas de *Autoavaliação* incentivam a prática imediata e a verificação da compreensão dos conceitos apresentados no exemplo. Respostas para todos esses problemas estão disponíveis no final do livro.

Cápsula de negócios

As *Cápsulas de negócios* aparecem no final de algumas seções selecionadas. Essas cápsulas e o projeto de pesquisa que as compõe destacam as situações de negócios relacionadas aos conceitos matemáticos abordados no capítulo.

DICA DE ESTUDO

Orientações e sugestões que podem ser utilizadas para reforçar ou expandir conceitos, ajudar o aluno a aprender como estudar matemática, adverti-lo sobre erros comuns, tratar os casos especiais ou mostrar etapas alternativas ou adicionais para a solução de um exemplo.

TUTOR TÉCNICO

O *Tutor técnico* fornece sugestões para o uso efetivo de ferramentas como calculadoras, calculadoras gráficas e planilhas para auxiliar você a aprofundar seu conhecimento sobre conceitos, facilitar cálculos longos e fornecer métodos alternativos para a verificação de respostas.

TUTOR DE ÁLGEBRA

O *Tutor de álgebra* aparece ao longo de cada capítulo e oferece suporte algébrico no ponto de uso. Esse suporte é reforçado em uma revisão de álgebra de duas páginas em cada capítulo, onde são dados detalhes adicionais de soluções de exemplos com explicações.

RECAPITULAÇÃO

A *Recapitulação* aparece no começo do conjunto de exercícios de cada seção. Esses problemas ajudam você a revisar técnicas que serão usadas na resolução dos exercícios da seção.

Cápsula de negócios

A CitiKitty, Inc. foi fundada em 2005 por Rebecca Rescate, de 26 anos de idade, depois que ela se mudou para um pequeno apartamento em Nova York sem lugar para esconder a caixa de areia do seu gato. Não encontrando nenhum kit de treinamento fácil de usar para a toalete de gato, ela criou um, e a CitiKitty nasceu com um investimento inicial de $ 20.000. Hoje a empresa floresce com uma linha de produtos expandida. As receitas em 2010 chegaram a $ 350.000.

83. **Projeto de Pesquisa** Use a biblioteca de sua escola, a Internet ou alguma outra fonte de referência, para encontrar informações sobre os custos iniciais para começar um negócio, como no exemplo acima. Escreva um pequeno texto sobre a empresa.

Material de apoio on-line

1. Para professores
   - Slides de Power Point
   - Manual do instrutor (em inglês)
2. Para alunos
   - Apêndices D, E e F

Agradecimentos

Gostaria de agradecer aos meus colegas que me auxiliaram a desenvolver este programa. Seus incentivos, críticas e sugestões foram inestimáveis para mim.

Revisores

Nasri Abdel-Aziz, *State University of New York College of Environmental Sciences and Forestry*
Alejandro Acuna, *Central New Mexico Community College*
Dona Boccio, *Queensborough Community College*
George Bradley, *Duquesne University*
Andrea Marchese, *Pace University*
Benselamonyuy Ntatin, *Austin Peay State University*
Maijian Qian, *California State University, Fullerton*
Judy Smalling, *St. Petersburg College*
Eddy Stringer, *Tallahassee Community College*

Gostaria também de agradecer aos seguintes revisores, que me deram muitas informações úteis para esta e para as edições anteriores.

Carol Achs, *Mesa Community College;* Lateef Adelani, *Harris-Stowe State University, Saint Louis;* Frederick Adkins, *Indiana University of Pennsylvania;* Polly Amstutz, *University of Nebraska at Kearney;* George Anastassiou, *University of Memphis;* Judy Barclay, *Cuesta College;* Jean Michelle Benedict, *Augusta State University;* David Bregenzer, *Utah State University;* Ben Brink, *Wharton County Junior College;* Mary Chabot, *Mt. San Antonio College;* Jimmy Chang, *St. Petersburg College;* Joseph Chance, *University of Texas—Pan American;* John Chuchel, *University of California;* Derron Coles, *Oregon State University;* Miriam E. Connellan, *Marquette University;* William Conway, *University of Arizona;* Karabi Datta, *Northern Illinois University;* Keng Deng, *University of Louisiana at Lafayette;* Roger A. Engle, *Clarion University of Pennsylvania;* David French, *Tidewater Community College;* Randy Gallaher, *Lewis & Clark Community College;* Perry Gillespie, *Fayetteville State University;* Jose Gimenez, *Temple University;* Betty Givan, *Eastern Kentucky University;* Walter J. Gleason, *Bridgewater State College;* Shane Goodwin, *Brigham Young University of Idaho;* Mark Greenhalgh, *Fullerton College;* Harvey Greenwald, *California Polytechnic State University;* Karen Hay, *Mesa Community College;* Raymond Heitmann, *University of Texas at Austin;* Larry Hoehn, *Austin Peay State University;* William C. Huffman, *Loyola University of Chicago;* Arlene Jesky, *Rose State College;* Raja Khoury, *Collin County Community College;* Ronnie Khuri, *University of Florida;* Bernadette Kocyba, *J. Sergeant Reynolds Community College;* Duane Kouba, *University of California—Davis;* James A. Kurre, *The Pennsylvania State University;* Melvin Lax, *California State University—Long Beach;* Norbert Lerner, *State University of New York at Cortland;* Yuhlong Lio, *University of South Dakota;* Peter J. Livorsi, *Oakton Community College;* Ivan Loy, *Front Range Community College;* Peggy Luczak, *Camden County College;* Lewis D. Ludwig, *Denison University;* Samuel A. Lynch, *Southwest Missouri State University;* Augustine Maison, *Eastern Kentucky University;* Kevin McDonald, *Mt. San Antonio College;* Earl H. McKinney, *Ball State University;* Randall McNiece, *San Jacinto College;* Philip R. Montgomery, *University of Kansas;* John Nardo, *Oglethorpe University;* Mike Nasab, *Long Beach City College;* Karla Neal, *Louisiana State University;* James Osterburg, *University of Cincinnati;* Darla Ottman, *Elizabethtown Community & Technical College;* William Parzynski, *Montclair State University;* Scott Perkins, *Lake Sumter Community College;* Laurie Poe, *Santa Clara University;* Adelaida Quesada, *Miami Dade College—Kendall;* Brooke P. Quinlan, *Hillsborough Community College;* David Ray, *University of Tennessee at Martin;* Rita Richards, *Scottsdale Community College;* Stephen B. Rodi, *Austin Community College;* Carol Rychly, *Augusta State University;* Yvonne Sandoval-Brown, *Pima Community College;* Richard Semmler, *Northern Virginia Community College— Annandale;* Bernard Shapiro, *University of Massachusetts—Lowell;* Mike Shirazi, *Germanna Community College;* Rick Simon, *University of La Verne;* Jane Y. Smith, *University of Florida;* Marvin Stick, *University of Massachusetts—Lowell;* DeWitt L. Sumners, *Florida State University;* Devki Talwar, *Indiana University of Pennsylvania;* Linda Taylor, *Northern Virginia Community College;* Stephen Tillman, *Wilkes University;* Jay Wiestling, *Palomar College;* Jonathan Wilkin, *Northern Virginia Community College;* Carol G. Williams, *Pepperdine University;* John Williams, *St. Petersburg College;* Ted Williamson, *Montclair State University;* Melvin R. Woodard, *Indiana University of*

Pennsylvania; Carlton Woods, *Auburn University at Montgomery;* Jan E. Wynn, *Brigham Young University;* Robert A.Yawin, *Springfield Technical Community College;* Charles W. Zimmerman, *Robert Morris College.*

Meus agradecimentos a Robert Hostetler, The Pennsylvania State University, The Behrend College. Bruce Edwards, University of Florida, e David Heyd, The Pennsylvania State University, The Behrend College, por suas significativas contribuições para as edições anteriores deste texto.

Também gostaria de agradecer à equipe da Larson Texts, Inc., que ajudaram a ler o manuscrito do livro, preparar e a fazer a revisão de prova, checar a prova tipográfica e preparar os suplementos.

Em nível pessoal, eu sou grato a minha esposa, Deanna Gilbert Larson, por seu amor, paciência e apoio. Além disso, agradeço especialmente a R. Scott O'Neil.

Se você tiver sugestões para melhorar o livro, por favor, sinta-se à vontade para entrar em contato. Ao longo das últimas duas décadas, tenho recebido muitos comentários úteis de professores e alunos, comentários os quais valorizo muito.

Ron Larson Ph. D.
Professor de Matemática
Penn State University
www.RonLarson.com

CÁLCULO e VOCÊ

Cada característica neste livro é projetada para auxiliá-lo a aprender cálculo. Sempre que você se deparar com um **U** cinza, preste especial atenção ao assistente de estudo oferecido. Esses assistentes de estudo resultam de anos de experiência no ensino a estudantes *como você*.

Ron Larson

DICA DE ESTUDO

As expressões para $f(g(x))$ e $g(f(x))$ são diferentes no Exemplo 5. Em geral, a composta de f com g não é o mesmo que a composta de g com f.

As *DICAS DE ESTUDO* ocorrem no ponto de uso ao longo do texto. Elas representam **perguntas comuns** que os alunos me fazem, **dicas** para compreender conceitos e **formas alternativas de olhar para os conceitos**. Por exemplo, a *DICA DE ESTUDO* à esquerda reforça a importância da ordem fog e gof ao trabalhar com funções compostas.

TUTOR TÉCNICO

Se você tem acesso a uma ferramenta de derivação simbólica, tente usá-la para confirmar as derivadas mostradas nesta seção.

Os *TUTORES TÉCNICOS* fornecem sugestões sobre como você pode usar os vários tipos de tecnologia para auxiliar a compreensão do material. Isso inclui **calculadoras gráficas**, **programas gráficos de computador** e **programas de planilha** como o Excel. Por exemplo, o *TUTOR TÉCNICO* à esquerda indica que algumas calculadoras e alguns programas de computador são capazes de derivação simbólica.

TUTOR DE ÁLGEBRA

Para obter ajuda no cálculo das expressões no Exemplo 2, consulte a revisão da ordem de operações na página 105.

Ao longo de anos de ensino descobri que o maior obstáculo para o sucesso em cálculo é uma fragilidade no conhecimento de álgebra. Cada vez que você se deparar com um *TUTOR DE ÁLGEBRA*, por favor, leia-o atentamente. Em seguida, siga para a página referenciada e dê a você mesmo a oportunidade de desfrutar de uma breve **reciclagem de álgebra**. Será um tempo bem gasto.

VIZUALIZE

O exercício *VISUALIZE*, que aparece em cada conjunto de exercícios, auxilia você a **visualizar conceitos** sem cálculos trabalhosos.

PRATIQUE

A seção *PRATIQUE*, disponível no final de cada seção, pede para você escrever cada um dos objetivos de aprendizagem com **suas próprias palavras**.

Os exercícios do *RECAPITULAÇÃO* que precedem cada conjunto de exercícios vai auxiliá-lo a **revisar as habilidades aprendidas anteriormente**.

RESUMO E ESTRATÉGIAS DE ESTUDO

A seção *RESUMO DO CAPÍTULO E ESTRATÉGIAS DE ESTUDO*, assim como os Exercícios de Revisão, foi projetada para ajudá-lo a organizar seus pensamentos e **se preparar para o teste do capítulo**.

TESTE PRELIMINAR

A seção *TESTE PRELIMINAR* aparece na metade de cada capítulo. Faça cada um desses testes como se você estivesse **na sala de aula**.

TESTE DO CAPÍTULO

A seção *TESTE DO CAPÍTULO* aparece no final de cada capítulo. Todas as perguntas têm respostas; assim, você pode **verificar o seu progresso**.

1 Funções, gráficos e limites

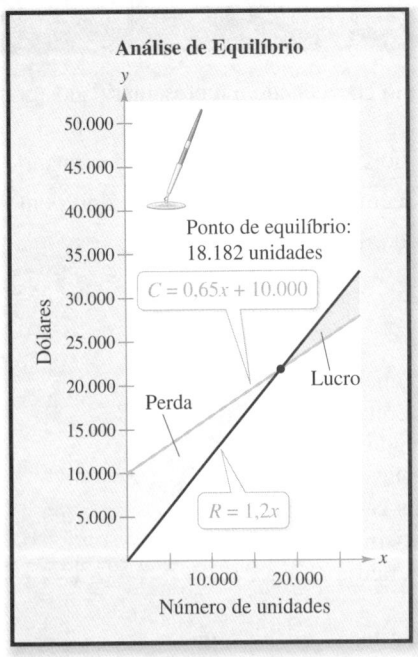

O exemplo 5 na página 14 mostra como o ponto de intersecção de dois gráficos pode ser usado para encontrar o ponto de equilíbrio para uma campanha fabricar e vender um produto.

1.1 O plano cartesiano e a fórmula da distância
1.2 Gráficos de equações
1.3 Retas no plano e inclinações
1.4 Funções
1.5 Limites
1.6 Continuidade

1.1 O plano cartesiano e a fórmula da distância

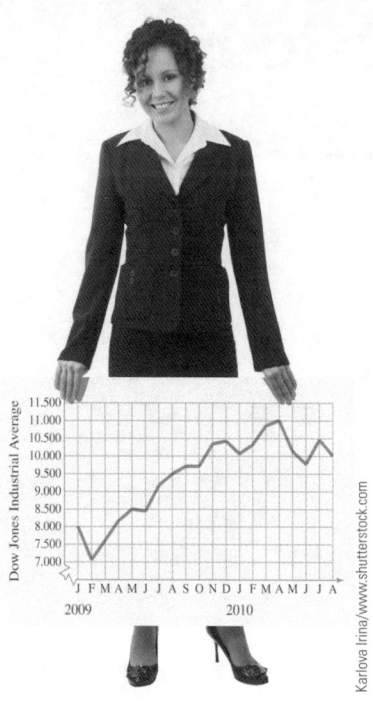

No Exercício 29, na página 8, você vai usar um gráfico de linha para estimar o Dow Jones Industrial Average.

- Marcar os pontos em um plano coordenado e representar dados graficamente.
- Determinar a distância entre dois pontos em um plano coordenado.
- Localizar pontos médios de segmentos de reta que unem dois pontos.
- Transladar pontos no plano coordenado.

O plano cartesiano

Assim como é possível representar números reais por meio de pontos em uma reta real, é possível representar pares ordenados de números reais por pontos em um plano denominado **sistema de coordenadas retangulares** ou **plano cartesiano**, assim chamado em homenagem ao matemático francês René Descartes (1596-1650).

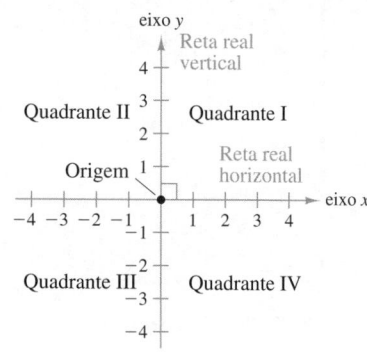

FIGURA 1.1 O plano cartesiano

O plano cartesiano é formado pela utilização de duas retas reais que se cruzam em ângulos retos, como mostra a Figura 1.1. A reta real horizontal costuma ser chamada de **eixo x**, e a reta real vertical costuma ser chamada de **eixo y**. O ponto de intersecção desses dois eixos é a **origem** e os dois eixos dividem o plano em quatro partes denominadas **quadrantes**.

Cada ponto no plano corresponde a um **par ordenado** (x, y) de números reais x e y, chamados **coordenadas** do ponto. A **coordenada x** representa a distância orientada do eixo y até o ponto, e a **coordenada y** representa a distância orientada do eixo x até o ponto, como mostra a Figura 1.2.

$$(x, y)$$

Distância orientada do eixo y — Distância orientada do eixo x

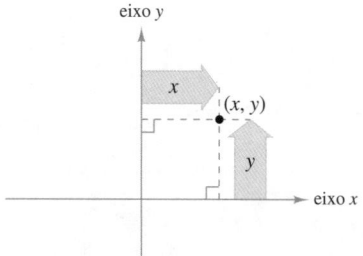

FIGURA 1.2

A notação (x, y) denota tanto um ponto no plano como um intervalo aberto na reta real. O contexto esclarece o significado pretendido.

Exemplo 1 Marcação de pontos no plano cartesiano

Marque os pontos $(-1, 2)$, $(3, 4)$, $(0, 0)$, $(3, 0)$ e $(-2, -3)$.

SOLUÇÃO Para marcar o ponto

$$(-1, 2)$$

Coordenada x — Coordenada y

imagine uma reta vertical por -1 no eixo x e uma reta horizontal por 2 no eixo y. A intersecção dessas duas retas é o ponto $(-1, 2)$. Os outros quatro pontos podem ser marcados da mesma maneira e estão mostrados na Figura 1.3.

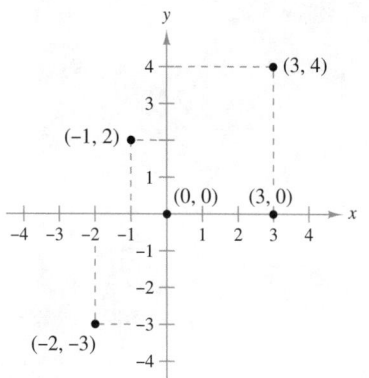

FIGURA 1.3

✓ AUTOAVALIAÇÃO 1

Marque os pontos
$(-3, 2)$, $(4, -2)$, $(3, 1)$, $(0, -2)$, e $(-1, -2)$.

O sistema de coordenadas retangulares permite a visualização de relações entre duas variáveis. No Exemplo 2, os dados são representados graficamente por pontos marcados em um sistema de coordenadas retangulares. Este tipo de gráfico é denominado **gráfico de dispersão**.

 Exemplo 2 Esboço de um gráfico de dispersão

O número E (em milhões de pessoas) dos trabalhadores do setor privado nos Estados Unidos entre 2000 e 2009 é mostrado na tabela, em que t representa o ano. Esboce um gráfico de dispersão dos dados. (*Fonte: US Bureau of Labor Statistics*)

t	2000	2001	2002	2003	2004	2005	2006	2007	2008	2009
E	111	111	109	108	110	112	114	115	114	108

SOLUÇÃO Para esboçar um gráfico de dispersão dos dados apresentados na tabela, você simplesmente representa cada par de valores por um par ordenado

(t, E)

e marca os pontos resultantes, como mostrado na Figura 1.4. Por exemplo, o primeiro par de valores é representado pelo par ordenado

$(2000, 111)$.

Observe que a interrupção no eixo t indica que os números entre 0 e 2000 foram omitidos.

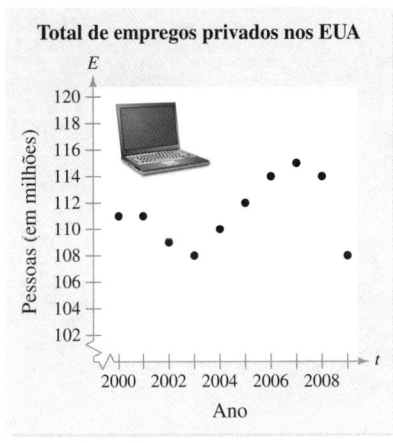

FIGURA 1.4

DICA DE ESTUDO

No Exemplo 2, $t = 1$ poderia ter sido usado para representar o ano de 2000. Nesse caso, o eixo horizontal não teria sido quebrado e as marcas de escala teriam sido rotuladas de 1 a 10 (em vez de 2000 a 2009).

✓ **AUTOAVALIAÇÃO 2**

Os números E (milhares de pessoas) de funcionários federais nos Estados Unidos entre 2000 e 2009 são mostrados na tabela, em que t representa o ano. Esboce um gráfico de dispersão dos dados. (*Fonte: US Bureau of Labor Statistics*)

t	2000	2001	2002	2003	2004	2005	2006	2007	2008	2009
E	2.865	2.764	2.766	2.761	2.730	2.732	2.732	2.734	2.762	2.828

O gráfico de dispersão no Exemplo 2 é uma maneira de representar os dados apresentados graficamente. Outra técnica, o *gráfico de barras*, é mostrada na Figura 1.5. Ambas as representações gráficas foram criadas em um computador. Se você tem acesso a um software de gráficos, tente usá-lo para representar graficamente os dados apresentados no Exemplo 2.

Outra maneira de representar dados é com um *gráfico de linha* (veja o Exercício 29).

Fórmula da distância

Lembre-se de que pelo teorema de Pitágoras, para um triângulo retângulo com hipotenusa de comprimento c e lados de comprimento a e b, temos

$a^2 + b^2 = c^2$ Teorema de Pitágoras

como mostra a Figura 1.6. Note que a recíproca também é verdadeira. Ou seja, se $a^2 + b^2 = c^2$, então o triângulo é um triângulo retângulo.

Suponha que se deseje determinar a distância d entre dois pontos

(x_1, y_1) e (x_2, y_2)

no plano. Com esses dois pontos, é possível formar um triângulo retângulo, como mostra a Figura 1.7. O comprimento do lado vertical do triângulo é

$|y_2 - y_1|$

e o comprimento do lado horizontal é

$|x_2 - x_1|$.

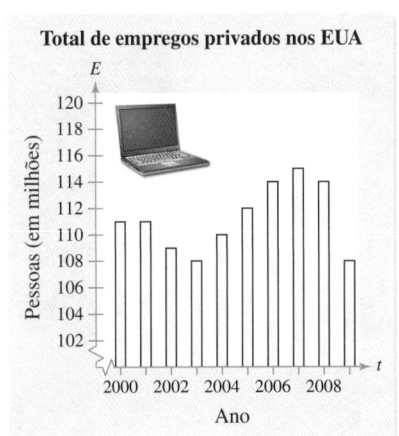

FIGURA 1.5

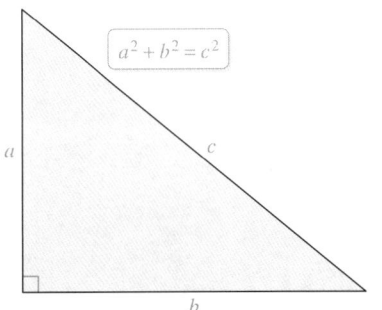

FIGURA 1.6 Teorema de Pitágoras.

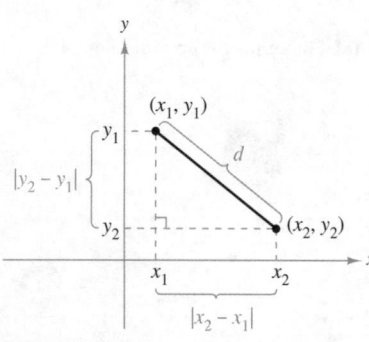

FIGURA 1.7 Distância entre dois pontos

Pelo teorema de Pitágoras, pode-se escrever que

$$d^2 = |x_2 - x_1|^2 + |y_2 - y_1|^2$$
$$d = \sqrt{|x_2 - x_1|^2 + |y_2 - y_1|^2}$$
$$d = \sqrt{(x_2 - x_1)^2 + (y_2 - y_1)^2}.$$

Esse resultado é a **fórmula da distância**.

> **Fórmula da distância**
>
> A distância d entre dois pontos (x_1, y_1) e (x_2, y_2) no plano é
> $$d = \sqrt{(x_2 - x_1)^2 + (y_2 - y_1)^2}.$$

Exemplo 3 Determinação de uma distância

Determine a distância entre os pontos $(-2, 1)$ e $(3, 4)$.

SOLUÇÃO Sejam $(x_1, y_1) = (-2, 1)$ e $(x_2, y_2) = (3, 4)$. Então, aplique a fórmula da distância como mostrado.

$$\begin{aligned}
d &= \sqrt{(x_2 - x_1)^2 + (y_2 - y_1)^2} & \text{Fórmula da distância.}\\
&= \sqrt{[3 - (-2)]^2 + (4 - 1)^2} & \text{Substitua os valores de } x_1, y_1, x_2 \text{ e } y_2.\\
&= \sqrt{(5)^2 + (3)^2} & \text{Simplifique.}\\
&= \sqrt{34} \\
&\approx 5{,}83 & \text{Utilize uma calculadora.}
\end{aligned}$$

Assim, a distância entre os pontos é de cerca de 5,83 unidades. Observe na Figura 1.8 que uma distância de 5,83 parece estar certa.

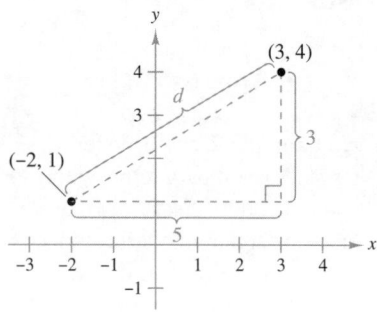

FIGURA 1.8

✓ AUTOAVALIAÇÃO 3

Determine a distância entre os pontos $(-2, 1)$ e $(2, 4)$. ■

Exemplo 4 Verificação de um triângulo retângulo

Utilize a fórmula da distância para mostrar que os pontos

$$(2, 1), (4, 0) \text{ e } (5, 7)$$

são vértices de um triângulo retângulo.

SOLUÇÃO Os três pontos estão marcados na Figura 1.9. Ao utilizar a fórmula da distância, é possível determinar o comprimento dos três lados conforme abaixo.

$$\begin{aligned}
d_1 &= \sqrt{(5 - 2)^2 + (7 - 1)^2} = \sqrt{9 + 36} = \sqrt{45}\\
d_2 &= \sqrt{(4 - 2)^2 + (0 - 1)^2} = \sqrt{4 + 1} = \sqrt{5}\\
d_3 &= \sqrt{(5 - 4)^2 + (7 - 0)^2} = \sqrt{1 + 49} = \sqrt{50}
\end{aligned}$$

Como

$$d_1^2 + d_2^2 = 45 + 5 = 50 = d_3^2$$

é possível aplicar a recíproca do teorema de Pitágoras para concluir que esse triângulo deve ser um triângulo retângulo.

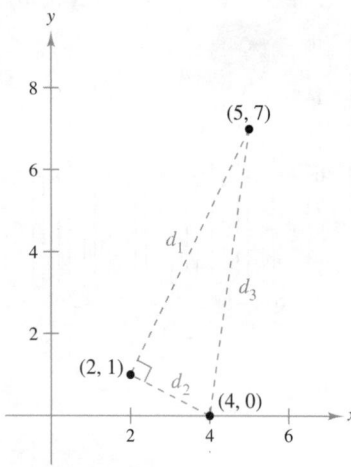

FIGURA 1.9

✓ AUTOAVALIAÇÃO 4

Utilize a fórmula da distância para mostrar que os pontos $(2, -1)$, $(5, 5)$ e $(6, -3)$ são vértices de um triângulo retângulo. ■

As figuras fornecidas nos Exemplos 3 e 4 não foram essenciais na resolução. No entanto, recomendamos fortemente que você adquira o hábito de incluir esboços em suas soluções – mesmo quando não for solicitado.

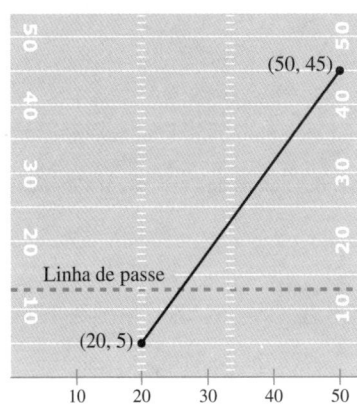

FIGURA 1.10

 Exemplo 5 Determinação do comprimento de um passe

Em um jogo de futebol americano, o *quarterback* arremessa a bola a partir da linha das 5 jardas, a 20 jardas de distância da linha lateral. O recebedor agarra a bola na linha de 45 jardas, distando 50 jardas da mesma linha lateral, como mostra a Figura 1.10. Quão longo foi o passe?

SOLUÇÃO É possível determinar o comprimento do passe encontrando a distância entre os pontos (20, 5) e (50, 45).

$$d = \sqrt{(50-20)^2 + (45-5)^2} \quad \text{Fórmula da distância.}$$
$$= \sqrt{900 + 1.600}$$
$$= 50 \quad \text{Simplifique.}$$

Portanto, o passe teve 50 jardas de comprimento.

✓ **AUTOAVALIAÇÃO 5**

Um *quarterback* lança a bola da linha das 10 jardas, a 10 jardas de distância da linha lateral. O recebedor agarra a bola na linha das 30 jardas, a uma distância de 25 jardas da mesma linha lateral. Qual é o comprimento do passe? ■

DICA DE ESTUDO

No Exemplo 5, a escala sobre a linha do gol, que mostra a distância da linha lateral, não aparece usualmente no campo de futebol. No entanto, ao utilizar a geometria de coordenadas para resolver questões da vida real, pode-se posicionar o sistema de coordenadas da forma mais conveniente para a solução do problema.

Fórmula do ponto médio

Para determinar a fórmula do **ponto médio** do segmento de reta que une dois pontos em um plano coordenado, basta determinar os valores médios das respectivas coordenadas das duas extremidades.

Fórmula do ponto médio

O **ponto médio** do segmento que une os pontos (x_1, y_1) e (x_2, y_2) é

$$\text{Ponto médio} = \left(\frac{x_1 + x_2}{2}, \frac{y_1 + y_2}{2}\right).$$

Exemplo 6 Determinação do ponto médio de um segmento

Localize o ponto médio do segmento de reta que une os pontos
$(-5, -3)$ e $(9, 3)$,
como mostra a Figura 1.11.

SOLUÇÃO Sejam $(x_1, y_1) = (-5, -3)$ e $(x_2, y_2) = (9, 3)$.

$$\text{Ponto médio} = \left(\frac{x_1 + x_2}{2}, \frac{y_1 + y_2}{2}\right) = \left(\frac{-5 + 9}{2}, \frac{-3 + 3}{2}\right) = (2, 0)$$

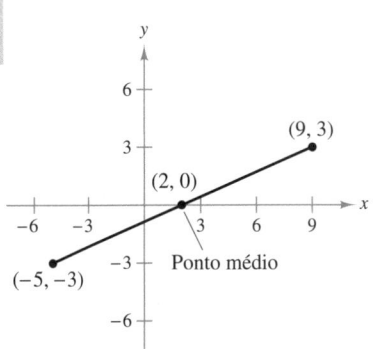

FIGURA 1.11

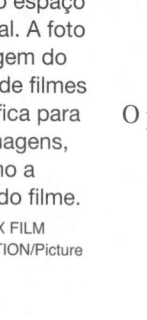

Atualmente, muitos filmes utilizam bastante a computação gráfica, muito do que consiste em transformações de pontos no espaço bidimensional e tridimensional. A foto acima mostra um personagem do filme *Avatar*. Os animadores de filmes recorrem à computação gráfica para desenhar o cenário, personagens, movimento, e até mesmo a iluminação de grande parte do filme.
(Foto:TWENTIETH CENTURY-FOX FILM CORPORATION/THE KOBAL COLLECTION/Picture Desk)

FIGURA 1.12

✓ **AUTOAVALIAÇÃO 6**

Localize o ponto médio do segmento de reta que une $(-6, 2)$ e $(2, 8)$.

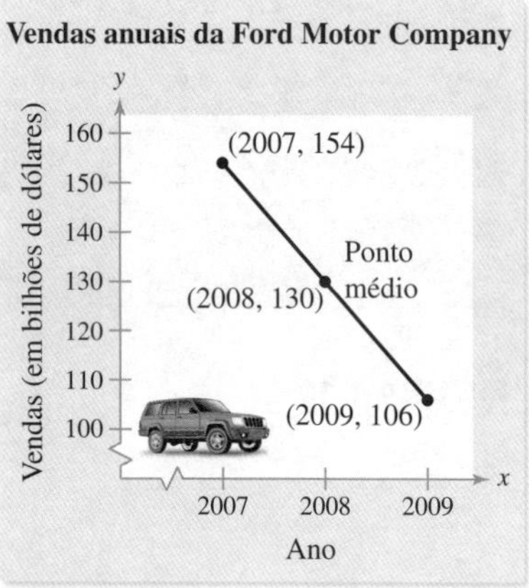

Exemplo 7   **Estimativa das vendas anuais**

A Ford Motor Company teve vendas anuais de cerca de $ 154 bilhões em 2007 e cerca de $ 106 bilhões em 2009. Sem saber qualquer informação adicional, que estimativa você faria para as vendas anuais em 2008? (*Fonte: Ford Motor Co.*)

SOLUÇÃO Uma solução para o problema é a assumir que as vendas seguiram um padrão linear. Então você pode estimar as vendas de 2008 encontrando o ponto médio do segmento que liga os pontos (2007, 154) e (2009, 106).

$$\text{Ponto médio} = \left(\frac{2007 + 2009}{2}, \frac{154 + 106}{2}\right) = (2008, 130)$$

Então, você estimaria as vendas em 2008 como tendo sido $ 130 bilhões, como mostrado na Figura 1.12. (As vendas reais de 2008 foram de $ 129 bilhões)

✓ **AUTOAVALIAÇÃO 7**

A CVS Caremark Corporation teve vendas anuais de cerca de $76 bilhões em 2007 e cerca de $ 99 bilhões em 2009. Que estimativa você faria para as vendas anuais em 2008? (*Fonte: CVS Caremark Corp.*)

Translação de pontos no plano

Grande parte da computação gráfica consiste em transformações de pontos em um plano coordenado. Um tipo de transformação, a translação, é ilustrada no Exemplo 8. Outros tipos de transformações incluem reflexões, rotações e alongamentos.

Exemplo 8   **Translação de pontos no plano**

A Figura 1.13(a) mostra os vértices de um paralelogramo. Localize os vértices do paralelogramo depois dele ter sido transladado quatro unidades à direita e duas unidades para baixo.

SOLUÇÃO Para transladar cada vértice quatro unidades à direita, adicione 4 a cada coordenada x. Para transladar cada vértice duas unidades para baixo, subtraia 2 de cada coordenada y.

Ponto original	Ponto transladado
$(1, 0)$	$(1 + 4, 0 - 2) = (5, -2)$
$(3, 2)$	$(3 + 4, 2 - 2) = (7, 0)$
$(3, 6)$	$(3 + 4, 6 - 2) = (7, 4)$
$(1, 4)$	$(1 + 4, 4 - 2) = (5, 2)$

O paralelogramo transladado é mostrado na Figura 1.13(b).

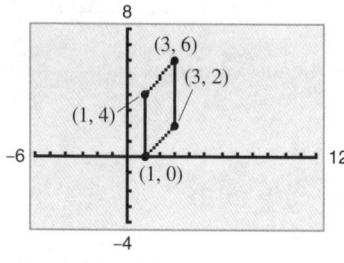
(a)

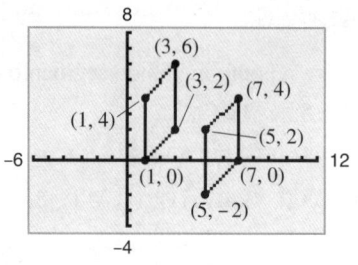
(b)

FIGURA 1.13

✓ AUTOAVALIAÇÃO 8

Localize os vértices do paralelogramo no Exemplo 8 após este ter sido transladado duas unidades para a esquerda e quatro unidades para baixo. ■

PRATIQUE (Seção 1.1)

1. Descreva o plano cartesiano *(página 2)*. Para exemplos de como traçar pontos no plano cartesiano, veja os Exemplos 1 e 2.

2. Enuncie a fórmula da distância *(página 4)*. Para exemplos de uso da fórmula da distância para encontrar a distância entre dois pontos, veja os Exemplos 3, 4 e 5.

3. Enuncie a fórmula do ponto médio *(página 5)*. Para exemplos de uso da fórmula do ponto médio para encontrar o ponto médio de um segmento de reta, veja os Exemplos 6 e 7.

4. Descreva como transladar pontos no plano cartesiano *(página 6)*. Para um exemplo de translação de pontos no plano cartesiano, veja o Exemplo 8.

Recapitulação 1.1[1]

Os exercícios preparatórios a seguir envolvem conceitos vistos em cursos anteriores. Esses conceitos serão utilizados no conjunto de exercícios desta seção. Para obter mais ajuda, veja a Seção A.3 do Apêndice.

Nos Exercícios 1-6, simplifique cada expressão.

1. $\sqrt{(3-6)^2 + [1-(-5)]^2}$
2. $\sqrt{(-2-0)^2 + [-7-(-3)]^2}$
3. $\dfrac{5+(-4)}{2}$
4. $\dfrac{-3+(-1)}{2}$
5. $\sqrt{27} + \sqrt{12}$
6. $\sqrt{8} - \sqrt{18}$

Nos Exercícios 7–10, isole x ou y.

7. $\sqrt{(3-x)^2 + (7-4)^2} = \sqrt{45}$
8. $\sqrt{(6-2)^2 + (-2-y)^2} = \sqrt{52}$
9. $\dfrac{x+(-5)}{2} = 7$
10. $\dfrac{-7+y}{2} = -3$

Exercícios 1.1

Representação de pontos no plano cartesiano Nos Exercícios 1 e 2, marque os pontos no plano cartesiano. *Veja o Exemplo 1.*

1. $(-5, 3), (1, -1), (-2, -4), (2, 0), (1, -6)$
2. $(0, -4), (5, 1), (-3, 5), (2, -2), (-6, -1)$

Como encontrar uma distância e o ponto médio de um segmento Nos Exercícios 3-12, (a) marque os pontos, (b) determine a distância entre os pontos e (c) localize o ponto médio do segmento de reta que os une. *Veja os Exemplos 1, 3 e 6.*

3. $(3, 1), (5, 5)$
4. $(2, -12), (8, -4)$
5. $\left(\frac{1}{2}, 1\right), \left(-\frac{3}{2}, -5\right)$
6. $\left(\frac{2}{3}, -\frac{1}{3}\right), \left(\frac{5}{6}, 1\right)$
7. $(2, 2), (4, 14)$
8. $(-3, 7), (1, -1)$
9. $(-5, -2), (7, 3)$
10. $(-3, 2), (3, -2)$
11. $(0, -4,8), (0,5, 6)$
12. $(5,2, 6,4), (-2,7, 1,8)$

Verificação de um triângulo retângulo Nos Exercícios 13-16, (a) determine o comprimento de cada lado do triângulo retângulo e (b) demonstre que essas medidas satisfazem o teorema de Pitágoras. *Veja o Exemplo 4.*

13.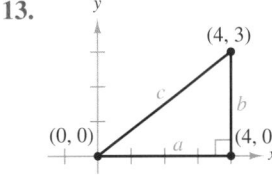

14.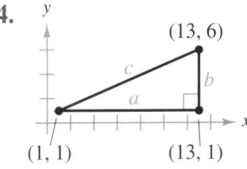

15.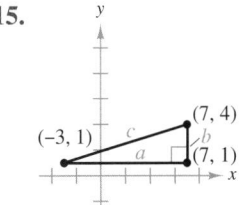

16.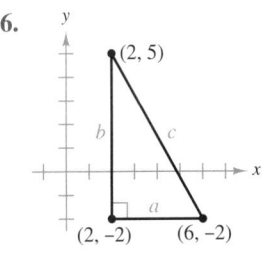

---

[1] As respostas para exercícios ímpares e outros selecionados podem ser encontrados no final do livro.

Verificação de figuras Nos Exercícios 17-20, mostre que os pontos formam os vértices da figura dada. (Um losango é um quadrilátero cujos lados têm o mesmo comprimento.)

Vértices	Figura
17. $(0, 1), (3, 7), (4, -1)$	Triângulo retângulo
18. $(0, 1), (3, 7), (4, 4), (1, -2)$	Paralelogramo
19. $(0, 0), (1, 2), (2, 1), (3, 3)$	Losango
20. $(1, -3), (3, 2), (-2, 4)$	Triângulo isósceles

Encontrando valores Nos Exercícios 21 e 22, determine o(s) valor(es) de x de forma que a distância entre os pontos seja 5.

21. $(1, 0), (x, -4)$ **22.** $(2, -1), (x, 2)$

Encontrando valores Nos Exercícios 23 e 24, determine o(s) valor(es) de y de forma que a distância entre os pontos seja 8.

23. $(0, 0), (3, y)$ **24.** $(5, 1), (5, y)$

25. Esportes Um jogador de futebol passa a bola de um ponto que fica a 18 jardas de uma linha final e 12 jardas de uma linha lateral. O passe é recebido por um companheiro de equipe que está a 42 jardas da mesma linha de fundo e 50 jardas da mesma linha lateral, como mostrado na figura. Qual é a distância do passe?

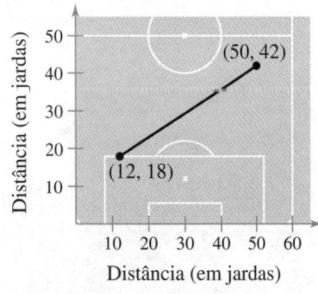

26. Esportes O primeiro jogador de futebol no Exercício 25 passa a bola para outro companheiro que está a 37 jardas da mesma linha de fundo e 33 jardas da mesma linha lateral. Qual é a distância do passe?

Dados gráficos Nos exercícios 27 e 28, use uma ferramenta gráfica para fazer um gráfico de dispersão, um gráfico de barras ou de linha para representar os dados. Descreva quaisquer tendências que apareçam.

27. Tendência de consumo O número (em milhões) de assinantes do plano básico de TV a cabo nos Estados Unidos de 1996 a 2005 é mostrado na tabela. (*Fonte: National Cable & Telecommunications Association*)

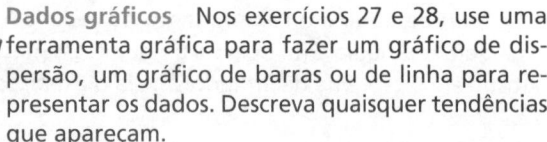

Ano	2000	2001	2002	2003	2004
Assinantes	4,0	7,3	11,6	16,5	21,0

Ano	2005	2006	2007	2008	2009
Assinantes	25,4	28,9	35,7	39,3	41,8

28. Tendência de consumo O número (em milhões) de assinantes de telefonia celular nos Estados Unidos de 2000 a 2009 é mostrado na tabela. (*Fonte: CTIA – The Wireless Association*)

Ano	2000	2001	2002	2003	2004
Assinantes	109,5	128,4	140,8	158,7	182,1

Ano	2005	2006	2007	2008	2009
Assinantes	207,9	233,0	255,4	270,3	285,6

29. Dow Jones Industrial Average O gráfico mostra o Dow Jones Industrial Average para ações ordinárias. (*Fonte: Dow Jones, Inc.*)

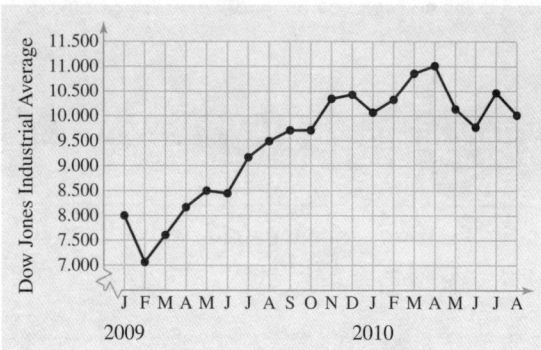

(a) Estime o Dow Jones Industrial Average para março de 2009, julho de 2009 e julho de 2010.
(b) Estime a porcentagem de aumento ou diminuição no índice Dow Jones Industrial Average de abril de 2010 a maio de 2010.

30. Vendas de residências O gráfico mostra os preços médios de venda (em milhares de dólares) de casas unifamiliares usadas vendidas nos Estados Unidos de 1994 a 2009. (*Fonte: Associação Nacional de Corretores de Imóveis*)

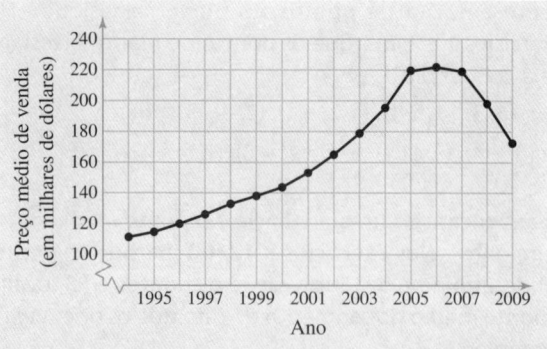

(a) Estime os preços médios de venda de casas unifamiliares usadas para 1996, 2003 e 2008.
(b) Estime a porcentagem de aumento ou diminuição no valor médio das casas unifamiliares usadas de 2001 a 2002.

O símbolo indica um exercício no qual você é instruído a usar a tecnologia de gráficos ou um sistema de computação álgebrica simbólico. As soluções de outros exercícios também podem ser facilitadas pela utilização de tecnologia adequada.

31. Receita e lucro As receitas e os lucros da Buffalo Wild Wings para 2007 e 2009 estão mostrados na tabela. (a) Use a fórmula do ponto médio para estimar a receita e o lucro em 2008. (b) Em seguida, use a biblioteca da sua escola, a Internet ou alguma outra fonte de referência, para encontrar a receita e lucro real para 2008. (c) As receitas e lucros aumentaram em um padrão linear de 2007 a 2009? Explique seu raciocínio. (d) Quais foram as despesas durante cada um dos anos indicados? (e) Como você avaliaria o crescimento da Buffalo Wild Wings de 2007 a 2009? (*Fonte: Buffalo Wild Wings, Inc.*)

Ano	2007	2008	2009
Receita (milhões de $)	329,7		538,9
Lucro (milhões de $)	19,7		30,7

32. Receita e lucro As receitas e os lucros da Cablevision Systems Corporation para 2007 e 2009 estão mostrados na tabela. (a) Use a fórmula do ponto médio para estimar a receita e o lucro em 2008. (b) Em seguida, use a biblioteca da sua escola, a Internet ou alguma outra fonte de referência para encontrar a receita e o lucro real para 2008. (c) A receita e o lucro aumentaram em um padrão linear de 2007 a 2009? Explique seu raciocínio. (d) Quais foram as despesas durante cada um dos anos indicados? (e) Como você avaliaria o crescimento da Cablevision Systems Corporation de 2007 a 2009? (*Fonte: Cablevision Systems Corporation*)

Ano	2007	2008	2009
Receita (milhões de $)	6484,5		7773,3
Lucro (milhões de $)	23,7		285,6

33. Economia A tabela mostra o número de infecções de ouvido tratadas por médicos em clínicas HMO de três tamanhos diferentes: pequena, média e grande porte.

Número de médicos	0	1	2	3	4
Casos por clínica pequena	0	20	28	35	40
Casos por clínica média	0	30	42	53	60
Casos por clínica grande	0	35	49	62	70

(a) No mesmo plano coordenado, mostre a relação entre médicos e infecções de ouvido tratadas usando *três* gráficos de linha em que o número de médicos esteja no eixo horizontal e o número de infecções de ouvido tratadas esteja no eixo vertical.
(b) Compare as três relações.
(*Fonte*: Adaptado de Taylor, *Economics*, 5. ed.)

34. VISUALIZE O gráfico de dispersão mostra o número de caminhonetes vendidas em uma cidade, de 2006 a 2011.

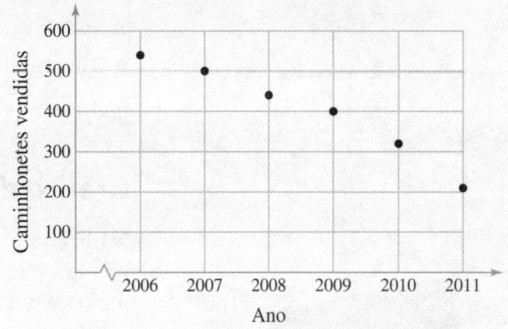

(a) Em que ano foram vendidas 500 caminhonetes?
(b) Cerca de quantas caminhonetes foram vendidas em 2007?
(c) Descreva o padrão mostrado pelos dados.

Translação de pontos no plano Nos exercícios 35 e 36, use translação e o gráfico para encontrar os vértices da figura depois de ela ter sido transladada. *Veja o Exemplo 8.*

35. 3 unidades à esquerda e 5 unidades para baixo

36. 2 unidades à direita e 4 unidades para cima

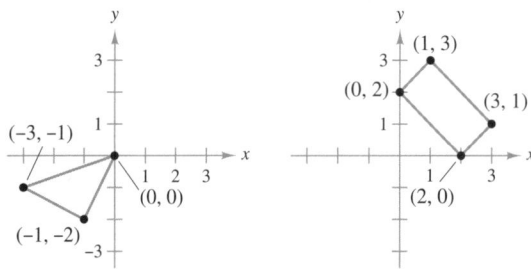

37. Usando a fórmula do ponto médio Use a fórmula do ponto médio repetidamente para encontrar os três pontos que dividem o segmento que une (x_1, y_1) e (x_2, y_2) em quatro partes iguais.

38. Usando a fórmula do ponto médio Use o Exercício 39 para encontrar os pontos de trissecção do segmento de reta que une os pontos dados.
(a) $(1, -2), (4, -1)$ (b) $(-2, -3), (0, 0)$

39. Usando a fórmula do ponto médio Mostre que $\left(\frac{1}{3}[2x_1 + x_2], \frac{1}{3}[2y_1 + y_2]\right)$ é um dos pontos de trissecção do segmento de reta que une (x_1, y_1) e (x_2, y_2). Depois, encontre o segundo ponto de trissecção buscando o ponto médio do segmento que une

$$\left(\frac{1}{3}[2x_1 + x_2], \frac{1}{3}[2y_1 + y_2]\right) \quad \text{e} \quad (x_2, y_2).$$

40. Usando a fórmula do ponto médio Use o Exercício 37 para encontrar os pontos que dividem o segmento de reta que une os pontos dados em quatro partes iguais.
(a) $(1, -2), (4, 1)$ (b) $(-2, -3), (0, 0)$

1.2 Gráficos de equações

- Esboçar gráficos de equações à mão.
- Localizar as intersecções com os eixos x e y de gráficos de equações.
- Escrever as formas-padrão das equações das circunferências.
- Determinar os pontos de intersecção de dois gráficos.
- Utilizar modelos matemáticos para resolver problemas da vida real.

Gráfico de uma equação

Na Seção 1.1, um sistema de coordenadas foi utilizado para representar graficamente a relação entre duas quantidades. Lá, a figura gráfica consistia em um conjunto de pontos em um plano coordenado (observe o Exemplo 2 na Seção 1.1).

Frequentemente, a relação entre duas quantidades é expressa na forma de uma equação. Por exemplo, os graus na escala Fahrenheit relacionam-se aos graus na escala Celsius pela equação

$$F = \frac{9}{5}C + 32.$$

Nesta seção, serão estudados alguns procedimentos básicos para esboçar os gráficos dessas equações. O **gráfico** de uma equação é o conjunto de todos os pontos que são soluções da equação.

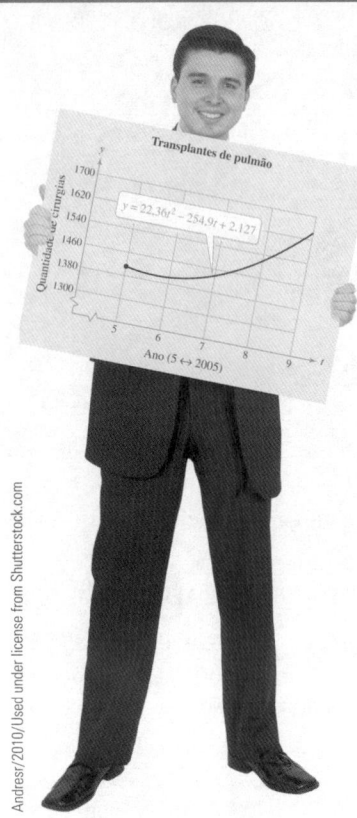

No Exercício 62, na página 20, você vai usar um modelo matemático para analisar o número de transplantes de pulmão nos Estados Unidos.

Exemplo 1 Esboço do gráfico de uma equação

Esboce o gráfico de $y = 7 - 3x$.

SOLUÇÃO A maneira mais simples de esboçar o gráfico de uma equação é por meio do *método de marcação de pontos*. Com ele, é possível construir uma tabela de valores formada por diversos pontos que satisfazem a equação, como mostra a tabela abaixo. Por exemplo, se $x = 0$

$$y = 7 - 3(0) = 7,$$

o que significa que $(0, 7)$ é um ponto-solução do gráfico.

x	0	1	2	3	4
$y = 7 - 3x$	7	4	1	-2	-5

A tabela mostra que $(0, 7)$, $(1, 4)$, $(2, 1)$, $(3, -2)$ e $(4, -5)$ são pontos que satisfazem a equação. Depois de marcar esses pontos, vê-se que eles parecem estar em uma reta, como mostra a Figura 1.14. O gráfico da equação é a reta que passa pelos cinco pontos marcados.

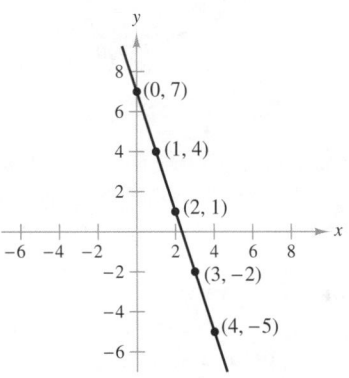

FIGURA 1.14 Pontos-soluções de $y = 7 - 3x$

✓ **AUTOAVALIAÇÃO 1**

Esboce o gráfico de $y = 2x + 1$. ∎

DICA DE ESTUDO

Muito embora as pessoas se refiram ao esboço mostrado na Figura 1.14 como o gráfico de $y = 7 - 3x$, ele representa, na verdade, somente uma *parte* do gráfico. O gráfico completo é uma reta que se estende para além das margens da página.

Exemplo 2 Esboço do gráfico de uma equação

Esboce o gráfico de $y = x^2 - 2$.

SOLUÇÃO Comece pela construção de uma tabela de valores, como mostrado abaixo.

x	-2	-1	0	1	2	3
$y = x^2 - 2$	2	-1	-2	-1	2	7

Em seguida, marque os pontos fornecidos na tabela, como mostra a Figura 1.15(a). Finalmente, una os pontos com uma curva lisa, como mostra a Figura 1.15(b)

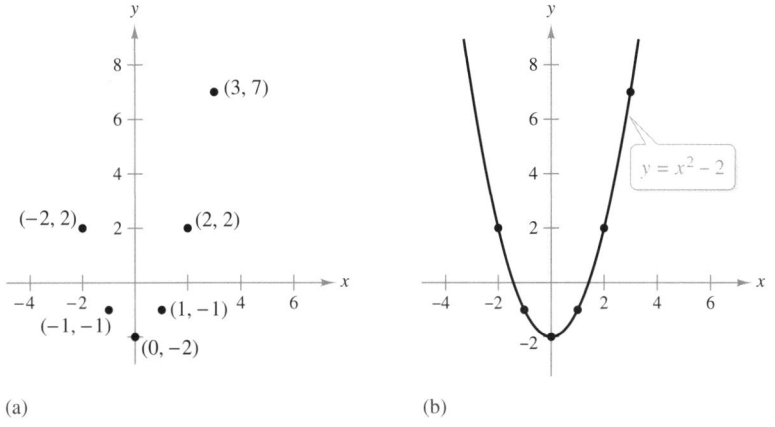

(a)   (b)

FIGURA 1.15

TUTOR TÉCNICO

Na maioria das ferramentas gráficas, a altura da tela do monitor é dois terços de sua largura. Nessas telas, você pode obter um gráfico com uma verdadeira perspectiva geométrica usando a *configuração quadrada* em que

$$\frac{\text{Ymax} - \text{Ymin}}{\text{Xmax} - \text{Xmin}} = \frac{2}{3}.$$

Esta configuração é mostrada abaixo. Observe que as marcas de tique em x e y são igualmente espaçadas em uma configuração quadrada, mas não em uma *configuração-padrão*.

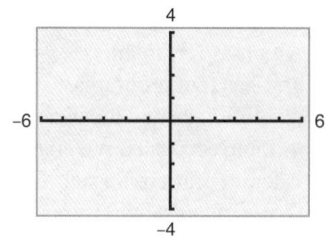

✓ AUTOAVALIAÇÃO 2

Esboce o gráfico de $y = x^2 - 4$. ■

O gráfico mostrado no Exemplo 2 é uma **parábola.** O gráfico de qualquer equação de segundo grau na forma

$$y = ax^2 + bx + c, \quad a \neq 0$$

tem uma forma semelhante. Se $a > 0$, então, a parábola se abre para cima, como mostra a Figura 1.15(b), e se $a < 0$, então, a parábola se abre para baixo.

A técnica de marcação de pontos ilustrada nos Exemplos 1 e 2 é de fácil utilização, porém apresenta alguns inconvenientes. Com poucos pontos, pode-se representar o gráfico de determinada equação de forma extremamente inadequada. Por exemplo, como é que os quatro pontos na Figura 1.16 poderiam ser unidos? Sem informações adicionais, qualquer um dos três gráficos na Figura 1.17 seria aceitável.

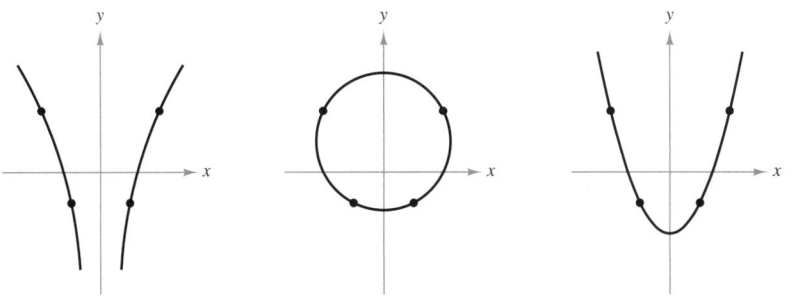

FIGURA 1.17

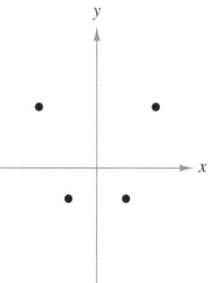

FIGURA 1.16

Intersecção de um gráfico com os eixos

Alguns pontos-solução têm zero como a coordenada x ou a coordenada y. Estes pontos são chamados **intersecções com os eixos** porque são os pontos em que o gráfico intercepta o eixo x ou y.

TUTOR DE ÁLGEBRA

A localização de intersecções com os eixos envolve resolver equações. Para rever algumas técnicas de resolução de equações, consulte a página 68.

Alguns textos denotam a intersecção com o eixo x como a coordenada x do ponto

$$(a, 0)$$

em vez do próprio ponto. A menos que seja necessário fazer essa distinção, utiliza-se o termo *intersecção com o eixo* atribuído tanto ao ponto como à coordenada.

O gráfico pode ter poucas ou nenhuma intersecção com os eixos, como mostra a Figura 1.18.

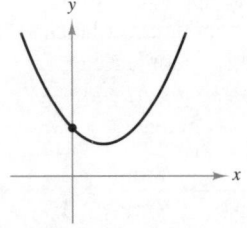 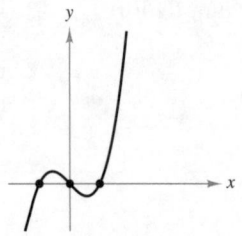 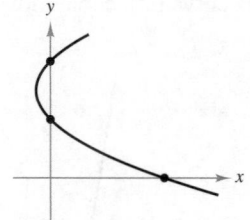 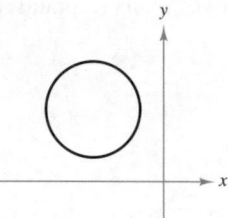

Não há intersecção com o eixo x
Uma intersecção com o eixo y

Três intersecções com o eixo x
Uma intersecção com o eixo y

Uma intersecção com o eixo x
Duas intersecções com o eixo y

Não há intersecções com os eixos

FIGURA 1.18

TUTOR TÉCNICO

Algumas ferramentas gráficas têm programas de biblioteca que localizam as intersecções com o eixo x de um gráfico. Se sua ferramenta gráfica tiver esse recurso, tente utilizá-lo para localizar a intersecção com o eixo x da equação no Exemplo 3. (Sua ferramenta pode chamá-lo de recurso de *root* ou *zero*.)

Localização de intersecções com os eixos

1. Para localizar **intersecções com o eixo x**, suponha que y seja zero e resolva a equação em x.

2. Para localizar **intersecções com o eixo y**, suponha que x seja zero e resolva a equação em y.

Exemplo 3 Localização de intersecções com os eixos x e y

Localize as intersecções com os eixos x e y do gráfico de $y = x^3 - 4x$.

SOLUÇÃO Para encontrar as intersecções com o eixo x, tome y como zero e resolva para x.

$$x^3 - 4x = 0 \qquad \text{Tome } y \text{ como zero.}$$
$$x(x^2 - 4) = 0 \qquad \text{Fatore o monômio comum.}$$
$$x(x + 2)(x - 2) = 0 \qquad \text{Fatore.}$$
$$x = 0, -2, \text{ ou } 2 \qquad \text{Resolva para } x.$$

Como essa equação tem três soluções, você pode concluir que o gráfico tem três intersecções com o eixo x:

$(0, 0)$, $(-2, 0)$ e $(2, 0)$. Intersecção com o eixo x.

Para encontrar as intersecções com o eixo y, tome x como zero e resolva para y. Fazer isso produz

$$y = x^3 - 4x = 0^3 - 4(0) = 0.$$

Esta equação tem apenas uma solução, de modo que o gráfico tem uma intersecção com o eixo y:

$(0, 0)$. Intersecção com o eixo y.

(Veja a Figura 1.19.)

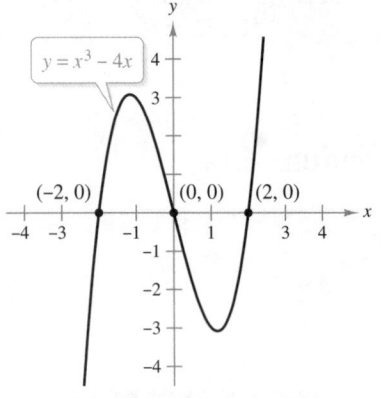

FIGURA 1.19

✓ AUTOAVALIAÇÃO 3

Localize as intersecções com os eixos x e y do gráfico de $y = x^2 - 2x - 3$. ■

Circunferências

Ao longo deste curso, você aprenderá a reconhecer os diversos tipos de gráficos a partir de suas equações. Por exemplo, deve-se reconhecer que o gráfico de uma equação de 2º grau da forma

$$y = ax^2 + bx + c, \quad a \neq 0$$

é uma parábola (consulte o Exemplo 2). Outro gráfico facilmente reconhecível é o da **circunferência**.

Considere a circunferência mostrada na Figura 1.20. Um ponto (x, y) está na circunferência se e somente se sua distância do centro (h, k) for r. Pela fórmula da distância,

$$\sqrt{(x - h)^2 + (y - k)^2} = r.$$

Ao elevar os dois lados dessa equação ao quadrado, obtém-se a **forma-padrão da equação da circunferência**.

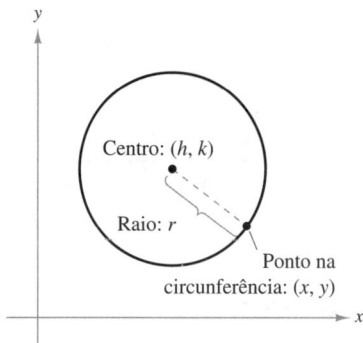

FIGURA 1.20

Forma-padrão da equação da circunferência

A **forma-padrão da equação de uma circunferência** é

$$(x - h)^2 + (y - k)^2 = r^2. \qquad \text{Centro em } (h, k)$$

O ponto (h, k) é o **centro** do círculo, e o número positivo r é o **raio** da circunferência. A forma-padrão da equação da circunferência cujo centro é a origem $(h, k) = (0, 0)$, é

$$x^2 + y^2 = r^2. \qquad \text{Centro em } (0, 0)$$

Exemplo 4 Determinação da equação de uma circunferência

O ponto $(3, 4)$ está em uma circunferência cujo centro está em $(-1, 2)$, como mostra a Figura 1.21. Determine a forma-padrão da equação desta circunferência.

SOLUÇÃO O raio da circunferência é a distância entre $(-1, 2)$ e $(3, 4)$.

$$\begin{aligned}
r &= \sqrt{[3 - (-1)]^2 + (4 - 2)^2} & \text{Fórmula da distância.} \\
&= \sqrt{(4)^2 + (2)^2} & \text{Simplifique.} \\
&= \sqrt{16 + 4} & \text{Simplifique.} \\
&= \sqrt{20} & \text{Raio.}
\end{aligned}$$

Utilizando $(h, k) = (-1, 2)$ e $r = \sqrt{20}$, a forma-padrão da equação da circunferência é

$$\begin{aligned}
(x - h)^2 + (y - k)^2 &= r^2 & \text{Equação da circunferência.} \\
[x - (-1)]^2 + (y - 2)^2 &= \left(\sqrt{20}\right)^2 & \text{Substitua } h, k \text{ e } r. \\
(x + 1)^2 + (y - 2)^2 &= 20. & \text{Escreva a forma-padrão.}
\end{aligned}$$

O gráfico da equação da circunferência é mostrado na Figura 1.21.

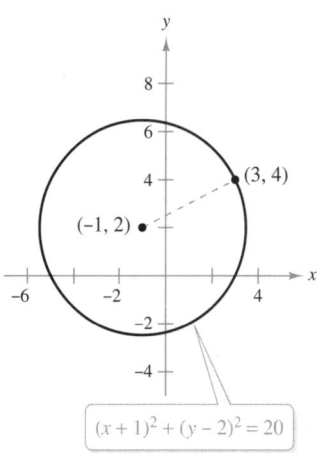

FIGURA 1.21

✓ **AUTOAVALIAÇÃO 4**

O ponto $(1, 5)$ está em uma circunferência cujo centro está em $(-2, 1)$. Determine a forma-padrão da equação dessa circunferência. ■

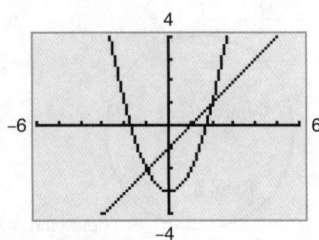

FIGURA 1.22

Pontos de intersecção

Um par ordenado que é uma solução de duas equações diferentes é chamado de **ponto de intersecção** dos gráficos das duas equações. Por exemplo, a Figura 1.22 mostra que os gráficos de

$$y = x^2 - 3 \quad \text{e} \quad y = x - 1$$

possuem dois pontos de intersecção: $(2, 1)$ e $(-1, -2)$. Para localizar os pontos de forma analítica, iguale os dois valores de y e resolva a equação

$$x^2 - 3 = x - 1$$

para determinar x.

Uma aplicação comum que envolve pontos de intersecção nos negócios é a **análise do ponto de equilíbrio**. A comercialização de um produto novo normalmente requer um investimento inicial. Quando foram vendidas unidades suficientes, de forma que a receita total compensou o custo total, a venda do produto alcançou seu **ponto de equilíbrio**. O **custo total** da produção de x unidades de um produto é denotado por C e a **receita total** da venda de x unidades do produto é representada por R. Portanto, pode-se localizar o ponto de equilíbrio igualando o custo C à receita R, para determinar x. Em outras palavras, o ponto de equilíbrio corresponde ao ponto de intersecção dos gráficos de custos e receitas.

DICA DE ESTUDO

Você pode conferir os pontos de intersecção na Figura 1.22 verificando que os pontos são soluções de *ambas* as equações originais ou utilizando o recurso *intersect* da ferramenta gráfica.

 **Exemplo 5** — Determinação de um ponto de equilíbrio

Uma empresa fabrica um produto a um custo de $ 0,65 por unidade e o vende a $ 1,20 por unidade. O investimento inicial da empresa para produzir o produto foi $ 10.000. A empresa alcançará o ponto de equilíbrio se vender 18.000 unidades? Quantas unidades a empresa deve vender para alcançar o ponto de equilíbrio?

SOLUÇÃO O custo total da produção de x unidades do produto é dado por

$$C = 0{,}65x + 10.000. \qquad \text{Equação do custo.}$$

A receita total da venda de x unidades é dada por

$$R = 1{,}2x. \qquad \text{Equação da receita.}$$

Para determinar o ponto de equilíbrio, iguale o custo e a receita e encontre x.

$$\begin{aligned} R &= C & &\text{Receita igual ao custo.} \\ 1{,}2x &= 0{,}65x + 10.000 & &\text{Substitua } R \text{ e } C. \\ 0{,}55x &= 10.000 & &\text{Subtraia } 0{,}65x \text{ de cada lado.} \\ x &= \frac{10.000}{0{,}55} & &\text{Divida cada lado por } 0{,}55. \\ x &\approx 18.182 & &\text{Utilize uma calculadora.} \end{aligned}$$

Não, a empresa não alcançará o ponto de equilíbrio se vender 18.000 unidades. A empresa deve vender 18.182 unidades para equilibrar as finanças. Esse resultado é mostrado graficamente na Figura 1.23. Observe na Figura 1.23 que vendas de menos de 18.182 unidades corresponderiam a uma perda para a empresa ($R < C$), enquanto vendas superiores a 18.182 unidades corresponderiam a um lucro para a empresa ($R > C$).

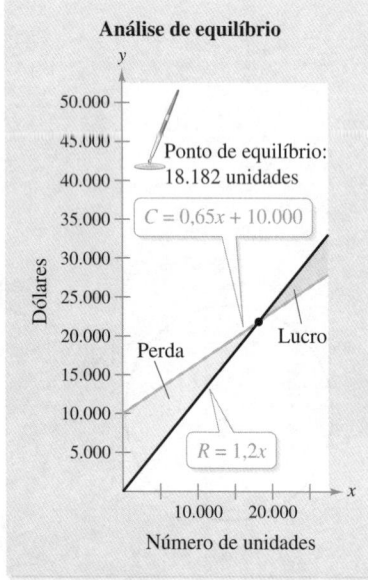

FIGURA 1.23

✓ AUTOAVALIAÇÃO 5

Quantas unidades a empresa do Exemplo 5 deve vender para alcançar o ponto de *equilíbrio* se o preço de venda for $ 1,45 por unidade? ■

Dois tipos de equações que os economistas utilizam para analisar um mercado são as equações de oferta e demanda. Uma **equação de oferta** mostra a relação entre o preço p da unidade de um produto e a quantidade fornecida x. O gráfico de uma equação de oferta é chamado **curva de oferta** (veja a Figura 1.24). Uma curva típica de oferta é crescente porque os produtores de um produto querem vender mais unidades se o preço unitário for mais alto.

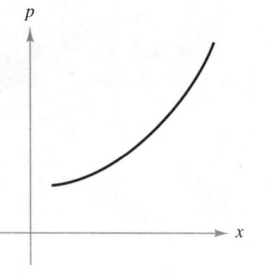

FIGURA 1.24 Curva de oferta

A **equação de demanda** mostra a relação entre o preço p da unidade de um produto e a quantidade demandada x. O gráfico de uma equação de demanda é chamado **curva de demanda** (veja a Figura 1.25). Uma curva típica de demanda tende a mostrar uma queda na quantidade demandada a cada aumento no preço.

Em uma situação ideal, sem outros fatores influenciando o mercado, o nível de produção deveria se estabilizar no ponto de intersecção dos gráficos das equações de oferta e demanda. Esse ponto é denominado **ponto de equilíbrio**[2]. A coordenada x do ponto de equilíbrio é chamada de **quantidade de equilíbrio**, e a coordenada p é chamada de **preço de equilíbrio** (veja a Figura 1.26). Pode-se determinar o ponto de equilíbrio igualando a equação de demanda e a de oferta e determinando x.

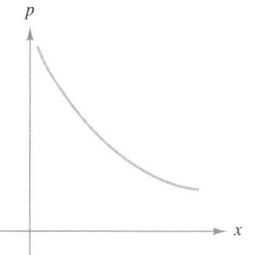

FIGURA 1.25 Curva de demanda

Exemplo 6 Determinação do ponto de equilíbrio

As equações de oferta e demanda para um leitor de e-book são dadas por

$p = 195 - 5{,}8x$ Equação de demanda.
$p = 150 + 3{,}2x$ Equação de oferta.

em que p é o preço em dólares e x representa o número de unidades em milhões. Determine o ponto de equilíbrio para esse mercado.

SOLUÇÃO Primeiramente, iguale a equação de demanda e a equação de oferta.

$195 - 5{,}8x = 150 + 3{,}2x$ Iguale as equações.
$45 - 5{,}8x = 3{,}2x$ Subtraia 150 de cada lado.
$45 = 9x$ Some $5{,}8x$ de cada lado.
$5 = x$ Divida cada lado por 9.

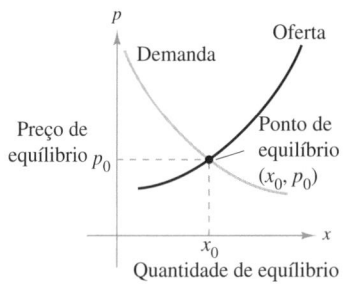

FIGURA 1.26 Ponto de equilíbrio

Portanto, o ponto de equilíbrio ocorre quando a demanda e a oferta forem de 5 milhões de unidades cada (veja a Figura 1.27). O preço que corresponde a esse valor de x é obtido ao substituir $x = 5$ em qualquer uma das equações originais. Por exemplo, a substituição na equação de demanda produz

$p = 195 - 5{,}8(5) = 195 - 29 = \$\,166.$

Observe que, ao substituir $x = 5$ na equação de oferta, você obtém

$p = 150 + 3{,}2(5) = 150 + 16 = \$\,166.$

TUTOR DE ÁLGEBRA

Se precisar de ajuda no cálculo das expressões do Exemplo 7, consulte a revisão sobre a ordem das operações na página 68.

✓ AUTOAVALIAÇÃO 6

As equações de oferta e demanda para um aparelho de *Blu-ray* são

$p = 136 - 3{,}5x$ e $p = 112 + 2{,}5x,$

respectivamente, em que p é o preço em dólares e x representa o número de unidades em milhões. Determine o ponto de equilíbrio para este mercado. ■

Modelos matemáticos

Neste texto, serão vistos diversos exemplos do uso de equações como **modelos matemáticos** de fenômenos da vida real. Ao desenvolver um modelo matemático para representar dados reais, deve-se dar destaque a dois objetivos (em geral conflitantes) – precisão e simplicidade.

Exemplo 7 Utilização de modelos matemáticos

A tabela mostra as vendas anuais (em milhões de dólares) da Dollar Tree e 99 Cents Only Stores de 2005 a 2009. Em 2009, a publicação *Value Line* listou que as vendas estimadas para 2010 dessas empresas seriam de $ 5.770 milhões e

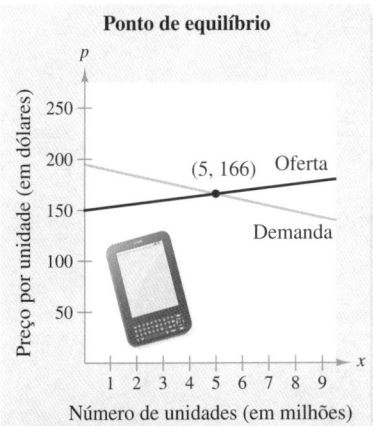

FIGURA 1.27

---

[2] NRT: Esse é um outro tipo de ponto de equilíbrio utilizado na economia. O contexto deixará claro a qual tipo o termo se refere.

$ 1.430 milhões, respectivamente. Em sua opinião, como foram obtidas essas projeções? (*Fonte: Dollar Tree, Inc. e 99 Cents Only Stores.*)

Ano	2005	2006	2007	2008	2009
t	5	6	7	8	9
Dollar Tree	3.393,9	3.969,4	4.242,6	4.644,9	5.231,2
99 Cents Only Stores	1.023,6	1.104,7	1.199,4	1.302,9	1.355,2

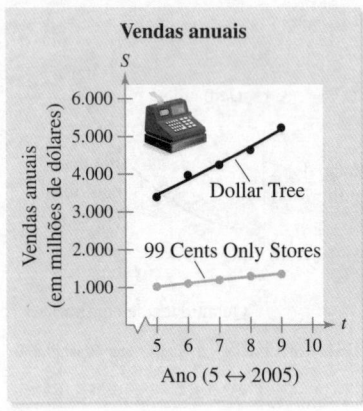

FIGURA 1.28

SOLUÇÃO As projeções foram obtidas por meio da utilização de vendas passadas para ter uma previsão das vendas futuras. As vendas passadas serviram de base para determinar as equações por meio de um procedimento estatístico chamado análise de regressão por mínimos quadrados. Os modelos para as duas companhias são:

$$S = 10{,}764t^2 + 284{,}31t + 1.757{,}3, \quad 5 \le t \le 9 \quad \text{Dollar Tree}$$

e

$$S = -3{,}486t^2 + 134{,}94t + 430{,}4, \quad 5 \le t \le 9. \quad \text{99 Cents Only Stores}$$

Ao utilizar $t = 10$ para representar 2010, pode-se prever que as vendas de 2010 serão

$$S = 10{,}764(10)^2 + 284{,}31(10) + 1.757{,}3 \approx 5.676{,}8 \quad \text{Dollar Tree}$$

e

$$S = -3{,}486(10)^2 + 134{,}94(10) + 430{,}4 \approx 1.431{,}2. \quad \text{99 Cents Only Stores}$$

Essas duas projeções estão próximas daquelas projetadas pela *Value Line*. Os gráficos dos dois modelos são mostrados na Figura 1.28.

✓ AUTOAVALIAÇÃO 7

A tabela mostra as receitas anuais (em milhões de dólares) da BJ's Wholesale Club, de 2005 a 2009. Em 2009, a publicação *Value Line* listou que a receita estimada para 2010 da BJ's Wholesale Club Inc. seria de $ 11.150 milhões. Como esta projeção se compara com a projeção obtida ao se usar o modelo abaixo? (*Fonte: BJ's Wholesale Club, Inc.*)

$$S = -17{,}393t^2 + 845{,}59t + 4.097{,}7, \quad 5 \le t \le 9$$

Ano	2005	2006	2007	2008	2009
t	5	6	7	8	9
Receitas	7.949,9	8.480,3	9.005,0	10.027,0	10.187,0

Para testar a precisão de um modelo, pode-se comparar os dados reais aos valores fornecidos pelo modelo. Tente fazer isso para o modelo do Exemplo 7.

Uma parte considerável dos estudos de cálculo estará centrada no comportamento dos gráficos dos modelos matemáticos. A Figura 1.29 mostra os gráficos de seis equações algébricas básicas. Estar familiarizado com estes gráficos ajudará na criação e na utilização de modelos matemáticos.

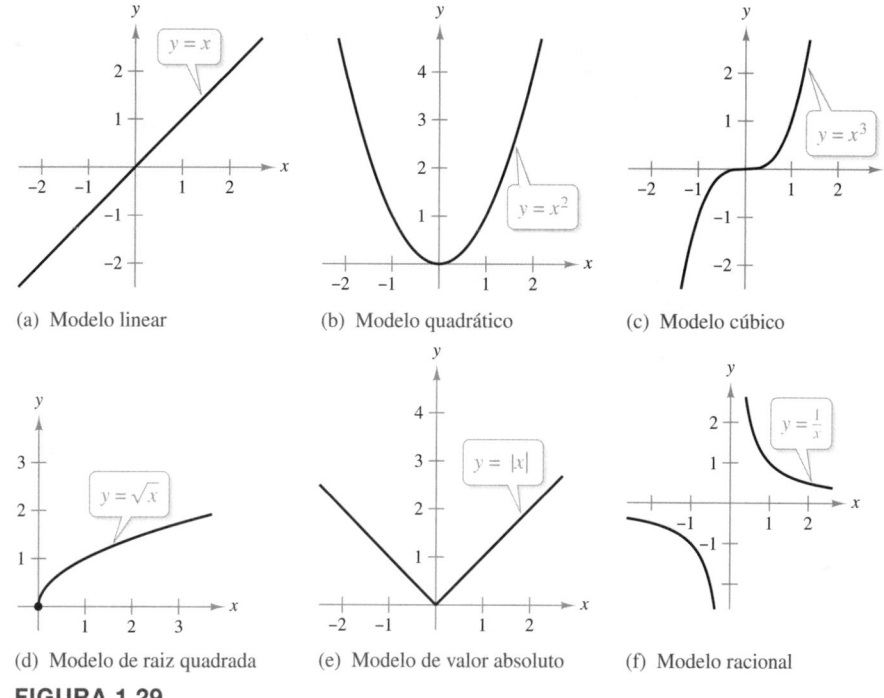

(a) Modelo linear
(b) Modelo quadrático
(c) Modelo cúbico
(d) Modelo de raiz quadrada
(e) Modelo de valor absoluto
(f) Modelo racional

FIGURA 1.29

PRATIQUE (Seção 1.2)

1. Descreva como esboçar o gráfico de uma equação à mão *(página 10)*. Para exemplos de como esboçar um gráfico à mão, veja os Exemplos 1 e 2.

2. Descreva como encontrar as intersecções com os eixos x e y de um gráfico *(página 12)*. Para um exemplo de como encontrar as intersecções com os eixos x e y de um gráfico, veja o Exemplo 3.

3. Indique a forma-padrão da equação de uma circunferência *(página 13)*. Para ver um exemplo de como encontrar a forma-padrão da equação de uma circunferência, veja o Exemplo 4.

4. Descreva como encontrar um ponto de intersecção dos gráficos de duas equações *(páginas 14 e 15)*. Para exemplos determinação de pontos de intersecção, veja os Exemplos 5 e 6.

5. Descreva a análise de equilíbrio *(página 14)*. Para um exemplo de análise de equilíbrio, veja o Exemplo 5.

6. Descreva as equações de oferta e as equações de demanda *(página 15)*. Para exemplos de uma equação de oferta e uma equação de demanda, veja o Exemplo 6.

7. Descreva um modelo matemático *(página 15)*. Para um exemplo de um modelo matemático, veja o Exemplo 7.

Recapitulação 1.2

Os exercícios preparatórios a seguir envolvem conceitos vistos em seções anteriores. Esses conceitos serão utilizados no conjunto de exercícios desta seção. Para obter mais ajuda, consulte as Seções A.3 e A.4 do Apêndice.

Nos Exercícios 1-6, encontre y.

1. $5y - 12 = x$
2. $-y = 15 - x$
3. $x^3y + 2y = 1$
4. $x^2 + x - y^2 - 6 = 0$
5. $(x - 2)^2 + (y + 1)^2 = 9$
6. $(x + 6)^2 + (y - 5)^2 = 81$

Nos Exercícios 7-10, calcule a expressão para o valor dado de x.

Expressão	Valor de x	Expressão	Valor de x
7. $y = 5x$	$x = -2$	8. $y = 3x - 4$	$x = 3$
9. $y = 2x^2 + 1$	$x = 2$	10. $y = x^2 + 2x - 7$	$x = -4$

Nos Exercícios 11-14, fatore a expressão.

11. $x^2 - 3x + 2$
12. $x^2 + 5x + 6$
13. $y^2 - 3y + \frac{9}{4}$
14. $y^2 - 7y + \frac{49}{4}$

Exercícios 1.2

Correspondência Nos Exercícios 1-6, relacione a equação ao gráfico correspondente. Para confirmar o resultado, use uma ferramenta gráfica, ajustada para uma configuração quadrada. [Os gráficos são identificados de (a) a (f).]

1. $y = x - 2$
2. $y = -\frac{1}{2}x + 2$
3. $y = x^2 + 2x$
4. $y = x^3 - x$
5. $y = |x| - 2$
6. $y = \sqrt{9 - x^2}$

(a)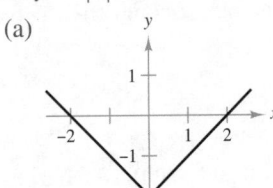
(b)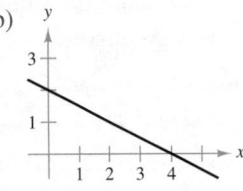
(c)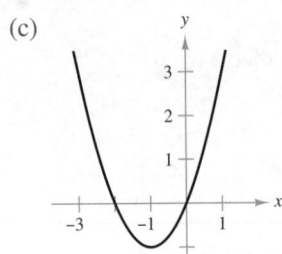
(d)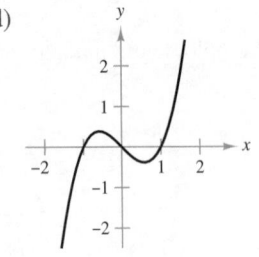
(e)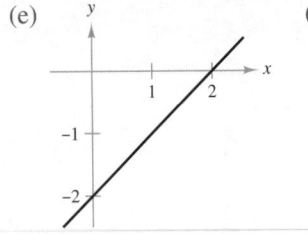
(f)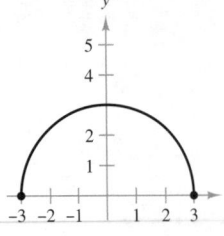

Esboço do gráfico de uma equação Nos Exercícios 7-22, esboce o gráfico da equação. Use uma ferramenta gráfica para verificar os resultados. *Veja os Exemplos 1, 2 e 3.*

7. $y = 2x + 3$
8. $y = -3x + 2$
9. $y = x^2 - 3$
10. $y = 1 - x^3$
11. $y = (x - 1)^2$
12. $y = (5 - x)^2$
13. $y = x^3 + 2$
14. $y = x^2 + 6$
15. $y = -\sqrt{x - 1}$
16. $y = \sqrt{x + 1}$
17. $y = |x + 1|$
18. $y = -|x - 2|$
19. $y = \dfrac{1}{x - 3}$
20. $y = \dfrac{1}{x + 1}$
21. $x = y^2 - 4$
22. $x = 4 - y^2$

Encontre as intersecções com os eixos x e y Nos Exercícios 23-32, determine as intersecções com os eixos x e y do gráfico da equação. *Veja o Exemplos 3.*

23. $2x - y - 3 = 0$
24. $y = x^2 - 4x + 3$
25. $y = x^2 + x - 2$
26. $4x - 2y - 5 = 0$
27. $y = \sqrt{4 - x^2}$
28. $y = \sqrt{x + 9}$
29. $y = \dfrac{x^2 - 4}{x - 2}$
30. $y = \dfrac{x^2 + 3x}{2x}$
31. $x^2y - x^2 + 4y = 0$
32. $2x^2y + 8y - x^2 = 1$

Encontre a equação de uma circunferência Nos Exercícios 33-40, encontre a forma-padrão da equação da circunferência e esboce seu gráfico. *Veja o Exemplo 4.*

33. Centro: $(0, 0)$; raio: 4
34. Centro: $(-4, 3)$; raio: 2
35. Centro: $(2, -1)$; raio: 3
36. Centro: $(0, 0)$; raio: 5
37. Centro: $(-1, 1)$; ponto solução: $(-1, 5)$

38. Centro: $(3, -2)$; ponto solução: $(-1, 1)$
39. Extremidades de um diâmetro: $(-6, -8), (6, 8)$
40. Extremidades de um diâmetro: $(0, -4), (6, 4)$

Encontre os pontos de intersecção Nos Exercícios 41-48, determine os pontos de intersecção (se houver) dos gráficos das equações. Use uma ferramenta gráfica para verificar seus resultados.

41. $y = -x + 2, y = 2x - 1$
42. $y = -x + 7, y = \frac{3}{2}x - 8$
43. $y = -x^2 + 15, y = 3x + 11$
44. $y = \sqrt{x}, y = x$
45. $y = x^3, y = 2x$
46. $y = x^2 + 2, y = x + 4$
47. $y = x^4 - 2x^2 + 1, y = 1 - x^2$
48. $y = x^3 - 2x^2 + x - 1, y = -x^2 + 3x - 1$

Ponto de equilíbrio Nos Exercícios 49-54, *C* representa o custo total (em dólares) da produção de *x* unidades de um produto e *R* representa o total da receita (em dólares) da venda de *x* unidades. Quantas unidades a empresa deve vender para se equilibrar? *Veja o Exemplo 5.*

49. $C = 0{,}85x + 35.000, R = 1{,}55x$
50. $C = 6x + 500.000, R = 35x$
51. $C = 8.650x + 250{,}000, R = 9.950x$
52. $C = 2{,}5x + 10.000, R = 4{,}9x$
53. $C = 6x + 5.000, R = 10x$
54. $C = 6x + 500.000, R = 35x$

55. **Análise do ponto de equilíbrio** O investimento inicial para abrir um negócio de meio período é de $ 15.000. O custo unitário do produto é $ 11,80 e o preço de venda é $ 19,30.
    (a) Determine as equações para o custo total *C* (em dólares) e para a receita total *R* (em dólares) para *x* unidades.
    (b) Determine o ponto de equilíbrio ao determinar o ponto de intersecção das equações de custo e receita.
    (c) Quantas unidades vendidas deveriam gerar um lucro de $ 1.000?

56. **Análise do ponto de equilíbrio** Um Honda Accord 2010 com motor a gasolina custa $ 28.695. Um Toyota Camry 2010 com motor híbrido custa $ 29.720. O Accord percorre 20 milhas por galão de gasolina, e o Camry percorre 34 milhas por galão de gasolina. Suponha que o preço da gasolina é $ 2,719. (*Fonte: Consumer Reports, março e agosto de 2006*)

    (a) Mostre que o custo C_g (em dólares) para percorrer *x* milhas com o Honda Accord é dado por
    $$C_g = 28{,}695 + \frac{2{,}719x}{21}$$
    e que o custo C_h para percorrer *x* milhas com o Toyota Camry é dado por
    $$C_h = 29{,}720 + \frac{2{,}719x}{34}.$$
    (b) Determine o ponto de equilíbrio. Ou seja, determine a quilometragem a partir da qual o Toyota Camry com motor híbrido torna-se mais econômico que o Honda Accord movido a gasolina.

57. **Oferta e demanda** As equações de oferta e demanda de um videogame são dadas por
    $p = 240 - 4x$ Equação de demanda.
    $p = 135 + 3x$ Equação de oferta.
    em que *p* é o preço em dólares e *x* representa o número de unidades (em milhares). Determine o ponto de equilíbrio para esse mercado.

58. **Oferta e demanda** As equações de oferta e demanda de um MP3 player portátil são dadas por
    $p = 190 - 15x$ Equação de demanda.
    $p = 75 + 8x$ Equação de oferta.
    em que *p* é o preço em dólares e *x* representa o número de unidades (em centenas de milhares). Determine o ponto de equilíbrio para esse mercado.

59. **Despesas com e-books** Os montantes *y* (em milhões de dólares) gastos em e-books universitários nos Estados Unidos, de 2004 a 2009, são mostrados na tabela. (*Fonte: Book Industry Study Group, Inc.*)

Ano	2004	2005	2006	2007	2008	2009
Montante	30	44	54	67	113	313

Um modelo matemático para os dados fornecidos é dado por $y = 8{,}148t^3 - 139{,}71t^2 + 789{,}0t - 1.416$, em que *t* representa o ano, com $t = 4$ correspondendo a 2004.

(a) Compare as despesas reais aos gastos fornecidos pelo modelo. O modelo ajusta bem os dados? Explique seu raciocínio.

(b) Utilize o modelo para prever os gastos em 2014.

VISUALIZE O gráfico mostra as equações de custo e de receita para um produto.

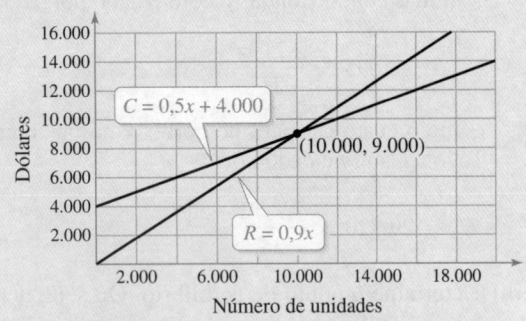

(a) Para qual número de unidades vendidas há perda para a empresa?

(b) Para qual número de unidades vendidas a empresa se equilibrará?

(c) Para qual número de unidades vendidas há lucro para a empresa?

61. Diplomas de associados Um modelo matemático para o número de diplomas de associados concedidos (em milhares) de 2004 a 2008 é dado pela equação $y = -1{,}50t^2 + 38{,}1t + 539$, onde t representa o ano, com $t = 4$ correspondendo a 2004. (*Fonte: National Center for Education Statistics*)

(a) Use o modelo para completar a tabela.

Ano	2004	2005	2006	2007	2008	2012
Graus						

(b) Esse modelo foi criado usando dados reais de 2004 a 2008. Quão preciso você acha que o modelo é em prever o número de graus de associado conferidos em 2012? Explique seu raciocínio.

(c) Usando esse modelo, qual é a previsão para o número de graus de associado conferidos em 2016? Você acha que essa previsão é válida?

62. Transplantes de pulmão Um modelo matemático para o número de transplantes de pulmão realizados nos Estados Unidos de 2005 a 2009 é dado por $y = 22{,}36t^2 - 254{,}9t + 2.127$, em que y é o número de transplantes e t representa o ano, com $t = 5$ correspondendo a 2005. (*Fonte: Organ Procurement and Transplantation Network*)

(a) Use uma ferramenta gráfica ou uma planilha para completar a tabela.

Ano	2005	2006	2007	2008	2009
Transplantes					

(b) Utilize uma biblioteca, a internet ou qualquer outra fonte de referência para pesquisar os números reais de transplantes de rim entre 2005 e 2009. Compare os números reais aos números fornecidos pelo modelo. O modelo ajusta bem os dados? Explique seu raciocínio.

(c) Utilizando esse modelo, qual é a previsão para o número de transplantes em 2015? Essa previsão é válida? Quais fatores poderiam afetar a precisão desse modelo?

63. Fazendo uma conjectura Use uma ferramenta gráfica para traçar o gráfico da equação $y = cx + 1$ para $c = 1, 2, 3, 4$ e 5. A seguir, faça uma conjectura sobre o coeficiente de x e o gráfico da equação.

64. Ponto de equilíbrio Defina o ponto de equilíbrio para uma empresa que está comercializando um novo produto. Dê exemplos de uma equação de custo e uma equação de receita linear, para as quais o ponto de equilíbrio é 10.000 unidades.

Encontrando intersecções com os eixos Nos Exercícios 65-70, use uma ferramenta gráfica para traçar o gráfico da equação e aproximar as intersecções com os eixos x e y do gráfico.

65. $y = 0{,}24x^2 + 1{,}32x + 5{,}36$

66. $y = -0{,}56x^2 - 5{,}34x + 6{,}25$

67. $y = \sqrt{0{,}3x^2 - 4{,}3x + 5{,}7}$

68. $y = \sqrt{-1{,}21x^2 + 2{,}34x + 5{,}6}$

69. $y = \dfrac{0{,}2x^2 + 1}{0{,}1x + 2{,}4}$

70. $y = \dfrac{0{,}4x - 5{,}3}{0{,}4x^2 + 5{,}3}$

1.3 Retas no plano e inclinações

- Utilizar a forma inclinação-interseção de uma equação linear para esboçar gráficos.
- Determinar a inclinação das retas que passam por dois pontos.
- Utilizar a forma ponto-inclinação para determinar equações de retas.
- Determinar as equações de retas paralelas e perpendiculares.
- Utilizar equações lineares para criar modelos e resolver problemas da vida real.

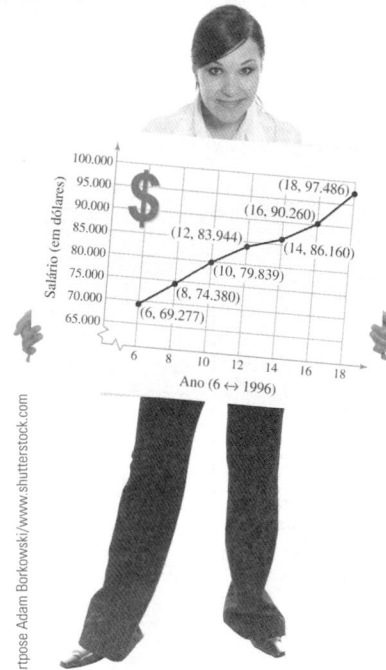

No Exercício 87, na página 31, você utilizará a inclinação para analisar os salários médios de diretores do ensino médio.

Utilização de inclinações

O modelo matemático mais simples para relacionar duas variáveis é a **equação linear**

$$y = mx + b. \quad \text{Equação linear}$$

A equação é chamada de *linear* porque seu gráfico é uma reta. Fazendo $x = 0$, pode-se observar que a reta cruza o eixo y em

$$y = b$$

como mostra a Figura 1.30. Em outras palavras, a intersecção com o eixo y é $(0, b)$. A inclinação ou coeficiente angular da reta é m.

$$y = \underset{\text{Inclinação}}{m}x + \underset{\text{intersecção com o eixo } y}{b}$$

A **inclinação** de uma reta é o número de unidades que a reta cresce (ou decresce) verticalmente para cada unidade de mudança horizontal da esquerda para a direita, como mostra a Figura 1.30.

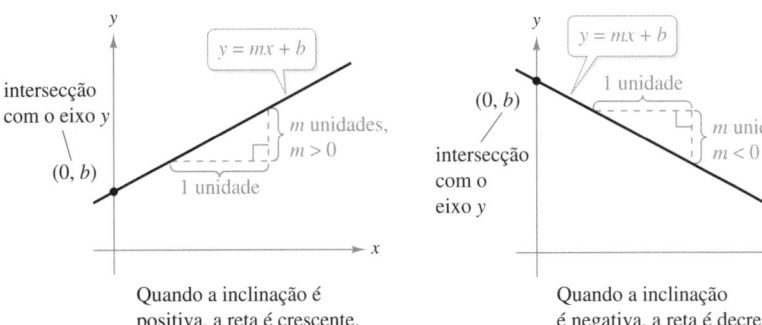

Quando a inclinação é positiva, a reta é crescente.

Quando a inclinação é negativa, a reta é decrescente.

FIGURA 1.30

Diz-se que uma equação linear descrita por $y = mx + b$ está na **forma inclinação-intersecção**.

A forma inclinação-intersecção da equação de uma reta

O gráfico da equação

$$y = mx + b$$

é uma reta cuja inclinação é m e cuja intersecção com o eixo y é $(0, b)$.

Uma reta vertical tem uma equação da forma

$$x = a. \quad \text{Reta vertical}$$

Como a equação de uma reta vertical não pode ser escrita na forma $y = mx + b$, tem-se que a inclinação de uma reta vertical não é definida, como mostra a Figura 1.31.

Uma vez determinadas a inclinação e a intersecção com o eixo y de uma reta, esboçar seu gráfico é um processo relativamente simples.

Exemplo 1 Traçando o gráfico de uma equação linear

Esboce o gráfico de cada equação linear.

a. $y = 2x + 1$

b. $y = 2$

c. $x + y = 2$

SOLUÇÃO

a. Essa equação está escrita na forma inclinação-intersecção, $y = mx + b$. Como $b = 1$, a intersecção com o eixo y é $(0, 1)$. Além disso, como a inclinação é $m = 2$, a reta *cresce* duas unidades para cada unidade deslocada para a direita, como mostra a Figura 1.32(a).

b. Ao escrever essa equação na forma inclinação-intersecção

$$y = (0)x + 2$$

pode-se observar que a intersecção com o eixo y é $(0, 2)$ e a inclinação é zero. Uma inclinação zero significa que a reta é horizontal – ou seja, ela *não cresce nem decresce*, como mostra a Figura 1.32(b).

c. Ao escrever essa equação na forma inclinação-intersecção

$x + y = 2$ Escreva a equação original.
$y = -x + 2$ Subtraia x de cada lado.
$y = (-1)x + 2$ Escreva a forma inclinação-intersecção.

pode-se observar que a intersecção com o eixo y é $(0, 2)$. Além disso, como a inclinação é $m = -1$, essa reta *decresce* em uma unidade para cada unidade deslocada para a direita, como mostra a Figura 1.32(c).

FIGURA 1.31 Quando a reta é vertical, a inclinação não é definida.

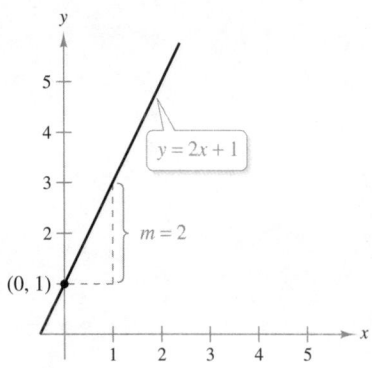
(a) Quando *m* é positivo, a reta é crescente da esquerda para a direita.

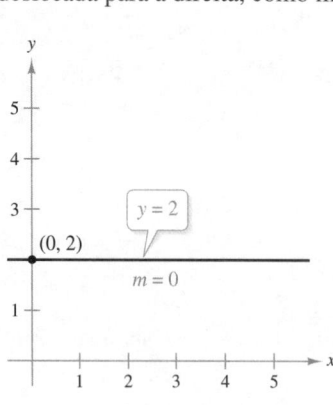
(b) Quando *m* é zero, a reta é horizontal.

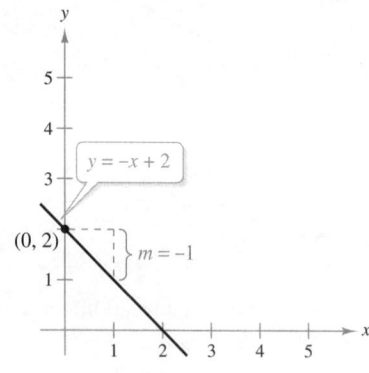
(c) Quando *m* é negativo, a reta é decrescente da esquerda para a direita.

FIGURA 1.32

✓ AUTOAVALIAÇÃO 1

Esboce o gráfico das equações lineares.

a. $y = 4x - 2$

b. $x = 1$

c. $2x + y = 6$

Em problemas da vida real, a inclinação de uma reta pode ser interpretada tanto como uma *razão* quanto como uma *taxa*. Se o eixo x e o eixo y apresentarem a mesma unidade de medida, então a inclinação não terá unidades e será uma **razão**. Se o eixo x e o eixo y apresentarem unidades de medida diferentes, então a inclinação será uma **taxa** ou uma **taxa de variação**.

Exemplo 2 Utilização da inclinação como razão

O valor máximo recomendado para a inclinação de rampas de acesso para cadeiras de rodas é $\frac{1}{12} \approx 0{,}083$. Uma empresa quer construir uma rampa com elevação de 22 polegadas sobre um comprimento horizontal de 24 pés, como mostra a Figura 1.33. A rampa possui inclinação maior que a recomendada? (*Fonte: ADA Standards for Accessible Design*)

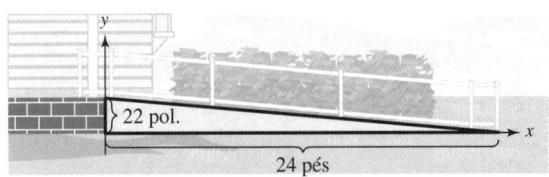

FIGURA 1.33

SOLUÇÃO O comprimento horizontal da rampa é 24 pés ou $12(24) = 288$ polegadas. Portanto, a inclinação da rampa é

$$\text{Inclinação} = \frac{\text{variação vertical}}{\text{variação horizontal}}$$

$$= \frac{22 \text{ pol.}}{288 \text{ pol.}}$$

$$\approx 0{,}076.$$

Portanto, a inclinação não é maior que o máximo recomendado.

✓ AUTOAVALIAÇÃO 2

A empresa no Exemplo 2 instala uma segunda rampa que se eleva 27 polegadas ao longo de um comprimento horizontal de 26 pés. A rampa é mais íngreme que o recomendado?

Exemplo 3 Utilização da inclinação como taxa de variação

Um fabricante determina que o custo total em dólares da produção de x unidades de um produto é

$$C = 25x + 3.500.$$

Descreva a importância prática da intersecção com o eixo y e da inclinação da reta fornecidas por essa equação.

SOLUÇÃO A intersecção com o eixo y (0, 3.500) mostra que o custo de produção de zero unidades é $ 3.500. Este é o **custo fixo** de produção – que inclui custos que devem ser pagos independentemente do número de unidades produzidas. A inclinação $m = 25$ mostra que o custo de produção de cada unidade é $ 25, como mostra a Figura 1.34. Os economistas chamam este custo unitário de **custo marginal**. Se a produção aumenta em uma unidade, então a "margem" ou montante extra de custo é $ 25.

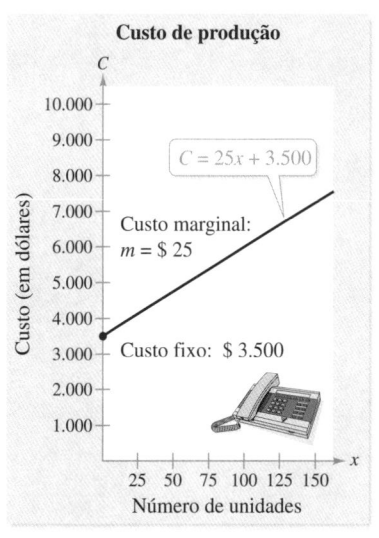

FIGURA 1.34

✓ AUTOAVALIAÇÃO 3

Uma pequena empresa compra uma copiadora e determina que o valor contábil da copiadora após t anos de sua compra é $V = -175t + 875$. Descreva o significado prático da intersecção com o eixo y e da inclinação da reta fornecidas por essa equação.

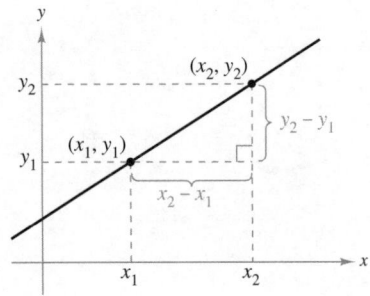

FIGURA 1.35

Determinação da inclinação de uma reta

Dada uma equação de reta não vertical, pode-se determinar sua inclinação ao escrever a equação na forma inclinação-intersecção. Se a equação não for fornecida ainda é possível determinar a inclinação da reta. Por exemplo, suponha que se deseje determinar a inclinação da reta que passa pelos pontos (x_1, y_1) e (x_2, y_2), como mostra a Figura 1.35. Conforme ocorre o deslocamento da esquerda para a direita ao longo da reta, uma variação de $(y_2 - y_1)$ unidades na direção vertical corresponde a uma variação de $(x_2 - x_1)$ unidades na direção horizontal. Essas duas variações são denotadas pelos símbolos

$$\Delta y = y_2 - y_1 = \text{a variação em } y$$

e

$$\Delta x = x_2 - x_1 = \text{a variação em } x.$$

(O símbolo Δ é a letra maiúscula grega delta, e deve-se ler os símbolos Δy e Δx como "delta y" e "delta x".) A razão de Δy para Δx representa a inclinação da reta que passa pelos pontos (x_1, y_1) e (x_2, y_2).

$$\text{Inclinação} = \frac{\Delta y}{\Delta x} = \frac{y_2 - y_1}{x_2 - x_1}$$

Tenha em mente que Δx representa um único número e não o produto de dois números (Δ e x). O mesmo vale para Δy.

Inclinação de uma reta por dois pontos

O **inclinação** m da reta que passa por (x_1, y_1) e (x_2, y_2) é

$$m = \frac{\Delta y}{\Delta x} = \frac{y_2 - y_1}{x_2 - x_1}$$

em que $x_1 \neq x_2$. A inclinação não é definida para retas verticais.

Quando essa fórmula é utilizada na inclinação, a *ordem de subtração* é importante. Dados dois pontos em uma reta, pode-se identificar qualquer um dos dois pontos por (x_1, y_1) e o outro por (x_2, y_2). No entanto, uma vez que isto tenha sido feito, deve-se formar o numerador e o denominador utilizando a mesma ordem de subtração.

$$m = \frac{y_2 - y_1}{x_2 - x_1} \qquad m = \frac{y_1 - y_2}{x_1 - x_2} \qquad m = \frac{y_2 - y_1}{x_1 - x_2}$$

  Correto   Correto   Incorreto

Por exemplo, a inclinação da reta que passa pelos pontos (3, 4) e (5, 7) pode ser calculada por

$$m = \frac{7 - 4}{5 - 3} = \frac{3}{2}$$

ou

$$m = \frac{4 - 7}{3 - 5} = \frac{-3}{-2} = \frac{3}{2}.$$

Exemplo 4   Determinação da inclinação de uma reta

Determine a inclinação da reta que passa por cada par de pontos.

a. $(-2, 0)$ e $(3, 1)$ **b.** $(-1, 2)$ e $(2, 2)$
c. $(0, 4)$ e $(1, -1)$ **d.** $(3, 4)$ e $(3, 1)$

SOLUÇÃO

a. Sendo $(x_1, y_1) = (-2, 0)$ e $(x_2, y_2) = (3, 1)$, pode-se obter a inclinação:

$$m = \frac{y_2 - y_1}{x_2 - x_1} = \frac{1 - 0}{3 - (-2)} = \frac{1}{5}$$

← Diferença nos valores de y.
← Diferença nos valores de x.

conforme mostra a Figura 1.36(a).

b. A inclinação da reta que passa por $(-1, 2)$ e $(2, 2)$ é

$$m = \frac{2 - 2}{2 - (-1)} = \frac{0}{3} = 0. \qquad \text{Ver Figura 1.36(b).}$$

c. A inclinação da reta que passa por $(0, 4)$ e $(1, -1)$ é

$$m = \frac{-1 - 4}{1 - 0} = \frac{-5}{1} = -5. \qquad \text{Ver Figura 1.36(c).}$$

d. A inclinação da reta vertical que passa por $(3, 4)$ e $(3, 1)$ não é definida porque a divisão por zero não é definida [ver Figura 1.36(d)].

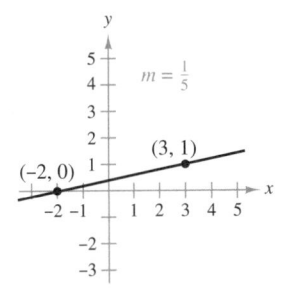

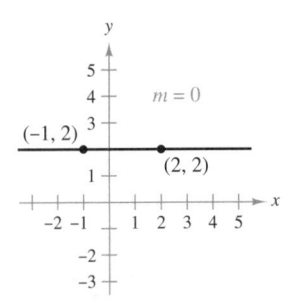

(a) Inclinação positiva, reta crescente da esquerda para a direita.

(b) Inclinação nula, reta horizontal.

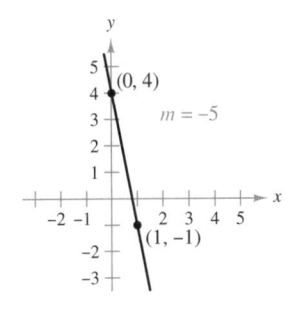

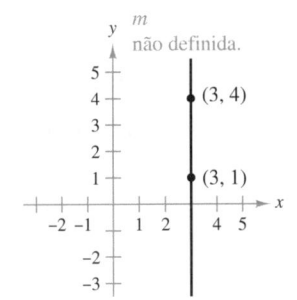

(c) Inclinação negativa, reta decrescente da esquerda para a direita.

(d) Reta vertical, inclinação não definida.

FIGURA 1.36

✓ AUTOAVALIAÇÃO 4

Determine a inclinação da reta que passa por cada par de pontos.

a. $(-3, 2)$ e $(5, 18)$

b. $(-2, 1)$ e $(-4, 2)$

c. $(2, -4)$ e $(-2, -4)$

Escrevendo equações lineares

Quando você sabe a inclinação de uma reta e as coordenadas de um ponto sobre ela, você pode encontrar uma equação para ela. Por exemplo, na Figura 1.37, digamos que (x_1, y_1) seja um ponto na reta cuja inclinação é m. Se (x, y) for qualquer outro ponto na reta, então,

$$\frac{y - y_1}{x - x_1} = m.$$

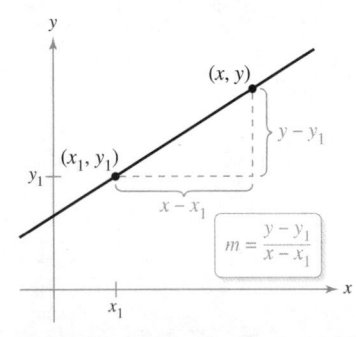

FIGURA 1.37 Quaisquer dois pontos em uma reta não vertical podem ser utilizados para determinar a inclinação da reta.

Essa equação, envolvendo as variáveis x e y, pode ser reescrita na forma

$$y - y_1 = m(x - x_1),$$

que é a **forma ponto-inclinação** da equação de uma reta.

Forma ponto-inclinação da equação de uma reta

A equação da reta com inclinação m que passa pelo ponto (x_1, y_1) é

$$y - y_1 = m(x - x_1).$$

A forma ponto-inclinação é mais útil para *determinar* a equação de uma reta não vertical. Essa fórmula deve ser lembrada, pois será utilizada ao longo de todo o livro.

Exemplo 5 — Utilização da forma ponto-inclinação

Determine a equação da reta que tem inclinação 3 e passa pelo ponto $(1, -2)$.

SOLUÇÃO

Utilize a forma ponto-inclinação com $m = 3$ e $(x_1, y_1) = (1, -2)$.

$$y - y_1 = m(x - x_1) \quad \text{Forma ponto-inclinação}$$
$$y - (-2) = 3(x - 1) \quad \text{Substitua } m, x_1, \text{ e } y_1.$$
$$y + 2 = 3x - 3 \quad \text{Simplifique.}$$
$$y = 3x - 5 \quad \text{Determine a forma inclinação-intersecção.}$$

A forma inclinação-intersecção da equação da reta é $y = 3x - 5$. O gráfico da reta é mostrado na Figura 1.38.

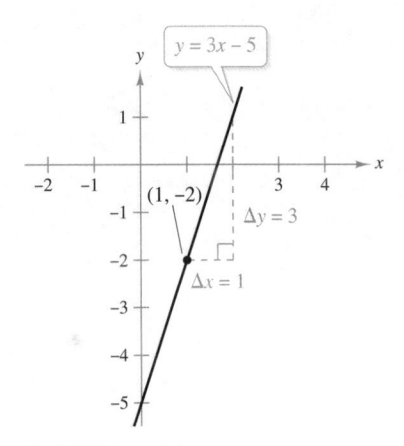

FIGURA 1.38

✓ AUTOAVALIAÇÃO 5

Determine a equação da reta que tem inclinação 2 e passa pelo ponto $(-1, 2)$. ■

A forma ponto-inclinação pode ser utilizada para determinar uma equação da reta que passa pelos pontos (x_1, y_1) e (x_2, y_2). Para isso, primeiramente, determine a inclinação da reta

$$m = \frac{y_2 - y_1}{x_2 - x_1}, \quad x_1 \neq x_2$$

e, em seguida, utilize a forma ponto-inclinação para obter a equação

$$y - y_1 = \frac{y_2 - y_1}{x_2 - x_1}(x - x_1). \quad \text{Forma de dois pontos.}$$

Algumas vezes essa forma é chamada de **forma de dois pontos** da equação de uma reta.

Exemplo 6 — Previsão do ganho diluído por ação

Os ganhos diluídos por ação (EPS diluído) para a Tim Hortons, Inc. foram de $ 1,43 em 2007 e $ 1,55 em 2008. Usando apenas esta informação, escreva uma equação linear que dá os EPS diluídos em termos do ano. Então, preveja os EPS diluídos para 2009. (*Fonte: Tim Hortons, Inc.*)

SOLUÇÃO Digamos que $t = 7$ representa 2007. Então, os dois valores dados são representados pelos pontos

$$(7, 1{,}43) \quad \text{e} \quad (8, 1{,}55).$$

A inclinação da reta por estes pontos é

$$m = \frac{1{,}55 - 1{,}43}{8 - 7} = 0{,}12.$$

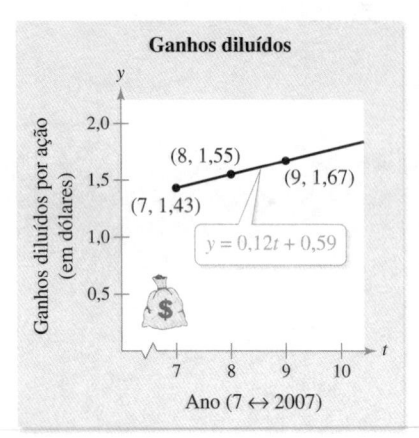

FIGURA 1.39

Usando a forma ponto-inclinação, você pode encontrar a equação que relaciona EPS diluídos e o ano t como

$$y = 0{,}12t + 0{,}59.$$

Usando $t = 9$ para representar 2009, você pode prever os EPS diluídos de 2009 por

$$y = 0{,}12(9) + 0{,}59 = 1{,}08 + 0{,}59 = 1{,}67.$$

De acordo com essa equação, o EPS diluído em 2009 foi de $ 1,67, como mostrado na Figura 1.39. (Neste caso, a previsão é bastante boa – os EPS diluídos reais em 2009 foram de $ 1,64.)

✓ AUTOAVALIAÇÃO 6

O EPS diluído para a Amazon.com foram de $ 0,45 em 2006 e de $ 1,49 em 2009. Utilizando somente estas informações, escreva uma equação linear que forneça o EPS diluído em termos do ano. Então, preveja o EPS diluído para 2009. *(Fonte: Amazon.com)*

A método de previsão ilustrado no Exemplo 6 é chamado de **extrapolação linear**. Observe na Figura 1.40(a) que um ponto extrapolado não fica entre os pontos dados. Quando o ponto estimado está entre dois pontos dados, como mostra a Figura 1.40(b), o procedimento é chamado de **interpolação linear**.

Como a inclinação de uma reta vertical não é definida, sua equação não pode ser escrita na forma inclinação-intersecção. No entanto, todas as retas possuem uma equação que pode ser escrita na **forma geral**

$$\boxed{Ax + By + C = 0} \qquad \text{Forma geral.}$$

em que A e B não são ambos nulos. Por exemplo, a reta vertical dada por $x = a$ pode ser representada pela forma geral

$$\boxed{x - a = 0.} \qquad \text{Forma geral da reta vertical.}$$

As cinco formas mais comuns de equações de retas são resumidas a seguir.

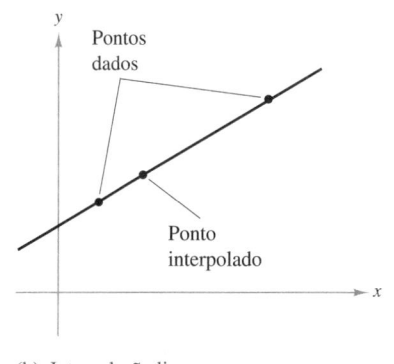

(a) Extrapolação linear

(b) Interpolação linear

FIGURA 1.40

Equações de retas	
1. Forma geral:	$Ax + By + C = 0$
2. Reta vertical:	$x = a$
3. Reta horizontal:	$y = b$
4. Forma inclinação-intersecção:	$y = mx + b$
5. Forma ponto-inclinação:	$y - y_1 = m(x - x_1)$

Retas paralelas e perpendiculares

A inclinação pode ser utilizada para decidir se duas retas não verticais em um plano são paralelas, perpendiculares, ou nem uma nem outra.

Retas paralelas e perpendiculares

1. Duas retas distintas não verticais são **paralelas** se e somente se suas inclinações forem iguais. Ou seja, $m_1 = m_2$.

2. Duas retas não verticais são **perpendiculares** se e somente se suas inclinações forem recíprocas opostas uma da outra. Ou seja, $m_1 = -1/m_2$.

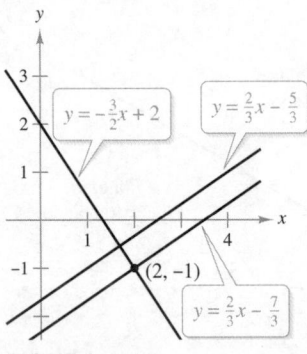

FIGURA 1.41

Gráfico mostrando as retas $y = -\frac{3}{2}x + 2$, $y = \frac{2}{3}x - \frac{5}{3}$ e $y = \frac{2}{3}x - \frac{7}{3}$, com o ponto $(2, -1)$ destacado.

Exemplo 7 — Determinação de retas paralelas e perpendiculares

Determine a equação da reta que passa pelo ponto $(2, -1)$ e é (a) paralela à reta $2x - 3y = 5$ e (b) perpendicular à reta $2x - 3y = 5$.

SOLUÇÃO Ao escrever a equação dada na forma inclinação-intersecção

$2x - 3y = 5$ Escreva a equação original.
$-3y = -2x + 5$ Subtraia $2x$ de cada lado.
$y = \frac{2}{3}x - \frac{5}{3}$ Escreva a forma inclinação-intersecção.

é possível observar que a inclinação é $m = \frac{2}{3}$, como mostra a Figura 1.41.

a. Qualquer reta paralela à reta dada deve também possuir uma inclinação de $\frac{2}{3}$. Portanto, a reta que passa por $(2, -1)$ e é paralela à reta dada possui a seguinte equação.

$y - (-1) = \frac{2}{3}(x - 2)$ Escreva a forma ponto-inclinação.
$y + 1 = \frac{2}{3}x - \frac{4}{3}$ Simplifique.
$y = \frac{2}{3}x - \frac{4}{3} - 1$ Isole y.
$y = \frac{2}{3}x - \frac{7}{3}$ Escreva a forma inclinação-intersecção.

b. Qualquer reta perpendicular à reta dada deve ter um inclinação de $-\frac{3}{2}$ (pois $-\frac{3}{2}$ é o oposto do recíproco de $\frac{2}{3}$). Portanto, a reta que passa por $(2, -1)$ e que é perpendicular à reta dada possui a seguinte equação.

$y - (-1) = -\frac{3}{2}(x - 2)$ Escreva a forma ponto-inclinação.
$y + 1 = -\frac{3}{2}x + 3$ Simplifique.
$y = -\frac{3}{2}x + 3 - 1$ Isole y.
$y = -\frac{3}{2}x + 2$ Escreva a forma inclinação-intersecção.

TUTOR TÉCNICO

Em uma ferramenta gráfica, as retas não parecerão ter a inclinação correta a menos seja utilizada uma janela de visualização em uma "configuração quadrada". Por exemplo, tente desenhar um gráfico das retas do Exemplo 7 utilizando a configuração-padrão $-10 \leq x \leq 10$ e $-10 \leq y \leq 10$. Em seguida, reajuste a janela de visualização para uma configuração quadrada $-9 \leq x \leq 9$ e $-6 \leq y \leq 6$. Em qual das configurações as retas $y = \frac{2}{3}x - \frac{5}{3}$ e $y = -\frac{3}{2}x + 2$ parecem ser perpendiculares?

✓ AUTOAVALIAÇÃO 7

Determine a equação da reta que passa pelo ponto $(2, 1)$ e é

a. paralela à reta $2x - 4y = 5$.
b. perpendicular à reta $2x - 4y = 5$. ∎

Aplicação estendida: depreciação linear

A maior parte dos gastos das empresas pode ser deduzida no mesmo ano em que ocorreram. Uma exceção a essa regra é o custo de propriedades que possuam vida útil superior a um ano, como edifícios, automóveis ou equipamentos. Esses gastos devem ser **depreciados** conforme a vida útil do objeto. Se o *mesmo montante* é depreciado a cada ano, o procedimento é chamado de **depreciação linear**. O *valor contábil* é a diferença entre o valor original e o montante total de depreciação acumulado até a data.

Exemplo 8 — Depreciação do equipamento

Sua empresa adquiriu uma máquina no valor de $12.000 que possui uma vida útil de oito anos. O valor residual no final dos oito anos é $2.000. Escreva uma equação linear que descreva o valor contábil da máquina a cada ano.

SOLUÇÃO Suponha que V represente o valor da máquina no final do ano t. É possível representar o valor inicial da máquina pelo par ordenado (0, 12.000) e o valor residual da máquina pelo par ordenado (8, 2.000). A inclinação da reta é

$$m = \frac{2.000 - 12.000}{8 - 0} = -\$ 1.250 \qquad m = \frac{V_2 - V_1}{t_2 - t_1}$$

que representa a depreciação anual em *dólares por ano*. Utilizando a forma ponto-inclinação, é possível escrever a equação da reta como a seguir.

$V - 12.000 = -1.250(t - 0)$ Escreva a forma ponto-inclinação.

$V = -1.250t + 12.000$ Escreva a forma inclinação-intersecção.

O gráfico dessa equação é mostrado na Figura 1.42.

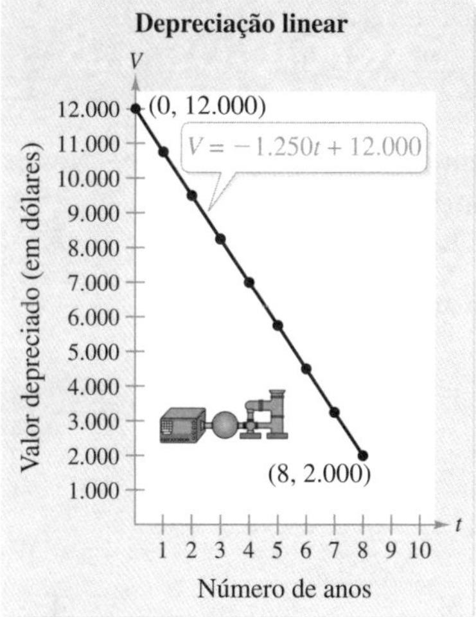

Depreciação linear

$V = -1.250t + 12.000$

FIGURA 1.42

✓ AUTOAVALIAÇÃO 8

Escreva a equação linear da máquina do Exemplo 8 se o valor residual no final de oito anos for $ 1.000.

PRATIQUE (Seção 1.3)

1. Enuncie a forma inclinação-intersecção da equação de uma reta *(página 21)*. Para um exemplo de uma equação na forma inclinação-intersecção, veja o Exemplo 1.

2. Explique como decidir se a inclinação de uma reta é uma razão ou uma taxa de variação *(página 23)*. Para um exemplo de uma inclinação que é uma razão, veja o Exemplo 2, e para um exemplo de inclinação, que é uma taxa de variação, veja o Exemplo 3.

3. Explique como encontrar a inclinação de uma reta por dois pontos *(página 24)*. Para um exemplo de como encontrar a inclinação de uma reta por dois pontos, veja o Exemplo 4.

4. Dê a forma ponto-inclinação da equação de uma reta *(página 26)*. Para exemplos de equações em forma ponto-inclinação, veja os Exemplos 5 e 6.

5. Explique como decidir se duas retas são paralelas, perpendiculares ou nenhum dos dois casos *(página 27)*. Para um exemplo, veja o Exemplo 7.

6. Descreva um exemplo real de como uma equação linear pode ser usada para analisar a depreciação de bens *(página 28, Exemplo 8)*.

Recapitulação 1.3

Os exercícios preparatórios a seguir envolvem conceitos vistos em cursos anteriores. Esses conceitos serão utilizados no conjunto de exercícios desta seção. Para obter mais ajuda, consulte a Seção A.3 do Apêndice.

Nos Exercícios 1 e 2, simplifique a expressão.

1. $\dfrac{5 - (-2)}{-3 - 4}$

2. $\dfrac{-7 - (-10)}{4 - 1}$

3. Calcule $-\dfrac{1}{m}$ quando $m = -3$.

4. Calcule $-\dfrac{1}{m}$ quando $m = \dfrac{6}{7}$.

Nos Exercícios 5-10, isole y e escreva-o em termos de x.

5. $-4x + y = 7$

6. $3x - y = 7$

7. $y - 2 = 3(x - 4)$

8. $y - (-5) = -1[x - (-2)]$

9. $y - (-3) = \dfrac{4 - (-3)}{2 - 1}(x - 2)$

10. $y - 1 = \dfrac{-3 - 1}{-7 - (-1)}[x - (-1)]$

Exercícios 1.3

Estimativa da inclinação Nos Exercícios 1-4, calcule a inclinação da reta.

1. 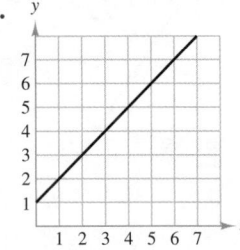
2. 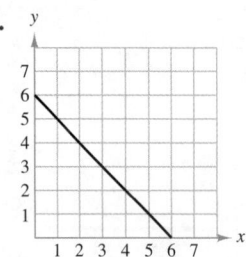
3. 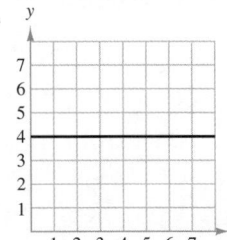
4.

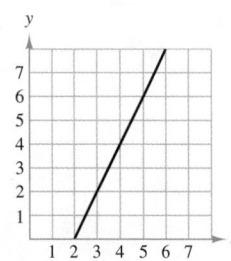

Encontrando a inclinação e a intersecção com o eixo y Nos Exercícios 5-16, encontre a inclinação e a intersecção com o eixo y (se possível) da equação da reta.

5. $y = x + 7$
6. $y = 4x + 3$
7. $5x + y = 20$
8. $2x + y = 40$
9. $7x + 6y = 30$
10. $2x + 3y = 9$
11. $3x = y - 15$
12. $2x - 3y = 24$
13. $x = 4$
14. $x + 5 = 0$
15. $y - 4 = 0$
16. $y + 1 = 0$

Representação gráfica de uma equação linear Nos Exercícios 17-26, esboce o gráfico da equação. Use uma ferramenta gráfica para verificar o resultado. *Veja o Exemplo 1.*

17. $y = -2$
18. $y = -4$
19. $y = -2x + 1$
20. $y = 3x - 2$
21. $6x + 3y = 18$
22. $4x + 5y = 20$
23. $2x - y - 3 = 0$
24. $-5x + 2y - 20 = 0$
25. $3x + 5y + 15 = 0$
26. $x + 2y + 6 = 0$

Encontrando a inclinação de uma reta Nos Exercícios 27-40, encontre a inclinação da reta que passa pelo par de pontos. *Veja o Exemplo 4.*

27. $(0, -3), (9, 0)$
28. $(-2, 0), (1, 4)$
29. $(3, -4), (5, 2)$
30. $(1, 2), (-2, 2)$
31. $(4, -1), (2, 7)$
32. $\left(\frac{11}{3}, -2\right), \left(\frac{11}{3}, -10\right)$
33. $(-8, -3), (-8, -5)$
34. $(3, -5), (-2, -5)$
35. $(-2, 1), (4, -3)$
36. $(2, -1), (-2, -5)$
37. $\left(\frac{1}{4}, -2\right), \left(-\frac{3}{8}, 1\right)$
38. $\left(-\frac{3}{2}, -5\right), \left(\frac{5}{6}, 4\right)$
39. $\left(\frac{2}{3}, \frac{5}{2}\right), \left(\frac{1}{4}, -\frac{5}{6}\right)$
40. $\left(\frac{7}{8}, \frac{3}{4}\right), \left(\frac{5}{4}, -\frac{1}{4}\right)$

Encontrando pontos em uma reta Nos Exercícios 41-48, utilize o ponto na reta e sua inclinação para determinar três pontos adicionais pelos quais a reta passa (há diversas respostas corretas).

Ponto	Inclinação		Ponto	Inclinação
41. $(2, 1)$	$m = 0$	42.	$(-3, -1)$	$m = 0$
43. $(1, 7)$	$m = -3$	44.	$(7, -2)$	$m = 2$
45. $(6, -4)$	$m = \frac{2}{3}$	46.	$(-1, -6)$	$m = -\frac{1}{2}$
47. $(-8, 1)$	m não é definido.			
48. $(-3, 4)$	m não é definido.			

Utilizando a inclinação Nos Exercícios 49-52, utilize o conceito de inclinação para determinar se os três pontos são colineares.

49. $(-2, 1), (-1, 0), (2, -2)$
50. $(4, 1), (-2, -2), (8, 3)$
51. $(-2, -1), (0, 3), (2, 7)$
52. $(0, 4), (7, -6), (-5, 11)$

Utizando a forma ponto-inclinação Nos Exercícios 53-62, escreva uma equação da reta que passa pelo ponto dado e possui a inclinação dada. Em seguida, use a equação para esboçar a reta. *Veja o Exemplo 5.*

Ponto	Inclinação
53. $(0, 3)$	$m = \frac{3}{4}$
54. $\left(0, -\frac{2}{3}\right)$	$m = \frac{1}{6}$
55. $(-1, 2)$	m não é definido.
56. $(0, 4)$	m não é definido.
57. $(-2, 7)$	$m = 0$
58. $(-1, -4)$	$m = -2$
59. $(0, -2)$	$m = -4$
60. $(-2, 4)$	$m = 0$
61. $\left(0, \frac{2}{3}\right)$	$m = \frac{3}{4}$
62. $(0, 0)$	$m = \frac{2}{3}$

Escrevendo uma equação de reta Nos Exercícios 63-74, escreva uma equação da reta que passa pelos pontos. Em seguida, utilize a equação para esboçar a reta.

63. $(4, 3), (0, -5)$
64. $(6, 1), (10, 1)$
65. $(0, 0), (-1, 3)$
66. $(2, 5), (2, -10)$
67. $(2, 3), (2, -2)$
68. $(-3, -4), (1, 4)$
69. $(3, -1), (-2, -1)$
70. $(-3, 6), (1, 2)$
71. $\left(-\frac{1}{3}, 1\right), \left(-\frac{2}{3}, \frac{5}{6}\right)$
72. $\left(\frac{7}{8}, \frac{3}{4}\right), \left(\frac{5}{4}, -\frac{1}{4}\right)$
73. $\left(-\frac{1}{2}, 4\right), \left(\frac{1}{2}, 8\right)$
74. $(4, -1), \left(\frac{1}{4}, -5\right)$

75. Escreva uma equação da reta vertical com intersecção com o eixo x em 3.

76. Escreva uma equação da reta com intersecção com o eixo *x* em −5 e que seja paralela a todas as retas verticais.

77. Escreva uma equação da reta com intersecção com o eixo *y* em −10 e que seja paralela a todas as retas horizontais.

78. Escreva uma equação da reta horizontal que passa por (0, −5).

Encontrando retas paralelas e perpendiculares
Nos Exercícios 79-86, escreva a equação da reta que passa pelo ponto dado e que é (a) paralela à reta dada e (b) perpendicular à reta dada. Em seguida, use uma ferramenta gráfica para traçar o gráfico das três equações na mesma janela de visualização. *Veja o Exemplo 7.*

	Ponto	Reta
79.	$(-3, 2)$	$x + y = 7$
80.	$(2, 1)$	$4x - 2y = 3$
81.	$\left(-\frac{2}{3}, \frac{7}{8}\right)$	$3x + 4y = 7$
82.	$\left(\frac{7}{8}, \frac{3}{4}\right)$	$5x + 3y = 0$
83.	$(-1, 0)$	$y + 3 = 0$
84.	$(2, 5)$	$y + 4 = 0$
85.	$(1, 1)$	$x - 2 = 0$
86.	$(12, -3)$	$x + 4 = 0$

87. **Salário médio** O gráfico mostra os salários médios (em dólares) de diretores do ensino médio no período de 1996 a 2008. (*Fonte: Educational Research Service*)

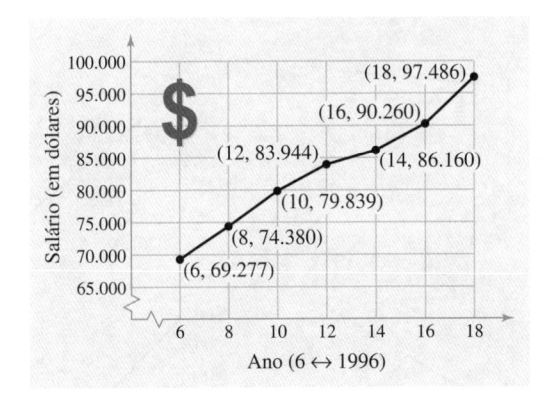

(a) Determine os períodos em que o salário médio aumentou mais e menos.
(b) Encontre a inclinação do segmento de reta conectando os pontos para os anos de 1996 e 2008.
(c) Interprete o significado da inclinação na parte (b) no contexto do problema.

88. **Receita** O gráfico mostra a receita (em bilhões de dólares) da Verizon Communications para os anos de 2003 a 2009. (*Fonte: Verizon Communications*)

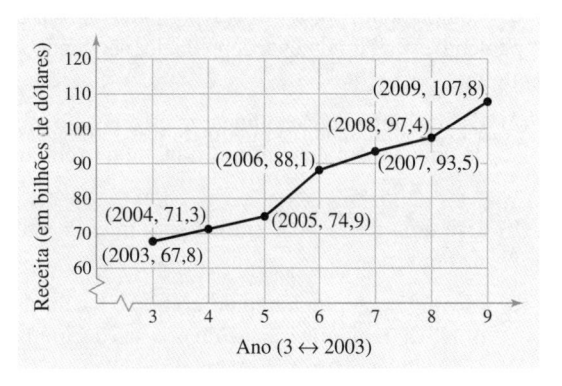

(a) Determine os anos em que as receitas aumentaram mais e menos.
(b) Encontre a inclinação do segmento de reta conectando os pontos para os anos de 2003 e 2009.
(c) Interprete o significado da inclinação na parte (b) no contexto do problema.

89. **Conversão de temperatura** Escreva uma equação linear que expresse a relação entre a temperatura em graus Celsius *C* e em graus Fahrenheit *F*. Utilize o fato de que a água congela a 0 °C (32 °F) e ferve a 100 °C (212 °F).

90. **Química** Utilize o resultado do Exercício 89 para responder às seguintes questões:
(a) Uma pessoa tem temperatura de 102,2 °F. Qual é essa temperatura na escala Celsius?
(b) A temperatura em uma sala é de 76 °F. Qual é essa temperatura na escala Celsius?

91. **População** A população de Wisconsin (em milhares) era de 5.511 em 2004 e 5.655 em 2009. Suponha que a relação entre a população *y* e o ano *t* seja linear. Suponha que *t* = 0 represente o ano 2000. (*Fonte: U.S. Census Bureau*)
(a) Escreva um modelo linear para os dados. Qual é a inclinação e quais as informações que ela fornece sobre a população?
(b) Utilize o modelo para fazer uma estimativa da população em 2006.
(c) Utilize uma biblioteca, a internet ou outra fonte de referência para determinar a população real em 2006. As estimativas estão próximas aos valores reais?

(d) Seu modelo poderia ser utilizado para prever a população em 2015? Explique.

92. **Depreciação linear** Uma pequena empresa compra um equipamento por $ 1.025. Após cinco anos o equipamento estará totalmente depreciado, não tendo valor algum.

   (a) Escreva uma equação linear que forneça o valor y do equipamento em termos do tempo t (em anos), $0 \leq t \leq 5$.

   (b) Use uma ferramenta gráfica para traçar o gráfico da equação.

   (c) Mova o cursor ao longo do gráfico e faça uma estimativa (com precisão de duas casas decimais) do valor do equipamento quando $t = 3$.

   (d) Mova o cursor ao longo do gráfico e faça uma estimativa (com precisão de duas casas decimais) do ano no qual o valor do equipamento será de $ 600.

93. **Renda individual** A renda individual (em bilhões de dólares) nos Estados Unidos era $ 9.937 em 2004 e $ 12.175 em 2009. Suponha que a relação entre a renda individual y e o tempo t (em anos) seja linear. Suponha que $t = 0$ corresponda a 1990. (*Fonte: U.S. Bureau of Economic Analysis*)

   (a) Escreva um modelo linear para os dados.

   (b) Estime a renda individual em 2006.

   (c) Estime a renda individual em 2011.

   (d) Utilize uma biblioteca, a internet ou outra fonte de referência para determinar a renda individual real em 2006 e 2011. Quão próximas estão suas estimativas?

94. **Oferta de emprego** Por trabalhar como vendedor, você recebe um salário mensal de $ 2.000, mais comissão de 7% pelas vendas. Alguém oferece a você um novo emprego com salário de $ 2.300 por mês, mais comissão de 5% pelas vendas.

   (a) Escreva uma equação linear de seu salário mensal atual W (em doláres) em termos das vendas mensais S (em doláres) para seu trabalho atual e para sua oferta de emprego.

   (b) Use uma ferramenta gráfica para traçar o gráfico de cada equação na mesma janela de visualização. Encontre o ponto de intersecção. O que ele significa?

   (c) É possível vender $ 20.000 de um produto por mês. Você deveria mudar de emprego? Explique.

95. **Análise de lucro** Uma empresa fabrica um produto a um custo de $ 50 por unidade e vende esse mesmo produto a $ 120 por unidade. O investimento inicial da empresa para produzi-lo foi de $ 350.000.

   (a) Escreva as equações lineares que dão o custo total C (em dólares) de produzir x unidades e a receita R (em dólares) com a venda de x unidades.

   (b) Utilize a fórmula do lucro, $P = R - C$, para determinar uma equação do lucro proveniente de x unidades produzidas e vendidas.

   (c) A empresa estima que pode vender 13.000 unidades. Qual será o lucro ou a perda da empresa?

96. **VISUALIZE** Combine a descrição da situação com o seu gráfico. Em seguida, escreva a equação da reta. [Os gráficos estão marcados (i), (ii), (iii) e (iv).]

   (a) Você está pagando $ 10 por semana para quitar um empréstimo de $ 100.

   (b) Um funcionário ganha $ 12,50 por hora mais $ 1,50 para cada unidade produzida por hora.

   (c) Um representante de vendas recebe $ 30 por dia para alimentação, mais $ 0,51 para cada milha percorrida.

   (d) Um computador que foi comprado por $600 deprecia $ 100 por ano.

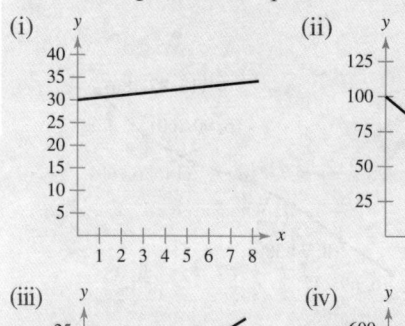

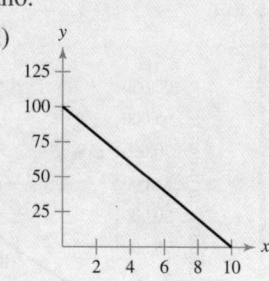

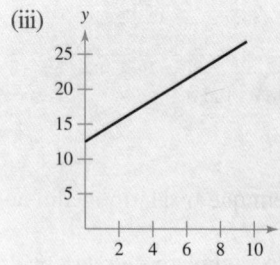

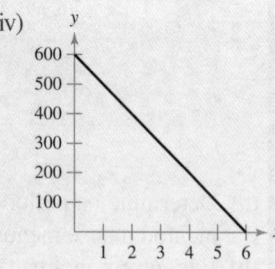

TESTE PRELIMINAR

Faça este teste como se estivesse em uma sala de aula. Ao concluir, compare suas respostas com as respostas fornecidas no final do livro.

Nos Exercícios 1-3, (a) marque os pontos, (b) determine a distância entre os pontos e (c) determine o ponto médio do segmento de reta que une os pontos.

1. $(3, -2), (-3, 1)$ 2. $\left(\frac{1}{4}, -\frac{3}{2}\right), \left(\frac{1}{2}, 2\right)$ 3. $(-12, 4), (6, -2)$

4. Utilize a fórmula da distância para mostrar que os pontos $(4, 0)$, $(2, 1)$ e $(-1, -5)$ são vértices de um triângulo retângulo.

5. A população residente da Georgia (em milhares) era de 9.534 em 2007, e de 9.829 em 2009. Utilize a fórmula do ponto médio para estimar a população em 2004. *(Fonte: U.S. Census Bureau)*

Nos Exercícios 6-8, esboce o gráfico da equação e identifique as intersecções com os eixos.

6. $y = 5x + 2$ 7. $y = x^2 + x - 6$ 8. $y = |x - 3|$

Nos Exercícios 9-11, escreva a forma padrão da equação da circunferência.

9. Centro: $(0, 0)$; raio: 9

10. Centro: $(-1, 0)$; raio: 6

11. Centro: $(2, -2)$; ponto solução: $(-1, 2)$

12. Uma empresa fabrica um produto a um custo de $ 4,55 por unidade e vende esse mesmo produto a $ 7,19 por unidade. O investimento inicial da empresa para produzi-lo foi de $ 12.500. Quantas unidades a empresa deve vender para atingir o ponto de equilíbrio?

Nos Exercícios 13-15, encontre a equação da reta que passa pelo ponto dado e tem a inclinação dada. Em seguida, use a equação para esboçar a reta.

13. $(0, -3); m = \frac{1}{2}$ 14. $(1, 1); m = 2$ 15. $(6, 5); m = -\frac{1}{3}$

Nos Exercícios 16-18, escreva a equação da reta que passa pelos pontos. Em seguida, utilize a equação para esboçar a reta.

16. $(1, -1), (-4, 5)$ 17. $(-2, 3), (-2, 2)$ 18. $\left(\frac{5}{2}, 2\right), (0, 2)$

19. Determine a equação da reta que passa pelo ponto $(3, -5)$ e é

    (a) paralela à reta $x + 4y = -2$.

    (b) perpendicular à reta $x + 4y = -2$.

20. As vendas de uma empresa totalizaram $ 1.330.000 em 2007 e $ 1.800.000 em 2011. Se as vendas da empresa seguirem um padrão de crescimento linear, faça uma previsão das vendas para 2015 e 2018.

21. Uma empresa reembolsa seus representantes de vendas com $ 175 por dia, que inclui hospedagem e refeições, mais $ 0,55 por milha percorrida. Escreva uma equação linear que forneça o custo diário C (em dólares) em termos de x, o número de milhas percorridas.

22. Seu salário anual era de $ 34.600 em 2009 e $ 37.800 em 2011. Suponha que seu salário possa ser modelado por meio de uma equação linear.

    (a) Escreva uma equação linear que forneça seu salário S (em dólares) em termos de ano. Suponha que $t = 9$ represente 2009.

    (b) Utilize o modelo linear para prever seu salário em 2015.

1.4 Funções

- Decidir se a relação entre duas variáveis é uma função.
- Determinar domínios e imagens de funções.
- Utilizar a notação de função e calcular funções.
- Combinar funções para criar outras funções.
- Determinar funções inversas algebricamente.

Funções

Em diversas relações comuns entre duas variáveis, o valor de uma depende do valor da outra. Aqui estão alguns exemplos.

1. O imposto sobre as vendas em um item depende de seu preço de venda.

2. A distância que um objeto percorre em um tempo determinado depende de sua velocidade.

3. A área de um círculo depende de seu raio.

Considere a relação entre a receita total R e a venda de x unidades de um produto vendido por $\$ 1{,}25$ a unidade. Essa relação pode ser expressa pela equação

$$R = 1{,}25x.$$

Nessa equação, o valor de R depende da escolha de x. Por causa disso, R é a **variável dependente** e x é a **variável independente**.

A maioria das relações que serão estudadas neste curso possui a seguinte propriedade: para um valor dado da variável independente, há exatamente um valor correspondente da variável dependente. Tal relação chama-se **função**.

Definição de função

Uma **função** é uma relação entre duas variáveis, tal que cada valor da variável independente corresponda a exatamente um valor da variável dependente.

O **domínio** da função é o conjunto de todos os valores da variável independente para as quais a função é definida. A **imagem** da função é o conjunto de todos os valores assumidos pela variável dependente.

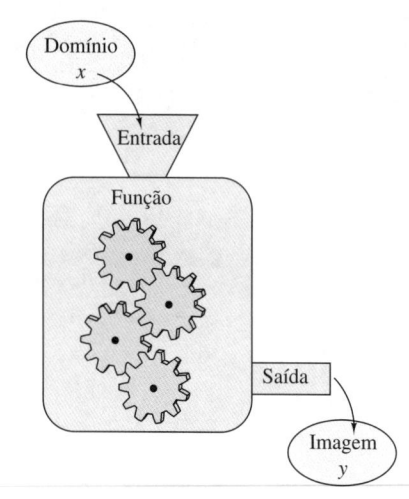

Na Figura 1.43, observe que é possível pensar em uma função como uma máquina cuja entrada são os valores da variável independente e cuja saída são os valores da variável dependente.

Embora as funções possam ser descritas de várias maneiras, como por meio de tabelas, gráficos e diagramas, elas com mais frequência são especificadas por fórmulas e equações. Por exemplo, a equação

$$y = 4x^2 + 3$$

descreve y como uma função de x. Para essa função, x é a variável independente e y é a variável dependente.

Exemplo 1 Decidindo se as relações são funções

Quais das equações abaixo definem y como uma função de x?

a. $x + y = 1$ **b.** $x^2 + y^2 = 1$

c. $x^2 + y = 1$ **d.** $x + y^2 = 1$

No Exercício 67, na página 44, você usará uma função para estimar os montantes gastos em medicamentos prescritos nos Estados Unidos.

FIGURA 1.43

SOLUÇÃO Para decidir se uma equação define uma função, é de grande ajuda isolar a variável dependente no lado esquerdo. Por exemplo, para decidir se a equação $x + y = 1$ define y como uma função de x, escreva a equação na forma

$$y = 1 - x.$$

Por essa forma, é possível observar que, para qualquer valor de x, há exatamente um valor de y. Portanto, y é uma função de x.

Equação original	Equação reescrita	Teste: y é função de x?
a. $x + y = 1$	$y = 1 - x$	Sim, cada valor de x determina um único valor de y.
b. $x^2 + y^2 = 1$	$y = \pm\sqrt{1 - x^2}$	Não, alguns valores de x determinam dois valores de y.
c. $x^2 + y = 1$	$y = 1 - x^2$	Sim, cada valor de x determina um único valor de y.
d. $x + y^2 = 1$	$y = \pm\sqrt{1 - x}$	Não, alguns valores de x determinam dois valores de y.

Observe que as equações que atribuem dois valores ($\pm$) à variável dependente para um valor dado da variável independente não definem funções de x. Por exemplo, na parte (b), quando $x = 0$, a equação $y = \pm\sqrt{1 - x^2}$ indica que $y = +1$ ou $y = -1$. A Figura 1.44 mostra os gráficos das quatro equações.

> **TUTOR TÉCNICO**
>
> Muitas ferramentas gráficas têm um recurso de *equation editor* (editor de equações) que requer que uma equação seja escrita na forma "$y =$" para ser inserida. O procedimento utilizado no Exemplo 1, que isola a variável dependente do lado esquerdo, também ajuda muito ao desenhar gráficos de equações com uma ferramenta gráfica. Para traçar o gráfico de uma equação na qual y não é função de x, como uma circunferência, é necessário inserir duas ou mais equações na ferramenta gráfica.

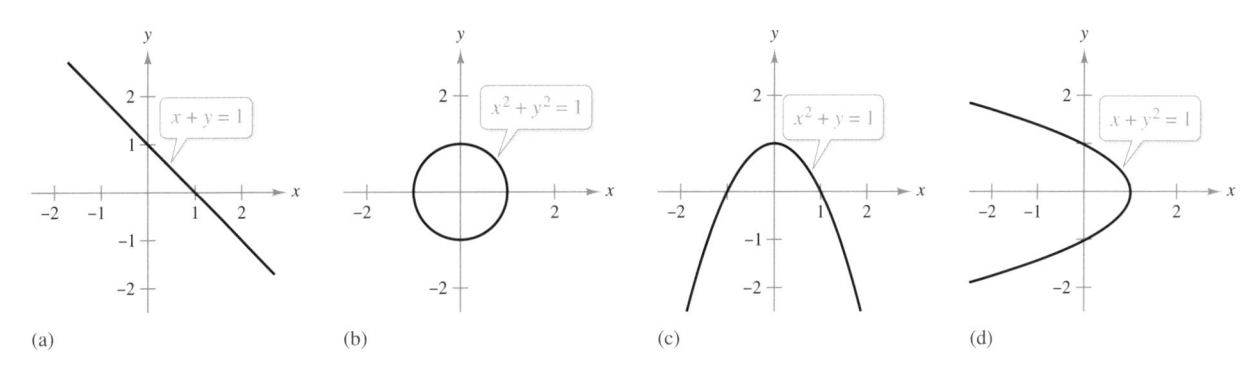

(a) (b) (c) (d)

FIGURA 1.44

✓ AUTOAVALIAÇÃO 1

Decida se cada equação define y como uma função de x.

a. $x - y = 1$ **b.** $x^2 + y^2 = 4$ **c.** $y^2 + x = 2$ **d.** $x^2 - y = 0$ ∎

Quando o gráfico de uma função é esboçado, a convenção-padrão é supor que o eixo horizontal represente a variável independente. Quando essa convenção é utilizada, o teste descrito no Exemplo 1 conta com uma boa interpretação gráfica chamada de **teste da reta vertical**. Esse teste afirma que se cada reta vertical interceptar o gráfico de uma equação no máximo uma vez, então a equação define y como uma função de x. Por exemplo, na Figura 1.44, os gráficos dos itens (a) e (c) satisfazem o teste da reta vertical, mas os dos itens (b) e (d), não.

Domínio e imagem de uma função

O domínio de uma função pode ser descrito explicitamente, ou pode estar *implícito* em uma equação utilizada para definir a função. Por exemplo, a função dada por

$$y = \frac{1}{x^2 - 4}$$

possui um domínio implícito que consiste em todos os reais x exceto $x = \pm 2$. Esses dois valores são excluídos do domínio porque a divisão por zero não é definida.

Outro tipo de domínio implícito é aquele utilizado para evitar raízes pares de números negativos, como mostra o Exemplo 2.

Exemplo 2   Determinação do domínio e da imagem de uma função

Determine o domínio e a imagem de cada função.

a. $y = \sqrt{x-1}$ **b.** $y = \begin{cases} 1-x, & x < 1 \\ \sqrt{x-1}, & x \geq 1 \end{cases}$

SOLUÇÃO

a. Como $\sqrt{x-1}$ não é definida para $x - 1 < 0$ (ou seja, para $x < 1$), segue que o domínio da função é o intervalo

$$x \geq 1 \text{ ou } [1, \infty).$$

Para determinar a imagem, observe que $\sqrt{x-1}$ nunca é negativo. Além disso, à medida que x assume os diversos valores no domínio, y assume todos os valores não negativos. Portanto, a imagem é o intervalo

$$y \geq 0 \text{ ou } [0, \infty)$$

como mostrado na Figura 1.45(a).

b. Como essa função é definida para $x < 1$ e para $x \geq 1$, o domínio é todo o conjunto de números reais. Essa função é chamada de **função definida por partes**, porque é definida por duas ou mais equações sobre um domínio especificado. Quando $x \geq 1$, a função comporta-se como no item (a). Para $x < 1$, o valor de $1 - x$ é positivo, então a imagem da função é

$$y \geq 0 \text{ or } [0, \infty)$$

como mostra a Figura 1.45(b).

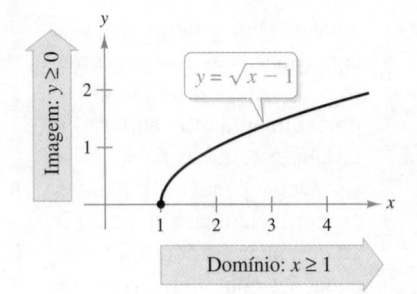

FIGURA 1.45

✓ AUTOAVALIAÇÃO 2

Determine o domínio e a imagem de cada função.

a. $y = \sqrt{x+1}$ **b.** $y = \begin{cases} x^2, & x \leq 0 \\ \sqrt{x}, & x > 0 \end{cases}$

Uma função é **bijetora** se para cada valor da variável dependente na imagem houver exatamente um valor correspondente da variável independente no domínio. Por exemplo, a função no Exemplo 2(a) é bijetora, enquanto a função no Exemplo 2(b) não é bijetora.

Geometricamente, uma função é bijetora se cada reta horizontal interceptar o gráfico da função no máximo uma vez. Essa interpretação geométrica é o **teste da reta horizontal** para funções bijetoras. Portanto, um gráfico que representa uma função bijetora deve satisfazer *ambos*, o teste da reta vertical e o teste da reta horizontal.

Notação de função

Ao utilizar uma equação para definir uma função, geralmente isola-se a variável dependente à esquerda. Por exemplo, escrever a equação $x + 2y = 1$ como

$$y = \frac{1-x}{2}$$

indica que y é variável dependente. Na **notação de função**, essa equação tem a forma

$$f(x) = \frac{1-x}{2}.\qquad \text{Notação de função}$$

A variável independente é x, e o nome da função é "f". Lê-se o símbolo $f(x)$ como "f de x", e isso denota o valor da variável dependente. Por exemplo, o valor de f quando $x = 3$ é

$$f(3) = \frac{1-(3)}{2} = \frac{-2}{2} = -1.$$

O valor $f(3)$ é chamado de **valor da função** e está na imagem de f. Isso significa que o ponto $(3, f(3))$ está no gráfico de f. Uma das vantagens da notação de função é que ela permite que se use menos palavras. Por exemplo, em vez de perguntar "Qual é o valor de y quando $x = 3$?" pode-se perguntar "Quanto é $f(3)$?".

Exemplo 3 — Cálculo de uma função

Determine os valores da função

$$f(x) = 2x^2 - 4x + 1$$

quando x é -1, 0 e 2. A função f é bijetora?

SOLUÇÃO Você pode calcular f nos valores dados de x, conforme é mostrado.

$x = -1$: $f(-1) = 2(-1)^2 - 4(-1) + 1 = 2 + 4 + 1 = 7$
$x = 0$: $\quad f(0) = 2(0)^2 - 4(0) + 1 = 0 - 0 + 1 = 1$
$x = 2$: $\quad f(2) = 2(2)^2 - 4(2) + 1 = 8 - 8 + 1 = 1$

Como dois valores diferentes de x resultam no mesmo valor de $f(x)$, a função *não* é bijetora, como mostra a Figura 1.46.

> **DICA DE ESTUDO**
>
> É possível utilizar o teste da reta horizontal para determinar se a função do Exemplo 3 é bijetora. Como a reta $y = 1$ intercepta o gráfico da função duas vezes, a função *não* é bijetora.

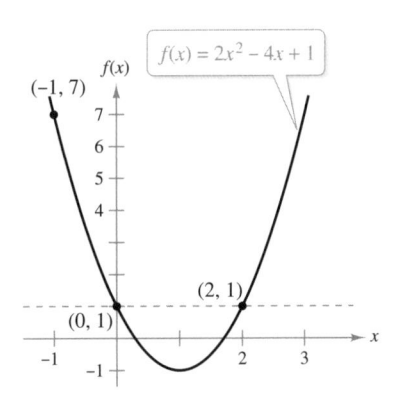

FIGURA 1.46

✓ AUTOAVALIAÇÃO 3

Determine os valores de $f(x) = x^2 - 5x + 1$ quando x é 0, 1 e 4. f é bijetora? ■

O Exemplo 3 sugere que o papel da variável x na equação

$$f(x) = 2x^2 - 4x + 1$$

é simplesmente o de um marcador de posição. Informalmente, f poderia ser definida pela equação

$$f(\;\;\;) = 2(\;\;\;)^2 - 4(\;\;\;) + 1.$$

Para calcular $f(-2)$, simplesmente coloque um -2 em cada conjunto de parênteses.

$$f(-2) = 2(-2)^2 - 4(-2) + 1 = 8 + 8 + 1 = 17$$

Embora muitas vezes f seja usado como um nome de função conveniente e como variável independente, você pode usar outros símbolos. Por exemplo, todas as equações seguintes definem a mesma função.

$f(x) = x^2 - 4x + 7$ O nome da função é f, a variável independente é x.
$f(t) = t^2 - 4t + 7$ O nome da função é f, a variável independente é t.
$g(s) = s^2 - 4s + 7$ O nome da função é g, a variável independente é s.

Exemplo 4 Cálculo de uma função

Dado $f(x) = x^2 + 7$, calcule cada expressão.

a. $f(x + \Delta x)$ **b.** $\dfrac{f(x + \Delta x) - f(x)}{\Delta x}$

SOLUÇÃO

a. Para calcular f em $x + \Delta x$, substitua x por $x + \Delta x$ na função original, conforme mostrado.

$$f(x + \Delta x) = (x + \Delta x)^2 + 7$$
$$= x^2 + 2x\,\Delta x + (\Delta x)^2 + 7$$

b. Utilizando o resultado do item (a), pode-se escrever

$$\frac{f(x + \Delta x) - f(x)}{\Delta x} = \frac{[(x + \Delta x)^2 + 7] - (x^2 + 7)}{\Delta x}$$
$$= \frac{x^2 + 2x\,\Delta x + (\Delta x)^2 + 7 - x^2 - 7}{\Delta x}$$
$$= \frac{2x\,\Delta x + (\Delta x)^2}{\Delta x}$$
$$= \frac{\Delta x(2x + \Delta x)}{\Delta x}$$
$$= 2x + \Delta x, \quad \Delta x \neq 0.$$

✓ AUTOAVALIAÇÃO 4

Dada $f(x) = x^2 + 3$ calcule cada expressão

a. $f(x + \Delta x)$ **b.** $\dfrac{f(x + \Delta x) - f(x)}{\Delta x}$

No Exemplo 4(b), a expressão

$$\frac{f(x + \Delta x) - f(x)}{\Delta x} \qquad \text{Quociente de diferença}$$

é chamada quociente de diferença e tem um significado especial em cálculo. Você aprenderá mais sobre isso no Capítulo 2.

Combinações de funções

Duas funções podem ser combinadas de várias formas para criar novas funções. Por exemplo, se $f(x) = 2x - 3$ e $g(x) = x^2 + 1$, é possível formar as seguintes funções.

$f(x) + g(x) = (2x - 3) + (x^2 + 1) = x^2 + 2x - 2$ Soma
$f(x) - g(x) = (2x - 3) - (x^2 + 1) = -x^2 + 2x - 4$ Diferença
$f(x)g(x) = (2x - 3)(x^2 + 1) = 2x^3 - 3x^2 + 2x - 3$ Produto

$$\frac{f(x)}{g(x)} = \frac{2x - 3}{x^2 + 1} \qquad \text{Quociente}$$

Ainda é possível combinar duas funções de outra maneira, chamada **composição**. A função resultante é uma **função composta**. Por exemplo, dadas $f(x) = x^2$ e $g(x) = x + 1$, a composição de f com g é

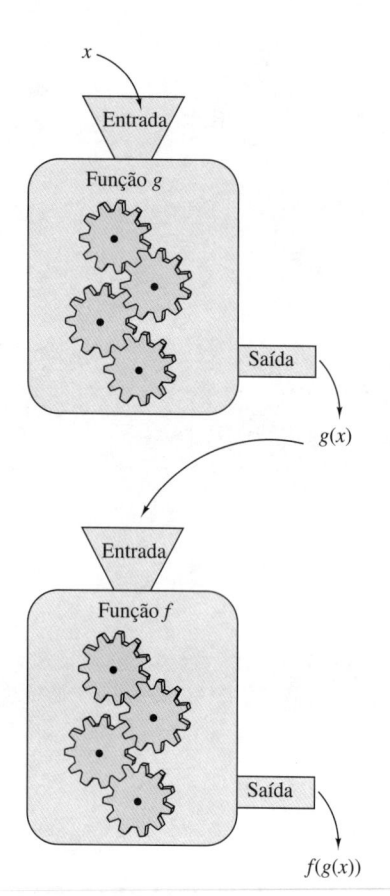

FIGURA 1.47

$f(g(x)) = f(x + 1) = (x + 1)^2$.

Esta composição é designada por $f \circ g$ e é lida como "f composta com g".

Definição de função composta

Sejam f e g duas funções. Com a função dada por

$(f \circ g)(x) = f(g(x))$

é a **composta** de f e g. O **domínio** de $(f \circ g)$ é o conjunto de todos os x no domínio de g, tal que $g(x)$ está no domínio de f, como indicado na Figura 1.47.

A composta de f com g pode não ser igual à composta de g com f, como mostra o próximo exemplo.

Exemplo 5 Formação de funções compostas

Suponha que $f(x) = 2x - 3$ e $g(x) = x^2 + 1$ e encontre cada função composta.

a. $f(g(x))$ **b.** $g(f(x))$.

SOLUÇÃO

a. A composta de f com g é dada por

$\begin{aligned} f(g(x)) &= 2(g(x)) - 3 && \text{Calcule } f \text{ em } g(x). \\ &= 2(x^2 + 1) - 3 && \text{Substitua } g(x) \text{ por } x^2 + 1. \\ &= 2x^2 + 2 - 3 && \text{Propriedade distributiva.} \\ &= 2x^2 - 1. && \text{Simplifique.} \end{aligned}$

b. A composta de g com f é dada por

$\begin{aligned} g(f(x)) &= (f(x))^2 + 1 && \text{Calcule } g \text{ em } f(x). \\ &= (2x - 3)^2 + 1 && \text{Substitua } f(x) \text{ por } 2x - 3. \\ &= 4x^2 - 12x + 9 + 1 && \text{Expanda.} \\ &= 4x^2 - 12x + 10. && \text{Simplifique.} \end{aligned}$

DICA DE ESTUDO

As expressões para $f(g(x))$ e $g(f(x))$ são diferentes no Exemplo 5. Em geral, a função composta de f com g não é a mesma que a de g com f.

✓**AUTOAVALIAÇÃO 5**

Dado que $f(x) = 2x + 1$ e $g(x) = x^2 + 2$, encontre cada função composta.

a. $f(g(x))$ **b.** $g(f(x))$. ■

Funções inversas

Informalmente, a função inversa de f é outra função g que "desfaz" o que f fez. Por exemplo, a subtração pode ser usada para desfazer a adição, e a divisão pode ser empregada para desfazer a multiplicação.

$x \xrightarrow{f} f(x) \xrightarrow{g} g(f(x)) = x$

Definição de função inversa

Sejam f e g duas funções, tais que

$$f(g(x)) = x \text{ para cada } x \text{ no domínio de } g$$

e

$$g(f(x)) = x \text{ para cada } x \text{ no domínio de } f.$$

Sob essas condições, a função g é a **função inversa** de f. A função g é denotada por f^{-1}, que é lida como "inversa de f". Portanto,

$$f(f^{-1}(x)) = x \quad \text{e} \quad f^{-1}(f(x)) = x.$$

O domínio de f deve ser igual à imagem de f^{-1} e a imagem de f deve ser igual ao domínio de f^{-1}.

Não fique confuso com o uso do subscrito -1 para denotar a função inversa f^{-1}. Nesse texto, sempre que escrevemos f^{-1}, estaremos nos referindo à função inversa de f e não ao recíproco de $f(x)$.

Exemplo 6 — Determinação informal de funções inversas

Encontre a função inversa de cada função informalmente.

a. $f(x) = 2x$ **b.** $f(x) = x + 4$

SOLUÇÃO

a. A função *multiplica* cada entrada por 2. Para "desfazer" esta função, é preciso dividir cada entrada por 2. Assim, a função inversa de $f(x) = 2x$ é

$$f^{-1}(x) = \frac{x}{2}.$$

b. A função f *acrescenta* 4 a cada entrada. Para "desfazer" esta função, é preciso *subtrair* 4 de cada entrada. Assim, a função inversa de $f(x) = x + 4$ é

$$f^{-1}(x) = x - 4.$$

Verifique se f e f^{-1} são funções inversas mostrando que $f(f^{-1}(x)) = x$ e $f^{-1}(f(x)) = x$.

✓ AUTOAVALIAÇÃO 6

Informalmente, determine a função inversa de cada função.
a. $f(x) = \frac{1}{5}x$ **b.** $f(x) = x - 6$

Os gráficos de f e f^{-1} são imagens espelhadas uma da outra (em relação à reta $y = x$), conforme a Figura 1.48. Tente fazer uso de uma ferramenta gráfica com uma *configuração quadrada* para confirmar isso para cada uma das funções dadas no Exemplo 6.

As funções do Exemplo 6 são simples o bastante para que suas funções inversas possam ser determinadas por inspeção. O próximo exemplo ilustra uma estratégia para determinar funções inversas de funções mais complicadas.

Exemplo 7 — Determinação de uma função inversa

Determine a função inversa de $f(x) = \sqrt{2x - 3}$.

SOLUÇÃO Comece substituindo $f(x)$ por y. Em seguida, troque x e y e isole y.

$$f(x) = \sqrt{2x - 3} \quad \text{Escreva a função original.}$$
$$y = \sqrt{2x - 3} \quad \text{Substitua } f(x) \text{ por } y.$$
$$x = \sqrt{2y - 3} \quad \text{Troque } x \text{ e } y.$$

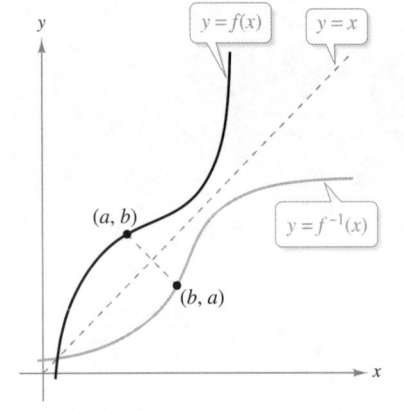

FIGURA 1.48 O gráfico de f^{-1} é uma reflexão do gráfico de f em relação à reta $y = x$.

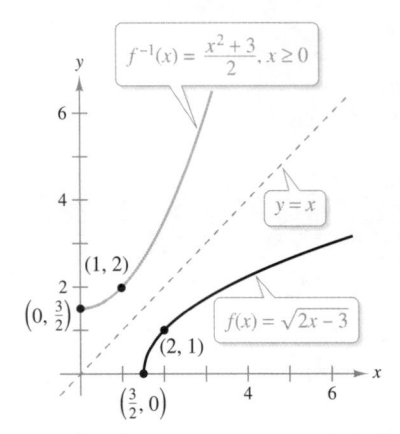

FIGURA 1.49

$$x^2 = 2y - 3 \qquad \text{Eleve os dois lados ao quadrado.}$$
$$x^2 + 3 = 2y \qquad \text{Some 3 de cada lado.}$$
$$\frac{x^2 + 3}{2} = y \qquad \text{Divida os dois lados por 2.}$$

Portanto, a função inversa possui a forma

$$f^{-1}(\quad) = \frac{(\quad)^2 + 3}{2}.$$

Utilizando x como a variável independente, pode-se escrever

$$f^{-1}(x) = \frac{x^2 + 3}{2}, \quad x \geq 0.$$

Na Figura 1.49, observe que o domínio de f^{-1} coincide com a imagem de f.

✓ AUTOAVALIAÇÃO 7

Determine a função inversa de $f(x) = x^2 + 2$ para $x \geq 0$. ∎

Depois de ter determinado uma função inversa, deve-se confirmar os resultados. É possível confirmar os resultados *graficamente* ao se observar que os gráficos de f e f^{-1} são reflexões um do outro em relação à reta

$$y = x.$$

É possível confirmar os resultados *algebricamente* ao se calcular $f(f^{-1}(x))$ e $f^{-1}(f(x))$ – ambos devem ser iguais a x.

Confirme que $f(f^{-1}(x)) = x$

$$f(f^{-1}(x)) = f\left(\frac{x^2 + 3}{2}\right)$$
$$= \sqrt{2\left(\frac{x^2 + 3}{2}\right) - 3}$$
$$= \sqrt{x^2}$$
$$= x, \quad x \geq 0$$

Confirme que $f^{-1}(f(x)) = x$

$$f^{-1}(f(x)) = f^{-1}\left(\sqrt{2x - 3}\right)$$
$$= \frac{\left(\sqrt{2x - 3}\right)^2 + 3}{2}$$
$$= \frac{2x}{2}$$
$$= x, \quad x \geq \frac{3}{2}$$

> **TUTOR TÉCNICO**
>
> Uma ferramenta gráfica pode ajudar a confirmar se os gráficos de f e f^{-1} são reflexões um do outro em relação à reta $y = x$. Para isso, trace o gráfico de $y = f(x)$, $y = f^{-1}(x)$ e $y = x$ na mesma janela de visualização, utilizando uma configuração quadrada.

Nem toda função possui uma função inversa. Na verdade, para que uma função tenha uma inversa, ela deve ser uma função bijetora.

Exemplo 8 Uma função que não possui função inversa

Mostre que a função

$$f(x) = x^2 - 1$$

não possui função inversa (suponha que o domínio de f seja o conjunto de todos os números reais).

SOLUÇÃO Comece esboçando o gráfico de f, como mostra a Figura 1.50. Observe que

$$f(2) = (2)^2 - 1 = 3$$

e

$$f(-2) = (-2)^2 - 1 = 3.$$

Portanto, f não passa no teste da reta horizontal, o que implica que ela não é bijetora e, consequentemente, não possui função inversa. A mesma conclusão pode ser obtida ao se tentar determinar a função inversa de f algebricamente.

$$f(x) = x^2 - 1 \qquad \text{Escreva a função original.}$$

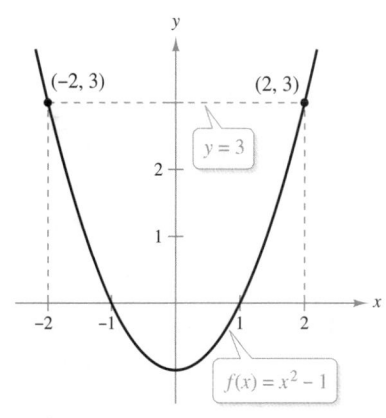

FIGURA 1.50 f não é bijetora e não possui função inversa.

$$y = x^2 - 1 \qquad \text{Substitua } f(x) \text{ por } y.$$
$$x = y^2 - 1 \qquad \text{Troque } x \text{ e } y.$$
$$x + 1 = y^2 \qquad \text{Some 1 de cada lado.}$$
$$\pm\sqrt{x+1} = y \qquad \text{Tire a raiz quadrada de cada lado.}$$

A última equação não define y como uma função de x e, portanto, f não possui função inversa.

✓ AUTOAVALIAÇÃO 8

Mostre que a função

$$f(x) = x^2 + 4$$

não possui função inversa. ∎

PRATIQUE (Seção 1.4)

1. Dê a definição de uma função *(página 34)*. Para um exemplo de função, veja o Exemplo 1.
2. Explique os significados de domínio e imagem *(página 36)*. Para um exemplo de domínio e de imagem, veja o Exemplo 2.
3. Explique o significado da notação de função *(página 36)*. Para exemplos de notação de função, veja os Exemplos 3 e 4.
4. Dê a definição de uma função composta *(página 39)*. Para um exemplo de função composta, veja o Exemplo 5.
5. Dê a definição de uma função inversa *(página 40)*. Para exemplos de funções inversas, veja os Exemplos 6 e 7.
6. Diga quando uma função não tem função inversa *(página 41)*. Para um exemplo de função que não tem função inversa, veja o Exemplo 8.

Recapitulação 1.4

Os exercícios preparatórios a seguir envolvem conceitos vistos em cursos anteriores. Esses conceitos serão utilizados no conjunto de exercícios desta seção. Para obter mais ajuda, consulte as Seções A.3 e A.5 do Apêndice.

Nos Exercícios 1-6, simplifique as expressões.

1. $5(-1)^2 - 6(-1) + 9$
2. $(-2)^3 + 7(-2)^2 - 10$
3. $(x-2)^2 + 5x - 10$
4. $(3-x) + (x+3)^3$
5. $\dfrac{1}{1-(1-x)}$
6. $1 + \dfrac{x-1}{x}$

Nos Exercícios 7-12, escreva y em termos de x.

7. $2x + y - 6 = 11$
8. $5y - 6x^2 - 1 = 0$
9. $(y-3)^2 = 5 + (x+1)^2$
10. $y^2 - 4x^2 = 2$
11. $x = \dfrac{2y-1}{4}$
12. $x = \sqrt[3]{2y-1}$

Exercícios 1.4

Decidindo se as equações são funções Nos Exercícios 1-8, decida se as equações definem y como a função de x. Veja o Exemplo 1.

1. $x^2 + y^2 = 16$
2. $x + y^2 = 4$
3. $\frac{1}{2}x - 6y = -3$
4. $x^2 + y^2 + 2x = 0$
5. $x^2 + y = 4$
6. $3x - 2y + 5 = 0$

7. $y = |x + 2|$

8. $x^2y - x^2 + 4y = 0$

Teste da reta vertical   Nos Exercícios 9-12, utilize o teste da reta vertical para determinar se y é uma função de x.

9. $x^2 + y^2 = 9$ 10. $x = |y|$

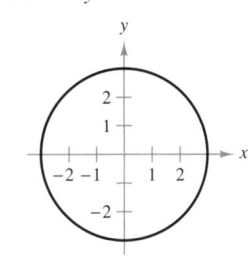

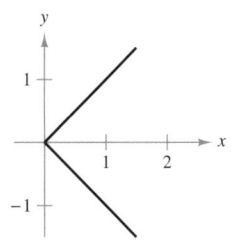

11. $x^2 = xy - 1$ 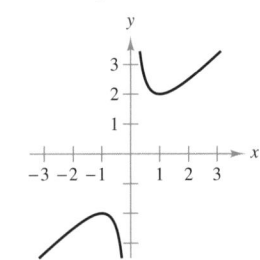   12. $x - xy + y + 1 = 0$

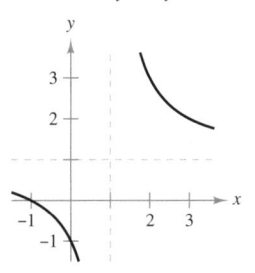

Encontrando o domínio e a imagem de uma função Nos Exercícios 13-16, encontre o domínio e a imagem da função. Use a notação de intervalo para escrever o seu resultado. *Veja o Exemplo 2.*

13. $f(x) = x^3$ 14. $f(x) = \sqrt{2x - 3}$

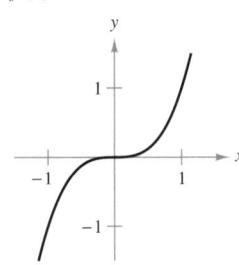

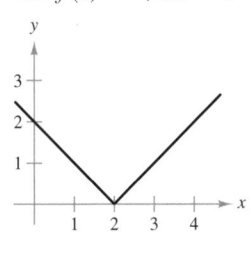

15. $f(x) = 4 - x^2$ 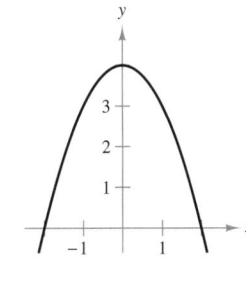   16. $f(x) = |x - 2|$

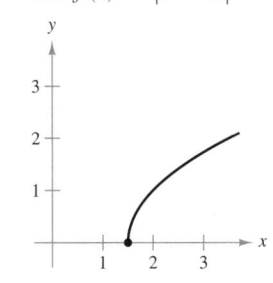

Encontrando o domínio e a imagem de uma função Nos Exercícios 17-24, encontre o domínio e a imagem da função. Use uma ferramenta gráfica para verificar seus resultados. *Veja o Exemplo 2.*

17. $f(x) = 2x^2 - 5x + 1$

18. $f(x) = \sqrt{9 - x^2}$

19. $f(x) = \dfrac{|x|}{x}$

20. $f(x) = 5x^3 + 6x^2 - 1$

21. $f(x) = \dfrac{x}{\sqrt{x - 4}}$

22. $f(x) = \begin{cases} 3x + 2, & x < 0 \\ 2 - x, & x \geq 0 \end{cases}$

23. $f(x) = \dfrac{x - 2}{x + 4}$ 24. $f(x) = \dfrac{x^2}{1 - x}$

Calculando uma função   Nos Exercícios 25-28, calcule a função nos valores especificados da variável independente. Simplifique os resultados. *Veja o Exemplo 3.*

25. $f(x) = 3x - 2$
   (a) $f(0)$ (b) $f(5)$ (c) $f(x - 1)$

26. $f(x) = x^2 - 4x + 1$
   (a) $f(-1)$ (b) $f\left(\tfrac{1}{2}\right)$ (c) $f(c + 2)$

27. $g(x) = 1/x$
   (a) $g\left(\tfrac{1}{4}\right)$ (b) $g(-4)$ (c) $g(x + 4)$

28. $f(x) = |x| + 4$
   (a) $f(-2)$ (b) $f(2)$ (c) $f(x + 2)$

Calculando uma função   Nos Exercícios 29-34, calcule o quociente da diferença e simplifique o resultado. *Veja o Exemplo 4.*

29. $f(x) = x^2 - 5x + 2$ 30. $h(x) = x^2 + x + 3$

    $\dfrac{f(x + \Delta x) - f(x)}{\Delta x}$ $\dfrac{h(2 + \Delta x) - h(2)}{\Delta x}$

31. $g(x) = \sqrt{x + 1}$ 32. $f(x) = \dfrac{1}{x + 4}$

    $\dfrac{g(x + \Delta x) - g(x)}{\Delta x}$ $\dfrac{f(x + \Delta x) - f(x)}{\Delta x}$

33. $f(x) = \dfrac{1}{x - 2}$ 34. $f(x) = \dfrac{1}{\sqrt{x}}$

    $\dfrac{f(x + \Delta x) - f(x)}{\Delta x}$ $\dfrac{f(x) - f(2)}{x - 2}$

Combinações de funções   Nos Exercícios 35-38, encontre (a) $f(x) + g(x)$, (b) $f(x) - g(x)$, (c) $f(x) \cdot g(x)$, (d) $f(x)/g(x)$, (e) $f(g(x))$, e (f) $g(f(x))$, se definido. *Veja o Exemplo 5.*

35. $f(x) = 2x - 5$ 36. $f(x) = x^2 + 5$
    $g(x) = 5$ $g(x) = \sqrt{1 - x}$

37. $f(x) = x^2 + 1$ 38. $f(x) = \dfrac{x}{x + 1}$
    $g(x) = x - 1$ $g(x) = x^3$

39. **Funções compostas** Dadas $f(x) = \sqrt{x}$ e $g(x) = x^2 - 1$, encontre as funções compostas.
   (a) $f(g(1))$ (b) $g(f(1))$
   (c) $g(f(0))$ (d) $f(g(-4))$
   (e) $f(g(x))$ (f) $g(f(x))$

40. **Funções compostas** Dadas $f(x) = 1/x$ e $g(x) = x^2 - 1$, encontre as funções compostas.
   (a) $f(g(2))$ (b) $g(f(2))$

(c) $f(g(-3))$ (d) $g(f(1/\sqrt{2}))$
(e) $f(g(x))$ (f) $g(f(x))$

Encontrando as funções inversas informalmente
Nos Exercícios 41-44, encontre a função inversa de f informalmente. Verifique seus resultados mostrando que $f(f^{-1}(x)) = x$ e $f^{-1}(f(x)) = x$. Veja o Exemplo 6.

41. $f(x) = 4x$
42. $f(x) = \frac{1}{3}x$
43. $f(x) = x + 12$
44. $f(x) = x - 3$

Encontrando uma função inversa Nos Exercícios 45-56, encontre a função inversa de f. Veja o Exemplo 7.

45. $f(x) = 2x - 3$
46. $f(x) = -6x - 4$
47. $f(x) = \frac{3}{2}x + 1$
48. $f(x) = 7 - x$
49. $f(x) = x^5$
50. $f(x) = x^3$
51. $f(x) = \dfrac{1}{x}$
52. $f(x) = -\dfrac{2}{x}$
53. $f(x) = \sqrt{9 - x^2}$, $0 \le x \le 3$
54. $f(x) = \sqrt{x^2 - 4}$, $x \ge 2$
55. $f(x) = x^{2/3}$, $x \ge 0$
56. $f(x) = x^{3/5}$

Determinando se uma função é bijetora Nos Exercícios 57-62, use uma ferramenta gráfica para traçar a função. Em seguida, use o teste da reta horizontal para determinar se a função é bijetora. Se for, encontre sua função inversa.

57. $f(x) = 3 - 7x$
58. $f(x) = \sqrt{x - 2}$
59. $f(x) = x^2$
60. $f(x) = x^4$
61. $f(x) = |x + 3|$
62. $f(x) = -5$

63. Representação gráfica de uma função Use o gráfico de $f(x) = \sqrt{x}$ abaixo para esboçar o gráfico de cada função.

(a) $y = \sqrt{x} + 2$
(b) $y = -\sqrt{x}$
(c) $y = \sqrt{x - 2}$
(d) $y = \sqrt{x + 3}$
(e) $y = \sqrt{x - 4} - 1$
(f) $y = 2\sqrt{x}$

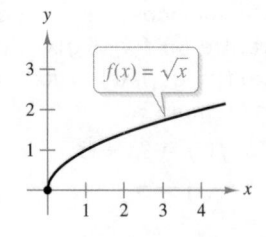

64. Representação gráfica de uma função Use o gráfico de $f(x) = |x|$ abaixo para esboçar o gráfico de cada função.

(a) $y = |x| + 3$
(b) $y = -\frac{1}{2}|x|$
(c) $y = |x - 2|$
(d) $y = |x + 1| - 1$
(e) $y = 2|x|$

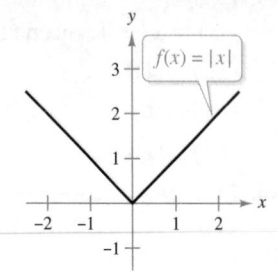

65. Escrevendo uma função Use o gráfico de $f(x) = x^2$ para escrever uma equação para cada função cujo gráfico é mostrado.

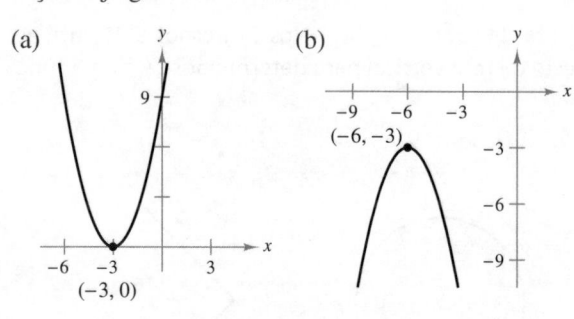

(a) [gráfico com vértice $(-3, 0)$, passando por $(0, 9)$]
(b) [gráfico com vértice $(-6, -3)$]

66. Escrevendo uma função Use o gráfico de $f(x) = x^3$ para escrever uma equação para cada função cujo gráfico é mostrado.

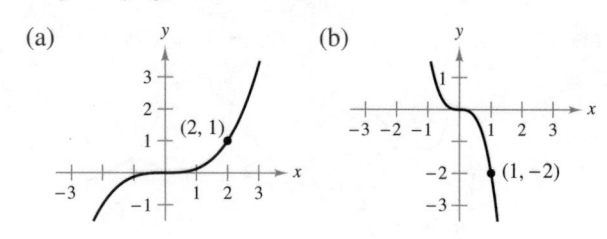

(a) [gráfico passando por $(2, 1)$]
(b) [gráfico passando por $(1, -2)$]

67. Medicamentos prescritos Os valores d (em bilhões de dólares) gastos em medicamentos prescritos nos Estados Unidos de 1997 a 2008 (veja a figura) podem ser aproximados pelo modelo

$$d(t) = \begin{cases} 15{,}35t - 32{,}2, & 7 \le t \le 11 \\ -0{,}687t^2 + 33{,}57t - 146{,}5, & 12 \le t \le 18 \end{cases}$$

em que t representa o ano, com $t = 7$ correspondendo a 1997. (*Fonte: U.S. Centers for Medicare & Medicaid Services*)

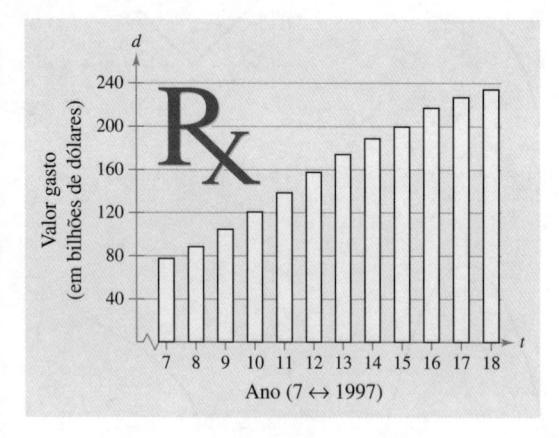

(a) Use o gráfico para estimar os valores gastos em medicamentos prescritos em 2000, 2003 e 2007.

(b) Use o modelo para encontrar os valores gastos em medicamentos prescritos em 2000, 2003 e 2007. Quão bem o modelo ajusta os dados? Explique seu raciocínio.

68. VISUALIZE Um termostato controlado eletronicamente em uma casa é programado para baixar a temperatura automaticamente durante a noite. A temperatura na casa, T (em graus Fahrenheit), é dada em termos de t, o tempo em horas em um relógio de 24 horas (veja a figura).

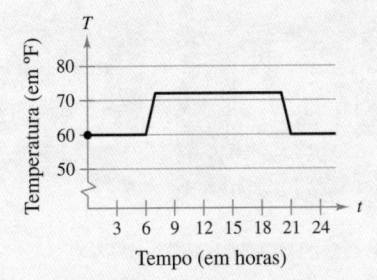

(a) Explique por que T é uma função de t.

(b) Aproxime $T(4)$ e $T(15)$.

(c) O termostato é reprogramado para produzir uma temperatura H na qual

$$H(t) = T(t - 1).$$

Como isso altera a temperatura?

(d) O termostato é reprogramado para produzir uma temperatura H na qual

$$H(t) = T(t) - 1.$$

Como isso altera a temperatura?

69. Propriedade de uma empresa Você possui dois restaurantes. De 2005 até 2011, as vendas R_1 (em milhares de dólares) de um restaurante podem ser modeladas por

$$R_1 = 690 - 8t - 0{,}8t^2, \quad t = 5, 6, 7, 8, 9, 10, 11$$

em que $t = 1$ representa 2001. Durante o mesmo período de sete anos, as vendas R_2 (em milhares de dólares) do segundo restaurante podem ser modeladas por

$$R_2 = 458 + 0{,}78t, \quad t = 5, 6, 7, 8, 9, 10, 11.$$

Escreva uma função que represente o total de vendas para os dois restaurantes. Use uma ferramenta gráfica para traçar a função das vendas totais.

70. Nascimentos e mortes De 1990 a 2007, os números totais de nascimentos B (em milhares) e mortes D (em milhares) nos Estados Unidos podem ser aproximados pelos modelos

$$B(t) = -0{,}151t^3 + 8{,}00t^2 - 85{,}0t + 4.176$$

e

$$D(t) = -1{,}25t^2 + 38{,}5t + 2.136$$

em que t representa o ano, com $t = 0$ correspondendo a 1990. Encontre $B(t) - D(t)$ e interprete esta função. *(Fonte: US National Center for Health Statistics).*

71. Custo O inventor de um novo jogo acredita que o custo variável para a produção do jogo é $ 1,95 por unidade. O custo fixo é de $ 6.000.

(a) Expresse o custo total C como uma função de x, o número de jogos vendidos.

(b) Encontre uma fórmula para o custo médio por unidade

$$\overline{C} = \frac{C}{x}.$$

(c) O preço de venda para cada jogo é de $ 4,95. Quantas unidades devem ser vendidas antes do custo médio por unidade cair abaixo do preço de venda?

72. Demanda A função da demanda para uma mercadoria é

$$p = \frac{14{,}75}{1 + 0{,}01x}, \quad x \geq 0$$

em que p é o preço por unidade e x é o número de unidades vendidas.

(a) Encontre x como uma função de p.

(b) Encontre o número de unidades vendidas quando o preço é de $ 10.

73. Custo O custo semanal C de produzir x unidades em um processo de fabricação é dado por $C(x) = 70x + 500$. O número de unidades x produzidas em t horas é dado por $x(t) = 40t$.

(a) Encontre e interprete $C(x(t))$.

(b) Encontre o custo de 4 horas de produção.

(c) Depois de quanto tempo o custo de produção chega a $ 18.000?

74. Receita Para grupos de 80 ou mais pessoas, uma companhia de ônibus fretados determina o preço r (em dólares por pessoa) de acordo com a fórmula

$$r = 15 - 0{,}05(n - 80), \quad n \geq 80$$

em que n é o número de pessoas.

(a) Expresse a receita R da companhia de ônibus como uma função de n.

(b) Complete a tabela.

n	100	125	150	175	200	225	250
R							

(c) Você usaria a fórmula para o preço? Explique seu raciocínio.

75. Custo, receita e lucro Uma empresa investiu $ 98.000 em equipamento para produzir um novo produto. Cada unidade do produto custa $ 12,30 e é vendida por $ 17,98. Seja x o número de unidades produzidas e vendidas.

(a) Escreva o custo total C como a função de x.

(b) Escreva a receita R como a função de x.

(c) Escreva o lucro P como uma função de x.

76. Lucro Um fabricante cobra $ 90 por unidade que custa $ 60 para ser produzida. Para incentivar grandes encomendas pelos distribuidores, o fabricante reduzirá o preço em $ 0,01 por unidade para cada unidade em excesso de 100 unidades. (Por exemplo, um pedido de 101 unidades teria um preço de $ 89,99 por unidade e um pedido de 102 unidades teria um preço de $ 89,98 por unidade). Esta redução de preço é interrompida quando o preço por unidade cai para $ 75.

(a) Expresse o preço por unidade p como uma função do tamanho do pedido x.

(b) Expresse o lucro P como uma função do tamanho do pedido x.

Representação gráfica de funções Nos Exercícios 77-82, use uma ferramenta gráfica para traçar a função. Em seguida, use os recursos de *zoom* e *trace* para encontrar os zeros da função. A função é bijetora?

77. $f(x) = 9x - 4x^2$

78. $f(x) = (x + 3)^3$

79. $g(t) = \dfrac{t + 3}{1 - t}$

80. $f(x) = 2\left(3x^2 - \dfrac{6}{x}\right)$

81. $g(x) = x^2\sqrt{x^2 - 4}$

82. $h(x) = 6x^3 - 12x^2 + 4$

Cápsula de negócios

A CitiKitty, Inc. foi fundada em 2005 por Rebecca Rescate, de 26 anos de idade, depois que ela se mudou para um pequeno apartamento em Nova York sem lugar para esconder a caixa de areia do seu gato. Não encontrando nenhum kit de treinamento fácil de usar para a toalete de gato, ela criou um, e a CitiKitty nasceu com um investimento inicial de $ 20.000. Hoje a empresa floresce com uma linha de produtos expandida. As receitas em 2010 chegaram a $ 350.000.

83. Projeto de Pesquisa Use a biblioteca de sua escola, a Internet ou alguma outra fonte de referência, para encontrar informações sobre os custos iniciais para começar um negócio, como no exemplo acima. Escreva um pequeno texto sobre a empresa.

1.5 Limites

- Determinar os limites de funções, gráfica e numericamente.
- Compreender a definição do limite de uma função e utilizar as propriedades dos limites para calcular limites de funções.
- Utilizar diversas técnicas analíticas para calcular limites de funções.
- Calcular limites laterais.
- Reconhecer o comportamento ilimitado de funções.

Limite de uma função

Na linguagem do dia a dia, as pessoas referem-se a limite de velocidade, limite de peso de um lutador, limite de resistência de alguém ou esticar uma mola ao seu limite. Essas frases sugerem que um limite é um limiar, que em alguns casos pode não ser atingido, mas que em outras ocasiões pode ser alcançado ou ultrapassado.

Considere uma mola que se quebrará apenas se um peso de 10 libras ou mais estiver preso a ela. Para determinar o quanto a mola esticará sem se quebrar, é possível prender pesos progressivamente maiores e medir o comprimento da mola s para cada peso w, como mostra a Figura 1.51. Se o comprimento da mola aproxima-se de um valor de L, então se diz que "o limite de s, à medida que (ou quando) w tende a (ou se aproxima de) 10, é L". Um limite matemático é muito parecido com o limite de uma mola. A notação para um limite é

$$\lim_{x \to c} f(x) = L$$

e é lida como "o limite de $f(x)$, quando x tende a c, é L."

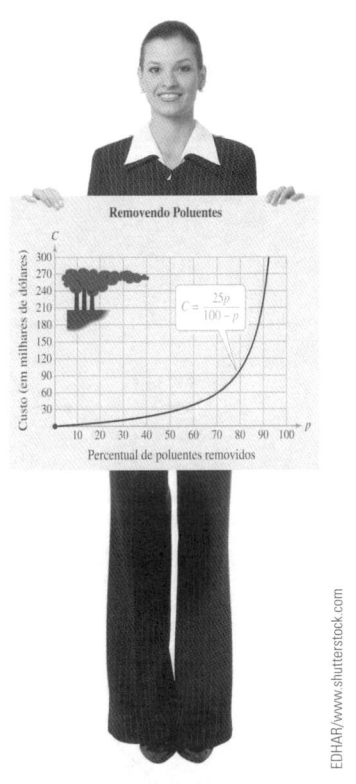

No Exercício 75, na página 57, você vai usar um limite para analisar o custo de remover poluentes de um pequeno lago.

Exemplo 1 Determinação de um limite

Determine o limite: $\lim_{x \to 1} (x^2 + 1)$.

SOLUÇÃO Seja $f(x) = x^2 + 1$. Ao observar o gráfico de f na Figura 1.52, tem-se a impressão de que $f(x)$ se aproxima de 2 quando x tende a 1 pelos dois lados. Assim, é possível escrever que

$$\lim_{x \to 1} (x^2 + 1) = 2.$$

A tabela fornece a mesma conclusão. Observe que quando x fica cada vez mais próximo de 1, $f(x)$ fica cada vez mais próximo de 2.

x	0,900	0,990	0,999	1,000	1,001	1,010	1,100
$f(x)$	1,810	1,980	1,998	2,000	2,002	2,020	2,210

x se aproxima de 1. x se aproxima de 1.
$f(x)$ se aproxima de 2. $f(x)$ se aproxima de 2.

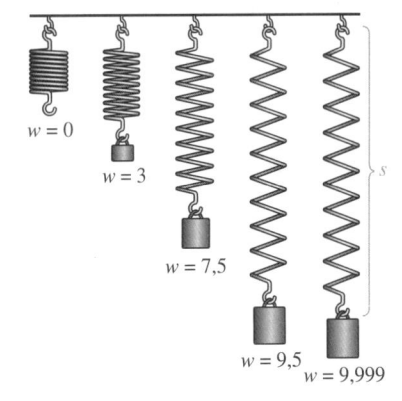

FIGURA 1.51 Qual é o limite de s à medida que w tende a 10 libras?

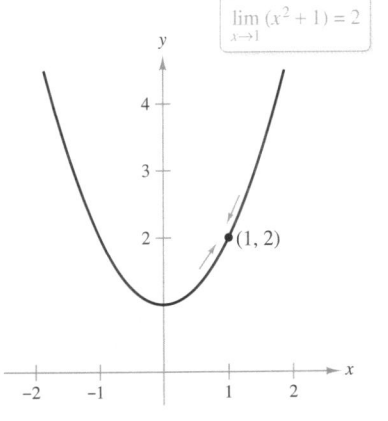

FIGURA 1.52

✓ AUTOAVALIAÇÃO 1

Determine o limite: $\lim_{x \to 1} (2x + 4)$. ■

Exemplo 2 Determinação de limites gráfica e numericamente

Determine o limite:

$$\lim_{x \to 1} f(x).$$

a. $f(x) = \dfrac{x^2 - 1}{x - 1}$ **b.** $f(x) = \dfrac{|x - 1|}{x - 1}$ **c.** $f(x) = \begin{cases} x, & x \neq 1 \\ 0, & x = 1 \end{cases}$

SOLUÇÃO

a. Ao observar o gráfico de f, na Figura 1.53(a), parece que $f(x)$ se aproxima de 2 à medida que x se aproxima de 1 pelos dois lados. Um ponto ausente é denotado pelo círculo branco no gráfico. Essa conclusão é reforçada pela tabela. Perceba que *não importa que $f(x)$ não seja definido quando $x = 1$*. O limite depende somente de valores de $f(x)$ próximo a 1, não em 1.

$\lim_{x \to 1} \dfrac{x^2 - 1}{x - 1} = 2$

	x se apoxima de 1.				x se apoxima de 1.	
x	0,900	0,990	0,999	1,000	1,001	1,010	1,100
$f(x)$	1,900	1,990	1,999	?	2,001	2,010	2,100

$f(x)$ se apoxima de 2. $f(x)$ se apoxima de 2.

b. Ao observar o gráfico de f, na Figura 1.53(b), pode-se verificar que $f(x) = -1$ para todos os valores à esquerda de $x = 1$, e $f(x) = 1$ para todos os valores à direita de $x = 1$. Portanto, $f(x)$ está se aproximando de um valor pela esquerda de $x = 1$ e outro pela direita. Nesses casos, diz-se que o *limite não existe*. Essa conclusão é reforçada pela tabela.

$\lim_{x \to 1} \dfrac{[x-1]}{x-1}$ não existe.

	x se apoxima de 1.				x se apoxima de 1.	
x	0,900	0,990	0,999	1,000	1,001	1,010	1,100
$f(x)$	−1,000	−1,000	−1,000	?	1,000	1,000	1,000

$f(x)$ se apoxima de −1. $f(x)$ se apoxima de 1.

c. Ao observar o gráfico de f na Figura 1.53(c), parece que $f(x)$ se aproxima de 1 à medida que x se aproxima de 1 pelos dois lados. Essa conclusão é reforçada pela tabela. Não importa que $f(1) = 0$. O limite depende somente de valores de $f(x)$ próximos a 1, não em 1.

$\lim_{x \to 1} f(x) = 1$

	x se apoxima de 1.				x se apoxima de 1.	
x	0,900	0,990	0,999	1,000	1,001	1,010	1,100
$f(x)$	0,900	0,990	0,999	?	1,001	1,010	1,100

$f(x)$ se apoxima de 1. $f(x)$ se apoxima de 1.

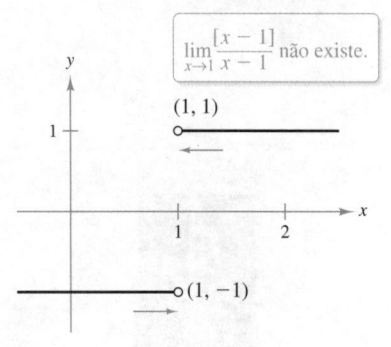

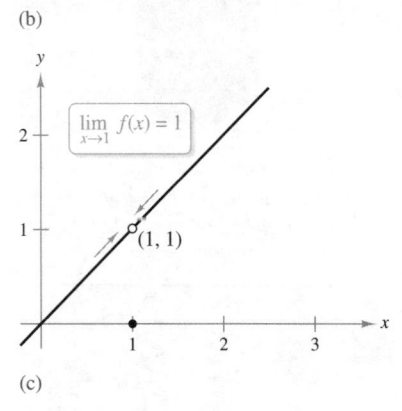

FIGURA 1.53

✓ AUTOAVALIAÇÃO 2

Determine o limite.

$$\lim_{x \to 2} f(x)$$

a. $f(x) = \dfrac{x^2 - 4}{x - 2}$ **b.** $f(x) = \dfrac{|x - 2|}{x - 2}$ **c.** $f(x) = \begin{cases} x^2, & x \neq 2 \\ 0, & x = 2 \end{cases}$

Definição do limite de uma função e propriedades dos limites

Existem três ideias importantes que podem ser aprendidas com os Exemplos 1 e 2.

1. Dizer que o limite de $f(x)$ se aproxima de L quando x tende a c significa que o valor de $f(x)$ se *aproxima arbitrariamente* do número L ao se escolher valores de x cada vez mais próximos de c.

2. Para que um limite exista, deve-se permitir que x se aproxime de c por *qualquer um dos dois lados* de c. Se $f(x)$ se aproxima de um número diferente quando x se aproxima de c pela esquerda do que pela direita, então o limite *não existe*. [Veja o Exemplo 2(b).]

3. O valor de $f(x)$ quando $x = c$ não tem influência na existência ou na não existência do limite de $f(x)$ quando x tende a c. Por exemplo, no Exemplo 2(a), o limite de $f(x)$ existe quando x tende a 1, muito embora a função f não seja definida para $x = 1$.

Definição do limite de uma função

Se $f(x)$ torna-se arbitrariamente próxima de um único número L, quando x tende a de c pelos dois lados, então

$$\lim_{x \to c} f(x) = L$$

e lê-se: "o **limite** de $f(x)$, quando x tende a c, é L".

> **TUTOR TÉCNICO**
>
> Você pode usar uma ferramenta gráfica para estimar o limite de uma função. Uma maneira é estimar o limite numericamente, criando uma tabela de valores que usa o recurso *table*. Outra maneira é traçar a função e usar a os recursos *trace* e *zoom* para estimar o limite graficamente.

Muitas vezes o limite de $f(x)$, quando x tende a c, é simplesmente $f(c)$, como mostra o Exemplo 1. Todas as vezes que o limite de $f(x)$, quando x tende a c, for

$$\lim_{x \to c} f(x) = f(c) \qquad \text{Substitua } x \text{ por } c.$$

o limite poderá ser calculado por **substituição direta** (na próxima seção, veremos que uma função que possui essa propriedade é *contínua em c*). É importante aprender a reconhecer os tipos de funções que possuem essa propriedade. Alguns tipos básicos estão relacionados na lista a seguir.

Alguns limites básicos

Suponha que b e c sejam números reais e que n seja um número inteiro positivo.

1. $\lim_{x \to c} b = b$ **2.** $\lim_{x \to c} x = c$ **3.** $\lim_{x \to c} x^n = c^n$ **4.** $\lim_{x \to c} \sqrt[n]{x} = \sqrt[n]{c}$

Na Propriedade 4, se n for par, então c deverá ser positivo.

Exemplo 3 Cálculo de limites básicos

a. $\lim_{x \to 2} 3 = 3$ **b.** $\lim_{x \to -4} x = -4$

c. $\lim_{x \to 2} x^3 = 2^3 = 8$ **d.** $\lim_{x \to 9} \sqrt{x} = \sqrt{9} = 3$

✓ AUTOAVALIAÇÃO 3

Encontre o limite.

a. $\lim_{x \to 1} 5$ **b.** $\lim_{x \to 6} x$ **c.** $\lim_{x \to 5} x^2$ **d.** $\lim_{x \to -8} \sqrt[3]{x}$ ■

Combinando os limites básicos desta página com as propriedades de limites mostrados na página seguinte, você pode determinar limites de uma ampla variedade de funções algébricas.

Propriedade de limites

Suponha que b e c sejam números reais e que n seja um número inteiro positivo. Suponha também que f e g sejam funções com os seguintes limites:

$$\lim_{x \to c} f(x) = L \quad \text{e} \quad \lim_{x \to c} g(x) = K$$

1. Múltiplo por escalar: $\lim_{x \to c} [bf(x)] = bL$
2. Soma ou diferença: $\lim_{x \to c} [f(x) \pm g(x)] = L \pm K$
3. Produto: $\lim_{x \to c} [f(x) \cdot g(x)] = LK$
4. Quociente: $\lim_{x \to c} \dfrac{f(x)}{g(x)} = \dfrac{L}{K}$, desde que $K \neq 0$
5. Potência: $\lim_{x \to c} [f(x)]^n = L^n$
6. Raiz: $\lim_{x \to c} \sqrt[n]{f(x)} = \sqrt[n]{L}$

Na Propriedade 6, se n for par, então L deverá ser positivo.

TUTOR TÉCNICO

Os sistemas de computação algébrica são capazes de calcular limites. Tente utilizar um sistema de computação algébrica para calcular o limite dado no Exemplo 4.

Exemplo 4 — Determinação do limite de uma função polinomial

Determine o limite: $\lim_{x \to 2} (x^2 + 2x - 3)$.

SOLUÇÃO

$$\begin{aligned}
\lim_{x \to 2} (x^2 + 2x - 3) &= \lim_{x \to 2} x^2 + \lim_{x \to 2} 2x - \lim_{x \to 2} 3 && \text{Aplique a propriedade 2.}\\
&= \lim_{x \to 2} x^2 + 2 \lim_{x \to 2} x - \lim_{x \to 2} 3 && \text{Aplique a propriedade 1.}\\
&= 2^2 + 2(2) - 3 && \text{Utilize a substituição direta.}\\
&= 5
\end{aligned}$$

✓ **AUTOAVALIAÇÃO 4**

Determine o limite: $\lim_{x \to 1} (2x^2 - x + 4)$.

No Exemplo 4 observe que o limite (quanto $x \to 2$) da *função polinomial*

$$p(x) = x^2 + 2x - 3$$

é simplesmente o valor de p em $x = 2$.

$$\lim_{x \to 2} p(x) = p(2) = 2^2 + 2(2) - 3 = 4 + 4 - 3 = 5$$

Esta é uma ilustração do seguinte resultado importante, que afirma que o limite de uma função polinomial pode ser calculado pela substituição direta.

Limite de uma função polinomial

Se p é uma função polinomial e c é qualquer número real, então

$$\lim_{x \to c} p(x) = p(c).$$

Técnicas de determinação de limites

Você aprendeu várias técnicas para calcular limites. Outra técnica é apresentada no Exemplo 5.

Exemplo 5 — Determinação do limite de uma função

Determine o limite:

$$\lim_{x \to 1} \frac{x^3 - 1}{x - 1}.$$

SOLUÇÃO Observe que o valor do numerador e do denominador é zero quando $x = 1$. Isso significa que $x - 1$ é um fator de ambos e que é possível cancelar o fator comum.

$$\frac{x^3 - 1}{x - 1} = \frac{(x - 1)(x^2 + x + 1)}{x - 1} \quad \text{Fatore o numerador.}$$

$$= \frac{\cancel{(x - 1)}(x^2 + x + 1)}{\cancel{x - 1}} \quad \text{Cancele o fator comum.}$$

$$= x^2 + x + 1, \quad x \neq 1 \quad \text{Simplifique.}$$

Portanto, a função racional $(x^3 - 1)/(x - 1)$ e a função polinomial $x^2 + x + 1$ coincidem em todos os valores de x, exceto $x = 1$. Portanto, é possível aplicar o teorema da substituição.

$$\lim_{x \to 1} \frac{x^3 - 1}{x - 1} = \lim_{x \to 1}(x^2 + x + 1) = 1^2 + 1 + 1 = 3$$

A Figura 1.54 ilustra esse resultado graficamente. Observe que os dois gráficos são idênticos, exceto que o gráfico de g contém o ponto $(1, 3)$, ausente no gráfico de f (no gráfico de f da Figura 1.54, o ponto ausente é denotado por um círculo branco).

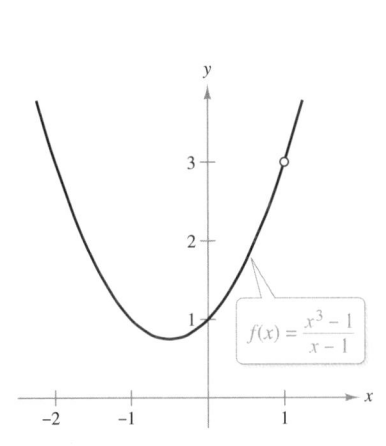

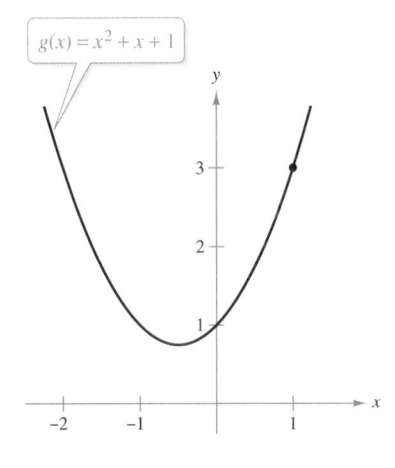

FIGURA 1.54

✓ AUTOAVALIAÇÃO 5

Determine o limite:

$$\lim_{x \to 2} \frac{x^3 - 8}{x - 2}.$$

A técnica utilizada para determinar o limite do Exemplo 4 é chamada de **técnica de cancelamento**. A validade desta técnica decorre do fato de que quando duas funções coincidem em tudo, menos em um único número c, as funções devem ter um comportamento de limite idêntico em $x = c$. Essa técnica será mais ilustrada no próximo exemplo.

Exemplo 6 Utilização da técnica de cancelamento

Para o limite $\lim_{x \to -3} \dfrac{x^2 + x - 6}{x + 3}$ a substituição direta falha porque tanto o numerador como o denominador são zero quando $x = -3$.

$$\lim_{x \to -3} \frac{x^2 + x - 6}{x + 3} \quad \longleftarrow \quad \begin{array}{l} \lim_{x \to -3}(x^2 + x - 6) = 0 \\ \lim_{x \to -3}(x + 3) = 0 \end{array}$$

No entanto, como o limite do numerador e do denominador é zero quando $x = -3$, sabe-se que eles devem ter um *fator comum* $x + 3$. Portanto, para todo $x \neq -3$, é possível cancelar esse fator para obter o seguinte:

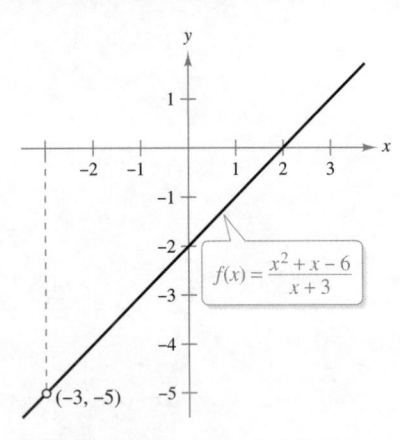

FIGURA 1.55 f não é definida quando $x = -3$.

$$\lim_{x \to -3} \frac{x^2 + x - 6}{x + 3} = \lim_{x \to -3} \frac{(x-2)(x+3)}{x+3}$$ Fatore o numerador.

$$= \lim_{x \to -3} \frac{(x-2)\cancel{(x+3)}}{\cancel{x+3}}$$ Cancele o fator comum.

$$= \lim_{x \to -3} (x - 2)$$ Simplifique.

$$= -3 - 2$$ Substituição direta.

$$= -5$$ Simplifique.

Esse resultado é mostrado graficamente na Figura 1.55. Observe que o gráfico de f coincide com o gráfico de $g(x) = x - 2$, com exceção de que o gráfico de f tem um buraco em $(-3, -5)$.

✓ AUTOAVALIAÇÃO 6

Determine o limite: $\lim_{x \to 3} \dfrac{x^2 + x - 12}{x - 3}$.

Exemplo 7 Determinação do limite de uma função

Determine o limite: $\lim_{x \to 0} \dfrac{\sqrt{x+1} - 1}{x}$.

SOLUÇÃO A substituição direta falha porque tanto o numerador como o denominador são zero quando $x = 0$. Nesse caso, pode-se reescrever a fração racionalizando o numerador.

$$\frac{\sqrt{x+1} - 1}{x} = \left(\frac{\sqrt{x+1} - 1}{x}\right)\left(\frac{\sqrt{x+1} + 1}{\sqrt{x+1} + 1}\right)$$

$$= \frac{(x+1) - 1}{x(\sqrt{x+1} + 1)}$$

$$= \frac{\cancel{x}}{\cancel{x}(\sqrt{x+1} + 1)}$$

$$= \frac{1}{\sqrt{x+1} + 1}, \quad x \neq 0$$

Agora, utilizando o teorema da substituição, é possível determinar o limite, conforme mostrado.

$$\lim_{x \to 0} \frac{\sqrt{x+1} - 1}{x} = \lim_{x \to 0} \frac{1}{\sqrt{x+1} + 1} = \frac{1}{\sqrt{0+1} + 1} = \frac{1}{1+1} = \frac{1}{2}$$

DICA DE ESTUDO

Quando se tenta calcular um limite e tanto o numerador como o denominador são zero, vale lembrar que é preciso reescrever a fração de modo que o novo denominador não tenha 0 como seu limite. Uma maneira de fazer isso é cancelar os fatores comuns, como mostra o Exemplo 6. Outra técnica é racionalizar o numerador, como mostra o Exemplo 7.

✓ AUTOAVALIAÇÃO 7

Determine o limite: $\lim_{x \to 0} \dfrac{\sqrt{x+4} - 2}{x}$.

Limites laterais

No Exemplo 2(b), foi visto que uma maneira do limite deixar de existir é quando uma função se aproxima de um valor pela esquerda de c e de outro pela direita. Esse tipo de comportamento pode ser descrito de maneira mais concisa pelo conceito de **limite lateral**.

$$\lim_{x \to c^-} f(x) = L \qquad \text{Limite à esquerda.}$$

$$\lim_{x \to c^+} f(x) = L \qquad \text{Limite à direita.}$$

Lê-se o primeiro desses dois limites como "o limite de $f(x)$, quando x tende a c pela esquerda, é L"; e o segundo, "o limite de $f(x)$, quando x tende a c pela direita, é L".

Exemplo 8 — Determinação de limites laterais

Determine o limite quando $x \to 0$ pela esquerda e o limite quando $x \to 0$ pela direita da função

$$f(x) = \frac{|2x|}{x}.$$

SOLUÇÃO Ao observar o gráfico de f, mostrado na Figura 1.56, é possível perceber que

$$f(x) = -2$$

para todo $x < 0$. Portanto, o limite à esquerda é

$$\lim_{x \to 0^-} \frac{|2x|}{x} = -2. \quad \text{Limite à esquerda.}$$

Como

$$f(x) = 2$$

para todo $x > 0$, o limite à direita é

$$\lim_{x \to 0^+} \frac{|2x|}{x} = 2. \quad \text{Limite à direita.}$$

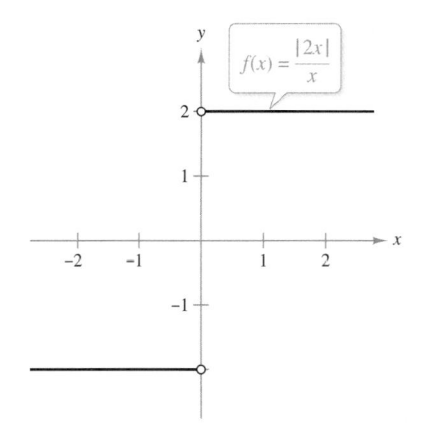

FIGURA 1.56

✓ AUTOAVALIAÇÃO 8

Determine cada limite.

a. $\lim\limits_{x \to 2^-} \dfrac{|x-2|}{x-2}$

b. $\lim\limits_{x \to 2^+} \dfrac{|x-2|}{x-2}$

No Exemplo 8, observe que a função se aproxima de limites diferentes pela esquerda e pela direita. Nesses casos, o limite de $f(x)$ quando $x \to c$ não existe. Para que o limite de uma função exista quando $x \to c$, *ambos* os limites laterais devem existir e ser iguais.

TUTOR TÉCNICO

Na maior parte das ferramentas gráficas, a função valor absoluto é denotada por *abs*. É possível verificar o resultado do Exemplo 8 ao traçar o gráfico de

$$y = \frac{\text{abs}(2x)}{x}$$

na janela de visualização $-3 \leq x \leq 3$ e $-3 \leq y \leq 3$.

Existência de um limite

Se f é uma função e c e L são números reais, então

$$\lim_{x \to c} f(x) = L$$

se e somente se tanto o limite à esquerda como o à direita forem iguais a L.

Exemplo 9 — Determinação de limites laterais

Determine o limite de $f(x)$ quando x tende a 1.

$$f(x) = \begin{cases} 4 - x, & x < 1 \\ 4x - x^2, & x > 1 \end{cases}$$

SOLUÇÃO Lembre-se de que está interessado no valor de f próximo a $x = 1$ e não em $x = 1$. Portanto, para $x < 1$, $f(x)$ é dada por

$$4 - x$$

e você pode utilizar a substituição direta para obter

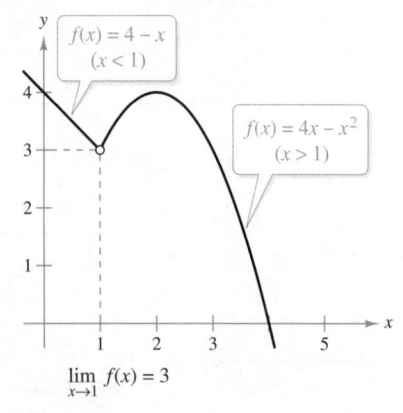

FIGURA 1.57

$$\lim_{x \to 1^-} f(x) = \lim_{x \to 1^-} (4-x) = 4 - 1 = 3.$$

Para $x > 1$, $f(x)$ é dada por

$$4x - x^2$$

e é possível utilizar a substituição direta para obter

$$\lim_{x \to 1^+} f(x) = \lim_{x \to 1^+} (4x - x^2) = 4(1) - 1^2 = 4 - 1 = 3.$$

Como ambos os limites existem e são iguais a 3, então

$$\lim_{x \to 1} f(x) = 3.$$

O gráfico na Figura 1.57 confirma essa conclusão.

✓ **AUTOAVALIAÇÃO 9**

Determine o limite de $f(x)$ quando x tende a 0.

$$f(x) = \begin{cases} x^2 + 1, & x < 0 \\ 2x + 1, & x > 0 \end{cases}$$

Exemplo 10 — Comparação de limites laterais

Um serviço de entrega noturna custa \$ 18 a primeira libra e \$ 2 por libra adicional. Suponha que x represente o peso de um pacote e que $f(x)$ represente seu custo de envio.

$$f(x) = \begin{cases} 18, & 0 < x \leq 1 \\ 20, & 1 < x \leq 2 \\ 22, & 2 < x \leq 3 \end{cases}$$

Mostre que o limite de $f(x)$ quando $x \to 2$ não existe.

SOLUÇÃO O gráfico de f é mostrado na Figura 1.58. O limite de $f(x)$ quando x tende a 2 pela esquerda é

$$\lim_{x \to 2^-} f(x) = 20$$

enquanto que o limite de $f(x)$ quando x tende a 2 pela direita é

$$\lim_{x \to 2^+} f(x) = 22.$$

Como esses limites laterais não são iguais, o limite de $f(x)$ quando $x \to 2$ não existe.

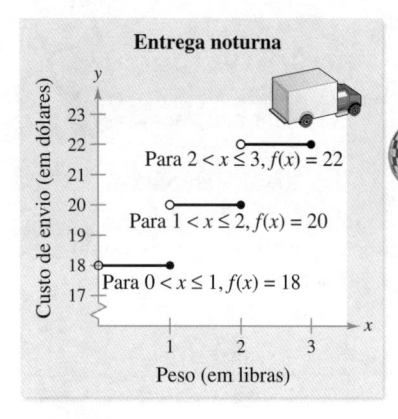

FIGURA 1.58

✓ **AUTOAVALIAÇÃO 10**

Mostre que o limite de $f(x)$ quando $x \to 1$ não existe no Exemplo 10.

Comportamento ilimitado

O Exemplo 10 mostra um limite que não existe porque os limites pela esquerda e pela direita diferem. Outra importante situação em que um limite não existe é quando $f(x)$ aumenta ou diminui indefinidamente quando x tende a c.

Exemplo 11 — Função ilimitada

Determine o limite (se possível): $\lim_{x \to 2} \dfrac{3}{x-2}$.

SOLUÇÃO Ao observar a Figura 1.59, é possível perceber que $f(x)$ diminui ilimitadamente quando x tende a 2 pela esquerda; e $f(x)$ aumenta ilimitadamente quando x tende a 2 pela direita. Simbolicamente, pode-se escrever que

$$\lim_{x \to 2^-} \frac{3}{x-2} = -\infty$$

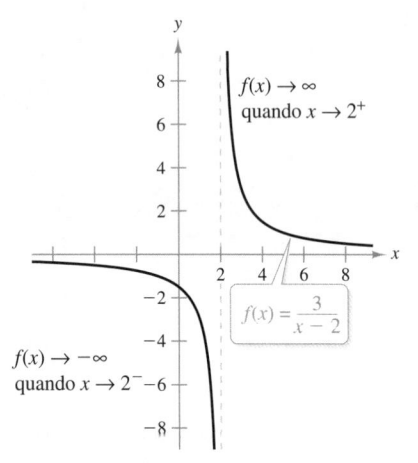

FIGURA 1.59

e

$$\lim_{x \to 2^+} \frac{3}{x-2} = \infty.$$

Como f é ilimitada quando x tende a 2, o limite não existe.

✓ AUTOAVALIAÇÃO 11

Determine o limite (se possível): $\lim_{x \to -2} \dfrac{5}{x+2}$. ∎

> **DICA DE ESTUDO**
>
> O sinal de igual na afirmação $\lim_{x \to c^+} f(x) = \infty$ não significa que esse limite exista. Pelo contrário, ele indica que o limite *não existe*, representando o comportamento ilimitado de $f(x)$ quando x tende a c.

PRATIQUE (Seção 1.5)

1. Enuncie a definição do limite de uma função *(página 47)*. Para exemplos de limites, veja os Exemplos 1 e 2.
2. Faça uma lista dos limites básicos *(página 49)*. Para exemplos dos limites básicos, veja o Exemplo 3.
3. Faça uma lista das propriedades dos limites *(página 50)*. Para um exemplo do uso dessas propriedades, veja o Exemplo 4.
4. Dê o limite de uma função polinomial *(página 50)*. Para um exemplo do limite de uma função polinomial, veja o Exemplo 4.
5. Descreva a técnica cancelamento *(página 51)*. Para exemplos da técnica de cancelamento, veja os Exemplos 5 e 6.
6. Descreva a técnica de racionalização *(página 52)*. Para um exemplo da técnica de racionalização, veja o Exemplo 7.
7. Descreva um limite lateral *(página 52)*. Para exemplos de limites laterais, veja os Exemplos 8, 9 e 10.
8. Descreva o limite $\lim_{x \to c} f(x)$ quando $f(x)$ aumenta ilimitadamente a medida que x tende a c *(página 54)*. Para um exemplo de uma função ilimitada, veja o Exemplo 11.

Recapitulação 1.5

Os exercícios preparatórios a seguir envolvem conceitos vistos em cursos anteriores. Esses conceitos serão utilizados no conjunto de exercícios desta seção. Para obter mais ajuda, veja a Seção A.3 do Apêndice e a Seção 1.4.

Nos Exercícios 1–4, simplifique a expressão por fatoração.

1. $\dfrac{2x^3 + x^2}{6x}$
2. $\dfrac{x^5 + 9x^4}{x^2}$
3. $\dfrac{x^2 - 3x - 28}{x - 7}$
4. $\dfrac{x^2 + 11x + 30}{x + 5}$

Nos Exercícios 5-8, calcule a expressão e simplifique.

5. $f(x) = x^2 - 3x + 3$
   (a) $f(-1)$ (b) $f(c)$ (c) $f(x + h)$

6. $f(x) = \begin{cases} 2x - 2, & x < 1 \\ 3x + 1, & x \geq 1 \end{cases}$
   (a) $f(-1)$ (b) $f(3)$ (c) $f(t^2 + 1)$

7. $f(x) = x^2 - 2x + 2$ $\quad \dfrac{f(1+h) - f(1)}{h}$

8. $f(x) = 4x$ $\quad \dfrac{f(2+h) - f(2)}{h}$

Nos Exercícios 9-12, localize o domínio e a imagem da função e esboce seu gráfico.

9. $h(x) = -\dfrac{5}{x}$
10. $g(x) = \sqrt{25 - x^2}$
11. $f(x) = |x - 3|$
12. $f(x) = \dfrac{|x|}{x}$

Nos Exercícios 13 e 14, determine se y é uma função de x.

13. $9x^2 + 4y^2 = 49$
14. $2x^2 y + 8x = 7y$

Exercícios 1.5

Encontrando limites graficamente Nos Exercícios 1-4, use o gráfico para encontrar o limite. *Veja os Exemplos 1 e 2.*

1.
(-1, 3); $y = f(x)$; (0, 1)

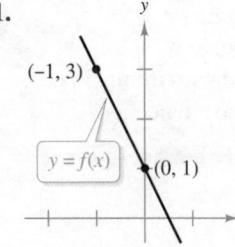

(a) $\lim_{x \to 0} f(x)$
(b) $\lim_{x \to -1} f(x)$

2.
(0, -3); $y = h(x)$; (-2, -5)

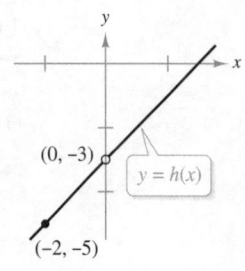

(a) $\lim_{x \to -2} h(x)$
(b) $\lim_{x \to 0} h(x)$

3.
(-1, 3); $y = g(x)$; (0, 1)

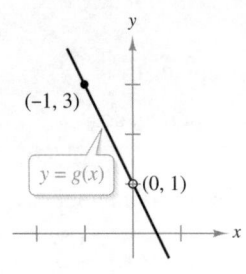

(a) $\lim_{x \to 0} g(x)$
(b) $\lim_{x \to -1} g(x)$

4.
$y = f(x)$; (3, 0); (1, -2)

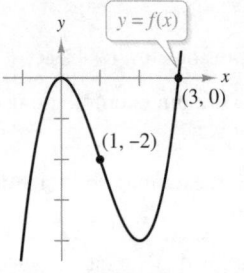

(a) $\lim_{x \to 1} f(x)$
(b) $\lim_{x \to 3} f(x)$

Encontrando limites numericamente Nos Exercícios 5-12, complete a tabela e use o resultado para estimar o limite. Use uma ferramenta gráfica para traçar a função e confirmar seu resultado. *Veja os Exemplos 1 e 2.*

5. $\lim_{x \to 2} (2x + 5)$

x	1,9	1,99	1,999	2	2,001	2,01	2,1
f(x)				?			

6. $\lim_{x \to 2} (x^2 - 3x + 1)$

x	1,9	1,99	1,999	2	2,001	2,01	2,1
f(x)				?			

7. $\lim_{x \to 2} \dfrac{x - 2}{x^2 - 4}$

x	1,9	1,99	1,999	2	2,001	2,01	2,1
f(x)				?			

8. $\lim_{x \to 0} \dfrac{\sqrt{x + 2} - \sqrt{2}}{x}$

x	-0,1	-0,01	-0,001	0	0,001	0,01	0,1
f(x)				?			

9. $\lim_{x \to 0} \dfrac{\sqrt{x + 1} - 1}{x}$

x	-0,1	-0,01	-0,001	0	0,001	0,01	0,1
f(x)				?			

10. $\lim_{x \to 2} \dfrac{x - 2}{x^2 - 3x + 2}$

x	1,9	1,99	1,999	2	2,001	2,01	2,1
f(x)				?			

11. $\lim_{x \to -4} \dfrac{\dfrac{1}{x + 4} - \dfrac{1}{4}}{x}$

x	-4,1	-4,01	-4,001	-4	-3,999	-3,99	-3,9
f(x)				?			

12. $\lim_{x \to -2} \dfrac{\dfrac{1}{2} - \dfrac{1}{x + 2}}{2x}$

x	-2,1	-2,01	-2,001	-2	-1,999	-1,99	-1,9
f(x)				?			

Calculando limites básicos Nos Exercícios 13-20, encontre o limite. *Veja o Exemplo 3.*

13. $\lim_{x \to 3} 6$
14. $\lim_{x \to 5} 4$
15. $\lim_{x \to -2} x$
16. $\lim_{x \to 3} x^3$
17. $\lim_{x \to 7} x^2$
18. $\lim_{x \to 10} x$
19. $\lim_{x \to 16} \sqrt{x}$
20. $\lim_{x \to -1} \sqrt[3]{x}$

Operações com limites Nos Exercícios 21 e 22, encontre o limite de (a) $f(x) + g(x)$, (b) $f(x)g(x)$, e (c) $f(x)/g(x)$, quando x tende a c.

21. $\lim_{x \to c} f(x) = 3$
    $\lim_{x \to c} g(x) = 9$

22. $\lim_{x \to c} f(x) = \frac{3}{2}$
    $\lim_{x \to c} g(x) = \frac{1}{2}$

Operações com limites Nos Exercícios 23 e 24, encontre o limite de (a) $\sqrt{f(x)}$, (b) $[3f(x)]$ e (c) $[f(x)]^2$, quando x tende a c.

23. $\lim_{x \to c} f(x) = 16$
24. $\lim_{x \to c} f(x) = 9$

Usando as propriedades dos limites Nos Exercícios 25-36, encontre o limite utilizando a substituição direta. *Veja os Exemplos 3 e 4.*

25. $\lim_{x \to -3} (2x + 5)$
26. $\lim_{x \to 0} (3x - 2)$
27. $\lim_{x \to 1} (1 - x^2)$
28. $\lim_{x \to 2} (-x^2 + x - 2)$

29. $\lim_{x \to 3} \sqrt{x + 6}$

30. $\lim_{x \to 4} \sqrt[3]{x + 4}$

31. $\lim_{x \to -3} \dfrac{2}{x + 2}$

32. $\lim_{x \to 7} \dfrac{5x}{x + 2}$

33. $\lim_{x \to -2} \dfrac{x^2 - 1}{2x}$

34. $\lim_{x \to -2} \dfrac{3x + 1}{2 - x}$

35. $\lim_{x \to 5} \dfrac{\sqrt{x + 11} + 6}{x}$

36. $\lim_{x \to 12} \dfrac{\sqrt{x - 3} - 2}{x}$

Encontrando limites Nos Exercícios 37-58, encontre o limite (se existir). *Veja os Exemplos 5, 6, 7, 9 e 11.*

37. $\lim_{x \to -3} \dfrac{x^2 - 9}{x + 3}$

38. $\lim_{x \to -1} \dfrac{x^3 + 1}{x + 1}$

39. $\lim_{x \to 2} \dfrac{2 - x}{x^2 - 4}$

40. $\lim_{t \to 1} \dfrac{t^2 + t - 2}{t^2 - 1}$

41. $\lim_{x \to -2} \dfrac{x^3 + 8}{x + 2}$

42. $\lim_{x \to -1} \dfrac{2x^2 - x - 3}{x + 1}$

43. $\lim_{\Delta x \to 0} \dfrac{2(x + \Delta x) - 2x}{\Delta x}$

44. $\lim_{\Delta x \to 0} \dfrac{4(x + \Delta x) - 5 - (4x - 5)}{\Delta x}$

45. $\lim_{\Delta t \to 0} \dfrac{(t + \Delta t)^2 - 5(t + \Delta t) - (t^2 - 5t)}{\Delta t}$

46. $\lim_{\Delta t \to 0} \dfrac{(t + \Delta t)^2 - 4(t + \Delta t) + 2 - (t^2 - 4t + 2)}{\Delta t}$

47. $\lim_{x \to 4} \dfrac{\sqrt{x + 5} - 3}{x - 4}$

48. $\lim_{x \to 3} \dfrac{\sqrt{x + 1} - 2}{x - 3}$

49. $\lim_{x \to 0} \dfrac{\sqrt{x + 5} - \sqrt{5}}{x}$

50. $\lim_{x \to 0} \dfrac{\sqrt{x + 2} - \sqrt{2}}{x}$

51. $\lim_{x \to 2} f(x)$, em que $f(x) = \begin{cases} 4 - x, & x \neq 2 \\ 0, & x = 2 \end{cases}$

52. $\lim_{x \to 1} f(x)$, em que $f(x) = \begin{cases} x^2 + 2, & x \neq 1 \\ 1, & x = 1 \end{cases}$

53. $\lim_{x \to 3} f(x)$, em que $f(x) = \begin{cases} \frac{1}{3}x - 2, & x \leq 3 \\ -2x + 5, & x > 3 \end{cases}$

54. $\lim_{s \to 1} f(s)$, em que $f(s) = \begin{cases} s, & s \leq 1 \\ 1 - s, & s > 1 \end{cases}$

55. $\lim_{x \to -4} \dfrac{2}{x + 4}$

56. $\lim_{x \to 5} \dfrac{4}{x - 5}$

57. $\lim_{x \to 2} \dfrac{x - 2}{x^2 - 4x + 4}$

58. $\lim_{t \to 4} \dfrac{t + 4}{t^2 - 16}$

Encontrando limites laterais Nos Exercícios 59 e 60, use um gráfico para encontrar o limite à esquerda e o limite à direita. *Veja o Exemplo 8.*

59. $\lim_{x \to -3^-} \dfrac{|x + 3|}{x + 3}$

$\lim_{x \to -3^+} \dfrac{|x + 3|}{x + 3}$

60. $\lim_{x \to 6^-} \dfrac{|x - 6|}{x - 6}$

$\lim_{x \to 6^+} \dfrac{|x - 6|}{x - 6}$

Análise gráfica, numérica e analítica Nos Exercícios 61-64, use uma ferramenta gráfica para traçar a função e estimar o limite. Use uma tabela para reforçar sua conclusão. Em seguida, encontre o limite por métodos analíticos.

61. $\lim_{x \to 1^-} \dfrac{2}{x^2 - 1}$

62. $\lim_{x \to 1^+} \dfrac{5}{1 - x}$

63. $\lim_{x \to -2^-} \dfrac{1}{x + 2}$

64. $\lim_{x \to 0^-} \dfrac{x + 1}{x}$

Encontrando limites graficamente Nos Exercícios 65-70, use o gráfico para encontrar o limite (se existir).

(a) $\lim_{x \to c^+} f(x)$ (b) $\lim_{x \to c^-} f(x)$ (c) $\lim_{x \to c} f(x)$

65.

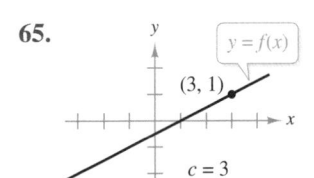

66.

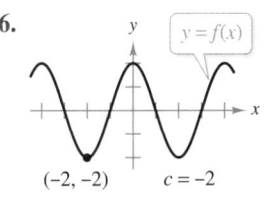

67.

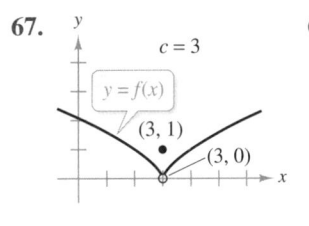

68.

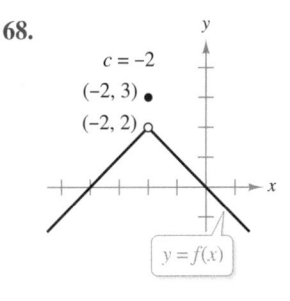

69.

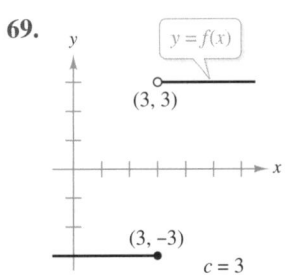

70.

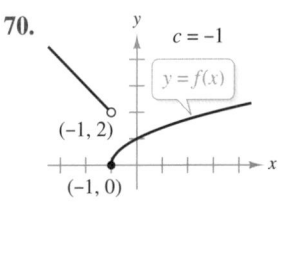

Estimativa de limites Nos Exercícios 71-74, use uma ferramenta gráfica para estimar o limite (se existir).

71. $\lim_{x \to 2} \dfrac{x^2 - 5x + 6}{x^2 - 4x + 4}$

72. $\lim_{x \to -2} \dfrac{4x^3 + 7x^2 + x + 6}{3x^2 - x - 14}$

73. $\lim_{x \to -4} \dfrac{x^3 + 4x^2 + x + 4}{2x^2 + 7x - 4}$

74. $\lim_{x \to 1} \dfrac{x^2 + 6x - 7}{x^3 - x^2 + 2x - 2}$

75. **Ambiente** O custo C (em milhares de dólares) de remoção de $p\%$ dos poluentes da água em um pequeno lago é dado por

$$C = \dfrac{25p}{100 - p}, \quad 0 \leq p < 100.$$

(a) Encontre o custo da remoção de 50% dos poluentes.

(b) Qual percentagem de poluentes pode ser removida por $ 100 mil?

(c) Calcule o $\lim_{p \to 100^-} C$. Explique seus resultados.

76. **VISUALIZE** O gráfico mostra o custo C (em dólares) para fazer x fotocópias em uma loja.

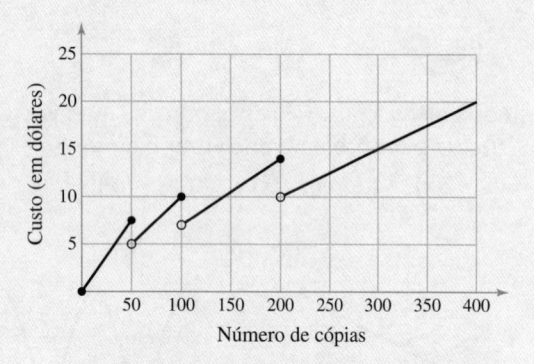

(a) O $\lim_{x \to 50} C$ existe? Explique seu raciocínio.

(b) O $\lim_{x \to 150} C$ existe? Explique seu raciocínio.

(c) Você tem que fazer 200 fotocópias. Seria melhor fazer 200 ou 201? Explique seu raciocínio.

77. Juros compostos Considere um certificado de depósito que paga 10% (juros percentuais anuais) em um depósito inicial de $ 1.000. O saldo A depois de 10 anos é $A = 1.000(1 + 0,1x)^{10/x}$, em que x é a duração do período de capitalização (em anos).

(a) Use uma ferramenta gráfica para traçar A, quando $0 \leq x \leq 1$.

(b) Use os recursos *zoom* e *trace* para estimar o saldo para capitalização trimestral e diária.

(c) Use os recursos *zoom* e *trace* para estimar o $\lim_{x \to 0^+} A$.
O que você acha que este limite representa? Explique seu raciocínio.

1.6 Continuidade

- Determinar a continuidade das funções.
- Determinar a continuidade das funções em um intervalo fechado.
- Utilizar a função maior inteiro como modelo para resolver problemas da vida real.
- Utilizar os modelos de juros compostos para resolver problemas da vida real.

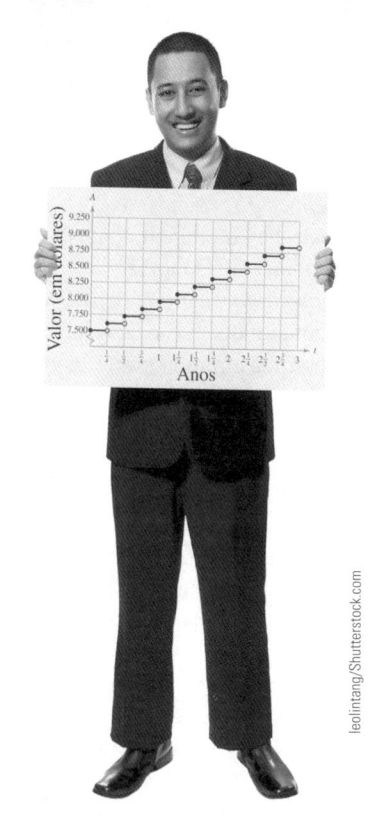

Continuidade

O significado do termo "contínuo", em matemática, é praticamente o mesmo que o da linguagem do dia a dia. Dizer que uma função é contínua em

$$x = c$$

significa que não há interrupção no gráfico de f em c. O gráfico de f

1. não tem quebra em c.
2. não apresenta buracos, saltos ou lacunas.

Por mais simples que esse conceito pareça, sua definição precisa iludiu matemáticos por muito tempo. Na verdade, somente depois do início do século XIX é que uma definição precisa foi desenvolvida.

Antes de analisar essa definição, considere a função cujo gráfico é mostrado na Figura 1.60. Essa figura identifica três valores de x nos quais a função f não é contínua.

1. Em $x = c_1$, $f(c_1)$ não é definida.
2. Em $x = c_2$, $\lim_{x \to c_2} f(x)$ não existe.
3. Em $x = c_3$, $f(c_3) \neq \lim_{x \to c_3} f(x)$.

Em todos os outros pontos no intervalo (a, b), o gráfico de f é ininterrupto, o que significa que a função f é contínua em todos os outros pontos no intervalo (a, b).

No Exercício 67, na página 67, você examinará a continuidade de uma função que representa um saldo de conta.

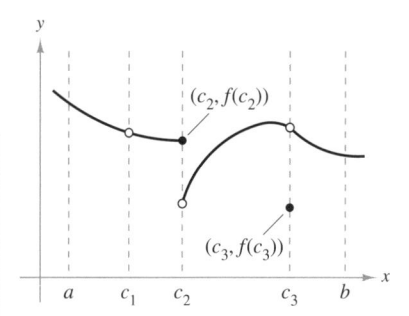

FIGURA 1.60 f não é contínua em $x = c_1, c_2, c_3$.

> **Definição de continuidade**
>
> Sejam c um número no intervalo (a, b) e f uma função cujo domínio contém o intervalo (a, b). A função f é **contínua no ponto c** se as seguintes condições forem verdadeiras.
>
> 1. $f(c)$ é definida.
> 2. $\lim_{x \to c} f(x)$ existe.
> 3. $\lim_{x \to c} f(x) = f(c)$.
>
> Se f for contínua em todos os pontos no intervalo (a, b), então ela será **contínua no intervalo aberto (a, b)**.

Informalmente, pode-se dizer que uma função é contínua em um intervalo se seu gráfico nele puder ser traçado sem levantar o lápis do papel, como mostra a Figura 1.61.

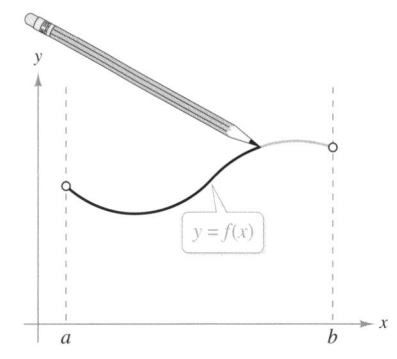

FIGURA 1.61 No intervalo (a, b), o gráfico de f pode ser traçado com um lápis.

> **Continuidade das funções racionais e polinomiais**
>
> 1. Uma função polinomial é contínua em todos os números reais.
> 2. Uma função racional é contínua em todos os números de seu domínio.

60 Cálculo aplicado

TUTOR TÉCNICO

A maioria das ferramentas gráficas tem a capacidade de desenhar gráficos de duas formas diferentes: "modo conectado" (*connected mode*) e "modo em pontos" (*dot mode*). O *modo conectado* funciona bem contanto que a função seja contínua em todo o intervalo representado pela janela de visualização. Se, no entanto, a função não for contínua em um ou mais valores de x na janela de visualização, então o *modo conectado* pode tentar "conectar" partes dos gráficos que não deveriam estar conectadas. Por exemplo, tente desenhar o gráfico da função $y_1 = (x + 3)/(x - 2)$ na janela de visualização $-8 \leq x \leq 8$ e $-6 \leq y \leq 6$ no *modo conectado* e, em seguida, no *modo em pontos*.

Exemplo 1 — Determinação da continuidade de uma função polinomial

Discuta a continuidade das funções.

a. $f(x) = x^2 - 2x + 3$ **b.** $f(x) = x^3 - x$ **c.** $f(x) = x^4 - 2x^2 + 1$

SOLUÇÃO Cada uma dessas funções é uma *função polinomial*. Portanto, cada uma é contínua em toda a reta real, como mostra a Figura 1.62.

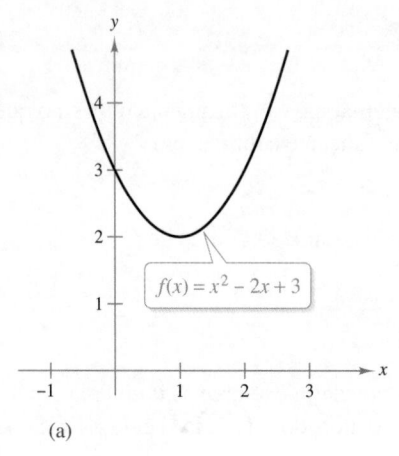

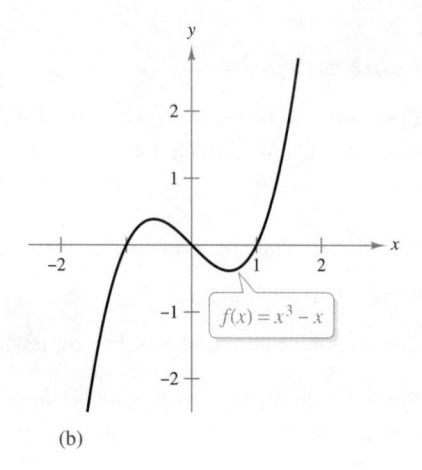

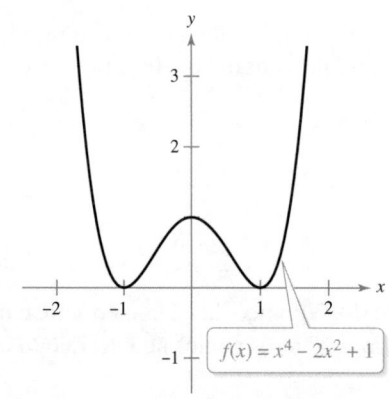

FIGURA 1.62   As três funções são contínuas em $(-\infty, \infty)$.

✓ AUTOAVALIAÇÃO 1

Discuta a continuidade das funções.

a. $f(x) = x^2 + x + 1$ **b.** $f(x) = x^3 + x$ **c.** $f(x) = x^4$

As funções polinomiais são um dos tipos de funções mais importantes utilizados no cálculo. Certifique-se de perceber no Exemplo 1 que o gráfico de uma função polinomial é contínua em toda a reta real e, portanto, não possui buracos, saltos ou lacunas. As funções racionais, por outro lado, não precisam ser contínuas em toda a reta real, conforme mostra o Exemplo 2.

Exemplo 2 — Determinação da continuidade de uma função racional

Discuta a continuidade das funções.

a. $f(x) = \dfrac{1}{x}$ **b.** $f(x) = \dfrac{x^2 - 1}{x - 1}$ **c.** $f(x) = \dfrac{1}{x^2 + 1}$

SOLUÇÃO Cada uma dessas funções é uma função racional e, portanto, contínua em todos os números de seu domínio.

a. O domínio de $f(x) = 1/x$ consiste em todos os números reais exceto $x = 0$. Portanto, essa função é contínua nos intervalos $(-\infty, 0)$ e $(0, \infty)$. [Veja Figura 1.63(a)].

b. O domínio de $f(x) = (x^2 - 1)/(x - 1)$ consiste em todos os números reais exceto $x = 1$. Portanto, essa função é contínua nos intervalos $(-\infty, 1)$ e $(1, \infty)$. [Veja Figura 1.63(b)].

c. O domínio de $f(x) = 1/(x^2 + 1)$ consiste em todos os números reais. Portanto, essa função é contínua em toda a reta real. [Veja Figura 1.63(c)].

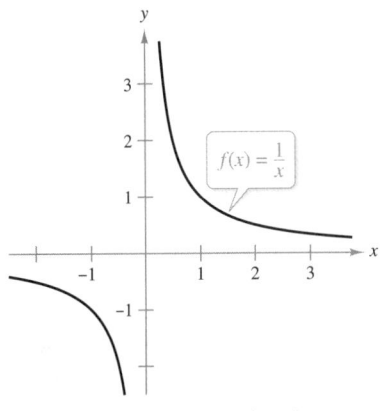

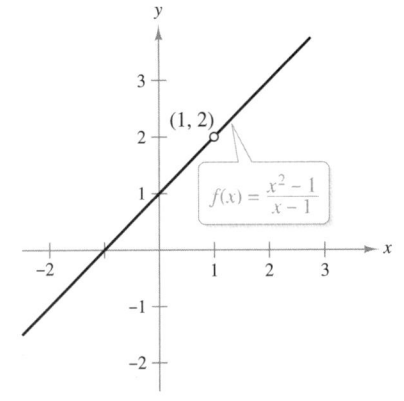

(a) Contínua em $(-\infty, 0)$ e $(0, \infty)$.

(b) Contínua em $(-\infty, 1)$ e $(1, \infty)$.

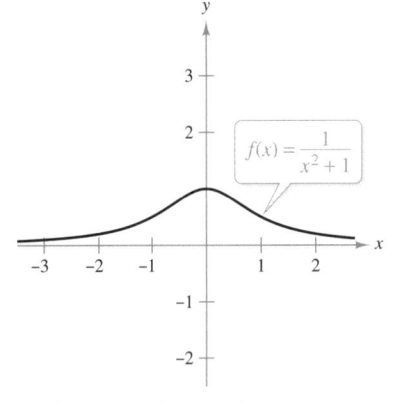

(c) Contínua em $(-\infty, \infty)$.

FIGURA 1.63

✓ AUTOAVALIAÇÃO 2

Discuta a continuidade das funções.

a. $f(x) = \dfrac{1}{x - 1}$ b. $f(x) = \dfrac{x^2 - 4}{x - 2}$ c. $f(x) = \dfrac{1}{x^2 + 2}$

Considere um intervalo aberto I que contém um número real c. Se uma função f é definida em I (exceto, possivelmente, em c) e f não é contínua em c, então se diz que f tem **descontinuidade** em c. As descontinuidades são divididas em duas categorias: **removível** e **não removível**. Uma descontinuidade em c é chamada de removível se f puder se tornar contínua pela definição (ou redefinição) adequada $f(c)$. Por exemplo, a função do Exemplo 2(b) tem uma descontinuidade removível em $(1, 2)$. Para remover a descontinuidade, tudo o que precisa ser feito é redefinir a função, de forma que $f(1) = 2$.

Uma descontinuidade em $x = c$ é não removível se a função não puder se tornar contínua em $x = c$ pela sua definição ou redefinição em $x = c$. Por exemplo, a função do Exemplo 2(a) tem uma descontinuidade não removível em $x = 0$.

Continuidade em um intervalo fechado

Os intervalos discutidos nos Exemplos 1 e 2 são abertos. Para discutir a continuidade em um intervalo fechado, pode-se utilizar o conceito dos limites laterais, definido na Seção 1.5.

> **Definição de continuidade em um intervalo fechado**
>
> Suponha que f seja definida em um intervalo fechado $[a, b]$. Se f é contínua no intervalo aberto (a, b) e
>
> $$\lim_{x \to a^+} f(x) = f(a) \quad \text{e} \quad \lim_{x \to b^-} f(x) = f(b)$$
>
> então f é **contínua no intervalo fechado** $[a, b]$. Além disso, f é **contínua à direita** em a e **contínua à esquerda** em b.

TUTOR TÉCNICO

Uma ferramenta gráfica pode dar informações enganosas sobre a continuidade de uma função. Por exemplo, tente traçar a função do Exemplo 2(b), $f(x) = (x^2 - 1)/(x - 1)$, em uma janela de visualização padrão. Na maioria das ferramentas gráficas, o gráfico parece ser contínuo em cada número real. No entanto, porque $x = 1$ não está no domínio do f, você sabe que f não é contínua em $x = 1$. Você pode verificar isso em uma ferramenta gráfica usando o recurso *trace* ou *table*.

Definições similares podem ser feitas para cobrir a continuidade nos intervalos da forma $(a, b]$ e $[a, b)$, ou em intervalos infinitos. Por exemplo, a função

$$f(x) = \sqrt{x}$$

é contínua no intervalo infinito $[0, \infty)$.

Exemplo 3 — Exame da continuidade em uma extremidade

Discuta a continuidade de

$$f(x) = \sqrt{3 - x}.$$

SOLUÇÃO Observe que o domínio de f é o conjunto $(-\infty, 3]$. Além disso, f é contínua à esquerda em $x = 3$ porque

$$\lim_{x \to 3^-} f(x) = \lim_{x \to 3^-} \sqrt{3 - x}$$
$$= \sqrt{3 - 3}$$
$$= 0$$
$$= f(3).$$

Para todo $x < 3$, a função f satisfaz as três condições de continuidade. Portanto, pode-se concluir que f é contínua no intervalo $(-\infty, 3]$, conforme mostra a Figura 1.64.

FIGURA 1.64

✓ AUTOAVALIAÇÃO 3

Discuta a continuidade de

$$f(x) = \sqrt{x - 2}.$$

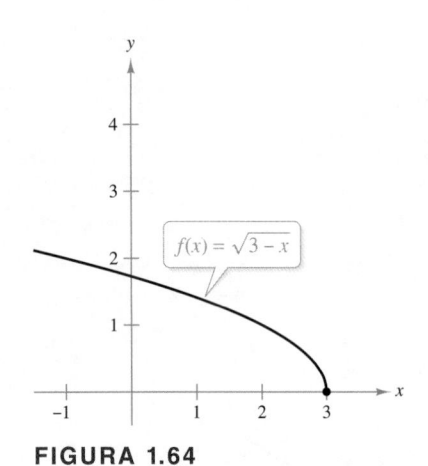

DICA DE ESTUDO

Ao trabalhar com funções com raiz, da forma

$$f(x) = \sqrt{g(x)}$$

lembre-se de que o domínio de f coincide com a solução de $g(x) \geq 0$.

Exemplo 4 — Verificação da continuidade em um intervalo fechado

Discuta a continuidade de

$$g(x) = \begin{cases} 5 - x, & -1 \leq x \leq 2 \\ x^2 - 1, & 2 < x \leq 3 \end{cases}.$$

SOLUÇÃO As funções polinomiais

$$5 - x$$

e

$$x^2 - 1$$

são contínuas nos intervalos $[-1, 2]$ e $(2, 3]$, respectivamente. Portanto, para concluir que g é contínua em todo o intervalo

$$[-1, 3]$$

é preciso somente verificar o comportamento de g quando $x = 2$. É possível fazê-lo calculando os limites laterais para $x = 2$.

$$\lim_{x \to 2^-} g(x) = \lim_{x \to 2^-} (5 - x) = 5 - 2 = 3 \qquad \text{Limite à esquerda.}$$

e

$$\lim_{x \to 2^+} g(x) = \lim_{x \to 2^+} (x^2 - 1) = 2^2 - 1 = 3 \qquad \text{Limite à direita.}$$

Como esses dois limites são iguais,

$$\lim_{x \to 2} g(x) = g(2) = 3.$$

Portanto, g é contínua em $x = 2$ e, consequentemente, é contínua em todo o intervalo $[-1, 3]$. O gráfico de g é mostrado na Figura 1.65.

FIGURA 1.65

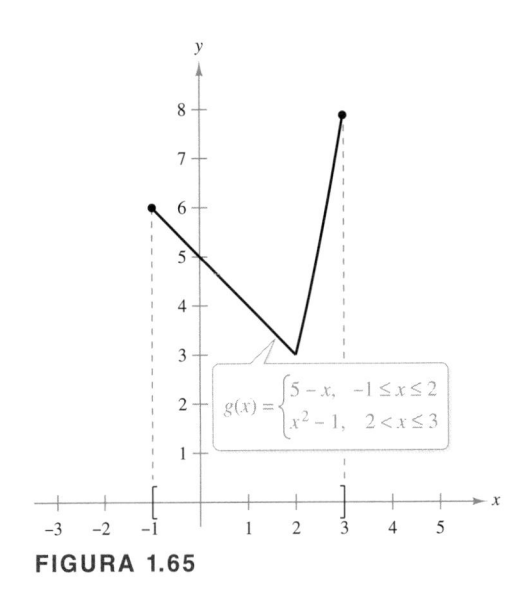

$$g(x) = \begin{cases} 5 - x, & -1 \leq x \leq 2 \\ x^2 - 1, & 2 < x \leq 3 \end{cases}$$

✓ AUTOAVALIAÇÃO 4

Discuta a continuidade de

$$f(x) = \begin{cases} x + 2, & -1 \leq x < 3 \\ 14 - x^2, & 3 \leq x \leq 5 \end{cases}.$$

Função maior inteiro

Algumas funções utilizadas em aplicações empresariais são **funções escada**. Por exemplo, a função no Exemplo 10 da Seção 1.5 é uma função escada. A **função maior inteiro** é outro exemplo de função escada. Essa função é denotada por

$[\![x]\!]$ = maior inteiro menor ou igual a x.

Por exemplo,

$[\![-2,1]\!]$ = maior inteiro menor ou igual a $-2,1 = -3$

$[\![-2]\!]$ = maior inteiro menor ou igual a $-2 = -2$

$[\![1,5]\!]$ = maior inteiro menor ou igual a $1,5 = 1$.

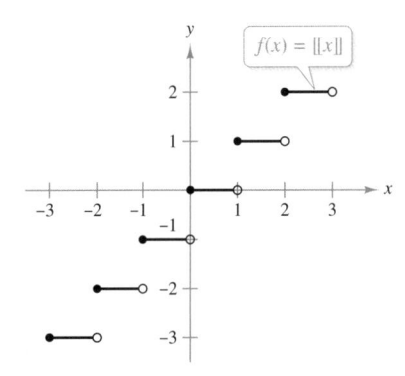

FIGURA 1.66 Função maior inteiro

Observe que o gráfico da função maior inteiro (Figura 1.66) pula uma unidade em cada número inteiro. Isso significa que a função não é contínua em cada número inteiro.

Nas aplicações da vida real, o domínio da função maior inteiro costuma ser restrito a valores não negativos de x. Nesses casos, essa função serve para **truncar** a parte decimal de x. Por exemplo, 1,345 é truncado para 1; e 3,57 é truncado para 3. Ou seja,

$[\![1,345]\!] = 1$ e $[\![3,57]\!] = 3$.

Exemplo 5 Modelo de função de custo

Uma empresa de encadernação de livros produz 10.000 livros em um turno de oito horas. O custo fixo *por turno* atinge $ 5.000, e o custo unitário por livro é de $ 3. Utilizando a função maior inteiro, pode-se escrever o custo de produção de x livros como

$$C = 5.000\left(1 + \left[\!\left[\frac{x-1}{10.000}\right]\!\right]\right) + 3x.$$

Esboce o gráfico dessa função de custo.

SOLUÇÃO Observe que durante o primeiro turno de oito horas

$$\left[\!\left[\frac{x-1}{10.000}\right]\!\right] = 0, \quad 1 \leq x \leq 10.000$$

Custo de produção dos livros

$$C = 5.000\left(1 + \left[\!\left[\frac{x-1}{10.000}\right]\!\right]\right) + 3x$$

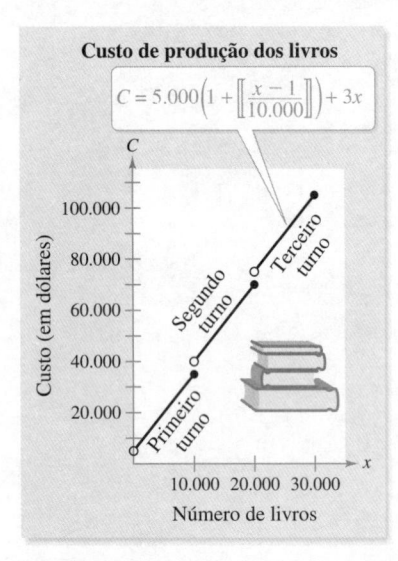

FIGURA 1.67

o que significa que

$$C = 5.000\left(1 + \left[\!\left[\frac{x-1}{10.000}\right]\!\right]\right) + 3x = 5.000 + 3x.$$

Durante o segundo turno de oito horas

$$\left[\!\left[\frac{x-1}{10.000}\right]\!\right] = 1, \quad 10.001 \le x \le 20.000$$

o que significa que

$$C = 5.000\left(1 + \left[\!\left[\frac{x-1}{10.000}\right]\!\right]\right) + 3x$$
$$= 10.000 + 3x.$$

O gráfico de C é mostrado na Figura 1.67. Observe as descontinuidades do gráfico em $x = 10.000$, 20 000, e 30 000.

✓ **AUTOAVALIAÇÃO 5**

Use uma ferramenta gráfica para traçar o gráfico da função de custo do Exemplo 5.

TUTOR TÉCNICO

É possível utilizar uma planilha ou o recurso *table* de uma ferramenta gráfica para criar uma tabela. Tente esse procedimento com os dados mostrados à direita. (Consulte o manual de usuário de um software de planilhas para obter instruções específicas sobre como criar uma tabela.)

Aplicação estendida: juros compostos

Bancos e outras instituições financeiras diferem na maneira como calculam juros. Se os juros são calculados de modo a incidir sobre o rendimento de juros prévio, então se diz que os juros são **compostos**. Suponha, por exemplo, que você tenha depositado $ 10.000 em uma conta que paga 6% de juros, capitalizados trimestralmente. A taxa trimestral será de $\frac{1}{4}(0,06) = 0,015$ ou 1,5%, já que a taxa de juros anual é de 6%. Os saldos dos cinco primeiros trimestres estão mostrados abaixo.

Trimestre	Saldo
1.º	$ 10.000,00
2.º	10.000,00 + (0,015)(10.000,00) = $ 10.150,00
3.º	10.150,00 + (0,015)(10.150,00) = $ 10.302,25
4.º	10.302,25 + (0,015)(10.302,25) = $ 10.456,78
5.º	10.456,78 + (0,015)(10.456,78) = $ 10.613,63

Exemplo 6 Representando graficamente os juros compostos

Esboce o gráfico do saldo da conta descrita acima.

SOLUÇÃO Suponha que A represente o saldo em conta e t, o tempo em anos. É possível utilizar a função maior inteiro para representar o saldo, como mostrado:

$$A = 10.000(1 + 0,015)^{[\![4t]\!]}$$

Ao observar o gráfico da Figura 1.68, perceba que a função tem uma descontinuidade em cada trimestre. Isto é, A tem descontinuidades em

$$t = \frac{1}{4}, t = \frac{1}{2}, t = \frac{3}{4}, t = 1,$$

e

$$t = \frac{5}{4}.$$

Capitalização trimestral

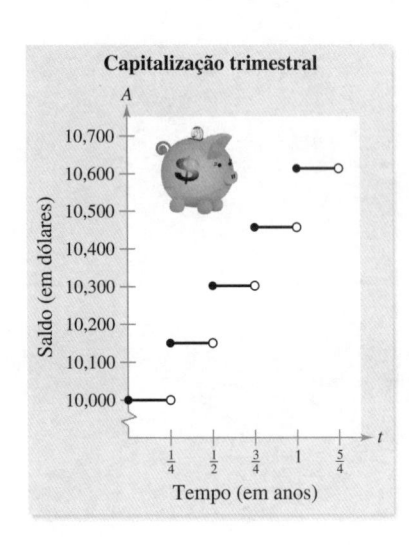

FIGURA 1.68

✓ **AUTOAVALIAÇÃO 6**

Escreva uma equação que forneça o saldo da conta do Exemplo 6 se a taxa de juros anual for de 3%. Em seguida, esboce o gráfico da equação.

Capítulo 1 – Funções, gráficos e limites

PRATIQUE (Seção 1.6)

1. Dê a definição de continuidade *(página 59)*. Para um exemplo de uma função contínua em cada número real, veja o Exemplo 1.

2. Dê a definição de continuidade em um intervalo fechado *(página 61)*. Para um exemplo de uma função contínua em um intervalo fechado, veja o Exemplo 4.

3. Dê a definição da função maior inteiro *(página 63)*. Para exemplos da vida real da função maior inteiro, veja os Exemplos 5 e 6.

Recapitulação 1.6

Os exercícios preparatórios a seguir envolvem conceitos vistos em cursos anteriores. Esses conceitos serão utilizados no conjunto de exercícios desta seção. Para obter mais ajuda, veja as Seções A.4 e A.5 do Apêndice e a Seção 1.5.

Nos Exercícios 1-4, simplifique as expressões.

1. $\dfrac{x^2 + 6x + 8}{x^2 - 6x - 16}$

2. $\dfrac{x^2 - 5x - 6}{x^2 - 9x + 18}$

3. $\dfrac{2x^2 - 2x - 12}{4x^2 - 24x + 36}$

4. $\dfrac{x^3 - 16x}{x^3 + 2x^2 - 8x}$

Nos Exercícios 5-8, determine x.

5. $x^2 + 7x = 0$

6. $x^2 + 4x - 5 = 0$

7. $3x^2 + 8x + 4 = 0$

8. $x^3 + 5x^2 - 24x = 0$

Nos Exercícios 9 e 10, determine o limite.

9. $\lim\limits_{x \to 3} (2x^2 - 3x + 4)$

10. $\lim\limits_{x \to -2} (3x^3 - 8x + 7)$

Exercícios 1.6

Determinando a continuidade Nos exercícios 1–10, determine se a função é contínua em toda a reta real. Explique seu raciocínio. *Veja os Exemplos 1 e 2.*

1. $f(x) = 5x^3 - x^2 + 2$

2. $f(x) = (x^2 - 1)^3$

3. $f(x) = \dfrac{3}{x^2 - 16}$

4. $f(x) = \dfrac{3x}{x^2 + 1}$

5. $f(x) = \dfrac{1}{4 + x^2}$

6. $f(x) = \dfrac{1}{9 - x^2}$

7. $f(x) = \dfrac{2x - 1}{x^2 - 8x + 15}$

8. $f(x) = \dfrac{x + 4}{x^2 - 6x + 5}$

9. $g(x) = \dfrac{x^2 - 4x + 4}{x^2 - 4}$

10. $g(x) = \dfrac{x^2 - 9x + 20}{x^2 - 16}$

Determinando a continuidade Nos exercícios 11-40, descreva o(s) intervalo(s) em que a função é contínua. Explique porque a função é contínua nele(s). Se a função tem uma descontinuidade, identifique as condições de continuidade que não são satisfeitas. *Veja exemplos 1, 2, 3, 4 e 5.*

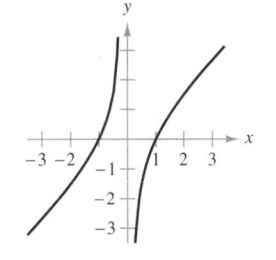

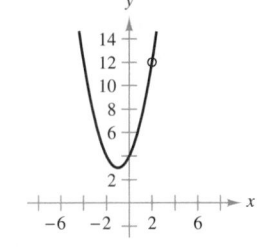

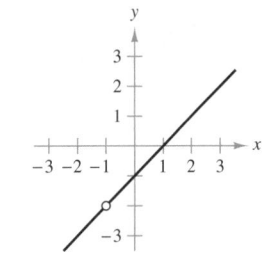

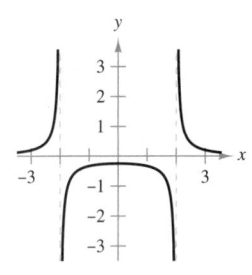

11. $f(x) = \dfrac{x^2 - 1}{x}$

12. $f(x) = \dfrac{x^3 - 8}{x - 2}$

13. $f(x) = \dfrac{x^2 - 1}{x + 1}$

14. $f(x) = \dfrac{1}{x^2 - 4}$

15. $f(x) = x^2 - 2x + 1$

16. $f(x) = 3 - 2x - x^2$

17. $f(x) = \dfrac{x}{x^2 - 1}$

18. $f(x) = \dfrac{6}{x^2 + 3}$

19. $f(x) = \dfrac{x}{x^2 + 1}$

20. $f(x) = \dfrac{x - 3}{x^2 - 9}$

21. $f(x) = \dfrac{x-5}{x^2 - 9x + 20}$ **22.** $f(x) = \dfrac{x-1}{x^2 + x - 2}$

23. $f(x) = \sqrt{4-x}$ **24.** $f(x) = \sqrt{x-1}$

25. $f(x) = \sqrt{x} + 2$ **26.** $f(x) = 3 - \sqrt{x}$

27. $f(x) = \begin{cases} -2x + 3, & -1 \leq x \leq 1 \\ x^2, & 1 < x \leq 3 \end{cases}$

28. $f(x) = \begin{cases} \frac{1}{2}x + 1, & -3 \leq x \leq 2 \\ 3 - x, & 2 < x \leq 4 \end{cases}$

29. $f(x) = \begin{cases} 3 + x, & x \leq 2 \\ x^2 + 1, & x > 2 \end{cases}$

30. $f(x) = \begin{cases} x^2 - 4, & x \leq 0 \\ 3x + 1, & x > 0 \end{cases}$

31. $f(x) = \dfrac{|x+1|}{x+1}$ **32.** $f(x) = \dfrac{|4-x|}{4-x}$

33. $f(x) = x\sqrt{x+3}$ **34.** $f(x) = \dfrac{x+1}{\sqrt{x}}$

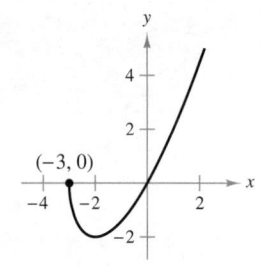

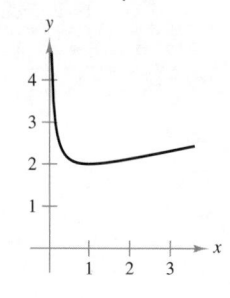

35. $f(x) = [\![2x]\!] + 1$ **36.** $f(x) = \dfrac{[\![x]\!]}{2} + x$

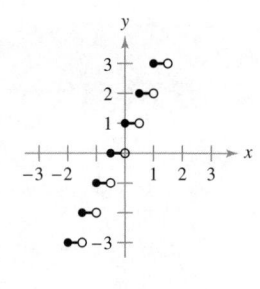

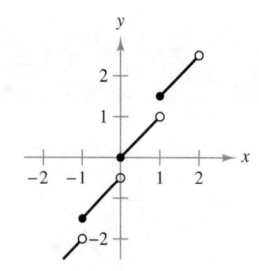

37. $f(x) = [\![x - 1]\!]$ **38.** $f(x) = x - [\![x]\!]$

39. $h(x) = f(g(x))$, $f(x) = \dfrac{1}{\sqrt{x}}$, $g(x) = x - 1, x > 1$

40. $h(x) = f(g(x))$, $f(x) = \dfrac{1}{x-1}$, $g(x) = x^2 + 5$

Determinando a continuidade Nos Exercícios 41-46, esboce o gráfico da função e descreva o(s) intervalo(s) em que a função é contínua.

41. $f(x) = \dfrac{x^2 - 16}{x - 4}$ **42.** $f(x) = \dfrac{x^3 + x}{x}$

43. $f(x) = \dfrac{x + 4}{3x^2 - 12}$ **44.** $f(x) = \dfrac{2x^2 + x}{x}$

45. $f(x) = \begin{cases} x^2 + 1, & x < 0 \\ x - 1, & x \geq 0 \end{cases}$ **46.** $f(x) = \begin{cases} x^2 - 4, & x \leq 0 \\ 2x + 4, & x > 0 \end{cases}$

Determinando a continuidade em um intervalo fechado Nos Exercícios 47-50, discuta a continuidade da função no intervalo fechado. Se existirem quaisquer descontinuidades, determine se elas são removíveis.

Função *Intervalo*

47. $f(x) = x^2 - 4x - 5$ $[-1, 5]$

48. $f(x) = \dfrac{x}{x^2 - 4x + 3}$ $[0, 4]$

49. $f(x) = \dfrac{1}{x - 2}$ $[1, 4]$

50. $f(x) = \dfrac{5}{x^2 + 1}$ $[-2, 2]$

Encontrando descontinuidades Nos Exercícios 51-56, use uma ferramenta gráfica para traçar a função. Use o gráfico para determinar qualquer(quaisquer) valor(es) de *x* em que a função não é contínua. Explique porque a função não é contínua no(s) valor(es) de *x*.

51. $h(x) = \dfrac{1}{x^2 - x - 2}$

52. $k(x) = \dfrac{x - 4}{x^2 - 5x + 4}$

53. $f(x) = \begin{cases} 2x - 4, & x \leq 3 \\ x^2 - 2x, & x > 3 \end{cases}$

54. $f(x) = \begin{cases} 3x - 1, & x \leq 1 \\ x + 1, & x > 1 \end{cases}$

55. $f(x) = x - 2[\![x]\!]$

56. $f(x) = [\![2x - 1]\!]$

Tornando uma função contínua Nos Exercícios 57 e 58, encontre a constante *a* (Exercício 57) e as constantes *a* e *b* (Exercício 58) de modo que a função seja contínua em toda a reta real.

57. $f(x) = \begin{cases} x^3, & x \leq 2 \\ ax^2, & x > 2 \end{cases}$

58. $f(x) = \begin{cases} 2, & x \leq -1 \\ ax + b, & -1 < x < 3 \\ -2, & x \geq 3 \end{cases}$

Escrevendo Nos Exercícios 59 e 60, use uma ferramenta gráfica para traçar a função no intervalo $[-4, 4]$. O gráfico da função parece ser contínuo neste intervalo? A função é de fato contínua em $[-4, 4]$? Escreva um breve parágrafo sobre a importância de examinar uma função tanto analítica quanto graficamente.

59. $f(x) = \dfrac{x^2 + x}{x}$

60. $f(x) = \dfrac{x^3 - 8}{x - 2}$

61. Custo ambiental O custo *C* (em milhões de dólares) de remoção de *x* por cento dos poluentes emitidos por uma chaminé de uma fábrica pode ser modelado por

$$C = \dfrac{2x}{100 - x}.$$

(a) Qual é o domínio implícito de C? Explique seu raciocínio.

(b) Use uma ferramenta gráfica para traçar a função de custo. A função é contínua em seu domínio? Explique seu raciocínio.

(c) Encontre o custo da remoção de 75% dos poluentes da chaminé.

62. VISUALIZE O gráfico mostra o número de galões G de gasolina no carro de uma pessoa depois de t dias.

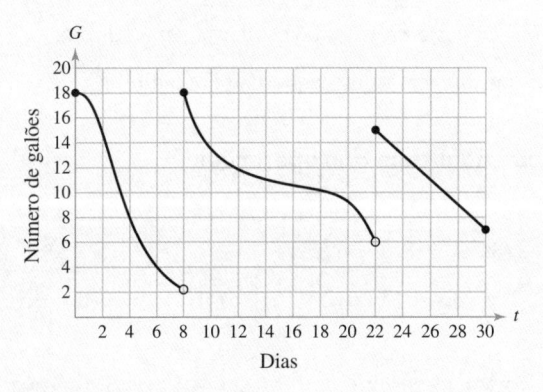

(a) Em quais dias o gráfico não é contínuo?

(b) O que você acha que acontece nesses dias?

63. Biologia O período de gestação de coelhos é entre 29 e 35 dias. Por conseguinte, a população de uma casa de coelhos pode aumentar drasticamente em um curto período de tempo. A tabela mostra que t é o tempo em meses e N representa a população de coelhos.

t	0	1	2	3	4	5	6
N	2	8	10	14	10	15	12

Faça o gráfico da população como uma função do tempo. Encontre quaisquer pontos de descontinuidade na função. Explique seu raciocínio.

64. Propriedade de uma franquia Você adquiriu uma franquia. Determinou um modelo linear para sua receita como uma função do tempo. O modelo é uma função contínua? A sua receita real será uma função contínua de tempo? Explique seu raciocínio.

65. Consciência de consumo As taxas de correio de primeira classe do Serviço Postal dos Estados Unidos para o envio de uma carta é de $ 0,44 para a primeira onça e $ 0,20 para cada onça ou fração adicional dela até 3,5 onças. Um modelo para o custo C (em dólares) de um envio de primeira classe que pesa 3,5 onças ou menos é dado abaixo. (*Fonte: United States Postal Service*)

$$C(x) = \begin{cases} 0,44, & 0 \leq x \leq 1 \\ 0,64, & 1 < x \leq 2 \\ 0,84, & 2 < x \leq 3 \\ 1,04, & 3 < x \leq 3,5 \end{cases}$$

(a) Use uma ferramenta gráfica para traçar a função e, em seguida, discuta sua continuidade. Em quais valores a função não é contínua? Explique seu raciocínio.

(b) Encontre o custo de enviar uma carta de 2,5 onças.

66. Comida saudável Uma loja de alimentos saudáveis cobra $ 3,50 pela primeira libra de amendoins cultivados organicamente e $ 1,90 para cada libra ou fração adicional do mesmo.

(a) Use a função maior inteiro para criar um modelo para o custo C de x libras de amendoins cultivados organicamente.

(b) Use uma ferramenta gráfica para traçar a função e, em seguida, discuta sua continuidade.

67. Juros compostos Um depósito de $ 7.500 é feito em uma conta que paga 6%, capitalizados trimestralmente. O montante A na conta depois de t anos é

$$A = 7.500(1{,}015)^{[\![4t]\!]}, \quad t \geq 0.$$

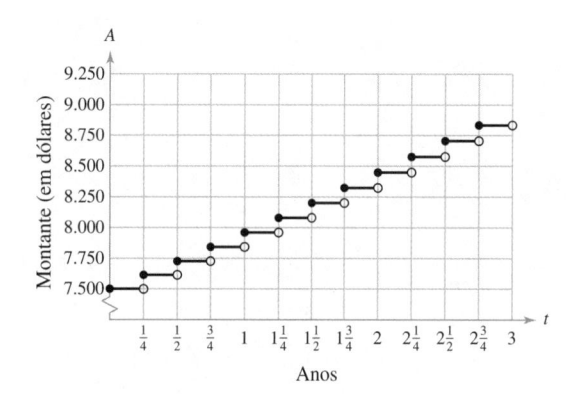

(a) O gráfico é contínuo? Explique seu raciocínio.

(b) Qual é o saldo depois de 2 anos?

(c) Qual é o saldo depois de 7 anos?

68. Contrato de salário Um contrato do sindicato garante um aumento anual de 9% por 5 anos. Para um salário atual de $ 28.500, os salários para os próximos 5 anos são dados por

$$S = 28.500(1{,}09)^{[\![t]\!]}$$

em que $t = 0$ representa o ano presente.

(a) Use a função maior inteiro de uma ferramenta gráfica para traçar a função do salário e, em seguida, discuta sua continuidade.

(b) Encontre o salário durante o quinto ano (quando $t = 5$).

69. Gestão de estoque O número de unidades em estoque em uma pequena empresa é

$$N = 25\left(2\left[\!\left[\frac{t+2}{2}\right]\!\right] - t\right), \quad 0 \leq t \leq 12$$

onde o número real t é o tempo em meses.

(a) Use a função maior inteiro de uma ferramenta gráfica para traçar essa função e, em seguida, discuta a sua continuidade.

(b) Com que frequência a empresa deve reabastecer seu estoque?

TUTOR DE ÁLGEBRA

Ordem das operações

A maior parte da álgebra deste capítulo envolve o cálculo de expressões algébricas. Ao calcular uma expressão algébrica, é preciso saber as prioridades atribuídas às diferentes operações. Essas prioridades são chamadas de *ordem das operações*.

1. Efetuar operações dentro de *símbolos de agrupamento* ou *símbolos de valores absolutos* (ou módulo), a começar pelos símbolos mais interiores.

2. Calcular todas as expressões *exponenciais*.

3. Efetuar todas as *multiplicações* e *divisões* da esquerda para a direita.

4. Efetuar todas as *adições* e *subtrações* da esquerda para a direita.

Exemplo 1 — Utilização da ordem das operações

Calcule cada expressão.

a. $20 - 2 \cdot 3^2$ b. $3 + 8 \div 2 \cdot 2$ c. $7 - [(5 \cdot 3) + 2^3]$

d. $[36 \div (3^2 \cdot 2)] + 6$ e. $36 - [3^2 \cdot (2 \div 6)]$ f. $10 - 2(8 + |5 - 7|)$

SOLUÇÃO

a. $20 - 2 \cdot 3^2 = 20 - 2 \cdot 9$ Calcule a expressão exponencial.
$= 20 - 18$ Multiplique.
$= 2$ Subtraia.

b. $3 + 8 \div 2 \cdot 2 = 3 + 4 \cdot 2$ Divida.
$= 3 + 8$ Multiplique.
$= 11$ Adicione.

c. $7 - [(5 \cdot 3) + 2^3] = 7 - [15 + 2^3]$ Multiplique dentro dos parênteses.
$= 7 - [15 + 8]$ Calcule a expressão exponencial.
$= 7 - 23$ Adicione dentro dos colchetes.
$= -16$ Subtraia.

d. $[36 \div (3^2 \cdot 2)] + 6 = [36 \div (9 \cdot 2)] + 6$ Calcule a expressão exponencial dentro dos parênteses.
$= [36 \div 18] + 6$ Multiplique dentro dos parênteses.
$= 2 + 6$ Divida dentro dos colchetes.
$= 8$ Adicione.

e. $36 - [3^2 \cdot (2 \div 6)] = 36 - [3^2 \cdot \frac{1}{3}]$ Divida dentro dos parênteses.
$= 36 - [9 \cdot \frac{1}{3}]$ Calcule a expressão exponencial.
$= 36 - 3$ Multiplique dentro dos colchetes.
$= 33$ Subtraia.

f. $10 - 2(8 + |5 - 7|) = 10 - 2(8 + |-2|)$ Subtraia dentro do símbolo de valor absoluto.
$= 10 - 2(8 + 2)$ Calcule o valor absoluto.
$= 10 - 2(10)$ Some dentro dos parênteses.
$= 10 - 20$ Multiplique.
$= -10$ Subtraia.

TUTOR TÉCNICO

A maioria das calculadoras gráficas e científicas utiliza a mesma ordem de operações listada acima. Tente inserir as expressões do Exemplo 1 em sua calculadora. Você obtém os mesmos resultados?

Resolução de equações

Uma segunda habilidade algébrica usada neste capítulo é a resolução de equações com uma variável.

1. Para resolver uma *equação linear*, pode-se somar ou subtrair a mesma quantidade de cada lado da equação. Também pode-se multiplicar ou dividir cada lado da equação pela mesma quantidade *diferente de zero*.

2. Para resolver uma *equação quadrática*, pode-se tirar a raiz quadrada de cada lado, utilizar a fatoração ou usar a fórmula quadrática.

3. Para resolver uma *equação radical*, isole o radical de um lado da equação e eleve ao quadrado cada lado da equação.

4. Para resolver uma *equação de valor absoluto*, utilize a definição de valor absoluto para reescrever a equação como duas equações.

Exemplo 2 — Resolução de equações

Resolva as equações.

a. $3x - 3 = 5x - 7$ **b.** $2x^2 = 10$

c. $2x^2 + 5x - 6 = 6$ **d.** $\sqrt{2x - 7} = 5$

e. $|3x + 6| = 9$

SOLUÇÃO

a. $3x - 3 = 5x - 7$ — Escreva a equação original (linear).
$-3 = 2x - 7$ — Subtraia $3x$ de cada lado.
$4 = 2x$ — Some 7 de cada lado.
$2 = x$ — Divida cada lado por 2.

b. $2x^2 = 10$ — Escreva a equação original (quadrática).
$x^2 = 5$ — Divida cada lado por 2.
$x = \pm\sqrt{5}$ — Tire a raiz quadrada de cada lado.

c. $2x^2 + 5x - 6 = 6$ — Escreva a equação original (quadrática).
$2x^2 + 5x - 12 = 0$ — Escreva na forma geral.
$(2x - 3)(x + 4) = 0$ — Fatore.
$2x - 3 = 0 \implies x = \frac{3}{2}$ — Iguale o primeiro fator a zero.
$x + 4 = 0 \implies x = -4$ — Iguale o segundo fator a zero.

d. $\sqrt{2x - 7} = 5$ — Escreva a equação original (radical).
$2x - 7 = 25$ — Calcule o quadrado de cada lado.
$2x = 32$ — Some 7 de cada lado.
$x = 16$ — Divida cada lado por 2.

e. $|3x + 6| = 9$ — Escreva a equação original (valor absoluto).
$3x + 6 = -9$ ou $3x + 6 = 9$ — Reescreva equações equivalentes.
$3x = -15$ ou $3x = 3$ — Subtraia 6 de cada lado.
$x = -5$ ou $x = 1$ — Divida cada lado por 3.

DICA DE ESTUDO

Resolver equações radicais pode, às vezes, levar a *soluções errôneas* (aquelas que não satisfazem a equação original). Por exemplo, calcular o quadrado de ambos os lados da seguinte equação resulta em duas soluções possíveis, uma das quais é errônea.

$\sqrt{x} = x - 2$
$x = x^2 - 4x + 4$
$0 = x^2 - 5x + 4$
$ = (x - 4)(x - 1)$
$x - 4 = 0 \implies x = 4$ (solução)
$x - 1 = 0 \implies x = 1$ (errônea)

RESUMO DO CAPÍTULO E ESTRATÉGIAS DE ESTUDO

Após estudar este capítulo, espera-se que você tenha desenvolvido as seguintes habilidades.
Os números dos exercícios referem-se aos Exercícios de revisão que começam na página 72.
As respostas para os Exercícios de revisão ímpares são fornecidas no fim do livro.

Seção 1.1 — Exercícios de revisão

- Marcar pontos em um plano coordenado. — *1, 2*
- Determinar a distância entre dois pontos em um plano coordenado. — *3-8*

  $d = \sqrt{(x_2 - x_1)^2 + (y_2 - y_1)^2}$

- Determinar os pontos médios de segmentos de retas que unem dois pontos. — *9-14*

  Ponto médio $= \left(\dfrac{x_1 + x_2}{2}, \dfrac{y_1 + y_2}{2}\right)$

- Interpretar dados da vida real apresentados graficamente. — *15, 16*
- Transladar pontos em um plano coordenado. — *17, 18*

Seção 1.2

- Esboçar à mão os gráficos das equações. — *19-28*
- Localizar as intersecções com os eixos x e y dos gráficos das equações. — *29-32*
- Encontrar as formas-padrão das equações das circunferências. — *33-36*

  $(x - h)^2 + (y - k)^2 = r^2$

- Determinar os pontos de intersecção de dois gráficos. — *37-40*
- Determinar o ponto de equilíbrio para uma empresa. — *41, 42*

  O ponto de equilíbrio ocorre quando a receita R é igual ao custo C.

- Encontrar pontos de equilíbrio de equações de oferta e demanda. — *43*

  O ponto de equilíbrio é o ponto de intersecção dos gráficos das equações de oferta e demanda.

- Utilizar modelos matemáticos para modelar e resolver problemas da vida real. — *44*

Seção 1.3

- Utilizar a forma inclinação-intersecção de uma equação linear para esboçar os gráficos das retas — *45-52*

  $y = mx + b$

- Determinar a inclinação de retas que passam por dois pontos. — *53-56*

  $m = \dfrac{y_2 - y_1}{x_2 - x_1}$

- Utilizar a forma ponto-inclinação para escrever as equações das retas e traçar os gráficos das retas. — *57-64*

  $y - y_1 = m(x - x_1)$

- Encontrar equações de retas paralelas e perpendiculares. — *65, 66*

  Retas paralelas: $m_1 = m_2$ Retas perpendiculares: $m_1 = -\dfrac{1}{m_2}$

- Utilizar equações lineares para resolver problemas da vida real, como prever vendas futuras ou criar um cronograma de depreciação linear. — *67, 68*

Seção 1.4 Exercícios de Revisão

- Utilizar o teste da reta vertical para decidir se a relação entre duas variáveis é uma função. *69-72*

  Se cada reta vertical intercepta o gráfico no máximo uma vez, então a equação define y como uma função de x.

- Determinar os domínios e as imagens das funções. *73-78*
- Utilizar a notação de função e calcular as funções. *79, 80*
- Combinar funções para criar outras funções. *81, 82*
- Utilizar o teste da reta horizontal para determinar se as funções possuem funções inversas. Em caso positivo, determinar essas funções inversas. *83-88*

  Uma função é bijetora quando cada reta horizontal intercepta o gráfico da função no máximo uma vez. Para que uma função tenha uma função inversa, ela deve ser bijetora.

Seção 1.5

- Utilizar uma tabela para estimar limites laterais. *89-92*
- Determinar a existência de limites. Caso existam, encontrar esses limites. *93-110*

Seção 1.6

- Determinar se as funções são contínuas em um ponto, em um intervalo aberto e em um intervalo fechado. *111-120*
- Determinar uma constante de maneira que f seja contínua. *121, 122*
- Utilizar modelos gráficos e analíticos de dados da vida real para resolver problemas. *123-126*

Estratégias de Estudo

- **Utilizar ferramentas gráficas** Uma calculadora gráfica ou um software pode ajudá-lo neste curso de duas maneiras importantes. Como *dispositivos exploratórios*, as ferramentas gráficas facilitam o aprendizado de conceitos, ao permitir a comparação dos gráficos das equações. Por exemplo, fazer o esboço dos gráficos de $y = x^2$, $y = x^2 + 1$ e $y = x^2 - 1$ ajuda a confirmar que ao somar (ou subtrair) uma constante a (ou de) uma função translada o gráfico da função verticalmente. Como *ferramentas de resolução de problemas*, as ferramentas gráficas permitem que você se livre do árduo trabalho de esboçar gráficos complicados à mão. O tempo economizado pode ser gasto para utilizar a matemática para resolver problemas da vida real.

- **Utilizar exercícios de recapitulação** Cada conjunto de exercícios neste texto começa com um conjunto de exercícios de recapitulação. Recomendamos fortemente que você comece cada seção de dever de casa resolvendo rapidamente todos esses exercícios (todos são respondidos no fim do texto). Os conceitos "antigos" vistos nesses exercícios são necessários para que você domine as "novas" habilidades do conjunto de exercícios da seção. Os exercícios de recapitulação servem para lembrar que a matemática é cumulativa – para o sucesso deste curso, é necessário reter as habilidades "antigas".

Exercícios de revisão

Marcação de pontos no plano cartesiano Nos Exercícios 1 e 2, marque os pontos no plano cartesiano.

1. $(2, 3), (0, 6), (-5, 1), (4, -3), (-3, -1)$
2. $(1, -4), (-1, -2), (6, -5), (-2, 0), (5, 5)$

Encontrando uma distância Nos Exercícios 3-8, encontre a distância entre os dois pontos.

3. $(0, 0), (5, 2)$
4. $(1, 2), (4, 3)$
5. $(-1, 3), (-4, 6)$
6. $(6, 8), (-3, 7)$
7. $\left(\frac{1}{4}, -8\right), \left(\frac{3}{4}, -6\right)$
8. $(-0{,}6, 3), (4, -1{,}8)$

Encontrando o ponto médio de um segmento Nos Exercícios 9-14, encontre o ponto médio do segmento da reta que liga os dois pontos.

9. $(5, 6), (9, 2)$
10. $(0, 0), (-4, 8)$
11. $(-10, 4), (-6, 8)$
12. $(7, -9), (-3, 5)$
13. $\left(-1, \frac{1}{5}\right), \left(6, \frac{3}{5}\right)$
14. $(6, 1{,}2), (-3{,}2, 5)$

Receitas, custos e lucros Nos Exercícios 15 e 16, use o gráfico abaixo, que fornece as receitas, custos e lucros para o Google, de 2005 a 2009. (*Fonte: Google, Inc.*)

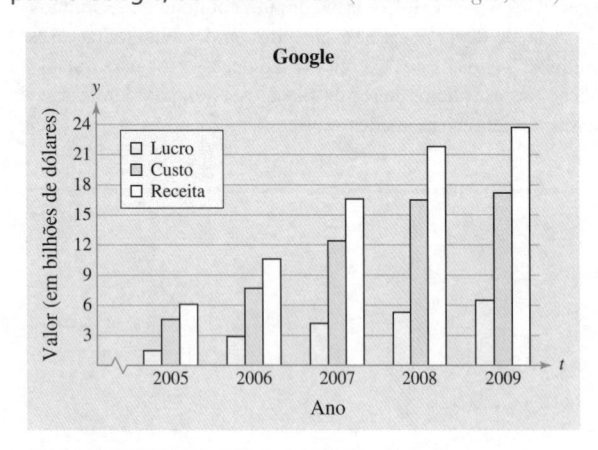

15. Escreva uma equação que relacione a receita R, o custo C e o lucro P. Explique a relação entre as alturas das barras e a equação.
16. Estime a receita, o custo e o lucro do Google em cada ano.

Transladando pontos no plano Nos Exercícios 17 e 18, use a translação e o gráfico para encontrar os vértices da figura depois de ter sido transladada.

17. 3 unidades à esquerda e 4 unidades acima
18. 4 unidades à direita e uma unidade abaixo

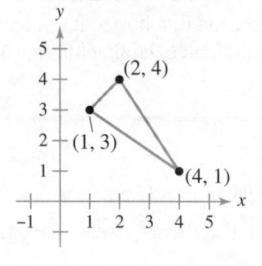

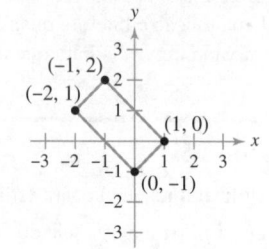

Esboçando o gráfico de uma equação Nos Exercícios 19-28, esboce o gráfico da equação.

19. $y = 4x - 12$
20. $y = 4 - 3x$
21. $y = x^2 + 5$
22. $y = 1 - x^2$
23. $y = |4 - x|$
24. $y = |2x - 3|$
25. $y = x^3 + 4$
26. $y = 2x^3 - 1$
27. $y = \sqrt{4x + 1}$
28. $y = \sqrt{2x}$

Encontrando as intersecções com os eixos x e y Nos Exercícios 29-32, encontre a intersecção com eixos x e y do gráfico da equação. Use uma ferramenta gráfica para verificar seus resultados.

29. $4x + y + 3 = 0$
30. $3x - y + 6 = 0$
31. $y = x^2 + 2x - 8$
32. $y = (x - 1)^3 + 2(x - 1)^2$

Encontrando a equação de uma circunferência Nos Exercícios 33-36, encontre a forma-padrão da equação do circunferência e esboce seu gráfico.

33. Centro: $(0, 0)$; raio: 8
34. Centro: $(-5, -2)$; raio: 6
35. Centro: $(0, 0)$; ponto solução: $(2, \sqrt{5})$
36. Centro: $(3, -4)$; ponto solução: $(-1, -1)$

Encontrando os pontos de intersecção Nos Exercícios 37-40, encontre o(s) ponto(s) de intersecção (se houver) dos gráficos das equações. Use uma ferramenta gráfica para verificar seus resultados.

37. $y = 2x + 13, \quad y = -5x - 1$
38. $y = x^2 - 5, \quad y = x + 1$
39. $y = x^3, \quad y = x$
40. $y = -x^2 + 4, \quad y = 2x - 1$

41. Análise de equilíbrio Uma organização estudantil quer levantar dinheiro com a venda de camisetas. Cada camiseta custa $ 8. A serigrafia custa $ 200 para o projeto, mais $ 2 por camiseta. Cada camiseta será vendida por $ 14.

(a) Encontre as equações para o custo total C e a receita total R para a venda de x camisetas.

(b) Encontre o ponto de equilíbrio.

42. Análise de equilíbrio Você está começando um negócio de meio período. Você faz um investimento inicial de $ 6.000. O custo unitário do produto é de $ 6,50 e o preço de venda é de $ 13,90.

(a) Encontre as equações para o custo total C e a receita total R para a venda de x unidades do produto.

(b) Encontre o ponto de equilíbrio.

43. Oferta e demanda As equações de oferta e demanda para uma aparafusadora sem fio são dadas por

$p = 91,4 - 0,009x$ Equação da demanda

$p = 6,4 + 0,008x$ Equação da oferta

em que p é o preço em dólares e x representa o número de unidades. Encontre o ponto de equilíbrio para este mercado.

44. Energia eólica A tabela mostra as quantidades anuais W (em trilhões de Btu) de consumo nos EUA de energia eólica para os anos de 2003 a 2008. *(Fonte: US Energy Information Administration)*.

Ano	2003	2004	2005
Consumo	115	142	178

Ano	2006	2007	2008
Consumo	264	341	546

Um modelo matemático para os dados é

$W = 3,870t^3 - 45,04t^2 + 205,7t - 204$

em que t representa o ano, com $t = 3$ correspondendo a 2003.

(a) Compare os consumos reais com aqueles obtidos pelo modelo. Quão bem o modelo ajusta os dados? Explique seu raciocínio.

(b) Use o modelo para prever o consumo em 2014.

Encontrando a inclinação e a interceptação com o eixo y Nos Exercícios 45-52, encontre a inclinação e a intersecção com o eixo y (se possível) da equação da reta. Em seguida, esboce o gráfico da equação.

45. $y = -x + 12$ **46.** $y = 3x - 1$

47. $3x + y = -2$ **48.** $2x - 4y = -8$

49. $y = -\frac{5}{3}$ **50.** $x = -3$

51. $-2x - 5y - 5 = 0$ **52.** $3,2x - 0,8y + 5,6 = 0$

Encontrando a inclinação de uma reta Nos Exercícios 53-56, encontre a inclinação da reta que passa pelo par de pontos.

53. $(0, 0), (7, 6)$ **54.** $(-1, 5), (-5, 7)$

55. $(10, 17), (-11, -3)$

56. $(-11, -3), (-1, -3)$

Usando a forma ponto-inclinação Nos Exercícios 57-60, encontre a equação da reta que passa pelo ponto e tem a inclinação dada. Em seguida, use a equação para esboçar a reta.

Ponto	Inclinação
57. $(3, -1)$	$m = -2$
58. $(-3, -3)$	$m = \frac{1}{2}$
59. $(1,5, -4)$	$m = 0$
60. $(8, 2)$	m não é definido.

Escrevendo uma equação de uma reta Nos Exercícios 61-64, encontre a equação da reta que passa pelos pontos. Em seguida, use a equação para esboçar a reta.

61. $(1, -7), (7, 5)$

62. $(2, 4), (8, 12)$

63. $(5, 7), (5, 14)$

64. $(4, -3), (-2, -3)$

Encontrando retas paralelas e perpendiculares Nos Exercícios 65 e 66, encontre a equação da reta que passa pelo ponto dado e que satisfaça a condição dada.

65. Ponto: $(-3, 6)$

(a) A inclinação é $\frac{7}{8}$.

(b) Paralela à reta $4x + 2y = 7$

(c) Passa pela origem

(d) Perpendicular à reta $3x - 2y = 2$

66. Ponto: $(1, -3)$

(a) Paralela ao eixo x

(b) Perpendicular ao eixo x

(c) Paralela à reta $-4x + 5y = -3$

(d) Perpendicular à reta $5x - 2y = 3$

67. Demanda Quando um atacadista vendeu um produto a $ 32 por unidade, as vendas foram de 750 unidades por semana. No entanto, depois de um aumento de preço de $ 5 por unidade, as vendas caíram para 700 unidades por semana. Assuma que a relação entre o preço p e as unidades vendidas por semana x seja linear.

(a) Escreva uma equação linear expressando x em termos de p.

(b) Faça uma previsão do número de unidades vendidas por semana a um preço de $ 34,50 por unidade.

(c) Faça uma previsão do número de unidades vendidas por semana a um preço de $ 42 por unidade.

68. Depreciação linear Uma empresa de impressão adquiriu uma copiadora/impressora colorida avançada por $ 117.000. Depois de 9 anos, o equipamento estará obsoleto e não terá valor.

(a) Escreva uma equação linear que dá o valor v (em dólares) do equipamento em termos de tempo t (em anos), $0 \le t \le 9$.

(b) Use uma ferramenta gráfica para traçar a equação.

(c) Mova o cursor ao longo do gráfico e estime (precisão de duas casas decimais) o valor do equipamento depois de 4 anos.

(d) Mova o cursor ao longo do gráfico e estime (precisão de duas casas decimais) o momento em que o valor do equipamento será de $ 84.000.

Teste da reta vertical Nos Exercícios 69-72, utilize o teste da reta vertical para determinar se y é uma função de x.

69. $y = -x^2 + 2$

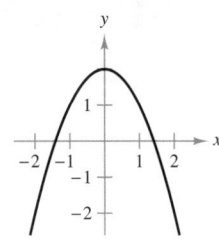

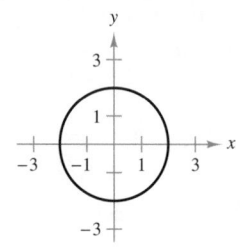

70. $x^2 + y^2 = 4$

71. $y^2 = \frac{1}{4}x^2 - 1$

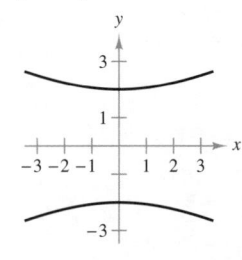

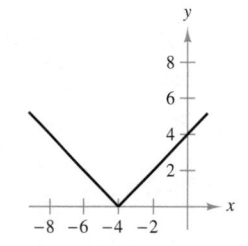

72. $y = |x + 4|$

Encontrando o domínio e a imagem de uma função Nos Exercícios 73-78, encontre o domínio e a imagem da função. Use uma ferramenta gráfica para verificar seus resultados.

73. $f(x) = x^3 + 2x^2 - x + 2$

74. $f(x) = 2$

75. $f(x) = \sqrt{x + 1}$

76. $f(x) = -|x| + 3$

77. $f(x) = \dfrac{x - 3}{x^2 + x - 12}$

78. $f(x) = \begin{cases} 6 - x, & x < 2 \\ 3x - 2, & x \ge 2 \end{cases}$

Cálculo de uma função Nos Exercícios 79 e 80, calcule a função para os valores específicos da variável independente. Simplifique o resultado.

79. $f(x) = 3x + 4$
 (a) $f(1)$ (b) $f(-5)$ (c) $f(x + 1)$

80. $f(x) = x^2 + 4x + 3$
 (a) $f(0)$ (b) $f(3)$ (c) $f(x - 1)$

Combinações de funções Nos Exercícios 81 e 82, encontre (a) $f(x) + g(x)$, (b) $f(x) - g(x)$, (c) $f(x) \cdot g(x)$, (d) $f(x)/g(x)$, (e) $f(g(x))$ e (f) $g(f(x))$, se definidos.

81. $f(x) = 1 + x^2$, $g(x) = 2x - 1$

82. $f(x) = 2x - 3$, $g(x) = \sqrt{x + 1}$

Determine se uma função é bijetora Nos Exercícios 83-88, use uma ferramenta gráfica para traçar a função. Em seguida, use o teste da reta horizontal para determinar se a função é bijetora. Se for, encontre sua função inversa.

83. $f(x) = 4x - 3$

84. $f(x) = \frac{3}{2}x$

85. $f(x) = -x^2 + \frac{1}{2}$

86. $f(x) = x^3 - 1$

87. $f(x) = |x + 1|$

88. $f(x) = 6$

Encontrando limites numericamente Nos Exercícios 89-92, complete a tabela e use o resultado para estimar o limite. Use uma ferramenta gráfica para traçar a função e confirmar seu resultado.

89. $\lim\limits_{x \to 1} (4x - 3)$

x	0,9	0,99	0,999	1	1,001	1,01	1,1
$f(x)$				?			

90. $\lim\limits_{x \to 3} \dfrac{x - 3}{x^2 - 2x - 3}$

x	2,9	2,99	2,999	3	3,001	3,01	3,1
$f(x)$				?			

91. $\lim\limits_{x \to 0} \dfrac{\sqrt{x + 6} - 6}{x}$

x	-0,1	-0,01	-0,001	0	0,001	0,01	0,1
$f(x)$				?			

92. $\lim\limits_{x \to 7} \dfrac{\dfrac{1}{x - 7} - \dfrac{1}{7}}{x}$

x	6,9	6,99	6,999	7	7,001	7,01	7,1
$f(x)$				?			

Encontrando limites Nos Exercícios 93-110, encontre o limite (se existir).

93. $\lim_{x \to 3} 8$

94. $\lim_{x \to 4} x^2$

95. $\lim_{x \to 2} (5x - 3)$

96. $\lim_{x \to 5} (2x + 4)$

97. $\lim_{x \to -1} \dfrac{x + 3}{6x + 1}$

98. $\lim_{t \to 3} \dfrac{t}{t + 5}$

99. $\lim_{t \to 0} \dfrac{t^2 + 1}{t}$

100. $\lim_{t \to 2} \dfrac{t + 1}{t - 2}$

101. $\lim_{x \to -2} \dfrac{x + 2}{x^2 - 4}$

102. $\lim_{x \to 3^-} \dfrac{x^2 - 9}{x - 3}$

103. $\lim_{x \to 0^+} \left(x - \dfrac{1}{x} \right)$

104. $\lim_{x \to 1/2} \dfrac{2x - 1}{6x - 3}$

105. $\lim_{x \to 0} \dfrac{[1/(x - 2)] - 1}{x}$

106. $\lim_{s \to 0} \dfrac{\left(1/\sqrt{1 + s}\right) - 1}{s}$

107. $\lim_{x \to 0} f(x)$, em que $f(x) = \begin{cases} x + 5, & x \neq 0 \\ 3, & x = 0 \end{cases}$

108. $\lim_{x \to -2} f(x)$, em que $f(x) = \begin{cases} \frac{1}{2}x + 5, & x < -2 \\ -x + 2, & x \geq -2 \end{cases}$

109. $\lim_{\Delta x \to 0} \dfrac{(x + \Delta x)^3 - (x + \Delta x) - (x^3 - x)}{\Delta x}$

110. $\lim_{\Delta x \to 0} \dfrac{1 - (x + \Delta x)^2 - (1 - x^2)}{\Delta x}$

Determinando a continuidade Nos Exercícios 111-120, descreva o(s) intervalo(s) em que a função é contínua. Explique por que a função é contínua no(s) intervalo(s). Se a função tem uma descontinuidade, identifique as condições de continuidade que não são satisfeitas.

111. $f(x) = x + 6$

112. $f(x) = x^2 + 3x + 2$

113. $f(x) = \dfrac{1}{(x + 4)^2}$

114. $f(x) = \dfrac{x + 2}{x}$

115. $f(x) = \dfrac{3}{x + 1}$

116. $f(x) = \dfrac{x + 1}{2x + 2}$

117. $f(x) = [\![x + 3]\!]$

118. $f(x) = [\![x]\!] - 2$

119. $f(x) = \begin{cases} x, & x \leq 0 \\ x + 1, & x > 0 \end{cases}$

120. $f(x) = \begin{cases} x, & x \leq 0 \\ x^2, & x > 0 \end{cases}$

Tornando uma função contínua Nos Exercícios 121 e 122, encontre a constante a de tal forma que a função seja contínua em toda a reta real.

121. $f(x) = \begin{cases} -x + 1, & x \leq 3 \\ ax - 8, & x > 3 \end{cases}$

122. $f(x) = \begin{cases} x + 1, & x < 1 \\ 2x + a, & x \geq 1 \end{cases}$

123. Consciência de consumo O custo C (em dólares) da compra de x garrafas de vitaminas em uma loja de alimentos integrais é mostrado abaixo.

$$C(x) = \begin{cases} 5{,}99x, & 0 < x \leq 5 \\ 4{,}99x, & 5 < x \leq 10 \\ 3{,}99x, & 10 < x \leq 15 \\ 2{,}99x, & x > 15 \end{cases}$$

(a) Use uma ferramenta gráfica para traçar a função e, em seguida, discuta sua continuidade. Em quais valores a função não é contínua? Explique seu raciocínio.

(b) Encontre o custo de compra de 10 garrafas.

124. Contrato de salário Um contrato de sindicato garante um aumento salarial de 10% ao ano por 3 anos. Para um salário atual de $ 28.000, os salários S (em milhares de dólares) para os próximos 3 anos são dados por

$$S(t) = \begin{cases} 28{,}00, & 0 < t \leq 1 \\ 30{,}80, & 1 < t \leq 2 \\ 33{,}88, & 2 < t \leq 3 \end{cases}$$

em que $t = 0$ representa o ano atual. O limite de S existe quando t se aproxima de 2? Explique seu raciocínio.

125. Consciência de consumo Um telefone celular pré-pago cobra $ 1 pelo primeiro minuto e $ 0,10 para cada minuto ou fração adicional.

(a) Use a função maior inteiro para criar um modelo para o custo C de um telefonema que durou t minutos.

(b) Use uma ferramenta gráfica para traçar a função e, em seguida, discuta sua continuidade.

126. Reciclagem Um centro de reciclagem paga $ 0,50 por cada libra de lata de alumínio. Vinte e quatro latas de alumínio pesam uma libra. Um modelo matemático para a quantidade A paga pelo centro de reciclagem é

$$A = \dfrac{1}{2} \left[\!\left[\dfrac{x}{24} \right]\!\right]$$

onde x é o número de latas.

(a) Use uma ferramenta gráfica para traçar a função e, em seguida, discuta sua continuidade.

(b) Quanto o centro de reciclagem paga por 1.500 latas?

TESTE DO CAPÍTULO

Faça este teste como se estivesse em sala de aula. Ao concluir, compare suas respostas com as fornecidas no final do livro.

Nos Exercícios 1-3, (a) determine a distância entre os pontos, (b) determine o ponto médio do segmento de reta que une os pontos, (c) determine a inclinação da reta que passa pelos pontos, (d) encontre uma equação da reta que passa pelos pontos e (e) esboce o gráfico da equação.

1. $(1, -1), (-4, 4)$
2. $(\frac{5}{2}, 2), (0, 2)$
3. $(2, 3), (-4, 1)$

4. As equações de demanda e oferta de um produto são $p = 65 - 2{,}1x$ e $p = 43 + 1{,}9x$, respectivamente, em que p é o preço em dólares e x representa o número de unidades em milhares. Determine o ponto de equilíbrio para esse mercado.

Nos Exercícios 5-7, determine a inclinação e a intersecção com o eixo y (se possível) da equação linear. Em seguida, faça o esboço do gráfico da equação.

5. $y = \frac{1}{5}x - 2$
6. $x - \frac{7}{4} = 0$
7. $-x - 0{,}4y + 2{,}5 = 0$

8. Escreva uma equação da reta que passa por $(-1, -7)$ e é perpendicular a $-4x + y = 8$.

9. Escreva uma equação da reta que passa por $(2, 1)$ e é paralela a $5x - 2y = 8$.

Nos Exercícios 10-12, (a) desenhe o gráfico da função e identifique as intersecções com os eixos, (b) determine o domínio e a imagem da função, (c) determine o valor da função quando x é igual a -3, -2 e 3 e (d) determine se a função é bijetora.

10. $f(x) = 2x + 5$
11. $f(x) = x^2 - x - 2$
12. $f(x) = \sqrt{x + 5}$

Nos Exercícios 13 e 14, determine a função inversa de f.

13. $f(x) = 4x + 6$
14. $f(x) = \sqrt[3]{8 - 3x}$

Nos Exercícios 15-18, encontre o limite (se existir).

15. $\lim\limits_{x \to 0} \dfrac{x - 2}{x + 2}$
16. $\lim\limits_{x \to 5} \dfrac{x + 5}{x - 5}$
17. $\lim\limits_{x \to -3} \dfrac{x^2 + 2x - 3}{x^2 + 4x + 3}$
18. $\lim\limits_{x \to 0} \dfrac{\sqrt{x + 9} - 3}{x}$

Nos Exercícios 19-21, descreva o(s) intervalo(s) no(s) qual(is) a função é contínua. Explique por que a função é contínua nesse(s) intervalo(s). Se a função tiver uma descontinuidade em um ponto, identifique todas as condições de continuidade que não são satisfeitas.

19. $f(x) = \dfrac{x^2 - 16}{x - 4}$
20. $f(x) = \sqrt{5 - x}$
21. $f(x) = \begin{cases} 1 - x, & x < 1 \\ x - x^2, & x \geq 1 \end{cases}$

22. A tabela relaciona o número de trabalhadores desempregados (em milhares) nos Estados Unidos para os anos selecionados. Um modelo matemático para os dados é

$$y = 193{,}898t^3 - 3.080{,}32t^2 + 15.478{,}5t - 16.925$$

em que t representa o ano, com $t = 4$ correspondendo a 2004. *(Fonte: US Bureau of Labor Statistics)*

(a) Compare o número real de trabalhadores desempregados com o obtido pelo modelo. Quão bem o modelo ajusta os dados? Explique seu raciocínio.

(b) Utilize o modelo para prever o número de trabalhadores desempregados em 2014.

t	4	5	6
y	8.149	7.591	7.001

t	7	8	9
y	7.078	8.924	14.265

Tabela para o exercício 22

2 Derivação

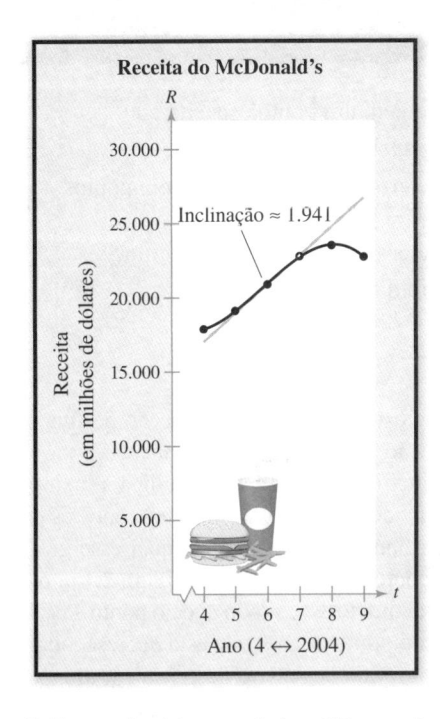

Receita do McDonald's

O Exemplo 11, na página 95, mostra como a derivação pode ser usada para encontrar a taxa de variação da receita de uma empresa.

2.1 A derivada e a inclinação de um gráfico
2.2 Algumas regras de derivação
2.3 Taxas de variação: velocidade e marginais
2.4 Regras do produto e do quociente
2.5 A regra da cadeia
2.6 Derivadas de ordem superior
2.7 Derivação implícita
2.8 Taxas relacionadas

2.1 A derivada e a inclinação de um gráfico

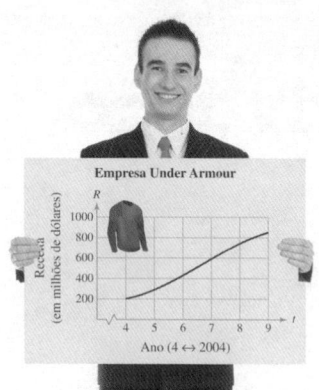

- Identificar retas tangentes a um gráfico em um ponto especificado.
- Aproximar inclinações das retas tangentes de pontos do gráfico.
- Utilizar a definição por limite para determinar as inclinações em pontos do gráfico.
- Utilizar a definição por limite para determinar as derivadas de funções.
- Descrever a relação entre diferenciabilidade e continuidade.

No Exercício 13, na página 86, você calculará e interpretará a inclinação do gráfico de uma função de receita.

Reta tangente a um gráfico

O cálculo é um ramo da matemática que estuda as taxas de variação de funções. Neste curso, veremos que taxas de variação possuem diversas aplicações na vida real. Na Seção 1.3, estudamos como a inclinação de uma reta indica a taxa pela qual ela cresce ou decresce. Essa taxa (ou inclinação) é a mesma para todos os pontos daquela reta. Para gráficos que não sejam retas, a taxa pela qual esse gráfico cresce ou decresce muda de ponto para ponto. Por exemplo, na Figura 2.1, a parábola está crescendo de forma mais rápida no ponto (x_1, y_1) do que no ponto (x_2, y_2). No vértice (x_3, y_3), o gráfico é nivelado; no ponto (x_4, y_4), ele está decrescendo.

Para determinar a taxa pela qual um gráfico cresce ou decresce em um *único ponto*, pode-se determinar a inclinação da **reta tangente** àquele ponto. Em termos simples, a reta tangente ao gráfico de uma função f em um ponto $P(x_1, y_1)$ é a reta que melhor aproxima o gráfico naquele ponto, como mostra a Figura 2.1. A Figura 2.2 mostra outros exemplos de retas tangentes.

Em seus estudos do "problema da reta tangente", Isaac Newton (1642-1727) percebeu que era difícil definir precisamente o que significava a tangente a uma curva geral. Em geometria, sabe-se que uma reta é tangente a uma circunferência se esta reta interceptar a circunferência em um único ponto, como mostra a Figura 2.3. Entretanto, retas tangentes a um gráfico não circular podem interceptar o gráfico em mais de um ponto. Por exemplo, no segundo gráfico na Figura 2.2, se a reta tangente fosse estendida, ela o interceptaria em outro ponto que não o ponto de tangência. Nesta seção, veremos como a noção de limite pode ser utilizada para definir uma reta tangente geral.

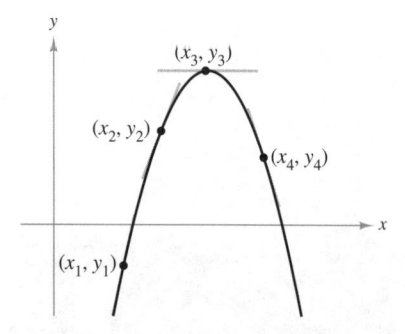

FIGURA 2.1 A inclinação de um gráfico não linear muda de um ponto para outro.

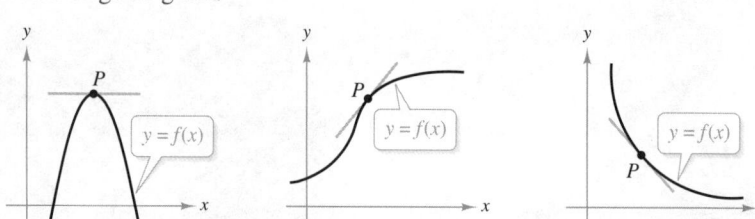

FIGURA 2.2 Reta tangente ao gráfico em um ponto

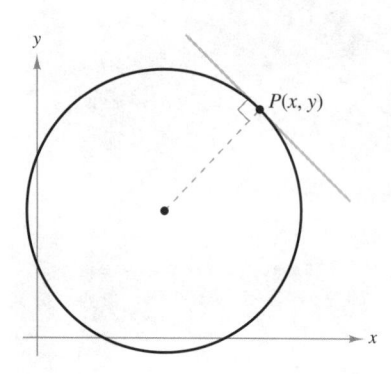

FIGURA 2.3 Reta tangente a uma circunferência.

Inclinação de um gráfico

Como a reta tangente aproxima o gráfico perto de um ponto, o problema de determinar a inclinação de um gráfico em certo ponto é, na verdade, o problema de se tentar determinar a inclinação da reta tangente àquele ponto.

Exemplo 1 Aproximação da inclinação de um gráfico

Utilize o gráfico da Figura 2.4 para aproximar a inclinação do gráfico de

$$f(x) = x^2$$

no ponto (1, 1).

SOLUÇÃO No gráfico de

$$f(x) = x^2,$$

é possível observar que a reta tangente em (1, 1) cresce aproximadamente duas unidades a cada variação de unidade em x. Portanto, a inclinação da reta tangente em (1, 1) é dada por

$$\text{Inclinação} = \frac{\Delta y}{\Delta x} = \frac{\text{variação em } y}{\text{variação em } x} \approx \frac{2}{1} = 2.$$

Como a reta tangente ao ponto (1,1) possui uma inclinação de cerca de 2, pode-se concluir que o gráfico possui uma inclinação de cerca de 2 no ponto (1,1).

✓ AUTOAVALIAÇÃO 1

Utilize o gráfico para aproximar a inclinação do gráfico de

$$f(x) = x^3$$

no ponto (1, 1).

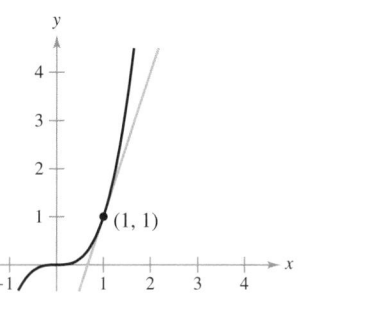

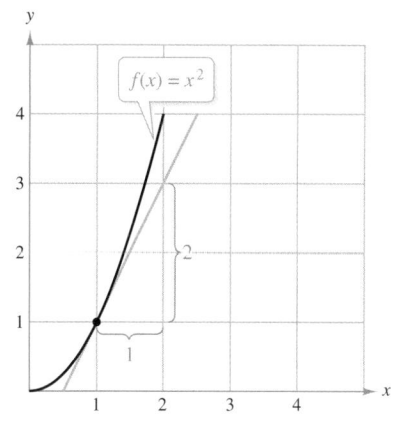

FIGURA 2.4

Exemplo 2 Interpretação da inclinação

A Figura 2.5 representa graficamente a temperatura média mensal (em graus Fahrenheit) de Duluth, Minnesota, EUA. Faça uma estimativa da inclinação desse gráfico no ponto indicado e dê uma interpretação física do resultado. (*Fonte: National Oceanic and Atmospheric Administration*)

SOLUÇÃO No gráfico, é possível observar que a reta tangente no ponto dado decresce aproximadamente 28 unidades para cada mudança de duas unidades em x. Portanto, é possível estimar a inclinação no ponto dado como

$$\text{Inclinação} = \frac{\Delta y}{\Delta x} = \frac{\text{variação em } y}{\text{variação em } x} \approx \frac{-28}{2} = -14 \text{ graus por mês.}$$

Isso resulta em temperaturas diárias médias, em novembro, cerca de 14 graus *mais baixas* do que as temperaturas correspondentes em outubro.

✓ AUTOAVALIAÇÃO 2

Na Figura 2.5, em quais meses as inclinações das retas tangentes parecem ser positivas? Interprete essas inclinações dentro do contexto desse problema.

DICA DE ESTUDO

Ao fazer a aproximação visual da inclinação de um gráfico, observe que as escalas nos eixos vertical e horizontal podem diferir. Quando isso acontece (como ocorre com frequência nas aplicações), a inclinação da reta tangente fica distorcida. É importante levar em conta essa diferença entre escalas.

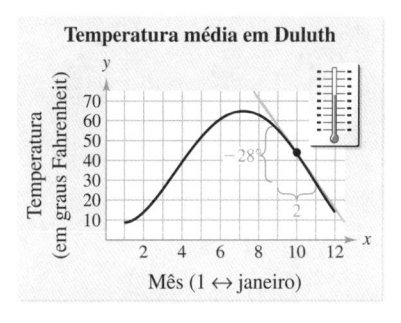

FIGURA 2.5

Inclinação e o processo de limite

Nos Exemplos 1 e 2, aproximamos a inclinação de um gráfico em um ponto desenhando o gráfico com cuidado e então "ajeitando" a reta tangente no ponto de tangência. Um método mais preciso de aproximação da inclinação de uma reta tangente utiliza uma **secante** que passa pelo ponto de tangência e por um segundo ponto no gráfico, como mostra a Figura 2.6. Se $(x, f(x))$ é o ponto de tangência e

$$(x + \Delta x, f(x + \Delta x))$$

é o segundo ponto no gráfico de f, então a inclinação da secante que passa pelos dois pontos é

$$m = \frac{y_2 - y_1}{x_2 - x_1} \quad \text{Fórmula para a inclinação}$$

$$m_{\text{sec}} = \frac{f(x + \Delta x) - f(x)}{(x + \Delta x) - x} \quad \begin{array}{l}\text{Variação em } y \\ \text{Variação em } x\end{array}$$

$$m_{\text{sec}} = \frac{f(x + \Delta x) - f(x)}{\Delta x}. \quad \text{Inclinação da secante}$$

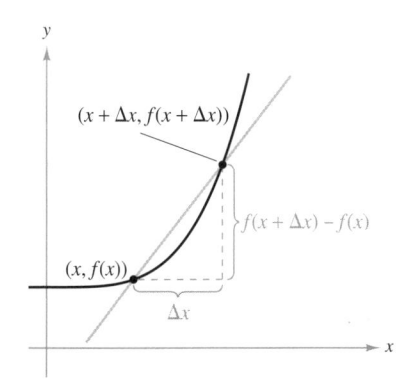

FIGURA 2.6 A reta secante pelos dois pontos $(x, f(x))$ e $(x + \Delta x, f(x + \Delta x))$.

O lado direito dessa equação é chamado de **quociente de diferenças**. O denominador Δx é a **variação em x** e o numerador é a **variação em y**. O interessante nesse procedimento é que ele permite aproximações cada vez mais precisas da inclinação da reta tangente à medida que forem escolhidos pontos cada vez mais próximos ao ponto de tangência, como mostra a Figura 2.7. Ao utilizar o processo de limite, é possível determinar a inclinação *exata* da reta tangente em $(x, f(x))$, que também é a inclinação do gráfico de f em $(x, f(x))$.

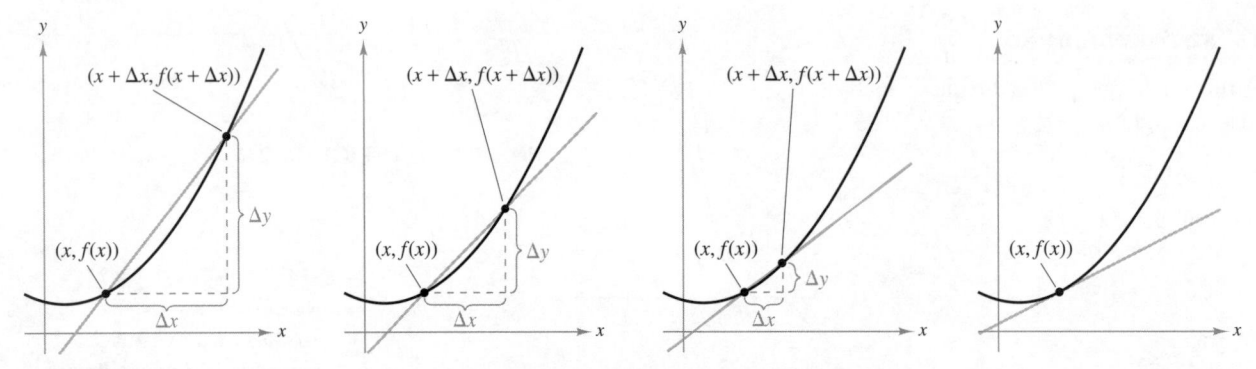

FIGURA 2.7 À medida que Δx se aproxima de 0, as retas secantes se aproximam da reta tangente.

DICA DE ESTUDO

Δx é utilizado como uma variável para representar a variação de x na definição da inclinação de um gráfico. Outras variáveis também poderiam ser utilizadas. Por exemplo, essa definição é às vezes escrita como

$$m = \lim_{h \to 0} \frac{f(x + h) - f(x)}{h}.$$

Definição da inclinação de um gráfico

A **inclinação** m do gráfico de f no ponto $(x, f(x))$ é igual à inclinação de sua reta tangente em $(x, f(x))$ e é dada por

$$m = \lim_{\Delta x \to 0} m_{\text{sec}} = \lim_{\Delta x \to 0} \frac{f(x + \Delta x) - f(x)}{\Delta x},$$

desde que esse limite exista.

Exemplo 3 Determinação da inclinação pelo processo de limite

Determine a inclinação do gráfico de

$$f(x) = x^2$$

no ponto $(-2, 4)$.

SOLUÇÃO Comece determinando uma expressão que represente a inclinação de uma secante no ponto $(-2, 4)$.

$$m_{\text{sec}} = \frac{f(-2 + \Delta x) - f(-2)}{\Delta x} \quad \text{Forme o quociente de diferenças.}$$

$$= \frac{(-2 + \Delta x)^2 - (-2)^2}{\Delta x} \quad \text{Utilize } f(x) = x^2.$$

$$= \frac{4 - 4\Delta x + (\Delta x)^2 - 4}{\Delta x} \quad \text{Expanda os termos.}$$

$$= \frac{-4\Delta x + (\Delta x)^2}{\Delta x} \quad \text{Simplifique.}$$

$$= \frac{\Delta x(-4 + \Delta x)}{\Delta x} \quad \text{Fatore e cancele.}$$

$$= -4 + \Delta x, \quad \Delta x \neq 0 \quad \text{Simplifique.}$$

Em seguida, determine o limite de m_{sec} quando $\Delta x \to 0$.

$$m = \lim_{\Delta x \to 0} m_{\text{sec}} = \lim_{\Delta x \to 0} (-4 + \Delta x) = -4$$

FIGURA 2.8

Portanto, o gráfico de f possui uma inclinação de -4 no ponto $(-2, 4)$, como mostra a Figura 2.8.

✓ **AUTOAVALIAÇÃO 3**

Determine a inclinação do gráfico de
$$f(x) = x^2$$
no ponto (2, 4).

> **TUTOR DE ÁLGEBRA**
>
> Para ajuda no cálculo das expressões dos Exemplos 3-6, consulte a revisão de simplificação de expressões fracionárias na página 155.

Exemplo 4 Determinação da inclinação de um gráfico

Determine a inclinação do gráfico de $f(x) = -2x + 4$.

SOLUÇÃO Dos estudos de funções lineares, você já sabe que a reta dada por $f(x) = -2x + 4$ possui inclinação -2, como mostra a Figura 2.9. Essa conclusão está de acordo com a definição por limite de inclinação.

$$m = \lim_{\Delta x \to 0} \frac{f(x + \Delta x) - f(x)}{\Delta x}$$

$$= \lim_{\Delta x \to 0} \frac{[-2(x + \Delta x) + 4] - (-2x + 4)}{\Delta x}$$

$$= \lim_{\Delta x \to 0} \frac{-2x - 2\Delta x + 4 + 2x - 4}{\Delta x}$$

$$= \lim_{\Delta x \to 0} \frac{-2\Delta x}{\Delta x}$$

$$= -2$$

✓ **AUTOAVALIAÇÃO 4**

Determine a inclinação do gráfico de $f(x) = 2x + 5$.

Exemplo 5 Determinação de uma fórmula para a inclinação de um gráfico

Determine uma fórmula para a inclinação do gráfico de $f(x) = x^2 + 1$. Quais são as inclinações nos pontos $(-1, 2)$ e $(2, 5)$?

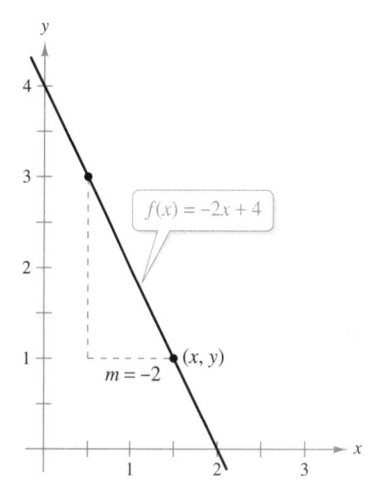

FIGURA 2.9

SOLUÇÃO

$$m_{sec} = \frac{f(x + \Delta x) - f(x)}{\Delta x} \quad \text{Forme o quociente de diferenças.}$$

$$= \frac{[(x + \Delta x)^2 + 1] - (x^2 + 1)}{\Delta x} \quad \text{Utilize } f(x) = x^2 + 1.$$

$$= \frac{x^2 + 2x\Delta x + (\Delta x)^2 + 1 - x^2 - 1}{\Delta x} \quad \text{Expanda os termos.}$$

$$= \frac{2x\Delta x + (\Delta x)^2}{\Delta x} \quad \text{Simplifique.}$$

$$= \frac{\Delta x(2x + \Delta x)}{\Delta x} \quad \text{Fatore e cancele.}$$

$$= 2x + \Delta x, \quad \Delta x \neq 0 \quad \text{Simplifique.}$$

Em seguida, determine o limite de m_{sec} quando $\Delta x \to 0$.

$$m = \lim_{\Delta x \to 0} m_{sec}$$

$$= \lim_{\Delta x \to 0} (2x + \Delta x)$$

$$= 2x + 0$$

$$= 2x$$

Utilizando a fórmula $m = 2x$, é possível determinar as inclinações nos pontos especificados. Em $(-1, 2)$ a inclinação é $m = 2(-1) = -2$, e em $(2, 5)$ a inclinação é $m = 2(2) = 4$. O gráfico de f é mostrado na Figura 2.10.

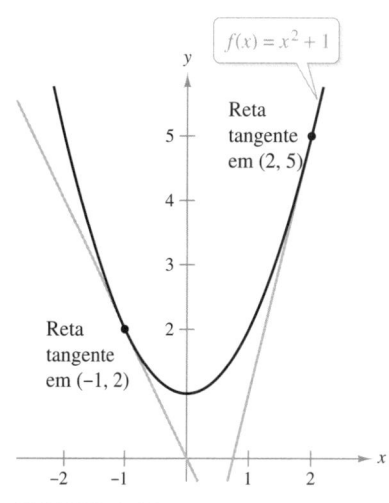

FIGURA 2.10

✓ **AUTOAVALIAÇÃO 5**

Determine uma fórmula para a inclinação do gráfico de

$$f(x) = 4x^2 + 1.$$

Quais são as inclinações dos pontos $(0, 1)$ e $(1, 5)$?

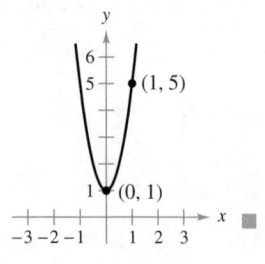

Derivada de uma função

No Exemplo 5, iniciamos com a função

$$f(x) = x^2 + 1$$

e utilizamos o processo de limite para chegar a uma outra função, $m = 2x$, que representa a inclinação do gráfico de f no ponto $(x, f(x))$. Essa função é denominada **derivada** de f em x. Ela é denotada por $f'(x)$, e deve ser lida como "f linha de x".

> **Definição da derivada**
>
> A **derivada de f em x** é dada por
>
> $$f'(x) = \lim_{\Delta x \to 0} \frac{f(x + \Delta x) - f(x)}{\Delta x},$$
>
> desde que esse limite exista. Uma função é **diferenciável** ou **derivável** em x se sua derivada existir em x. O processo utilizado para determinar derivadas é chamado de **derivação**.

Além de $f'(x)$, outras notações podem ser utilizadas para denotar a derivada de $y = f(x)$. As mais comuns são

$$\frac{dy}{dx}, \quad y', \quad \frac{d}{dx}[f(x)] \quad \text{e} \quad D_x[y].$$

DICA DE ESTUDO

A notação dy/dx é lida "a derivada de y em relação a x" e, utilizando a notação de limite, pode-se escrever

$$\frac{dy}{dx} = \lim_{\Delta x \to 0} \frac{\Delta y}{\Delta x}$$
$$= \lim_{\Delta x \to 0} \frac{f(x + \Delta x) - f(x)}{\Delta x}$$
$$= f'(x).$$

Exemplo 6 Determinação de uma derivada

Determine a derivada de

$$f(x) = 3x^2 - 2x.$$

SOLUÇÃO

$$f'(x) = \lim_{\Delta x \to 0} \frac{f(x + \Delta x) - f(x)}{\Delta x}$$
$$= \lim_{\Delta x \to 0} \frac{[3(x + \Delta x)^2 - 2(x + \Delta x)] - (3x^2 - 2x)}{\Delta x}$$
$$= \lim_{\Delta x \to 0} \frac{3x^2 + 6x\,\Delta x + 3(\Delta x)^2 - 2x - 2\,\Delta x - 3x^2 + 2x}{\Delta x}$$
$$= \lim_{\Delta x \to 0} \frac{6x\,\Delta x + 3(\Delta x)^2 - 2\,\Delta x}{\Delta x}$$
$$= \lim_{\Delta x \to 0} \frac{\Delta x(6x + 3\,\Delta x - 2)}{\Delta x}$$
$$= \lim_{\Delta x \to 0} (6x + 3\,\Delta x - 2)$$
$$= 6x + 3(0) - 2$$
$$= 6x - 2$$

Portanto, a derivada de $f(x) = 3x^2 - 2x$ é $f'(x) = 6x - 2$.

✓ **AUTOAVALIAÇÃO 6**

Determine a derivada de $f(x) = x^2 - 5x$.

Em diversas aplicações, é conveniente utilizar uma variável diferente de x como variável independente. O Exemplo 7 mostra uma função que utiliza t como variável independente.

Exemplo 7 Determinação de uma derivada

Determine a derivada de y em relação a t para a função

$$y = \frac{2}{t}.$$

SOLUÇÃO Considere $y = f(t)$ e utilize o processo de limite conforme mostrado.

$$\frac{dy}{dt} = \lim_{\Delta t \to 0} \frac{f(t + \Delta t) - f(t)}{\Delta t} \quad \text{Forme o quociente de diferenças.}$$

$$= \lim_{\Delta t \to 0} \frac{\dfrac{2}{t + \Delta t} - \dfrac{2}{t}}{\Delta t} \quad \text{Utilize } f(t) = 2/t.$$

$$= \lim_{\Delta t \to 0} \frac{\dfrac{2t - 2(t + \Delta t)}{t(t + \Delta t)}}{\Delta t} \quad \text{Combine frações no numerador.}$$

$$= \lim_{\Delta t \to 0} \frac{2t - 2t - 2\Delta t}{\Delta t(t)(t + \Delta t)} \quad \text{Expanda os termos no numerador.}$$

$$= \lim_{\Delta t \to 0} \frac{-2 \Delta t}{\Delta t(t)(t + \Delta t)} \quad \text{Fatore e cancele.}$$

$$= \lim_{\Delta t \to 0} \frac{-2}{t(t + \Delta t)} \quad \text{Simplifique.}$$

$$= \frac{-2}{t(t + 0)} \quad \text{Substituição direta.}$$

$$= -\frac{2}{t^2} \quad \text{Simplifique.}$$

Portanto, a derivada de y em relação a t é

$$\frac{dy}{dt} = -\frac{2}{t^2}.$$

> **TUTOR TÉCNICO**
>
> É possível usar uma ferramenta gráfica para confirmar o resultado do Exemplo 7. Uma maneira de fazê-lo é escolher um ponto no gráfico de $y = 2/t$, como $(1, 2)$, e determinar a equação da reta tangente nesse ponto. Ao utilizar a derivada determinada no exemplo, sabe-se que a inclinação da reta tangente quando $t = 1$ é $m = -2$. Isso significa que a reta tangente no ponto $(1, 2)$ é
>
> $$y - y_1 = m(t - t_1)$$
> $$y - 2 = -2(t - 1)$$
> $$y = -2t + 4.$$
>
> Ao desenhar o gráfico de $y = 2/t$ e $y = -2t + 4$ na mesma janela de visualização, como mostrado abaixo, é possível confirmar que a reta é tangente ao gráfico no ponto $(1, 2)$.

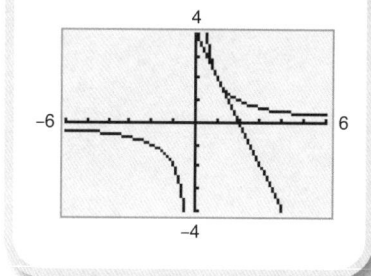

✓ AUTOAVALIAÇÃO 7

Determine a derivada de y em relação a t para a função $y = 4/t$.

Lembre-se de que a derivada de uma função fornece a fórmula para encontrar a inclinação da reta tangente em qualquer ponto no gráfico da função. Veja no Exemplo 7 que a inclinação da reta tangente ao gráfico de f no ponto $(1, 2)$ é dada por

$$f'(1) = -\frac{2}{1^2} = -2.$$

Para encontrar as inclinações do gráfico em outros pontos, substitua a coordenada t do ponto na derivada, como é mostrado a seguir.

Ponto	Coordenada t	Inclinação
$(2, 1)$	$t = 2$	$m = f'(2) = -\dfrac{2}{2^2} = -\dfrac{1}{2}$
$(-2, -1)$	$t = -2$	$m = f'(-2) = -\dfrac{2}{(-2)^2} = -\dfrac{1}{2}$

Diferenciabilidade e continuidade

Nem toda função é derivável. A Figura 2.11 mostra algumas situações comuns nas quais uma função não será derivável em um ponto – retas tangentes verticais, descontinuidades e mudanças bruscas formando bicos no gráfico. Cada uma das funções mostradas na Figura 2.11 é derivável para todos os valores de x exceto $x = 0$.

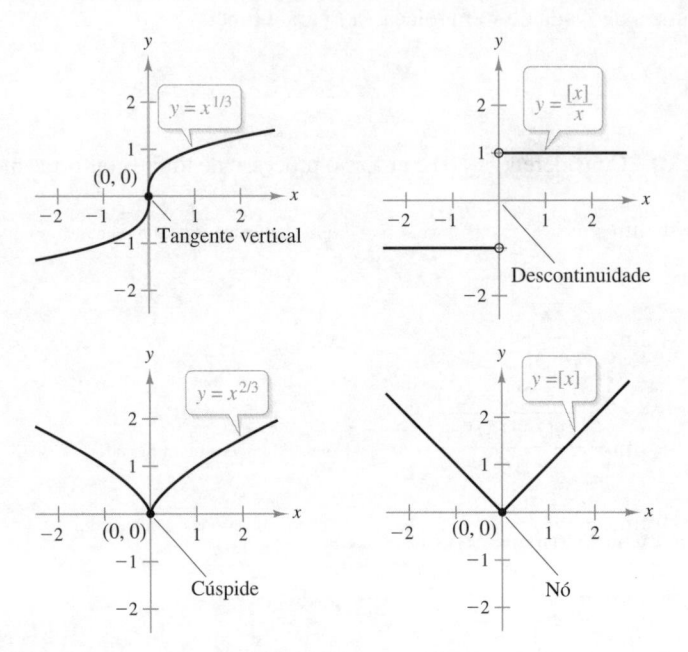

FIGURA 2.11 Funções não deriváveis em $x = 0$.

Na Figura 2.11, é possível observar que todas as funções, exceto uma, são contínuas em $x = 0$, mas nenhuma delas é diferenciável lá. Isso mostra que a continuidade não é uma condição forte o suficiente para garantir a diferenciabilidade. Por outro lado, se uma função é diferenciável em um ponto, então ela deve ser contínua nesse mesmo ponto. Esse resultado importante é enunciado no teorema a seguir.

Diferenciabilidade implica continuidade

Se uma função f é diferenciável em $x = c$, então f é contínua em $x = c$.

Capítulo 2 – Derivação

PRATIQUE (Seção 2.1)

1. Descreva uma reta tangente e como ela pode ser usada para aproximar a inclinação de um gráfico em um ponto *(página 78)*. Para um exemplo de reta tangente, veja o Exemplo 1.

2. Dê a definição da inclinação de um gráfico utilizando o processo de limite *(página 79)*. Para exemplos de como encontrar a inclinação de um gráfico usando o processo de limite, veja os Exemplos 3, 4 e 5.

3. Dê a definição da derivada de uma função *(página 82)*. Para exemplos da derivada de uma função, veja os Exemplos 6 e 7.

4. Descreva a relação entre diferenciabilidade e continuidade *(página 84)*. Para um exemplo que mostre que a continuidade não garante a diferenciabilidade, veja a Figura 2.11.

Recapitulação 2.1

Os exercícios preparatórios a seguir envolvem conceitos vistos em seções anteriores. Esses conceitos serão utilizados no conjunto de exercícios desta seção. Para obter mais ajuda, consulte as Seções 1.3, 1.4 e 1.5.

Nos Exercícios 1-4, determine a equação da reta que contém P e Q.

1. $P(2, 1)$, $Q(2, 4)$
2. $P(2, 2)$, $Q(-5, 2)$
3. $P(2, 0)$, $Q(3, -1)$
4. $P(3, 5)$, $Q(-1, -7)$

Nos Exercícios 5-8, determine o limite.

5. $\lim\limits_{\Delta x \to 0} \dfrac{2x\Delta x + (\Delta x)^2}{\Delta x}$
6. $\lim\limits_{\Delta x \to 0} \dfrac{3x^2\Delta x + 3x(\Delta x)^2 + (\Delta x)^3}{\Delta x}$
7. $\lim\limits_{\Delta x \to 0} \dfrac{1}{x(x + \Delta x)}$
8. $\lim\limits_{\Delta x \to 0} \dfrac{(x + \Delta x)^2 - x^2}{\Delta x}$

Nos Exercícios 9-12, determine o domínio da função.

9. $f(x) = 3x$
10. $f(x) = \dfrac{1}{x - 1}$
11. $f(x) = \dfrac{1}{5}x^3 - 2x^2 + \dfrac{1}{3}x - 1$
12. $f(x) = \dfrac{6x}{x^3 + x}$

Exercícios 2.1

Esboçando retas tangentes Nos Exercícios 1-6, trace o gráfico e esboce as retas tangentes em (x_1, y_1) e (x_2, y_2).

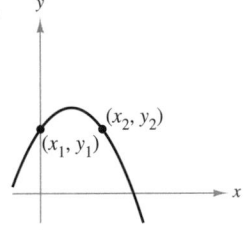

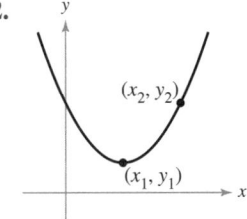

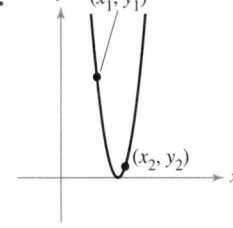

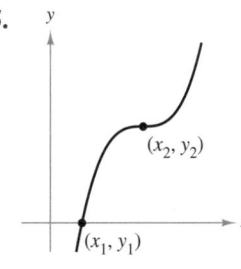

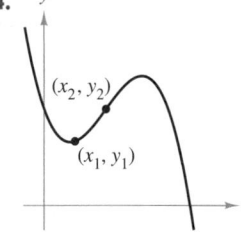

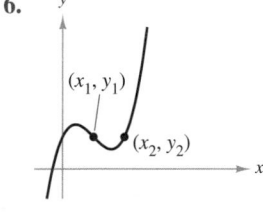

Aproximando a inclinação de um gráfico Nos Exercícios 7-12, estime a inclinação do gráfico no ponto (x, y). (Cada quadrado na grade é de 1 unidade por 1 unidade.) *Veja o Exemplo 1.*

7.

8.

9.

10.

11.

12.

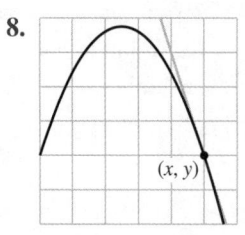

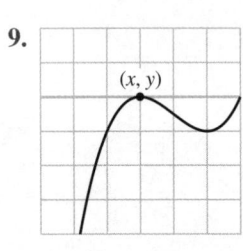

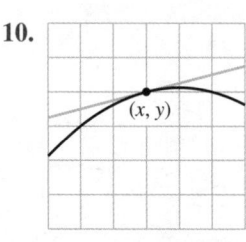

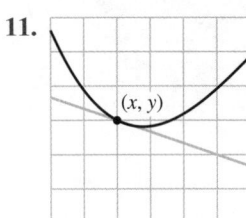

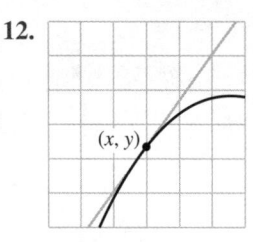

13. Receita O gráfico representa a receita R (em milhões de dólares) da Under Armour, de 2004 a 2009, em que t representa o ano, com $t = 4$ correspondendo a 2004. Estime e interprete as inclinações do gráfico para os anos de 2005 e 2007. *(Fonte: Under Armour, Inc.)*

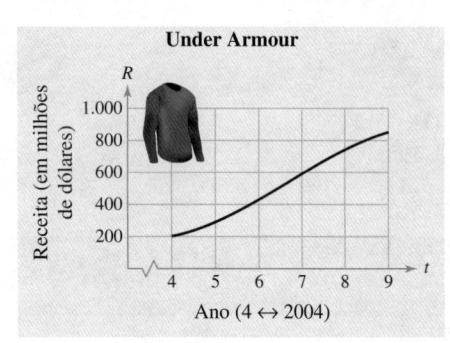

14. Vendas O gráfico representa as vendas S (em milhões de dólares) da Scotts Miracle-Gro Company, de 2003 a 2009, em que t representa o ano, com $t = 3$ correspondendo a 2003. Estime e interprete as inclinações do gráfico para os anos de 2006 e 2008. *(Fonte: Scotts Miracle-Gro Company)*

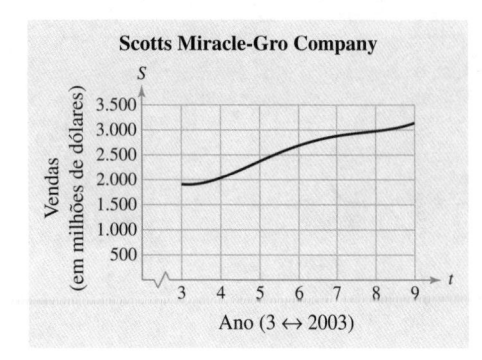

15. Temperatura O gráfico representa a temperatura média mensal F (em graus Fahrenheit) em Blacksburg, Virgínia, para um ano, em que t representa o mês, com $t = 1$ correspondendo a janeiro, $t = 2$ correspondendo a fevereiro, e assim por diante. Estime e interprete as inclinações do gráfico em $t = 3$, 7 e 10. *(Fonte: National Oceanic and Atmospheric Administration)*

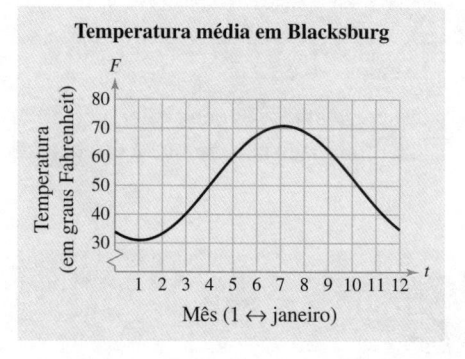

16. VISUALIZE Dois corredores de longa distância partem lado a lado, começando uma corrida de 10.000 metros. Suas distâncias são dadas por $s = f(t)$ e $s = g(t)$, em que s é medido em milhares de metros e t é medido em minutos.

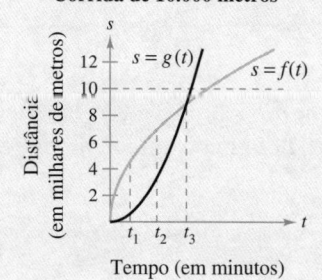

(a) Qual corredor está correndo mais rápido em t_1?

(b) Qual conclusão você pode tirar com relação a suas taxas em t_2?

(c) Qual conclusão você pode fazer com relação a suas taxas em t_3?

(d) Qual corredor termina a corrida em primeiro lugar? Explique.

Encontrando a inclinação de um gráfico Nos Exercícios 17-26, utilize a definição por limite para encontrar a inclinação da reta tangente ao gráfico de f no ponto dado. *Veja os Exemplos 3, 4 e 5.*

17. $f(x) = -1; (0, -1)$

18. $f(x) = 6; (-2, 6)$

19. $f(x) = 8 - 3x; (2, 2)$

20. $f(x) = 4 - x^2; (2, 0)$

21. $f(x) = 2x^2 - 3; (2, 5)$

22. $f(x) = 6x + 3; (1, 9)$

23. $f(x) = x^3 - x; (2, 6)$

24. $f(x) = x^3 + 2x; (1, 3)$
25. $f(x) = 2\sqrt{x}; (4, 4)$
26. $f(x) = \sqrt{x + 1}; (8, 3)$

Encontrando uma derivada Nos Exercícios 27-40, utilize a definição por limite para encontrar a derivada da função. *Veja os Exemplos 6 e 7.*

27. $f(x) = 3$
28. $f(x) = -2$
29. $f(x) = -5x$
30. $f(x) = 4x + 1$
31. $g(s) = \frac{1}{3}s + 2$
32. $h(t) = 6 - \frac{1}{2}t$
33. $f(x) = 4x^2 - 5x$
34. $f(x) = 2x^2 + 7x$
35. $h(t) = \sqrt{t - 1}$
36. $f(x) = \sqrt{x + 2}$
37. $f(t) = t^3 - 12t$
38. $f(t) = t^3 + t^2$
39. $f(x) = \dfrac{1}{x + 2}$
40. $g(s) = \dfrac{1}{s - 1}$

Encontrando uma equação de uma reta tangente Nos Exercícios 41-48, utilize a definição por limite para encontrar uma equação da reta tangente ao gráfico de *f* no ponto dado. Em seguida, verifique os resultados usando uma ferramenta gráfica para traçar a função e sua reta tangente no ponto.

41. $f(x) = \frac{1}{2}x^2; (2, 2)$
42. $f(x) = -x^2; (-1, -1)$
43. $f(x) = (x - 1)^2; (-2, 9)$
44. $f(x) = 2x^2 - 1; (0, -1)$
45. $f(x) = \sqrt{x + 1}; (4, 3)$
46. $f(x) = \sqrt{x + 2}; (7, 3)$
47. $f(x) = \dfrac{1}{x}; (1, 1)$
48. $f(x) = \dfrac{1}{x - 3}; (2, -1)$

Encontrando uma equação de uma reta tangente Nos Exercícios 49-52, encontre uma equação da reta que seja tangente ao gráfico de *f* e paralela à reta dada.

Função	Reta
49. $f(x) = -\frac{1}{4}x^2$	$x + y = 0$
50. $f(x) = x^2 - x$	$x + 2y - 6 = 0$
51. $f(x) = -\frac{1}{3}x^3$	$9x + y - 6 = 0$
52. $f(x) = x^2 - 7$	$2x + y = 0$

Determinando a diferenciabilidade Nos Exercícios 53-58, descreva os valores de *x* nos quais a função é diferenciável. Explique seu raciocínio.

53. $y = |x + 3|$ 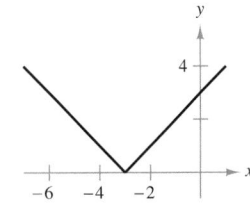
54. $y = |x^2 - 9|$ 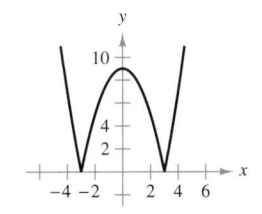
55. $y = (x - 3)^{2/3}$ 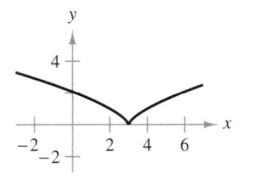
56. $y = \sqrt{x - 1}$ 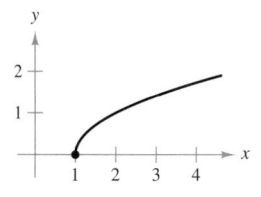
57. $y = \dfrac{x^2}{x^2 - 4}$ 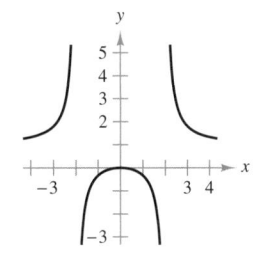
58. $y = \begin{cases} x^3 + 3, & x < 0 \\ x^3 - 3, & x \geq 0 \end{cases}$

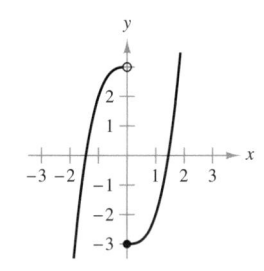

Escrevendo uma função utilizando derivadas Nos Exercícios 59 e 60, identifique uma função *f* que tem as características indicadas. Em seguida, esboce a função.

59. $f(0) = 2; f'(x) = -3$ para $-\infty < x < \infty$
60. $f(-2) = f(4) = 0; f'(1) = 0;$
$f'(x) < 0$ para $x < 1; f'(x) > 0$ para $x > 1$

Análise gráfica, numérica e analítica Nos Exercícios 61-64, use uma ferramenta gráfica para traçar *f* no intervalo $[-2, 2]$. Complete a tabela estimando graficamente as inclinações do gráfico nos pontos dados. Em seguida, calcule as inclinações de forma analítica e compare seus resultados com os obtidos graficamente.

x	-2	$-\frac{3}{2}$	-1	$-\frac{1}{2}$	0	$\frac{1}{2}$	1	$\frac{3}{2}$	2
$f(x)$									
$f'(x)$									

61. $f(x) = \frac{1}{4}x^3$
62. $f(x) = \frac{3}{4}x^2$
63. $f(x) = -\frac{1}{2}x^3$
64. $f(x) = -\frac{3}{2}x^2$

Representação gráfica de uma função e suas derivadas Nos Exercícios 65-68, encontre a derivada da função dada *f*. Em seguida, use uma ferramenta gráfica para traçar *f* e sua derivada na mesma janela de visualização. O que a intersecção com o eixo *x* da derivada indica sobre o gráfico de *f*?

65. $f(x) = x^2 - 4x$
66. $f(x) = 2 + 6x - x^2$
67. $f(x) = x^3 - 3x$
68. $f(x) = x^3 - 6x^2$

Verdadeiro ou falso? Nos Exercícios 69-72, determine se a afirmação é verdadeira ou falsa. Se for falsa, explique por que ou forneça um exemplo que mostre que ela é falsa.

69. A inclinação do gráfico de $y = x^2$ é diferente em cada ponto no gráfico de *f*.
70. Uma reta tangente a um gráfico pode interceptá-lo em mais de um ponto.

71. Se uma função é diferenciável em um ponto, então ela é contínua naquele ponto.

72. Se uma função é contínua em um ponto, então ela é diferenciável nesse ponto.

73. Escrevendo Use uma ferramenta gráfica para traçar as duas funções

$$f(x) = x^2 + 1 \quad \text{e} \quad g(x) = |x| + 1$$

na mesma janela de visualização. Use os recursos de *zoom* e *trace* para analisar os gráficos perto do ponto (0, 1). O que você observa? Qual função é diferenciável nesse ponto? Escreva um breve parágrafo descrevendo o significado geométrico da diferenciabilidade em um ponto.

2.2 Algumas regras de derivação

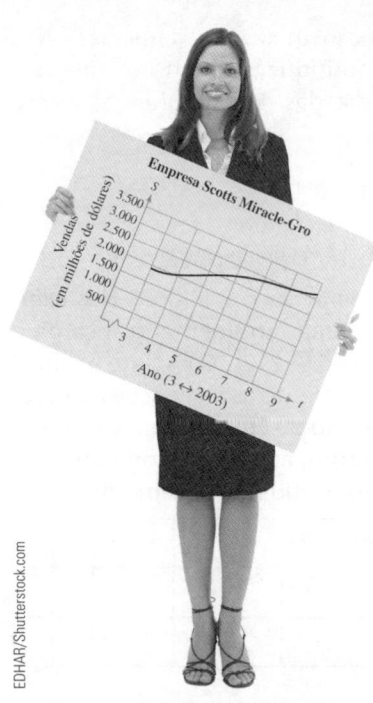

- Determinar as derivadas das funções utilizando a regra da constante.
- Determinar as derivadas das funções utilizando a regra da potência.
- Determinar as derivadas das funções utilizando a regra do múltiplo por constante.
- Determinar as derivadas das funções utilizando as regras da soma e da diferença.
- Utilizar derivadas para responder perguntas sobre situações da vida real.

Regra da constante

Na Seção 2.1, as derivadas foram determinadas por meio do processo de limite. Esse processo é cansativo, mesmo se aplicado em funções simples. Porém, felizmente, existem regras que simplificam bastante a derivação. Essas regras permitem o cálculo de derivadas sem o uso *direto* dos limites.

No Exercício 74, na página 98, você usará a derivação para encontrar a taxa de variação nas vendas de uma empresa.

> **Regra da constante**
>
> A derivada de uma função constante é zero. Ou seja,
>
> $$\frac{d}{dx}[c] = 0, \qquad c \text{ é uma constante.}$$

DEMONSTRAÇÃO Suponha $f(x) = c$. Então, pela definição por limite da derivada, pode-se escrever

$$f'(x) = \lim_{\Delta x \to 0} \frac{f(x + \Delta x) - f(x)}{\Delta x} = \lim_{\Delta x \to 0} \frac{c - c}{\Delta x} = \lim_{\Delta x \to 0} 0 = 0.$$

Portanto, $\frac{d}{dx}[c] = 0$.

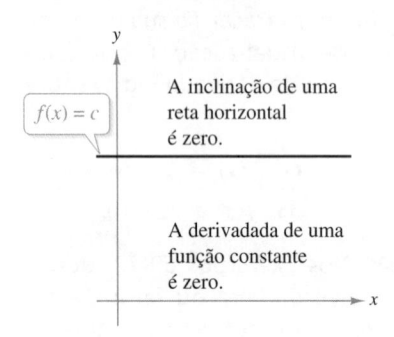

Observe, na Figura 2.12, que a regra da constante equivale a dizer que a inclinação de uma reta horizontal é zero. Uma interpretação da regra da constante diz que a reta tangente à função constante é a própria função. Por exemplo, a equação da reta tangente a $f(x) = 4$ em $x = -1$ é

$$y = 4.$$

FIGURA 2.12

Exemplo 1 Determinação de derivadas de funções constantes

a. $\dfrac{d}{dx}[7] = 0$

b. Se $f(x) = 0$, então $f'(x) = 0$.

c. Se $y = 2$, então $\dfrac{dy}{dx} = 0$.

d. Se $g(t) = -\dfrac{3}{2}$, então $g'(t) = 0$.

✓ AUTOAVALIAÇÃO 1

Determine a derivada das funções.
a. $f(x) = -2$ **b.** $y = \pi$ **c.** $g(w) = \sqrt{5}$ **d.** $s(t) = 320,5$ ∎

Regra da potência

O processo de expansão binomial é utilizado para demonstrar um caso especial da regra da potência.

$(x + \Delta x)^2 = x^2 + 2x\,\Delta x + (\Delta x)^2$

$(x + \Delta x)^3 = x^3 + 3x^2\,\Delta x + 3x(\Delta x)^2 + (\Delta x)^3$

$(x + \Delta x)^n = x^n + nx^{n-1}\Delta x + \underbrace{\dfrac{n(n-1)x^{n-2}}{2}(\Delta x)^2 + \cdots + (\Delta x)^n}_{(\Delta x)^2 \text{ é um fator desses termos.}}$

A Regra de potência (simples)

$\dfrac{d}{dx}[x^n] = nx^{n-1}$, n é qualquer número real.

DEMONSTRAÇÃO Demonstraremos somente o caso no qual n é um inteiro positivo. Suponha $f(x) = x^n$. Utilizando a expansão binomial, pode-se escrever

$f'(x) = \lim\limits_{\Delta x \to 0} \dfrac{f(x + \Delta x) - f(x)}{\Delta x}$ Definição de derivada

$= \lim\limits_{\Delta x \to 0} \dfrac{(x + \Delta x)^n - x^n}{\Delta x}$

$= \lim\limits_{\Delta x \to 0} \dfrac{x^n + nx^{n-1}\Delta x + \dfrac{n(n-1)x^{n-2}}{2}(\Delta x)^2 + \cdots + (\Delta x)^n - x^n}{\Delta x}$

$= \lim\limits_{\Delta x \to 0} \left[nx^{n-1} + \dfrac{n(n-1)x^{n-2}}{2}(\Delta x) + \cdots + (\Delta x)^{n-1} \right]$

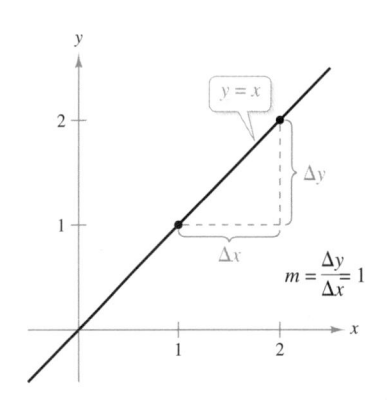

$= nx^{n-1} + 0 + \cdots + 0 = nx^{n-1}$.

FIGURA 2.13 A inclinação da reta $y = x$ é 1.

Na regra de potência, vale a pena lembrar de $n = 1$ como uma regra de derivação separada. Ou seja,

$\dfrac{d}{dx}[x] = 1.$ A derivada de x é 1.

Essa regra está de acordo com o fato de a inclinação da reta dada por $y = x$ ser 1. (Veja a Figura 2.13).

Exemplo 2 Aplicação da regra da potência

Função   *Derivada*

a. $f(x) = x^3$ $f'(x) = 3x^2$

b. $y = \dfrac{1}{x^2} = x^{-2}$ $\dfrac{dy}{dx} = (-2)x^{-3} = -\dfrac{2}{x^3}$

c. $g(t) = t$ $g'(t) = 1$

✓ **AUTOAVALIAÇÃO 2**

Determine a derivada de cada função.

a. $f(x) = x^4$ **b.** $y = \dfrac{1}{x^3}$ **c.** $g(w) = w^2$ ∎

No Exemplo 2(b), observe que *antes* da derivação, deve-se reescrever $1/x^2$ como x^{-2}. Reescrever é o primeiro passo em *muitos* problemas de derivação.

| Função original: $y = \dfrac{1}{x^2}$ | ⇒ | Reescrever: $y = x^{-2}$ | ⇒ | Derivar: $\dfrac{dy}{dx} = (-2)x^{-3}$ | ⇒ | Simplificar: $\dfrac{dy}{dx} = -\dfrac{2}{x^3}$ |

Lembre-se de que a derivada de uma função f é outra função que fornece a inclinação do gráfico de f em qualquer ponto em que f é diferenciável. Portanto, pode-se utilizar a derivada para determinar inclinações, conforme mostra o Exemplo 3.

Exemplo 3 Determinação da inclinação de um gráfico

Determine as inclinações do gráfico de

$$f(x) = x^2$$

em $x = -2, -1, 0, 1$ e 2.

SOLUÇÃO Comece utilizando a regra da potência para determinar a derivada de f.

$f'(x) = 2x$ Derivada

É possível utilizar a derivada para determinar as inclinações do gráfico de f, conforme abaixo.

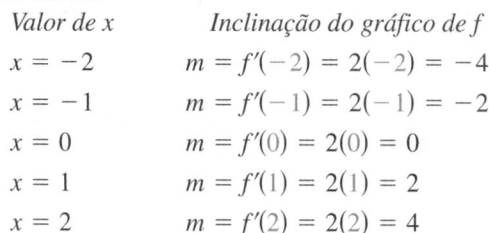

Valor de x	Inclinação do gráfico de f
$x = -2$	$m = f'(-2) = 2(-2) = -4$
$x = -1$	$m = f'(-1) = 2(-1) = -2$
$x = 0$	$m = f'(0) = 2(0) = 0$
$x = 1$	$m = f'(1) = 2(1) = 2$
$x = 2$	$m = f'(2) = 2(2) = 4$

O gráfico de f é mostrado na Figura 2.14.

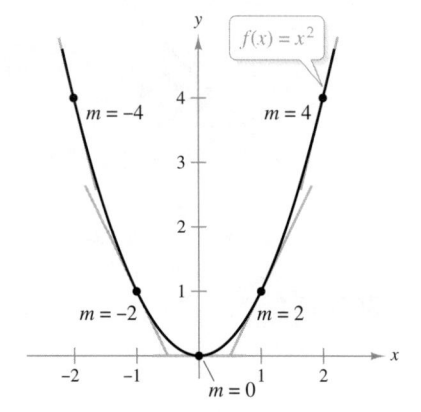

FIGURA 2.14

✓ **AUTOAVALIAÇÃO 3**

Determine as inclinações do gráfico de

$$f(x) = x^3$$

quando $x = -1, 0$ e 1. ∎

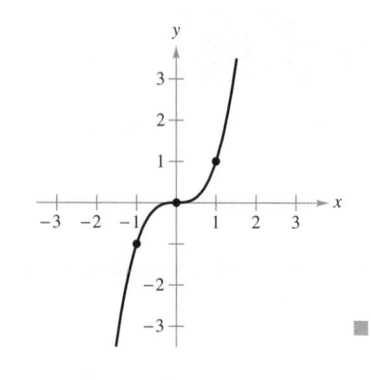

Regra do múltiplo por constante

Para demonstrar a regra do múltiplo por constante, a seguinte propriedade de limites será necessária.

$$\lim_{x \to a} cg(x) = c\left[\lim_{x \to a} g(x)\right]$$

Regra do múltiplo por constante

Se f é uma função diferenciável de x e c é um número real, então

$$\frac{d}{dx}[cf(x)] = cf'(x), \quad c \text{ é uma constante.}$$

DEMONSTRAÇÃO Aplique a definição de derivada para produzir

$$\frac{d}{dx}[cf(x)] = \lim_{\Delta x \to 0} \frac{cf(x + \Delta x) - cf(x)}{\Delta x} \quad \text{Definição de derivada}$$

$$= \lim_{\Delta x \to 0} c\left[\frac{f(x + \Delta x) - f(x)}{\Delta x}\right]$$

$$= c\left[\lim_{\Delta x \to 0} \frac{f(x + \Delta x) - f(x)}{\Delta x}\right]$$

$$= cf'(x).$$

Informalmente, a regra do múltiplo por constante afirma que as constantes podem ser fatoradas do processo de derivação.

$$\frac{d}{dx}[cf(x)] = c\frac{d}{dx}[f(x)] = cf'(x)$$

A utilidade dessa regra costuma passar despercebida, principalmente quando a constante aparece no denominador, como abaixo.

$$\frac{d}{dx}\left[\frac{f(x)}{c}\right] = \frac{d}{dx}\left[\frac{1}{c}f(x)\right]$$

$$= \frac{1}{c}\left(\frac{d}{dx}[f(x)]\right)$$

$$= \frac{1}{c}f'(x).$$

Para utilizar a regra do múltiplo por constante de maneira eficiente, procure por constantes que possam ser movidas para fora *antes* da derivação. Por exemplo,

$$\frac{d}{dx}[5x^2] = 5\frac{d}{dx}[x^2] \quad \text{Tire o 5.}$$

$$= 5(2x) \quad \text{Derive.}$$

$$= 10x \quad \text{Simplifique.}$$

e

$$\frac{d}{dx}\left[\frac{x^2}{5}\right] = \frac{1}{5}\left(\frac{d}{dx}[x^2]\right) \quad \text{Tire o } \tfrac{1}{5}.$$

$$= \frac{1}{5}(2x) \quad \text{Derive.}$$

$$= \frac{2}{5}x. \quad \text{Simplifique.}$$

TUTOR TÉCNICO

Se tiver acesso a uma ferramenta de derivação simbólica, tente utilizá-la para confirmar as derivadas mostradas nesta seção.

Exemplo 4 Utilização das regras da potência e do múltiplo por constante

Encontre a derivada de (a) $y = 2x^{1/2}$ e (b) $f(t) = \dfrac{4t^2}{5}$

SOLUÇÃO

a. Utilizando a regra do múltiplo por constante e a regra da potência, pode-se escrever

$$\frac{dy}{dx} = \frac{d}{dx}[2x^{1/2}] = \underbrace{2\frac{d}{dx}[x^{1/2}]}_{\text{Regra do múltiplo por constante}} = \underbrace{2\left(\frac{1}{2}x^{-1/2}\right)}_{\text{Regra da potência}} = x^{-1/2} = \frac{1}{\sqrt{x}}.$$

b. Comece reescrevendo $f(t)$ como

$$f(t) = \frac{4t^2}{5} = \frac{4}{5}t^2.$$

Em seguida, utilize a regra do múltiplo por constante e a regra da potência para obter

$$f'(t) = \frac{d}{dt}\left[\frac{4}{5}t^2\right] = \frac{4}{5}\left[\frac{d}{dt}(t^2)\right] = \frac{4}{5}(2t) = \frac{8}{5}t.$$

✓ AUTOAVALIAÇÃO 4

Encontre a derivada de (a) $y = 4x^2$ e (b) $f(x) = 16x^{1/2}$ ■

Pode ser útil juntar a regra do múltiplo por constante e a regra da potência em uma regra combinada.

$$\frac{d}{dx}[cx^n] = cnx^{n-1}, \quad n \text{ é um número real}, c \text{ é uma constante}.$$

No Exemplo 4(b), pode-se aplicar essa regra combinada para obter

$$\frac{d}{dt}\left[\frac{4}{5}t^2\right] = \left(\frac{4}{5}\right)(2)(t) = \frac{8}{5}t.$$

As três funções do próximo exemplo são simples, porém, são frequentes os erros na derivação de funções que envolvem múltiplos por constantes da primeira potência de x. Tenha em mente que

$$\frac{d}{dx}[cx] = c, \quad c \text{ é uma constante}.$$

Exemplo 5 Aplicação da regra do múltiplo por constante

Função original   *Derivada*

a. $y = -\dfrac{3x}{2}$ $\quad\quad y' = -\dfrac{3}{2}$

b. $y = 3\pi x$ $\quad\quad y' = 3\pi$

c. $y = -\dfrac{x}{2}$ $\quad\quad y' = -\dfrac{1}{2}$

✓ AUTOAVALIAÇÃO 5

Determine a derivada de (a) $y = \dfrac{t}{4}$ e (b) $y = -\dfrac{2x}{5}$ ■

Os parênteses podem desempenhar um papel importante na utilização da regra do múltiplo por constante e da regra da potência. No Exemplo 6, certifique-se de compreender as convenções matemáticas que envolvem o uso de parênteses.

Exemplo 6 — Utilização dos parênteses na derivação

	Função original	Reescrever	Derivar	Simplificar
a.	$y = \dfrac{5}{2x^3}$	$y = \dfrac{5}{2}(x^{-3})$	$y' = \dfrac{5}{2}(-3x^{-4})$	$y' = -\dfrac{15}{2x^4}$
b.	$y = \dfrac{5}{(2x)^3}$	$y = \dfrac{5}{8}(x^{-3})$	$y' = \dfrac{5}{8}(-3x^{-4})$	$y' = -\dfrac{15}{8x^4}$
c.	$y = \dfrac{7}{3x^{-2}}$	$y = \dfrac{7}{3}(x^2)$	$y' = \dfrac{7}{3}(2x)$	$y' = \dfrac{14x}{3}$
d.	$y = \dfrac{7}{(3x)^{-2}}$	$y = 63(x^2)$	$y' = 63(2x)$	$y' = 126x$

✓ AUTOAVALIAÇÃO 6

Determine a derivada de cada função.

a. $y = \dfrac{9}{4x^2}$ **b.** $y = \dfrac{9}{(4x)^2}$

Ao derivar funções que envolvem radicais, é preciso reescrever a função com expoentes racionais. Por exemplo, você deve reescrever

$$y = \sqrt[3]{x} \quad \text{como} \quad y = x^{1/3}$$

e você deve reescrever

$$y = \dfrac{1}{\sqrt[3]{x^4}} \quad \text{como} \quad y = x^{-4/3}.$$

Exemplo 7 — Derivação de funções com radicais

	Função original	Reescrever	Derivar	Simplificar
a.	$y = \sqrt{x}$	$y = x^{1/2}$	$y' = \left(\dfrac{1}{2}\right)x^{-1/2}$	$y' = \dfrac{1}{2\sqrt{x}}$
b.	$y = \dfrac{1}{2\sqrt[3]{x^2}}$	$y = \dfrac{1}{2}x^{-2/3}$	$y' = \dfrac{1}{2}\left(-\dfrac{2}{3}\right)x^{-5/3}$	$y' = -\dfrac{1}{3x^{5/3}}$
c.	$y = \sqrt{2x}$	$y = \sqrt{2}(x^{1/2})$	$y' = \sqrt{2}\left(\dfrac{1}{2}\right)x^{-1/2}$	$y' = \dfrac{1}{\sqrt{2x}}$

✓ AUTOAVALIAÇÃO 7

Determine a derivada de cada função.

a. $y = \sqrt{5x}$

b. $y = \sqrt[4]{x}$

Regras da soma e da diferença

Para derivar $y = 3x + 2x^3$, você provavelmente escreveria

$$y' = 3 + 6x^2$$

sem questionar sua resposta. A validade da derivação de uma soma ou diferença de funções termo a termo, é dada pelas regras da soma e da diferença.

Regras da soma e da diferença

A derivada da soma ou da diferença de duas funções diferenciáveis é a soma ou a diferença de suas derivadas.

$$\frac{d}{dx}[f(x) + g(x)] = f'(x) + g'(x) \quad \text{Regra da soma}$$

$$\frac{d}{dx}[f(x) - g(x)] = f'(x) - g'(x) \quad \text{Regra da diferença}$$

DEMONSTRAÇÃO Seja $h(x) = f(x) + g(x)$. Então, é possível demonstrar a regra da soma da seguinte forma:

$$\begin{aligned}
h'(x) &= \lim_{\Delta x \to 0} \frac{h(x + \Delta x) - h(x)}{\Delta x} \quad \text{Definição de derivada} \\
&= \lim_{\Delta x \to 0} \frac{f(x + \Delta x) + g(x + \Delta x) - f(x) - g(x)}{\Delta x} \\
&= \lim_{\Delta x \to 0} \frac{f(x + \Delta x) - f(x) + g(x + \Delta x) - g(x)}{\Delta x} \\
&= \lim_{\Delta x \to 0} \left[\frac{f(x + \Delta x) - f(x)}{\Delta x} + \frac{g(x + \Delta x) - g(x)}{\Delta x} \right] \\
&= \lim_{\Delta x \to 0} \frac{f(x + \Delta x) - f(x)}{\Delta x} + \lim_{\Delta x \to 0} \frac{g(x + \Delta x) - g(x)}{\Delta x} \\
&= f'(x) + g'(x)
\end{aligned}$$

Portanto,

$$\frac{d}{dx}[f(x) + g(x)] = f'(x) + g'(x).$$

A regra da diferença pode ser demonstrada de maneira parecida.

As regras da soma e da diferença podem ser estendidas à soma ou à diferença de qualquer número finito de funções. Por exemplo, se $y = f(x) + g(x) + h(x)$, então $y' = f'(x) + g'(x) + h'(x)$.

> **DICA DE ESTUDO**
>
> Dê uma olhada novamente no Exemplo 6 da página 82. Observe que o exemplo pede a derivada da diferença de duas funções. Compare o resultado com o obtido no Exemplo 8(b), no lado direito.

Exemplo 8 Utilização das regras da soma e da diferença

Função original   *Derivada*

a. $y = x^3 + 4x^2$ $y' = 3x^2 + 8x$

b. $f(x) = 3x^2 - 2x$ $f'(x) = 6x - 2$

✓ AUTOAVALIAÇÃO 8

Encontre a derivada de cada função.

a. $f(x) = 2x^2 + 5x$ **b.** $y = x^4 - 2x$

Com as regras de derivação apresentadas nesta seção, é possível derivar *qualquer* função polinomial.

Exemplo 9 Determinação da inclinação do gráfico

Determine a inclinação do gráfico de $f(x) = x^3 - 4x + 2$ no ponto $(1, -1)$.

SOLUÇÃO A derivada de $f(x)$ é

$$f'(x) = 3x^2 - 4.$$

Portanto, a inclinação do gráfico em $(1, -1)$ é

Inclinação $= f'(1) = 3(1)^2 - 4 = 3 - 4 = -1$

como mostra a Figura 2.15.

✓ **AUTOAVALIAÇÃO 9**

Determine a inclinação do gráfico de $f(x) = x^2 - 5x + 1$ no ponto $(2, -5)$. ∎

O Exemplo 9 ilustra o uso das derivadas para determinar a forma de um gráfico. Um esboço do gráfico de $f(x) = x^3 - 4x + 2$ poderia levar a pensar que o ponto $(1, -1)$ é um ponto de mínimo do gráfico. Porém, após determinar que a inclinação nesse ponto é -1, você pode concluir que o ponto mínimo (onde a inclinação é 0) está mais à direita. (Na Seção 3.2 serão estudadas as técnicas para encontrar os pontos de mínimo e máximo).

Exemplo 10 Determinação da equação de uma reta tangente

Determine uma equação da reta tangente ao gráfico de

$$g(x) = -\frac{1}{2}x^4 + 3x^3 - 2x$$

no ponto $\left(-1, -\frac{3}{2}\right)$.

SOLUÇÃO A derivada de $g(x)$ é $g'(x) = -2x^3 + 9x^2 - 2$, o que implica que a inclinação do gráfico no ponto $\left(-1, -\frac{3}{2}\right)$ é

Inclinação $= g'(-1)$
$= -2(-1)^3 + 9(-1)^2 - 2$
$= 2 + 9 - 2$
$= 9$

como mostra a Figura 2.16. Ao utilizar a forma ponto-inclinação, pode-se determinar a equação da reta tangente em $\left(-1, -\frac{3}{2}\right)$, como mostrado.

$y - \left(-\frac{3}{2}\right) = 9[x - (-1)]$ Forma ponto-inclinação

$y + \frac{3}{2} = 9x + 9$ Simplifique.

$y = 9x + \frac{15}{2}$ Equação da reta tangente

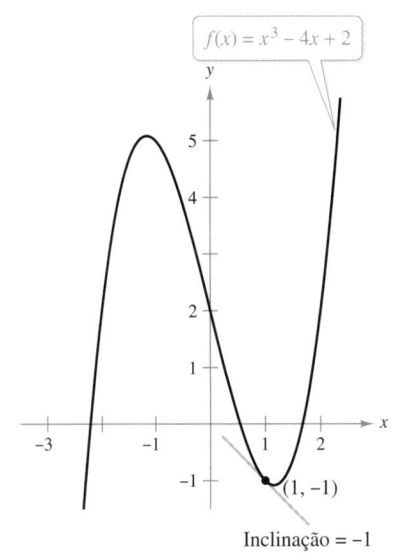

FIGURA 2.15

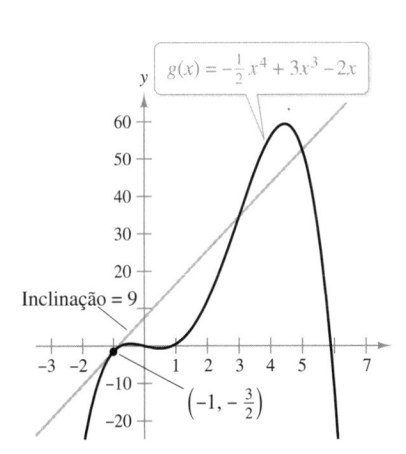

FIGURA 2.16

✓ **AUTOAVALIAÇÃO 10**

Determine a equação da reta tangente ao gráfico de $f(x) = -x^2 + 3x - 2$ no ponto $(2, 0)$. ∎

Aplicação

Existem muitas aplicações da derivada que você estudará neste livro. No Exemplo 11, você usará uma derivada para encontrar a taxa de variação da receita de uma empresa em relação ao tempo.

Exemplo 11 Modelagem da receita

De 2004 a 2009, a receita R (em milhões de dólares) do McDonald's pode ser modelada por

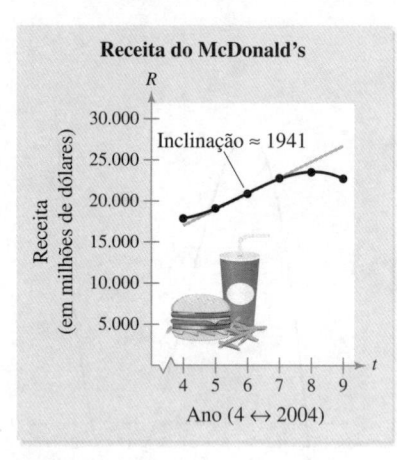

$$R = -130{,}769t^3 + 2.296{,}47t^2 - 11.493{,}5t + 35.493, \quad 4 \le t \le 9$$

em que t representa o ano e $t = 4$ corresponde a 2004. Qual é a taxa de variação da receita do McDonald's em 2006? *(Fonte: McDonald's Corporation)*

SOLUÇÃO Uma maneira de responder a essa questão é determinar a derivada do modelo da receita em relação ao tempo.

$$\frac{dR}{dt} = -392{,}307t^2 + 4.592{,}94t - 11.493{,}5, \quad 4 \le t \le 9$$

Em 2006 (quando $t = 6$), a taxa de variação da receita com relação ao tempo era dada por

$$\frac{dR}{dt} = -392{,}307(6)^2 + 4.592{,}94(6) - 11.493{,}5 \approx 1.941.$$

Como R é medida em milhões de dólares e t em anos, a derivada dR/dt é medida em milhões de dólares por ano. Portanto, ao final de 2006, a receita do McDonald's estava aumentando a uma taxa de cerca de $ 1.941 milhão por ano, conforme mostra a Figura 2.17.

FIGURA 2.17 Receita do McDonald's. Inclinação ≈ 1941. Ano (4 ↔ 2004).

✓ AUTOAVALIAÇÃO 11

Entre 2000 e 2010, as vendas por ação S (em dólares) da Microsoft Corporation podem ser modeladas por

$$S = 0{,}0330t^2 + 0{,}208t + 2{,}13, \quad 0 \le t \le 10$$

em que t representa o ano e $t = 0$ corresponde a 2000. Qual é a taxa de variação das vendas por ação da Microsoft em 2002? *(Fonte: Microsoft Corporation)*

PRATIQUE (Seção 2.2)

1. Enuncie a regra da constante *(página 88)*. Para um exemplo da regra da constante, veja o Exemplo 1.
2. Enuncie a regra da potência *(página 89)*. Para exemplos da regra da potência, veja os Exemplos 2 e 3.
3. Enuncie a regra do múltiplo por constante *(página 91)*. Para exemplos da regra do múltiplo por constante, veja os Exemplos 4, 5, 6 e 7.
4. Enuncie a regra da soma *(página 94)*. Para um exemplo da regra da soma, veja o Exemplo 8.
5. Enuncie a regra da diferença *(página 94)*. Para um exemplo da regra da diferença, veja o Exemplo 8.
6. Descreva um exemplo da vida real de como a derivação pode ser utilizada para analisar a taxa de variação da receita de uma empresa *(página 95, Exemplo 11)*.

Recapitulação 2.2

Os exercícios preparatórios a seguir envolvem conceitos vistos em curso anterior. Esses conceitos serão utilizados no conjunto de exercícios desta seção. Para obter mais ajuda, veja as Seções A.3 e A.4 do Apêndice.

Nos Exercícios 1 e 2, calcule cada expressão quando $x = 2$.

1. (a) $2x^2$ (b) $(2x)^2$ (c) $2x^{-2}$

2. (a) $\dfrac{1}{(3x)^2}$ (b) $\dfrac{1}{4x^3}$ (c) $\dfrac{(2x)^{-3}}{4x^{-2}}$

Nos Exercícios 3-6, simplifique cada expressão.

3. $4(3)x^3 + 2(2)x$

4. $\frac{1}{2}(3)x^2 - \frac{3}{2}x^{1/2}$

5. $\left(\frac{1}{4}\right)x^{-3/4}$

6. $\frac{1}{3}(3)x^2 - 2\left(\frac{1}{2}\right)x^{-1/2} + \frac{1}{3}x^{-2/3}$

Nos Exercícios 7-10, resolva cada equação.

7. $3x^2 + 2x = 0$

8. $x^3 - x = 0$

9. $x^2 + 8x - 20 = 0$

10. $x^2 - 10x - 24 = 0$

Exercícios 2.2

Encontrando derivadas Nos Exercícios 1-24, encontre a derivada da função. *Veja os Exemplos 1, 2, 4, 5 e 8.*

1. $y = 3$
2. $f(x) = -8$
3. $y = x^5$
4. $g(t) = \dfrac{3t^2}{4}$
5. $h(x) = 3x^3$
6. $h(x) = 2x^5$
7. $y = \dfrac{2x^3}{3}$
8. $f(x) = \dfrac{1}{x^5}$
9. $f(x) = 4x$
10. $g(x) = 3x$
11. $y = 8 - x^3$
12. $y = t^2 - 6$
13. $f(x) = 4x^2 - 3x$
14. $g(x) = x^2 + 4x^3$
15. $f(t) = -3t^2 + 2t - 4$
16. $y = x^3 - 9x^2 + 2$
17. $s(t) = t^3 - 2t + 4$
18. $y = 2x^3 - x^2 + 3x - 1$
19. $g(x) = x^{2/3}$
20. $h(x) = x^{5/2}$
21. $y = 4t^{4/3}$
22. $f(x) = 10x^{1/2}$
23. $y = 4x^{-2} + 2x^2$
24. $s(t) = 4t^{-1} + 1$

Usando parênteses ao derivar Nos Exercícios 25-30, encontre a derivada. *Veja o Exemplo 6.*

	Função	Reescreva	Derive	Simplifique
25.	$y = \dfrac{2}{7x^4}$			
26.	$y = \dfrac{2}{3x^2}$			
27.	$y = \dfrac{1}{(4x)^3}$			
28.	$y = \dfrac{4x}{x^{-3}}$			
29.	$y = \dfrac{4}{(2x)^{-5}}$			
30.	$y = \dfrac{\pi}{(3x)^2}$			

Derivando funções com radicais Nos Exercícios 31-36, encontre a derivada. *Veja o Exemplo 7.*

	Função	Reescreva	Derive	Simplifique
31.	$y = 6\sqrt{x}$			
32.	$y = \dfrac{3}{2\sqrt[4]{x^3}}$			
33.	$y = \dfrac{1}{5\sqrt[5]{x}}$			
34.	$y = \dfrac{3\sqrt{x}}{4}$			
35.	$y = \sqrt{3x}$			
36.	$y = \sqrt[3]{6x^2}$			

Encontrando a inclinação de um gráfico Nos Exercícios 37-44, encontre a inclinação do gráfico da função no ponto dado. *Veja os Exemplos 3 e 9.*

37. $y = x^{3/2}$ 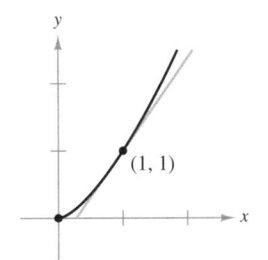
38. $y = x^{-1}$

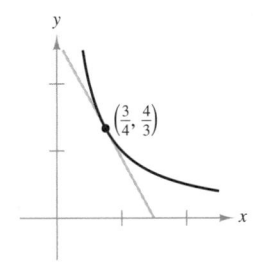

39. $f(t) = t^2$; $(4, 16)$
40. $f(x) = x^{-1/3}$; $\left(8, \dfrac{1}{2}\right)$
41. $f(x) = 2x^3 + 8x^2 - x - 4$; $(-1, 3)$
42. $f(x) = 3(5 - x)^2$; $(5, 0)$
43. $f(x) = -\dfrac{1}{2}x(1 + x^2)$; $(1, -1)$
44. $f(x) = 3x^4 - 5x^3 + 6x^2 - 10x$; $(1, -6)$

Encontrando uma equação de uma reta tangente Nos Exercícios 45-50, (a) encontre uma equação da reta tangente ao gráfico da função no ponto dado, (b) use uma ferramenta gráfica para traçar a função e sua reta tangente no ponto, e (c) use o recurso de derivada de uma ferramenta gráfica para confirmar seus resultados. *Veja o Exemplo 10.*

45. $y = -2x^4 + 5x^2 - 3$; $(1, 0)$
46. $y = x^3 + x$; $(-1, -2)$
47. $f(x) = \sqrt[3]{x} + \sqrt[5]{x}$; $(1, 2)$
48. $f(x) = \dfrac{1}{\sqrt[3]{x^2}} - x$; $(-1, 2)$
49. $y = 3x\left(x^2 - \dfrac{2}{x}\right)$; $(2, 18)$
50. $y = (2x + 1)^2$; $(0, 1)$

Encontrando derivadas Nos Exercícios 51-62, encontre $f'(x)$.

51. $f(x) = x^2 - \dfrac{4}{x} - 3x^{-2}$
52. $f(x) = (x^2 + 2x)(x + 1)$
53. $f(x) = x^2 - 2x - \dfrac{2}{x^4}$
54. $f(x) = x^2 + 4x + \dfrac{1}{x}$
55. $f(x) = x^{4/5} + x$
56. $f(x) = x^{1/3} - 1$
57. $f(x) = x(x^2 + 1)$
58. $f(x) = x^2 - 3x - 3x^{-2} + 5x^{-3}$
59. $f(x) = \dfrac{2x^3 - 4x^2 + 3}{x^2}$
60. $f(x) = \dfrac{2x^2 - 3x + 1}{x}$
61. $f(x) = \dfrac{4x^3 - 3x^2 + 2x + 5}{x^2}$

62. $f(x) = \dfrac{-6x^3 + 3x^2 - 2x + 1}{x}$

Encontrando retas tangentes horizontais Nos Exercícios 63-66, determine o(s) ponto(s), se houver, no(s) qual(is) o gráfico da função tem uma reta tangente horizontal.

63. $y = -x^4 + 3x^2 - 1$ **64.** $y = x^2 + 2x$

65. $y = \tfrac{1}{2}x^2 + 5x$ **66.** $y = x^3 + 3x^2$

Explorando relações Nos Exercícios 67 e 68, (a) esboce os gráficos de f e g, (b) encontre $f'(1)$ e $g'(1)$, (c) esboce a reta tangente a cada gráfico em $x = 1$, e (d) explique a relação entre f' e g'.

67. $f(x) = x^3$ **68.** $f(x) = x^2$
$g(x) = x^3 + 3$ $g(x) = 3x^2$

Explorando relações Nos Exercícios 69-72, a relação entre f e g é dada. Explique a relação entre f' e g'.

69. $g(x) = f(x) + 6$ **70.** $g(x) = 3f(x) - 1$

71. $g(x) = -5f(x)$ **72.** $g(x) = 2f(x)$

73. Receita A receita R (em milhões de dólares) da Under Armour, de 2004 a 2009, pode ser modelada por

$R = -5{,}1509t^3 + 103{,}166t^2 - 526{,}15t + 985{,}4$

em que t é o ano, com $t = 4$ correspondendo a 2004. *(Fonte: Under Armour, Inc.)*

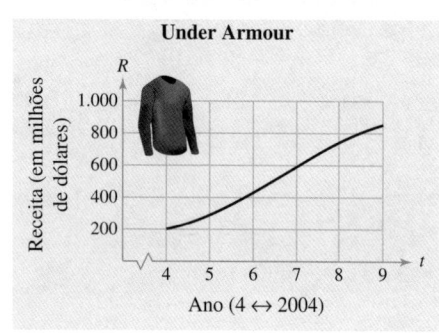

(a) Encontre as inclinações do gráfico para os anos de 2005 e 2007.

(b) Compare seus resultados com os obtidos no Exercício 13 na Seção 2.1.

(c) Interprete a inclinação do gráfico no contexto do problema.

74. Vendas As vendas S (em milhões de dólares) da Scotts Miracle-Gro Company de 2003 a 2009 podem ser modeladas por

$S = 5{,}45682t^4 - 136{,}9359t^3 + 1.219{,}018t^2 - 4.294{,}73t + 7.078{,}4$,

em que t é o ano, com $t = 3$ correspondendo a 2003 *(Fonte: Scotts Miracle-Gro Company).*

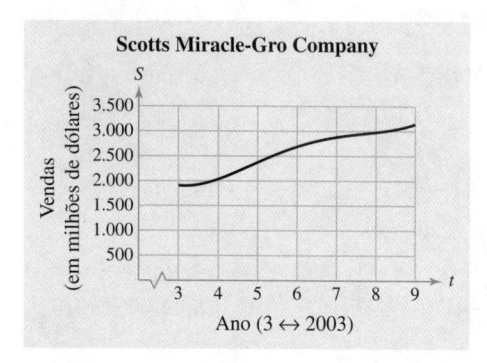

(a) Encontre as inclinações do gráfico para os anos de 2006 e 2008.

(b) Compare seus resultados com os obtidos no Exercício 14 na Seção 2.1.

(c) Interprete a inclinação do gráfico no contexto do problema.

75. Psicologia: prevalência da enxaqueca O gráfico ilustra a prevalência de enxaqueca em homens e mulheres em grupos com renda selecionada. *(Fonte: Adaptado de Sue/Sue/Sue, Understanding Abnormal Behavior, 7. ed.)*

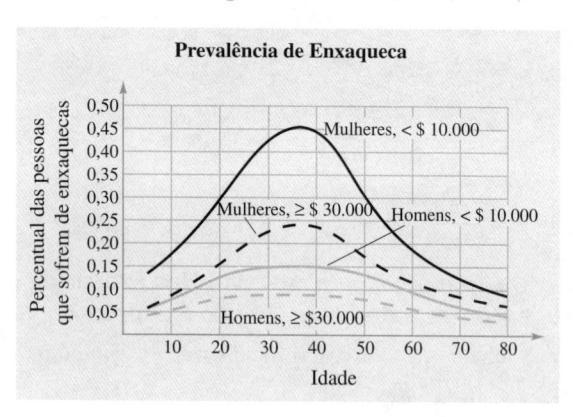

(a) Escreva um breve parágrafo descrevendo suas observações gerais sobre a prevalência da enxaqueca em mulheres e homens com relação a faixa etária e o nível de rendimento.

(b) Descreva o gráfico da derivada de cada curva, e explique o significado de cada uma. Inclua uma explicação das unidades das derivadas, e indique os intervalos de tempo em que elas seriam positivas e negativas.

76. VISUALIZE O público para quatro jogos de basquete do ensino médio é dado por $s = f(t)$, e o público para quatro jogos de futebol do ensino médio é dado por $s = g(t)$, em que $t = 1$ corresponde ao primeiro jogo.

Público em esportes do ensino médio

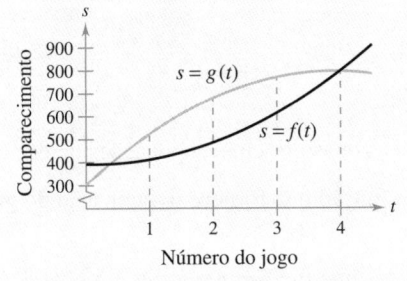

(a) Que taxa de frequência, f' ou g', é maior no jogo 1?
(b) Que conclusão você pode chegar a respeito das taxas de frequência, f' e g', no jogo 3?
(c) Que conclusão você pode chegar com relação às taxas de frequência, f' e g', no jogo 4?
(d) Qual esporte você acha que teria um público maior no jogo 5? Explique seu raciocínio.

77. Custo O custo marginal para a fabricação de um componente elétrico é $ 7,75 por unidade, e o custo fixo é de $ 500. Escreva o custo C como uma função de x, o número de unidades produzidas. Mostre que a derivada desta função de custo é uma constante e é igual ao custo marginal.

78. Suporte financeiro político Um político levanta fundos com a venda de ingressos para um jantar por $ 500. O político paga $ 150 por cada jantar e tem custos fixos de $ 7.000 para alugar uma sala e contratar a equipe de atendimento. Escreva o lucro P como uma função de x, o número de jantares vendidos. Mostre que a derivada da função do lucro é uma constante e é igual ao aumento no lucro proveniente de cada jantar vendido.

Encontrando retas tangentes horizontais Nos Exercícios 79 e 80, use uma ferramenta gráfica para traçar f e f' no intervalo dado. Determine quaisquer pontos nos quais o gráfico de f têm tangentes horizontais.

Função *Intervalo*
79. $f(x) = 4{,}1x^3 - 12x^2 + 2{,}5x$ $[0, 3]$
80. $f(x) = x^3 - 1{,}4x^2 - 0{,}96x + 1{,}44$ $[-2, 2]$

Verdadeiro ou falso? Nos Exercícios 81 e 82, determine se a afirmação é verdadeira ou falsa. Se ela for falsa, explique por que ou forneça um exemplo que mostre que ela é falsa.
81. Se $f'(x) = g'(x)$, então $f(x) = g(x)$.
82. Se $f(x) = g(x) + c$, então $f'(x) = g'(x)$.

2.3 Taxas de variação: velocidade e marginais

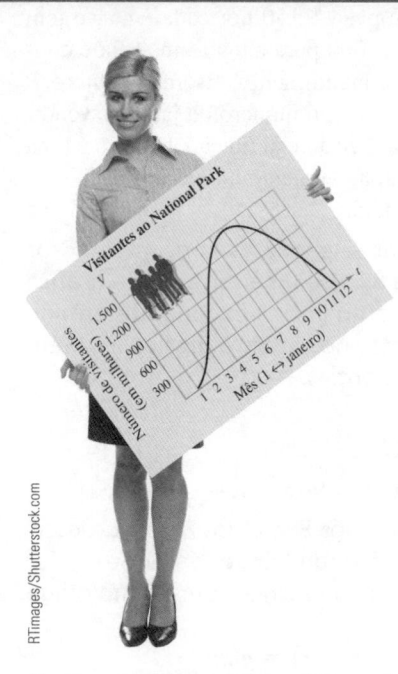

- Determinar a taxa de variação média de funções sobre intervalos.
- Determinar a taxa de variação instantânea de funções em pontos específicos.
- Determinar receitas marginais, custos marginais e lucros marginais de produtos.

No Exercício 13, na página 110, você usará o gráfico de uma função para estimar a taxa de variação do número de visitantes de um parque nacional.

Taxa de variação média

Nas Seções 2.1 e 2.2 foram estudadas as duas principais aplicações de derivadas.

1. **Inclinação** A derivada de f é uma função que fornece a inclinação do gráfico de $f(x)$ no ponto $(x, f(x))$.

2. **Taxa de variação** A derivada de f é uma função que fornece a taxa de variação de $f(x)$ em relação a x no ponto $(x, f(x))$.

Nesta seção, veremos que existem diversas aplicações de taxas de variação na vida real. Algumas são: velocidade, aceleração, taxa de crescimento populacional, taxa de desemprego, taxa de produção e vazão de água. Embora as taxas de variação envolvam, com frequência, mudanças em relação ao tempo, é possível investigar a taxa de variação de uma variável com relação a qualquer outra variável.

Ao determinar a taxa de variação de uma variável em relação a outra, deve-se ter o cuidado de distinguir as taxas *média* e *instantânea* de variação. A distinção entre essas duas taxas de variação pode ser comparada à distinção entre a inclinação da secante que passa por dois pontos em um gráfico e a inclinação da tangente em um ponto do gráfico.

DICA DE ESTUDO

Em problemas da vida real, é importante listar as unidades de medida para uma taxa de variação. As unidades para $\Delta y/\Delta x$ são "unidades de y" por "unidades de x". Por exemplo, se y é medido em milhas e x é medido em horas, então $\Delta y/\Delta x$ é medido em *milhas por hora*.

Definição de taxa de variação média

Se $y = f(x)$, então a **taxa de variação média** de y em relação a x no intervalo $[a, b]$ é

$$\text{Taxa de variação média} = \frac{f(b) - f(a)}{b - a}$$

$$= \frac{\Delta y}{\Delta x}.$$

Observe que $f(a)$ é o valor da função na extremidade *esquerda* do intervalo, $f(b)$ é o valor da função na extremidade *direita* do intervalo e $b - a$ é o comprimento do intervalo, conforme mostra a Figura 2.18.

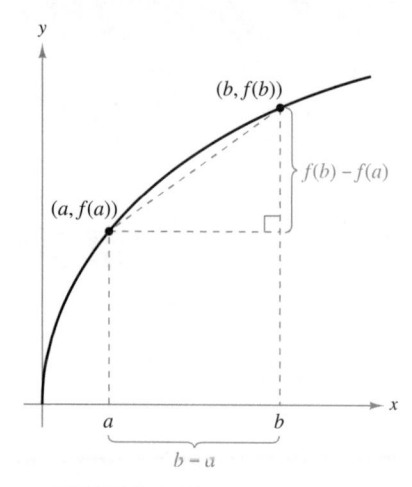

FIGURA 2.18

Exemplo 1 Medicamento

A concentração C (em miligramas por mililitro) de um medicamento na corrente sanguínea de um paciente é monitorada em intervalos de 10 minutos por 2 horas, com t medido em minutos, como mostra a tabela.

t	0	10	20	30	40	50	60	70	80	90	100	110	120
C	0	2	17	37	55	73	89	103	111	113	113	103	68

Encontre a taxa média de variação de C em cada intervalo.

a. $[0, 10]$ **b.** $[0, 20]$ **c.** $[100, 110]$

SOLUÇÃO

a. Para o intervalo $[0, 10]$, a taxa de variação média é

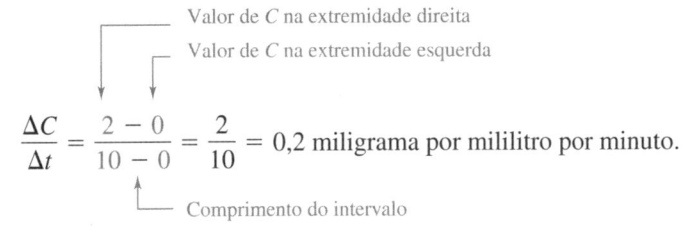

$$\frac{\Delta C}{\Delta t} = \frac{2 - 0}{10 - 0} = \frac{2}{10} = 0{,}2 \text{ miligrama por mililitro por minuto.}$$

(Valor de C na extremidade direita; Valor de C na extremidade esquerda; Comprimento do intervalo)

b. Para o intervalo $[0, 20]$, a taxa de variação média é

$$\frac{\Delta C}{\Delta t} = \frac{17 - 0}{20 - 0} = \frac{17}{20} = 0{,}85 \text{ miligrama por mililitro por minuto.}$$

c. Para o intervalo $[100, 110]$, a taxa de variação média é

$$\frac{\Delta C}{\Delta t} = \frac{103 - 113}{110 - 100} = \frac{-10}{10} = -1 \text{ miligrama por mililitro por minuto.}$$

Observe na Figura 2.19 que a taxa de variação média é positiva quando a concentração aumenta e negativa quando a concentração diminui.

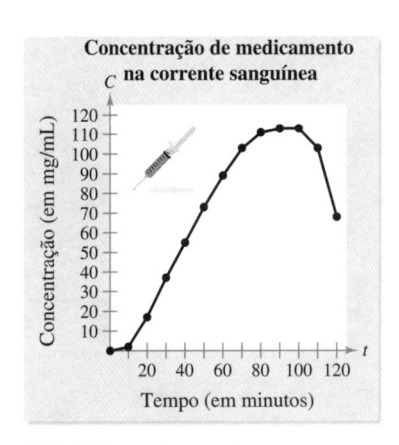

FIGURA 2.19

✓ AUTOAVALIAÇÃO 1

Utilize a tabela do Exemplo 1 para determinar a taxa de variação média nos intervalos.

a. $[0, 120]$ **b.** $[90, 100]$ **c.** $[90, 120]$

As taxas de variação do Exemplo 1 estão em miligramas por mililitro por minuto porque a concentração é medida em miligramas por mililitro e o tempo é medido em minutos.

$$\frac{\Delta C}{\Delta t} = \frac{2 - 0}{10 - 0} = \frac{2}{10} = 0{,}2 \text{ miligrama por mililitro por minuto}$$

Uma aplicação comum da taxa de variação média é para determinar a **velocidade média** de um objeto se movendo em linha reta. Ou seja,

$$\boxed{\text{Velocidade média} = \frac{\text{variação na distância}}{\text{variação no tempo}}.}$$

Essa fórmula é ilustrada no Exemplo 2.

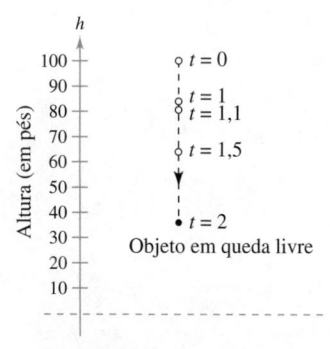

FIGURA 2.20 Alguns objetos, quando estão em queda livre, sofrem considerável resistência do ar. Outros sofrem resistência desprezível. Em um problema de queda livre, é necessário decidir se a resistência do ar deve ser levada em conta ou desprezada.

Exemplo 2 — Determinação de velocidade média

Se um objeto em queda livre for solto de uma altura de 100 pés e a *resistência do ar* for *desprezada*, a altura h (em pés) do objeto no instante t (em segundos) será dada por

$$h = -16t^2 + 100. \quad \text{(Veja a Figura 2.20).}$$

Determine a velocidade média do objeto em cada intervalo.

a. $[1, 2]$ **b.** $[1, 1{,}5]$ **c.** $[1, 1{,}1]$

SOLUÇÃO É possível utilizar a equação de posição $h = -16t^2 + 100$ para determinar as alturas em

$$t = 1,\ 1{,}1,\ 1{,}5\ \text{e}\ 2,$$

como mostrado na tabela.

t (em segundos)	0	1	1,1	1,5	2
h (em pés)	100	84	80,64	64	36

a. No intervalo $[1, 2]$, o objeto cai de uma altura de 84 pés para uma altura de 36 pés. Portanto, a velocidade média é

$$\frac{\Delta h}{\Delta t} = \frac{36 - 84}{2 - 1} = \frac{-48}{1} = -48 \text{ pés por segundo.}$$

b. No intervalo $[1, 1{,}5]$, a velocidade média é

$$\frac{\Delta h}{\Delta t} = \frac{64 - 84}{1{,}5 - 1} = \frac{-20}{0{,}5} = -40 \text{ pés por segundo.}$$

c. No intervalo $[1, 1{,}1]$, a velocidade média é

$$\frac{\Delta h}{\Delta t} = \frac{80{,}64 - 84}{1{,}1 - 1} = \frac{-3{,}36}{0{,}1} = -33{,}6 \text{ pés por segundo.}$$

✓ AUTOAVALIAÇÃO 2

A altura h (em pés) de um objeto em queda livre no instante t (em segundos) é dada por

$$h = -16t^2 + 180.$$

Determine a velocidade média do objeto em cada intervalo.

a. $[0, 1]$ **b.** $[1, 2]$ **c.** $[2, 3]$

DICA DE ESTUDO

No Exemplo 2, as velocidades médias são negativas porque o objeto está se movendo para baixo.

Taxa de variação instantânea e velocidade

Suponha que, no Exemplo 2, desejássemos determinar a taxa de variação de h no instante $t = 1$ segundo. Essa é a chamada de **taxa de variação instantânea**. É possível aproximar a taxa de variação em $t = 1$ calculando a taxa de variação média sobre intervalos cada vez menores da forma $[1, 1 + \Delta t]$, como mostrado na tabela da página seguinte. Ao analisar essa tabela, parece razoável concluir que a taxa de variação instantânea da altura quando $t = 1$ é -32 pés por segundo.

Δt tende a 0.

Δt	1	0,5	0,1	0,01	0,001	0,0001	0
$\dfrac{\Delta h}{\Delta t}$	−48	−40	−33,6	−32,16	−32,016	−32,0016	−32

$\dfrac{\Delta h}{\Delta t}$ tende a -32.

Definição da taxa de variação instantânea

A **taxa de variação instantânea** (ou simplesmente **taxa de variação**) de $y = f(x)$ em x é o limite da taxa de variação média no intervalo

$$[x, x + \Delta x],$$

quando Δx tende a 0.

$$\lim_{\Delta x \to 0} \frac{\Delta y}{\Delta x} = \lim_{\Delta x \to 0} \frac{f(x + \Delta x) - f(x)}{\Delta x}$$

Se y é uma distância e x é o tempo, então a taxa de variação é uma **velocidade**.

DICA DE ESTUDO

O limite nessa definição é o mesmo limite na definição da derivada de f em x. Essa é a segunda principal interpretação das derivadas – a *taxa de variação instantânea de uma variável em relação a outra*. Lembre-se de que a principal interpretação da derivada é a inclinação do gráfico de f em x.

Exemplo 3 Determinação da taxa de variação instantânea

Determine a velocidade do objeto do Exemplo 2 quando $t = 1$.

SOLUÇÃO A partir do Exemplo 2, sabe-se que a altura do objeto em queda livre é dada por

$h = -16t^2 + 100.$ Função posição

Ao descobrir a derivada dessa função posição, obtém-se a função velocidade.

$h'(t) = -32t$ Função velocidade

A função velocidade fornece a velocidade em *qualquer* instante. Portanto, quando $t = 1$, a velocidade é

$h'(1) = -32(1)$
$\quad\quad = -32$ pés por segundo.

✓ AUTOAVALIAÇÃO 3

A altura do objeto na Autoavaliação 2 é dada por

$h = -16t^2 + 180.$

Encontre as velocidades do objeto em

a. $t = 1,75$.
b. $t = 2$.

A **função posição** geral de objeto em queda livre, desprezando-se a resistência do ar, é

$h = -16t^2 + v_0 t + h_0$ Função posição

em que h é a altura (em pés), t é o tempo (em segundos), v_0 é a velocidade inicial (em pés por segundo) e h_0 é a altura inicial (em pés). Lembre-se de que o modelo assume que velocidades positivas indicam movimento para cima; as negativas, movimento para baixo. A derivada

$h' = -32t^2 + v_0$ Função velocidade

é a **função velocidade**. O valor absoluto de velocidade é a **velocidade escalar** do objeto.

Exemplo 4 — Determinação da velocidade de um mergulhador

No instante $t = 0$, um mergulhador pula de um trampolim de 32 pés de altura, como mostra a Figura 2.21. Como a velocidade inicial do mergulhador é 16 pés por segundo, sua função posição é

$$h = -16t^2 + 16t + 32. \qquad \text{Função posição}$$

a. Quando o mergulhador atinge a água?

b. Qual é a velocidade de impacto do mergulhador?

SOLUÇÃO

a. Para determinar o instante no qual o mergulhador atinge a água, faça $h = 0$ e determine t.

$$-16t^2 + 16t + 32 = 0 \qquad \text{Iguale } h \text{ a } 0.$$
$$-16(t^2 - t - 2) = 0 \qquad \text{Coloque em evidência os fatores comuns.}$$
$$-16(t + 1)(t - 2) = 0 \qquad \text{Fatore.}$$
$$t = -1 \text{ ou } t = 2 \qquad \text{Determine } t.$$

A solução $t = -1$ não faz sentido no problema, porque significaria que o mergulhador atingiu a água 1 segundo antes de pular. Portanto, é possível concluir que o mergulhador atingiu a água em $t = 2$ segundos.

b. A velocidade no instante t é dada pela derivada

$$h' = -32t + 16. \qquad \text{Função velocidade}$$

A velocidade no instante $t = 2$ é

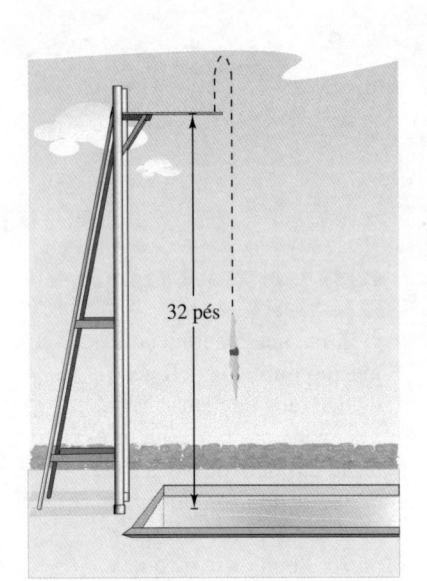

$$h' = -32(2) + 16 = -48 \text{ pés por segundo}.$$

FIGURA 2.21

✓ AUTOAVALIAÇÃO 4

No instante $t = 0$, um mergulhador pula de um trampolim de 12 pés de altura, com velocidade inicial de 16 pés por segundo. A função posição do mergulhador é $h = -16t^2 + 16t + 12$.

a. Quando o mergulhador atinge a água?

b. Qual é a velocidade de impacto do mergulhador?

No Exemplo 4, observe que a velocidade inicial do mergulhador é $v_0 = 16$ pés por segundo (movimento para cima) e sua altura inicial é $h_0 = 32$ pés.

$$h = -16t^2 + \underbrace{16t}_{\text{Velocidade inicial de 16 pés por segundo.}} + \underbrace{32}_{\text{Altura inicial de 32 pés.}}$$

Taxa de variação em economia: marginais

Outro uso importante das taxas de variação está no campo da economia. Os economistas referem-se a *lucro marginal*, *receita marginal* e *custo marginal* como taxas de variação do lucro, da receita e do custo em relação ao número x de unidades produzidas ou vendidas. Uma equação que relaciona essas três quantidades é

$$P = R - C$$

em que P, R e C representam as seguintes quantidades.

$$P = \text{lucro total}, \quad R = \text{receita total} \quad \text{e} \quad C = \text{custo total}$$

As derivadas dessas quantidades são chamadas de **lucro marginal**, **receita marginal** e **custo marginal**, respectivamente.

$$\frac{dP}{dx} = \text{lucro marginal}$$

$$\frac{dR}{dx} = \text{receita marginal}$$

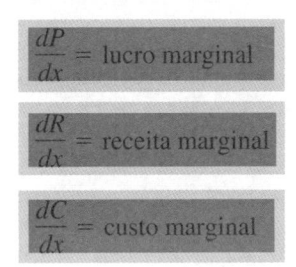

$$\frac{dC}{dx} = \text{custo marginal}$$

Em diversos problemas empresariais e econômicos, o número de unidades produzidas ou vendidas é restrito a valores inteiros positivos, como indica a Figura 2.22. (Está claro que poderia acontecer de a venda envolver metade ou um quarto de unidade, mas é difícil conceber a ideia de uma venda envolver $\sqrt{2}$ unidades). A variável que denota essas unidades é chamada de **variável discreta**.

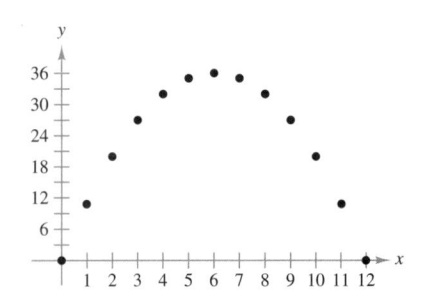

Função de uma variável discreta

FIGURA 2.22

Para analisar uma função de uma variável discreta x, pode-se admitir temporariamente que x é uma **variável contínua** capaz de assumir qualquer valor real em dado intervalo, conforme indica a Figura 2.23. Então, utilizando os métodos do cálculo, determina-se o valor de x que corresponda à receita marginal, ao lucro máximo, ao custo mínimo ou a qualquer outro valor pedido. Finalmente, deve-se arredondar a solução para o valor mais próximo de x que faça sentido – centavos, dólares, unidades ou dias, dependendo do contexto do problema.

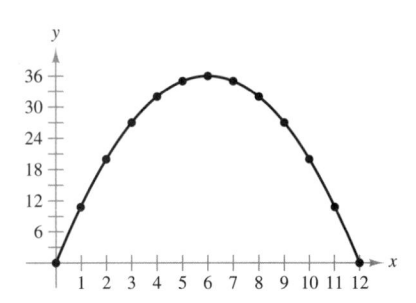

Função de uma variável contínua

FIGURA 2.23

Exemplo 5 — Determinação do lucro marginal

O lucro proveniente da venda de x unidades de um despertador é dado por

$$P = 0{,}0002x^3 + 10x.$$

a. Determine o lucro marginal para o nível de produção de 50 unidades.

b. Compare isso com os ganhos reais nos lucros obtidos pelo aumento do nível de produção de 50 para 51 unidades.

SOLUÇÃO

a. Como o lucro é $P = 0{,}0002x^3 + 10x$, o lucro marginal é dado pela derivada

$$\frac{dP}{dx} = 0{,}0006x^2 + 10.$$

Quando $x = 50$, o lucro marginal é

$$\frac{dP}{dx} = 0{,}0006(50)^2 + 10 \qquad \text{Substitua } x \text{ por 50.}$$
$$= 0{,}0006(2.500) + 10$$
$$= 1{,}5 + 10$$
$$= \$\,11{,}50 \text{ por unidade.} \qquad \text{Lucro marginal para } x = 50$$

b. Para $x = 50$, o lucro real é

$$P = 0{,}0002(50)^3 + 10(50) \qquad \text{Substitua } x \text{ por 50.}$$
$$= 0{,}0002(125.000) + 500$$
$$= 25 + 500$$
$$= \$\,525{,}00 \qquad \text{Lucro real para } x = 50$$

e para $x = 51$, o lucro real é

$$P = 0{,}0002(51)^3 + 10(51) \qquad \text{Substitua } x \text{ por 51.}$$
$$= 0{,}0002(132.651) + 510$$
$$\approx 26{,}53 + 510$$
$$= \$\,536{,}53. \qquad \text{Lucro real para } x = 51$$

Portanto, o lucro adicional obtido pelo aumento do nível de produção de 50 para 51 unidades é

$$536{,}53 - 525{,}00 = \$\,11{,}53. \qquad \text{Lucro extra por uma unidade}$$

Observe que o aumento do lucro real de $\$\,11{,}53$ (quando x aumenta de 50 para 51 unidades) pode ser aproximado pelo lucro marginal de $\$\,11{,}50$ por unidade (quando $x = 50$), como mostra a Figura 2.24.

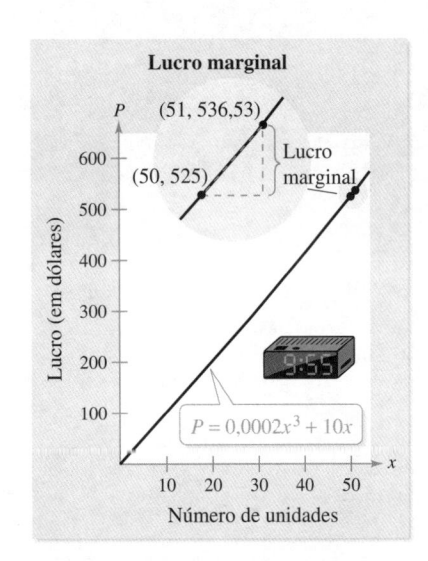

FIGURA 2.24

✓ AUTOAVALIAÇÃO 5

Utilize a função de lucro no Exemplo 5 para determinar o lucro marginal no nível de produção de 100 unidades. Compare isso aos ganhos reais nos lucros pelo aumento da produção de 100 para 101 unidades. ∎

DICA DE ESTUDO

No Exemplo 5, o lucro marginal dá uma boa aproximação da variação real do lucro porque o gráfico de P é quase reto no intervalo $50 \leq x \leq 51$. Estudaremos mais na Seção 3.8 o uso de marginais para aproximar as variações reais.

A função do lucro no Exemplo 5 é incomum, sob o aspecto de que o lucro continuará crescendo enquanto o número de unidades vendidas aumentar. Na prática, é mais comum encontrar situações em que as vendas aumentam apenas ao se baixar o preço por item. Ao final, porém, essas reduções no preço acabam causando diminuição no lucro.

O número de unidades x que os clientes desejam comprar a determinado preço unitário p é dado pela **função demanda**

$$p = f(x). \qquad \text{Função demanda}$$

A receita total R é, então, relacionada ao preço unitário e à quantidade demandada (ou vendida) pela equação

$R = xp.$ Função receita

Exemplo 6   Determinação de uma função demanda

A tabela mostra os números x (em milhões) de DVDs de alta definição pré-gravados vendidos nos Estados Unidos e os preços unitários médios (em dólares), de 2006 até 2009. Use essas informações para encontrar a função demanda e a função receita total. *(Fonte: SNL Kagan)*

Ano	2006	2007	2008	2009
x	1,2	9,8	22,7	54,0
p	23,75	23,38	22,21	20,43

SOLUÇÃO   Comece fazendo um gráfico de dispersão dos dados usando os pares ordenados (x, p), como mostra a Figura 2.25. Pelo gráfico, parece que um modelo linear seria um bom ajuste para os dados. A fim de encontrar um modelo linear para a função demanda, use dois pontos quaisquer, tais como (1,2, 23,75) e (54,0, 20,43). A inclinação da reta por esses pontos é

$$m = \frac{20,43 - 23,75}{54,0 - 1,2}$$
$$= \frac{-3,32}{52,8}$$
$$\approx -0,063.$$

Usando a forma ponto-inclinação de uma reta, você pode aproximar a equação da função demanda por $p = -0,063x + 23,83$. A função receita total para DVDs de alta definição pré-gravados é

$$R = xp = x(-0,063x + 23,83) = -0,063x^2 + 23,83x.$$

✓ AUTOAVALIAÇÃO 6

Repita o Exemplo 6, dado que em 2010 uma estimativa de 104,2 milhões de DVDs de alta definição pré-gravados foram vendidos ao preço unitário médio de $ 17,88. Para encontrar um modelo linear para a função demanda, use os pontos (1,2, 23,75) e (104,2, 17,88). *(Fonte: SNL Kagan)*

Exemplo 7   Determinação da receita marginal

Um restaurante *fast-food* determinou que a demanda mensal por seus hambúrgueres é dada por

$$p = \frac{60.000 - x}{20.000}.$$

A Figura 2.26 mostra que, à medida que o preço diminui, a demanda aumenta. A tabela mostra a demanda de hambúrgueres em diversos preços.

x	60.000	50.000	40.000	30.000	20.000	10.000	0
p	$ 0,00	$ 0,50	$ 1,00	$ 1,50	$ 2,00	$ 2,50	$ 3,00

Determine o aumento da receita por hambúrguer para vendas mensais de 20.000 hambúrgueres. Em outras palavras, determine a receita marginal quando $x = 20.000$.

TUTOR TÉCNICO

Outra forma de encontrar um modelo linear para a função demanda no Exemplo 6 é a usar o recurso *linear regression* de uma ferramenta gráfica ou um programa de planilha. Use uma ferramenta gráfica ou um programa de planilha para encontrar a função demanda e compare os resultados com os do Exemplo 6. Você aprenderá mais sobre regressão linear na Seção 7.7. (Consulte o manual do usuário de uma ferramenta gráfica ou de um software de planilha para obter as instruções específicas.)

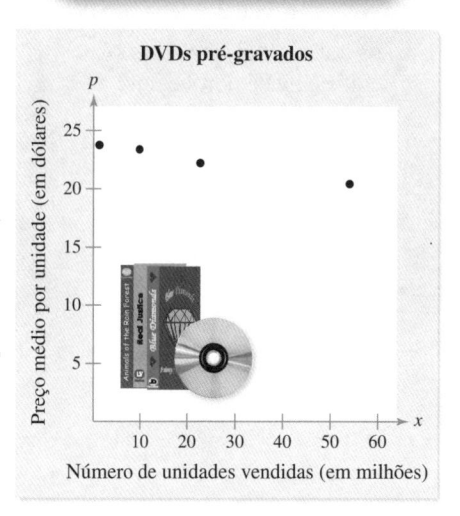

FIGURA 2.25

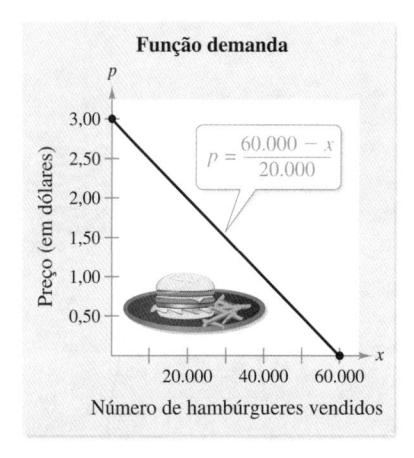

FIGURA 2.26   À medida que o preço diminui, são vendidos mais hambúrgueres.

SOLUÇÃO Como a demanda é dada por

$$p = \frac{60.000 - x}{20.000}$$

e a receita é dada por $R = xp$, tem-se

$R = xp$ — Fórmula para a receita

$= x\left(\dfrac{60.000 - x}{20.000}\right)$ — Substitua p.

$= \dfrac{1}{20.000}(60.000x - x^2).$ — Função receita

Ao derivá-la, é possível determinar a receita marginal

$$\frac{dR}{dx} = \frac{1}{20.000}(60.000 - 2x).$$

Portanto, quando $x = 20.000$, a receita marginal é

$\dfrac{dR}{dx} = \dfrac{1}{20.000}(60.000 - 2x)$ — Receita marginal

$\phantom{\dfrac{dR}{dx}} = \dfrac{1}{20.000}[60.000 - 2(20.000)]$ — Substitua x por 20.000.

$\phantom{\dfrac{dR}{dx}} = \dfrac{1}{20.000}(60.000 - 40.000)$ — Multiplique.

$\phantom{\dfrac{dR}{dx}} = \dfrac{1}{20.000}(20.000)$ — Subtraia.

$\phantom{\dfrac{dR}{dx}} = \$ 1$ por unidade. — Receita marginal quando $x = 20.000$

Assim, para as vendas mensais de 20.000 hambúrgueres, você pode concluir que o aumento da receita por hambúrguer é de $ 1.

DICA DE ESTUDO

Escrever a função demanda na forma $p = f(x)$ é uma convenção utilizada em economia. Do ponto de vista do consumidor, parece mais razoável pensar que a quantidade demandada é uma função do preço. Matematicamente, no entanto, os dois pontos de vista são equivalentes, porque uma típica função da demanda é bijetora e, por isso, possui uma função inversa. Por exemplo, no Exemplo 7, é possível escrever a função demanda como
$x = 60\,000 - 20\,000p$.

✓ AUTOAVALIAÇÃO 7

Determine a função receita e a receita marginal para a função demanda

$$p = 2.000 - 4x.$$

Determine a receita marginal quando $x = 250$.

Exemplo 8 Determinação do lucro marginal

Suponha que no Exemplo 7 o custo de produção de x hambúrgueres seja

$$C = 5.000 + 0,56x, \quad 0 \le x \le 50.000.$$

Determine o lucro e o lucro marginal nos seguintes níveis de produção.

a. $x = 20.000$ **b.** $x = 24.400$ **c.** $x = 30.000$

SOLUÇÃO Do Exemplo 7, sabe-se que a receita total da venda de x hambúrgueres é

$$R = \frac{1}{20.000}(60.000x - x^2).$$

Como o lucro total é dado por $P = R - C$, tem-se

$P = \dfrac{1}{20.000}(60.000x - x^2) - (5.000 + 0,56x)$

$ = 3x - \dfrac{x^2}{20.000} - 5.000 - 0,56x$

$ = 2,44x - \dfrac{x^2}{20.000} - 5.000.$ — Veja a Figura 2.27.

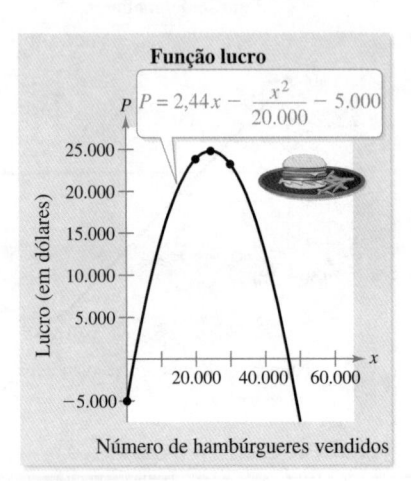

FIGURA 2.27

Função lucro

$P = 2,44x - \dfrac{x^2}{20.000} - 5.000$

Número de hambúrgueres vendidos

Desse modo, o lucro marginal é

$$\frac{dP}{dx} = 2{,}44 - \frac{x}{10.000}.$$

Utilizando essas fórmulas, é possível calcular o lucro e o lucro marginal.

	Produção	Lucro	Lucro Marginal
a.	$x = 20.000$	$P = \$\,23.800,$	$2{,}44 - \dfrac{20.000}{10.000} = \$\,0{,}44$ por unidade
b.	$x = 24.400$	$P = \$\,24.768,$	$2{,}44 - \dfrac{24.400}{10.000} = \$\,0{,}00$ por unidade
c.	$x = 30.000$	$P = \$\,23.200,$	$2{,}44 - \dfrac{30.000}{10.000} = -\$\,0{,}56$ por unidade

✓ **AUTOAVALIAÇÃO 8**

Utilizando os dados do Exemplo 8, compare o lucro marginal quando 10.000 unidades são vendidas com o aumento real no lucro de 10.000 para 10.001 unidades. ■

PRATIQUE (Seção 2.3)

1. Dê a definição de taxa de variação média *(página 100)*. Para exemplos de taxa de variação média, veja os Exemplos 1 e 2.
2. Dê a definição de taxa de variação instantânea *(página 102)*. Para exemplos de taxa de variação instantânea, veja os Exemplos 3 e 4.
3. Descreva um exemplo da vida real de como as taxas de variação podem ser utilizadas no campo da economia *(páginas 104–109, Exemplos 5, 6, 7 e 8)*.

Recapitulação 2.3 — Os exercícios preparatórios a seguir envolvem conceitos vistos em seções anteriores. Esses conceitos serão utilizados no conjunto de exercícios desta seção. Para obter mais ajuda, consulte as Seções 2.1 e 2.2.

Nos Exercícios 1 e 4, calcule as expressões.

1. $\dfrac{-63 - (-105)}{21 - 7}$
2. $\dfrac{-37 - 54}{16 - 3}$
3. $\dfrac{24 - 33}{9 - 6}$
4. $\dfrac{40 - 16}{18 - 8}$

Nos Exercícios 5-12, determine a derivada da função.

5. $y = 4x^2 - 2x + 7$
6. $y = -3t^3 + 2t^2 - 8$
7. $s = -16t^2 + 24t + 30$
8. $y = -16x^2 + 54x + 70$
9. $A = \frac{1}{10}(-2r^3 + 3r^2 + 5r)$
10. $y = \frac{1}{9}(6x^3 - 18x^2 + 63x - 15)$
11. $y = 12x - \dfrac{x^2}{5.000}$
12. $y = 138 + 74x - \dfrac{x^3}{10.000}$

Exercícios 2.3

1. Pesquisa e desenvolvimento A tabela mostra as quantidades A (em bilhões de dólares) gastas em pesquisa e desenvolvimento nos Estados Unidos de 1980 a 2008, em que t é o ano, com $t = 0$ correspondendo a 1980. Aproxime a taxa de variação média de A durante cada período. *(Fonte: US National Science Foundation)*

(a) 1980-1985 (b) 1985-1990
(c) 1990-1995 (d) 1995-2000
(e) 2000-2005 (f) 1980-2008
(g) 1990-2008 (h) 2000-2008

t	0	1	2	3	4	5	6	7
A	63	72	81	90	102	115	120	126

t	8	9	10	11	12	13	14
A	134	142	152	161	165	166	169

t	15	16	17	18	19	20	21
A	184	197	212	226	245	267	277

t	22	23	24	25	26	27	28
A	276	288	299	322	347	373	398

2. Déficit comercial O gráfico mostra os valores I (em bilhões de dólares) de bens importados pelos Estados Unidos e os valores E (em bilhões de dólares) de bens exportados pelos Estados Unidos de 1980 a 2009. Aproxime as taxas médias de mudança de I e E durante cada período. *(Fonte: US International Trade Administration)*

(a) Importações: 1980-1990
(b) Exportações: 1980-1990
(c) Importações: 1990-2000
(d) Exportações: 1990-2000
(e) Importações: 2000-2009
(f) Exportações: 2000-2009
(g) Importações: 1980-2009
(h) Exportações: 1980-2009

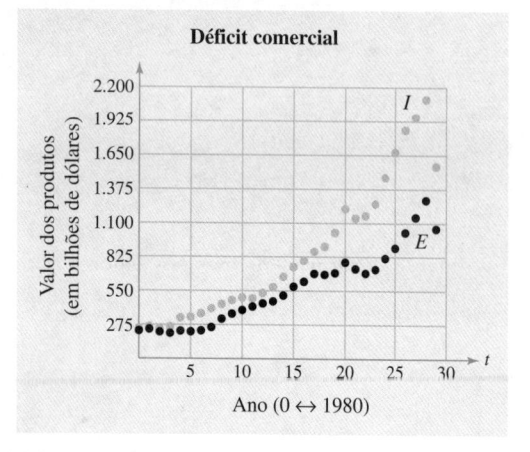

Encontrando taxas de variação Nos Exercícios 3-12, use uma ferramenta gráfica para traçar a função e encontrar sua taxa de variação média no intervalo. Compare essa taxa com as taxas instantâneas de variação nas extremidades do intervalo.

3. $f(t) = 3t + 5; [1, 2]$ **4.** $h(x) = 2 - x; [0, 2]$

5. $h(x) = x^2 - 4x + 2; [-2, 2]$

6. $g(x) = x^3 - 1; [-1, 1]$

7. $f(x) = 3x^{4/3}; [1, 8]$ **8.** $f(x) = x^{3/2}; [1, 4]$

9. $f(x) = \dfrac{1}{x}; [1, 4]$ **10.** $f(x) = \dfrac{1}{\sqrt{x}}; [1, 4]$

11. $g(x) = x^4 - x^2 + 2; [1, 3]$

12. $f(x) = x^2 - 6x - 1; [-1, 3]$

13. Tendências de consumo O gráfico mostra o número de visitantes V (em milhares) em um parque nacional durante um período de um ano, em que $t = 1$ representa janeiro.

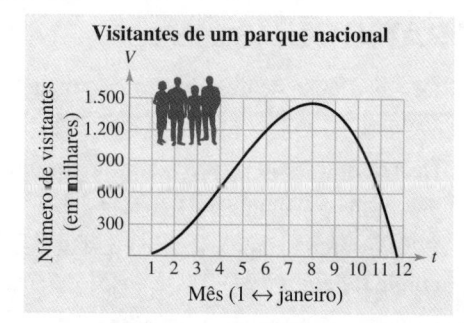

(a) Estime a taxa de variação de V no intervalo $[9, 12]$ e explique seus resultados.

(b) Durante qual intervalo a taxa de variação média é aproximadamente igual à taxa de variação em $t = 8$? Explique seu raciocínio.

14. Medicamento O gráfico mostra o número estimado de miligramas de uma medicação para a dor M na corrente sanguínea t horas após uma dose de 1.000 mg do fármaco ser aplicada.

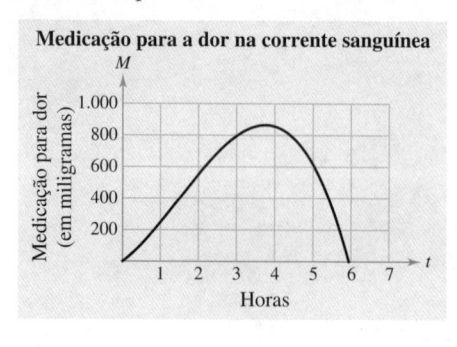

(a) Estime o intervalo de uma hora no qual a taxa de variação média é a maior.

(b) Durante qual intervalo a taxa de variação média é aproximadamente igual à taxa de variação em $t = 4$? Explique seu raciocínio.

15. Velocidade A altura s (em pés) no tempo t (em segundos) de uma bola atirada para cima da parte superior de um edifício é dada por

$s = -16t^2 + 30t + 250$.

Encontre a velocidade média em cada intervalo indicado e compare-a com a velocidade instantânea nas extremidades do intervalo.

(a) $[0, 1]$ (b) $[1, 2]$ (c) $[2, 3]$ (d) $[3, 4]$

16. Química: frio do vento A 0° Celsius, a perda de calor H (em quilocalorias por metro quadrado por hora) do corpo de uma pessoa pode ser modelada por

$H = 33(10\sqrt{v} - v + 10,45)$

em que v é a velocidade do vento (em metros por segundo).

(a) Encontre $\dfrac{dH}{dv}$ e interprete seu significado nessa situação.

(b) Encontre as taxas de variação de H quando $v = 2$ e $v = 5$.

17. Velocidade A altura s (em pés) no tempo t (em segundos) de uma moeda de prata solta do topo de um edifício é dada por $s = -16t^2 + 555$.

(a) Encontre a velocidade média durante o intervalo $[2, 3]$.

(b) Encontre as velocidades instantâneas quando $t = 2$ e $t = 3$.

(c) Quanto tempo levará para a moeda atingir o solo?

(d) Encontre a velocidade da moeda quando ela atinge o solo.

18. Velocidade Uma bola é lançada do topo de um edifício de 210 pés a uma velocidade inicial de -18 pés por segundo.

(a) Encontre as funções posição e velocidade para a bola.

(b) Encontre a velocidade média durante o intervalo $[1, 2]$.

(c) Encontre as velocidades instantâneas quando $t = 1$ e $t = 2$.

(d) Quanto tempo levará para a bola atingir o solo?

(e) Encontre a velocidade da bola quando ela atinge o solo.

Custo marginal Nos Exercícios 19-22, encontre o custo marginal para a produção de x unidades. (O custo é medido em dólares.)

19. $C = 205.000 + 9.800x$

20. $C = 100(9 + 3\sqrt{x})$

21. $C = 55.000 + 470x - 0,25x^2, 0 \le x \le 940$

22. $C = 150.000 + 7x^3$

Rendimento marginal Nos Exercícios 23-26, encontre a receita marginal para a produção de x unidades. (A receita é medida em dólares.)

23. $R = 50x - 0,5x^2$

24. $R = 50(20x - x^{3/2})$

25. $R = -6x^3 + 8x^2 + 200x$

26. $R = 30x - x^2$

Lucro marginal Nos Exercícios 27-30, encontre o lucro marginal para a produção de x unidades. (O lucro é medido em dólares.)

27. $P = -2x^2 + 72x - 145$

28. $P = -0,5x^3 + 30x^2 - 164,25x - 1.000$

29. $P = 0,0013x^3 + 12x$

30. $P = -0,25x^2 + 2.000x - 1.250.000$

31. Custo marginal O custo C (em dólares) da produção de x unidades de um produto é dado por

$C = 3,6\sqrt{x} + 500$.

(a) Encontre o custo adicional quando a produção aumenta de 9 para 10 unidades.

(b) Encontre o custo marginal quando $x = 9$.

(c) Compare os resultados das partes (a) e (b).

32. Receita marginal A receita R (em dólares) do aluguel de x apartamentos pode ser modelada por

$R = 2x(900 + 32x - x^2)$.

(a) Encontre a receita adicional quando o número de aluguéis aumenta de 14 para 15.

(b) Encontre a receita marginal quando $x = 14$.

(c) Compare os resultados das partes (a) e (b).

33. Lucro marginal O lucro P (em dólares) da venda de x laptops é dado por

$P = -0,04x^2 + 25x - 1.500$.

(a) Encontre o lucro adicional quando as vendas aumentam de 150 para 151 unidades.

(b) Encontre o lucro marginal quando $x = 150$.

(c) Compare os resultados das partes (a) e (b).

34. Lucro marginal O lucro P (em dólares) da venda de x unidades de um produto é dado por

$P = 36.000 + 2.048\sqrt{x} - \dfrac{1}{8x^2}, \quad 150 \le x \le 275$.

Encontre o lucro marginal para cada uma das seguintes vendas.

(a) $x = 150$ (b) $x = 175$ (c) $x = 200$

(d) $x = 225$ (e) $x = 250$ (f) $x = 275$

35. Crescimento populacional A população P (em milhares) do Japão, de 1980 a 2010, pode ser modelada por

$P = -15,56t^2 + 802,1t + 117.001$

em que t é o ano, com $t = 0$ correspondendo a 1980.
(Fonte: US Census Bureau)

(a) Calcule P para $t = 0, 5, 10, 15, 20, 25$ e 30. Explique esses valores.

(b) Determine a taxa de crescimento da população, dP/dt.

(c) Calcule dP/dt para os mesmos valores da parte (a). Explique seus resultados.

36. Saúde A temperatura T (em graus Fahrenheit) de uma pessoa, durante uma doença, pode ser modelada pela equação

$T = -0{,}0375t^2 + 0{,}3t + 100{,}4$

em que t é o tempo em horas desde que a pessoa começou a mostrar sinais de febre.

(a) Use uma ferramenta gráfica para traçar a função. Certifique-se de escolher uma janela apropriada.
(b) As inclinações das retas tangentes parecem ser positivas ou negativas? O que isso lhe diz?
(c) Ache o valor da função para $t = 0$, 4, 8 e 12.
(d) Encontre dT/dt e explique seu significado nessa situação.
(e) Calcule dT/dt para $t = 0$, 4, 8 e 12.

37. **Economia** Use a informação na tabela para encontrar os modelos e responder às perguntas abaixo.

Quantidade produzida e vendida (Q)	Preço (p)	Rendimento total (RT)	Rendimento marginal (RM)
0	160	0	—
2	140	280	130
4	120	480	90
6	100	600	50
8	80	640	10
10	60	600	−30

(a) Use o recurso *regression* de uma ferramenta gráfica para encontrar um modelo quadrático que relacione a receita total (RT) com a quantidade produzida e vendida (Q).
(b) Usando derivadas, encontre um modelo para a receita marginal do modelo encontrado na parte (a).
(c) Calcule a receita marginal para todos os valores de Q usando seu modelo da parte (b), e compare esses valores com os valores reais dados. Seu modelo é bom? *(Fonte: Adaptado de Taylor, Economics, 5. ed.)*

38. **Lucro** A função demanda mensal p e a função custo C para x jornais em uma banca são dadas por
$p = 5 - 0{,}001x$ e $C = 35 + 1{,}5x$.

(a) Encontre o faturamento mensal R como uma função de x.
(b) Encontre o lucro mensal P como uma função de x.
(c) Complete a tabela.

x	600	1.200	1.800	2.400	3.000
dR/dx					
dP/dx					
P					

39. **Lucro marginal** Quando o preço de um copo de limonada em uma banca de limonada era $ 1,75, 400 copos foram vendidos. Quando o preço foi reduzido para $ 1,50, foram vendidos 500 copos. Assuma que a função demanda é linear e que os custos marginais e fixos são de $ 0,10 e $ 25, respectivamente.

(a) Encontre o lucro P como uma função de x, o número de copos de limonada vendidos.
(b) Use uma ferramenta gráfica para traçar P, e comente sobre as inclinações de P quando $x = 300$ e $x = 700$.
(c) Encontre os lucros marginais quando 300 e 700 copos de limonada são vendidos.

40. **Lucro marginal** Quando o preço da entrada para um jogo de beisebol era $ 6 por ingresso, 36.000 ingressos foram vendidos. Quando o preço foi elevado para $ 7, apenas 33.000 ingressos foram vendidos. Assuma que a função demanda é linear e que os custos marginais e fixos para os proprietários do estádio são de $ 0,20 e $ 85.000, respectivamente.

(a) Encontre o lucro P como a função de x, o número de bilhetes vendidos.
(b) Use uma ferramenta gráfica para traçar P, e comente as inclinações de P quando $x = 18.000$ e $x = 36.000$.
(c) Encontre os lucros marginais quando 18.000 e 36.000 bilhetes são vendidos.

41. **Custo do combustível** Um carro faz 15.000 milhas por ano e percorre x milhas por galão. Suponha que o custo médio do combustível seja de $ 2,95 por galão.

(a) Encontre o custo anual do combustível C como uma função de x.
(b) Encontre dC/dx e explique seu significado nessa situação.
(c) Use as funções para completar a tabela.

x	10	15	20	25	30	35	40
C							
dC/dx							

(d) Quem se beneficiaria mais com o aumento de 1 milha por galão na eficiência do combustível – o motorista que percorre 15 milhas por galão ou o motorista que percorre 35 milhas por galão? Explique.

42. **Vendas de gasolina** O número N de galões de gasolina normal sem chumbo vendido por um posto de gasolina a um preço de p dólares por galão é dado por $N = f(p)$.

(a) Descreva o significado de $f'(2{,}959)$.
(b) $f'(2{,}959)$ geralmente é positivo ou negativo? Explique.

43. Média Dow Jones Industrial A tabela mostra os preços p de fechamento de fim de ano da Dow Jones Industrial Average (DJIA) de 1995 a 2009, em que t é o ano, com $t = 5$ correspondendo a 1995. *(Fonte: Dow Jones Industrial Average)*

t	5	6	7	8
p	5.117,12	6.448,26	7.908,24	9.181,43

t	9	10	11	12
p	11.497,12	10.786,85	10.021,50	8.341,63

t	13	14	15	16
p	10.453,92	10.783,01	10.717,50	12.463,15

t	17	18	19
p	13.264,82	8.776,39	10.428,05

(a) Determine a taxa de variação média no valor do DJIA, de 1995 a 2009.

(b) Estime a taxa de variação instantânea em 1998 encontrando a taxa de variação média de 1996 a 2000.

(c) Estime a taxa de variação instantânea em 1998 encontrando a taxa de variação média de 1997 a 1999.

(d) Compare suas respostas nas partes (b) e (c). Qual intervalo você acha que produziu a melhor estimativa para a taxa de variação instantânea em 1998?

44. VISUALIZE Muitas populações na natureza manifestam crescimento logístico, que consiste de quatro fases, como mostrado na figura. Descreva a taxa de crescimento da população em cada fase e forneça possíveis razões de por que as taxas podem estar mudando de fase para fase. *(Fonte: Adaptado de Levine/Miller,* Biology: Discovering Life, 2. ed.)

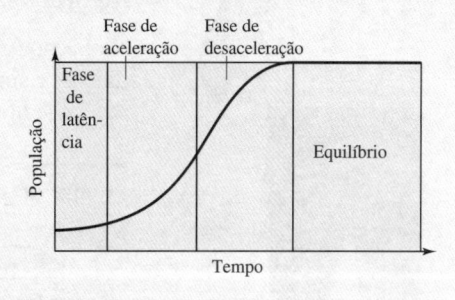

2.4 Regras do produto e do quociente

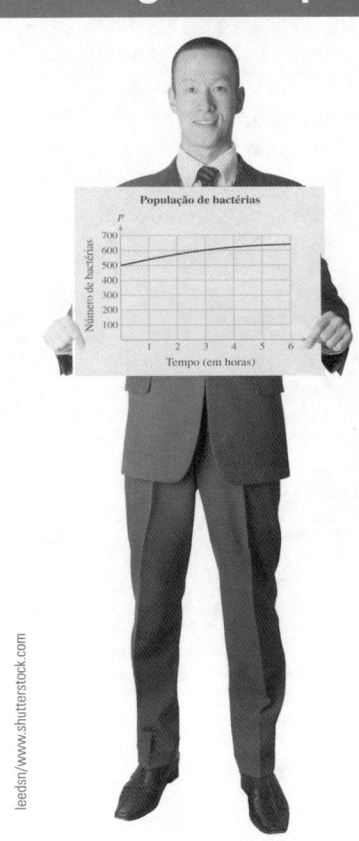

- Determinar derivadas de funções utilizando a regra do produto.
- Determinar derivadas de funções utilizando a regra do quociente.
- Simplificar as derivadas.
- Utilizar derivadas para responder perguntas sobre situações da vida real.

Regra do produto

Na Seção 2.2, vimos que a derivada de uma soma ou de uma diferença de duas funções é simplesmente a soma ou diferença de suas derivadas. As regras para a derivada de um produto ou quociente de duas funções não são tão simples.

Regra do produto

A derivada do produto de duas funções diferenciáveis é igual à primeira função multiplicada pela derivada da segunda mais a segunda função multiplicada pela derivada da primeira.

$$\frac{d}{dx}[f(x)g(x)] = f(x)g'(x) + g(x)f'(x)$$

DEMONSTRAÇÃO Algumas demonstrações matemáticas, como a da regra da soma, são diretas. Outras exigem passos inteligentes que podem não parecer consequências claras da etapa anterior. A demonstração abaixo envolve esse tipo de passo – a soma e subtração da mesma quantidade. Seja $F(x) = f(x)g(x)$.

$$F'(x) = \lim_{\Delta x \to 0} \frac{F(x + \Delta x) - F(x)}{\Delta x}$$

$$= \lim_{\Delta x \to 0} \frac{f(x + \Delta x)g(x + \Delta x) - f(x)g(x)}{\Delta x}$$

$$= \lim_{\Delta x \to 0} \frac{f(x + \Delta x)g(x + \Delta x) - f(x + \Delta x)g(x) + f(x + \Delta x)g(x) - f(x)g(x)}{\Delta x}$$

$$= \lim_{\Delta x \to 0} \left[f(x + \Delta x) \frac{g(x + \Delta x) - g(x)}{\Delta x} + g(x) \frac{f(x + \Delta x) - f(x)}{\Delta x} \right]$$

$$= \lim_{\Delta x \to 0} f(x + \Delta x) \frac{g(x + \Delta x) - g(x)}{\Delta x} + \lim_{\Delta x \to 0} g(x) \frac{f(x + \Delta x) - f(x)}{\Delta x}$$

$$= \lim_{\Delta x \to 0} f(x + \Delta x) \cdot \lim_{\Delta x \to 0} \frac{g(x + \Delta x) - g(x)}{\Delta x}$$

$$+ \lim_{\Delta x \to 0} g(x) \cdot \lim_{\Delta x \to 0} \frac{f(x + \Delta x) - f(x)}{\Delta x}$$

$$= f(x)g'(x) + g(x)f'(x)$$

No Exercício 63, na página 122, você utilizará a regra do quociente para encontrar a taxa de variação de uma população de bactérias.

DICA DE ESTUDO

Em vez de tentar lembrar a fórmula para a regra do produto, pode ser mais útil lembrar seu enunciado verbal:

a primeira função vezes a derivada da segunda mais a segunda função vezes a derivada da primeira.

Exemplo 1 — Uso da regra do produto

Determine a derivada de $y = (3x - 2x^2)(5 + 4x)$.

SOLUÇÃO Utilizando a regra do produto, pode-se escrever

$$\frac{dy}{dx} = \underbrace{(3x - 2x^2)}_{\text{Primeira}} \underbrace{\frac{d}{dx}[5 + 4x]}_{\text{Derivada da segunda}} + \underbrace{(5 + 4x)}_{\text{Segunda}} \underbrace{\frac{d}{dx}[3x - 2x^2]}_{\text{Derivada da primeira}}$$

$$= (3x - 2x^2)(4) + (5 + 4x)(3 - 4x)$$

$$= (12x - 8x^2) + (15 - 8x - 16x^2)$$

$$= 15 + 4x - 24x^2.$$

✓ AUTOAVALIAÇÃO 1

Determine a derivada de $y = (4x + 3x^2)(6 - 3x)$. ∎

Em geral, a derivada do produto de duas funções não é igual ao produto da derivada das duas funções. Para confirmar, compare o produto das derivadas de

$$f(x) = 3x - 2x^2 \quad \text{e} \quad g(x) = 5 + 4x$$

com a derivada determinada no Exemplo 1.

No próximo exemplo, observe que a primeira etapa da derivação é *reescrever a função original*.

Exemplo 2 — Uso da regra do produto

Determine a derivada de $f(x) = \left(\dfrac{1}{x} + 1\right)(x - 1)$.

SOLUÇÃO Reescreva a função. Em seguida, utilize a regra do produto para determinar a derivada.

$$f(x) = \left(\frac{1}{x} + 1\right)(x - 1) \quad \text{Escreva a função original.}$$

$$= (x^{-1} + 1)(x - 1) \quad \text{Reescreva a função.}$$

$$f'(x) = (x^{-1} + 1)\frac{d}{dx}[x - 1] + (x - 1)\frac{d}{dx}[x^{-1} + 1] \quad \text{Regra do produto}$$

$$= (x^{-1} + 1)(1) + (x - 1)(-x^{-2})$$

$$= \frac{1}{x} + 1 - \frac{x - 1}{x^2}$$

$$= \frac{x + x^2 - x + 1}{x^2} \quad \text{Escreva com o denominador comum.}$$

$$= \frac{x^2 + 1}{x^2} \quad \text{Simplifique.}$$

> **TUTOR TÉCNICO**
>
> Se tiver acesso a uma ferramenta de derivação simbólica, tente utilizá-la para confirmar algumas derivadas desta seção. Deriva algebricamente, com símbolo e não numericamente.

✓ AUTOAVALIAÇÃO 2

Determine a derivada de

$$f(x) = \left(\frac{1}{x} + 1\right)(2x + 1).$$ ∎

Agora temos duas regras de derivação que lidam com produtos – a regra do múltiplo por constante e a regra do produto. A diferença entre elas é que a regra do múltiplo por constante lida com o produto de uma constante e uma quantidade variável:

$$F(x) = c\,\underbrace{f(x)}_{\text{Quantidade variável}} \quad \text{Utilize a regra do múltiplo por constante.}$$

(Constante: c)

enquanto a regra do produto lida com o produto de duas quantidades variáveis:

$$F(x) = \underbrace{f(x)}_{\text{Quantidade variável}} \underbrace{g(x)}_{\text{Quantidade variável}}.$$ Utilize a regra do produto.

O exemplo a seguir compara essas duas regras.

Exemplo 3 — Comparação das regras de derivação

Determine a derivada de cada função.

a. $y = 2x(x^2 + 3x)$

b. $y = 2(x^2 + 3x)$

SOLUÇÃO

a. Como ambos os fatores são quantidades variáveis, utilize a regra do produto.

$$y = 2x(x^2 + 3x)$$
$$\frac{dy}{dx} = (2x)\frac{d}{dx}[x^2 + 3x] + (x^2 + 3x)\frac{d}{dx}[2x] \quad \text{Regra do produto}$$
$$= (2x)(2x + 3) + (x^2 + 3x)(2)$$
$$= 4x^2 + 6x + 2x^2 + 6x$$
$$= 6x^2 + 12x$$

b. Como um dos fatores é uma constante, utilize a regra do múltiplo por constante.

$$y = 2(x^2 + 3x)$$
$$\frac{dy}{dx} = 2\frac{d}{dx}[x^2 + 3x] \quad \text{Regra do múltiplo por constante}$$
$$= 2(2x + 3)$$
$$= 4x + 6$$

> **DICA DE ESTUDO**
>
> Você poderia calcular a derivada no Exemplo 3(a) sem utilizar a regra do produto. Por exemplo,
>
> $y = 2x(x^2 + 3x) = 2x^3 + 6x^2$
>
> e
>
> $\frac{dy}{dx} = 6x^2 + 12x.$

✓ AUTOAVALIAÇÃO 3

Determine a derivada de cada função.

a. $y = 3x(2x^2 + 5x)$

b. $y = 3(2x^2 + 5x)$ ■

A regra do produto pode ser estendida a produtos com mais de dois fatores. Por exemplo, se f, g e h são funções diferenciáveis de x, então

$$\frac{d}{dx}[f(x)g(x)h(x)] = f'(x)g(x)h(x) + f(x)g'(x)h(x) + f(x)g(x)h'(x).$$

Regra do quociente

Na Seção 2.2, vimos que, utilizando a regra da constante, a regra da potência, a regra do múltiplo por constante e as regras da soma e da diferença, é possível derivar qualquer função polinomial. Juntando a regra do quociente a essas regras, podemos agora derivar qualquer função *racional*.

Regra do quociente

A derivada do quociente de duas funções diferenciáveis é igual ao denominador multiplicado pela derivada do numerador menos o numerador multiplicado pela derivada do denominador, tudo dividido pelo quadrado do denominador.

$$\frac{d}{dx}\left[\frac{f(x)}{g(x)}\right] = \frac{g(x)f'(x) - f(x)g'(x)}{[g(x)]^2}, \quad g(x) \neq 0$$

DEMONSTRAÇÃO Seja

$$F(x) = \frac{f(x)}{g(x)}.$$

Como na demonstração da regra do produto, uma etapa-chave aqui é somar e subtrair a mesma quantidade.

$$F'(x) = \lim_{\Delta x \to 0} \frac{F(x + \Delta x) - F(x)}{\Delta x}$$

$$= \lim_{\Delta x \to 0} \frac{\dfrac{f(x + \Delta x)}{g(x + \Delta x)} - \dfrac{f(x)}{g(x)}}{\Delta x}$$

$$= \lim_{\Delta x \to 0} \left[\left(\frac{g(x)f(x + \Delta x)}{g(x)g(x + \Delta x)} - \frac{f(x)g(x + \Delta x)}{g(x)g(x + \Delta x)} \right) \div \Delta x \right]$$

$$= \lim_{\Delta x \to 0} \left[\frac{g(x)f(x + \Delta x) - f(x)g(x + \Delta x)}{g(x)g(x + \Delta x)} \cdot \frac{1}{\Delta x} \right]$$

$$= \lim_{\Delta x \to 0} \frac{g(x)f(x + \Delta x) - f(x)g(x + \Delta x)}{\Delta x g(x)g(x + \Delta x)}$$

$$= \lim_{\Delta x \to 0} \frac{g(x)f(x + \Delta x) - f(x)g(x) + f(x)g(x) - f(x)g(x + \Delta x)}{\Delta x g(x)g(x + \Delta x)}$$

$$= \frac{\lim\limits_{\Delta x \to 0} \dfrac{g(x)[f(x + \Delta x) - f(x)]}{\Delta x} - \lim\limits_{\Delta x \to 0} \dfrac{f(x)[g(x + \Delta x) - g(x)]}{\Delta x}}{\lim\limits_{\Delta x \to 0} [g(x)g(x + \Delta x)]}$$

$$= \frac{g(x) \left[\lim\limits_{\Delta x \to 0} \dfrac{f(x + \Delta x) - f(x)}{\Delta x} \right] - f(x) \left[\lim\limits_{\Delta x \to 0} \dfrac{g(x + \Delta x) - g(x)}{\Delta x} \right]}{\lim\limits_{\Delta x \to 0} [g(x)g(x + \Delta x)]}$$

$$= \frac{g(x)f'(x) - f(x)g'(x)}{[g(x)]^2}$$

> **DICA DE ESTUDO**
>
> Como sugerido na regra do produto, pode ser mais útil lembrar o enunciado verbal da regra do quociente, em vez de tentar memorizar sua fórmula.

· A partir da regra do quociente, você pode verificar que a derivada de um quociente, em geral, não é o quociente das derivadas. Ou seja,

$$\frac{d}{dx}\left[\frac{f(x)}{g(x)}\right] \neq \frac{f'(x)}{g'(x)}.$$

Exemplo 4   Uso da regra do quociente

Determine a derivada de $y = \dfrac{x - 1}{2x + 3}$.

SOLUÇÃO Aplique a regra do quociente, como abaixo.

$$\frac{dy}{dx} = \frac{(2x + 3)\dfrac{d}{dx}[x - 1] - (x - 1)\dfrac{d}{dx}[2x + 3]}{(2x + 3)^2}$$

$$= \frac{(2x + 3)(1) - (x - 1)(2)}{(2x + 3)^2}$$

$$= \frac{2x + 3 - 2x + 2}{(2x + 3)^2}$$

$$= \frac{5}{(2x + 3)^2}$$

✓ **AUTOAVALIAÇÃO 4**

Determine a derivada de $y = \dfrac{x + 4}{5x - 2}$.

> **TUTOR DE ÁLGEBRA**
>
> *xy*
>
> Ao aplicar a regra do quociente, é recomendável agrupar todos os fatores e derivadas com símbolos de agrupamento, como os parênteses. Além disso, preste bastante atenção à subtração necessária no numerador. Para ajuda no cálculo das expressões como a do Exemplo 4, consulte o *Tutor de álgebra* do Capítulo 2, na página 156, Exemplo 2(d).

Exemplo 5 — Determinação da equação de uma reta tangente

Determine a equação da reta tangente ao gráfico de

$$y = \frac{2x^2 - 4x + 3}{2 - 3x}$$

quando $x = 1$.

SOLUÇÃO Aplique a regra do quociente, como mostrado abaixo.

$$\frac{dy}{dx} = \frac{(2 - 3x)\frac{d}{dx}[2x^2 - 4x + 3] - (2x^2 - 4x + 3)\frac{d}{dx}[2 - 3x]}{(2 - 3x)^2}$$

$$= \frac{(2 - 3x)(4x - 4) - (2x^2 - 4x + 3)(-3)}{(2 - 3x)^2}$$

$$= \frac{-12x^2 + 20x - 8 - (-6x^2 + 12x - 9)}{(2 - 3x)^2}$$

$$= \frac{-12x^2 + 20x - 8 + 6x^2 - 12x + 9}{(2 - 3x)^2}$$

$$= \frac{-6x^2 + 8x + 1}{(2 - 3x)^2}$$

Quando $x = 1$, o valor da função é $y = -1$ e a inclinação é $m = 3$. Ao utilizar a forma ponto-inclinação de uma reta, é possível determinar a equação da reta tangente: $y = 3x - 4$. O gráfico da função e o da reta tangente são mostrados na Figura 2.28.

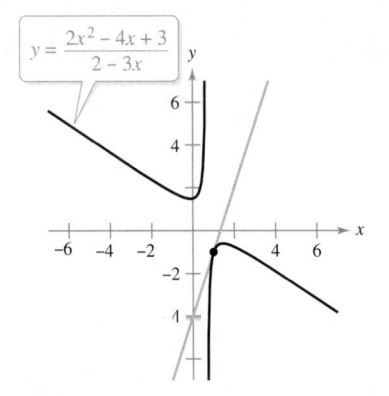

FIGURA 2.28

✓ AUTOAVALIAÇÃO 5

Determine uma equação da reta tangente ao gráfico de

$$y = \frac{x^2 - 4}{2x + 5}$$

quando $x = 0$. Faça o esboço da reta tangente ao gráfico em $x = 0$.

Exemplo 6 — Reescrevendo antes de derivar

Determine a derivada de

$$y = \frac{3 - (1/x)}{x + 5}.$$

SOLUÇÃO Comece reescrevendo a função original. Em seguida, aplique a regra do quociente e simplifique o resultado.

$$y = \frac{3 - (1/x)}{x + 5} \qquad \text{Escreva a função original.}$$

$$= \frac{x[3 - (1/x)]}{x(x + 5)} \qquad \text{Multiplique numerador e denominador por } x.$$

$$= \frac{3x - 1}{x^2 + 5x} \qquad \text{Reescreva.}$$

$$\frac{dy}{dx} = \frac{(x^2 + 5x)(3) - (3x - 1)(2x + 5)}{(x^2 + 5x)^2} \qquad \text{Aplique a regra do quociente.}$$

$$= \frac{(3x^2 + 15x) - (6x^2 + 13x - 5)}{(x^2 + 5x)^2}$$

$$= \frac{-3x^2 + 2x + 5}{(x^2 + 5x)^2} \qquad \text{Simplifique.}$$

DICA DE ESTUDO

Observe no Exemplo 6 que muito do trabalho de obtenção da forma final da derivada ocorre *depois* da aplicação da regra do quociente. Em geral, a aplicação direta de regras de derivação produz resultados que não estão na forma simplificada. Observe que duas características da forma simplificada são a ausência de expoentes negativos e a combinação de termos semelhantes.

✓ AUTOAVALIAÇÃO 6

Determine a derivada de $y = \dfrac{3 - (2/x)}{x + 4}$.

Nem todo quociente precisa ser derivado pela regra do quociente. Por exemplo, cada um dos quocientes do próximo exemplo pode ser considerado o produto de uma constante e uma função de x. Em alguns casos, a regra do múltiplo por constante é mais eficiente que a regra do quociente.

Exemplo 7 — Uso da regra do múltiplo por constante

Função original	Reescreva	Derive	Simplifique
a. $y = \dfrac{x^2 + 3x}{6}$	$y = \dfrac{1}{6}(x^2 + 3x)$	$y' = \dfrac{1}{6}(2x + 3)$	$y' = \dfrac{1}{3}x + \dfrac{1}{2}$
b. $y = \dfrac{5x^4}{8}$	$y = \dfrac{5}{8}x^4$	$y' = \dfrac{5}{8}(4x^3)$	$y' = \dfrac{5}{2}x^3$
c. $y = \dfrac{-3(3x - 2x^2)}{7x}$	$y = -\dfrac{3}{7}(3 - 2x)$	$y' = -\dfrac{3}{7}(-2)$	$y' = \dfrac{6}{7}$
d. $y = \dfrac{9}{5x^2}$	$y = \dfrac{9}{5}(x^{-2})$	$y' = \dfrac{9}{5}(-2x^{-3})$	$y' = -\dfrac{18}{5x^3}$

DICA DE ESTUDO

Para conferir a eficiência da regra do múltiplo por constante para alguns quocientes, tente utilizar a regra do quociente para derivar as funções no Exemplo 7. Você deverá obter os mesmos resultados, mas com mais trabalho.

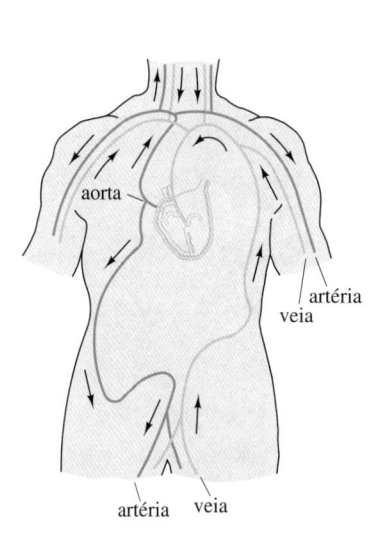

✓ AUTOAVALIAÇÃO 7

Determine a derivada de cada função.

a. $y = \dfrac{x^2 + 4x}{5}$ **b.** $y = \dfrac{3x^4}{4}$

Aplicação

Exemplo 8 — Taxa de variação da pressão arterial sistólica

À medida que o sangue se move do coração através das artérias principais em direção aos capilares e de volta para as veias, a pressão arterial sistólica cai continuamente. Considere uma pessoa cuja pressão arterial sistólica P (em milímetros de mercúrio) é dada por

$$P = \frac{25t^2 + 125}{t^2 + 1}, \quad 0 \leq t \leq 10$$

em que t é medido em segundos. A que taxa a pressão arterial varia após 5 segundos do sangue ter saído do coração?

SOLUÇÃO Comece pela aplicação da regra do quociente.

$P = \dfrac{25t^2 + 125}{t^2 + 1}$ Escreva a função original.

$\dfrac{dP}{dt} = \dfrac{(t^2 + 1)(50t) - (25t^2 + 125)(2t)}{(t^2 + 1)^2}$ Regra do quociente

$= \dfrac{50t^3 + 50t - 50t^3 - 250t}{(t^2 + 1)^2}$

$= -\dfrac{200t}{(t^2 + 1)^2}$ Simplifique.

Quando $t = 5$, a taxa de variação é

$\dfrac{dP}{dt} = -\dfrac{200(5)}{26^2} \approx -1{,}48$ milímetros por segundo.

Portanto, a pressão está *caindo* a uma taxa de 1,48 milímetro por segundo quando $t = 5$ segundos.

✓ AUTOAVALIAÇÃO 8

No Exemplo 8, determine a taxa na qual a pressão arterial sistólica está variando em cada instante da tabela abaixo. Descreva as variações na pressão arterial conforme o sangue se afasta do coração.

t	0	1	2	3	4	5	6	7
$\dfrac{dP}{dt}$								

PRATIQUE (Seção 2.4)

1. Enuncie a regra do produto *(página 114)*. Para exemplos da regra do produto, veja os Exemplos 1, 2 e 3.
2. Enuncie a regra do quociente *(página 116)*. Para exemplos da regra do quociente, veja os Exemplos 4, 5 e 6.
3. Descreva em um exemplo da vida real como a regra do quociente pode ser utilizada para analisar a taxa de variação da pressão sanguínea sistólica *(página 119, Exemplo 8)*.

Recapitulação 2.4

Os exercícios preparatórios a seguir envolvem conceitos vistos em conteúdos ou seções anteriores. Esses conceitos serão utilizados no conjunto de exercícios desta seção. Para obter mais ajuda, consulte as Seções A.4, A.5 do Apêndice, e a Seção 2.2.

Nos Exercícios 1-10, simplifique a expressão.

1. $(x^2 + 1)(2) + (2x + 7)(2x)$
2. $(2x - x^3)(8x) + (4x^2)(2 - 3x^2)$
3. $x(4)(x^2 + 2)^3(2x) + (x^2 + 4)(1)$
4. $x^2(2)(2x + 1)(2) + (2x + 1)^4(2x)$
5. $\dfrac{(2x + 7)(5) - (5x + 6)(2)}{(2x + 7)^2}$
6. $\dfrac{(x^2 - 4)(2x + 1) - (x^2 + x)(2x)}{(x^2 - 4)^2}$
7. $\dfrac{(x^2 + 1)(2) - (2x + 1)(2x)}{(x^2 + 1)^2}$
8. $\dfrac{(1 - x^4)(4) - (4x - 1)(-4x^3)}{(1 - x^4)^2}$
9. $(x^{-1} + x)(2) + (2x - 3)(-x^{-2} + 1)$
10. $\dfrac{(1 - x^{-1})(1) - (x - 4)(x^{-2})}{(1 - x^{-1})^2}$

Nos Exercícios 11-14, determine $f'(2)$.

11. $f(x) = 3x^2 - x + 4$
12. $f(x) = -x^3 + x^2 + 8x$
13. $f(x) = \dfrac{1}{x}$
14. $f(x) = x^2 - \dfrac{1}{x^2}$

Exercícios 2.4

Usando a regra do produto Nos Exercícios 1-10, use a regra do produto para encontrar a derivada da função. *Veja os Exemplos 1, 2 e 3.*

1. $f(x) = (2x - 3)(1 - 5x)$
2. $f(x) = (x^2 + 1)(2x + 5)$
3. $f(x) = (6x - x^2)(4 + 3x)$
4. $g(x) = (x - 4)(x + 2)$
5. $f(x) = x(x^2 + 3)$
6. $f(x) = x^2(3x^3 - 1)$
7. $h(x) = \left(\dfrac{2}{x} - 3\right)(x^2 + 7)$
8. $f(x) = (3 - x)\left(\dfrac{4}{x^2} - 5\right)$
9. $g(x) = (x^2 - 4x + 3)(x - 2)$
10. $g(x) = (x^2 - 2x + 1)(x^3 - 1)$

Usando a regra do quociente Nos Exercícios 11-20, use a regra do quociente para encontrar a derivada da função. *Veja os Exemplos 4 e 6.*

11. $h(x) = \dfrac{x}{x - 5}$
12. $f(x) = \dfrac{x + 1}{x - 1}$
13. $f(t) = \dfrac{2t^2 - 3}{3t + 1}$
14. $h(x) = \dfrac{x^2}{x + 3}$
15. $f(t) = \dfrac{t^2 - 1}{t + 4}$
16. $g(x) = \dfrac{4x - 5}{x^2 - 1}$
17. $f(x) = \dfrac{x^2 + 6x + 5}{2x - 1}$
18. $f(x) = \dfrac{4x^2 - x + 1}{x + 2}$
19. $f(x) = \dfrac{6 + (2/x)}{3x - 1}$
20. $f(x) = \dfrac{5 - (1/x^2)}{x + 2}$

Utilizando a regra do múltiplo por constante Nos Exercícios 21-30, encontre a derivada da função. *Veja o Exemplo 7.*

	Função original	Reescreva	Derive	Simplifique
21.	$f(x) = \dfrac{x^3 + 6x}{3}$			
22.	$f(x) = \dfrac{3x^2}{7}$			
23.	$y = \dfrac{x^2 + 2x}{3}$			
24.	$y = \dfrac{4}{5x^2}$			
25.	$y = \dfrac{7}{3x^3}$			
26.	$y = \dfrac{4x^{3/2}}{x}$			
27.	$y = \dfrac{4x^2 - 3x}{8\sqrt{x}}$			
28.	$y = \dfrac{5(3x^2 + 5x)}{8x}$			
29.	$y = \dfrac{x^2 - 4x + 3}{2(x - 1)}$			
30.	$y = \dfrac{x^2 - 4}{4(x + 2)}$			

Encontrando derivadas Nos Exercícios 31-44, encontre a derivada da função. Declare qual(is) regra(s) de derivação você usou.

31. $f(x) = (x^3 - 3x)(2x^2 + 3x + 5)$
32. $h(t) = (t^5 - 1)(4t^2 - 7t - 3)$
33. $f(x) = \dfrac{x^3 + 3x + 2}{x^2 - 1}$
34. $f(x) = (x^5 - 3x)\left(\dfrac{1}{x^2}\right)$
35. $f(x) = \dfrac{x^2 - x - 20}{x + 4}$
36. $f(x) = \dfrac{x + 1}{\sqrt{x}}$
37. $g(t) = (2t^3 - 1)^2$
38. $f(x) = \sqrt[3]{x}(x + 1)$
39. $g(s) = \dfrac{s^2 - 2s + 5}{\sqrt{s}}$
40. $h(t) = \dfrac{t + 2}{t^2 + 5t + 6}$
41. $f(x) = \dfrac{(x - 2)(3x + 1)}{4x + 2}$
42. $f(x) = \dfrac{(x + 1)(2x - 7)}{2x + 1}$
43. $g(x) = \left(\dfrac{x - 3}{x + 4}\right)(x^2 + 2x + 1)$
44. $f(x) = (3x^3 + 4x)(x - 5)(x + 1)$

Encontrando uma equação de uma reta tangente Nos Exercícios 45-52, encontre uma equação da reta tangente ao gráfico da função no ponto dado. Em seguida, use uma ferramenta gráfica para traçar a função e a reta tangente na mesma janela de visualização. *Veja o Exemplo 5.*

	Função	Ponto
45.	$f(x) = (5x + 2)(x^2 + x)$	$(-1, 0)$
46.	$h(x) = (x^2 - 1)^2$	$(-2, 9)$
47.	$f(x) = x^3(x^2 - 4)$	$(1, -3)$
48.	$f(x) = \sqrt{x}(x - 3)$	$(9, 18)$
49.	$f(x) = \dfrac{x - 2}{x + 1}$	$\left(1, -\dfrac{1}{2}\right)$
50.	$f(x) = \dfrac{2x + 1}{x - 1}$	$(2, 5)$
51.	$f(x) = \dfrac{(3x - 2)(6x + 5)}{2x - 3}$	$(-1, -1)$
52.	$g(x) = \dfrac{(x + 2)(x^2 + x)}{x - 4}$	$(1, -2)$

Encontrando retas tangentes horizontais Nos exercícios 53-56, encontre o(s) ponto(s), se houver, no(s) qual(is) o gráfico de *f* tem uma reta tangente horizontal.

53. $f(x) = \dfrac{x^2}{x-1}$

54. $f(x) = \dfrac{x^4+3}{x^2+1}$

55. $f(x) = \dfrac{x^4}{x^3+1}$

56. $f(x) = \dfrac{x^2}{x^2+1}$

Traçando uma função e suas derivadas Nos Exercícios 57-60, use uma ferramenta gráfica para traçar *f* e *f'* no intervalo $[-2, 2]$.

57. $f(x) = x(x+1)$

58. $f(x) = x^2(x+1)(x-1)$

59. $f(x) = x(x+1)(x-1)$

60. $f(x) = x^2(x+1)$

Demanda Nos Exercícios 61 e 62, utilize a função demanda para encontrar a taxa de variação na demanda *x* para o preço dado *p*.

61. $x = 275\left(1 - \dfrac{3p}{5p+1}\right)$, $p = \$4$

62. $x = 300 - p - \dfrac{2p}{p+1}$, $p = \$3$

63. Crescimento populacional Uma população de bactérias é introduzida em uma cultura. O número de bactérias *P* pode ser modelado por

$$P = 500\left(1 + \dfrac{4t}{50+t^2}\right)$$

em que *t* é o tempo (em horas). Encontre a taxa de variação da população em $t = 2$.

64. Controle de qualidade A percentagem *P* de peças defeituosas produzidas por um novo funcionário, *t* dias após ele começar a trabalhar pode ser modelada por

$$P = \dfrac{t + 1.750}{50(t+2)}.$$

Encontre as taxas de variação de *P* em (a) $t = 1$ e (b) $t = 10$.

65. Ambiente O modelo

$$f(t) = \dfrac{t^2 - t + 1}{t^2 + 1}$$

mede o nível de oxigênio em uma lagoa, em que *t* é o tempo (em semanas) depois que o lixo orgânico é despejado na lagoa. Encontre as taxas de variação de *f* em relação a *t* em (a) $t = 0,5$, (b) $t = 2$ e (c) $t = 8$. Interprete o significado destes valores.

66. Ciência física A temperatura *T* (em graus Fahrenheit) de alimento colocado no frigorífico é modelada por

$$T = 10\left(\dfrac{4t^2 + 16t + 75}{t^2 + 4t + 10}\right)$$

em que *t* é o tempo (em horas). Qual é a temperatura inicial do alimento? Encontre as taxas de variação de *T* com relação a *t* em (a) $t = 1$, (b) $t = 3$, (c) $t = 5$ e (d) $t = 10$. Interprete o significado desses valores.

67. Custo O custo *C* da produção de *x* unidades de um produto é dado por $C = x^3 - 15x^2 + 87x - 73$ para $4 \leq x \leq 9$.

(a) Use uma ferramenta gráfica para traçar a função custo marginal e a função custo médio, C/x, na mesma janela de visualização.

(b) Encontre o ponto de intersecção dos gráficos de dC/dx e C/x. Este ponto tem algum significado?

68. VISUALIZE O gerente de publicidade de um novo produto determina que o percentual *P* do mercado em potencial tem conhecimento do produto *t* semanas após a campanha publicitária começar.

Consciência de mercado

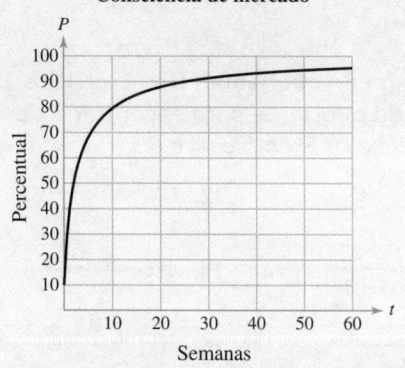

(a) O que acontece com o percentual de pessoas que conhecem o produto em longo prazo?

(b) O que acontece com a taxa de variação da percentagem de pessoas que conhecem o produto em longo prazo?

69. Reposição de Estoque O custo de pedido e transporte *C* por unidade (em milhares de dólares) dos componentes utilizados na fabricação de um produto é dado por

$$C = 100\left(\dfrac{200}{x^2} + \dfrac{x}{x+30}\right), \quad 1 \leq x$$

em que *x* é o tamanho do pedido (em centenas). Encontre a taxa de variação de *C* em relação a *x* para cada tamanho de pedido. O que essas taxas de variação implicam no aumento do tamanho de uma encomenda? Dos tamanhos de encomendas dados, qual você escolheria? Explique.

(a) $x = 10$ (b) $x = 15$ (c) $x = 20$

70. Gerenciando uma loja Você está gerenciando uma loja e ajustou o preço de um item. Você descobriu que obtém um lucro de $50 quando 10 unidades são vendidas, $60 quando 12 unidades são vendidas e $65 quando 14 unidades são vendidas.

(a) Use o recurso *regression* de uma ferramenta gráfica para encontrar um modelo quadrático que relaciona o lucro P ao número de unidades vendidas x.

(b) Use uma ferramenta gráfica para traçar P.

(c) Encontre o ponto no gráfico em que o lucro marginal é zero. Interprete este ponto no contexto do problema.

Utilizando relações Nos Exercícios 71-74, use a informação dada para encontrar $f'(2)$.

$g(2) = 3$ e $g'(2) = -2$

$h(2) = -1$ e $h'(2) = 4$

71. $f(x) = 2g(x) + h(x)$ **72.** $f(x) = 3 - g(x)$

73. $f(x) = g(x)h(x)$ **74.** $f(x) = \dfrac{g(x)}{h(x)}$

Cápsula de negócios

Em 1978, Ben Cohen e Jerry Greenfield usaram suas economias combinadas de $8.000 para converter um posto de gasolina abandonado em Burlington, Vermont, em sua primeira sorveteria. Hoje, Ben & Jerry's Homemade Holdings, Inc. tem quase 800 lojas em 25 países. A declaração da missão conjunta da empresa enfatiza a qualidade do produto, recompensa econômica e um compromisso com a comunidade. Ben & Jerry's contribui com um mínimo de $1,8 milhão por ano através da filantropia corporativa que é principalmente direcionada ao empregado.

75. Projeto de Pesquisa Use a biblioteca de sua escola, a internet ou alguma outra fonte de referência para encontrar informações sobre uma empresa que é conhecida por sua filantropia e compromisso com a comunidade. (Um negócio do tipo está descrito acima.) Escreva um pequeno artigo sobre a empresa.

TESTE PRELIMINAR

Faça esse teste como se estivesse em uma sala de aula. Ao concluir, compare suas respostas às respostas fornecidas ao final do livro.

Nos Exercícios 1-3, utilize a definição por limite para determinar a derivada da função. Em seguida, determine a inclinação da reta tangente ao gráfico de f no ponto dado.

1. $f(x) = 5x + 3; (-2, -7)$
2. $f(x) = \sqrt{x + 3}; (1, 2)$
3. $f(x) = x^2 - 2x; (3, 3)$

Nos Exercícios 4-13, determine a derivada das funções.

4. $f(x) = 12$
5. $f(x) = 19x + 9$
6. $f(x) = 5 - 3x^2$
7. $f(x) = 12x^{1/4}$
8. $f(x) = 4x^{-2}$
9. $f(x) = 2\sqrt{x}$
10. $f(x) = \dfrac{2x + 3}{3x + 2}$
11. $f(x) = (x^2 + 1)(-2x + 4)$
12. $f(x) = (x^2 + 3x + 4)(5x - 2)$
13. $f(x) = \dfrac{4x}{x^2 + 3}$

Nos Exercícios 14-17, use uma ferramenta gráfica para traçar o gráfico da função e determine sua taxa de variação média no intervalo. Compare esta taxa às taxas de variação instantâneas nas extremidades do intervalo.

14. $f(x) = x^2 - 3x + 1; [0, 3]$
15. $f(x) = 2x^3 + x^2 - x + 4; [-1, 1]$
16. $f(x) = \dfrac{1}{2x}; [2, 5]$
17. $f(x) = \sqrt[3]{x}; [8, 27]$

18. O lucro (em dólares) da venda de x unidades de um produto é dado por

    $P = -0,0125x^2 + 16x - 600.$

    (a) Determine o lucro adicional se as vendas aumentarem de 175 para 176 unidades.

    (b) Determine o lucro marginal quando $x = 175$.

    (c) Compare os resultados dos itens (a) e (b).

Nos Exercícios 19 e 20, determine uma equação da reta tangente ao gráfico de f no ponto dado. Em seguida, use uma ferramenta gráfica para traçar o gráfico da função e da equação da reta tangente na mesma janela de visualização.

19. $f(x) = 5x^2 + 6x - 1; (-1, -2)$
20. $f(x) = (x^2 + 1)(4x - 3); (1, 2)$

21. De 2003 a 2009, as vendas por ação S (em dólares) da Columbia Sportswear podem ser modeladas por

    $S = -0,13556t^3 + 1,8682t^2 - 4,351t + 23,52,\ 3 \leq t \leq 9$

    em que t representa o ano e $t = 0$ corresponde a 2000. *(Fonte: Columbia Sportswear Company)*

    (a) Determine a taxa de variação das vendas por ação em relação ao ano.

    (b) A que taxa as vendas por ação variavam em 2004? E em 2007? E em 2008?

2.5 A regra da cadeia

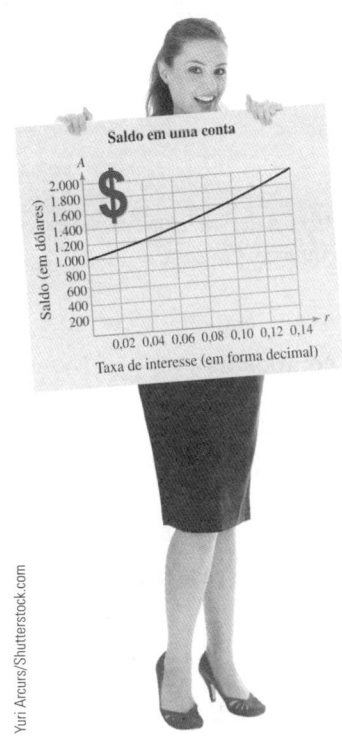

- Determinar derivadas utilizando a regra da cadeia.
- Determinar derivadas utilizando a regra da potência geral.
- Escrever derivadas em sua forma simplificada.
- Utilizar derivadas para responder perguntas sobre situações da vida real.
- Rever as regras de derivação básicas para funções algébricas.

Regra da cadeia

Nesta seção, estudaremos uma das regras mais poderosas do cálculo diferencial – a **regra da cadeia**. Essa regra de derivação trata das funções compostas e agrega versatilidade às regras apresentadas nas Seções 2.2 e 2.4. Por exemplo, compare as funções abaixo. As que estão à esquerda podem ser derivadas sem a regra da cadeia, enquanto aquelas que estão à direita são derivadas mais facilmente com a regra da cadeia.

Sem a regra da cadeia

$y = x^2 + 1$

$y = x + 1$

$y = 3x + 2$

$y = \dfrac{x+5}{x^2+2}$

$y = \dfrac{x+1}{x}$

Com a regra da cadeia

$y = \sqrt{x^2 + 1}$

$y = (x+1)^{-1/2}$

$y = (3x+2)^5$

$y = \left(\dfrac{x+5}{x^2+2}\right)^2$

$y = \sqrt{\dfrac{x+1}{x}}$

No Exercício 71, na página 133, você usará a regra da potência geral para encontrar a taxa de variação do saldo em uma conta.

Regra da cadeia

Se $y = f(u)$ é uma função diferenciável de u e $u = g(x)$ é uma função diferenciável de x, então $y = f(g(x))$ é uma função diferenciável de x, e

$$\frac{dy}{dx} = \frac{dy}{du} \cdot \frac{du}{dx}$$

ou, de maneira equivalente,

$$\frac{d}{dx}[f(g(x))] = f'(g(x))g'(x).$$

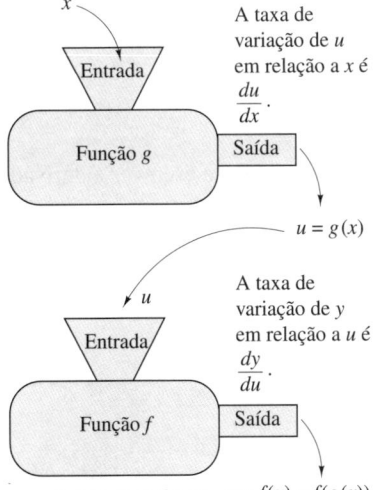

Basicamente, a regra da cadeia afirma que se y varia dy/du vezes tão rápido quanto u, e u varia du/dx vezes tão rápido quanto x, então y varia

$$\frac{dy}{du} \cdot \frac{du}{dx}$$

vezes tão rápido quanto x, como ilustrado na Figura 2.29. Uma vantagem da notação

$$\frac{dy}{dx}$$

para derivadas é que ela ajuda a memorizar as regras de derivação, como a regra da cadeia. Por exemplo, na fórmula

$$\frac{dy}{dx} = \frac{dy}{du} \cdot \frac{du}{dx}$$

é possível imaginar o cancelamento dos du's.

FIGURA 2.29

Ao aplicar a regra da cadeia, é útil pensar na função composta $y = f(g(x))$ ou $y = f(u)$ como sendo formada de duas partes – uma *interna* e outra *externa* – conforme ilustrado na figura.

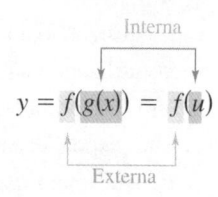

$$y = f(\underbrace{g(x)}_{\text{Interna}}) = f(\underbrace{u}_{\text{Externa}})$$

A regra da cadeia diz-nos que a derivada de $y = f(u)$ é a derivada da função externa (na função interna u) *vezes* a derivada da função interna. Ou seja,

$$y' = f'(u) \cdot u'.$$

Exemplo 1 — Decomposição de funções compostas

Escreva cada função como a composição de duas funções.

a. $y = \dfrac{1}{x+1}$ **b.** $y = \sqrt{3x^2 - x + 1}$

SOLUÇÃO Há mais de uma maneira correta de decompor cada função. Uma maneira para cada função é mostrada abaixo.

$y = f(g(x))$	$u = g(x)$ (*interna*)	$y = f(u)$ (*externa*)
a. $y = \dfrac{1}{x+1}$	$u = x + 1$	$y = \dfrac{1}{u}$
b. $y = \sqrt{3x^2 - x + 1}$	$u = 3x^2 - x + 1$	$y = \sqrt{u}$

✓ AUTOAVALIAÇÃO 1

Escreva cada função como a composição de duas funções, em que $y = f(g(x))$.

a. $y = \dfrac{1}{\sqrt{x+1}}$ **b.** $y = (x^2 + 2x + 5)^3$

Exemplo 2 — Utilização da regra da cadeia

Determine a derivada de $y = (x^2 + 1)^3$.

SOLUÇÃO Para aplicar a regra da cadeia, é preciso identificar a função interna u.

$$y = (\underbrace{x^2 + 1}_{u})^3 = u^3$$

A função interna é $u = x^2 + 1$. Pela regra da cadeia, pode-se escrever a derivada da seguinte forma:

$$\frac{dy}{dx} = \overbrace{3(x^2 + 1)^2}^{dy/du}\,\overbrace{(2x)}^{du/dx} = 6x(x^2 + 1)^2$$

✓ AUTOAVALIAÇÃO 2

Determine a derivada de $y = (x^3 + 1)^2$.

DICA DE ESTUDO

Tente confirmar o resultado do Exemplo 2 expandindo a função para obter

$y = x^6 + 3x^4 + 3x^2 + 1$

e determinando a derivada. Obtém-se a mesma resposta?

Regra da potência geral

A função no Exemplo 2 ilustra um dos tipos mais comuns de funções compostas – uma função potência da forma

$$y = [u(x)]^n.$$

Para derivar esse tipo de função, usa-se a chamada **regra da potência geral**, que é um caso especial da regra da cadeia.

Regra da potência geral

Se $y = [u(x)]^n$, em que u é uma função diferenciável de x e n é um número real, então

$$\frac{dy}{dx} = n[u(x)]^{n-1}\frac{du}{dx}$$

ou, de forma equivalente,

$$\frac{d}{dx}[u^n] = nu^{n-1}u'.$$

DEMONSTRAÇÃO Aplique a regra da cadeia e a regra da potência simples, como mostrado.

$$\frac{dy}{dx} = \frac{dy}{du} \cdot \frac{du}{dx}$$

$$= \frac{d}{du}[u^n]\frac{du}{dx}$$

$$= nu^{n-1}\frac{du}{dx}$$

Exemplo 3 **Utilização da regra da potência geral**

Determine a derivada de

$$f(x) = (3x - 2x^2)^3.$$

SOLUÇÃO Para aplicar a regra da potência geral, é preciso identificar a função interna u.

$$y = \overbrace{(3x - 2x^2)}^{u}{}^3 = u^3$$

A função interna é

$$u = 3x - 2x^2.$$

Portanto, de acordo com a regra da potência geral,

$$\frac{dy}{dx} = \overset{n}{3}\overbrace{(3x - 2x^2)^2}^{u^{n-1}}\overbrace{\frac{d}{dx}[3x - 2x^2]}^{u'}$$

$$= 3(3x - 2x^2)^2(3 - 4x).$$

> **TUTOR TÉCNICO**
>
> Se tiver acesso a uma ferramenta de derivação simbólica, tente utilizá-la para confirmar o resultado do Exemplo 3.

✓ AUTOAVALIAÇÃO 3

Determine a derivada de

$$y = (x^2 + 3x)^4.$$

Exemplo 4 — Encontrando a equação de uma reta tangente

Determine uma equação da reta tangente ao gráfico de

$$y = \sqrt[3]{(x^2 + 4)^2}$$

quando $x = 2$.

SOLUÇÃO Comece reescrevendo a função na forma de expoente racional.

$$y = (x^2 + 4)^{2/3} \qquad \text{Reescreva a função original.}$$

Em seguida, utilizando a função interna, $u = x^2 + 4$, aplique a regra da potência geral.

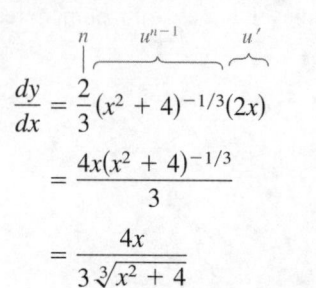

$$\frac{dy}{dx} = \overbrace{\frac{2}{3}}^{n} \overbrace{(x^2 + 4)^{-1/3}}^{u^{n-1}} \overbrace{(2x)}^{u'} \qquad \text{Aplique a regra da potência geral.}$$

$$= \frac{4x(x^2 + 4)^{-1/3}}{3}$$

$$= \frac{4x}{3\sqrt[3]{x^2 + 4}} \qquad \text{Escreva na forma de radical.}$$

Para $x = 2$, $y = 4$ e a inclinação da reta tangente ao gráfico em $(2, 4)$ é $\frac{4}{3}$. Utilizando a forma ponto-inclinação, é possível determinar a equação da reta tangente: $y = \frac{4}{3}x + \frac{4}{3}$. O gráfico da função e da reta tangente são mostrados na Figura 2.30.

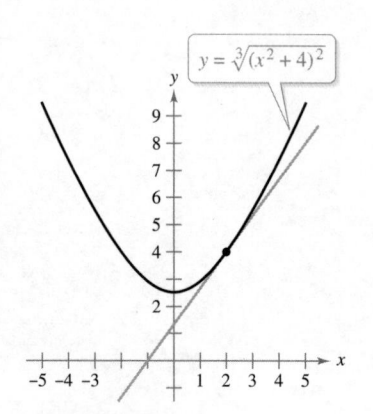

FIGURA 2.30

✓ AUTOAVALIAÇÃO 4

Determine uma equação da reta tangente ao gráfico de $y = \sqrt[3]{(x + 4)^2}$ quando $x = 4$.

Exemplo 5 — Derivação de um quociente com numerador constante

Encontre a derivada de

$$y = \frac{5}{(4x - 3)^2}.$$

SOLUÇÃO Comece reescrevendo a função na forma de expoente racional.

$$y = 5(4x - 3)^{-2} \qquad \text{Reescreva a função original.}$$

Em seguida, usando a função interna, $u = 4x - 3$, aplique a regra da potência geral.

$$\frac{dy}{dx} = 5 \overbrace{(-2)}^{n} \overbrace{(4x - 3)^{-3}}^{u^{n-1}} \overbrace{(4)}^{u'} \qquad \text{Aplique a regra da potência geral.}$$

Regra do múltiplo por constante

$$= -40(4x - 3)^{-3} \qquad \text{Simplifique.}$$

$$= \frac{-40}{(4x - 3)^3} \qquad \text{Escreva com expoente positivo.}$$

> **DICA DE ESTUDO**
>
> A derivada de um quociente pode, algumas vezes, ser mais facilmente determinada com a regra da potência geral do que com a regra do quociente. Isto é especialmente verdade quando o numerador é uma constante, como mostra o Exemplo 5.

✓ AUTOAVALIAÇÃO 5

Encontre a derivada de $y = \dfrac{4}{2x + 1}$

Técnicas de simplificação

Ao longo de todo este capítulo, a apresentação das derivadas em sua forma simplificada tem sido enfatizada. A razão para isso é que na maioria das aplicações de derivadas é necessária essa forma simplificada. Os dois exemplos a seguir ilustram algumas técnicas úteis de simplificação.

Exemplo 6 Simplificação pela fatoração das potências menores

Determine a derivada de $y = x^2\sqrt{1-x^2}$.

SOLUÇÃO

$$y = x^2\sqrt{1-x^2} \quad \text{Escrever a função original.}$$
$$= x^2(1-x^2)^{1/2} \quad \text{Reescreva a função.}$$
$$y' = x^2 \frac{d}{dx}[(1-x^2)^{1/2}] + (1-x^2)^{1/2}\frac{d}{dx}[x^2] \quad \text{Regra do produto}$$
$$= x^2\left[\frac{1}{2}(1-x^2)^{-1/2}(-2x)\right] + (1-x^2)^{1/2}(2x) \quad \text{Regra da potência geral}$$
$$= -x^3(1-x^2)^{-1/2} + 2x(1-x^2)^{1/2} \quad \text{Simplifique.}$$
$$= x(1-x^2)^{-1/2}[-x^2(1) + 2(1-x^2)] \quad \text{Fatore.}$$
$$= x(1-x^2)^{-1/2}(2-3x^2) \quad \text{Simplifique.}$$
$$= \frac{x(2-3x^2)}{\sqrt{1-x^2}} \quad \text{Escreva na forma radical.}$$

> **TUTOR DE ÁLGEBRA**
>
> No Exemplo 6, observe a subtração dos expoentes na fatoração. Ou seja, quando $(1-x^2)^{-1/2}$ é fatorado de $(1-x^2)^{1/2}$, o fator *remanescente* possui como expoente $\frac{1}{2} - \left(-\frac{1}{2}\right) = 1$. Portanto,
>
> $(1-x^2)^{1/2} = (1-x^2)^{-1/2}$
> $\qquad\qquad\quad (1-x^2)^1.$
>
> Para ajuda no cálculo de expressões como a do Exemplo 6, consulte o *Tutor de álgebra do Capítulo 2* nas páginas 155 e 156.

✓ **AUTOAVALIAÇÃO 6**

Determine e simplifique a derivada de $y = x^2\sqrt{x^2+1}$. ■

Exemplo 7 Derivação de um quociente elevado a uma potência

Determine a derivada de

$$f(x) = \left(\frac{3x-1}{x^2+3}\right)^2.$$

SOLUÇÃO

$$f'(x) = \overset{n}{2}\overset{u^{n-1}}{\left(\frac{3x-1}{x^2+3}\right)}\overset{u'}{\frac{d}{dx}\left[\frac{3x-1}{x^2+3}\right]} \quad \text{Regra da potência geral}$$
$$= \left[\frac{2(3x-1)}{x^2+3}\right]\left[\frac{(x^2+3)(3) - (3x-1)(2x)}{(x^2+3)^2}\right] \quad \text{Regra do quociente}$$
$$= \frac{2(3x-1)(3x^2+9-6x^2+2x)}{(x^2+3)^3} \quad \text{Multiplique.}$$
$$= \frac{2(3x-1)(-3x^2+2x+9)}{(x^2+3)^3} \quad \text{Simplifique.}$$

> **DICA DE ESTUDO**
>
> No Exemplo 7, tente determinar $f'(x)$ aplicando a regra do quociente a
>
> $$f(x) = \frac{(3x-1)^2}{(x^2+3)^2}.$$
>
> Que método você prefere?

✓ **AUTOAVALIAÇÃO 7**

Determine a derivada de

$$f(x) = \left(\frac{x+1}{x-5}\right)^2.$$ ■

Aplicação

Exemplo 8 — Determinação de taxas de variação

De 2000 a 2009, a receita por ação R (em dólares) da U.S. Cellular pode ser modelada por

$$R = (-0.009t^2 + 0.39t + 4.3)^2, \quad 0 \leq t \leq 9$$

em que t é o ano e $t = 0$ corresponde a 2000. Utilize o modelo para calcular taxas de variação aproximadas da receita por ação em 2001, 2002 e 2005. Se você fosse um acionista da U.S. Cellular, de 1996 a 2005, você teria ficado satisfeito com o desempenho destas ações? (*Fonte: U.S. Cellular*)

SOLUÇÃO A taxa de variação de R é dada pela derivada dR/dt. É possível utilizar a regra da potência geral para determinar a derivada.

$$\frac{dR}{dt} = 2(-0{,}009t^2 + 0{,}39t + 4{,}3)(-0{,}018t + 0{,}39)$$

$$= (-0{,}036t + 0{,}78)(-0{,}009t^2 + 0{,}39t + 4{,}3)$$

Em 2001, o rendimento por ação estava variando a uma taxa de

$$[-0{,}036(1) + 0{,}78][-0{,}009(1)^2 + 0{,}39(1) + 4{,}3] \approx \$\,3{,}48 \text{ por ano.}$$

Em 2002, o rendimento por ação estava variando a uma taxa de

$$[-0{,}036(2) + 0{,}78][-0{,}009(2)^2 + 0{,}39(2) + 4{,}3] \approx \$\,3{,}57 \text{ por ano.}$$

Em 2005, o rendimento por ação estava variando a uma taxa de

$$[-0{,}036(5) + 0{,}78][-0{,}009(5)^2 + 0{,}39(5) + 4{,}3] \approx \$\,3{,}62 \text{ por ano.}$$

O gráfico da função receita por ação é mostrado na Figura 2.31. Para a maioria dos investidores, o desempenho das ações da U.S. Cellular seria considerado bom.

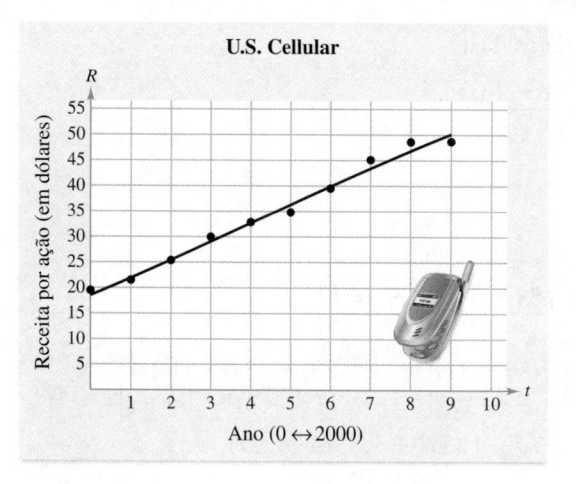

FIGURA 2.31

✓ AUTOAVALIAÇÃO 8

De 2000 a 2009, as vendas por ação (em dólares) da Dollar Tree podem ser modeladas por

$$S = (0{,}010t^2 + 0{,}27t + 3{,}1)^2, \quad 0 \leq t \leq 9$$

em que t é o ano e $t = 0$ corresponde a 2000. Utilize o modelo para calcular a taxa de variação aproximada das vendas por ação em 2005. (*Fonte: Dollar Tree Inc.*) ∎

Resumo das regras de básica de derivação

Agora já temos todas as regras de que precisamos para derivar *qualquer* função algébrica. Para sua conveniência, elas estão resumidas a seguir.

Resumo das regras básicas de derivação

Sejam u e v funções diferenciáveis de x.

1. Regra da constante $\quad \dfrac{d}{dx}[c] = 0, \quad c$ é uma constante.

2. Regra do múltiplo por constante $\quad \dfrac{d}{dx}[cu] = c\dfrac{du}{dx}, \quad c$ é uma constante.

3. Regras da soma e da diferença $\quad \dfrac{d}{dx}[u \pm v] = \dfrac{du}{dx} \pm \dfrac{dv}{dx}$

4. Regra do produto $\quad \dfrac{d}{dx}[uv] = u\dfrac{dv}{dx} + v\dfrac{du}{dx}$

5. Regra do quociente $\quad \dfrac{d}{dx}\left[\dfrac{u}{v}\right] = \dfrac{v\dfrac{du}{dx} - u\dfrac{dv}{dx}}{v^2}$

6. Regras da potência $\quad \dfrac{d}{dx}[x^n] = nx^{n-1}$

   $\quad \dfrac{d}{dx}[u^n] = nu^{n-1}\dfrac{du}{dx}$

7. Regra da cadeia $\quad \dfrac{dy}{dx} = \dfrac{dy}{du} \cdot \dfrac{du}{dx}$

PRATIQUE (Seção 2.5)

1. Enuncie a regra da cadeia *(página 125)*. Para um exemplo da regra da cadeia, veja o Exemplo 2.

2. Enuncie a regra de potência geral *(página 127)*. Para exemplos da regra de potência geral, veja os Exemplos 3, 4 e 5.

3. Descreva em um exemplo da vida real como a regra de potência geral pode ser usada para analisar a taxa de variação da receita da empresa por ação *(página 130, Exemplo 8)*.

4. Use o resumo das regras básicas de derivação para identificar as regras de derivação ilustradas por (a)-(f) abaixo *(página 131)*.

   (a) $\dfrac{d}{dx}[2x] = 2\dfrac{d}{dx}[x]$ \quad (b) $\dfrac{d}{dx}[x^4] = 4x^3$

   (c) $\dfrac{d}{dx}[8] = 0$ \quad (d) $\dfrac{d}{dx}[x^2 + x] = \dfrac{d}{dx}[x^2] + \dfrac{d}{dx}[x]$

   (e) $\dfrac{d}{dx}[x - x^3] = \dfrac{d}{dx}[x] - \dfrac{d}{dx}[x^3]$

   (f) $\dfrac{d}{dx}[x(x+1)] = (x)\dfrac{d}{dx}[x+1] + (x+1)\dfrac{d}{dx}[x]$

Recapitulação 2.5

Os exercícios preparatórios a seguir envolvem conceitos vistos em cursos anteriores. Esses conceitos serão utilizados no conjunto de exercícios desta seção. Para obter mais ajuda, consulte as Seções A.3 e A.4 do Apêndice.

Nos Exercícios 1-6, reescreva a expressão com expoentes racionais.

1. $\sqrt[5]{(1-5x)^2}$
2. $\sqrt[4]{(2x-1)^3}$
3. $\dfrac{1}{\sqrt{4x^2+1}}$
4. $\dfrac{1}{\sqrt[3]{x-6}}$
5. $\dfrac{\sqrt{x}}{\sqrt[3]{1-2x}}$
6. $\dfrac{\sqrt{(3-7x)^3}}{2x}$

Nos Exercícios 7-10, fatore as expressões.

7. $3x^3 - 6x^2 + 5x - 10$
8. $5x\sqrt{x} - x - 5\sqrt{x} + 1$
9. $4(x^2+1)^2 - x(x^2+1)^3$
10. $-x^5 + 3x^3 + x^2 - 3$

Exercícios 2.5

Decompondo funções compostas Nos Exercícios 1-6, identifique a função interna, $u = g(x)$, e a função externa, $y = f(u)$. Veja o Exemplo 1.

$y = f(g(x))$	$u = g(x)$	$y = f(u)$
1. $y = (6x-5)^4$		
2. $y = (x^2 - 2x + 3)^3$		
3. $y = \sqrt{5x-2}$		
4. $y = \sqrt{1-x^2}$		
5. $y = \dfrac{1}{3x+1}$		
6. $y = \dfrac{1}{\sqrt{x^2-3}}$		

Usando a regra da cadeia Nos Exercícios 7-12, encontre dy/du, du/dx e dy/dx. Veja o Exemplo 2.

7. $y = u^2$, $u = 4x + 7$
8. $y = u^{-1}$, $u = x^3 + 2x^2$
9. $y = \sqrt{u}$, $u = 3 - x^2$
10. $y = 2\sqrt{u}$, $u = 5x + 9$
11. $y = u^{2/3}$, $u = 5x^4 - 2x$
12. $y = u^3$, $u = 3x^2 - 2$

Escolhendo uma regra de derivação Nos Exercícios 13-20, combine a função com a regra que você usaria para encontrar a derivada *mais eficientemente*.
(a) Regra da potência simples
(b) Regra da constante
(c) Regra da potência geral
(d) Regra do quociente

13. $f(x) = \dfrac{2}{1-x^3}$
14. $f(x) = \dfrac{5}{x^2+1}$
15. $f(x) = \sqrt[3]{8^2}$
16. $f(x) = \sqrt[3]{x^2}$
17. $f(x) = \dfrac{x^2+2}{x}$
18. $f(x) = \dfrac{\sqrt{x}}{x^3+2x-5}$
19. $f(x) = \dfrac{2}{x-2}$
20. $f(x) = \dfrac{2x}{1-x^3}$

Usando a regra da potência geral Nos Exercícios 21-36, use a regra da potência geral para encontrar a derivada da função. Veja os Exemplos 3 e 5.

21. $y = (2x-7)^3$
22. $g(x) = (4-2x)^3$
23. $f(x) = (5x - x^2)^{3/2}$
24. $y = (2x^3 + 1)^2$
25. $h(x) = (6x - x^3)^2$
26. $f(x) = (4x - x^2)^3$
27. $f(t) = \sqrt{t+1}$
28. $g(x) = \sqrt{5-3x}$
29. $s(t) = \sqrt{2t^2 + 5t + 2}$
30. $y = \sqrt[3]{3x^3 + 4x}$
31. $y = \sqrt[3]{9x^2 + 4}$
32. $y = 2\sqrt{4 - x^2}$
33. $f(x) = \dfrac{2}{(2-9x)^3}$
34. $g(x) = \dfrac{3}{\sqrt{(x^2+8x)^3}}$
35. $f(x) = \dfrac{1}{\sqrt{x^2+25}}$
36. $y = \dfrac{1}{\sqrt[3]{(4-x^3)^4}}$

Encontrando uma equação de uma reta tangente Nos Exercícios 37-42, encontre uma equação da reta tangente ao gráfico de f no ponto $(2, f(2))$. Em seguida, use uma ferramenta gráfica para traçar a função e a reta tangente na mesma janela de visualização. Veja o Exemplo 4.

37. $f(x) = 2(x^2-1)^3$
38. $f(x) = 3(9x-4)^4$
39. $f(x) = \sqrt{4x^2 - 7}$
40. $f(x) = x\sqrt{x^2 + 5}$
41. $f(x) = \sqrt{x^2 - 2x + 1}$
42. $f(x) = (4 - 3x^2)^{-2/3}$

Usando a tecnologia Nos Exercícios 43-46, use uma ferramenta de derivação simbólica para encontrar a derivada da função. Trace a função e sua derivada na mesma janela de visualização. Descreva o comportamento da função quando a derivada é zero.

43. $f(x) = \dfrac{\sqrt{x}+1}{x^2+1}$
44. $f(x) = \sqrt{\dfrac{2x}{x+1}}$
45. $f(x) = \sqrt{\dfrac{x+1}{x}}$
46. $f(x) = \sqrt{x}(2 - x^2)$

Encontrando derivadas Nos Exercícios 47-62, encontre a derivada da função. Declare qual(is) regra(s) de derivação você usou para encontrá-la.

47. $y = \dfrac{1}{4 - x^2}$

48. $s(t) = \dfrac{1}{t^2 + 3t - 1}$

49. $y = -\dfrac{4}{(t + 2)^2}$

50. $f(x) = \dfrac{3x}{(x^3 - 4)^2}$

51. $f(x) = (2x - 1)(9 - 3x^2)$

52. $f(x) = x^3(x - 4)^2$

53. $y = \dfrac{1}{\sqrt{x + 2}}$

54. $g(x) = \dfrac{3}{\sqrt[3]{x^3 - 1}}$

55. $f(x) = x(3x - 9)^3$

56. $y = x^3(7x + 2)$

57. $y = x\sqrt{2x + 3}$

58. $y = t\sqrt{t + 1}$

59. $y = t^2\sqrt{t - 2}$

60. $y = \sqrt{x}(x - 2)^2$

61. $y = \left(\dfrac{6 - 5x}{x^2 - 1}\right)^2$

62. $y = \left(\dfrac{4x^2}{3 - x}\right)^3$

Encontrando uma equação de uma reta tangente
Nos Exercícios 63-70, encontre uma equação da reta tangente ao gráfico da função no ponto dado. Em seguida, use uma ferramenta gráfica para traçar a função e a reta tangente na mesma janela de visualização.

63. $f(t) = \dfrac{36}{(3 - t)^2}$; $(0, 4)$

64. $y = (4x^3 + 3)^2$; $(-1, 1)$

65. $f(x) = \sqrt[5]{3x^3 + 4x}$; $(2, 2)$

66. $y = \dfrac{2x}{\sqrt{x + 1}}$; $(3, 3)$

67. $f(t) = (t^2 - 9)\sqrt{t + 2}$; $(-1, -8)$

68. $s(x) = \dfrac{1}{\sqrt{x^2 - 3x + 4}}$; $\left(3, \dfrac{1}{2}\right)$

69. $f(x) = \dfrac{x + 1}{\sqrt{2x - 3}}$; $(2, 3)$

70. $y = \dfrac{x}{\sqrt{25 + x^2}}$; $(0, 0)$

71. Juros compostos Você deposita $ 1.000 em uma conta com uma taxa de juros anual de r (na forma decimal) com capitalização mensal. Ao fim de 5 anos, o saldo A é

$$A = 1.000\left(1 + \dfrac{r}{12}\right)^{60}.$$

Encontre as taxas de variação de A em relação a r quando (a) $r = 0{,}08$, (b) $r = 0{,}10$, e (c) $r = 0{,}12$.

72. Biologia O número N de bactérias em uma cultura após t dias é modelado por

$$N = 400\left[1 - \dfrac{3}{(t^2 + 2)^2}\right].$$

Encontre a taxa de variação de N com relação a t quando (a) $t = 0$, (b) $t = 1$, (c) $t = 2$, (d) $t = 3$ e (e) $t = 4$. O que você pode concluir?

73. Depreciação O valor V de uma máquina t anos após a sua compra é inversamente proporcional à raiz quadrada de $t + 1$. O valor inicial da máquina é de $ 10.000.
 (a) Escreva V como uma função de t.
 (b) Encontre a taxa de depreciação quando $t = 1$.
 (c) Encontre a taxa de depreciação quando $t = 3$.

74. VISUALIZE O custo C (em dólares) de produzir x unidades de um produto é

$$C = 60x + 1.350.$$

Durante uma semana, a administração determinou que o número de unidades produzidas x, no fim de t horas, era

$$x = -1{,}6t^3 + 19t^2 - 0{,}5t - 1.$$

O gráfico mostra o custo C em termos do tempo t.

Custo de produção de um produto

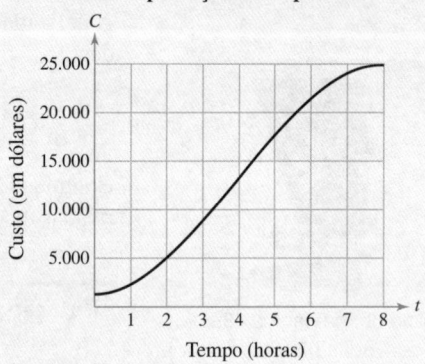

Tempo (horas)

(a) O que é maior, a taxa de variação do custo após 1 hora ou a taxa de variação do custo após 4 horas?
(b) Explique por que a função de custo não está aumentando a uma taxa constante durante o turno de oito horas.

75. Taxa do cartão de crédito A taxa média anual r (em percentual) para os cartões de crédito dos bancos comerciais de 2003 a 2009 pode ser modelada por

$$r = \sqrt{2{,}8557t^4 - 72{,}792t^3 + 676{,}14t^2 - 2.706t + 4.096}$$

em que t representa o ano, com $t = 3$ correspondendo a 2003.(*Fonte: Board of Governors of the Federal Reserve System*)

(a) Encontre a derivada desse modelo. Qual(is) regra(s) de derivação você usou?
(b) Use uma ferramenta gráfica para traçar a derivada no intervalo $3 \leq t \leq 9$.
(c) Use o recurso *trace* para encontrar o(s) ano(s) no(s) qual(is) a taxa de financiamento estava mudando mais.
(d) Use o recurso *trace* para encontrar o(s) ano(s) durante o(s) qual(is) a taxa de financiamento estava mudando o mínimo.

2.6 Derivadas de ordem superior

- Determinar derivadas de ordem superior.
- Encontrar e utilizar as funções posição para determinar a velocidade e a aceleração de objetos em movimento.

Derivadas de segunda e terceira ordens e de ordens superiores

A derivada "padrão" f' é muitas vezes chamada a **primeira derivada** de f. A derivada de f' é a **segunda derivada** (ou **derivada de segunda ordem**) de f e é denotada por f''.

$$\frac{d}{dx}[f'(x)] = f''(x) \qquad \text{Segunda derivada}$$

A derivada de f'' é a **terceira derivada** (ou **derivada de terceira ordem**) de f e é denotada por f'''.

$$\frac{d}{dx}[f''(x)] = f'''(x) \qquad \text{Terceira derivada}$$

Continuando esse processo, obtêm-se as **derivadas de ordem superior** de f. As derivadas de ordem superior são denotadas da seguinte forma:

Notação de derivadas de ordem superior

1. 1ª derivada: y', $f'(x)$, $\dfrac{dy}{dx}$, $\dfrac{d}{dx}[f(x)]$, $D_x[y]$
2. 2ª derivada: y'', $f''(x)$, $\dfrac{d^2y}{dx^2}$, $\dfrac{d^2}{dx^2}[f(x)]$, $D_x^2[y]$
3. 3ª derivada: y''', $f'''(x)$, $\dfrac{d^3y}{dx^3}$, $\dfrac{d^3}{dx^3}[f(x)]$, $D_x^3[y]$
4. 4ª derivada: $y^{(4)}$, $f^{(4)}(x)$, $\dfrac{d^4y}{dx^4}$, $\dfrac{d^4}{dx^4}[f(x)]$, $D_x^4[y]$
5. enésima derivada: $y^{(n)}$, $f^{(n)}(x)$, $\dfrac{d^ny}{dx^n}$, $\dfrac{d^n}{dx^n}[f(x)]$, $D_x^n[y]$

Exemplo 1 Determinação das derivadas de ordem superior

Determine as cinco primeiras derivadas de
$f(x) = 2x^4 - 3x^2$.

SOLUÇÃO

$f(x) = 2x^4 - 3x^2$ Escreva a função original.
$f'(x) = 8x^3 - 6x$ Primeira derivada
$f''(x) = 24x^2 - 6$ Segunda derivada
$f'''(x) = 48x$ Terceira derivada
$f^{(4)}(x) = 48$ Quarta derivada
$f^{(5)}(x) = 0$ Quinta derivada

✓ **AUTOAVALIAÇÃO 1**

Determine as primeiras quatro derivadas de $f(x) = 6x^3 - 2x^2 + 1$.

No Exercício 35, na página 139, você utilizará derivadas para encontrar a função velocidade e a função aceleração de uma bola.

Exemplo 2 Determinação das derivadas de ordem superior

Determine o valor de $g'''(2)$ para a função

$$g(t) = -t^4 + 2t^3 + t + 4.$$

SOLUÇÃO Comece derivando três vezes.

$g'(t) = -4t^3 + 6t^2 + 1$ Primeira derivada
$g''(t) = -12t^2 + 12t$ Segunda derivada
$g'''(t) = -24t + 12$ Terceira derivada

Em seguida, calcule a terceira derivada de g em $t = 2$.

$g'''(2) = -24(2) + 12$
$\qquad = -36$ Valor da terceira derivada

✓ AUTOAVALIAÇÃO 2

Determine o valor de $g'''(1)$ para $g(x) = x^4 - x^3 + 2x$. ∎

Os Exemplos 1 e 2 mostram como determinar as derivadas de ordem superior de funções *polinomiais*. Observe que, a cada derivação sucessiva, o grau do polinômio diminui uma unidade. Eventualmente, as derivadas de ordem superior de funções polinomiais degeneram para uma função constante. Especificamente, a derivada de enésima ordem de uma função polinomial de enésimo grau

$$f(x) = a_n x^n + a_{n-1} x^{n-1} + \cdots + a_1 x + a_0$$

é a função constante

$$f^{(n)}(x) = n! a_n$$

em que $n! = 1 \cdot 2 \cdot 3 \cdots n$. Cada derivada de ordem superior a n é a função nula.

Exemplo 3 Determinação de derivadas de ordem superior

Determine as primeiras quatro derivadas de $y = x^{-1}$.

$y = x^{-1} = \dfrac{1}{x}$ Escreva a função original.

$y' = (-1)x^{-2} = -\dfrac{1}{x^2}$ Primeira derivada

$y'' = (-1)(-2)x^{-3} = \dfrac{2}{x^3}$ Segunda derivada

$y''' = (-1)(-2)(-3)x^{-4} = -\dfrac{6}{x^4}$ Terceira derivada

$y^{(4)} = (-1)(-2)(-3)(-4)x^{-5} = \dfrac{24}{x^5}$ Quarta derivada

✓ AUTOAVALIAÇÃO 3

Determine a quarta derivada de

$$y = \frac{1}{x^2}.$$ ∎

Aceleração

Na Seção 2.3, vimos que a velocidade de um objeto em queda livre (desprezando-se a resistência do ar) é dada pela derivada de sua função posição. Em outras palavras, a velocidade é definida como a taxa de variação da posição em relação ao tempo. De maneira similar, a taxa de variação da velocidade em relação ao tempo é o que define a **aceleração** do objeto.

TUTOR TÉCNICO

As derivadas de ordem superior de funções não polinomiais podem ser difíceis de determinar à mão. Se tiver acesso a uma ferramenta de derivação simbólica, tente utilizá-la para determinar derivadas de ordem superior.

DICA DE ESTUDO

A aceleração é medida em unidades de comprimento por unidade de tempo ao quadrado. Por exemplo, se a velocidade é medida em metros por segundo, então a aceleração é medida em "metros por segundo ao quadrado" ou, mais formalmente, em "metros por segundo por segundo".

$$s = f(t) \quad \text{Função posição}$$

$$\frac{ds}{dt} = f'(t) \quad \text{Função velocidade}$$

$$\frac{d^2s}{dt^2} = f''(t) \quad \text{Função aceleração}$$

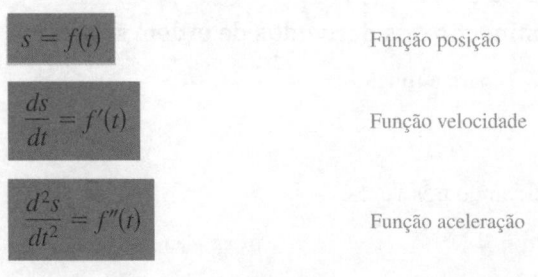

Para determinar a posição, a velocidade ou a aceleração em um instante específico t, substitua o valor dado de t na função apropriada, conforme ilustra o Exemplo 4.

Exemplo 4 — Determinação da aceleração

Uma bola é jogada para cima do topo de um penhasco de 160 pés, como mostra a Figura 2.32. A velocidade inicial da bola é de 48 pés por segundo, o que implica que a função posição é

$$s = -16t^2 + 48t + 160$$

em que t é o tempo medido em segundos. Determine a altura, a velocidade e a aceleração da bola quando $t = 3$.

SOLUÇÃO Comece derivando para determinar as funções velocidade e aceleração.

$$s = -16t^2 + 48t + 160 \quad \text{Função posição}$$

$$\frac{ds}{dt} = -32t + 48 \quad \text{Função velocidade}$$

$$\frac{d^2s}{dt^2} = -32 \quad \text{Função aceleração}$$

Para determinar a altura, a velocidade e aceleração quando $t = 3$, deve-se substituir $t = 3$ em cada uma das funções abaixo.

Altura $= -16(3)^2 + 48(3) + 160 = 160$ pés

Velocidade $= -32(3) + 48 = -48$ pés por segundo

Aceleração $= -32$ pés por segundo ao quadrado

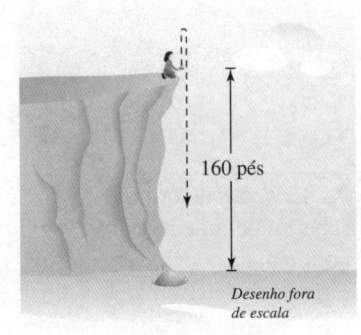

FIGURA 2.32

✓ AUTOAVALIAÇÃO 4

Uma bola é jogada para cima do topo de um penhasco de 80 pés. A velocidade inicial da bola é de 64 pés por segundo, o que implica que a função posição é

$$s = -16t^2 + 64t + 80$$

em que o instante t é medido em segundos. Encontre a altura, a velocidade e a aceleração da bola em $t = 2$.

No Exemplo 4, observe que a aceleração da bola é -32 pés por segundo ao quadrado em qualquer instante t. Essa aceleração constante é devida à força gravitacional da Terra e é denominada **aceleração da gravidade**. Observe também que o valor negativo indica que a bola está sendo atraída para *baixo* – em direção à Terra.

Embora a aceleração exercida sobre o objeto em queda livre seja relativamente constante próximo à superfície da Terra, ela varia significativamente em todo o sistema solar. Grandes planetas exercem atração gravitacional muito maior que luas ou planetas pequenos. O próximo exemplo descreve o movimento de um objeto em queda livre na Lua.

A aceleração da gravidade na superfície da lua é de apenas cerca de um sexto daquela exercida na superfície da Terra.

Exemplo 5 — Determinação da aceleração na lua

Um astronauta em pé na superfície da lua lança uma pedra para o alto. A altura s (em pés) da pedra é dada por

$$s = -\frac{27}{10}t^2 + 27t + 6$$

em que t é medido em segundos. Como a aceleração da gravidade na lua pode ser comparada com a da Terra?

SOLUÇÃO

$$s = -\frac{27}{10}t^2 + 27t + 6 \qquad \text{Função posição}$$

$$\frac{ds}{dt} = -\frac{27}{5}t + 27 \qquad \text{Função velocidade}$$

$$\frac{d^2s}{dt^2} = -\frac{27}{5} \qquad \text{Função aceleração}$$

Portanto, a aceleração em qualquer instante é

$$-\frac{27}{5} = -5,4 \text{ pés por segundo ao quadrado,}$$

cerca de um sexto da aceleração da gravidade na Terra.

✓ AUTOAVALIAÇÃO 5

A função posição na Terra, em que s é medido em metros, v_0 é a velocidade inicial em metros por segundo e h_0 é a altura inicial em metros, é

$$s = -4,9t^2 + v_0 t + h_0.$$

Um objeto é jogado para cima com a velocidade inicial de 2,2 metros por segundo, de uma altura inicial 3,6 metros. Qual é a aceleração da gravidade na Terra em metros por segundo ao quadrado? ∎

A função posição descrita no Exemplo 5 despreza a resistência do ar, o que é adequado, porque a lua não possui atmosfera e *não possui resistência de ar*. Isso significa que a função posição para qualquer objeto em queda livre na lua é dada por

$$s = -\frac{27}{10}t^2 + v_0 t + h_0$$

em que s é a altura (em pés), t é o tempo (em segundos), v_0 é a velocidade inicial e h_0 é a altura inicial. Por exemplo, a pedra do Exemplo 5 foi lançada para cima com uma velocidade inicial de 27 pés por segundo e altura inicial de 6 pés. Essa função posição é válida para qualquer objeto, tanto objetos pesados, como um martelo, quanto leves, como uma pena.

Exemplo 6 — Determinação da velocidade e da aceleração

A velocidade v (em pés por segundo) de certo automóvel, partindo do repouso, é

$$v = \frac{80t}{t+5} \qquad \text{Função velocidade}$$

em que t é o tempo (em segundos). As posições do automóvel em intervalos de 10 segundos são mostradas na Figura 2.33. Determine a velocidade e a aceleração do automóvel em intervalos de 10 segundos de $t = 0$ a $t = 60$.

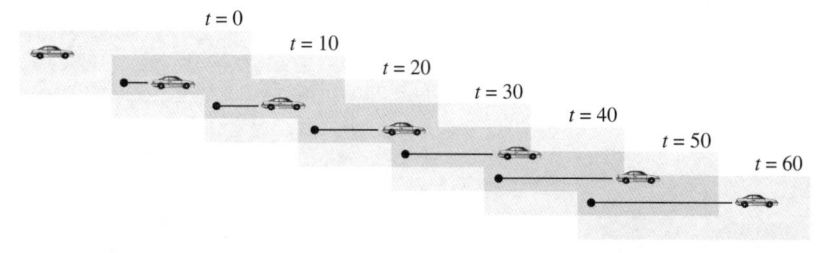

FIGURA 2.33

SOLUÇÃO Para determinar a função aceleração, derive a função velocidade.

$$\frac{dv}{dt} = \frac{(t+5)(80) - (80t)(1)}{(t+5)^2}$$ Aplique a regra do quociente.

$$= \frac{400}{(t+5)^2}$$ Função aceleração

t (segundos)	0	10	20	30	40	50	60
v (pés/s)	0	53,3	64,0	68,6	71,1	72,7	73,8
$\frac{dv}{dt}$ (pés/s²)	16	1,78	0,64	0,33	0,20	0,13	0,09

Na tabela, observe que a aceleração tende a zero à medida que a velocidade se estabiliza. Essa observação coincide com nossa própria experiência – ao viajar em um automóvel em aceleração, não sentimos a velocidade, mas a aceleração. Em outras palavras, você sente a variação da velocidade.

✓ AUTOAVALIAÇÃO 6

Use uma ferramenta gráfica para traçar o gráfico da função velocidade e da função aceleração do Exemplo 6 na mesma janela de visualização. Compare os gráficos com a tabela no Exemplo 6. À medida que a velocidade se estabiliza, de que valor a aceleração se aproxima? ∎

PRATIQUE (Seção 2.5)

1. Indique o significado de cada derivada apresentada abaixo *(página 134)*. Para exemplos de derivadas de ordem mais alta, veja os Exemplos 1, 2 e 3.

(a) y'' (b) $f^{(4)}(x)$ (c) $\frac{d^3y}{dx^3}$

2. Descreva em um exemplo da vida real como as derivadas de ordem superior podem ser utilizadas para analisar a velocidade e a aceleração de um objeto *(página 135, Exemplos 4, 5 e 6)*.

Recapitulação 2.6

Os exercícios preparatórios a seguir envolvem conceitos vistos em seções anteriores. Esses conceitos serão utilizados no conjunto de exercícios desta seção. Para obter mais ajuda, consulte as Seções 1.4 e 2.4.

Nos Exercícios 1-4, resolva a equação.

1. $-16t^2 + 24t = 0$
2. $-16t^2 + 80t + 224 = 0$
3. $-16t^2 + 128t + 320 = 0$
4. $-16t^2 + 9t + 1.440 = 0$

Nos Exercícios 5-8, determine *dy/dx*.

5. $y = x^2(2x + 7)$ **6.** $y = (x^2 + 3x)(2x^2 - 5)$ **7.** $y = \frac{x^2}{2x + 7}$ **8.** $y = \frac{x^2 + 3x}{2x^2 - 5}$

Nos Exercícios 9 e 10, determine o domínio e a imagem de *f*.

9. $f(x) = x^2 - 4$
10. $f(x) = \sqrt{x - 7}$

Exercícios 2.6

Encontrando derivadas de ordem superior Nos Exercícios 1-12, encontre a segunda derivada da função. *Veja os Exemplos 1 e 3.*

1. $f(x) = 9 - 2x$
2. $f(x) = 4x + 15$
3. $f(x) = x^2 + 7x - 4$
4. $f(x) = 3x^2 + 4x$
5. $g(t) = \frac{1}{3}t^3 - 4t^2 + 2t$
6. $y = 4(x^2 + 5x)^3$
7. $f(t) = \dfrac{3}{4t^2}$
8. $g(t) = \dfrac{8}{t}$
9. $f(x) = 3(2 - x^2)^3$
10. $f(x) = -2x^5 + 3x^4 + 8x$
11. $f(x) = \dfrac{x+1}{x-1}$
12. $g(t) = -\dfrac{4}{(t+2)^2}$

Encontrando derivadas de ordem superior Nos Exercícios 13-18, encontre a terceira derivada da função. *Veja os Exemplos 1 e 3.*

13. $f(x) = x^5 - 3x^4$
14. $f(x) = (x^3 - 6)^4$
15. $f(x) = 5x(x + 4)^3$
16. $f(x) = x^4 - 2x^3$
17. $f(x) = \dfrac{3}{16x^2}$
18. $f(x) = -\dfrac{2}{x}$

Encontrando derivadas de ordem superior Nos Exercícios 19-24, encontre o valor dado. *Veja o Exemplo 2.*

Função	Valor
19. $g(t) = 5t^4 + 10t^2 + 3$	$g''(2)$
20. $g(x) = (x^2 + 3x)^4$	$g''(-1)$
21. $f(x) = \sqrt{4 - x}$	$f'''(-5)$
22. $f(t) = \sqrt{2t + 3}$	$f'''\left(\frac{1}{2}\right)$
23. $f(x) = (x^3 - 2x)^3$	$f''(1)$
24. $f(x) = 9 - x^2$	$f''(-\sqrt{5})$

Encontrando derivadas de ordem superior Nos Exercícios 25-30, encontre a derivada de ordem superior. *Veja os Exemplos 1 e 3.*

Dado	Derivada
25. $f'(x) = 2x^2$	$f''(x)$
26. $f'''(x) = 4x^{-4}$	$f^{(5)}(x)$
27. $f'''(x) = 2\sqrt{x - 1}$	$f^{(4)}(x)$
28. $f''(x) = 20x^3 - 36x^2$	$f'''(x)$
29. $f^{(4)}(x) = (x^2 + 1)^2$	$f^{(6)}(x)$
30. $f''(x) = 2x^2 + 7x - 12$	$f^{(5)}(x)$

Usando derivadas Nos Exercícios 31-34, encontre a segunda derivada e resolva a equação $f''(x) = 0$.

31. $f(x) = x^3 - 9x^2 + 27x - 27$
32. $f(x) = (x + 2)(x - 2)(x + 3)(x - 3)$
33. $f(x) = x\sqrt{x^2 - 1}$
34. $f(x) = \dfrac{x}{x^2 + 3}$

35. **Velocidade e aceleração** Uma bola é propulsionada para cima a partir do nível do solo com uma velocidade inicial de 144 pés por segundo.

(a) Escreva as funções posição, velocidade e aceleração da bola.

(b) Encontre a altura, a velocidade e a aceleração em $t = 3$.

(c) Quando a bola está em seu ponto mais alto? Qual a altura desse ponto?

(d) Com que velocidade a bola está se movendo quando ela atinge o solo? Como essa velocidade está relacionada à velocidade inicial?

36. **Velocidade e aceleração** Um tijolo se desaloja do topo do Empire State Building (a uma altura de 1.250 pés) e cai na calçada.

(a) Escreva as funções posição, velocidade e aceleração do tijolo.

(b) Quanto tempo demora para o tijolo bater na calçada?

(c) A que velocidade o tijolo está se movendo quando ele atinge a calçada?

37. **Velocidade e aceleração** A velocidade (em pés por segundo) de um automóvel partindo do repouso é modelada por $ds/dt = 90t/(t + 10)$. Crie uma tabela mostrando a velocidade e a aceleração em intervalos de 10 segundos durante o primeiro minuto de deslocamento. O que você pode concluir?

38. **Distância de parada** Um carro está viajando a uma velocidade de 66 pés por segundo (45 milhas por hora) quando os freios são aplicados. A função posição para o carro é dada por $s = -8{,}25t^2 + 66t$, em que s é medido em pés e t é medido em segundos. Use essa função para completar a tabela que mostra a posição, velocidade e aceleração para cada valor dado de t. O que você pode concluir?

t	0	1	2	3	4
s					
$\dfrac{ds}{dt}$					
$\dfrac{d^2s}{dt^2}$					

39. **Derivadas de funções polinomiais** Considere a função $f(x) = x^2 - 6x + 6$.

(a) Use uma ferramenta gráfica para traçar f, f' e f'' na mesma janela de visualização.

(b) Qual é a relação entre o grau de f e os graus de suas derivadas sucessivas?

(c) Repita as partes (a) e (b) para $f(x) = 3x^3 - 9x$.

(d) De um modo geral, qual é a relação entre o grau de uma função polinomial e os graus das suas derivadas sucessivas?

40. VISUALIZE O gráfico mostra as funções posição, velocidade e aceleração de uma partícula. Identifique cada função. Explique seu raciocínio.

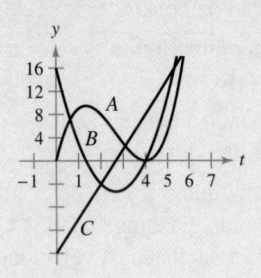

41. Modelagem de dados A tabela mostra as receitas y (em milhões de dólares) do eBay de 2004 a 2009, em que t é o ano, com $t = 4$ correspondendo a 2004. *(Fonte: eBay Inc.)*

t	4	5	6	7	8	9
y	3.271	4.552	5.970	7.672	8.541	8.727

(a) Use uma ferramenta gráfica para encontrar um modelo cúbico para a receita $y(t)$ do eBay.

(b) Encontre a primeira e segunda derivadas da função.

(c) Mostre que a receita do eBay aumentou de 2005 a 2008.

(d) Encontre o ano em que a receita aumentou com a maior taxa, resolvendo $y''(t) = 0$.

42. Encontrando um padrão Desenvolva uma regra geral para

$$[x f(x)]^{(n)}$$

em que f é uma função derivável de x.

Verdadeiro ou falso? Nos Exercícios 43 e 44, determine se a afirmação é verdadeira ou falsa. Se for falsa, explique por que ou forneça um exemplo que mostre isso.

43. Se $y = f(x)g(x)$, então $y' = f'(x)g'(x)$.

44. Se $f'(c)$ e $g'(c)$ são zero e $h(x) = f(x)g(x)$, então $h'(c) = 0$.

2.7 Derivação implícita

- Determinar derivadas explicitamente.
- Determinar derivadas implicitamente.
- Utilizar derivadas para responder perguntas sobre situações da vida real.

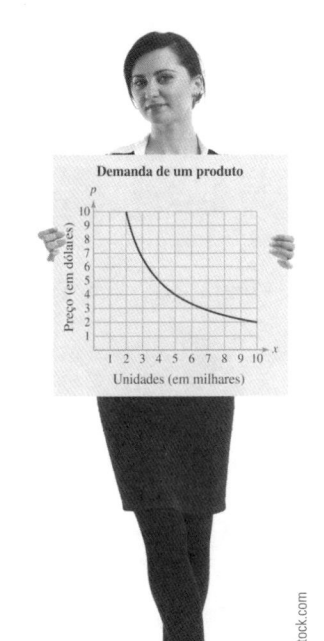

Funções implícitas e explícitas

Até aqui, a maioria das funções que envolviam duas variáveis foram expressas na **forma explícita**

$$y = f(x). \qquad \text{Forma explícita}$$

Ou seja, uma das duas variáveis era dada explicitamente em termos da outra. Por exemplo, na equação

$$y = 3x - 5$$

a variável y é explicitamente escrita como uma função de x. Algumas funções, no entanto, não são fornecidas de maneira explícita e são tão somente subtendidas pela equação dada, como mostra o Exemplo 1.

Exemplo 1 Determinação explícita de uma derivada

Determine dy/dx para a equação

$$xy = 1.$$

SOLUÇÃO Nessa equação, y está **implicitamente** definida como uma função de x. Uma maneira de determinar dy/dx é, primeiramente, isolar y na equação e, em seguida, derivar como de costume.

$$\begin{aligned}xy &= 1 &&\text{Escreva a equação original.}\\ y &= \frac{1}{x} &&\text{Isole } y.\\ &= x^{-1} &&\text{Reescreva.}\\ \frac{dy}{dx} &= -x^{-2} &&\text{Derive em relação a } x.\\ &= -\frac{1}{x^2} &&\text{Simplifique.}\end{aligned}$$

No Exercício 43, na página 147, você usará a derivação implícita para encontrar a taxa de variação de uma função demanda

✓ AUTOAVALIAÇÃO 1

Determine dy/dx para a equação $x^2 y = 1$.

O procedimento mostrado no Exemplo 1 funciona bem sempre que for possível escrever facilmente de maneira explícita a função dada. Não é possível, contudo, utilizar esse procedimento quando não se pode escrever y em função de x. Por exemplo, como você determinaria dy/dx nas equações

$$x^2 - 2y^3 + 4y = 2$$

e

$$x^2 + 2xy - y^3 = 5$$

nas quais é muito difícil expressar y explicitamente como uma função de x? Para derivar essas equações, é possível utilizar um procedimento denominado **derivação implícita**.

Derivação implícita

Para entender como determinar dy/dx implicitamente, é necessário perceber que a derivação acontece *em relação a x*. Isso significa que, quando são derivados termos que envolvem x somente, é possível derivar como de costume. *Porém*, ao derivar termos que envolvem y, deve-se aplicar a regra da cadeia, porque está sendo assumido que y é definido implicitamente como uma função derivável de x. Estude o próximo exemplo com atenção. Observe, em particular, como a regra da cadeia é utilizada para introduzir os fatores dy/dx nos Exemplos 2(b) e 2(d).

Exemplo 2 — Aplicação da regra da cadeia

Derive as expressões em relação a x.

a. $3x^2$ **b.** $2y^3$

c. $x + 3y$ **d.** xy^2

SOLUÇÃO

a. A única variável nessa expressão é x. Portanto, para derivar em relação a x, é possível utilizar a regra da potência simples e a regra do múltiplo por constante para obter

$$\frac{d}{dx}[3x^2] = 6x.$$

b. Este caso é diferente. A variável na expressão é y, mas pede-se a derivação em relação a x. Para isso, suponha que y é uma função derivável de x e utilize a regra da cadeia.

$$\frac{d}{dx}[2y^3] = \overbrace{2}^{c}\ \overbrace{(3)}^{n}\ \overbrace{y^2}^{u^{n-1}}\ \overbrace{\frac{dy}{dx}}^{u'} \quad \text{Regra da cadeia}$$

$$= 6y^2\frac{dy}{dx}$$

c. Esta expressão envolve tanto x como y. Pela regra da soma e pela regra do múltiplo por constante, pode-se escrever

$$\frac{d}{dx}[x + 3y] = 1 + 3\frac{dy}{dx}.$$

d. Pela regra do produto e pela regra da cadeia, pode-se escrever

$$\frac{d}{dx}[xy^2] = x\frac{d}{dx}[y^2] + y^2\frac{d}{dx}[x] \quad \text{Regra do produto}$$

$$= x\left(2y\frac{dy}{dx}\right) + y^2(1) \quad \text{Regra da cadeia}$$

$$= 2xy\frac{dy}{dx} + y^2.$$

✓ AUTOAVALIAÇÃO 2

Derive as expressões em relação a x.
a. $4x^3$ **b.** $3y^2$
c. $x + 5y$ **d.** xy^3

> **Diretrizes para a derivação implícita**
>
> Considere uma equação que envolva x e y, na qual y seja uma função derivável de x. É possível utilizar as etapas abaixo para determinar dy/dx.
>
> 1. Derive ambos os lados da equação *em relação a x*.
> 2. Escreva o resultado de maneira que todos os termos que envolvam dy/dx estejam do lado esquerdo da equação e todos os outros termos estejam do lado direito da equação.
> 3. Fatore dy/dx nos termos que estão do lado esquerdo da equação.
> 4. Isole dy/dx, dividindo os dois lados da equação pelo fator do lado esquerdo que não contenha dy/dx.

No Exemplo 3, observe que a derivação implícita pode resultar em uma expressão para dy/dx que contenha tanto x quanto y.

Exemplo 3 Utilizando derivação implícita

Determine dy/dx para a equação $y^3 + y^2 - 5y - x^2 = -4$.

SOLUÇÃO

1. Derive ambos os lados da equação com relação a x.

$$\frac{d}{dx}[y^3 + y^2 - 5y - x^2] = \frac{d}{dx}[-4]$$

$$\frac{d}{dx}[y^3] + \frac{d}{dx}[y^2] - \frac{d}{dx}[5y] - \frac{d}{dx}[x^2] = \frac{d}{dx}[-4]$$

$$3y^2\frac{dy}{dx} + 2y\frac{dy}{dx} - 5\frac{dy}{dx} - 2x = 0$$

2. Colete os termos com dy/dx no lado esquerdo da equação e mova todos os outros termos para o lado direito da equação.

$$3y^2\frac{dy}{dx} + 2y\frac{dy}{dx} - 5\frac{dy}{dx} = 2x$$

3. Fatore dy/dx do lado esquerdo da equação.

$$\frac{dy}{dx}(3y^2 + 2y - 5) = 2x$$

4. Isole dy/dx dividindo por $(3y^2 + 2y - 5)$.

$$\frac{dy}{dx} = \frac{2x}{3y^2 + 2y - 5}$$

✓ AUTOAVALIAÇÃO 3

Determine dy/dx para a equação $y^2 + x^2 - 2y - 4x = 4$.

Para ver como é possível utilizar uma derivada implícita, considere o gráfico mostrado na Figura 2.34. A derivada encontrada no Exemplo 3 dá a fórmula para a inclinação da reta tangente em um ponto deste gráfico. Por exemplo, a inclinação no ponto $(1, -3)$ é

$$\frac{dy}{dx} = \frac{2(1)}{3(-3)^2 + 2(-3) - 5} = \frac{1}{8}.$$

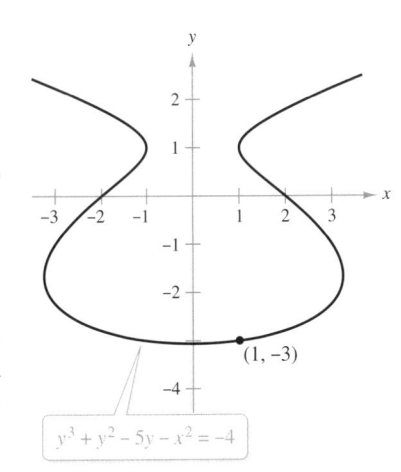

FIGURA 2.34

Exemplo 4 Determinação implícita da inclinação de um gráfico

Determine a inclinação da reta tangente à elipse dada por $x^2 + 4y^2 = 4$ no ponto $(\sqrt{2}, -1/\sqrt{2})$, como mostra a Figura 2.35.

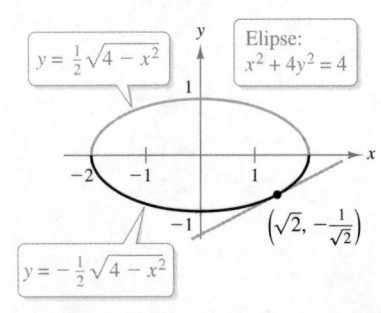

FIGURA 2.35 A inclinação da reta tangente é $\frac{1}{2}$.

SOLUÇÃO

$$x^2 + 4y^2 = 4 \quad \text{Escreva a equação original.}$$

$$\frac{d}{dx}[x^2 + 4y^2] = \frac{d}{dx}[4] \quad \text{Derive em relação a } x.$$

$$2x + 8y\left(\frac{dy}{dx}\right) = 0 \quad \text{Derivação implícita.}$$

$$8y\left(\frac{dy}{dx}\right) = -2x \quad \text{Subtraia } 2x \text{ de cada lado.}$$

$$\frac{dy}{dx} = \frac{-2x}{8y} \quad \text{Divida cada lado por } 8y.$$

$$\frac{dy}{dx} = -\frac{x}{4y} \quad \text{Simplifique.}$$

Para determinar a inclinação no ponto dado, substitua $x = \sqrt{2}$ e $y = -1/\sqrt{2}$ na derivada, conforme mostrado abaixo.

$$\frac{dy}{dx} = -\frac{\sqrt{2}}{4(-1/\sqrt{2})}$$

$$= \frac{1}{2}$$

DICA DE ESTUDO

Para perceber as vantagens da derivação implícita, tente refazer o Exemplo 4 utilizando a função explícita

$$y = -\frac{1}{2}\sqrt{4 - x^2}.$$

O gráfico dessa função é a metade inferior da elipse.

✓ AUTOAVALIAÇÃO 4

Determine a inclinação da reta tangente ao círculo $x^2 + y^2 = 25$ no ponto $(3, -4)$.

Exemplo 5   Determinação implícita da inclinação de um gráfico

Determine a inclinação do gráfico de $2x^2 - y^2 = 1$ no ponto $(1, 1)$.

SOLUÇÃO   Comece determinando dy/dx implicitamente.

$$2x^2 - y^2 = 1 \quad \text{Escreva a equação original.}$$

$$4x - 2y\left(\frac{dy}{dx}\right) = 0 \quad \text{Derive em relação a } x.$$

$$-2y\left(\frac{dy}{dx}\right) = -4x \quad \text{Subtraia } 4x \text{ de cada lado.}$$

$$\frac{dy}{dx} = \frac{2x}{y} \quad \text{Divida cada lado por } -2y.$$

No ponto $(1, 1)$, a inclinação do gráfico é

$$\frac{dy}{dx} = \frac{2(1)}{1}$$

$$= 2$$

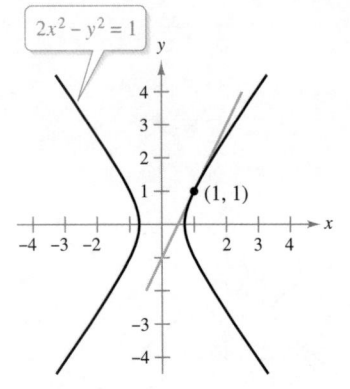

FIGURA 2.36   Hipérbole

como mostra a Figura 2.36. O gráfico é chamado de **hipérbole**.

✓ AUTOAVALIAÇÃO 5

Determine a inclinação do gráfico de $x^2 - 9y^2 = 16$ no ponto $(5, 1)$

Aplicação

Exemplo 6   Utilização da função demanda

A função demanda para um produto é modelada por

$$p = \frac{3}{0{,}000001x^3 + 0{,}01x + 1}$$

em que p é medido em dólares e x é medido em milhares de unidades, como mostrado na Figura 2.37. Determine a taxa de variação da demanda x em relação ao preço p quando $x = 100$.

SOLUÇÃO Para simplificar a derivação, comece reescrevendo a função. Em seguida, derive *em relação a p*.

$$p = \frac{3}{0{,}000001x^3 + 0{,}01x + 1}$$

$$0{,}000001x^3 + 0{,}01x + 1 = \frac{3}{p}$$

$$0{,}000003x^2 \frac{dx}{dp} + 0{,}01 \frac{dx}{dp} = -\frac{3}{p^2}$$

$$(0{,}000003x^2 + 0{,}01) \frac{dx}{dp} = -\frac{3}{p^2}$$

$$\frac{dx}{dp} = -\frac{3}{p^2(0{,}000003x^2 + 0{,}01)}$$

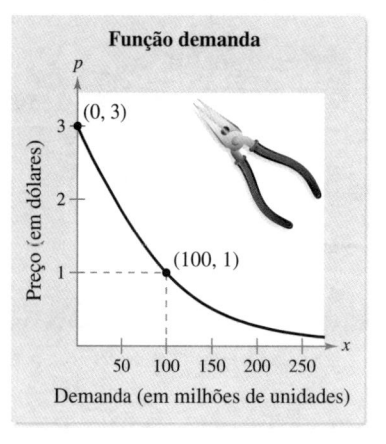

FIGURA 2.37

Quando $x = 100$, o preço é

$$p = \frac{3}{0{,}000001(100)^3 + 0{,}01(100) + 1} = \$1.$$

Portanto, quando $x = 100$ e $p = 1$, a taxa de variação da demanda em relação ao preço é

$$\frac{dx}{dp} = -\frac{3}{(1)^2[0{,}000003(100)^2 + 0{,}01]} = -75.$$

Isso significa que, quando $x = 100$, a demanda diminui a uma taxa de 75 mil unidades para cada aumento de um dólar no preço.

✓ AUTOAVALIAÇÃO 6

A função demanda para um produto é dada por

$$p = \frac{2}{0{,}001x^2 + x + 1}.$$

Determine dx/dp implicitamente.

PRATIQUE (Seção 2.7)

1. Indique as diretrizes para a derivação implícita *(página 143)*. Para exemplos de derivação implícita, veja os Exemplos 2, 3, 4 e 5.

2. Descreva em um exemplo da vida real como a derivação implícita pode ser utilizada para analisar a taxa de variação da demanda de um produto *(página 144, Exemplo 6)*.

Recapitulação 2.7

Os exercícios preparatórios a seguir envolvem conceitos vistos em cursos anteriores. Esses conceitos serão utilizados no conjunto de exercícios desta seção. Para obter mais ajuda, consulte a Seção A.3 do Apêndice.

Nos Exercícios 1-6, isole y.

1. $x - \dfrac{y}{x} = 2$
2. $\dfrac{4}{x-3} = \dfrac{1}{y}$
3. $xy - x + 6y = 6$
4. $12 + 3y = 4x^2 + x^2y$
5. $x^2 + y^2 = 5$
6. $x = \pm\sqrt{6 - y^2}$

Nos Exercícios 7-9, calcule as expressões no ponto dado.

7. $\dfrac{3x^2 - 4}{3y^2}$, $(2, 1)$
8. $\dfrac{x^2 - 2}{1 - y}$, $(0, -3)$
9. $\dfrac{5x}{3y^2 - 12y + 5}$, $(-1, 2)$

Exercícios 2.7

Encontrando derivadas Nos Exercícios 1-12, encontre dy/dx. Veja os Exemplos 1 e 3.

1. $xy = 4$
2. $y^3 = 4x^3 + 2x$
3. $y^2 = 1 - x^2$, $0 \leq x \leq 1$
4. $3x^2 - y = 8x$
5. $x^2y^2 - 2x = 3$
6. $xy^2 + 4xy - 10$
7. $4y^2 - xy = 2$
8. $2xy^3 - x^2y = 2$
9. $\dfrac{xy - y^2}{y - x} = 1$
10. $\dfrac{2x + y}{x - 5y} = 1$
11. $\dfrac{2y - x}{y^2 - 3} = 5$
12. $\dfrac{4y^2}{y^2 - 9} = x^2$

Encontrando implicitamente a inclinação de um gráfico Nos Exercícios 13-26, encontre a inclinação do gráfico da função no ponto dado. Veja os Exemplos 4 e 5.

Equação	Ponto
13. $x^2 + y^2 = 16$	$(0, 4)$
14. $16x^2 + 25y^2 = 400$	$(5, 4)$
15. $y + xy = 4$	$(-5, -1)$
16. $x^2 - y^2 = 25$	$(5, 0)$
17. $x^3 - xy + y^2 = 4$	$(0, -2)$
18. $x^2y + y^2x = -2$	$(2, -1)$
19. $x^3y^3 - y = x$	$(0, 0)$
20. $x^3 + y^3 = 6xy$	$\left(\dfrac{4}{3}, \dfrac{8}{3}\right)$
21. $x^{1/2} + y^{1/2} = 9$	$(16, 25)$
22. $x^{2/3} + y^{2/3} = 5$	$(8, 1)$
23. $\sqrt{xy} = x - 2y$	$(4, 1)$
24. $(x + y)^3 = x^3 + y^3$	$(-1, 1)$
25. $y^2(x^2 + y^2) = 2x^2$	$(1, 1)$
26. $(x^2 + y^2)^2 = 8x^2y$	$(2, 2)$

Encontrando implicitamente a inclinação de um gráfico Nos Exercícios 27-32, encontre a inclinação do gráfico no ponto dado. Veja os Exemplos 4 e 5.

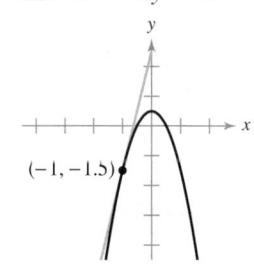

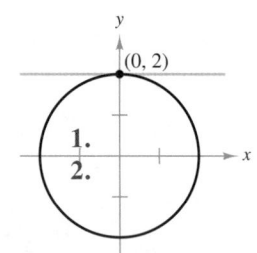

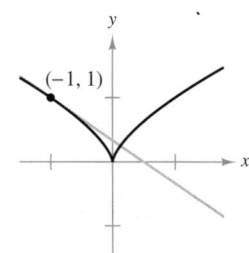

27. $3x^2 - 2y + 5 = 0$ — $(1, 4)$
28. $4x^2 + 2y - 1 = 0$ — $(-1, -1.5)$
29. $x^2 + y^2 = 4$ — $(0, 2)$
30. $x^2 - y^3 = 0$ — $(-1, 1)$
31. $(4 - x)y^2 = x^3$ — $(2, 2)$
32. $4x^2 + 9y^2 = 36$ — $\left(\sqrt{5}, \dfrac{4}{3}\right)$

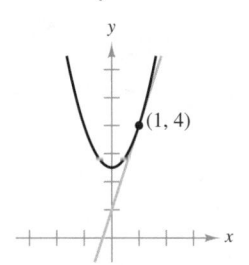

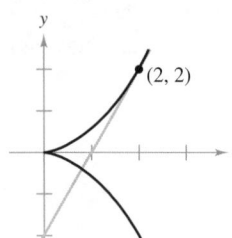

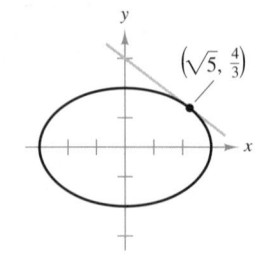

Encontrando derivadas implícita e explicitamente Nos Exercícios 33 e 34, encontre dy/dx implícita e explicitamente (as funções explícitas são apresentadas no gráfico) e mostre que os resultados são equivalentes. Use o gráfico para estimar a inclinação da reta tangente no ponto marcado. Em seguida, verifique o seu resultado analiticamente por meio do cálculo de dy/dx no ponto.

33. $x - y^2 - 1 = 0$

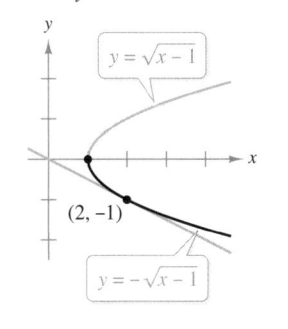

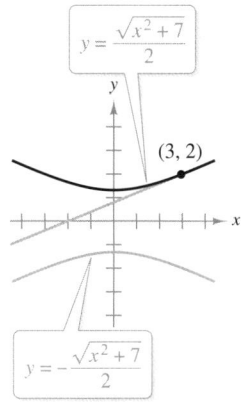

34. $4y^2 - x^2 = 7$

Encontrando uma equação de uma reta tangente Nos Exercícios 35-42, encontre equações das retas tangentes ao gráfico nos pontos indicados. Use uma ferramenta gráfica para traçar a equação e as retas tangentes na mesma janela de visualização.

Equação   *Pontos*

35. $x^2 + y^2 = 100$ $(8, 6)$ e $(-6, 8)$

36. $x^2 + y^2 = 9$ $(0, 3)$ e $(2, \sqrt{5})$

37. $y^2 = 5x^3$ $(1, \sqrt{5})$ e $(1, -\sqrt{5})$

38. $x + y^3 = 6xy^3 - 1$ $(-1, 0)$ e $(0, -1)$

39. $x^3 + y^3 = 8$ $(0, 2)$ e $(2, 0)$

40. $4xy + x^2 = 5$ $(1, 1)$ e $(5, -1)$

41. $x^2 y - 8 = -4y$ $(-2, 1)$ e $(6, \frac{1}{5})$

42. $y^2 = \dfrac{x^3}{4-x}$ $(2, 2)$ e $(2, -2)$

Demanda Nos Exercícios 43-46, encontre a taxa de variação de x com relação a p. Ver Exemplo 6.

43. $p = \dfrac{2}{0{,}00001x^3 + 0{,}1x}, \quad x \geq 0$

44. $p = \dfrac{4}{0{,}000001x^2 + 0{,}05x + 1}, \quad x \geq 0$

45. $p = \sqrt{\dfrac{200 - x}{2x}}, \quad 0 < x \leq 200$

46. $p = \sqrt{\dfrac{500 - x}{2x}}, \quad 0 < x \leq 500$

47. Produção Suponha que x represente as unidades de trabalho e y o capital investido em um processo de fabricação. Quando 135.540 unidades são produzidas, a relação entre o trabalho e o capital pode ser modelada por $100x^{0,75}y^{0,25} = 135.540$.

(a) Encontre a taxa de variação de y com relação a x quando $x = 1.500$ e $y = 1.000$.

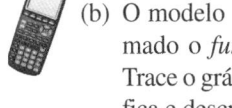

(b) O modelo utilizado no presente problema é chamado o *função de produção de Cobb-Douglas*. Trace o gráfico do modelo em uma ferramenta gráfica e descreva a relação entre trabalho e capital.

48. VISUALIZE O gráfico mostra a função demanda de um produto.

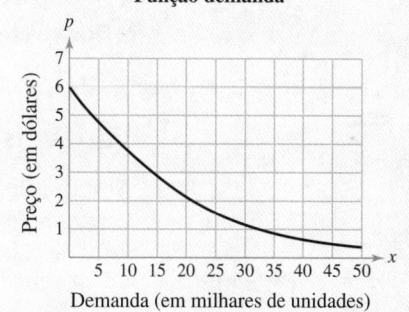

(a) O que acontece com a demanda conforme os preços aumentam?

(b) Durante qual intervalo a taxa de variação da demanda com relação ao preço diminui?

49. Saúde: epidemia de HIV/AIDS no EUA Os números (em milhares) de casos y de HIV/AIDS notificados nos anos de 2004 a 2008 podem ser modelados por

$$y^2 - 1.952{,}4 = 13{,}0345t^3 - 168{,}969t^2 + 465{,}66t$$

em que t representa o ano, com $t = 4$ correspondente a 2004. *(Fonte: Centro para o Controle e Prevenção de Doenças)*

(a) Use uma ferramenta gráfica para traçar o modelo e descrever os resultados.

(b) Use o gráfico para estimar o ano em que o número de casos notificados diminuiu com a maior taxa.

(c) Complete a tabela para estimar o ano em que o número de casos notificados diminuiu com a maior taxa. Compare essa estimativa com a sua resposta na parte (b).

t	4	5	6	7	8
y					
y'					

2.8 Taxas relacionadas

- Examinar variáveis relacionadas.
- Resolver problemas de taxas relacionadas.

Variáveis relacionadas

Nesta seção, serão estudados problemas envolvendo variáveis dependentes do tempo. Se duas ou mais dessas variáveis estão relacionadas entre si, então suas taxas de variação em relação ao tempo também estão relacionadas.

Por exemplo, suponha que x e y estejam relacionados pela equação

$$y = 2x.$$

Se as duas variáveis mudam com o tempo, então suas taxas de variação também estão relacionadas.

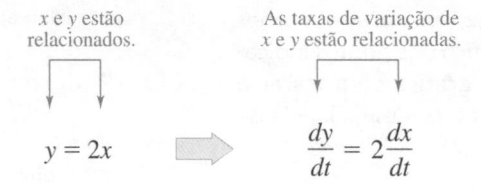

x e y estão relacionados. → As taxas de variação de x e y estão relacionadas.

$$y = 2x \quad \Longrightarrow \quad \frac{dy}{dt} = 2\frac{dx}{dt}$$

Nesse exemplo simples, podemos perceber que, como y sempre tem o dobro do valor de x, a taxa de variação de y em relação ao tempo será sempre o dobro da taxa de variação de x em relação ao tempo.

Exemplo 1 **Exame de duas taxas relacionadas**

As variáveis x e y são funções deriváveis de t e estão relacionadas pela equação

$$y = x^2 + 3.$$

Quando $x = 1$, $dx/dt = 2$. Determine dy/dt quando $x = 1$.

SOLUÇÃO Utilize a regra da cadeia para derivar os dois lados da equação em relação a t.

$y = x^2 + 3$ Escreva a equação original.

$\dfrac{d}{dt}[y] = \dfrac{d}{dt}[x^2 + 3]$ Derive em relação a t.

$\dfrac{dy}{dt} = 2x\dfrac{dx}{dt}$ Aplique a regra da cadeia.

Quando $x = 1$ e $dx/dt = 2$, tem-se

$$\frac{dy}{dt} = 2(1)(2)$$
$$= 4.$$

✓ **AUTOAVALIAÇÃO 1**

As variáveis x e y são funções deriváveis de t e estão relacionadas pela equação

$$y = x^3 + 2.$$

Quando $x = 1$, $dx/dt = 3$. Determine dy/dt quando $x = 1$ se $y = x^3 + 2$. ∎

Resolução de problemas de taxas relacionadas

No Exemplo 1, o modelo matemático foi *dado*.

No Exercício 25, na página 154, você usará taxas relacionadas para encontrar a taxa de variação das vendas de um produto.

Equação dada: $y = x^2 + 3$

Taxa dada: $\dfrac{dx}{dt} = 2$ quando $x = 1$

Determinação: $\dfrac{dy}{dt}$ quando $x = 1$

No próximo exemplo, será pedida a *criação* de um modelo matemático a partir da descrição verbal.

Exemplo 2 Variação de área

Um pedregulho é jogado em um lago, gerando ondas circulares concêntricas. O raio r da ondulação externa aumenta a uma taxa constante de 1 pé por segundo. Quando o raio atingir 4 pés, a que taxa varia A, a área total da água perturbada?

SOLUÇÃO As variáveis r e A estão relacionadas pela equação da área de um círculo, $A = \pi r^2$. Para resolver esse problema, utilize o fato de que a taxa de variação do raio é dada por dr/dt.

Equação: $A = \pi r^2$

Taxa dada: $\dfrac{dr}{dt} = 1$ quando $r = 4$

Determinação: $\dfrac{dA}{dt}$ quando $r = 4$

A área total aumenta conforme o raio externo aumenta.

Utilizando esse modelo, pode-se fazer como no Exemplo 1.

$A = \pi r^2$ Escreva a equação original.

$\dfrac{d}{dt}[A] = \dfrac{d}{dt}[\pi r^2]$ Derive em relação a t.

$\dfrac{dA}{dt} = 2\pi r \dfrac{dr}{dt}$ Aplique a regra da cadeia.

Quando $r = 4$ e $dr/dt = 1$, tem-se

$\dfrac{dA}{dt} = 2\pi(4)(1) = 8\pi$ Substitua r por 4 e dr/dt por 1.

Quando o raio atingir 4 pés, a área estará variando a uma taxa de 8π pés quadrados por segundo.

✓ AUTOAVALIAÇÃO 2

Como no Exemplo 2, um pedregulho é lançado na piscina, mas dessa vez o raio r aumenta a uma taxa de 2 pés por segundo. A que taxa a área total varia quando o raio é de 3 pés? ■

No Exemplo 2, observe que o raio varia a uma taxa *constante* ($dr/dt = 1$ para todo t), porém a área varia a uma taxa *não constante*.

Quando $r = 1$ pé	Quando $r = 2$ pés	Quando $r = 3$ pés	Quando $r = 4$ pés
$\dfrac{dA}{dt} = 2\pi$ pés²/s	$\dfrac{dA}{dt} = 4\pi$ pés²/s	$\dfrac{dA}{dt} = 6\pi$ pés²/s	$\dfrac{dA}{dt} = 8\pi$ pés²/s

A solução mostrada no Exemplo 2 ilustra as etapas para resolver problemas de taxas relacionadas.

Diretrizes para resolver um problema de taxas relacionadas

1. Identifique todas as quantidades *dadas* e todas as quantidades *a serem determinadas*. Se possível, faça um esboço e nomeie essas quantidades.
2. Escreva uma equação que relacione todas as variáveis cujas taxas de variação são fornecidas ou ainda serão determinadas.
3. Utilize a regra da cadeia para derivar os dois lados da equação *em relação ao tempo*.
4. Após completar a etapa 3, substitua na equação resultante todos os valores conhecidos das variáveis e suas taxas de variação. Em seguida, encontre a taxa de variação pedida.

DICA DE ESTUDO

Certifique-se de observar a ordem das etapas 3 e 4 nas instruções. Não substitua as variáveis pelos valores conhecidos até que elas tenham sido derivadas.

Na Etapa 2 dessas diretrizes, observe que é necessário escrever uma equação que relacione as variáveis fornecidas. Para ajudá-lo nessa etapa, os apêndices apresentam tabelas de referência que resumem muitas fórmulas comuns. Por exemplo, o volume de uma esfera de raio r é dado pela fórmula

$$V = \frac{4}{3}\pi r^3$$

como listado no Apêndice D.

A tabela abaixo mostra os modelos matemáticos para algumas taxas de variação comuns que podem ser utilizados na primeira etapa da solução de um problema de taxas relacionadas.

Enunciado verbal	Modelo matemático
A velocidade de um automóvel após um percurso de 1 hora é de 50 milhas por hora.	x = distância percorrida $\frac{dx}{dt} = 50$ quando $t = 1$
Água está sendo bombeada para uma piscina a uma taxa de 10 pés cúbicos por minuto.	V = volume de água na piscina $\frac{dV}{dt} = 10$ pés^3/min
Uma população de bactérias cresce a uma taxa de 2.000 bactérias por hora.	x = população $\frac{dx}{dt} = 2.000$ bactérias por hora
A receita está aumentando a uma taxa de $ 4.000 por mês.	R = receita $\frac{dR}{dt} = 4.000$ dólares por mês
O lucro está diminuindo a uma taxa de $ 2.500 por dia.	P = lucro $\frac{dP}{dt} = -2.500$ dólares por dia

Exemplo 3 Análise de uma função lucro

O lucro P (em dólares) de uma empresa que vende x unidades de um produto pode ser modelado por

$$P = 500x - \left(\frac{1}{4}\right)x^2. \qquad \text{Modelo para lucro}$$

As vendas estão aumentando a uma taxa de 10 unidades por dia. Determine a taxa de variação no lucro (em dólares por dia) quando 500 unidades tiverem sido vendidas.

SOLUÇÃO Como as vendas estão aumentando a uma taxa de 10 unidades por dia, você sabe que no momento a taxa de variação é $dx/dt = 10$. Assim, o problema pode ser enunciado como mostrado.

Taxa dada: $\quad \dfrac{dx}{dt} = 10$

Encontre: $\quad \dfrac{dP}{dt}$ quando $x = 500$

Para encontrar a taxa de variação do lucro, use o modelo para o lucro que relaciona o lucro P e as unidades vendidas do produto x.

Equação: $P = 500x - \dfrac{1}{4}x^2$

Derivando ambos os lados da equação em relação a t você obtém

$\dfrac{d}{dt}[P] = \dfrac{d}{dt}\left[500x - \dfrac{1}{4}x^2\right]$ ⟶ Derive com relação a t.

$\dfrac{dP}{dt} = \left(500 - \dfrac{1}{2}x\right)\dfrac{dx}{dt}$. ⟶ Aplique a regra da cadeia.

Quando $x = 500$ unidades e $dx/dt = 10$, a taxa de variação no lucro é

$\dfrac{dP}{dt} = \left[500 - \dfrac{1}{2}(500)\right](10) = (500 - 250)(10) = 250(10) = \$\,2.500$ por dia.

O gráfico da função lucro (em termos de x) é mostrado na Figura 2.38.

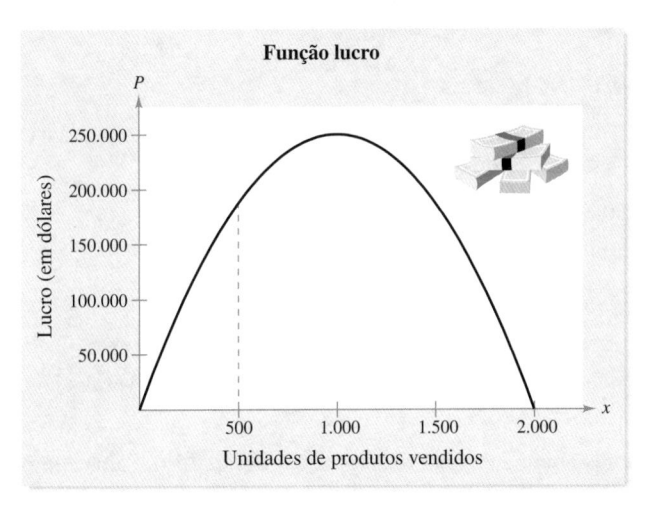

FIGURA 2.38

✓ **AUTOAVALIAÇÃO 3**

Determine a taxa de variação no lucro (em dólares por dia), quando 50 unidades tiverem sido vendidas. As vendas aumentam a uma taxa de 10 unidades por dia e $P = 200x - \frac{1}{2}x^2$. ■

Exemplo 4 Aumento da produção

Uma empresa está aumentando sua produção a uma taxa de 200 unidades por semana. A função da demanda semanal é modelada por

$p = 100 - 0{,}001x$

em que p é o preço por unidade e x é o número de unidades produzidas em uma semana. Determine a taxa de variação da receita em relação ao tempo quando a produção semanal for de 2.000 unidades. A taxa de variação da receita será maior que $\$\,20.000$ por semana?

SOLUÇÃO Em razão de a produção estar aumentando a uma taxa de 200 unidades por semana, você sabe que em qualquer instante t a taxa de variação é $dx/dt = 200$. Assim, o problema pode ser enunciado como é mostrado.

Taxa dada: $\dfrac{dx}{dt} = 200$

Determine: $\dfrac{dR}{dt}$ quando $x = 2.000$

Para a taxa de variação da receita, você deve obter uma equação que relacione a receita R e o número de unidades produzidas x.

Equação: $R = xp = x(100 - 0,001x) = 100x - 0,001x^2$

Derivando ambos os lados da equação em relação a t, você obtém

$R = 100x - 0,001x^2$ — Escreva a equação original.

$\dfrac{d}{dt}[R] = \dfrac{d}{dt}[100x - 0,001x^2]$ — Derive em relação a t.

$\dfrac{dR}{dt} = (100 - 0,002x)\dfrac{dx}{dt}$. — Aplique a regra da cadeia.

Ao utilizar $x = 2.000$ e $dx/dt = 200$, tem-se

$\dfrac{dR}{dt} = [100 - 0,002(2.000)](200)$

$= \$\,19.200$ por semana.

Não, a taxa de variação da receita não será maior que $\$\,20.000$ por semana.

✓ AUTOAVALIAÇÃO 4

Determine a taxa de variação da receita em relação ao tempo para a empresa do Exemplo 4 se a função de demanda semanal for

$p = 150 - 0,002x$.

PRATIQUE (Seção 2.7)

1. Forneça uma descrição de variáveis relacionadas *(página 148)*. Para um exemplo de duas variáveis relacionadas, veja o Exemplo 1.

2. Enuncie as diretrizes para a resolução de um problema de taxa relacionada *(página 150)*. Para exemplos de resolução de problemas de taxas relacionadas, veja os Exemplos 2, 3 e 4.

3. Descreva em um exemplo da vida real como as taxas relacionadas podem ser utilizadas para analisar a taxa de variação da receita de uma empresa *(página 151, Exemplo 4)*.

Recapitulação 2.8

Os exercícios preparatórios a seguir envolvem conceitos vistos em seções anteriores. Esses conceitos serão utilizados no conjunto de exercícios desta seção. Para obter mais ajuda, consulte a Seção 2.7.

Nos Exercícios 1-6, escreva uma fórmula para a quantidade fornecida.

1. Área de um círculo
2. Volume de uma esfera
3. Área da superfície de um cubo
4. Volume de um cubo
5. Volume de um cone
6. Área de um triângulo

Nos Exercícios 7-10, determine dy/dx por meio da derivação implícita.

7. $x^2 + y^2 = 9$
8. $3xy - x^2 = 6$
9. $x^2 + 2y + xy = 12$
10. $x + xy^2 - y^2 = xy$

Exercícios 2.8

Examinando duas taxas relacionadas Nos Exercícios 1-4, suponha que x e y sejam duas funções diferenciáveis de t. Use os valores indicados para encontrar (a) dy/dt e (b) dx/dt. *Veja o Exemplo 1.*

Equação	Encontre	Dado que
1. $y = \sqrt{x}$	(a) $\dfrac{dy}{dt}$ quando $x = 4$,	$\dfrac{dx}{dt} = 3$
	(b) $\dfrac{dx}{dt}$ quando $x = 25$,	$\dfrac{dy}{dt} = 2$
2. $x^2 + y^2 = 25$	(a) $\dfrac{dy}{dt}$ quando $x = 3, y = 4$,	$\dfrac{dx}{dt} = 8$
	(b) $\dfrac{dx}{dt}$ quando $x = 4, y = 3$,	$\dfrac{dy}{dt} = -2$
3. $xy = 4$	(a) $\dfrac{dy}{dt}$ quando $x = 8$,	$\dfrac{dx}{dt} = 10$
	(b) $\dfrac{dx}{dt}$ quando $x = 1$,	$\dfrac{dy}{dt} = -6$
4. $y = 2(x^2 - 3x)$	(a) $\dfrac{dy}{dt}$ quando $x = 3$,	$\dfrac{dx}{dt} = 2$
	(b) $\dfrac{dx}{dt}$ quando $x = 1$,	$\dfrac{dy}{dt} = 5$

5. Área O raio r de uma circunferência está aumentando a uma taxa de 3 polegadas por minuto. Encontre as taxas de variações da área quando (a) $r = 6$ polegadas e (b) $r = 24$ polegadas.

6. Volume Seja V o volume de uma esfera de raio r que está variando em relação ao tempo. Se dr/dt é constante, dV/dt é constante? Explique seu raciocínio.

7. Área Seja A a área de um círculo de raio r que está variando em relação do tempo. Se dr/dt é constante, dA/dt é constante? Explique seu raciocínio.

8. Volume O raio r de uma esfera está aumentando a uma taxa de 3 polegadas por minuto. Encontre as taxas de variações do volume quando (a) $R = 6$ polegadas e (b) $R = 24$ polegadas.

9. Volume Um balão esférico é insuflado com gás a uma taxa de 10 pés cúbicos por minuto. Quão rápido o raio do balão está variando no instante em que o raio é (a) 1 pé e (b) 2 pés?

10. Volume O raio r de um cone circular reto está aumentando a uma taxa de 2 polegadas por minuto. A altura h do cone está relacionada com o raio por
$$h = 3r.$$
Encontre as taxas de variações do volume quando (a) $R = 6$ polegadas e (b) $R = 24$ polegadas.

11. Custo, receita e lucro Uma empresa que fabrica suplementos esportivos calcula que seus custos e receitas podem ser modelados pelas equações
$$C = 125.000 + 0{,}75x \quad \text{e} \quad R = 250x - \frac{1}{10}x^2$$
onde x é o número de unidades de suplementos esportivos produzidas em 1 semana. A produção durante uma semana específica é de 1.000 unidades e está aumentando a um ritmo de 150 unidades por semana. Encontre as taxas em que o (a) custo, (b) a receita e (c) o lucro estão variando.

12. Custo, receita e lucro Uma empresa que fabrica brinquedos para animais de estimação calcula que seus custos e receitas podem ser modelados pelas equações
$$C = 75.000 + 1{,}05x \quad \text{e} \quad R = 500x - \frac{x^2}{25}$$
em que x é o número de brinquedos produzidos em 1 semana. A produção durante uma semana específica é de 5.000 brinquedos e está aumentando a uma taxa de 250 brinquedos por semana. Encontre as taxas em que o (a) custo, (b) a receita e (c) o lucro estão variando.

13. Volume Todas as arestas de um cubo estão se expandindo a uma taxa de 3 centímetros por segundo. Quão rápido o volume está variando quando cada aresta tem (a) um centímetro e (b) 10 centímetros?

14. Ponto em movimento Um ponto está se movendo pelo gráfico de $y = 1/(1 + x^2)$ de modo que dx/dt é 2 polegadas por segundos. Encontre dy/dt para (a) $x = -2$, (b) $x = 0$, (c) $x = 6$ e (d) $x = 10$.

15. Ponto em movimento Um ponto está se movendo ao longo do gráfico de $y = x^2$ de modo que dx/dt é 3 polegadas por segundo. Encontre dy/dt para (a) $x = -3$, (b) $x = 0$, (c) $x = 1$ e (d) $x = 3$.

16. Área de superfície Todas as arestas de um cubo estão se expandindo a uma taxa de 3 centímetros por segundo. Quão rápido a área da superfície está variando quando cada aresta está com (a) um centímetro e (b) 10 centímetros?

17. Navegação Um barco é puxado por um guincho em uma doca, e o guincho está 12 pés acima do convés do barco (ver figura). O guincho puxa a corda a uma taxa de 4 pés por segundo. Encontre a velocidade do barco quando 13 pés de corda estão desenroladas. O que acontece com a velocidade do barco à medida que ele chega cada vez mais perto da doca?

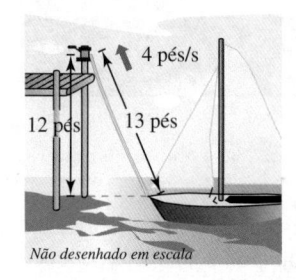

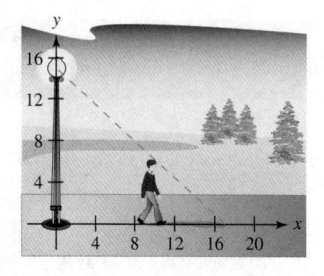

Figura para o Exercício 17

Figura para o Exercício 18

18. **Comprimento da sombra** Um homem com 6 pés de altura caminha a uma velocidade de 5 pés por segundo se afastando de uma luz que está 15 pés acima do solo (veja figura).

   (a) Quando ele está 10 pés da base da luz, a que taxa a ponta da sua sombra está se movendo?

   (b) Quando ele está 10 pés da base da luz, a que taxa o comprimento da sua sombra muda?

19. **Controle de tráfego aéreo** Um avião voa a uma altitude de 6 milhas passando diretamente sobre uma antena de radar (ver figura). Quando o avião está a 10 milhas de distância ($s = 10$), o radar detecta que a distância s está variando a uma taxa de 240 milhas por hora. Qual é a velocidade escalar do avião?

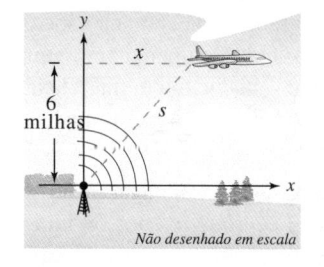

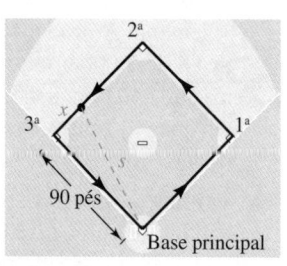

Figura para o Exercício 19

Figura para o Exercício 20

20. **Beisebol** Uma quadra de beisebol (quadrada) tem os lados com 90 pés de comprimento (ver figura). Um jogador, que está a 26 pés da terceira base, está correndo a uma velocidade de 30 pés por segundo. A que taxa está variando a distância do jogador à base principal?

21. **Controle de Tráfego Aéreo** Um controlador de tráfego aéreo localizou dois aviões na mesma altitude, convergindo para um ponto à medida que voam em ângulos retos um em direção ao outro. Um avião está a 150 milhas do ponto e está a uma velocidade de 450 milhas por hora. O outro está a 200 milhas do ponto e está a uma velocidade de 600 milhas por hora.

   (a) A que taxa a distância entre os aviões está variando?

   (b) Quanto tempo o controlador tem para mudar a trajetória de um dos aviões?

22. **Custos de publicidade** Uma loja de artigos esportivos de varejo estima que as vendas semanais S e os custos semanais com publicidade x estão relacionados pela equação $S = 2.250 + 50x + 0,35x^2$. Os custos semanais atuais de publicidade são de $ 1.500, e esses custos estão aumentando a uma taxa de $ 125 por semana. Encontre a taxa atual de mudança das vendas semanais.

23. **Ecologia** Um acidente em uma plataforma de perfuração de petróleo está causando uma mancha circular de óleo. A mancha tem 0,08 pés de espessura, e quando o raio da mancha tem 150 pés, o raio está aumentando a uma taxa de 0,5 pés por minuto. A que taxa (em pés cúbicos por minuto) o óleo está escoando do local do acidente?

24. **Lucro** Uma empresa está aumentando a produção de um produto a uma taxa de 25 unidades por semana. As funções demanda e custos para o produto são dadas por $p = 50 - 0,01x$ e $C = 4.000 + 40x - 0,02x^2$. Encontre a taxa de variação do lucro em relação ao tempo, quando as vendas semanais são $x = 800$ unidades. Use uma ferramenta gráfica para traçar a função lucro, e use os recursos de *trace* e *zoom* da ferramenta gráfica para verificar seu resultado.

25. **Vendas** O lucro de um produto está aumentando a uma taxa de $ 5.600 por semana. As funções demanda e custo para o produto são dadas por $p = 6.000 - 25x$ e $C = 2.400x + 5.200$. Encontre a taxa de variação das vendas com relação ao tempo quando as vendas semanais foram de $x = 44$ unidades.

26. **VISUALIZE** O gráfico mostra as equações de oferta e demanda para um produto, onde x representa o número de unidades (em milhares) e p é o preço (em dólares). Usando o gráfico, (a) determine se dp/dt é positivo ou negativo dado que dx/dt é negativo e (b) determine se dx/dt é positivo ou negativo dado que dp/dt é positivo.

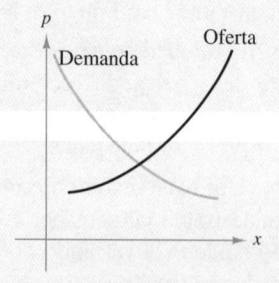

TUTOR DE ÁLGEBRA

Simplificação de expressões algébricas

Para utilizar derivadas adequadamente, é necessário ter bastante prática na simplificação de expressões algébricas. Abaixo, estão relacionadas algumas técnicas úteis de simplificação.

1. Combine *termos semelhantes*. Isso pode envolver desenvolver a expressão por meio da multiplicação de fatores.
2. Cancele *fatores comuns* no numerador e no denominador de uma expressão.
3. Fatore as expressões.
4. Racionalize os denominadores.
5. Some, subtraia, multiplique ou divida frações.

> **TUTOR TÉCNICO**
>
> Os sistemas de álgebra simbólica podem simplificar expressões algébricas. Se tiver acesso a esse tipo de sistema, tente utilizá-lo para simplificar as expressões deste Tutor de álgebra.

Exemplo 1 — Simplificação de expressões com frações

a. $\dfrac{[3(x + \Delta x) + 5] - (3x + 5)}{\Delta x} = \dfrac{3x + 3\Delta x + 5 - 3x - 5}{\Delta x}$ Multiplique os fatores e remova os parênteses.

$= \dfrac{3\Delta x}{\Delta x}$ Combine os termos semelhantes.

$= 3, \quad \Delta x \neq 0$ Cancele fatores comuns.

b. $\dfrac{(x + \Delta x)^2 - x^2}{\Delta x} = \dfrac{x^2 + 2x(\Delta x) + (\Delta x)^2 - x^2}{\Delta x}$ Expanda os termos.

$= \dfrac{2x(\Delta x) + (\Delta x)^2}{\Delta x}$ Combine os termos semelhantes.

$= \dfrac{\Delta x(2x + \Delta x)}{\Delta x}$ Fatore.

$= 2x + \Delta x, \quad \Delta x \neq 0$ Cancele fatores comuns.

c. $\dfrac{(x^2 - 1)(-2 - 2x) - (3 - 2x - x^2)(2)}{(x^2 - 1)^2}$

$= \dfrac{(-2x^2 - 2x^3 + 2 + 2x) - (6 - 4x - 2x^2)}{(x^2 - 1)^2}$ Expanda os termos.

$= \dfrac{-2x^2 - 2x^3 + 2 + 2x - 6 + 4x + 2x^2}{(x^2 - 1)^2}$ Remova os parênteses.

$= \dfrac{-2x^3 + 6x - 4}{(x^2 - 1)^2}$ Combine os termos semelhantes.

d. $2\left(\dfrac{2x + 1}{3x}\right)\left[\dfrac{3x(2) - (2x + 1)(3)}{(3x)^2}\right]$

$= 2\left(\dfrac{2x + 1}{3x}\right)\left[\dfrac{6x - (6x + 3)}{(3x)^2}\right]$ Multiplique fatores.

$= \dfrac{2(2x + 1)(6x - 6x - 3)}{(3x)^3}$ Multiplique frações e remova os parênteses.

$= \dfrac{2(2x + 1)(-3)}{3(9)x^3}$ Combine os termos semelhantes.

$= \dfrac{-2(2x + 1)}{9x^3}$ Cancele fatores comuns.

Exemplo 2 **Simplificação de expressões com potências**

Simplifique cada uma das expressões.

a. $(2x + 1)^2(6x + 1) + (3x^2 + x)(2)(2x + 1)(2)$

b. $(-1)(3x^2 - 2x)^{-2}(6x - 2)$

c. $(x)\left(\frac{1}{2}\right)(2x + 3)^{-1/2} + (2x + 3)^{1/2}(1)$

d. $\dfrac{x^2\left(\frac{1}{2}\right)(x^2 + 1)^{-1/2}(2x) - (x^2 + 1)^{1/2}(2x)}{x^4}$

SOLUÇÃO

a. $(2x + 1)^2(6x + 1) + (3x^2 + x)(2)(2x + 1)(2)$

$= (2x + 1)[(2x + 1)(6x + 1) + (3x^2 + x)(2)(2)]$ — Fatore.

$= (2x + 1)[12x^2 + 8x + 1 + (12x^2 + 4x)]$ — Multiplique os fatores.

$= (2x + 1)(12x^2 + 8x + 1 + 12x^2 + 4x)$ — Remova os parênteses.

$= (2x + 1)(24x^2 + 12x + 1)$ — Combine termos semelhantes.

b. $(-1)(3x^2 - 2x)^{-2}(6x - 2)$

$= \dfrac{(-1)(6x - 2)}{(3x^2 - 2x)^2}$ — Reescreva na forma de fração.

$= \dfrac{(-1)(2)(3x - 1)}{(3x^2 - 2x)^2}$ — Fatore.

$= \dfrac{-2(3x - 1)}{(3x^2 - 2x)^2}$ — Multiplique os fatores.

c. $(x)\left(\dfrac{1}{2}\right)(2x + 3)^{-1/2} + (2x + 3)^{1/2}(1)$

$= (2x + 3)^{-1/2}\left(\dfrac{1}{2}\right)[x + (2x + 3)(2)]$ — Fatore.

$= \dfrac{x + 4x + 6}{(2x + 3)^{1/2}(2)}$ — Reescreva na forma de fração.

$= \dfrac{5x + 6}{2(2x + 3)^{1/2}}$ — Combine termos semelhantes.

d. $\dfrac{x^2\left(\frac{1}{2}\right)(2x)(x^2 + 1)^{-1/2} - (x^2 + 1)^{1/2}(2x)}{x^4}$

$= \dfrac{(x^3)(x^2 + 1)^{-1/2} - (x^2 + 1)^{1/2}(2x)}{x^4}$ — Multiplique os fatores.

$= \dfrac{(x^2 + 1)^{-1/2}(x)[x^2 - (x^2 + 1)(2)]}{x^4}$ — Fatore.

$= \dfrac{x[x^2 - (2x^2 + 2)]}{(x^2 + 1)^{1/2}x^4}$ — Escreva com expoentes positivos.

$= \dfrac{x^2 - 2x^2 - 2}{(x^2 + 1)^{1/2}x^3}$ — Cancele os fatores comuns e remova os parênteses.

$= \dfrac{-x^2 - 2}{(x^2 + 1)^{1/2}x^3}$ — Combine termos semelhantes.

DICA DE ESTUDO

Todas as expressões, exceto uma, deste Tutor de álgebra são derivadas. Você consegue perceber qual a função original? Explique seu raciocínio.

RESUMO DO CAPÍTULO E ESTRATÉGIAS DE ESTUDO

Após estudar este capítulo, espera-se que você tenha desenvolvido as seguintes habilidades.
Os números dos exercícios referem-se aos Exercícios de revisão que começam na página 159.
As respostas para os Exercícios de revisão ímpares são fornecidas no final do livro.

Seção 2.1 — Exercícios de Revisão

- Aproximar a inclinação da reta tangente ao gráfico em um ponto específico. — *1-4*
- Interpretar a inclinação de um gráfico em uma situação da vida real. — *5-8*
- Utilizar a definição por limite para determinar a derivada de uma função e a inclinação de um gráfico em um ponto específico. — *9-24*

$$f'(x) = \lim_{\Delta x \to 0} \frac{f(x + \Delta x) - f(x)}{\Delta x}$$

- Utilizar o gráfico de uma função para reconhecer pontos nos quais a função não é diferenciável. — *25-28*

Seção 2.2

- Use a regra da constante na derivação. — *29, 30*

$$\frac{d}{dx}[c] = 0$$

- Utilizar a regra da potência na derivação. — *31, 32*

$$\frac{d}{dx}[cf(x)] = cf'(x)$$

- Utilizar a regra do múltiplo por constante na derivação. — *33-36*

$$\frac{d}{dx}[f(x) \pm g(x)] = f'(x) \pm g'(x)$$

- Utilizar as regras da soma e da diferença na derivação. — *37-40*

$$\frac{d}{dx}[f(x) \pm g(x)] = f'(x) \pm g'(x)$$

- Utilizar derivadas para determinar a inclinação de um gráfico. — *41-44*
- Utilizar derivadas para escrever equações de retas tangentes. — *45-48*
- Utilizar derivadas para responder questões referentes a situações da vida real. — *49, 50*

Seção 2.3

- Determinar a taxa de variação média de uma função em um intervalo e a taxa de variação instantânea em um ponto específico. — *51-54*

$$\text{Taxa de variação média} = \frac{f(b) - f(a)}{b - a};$$

$$\text{Taxa de variação instantânea} = \lim_{\Delta x \to 0} \frac{f(x + \Delta x) - f(x)}{\Delta x}$$

- Utilizar derivadas para determinar a velocidade de objetos. — *55, 56*
- Determinar a receita marginal, o custo marginal e o lucro marginal de um produto. — *57-66*
- Utilizar derivadas para responder questões referentes a situações da vida real. — *67, 68*

Seção 2.4	Exercícios de Revisão
■ Utilizar a regra do produto na derivação. $$\frac{d}{dx}[f(x)g(x)] = f(x)g'(x) + g(x)f'(x)$$	69-72
■ Utilizar a regra do quociente na derivação. $$\frac{d}{dx}\left[\frac{f(x)}{g(x)}\right] = \frac{g(x)f'(x) - f(x)g'(x)}{[g(x)]^2}$$	73-76

Seção 2.5	Exercícios de Revisão
■ Utilizar a regra da potência geral na derivação. $$\frac{d}{dx}[u^n] = nu^{n-1}u'$$	77–80
■ Utilizar as regras de derivação de forma eficaz para determinar a derivada de qualquer função algébrica; em seguida, simplificar os resultados.	81-90
■ Utilizar as derivadas para responder questões sobre situações da vida real. (Seções 2.1–2.5)	91, 92

Seção 2.6	
■ Determinar derivadas de ordem superior.	93-60
■ Determinar e utilizar a função posição para determinar a velocidade e a aceleração de um objeto em movimento.	101, 102

Seção 2.7	
■ Determinar derivadas implicitamente.	103-106
■ Usar derivação implícita para escrever equações de retas tangentes.	107-110

Seção 2.8	
■ Resolver problemas de taxas relacionadas.	111-114

Estratégias de Estudo

■ **Simplifique as derivadas** Nossos alunos frequentemente perguntam se precisam simplificar as derivadas. Nossa resposta é "sim, se pretende utilizá-las". No próximo capítulo, veremos que em quase todas as aplicações de derivadas é necessário que essas derivadas sejam escritas na forma simplificada. Não é difícil perceber a vantagem de uma derivada em sua forma simplificada. Considere, por exemplo, a derivada de

$$\frac{x}{\sqrt{x^2 + 1}}.$$

Sua "forma crua" produzida pelas regras da cadeia e do quociente é

$$f'(x) = \frac{(x^2 + 1)^{1/2}(1) - (x)\left(\frac{1}{2}\right)(x^2 + 1)^{-1/2}(2x)}{\left(\sqrt{x^2 + 1}\right)^2}$$

obviamente, muito mais difícil de utilizar do que a forma simplificada

$$f'(x) = \frac{1}{(x^2 + 1)^{3/2}}.$$

■ **Liste as unidades de medida em problemas aplicados** Ao utilizar derivadas em aplicações na vida real, certifique-se de listar as unidades de medida de cada variável. Por exemplo, se R é medido em dólares e t é medido em anos, então a derivada dR/dt será medida em dólares por ano.

Exercícios de revisão

Aproximação da inclinação de um gráfico Nos Exercícios 1-4, aproxime a inclinação da reta tangente ao gráfico em (x, y). (Cada quadrado na grade representa 1 unidade por 1 unidade).

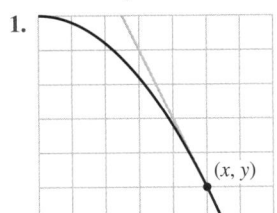

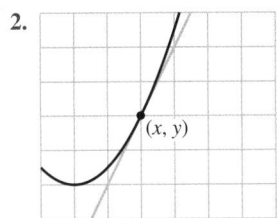

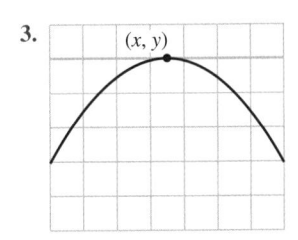

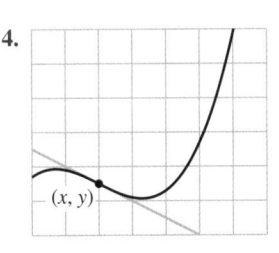

1.
2.
3.
4.

5. Vendas O gráfico registra uma aproximação das vendas anuais S (em milhões de dólares por ano) da Tractor Supply Company entre 2003 e 2009, em que t é o ano e $t = 3$ corresponde a 2003. Estime e interprete as inclinações do gráfico nos anos de 2004 e 2007. *(Fonte: Tractor Supply Company)*

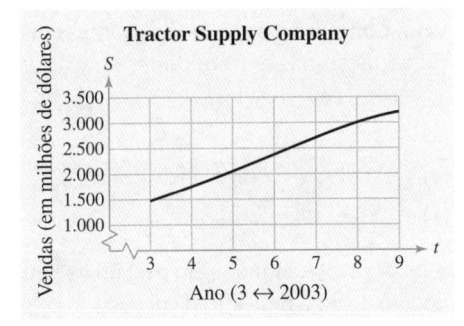

6. Fazendas O gráfico representa a quantidade de terras agrícolas L (em milhões de acres) nos Estados Unidos nos anos de 2004 a 2009, em que t representa o ano, com $t = 4$ correspondendo a 2004. Estime e interprete as inclinações do gráfico nos anos de 2005 e 2008. *(Fonte: Departamento de Agricultura dos Estados Unidos)*

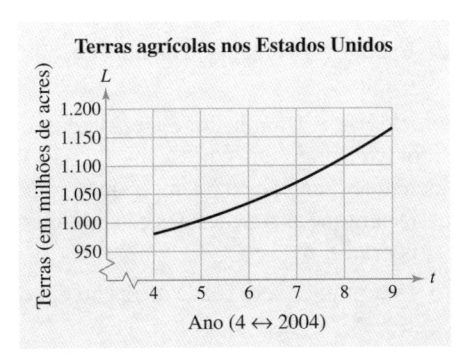

7. Tendências de consumo O gráfico mostra o número de visitantes V (em milhares) em um parque nacional durante um período de um ano, onde $t = 1$ corresponde a janeiro. Estime e interprete as inclinações do gráfico em $t = 1$, 8 e 12.

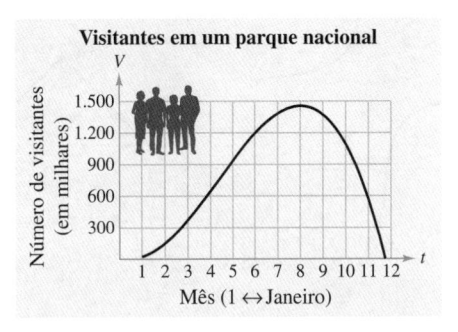

8. Rafting Dois atletas de rafting deixam um acampamento simultaneamente e iniciam um percurso de 9 milhas rio abaixo. Suas distâncias a partir da área do acampamento são dadas por $s = f(t)$ e $s = g(t)$, em que s é medido em milhas e t é medido em horas.

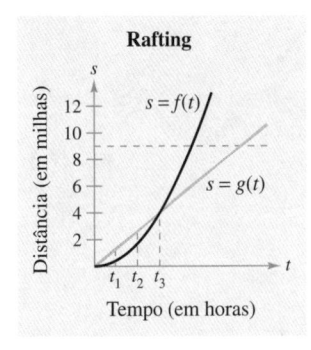

(a) Qual atleta está se movendo a uma taxa maior em t_1?
(b) O que é possível concluir acerca das taxas em t_2?
(c) O que é possível concluir acerca das taxas em t_3?
(d) Qual atleta terminou o percurso primeiro? Explique seu raciocínio.

Encontrando a inclinação de um gráfico Nos Exercícios 9-16, utilize a definição por limite para determinar a derivada da função. Em seguida, utilize a definição por limite para determinar a inclinação da reta tangente ao gráfico de f no ponto dado.

9. $f(x) = -3x - 5$; $(-2, 1)$
10. $f(x) = 7x + 3$; $(-1, 4)$
11. $f(x) = x^2 - 4x$; $(1, -3)$
12. $f(x) = x^2 + 10$; $(2, 14)$
13. $f(x) = \sqrt{x + 9}$; $(-5, 2)$
14. $f(x) = \sqrt{x - 1}$; $(10, 3)$
15. $f(x) = \dfrac{1}{x - 5}$; $(6, 1)$
16. $f(x) = \dfrac{1}{x + 4}$; $(-3, 1)$

Encontrando a Derivada Nos Exercícios 17-24, utilize a definição por limite para encontrar a derivada da função.

17. $f(x) = 9x + 1$
18. $f(x) = 1 - 4x$
19. $f(x) = -\frac{1}{2}x^2 + 2x$
20. $f(x) = 4 - x^2$
21. $f(x) = \sqrt{x - 5}$
22. $f(x) = \sqrt{x} + 3$

23. $f(x) = \dfrac{5}{x}$ **24.** $f(x) = \dfrac{1}{x+4}$

Determinando a diferenciabilidade Nos Exercícios 25-28, determine os valores de x nos quais a função é derivável. Explique seu raciocínio.

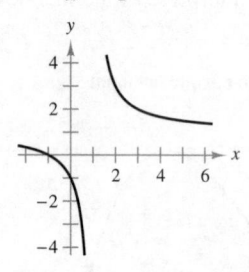

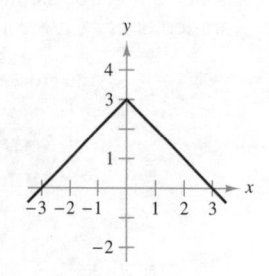

25. $y = \dfrac{x+1}{x-1}$ **26.** $y = -|x| + 3$

27. $y = \begin{cases} -x - 2, & x \leq 0 \\ x^3 + 2, & x > 0 \end{cases}$ **28.** $y = (x+1)^{2/3}$

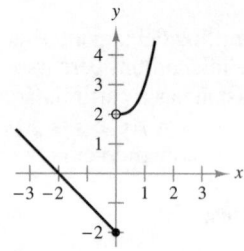

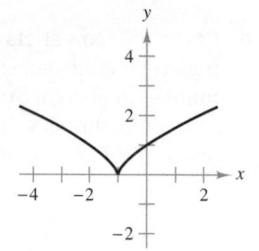

Encontrando derivadas Nos Exercícios 29-40, encontre a derivada da função.

29. $y = -6$ **30.** $f(x) = 5$

31. $f(x) = x^3$ **32.** $h(x) = \dfrac{1}{x^4}$

33. $f(x) = 4x^2$ **34.** $g(t) = 6t^5$

35. $f(x) = \dfrac{2x^4}{5}$ **36.** $y = 3x^{2/3}$

37. $g(x) = 2x^4 + 3x^2$ **38.** $f(x) = 6x^2 - 4x$

39. $y = x^2 + 6x - 7$ **40.** $y = 2x^4 - 3x^3 + x$

Encontrando a inclinação do gráfico Nos Exercícios 41-44, encontre a inclinação do gráfico da função no ponto dado.

41. $f(x) = 2x^{-1/2}$; $(4, 1)$

42. $y = \dfrac{3}{2x} + 3$; $\left(\dfrac{1}{2}, 6\right)$

43. $g(x) = x^3 - 4x^2 - 6x + 8$; $(-1, 9)$

44. $y = 2x^4 - 5x^3 + 6x^2 - x$; $(1, 2)$

Encontrando a equação da reta tangente Nos Exercícios 45-48, (a) encontre a equação da reta tangente ao gráfico da função no ponto dado, (b) use uma ferramenta gráfica para traçar a função e a reta tangente no ponto, e (c) use o recurso *derivative* de uma ferramenta gráfica para confirmar os resultados.

45. $f(x) = 2x^2 - 3x + 1$; $(2, 3)$

46. $y = 11x^4 - 5x^2 + 1$; $(-1, 7)$

47. $f(x) = \sqrt{x} - \dfrac{1}{\sqrt{x}}$; $(1, 0)$

48. $f(x) = -x^2 - 4x - 4$; $(-4, -4)$

49. Vendas As vendas anuais S (em milhões de dólares) referentes à Tractor Supply Company, nos anos de 2003 a 2009, podem ser modeladas por

$$S = -0{,}7500t^4 + 13{,}278t^3 - 74{,}50t^2 + 440{,}2t + 523$$

em que t é o ano, com $t = 3$ correspondendo a 2003 (*Fonte: Tractor Supply Company*)

(a) Determine as inclinações do gráfico nos anos de 2004 e 2007.

(b) Compare seus resultados com os obtidos no Exercício 5.

(c) Interprete a inclinação do gráfico no contexto do problema.

50. Fazendas A quantidade de terra de fazenda L (em milhões de acres) nos Estados Unidos nos anos de 2004 a 2009 pode ser modelada por

$$L = 0{,}0991t^3 + 1{,}512t^2 + 4{,}01t + 933{,}9$$

em que t é o ano, com $t = 4$ correspondendo a 2004. (*Fonte: Departamento de Agricultura dos Estados Unidos*)

(a) Encontre as inclinações do gráfico nos anos de 2006 e 2008.

(b) Compare seus resultados com os obtidos no Exercício 6.

(c) Interprete a inclinação do gráfico no contexto do problema.

Encontrando taxas de variação Nos Exercícios 51-54, use uma ferramenta gráfica para traçar a função e encontrar a taxa de variação no intervalo. Compare essa taxa com as taxas instantâneas de variação nas extremidades do intervalo.

51. $f(t) = 4t + 3$; $[-3, 1]$

52. $f(x) = x^{2/3}$; $[1, 8]$

53. $f(x) = x^2 + 3x - 4$; $[0, 1]$

54. $f(x) = x^3 + x$; $[-2, 2]$

55. Velocidade A altura s (em pés) no instante t (em segundos) de uma bola atirada para cima do topo de um edifício de 300 pés com velocidade inicial de 24 pés por segundo é dada por

$$s = -16t^2 + 24t + 300.$$

(a) Encontre a velocidade média no intervalo $[1, 2]$.

(b) Encontre as velocidades instantâneas quando $t = 1$ e $t = 3$.

(c) Quanto tempo vai levar para a bola atingir o solo?

(d) Encontre a velocidade da bola quando ela atinge o solo.

56. Velocidade Uma pedra é largada de uma torre na Brooklyn Bridge, a 276 pés acima do East River. Considere que t representa o tempo em segundos.

(a) Determine as funções posição e velocidade para a pedra.

(b) Determine a velocidade média no intervalo $[0, 2]$.

(c) Determine as velocidades instantâneas em, $t = 2$ e $t = 3$.

(d) Quanto tempo levará até que a pedra atinja a água?

(e) Determine a velocidade da pedra quando ela atinge a água.

Custo marginal Nos Exercícios 57-60, determine o custo marginal para produzir *x* unidades. (O custo é medido em dólares.)

57. $C = 2.500 + 320x$

58. $C = 3x^3 + 24.000$

59. $C = 370 + 2{,}55\sqrt{x}$

60. $C = 475 + 5{,}25x^{2/3}$

Rendimento marginal Nos Exercícios 61-64, determine o rendimento marginal para a produção de *x* unidades. (O rendimento é medido em dólares.)

61. $R = 150x - 0{,}6x^2$

62. $R = 150x - \frac{3}{4}x^2$

63. $R = -4x^3 + 2x^2 + 100x$

64. $R = 4x + 10\sqrt{x}$

Lucro marginal Nos Exercícios 65 e 66, determine o lucro marginal para a produção de *x* unidades. (O lucro é medido em dólares.)

65. $P = -0{,}0002x^3 + 6x^2 - x - 2.000$

66. $P = -\frac{1}{15}x^3 + 4.000x^2 - 120x - 144.000$

67. Lucro marginal O lucro *P* (em dólares) da venda de *x* unidades é dado por

$$P = -0{,}05x^2 + 20x - 1.000.$$

(a) Determine o lucro adicional quando as vendas aumentam de 100 para 101 unidades.

(b) Determine o lucro marginal quando $x = 100$ unidades.

(c) Compare os resultados das partes (a) e (b).

68. Crescimento populacional A população *P* do Brasil (em milhões), de 1980 a 2010, pode ser modelada por

$$P = -0{,}007t^2 + 2{,}78t + 123{,}6$$

em que *t* representa o ano, com $t = 0$ correspondendo a 1980. (*Fonte: U. S. Census Bureau*).

(a) Calcule *P* para $t = 0, 5, 10, 15, 20, 25$ e 30. Explique esses valores.

(b) Determine a taxa de crescimento da população, dP/dt.

(c) Calcule dP/dt para os mesmos valores que na parte (a). Explique seus resultados.

Determinando derivadas Nos Exercícios 69-90, encontre a derivada da função. Diga qual(is) regra(s) de derivação você utilizou para encontrar a derivada.

69. $f(x) = x^3(5 - 3x^2)$

70. $y = (3x^2 + 7)(x^2 - 2x)$

71. $y = (4x - 3)(x^3 - 2x^2)$

72. $s = \left(4 - \frac{1}{t^2}\right)(t^2 - 3t)$

73. $g(x) = \frac{x}{x + 3}$

74. $f(x) = \frac{2 - 5x}{3x + 1}$

75. $f(x) = \frac{6x - 5}{x^2 + 1}$

76. $f(x) = \frac{x^2 + x - 1}{x^2 - 1}$

77. $f(x) = (5x^2 + 2)^3$

78. $f(x) = \sqrt[3]{x^2 - 1}$

79. $h(x) = \frac{2}{\sqrt{x + 1}}$

80. $g(x) = \sqrt{x^6 - 12x^3 + 9}$

81. $g(x) = x\sqrt{x^2 + 1}$

82. $g(t) = \frac{t}{(1 - t)^3}$

83. $f(x) = x(1 - 4x^2)^2$

84. $f(x) = \left(x^2 + \frac{1}{x}\right)^5$

85. $h(x) = [x^2(2x + 3)]^3$

86. $f(x) = [(x - 2)(x + 4)]^2$

87. $f(x) = x^2(x - 1)^5$

88. $f(s) = s^3(s^2 - 1)^{5/2}$

89. $h(t) = \frac{\sqrt{3t + 1}}{(1 - 3t)^2}$

90. $g(x) = \frac{(3x + 1)^2}{(x^2 + 1)^2}$

91. Ciência física A temperatura *T* (em graus Fahrenheit) de alimento colocado em um *freezer* pode ser modelada por

$$T = \frac{1.300}{t^2 + 2t + 25}$$

em que *T* é o tempo (em horas).

(a) Determine as taxas de variação de *T* em $t = 1, 3, 5$ e 10.

(b) Em uma ferramenta gráfica, trace o modelo e descreva a taxa na qual a temperatura está variando.

92. Silvicultura De acordo com a *regra de toras, de Doyle* (em *board-feet*), o volume *V* de uma tora com comprimento *L* (em pés) e diâmetro *D* (em polegadas) na extremidade pequena é

$$V = \left(\frac{D - 4}{4}\right)^2 L.$$

Determine a taxa na qual o volume varia em relação a *D* para uma tora com 12 pés de comprimento, cujo menor diâmetro é (a) 8 polegadas, (b) 16 polegadas, (c) 24 polegadas e (d) 36 polegadas.

Determinando derivadas de ordem superior Nos exercícios 93-100, encontre a derivada de ordem superior.

Dados	Derivada
93. $f(x) = 3x^2 + 7x + 1$	$f''(x)$
94. $f'(x) = 5x^4 - 6x^2 + 2x$	$f'''(x)$
95. $f'''(x) = -\dfrac{6}{x^4}$	$f^{(5)}(x)$
96. $f(x) = \sqrt{x}$	$f^{(4)}(x)$

Dados	Derivada
97. $f'(x) = 7x^{5/2}$	$f''(x)$
98. $f(x) = x^2 + \dfrac{3}{x}$	$f''(x)$
99. $f''(x) = 6\sqrt[3]{x}$	$f'''(x)$
100. $f'''(x) = 20x^4 - \dfrac{2}{x^3}$	$f^{(5)}(x)$

101. Atletismo Uma pessoa mergulha de uma plataforma de 30 pés, com velocidade de 5 pés por segundo (para cima).
(a) Determine a função posição do mergulhador.
(b) Quanto tempo levará até que o mergulhador atinja a água?
(c) Qual é a velocidade do mergulhador no momento de impacto?
(d) Qual é a aceleração do mergulhador no momento de impacto?

102. Velocidade e aceleração A função posição de uma partícula é dada por

$$s = \frac{1}{t^2 + 2t + 1}$$

em que s é a altura (em pés) e t é o tempo (em segundos). Determine as funções velocidade e aceleração.

Encontrando derivadas Nos Exercícios 103-106, utilize a derivação implícita para encontrar dy/dx.
103. $x^2 + 3xy + y^3 = 10$
104. $x^2 + 9xy + y^2 = 0$
105. $y^2 - x^2 + 8x - 9y - 1 = 0$
106. $y^2 + x^2 - 6y - 2x - 5 = 0$

Encontrando uma equação de uma reta tangente Nos Exercícios 107-110, utilize a derivação implícita para encontrar a equação da reta tangente ao gráfico da função no ponto dado.

Equação	Ponto
107. $y^2 = x - y$	$(2, 1)$
108. $2\sqrt[3]{x} + 3\sqrt{y} = 10$	$(8, 4)$
109. $y^2 - 2x = xy$	$(1, 2)$
110. $y^3 - 2x^2 y + 3xy^2 = -1$	$(0, -1)$

111. Área O raio r de um círculo está aumentando a uma taxa de 2 polegadas por minuto. Encontre a taxa de variação da área em (a) $r = 3$ polegadas e (b) $r = 10$ polegadas.

112. Ponto em movimento Um ponto está se movendo ao longo do gráfico de $y = \sqrt{x}$ de tal modo que dx/dt é 3 centímetros por segundo. Encontre dy/dt para (a) $x = \frac{1}{4}$, (b) $x = 1$ e (c) $x = 4$.

113. Nível da água Uma piscina tem 40 pés de comprimento, 20 pés de largura, 4 pés de profundidade na extremidade rasa e 9 pés de profundidade na extremidade funda, como indica a figura. A água é bombeada para a piscina a uma taxa de 10 pés cúbicos por minuto. Determine quão rápido o nível da água aumenta quando há 4 pés de água na parte mais profunda.

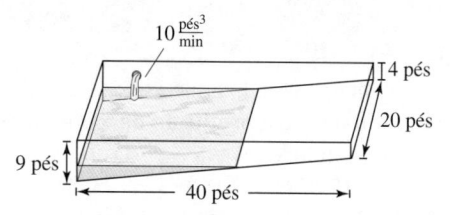

114. Lucro As funções custo e demanda para um produto podem ser modeladas por

$$p = 211 - 0{,}002x$$

e

$$C = 30x + 1.500.000$$

em que x é o número de unidades produzidas.
(a) Escreva a função lucro desse produto.
(b) Determine o lucro marginal quando 80.000 unidades são produzidas.
(c) Trace o gráfico da função lucro com uma ferramenta gráfica e utilize esse gráfico para determinar o preço que você cobraria pelo produto. Explique seu raciocínio.

TESTE DO CAPÍTULO

Faça este teste como se estivesse em uma sala de aula. Ao concluir, compare suas respostas às respostas fornecidas no final do livro.

Nos Exercícios 1 e 2, utilize a definição por limite para determinar a derivada da função. Em seguida, determine a inclinação da reta tangente ao gráfico de f no ponto dado.

1. $f(x) = x^2 + 1$; $(2, 5)$ **2.** $f(x) = \sqrt{x} - 2$; $(4, 0)$

Nos Exercícios 3-11, determine a derivada da função. Simplifique seu resultado.

3. $f(t) = t^3 + 2t$ **4.** $f(x) = 4x^2 - 8x + 1$ **5.** $f(x) = x^{3/2}$

6. $f(x) = (x + 3)(x^2 + 2x)$ **7.** $f(x) = -3x^{-3}$ **8.** $f(x) = \sqrt{x}(5 + x)$

9. $f(x) = (3x^2 + 4)^2$ **10.** $f(x) = \sqrt{1 - 2x}$ **11.** $f(x) = \dfrac{(5x - 1)^3}{x}$

12. Determine uma equação da reta tangente ao gráfico de

$$f(x) = x - \frac{1}{x}$$

no ponto $(1, 0)$. Em seguida, use uma ferramenta gráfica para traçar o gráfico da função e a reta tangente na mesma janela de visualização.

13. As vendas anuais S (em bilhões de dólares por ano) da CVS Caremark nos anos 2004 a 2009, podem ser modeladas por

$$S = -1{,}3241t^3 + 26{,}562t^2 - 155{,}81t + 314{,}3$$

em que t representa o ano e $t = 4$ corresponde a 2004. *(Fonte: CVS Caremark Corporation)*

(a) Determine a taxa de variação média no intervalo de 2005 a 2008.

(b) Determine as taxas de variação instantâneas do modelo em 2005 e 2008.

(c) Interprete os resultados dos itens (a) e (b) no contexto do problema.

14. As funções custo e demanda mensais de um produto são dadas por

$$p = 1.700 - 0{,}016x \quad \text{e} \quad C = 715.000 + 240x.$$

(a) Escreva a função de lucro para esse produto.

(b) Encontre a taxa de variação do lucro quando as vendas mensais são $x = 700$ unidades.

Nos Exercícios 15-17, determine a terceira derivada da função. Simplifique os resultados.

15. $f(x) = 2x^2 + 3x + 1$ **16.** $f(x) = \sqrt{3 - x}$ **17.** $f(x) = \dfrac{2x + 1}{2x - 1}$

18. Uma bola é lançada diretamente para cima de uma altura de 75 pés acima do solo com velocidade inicial de 30 pés por segundo. Escreva as funções posição, velocidade e aceleração da bola. Encontre a altura, a velocidade e a aceleração quando $t = 2$.

Nos Exercícios 19-21, utilize a derivação implícita para determinar *dy/dx*.

19. $x + xy = 6$ **20.** $y^2 + 2x - 2y + 1 = 0$ **21.** $x^2 - 2y^2 = 4$

22. O raio r de um cilindro circular reto aumenta a uma taxa de 0,25 centímetros por minuto. A altura h do cilindro relaciona-se ao raio por $h = 20r$. Determine a taxa de variação do volume quando (a) $r = 0{,}5$ centímetros e (b) $r = 1$ centímetro.

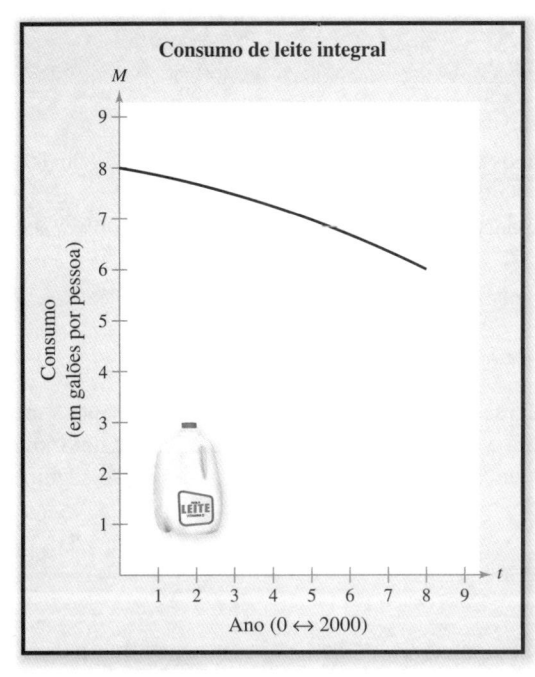

3 Aplicações da derivada

Consumo de leite integral

O Exemplo 2, na página 167, ilustra como a derivada pode ser usada para mostrar que o consumo de leite diminuiu nos Estados Unidos de 2000 a 2008.

3.1 Funções crescentes e decrescentes
3.2 Extremos e o teste da primeira derivada
3.3 Concavidade e o teste da segunda derivada
3.4 Problemas de otimização
3.5 Aplicações comerciais e econômicas
3.6 Assíntotas
3.7 Esboço de curvas: resumo
3.8 Diferenciais e análise marginal

3.1 Funções crescentes e decrescentes

- Testar funções para ver se são crescentes ou decrescentes.
- Determinar os números críticos das funções e os intervalos abertos nos quais as funções são crescentes ou decrescentes.
- Utilizar funções crescentes e decrescentes para modelar e resolver problemas da vida real.

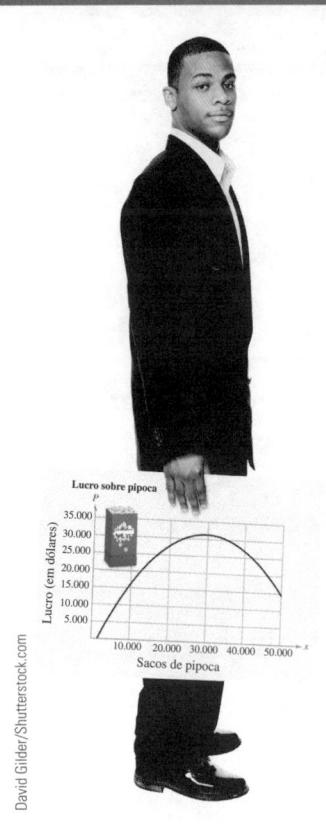

Funções crescentes e decrescentes

Uma função é **crescente** quando seu gráfico faz um movimento ascendente à medida que x se move para a direita e **decrescente** quando seu gráfico faz um movimento descendente à medida que x se move para a direita. A definição seguinte expressa isso mais formalmente.

No Exercício 47, na página 174, você utilizará derivadas e números críticos para encontrar os intervalos nos quais o lucro com a venda de pipoca é crescente e decrescente.

Definição de função crescente e decrescente

Uma função f é **crescente** em um intervalo quando, para quaisquer dois números x_1 e x_2 no intervalo,

$$x_2 > x_1 \quad \text{implica} \quad f(x_2) > f(x_1).$$

Uma função f é **decrescente** em um intervalo quando, para quaisquer dois números x_1 e x_2 no intervalo,

$$x_2 > x_1 \quad \text{implica} \quad f(x_2) < f(x_1).$$

A função na Figura 3.1 é decrescente no intervalo $(-\infty, a)$, constante no intervalo (a, b) e crescente no intervalo (b, ∞). Na verdade, pela definição de função crescente e decrescente, a função mostrada na Figura 3.1 é decrescente no intervalo $(-\infty, a]$ e crescente no intervalo $[b, \infty)$. Este livro restringe-se apenas a discutir como encontrar intervalos *abertos* nos quais uma função é crescente ou decrescente.

A derivada de uma função pode ser usada para determinar se a função é crescente ou decrescente em um intervalo.

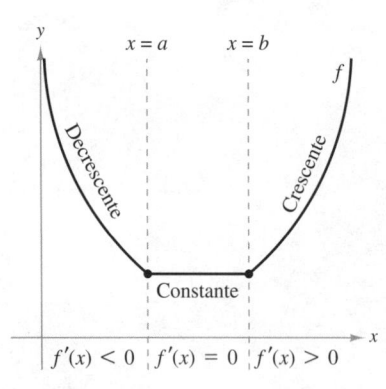

FIGURA 3.1

Teste para funções crescentes e decrescentes

Suponha que f seja diferenciável no intervalo (a, b).

1. Se $f'(x) > 0$ para todo x em (a, b), então f é crescente em (a, b).
2. Se $f'(x) < 0$ para todo x em (a, b), então f é decrescente em (a, b).
3. Se $f'(x) = 0$ para todo x em (a, b), então f é constante em (a, b).

DICA DE ESTUDO

As conclusões nos dois primeiros casos do teste para funções crescentes e decrescentes são válidas mesmo se $f'(x) = 0$ para um número finito de valores de x em (a, b).

Exemplo 1 — Teste para funções crescentes e decrescentes

Mostre que a função $f(x) = x^2$ é decrescente no intervalo aberto $(-\infty, 0)$ e crescente no intervalo aberto $(0, \infty)$.

SOLUÇÃO A derivada de f é

$$f'(x) = 2x.$$

No intervalo aberto $(-\infty, 0)$, o fato de x ser negativo implica que $f'(x) = 2x$ também é negativa. Então, pelo teste para função decrescente, pode-se concluir que f é *decrescente* nesse intervalo. Do mesmo modo, no intervalo aberto $(0, \infty)$, o fato de x ser positivo implica que $f'(x) = 2x$ também é positiva. Então, segue que f é *crescente* nesse intervalo, como mostra a Figura 3.2.

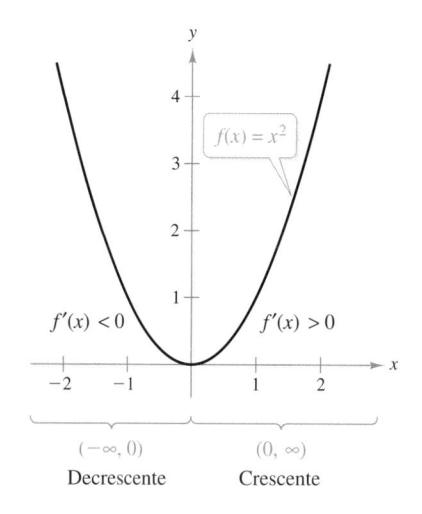

FIGURA 3.2

✓ AUTOAVALIAÇÃO 1

Mostre que a função $f(x) = x^4$ é decrescente no intervalo aberto $(-\infty, 0)$ e crescente no intervalo aberto $(0, \infty)$.

Exemplo 2 — Modelagem de consumo

De 2000 a 2008, o consumo M de leite integral nos Estados Unidos (em galões por pessoa por ano) pode ser modelado por

$$M = -0,015t^2 + 0,13t + 8,0, \quad 0 \le t \le 8$$

em que $t = 0$ corresponde a 2000 (veja a Figura 3.3). Mostre que o consumo de leite integral estava diminuindo de 2000 a 2008. (*Fonte: U. S. Department of Agriculture*)

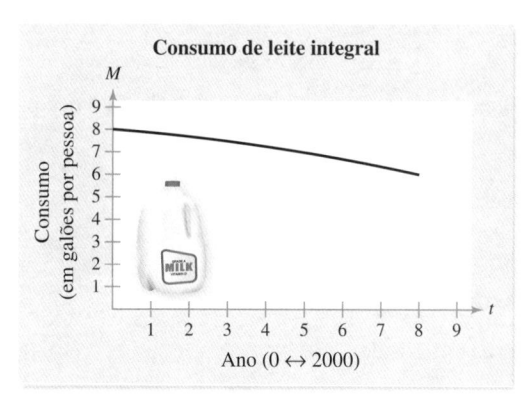

FIGURA 3.3

SOLUÇÃO A derivada desse modelo é $dM/dt = -0,030t + 0,13$. No intervalo aberto $(0, 8)$, a derivada é negativa. Então, a função é decrescente, o que significa que o consumo de leite integral estava diminuindo durante o período.

✓ AUTOAVALIAÇÃO 2

De 2003 a 2008, o consumo F de frutas frescas nos Estados Unidos (em libras por pessoa por ano) pode ser modelado por

$$F = -0,7674t^2 + 2,872t + 277,87, \quad 3 \le t \le 8$$

em que $t = 3$ corresponde a 2003. Mostre que o consumo de fruta fresca estava decrescendo de 2003 a 2008. (*Fonte: U. S. Department of Agriculture*)

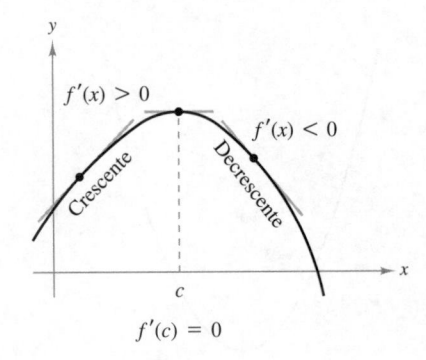

$f'(x) > 0$ Crescente
$f'(x) < 0$ Decrescente
$f'(c) = 0$

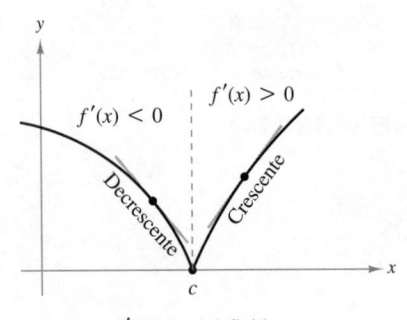

$f'(x) < 0$ Decrescente
$f'(x) > 0$ Crescente
$f'(c)$ não é definida.

FIGURA 3.4

DICA DE ESTUDO

A definição de número crítico exige que ele esteja no domínio da função. Por exemplo, $x = 0$ não é um número crítico da função $f(x) = 1/x$.

Números críticos e seus usos

No Exemplo 1 foram fornecidos dois intervalos: um no qual a função era crescente e outro no qual a função era decrescente. Suponha que você deva determinar esses intervalos. Para fazê-lo, poderia usar o fato de que, para uma função contínua, $f'(x)$ pode mudar de sinal somente em valores de x nos quais $f'(x) = 0$ ou em valores de x nos quais $f'(x)$ não é definida, como mostrado na Figura 3.4. Esses dois tipos de números são chamados de **números críticos** de f.

Definição de número crítico

Se f é definida em c, então c é um número crítico de f se $f'(c) = 0$ ou se $f'(c)$ não for definida.

Exemplo 3 Encontrando números críticos

Encontre os números críticos de

$$f(x) = 2x^3 - 9x^2.$$

SOLUÇÃO Comece por derivar a função.

$f(x) = 2x^3 - 9x^2$ — Escreva a função original.
$f'(x) = 6x^2 - 18x$ — Derive.

Para encontrar os números críticos de f você deve determinar todos os valores de x para os quais $f'(x) = 0$ e todos os valores de x para os quais $f'(x)$ não é definida.

$6x^2 - 18x = 0$ — Iguale $f'(x)$ a 0.
$6x(x - 3) = 0$ — Fatore.
$x = 0, x = 3$ — Números críticos

Como não há valores de x para os quais f' não é definida, você pode concluir que

$x = 0$ e $x = 3$

são os únicos números críticos de f.

✓ AUTOAVALIAÇÃO 3

Encontre os números críticos de

$$f(x) = x^2 - x.$$

Para determinar os intervalos nos quais uma função contínua é crescente ou decrescente, pode-se usar as diretrizes abaixo.

Diretrizes para aplicar o teste crescente/decrescente

1. Determine a derivada de f.
2. Localize os números críticos de f e use tais números para determinar os intervalos de teste, isto é, determine todos os x para os quais $f'(x) = 0$ ou $f'(x)$ não é definida.
3. Teste o sinal de $f'(x)$ em um número arbitrário em cada um dos intervalos de teste.
4. Use o teste para funções crescentes e decrescentes para decidir se f é crescente ou decrescente em cada intervalo.

Exemplo 4 — Intervalos nos quais f é crescente ou decrescente

Determine os intervalos abertos nos quais a função é crescente ou decrescente.

$$f(x) = x^3 - \frac{3}{2}x^2$$

SOLUÇÃO Comece determinando a derivada de f. Então, iguale a derivada a zero e resolva para determinar os números críticos.

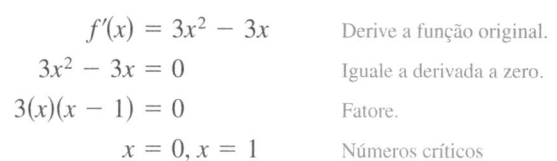

$f'(x) = 3x^2 - 3x$ Derive a função original.

$3x^2 - 3x = 0$ Iguale a derivada a zero.

$3(x)(x - 1) = 0$ Fatore.

$x = 0,\ x = 1$ Números críticos

Pelo fato de não haver nenhum valor de x para o qual f' não é definida, $x = 0$ e $x = 1$ são os únicos números críticos. Então, os intervalos que precisam ser testados são

$(-\infty, 0), (0, 1)$ e $(1, \infty)$.   Intervalos de teste

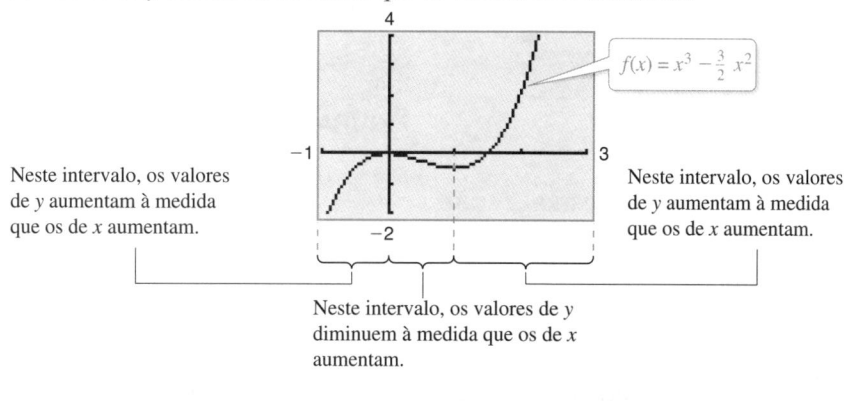

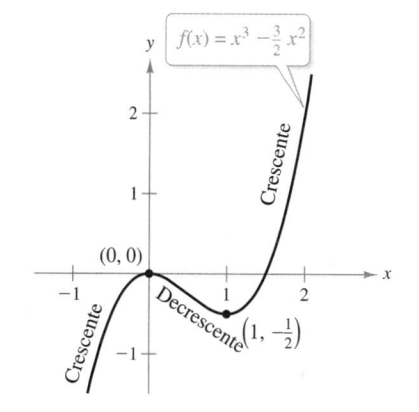

FIGURA 3.5

A tabela resume os testes desses três intervalos.

Intervalo	$-\infty < x < 0$	$0 < x < 1$	$1 < x < \infty$
Valor de teste	$x = -1$	$x = \frac{1}{2}$	$x = 2$
Sinal de $f'(x)$	$f'(-1) = 6 > 0$	$f'\left(\frac{1}{2}\right) = -\frac{3}{4} < 0$	$f'(2) = 6 > 0$
Conclusão	crescente	decrescente	crescente

O gráfico de f é mostrado na Figura 3.5. Observe que os valores de testes nos intervalos foram escolhidos por conveniência – outros valores de x poderiam ter sido usados.

✓ AUTOAVALIAÇÃO 4

Determine os intervalos abertos nos quais a função $f(x) = x^3 - 12x$ é crescente ou decrescente. ∎

TUTOR TÉCNICO

Pode-se usar o recurso *trace* de uma ferramenta gráfica para confirmar o resultado do Exemplo 4. Comece traçando o gráfico da função, como mostrado abaixo. Então, acione o recurso *trace* e mova o cursor da esquerda para a direita. Nos intervalos nos quais a função é crescente, observe que os valores de y aumentam à medida que os valores de x também aumentam, enquanto nos intervalos nos quais a função é decrescente, os valores de y diminuem à medida que os valores de x aumentam.

Neste intervalo, os valores de y aumentam à medida que os de x aumentam.

Neste intervalo, os valores de y aumentam à medida que os de x aumentam.

Neste intervalo, os valores de y diminuem à medida que os de x aumentam.

A função no Exemplo 4 não é somente contínua em toda a reta real, como também é diferenciável nela. Para tais funções, os únicos números críticos são aqueles para os quais $f'(x) = 0$. O próximo exemplo considera uma função contínua que tem *ambos* os tipos de números críticos – aqueles para os quais $f'(x) = 0$ e aqueles para os quais $f'(x)$ não é definida.

Exemplo 5 Intervalos nos quais f é crescente ou decrescente

Determine os intervalos abertos nos quais a função

$$f(x) = (x^2 - 4)^{2/3}$$

é crescente ou decrescente.

SOLUÇÃO Comece por determinar a derivada da função.

$$f'(x) = \frac{2}{3}(x^2 - 4)^{-1/3}(2x) \qquad \text{Derive.}$$

$$= \frac{4x}{3(x^2 - 4)^{1/3}} \qquad \text{Simplifique.}$$

A partir daqui, é possível perceber que a derivada é zero quando $x = 0$ e a derivada não é definida quando $x = \pm 2$. Então, os números críticos são

$$x = -2, \quad x = 0 \quad \text{e} \quad x = 2. \qquad \text{Números críticos}$$

Isso significa que os intervalos de teste são

$$(-\infty, -2), \quad (-2, 0), \quad (0, 2) \quad \text{e} \quad (2, \infty). \qquad \text{Intervalos de teste}$$

A tabela resume os testes desses quatro intervalos e o gráfico da função é mostrado na Figura 3.6.

Intervalo	$-\infty < x < -2$	$-2 < x < 0$	$0 < x < 2$	$2 < x < \infty$
Valor de teste	$x = -3$	$x = -1$	$x = 1$	$x = 3$
Sinal de $f'(x)$	$f'(-3) < 0$	$f'(-1) > 0$	$f'(1) < 0$	$f'(3) > 0$
Conclusão	Decrescente	Crescente	Decrescente	Crescente

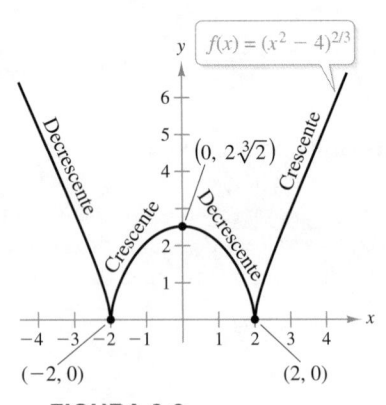

FIGURA 3.6

TUTOR DE ÁLGEBRA

Para ajuda com a álgebra no Exemplo 5, consulte o Exemplo 2(d) no *Tutor de álgebra do Capítulo 3*, na página 241.

DICA DE ESTUDO

Para testar os intervalos na tabela, no Exemplo 5, não é necessário *calcular $f'(x)$* em cada valor de teste – pode-se apenas determinar seu sinal. Por exemplo, é possível determinar o sinal de $f'(-3)$, como mostrado abaixo.

$$f'(-3) = \frac{4(-3)}{3(9-4)^{1/3}}$$

$$= \frac{\text{negativo}}{\text{positivo}}$$

$$= \text{negativo}$$

✓**AUTOAVALIAÇÃO 5**

Determine os intervalos abertos nos quais a função

$$f(x) = x^{2/3}$$

é crescente ou decrescente.

As funções nos Exemplos de 1 a 5 são contínuas em toda a reta real. Se existirem valores de x isolados para os quais uma função não é contínua, então esses valores de x devem ser usados juntamente com os números críticos para determinar os intervalos de teste.

Exemplo 6 Teste de uma função que não é contínua

A função

$$f(x) = \frac{x^4 + 1}{x^2}$$

não é contínua quando $x = 0$. Como a derivada de f,

$$f'(x) = \frac{2(x^4 - 1)}{x^3},$$

é zero quando $x = \pm 1$, deve-se usar os seguintes números para determinar os intervalos de teste.

$x = -1, x = 1$ \quad Números críticos
$x = 0$ \quad Descontinuidade

Após testar $f'(x)$, descobre-se que a função é decrescente nos intervalos $(-\infty, -1)$ e $(0, 1)$ e crescente nos intervalos $(-1, 0)$ e $(1, \infty)$, como mostrado na Figura 3.7.

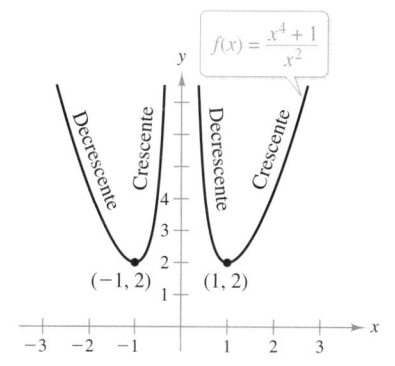

FIGURA 3.7

✓ AUTOAVALIAÇÃO 6

Determine os intervalos abertos nos quais a função $f(x) = \dfrac{x^2 + 1}{x}$ é crescente ou decrescente. ∎

A recíproca do teste para funções crescentes e decrescentes *não* é verdadeira. Por exemplo, é possível que uma função seja crescente em um intervalo, apesar de sua derivada não ser positiva em todos os pontos do intervalo.

Exemplo 7 Teste para uma função crescente

Mostre que $f(x) = x^3 - 3x^2 + 3x$ é crescente em toda a reta real.

SOLUÇÃO A partir da derivada de f,

$$f'(x) = 3x^2 - 6x + 3 = 3(x - 1)^2$$

pode-se observar que o único número crítico é $x = 1$. Então, os intervalos de teste são $(-\infty, 1)$ e $(1, \infty)$. A tabela resume os testes desses dois intervalos. A partir da Figura 3.8, é possível observar que f é crescente em toda a reta real, apesar de $f'(1) = 0$. Para se convencer disso, consulte novamente a definição de função crescente.

Intervalo	$-\infty < x < 1$	$1 < x < \infty$
Valor de teste	$x = 0$	$x = 2$
Sinal de $f'(x)$	$f'(0) = 3(-1)^2 > 0$	$f'(2) = 3(1)^2 > 0$
Conclusão	Crescente	Crescente

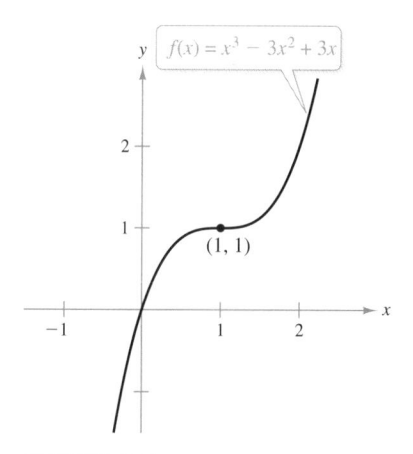

FIGURA 3.8

✓ AUTOAVALIAÇÃO 7

Mostre que $f(x) = -x^3 + 2$ é decrescente em toda a reta real. ∎

Aplicação

Exemplo 8 Análise de lucro

Um distribuidor nacional de brinquedos determina os modelos de custo e receita de um de seus jogos.

$$C = 2,4x - 0,0002x^2, \quad 0 \leq x \leq 6.000$$
$$R = 7,2x - 0,001x^2, \quad 0 \leq x \leq 6.000$$

Determine o intervalo no qual a função de lucro é crescente.

SOLUÇÃO O lucro na produção de x jogos é

$$\begin{aligned}P &= R - C \\ &= (7,2x - 0,001x^2) - (2,4x - 0,0002x^2) \\ &= 4,8x - 0,0008x^2.\end{aligned}$$

Para determinar o intervalo no qual o lucro é crescente, iguale o lucro marginal P' a zero e resolva para determinar x.

$P' = 4,8 - 0,0016x$	Derive a função lucro.
$4,8 - 0,0016x = 0$	Iguale P' a 0.
$-0,0016x = -4,8$	Subtraia 4,8 de cada lado.
$x = \dfrac{-4,8}{-0,0016}$	Divida cada lado por $-0,0016$.
$x = 3.000$ jogos	Simplifique.

No intervalo $(0, 3.000)$, P' é positivo, e o lucro é *crescente*. No intervalo $(3.000, 6.000)$, P' é negativo, e o lucro é *decrescente*. Os gráficos das funções custo, receita e lucro são mostrados na Figura 3.9.

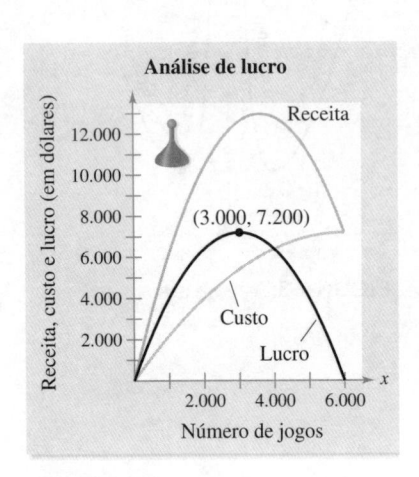

Análise de lucro

(3.000, 7.200)

FIGURA 3.9

✓ AUTOAVALIAÇÃO 8

Um distribuidor nacional de brinquedos para animais de estimação determina as funções custo e receita para um de seus brinquedos.

$$C = 1,2x - 0,0001x^2, \quad 0 \leq x \leq 6.000$$
$$R = 3,6x - 0,0005x^2, \quad 0 \leq x \leq 6.000$$

Determine o intervalo no qual a função lucro é crescente. ∎

PRATIQUE (Seção 3.1)

1. Enuncie o teste para funções crescentes e decrescentes *(página 166)*. Para um exemplo de testes para funções crescentes e decrescentes, veja o Exemplo 1.

2. Dê a definição de número crítico *(página 168)*. Para um exemplo de como encontrar um número crítico, veja o Exemplo 3.

3. Descreva as diretrizes para determinar os intervalos nos quais uma função contínua é crescente ou decrescente *(página 168)*. Para exemplos de como encontrar os intervalos nos quais uma função é crescente ou decrescente, veja os Exemplos 4, 5 e 7.

4. Descreva em um exemplo da vida real como os testes para funções crescentes e decrescentes podem ser usados para analisar o lucro de uma empresa *(página 172, Exemplo 8)*.

Recapitulação 3.1

Os exercícios preparatórios a seguir envolvem conceitos vistos em cursos ou seções anteriores. Esses conceitos serão utilizados no conjunto de exercícios desta seção. Para obter mais ajuda, consulte a Seção A.3 do Apêndice e a Seção 1.4.

Nos Exercícios 1-4, resolva a equação.

1. $x^2 = 8x$
2. $15x = \dfrac{5}{8}x^2$
3. $\dfrac{x^2 - 25}{x^3} = 0$
4. $\dfrac{2x}{\sqrt{1-x^2}} = 0$

Nos Exercícios 5-8, determine o domínio da expressão.

5. $y = \dfrac{x+3}{x-3}$
6. $y = \dfrac{2}{\sqrt{1-x}}$
7. $y = \dfrac{2x+1}{x^2 - 3x - 10}$
8. $y = \dfrac{3x}{\sqrt{9-3x^2}}$

Nos Exercícios 9-12, calcule a expressão quando $x = -2$, 0 e 2.

9. $-2(x+1)(x-1)$
10. $4(2x+1)(2x-1)$
11. $\dfrac{2x+1}{(x-1)^2}$
12. $\dfrac{-2(x+1)}{(x-4)^2}$

Exercícios 3.1

Uso de gráficos Nos Exercícios 1-4, use o gráfico para estimar os intervalos abertos nos quais a função é crescente ou decrescente.

1. $f(x) = -(x+1)^2$ 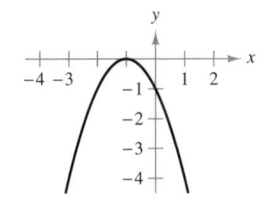
2. $f(x) = \dfrac{x^3}{4} - 3x$ 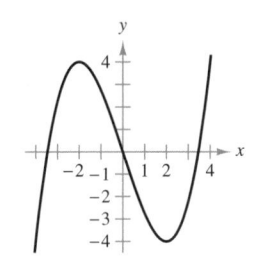
3. $f(x) = x^4 - 2x^2$ 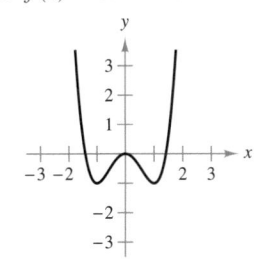
4. $f(x) = -(x^2 - 9)^{2/3}$

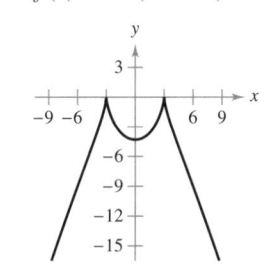

Determinando números críticos Nos Exercícios 5-10, encontre os números críticos da função. *Veja o Exemplo 3.*

5. $f(x) = 4x^2 - 6x$
6. $g(x) = 2x^2 - 54x$
7. $y = x^4 + 4x^3 + 8$
8. $f(x) = 3x^2 + 10$
9. $f(x) = \sqrt{x^2 - 4}$
10. $y = \dfrac{x}{x^2 + 16}$

Intervalos nos quais f é crescente ou decrescente Nos Exercícios 11-34, encontre os números críticos e os intervalos abertos nos quais a função é crescente ou decrescente. Utilize uma ferramenta gráfica para verificar seus resultados. *Veja os Exemplos 4 e 5.*

11. $f(x) = 2x - 3$
12. $f(x) = 5 - 3x$
13. $y = x^2 - 6x$
14. $y = -x^2 + 2x$
15. $f(x) = -2x^2 + 4x + 3$
16. $f(x) = x^2 + 8x + 10$
17. $y = 3x^3 + 12x^2 + 15x$
18. $y = x^3 - 6x^2$
19. $f(x) = x^4 - 2x^3$
20. $f(x) = \frac{1}{4}x^4 - 2x^2$
21. $g(x) = (x+2)^2$
22. $y = (x-2)^3$
23. $g(x) = -(x-1)^2$
24. $y = x^3 - 3x + 2$
25. $y = x^{1/3} + 1$
26. $y = x^{2/3} - 4$
27. $f(x) = \sqrt{x^2 - 1}$
28. $f(x) = \sqrt{9 - x^2}$
29. $g(x) = (x+2)^{1/3}$
30. $g(x) = (x-1)^{2/3}$
31. $f(x) = x\sqrt{x+1}$
32. $h(x) = x\sqrt[3]{x-1}$
33. $f(x) = \dfrac{x}{x^2 + 9}$
34. $f(x) = \dfrac{x^2}{x^2 + 4}$

Intervalos nos quais f é crescente ou decrescente Nos Exercícios 35-42, encontre os números críticos e os intervalos abertos nos quais a função é crescente ou decrescente. (*Dica:* verifique a existência de descontinuidades.) Esboce o gráfico da função. *Veja o Exemplo 6.*

35. $f(x) = \dfrac{x+4}{x-5}$

36. $f(x) = \dfrac{x^2}{x^2-9}$

37. $f(x) = \dfrac{2x}{16-x^2}$

38. $f(x) = \dfrac{x}{x+1}$

39. $y = \begin{cases} 4-x^2, & x \leq 0 \\ -2x, & x > 0 \end{cases}$

40. $y = \begin{cases} -x^3+1, & x \leq 0 \\ -x^2+2x, & x > 0 \end{cases}$

41. $y = \begin{cases} 2x+1, & x \leq -1 \\ x^2-2, & x > -1 \end{cases}$

42. $y = \begin{cases} 3x+1, & x \leq 1 \\ 5-x^2, & x > 1 \end{cases}$

43. **Vendas** As vendas S do *Wal-Mart* (em bilhões de dólares) entre 2003 e 2009 podem ser modeladas por

$S = -1{,}598t^2 + 45{,}61t + 130{,}2, \ 3 \leq t \leq 9,$

em que t é o tempo em anos, com $t = 3$ correspondendo a 2003. Mostre que as vendas estavam aumentando de 2003 até 2009. *(Fonte: Wal-Mart Stores, Inc.)*

44. **VISUALIZE** O gráfico dos números relativos de moléculas de N_2, que têm uma dada velocidade em cada uma das três temperaturas (em graus Kelvin), está mostrado na figura. Identifique as diferenças nas velocidades médias (indicadas pelos picos das curvas) para as três temperaturas e descreva os intervalos nos quais a velocidade é crescente ou decrescente, para cada uma das três temperaturas. *(Fonte: Adaptado de Zumdahl, Química, 7. ed.)*

Velocidade molecular

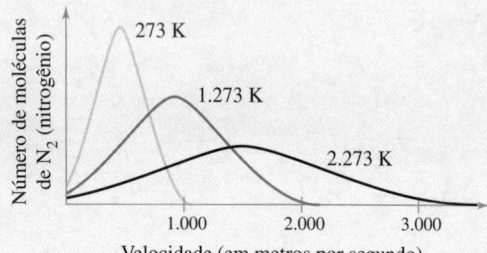

45. **Diplomas de medicina** O número y de diplomas de medicina conferidos nos Estados Unidos de 1970 a 2008 pode ser modelado por

$y = 0{,}692t^3 - 50{,}11t^2 + 1.119{,}7t + 7.894,$
$0 \leq t \leq 38$

em que t é o tempo em anos, com $t = 0$ correspondendo a 1970. *(Fonte: U.S. National Center for Education Statistics)*

(a) Use uma ferramenta gráfica para traçar o modelo. A seguir, estime graficamente os anos durante os quais o modelo está aumentando e os anos em que ele está diminuindo.

(b) Use o teste para funções de crescentes e decrescentes para verificar o resultado da parte (a).

46. **Custo** O custo C de encomendas e transporte (em centenas de dólares) de uma concessionária de automóveis é modelado por

$C = 10\left(\dfrac{1}{x} + \dfrac{x}{x+3}\right), \quad x \geq 1$

em que x é o número de automóveis encomendados.

(a) Encontre os intervalos nos quais C está crescendo ou decrescendo.

(b) Use uma ferramenta gráfica para traçar a função custo.

(c) Use o recurso *trace* para determinar os tamanhos das encomendas para as quais o custo é de $ 900. Assumindo que a função receita está aumentando para $x \geq 0$, qual tamanho de encomendas você usaria? Explique seu raciocínio.

47. **Lucro** O lucro P (em dólares) apresentado por um cinema com a venda x de sacos de pipoca pode ser modelado por

$P = 2{,}36x - \dfrac{x^2}{25.000} - 3.500, \quad 0 \leq x \leq 50.000.$

(a) Encontre os intervalos nos quais P está crescendo e decrescendo.

(b) Se você fosse o dono do cinema, que preço cobraria para obter o lucro máximo com as vendas de pipoca? Explique seu raciocínio.

48. **Análise de lucro** Um restaurante de *fast-food* determina os modelos de custo e receita para os seus hambúrgueres.

$C = 0{,}6x + 7.500, \quad 0 \leq x \leq 50.000$

$R = \dfrac{1}{20.000}(65.000x - x^2), \quad 0 \leq x \leq 50.000$

(a) Escreva a função lucro para essa situação.

(b) Determine os intervalos nos quais a função lucro é crescente e decrescente.

(c) Determine quantos hambúrgueres o restaurante precisa vender para obter o lucro máximo. Explique seu raciocínio.

3.2 Extremos e o teste da primeira derivada

- Reconhecer a ocorrência de extremos relativos em funções.
- Utilizar o teste da primeira derivada para determinar os extremos relativos de funções.
- Determinar os extremos absolutos de funções contínuas em um intervalo fechado.
- Determinar os valores mínimo e máximo de modelos reais e interpretar os resultados nos contextos.

Extremos relativos

Já usamos derivadas para determinar os intervalos nos quais uma função é crescente ou decrescente. Nesta seção, examinaremos os pontos nos quais uma função muda de crescente para decrescente ou vice-versa. Em tais pontos, a função tem um **extremo relativo**. Os **extremos relativos** de uma função incluem seus **mínimos relativos** e seus **máximos relativos**. Por exemplo, a função mostrada na Figura 3.10 tem um máximo relativo no ponto à esquerda e um mínimo relativo no ponto à direita.

Definição de extremos relativos

Seja f é uma função definida em c.

1. $f(c)$ é um **máximo relativo** de f se houver um intervalo (a, b) contendo c tal que $f(x) \leq f(c)$ para todo x em (a, b).
2. $f(c)$ é um **mínimo relativo** de f se houver um intervalo (a, b) contendo c tal que $f(x) \geq f(c)$ para todo x em (a, b).

Se $f(c)$ é um extremo relativo de f, então se diz que o extremo relativo ocorre em $x = c$.

Para uma função contínua, os extremos relativos devem ocorrer em números críticos da função, como mostrado na Figura 3.11.

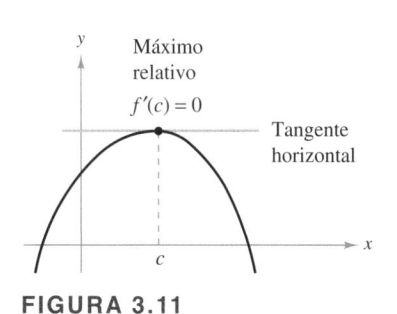

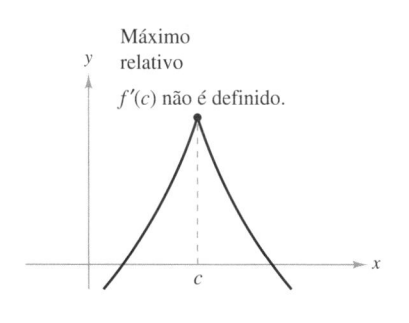

FIGURA 3.11

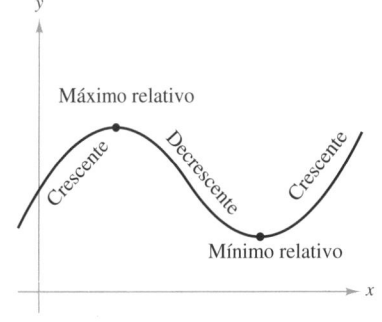

FIGURA 3.10

No Exercício 49, na página 183, você utilizará o teste da primeira derivada para encontrar o preço de um refrigerante que rende um lucro máximo.

Ocorrências de extremos relativos

Se f tem um mínimo relativo ou um máximo relativo em $x = c$, então c é um número crítico de f. Isto é, ou $f'(c) = 0$ ou $f'(c)$ não é definido.

Teste da primeira derivada

A discussão anterior implica que, na busca pelos extremos relativos de uma função contínua, é preciso somente testar os números críticos da função. Uma vez que se tenha determinado que c é o número crítico de uma função f, o **teste da primeira**

derivada para os extremos relativos possibilita classificar $f(c)$ como um mínimo relativo, um máximo relativo ou nenhum dos dois.

Teste da primeira derivada para extremos relativos

Seja f contínua no intervalo (a, b), no qual c é o único número crítico. Se f for diferenciável no intervalo (exceto, possivelmente, em c), então $f(c)$ pode ser classificado como um mínimo relativo, um máximo relativo ou nenhum dos dois, como a seguir:

1. se no intervalo (a, b), $f'(x)$ é negativo à esquerda de $x = c$ e positivo à direita de $x = c$, então $f(c)$ é um mínimo relativo.
2. se no intervalo (a, b), $f'(x)$ é positivo à esquerda de $x = c$ e negativo à direita de $x = c$, então $f(c)$ é um máximo relativo.
3. se no intervalo (a, b), $f'(x)$ é positivo em ambos os lados de $x = c$ ou negativo em ambos os lados de $x = c$, então $f(c)$ não é um extremo relativo de f.

Uma interpretação gráfica do teste da primeira derivada é mostrada na Figura 3.12.

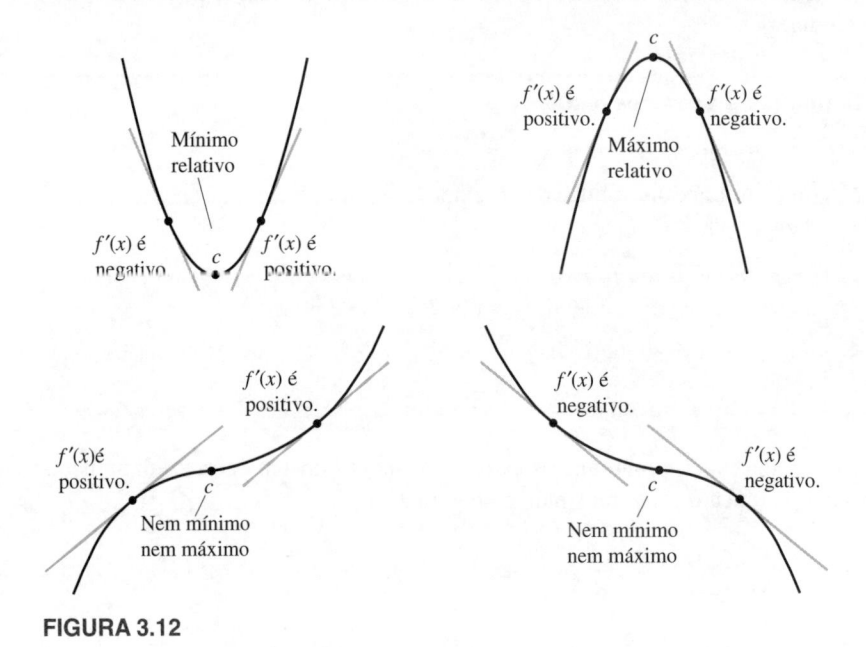

FIGURA 3.12

Diretrizes para encontrar os extremos relativos

1. Encontre a derivada de f.
2. Localize os números críticos de f e use-os para determinar os intervalos de teste.
3. Teste o sinal de $f'(x)$ com um número arbitrário em cada um dos intervalos de teste.
4. Para cada número crítico c, utilize o teste da primeira derivada para decidir se $f(c)$ é um mínimo relativo, um máximo relativo ou nenhum deles.

Exemplo 1 — Determinação dos extremos relativos

Determine todos os extremos relativos da função

$$f(x) = 2x^3 - 3x^2 - 36x + 14.$$

SOLUÇÃO Comece por encontrar a derivada de f.

$$f'(x) = 6x^2 - 6x - 36 \qquad \text{Derive.}$$

Em seguida, encontre os números críticos de f.

$$6x^2 - 6x - 36 = 0 \qquad \text{Iguale a derivada a 0.}$$
$$6(x^2 - x - 6) = 0 \qquad \text{Fatore o fator comum.}$$
$$6(x - 3)(x + 2) = 0 \qquad \text{Fatore.}$$
$$x = -2, \; x = 3 \qquad \text{Números críticos.}$$

Como $f'(x)$ é definida para todos os x, os únicos números críticos de f são

$$x = -2 \quad \text{e} \quad x = 3. \qquad \text{Números críticos.}$$

Usando esses números, é possível formar os três intervalos de teste

$$(-\infty, -2), (-2, 3) \text{ e } (3, \infty). \qquad \text{Intervalo de teste.}$$

Os testes dos três intervalos são mostrados na tabela.

Intervalo	$-\infty < x < -2$	$-2 < x < 3$	$3 < x < \infty$
Valor de teste	$x = -3$	$x = 0$	$x = 4$
Sinal de $f'(x)$	$f'(-3) = 36 > 0$	$f'(0) = -36 < 0$	$f'(4) = 36 > 0$
Conclusão	Crescente	Decrescente	Crescente

Usando o teste da primeira derivada, pode-se concluir que o número crítico -2 fornece um máximo relativo [$f'(x)$ muda seu sinal de positivo para negativo] e o número crítico 3 fornece um mínimo relativo [$f'(x)$ muda seu sinal de negativo para positivo]. O gráfico de f é mostrado na Figura 3.13. O máximo relativo é

$$f(-2) = 58$$

e o mínimo relativo é

$$f(3) = -67.$$

TUTOR TÉCNICO

Algumas calculadoras gráficas têm um recurso especial que lhes permite encontrar o mínimo ou máximo de uma função em um intervalo. Consulte o manual do usuário para informações sobre os recursos *minimum* e *maximum* de sua ferramenta gráfica.

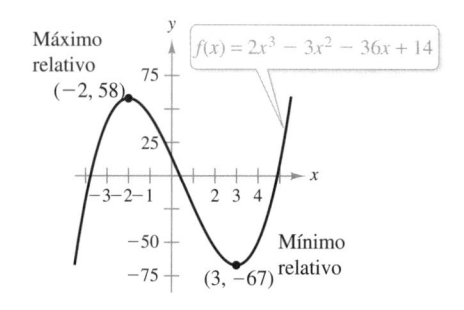

FIGURA 3.13

✓ AUTOAVALIAÇÃO 1

Determine todos os extremos relativos de

$$f(x) = 2x^3 - 6x + 1.$$

No Exemplo 1, ambos os números críticos produziram extremos relativos. No próximo exemplo, somente um dos números críticos produzirá um extremo relativo.

TUTOR DE ÁLGEBRA

Para ajuda com a álgebra do Exemplo 2, consulte o Exemplo 2(c) no *Tutor de álgebra* do Capítulo 3, na página 241.

Exemplo 2 — Determinação dos extremos relativos

Determine todos os extremos relativos da função $f(x) = x^4 - x^3$.

SOLUÇÃO A partir da derivada da função

$$f'(x) = 4x^3 - 3x^2 = x^2(4x - 3)$$

pode-se ver que a função tem somente dois números críticos: $x = 0$ e $x = \frac{3}{4}$. Esses números produzem os intervalos de teste $(-\infty, 0)$, $\left(0, \frac{3}{4}\right)$ e $\left(\frac{3}{4}, \infty\right)$, que são testados na tabela.

Intervalo	$-\infty < x < 0$	$0 < x < \frac{3}{4}$	$\frac{3}{4} < x < \infty$
Valor de teste	$x = -1$	$x = \frac{1}{2}$	$x = 1$
Sinal de $f'(x)$	$f'(-1) = -7 < 0$	$f'\left(\frac{1}{2}\right) = -\frac{1}{4} < 0$	$f'(1) = 1 > 0$
Conclusão	Decrescente	Decrescente	Crescente

Pelo teste da primeira derivada, segue que f tem um mínimo relativo quando $x = \frac{3}{4}$, como mostrado na Figura 3.14. O mínimo relativo é

$$f\left(\frac{3}{4}\right) = -\frac{27}{256}.$$

Observe que o número crítico $x = 0$ não produz um extremo relativo, uma vez que $f'(x)$ é negativo em ambos os lados de $x = 0$.

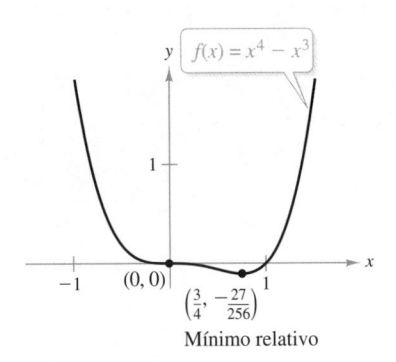

FIGURA 3.14

✓ AUTOAVALIAÇÃO 2

Determine todos os extremos relativos da função $f(x) = x^4 - 4x^3$.

Exemplo 3 — Determinação dos extremos relativos

Determine todos os extremos relativos da função

$$f(x) = 2x - 3x^{2/3}.$$

SOLUÇÃO A partir da derivada da função

$$f'(x) = 2 - \frac{2}{x^{1/3}} = \frac{2(x^{1/3} - 1)}{x^{1/3}}$$

pode-se observar que $f'(1) = 0$ e f' não é definida em $x = 0$. Então, a função possui dois números críticos: $x = 1$ e $x = 0$. Esses números produzem os intervalos de teste $(-\infty, 0)$, $(0, 1)$, e $(1, \infty)$. Ao testar esses intervalos, é possível concluir que f possui um máximo relativo em $(0, 0)$ e um mínimo relativo em $(1, -1)$, conforme mostrado na Figura 3.15.

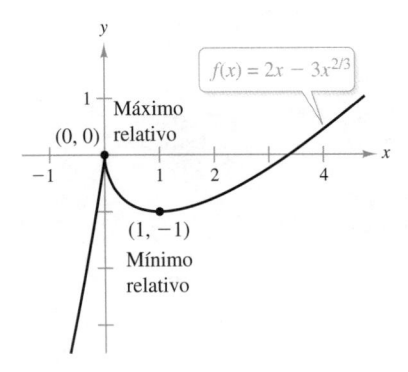

FIGURA 3.15

✓ AUTOAVALIAÇÃO 3

Determine todos os extremos relativos de $f(x) = 3x^{2/3} - 2x$.

Extremos absolutos

Os termos *mínimo relativo* e *máximo relativo* descrevem o comportamento *local* de uma função. Para descrever o comportamento *global* da função em todo um intervalo, usaremos os termos **máximo absoluto** e **mínimo absoluto**.

Definição de extremos absolutos

Suponha que f esteja definida em um intervalo I contendo c.

1. $f(c)$ é um **mínimo absoluto** de f em I se $f(c) \leq f(x)$ para cada x em I.
2. $f(c)$ é um **máximo absoluto** de f em I se $f(c) \geq f(x)$ para cada x em I.

Os valores de mínimo absoluto e de máximo absoluto de uma função em um intervalo às vezes são simplesmente chamados de **mínimo** e **máximo** de f em I.

Atenção para entender bem a diferença entre extremos relativos e extremos absolutos. Por exemplo, na Figura 3.16 a função tem um mínimo relativo que coincidentemente também é um mínimo absoluto no intervalo $[a, b]$. O máximo relativo de f, no entanto, não é o máximo absoluto no intervalo $[a, b]$. O próximo teorema afirma que, se uma função contínua tem um intervalo fechado como seu domínio, então ela *deve* ter tanto um mínimo absoluto quanto um máximo absoluto no intervalo. A partir da Figura 3.16, observe que esses extremos podem ocorrer nas extremidades dos intervalos.

FIGURA 3.16

Teorema do valor extremo

Se f é contínua em $[a, b]$, então f tem uma valor mínimo e um valor máximo em $[a, b]$.

Apesar de uma função contínua ter somente um valor mínimo e um valor máximo em um intervalo fechado, qualquer um desses dois valores pode ocorrer em mais de um valor de x. Por exemplo, no intervalo $[-3, 3]$, a função

$$f(x) = 9 - x^2$$

tem um valor mínimo de zero quando $x = -3$ e quando $x = 3$, conforme mostrado na Figura 3.17.

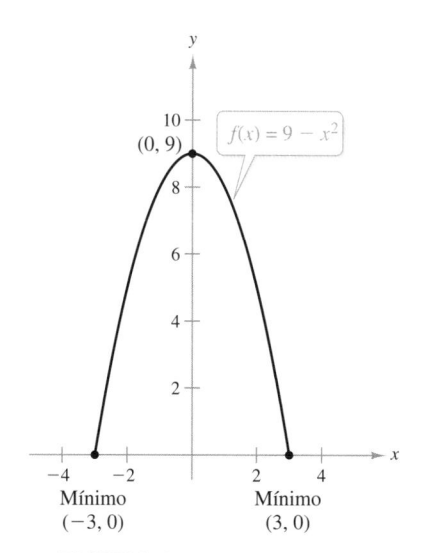

FIGURA 3.17

Ao procurar os extremos de uma função em um intervalo *fechado*, é importante lembrar a necessidade de se considerar os valores da função nas extremidades, bem como nos números críticos da função. As diretrizes abaixo podem ser usadas para determinar extremos em um intervalo fechado.

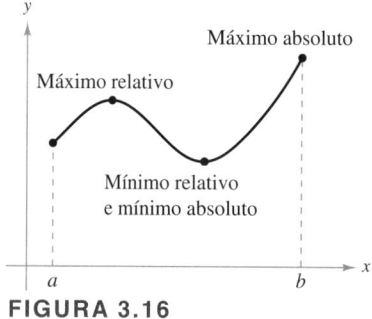

TUTOR TÉCNICO

Uma ferramenta gráfica pode ajudar a localizar os extremos de uma função em um intervalo fechado. Por exemplo, tente usar uma ferramenta gráfica para confirmar os resultados do Exemplo 4 (configure a janela de visualização para $-1 \leq x \leq 6$ e $-8 \leq y \leq 4$.) Use o recurso *trace* para verificar que o valor mínimo de y ocorre quando $x = 3$ e que o valor máximo de y ocorre quando $x = 0$.

Diretrizes para determinação de extremos em um intervalo fechado

Para determinar extremos de uma função contínua f em um intervalo fechado $[a, b]$, use os passos abaixo.

1. Encontre os números críticos de f no intervalo aberto (a, b).
2. Calcule f em cada um de seus números críticos em (a, b).
3. Calcule f em cada extremidade, a e b.
4. O menor desses números é o mínimo e o maior, o máximo.

Exemplo 4 Determinação dos extremos em um intervalo fechado

Determine os valores mínimo e máximo de

$$f(x) = x^2 - 6x + 2$$

no intervalo $[0, 5]$.

SOLUÇÃO Comece por determinar os números críticos da função.

$f(x) = x^2 - 6x + 2$ Escreva a função original.
$f'(x) = 2x - 6$ Derive.

Em seguida, encontre os números críticos de f.

$2x - 6 = 0$ Iguale a derivada a 0.
$2x = 6$ Adicione 6 de cada lado.
$x = 3$ Isole x.

Como f' é definido para todo x, você pode concluir que o único número crítico de f é $x = 3$. Como este número está no intervalo $[0, 5]$, você deve calcular f neste número e nas extremidades do intervalo, como mostra a tabela.

Valor de x	Extremidade: $x = 0$	Número crítico: $x = 3$	Extremidade: $x = 5$
$f(x)$	$f(0) = 2$	$f(3) = -7$	$f(5) = -3$
Conclusão	O máximo é 2.	O mínimo e -7.	Nem máximo nem mínimo

A partir da tabela, é possível ver que o mínimo de f no intervalo $[0, 5]$ é $f(3) = -7$. Além disso, o máximo de f no intervalo $[0, 5]$ é $f(0) = 2$. Isso é confirmado pelo gráfico de f, conforme mostrado na Figura 3.18.

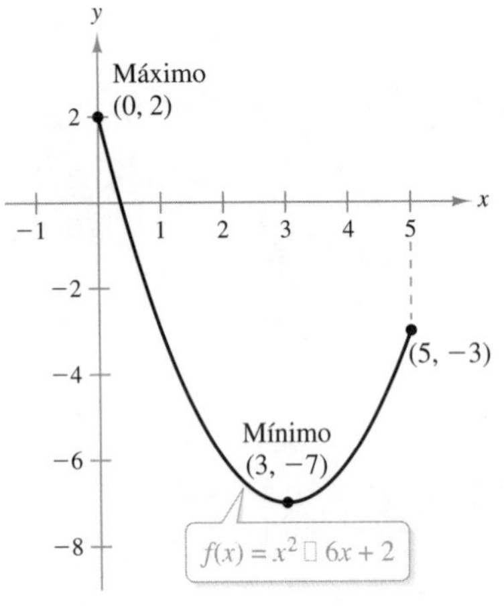

✓ **AUTOAVALIAÇÃO 4**

Determine os valores mínimo e máximo de

$$f(x) = x^2 - 8x + 10$$

no intervalo $[0, 7]$. Esboce o gráfico de $f(x)$ e identifique os valores mínimo e máximo. ∎

FIGURA 3.18

Aplicação

Determinar os valores mínimo e máximo de uma função é uma das aplicações mais comuns do cálculo.

Exemplo 5 Determinação do lucro máximo

Lembre-se do restaurante de *fast-food* dos Exemplos 7 e 8 da Seção 2.3. A função lucro do restaurante com hambúrgueres é dada por

$$P = 2{,}44x - \frac{x^2}{20.000} - 5.000, \quad 0 \leq x \leq 50.000.$$

Determine o nível de vendas que produza lucro máximo.

SOLUÇÃO Para começar, determine uma equação para o lucro marginal.

$\dfrac{dP}{dx} = 2{,}44 - \dfrac{x}{10.000}$ ⎯⎯ Determine o lucro marginal.

A seguir, iguale o lucro marginal a zero e resolva para determinar x.

$2{,}44 - \dfrac{x}{10.000} = 0$ ⎯⎯ Iguale o lucro marginal a 0.

$-\dfrac{x}{10.000} = -2{,}44$ ⎯⎯ Subtraia 2,44 de cada lado.

$x = 24.400$ hambúrgeres ⎯⎯ Número crítico.

A partir da Figura 3.19, é possível ver que o número crítico $x = 24.400$ corresponde ao nível de vendas que produz lucro máximo. Para determinar o lucro máximo, substitua $x = 24.400$ na função do lucro.

$P = 2{,}44x - \dfrac{x^2}{20.000} - 5.000$

$\quad = 2{,}44(24.400) - \dfrac{(24.400)^2}{20.000} - 5.000$

$\quad = \$\,24{,}768$

Análise de lucro

$P = 2{,}44x - \dfrac{x^2}{20.000} - 5\,000$

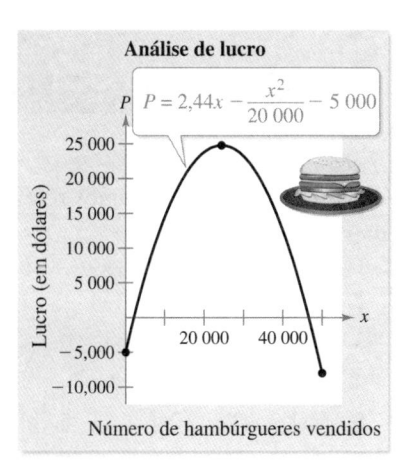

FIGURA 3.19

✓ AUTOAVALIAÇÃO 5

Confirme os resultados do Exemplo 5 completando a tabela.

x (unidades)	24.000	24.200	24.300	24.400	24.500	24.600	24.800
P (lucro)							

PRATIQUE (Seção 3.2)

1. Enuncie o teste da primeira derivada *(página 175)*. Para exemplos nos quais é usado o teste da primeira derivada, veja os Exemplos 1, 2 e 3.

2. Dê as diretrizes para encontrar os extremos em um intervalo fechado *(página 180)*. Para um exemplo de como encontrar os extremos de uma função em um intervalo fechado, veja o Exemplo 4.

3. Descreva em um exemplo da vida real como o teste da primeira derivada pode ser usado para encontrar o nível de vendas que gera um lucro máximo para uma empresa *(página 180, Exemplo 5)*.

Recapitulação 3.2 Os exercícios preparatórios a seguir envolvem conceitos vistos em seções anteriores. Esses conceitos serão utilizados no conjunto de exercícios desta seção. Para obter mais ajuda, consulte as Seções 2.2, 2.4 e 3.1.

Nos Exercícios 1-6, resolva a equação $f'(x) = 0$.

1. $f(x) = 4x^4 - 2x^2 + 1$
2. $f(x) = \frac{1}{3}x^3 - \frac{3}{2}x^2 - 10x$
3. $f(x) = 5x^{4/5} - 4x$
4. $f(x) = \frac{1}{2}x^2 - 3x^{5/3}$
5. $f(x) = \dfrac{x+4}{x^2+1}$
6. $f(x) = \dfrac{x-1}{x^2+4}$

Nos Exercícios 7-10, use $g(x) = -x^5 - 2x^4 + 4x^3 + 2x - 1$ para determinar o sinal da derivada.

7. $g'(-4)$
8. $g'(0)$
9. $g'(1)$
10. $g'(3)$

Nos Exercícios 11 e 12, decida se a função é crescente ou decrescente no intervalo dado.

11. $f(x) = 2x^2 - 11x - 6$, $(3, 6)$
12. $f(x) = x^3 + 2x^2 - 4x - 8$, $(-2, 0)$

Exercícios 3.2

Encontrando extremos relativos Nos Exercícios 1-12, encontre todos os extremos relativos da função. *Veja exemplos 1, 2 e 3.*

1. $f(x) = -2x^2 + 4x + 3$
2. $f(x) = -4x^2 + 4x + 1$
3. $f(x) = x^2 - 6x$
4. $f(x) = x^2 + 8x + 10$
5. $f(x) = x^4 - 12x^3$
6. $g(x) = \frac{1}{5}x^5 - x$
7. $h(x) = -(x + 4)^3$
8. $h(x) = 2(x - 3)^3$
9. $f(x) = x^3 - 6x^2 + 15$
10. $f(x) = 3x - 36x^{1/3}$
11. $f(x) = 6x^{2/3} + 4x$
12. $f(x) = x^4 - 32x + 4$

Encontrando extremos relativos Nos Exercícios 13-18, use uma ferramenta gráfica para traçar todos os extremos relativos da função.

13. $f(x) = 2x - 6x^{2/3}$
14. $f(t) = (t - 1)^{1/3}$
15. $g(t) = t - \frac{1}{2t^2}$
16. $f(x) = x + \frac{1}{x}$
17. $f(x) = \frac{x}{x + 1}$
18. $h(x) = \frac{6}{x^2 + 2}$

Encontrando extremos em um intervalo fechado Nos Exercícios 19-30, encontre os extremos absolutos da função no intervalo fechado. Use uma ferramenta gráfica para verificar seus resultados. *Veja o Exemplo 4.*

19. $f(x) = 2(3 - x)$, $[-1, 2]$
20. $f(x) = \frac{1}{3}(2x + 5)$, $[0, 5]$
21. $f(x) = 5 - 2x^2$, $[0, 3]$
22. $f(x) = x^2 + 2x - 4$, $[-1, 1]$
23. $f(x) = x^3 - 3x^2$, $[-1, 3]$
24. $f(x) = x^3 - 12x$, $[0, 4]$
25. $h(s) = \frac{1}{3 - s}$, $[0, 2]$
26. $h(t) = \frac{t}{t - 2}$, $[3, 5]$
27. $g(t) = \frac{t^2}{t^2 + 3}$, $[-1, 1]$
28. $g(x) = 4\left(1 + \frac{1}{x} + \frac{1}{x^2}\right)$, $[-4, 5]$
29. $h(t) = (t - 1)^{2/3}$, $[-7, 2]$
30. $g(x) = (x^2 - 4)^{2/3}$, $[-6, 3]$

Determinando tipos de extremos Nos Exercícios 31-34, aproxime os números críticos da função mostrada no gráfico. Determine se a função tem um máximo relativo, um mínimo relativo, um máximo absoluto, um mínimo absoluto, ou nenhum destes, em cada número crítico no intervalo mostrado.

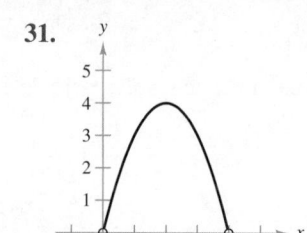

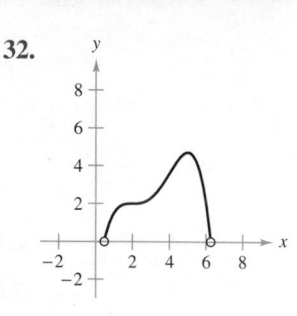

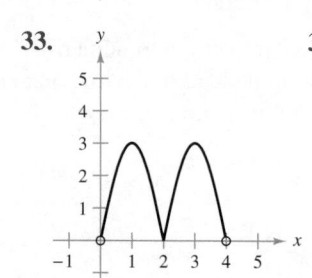

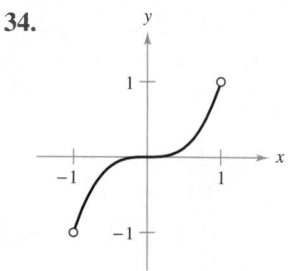

31.
32.
33.
34.

Encontrando extremos em um intervalo fechado Nos Exercícios 35-38, use uma ferramenta gráfica para determinar graficamente os extremos absolutos da função no intervalo fechado.

35. $f(x) = 0{,}4x^3 - 1{,}8x^2 + x - 3$, $[0, 5]$
36. $f(x) = 3{,}2x^5 + 5x^3 - 3{,}5x$, $[0, 1]$
37. $f(x) = \frac{4}{3}x\sqrt{3 - x}$, $[0, 3]$
38. $f(v) = 4\sqrt{x} - 2x + 1$, $[0, 6]$

Encontrando os extremos absolutos Nos Exercícios 39-42, determine os extremos absolutos da função no intervalo $[0, \infty)$.

39. $f(x) = x^2 + \frac{16}{x}$
40. $f(x) = 8 - \frac{4x}{x^2 + 1}$
41. $f(x) = \frac{2x}{x^2 + 4}$
42. $f(x) = \frac{8}{x + 1}$

Criando o gráfico de uma função Nos Exercícios 43 e 44, trace uma função no intervalo fechado $[-2, 5]$ que tenha as características dadas. (Existem muitas respostas corretas).

43. Máximo absoluto em $x = -2$
    Mínimo absoluto em $x = 1$
    Máximo relativo em $x = 3$

44. Mínimo relativo em $x = -1$
    Número crítico em $x = 0$, mas sem extremo
    Máximo absoluto em $x = 2$
    Mínimo absoluto em $x = 5$.

45. **População** As populações residentes P (em milhões) nos Estados Unidos de 1790 a 2010 podem ser modeladas por $P = 0{,}000006t^3 + 0{,}005t^2 + 0{,}14t + 4{,}6$, $-10 \leq t \leq 210$, em que $t = 0$ corresponde a 1800. *(Fonte: U.S. Census Bureau)*

    (a) Faça uma conjectura sobre as populações máxima e mínima dos Estados Unidos de 1790 a 2010.

(b) Encontre analiticamente as populações máxima e mínima no intervalo.

(c) Escreva um breve parágrafo comparando sua conjectura com seus resultados na parte (b).

46. **VISUALIZE** O gráfico da taxa de fertilidade nos Estados Unidos mostra o número de nascimentos por 1.000 mulheres durante sua vida de acordo com a taxa de natalidade, naquele ano em particular. *(Fonte: U.S. National Center for Health Statistics)*

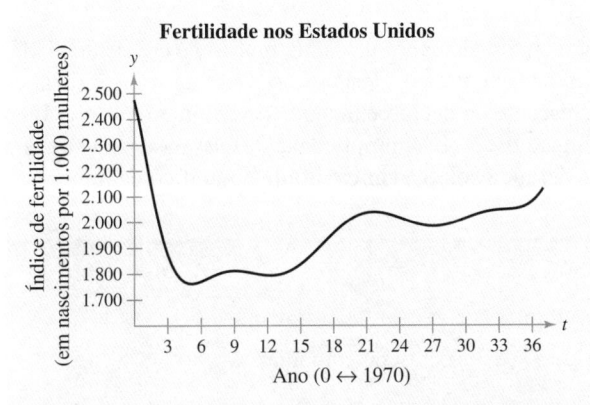

Fertilidade nos Estados Unidos

Eixo y: Índice de fertilidade (em nascimentos por 1.000 mulheres)
Eixo t: Ano (0 ↔ 1970)

(a) Em torno de qual ano a taxa da fertilidade foi mais alta e a quantos nascimentos por 1.000 mulheres essa taxa corresponde?

(b) Durante quais períodos a taxa de fertilidade aumentou mais rapidamente? E mais lentamente?

(c) Durante quais períodos a taxa de fertilidade diminuiu mais rapidamente? E mais lentamente?

(d) Dê algumas possíveis razões da vida real para as flutuações na taxa de fertilidade.

47. **Custo** Um varejista determina que o custo C para encomendar e armazenar x unidades de um produto pode ser modelado por

$$C = 3x + \frac{20.000}{x}, \quad 0 < x \leq 200.$$

O caminhão de entrega pode transportar no máximo 200 unidades por encomenda. Determine o tamanho da encomenda que minimizará o custo. Use uma ferramenta gráfica para verificar seu resultado.

48. **Ciências médicas** A tosse força a traqueia a se contrair, o que por sua vez afeta a velocidade do ar que passa através dela. A velocidade do ar durante a tosse pode ser modelada por

$$v = k(R - r)r^2, \quad 0 \leq r < R$$

onde k é uma constante, R é o raio normal da traqueia e r é o raio durante a tosse. Que raio r produzirá a máxima velocidade do ar?

49. **Lucro** Quando refrigerantes são vendidos por $ 1,00 por lata em jogos de futebol, aproximadamente 6.000 latas são vendidas. Quando o preço é elevado para $ 1,20 por lata, a quantidade cai para 5.600. O custo inicial é de $ 5.000 e o custo por unidade é de $ 0,50. Assumindo que a função demanda é linear, qual número de unidades e que preço renderá um lucro máximo?

3.3 Concavidade e o teste da segunda derivada

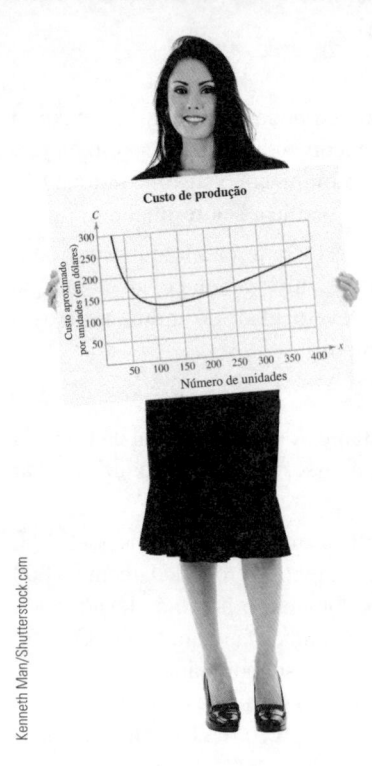

- Determinar os intervalos nos quais os gráficos das funções são côncavos para cima ou para baixo.
- Determinar os pontos de inflexão dos gráficos das funções.
- Utilizar o teste da segunda derivada para determinar os extremos relativos das funções.
- Determinar o ponto de retorno diminuído em modelos de entrada-saída.

No Exercício 69, na página 192, você utilizará o teste da segunda derivada para encontrar o nível de produção que minimizará o custo médio por unidade.

Concavidade

Você já sabe que localizar os intervalos nos quais uma função f é crescente ou decrescente é útil para determinar seu gráfico. Nesta seção, veremos que localizar os intervalos nos quais f' é crescente ou decrescente pode determinar onde o gráfico de f se curva para cima ou para baixo. Esta propriedade de curvar-se para cima ou para baixo é formalmente definida como a **concavidade** do gráfico da função.

> **Definição de concavidade**
>
> Seja f diferenciável em um intervalo aberto I. O gráfico de f é
>
> 1. **côncavo para cima** em I se f' for crescente no intervalo.
> 2. **côncavo para baixo** em I se f' for decrescente no intervalo.

A partir da Figura 3.20, é possível observar a seguinte interpretação gráfica da concavidade:

1. uma curva que é côncava para cima fica *acima* de suas retas tangentes.
2. uma curva que é côncava para baixo fica *abaixo* de suas retas tangentes.

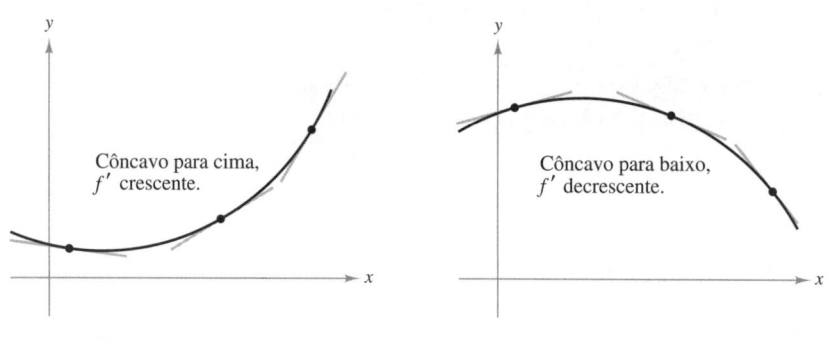

FIGURA 3.20

Para encontrar os intervalos abertos nos quais o gráfico de uma função é côncavo para cima ou côncavo para baixo, você pode usar a segunda derivada da função, como segue.

> **Teste de concavidade**
>
> Seja f uma função cuja segunda derivada exista em um intervalo aberto I.
>
> 1. Se $f''(x) > 0$ para todos os x em I, então f é côncava para cima em I.
> 2. Se $f''(x) < 0$ para todos os x em I, então f é côncava para baixo em I.

Exemplo 1 Determinando a concavidade

a. O gráfico da função

$$f(x) = x^2 \qquad \text{Função original}$$

é côncavo para cima em toda a reta real porque sua segunda derivada

$$f''(x) = 2 \qquad \text{Segunda derivada}$$

é positiva para todos os x. (Veja a Figura 3.21.)

b. O gráfico da função

$$f(x) = \sqrt{x} \qquad \text{Função original}$$

é côncavo para baixo para $x > 0$ porque sua segunda derivada

$$f''(x) = -\frac{1}{4}x^{-3/2} \qquad \text{Segunda derivada}$$

é negativa para todos os $x > 0$. (Veja a Figura 3.22)

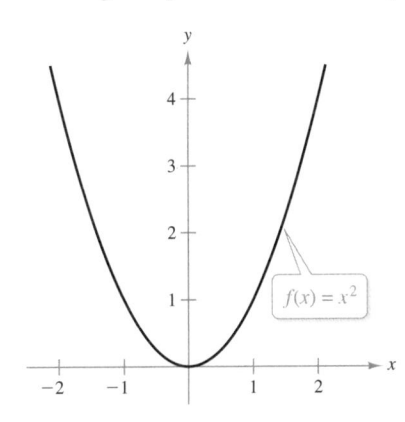

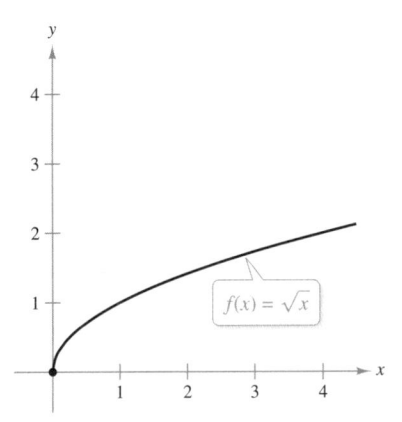

FIGURA 3.21 Côncavo para cima.

FIGURA 3.22 Côncavo para baixo.

✓ AUTOAVALIAÇÃO 1

Encontre a segunda derivada de f e discuta a concavidade de seu gráfico.

a. $f(x) = -2x^2$

b. $f(x) = -2\sqrt{x}$

Para uma função *contínua f*, pode-se determinar os intervalos abertos nos quais o gráfico de f é côncavo para cima e côncavo para baixo, conforme segue. Para uma função que não é contínua, os intervalos de teste devem ser formados usando-se os pontos de descontinuidade, com os pontos nos quais $f''(x)$ é zero ou não é definida.

Diretrizes para aplicar o teste de concavidade

1. Localize os valores de x nos quais $f''(x) = 0$ ou $f''(x)$ não é definida.
2. Utilize estes valores de x para determinar os intervalos de teste.
3. Teste o sinal de $f''(x)$ em cada intervalo de teste.

TUTOR DE ÁLGEBRA

Para ajuda com a álgebra do Exemplo 2, consulte o Exemplo 1(a) no *Tutor de álgebra* do Capítulo 3, na página 240.

Exemplo 2 Aplicando o teste da concavidade

Determine os intervalos abertos nos quais o gráfico da função

$$f(x) = \frac{6}{x^2 + 3}$$

é côncavo para cima ou côncavo para baixo.

DICA DE ESTUDO

No Exemplo 2, f' é crescente no intervalo $(1, \infty)$ mesmo que f seja decrescente nesse intervalo. Atente para o fato de que o aumento ou a diminuição de f' não correspondem necessariamente ao aumento ou à diminuição de f.

SOLUÇÃO Comece por determinar a segunda derivada de f.

$f(x) = 6(x^2 + 3)^{-1}$ Reescreva a função original.

$f'(x) = 6(-1)(x^2 + 3)^{-2}(2x)$ Regra da cadeia

$\quad\quad = \dfrac{-12x}{(x^2 + 3)^2}$ Simplifique.

$f''(x) = \dfrac{(x^2 + 3)^2(-12) - (-12x)(2)(x^2 + 3)(2x)}{(x^2 + 3)^4}$ Regra do quociente

$\quad\quad = \dfrac{-12(x^2 + 3) + (48x^2)}{(x^2 + 3)^3}$ Simplifique.

$\quad\quad = \dfrac{36(x^2 - 1)}{(x^2 + 3)^3}$ Simplifique.

A partir disso, é possível perceber que $f''(x)$ é definida para todos os números reais e $f''(x) = 0$ quando $x = \pm 1$. Então, pode-se testar a concavidade de f testando os intervalos

$(-\infty, -1), (-1, 1)$ e $(1, \infty)$.   Intervalos de teste.

Os resultados são mostrados na tabela e na Figura 3.23.

Intervalo	$-\infty < x < -1$	$-1 < x < 1$	$1 < x < \infty$
Valor de teste	$x = -2$	$x = 0$	$x = 2$
Sinal de $f''(x)$	$f''(-2) > 0$	$f''(0) < 0$	$f''(2) > 0$
Conclusão	Côncavo para cima	Côncavo para baixo	Côncavo para cima

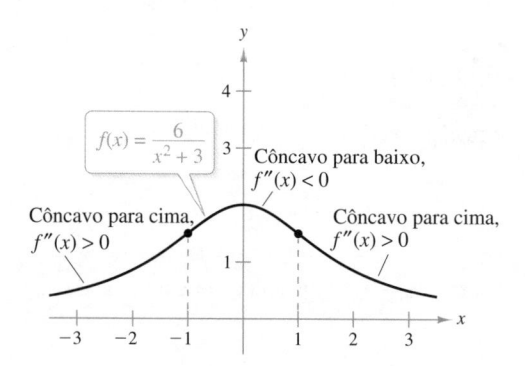

FIGURA 3.23

✓ **AUTOAVALIAÇÃO 2**

Determine os intervalos nos quais o gráfico da função

$$f(x) = \dfrac{12}{x^2 + 4}$$

é côncavo para cima ou para baixo.

Pontos de inflexão

Se a reta tangente a um gráfico existe em um ponto no qual a concavidade muda, então aquele ponto é um **ponto de inflexão**. Três exemplos de pontos de inflexão são mostrados na Figura 3.24 (observe que o terceiro gráfico tem uma reta tangente vertical em seu ponto de inflexão).

FIGURA 3.24 O gráfico cruza sua reta tangente em um ponto de inflexão.

> **DICA DE ESTUDO**
>
> Conforme mostrado na Figura 3.24, um gráfico cruza sua reta tangente em um ponto de inflexão.

Definição de ponto de inflexão

Se o gráfico de uma função contínua tem uma reta tangente em um ponto onde sua concavidade muda de "para cima" a "para baixo" (ou vice-versa), então aquele ponto é um **ponto de inflexão**.

Como um ponto de inflexão ocorre onde a concavidade de um gráfico muda, deve ser verdadeira a afirmação de que em tais pontos o sinal de f'' muda. Então, para localizar possíveis pontos de inflexão, é preciso somente determinar os valores de x para os quais $f''(x) = 0$ ou para os quais $f''(x)$ não existe. Isto é semelhante aos procedimentos para localizar os extremos relativos de f pela determinação dos números críticos de f.

Propriedade dos pontos de inflexão

Se $(c, f(c))$ é um ponto de inflexão do gráfico de f, então $f''(c) = 0$ ou $f''(c)$ não é definido.

Exemplo 3 Encontrando um ponto de inflexão

Discuta a concavidade do gráfico de $f(x) = 2x^3 + 1$ e encontre seu ponto de inflexão.

SOLUÇÃO Derivar duas vezes produz o seguinte.

$f(x) = 2x^3 + 1$ Escreva a função original.
$f'(x) = 6x^2$ Encontre a primeira derivada.
$f''(x) = 12x$ Encontre a segunda derivada.

Tomando $f''(x) = 0$, você pode determinar que o único ponto de inflexão possível ocorre em $x = 0$. Depois de testar os intervalos $(-\infty, 0)$ e $(0, \infty)$, você pode determinar que o gráfico é côncavo para baixo em $(-\infty, 0)$ e côncavo para cima em $(0, \infty)$. Em razão de a concavidade mudar em $x = 0$ você pode concluir que o gráfico de f tem um ponto de inflexão em $(0, 1)$, como mostra a Figura 3.25.

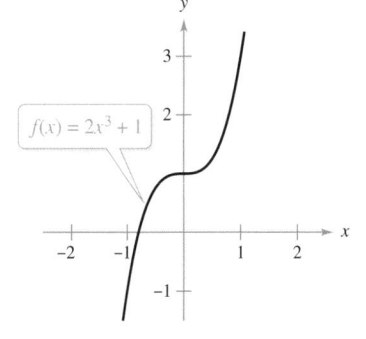

FIGURA 3.25

✓ **AUTOAVALIAÇÃO 3**

Discuta a concavidade do gráfico de $f(x) = -x^3$ e encontre o ponto de inflexão.

Exemplo 4 Determinação de pontos de inflexão

Discuta a concavidade do gráfico de f e determine seus pontos de inflexão.

$f(x) = x^4 + x^3 - 3x^2 + 1$

SOLUÇÃO Comece por determinar a segunda derivada de f.

$f(x) = x^4 + x^3 - 3x^2 + 1$ Escreva a função original.
$f'(x) = 4x^3 + 3x^2 - 6x$ Determine a primeira derivada.
$f''(x) = 12x^2 + 6x - 6$ Determine a segunda derivada.
$ = 6(2x - 1)(x + 1)$ Fatore.

A partir disso, pode-se observar que os pontos de inflexão possíveis ocorrem em $x = \frac{1}{2}$ e $x = -1$. Após testar os intervalos $(-\infty, -1)$, $\left(-1, \frac{1}{2}\right)$ e $\left(\frac{1}{2}, \infty\right)$, é possível determinar que o gráfico é côncavo para cima em $(-\infty, -1)$, côncavo para baixo em $\left(-1, \frac{1}{2}\right)$ e côncavo para cima em $\left(\frac{1}{2}, \infty\right)$. Como a concavidade muda em $x = -1$ e $x = \frac{1}{2}$, pode-se concluir que o gráfico possui pontos de inflexão nesses valores de x, como mostra a Figura 3.26. Os pontos de inflexão são

$$(-1, -2) \quad \text{e} \quad \left(\frac{1}{2}, \frac{7}{16}\right).$$

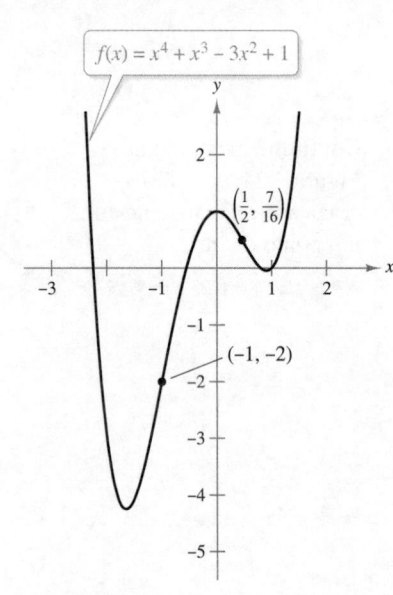

FIGURA 3.26 Dois pontos de inflexão.

✓ AUTOAVALIAÇÃO 4

Discuta a concavidade do gráfico de

$$f(x) = x^4 - 2x^3 + 1$$

e determine seus pontos de inflexão.

É possível que a segunda derivada seja zero em um ponto que *não* seja um ponto de inflexão. Por exemplo, compare os gráficos de

$$f(x) = x^3 \text{ e } g(x) = x^4,$$

mostrados na Figura 3.27. Ambas as segundas derivadas são zero quando $x = 0$, mas somente o gráfico de f possui um ponto de inflexão em $x = 0$. Isso mostra que antes de concluir que existe um ponto de inflexão em um valor de x para o qual $f''(x) = 0$, deve-se fazer o teste para garantir que a concavidade realmente muda naquele ponto.

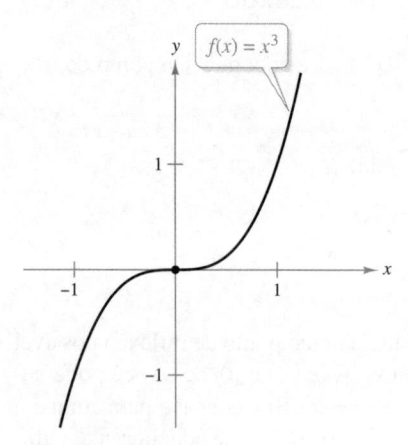

$f''(0) = 0$ e $(0, 0)$ é um ponto de inflexão.

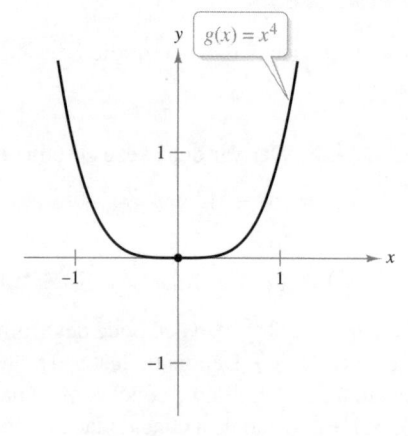

$g''(0) = 0$, mas $(0, 0)$ não é um ponto de inflexão.

FIGURA 3.27

Teste da segunda derivada

A segunda derivada pode ser usada como um teste simples para verificar os mínimos e máximos relativos. Se f é uma função tal que $f'(c) = 0$ e o gráfico de f é côncavo para cima em $x = c$, então $f(c)$ é um mínimo relativo de f. Da mesma forma, se f é uma função tal que $f'(c) = 0$ e o gráfico de f é côncavo para baixo em $x = c$, então $f(c)$ é um máximo relativo de f, conforme mostrado na Figura 3.28.

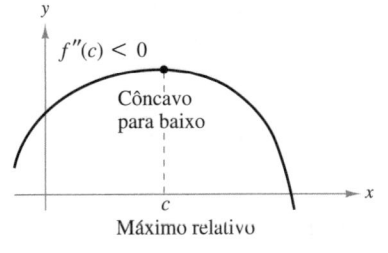

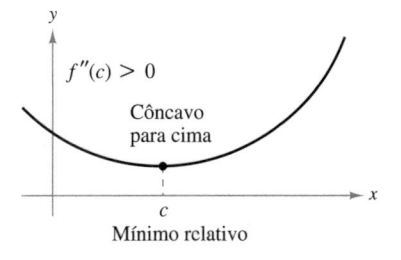

FIGURA 3.28

> **Teste da segunda derivada**
>
> Suponha que $f'(c) = 0$ e que f'' exista em um intervalo aberto contendo c.
>
> 1. Se $f''(c) > 0$, então $f(c)$ é um mínimo relativo.
> 2. Se $f''(c) < 0$, então $f(c)$ é um máximo relativo.
> 3. Se $f''(c) = 0$, então o teste falha. Em tais casos, é possível usar o teste da primeira derivada para determinar se $f(c)$ é um mínimo relativo, um máximo relativo ou nenhum dos dois.

Exemplo 5 — Utilização do teste da segunda derivada

Determine os extremos relativos de $f(x) = -3x^5 + 5x^3$.

SOLUÇÃO Comece por determinar a primeira derivada de f.

$$f'(x) = -15x^4 + 15x^2$$
$$= 15x^2(1 - x^2)$$

A partir dessa derivada, pode-se perceber que $x = 0$, $x = -1$ e $x = 1$ são os únicos números críticos de f. Usando a segunda derivada

$$f''(x) = -60x^3 + 30x = 30x(1 - 2x^2)$$

é possível aplicar o teste da segunda derivada, conforme mostrado a seguir.

Ponto	$(-1, -2)$	$(0, 0)$	$(1, 2)$
Sinal de $f''(x)$	$f''(-1) > 0$	$f''(0) = 0$	$f''(1) < 0$
Conclusão	Mínimo relativo	O teste falha.	Máximo relativo

Em razão de o teste da segunda derivada falhar em $(0, 0)$, você pode usar o teste da primeira derivada e observar que f' é positivo em ambos os lados de $x = 0$. Então, $(0, 0)$ não é um mínimo relativo nem um máximo relativo. Um teste para a concavidade mostraria que $(0, 0)$ é um ponto de inflexão. O gráfico de f é mostrado na Figura 3.29.

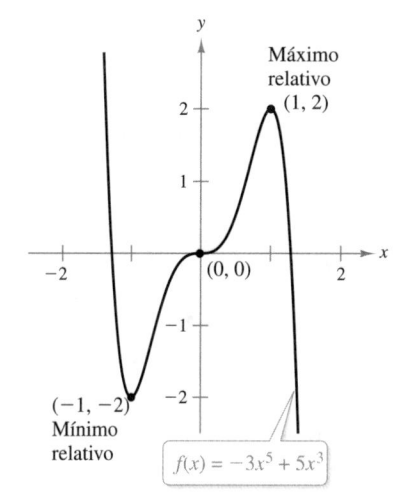

FIGURA 3.29

✓ AUTOAVALIAÇÃO 5

Determine todos os extremos relativos de $f(x) = x^4 - 4x^3 + 1$. ■

Aplicação estendida: retorno diminuído

Em economia, a noção de concavidade está relacionada ao conceito de **retorno diminuído**. Considere a função

$$y = f(x)$$

(Saída — Entrada)

em que x mede a entrada, dada aqui na forma de capital, em dólares, e y a saída, também em dólares. Na Figura 3.30, observe que o gráfico de sua função é côncavo para cima no intervalo (a, c) e côncavo para baixo no intervalo (c, b). No intervalo (a, c), cada dólar adicional na entrada rende mais do que o dólar de entrada anterior. Em contraste, no intervalo (c, b), cada dólar adicional na entrada rende menos do que o dólar de entrada anterior. O ponto $(c, f(c))$ é chamado de **ponto de retorno diminuído**. Um aumento de investimento além desse ponto é geralmente considerado um mau uso do capital.

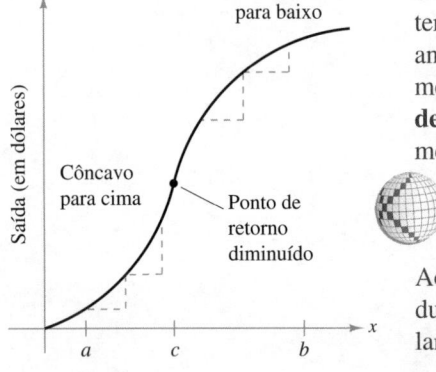

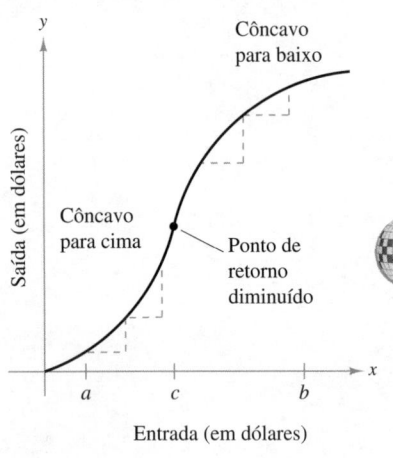

FIGURA 3.30

Exemplo 6 — Exploração do retorno diminuído

Ao aumentar seu custo com publicidade x (em milhares de dólares) de um produto, uma empresa descobre que pode aumentar as vendas y (em milhares de dólares) de acordo com o modelo

$$y = -\frac{1}{10}x^3 + 6x^2 + 400, \quad 0 \leq x \leq 40.$$

Determine o ponto de retorno diminuído para esse produto.

SOLUÇÃO Comece por determinar a primeira e a segunda derivadas.

$$y' = 12x - \frac{3x^2}{10} \quad \text{Primeira derivada}$$

$$y'' = 12 - \frac{3x}{5} \quad \text{Segunda derivada}$$

A segunda derivada é zero somente quando $x = 20$. Ao testar os intervalos $(0, 20)$ e $(20, 40)$, pode-se concluir que o gráfico possui um ponto de retorno diminuído quando $x = 20$, como mostra a Figura 3.31. Então, o ponto de retorno diminuído desse produto ocorre quando $\$20.000$ são gastos com publicidade.

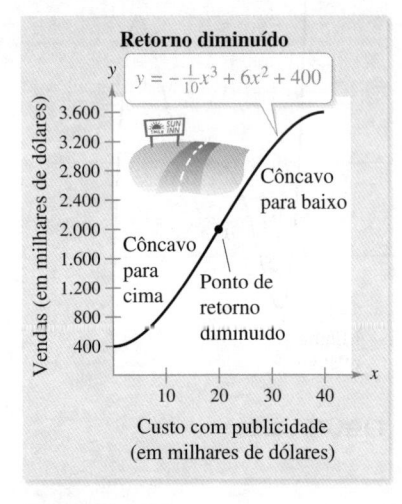

FIGURA 3.31

✓ AUTOAVALIAÇÃO 6

Determine o ponto de retorno diminuído para o modelo abaixo, onde R é a receita (em milhares de dólares) e x é o custo com publicidade (em milhares de dólares).

$$R = \frac{1}{20.000}(450x^2 - x^3), \quad 0 \leq x \leq 300$$

PRATIQUE (Seção 3.3)

1. Enuncie o teste para a concavidade *(página 184)*. Para exemplos de aplicação do teste de concavidade, veja os Exemplos 1 e 2.

2. Dê a definição do ponto de inflexão *(página 187)*. Para exemplos de determinaçnao de pontos de inflexão, veja os Exemplos 3 e 4.

3. Enuncie o teste da segunda derivada *(página 188)*. Para um exemplo do uso do teste da segunda derivada, veja o Exemplo 5.

4. Descreva em um exemplo da vida real como a segunda derivada pode ser usada para encontrar os pontos de retorno diminuídos para um produto *(página 190, Exemplo 6)*.

Recapitulação 3.3

Os exercícios preparatórios a seguir envolvem conceitos vistos em seções anteriores. Esses conceitos serão utilizados no conjunto de exercícios desta seção. Para obter mais ajuda, consulte as Seções 2.2, 2.4, 2.5, 2.6 e 3.1.

Nos Exercícios 1-6, determine a segunda derivada da função.

1. $f(x) = 4x^4 - 9x^3 + 5x - 1$
2. $g(s) = (s^2 - 1)(s^2 - 3s + 2)$
3. $g(x) = (x^2 + 1)^4$
4. $f(x) = (x - 3)^{4/3}$
5. $h(x) = \dfrac{4x + 3}{5x - 1}$
6. $f(x) = \dfrac{2x - 1}{3x + 2}$

Nos Exercícios 7-10, determine os números críticos da função.

7. $f(x) = 5x^3 - 5x + 11$
8. $f(x) = x^4 - 4x^3 - 10$
9. $g(t) = \dfrac{16 + t^2}{t}$
10. $h(x) = \dfrac{x^4 - 50x^2}{8}$

Exercícios 3.3

Usando gráficos Nos Exercícios 1-4, indique os sinais de $f'(x)$ e $f''(x)$ no intervalo $(0, 2)$.

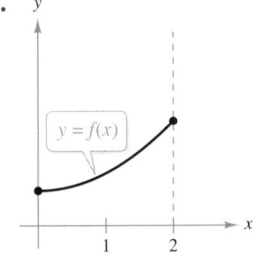

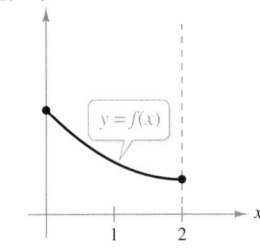

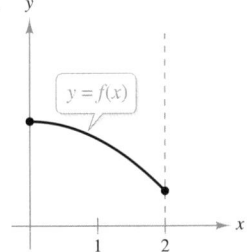

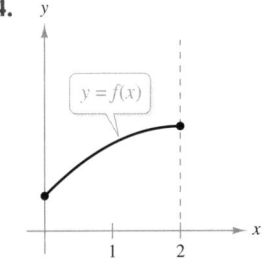

1. [gráfico y = f(x)]
2. [gráfico y = f(x)]
3. [gráfico y = f(x)]
4. [gráfico y = f(x)]

Aplicando o teste para concavidade Nos Exercícios 5-12, determine os intervalos abertos nos quais o gráfico da função é côncavo para cima ou para baixo. *Veja os Exemplos 1 e 2.*

5. $f(x) = -3x^2$
6. $f(x) = -5\sqrt{x}$
7. $y = -x^3 + 3x^2 - 2$
8. $y = -x^3 + 6x^2 - 9x - 1$
9. $f(x) = \dfrac{x^2 - 1}{2x + 1}$
10. $f(x) = \dfrac{x^2}{x^2 + 1}$
11. $f(x) = \dfrac{24}{x^2 + 12}$
12. $f(x) = \dfrac{x^2 + 4}{4 - x^2}$

Encontrando pontos de inflexão Nos Exercícios 13-20, discuta a concavidade do gráfico da função e encontre os pontos de inflexão. *Veja os Exemplos 3 e 4.*

13. $f(x) = x^3 - 9x^2 + 24x - 18$
14. $f(x) = -4x^3 - 8x^2 + 32$
15. $f(x) = 2x^3 - 3x^2 - 12x + 5$
16. $f(x) = \frac{1}{2}x^4 + 2x^3$
17. $g(x) = 2x^4 - 8x^3 + 12x^2 + 12x$
18. $f(x) = (x - 1)^3(x - 5)$
19. $f(x) = x(6 - x)^2$
20. $g(x) = x^5 + 5x^4 - 40x^2$

Usando o teste da segunda derivada Nos Exercícios 21-34, encontre todos os extremos relativos da função. Use o teste da segunda derivada, quando aplicável. *Veja o Exemplo 5.*

21. $f(x) = 6x - x^2$
22. $f(x) = 9x^2 - x^3$
23. $f(x) = x^3 - 5x^2 + 7x$
24. $f(x) = x^4 + 8x^3 - 6$
25. $f(x) = x^{2/3} - 3$
26. $f(x) = x + \dfrac{4}{x}$
27. $f(x) = \sqrt{x^2 + 1}$
28. $f(x) = \sqrt{2x^2 + 6}$
29. $f(x) = \sqrt{9 - x^2}$
30. $f(x) = \sqrt{4 - x^2}$
31. $f(x) = \dfrac{8}{x^2 + 2}$
32. $f(x) = \dfrac{x}{x^2 - 1}$
33. $f(x) = \dfrac{x}{x - 1}$
34. $f(x) = \dfrac{x}{x^2 + 16}$

Encontrando extremos relativos Nos Exercícios 35-38, use uma ferramenta gráfica para estimar graficamente todos os extremos relativos da função.

35. $f(x) = 5 + 3x^2 - x^3$
36. $f(x) = x^3 - 6x^2 + 7$
37. $f(x) = \frac{1}{2}x^4 - \frac{1}{3}x^3 - \frac{1}{2}x^2$
38. $f(x) = -\frac{1}{3}x^5 - \frac{1}{2}x^4 + x$

Usando o teste da segunda derivada Nos Exercícios 39-50, encontre todos os extremos relativos e pontos de inflexão. Em seguida, use uma ferramenta gráfica para traçar a função.

39. $f(x) = x^3 - 12x$
40. $f(x) = x^3 - 3x$
41. $g(x) = \sqrt{x} + \dfrac{4}{\sqrt{x}}$
42. $f(x) = x^3 - \frac{3}{2}x^2 - 6x$
43. $f(x) = \frac{1}{4}x^4 - 2x^2$
44. $g(x) = (x - 6)(x + 2)^3$
45. $g(x) = (x - 2)(x + 1)^2$
46. $f(x) = 2x^4 - 8x + 3$
47. $g(x) = x\sqrt{x + 3}$
48. $g(x) = x\sqrt{9 - x}$
49. $f(x) = \dfrac{4}{1 + x^2}$
50. $f(x) = \dfrac{2}{x^2 - 1}$

Criando uma função Nos Exercícios 51-54, esboce o gráfico de uma função f tendo as características indicadas. (Existem muitas respostas corretas.)

51. $f(2) = f(4) = 0$
  $f'(x) < 0$ se $x < 3$
  $f'(3) = 0$
  $f'(x) > 0$ se $x > 3$
  $f''(x) > 0$

52. $f(0) = f(2) = 0$
  $f'(x) < 0$ se $x < 1$
  $f'(1) = 0$
  $f'(x) > 0$ se $x > 1$
  $f''(x) > 0$

53. $f(0) = f(2) = 0$
  $f'(x) > 0$ se $x < 1$
  $f'(1) = 0$
  $f'(x) < 0$ se $x > 1$
  $f''(x) < 0$

54. $f(2) = f(4) = 0$
  $f'(x) > 0$ se $x < 3$
  $f'(3)$ não é definido.
  $f'(x) < 0$ se $x > 3$
  $f''(x) > 0, x \neq 3$

Usando gráficos Nos Exercícios 55 e 56, use o gráfico para esboçar o gráfico de f'. Encontre os intervalos em que (a) $f'(x)$ é positivo, (b) $f'(x)$ é negativo, (c) f' é crescente e (d) f' é decrescente. Para cada um desses intervalos, descreva o comportamento correspondente de f.

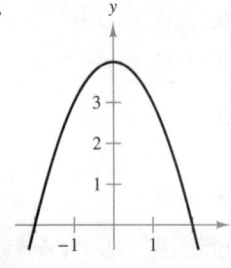

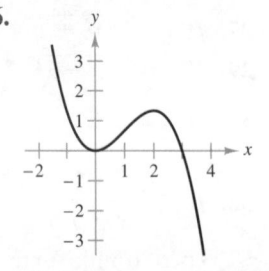

55.
56.

Utilizando a primeira derivada Nos Exercícios 57-60, você tem f'. Encontre os intervalos em que (a) $f'(x)$ está aumentando ou diminuindo e (b) o gráfico de f é côncavo para cima ou côncavo para baixo. (c) Encontre os valores de x nos extremos relativos e nos pontos de inflexão de f.

57. $f'(x) = 2x + 5$
58. $f'(x) = x^2 + x - 6$
59. $f'(x) = -x^2 + 2x - 1$
60. $f'(x) = 3x^2 - 2$

Ponto de retorno diminuído Nos Exercícios 61 e 62, encontre o ponto de retorno diminuído da função. Para cada função, R é a receita (em milhares de dólares) e x é o montante gasto (em milhares de dólares) em publicidade. Use uma ferramenta gráfica para verificar seus resultados. *Veja o Exemplo 6.*

61. $R = \dfrac{1}{50.000}(600x^2 - x^3)$, $\quad 0 \leq x \leq 400$

62. $R = -\dfrac{4}{9}x^3 + 4x^2 + 12$, $\quad 0 \leq x \leq 5$

Produtividade Nos Exercícios 63 e 64, considere um estudante universitário que trabalha das 19 horas às 23 horas, na montagem de componentes mecânicos. O número N de componentes montados depois de t horas é dado pela função. A que horas o aluno está montando componentes com a maior taxa?

63. $N = -0{,}12t^3 + 0{,}54t^2 + 8{,}22t$, $\quad 0 \leq t \leq 4$

64. $N = \dfrac{20t^2}{4 + t^2}$, $\quad 0 \leq t \leq 4$

Comparando uma função e suas derivadas Nos Exercícios 65-68, use uma ferramenta gráfica para representar graficamente f, f', e f'' na mesma janela de visualização. Localize graficamente os extremos relativos e os pontos de inflexão do gráfico de f. Indique a relação entre o comportamento de f e os sinais de f' e f''.

65. $f(x) = \frac{1}{2}x^3 - x^2 + 3x - 5$, $\quad [0, 3]$
66. $f(x) = -\frac{1}{20}x^5 - \frac{1}{12}x^2 - \frac{1}{3}x + 1$, $\quad [-2, 2]$
67. $f(x) = \dfrac{2}{x^2 + 1}$, $\quad [-3, 3]$
68. $f(x) = \dfrac{x^2}{x^2 + 1}$, $\quad [-3, 3]$

69. **Custo médio** Um fabricante determinou que o custo total C (em dólares) para operar uma fábrica é $C = 0{,}5x^2 + 10x + 7.200$, onde x é o número de unidades produzidas. Em que nível de produção o custo médio por unidade será minimizado? (O custo médio por unidade é C/x).

70. **Custo do inventário** O custo C (em dólares) de encomenda e armazenamento de x unidades é $C = 2x + 300.000/x$. Que tamanho de encomenda produzirá um custo mínimo?

71. **Vendas de residências** O preço médio de vendas p (em milhares de dólares) de novas casas nos Estados Unidos de 1995 a 2009 pode ser modelado por $p = -0{,}02812t^4 + 1{,}177t^3 - 17{,}02t^2 + 108{,}7t - 115$, para $5 \leq t \leq 19$, em que t é o ano, com $t = 5$ correspondendo a 1995. *(Fonte: U.S. Census Bureau)*
  (a) Use uma ferramenta gráfica para traçar o modelo no intervalo [5, 19].
  (b) Use o gráfico na parte (a) para estimar o ano correspondente ao preço de vendas do mínimo absoluto.
  (c) Use o gráfico na parte (a) para estimar o ano correspondente ao preço de venda do máximo absoluto.
  (d) Durante aproximadamente qual ano a taxa de aumento do preço de venda foi a maior? A menor?

72. VISUALIZE O gráfico mostra a Média da Dow Jones Industrial na segunda-feira negra, 19 de outubro de 1987, em que $t = 0$ corresponde às 9h30, quando o mercado abre, e $t = 6,5$ corresponde às 16 horas, a hora do fechamento. (*Fonte: Wall Street Journal*)

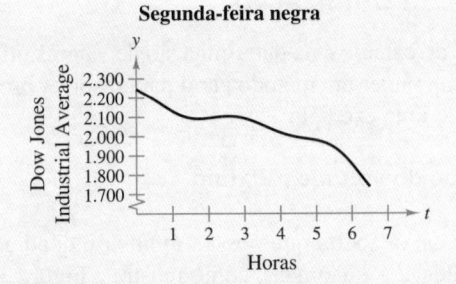

Segunda-feira negra

(a) Estime os extremos relativos e os extremos absolutos do gráfico. Interprete seus resultados no contexto do problema.

(b) Estime o ponto de inflexão do gráfico no intervalo [1, 3]. Interprete seu resultado no contexto do problema.

73. Benefícios de veteranos De 1995 a 2008, o número v de veteranos (em milhares) que recebe remuneração e benefícios de pensão pelo serviço nas forças armadas pode ser modelado por

$$v = -0{,}0687t^4 + 3{,}169t^3 - 45t^2 + 230{,}6t + 2.950$$

para $5 \leq t \leq 18$, em que t é o ano, com $t = 5$ correspondendo a 1995. (*Fonte: U.S. Department of Veterans Affairs*)

(a) Use uma ferramenta gráfica para traçar o modelo no intervalo [5, 18].

(b) Use a segunda derivada para determinar a concavidade de v.

(c) Localize o(s) ponto(s) de inflexão do gráfico de v.

(d) Interprete o significado do(s) ponto(s) de inflexão do gráfico de v.

74. Pense a respeito Suponha que S represente as vendas mensais de um novo aparelho de áudio digital. Escreva um comentário descrevendo S' e S'' para cada um das seguintes situações.

(a) A taxa de variação de vendas é crescente.

(b) As vendas são crescentes, mas a uma taxa maior.

(c) A taxa de variação das vendas é estável.

(d) As vendas são estáveis.

(e) As vendas estão em declínio, mas em uma taxa mais baixa.

(f) As vendas diminuíram ao extremo e depois começaram a subir.

Cápsula de Negócios

Enquanto trabalhava em Nova York em 2004, Matthew Corrin notou uma abundância de estabelecimentos de alimentos frescos e decidiu que se alguém pudesse registrar um deles com sucesso, essa pessoa poderia criar a "Starbucks do negócio de alimentos frescos". Com $ 275.000, ele abriu a primeira loja Freshii em Toronto em 2005 e logo começou a desenvolver seu empreendimento. Até o final de 2011 ele terá 80–90 locais em todo o mundo, com acordos assinados para criar mais 400 lojas em 25 cidades e quatro países. A missão desta cadeia ecologicamente amigável é "eliminar a desculpa das pessoas para não ingerirem alimentos frescos por não ser conveniente", disse Corrin.

75. Projeto de pesquisa Use a biblioteca da sua escola, a Internet ou outra fonte de referência para pesquisar a história financeira de uma empresa em rápido crescimento como a discutida acima. Colete dados sobre os custos e as receitas da empresa durante um período determinado e use uma ferramenta gráfica para traçar um gráfico de dispersão dos dados. Ajuste modelos aos dados. Os modelos parecem ser côncavos para cima ou para baixo? Eles parecem ser crescentes ou decrescentes? Discuta as implicações de suas respostas.

3.4 Problemas de otimização

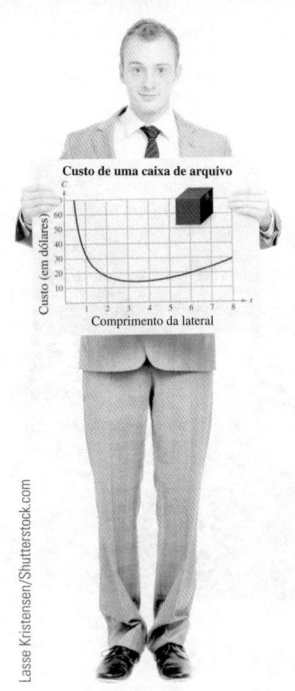

- Resolver problemas de otimização envolvendo situações da vida real.

Resolução de problemas de otimização

Uma das aplicações mais comuns do cálculo é na determinação de valores ótimos (mínimos ou máximos). Antes de aprender um método geral para resolver problemas de otimização, considere o seguinte exemplo.

Exemplo 1 Determinação do volume máximo

Um fabricante quer projetar uma caixa aberta que possua uma base quadrada e uma área de superfície de 108 polegadas quadradas, como mostra a Figura 3.32. Quais dimensões produzem a caixa com volume máximo?

SOLUÇÃO Como a base da caixa é quadrada, seu volume é

$$V = x^2 h.$$ *Equação primária*

Essa equação é chamada de **equação primária** porque oferece uma fórmula para a quantidade a ser otimizada. A área de superfície da caixa é

$$S = (\text{área da base}) + (\text{área dos quatro lados})$$
$$108 = x^2 + 4xh.$$ *Equação secundária*

Como V deve ser otimizado, é útil expressar V como uma função de apenas uma variável. Para fazê-lo, use a equação secundária para determinar h em termos de x

$$h = \frac{108 - x^2}{4x}$$

e insira esta última na equação primária.

$$V = x^2 h = x^2 \left(\frac{108 - x^2}{4x} \right) = 27x - \frac{1}{4}x^3$$ *Função de uma variável*

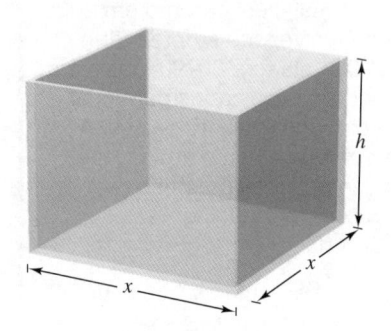

Antes de descobrir qual valor de x produz um valor máximo de V, é necessário determinar o *domínio viável* da função. Isto é, quais valores de x fazem sentido no problema? Como x deve ser não negativo e a área da base ($A = x^2$) de, no máximo, 108, conclui-se que o domínio viável é

$$0 \leq x \leq \sqrt{108}.$$ *Domínio viável*

Usando as técnicas descritas nas primeiras três seções deste capítulo, é possível determinar que (no intervalo $0 \leq x \leq \sqrt{108}$) esta função possui um máximo absoluto quando $x = 6$ polegadas e $h = 3$ polegadas.

✓ AUTOAVALIAÇÃO 1

Use uma ferramenta gráfica para traçar o gráfico da função volume

$$V = 27x - \frac{1}{4}x^3$$

do Exemplo 1 em $0 \leq x \leq \sqrt{108}$. Verifique que a função possui um máximo absoluto quando $x = 6$. Qual é o volume máximo? ∎

Ao estudar o Exemplo 1, certifique-se de ter compreendido sua pergunta básica. Lembre-se de que você não estará pronto para começar a resolver um problema de otimização até tê-lo identificado claramente. Uma vez que você tenha certeza do que foi pedido, você estará pronto para começar a considerar um método de resolução para o problema.

No Exercício 13, na página 200, você usará equações primárias, equações secundárias e derivadas para determinar as dimensões de uma caixa que minimizarão o custo de produção da caixa.

Caixa aberta com base quadrada:
$S = x^2 + 4xh = 108.$
FIGURA 3.32

TUTOR DE ÁLGEBRA
xy

Para obter ajuda sobre a álgebra no Exemplo 1, veja o Exemplo 1(c) no Capítulo 3, *Tutor de álgebra*, na página 240.

No Exemplo 1, por exemplo, deve-se perceber que existe um número infinito de caixas abertas com 108 polegadas quadradas de área de superfície. É possível começar a resolver o problema perguntando a si mesmo qual formato básico parece produzir um volume máximo. A caixa deve ser alta, baixa ou quase cúbica? Você pode até mesmo tentar calcular alguns volumes, conforme mostra a Figura 3.33, para ver se você pode conseguir uma boa ideia de quais deveriam ser as dimensões ideais.

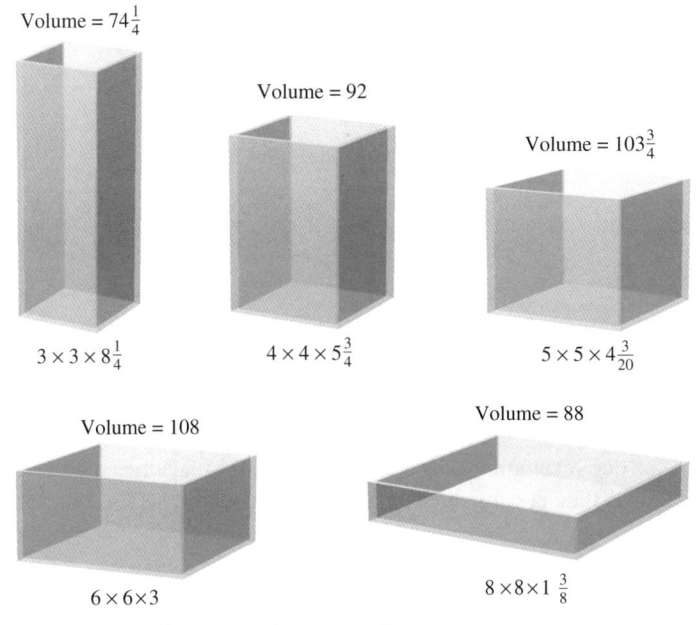

Volume = $74\frac{1}{4}$ $\quad$ $3 \times 3 \times 8\frac{1}{4}$

Volume = 92 $\quad$ $4 \times 4 \times 5\frac{3}{4}$

Volume = $103\frac{3}{4}$ $\quad$ $5 \times 5 \times 4\frac{3}{20}$

Volume = 108 $\quad$ $6 \times 6 \times 3$

Volume = 88 $\quad$ $8 \times 8 \times 1\frac{3}{8}$

FIGURA 3.33 Que caixa tem maior volume?

A solução do Exemplo 1 é composta de várias etapas. O primeiro passo é esboçar um diagrama e identificar todas as quantidades *conhecidas* e todas as quantidades *a serem determinadas*. O segundo passo é escrever uma equação primária para a quantidade a ser otimizada. Então, uma equação secundária é usada para reescrever a equação primária como uma função de uma variável. Finalmente, é usado o cálculo para determinar o valor ótimo. Esses passos estão resumidos abaixo.

Diretrizes para resolver problemas de otimização

1. Identifique todas as quantidades fornecidas e todas as quantidades a serem determinadas. Se possível, faça um esboço.
2. Escreva uma **equação primária** para a quantidade que deverá ser maximizada ou minimizada. (O Apêndice D oferece um resumo de diversas fórmulas comuns.)
3. Reduza a equação primária a uma equação com apenas uma variável independente. Isso pode exigir o uso de uma **equação secundária** envolvendo as variáveis independentes da equação primária.
4. Determine o domínio viável da equação primária. Ou seja, determine os valores nos quais o problema abordado faz sentido.
5. Determine o valor mínimo ou máximo desejado por meio das técnicas do cálculo discutidas nas Seções 3.1 a 3.3.

DICA DE ESTUDO

Ao realizar o 5º passo, lembre-se de que, para determinar o valor mínimo ou máximo de uma função contínua f em um intervalo fechado, é necessário comparar os valores de f em seus números críticos aos valores de f nas extremidades do intervalo. O maior entre esses valores é o máximo desejado e o menor é o mínimo desejado.

Exemplo 2 Determinação de uma distância mínima

Determine os pontos no gráfico de

$$y = 4 - x^2$$

que estejam mais próximos de (0, 2).

SOLUÇÃO

1. A Figura 3.34 indica que existem dois pontos a uma distância mínima do ponto (0, 2).

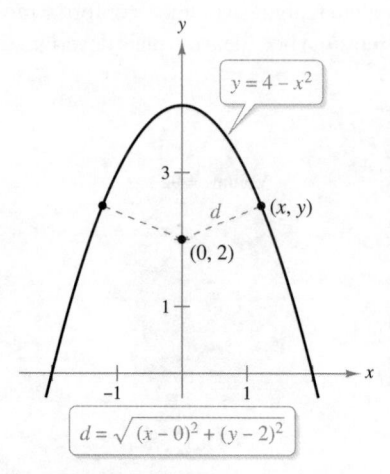

FIGURA 3.34

> **TUTOR DE ÁLGEBRA**
>
> Para ajuda com a álgebra do Exemplo 2, consulte o Exemplo 1(b) no *Tutor de álgebra* do Capítulo 3, na página 240.

2. Pede-se que seja minimizada a distância d. Dessa maneira, é possível usar a fórmula da distância para obter uma equação primária.

$$d = \sqrt{(x-0)^2 + (y-2)^2} \quad \text{Equação primária}$$

3. Usando a equação secundária, $y = 4 - x^2$, pode-se reescrever a equação primária como uma função de uma única variável.

$$d = \sqrt{x^2 + (4 - x^2 - 2)^2} \quad \text{Substitua } y \text{ por } 4 - x^2.$$
$$= \sqrt{x^2 + (2 - x^2)^2} \quad \text{Simplifique.}$$
$$= \sqrt{x^2 + 4 - 4x^2 + x^4} \quad \text{Expanda o binomial.}$$
$$= \sqrt{x^4 - 3x^2 + 4} \quad \text{Combine termos semelhantes.}$$

Como d é menor quando a expressão sob o radical é menor, simplifica-se o problema determinando o valor mínimo de $f(x) = x^4 - 3x^2 + 4$.

4. O domínio de f é toda a reta real.

5. Para determinar o valor mínimo de $f(x)$, determine primeiro os números críticos de f.

$$f'(x) = 4x^3 - 6x \quad \text{Determine a derivada de } f.$$
$$0 = 4x^3 - 6x \quad \text{Iguale a derivada a 0.}$$
$$0 = 2x(2x^2 - 3) \quad \text{Fatore.}$$
$$x = 0, \; x = \sqrt{\tfrac{3}{2}}, \; x = -\sqrt{\tfrac{3}{2}} \quad \text{Números críticos.}$$

Por meio do teste da primeira derivada, pode-se concluir que $x = 0$ produz um máximo relativo, enquanto ambos $\sqrt{3/2}$ e $-\sqrt{3/2}$ produzem mínimos. Então, no gráfico de $y = 4 - x^2$, os pontos que estão mais próximos do ponto (0, 2) são

$$\left(\sqrt{\tfrac{3}{2}}, \tfrac{5}{2}\right) \quad \text{e} \quad \left(-\sqrt{\tfrac{3}{2}}, \tfrac{5}{2}\right).$$

✓ **AUTOAVALIAÇÃO 2**

Determine os pontos no gráfico de $y = 4 - x^2$ que estejam mais próximos de (0, 3).

Exemplo 3 — Determinação da área mínima

Uma página retangular terá 24 polegadas quadradas de área impressa. As margens no topo e na parte de baixo da página têm $1\tfrac{1}{2}$ polegada. As margens de cada lado têm 1 polegada. Quais deveriam ser as dimensões da página para minimizar a quantidade de papel utilizada?

SOLUÇÃO

1. Um diagrama da página é mostrado na Figura 3.35.
2. Supondo que A seja a área a ser minimizada, a equação primária é

   $A = (x + 3)(y + 2)$.   Equação primária

3. A área impressa dentro das margens é dada por

   $24 = xy$.   Equação secundária

   Isolar y nesta equação fornece

   $y = \dfrac{24}{x}$.

   Ao substituir esta equação na equação primária, temos

   $A = (x + 3)\left(\dfrac{24}{x} + 2\right)$ Escreva como uma função de uma variável.

   $= (x + 3)\left(\dfrac{24 + 2x}{x}\right)$ Reescreva o segundo fator como uma única fração.

   $= \dfrac{2x^2}{x} + \dfrac{30x}{x} + \dfrac{72}{x}$ Multiplique e separe em termos.

   $= 2x + 30 + \dfrac{72}{x}$.   Simplifique.

4. Como x deve ser positivo, o domínio viável é $x > 0$.
5. Para determinar a área mínima, comece determinando os números críticos de A.

   $\dfrac{dA}{dx} = 2 - \dfrac{72}{x^2}$ Encontre a derivada de A.

   $0 = 2 - \dfrac{72}{x^2}$ Iguale a derivada a 0.

   $-2 = -\dfrac{72}{x^2}$ Subtraia 2 de cada lado.

   $x^2 = 36$ Simplifique.

   $x = \pm 6$ Números críticos

Como $x = -6$ não está no domínio viável, apenas o número crítico $x = 6$ deve ser considerado. Pelo teste da primeira derivada, segue que A é um mínimo quando $x = 6$. Então, as dimensões da página deveriam ser

$x + 3 = 6 + 3 = 9$ polegadas por $y + 2 = \dfrac{24}{6} + 2 = 6$ polegadas.

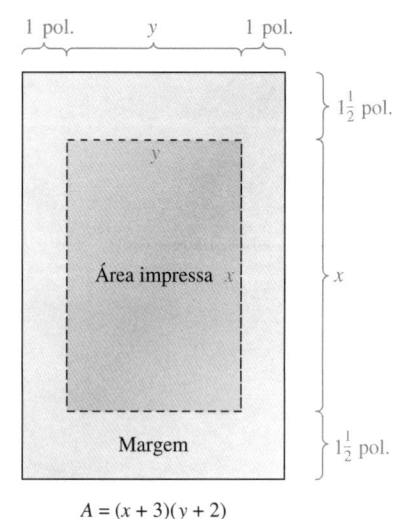

FIGURA 3.35

$A = (x + 3)(y + 2)$

✓ AUTOAVALIAÇÃO 3

Uma página retangular terá 54 polegadas quadradas de área impressa. As margens no topo e na parte de baixo da página têm $1\frac{1}{2}$ polegada. As margens de cada lado têm 1 polegada. Quais deveriam ser as dimensões da página para minimizar a quantidade de papel utilizada? ∎

No que diz respeito a aplicações, os exemplos descritos nesta seção são bem simples, e mesmo assim as equações primárias resultantes são bem complicadas. Aplicações reais geralmente envolvem equações que são pelo menos tão complexas como essas quatro. Lembre-se de que um dos principais objetivos deste curso é capacitar você para a utilização do poder do cálculo para analisar equações que à primeira vista parecem dificílimas.

Recorde-se ainda de que, depois de determinar a equação primária, é possível usar o gráfico da equação como uma ajuda na resolução do problema. Por exemplo, os gráficos das equações primárias nos Exemplos de 1 a 4 são mostrados na Figura 3.36.

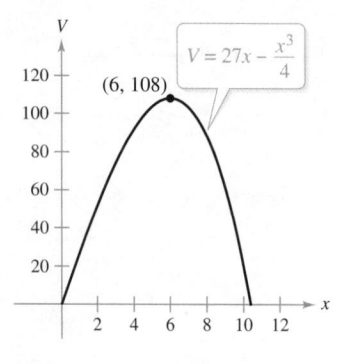

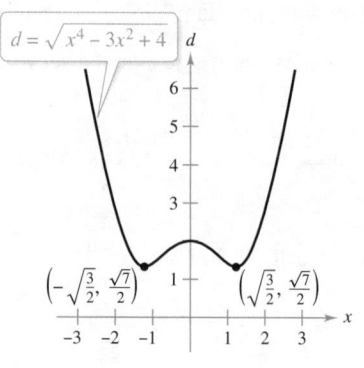

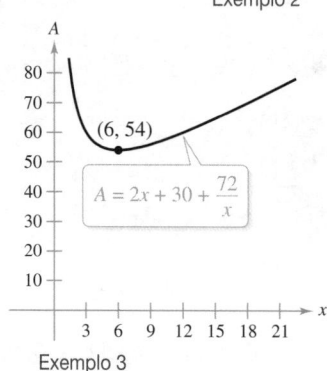

Exemplo 1: $V = 27x - \dfrac{x^3}{4}$, ponto $(6, 108)$

Exemplo 2: $d = \sqrt{x^4 - 3x^2 + 4}$, pontos $\left(-\sqrt{\dfrac{3}{2}}, \dfrac{\sqrt{7}}{2}\right)$ e $\left(\sqrt{\dfrac{3}{2}}, \dfrac{\sqrt{7}}{2}\right)$

Exemplo 3: $A = 2x + 30 + \dfrac{72}{x}$, ponto $(6, 54)$

FIGURA 3.36

PRATIQUE (Seção 3.4)

1. Diga o que se entende por equação primária de um problema de otimização *(página 194)*. Para exemplos de equações primárias em problemas de otimização, veja os Exemplos 1, 2 e 3.

2. Diga o que se entende por domínio viável de uma função *(página 194)*. Para exemplos de domínios viáveis, veja os Exemplos 1, 2 e 3.

3. Diga o que se entende por equação secundária de um problema de otimização *(página 194)*. Para exemplos de equações secundárias em problemas de otimização, veja os Exemplos 1, 2 e 3.

4. Dê as diretrizes para resolver problemas de otimização *(página 195)*. Para exemplos de resolução de problemas de otimização, veja os Exemplos 2 e 3.

5. Descreva em um exemplo da vida real como a resolução de um problema de otimização pode ser usado para determinar as dimensões de uma página de modo que a quantidade de papel usado seja minimizado *(página 196, Exemplo 3)*.

Recapitulação 3.4

Os exercícios preparatórios a seguir envolvem conceitos vistos em seções anteriores. Esses conceitos serão utilizados no conjunto de exercícios desta seção. Para obter mais ajuda, consulte a Seção 3.1.

Nos Exercícios 1-4, escreva uma fórmula para a afirmação dada.

1. A soma de um número com a metade de outro número é 12.
2. O produto de um número pelo dobro de outro é 24.
3. A área de um retângulo é 24 unidades quadradas.
4. A distância entre dois pontos é 10 unidades.

Nos Exercícios 5-10, determine os números críticos da função.

5. $y = x^2 + 6x - 9$

6. $y = 2x^3 - x^2 - 4x$

7. $y = 5x + \dfrac{125}{x}$

8. $y = 3x + \dfrac{96}{x^2}$

9. $y = \dfrac{x^2 + 1}{x}$

10. $y = \dfrac{x}{x^2 + 9}$

Exercícios 3.4

Área máxima Nos Exercícios 1 e 2, encontre a largura e a altura de um retângulo que tem o perímetro dado e uma área máxima.

1. Perímetro: 100 metros
2. Perímetro: P unidades

Perímetro mínimo Nos Exercícios 3 e 4, encontre a largura e a altura de um retângulo que tem a área dada e um perímetro mínimo.

3. Área: 64 pés quadrados
4. Área: A centímetros quadrados

5. **Área máxima** Um fazendeiro tem 200 pés de cerca para cercar dois currais retangulares adjacentes (veja a figura). Quais dimensões devem ser usadas para que a área cercada seja máxima?

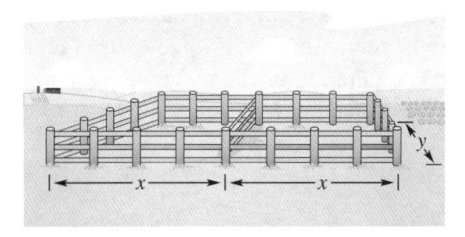

6. **Dimensões mínimas** Um fazendeiro planeja cercar um pasto retangular ao lado de um rio. Para fornecer capim suficiente para o rebanho, o pasto deve conter 245.000 metros quadrados. Não é necessário cerca ao longo do rio. Quais dimensões usarão a menor quantidade de cercas?

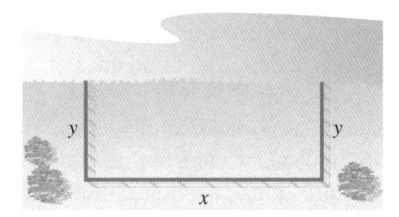

7. **Volume máximo**
   (a) Verifique que cada um dos sólidos retangulares mostrados na figura tem uma área de superfície de 150 polegadas quadradas.
   (b) Encontre o volume de cada sólido.
   (c) Determine as dimensões de um sólido retangular (com uma base quadrada) de volume máximo, se a sua área de superfície for de 150 polegadas quadradas.

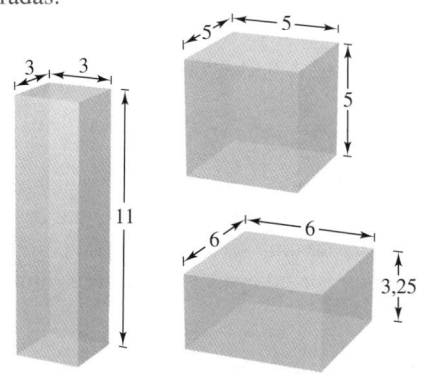

8. **Volume máximo** Um sólido retangular com uma base quadrada tem uma área de superfície de 337,5 centímetros quadrados.
   (a) Determine as dimensões que produzem o volume máximo.
   (b) Encontre o volume máximo.

9. **Área de superfície mínima** Um sólido retangular com uma base quadrada tem um volume de 8.000 polegadas cúbicas.
   (a) Determine as dimensões que geram a área de superfície mínima.
   (b) Encontre a área mínima da superfície.

10. **VISUALIZE** O gráfico mostra o lucro P (em milhares de dólares) de uma empresa em termos de seus custos com publicidade x (em milhares de dólares). 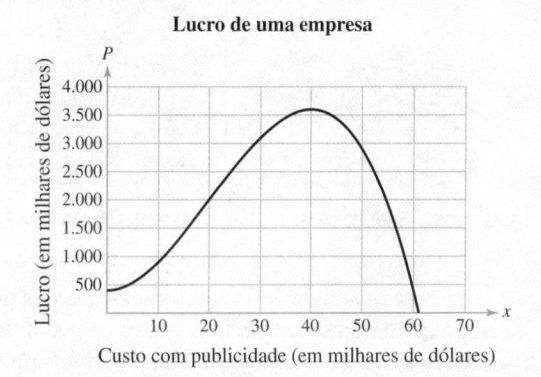
    (a) Estime o intervalo no qual o lucro está aumentando.
    (b) Estime o intervalo no qual o lucro está diminuindo.
    (c) Estime a quantidade de dinheiro que a empresa deve gastar em publicidade com a finalidade de produzir o máximo de lucro.
    (d) Estime o ponto de retorno diminuído.

11. **Área máxima** Uma sala de condicionamento físico é constituída por uma região retangular com um semicírculo em cada extremidade. O perímetro da sala deverá ser uma pista de corrida de 200 metros. Encontre as dimensões que tornarão a área da região retangular a maior possível.

12. **Área máxima** Uma janela Norman é construída por um semicírculo adicionado à parte superior de uma janela retangular comum (veja a figura). Encontre as dimensões de uma janela Norman de área máxima se o perímetro total for de 16 pés.

Figura para o Exercício 19.

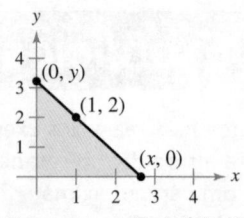

Figura para o Exercício 20.

13. **Custo mínimo** Uma caixa de armazenamento com uma base quadrada deve ter um volume de 80 centímetros cúbicos. A parte superior e a inferior custam $ 0,20 por centímetro quadrado e as laterais custam $ 0,10 por centímetro quadrado. Encontre as dimensões que minimizarão o custo.

14. **Área de superfície mínima** Uma canaleta para a prática de golfe é aberta em uma extremidade (veja a figura). O volume da canaleta é de $83\frac{1}{3}$ metros cúbicos. Encontre as dimensões que exigem a menor quantidade de material.

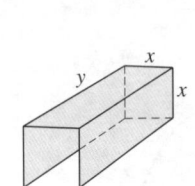

20. **Comprimento mínimo e área mínima** Um triângulo é formado no primeiro quadrante pelos eixos x e y e uma reta pelo ponto $(1, 2)$ (veja a figura).
    (a) Escreva o comprimento L da hipotenusa como uma função de x.
    (b) Use uma ferramenta gráfica para aproximar x graficamente de modo que o comprimento da hipotenusa seja mínimo.
    (c) Encontre os vértices do triângulo de tal modo que a sua área seja mínima.

21. **Área máxima** Um retângulo é limitado pelo eixo x e pelo semicírculo $y = \sqrt{25 - x^2}$ (veja a figura). Qual largura e altura do retângulo deve ter para que a área seja máxima?

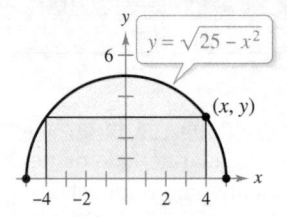

Figura para o Exercício 14.

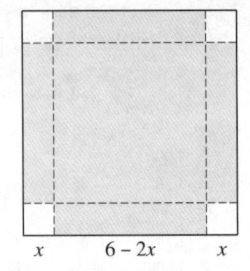

Figura para o Exercício 15.

15. **Volume máximo** Uma caixa aberta deve ser feita de uma peça quadrada de seis polegadas por seis polegadas de material, cortando quadrados iguais dos cantos e virando os lados para cima (veja a figura). Encontre o volume da maior caixa que pode ser feita.

16. **Área de superfície mínima** Um sólido é formado adicionando-se dois hemisférios às extremidades de um cilindro circular reto. O volume total do sólido é de 12 polegadas cúbicas. Encontre o raio do cilindro que produz a área mínima da superfície.

17. **Área mínima** Uma página retangular deve conter 36 polegadas quadradas de impressão. As margens na parte superior e inferior e em cada lado devem ser de 1 polegada. Encontre as dimensões da página que minimizarão a quantidade de papel utilizado.

18. **Área mínima** Uma página retangular deve conter 50 polegadas quadradas de impressão. As margens na parte superior e inferior da página devem ter 2 polegadas de largura. As margens de cada lado devem ter 1 polegada de largura. Encontre as dimensões da página que minimizarão a quantidade de papel utilizado.

19. **Área máxima** Um retângulo é delimitado pelos eixos x e y e o gráfico de
$$y = \frac{1}{2}(6 - x)$$
(veja a figura). Qual largura e altura do retângulo deve ter para que sua área seja máxima?

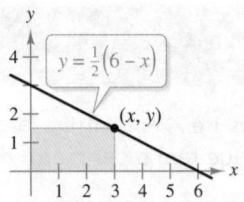

22. **Área máxima** Encontre as dimensões do maior retângulo que pode ser inscrito em um semicírculo de raio r. (Veja o Exercício 21).

23. **Área de superfície mínima** Você está projetando um recipiente de refrigerante que tem a forma de um cilindro circular reto. O recipiente deve conter 12 onças líquidas (1 onça líquida tem aproximadamente 1,80469 polegadas cúbicas). Encontre as dimensões que utilizarão uma quantidade mínima de material de construção.

24. **Custo mínimo** Um recipiente de bebida energética da forma descrita no exercício 23 deve ter um volume de 16 onças líquidas. O custo por polegada quadrada da construção da parte superior e inferior é duas vezes o custo da construção da face lateral. Encontre as dimensões que minimizarão o custo.

Encontrando uma distância mínima Nos Exercícios 25-28, encontre os pontos no gráfico da função que estão mais próximos do ponto dado. *Veja o Exemplo 2.*

25. $f(x) = x^2$, $(2, \frac{1}{2})$
26. $f(x) = \sqrt{x - 8}$, $(12, 0)$
27. $f(x) = \sqrt{x}$, $(4, 0)$
28. $f(x) = (x + 1)^2$, $(5, 3)$

29. **Volume máximo** Um pacote retangular para ser enviado por um serviço postal pode ter um comprimento e perímetro de uma seção transversal combinados de no máximo 108 polegadas. Encontre as dimensões do

pacote com o volume máximo. Assuma que as dimensões do pacote são x por x por y (veja a figura).

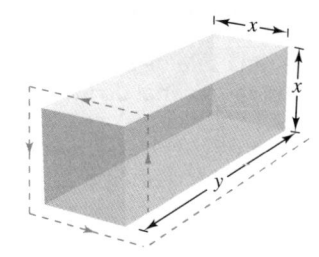

30. Volume máximo Uma caixa aberta deve ser feita de uma peça retangular de três pés por oito pés de material, cortando quadrados iguais dos cantos e virando as laterais para cima. Encontre o volume da maior caixa que pode ser feita dessa maneira.

31. Custo mínimo Um tanque industrial da forma descrita no Exercício 16 deve ter um volume de 3.000 pés cúbicos. As extremidades hemisféricas custam o dobro por pé quadrado de área de superfície que a lateral. Encontre as dimensões que minimizarão o custo.

32. Tempo mínimo Você está em um barco a 2 milhas do ponto mais próximo da costa. Você deve ir ao ponto Q, localizado a 3 milhas costa abaixo e 1 milha para o interior (veja a figura). Você pode remar a uma taxa de 2 milhas por hora e pode andar a uma taxa de 4 milhas por hora. Em direção a que ponto da costa você deve remar para chegar ao ponto Q no menor intervalo de tempo?

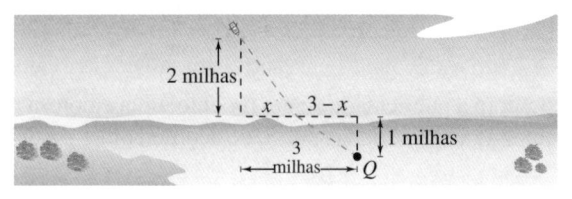

33. Área mínima A soma do comprimento de uma circunferência e o perímetro de um quadrado é 16. Encontre as dimensões do círculo e do quadrado que produzam uma área total mínima.

34. Área mínima A soma dos perímetros de um triângulo equilátero e de um quadrado é 10. Encontre as dimensões do triângulo e do quadrado que produzam uma área total mínima.

35. Área Quatro pés de fio devem ser usados para formar um quadrado e um círculo.
  (a) Expresse a soma das áreas do quadrado e do círculo como uma função A de um lado do quadrado x.
  (b) Qual é o domínio de A?
  (c) Use uma ferramenta gráfica para traçar A no seu domínio.
  (d) Quanto fio deve ser utilizado para o quadrado e quanto para o círculo de modo a englobar a área total mínima? A área total máxima?

36. Colheita máxima Um jardineiro de uma casa estima que 16 macieiras produzirão uma colheita média de 80 maçãs por árvore. Mas, por causa do tamanho do jardim, para cada árvore plantada adicional, o rendimento diminuirá em quatro maçãs por árvore. Quantas árvores devem ser plantadas para maximizar a colheita total de maçãs? Qual é a colheita máxima?

37. Agricultura Um produtor de morangos receberá $ 30 por alqueire de morangos durante a primeira semana de colheita. A cada semana depois disso, o valor cairá $ 0,80 por alqueire. O fazendeiro estima que existam cerca de 120 alqueires de morangos nos campos e que a cultura está aumentando a uma taxa de quatro alqueires por semana. Quando o agricultor deve colher os morangos para maximizar o seu valor? Quantos alqueires de morangos renderão o valor máximo? Qual é o valor máximo dos morangos?

TESTE PRELIMINAR

Faça este teste como se estivesse em uma sala de aula. Ao concluir, compare suas respostas com as respostas fornecidas ao final do livro.

Nos Exercícios 1-3, determine os números críticos da função e os intervalos abertos nos quais a função é crescente ou decrescente. Use uma ferramenta gráfica para verificar seus resultados.

1. $f(x) = x^2 - 6x + 1$ **2.** $f(x) = 2x^3 + 12x^2$

3. $f(x) = \dfrac{x}{x^2 + 25}$

Nos Exercícios 4-6, determine todos os extremos relativos da função.

4. $f(x) = x^3 + 3x^2 - 5$ **5.** $f(x) = x^4 - 8x^2 + 3$

6. $f(x) = 2x^{2/3}$

Nos Exercícios 7-9, determine os extremos absolutos da função no intervalo fechado. Use uma ferramenta gráfica para verificar seus resultados

7. $f(x) = x^2 + 2x - 8$, $[-2, 1]$ **8.** $f(x) = x^3 - 27x$, $[-4, 4]$

9. $f(x) = \dfrac{x}{x^2 + 1}$, $[0, 2]$

Nos Exercícios 10 e 11, discuta a concavidade do gráfico da função e determine os pontos de inflexão.

10. $f(x) = x^3 - 6x^2 + 7x$ **11.** $f(x) = x^4 - 24x^2$

Nos Exercícios 12 e 13, use o teste da segunda derivada para determinar todos os extremos relativos da função.

12. $f(x) = 2x^3 + 3x^2 - 12x + 16$ **13.** $f(x) = 2x + \dfrac{18}{x}$

14. Ao aumentar seu gasto x com a publicidade de um produto, uma empresa descobriu que pode aumentar as vendas, dadas por S, de acordo com o modelo

$$S = \frac{1}{3.600}(360x^2 - x^3), \ 0 \le x \le 240$$

em que x e S são medidos em milhares de dólares. Determine o ponto de retorno diminuído desse produto.

15. Um jardineiro tem 200 pés de cerca para circundar um jardim retangular ao lado de um rio (veja a figura). Não é preciso colocar cercas ao longo da margem do rio. Quais dimensões devem ser usadas para que a área do jardim seja máxima?

16. A população residente P (em milhares) no Maine, de 2000 a 2009, pode ser modelada por

$$P = 0{,}001t^3 - 0{,}64t^2 + 10{,}3t + 1.276, \ 0 \le t \le 9$$

em que t é o ano, com $t = 0$ correspondendo a 2000. (*Fonte: U. S. Census Bureau*)

(a) Durante qual(is) ano(s) a população era crescente? E decrescente?

(b) Durante qual ano, de 2000 a 2009, a população foi a maior? E a menor?

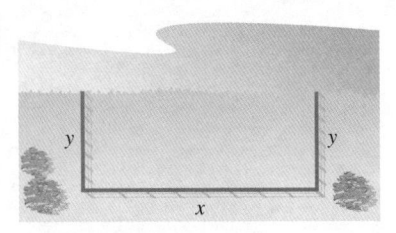

Figura para o Exercício 15.

3.5 Aplicações comerciais e econômicas

- Resolver problemas comerciais e econômicos de otimização.
- Determinar a elasticidade-preço da demanda para funções demanda.
- Reconhecer termos e fórmulas básicas de negócios.

Otimização nos negócios e na economia

Os problemas nesta seção são principalmente problemas de otimização. Portanto, é uma estratégia adequada seguir o procedimento de cinco passos usado na Seção 3.4.

Exemplo 1 Determinação da receita máxima

Uma empresa determinou que a receita total (em dólares) para um produto pode ser modelada por

$$R = -x^3 + 450x^2 + 52.500x$$

em que x é o número de unidades produzidas (e vendidas). Qual é o nível de produção que gera receita máxima?

SOLUÇÃO

1. Um gráfico da função receita é mostrado na Figura 3.37.

2. A equação primária é a função receita dada.

   $$R = -x^3 + 450x^2 + 52.500x \qquad \text{Equação primária}$$

3. Como R foi dada como uma função de uma variável, uma equação secundária não é necessária.

4. O domínio viável da equação primária é

   $$0 \leq x \leq 546. \qquad \text{Domínio viável}$$

   Isso é determinado ao encontrar as interseções da função receita com o eixo x, como mostra a Figura 3.37.

5. Para maximizar a receita, determine os números críticos.

   $$\frac{dR}{dx} = -3x^2 + 900x + 52.500 = 0 \qquad \text{Iguale a derivada a 0.}$$
   $$-3(x - 350)(x + 50) = 0 \qquad \text{Fatore.}$$
   $$x = 350, \; x = -50 \qquad \text{Números críticos}$$

O único número crítico no domínio viável é $x = 350$. A partir do gráfico da função, pode-se observar que o nível de produção de 350 unidades corresponde à receita máxima.

No Exercício 15, na página 210, você utilizará derivadas para encontrar o preço que rende lucro máximo.

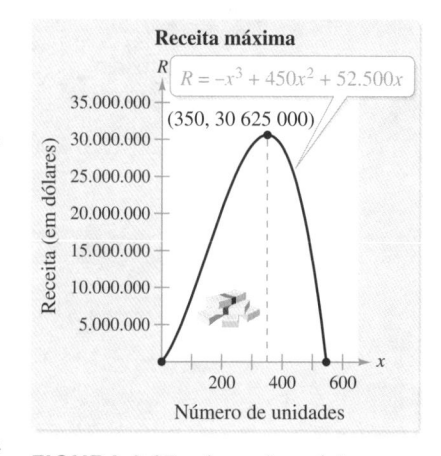

FIGURA 3.37 A receita máxima ocorre quando $dR/dx = 0$.

✓ AUTOAVALIAÇÃO 1

Determine o número de unidades que devem ser produzidas para maximizar a função receita $R = -x^3 + 150x^2 + 9.375x$, onde R é a receita total (em dólares) e x é o número de unidades produzidas (e vendidas). Qual é a receita máxima? ■

Para estudar os efeitos dos níveis de produção sobre o custos, os economistas usam a **função custo médio** $\overline{C}$, que é definida por

$$\overline{C} = \frac{C}{x} \qquad \text{Função custo médio}$$

em que $C = f(x)$ é a função custo total e x é o número de unidades produzidas.

Exemplo 2 — Determinação do custo médio mínimo

Uma empresa estima que o custo (em dólares) para produzir x unidades de um produto pode ser modelado por $C = 800 + 0{,}04x + 0{,}0002x^2$. Determine o nível de produção que minimiza o custo médio por unidade.

SOLUÇÃO

1. C representa o custo total, x representa o número de unidades produzidas e $\overline{C}$ representa o custo médio por unidade.

2. A equação primária é
$$\overline{C} = \frac{C}{x}. \qquad \text{Equação primária}$$

3. Ao substituir C pela equação fornecida, tem-se
$$\overline{C} = \frac{800 + 0{,}04x + 0{,}0002x^2}{x} \qquad \text{Substitua } C \text{ pela equação.}$$
$$= \frac{800}{x} + 0{,}04 + 0{,}0002x. \qquad \text{Função de uma variável}$$

4. O domínio viável dessa função é
$$x > 0. \qquad \text{Domínio viável}$$
porque a empresa não pode produzir um número negativo de unidades.

5. É possível determinar os números críticos conforme mostrado abaixo.
$$\frac{d\overline{C}}{dx} = -\frac{800}{x^2} + 0{,}0002 = 0 \qquad \text{Iguale a derivada a 0.}$$
$$0{,}0002 = \frac{800}{x^2}$$
$$x^2 = \frac{800}{0{,}0002}$$
$$x^2 = 4.000.000$$
$$x = \pm 2.000 \qquad \text{Números críticos}$$

Ao escolher o valor positivo de x e esboçar o gráfico de $\overline{C}$, conforme mostra a Figura 3.38, pode-se ver que o nível de produção de $x = 2.000$ minimiza o custo médio por unidade.

> **DICA DE ESTUDO**
>
> Para ver que $x = 2.000$ corresponde a um custo médio mínimo no Exemplo 2, tente calcular $\overline{C}$ para diversos valores de x. Por exemplo, quando $x = 400$, o custo médio por unidade é $\overline{C} = \$2{,}12$, mas quando $x = 2.000$, o custo médio por unidade é $\overline{C} = \$0{,}84$.

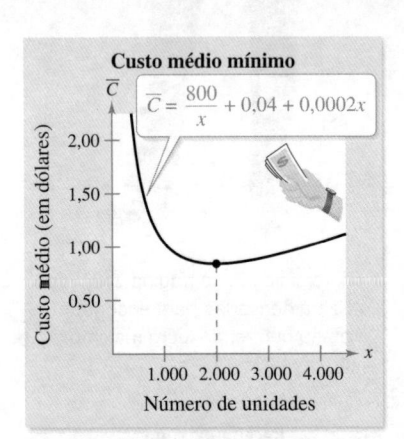

FIGURA 3.38 O custo médio mínimo ocorre quando $d\overline{C}/dx = 0$.

✓ AUTOAVALIAÇÃO 2

Determine o nível de produção que minimiza o custo médio por unidade para a função custo
$$C = 400 + 0{,}05x + 0{,}0025x^2.$$
em que C é o custo (em dólares) de produzir x unidades de um produto. ∎

Exemplo 3 — Determinação da receita máxima

Uma empresa vende 2.000 unidades de um produto por mês a um preço de $ 10 cada. Ela pode vender 250 itens a mais por mês a cada redução de $ 0,25 no preço. Que preço unitário maximiza a receita mensal?

SOLUÇÃO

1. Sejam x o número de unidades vendidas por mês, p o preço unitário e R a receita mensal.

2. Como a receita deve ser maximizada, a equação primária é

    $R = xp$.   *Equação primária*

3. Um preço $p = \$10$ corresponde a $x = 2.000$, e um preço $p = \$9,75$ corresponde a $x = 2.250$. Usando essa informação, é possível usar a forma ponto-inclinação para escrever a equação da demanda.

    $p - 10 = \dfrac{10 - 9,75}{2.000 - 2.250}(x - 2.000)$ *Forma ponto-inclinação*

    $p - 10 = -0,001(x - 2.000)$ *Simplifique.*

    $p = -0,001x + 12$ *Equação secundária*

    A substituição desse valor na equação da receita resulta em

    $R = x(-0,001x + 12)$ *Substitua p pela equação.*

    $= -0,001x^2 + 12x$.   *Função de uma variável*

4. O domínio viável da função da receita é

    $0 \leq x \leq 12.000$.   *Domínio viável*

    Isso é determinado encontrando-se as intersecções com o eixo x da função receita em x.

5. Para maximizar a receita, os números críticos devem ser determinados.

    $\dfrac{dR}{dx} = 12 - 0,002x = 0$ *Iguale a derivada a 0.*

    $-0,002x = -12$

    $x = 6.000$ *Número crítico*

A partir do gráfico de R na Figura 3.39, pode-se ver que esse nível de produção gera a receita máxima. O preço que corresponde a esse nível de produção é

$p = 12 - 0,001x$ *Função demanda*

$= 12 - 0,001(6.000)$ *Substitua x por 6.000.*

$= \$6$.   *Preço por unidade*

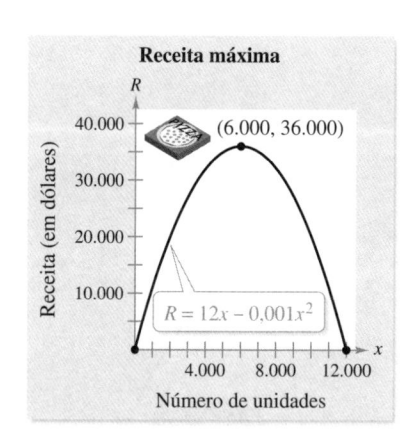

FIGURA 3.39

✓ AUTOAVALIAÇÃO 3

Determine o preço unitário que maximize a receita mensal para a empresa no Exemplo 3 se ela conseguir vender apenas 200 itens a mais por mês para cada $\$0,25$ de redução no preço. ∎

No Exemplo 3, a função da receita foi escrita como uma função de x. Ela também poderia ter sido escrita em função de p. Isto é,

$R = 1.000(12p - p^2)$.

Ao determinar os números críticos dessa função, pode-se determinar que a receita máxima ocorre quando $p = 6$.

Exemplo 4 Determinação do lucro máximo

O departamento de marketing de uma empresa determinou que a demanda por um produto pode ser modelada por $p = 50/\sqrt{x}$, onde p é o preço por unidade (em dólares) e x é o número de unidades. O custo para produzir x unidades é dado por $C = 0,5x + 500$. Que preço produz o lucro máximo?

TUTOR DE ÁLGEBRA

Para ajuda com a álgebra do Exemplo 4, consulte o Exemplo 2(b) no *Tutor de álgebra* do Capítulo 3, na página 241.

SOLUÇÃO

1. Seja R a receita, P o lucro, p o preço por unidade, x o número de unidades e C o custo total da produção de x unidades.

2. Como você quer maximizar o lucro, a equação primária é

   $$P = R - C. \qquad \text{Equação primária}$$

3. Como a receita é $R = xp$, é possível escrever a função lucro da seguinte forma:

   $$\begin{aligned} P &= R - C \\ &= xp - (0{,}5x + 500) & \text{Substitua } R \text{ e } C. \\ &= x\left(\frac{50}{\sqrt{x}}\right) - 0{,}5x - 500 & \text{Substitua } p. \\ &= 50\sqrt{x} - 0{,}5x - 500. & \text{Função de uma variável} \end{aligned}$$

4. O domínio viável da função é $127 < x \leq 7.872$ (quando x é menor que 127 ou maior que 7.872, o lucro é negativo).

5. Para maximizar o lucro, determine os números críticos.

   $$\begin{aligned} \frac{dP}{dx} = \frac{25}{\sqrt{x}} - 0{,}5 &= 0 & \text{Iguale a derivada a 0.} \\ \frac{25}{\sqrt{x}} &= 0{,}5 & \text{Adicione 0,5 a cada um dos lados.} \\ 50 &= \sqrt{x} & \text{Isole } x \text{ em um lado.} \\ 2500 &= x & \text{Número crítico} \end{aligned}$$

   A partir do gráfico da função lucro mostrado na Figura 3.40, é possível ver que o lucro máximo ocorre quando $x = 2.500$. O preço que corresponde a $x = 2.500$ é

   $$p = \frac{50}{\sqrt{x}} = \frac{50}{\sqrt{2.500}} = \frac{50}{50} = \$\,1{,}00. \qquad \text{Preço por unidade}$$

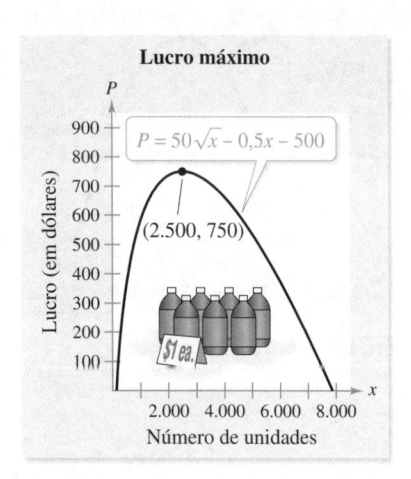

FIGURA 3.40

✓ **AUTOAVALIAÇÃO 4**

Determine o preço que maximize o lucro para as funções demanda e custo.

$$p = \frac{40}{\sqrt{x}} \quad \text{e} \quad C = 2x + 50$$

em que p é o preço por unidade (em dólares), x é o número de unidades e C é o custo (em dólares).

Para determinar o lucro máximo no Exemplo 4, a equação $P = R - C$ foi derivada e igualada a zero. A partir da equação

$$\frac{dP}{dx} = \frac{dR}{dx} - \frac{dC}{dx} = 0$$

segue que o lucro máximo ocorre quando a receita marginal é igual ao custo marginal, como mostra a Figura 3.41.

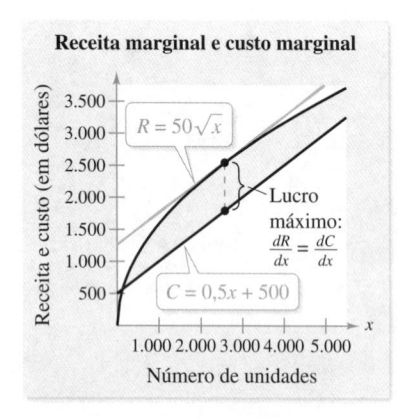

FIGURA 3.41

Elasticidade-preço da demanda

Uma forma de os economistas medirem as reações dos consumidores a uma mudança no preço de um produto é por meio da **elasticidade-preço da demanda**.

Por exemplo, uma queda no preço dos vegetais pode resultar em uma demanda muito maior por vegetais – tal demanda é chamada de **elástica**. Por outro lado, a demanda por itens como leite e água é relativamente indiferente a mudanças de preço – a demanda por tais itens é considerada **inelástica**.

Mais formalmente, a elasticidade da demanda é a variação porcentual da quantidade demandada x, dividida pela variação porcentual em seu preço p. Tem-se uma fórmula para a elasticidade-preço da demanda por meio da aproximação

$$\frac{\Delta p}{\Delta x} \approx \frac{dp}{dx}$$

que tem como base a definição da derivada. Usando essa aproximação, é possível escrever

$$\begin{aligned}\text{Elasticidade-preço da demanda} &= \frac{\text{taxa de mudança na demanda}}{\text{taxa de mudança no preço}} \\ &= \frac{\Delta x/x}{\Delta p/p} \\ &= \frac{p/x}{\Delta p/\Delta x} \\ &\approx \frac{p/x}{dp/dx}.\end{aligned}$$

> **DICA DE ESTUDO**
>
> Na discussão sobre a elasticidade-preço da demanda, presume-se que o preço diminui à medida que a quantidade demandada aumenta. Assim, a função de demanda $p = f(x)$ é decrescente e dp/dx é negativo.

Definição de elasticidade-preço da demanda

Se $p = f(x)$ é uma função diferenciável, então a **elasticidade-preço da demanda** é dada por

$$\eta = \frac{p/x}{dp/dx}$$

em que η é a letra grega *eta* minúscula. Para determinado preço, a demanda é **elástica** se $|\eta| > 1$, é **inelástica** se $|\eta| < 1$ e tem **elasticidade unitária** se $|\eta| = 1$.

A elasticidade-preço da demanda relaciona-se à função receita total, como indicado na Figura 3.42 e na lista abaixo.

1. Se a demanda é *elástica*, então uma diminuição no preço é acompanhada por um aumento nas unidades vendidas suficiente para aumentar a receita total.

2. Se a demanda é *inelástica*, então uma diminuição no preço não é acompanhada por um aumento nas unidades vendidas suficiente para aumentar a receita total.

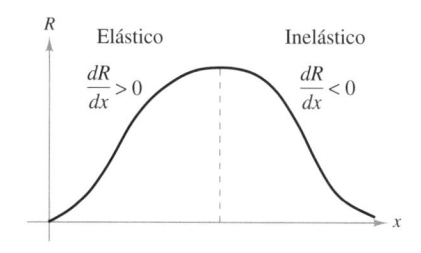

FIGURA 3.42 Curva da receita.

Exemplo 5 Comparação entre elasticidade e receita

A função demanda de um produto é modelada por

$$p = 24 - 2\sqrt{x}, \quad 0 \leq x \leq 144$$

Função demanda de um produto

em que p é o preço por unidade (em dólares) e x é o número de unidades. (Veja a Figura 3.43.)

a. Determine os intervalos nos quais a demanda é elástica, inelástica e de elasticidade unitária.

b. Use o resultado da parte (a) para descrever o comportamento da função receita.

SOLUÇÃO

a. A elasticidade-preço da demanda é dada por

$$\eta = \frac{p/x}{dp/dx} \qquad \text{Fórmula da elasticidade-preço da demanda}$$

$$= \frac{\dfrac{24 - 2\sqrt{x}}{x}}{\dfrac{-1}{\sqrt{x}}} \qquad \text{Substitua } p/x \text{ e } dp/dx.$$

$$= \frac{\left(\dfrac{24 - 2\sqrt{x}}{x}\right)(-\sqrt{x})}{\left(\dfrac{-1}{\sqrt{x}}\right)(-\sqrt{x})} \qquad \text{Multiplique o numerador e o denominador por } -\sqrt{x}.$$

$$= \frac{-24\sqrt{x} + 2x}{x} \qquad \text{Simplifique.}$$

$$= -\frac{24\sqrt{x}}{x} + 2. \qquad \text{Reescreva como duas frações e simplifique.}$$

A demanda tem elasticidade unitária quando $|\eta| = 1$. No intervalo [0, 144] a única solução da equação

$$|\eta| = \left|-\frac{24\sqrt{x}}{x} + 2\right| = 1 \qquad \text{Elasticidade unitária}$$

é $x = 64$. Então a demanda tem elasticidade unitária quando $x = 64$. Para valores de x no intervalo (0, 64),

$$|\eta| = \left|-\frac{24\sqrt{x}}{x} + 2\right| > 1, \quad 0 < x < 64 \qquad \text{Elástica}$$

o que implica que a demanda é elástica quando $0 < x < 64$. Para valores de x no intervalo (64, 144),

$$|\eta| = \left|-\frac{24\sqrt{x}}{x} + 2\right| < 1, \quad 64 < x < 144 \qquad \text{Inelástica}$$

o que implica que a demanda é inelástica quando $64 < x < 144$.

b. A partir da parte (a), pode-se concluir que a função receita R é crescente no intervalo aberto (0, 64), é decrescente no intervalo aberto (64, 144) e tem um máximo quando $x = 64$, como indicado na Figura 3.44.

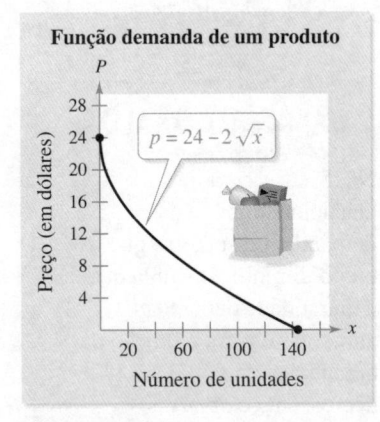

FIGURA 3.43

Função receita de um produto

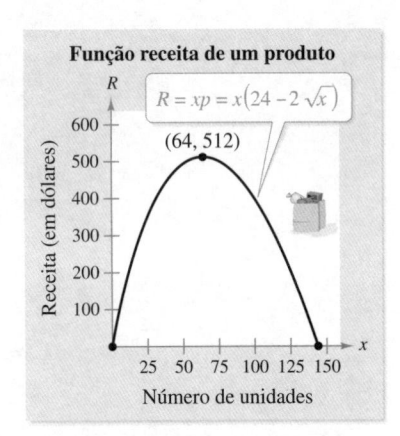

FIGURA 3.44

✓ AUTOAVALIAÇÃO 5

A função demanda para um produto é modelada por $p = 36 - 2\sqrt{x}, 0 \leq x \leq 324$, onde p é o preço por unidade (em dólares) e x é o número de unidades. Determine quando a demanda é elástica, inelástica e de elasticidade unitária. ∎

Termos e fórmulas de negócios

Concluímos esta seção com um resumo dos termos e fórmulas básicos usados aqui. Um resumo dos gráficos das funções demanda, receita, custo e lucro é dado na Figura 3.45.

Resumo de termos e fórmulas de negócios

x = número de unidades produzidas (ou vendidas)	η = elasticidade-preço da demanda
p = preço por unidade	$= \dfrac{p/x}{dp/dx}$
R = receita total proveniente da venda de x unidades $= xp$	$\dfrac{dR}{dx}$ = receita marginal
C = custo total da produção de x unidades	$\dfrac{dC}{dx}$ = custo marginal
P = lucro total proveniente da venda de x unidades $= R - C$	$\dfrac{dP}{dx}$ = lucro marginal
$\overline{C}$ = custo médio por unidade $= \dfrac{C}{x}$	

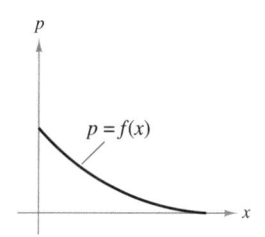

Função demanda.
A quantidade demandada aumenta à medida que o preço diminui.

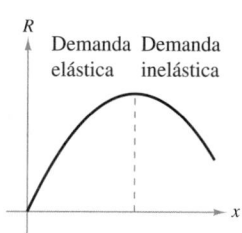

Função receita.
Os preços baixos necessários para vender mais unidades acabam resultando em diminuição da receita.

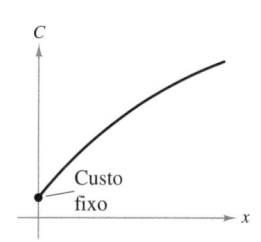

Função custo.
O custo total para produzir x unidades inclui o custo fixo.

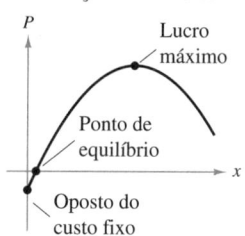

Função lucro.
O ponto de equilíbrio ocorre quando $R = C$.

FIGURA 3.45

PRATIQUE (Seção 3.4)

1. Descreva em um exemplo da vida real como a otimização pode ser usada para encontrar a receita máxima de um produto *(página 203, Exemplo 1)*.

2. Dê a definição da função custo médio *(página 204)*. Para um exemplo de função custo médio, veja o Exemplo 2.

3. Dê a definição de elasticidade-preço da demanda *(página 207)*. Para um exemplo de elasticidade-preço da demanda, veja o Exemplo 5.

Recapitulação 3.5 — Os exercícios preparatórios a seguir envolvem conceitos vistos em cursos ou seções anteriores. Esses conceitos serão utilizados no conjunto de exercícios desta seção. Para obter mais ajuda, consulte as Seções A.2 e A.3 do Apêndice e a Seção 2.3.

Nos Exercícios 1-4, calcule cada expressão para $x = 150$.

1. $\left| -\dfrac{300}{x} + 3 \right|$

2. $\left| -\dfrac{600}{5x} + 2 \right|$

3. $\left| \dfrac{(20x^{-1/2})/x}{-10x^{-3/2}} \right|$

4. $\left| \dfrac{(4.000/x^2)/x}{-8.000x^{-3}} \right|$

Nos Exercícios 5-10, determine a receita marginal, o custo marginal ou o lucro marginal.

5. $C = 650 + 1{,}2x + 0{,}003x^2$

6. $P = 0{,}01x^2 + 11x$

7. $P = -0{,}7x^2 + 7x - 50$

8. $C = 1.700 + 4{,}2x + 0{,}001x^3$

9. $R = 14x - \dfrac{x^2}{2.000}$

10. $R = 3{,}4x - \dfrac{x^2}{1.500}$

Exercícios 3.5

Encontrando a receita máxima Nos Exercícios 1-4, encontre o número de unidades x que produz uma receita máxima R. Veja o Exemplo 1.

1. $R = 800x - 0{,}2x^2$
2. $R = 30x^{2/3} - 2x$
3. $R = 400x - x^2$
4. $R = 48x^2 - 0{,}02x^3$

Encontrando o custo médio mínimo Nos Exercícios 5-8, encontre o número de unidades x que produz o custo médio mínimo por unidade $\overline{C}$. Veja o Exemplo 2.

5. $C = 0{,}125x^2 + 20x + 5.000$
6. $C = 0{,}02x^3 + 55x^2 + 1.380$
7. $C = 2x^2 + 255x + 5.000$
8. $C = 0{,}001x^3 + 5x + 250$

Encontrando o lucro máximo Nos Exercícios 9-12, encontre o preço que maximizará o lucro para as funções demanda e custo, em que p é o preço, x é o número de unidades, e C é o custo. Veja o Exemplo 4.

Função demanda	Função custo
9. $p = 90 - x$	$C = 100 + 30x$
10. $p = 70 - 0{,}01x$	$C = 8.000 + 50x + 0{,}03x^2$
11. $p = 50 - 0{,}1\sqrt{x}$	$C = 35x + 500$
12. $p = \dfrac{24}{\sqrt{x}}$	$C = 0{,}4x + 600$

Custo médio Nos Exercícios 13 e 14, utilize a função custo para encontrar o nível de produção no qual o custo médio é mínimo. Para esse nível de produção, mostre que o custo marginal e o custo médio são iguais. Use uma ferramenta gráfica para traçar a função custo médio e verifique seus resultados.

13. $C = 2x^2 + 5x + 18$
14. $C = x^3 - 6x^2 + 13x$

15. **Lucro máximo** Uma mercadoria tem uma função demanda modelada por

$p = 80 - 0{,}2x$

e uma função custo total modelada por

$C = 30x + 40$

em que x é o número de unidades.

(a) Que preço produz um lucro máximo?

(b) Quando o lucro é maximizado, qual é o custo médio por unidade?

16. **Lucro máximo** Uma *commodity* tem uma função de demanda modelada por $p = 100 - 0{,}5x$, e uma função custo total modelada por $C = 50x + 37{,}5$, em que x é o número de unidades.

(a) Qual preço produz um lucro maior?

(b) Quando o lucro é maximizado, qual é o custo médio por unidade?

Lucro máximo Nos Exercícios 17 e 18, encontre a quantidade s gasta em publicidade (em milhares de dólares) que maximiza o lucro P (em milhares de dólares). Encontre o ponto de retorno diminuído.

17. $P = -2s^3 + 35s^2 - 100s + 200$

18. $P = -0{,}1s^3 + 6s^2 + 400$

19. **Lucro máximo** O custo por unidade de produção de um leitor de MP3 é $ 90. O fabricante cobra $ 150 por unidade para encomendas de 100 unidades ou menos. Para incentivar grandes encomendas, no entanto, o fabricante reduz o custo em $ 0,10 por leitor a cada unidade que exceda 100 unidades. Por exemplo, uma encomenda de 101 leitores seria $ 149,90 por leitor, uma de 102 seria $ 149,80 por leitor, e assim por diante. Encontre a maior encomenda que o fabricante deve permitir para obter um lucro máximo.

20. **Lucro máximo** Suponha que a quantidade de dinheiro depositada em um banco é proporcional ao quadrado da taxa de juros que o banco paga sobre ele. Além disso, o banco pode reinvestir o dinheiro a 12% de juros simples. Encontre a taxa de juros que o banco deve pagar para maximizar seu lucro.

21. Receita máxima Quando um atacadista vendeu um produto a $ 40 por unidade, as vendas foram de 300 unidades por semana. Depois de um aumento de preço de $ 5, no entanto, o número médio de unidades vendidas caiu para 275 por semana. Assumindo que a função demanda é linear, qual preço por unidade produzirá uma receita total máxima?

22. Lucro máximo Um escritório imobiliário controla um complexo de apartamentos de 50 unidades. Quando o aluguel é de $ 580 por mês, todas as unidades estão ocupadas. Para cada $ 40 de aumento no aluguel, no entanto, em média uma unidade torna-se vaga. Cada unidade ocupada requer uma média de $ 45 por mês para serviços e reparos. Quanto de aluguel deve ser cobrado para obter um lucro máximo?

23. Custo mínimo Uma estação de energia está de um lado de um rio que tem 0,5 milha de largura e uma fábrica está 6 milhas abaixo, do outro lado do rio (veja a figura). Custa $ 18 por pé para construir as linhas de energia terrestres e $ 25 por pé para construir as linhas de energia submarinas. Escreva uma função custo para construir as linhas da estação de energia para a fábrica. Use uma ferramenta gráfica para traçar sua função. Estime o valor de x que minimiza o custo. Explique seus resultados.

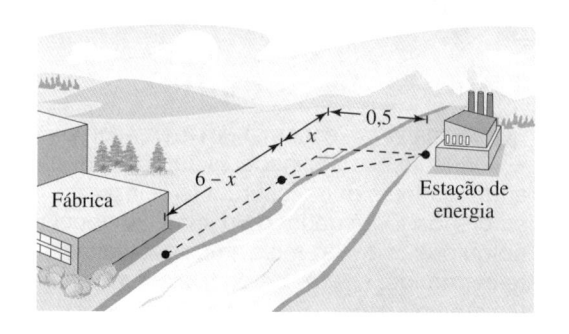

24. Custo mínimo Um poço de petróleo em alto-mar está a uma milha da costa. A refinaria de petróleo está 2 milhas abaixo pela costa. Assentar tubos no oceano é duas vezes mais caro do que assentar em terra. Encontre o caminho mais econômico para instalar tubos do poço até a refinaria de petróleo.

Custo mínimo Nos Exercícios 25 e 26, encontre a velocidade v, em milhas por hora, que minimizará os custos de uma viagem de entrega de 110 milhas. O custo por hora para o combustível é C dólares e o motorista ganha W dólares por hora. (Assuma que não há outros custos além do salário e do combustível).

25. Custo do combustível: $C = \dfrac{v^2}{300}$

Motorista: $W = $ 12$

26. Custo do combustível: $C = \dfrac{v^2}{500}$

Motorista: $W = $ 9{,}50$

Elasticidade Nos Exercícios 27-32, encontre a elasticidade-preço da demanda para a função demanda no valor indicado de x. A demanda é elástica, inelástica ou de elasticidade unitária no valor indicado de x? Use uma ferramenta gráfica para traçar a função receita e identifique os intervalos de elasticidade e inelasticidade.

Função demanda	Quantidade demandada
27. $p = 600 - 5x$	$x = 60$
28. $p = 20 - 0{,}0002x$	$x = 30$
29. $p = 5 - 0{,}03x$	$x = 100$
30. $p = 400 - 3x$	$x = 20$
31. $p = \dfrac{500}{x+2}$	$x = 23$
32. $p = \dfrac{500}{x^2} + 5$	$x = 5$

33. Elasticidade A função demanda para um produto é modelada por

$$p = 20 - 0{,}02x, \quad 0 \le x \le 1.000$$

em que p é o preço (em dólares) e x é o número de unidades.

(a) Determine quando a demanda é elástica, inelástica e de elasticidade unitária.

(b) Use o resultado da parte (a) para descrever o comportamento da função receita.

34. Elasticidade A função demanda para um produto é dada por $p = 800 - 4x$, $0 \le x \le 200$, em que p é o preço (em dólares) e x é o número de unidades.

(a) Determine quando a demanda é elástica, inelástica e de elasticidade unitária.

(b) Use o resultado da parte (a) para descrever o comportamento da função receita.

35. Custo mínimo O custo de transporte e manuseio C de um produto manufaturado é modelado por

$$C = 4\left(\dfrac{25}{x^2} - \dfrac{x}{x-10}\right), \quad 0 < x < 10$$

em que C é medido em milhares de dólares e x é o número de unidades transportadas (em centenas). Use o recurso *root* de uma ferramenta gráfico para encontrar o tamanho da carga que minimiza o custo.

36. Custo mínimo O custo de encomenda e transporte C dos componentes utilizados na fabricação de um produto é modelado por

$$C = 8\left(\dfrac{2.500}{x^2} - \dfrac{x}{x-100}\right), \quad 0 < x < 100$$

onde C é medido em milhares de dólares e x é o tamanho do pedido em centenas. Use o recurso *root* de uma ferramenta gráfica para encontrar o tamanho da encomenda que minimiza o custo.

37. Receita A demanda por uma lavagem de carro é $x = 900 - 45p$, em que o preço atual é de $ 8. A receita pode ser aumentada pela redução do preço, atraindo assim mais clientes? Use a elasticidade-preço da demanda para determinar sua resposta.

38. VISUALIZE Combine cada gráfico com a função que ele melhor representa – uma função demanda, uma função receita, uma função custo ou uma função lucro. Explique seu raciocínio. (Os gráficos são marcados *a-d*).

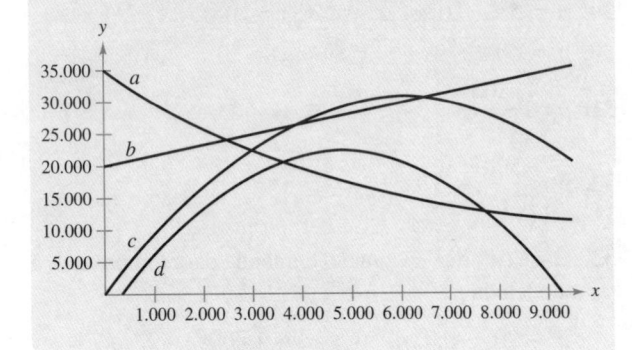

39. Vendas As vendas S (em milhões de dólares por ano) da The Clorox Company, dos anos de 2001 a 2010, podem ser modeladas por

$$S = -1{,}893t^3 + 41{,}03t^2 - 58{,}6t + 3{,}972, \quad 1 \le t \le 10$$

em que t representa o ano, com $t = 1$ correspondendo a 2001. *(Fonte: The Clorox Company)*

(a) Durante qual ano, de 2001 a 2010, as vendas da empresa aumentaram mais rapidamente?

(b) Durante qual ano as vendas aumentaram à taxa mais baixa?

(c) Encontre a taxa de aumento ou diminuição para cada ano nas partes (a) e (b).

(d) Use uma ferramenta gráfica para traçar a função das vendas. Use então os recursos de *zoom* e *trace* para confirmar os resultados nas partes (a), (b) e (c).

40. Vendas As vendas S (em bilhões de dólares) da Lockhead Martin Corporation, de 2001 a 2010, podem ser modeladas por

$$S = \frac{18{,}17 + 8{,}165t}{1 + 0{,}116t}, \quad 1 \le t \le 10$$

em que t representa o ano, com $t = 1$ correspondendo a 2001. *(Fonte: Lockhead Martin Corporation)*

(a) Durante qual ano, de 2001 a 2010, as vendas da empresa foram maiores? E menores?

(b) Durante qual ano as vendas aumentaram com a maior taxa? Diminuíram com a maior taxa?

(c) Use uma ferramenta gráfica para traçar a função receita. Em seguida, use os recursos de *zoom* e *trace* para confirmar os resultados nas partes (a) e (b).

41. Demanda A função demanda é modelada por

$$x = \frac{a}{p^m}$$

em que a é uma constante e $m > 1$. Mostre que $\eta = -m$. Em outras palavras, mostre que um aumento de 1% nos preços resulta em uma diminuição de $m\%$ na quantidade demandada.

42. Pense a respeito Ao longo deste livro, se supõe que as funções demanda são decrescentes. Você consegue pensar em algum produto que tenha uma função demanda crescente? Ou seja, você consegue pensar em um produto que se torne mais demandado à medida que seu preço aumenta? Explique seu raciocínio e esboce um gráfico da função.

Cápsula de Negócios

A página vWorker.com é um mercado que conecta os trabalhadores autônomos aos empregadores que procuram terceirizar empregos. O fundador da página, Ian Ippolito, notou que cada vez mais empresas estavam terceirizando, em vez de contratar funcionários em tempo integral. Ele viu potencial nessa tendência, pegou emprestado $ 5.000 de seus pais e transformou o capital em um negócio on-line em 2001. Hoje, sua empresa é conhecida como vWorker.com — para profissionais virtuais — e conecta mais de 150.000 empregadores com mais de 300.000 trabalhadores em todo o mundo. A postagem e o oferta são gratuitas, mas a vWorker tem uma percentagem do ganho final dos trabalhadores. Apenas oito anos após o início da empresa, as receitas anuais chegaram a $ 2,5 milhões em 2009.

43. Projeto de Pesquisa Escolha uma empresa com um produto ou serviço inovador como o descrito acima. Use a biblioteca de sua escola, a Internet ou alguma outra fonte de referência para pesquisar a história da empresa. Colete dados sobre as receitas que o produto ou serviço geraram e encontre um modelo matemático dos dados. Resuma suas descobertas.

3.6 Assíntotas

- Determinar as assíntotas verticais das funções e os limites infinitos.
- Determinar as assíntotas horizontais das funções e os limites no infinito.
- Utilizar as assíntotas para responder perguntas sobre situações da vida real.

Assíntotas verticais e limites infinitos

Nas primeiras três seções deste capítulo, foram estudadas as maneiras nas quais podemos usar o cálculo para ajudar a analisar o gráfico de uma função. Nesta seção, veremos outra ajuda valiosa para esboçar curvas: a determinação das assíntotas verticais e horizontais.

Lembre-se de que, na Seção 1.5, no Exemplo 11, a função

$$f(x) = \frac{3}{x-2}$$

era ilimitada quando x se aproximava de 2 (veja a Figura 3.46).

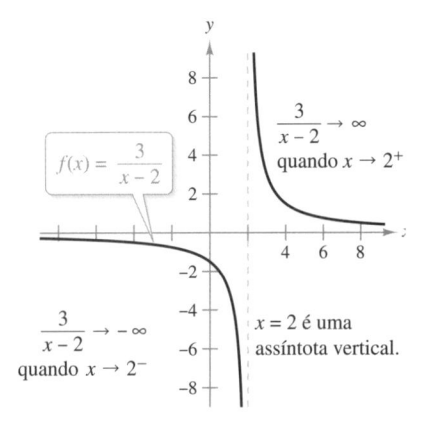

FIGURA 3.46

No Exercício 61, na página 222, você utilizará limites no infinito para encontrar o limite de uma função custo médio à medida que o número de unidades produzidas aumenta.

Este tipo de comportamento é descrito dizendo que a reta

$$x = 2 \qquad \text{Assíntota vertical}$$

é uma **assíntota vertical** do gráfico de f. O tipo de limite no qual $f(x)$ tende a infinito (ou a infinito negativo) quando x tende a c pela direita ou pela esquerda é um **limite infinito**. Os limites infinitos da função $f(x) = 3/(x-2)$ podem ser escritos como

$$\lim_{x \to 2^-} \frac{3}{x-2} = -\infty$$

e

$$\lim_{x \to 2^+} \frac{3}{x-2} = \infty.$$

Definição de assíntota vertical

Se $f(x)$ tende a infinito (ou a infinito negativo) quando x tende a c pela direita ou pela esquerda, então a reta

$$x = c$$

é uma **assíntota vertical** do gráfico de f.

Um dos exemplos mais comuns de assíntota vertical é o gráfico de uma *função racional* – isto é, uma função da forma $f(x) = p(x)/q(x)$, em que $p(x)$ e $q(x)$ são

TUTOR TÉCNICO

Use uma planilha ou uma tabela para conferir os resultados mostrados no Exemplo 1 (consulte o manual do usuário de um software de elaboração de planilhas para instruções específicas sobre como criar uma tabela). No Exemplo 1(a), observe que os valores de $f(x) = 1/(x - 1)$ aumentam e diminuem ilimitadamente quando x tende a 1, pela esquerda ou pela direita.

x tende a 1 pela esquerda

x	$f(x) = 1/(x-1)$
0	-1
0,9	-10
0,99	-100
0,999	-1.000
0,9999	-10.000

x tende a 1 pela direita

x	$f(x) = 1/(x-1)$
2	1
1,1	10
1,01	100
1,001	1.000
1,0001	10.000

polinômios. Se c é um número real tal que $q(c) = 0$ e $p(c) \neq 0$, o gráfico de f tem uma assíntota vertical em $x = c$. O Exemplo 1 mostra quatro casos.

Exemplo 1 Determinação de limites infinitos

Determine cada limite.

Limite à esquerda *Limite à direita*

a. $\lim\limits_{x \to 1^-} \dfrac{1}{x-1} = -\infty$ $\lim\limits_{x \to 1^+} \dfrac{1}{x-1} = \infty$ Veja a Figura 3.47(a).

b. $\lim\limits_{x \to 1^-} \dfrac{-1}{x-1} = \infty$ $\lim\limits_{x \to 1^+} \dfrac{-1}{x-1} = -\infty$ Veja a Figura 3.47(b).

c. $\lim\limits_{x \to 1^-} \dfrac{-1}{(x-1)^2} = -\infty$ $\lim\limits_{x \to 1^+} \dfrac{-1}{(x-1)^2} = -\infty$ Veja a Figura 3.47(c).

d. $\lim\limits_{x \to 1^-} \dfrac{1}{(x-1)^2} = \infty$ $\lim\limits_{x \to 1^+} \dfrac{1}{(x-1)^2} = \infty$ Veja a Figura 3.47(d).

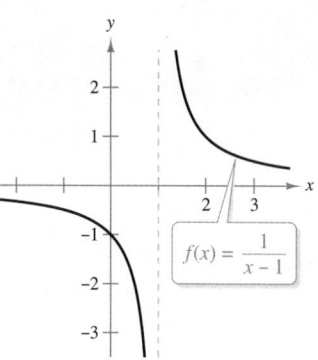

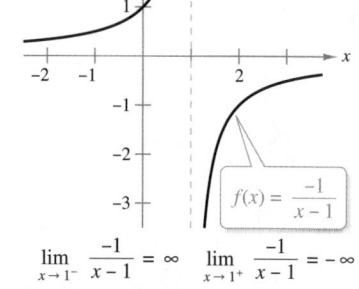

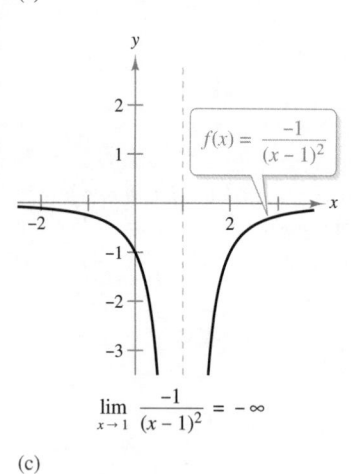

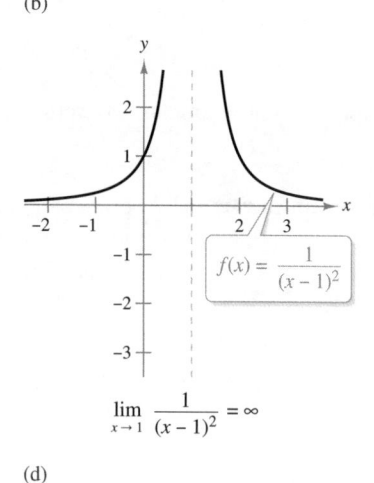

FIGURA 3.47

✓ AUTOAVALIAÇÃO 1

Determine cada limite.

a. $\lim\limits_{x \to 2^-} \dfrac{1}{x-2}$ b. $\lim\limits_{x \to 2^+} \dfrac{1}{x-2}$

c. $\lim\limits_{x \to -3^-} \dfrac{1}{x+3}$ d. $\lim\limits_{x \to -3^+} \dfrac{1}{x+3}$

Cada um dos gráficos do Exemplo 1 possui somente uma assíntota vertical. Porém, como mostra o próximo exemplo, o gráfico de uma função racional pode ter mais de uma assíntota vertical.

Exemplo 2 — Determinação de assíntotas verticais

Determine todas as assíntotas verticais do gráfico de

$$f(x) = \frac{x+2}{x^2 - 2x}.$$

SOLUÇÃO As possíveis assíntotas verticais correspondem aos valores de x para os quais o denominador é zero.

$x^2 - 2x = 0$ Iguale o denominador a 0.

$x(x-2) = 0$ Fatore.

$x = 0, x = 2$ Zeros do denominador

Como o numerador de f não é zero em nenhum desses valores de x, pode-se concluir que o gráfico de f possui duas assíntotas verticais – uma em $x = 0$ e outra em $x = 2$, conforme mostra a Figura 3.48.

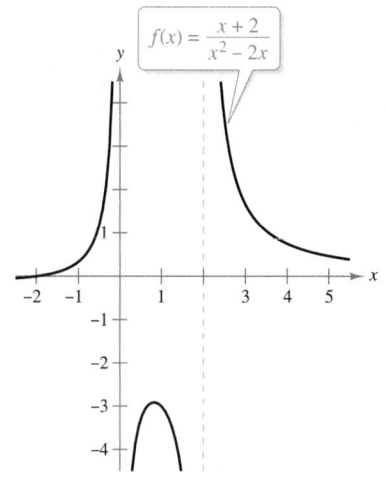

FIGURA 3.48 Assíntotas verticais em $x = 0$ e $x = 2$.

✓ AUTOAVALIAÇÃO 2

Determine a(s) assíntota(s) vertical(ais) de

$$f(x) = \frac{x+4}{x^2 - 4x}.$$

Exemplo 3 — Determinação de assíntotas verticais

Determine todas as assíntotas verticais do gráfico de

$$f(x) = \frac{x^2 + 2x - 8}{x^2 - 4}.$$

SOLUÇÃO Primeiro, fatore o numerador e o denominador. Então cancele os fatores comuns.

$f(x) = \dfrac{x^2 + 2x - 8}{x^2 - 4}$ Escreva a função original.

$= \dfrac{(x+4)(x-2)}{(x+2)(x-2)}$ Fatore o numerador e o denominador.

$= \dfrac{(x+4)\cancel{(x-2)}}{(x+2)\cancel{(x-2)}}$ Cancele os fatores comuns.

$= \dfrac{x+4}{x+2}, \quad x \neq 2$ Simplifique.

Para todos os valores de x diferentes de $x = 2$, o gráfico desta função simplificada é igual ao gráfico de f. Então, pode-se concluir que o gráfico de f possui somente uma assíntota vertical. Isto ocorre em $x = -2$, como mostra a Figura 3.49.

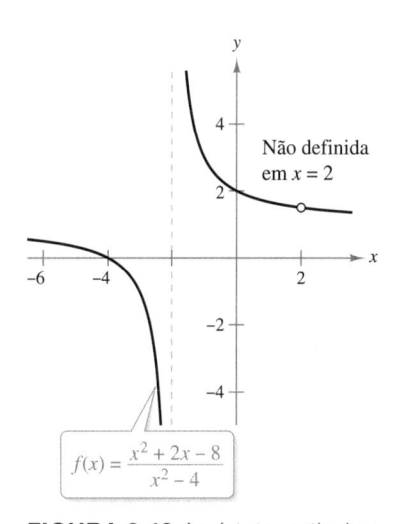

FIGURA 3.49 Assíntota vertical em $x = -2$.

✓ AUTOAVALIAÇÃO 3

Determine todas as assíntotas verticais do gráfico de

$$f(x) = \frac{x^2 + 4x + 3}{x^2 - 9}.$$

A partir do Exemplo 3, sabemos que o gráfico de

$$f(x) = \frac{x^2 + 2x - 8}{x^2 - 4}$$

tem uma assíntota vertical em $x = -2$. Isso implica que o limite de $f(x)$ quando $x \to -2$ pela direita (ou pela esquerda) é ∞ ou $-\infty$. Mas, sem olhar o gráfico,

TUTOR TÉCNICO

Quando se usa uma ferramenta gráfica para traçar o gráfico de uma função que possua uma assíntota vertical, a ferramenta gráfica pode tentar conectar seções separadas do gráfico. Por exemplo, a figura à direita mostra o gráfico de

$$f(x) = \frac{3}{x-2}$$

em uma calculadora gráfica.

Essa reta não é parte do gráfico da função

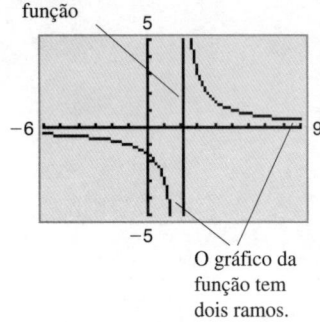

O gráfico da função tem dois ramos.

Pela esquerda, tende $f(x)$ ao infinito positivo.

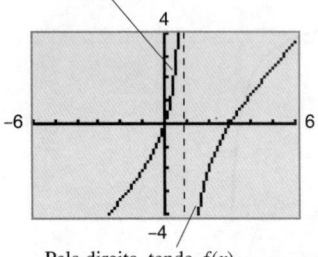

Pela direita, tende $f(x)$ ao infinito negativo.

FIGURA 3.50

como podemos determinar que o limite à esquerda é infinito *negativo* e o limite à direita é infinito *positivo*? Ou seja, por que o limite à esquerda é

$$\lim_{x \to -2^-} \frac{x^2 + 2x - 8}{x^2 - 4} = -\infty \quad \text{Limite à esquerda}$$

e por que o limite à direita é

$$\lim_{x \to -2^+} \frac{x^2 + 2x - 8}{x^2 - 4} = \infty? \quad \text{Limite à direita}$$

Determinar esses limites analiticamente é muito trabalhoso e o método gráfico mostrado no Exemplo 4 pode ser mais eficiente.

Exemplo 4 Determinação dos limites infinitos

Determine os limites.

$$\lim_{x \to 1^-} \frac{x^2 - 3x}{x - 1} \quad e \quad \lim_{x \to 1^+} \frac{x^2 - 3x}{x - 1}$$

SOLUÇÃO Comece por considerar a função

$$f(x) = \frac{x^2 - 3x}{x - 1}.$$

Como o denominador é zero quando $x = 1$ e o numerador não é zero quando $x = 1$, o gráfico da função tem uma assíntota vertical em $x = 1$. Isso implica que cada um dos limites dados é ∞ ou $-\infty$. Para determinar qual, use uma ferramenta gráfica para traçar o gráfico da função, como mostrado na Figura 3.50. A partir do gráfico, é possível ver que o limite à esquerda é infinito positivo e o limite à direita é infinito negativo. Ou seja,

$$\lim_{x \to 1^-} \frac{x^2 - 3x}{x - 1} = \infty \quad \text{Limite à esquerda}$$

e

$$\lim_{x \to 1^+} \frac{x^2 - 3x}{x - 1} = -\infty. \quad \text{Limite à direita.}$$

✓ AUTOAVALIAÇÃO 4

Determine os limites.

$$\lim_{x \to 2^-} \frac{x^2 - 4x}{x - 2} \quad e \quad \lim_{x \to 2^+} \frac{x^2 - 4x}{x - 2}$$

No Exemplo 4, tente calcular $f(x)$ nos valores de x que estão localizados pouco à esquerda de 1. Você descobrirá que é possível fazer com que os valores de $f(x)$ sejam arbitrariamente grandes ao escolher x suficientemente próximo de 1. Por exemplo, $f(0,99999) = 199.999$.

Assíntotas horizontais e limites no infinito

Outro tipo de limite, chamado de **limite no infinito**, especifica um valor finito do qual uma função se aproxima quando x aumenta (ou diminui) ilimitadamente.

Definição de assíntota horizontal

Se f é uma função e L_1 e L_2 são números reais, as afirmações

$$\lim_{x \to \infty} f(x) = L_1 \quad e \quad \lim_{x \to -\infty} f(x) = L_2$$

denotam **limites no infinito**. As retas $y = L_1$ e $y = L_2$ são **assíntotas horizontais** do gráfico de f.

A Figura 3.51 mostra duas formas pelas quais o gráfico de uma função pode se aproximar de uma ou mais assíntotas horizontais. Observe que é possível que o gráfico de uma função cruze sua assíntota horizontal.

Os limites no infinito compartilham muitas das propriedades de limites discutidas na Seção 1.5. Ao determinar assíntotas horizontais, pode-se usar a propriedade

$$\lim_{x \to \infty} \frac{1}{x^r} = 0, \quad r > 0 \quad \text{e} \quad \lim_{x \to -\infty} \frac{1}{x^r} = 0, \quad r > 0.$$

(O segundo limite supõe que x^r é definido quando $x < 0$.)

Exemplo 5 Determinação de limites no infinito

Determine o limite: $\lim_{x \to \infty} \left(5 - \frac{2}{x^2}\right)$.

SOLUÇÃO

$$\lim_{x \to \infty} \left(5 - \frac{2}{x^2}\right) = \lim_{x \to \infty} 5 - \lim_{x \to \infty} \frac{2}{x^2} \qquad \lim_{x \to \infty}[f(x) - g(x)] = \lim_{x \to \infty} f(x) - \lim_{x \to \infty} g(x)$$

$$= \lim_{x \to \infty} 5 - 2\left(\lim_{x \to \infty} \frac{1}{x^2}\right) \qquad \lim_{x \to \infty} cf(x) = c \lim_{x \to \infty} f(x)$$

$$= 5 - 2(0)$$

$$= 5$$

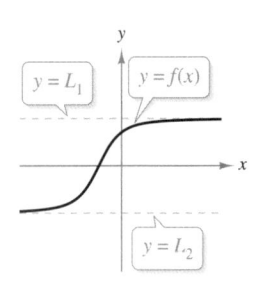

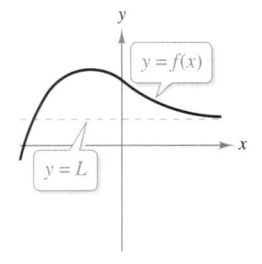

FIGURA 3.51

Pode-se conferir esse limite esboçando o gráfico de

$$f(x) = 5 - \frac{2}{x^2}$$

conforme mostrado na Figura 3.52. Observe que $y = 5$ é uma assíntota horizontal do gráfico para a direita. Ao calcular o limite de

$$\lim_{x \to -\infty} \left(5 - \frac{2}{x^2}\right)$$

é possível mostrar que $y = 5$ também é uma assíntota horizontal para a esquerda.

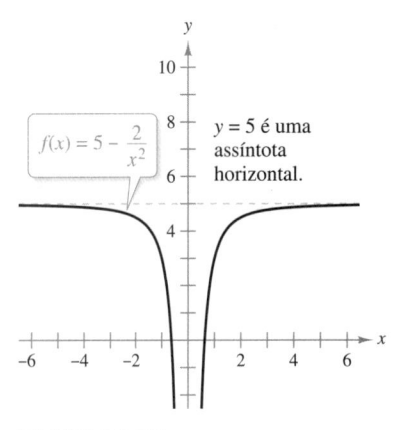

FIGURA 3.52

✓ AUTOAVALIAÇÃO 5

Determine o limite: $\lim_{x \to \infty} \left(2 + \frac{5}{x^2}\right)$. ∎

Há uma forma fácil de determinar se o gráfico de uma função *racional* possui uma assíntota horizontal. Esse atalho tem por base uma comparação dos graus do numerador e do denominador da função racional.

Assíntotas horizontais de funções racionais

Seja $f(x) = p(x)/q(x)$ uma função racional.

1. Se o grau do numerador for menor que o grau do denominador, então $y = 0$ é uma assíntota horizontal do gráfico de f (para a esquerda e para a direita).

2. Se o grau do numerador for igual ao grau do denominador, então $y = a/b$ é uma assíntota horizontal do gráfico de f (para a esquerda e para a direita), em que a e b são os coeficientes dominantes de $p(x)$ e $q(x)$, respectivamente.

3. Se o grau do numerador for maior que o grau do denominador, então o gráfico de f não possui assíntota horizontal.

Exemplo 6 — Determinação de assíntotas horizontais

Determine a assíntota horizontal do gráfico de cada função.

a. $y = \dfrac{-2x + 3}{3x^2 + 1}$ **b.** $y = \dfrac{-2x^2 + 3}{3x^2 + 1}$ **c.** $y = \dfrac{-2x^3 + 3}{3x^2 + 1}$

SOLUÇÃO

a. Como o grau do numerador é menor que o grau do denominador, $y = 0$ é uma assíntota horizontal. [Veja a Figura 3.53(a).]

b. Como o grau do numerador é igual ao grau do denominador, a reta $y = -\tfrac{2}{3}$ é uma assíntota horizontal. [Veja a Figura 3.53(b).]

c. Como o grau do numerador é maior que o grau do denominador, o gráfico não possui assíntota horizontal. [Veja a Figura 3.53(c).]

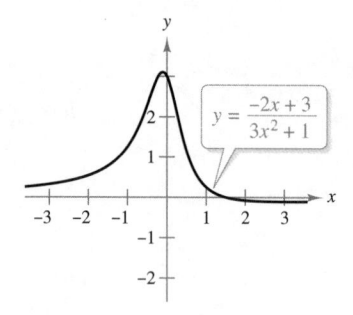

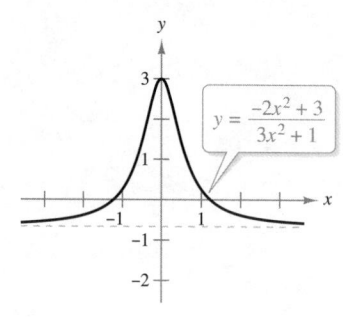

(a) $y = 0$ é uma assíntota horizontal.

(b) $y = -\tfrac{2}{3}$ é uma assíntota horizontal.

(c) Não há assíntota horizontal.

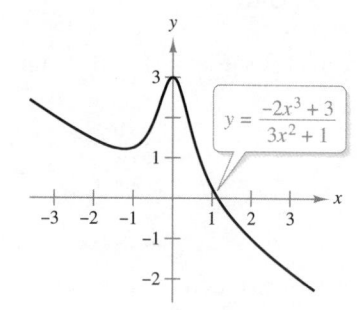

FIGURA 3.53

✓ AUTOAVALIAÇÃO 6

Determine a assíntota horizontal do gráfico de cada função.

a. $y = \dfrac{2x + 1}{4x^2 + 5}$ **b.** $y = \dfrac{2x^2 + 1}{4x^2 + 5}$ **c.** $y = \dfrac{2x^3 + 1}{4x^2 + 5}$

Algumas funções têm duas assíntotas horizontais: uma para a direita e outra para a esquerda (veja os Exercícios 59 e 60).

Aplicações das assíntotas

Há muitos exemplos de comportamento assintótico na vida real. Por exemplo, o Exemplo 7 descreve o comportamento assintótico de uma função custo médio.

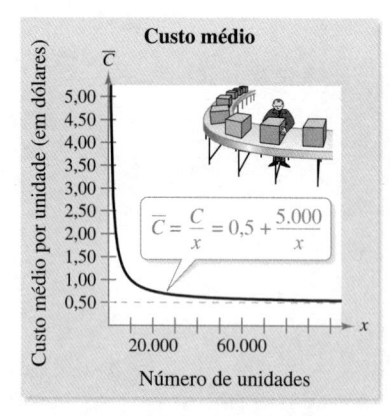

Exemplo 7 — Modelagem do custo médio

Uma pequena empresa investe $ 5.000 em um novo produto. Além desse investimento inicial, o produto custará $ 0,50 por unidade para ser produzido.

a. Determine o custo médio por unidade quando são produzidas 1.000 unidades.

b. Determine o custo médio por unidade quando são produzidas 10.000 unidades.

c. Determine o custo médio por unidade quando são produzidas 100.000 unidades.

d. Qual é o limite do custo médio à medida que o número de unidades produzidas aumenta?

FIGURA 3.54 À medida que $x \to \infty$, o custo médio por unidade se aproxima de $ 0,50.

SOLUÇÃO A partir das informações fornecidas, pode-se representar o custo total C (em dólares) por

$$C = 0,5x + 5.000 \qquad \text{Função custo total}$$

em que x é o número de unidades produzidas. Isso implica que a função do custo médio é

$$\overline{C} = \frac{C}{x} = 0{,}5 + \frac{5.000}{x}.$$ Função do custo médio

a. Se somente 1.000 unidades forem produzidas, o custo médio por unidade será

$$\overline{C} = 0{,}5 + \frac{5.000}{1.000}$$ Substitua x por 1.000.

$$= \$\ 5{,}50.$$ Custo médio para 1.000 unidades

b. Se 10.000 unidades forem produzidas, o custo médio por unidade será

$$\overline{C} = 0{,}5 + \frac{5.000}{10.000}$$ Substitua x por 10.000.

$$= \$\ 1{,}00.$$ Custo médio para 10.000 unidades

c. Se 100.000 unidades forem produzidas, o custo médio por unidade será

$$\overline{C} = 0{,}5 + \frac{5.000}{100.000}$$ Substitua x por 100.000.

$$= \$\ 0{,}55.$$ Custo médio para 100.000 unidades

d. Quando x tende a infinito, o custo médio limite por unidade é

$$\lim_{x \to \infty} \left(0{,}5 + \frac{5.000}{x}\right) = \$\ 0{,}50.$$

Conforme mostrado na Figura 3.54, este exemplo destaca um dos principais problemas das pequenas empresas. Isto é, a dificuldade de ter preços baixos competitivos quando o nível de produção é baixo.

✓ AUTOAVALIAÇÃO 7

Uma pequena empresa investe $ 25.000 em um novo produto. Além disso, o produto custará $ 0,75 por unidade para ser produzido. Determine a função custo e a função custo médio. Qual é o limite da função custo médio à medida que a produção aumenta?

No Exemplo 7, suponha que a pequena empresa tenha feito um investimento inicial de $ 50.000. Como isso mudaria a resposta das perguntas? Mudaria o custo médio da produção de x unidades? Mudaria o limite do custo médio por unidade?

Exemplo 8 Modelagem da emissão de poluentes pesados

Uma fábrica determinou que o custo C (em dólares) para remover $p\%$ dos poluentes pesados liberados por sua principal chaminé é representado por

$$C = \frac{80.000\,p}{100 - p}, \quad 0 \leq p < 100.$$

Qual é a assíntota vertical dessa função? O que a assíntota vertical significa para os donos da fábrica?

SOLUÇÃO O gráfico da função custo é mostrado na Figura 3.55. A partir do gráfico, podemos ver que $p = 100$ é a assíntota vertical. Isto significa que à medida que a fábrica tentar remover porcentagens cada vez maiores de poluentes, o custo aumentará drasticamente. Por exemplo, o custo para remover 85% dos poluentes é

$$C = \frac{80.000(85)}{100 - 85} \approx \$\ 453.333$$ Custo para a remoção de 85%

enquanto o custo para remover 90% é

$$C = \frac{80.000(90)}{100 - 90} = \$\ 720.000.$$ Custo para a remoção de 90%

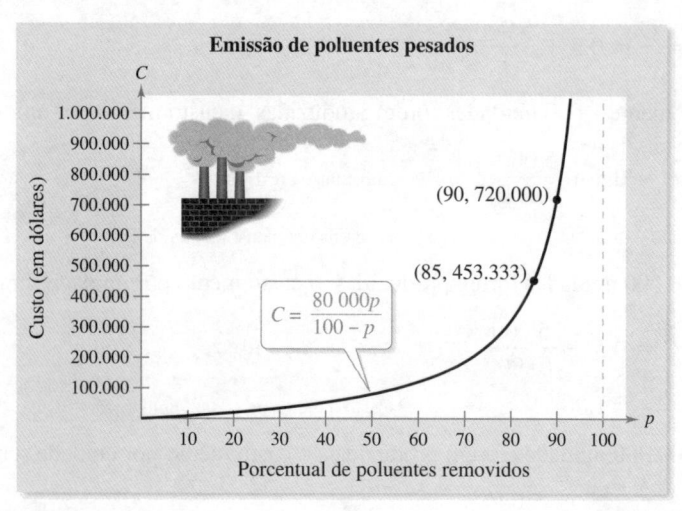

FIGURA 3.55

Emissão de poluentes pesados

$$C = \frac{80\,000p}{100 - p}$$

(90, 720.000)
(85, 453.333)

✓ AUTOAVALIAÇÃO 8

De acordo com a função do custo no Exemplo 8, seria possível remover 100% dos poluentes pesados? Por quê? ■

PRATIQUE (Seção 3.6)

1. Dê a definição de assíntota vertical *(página 213)*. Para exemplos de assíntotas verticais, veja os Exemplos 1, 2 e 3.

2. Dê a definição de assíntota horizontal *(página 216)*. Para exemplos de assíntotas horizontais, veja o Exemplo 6.

3. Descreva em um exemplo da vida real como o comportamento assintótico pode ser usado para analisar o custo médio para um novo produto *(página 218, Exemplo 7)*.

Recapitulação 3.6 — Os exercícios preparatórios a seguir envolvem conceitos vistos em seções anteriores. Esses conceitos serão utilizados no conjunto de exercícios desta seção. Para obter mais ajuda, consulte as Seções 1.5, 2.3 e 3.5.

Nos Exercícios 1-8, determine o limite.

1. $\lim\limits_{x \to 2} (x + 1)$

2. $\lim\limits_{x \to -1} (3x + 4)$

3. $\lim\limits_{x \to -3} \dfrac{2x^2 + x - 15}{x + 3}$

4. $\lim\limits_{x \to 2} \dfrac{3x^2 - 8x + 4}{x - 2}$

5. $\lim\limits_{x \to 2^+} \dfrac{x^2 - 5x + 6}{x^2 - 4}$

6. $\lim\limits_{x \to 1^-} \dfrac{x^2 - 6x + 5}{x^2 - 1}$

7. $\lim\limits_{x \to 0^+} \sqrt{x}$

8. $\lim\limits_{x \to 1^+} \left(x + \sqrt{x - 1}\right)$

Nos Exercícios 9-12, determine o custo médio e o custo marginal.

9. $C = 150 + 3x$

10. $C = 1.900 + 1{,}7x + 0{,}002x^2$

11. $C = 0{,}005x^2 + 0{,}5x + 1375$

12. $C = 760 + 0{,}05x$

Exercícios 3.6

Assíntotas verticais e horizontais Nos Exercícios 1-8, encontre as assíntotas verticais e horizontais.

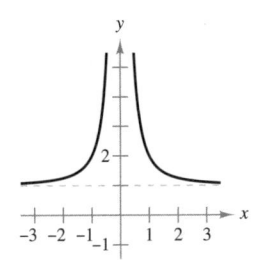

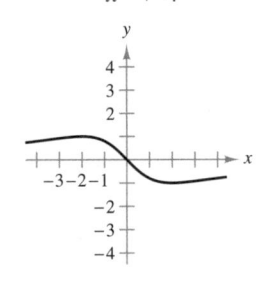

1. $f(x) = \dfrac{x^2 + 1}{x^2}$

2. $f(x) = \dfrac{-4x}{x^2 + 4}$

3. $f(x) = \dfrac{x^2 - 2}{x^2 - x - 2}$

4. $y = \dfrac{x + 1}{x + 2}$

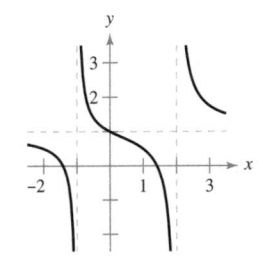

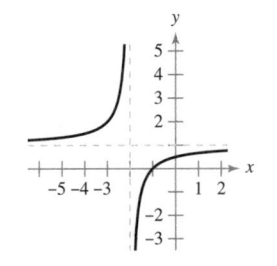

5. $f(x) = \dfrac{3x^2}{2(x^2 + 1)}$

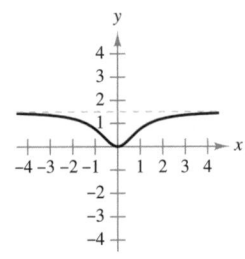

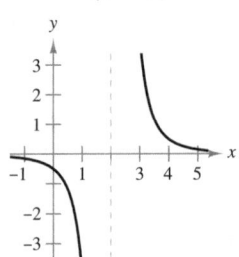

6. $f(x) = \dfrac{4}{(x - 2)^3}$

7. $f(x) = \dfrac{x^2 - 1}{2x^2 - 8}$

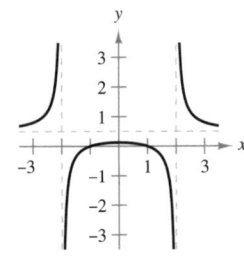

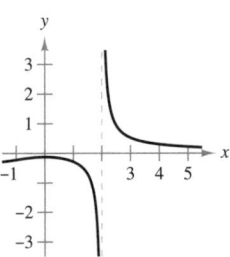

8. $f(x) = \dfrac{x^2 + 1}{x^3 - 8}$

Encontrando assíntotas verticais Nos Exercícios 9-14, determine todas as assíntotas verticais do gráfico da função. *Veja os Exemplos 2 e 3.*

9. $f(x) = \dfrac{x - 3}{x^2 + 3x}$

10. $f(x) = \dfrac{x}{x^2 + 6x}$

11. $f(x) = \dfrac{x^2 - 8x + 15}{x^2 - 9}$

12. $f(x) = \dfrac{x^2 + 2x - 35}{x^2 - 25}$

13. $f(x) = \dfrac{2x^2 - x - 3}{2x^2 - 11x + 12}$

14. $f(x) = \dfrac{x^2 + x - 30}{4x^2 - 17x - 15}$

Determinando limites infinitos Nos Exercícios 15-20, use uma ferramenta gráfica para encontrar o limite. *Veja o Exemplo 4.*

15. $\lim\limits_{x \to 6^+} \dfrac{1}{(x - 6)^2}$

16. $\lim\limits_{x \to 1^+} \dfrac{2 + x}{1 - x}$

17. $\lim\limits_{x \to 3^+} \dfrac{x - 4}{x - 3}$

18. $\lim\limits_{x \to -2^-} \dfrac{1}{x + 2}$

19. $\lim\limits_{x \to -1^-} \dfrac{x^2 + 1}{x^2 - 1}$

20. $\lim\limits_{x \to 5^+} \dfrac{2x - 3}{x^2 - 25}$

Encontrando limites no infinito Nos Exercícios 21-24, encontre o limite. *Veja o Exemplo 5.*

21. $\lim\limits_{x \to \infty} \left(1 + \dfrac{1}{x}\right)$

22. $\lim\limits_{x \to -\infty} \left(6 - \dfrac{3}{x}\right)$

23. $\lim\limits_{x \to -\infty} \left(7 + \dfrac{4}{x^2}\right)$

24. $\lim\limits_{x \to \infty} \left(10 - \dfrac{8}{x^2}\right)$

Encontrando assíntotas horizontais Nos Exercícios 25-32, encontre a assíntota horizontal do gráfico da função. *Veja o Exemplo 6.*

25. $f(x) = \dfrac{4x - 3}{2x + 1}$

26. $f(x) = \dfrac{2x^2 - 5x - 12}{1 - 6x - 8x^2}$

27. $f(x) = \dfrac{3x}{4x^2 - 1}$

28. $f(x) = \dfrac{5x^2 + 1}{10x^3 - 3x^2 + 7}$

29. $f(x) = \dfrac{5x^2}{x + 3}$

30. $f(x) = \dfrac{2x^2}{x - 1} + \dfrac{3x}{x + 1}$

31. $f(x) = \dfrac{2x}{x - 1} + \dfrac{3x}{x + 1}$

32. $f(x) = \dfrac{x^3 - 2x^2 + 3x + 1}{x^2 - 3x + 2}$

Usando assíntotas horizontais Nos Exercícios 33-36, combine a função com seu gráfico. Use assíntotas horizontais como uma ajuda. [Os gráficos estão marcados (a)-(d).]

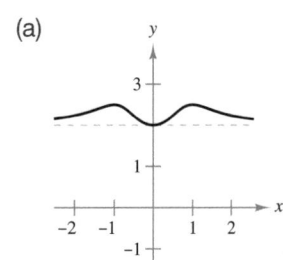

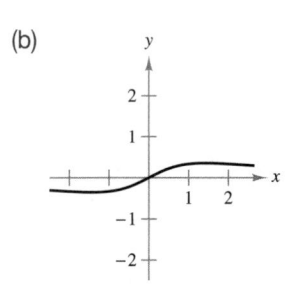

(a)

(b)

(c) [gráfico]

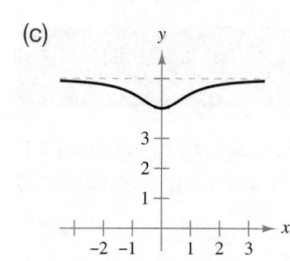

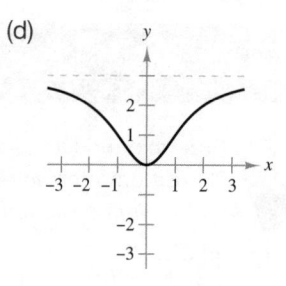

(d) [gráfico]

33. $f(x) = \dfrac{3x^2}{x^2 + 2}$

34. $f(x) = 5 - \dfrac{1}{x^2 + 1}$

35. $f(x) = 2 + \dfrac{x^2}{x^4 + 1}$

36. $f(x) = \dfrac{x}{x^2 + 2}$

Encontrando limites no infinito Nos Exercícios 37 e 38, encontre o $\lim\limits_{x \to \infty} h(x)$, se possível.

37. $f(x) = 5x^3 - 3$

(a) $h(x) = \dfrac{f(x)}{x^2}$ (b) $h(x) = \dfrac{f(x)}{x^3}$ (c) $h(x) = \dfrac{f(x)}{x^4}$

38. $f(x) = 3x^2 + 7$

(a) $h(x) = \dfrac{f(x)}{x}$ (b) $h(x) = \dfrac{f(x)}{x^2}$ (c) $h(x) = \dfrac{f(x)}{x^3}$

Encontrando limites no infinito Nos Exercícios 39 e 40, encontre cada limite, se possível.

39. (a) $\lim\limits_{x \to \infty} \dfrac{x^2 + 2}{x^3 - 1}$ (b) $\lim\limits_{x \to \infty} \dfrac{x^2 + 2}{x^2 - 1}$ (c) $\lim\limits_{x \to \infty} \dfrac{x^2 + 2}{x - 1}$

40. (a) $\lim\limits_{x \to \infty} \dfrac{4 - 5x}{2x^3 + 6}$ (b) $\lim\limits_{x \to \infty} \dfrac{4 - 5x}{2x + 6}$ (c) $\lim\limits_{x \to \infty} \dfrac{4 - 5x^2}{2x + 6}$

Estimando limites no infinito Nos Exercícios 41-44, use uma ferramenta gráfica ou uma planilha para completar a tabela. Em seguida, use o resultado para estimar o limite de $f(x)$ quando x tende a infinito.

x	10^0	10^1	10^2	10^3	10^4	10^5	10^6
$f(x)$							

41. $f(x) = \sqrt{x^3 + 6} - 2x$

42. $f(x) = x - \sqrt{x(x - 1)}$

43. $f(x) = \dfrac{x + 1}{x\sqrt{x}}$

44. $f(x) = \dfrac{\sqrt{x}}{x^2 + 3}$

Esboçando gráficos Nos Exercícios 45-60, esboce o gráfico da equação. Use intersecções com os eixos, extremos e assíntotas como ajuda para esboçá-lo.

45. $y = \dfrac{3x}{1 - x}$

46. $y = \dfrac{x - 3}{x - 2}$

47. $f(x) = \dfrac{x^2}{x^2 + 9}$

48. $g(x) = \dfrac{x}{x^2 - 36}$

49. $g(x) = \dfrac{x^2}{x^2 - 16}$

50. $f(x) = \dfrac{x}{x^2 + 4}$

51. $y = 1 - \dfrac{3}{x^2}$

52. $y = 1 + \dfrac{1}{x}$

53. $f(x) = \dfrac{1}{x^2 - x - 2}$

54. $f(x) = \dfrac{x - 2}{x^2 - 4x + 3}$

55. $g(x) = \dfrac{x^2 - x - 2}{x - 2}$

56. $g(x) = \dfrac{x^2 - 9}{x + 3}$

57. $y = \dfrac{2x^2 - 6}{(x - 1)^2}$

58. $y = \dfrac{x}{(x + 1)^2}$

59. $y = \dfrac{x}{\sqrt{x^2 + 1}}$

60. $y = \dfrac{2x}{\sqrt{x^2 + 4}}$

61. Custo médio O custo C (em dólares) para produzir x unidades de um produto é $C = 1{,}15x + 6.000$.

(a) Encontre a função custo médio $\overline{C}$.

(b) Encontre $\overline{C}$ quando $x = 600$ e quando $x = 6.000$.

(c) Determine o limite da função custo médio quando x tende a infinito. Interprete o limite no contexto do problema.

62. Custo médio O custo C (em dólares) para uma empresa reciclar x toneladas de material é $C = 1{,}25x + 10.500$.

(a) Encontre a função custo médio $\overline{C}$.

(b) Encontre $\overline{C}$ quando $x = 100$ e quando $x = 1.000$.

(c) Determine o limite da função custo médio quando x tende a infinito. Interprete o limite no contexto do problema.

63. Lucro médio As funções custo C e receita R (em dólares) para a produção e venda de x unidades de um produto são $C = 34{,}5x + 15.000$ e $R = 69{,}9x$.

(a) Encontre a função lucro médio

$$\overline{P} = \dfrac{R - C}{x}.$$

(b) Encontre os lucros médios quando x é 1.000, 10.000 e 100.000.

(c) Qual é o limite da função lucro médio quando x tende a infinito? Explique seu raciocínio.

64. VISUALIZE O gráfico mostra a temperatura T (em graus Fahrenheit) de uma torta de maçã t segundos após ela ter sido removida de um forno.

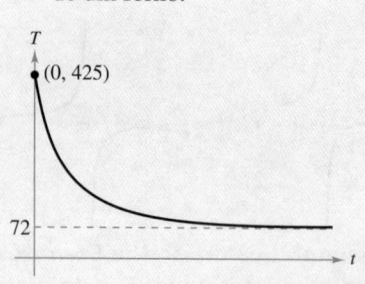

[gráfico com pontos (0, 425) e assíntota em 72]

(a) Encontre $\lim\limits_{t \to 0^+} T$. O que esse limite representa?

(b) Encontre $\lim\limits_{t \to \infty} T$. O que esse limite representa?

65. Apreendendo drogas O custo C (em milhões de dólares) para o governo federal apreender $p\%$ de uma droga ilegal quando ela entra no país é modelado por

$$C = \frac{528\,p}{100 - p}, \quad 0 \leq p < 100.$$

(a) Encontre os custos de apreensão de 25%, 50% e 75%.

(b) Encontre o limite de C quando $p \to 100^-$. Interprete o limite no contexto do problema. Use uma ferramenta gráfica para verificar seu resultado.

66. Removendo poluentes O custo C (em dólares) para remover $p\%$ dos poluentes do ar na emissão da chaminé de uma empresa que queima carvão é modelado por

$$C = \frac{85.000\,p}{100 - p}, \quad 0 \leq p < 100.$$

(a) Encontre os custos para a remoção de 15%, 50% e 95%.

(b) Encontre o limite de C quando $p \to 100^-$. Interprete o limite no contexto do problema. Use uma ferramenta gráfica para verificar seu resultado.

67. Curva de aprendizagem Psicólogos desenvolveram modelos matemáticos para prever o desempenho P (a percentagem de respostas corretas na forma decimal) como uma função de n, o número de vezes que uma tarefa é executada. Tal modelo é

$$P = \frac{0{,}5 + 0{,}9(n - 1)}{1 + 0{,}9(n - 1)}, \quad n > 0.$$

(a) Use uma planilha para completar a tabela para o modelo.

n	1	2	3	4	5	6	7	8	9	10
P										

(b) Encontre o limite quando n tende a infinito.

(c) Use uma ferramenta gráfica para traçar essa curva de aprendizagem e interprete o gráfico no contexto do problema.

3.7 Esboço de curvas: resumo

- Analisar os gráficos das funções.
- Reconhecer os gráficos de funções polinomiais simples.

Resumo das técnicas de esboço de curvas

A importância da utilização de gráficos na matemática é inegável. A introdução da geometria analítica por Descartes contribuiu significativamente para os rápidos avanços no cálculo ocorridos a partir da metade do século XVII.

Até agora, você estudou diversos conceitos úteis para analisar o gráfico de uma função.

- Intersecções com o eixo x e interseções com o eixo y (Seção 1.2)
- Domínio e imagem (Seção 1.4)
- Continuidade (Seção 1.6)
- Diferenciabilidade (Seção 2.1)
- Extremos relativos (Seção 3.2)
- Concavidade (Seção 3.3)
- Pontos de inflexão (Seção 3.3)
- Assíntotas verticais (Seção 3.6)
- Assíntotas horizontais (Seção 3.6)

No Exercício 45, na página 231, você analisará o gráfico dos benefícios médios mensais da securidade social para determinar se o modelo é um bom ajuste para os dados

Quando estiver esboçando o gráfico de uma função à mão ou com a ajuda de uma ferramenta gráfica, lembre-se de que normalmente não se pode exibir *todo* o gráfico. A decisão de qual parte do gráfico deve ser mostrada é crucial. Por exemplo, qual das janelas de visualização na Figura 3.56 representa melhor o gráfico de

$$f(x) = x^3 - 25x^2 + 74x - 20?$$

A Figura 3.56(a) apresenta uma visão mais completa do gráfico, mas o contexto do problema pode indicar que a Figura 3.56(b) é melhor.

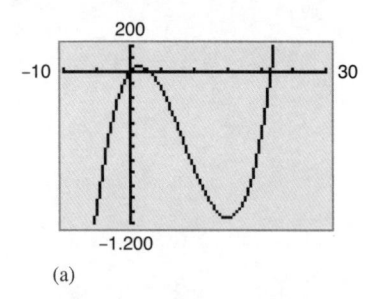

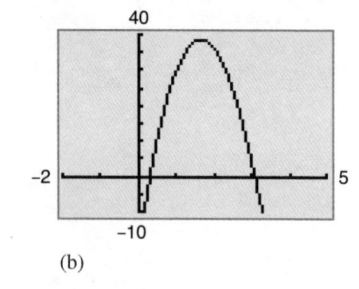

FIGURA 3.56

Diretrizes para analisar o gráfico de uma função

1. Determine o domínio e a imagem da função. Se a função representa uma situação real, considere também o contexto.

2. Determine as intersecções com os eixos e as assíntotas do gráfico.

3. Localize os valores de x em que $f'(x)$ e $f''(x)$ são zero ou não são definidas. Use os resultados para determinar onde os extremos relativos e os pontos de inflexão ocorrem.

Exemplo 1 — Análise de um gráfico

Analise o gráfico de
$$f(x) = x^3 + 3x^2 - 9x + 5.$$

SOLUÇÃO A intersecção com o eixo y ocorre em $(0, 5)$. Uma vez que essa função pode ser fatorada como

$$f(x) = (x - 1)^2(x + 5), \quad \text{Forma fatorada}$$

as intersecções com o eixo x ocorrem em $(-5, 0)$ e $(1, 0)$. A primeira derivada é

$$f'(x) = 3x^2 + 6x - 9 \quad \text{Primeira derivada}$$
$$= 3(x - 1)(x + 3). \quad \text{Forma fatorada}$$

Então, os números críticos de f são $x = 1$ e $x = -3$. A segunda derivada de f é

$$f''(x) = 6x + 6 \quad \text{Segunda derivada}$$
$$= 6(x + 1) \quad \text{Forma fatorada}$$

o que implica que a segunda derivada é zero quando $x = -1$. Ao testar os valores de $f'(x)$ e $f''(x)$, conforme mostra a tabela, podemos ver que f tem um mínimo relativo, um máximo relativo e um ponto de inflexão. O gráfico de f é mostrado na Figura 3.57.

	$f(x)$	$f'(x)$	$f''(x)$	Características do gráfico
x em $(-\infty, -3)$		+	−	Crescente, côncavo para baixo
$x = -3$	32	0	−	Máximo relativo
x em $(-3, -1)$		−	−	Decrescente, côncavo para baixo
$x = -1$	16	−	0	Ponto de inflexão
x em $(-1, 1)$		−	+	Decrescente, côncavo para cima
$x = 1$	0	0	+	Mínimo relativo
x em $(1, \infty)$		+	+	Crescente, côncavo para cima

> **TUTOR TÉCNICO**
>
> No Exemplo 1, é possível determinar os zeros de f, f' e f'' algebricamente (por fatoração). Quando isto não é possível, pode-se usar uma ferramenta gráfica para determinar os zeros. Por exemplo, a função
>
> $$g(x) = x^3 + 3x^2 - 9x + 6$$
>
> é similar à função do exemplo, mas não pode ser fatorada com coeficientes inteiros. Usando uma ferramenta gráfica, é possível determinar que a função possui somente uma intersecção com o eixo x, $x \approx -5,0275$.

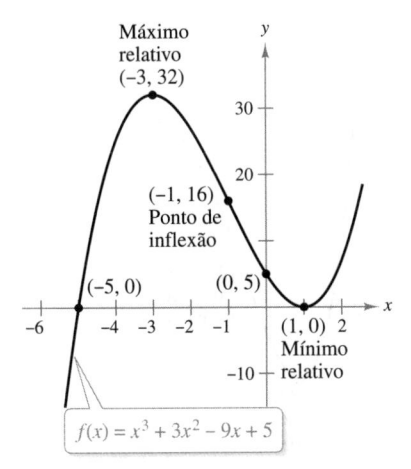

FIGURA 3.57

✓ AUTOAVALIAÇÃO 1

Analise o gráfico de
$$f(x) = -x^3 + 3x^2 + 9x - 27.$$

Exemplo 2 — Análise de um gráfico

Analise o gráfico de

$$f(x) = x^4 - 12x^3 + 48x^2 - 64x.$$

SOLUÇÃO Uma das intersecções com os eixos ocorre em $(0, 0)$. Como essa função pode ser fatorada da seguinte forma

$$f(x) = x(x^3 - 12x^2 + 48x - 64)$$
$$= x(x - 4)^3. \quad \text{Forma fatorada}$$

uma segunda intersecção com o eixo x ocorre em $(4, 0)$. A primeira derivada é

$$f'(x) = 4x^3 - 36x^2 + 96x - 64 \quad \text{Primeira derivada}$$
$$= 4(x - 1)(x - 4)^2. \quad \text{Forma fatorada}$$

Então, os números críticos de f são $x = 1$ e $x = 4$. A segunda derivada de f é

$$f''(x) = 12x^2 - 72x + 96 \quad \text{Segunda derivada}$$
$$= 12(x - 4)(x - 2) \quad \text{Forma fatorada}$$

o que implica que a segunda derivada é zero quando $x = 2$ e $x = 4$. Ao testar os valores de $f'(x)$ e $f''(x)$, como mostra a tabela, podemos ver que f tem um mínimo relativo e dois pontos de inflexão. O gráfico é mostrado na Figura 3.58.

	$f(x)$	$f'(x)$	$f''(x)$	
x em $(-\infty, 1)$		−	+	Decrescente, côncavo para cima
$x = 1$	−27	0	+	Mínimo relativo
x em $(1, 2)$		+	+	Crescente, côncavo para cima
$x = 2$	−16	+	0	Ponto de inflexão
x em $(2, 4)$		+	−	Crescente, côncavo para baixo
$x = 4$	0	0	0	Ponto de inflexão
x em $(4, \infty)$		+	+	Crescente, côncavo para cima

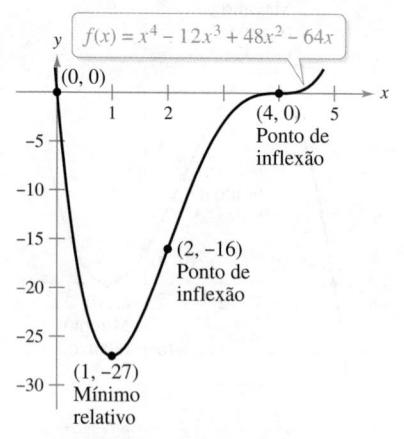

FIGURA 3.58

✓ AUTOAVALIAÇÃO 2

Analise o gráfico de

$$f(x) = x^4 - 4x^3 + 5.$$

A função polinomial de quarto grau no Exemplo 2 tem um mínimo relativo e não tem máximos relativos. Em geral, uma função polinomial de grau n pode ter *no máximo* $n - 1$ extremos relativos e *no máximo* $n - 2$ pontos de inflexão. Além disso, funções polinomiais de grau par devem ter pelo menos um extremo relativo.

Exemplo 3 Análise de um gráfico

Analise o gráfico de

$$f(x) = \frac{x^2 - 2x + 4}{x - 2}.$$

SOLUÇÃO A intersecção com o eixo *y* ocorre em $(0, -2)$. Usando a fórmula quadrática no numerador, podemos ver que não há intersecções com o eixo *x*. Como o denominador é zero quando $x = 2$ (e o numerador não é zero quando $x = 2$), segue que $x = 2$ é uma assíntota vertical do gráfico. Não há assíntotas horizontais porque o grau do numerador é maior que o grau do denominador. A derivada é

$$f'(x) = \frac{(x - 2)(2x - 2) - (x^2 - 2x + 4)}{(x - 2)^2} \quad \text{Primeira derivada}$$

$$= \frac{x(x - 4)}{(x - 2)^2}. \quad \text{Forma fatorada}$$

Então os números críticos de *f* são $x = 0$ e $x = 4$. A segunda derivada é

$$f''(x) = \frac{(x - 2)^2(2x - 4) - (x^2 - 4x)(2)(x - 2)}{(x - 2)^4} \quad \text{Segunda derivada}$$

$$= \frac{(x - 2)(2x^2 - 8x + 8 - 2x^2 + 8x)}{(x - 2)^4}$$

$$= \frac{8}{(x - 2)^3}. \quad \text{Forma fatorada}$$

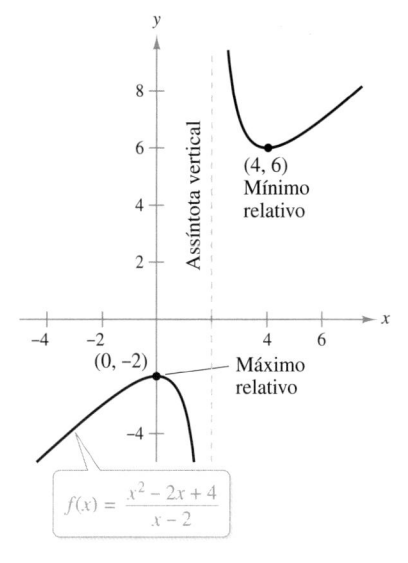

FIGURA 3.59

Como a segunda derivada não possui zeros e como $x = 2$ não está no domínio da função, podemos concluir que o gráfico não tem pontos de inflexão. Ao testar os valores de $f'(x)$ e $f''(x)$, conforme a tabela, podemos ver que *f* possui um mínimo relativo e um máximo relativo. O gráfico de *f* é mostrado na Figura 3.59.

	$f(x)$	$f'(x)$	$f''(x)$	Características do gráfico
x em $(-\infty, 0)$		+	−	Crescente, côncavo para baixo
$x = 0$	−2	0	−	Máximo relativo
x em $(0, 2)$		−	−	Decrescente, côncavo para baixo
$x = 2$	Não def.	Não def.	Não def.	Assíntota vertical
x em $(2, 4)$		−	+	Decrescente, côncavo para cima
$x = 4$	6	0	+	Mínimo relativo
x em $(4, \infty)$		+	+	Crescente, côncavo para cima

✓ AUTOAVALIAÇÃO 3

Analise o gráfico de $f(x) = \dfrac{x^2}{x - 1}$. ∎

Exemplo 4 Análise de um gráfico

Analise o gráfico de

$$f(x) = \frac{2(x^2 - 9)}{x^2 - 4}.$$

$$f(x) = \frac{2(x^2-9)}{x^2-4}$$

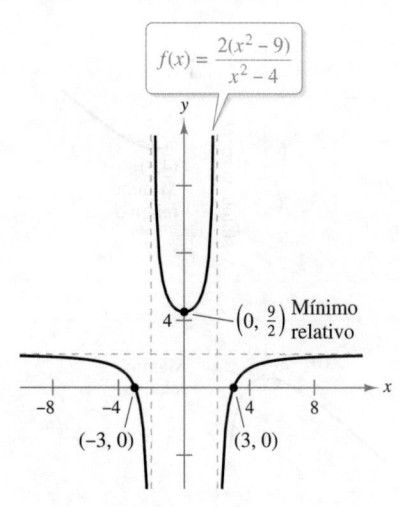

FIGURA 3.60

SOLUÇÃO Comece por escrever a função na forma fatorada.

$$f(x) = \frac{2(x-3)(x+3)}{(x-2)(x+2)} \qquad \text{Forma fatorada}$$

A intersecção com o eixo y é $\left(0, \frac{9}{2}\right)$ e as interseções com o eixo x são $(-3, 0)$ e $(3, 0)$. O gráfico de f tem assíntotas verticais em $x = \pm 2$ e uma assíntota horizontal em $y = 2$. A primeira derivada é

$$f'(x) = \frac{2[(x^2-4)(2x) - (x^2-9)(2x)]}{(x^2-4)^2} \qquad \text{Primeira derivada}$$

$$= \frac{2(2x^3 - 8x - 2x^3 + 18x)}{(x^2-4)^2} \qquad \text{Multiplique.}$$

$$= \frac{20x}{(x^2-4)^2}. \qquad \text{Forma fatorada}$$

Assim, o número crítico de f é $x = 0$. A segunda derivada de f é

$$f''(x) = \frac{(x^2-4)^2(20) - (20x)(2)(2x)(x^2-4)}{(x^2-4)^4} \qquad \text{Segunda derivada}$$

$$= \frac{20(x^2-4)(x^2-4-4x^2)}{(x^2-4)^4}$$

$$= -\frac{20(3x^2+4)}{(x^2-4)^3}. \qquad \text{Forma fatorada}$$

Como a segunda derivada não possui zeros e como $x = \pm 2$ não estão no domínio da função, podemos concluir que o gráfico não tem pontos de inflexão. Ao testar os valores de $f'(x)$ e $f''(x)$, conforme a tabela, podemos ver que f possui um mínimo relativo. O gráfico de f é mostrado na Figura 3.60.

	$f(x)$	$f'(x)$	$f''(x)$	Características do gráfico
x em $(-\infty, -2)$		$-$	$-$	Decrescente, côncavo para cima
$x = -2$	Não def.	Não def.	Não def.	Assíntota vertical
x em $(-2, 0)$		$-$	$+$	Decrescente, côncavo para cima
$x = 0$	$\frac{9}{2}$	0	$+$	Mínimo relativo
x em $(0, 2)$		$+$	$+$	Crescente, côncavo para cima
$x = 2$	Não def.	Não def.	Não def.	Assíntota vertical
x em $(2, \infty)$		$+$	$-$	Crescente, côncavo para baixo

TUTOR TÉCNICO

Algumas ferramentas gráficas não traçarão o gráfico da função do Exemplo 5 adequadamente se a função for inserida como
$f(x) = 2x\wedge(5/3) - 5x\wedge(4/3)$.
Para corrigir o problema, pode-se inserir a função como
$f(x) = 2\left(\sqrt[3]{x}\right)\wedge 5 - 5\left(\sqrt[3]{x}\right)\wedge 4$.
Tente inserir as duas funções em uma ferramenta gráfica para ver se ambas produzem os gráficos corretos.

✓ **AUTOAVALIAÇÃO 4**

Analise o gráfico de

$$f(x) = \frac{x^2+1}{x^2-1}.$$

Exemplo 5 Análise de um gráfico

Analise o gráfico de

$$f(x) = 2x^{5/3} - 5x^{4/3}.$$

SOLUÇÃO Comece por escrever a função na forma fatorada.

$$f(x) = x^{4/3}(2x^{1/3} - 5) \qquad \text{Forma fatorada}$$

Uma das intersecções com os eixos é $(0, 0)$. A segunda intersecção com o eixo x ocorre quando

$$2x^{1/3} - 5 = 0$$
$$2x^{1/3} = 5$$
$$x^{1/3} = \frac{5}{2}$$
$$x = \left(\frac{5}{2}\right)^3$$
$$x = \frac{125}{8}$$

A primeira derivada é

$$f'(x) = \tfrac{10}{3}x^{2/3} - \tfrac{20}{3}x^{1/3} \quad \text{Primeira derivada}$$
$$= \tfrac{10}{3}x^{1/3}(x^{1/3} - 2). \quad \text{Forma fatorada}$$

Então os números críticos de f são $x = 0$ e $x = 8$. A segunda derivada é

$$f''(x) = \tfrac{20}{9}x^{-1/3} - \tfrac{20}{9}x^{-2/3} \quad \text{Segunda derivada}$$
$$= \tfrac{20}{9}x^{-2/3}(x^{1/3} - 1)$$
$$= \frac{20(x^{1/3} - 1)}{9x^{2/3}}. \quad \text{Forma fatorada}$$

Os possíveis pontos de inflexão, portanto, ocorrem quando $x = 1$ e quando $x = 0$. Ao testar os valores de $f'(x)$ e $f''(x)$, conforme a tabela, podemos ver que f possui um máximo relativo, um mínimo relativo e um ponto de inflexão. O gráfico de f é mostrado na Figura 3.61.

TUTOR DE ÁLGEBRA

Para ajuda com a álgebra do Exemplo 5, consulte o Exemplo 2(a) no *Tutor de álgebra* do Capítulo 3, na página 241.

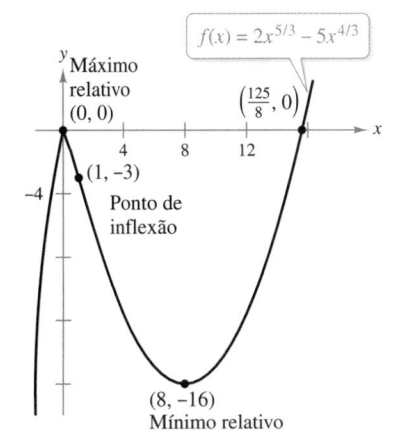

FIGURA 3.61

	$f(x)$	$f'(x)$	$f''(x)$	Características do gráfico
x em $(-\infty, 0)$		+	−	Crescente, côncavo para baixo
$x = 0$	0	0	Não def.	Máximo relativo
x em $(0, 1)$		−	−	Decrescente, côncavo para baixo
$x = 1$	−3	−	0	Ponto de inflexão
x em $(1, 8)$		−	+	Decrescente, côncavo para cima
$x = 8$	−16	0	+	Mínimo relativo
x em $(8, \infty)$		+	+	Crescente, côncavo para cima

✓ AUTOAVALIAÇÃO 5

Analise o gráfico de $f(x) = 2x^{3/2} - 6x^{1/2}$. ∎

Resumo de gráficos polinomiais simples

Um resumo dos gráficos das funções polinomiais de graus 0, 1, 2 e 3 é mostrado na Figura 3.62. Por causa de sua simplicidade, funções polinomiais de grau baixo são comumente usadas como modelos matemáticos.

DICA DE ESTUDO

O gráfico de qualquer polinômio cúbico tem um ponto de inflexão. A inclinação do gráfico no ponto de inflexão pode ser zero ou diferente de zero.

Função constante (grau 0): $y = a$

Reta horizontal

Função linear (grau 1): $y = ax + b$

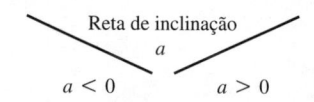

Reta de inclinação a

$a < 0 \qquad a > 0$

Função quadrática (grau 2): $y = ax^2 + bx + c$

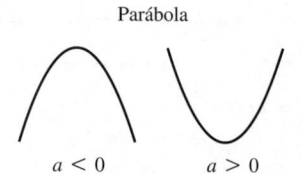

Parábola

$a < 0 \qquad a > 0$

Função cúbica (grau 3): $y = ax^3 + bx^2 + cx + d$

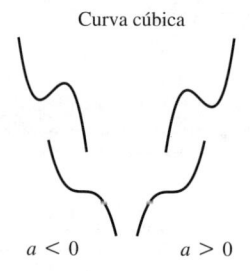

Curva cúbica

$a < 0 \qquad a > 0$

FIGURA 3.62

PRATIQUE (Seção 3.7)

1. Enumere os conceitos úteis que você aprendeu para a análise do gráfico de uma função *(página 224)*. Para um exemplo que usa alguns desses conceitos para analisar o gráfico de uma função, veja o Exemplo 1.

2. Dê as diretrizes para a análise do gráfico de uma função *(página 224)*. Para exemplos que usam essas diretrizes, veja os Exemplos 3, 4 e 5.

3. Enuncie uma regra geral que relacione o grau n de uma função polinomial com (a) o número de extremos relativos e (b) o número de pontos de inflexão *(página 226)*. Para um exemplo em que essa regra pode ser utilizada para analisar o gráfico da função polinomial, veja o Exemplo 2.

Recapitulação 3.7

Os exercícios preparatórios a seguir envolvem conceitos vistos em seções anteriores. Esses conceitos serão utilizados no conjunto de exercícios desta seção. Para obter mais ajuda, consulte as Seções 3.1 e 3.6.

Nos Exercícios 1-4, determine as assíntotas verticais e horizontais do gráfico.

1. $f(x) = \dfrac{1}{x^2}$
2. $f(x) = \dfrac{8}{(x-2)^2}$
3. $f(x) = \dfrac{40x}{x+3}$
4. $f(x) = \dfrac{x^2 - 3}{x^2 - 4x + 3}$

Nos Exercícios 5-10, determine os intervalos abertos nos quais a função é crescente ou decrescente.

5. $f(x) = x^2 + 4x + 2$
6. $f(x) = -x^2 - 8x + 1$
7. $f(x) = x^3 - 3x + 1$

8. $f(x) = \dfrac{-x^3 + x^2 - 1}{x^2}$
9. $f(x) = \dfrac{x - 2}{x - 1}$
10. $f(x) = -x^3 - 4x^2 + 3x + 2$

Exercícios 3.7

Analisando um gráfico Nos Exercícios 1-22, analise e esboce o gráfico da função. Rotule quaisquer intersecções, extremos relativos, pontos de inflexão e assíntotas. *Veja os Exemplos 1, 2, 3, 4 e 5.*

1. $y = -x^2 - 2x + 3$
2. $y = 2x^2 - 4x + 1$
3. $y = x^3 - 4x^2 + 6$
4. $y = x^4 - 2x^2$
5. $y = 2 - x - x^3$
6. $y = x^3 + 3x^2 + 3x + 2$
7. $y = 3x^4 + 4x^3$
8. $y = -x^3 + x - 2$
9. $y = x^4 - 8x^3 + 18x^2 - 16x + 5$
10. $y = x^4 - 4x^3 + 16x - 16$
11. $y = \dfrac{x^2 + 1}{x}$
12. $y = \dfrac{2x}{x^2 - 1}$
13. $y = \dfrac{x^2 - 6x + 12}{x - 4}$
14. $y = \dfrac{x^2 + 4x + 7}{x + 3}$
15. $y = \dfrac{x^2 + 1}{x^2 - 9}$
16. $y = \dfrac{x + 2}{x}$
17. $y = 3x^{2/3} - x^2$
18. $y = x^{5/3} - 5x^{2/3}$
19. $y = x\sqrt{9 - x}$
20. $y = x\sqrt{4 - x^2}$
21. $y = \begin{cases} x^2 + 1, & x \leq 0 \\ 1 - 2x, & x > 0 \end{cases}$
22. $y = \begin{cases} x^2 + 4, & x < 0 \\ 4 - x, & x \geq 0 \end{cases}$

Traçando uma função Nos Exercícios 23-36, use uma ferramenta gráfica para traçar a função. Escolha uma janela que permita que todos os extremos relativos e pontos de inflexão sejam identificados no gráfico.

23. $y = 3x^3 - 9x + 1$
24. $y = -4x^3 + 6x^2$
25. $y = x^5 - 5x$
26. $y = (x - 1)^5$
27. $y = \dfrac{5 - 3x}{x - 2}$
28. $y = \dfrac{x - 3}{x}$
29. $y = 1 - x^{2/3}$
30. $y = (1 - x)^{2/3}$
31. $y = x^{4/3}$
32. $y = x^{-1/3}$
33. $y = \dfrac{x}{\sqrt{x^2 - 4}}$
34. $y = \dfrac{x}{x^2 + 1}$
35. $y = \dfrac{x^3}{x^3 - 1}$
36. $y = \dfrac{x^4}{x^4 - 1}$

Interpretando um gráfico Nos Exercícios 37-40, use o gráfico de f' ou f'' para esboçar o gráfico de f. (Há muitas respostas corretas.)

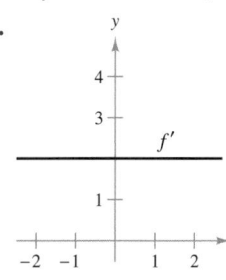

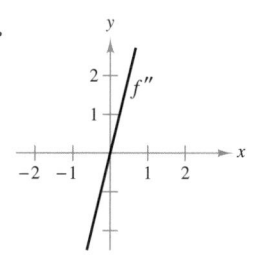

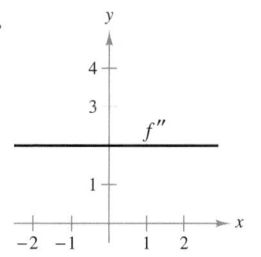

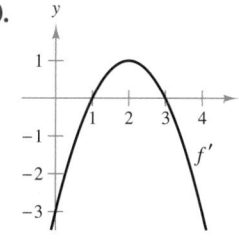

37. [gráfico de f']

38. [gráfico de f'']

39. [gráfico de f'']

40. [gráfico de f']

Esboçando uma função Nos Exercícios 41 e 42, esboce um gráfico de uma função f tendo as características indicadas. (Existem muitas respostas corretas.)

41. $f(-2) = f(0) = 0$
    $f'(x) > 0$ se $x < -1$
    $f'(x) < 0$ se $-1 < x < 0$
    $f'(x) > 0$ se $x > 0$
    $f'(-1) = f'(0) = 0$

42. $f(-1) = f(3) = 0$
    $f'(1)$ é indefinida.
    $f'(x) < 0$ se $x < 1$
    $f'(x) > 0$ se $x > 1$
    $f''(x) < 0, x \neq 1$
    $\lim_{x \to \infty} f(x) = 4$

Criando uma função Nos Exercícios 43 e 44, crie uma função cujo gráfico tenha as características indicadas. (Existem muitas respostas corretas.)

43. Assíntota vertical: $x = 5$
    Assíntota horizontal: $y = 0$

44. Assíntota vertical: $x = -3$
    Assíntota horizontal: Nenhuma

45. **Securidade social** A tabela lista os benefícios médios mensais da previdência social B (em dólares) para os trabalhadores aposentados com 62 anos ou mais, de 2002 a 2009. Um modelo para os dados é

$$B = \dfrac{815{,}6 + 110{,}96t}{1 + 0{,}09t - 0{,}0033t^2}, \ 2 \leq t \leq 9$$

em que $t = 2$ corresponde a 2002. *(Fonte: U.S. Social Security Administration)*

(a) Use uma ferramenta gráfica para criar um gráfico de dispersão dos dados e traçar o modelo na mesma janela de visualização. Quão bem o modelo ajusta os dados?

t	2	3	4	5	6	7	8	9
B	895	922	955	1.002	1.044	1.079	1.153	1.164

(b) Use o modelo para prever o benefício médio mensal em 2014.

(c) Esse modelo deve ser usado para prever os benefícios médios mensais da securidade social nos próximos anos? Sim ou não? Por quê?

46. Custo Um funcionário de uma empresa de entrega ganha $ 10 por hora dirigindo uma van de entrega em uma área onde a gasolina custa $ 2,80 por galão. Quando a van é conduzida a uma velocidade constante s (em milhas por hora, com $40 \leq s \leq 65$), a van faz $700/s$ milhas por galão.

(a) Encontre o custo C como uma função de s para uma viagem de 100 milhas em uma rodovia interestadual.

(b) Use uma ferramenta gráfica para traçar a função encontrada na parte (a) e determine a velocidade mais econômica.

47. Meteorologia A temperatura máxima média mensal T (em graus Fahrenheit) em Boston, Massachusetts, pode ser modelada por

$$T = \frac{30,83 - 2,861t + 0,181t^2}{1 - 0,206t + 0,0139t^2}, \quad 1 \leq t \leq 12$$

em que t é o mês, com $t = 1$ correspondendo a janeiro. Use uma ferramenta gráfica para traçar o modelo e encontrar todos os extremos absolutos. Interprete o significado desses valores no contexto do problema.
(Fonte: National Climatic Data Center)

48. VISUALIZE O gráfico mostra os lucros de uma empresa P para os anos de 1990 a 2010, em que t é o ano, com $t = 0$ correspondendo a 2000.

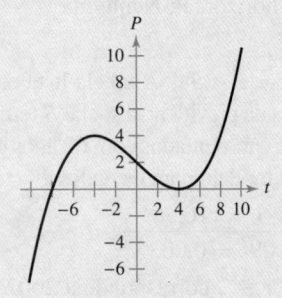

(a) Para quais valores de t, P' é zero? Positivo? Negativo? Interprete os significados desses valores no contexto do problema.

(b) Para quais valores de t, P'' é igual a zero? Positivo? Negativo? Interprete os significados desses valores no contexto do problema.

Escrevendo Nos Exercícios 49 e 50, use uma ferramenta gráfica para traçar a função. Explique por que não há assíntota vertical, quando um exame superficial da função pode indicar que deveria haver uma.

49. $h(x) = \dfrac{6 - 2x}{3 - x}$

50. $g(x) = \dfrac{x^2 + x - 2}{x - 1}$

51. Descoberta Considere a função

$$f(x) = \frac{x^2 - 2x + 4}{x - 2}.$$

(a) Mostre que $f(x)$ pode ser reescrita como

$$f(x) = x + \frac{4}{x - 2}.$$

(b) Use uma ferramenta gráfica para traçar f e a reta $y = x$. Como os dois gráficos se comparam conforme você diminui a ampliação?

(c) Use os resultados da parte (b) para descrever o que se entende por "assíntota inclinada".

3.8 Diferenciais e análise marginal

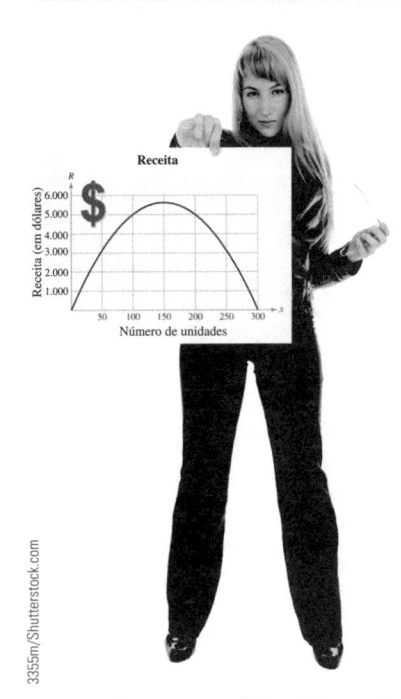

- Determinar diferenciais de funções.
- Utilizar diferenciais em economia para aproximar variações na receita, custo e lucro.
- Encontrar diferenciais de funções usando fórmulas de derivação.

Diferenciais

Ao definir a derivada na Seção 2.1 como o limite da razão de $\Delta y/\Delta x$, pareceu natural manter o símbolo do quociente para o próprio limite. Dessa maneira, a derivada de y com relação a x foi denotada por

$$\frac{dy}{dx} = \lim_{\Delta x \to 0} \frac{\Delta y}{\Delta x}$$

apesar de não interpretarmos dy/dx como o quociente de duas quantidades separadas. Nesta seção, veremos que é possível atribuir significados às quantidades dy e dx de forma que seu quociente, quando $dx \neq 0$, seja igual à derivada de y em relação a x.

No Exercício 35, na página 239, você usará diferenciais para aproximar a variação na receita para o aumento de uma unidade na venda de um produto.

> **Definição de diferenciais**
>
> Seja $y = f(x)$ uma função diferenciável. A **diferencial de x** (denotado por dx) é qualquer número real diferente de zero. A **diferencial de y** (denotado por dy) é $dy = f'(x)\,dx$.

Na definição de diferenciais, dx pode ter qualquer valor diferente de zero. Contudo, na maioria das aplicações, escolhe-se dx pequeno e essa escolha é denotada por $dx = \Delta x$.

Um uso das diferenciais é na aproximação da variação em $f(x)$ correspondente à variação em x, como mostrado na Figura 3.63. Esta variação é denotada por

$$\Delta y = f(x + \Delta x) - f(x). \qquad \text{Variação em } y$$

Na Figura 3.63, observe que, à medida que Δx diminui, os valores de dy e Δy se aproximam. Ou seja, quando Δx é suficientemente pequeno, $dy \approx \Delta y$. Esta **aproximação pela reta tangente** é a base para a maioria das aplicações de diferenciais.

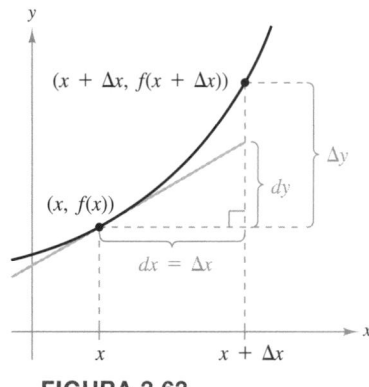

FIGURA 3.63

Observe na Figura 3.63 que, próximo ao ponto de tangência, o gráfico de f está muito próximo da reta tangente. Essa é a essência das aproximações usadas nesta seção. Em outras palavras, perto do ponto de tangência, $dy \approx \Delta y$.

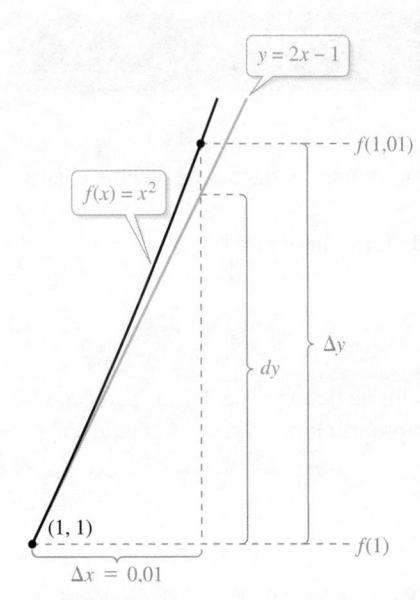

FIGURA 3.64

Exemplo 1 — Comparação entre Δy e dy

Considere a função dada por

$$f(x) = x^2.$$

Determine o valor de dy quando $x = 1$ e $dx = 0{,}01$. Compare isso ao valor de Δy quando $x = 1$ e $\Delta x = 0{,}01$.

SOLUÇÃO Comece por determinar a derivada de f.

$$f'(x) = 2x \qquad \text{Derivada de } f$$

Quando $x = 1$ e $dx = 0{,}01$, o valor da diferencial dy é

$$\begin{aligned}
dy &= f'(x)\, dx & &\text{Diferencial de } y \\
&= f'(1)(0{,}01) & &\text{Substitua } x \text{ por 1 e } dx \text{ por 0,01.} \\
&= 2(1)(0{,}01) & &\text{Use } f'(x) = 2x. \\
&= 0{,}02. & &\text{Simplifique.}
\end{aligned}$$

Quando $x = 1$ e $\Delta x = 0{,}01$, o valor de Δy é

$$\begin{aligned}
\Delta y &= f(x + \Delta x) - f(x) & &\text{Variação em } y \\
&= f(1{,}01) - f(1) & &\text{Substitua } x \text{ por 1 e } \Delta x \text{ por 0,01} \\
&= (1{,}01)^2 - (1)^2 \\
&= 1{,}0201 - 1 \\
&= 0{,}0201. & &\text{Simplifique.}
\end{aligned}$$

Observe que $dy \approx \Delta y$, como mostra a Figura 3.64.

✓ AUTOAVALIAÇÃO 1

Determine o valor de dy quando $x = 2$ e $dx = 0{,}01$ para $f(x) = x^4$. Compare isso ao valor de Δy quando $x = 2$ e $\Delta x = 0{,}01$. ∎

No Exemplo 1, a reta tangente ao gráfico de $f(x) = x^2$ em $x = 1$ é

$$y = 2x - 1 \quad \text{ou} \quad g(x) = 2x - 1. \qquad \text{Reta tangente ao gráfico de } f \text{ em } x = 1$$

Para valores de x próximos de 1, essa reta está próxima ao gráfico de f, conforme mostra a Figura 3.64. Por exemplo,

$$f(1{,}01) = 1{,}01^2 = 1{,}0201 \quad \text{e} \quad g(1{,}01) = 2(1{,}01) - 1 = 1{,}02.$$

A validade da aproximação

$$dy \approx \Delta y, \quad dx \neq 0$$

é proveniente da definição da derivada. Isto é, a existência do limite

$$f'(x) = \lim_{\Delta x \to 0} \frac{f(x + \Delta x) - f(x)}{\Delta x}$$

implica que, quando Δx está próximo de zero, $f'(x)$ está próximo do quociente de diferenças. Então podemos escrever

$$\frac{f(x + \Delta x) - f(x)}{\Delta x} \approx f'(x)$$

$$f(x + \Delta x) - f(x) \approx f'(x)\, \Delta x$$

$$\Delta y \approx f'(x)\, \Delta x.$$

A substituição de Δx por dx e $f'(x)\, dx$ por dy produz $\Delta y \approx dy$.

Análise marginal

Diferenciais são usadas em economia para aproximar variações na receita, no custo e no lucro. Suponha que $R = f(x)$ é a receita total da venda de x unidades de um produto. Quando o número de unidades aumenta em 1, a variação em x é $\Delta x = 1$, e a variação em R é

$$\Delta R = f(x + \Delta x) - f(x) \approx dR = \frac{dR}{dx} dx.$$

Em outras palavras, podemos usar a diferencial dR para aproximar a variação na receita que acompanha a venda de uma unidade adicional. Da mesma forma, as diferenciais dC e dP podem ser usadas para aproximar as variações no custo e no lucro que acompanham a venda (ou a produção) de uma unidade adicional.

Exemplo 2 Utilização da análise marginal

A função demanda de um produto é modelada por

$$p = 400 - x, \quad 0 \leq x \leq 400$$

em que p é o preço por unidade (em dólares) e x é o número de unidades. Use as diferenciais para aproximar a variação na receita quando as vendas aumentam de 149 unidades para 150 unidades. Compare isso com a variação real na receita.

SOLUÇÃO Comece determinando a função receita. Uma vez que a demanda é dada por $p = 400 - x$, a receita é

$$\begin{aligned} R &= xp & \text{Fórmula da receita} \\ &= x(400 - x) & \text{Use } p = 400 - x. \\ &= 400x - x^2 & \text{Multiplique.} \end{aligned}$$

Em seguida, encontre a receita marginal, dR/dx.

$$\frac{dR}{dx} = 400 - 2x \qquad \text{Regra da potência}$$

Quando $x = 149$ e $dx = \Delta x = 1$, a variação aproximada na receita é

$$\begin{aligned} \Delta R &\approx dR \\ &= \frac{dR}{dx} dx \\ &= (400 - 2x) \, dx \\ &= [400 - 2(149)](1) \\ &= \$\, 102. \end{aligned}$$

Quando x aumenta de 149 para 150 e $R = f(x) = 400x - x^2$, a variação real na receita é

$$\begin{aligned} \Delta R &= f(x + \Delta x) - f(x) \\ &= \left[400(150) - 150^2\right] - \left[400(149) - 149^2\right] \\ &= 37.500 - 37.399 \\ &= \$\, 101. \end{aligned}$$

✓ AUTOAVALIAÇÃO 2

A função da demanda de um produto é modelada por $p = 200 - x$, $0 \leq x \leq 200$, em que p é o preço por unidade (em dólares) e x é o número de unidades. Use as diferenciais para aproximar a variação na receita quando as vendas aumentam de 89 para 90 unidades. Compare isto com a variação real na receita. ■

Exemplo 3 Utilização da análise marginal

O lucro proveniente da venda de x unidades de um item é modelado por

$$P = 0{,}0002x^3 + 10x.$$

Use a diferencial dP para aproximar a variação no lucro quando o nível de produção muda de 50 para 51 unidades. Compare isso ao ganho real no lucro obtido com o aumento do nível de produção de 50 para 51 unidades.

> **DICA DE ESTUDO**
>
> O Exemplo 3 usa diferenciais para resolver o mesmo problema que foi resolvido no Exemplo 5 da Seção 2.3. Observe novamente a solução daquele exemplo. Que abordagem você prefere?

SOLUÇÃO O lucro marginal é

$$\frac{dP}{dx} = 0{,}0006x^2 + 10.$$

Quando $x = 50$ e $dx = \Delta x = 1$, a variação aproximada no lucro é

$$\begin{aligned}
\Delta P &\approx dP \\
&= \frac{dP}{dx}\, dx \\
&= (0{,}0006x^2 + 10)\, dx \\
&= [0{,}0006(50)^2 + 10](1) \\
&= \$\,11{,}50.
\end{aligned}$$

Quando x muda de 50 para 51 unidades e $P = f(x) = 0{,}0002x^3 + 10x$, a mudança real no lucro é

$$\begin{aligned}
\Delta P &= f(x + \Delta x) - f(x) \\
&= [(0{,}0002)(51)^3 + 10(51)] - [(0{,}0002)(50)^3 + 10(50)] \\
&\approx 536{,}53 - 525{,}00 \\
&= \$\,11{,}53.
\end{aligned}$$

Esses valores são mostrados graficamente na Figura 3.65.

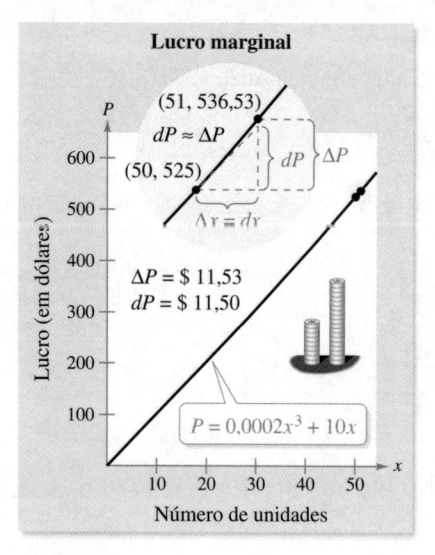

FIGURA 3.65

✓ AUTOAVALIAÇÃO 3

Use a diferencial dP para estimar a variação no lucro para a função lucro no Exemplo 3 quando o nível de produção muda de 40 para 41 unidades. Compare isto ao ganho real no lucro obtido pelo aumento do nível de produção de 40 para 41 unidades. ∎

Fórmulas para diferenciais

É possível usar a definição de diferenciais para reescrever cada regra de derivação na **forma diferencial**.

Formas diferenciais das regras de derivação

Regra do múltiplo por constante: $\quad d[cu] = c\,du$

Regra da soma ou diferença: $\quad d[u \pm v] = du \pm dv$

Regra do produto: $\quad d[uv] = u\,dv + v\,du$

Regra do quociente: $\quad d\left[\dfrac{u}{v}\right] = \dfrac{v\,du - u\,dv}{v^2}$

Regra da constante: $\quad d[c] = 0$

Regra da potência: $\quad d[x^n] = nx^{n-1}\,dx$

O próximo exemplo compara as derivadas e as diferenciais de diversas funções simples.

Exemplo 4 — Determinação de diferenciais

Função	Derivada	Diferencial
a. $y = x^2$	$\dfrac{dy}{dx} = 2x$	$dy = 2x\,dx$
b. $y = \dfrac{3x + 2}{5}$	$\dfrac{dy}{dx} = \dfrac{3}{5}$	$dy = \dfrac{3}{5}\,dx$
c. $y = 2x^2 - 3x$	$\dfrac{dy}{dx} = 4x - 3$	$dy = (4x - 3)\,dx$
d. $y = \dfrac{1}{x}$	$\dfrac{dy}{dx} = -\dfrac{1}{x^2}$	$dy = -\dfrac{1}{x^2}\,dx$

✓ AUTOAVALIAÇÃO 4

Determine a diferencial dy de cada função.

a. $y = 4x^3$ **b.** $y = \dfrac{2x + 1}{3}$

c. $y = 3x^2 - 2x$ **d.** $y = \dfrac{1}{x^2}$

PRATIQUE (Seção 3.8)

1. Dê a definição das diferenciais *(página 233)*. Para um exemplo de diferencial, veja o Exemplo 1.
2. Explique o que se entende por análise marginal *(página 234)*. Para exemplos de análise marginal, veja os Exemplos 2 e 3.
3. Enuncie as formas diferenciais das regras de derivação *(página 237)*. Para um exemplo que usa as formas diferenciais das regras de derivação, veja o Exemplo 4.

Recapitulação 3.8

Os exercícios preparatórios a seguir envolvem conceitos vistos em seções anteriores. Esses conceitos serão utilizados no conjunto de exercícios desta seção. Para obter mais ajuda, consulte as Seções 2.2 e 2.4.

Nos Exercícios 1-12, determine a derivada.

1. $C = 44 + 0{,}09x^2$
2. $C = 250 + 0{,}15x$
3. $R = x(1{,}25 + 0{,}02\sqrt{x})$
4. $R = x(15{,}5 - 1{,}55x)$
5. $P = -0{,}03x^{1/3} + 1{,}4x - 2.250$
6. $P = -0{,}02x^2 + 25x - 1.000$
7. $A = \frac{1}{4}\sqrt{3}x^2$
8. $A = 6x^2$
9. $C = 2\pi r$
10. $P = 4w$
11. $S = 4\pi r^2$
12. $P = 2x + \sqrt{2}x$

Nos Exercícios 13-16, escreva uma fórmula para a quantidade.

13. Área A de um círculo de raio r
14. Área A de um quadrado de lado x
15. Volume V de um cubo de aresta x
16. Volume V de uma esfera de raio r

Exercícios 3.8

Comparando Δy e dy Nos Exercícios 1-6, compare os valores de dy e Δy para a função. *Veja o Exemplo 1.*

Função	Valor de x	Diferencial de x
1. $f(x) = 0{,}5x^3$	$x = 2$	$\Delta x = dx = 0{,}1$
2. $f(x) = 2x + 1$	$x = 1$	$\Delta x = dx = 0{,}01$
3. $f(x) = x^4 + 1$	$x = -1$	$\Delta x = dx = 0{,}01$
4. $f(x) = 1 - 2x^2$	$x = 0$	$\Delta x = dx = -0{,}1$
5. $f(x) = 3\sqrt{x}$	$x = 4$	$\Delta x = dx = 0{,}1$
6. $f(x) = 6x^{4/3}$	$x = -1$	$\Delta x = dx = 0{,}01$

Encontrando diferenciais Nos Exercícios 7-12, faça $x = 2$ e complete a tabela para a função.

$dx = \Delta x$	dy	Δy	$\Delta y - dy$	$\dfrac{dy}{\Delta y}$
1,000				
0,500				
0,100				
0,010				
0,001				

7. $y = x^2$
8. $y = \sqrt{x}$
9. $y = \dfrac{1}{x^2}$
10. $y = \dfrac{1}{x}$
11. $y = \sqrt[4]{x}$
12. $y = x^5$

Análise marginal Nos Exercícios 13-18, utilize diferenciais para aproximar a variação no custo, receita ou lucro correspondente a um aumento nas vendas de uma unidade. Por exemplo, no Exercício 13, aproxime a variação no custo quando x aumenta de 12 unidades para 13 unidades. *Veja os Exemplos 2 e 3.*

Função	Valor de x
13. $C = 0{,}05x^2 + 4x + 10$	$x = 12$
14. $P = -x^2 + 60x - 100$	$x = 25$
15. $R = 30x - 0{,}15x^2$	$x = 75$
16. $R = 50x - 1{,}5x^2$	$x = 15$
17. $P = -0{,}5x^3 + 2.500x - 6.000$	$x = 50$
18. $C = 0{,}025x^2 + 8x + 5$	$x = 10$

Encontrando diferenciais Nos Exercícios 19-28, encontre a diferencial dy. *Veja o Exemplo 4.*

19. $y = 6x^4$
20. $y = \dfrac{8 - 4x}{3}$
21. $y = 3x^2 - 4$
22. $y = \sqrt[3]{6x^2}$
23. $y = (4x - 1)^3$
24. $y = (x^2 + 3)(2x + 4)^2$
25. $y = \dfrac{x + 1}{2x - 1}$
26. $y = \dfrac{x}{x^2 + 1}$
27. $y = \sqrt{9 - x^2}$
28. $y = 3x^{2/3}$

Encontrando uma equação de uma reta tangente Nos Exercícios 29-32, encontre a equação da reta tangente à função no ponto dado. Depois, encontre os valores da função e os valores da reta tangente em $f(x + \Delta x)$ e $y(x + \Delta x)$ para $\Delta x = -0{,}01$ e $0{,}01$.

Função	Ponto
29. $f(x) = 2x^3 - x^2 + 1$	$(-2, -19)$
30. $f(x) = 3x^2 - 1$	$(2, 11)$
31. $f(x) = \dfrac{x}{x^2 + 1}$	$(0, 0)$
32. $f(x) = \sqrt{25 - x^2}$	$(3, 4)$

33. **Lucro** O lucro P de uma empresa produzindo x unidades é

$$P = (500x - x^2) - \left(\frac{1}{2}x^2 - 77x + 3.000\right).$$

(a) Use diferenciais para aproximar a variação no lucro quando o nível de produção muda de 115 para 120 unidades.

(b) Compare isso com a variação real no lucro.

34. Receita A receita R para uma empresa vendendo x unidades é $R = 900x - 0,1x^2$.

(a) Use diferenciais para aproximar a variação na receita quando as vendas aumentam de 3.000 unidades para 3.100 unidades.

(b) Compare isso com a variação real na receita.

35. Demanda A função demanda para um produto é modelada por $p = 75 - 0,25x$, em que p é o preço por unidade (em dólares) e x é o número de unidades.

(a) Use diferenciais para aproximar a variação na receita quando as vendas aumentam de 7 para 8 unidades.

(b) Repita a parte (a) quando as vendas aumentam de 70 para 71 unidades.

36. VISUALIZE O gráfico mostra o lucro P (em dólares) com a venda de x unidades de um item. Use o gráfico para determinar qual é maior, a mudança no lucro quando o nível de produção muda de 400 para 401 unidades ou a mudança no lucro quando o nível de produção muda de 900 para 901 unidades. Explique seu raciocínio.

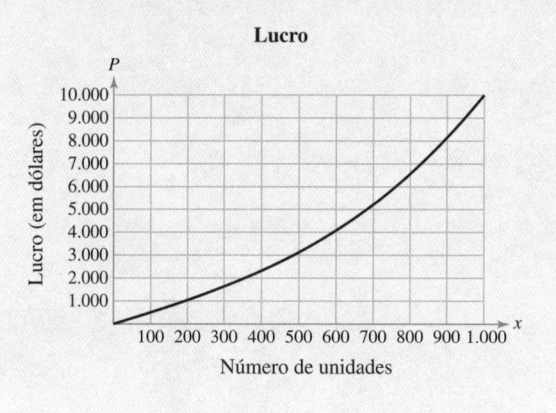

Lucro

(gráfico: eixo P — Lucro (em dólares) de 1.000 a 10.000; eixo x — Número de unidades de 100 a 1.000)

37. Biologia: gestão da vida selvagem Uma comissão de caça estadual introduz 50 veados em terras de caça estaduais recém-adquiridas. A população N do rebanho pode ser modelada por

$$N = \frac{10(5 + 3t)}{1 + 0,04t}$$

em que t é o tempo em anos. Use diferenciais para aproximar a mudança no tamanho do rebanho de $t = 5$ a $t = 6$.

38. Ciências médicas A concentração C (em miligramas por mililitro) de um medicamento na corrente sanguínea de um paciente t horas após a injeção no tecido muscular é modelada por

$$C = \frac{3t}{27 + t^3}.$$

Use diferenciais para aproximar a variação na concentração quando t muda de $t = 1$ para $t = 1,5$.

39. Análise marginal Um varejista determinou que as vendas mensais x de um relógio são de 150 unidades quando o preço é $ 50, mas diminui para 120 unidades quando o preço é $ 60. Assuma que a demanda é uma função linear do preço. Encontre a receita R como uma função de x e aproxime a variação na receita para um aumento de uma unidade nas vendas quando $x = 141$. Faça um esboço mostrando dR e ΔR.

40. Análise marginal A demanda x para uma câmera de computador é de 30.000 unidades por mês, quando o preço é $ 25, e 40.000 unidades quando o preço é $ 20. O investimento inicial é de $ 275.000 e o custo por unidade é de $ 17. Assuma que a demanda é uma função linear do preço. Encontre o lucro P como função de x e aproxime a variação no lucro para um aumento de uma unidade nas vendas quando $x = 28.000$. Faça um esboço mostrando dP e ΔP.

Propagação do erro Nos Exercícios 41 e 42, use as seguintes informações. Dado o erro em uma medição (Δx), o *erro propagado* (Δy) pode ser aproximado pela diferencial dy. A relação dy/y é o *erro relativo*, que corresponde ao *erro percentual* de $dy/y \times 100\%$.

41. Área O lado de um quadrado mede 6 polegadas, com um erro possível de $\pm\frac{1}{16}$ polegadas. Estime o erro propagado e o erro percentual no cálculo da área do quadrado.

42. Volume O raio de uma esfera mede 6 polegadas, com um possível erro de $\pm 0,02$ polegadas. Estime o erro propagado e o erro percentual no cálculo do volume da esfera.

Verdadeiro ou falso? Nos Exercícios 43 e 44, determine se a afirmação é verdadeira ou falsa. Se for falsa, explique por que ou forneça um exemplo que mostre isso.

43. Se $y = x + c$, então $dy = dx$.

44. Se $y = ax + b$, então $\Delta y/\Delta x = dy/dx$.

TUTOR DE ÁLGEBRA

Resolução de equações

Muito da álgebra no Capítulo 3 envolve a simplificação de expressões algébricas (veja as páginas 155 e 156) e a resolução de equações algébricas (veja a página 68). O Tutor de álgebra na página 68 ilustra algumas das técnicas básicas de resolução de equações. Nessas duas páginas, serão revistas algumas das técnicas mais complicadas para resolver equações.

Ao resolver uma equação, lembre-se de que o objetivo básico é isolar a variável em um dos lados da equação. Para fazê-lo, utilizam-se operações inversas. Por exemplo, para isolar x em

$$x - 2 = 0$$

adiciona-se 2 a cada lado da equação, porque *a adição* é a operação inversa da *subtração*. Para isolar em

$$\sqrt{x} = 2$$

você eleva ao quadrado cada lado da equação, porque *elevar ao quadrado* é a operação inversa de *extrair a raiz quadrada*.

Exemplo 1 Resolução de uma equação

Resolva cada equação.

a. $\dfrac{36(x^2 - 1)}{(x^2 + 3)^3} = 0$ **b.** $0 = 2x(2x^2 - 3)$ **c.** $\dfrac{dV}{dx} = 0$, em que $V = 27x - \dfrac{1}{4}x^3$

SOLUÇÃO

a. $\dfrac{36(x^2 - 1)}{(x^2 + 3)^3} = 0$ Exemplo 2, página 185

$36(x^2 - 1) = 0$ Uma fração é zero somente se seu numerador for zero.

$x^2 - 1 = 0$ Divida cada lado por 36.

$x^2 = 1$ Adicione 1 a cada lado.

$x = \pm 1$ Extraia a raiz quadrada dos dois lados.

b. $0 = 2x(2x^2 - 3)$ Exemplo 2, página 195

$2x = 0 \implies x = 0$ Iguale o primeiro fator a zero.

$2x^2 - 3 = 0 \implies x = \pm\sqrt{\dfrac{3}{2}}$ Iguale o segundo fator a zero.

c. $V = 27x - \dfrac{1}{4}x^3$ Exemplo 1, página 194

$\dfrac{dV}{dx} = 27 - \dfrac{3}{4}x^2$ Encontre a derivada de V.

$0 = 27 - \dfrac{3}{4}x^2$ Iguale a derivada a 0.

$\dfrac{3}{4}x^2 = 27$ Adicione $\tfrac{3}{4}x^2$ a cada um dos lados.

$x^2 = 36$ Multiplique cada lado por $\tfrac{4}{3}$.

$x = \pm 6$ Extraia a raiz quadrada de cada lado.

Exemplo 2 — Resolução de uma equação

Resolva cada equação.

a. $\dfrac{20(x^{1/3} - 1)}{9x^{2/3}} = 0$ **b.** $\dfrac{25}{\sqrt{x}} - 0{,}5 = 0$

c. $x^2(4x - 3) = 0$ **d.** $\dfrac{4x}{3(x^2 - 4)^{1/3}} = 0$

e. $g'(x) = 0$, em que $g(x) = (x - 2)(x + 1)^2$

SOLUÇÃO

a. $\dfrac{20(x^{1/3} - 1)}{9x^{2/3}} = 0$ — Exemplo 5, página 228

$20(x^{1/3} - 1) = 0$ — Uma fração é zero somente se seu numerador for zero.

$x^{1/3} - 1 = 0$ — Divida cada lado por 20.

$x^{1/3} = 1$ — Adicione 1 a cada lado.

$x = 1$ — Eleve os dois lados ao cubo.

b. $\dfrac{25}{\sqrt{x}} - 0{,}5 = 0$ — Exemplo 4, página 205

$\dfrac{25}{\sqrt{x}} = 0{,}5$ — Adicione 0,5 a cada lado.

$25 = 0{,}5\sqrt{x}$ — Multiplique cada lado por $\sqrt{x}$.

$50 = \sqrt{x}$ — Divida cada lado por 0,5.

$2.500 = x$ — Eleve os dois lados ao quadrado.

c. $x^2(4x - 3) = 0$ — Exemplo 2, página 178

$x^2 = 0 \implies x = 0$ — Iguale o primeiro fator a zero.

$4x - 3 = 0 \implies x = \tfrac{3}{4}$ — Iguale o segundo fator a zero.

d. $\dfrac{4x}{3(x^2 - 4)^{1/3}} = 0$ — Exemplo 5, página 170

$4x = 0$ — Uma fração é zero somente se seu numerador for zero.

$x = 0$ — Divida cada lado por 4.

e. $g(x) = (x - 2)(x + 1)^2$ — Exercício 45, página 192

$g'(x) = (x - 2)(2)(x + 1) + (x + 1)^2(1)$ — Encontre a derivada de g.

$(x - 2)(2)(x + 1) + (x + 1)^2(1) = 0$ — Iguale a derivada a zero.

$(x + 1)[2(x - 2) + (x + 1)] = 0$ — Fatore.

$(x + 1)(2x - 4 + x + 1) = 0$ — Multiplique os fatores.

$(x + 1)(3x - 3) = 0$ — Combine como termos semelhantes.

$x + 1 = 0 \implies x = -1$ — Iguale o primeiro fator a zero.

$3x - 3 = 0 \implies x = 1$ — Iguale o segundo fator a zero.

RESUMO DO CAPÍTULO E ESTRATÉGIAS DE ESTUDO

Depois de estudar este capítulo, você deve ter adquirido as habilidades descritas a seguir.
Os números dos exercícios referem-se aos Exercícios de revisão que começam na página 244.
As respostas aos Exercícios de revisão ímpares estão ao final do livro.*

Seção 3.1	Exercícios de revisão
■ Determinar os números críticos de uma função.	1-6
c é um número crítico de f se $f'(c) = 0$ ou se $f'(c)$ não é definida.	
■ Determinar os intervalos abertos nos quais a função é crescente ou decrescente.	7-12
f é crescente quando $f'(x) > 0$	
f é decrescente quando $f'(x) < 0$	
■ Determinar os intervalos nos quais um modelo da vida real é crescente ou decrescente.	13, 14

Seção 3.2	
■ Usar o teste da primeira derivada para determinar os extremos relativos de uma função.	15-24
■ Determinar os extremos absolutos de uma função contínua em um intervalo fechado.	25-32
■ Determinar os valores mínimo e máximo de um modelo da vida real e interpretar os resultados no contexto.	33, 34

Seção 3.3	
■ Determinar os intervalos abertos nos quais o gráfico de uma função é côncavo para cima ou côncavo para baixo.	35-38
f é côncava para cima quando $f''(x) > 0$	
f é côncava para baixo quando $f''(x) < 0$	
■ Determinar os pontos de inflexão do gráfico de uma função.	39-42
■ Usar o teste da segunda derivada para determinar os extremos relativos de uma função.	43-48
■ Determinar o ponto de retorno diminuído de um modelo de entrada-saída.	49, 50

Seção 3.4	
■ Resolver problemas reais de otimização.	51-54

Seção 3.5	
■ Resolver problemas comerciais e econômicos de otimização.	55-60
■ Determinar a elasticidade-preço da demanda para uma função demanda.	61, 62

Seção 3.6	
■ Determinar as assíntotas verticais de uma função.	63-66
■ Determinar os limites infinitos.	67-70
■ Encontre as assíntotas horizontais de uma função.	71-74
■ Usar assíntotas para responder perguntas sobre a vida real.	75-78

Seção 3.7	
■ Analisar o gráfico de uma função.	79-92

Seção 3.8	
■ Usar diferenciais para aproximar as variações na função.	93-96
■ Usar diferenciais em economia para aproximar variações no custo, receita e lucro.	97-102
■ Encontrar a diferencial de uma função usando fórmulas de derivação.	103-108
■ Usar diferenciais para aproximar variações em modelos da vida real.	109-111

Estratégias de Estudo

- **Resolver problemas graficamente, analiticamente e numericamente** Ao analisar o gráfico de uma função, utilize estratégias diversas de resolução de problemas. Por exemplo, a resolução de um problema que exija a análise do gráfico de

$$f(x) = x^3 - 4x^2 + 5x - 4$$

poderia começar *graficamente*. Isto é, você poderia usar uma ferramenta gráfica para determinar uma janela de visualização que mostre as características importantes do gráfico. A partir do gráfico, mostrado abaixo, essa função parece ter um mínimo relativo, um máximo relativo e um ponto de inflexão.

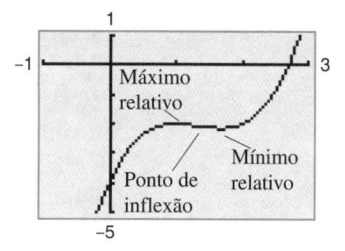

A seguir, seria possível *analisar* o gráfico utilizando cálculo. Como a derivada de f é

$$f'(x) = 3x^2 - 8x + 5 = (3x - 5)(x - 1)$$

os números críticos de f são $x = \frac{5}{3}$ e $x = 1$. Por meio do teste da primeira derivada, pode-se concluir que $x = \frac{5}{3}$ produz um mínimo relativo e $x = 1$ produz um máximo relativo. Como

$$f''(x) = 6x - 8$$

pode-se concluir que $x = \frac{4}{3}$ produz um ponto de inflexão. Finalmente, o gráfico pode ser analisado *numericamente*. Por exemplo, seria possível construir uma tabela de valores e observar que f é crescente no intervalo $(-\infty, 1)$, decrescente no intervalo $\left(1, \frac{5}{3}\right)$ e crescente no intervalo $\left(\frac{5}{3}, \infty\right)$.

- **Estratégias de resolução de problemas** Se encontrar dificuldades ao resolver um problema de otimização, considere as estratégias abaixo.

1. *Desenhe um diagrama*. Se possível, desenhe um diagrama que represente o problema. Identifique todos os valores conhecidos e desconhecidos no diagrama.
2. *Resolva um problema mais simples*. Simplifique o problema ou escreva diversos exemplos simples do problema. Por exemplo, se for preciso determinar as dimensões que produzirão uma área máxima, tente calcular as áreas de diversos exemplos.
3. *Reescreva o problema em suas próprias palavras*. Reescrever um problema pode ajudar a entendê-lo melhor.
4. *Faça conjecturas e verifique*. Tente fazer conjecturas a respeito das respostas e então conferir seu palpite com o enunciado do problema original. Ao aperfeiçoar seus palpites, talvez possa pensar em uma estratégia geral para resolver o problema.

Exercícios de revisão

Encontrando números críticos Nos Exercícios 1-6, encontre os números críticos da função.

1. $f(x) = -x^2 + 2x + 4$
2. $y = 3x^2 + 18x$
3. $y = 4x^3 - 108x$
4. $f(x) = x^4 - 8x^2 + 13$
5. $g(x) = (x - 1)^2(x - 3)$
6. $h(x) = \sqrt{x}(x - 3)$

Intervalos nos quais f é crescente ou decrescente Nos Exercícios 7-12, encontre os números críticos e os intervalos abertos nos quais a função é crescente ou decrescente. Use uma ferramenta gráfica para verificar seus resultados.

7. $f(x) = x^2 + x - 2$
8. $g(x) = (x + 2)^3$
9. $f(x) = -x^3 + 6x^2 - 2$
10. $y = x^3 - 12x^2$
11. $y = (x - 1)^{2/3}$
12. $y = 2x^{1/3} - 3$

13. **Receita** A receita R da Chipotle Mexican Grill (em milhões de dólares), de 2004 a 2009, pode ser modelada por

    $R = 6{,}268t^2 + 136{,}07t - 191{,}3, \quad 4 \le t \le 9$

    em que t é o tempo em anos, com $t = 4$ correspondente a 2004. Mostre que as vendas estavam aumentando de 2004 até 2009. *(Fonte: Chipotle Mexican Grill, Inc.)*

14. **Receita** A receita R da Cintas (em milhões de dólares), de 2000 a 2010, pode ser modelada por

    $R = -5{,}5778t^3 + 67{,}524t^2 + 45{,}22t + 1.969{,}2$

    para $0 \le t \le 10$, em que t é o tempo em anos, com $t = 0$ correspondendo a 2000. *(Fonte: Cintas Corporation)*

    (a) Use uma ferramenta gráfica para traçar o modelo. Estime, então, graficamente os anos durante os quais a receita estava aumentando e os anos durante os quais a receita estava diminuindo.
    (b) Use o teste para funções crescentes e decrescentes para verificar o resultado da parte (a).

Encontrando extremos relativos Nos Exercícios 15-24, use o teste da primeira derivada para encontrar todos os extremos relativos da função. Use uma ferramenta gráfica para verificar seu resultado.

15. $f(x) = 4x^3 - 6x^2 - 2$
16. $f(x) = \frac{1}{4}x^4 - 8x$
17. $g(x) = x^2 - 16x + 12$
18. $h(x) = 4 + 10x - x^2$
19. $h(x) = 2x^2 - x^4$
20. $s(x) = x^4 - 8x^2 + 3$
21. $f(x) = \frac{6}{x^2 + 1}$
22. $f(x) = \frac{2}{x^2 - 1}$
23. $h(x) = \frac{x^2}{x - 2}$
24. $g(x) = x - 6\sqrt{x}, \quad x > 0$

Encontrando extremos em um intervalo fechado Nos Exercícios 25-32, encontre os extremos absolutos da função no intervalo fechado. Use uma ferramenta gráfica para verificar seu resultado.

25. $f(x) = x^2 + 5x + 6; \quad [-3, 0]$
26. $f(x) = x^4 - 2x^3; \quad [0, 2]$
27. $f(x) = x^3 - 12x + 1; \quad [-4, 4]$
28. $f(x) = x^3 + 2x^2 - 3x + 4; \quad [-3, 2]$
29. $f(x) = 2\sqrt{x} - x; \quad [0, 9]$
30. $f(x) = \frac{x}{\sqrt{x^2 + 1}}; \quad [0, 2]$
31. $f(x) = \frac{2x}{x^2 + 1}; \quad [-1, 2]$
32. $f(x) = \frac{8}{x} + x; \quad [1, 4]$

33. **Área da superfície** Um cilindro circular reto de raio r e altura h tem um volume de 25 polegadas cúbicas (veja a figura). A área total da superfície do cilindro, em termos de r, é dada por

    $S = 2\pi r\left(r + \dfrac{25}{\pi r^2}\right).$

    Encontre o raio que minimizará a área da superfície. Use uma ferramenta gráfica para verificar seu resultado.

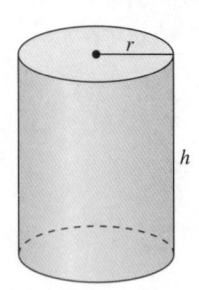

34. **Lucro** O lucro P (em dólares) obtido por uma empresa na venda de x computadores modelo *tablet* pode ser modelado por

    $P = 1{,}64x - \dfrac{x^2}{15.000} - 2.500.$

    Encontre o número de unidades vendidas que produzirá um lucro máximo. Qual é o lucro máximo?

Aplicando o teste para concavidade Nos Exercícios 35-38, determine os intervalos abertos nos quais o gráfico da função é côncavo para cima ou para baixo.

35. $f(x) = (x-2)^3$

36. $h(x) = x^5 - 10x^2$

37. $g(x) = \frac{1}{4}(-x^4 + 8x^2 - 12)$

38. $h(x) = x^3 - 6x$

Encontrando pontos de inflexão Nos Exercícios 39-42, discuta a concavidade do gráfico da função e encontre os pontos de inflexão.

39. $f(x) = \frac{1}{2}x^4 - 4x^3$

40. $f(x) = \frac{1}{4}x^4 - 2x^2 - x$

41. $f(x) = x^3(x-3)^2$

42. $f(x) = (x-1)^2(x-3)$

Usando o teste da segunda derivada Nos Exercícios 43-48, utilize o teste da segunda derivada para encontrar todos os extremos relativos da função.

43. $f(x) = x^3 - 6x^2 + 12x$

44. $f(x) = x^4 - 32x^2 + 12$

45. $f(x) = x^5 - 5x^3$

46. $f(x) = x(x^2 - 3x - 9)$

47. $f(x) = 2x^2(1 - x^2)$

48. $f(x) = x - 4\sqrt{x+1}$

Ponto de retorno diminuído Nos Exercícios 49 e 50, encontre o ponto dos retornos diminuído para a função. Para cada função, R é a receita (em milhares de dólares) e x é o montante gasto (em milhares de dólares) com publicidade. Use uma ferramenta gráfica para verificar seu resultado.

49. $R = \frac{1}{1500}(150x^2 - x^3)$, $0 \le x \le 100$

50. $R = -\frac{2}{3}(x^3 - 12x^2 - 6)$, $0 \le x \le 8$

51. **Perímetro mínimo** Encontre a largura e a altura de um retângulo que tem uma área de 225 metros quadrados e um perímetro mínimo.

52. **Volume máximo** Um sólido retangular com uma base quadrada tem uma área de superfície de 432 centímetros quadrados.
    (a) Determine as dimensões que produzem o volume máximo.
    (a) Encontre o volume máximo.

53. **Volume máximo** Uma caixa aberta deve ser feita com uma peça retangular de 10 polegadas por 16 polegadas de material, cortando quadrados iguais dos cantos e virando os lados para cima (veja a figura). Encontre o volume da maior caixa que pode ser feita.

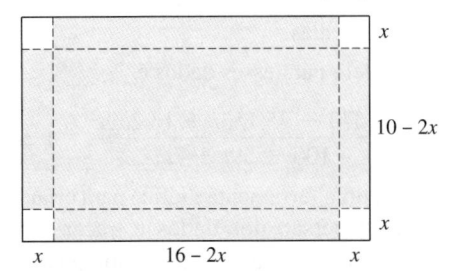

54. **Área mínima** Uma página retangular deve conter 108 polegadas quadradas de impressão. As margens na parte superior e na inferior da página devem ter 4 polegadas de largura. As margens de cada lado devem ser de 1 polegada de largura. Encontre as dimensões da página que minimizarão a quantidade de papel utilizado.

Encontrando a receita máxima Nos Exercícios 55 e 56, encontre o número de unidades x que produz uma receita máxima R.

55. $R = 450x - 0{,}25x^2$

56. $R = 36x^2 - 0{,}05x^3$

Encontrando o custo médio mínimo Nos Exercícios 57 e 58, encontre o número de unidades x que produz o custo médio mínimo por unidade $\overline{C}$.

57. $C = 0{,}2x^2 + 10x + 4.500$

58. $C = 0{,}03x^3 + 30x + 3.840$

59. **Lucro máximo** Uma mercadoria tem uma função de demanda modelada por

    $p = 36 - 4x$

    e uma função de custo total modelada por

    $C = 2x^2 + 6$

    onde x é o número de unidades.
    (a) Qual preço produz um lucro máximo?
    (b) Quando o lucro é maximizado, qual é o custo médio por unidade?

60. **Lucro máximo** O lucro P (em milhares de dólares) de uma empresa, em termos do montante s gasto com publicidade (em milhares de dólares), pode ser modelado por

    $P = -4s^3 + 72s^2 - 240s + 500$.

    Encontre a quantidade de publicidade que maximiza o lucro. Determine o ponto de retorno diminuído.

61. **Elasticidade** A função demanda para um produto é modelada por

    $p = 60 - 0{,}04x$, $0 \le x \le 1.500$

    onde p é o preço (em dólares) e x é o número de unidades.
    (a) Determine quando a demanda é elástica, inelástica e de elasticidade unitária.
    (b) Use o resultado da parte (a) para descrever o comportamento da função receita.

62. **Elasticidade** A função demanda para um produto é modelada por

    $p = 960 - x$, $0 \le x \le 960$

    onde p é o preço (em dólares) e x é o número de unidades.
    (a) Determine quando a demanda é elástica, inelástica e de elasticidade unitária.
    (b) Use o resultado da parte (a) para descrever o comportamento da função receita.

Encontrando assíntotas verticais Nos Exercícios 63-66, determine todas as assíntotas verticais do gráfico da função.

63. $f(x) = \dfrac{x+4}{x^2+7x}$

64. $f(x) = \dfrac{x-1}{x^2-4}$

65. $f(x) = \dfrac{x^2-16}{2x^2+9x+4}$

66. $f(x) = \dfrac{x^2+6x+9}{x^2-5x-24}$

Determinando limites infinitos Nos Exercícios 67-70, use uma ferramenta gráfica para encontrar o limite.

67. $\lim\limits_{x\to 0^+}\left(x - \dfrac{1}{x^3}\right)$

68. $\lim\limits_{x\to 0^-}\left(3 + \dfrac{1}{x}\right)$

69. $\lim\limits_{x\to -1^+}\dfrac{x^2-2x+1}{x+1}$

70. $\lim\limits_{x\to 3^-}\dfrac{3x^2+1}{x^2-9}$

Encontrando assíntotas horizontais Nos Exercícios 71-74, encontre a assíntota horizontal do gráfico da função.

71. $f(x) = \dfrac{2x^2}{3x^2+5}$

72. $f(x) = \dfrac{3x^2-2x+3}{x+1}$

73. $f(x) = \dfrac{3x}{x^2+1}$

74. $f(x) = \dfrac{x}{x-2} + \dfrac{2x}{x+2}$

75. Custo médio O custo C (em dólares) para produzir x unidades de um produto é
$$C = 0{,}75x + 4.000.$$
(a) Encontre a função custo médio $\overline{C}$.
(b) Encontre $\overline{C}$ quando $x = 100$ e quando $x = 1000$.
(c) Determine o limite da função custo médio quando x tende a infinito. Interprete o limite no contexto do problema.

76. Custo médio O custo C (em dólares) para produzir x unidades de um produto é
$$C = 1{,}50x + 8.000.$$
(a) Encontre a função custo médio $\overline{C}$.
(b) Encontre $\overline{C}$ quando $x = 1.000$ e quando $x = 10.000$.
(c) Determine o limite da função custo médio quando x tende a infinito. Interprete o limite no contexto do problema.

77. Apreendendo drogas O custo C (em milhões de dólares) para o governo federal apreender $p\%$ de uma droga ilegal, quando entra no país, é modelado por

$$C = \dfrac{250p}{100-p}, \quad 0 \le p < 100.$$

(a) Encontre os custos da apreensão de 20%, 50% e 90%.
(b) Encontre o limite de C quando $p \to 100^-$. Interprete o limite no contexto do problema. Use uma ferramenta gráfica para verificar seu resultado.

78. Removendo poluentes O custo C (em dólares) para a remoção de $p\%$ dos poluentes do ar, na emissão da chaminé de uma empresa de utilidades que queima carvão, é modelado por

$$C = \dfrac{160.000p}{100-p}, \quad 0 \le p < 100.$$

(a) Encontre os custos de remoção de 25%, 50% e 75%.
(b) Encontre o limite de C quando $p \to 100^-$. Interprete o limite no contexto do problema. Use uma ferramenta gráfica para verificar seu resultado.

Analisando um gráfico Nos Exercícios 79-90, analise e esboce o gráfico da função. Rotule quaisquer intersecções com os eixos, extremos relativos, pontos de inflexão e assíntotas.

79. $f(x) = 4x - x^2$

80. $f(x) = 4x^3 - x^4$

81. $f(x) = x^3 - 6x^2 + 3x + 10$

82. $f(x) = -x^3 + 3x^2 + 9x - 2$

83. $f(x) = x^4 - 4x^3 + 16x - 16$

84. $f(x) = x^5 + 1$

85. $f(x) = x\sqrt{16-x^2}$

86. $f(x) = x^2\sqrt{9-x^2}$

87. $f(x) = \dfrac{x+1}{x-1}$

88. $f(x) = \dfrac{x-1}{3x^2+1}$

89. $f(x) = 3x^{2/3} - 2x$

90. $f(x) = x^{4/5}$

91. Bactérias Os dados da tabela mostram o número N de bactérias em uma cultura no tempo t, em que t é

t	1	2	3	4	5	6	7	8
N	25	200	804	1.756	2.296	2.434	2.467	2.473

medido em dias.

Um modelo para esses dados é

$$N = \dfrac{24.670 - 35.153t + 13.250t^2}{100 - 39t + 7t^2}, \quad 1 \le t \le 8.$$

(a) Use uma ferramenta gráfica para criar um gráfico de dispersão dos dados e traçar o modelo na mesma janela de visualização. Quão bem o modelo ajusta os dados?

(b) Use o modelo para prever o número de bactérias na cultura após 10 dias.

(c) Este modelo deveria ser utilizado para prever o número de bactérias na cultura depois de alguns meses? Sim ou não? Porquê?

92. Meteorologia As máximas temperaturas médias mensais T (em graus Fahrenheit) na cidade de Nova York podem ser modeladas por

$$T = \frac{31,6 - 1,822t + 0,0984t^2}{1 - 0,194t + 0,0131t^2}, \quad 1 \le t \le 12$$

em que t é o mês, com $t = 1$ correspondendo a janeiro. Use uma ferramenta gráfica para traçar o modelo e encontrar todos os extremos absolutos. Interprete o significado destes valores no contexto do problema. *(Fonte: National Climatic Data Center)*

Comparando Δy e dy Nos Exercícios 93-96, compare os valores de dy e Δy e para a função.

Função	Valor de x	Diferencial de x
93. $f(x) = 2x^2$	$x = 2$	$\Delta x = dx = 0,01$
94. $f(x) = x^4 + 3$	$x = 1$	$\Delta x = dx = 0,1$
95. $f(x) = 6x - x^3$	$x = 3$	$\Delta x = dx = 0,1$
96. $f(x) = 5x^{3/2}$	$x = 9$	$\Delta x = dx = 0,01$

Análise marginal Nos Exercícios 97-102, use diferenciais para aproximar a variação no custo, receita ou lucro que corresponde a um aumento de uma unidade nas vendas. Por exemplo, no Exercício 97, aproxime a variação no custo quando x aumenta de 10 para 11.

Função	Valor de x
97. $C = 40x^2 + 1.225$	$x = 10$
98. $C = 1,5\sqrt[3]{x} + 500$	$x = 125$
99. $R = 6,25x + 0,4x^{3/2}$	$x = 225$
100. $R = 80x - 0,35x^2$	$x = 80$
101. $P = 0,003x^2 + 0,019x - 1.200$	$x = 750$
102. $P = -0,2x^3 + 3.000x - 7.500$	$x = 50$

Encontrando diferenciais Nos Exercícios 103-108, encontre a diferencial dy.

103. $y = 0,5x^3$

104. $y = 7x^4 + 2x^2$

105. $y = (3x^2 - 2)^3$

106. $y = \sqrt{36 - x^2}$

107. $y = \dfrac{2 - x}{x + 5}$

108. $y = \dfrac{3x^2}{x - 4}$

109. Lucro O lucro P (em dólares) de uma empresa que produz x unidades é

$$P = -0,8x^2 + 324x - 2.000.$$

(a) Use diferenciais para aproximar a variação no lucro quando o nível de produção muda de 100 para 101 unidades.

(b) Compare isso com a variação real no lucro.

110. Demanda A função demanda para um produto é

$$p = 108 - 0,2x$$

em que p é o preço por unidade (em dólares) e x é o número de unidades.

(a) Use diferenciais para aproximar a variação na receita quando as vendas aumentam de 20 unidades para 21 unidades.

(b) Repita a parte (a) quando as vendas aumentam de 40 unidades para 41 unidades.

111. Fisiologia: área da superfície corporal A área da superfície corporal (ASC) de uma pessoa de 180 centímetros (cerca de seis pés) de altura é modelada por

$$B = 0,1\sqrt{5w}$$

onde B é a ASC (em metros quadrados) e w é o peso (em quilogramas). Use diferenciais para aproximar a mudança na ASC da pessoa quando o peso da mesma muda de 90 kg para 95 kg.

TESTE DO CAPÍTULO

Faça este teste como se estivesse em uma sala de aula. Ao concluir, compare suas respostas às respostas fornecidas no final do livro.

Nos Exercícios 1-3, determine os números críticos da função e os intervalos abertos nos quais a função é crescente ou decrescente.

1. $f(x) = 3x^2 - 4$
2. $f(x) = x^3 - 12x$
3. $f(x) = (x - 5)^4$

Nos Exercícios 4-6, use o teste da primeira derivada para determinar todos os extremos relativos da função.

4. $f(x) = \frac{1}{3}x^3 - 9x + 4$
5. $f(x) = 2x^4 - 4x^2 - 5$
6. $f(x) = \frac{5}{x^2 + 2}$

Nos Exercícios 7-9, determine os extremos absolutos da função no intervalo fechado. Utilize uma ferramenta gráfica para verificar seu resultado.

7. $f(x) = x^2 + 6x + 8$, $[-4, 0]$
8. $f(x) = 12\sqrt{x} - 4x$, $[0, 5]$
9. $f(x) = \frac{6}{x} + \frac{x}{2}$, $[1, 6]$

Nos Exercícios 10 e 11, determine os intervalos abertos nos quais o gráfico da função é côncavo para cima ou côncavo para baixo.

10. $f(x) = x^5 - 80x^2$
11. $f(x) = \frac{20}{3x^2 + 8}$

Nos Exercícios 12 e 13, discuta a concavidade do gráfico da função e determine os pontos de inflexão.

12. $f(x) = x^4 + 6$
13. $f(x) = x^4 - 54x^2 + 230$

Nos Exercícios 14 e 15, use o teste da segunda derivada para determinar todos os extremos relativos da função.

14. $f(x) = x^3 - 6x^2 - 24x + 12$
15. $f(x) = \frac{3}{5}x^5 - 9x^3$

Nos Exercícios 16-18, determine as assíntotas verticais e horizontais do gráfico da função.

16. $f(x) = \frac{3x + 2}{x - 5}$
17. $f(x) = \frac{2x^2}{x^2 + 3}$
18. $f(x) = \frac{2x^2 - 5}{x - 1}$

Nos exercícios 19-21, analise e esboce o gráfico da função. Rotule quaisquer intersecções com os eixos, extremos relativos, pontos de inflexão e assíntotas.

19. $y = -x^3 + 3x^2 + 9x - 2$
20. $y = x^5 - 5x$
21. $y = \frac{x}{x^2 - 4}$

Nos Exercícios 22-24, determine a diferencial dy.

22. $y = 5x^2 - 3$
23. $y = \frac{1 - x}{x + 3}$
24. $y = (x + 4)^3$

25. A função demanda de um produto é modelada por

$$p = 280 - 0{,}4x, \quad 0 \leq x \leq 700$$

em que p é o preço por unidade (em dólares) e x é o número de unidades. Determine quando a demanda é elástica, inelástica e de elasticidade unitária.

4 Funções exponenciais e logarítimicas

Juros compostos continuamente

$A = Pe^{rt}$

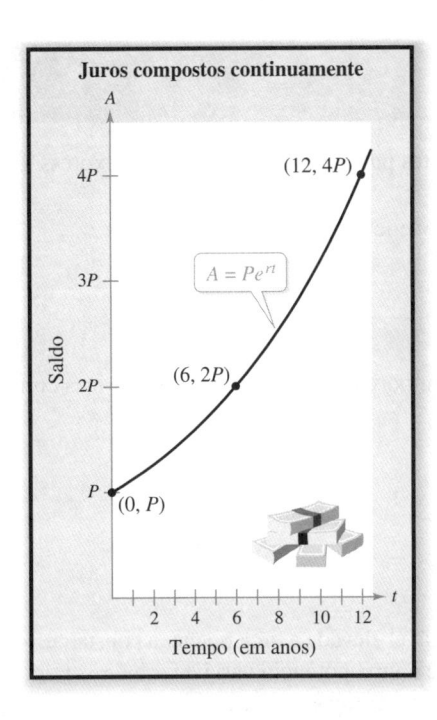

Pontos: $(0, P)$, $(6, 2P)$, $(12, 4P)$

Eixo vertical: Saldo
Eixo horizontal: Tempo (em anos)

O Exemplo 3, na página 292, mostra como um modelo de crescimento exponencial pode ser usado para determinar a taxa de juros anual de uma conta.

4.1 Funções exponenciais
4.2 Funções exponenciais naturais
4.3 Derivadas das funções exponenciais
4.4 Funções logarítmicas
4.5 Derivadas das funções logarítmicas
4.6 Crescimento e decrescimento exponenciais

4.1 Funções exponenciais

- Usar as propriedades dos expoentes para calcular e simplificar expressões exponenciais.
- Esboçar gráficos de funções exponenciais.

Funções exponenciais

Você já está familiarizado com o comportamento de funções algébricas como

$$f(x) = x^2$$
$$g(x) = \sqrt{x} = x^{1/2}$$

e

$$h(x) = \frac{1}{x} = x^{-1}$$

cada uma das quais envolve uma variável elevada a uma potência constante. Ao trocar os papéis e elevar uma constante a uma potência variável, obtém-se outra importante classe de funções, as chamadas **funções exponenciais**. Alguns exemplos simples são

$$f(x) = 2^x$$
$$g(x) = \left(\frac{1}{10}\right)^x = \frac{1}{10^x}$$

e

$$h(x) = 3^{2x} = 9^x.$$

Em geral, você pode usar qualquer número positivo $a \neq 1$ como base para uma função exponencial.

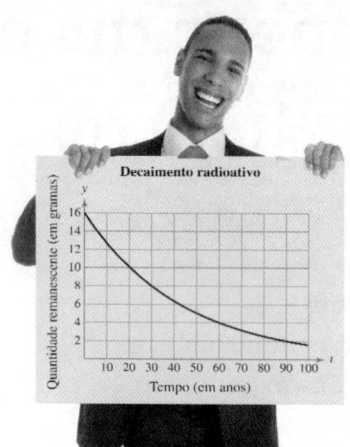

No Exercício 5, na página 254, você vai calcular o valor de uma função exponencial para determinar a quantidade remanescente de um material radiotivo.

Definição de função exponencial

Se $a > 0$ e $a \neq 1$, então a **função exponencial** com base a é dada por

$$f(x) = a^x.$$

Na definição acima, a base $a = 1$ é excluída pois gera

$$f(x) = 1^x = 1.$$

Essa é uma função constante, não uma função exponencial.

Ao trabalhar com funções exponenciais, as propriedades dos expoentes, dadas abaixo, são úteis.

Propriedades dos expoentes

Sejam a e b números positivos.

1. $a^0 = 1$
2. $a^x a^y = a^{x+y}$
3. $\dfrac{a^x}{a^y} = a^{x-y}$
4. $(a^x)^y = a^{xy}$
5. $(ab)^x = a^x b^x$
6. $\left(\dfrac{a}{b}\right)^x = \dfrac{a^x}{b^x}$
7. $a^{-x} = \dfrac{1}{a^x}$

Exemplo 1 — Aplicação das propriedades dos expoentes

a. $(2^2)(2^3) = 2^{2+3} = 2^5 = 32$ — Aplique a propriedade 2.

b. $(2^2)(2^{-3}) = 2^{2-3} = 2^{-1} = \frac{1}{2}$ — Aplique as propriedades 2 e 7.

c. $(3^2)^3 = 3^{2(3)} = 3^6 = 729$ — Aplique a propriedade 4.

d. $\left(\dfrac{1}{3}\right)^{-2} = \left(\dfrac{3}{1}\right)^2 = \dfrac{3^2}{1^2} = 9$ — Aplique as propriedades 6 e 7.

e. $\dfrac{3^2}{3^3} = 3^{2-3} = 3^{-1} = \dfrac{1}{3}$ — Aplique as propriedades 3 e 7.

f. $(2^{1/2})(3^{1/2}) = [(2)(3)]^{1/2} = 6^{1/2} = \sqrt{6}$ — Aplique a propriedade 5.

✓ AUTOAVALIAÇÃO 1

Simplifique cada expressão usando as propriedades dos expoentes.

a. $(3^2)(3^3)$ **b.** $(3^2)(3^{-1})$

c. $(2^3)^2$ **d.** $\left(\dfrac{1}{2}\right)^{-3}$

e. $2^2/2^3$ **f.** $(2^{1/2})(5^{1/2})$

Apesar de o Exemplo 1 ilustrar as propriedades dos expoentes com expoentes inteiros e racionais, é importante perceber que elas valem para *todos* os expoentes reais. Com uma calculadora, você pode obter aproximações de a^x para qualquer base a e qualquer expoente real x. Seguem alguns exemplos.

$$2^{-0,6} \approx 0{,}660, \qquad \pi^{0,75} \approx 2{,}360, \qquad (1{,}56)^{\sqrt{2}} \approx 1{,}876$$

Exemplo 2 — Determinação da idade dos materiais orgânicos

Nos materiais orgânicos vivos, a proporção de isótopos de carbono radioativos em relação ao número total de átomos de carbono é de cerca de 1 para 10^{12}. Quando o material orgânico morre, seus isótopos de carbono radioativos começam a se decompor, com meia-vida de cerca de 5.715 anos. Ou seja, após 5.715 anos, a proporção de isótopos por átomos terá diminuído para metade da proporção original, depois de outros 5.715 anos a proporção terá diminuído para um quarto da original, e assim por diante. A Figura 4.1 mostra essa proporção decrescente. A fórmula da proporção R de isótopos de carbono por átomos de carbono é $R = (1/10^{12})(1/2)^{t/5{,}715}$, em que t é o tempo em anos. Encontre o valor de R para cada período.

a. 10.000 anos   **b.** 20.000 anos   **c.** 25.000 anos

SOLUÇÃO

a. $R = \left(\dfrac{1}{10^{12}}\right)\left(\dfrac{1}{2}\right)^{10.000/5.715} \approx 2{,}973 \times 10^{-13}$ — Proporção para 10.000 anos

b. $R = \left(\dfrac{1}{10^{12}}\right)\left(\dfrac{1}{2}\right)^{20.000/5.715} \approx 8{,}842 \times 10^{-14}$ — Proporção para 20.000 anos

c. $R = \left(\dfrac{1}{10^{12}}\right)\left(\dfrac{1}{2}\right)^{25.000/5.715} \approx 4{,}821 \times 10^{-14}$ — Proporção para 25.000 anos

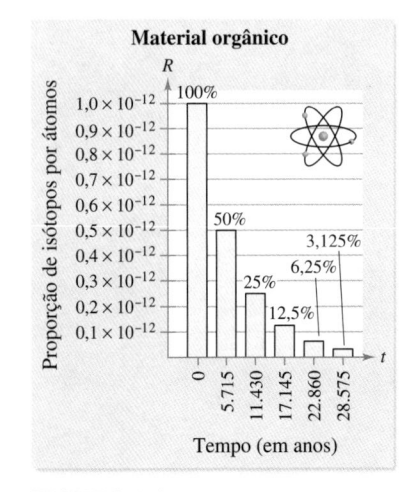

FIGURA 4.1

✓ AUTOAVALIAÇÃO 2

Use a fórmula para a proporção de isótopos de carbono por átomos de carbono dada no Exemplo 2 para encontrar o valor de R para cada período.

a. 5.000 anos   **b.** 15.000 anos   **c.** 30.000 anos

Gráficos de funções exponenciais

A natureza básica do gráfico de uma função exponencial pode ser determinada pelo método de marcação de pontos ou por meio do uso de uma ferramenta gráfica.

Exemplo 3 — Gráficos de funções exponenciais

Esboce o gráfico de cada função exponencial.

a. $f(x) = 2^x$ **b.** $g(x) = \left(\frac{1}{2}\right)^x = 2^{-x}$ **c.** $h(x) = 3^x$

SOLUÇÃO Para esboçar à mão os gráficos dessas funções, você pode começar por construir uma tabela de valores, como mostrado abaixo.

x	-3	-2	-1	0	1	2	3	4
$f(x) = 2^x$	$\frac{1}{8}$	$\frac{1}{4}$	$\frac{1}{2}$	1	2	4	8	16
$g(x) = 2^{-x}$	8	4	2	1	$\frac{1}{2}$	$\frac{1}{4}$	$\frac{1}{8}$	$\frac{1}{16}$
$h(x) = 3^x$	$\frac{1}{27}$	$\frac{1}{9}$	$\frac{1}{3}$	1	3	9	27	81

Os gráficos das três funções estão mostrados na Figura 4.2. Observe que os gráficos de $f(x) = 2^x$ e $h(x) = 3^x$ são crescentes, enquanto o gráfico de $g(x) = 2^{-x}$ é decrescente.

> **DICA DE ESTUDO**
>
> Observe que um gráfico da forma $f(x) = a^x$, mostrado no Exemplo 3(a), é uma reflexão em relação ao eixo y do gráfico da forma $f(x) = a^{-x}$, como o do Exemplo 3(b).

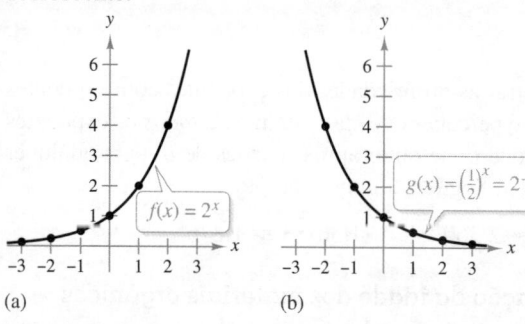

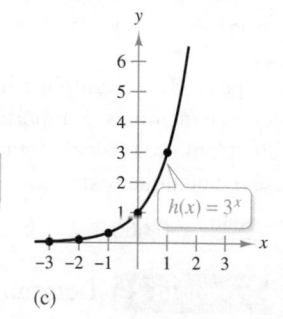

(a) (b) (c)

FIGURA 4.2

✓ AUTOAVALIAÇÃO 3

Esboce o gráfico de

$f(x) = 5^x.$

> **TUTOR TÉCNICO**
>
> Tente traçar as funções
>
> $f(x) = 2^x$ e $h(x) = 3^x$
>
> na mesma janela de visualização, como mostrado à direita. Na tela é possível perceber que o gráfico de h aumenta mais rapidamente que o gráfico de f.

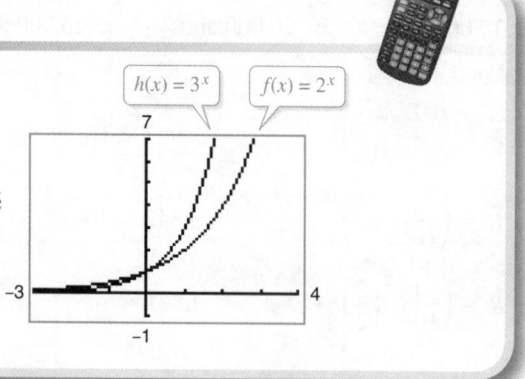

As formas dos gráficos na Figura 4.2 são típicas dos gráficos das funções exponenciais $y = a^{-x}$ e $y = a^x$, em que $a > 1$. As características básicas de tais gráficos estão resumidas na Figura 4.3.

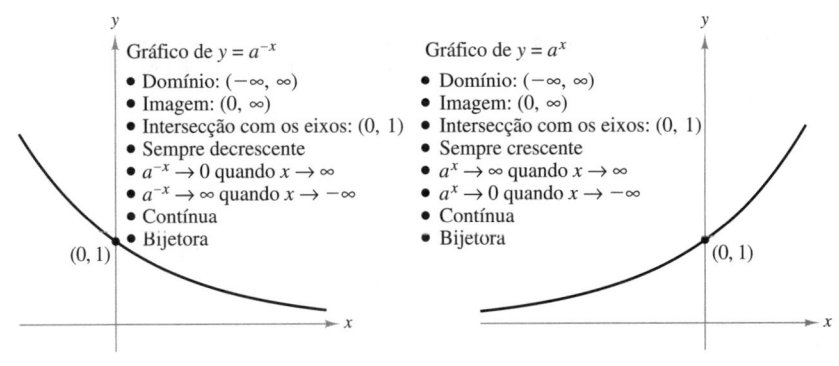

Gráfico de $y = a^{-x}$
- Domínio: $(-\infty, \infty)$
- Imagem: $(0, \infty)$
- Intersecção com os eixos: $(0, 1)$
- Sempre decrescente
- $a^{-x} \to 0$ quando $x \to \infty$
- $a^{-x} \to \infty$ quando $x \to -\infty$
- Contínua
- Bijetora

Gráfico de $y = a^x$
- Domínio: $(-\infty, \infty)$
- Imagem: $(0, \infty)$
- Intersecção com os eixos: $(0, 1)$
- Sempre crescente
- $a^x \to \infty$ quando $x \to \infty$
- $a^x \to 0$ quando $x \to -\infty$
- Contínua
- Bijetora

FIGURA 4.3 Características das funções exponenciais $y = a^{-x}$ e $y = a^x$ ($a > 1$).

Exemplo 4 Gráfico de uma função exponencial

Esboce o gráfico de $f(x) = 3^{-x} - 1$.

SOLUÇÃO Comece por criar uma tabela de valores, conforme mostrado abaixo.

x	-2	-1	0	1	2
$f(x)$	$3^2 - 1 = 8$	$3^1 - 1 = 2$	$3^0 - 1 = 0$	$3^{-1} - 1 = -\frac{2}{3}$	$3^{-2} - 1 = -\frac{8}{9}$

A partir do limite

$$\lim_{x\to\infty} (3^{-x} - 1) = \lim_{x\to\infty} 3^{-x} - \lim_{x\to\infty} 1$$

$$= \lim_{x\to\infty} \frac{1}{3^x} - \lim_{x\to\infty} 1$$

$$= 0 - 1$$

$$= -1$$

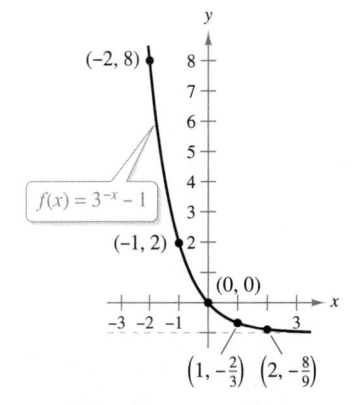

FIGURA 4.4

é possível observar que $y = -1$ é uma assíntota horizontal do gráfico. O gráfico é dado na Figura 4.4.

✓ AUTOAVALIAÇÃO 4

Esboce o gráfico de $f(x) = 2^{-x} + 1$.

PRATIQUE (Seção 4.1)

1. Dê a definição de uma função exponencial *(página 250)*. Para exemplos de funções exponenciais, veja o Exemplo 3.

2. Enuncie as propriedades dos expoentes *(página 251)*. Para exemplos das propriedades dos expoentes, veja os Exemplos 1 e 2.

3. Diga as características básicas dos gráficos das funções exponenciais $y = a^{-x}$ e $y = a^x$ *(página 252)*. Para obter um exemplo do gráfico de uma função exponencial, veja o Exemplo 4.

Recapitulação 4.1

Os exercícios preparatórios a seguir envolvem conceitos vistos em seções anteriores. Esses conceitos serão utilizados no conjunto de exercícios desta seção. Para mais ajuda, consulte a Seção 1.4.

Nos Exercícios 1-6, descreva como o gráfico de g está relacionado ao gráfico de f.

1. $g(x) = f(x + 2)$
2. $g(x) = -f(x)$
3. $g(x) = -1 + f(x)$
4. $g(x) = f(-x)$
5. $g(x) = f(x - 1)$
6. $g(x) = f(x) + 2$

Nos Exercícios 7-12, calcule o valor de cada expressão.

7. $25^{3/2}$
8. $64^{3/4}$
9. $27^{2/3}$
10. $\left(\dfrac{1}{5}\right)^3$
11. $\left(\dfrac{1}{8}\right)^{1/3}$
12. $\left(\dfrac{5}{8}\right)^2$

Nos Exercícios 13-18, encontre x.

13. $2x - 6 = 4$
14. $3x + 1 = 5$
15. $(x + 4)^2 = 25$
16. $(x - 2)^2 = 8$
17. $x^2 + 4x - 5 = 0$
18. $2x^2 - 3x + 1 = 0$

Exercícios 4.1

Aplicando as propriedades dos expoentes Nos Exercícios 1-4, use as propriedades dos expoentes para simplificar a expressão. *Veja o Exemplo 1.*

1. (a) $(5^2)(5^3)$ (b) $(5^2)(5^{-3})$
   (c) $(5^2)^2$ (d) 5^{-3}

2. (a) $\dfrac{5^3}{5^6}$ (b) $\left(\dfrac{1}{5}\right)^{-2}$
   (c) $(8^{1/2})(2^{1/2})$ (d) $(32^{3/2})\left(\dfrac{1}{2}\right)^{3/2}$

3. (a) $\dfrac{5^3}{25^2}$ (b) $(9^{2/3})(3)(3^{2/3})$
   (c) $[(25^{1/2})(5^2)]^{1/3}$ (d) $(8^2)(4^3)$

4. (a) $(4^3)(4^2)$ (b) $\left(\dfrac{1}{4}\right)^2 (4^2)$
   (c) $(4^6)^{1/2}$ (d) $[(8^{-1})(8^{2/3})]^3$

5. **Decaimento radioativo** Começando com 16 gramas de um elemento radioativo cuja meia-vida é de 30 anos, a massa y (em gramas) remanescente após t anos é dada por
$$y = 16\left(\dfrac{1}{2}\right)^{t/30}, \quad t \geq 0.$$
Quanto da massa inicial permanece depois de 90 anos?

6. **Decaimento radioativo** Começando com 23 gramas de um elemento radioativo cuja meia-vida é de 45 anos, a massa y (em gramas) remanescente após t ano é dada por
$$y = 23\left(\dfrac{1}{2}\right)^{t/45}, \quad t > 0.$$
Quanto da massa inicial permanece depois de 150 anos?

Gráficos de funções exponenciais Nos Exercícios 7-18, esboce o gráfico da função. *Veja os Exemplos 3 e 4.*

7. $f(x) = 6^x$
8. $f(x) = 4^x$
9. $f(x) = \left(\dfrac{1}{5}\right)^x = 5^{-x}$
10. $f(x) = \left(\dfrac{1}{4}\right)^x = 4^{-x}$
11. $y = 2^{x-1}$
12. $y = 4^x + 3$
13. $y = -2^x$
14. $y = -5^x$
15. $y = 3^{-x^2}$
16. $y = 2^{-x^2}$
17. $s(t) = \frac{1}{4}(3^{-t})$
18. $s(t) = 2^{-t} + 3$

19. **Crescimento populacional** A população residente P (em milhões) dos Estados Unidos, de 1995 a 2010, pode ser modelada pela função exponencial
$$P(t) = 254{,}75(1{,}01)^t$$
em que t é o tempo em anos, com $t = 5$ correspondendo a 1995. Use o modelo para estimar as populações nos anos (a) 2013 e (b) 2020. *(Fonte: U.S. Census Bureau)*

20. **Vendas** As vendas S (em bilhões de dólares) da Walgreens, de 2000 a 2010, podem ser modeladas pela função exponencial
$$S(t) = 22{,}52(1{,}125)^t$$
em que t é o tempo em anos, com $t = 0$ correspondendo a 2000.

(a) Use o modelo para estimar as vendas em 2014.

(b) Use o modelo para estimar as vendas em 2018.
(Fonte: Walgreen Company)

21. Valor de propriedade Parte de uma propriedade é vendida por $ 64.000. O valor da propriedade dobra a cada 15 anos. Um modelo para o valor V da propriedade t anos após a data de compra é

$$V(t) = 64.000(2)^{t/15}.$$

Use o modelo para aproximar o valor da propriedade (a) 5 anos e (b) 20 anos após sua compra.

22. VISUALIZE Combine a função exponencial com seu gráfico. Explique seu raciocínio. [Os gráficos estão identificados como (i), (ii), (iii), (iv), (v) e (vi).]

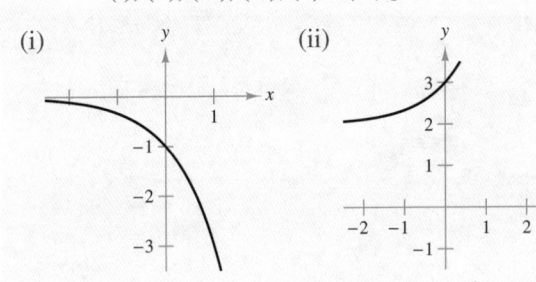

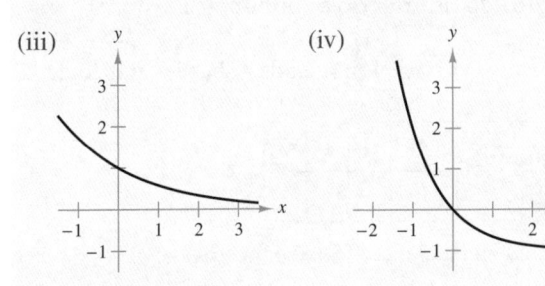

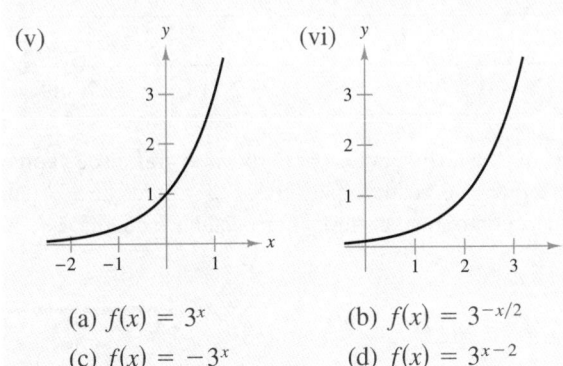

(i) (ii) (iii) (iv) (v) (vi)

(a) $f(x) = 3^x$
(b) $f(x) = 3^{-x/2}$
(c) $f(x) = -3^x$
(d) $f(x) = 3^{x-2}$
(e) $f(x) = 3^{-x} - 1$
(f) $f(x) = 3^x + 2$

23. Taxa de inflação Com uma taxa anual de inflação de 4% ao longo dos próximos 10 anos, o custo aproximado C de bens ou serviços durante cada ano na década é dado por

$$C(t) = P(1,04)^t, \ 0 \le t \le 10$$

em que que t é o tempo (em anos) e P é o custo atual. O custo de uma troca de óleo de um carro é atualmente de $ 24,95. Estime o custo em 10 anos, a partir de agora.

24. Taxa de inflação Repita o Exercício 23 utilizando uma taxa anual de inflação de 10% ao longo dos próximos 10 anos. O custo aproximado C de bens ou serviços é dado por

$$C(t) = P(1,10)^t, \ 0 \le t \le 10.$$

25. Depreciação Um carro é vendido por $ 28.000. O carro desvaloriza de tal modo que a cada ano ele vale 3/4 de seu valor no ano anterior. Encontre em modelo para o valor V do carro depois de t anos. Esboce um gráfico do modelo e determine o valor do carro 4 anos após sua compra.

26. Concentração de medicamentos Imediatamente após a aplicação de uma injeção, a concentração de um fármaco no sangue é de 300 miligramas por mililitro. Após 1 hora, a concentração é de 75% do nível da hora anterior. Encontre um modelo para $C(t)$, a concentração do fármaco após t horas. Esboce um gráfico do modelo e determine a concentração do fármaco depois de 8 horas.

27. Enfermeiras de escolas Para os anos de 2001 a 2008, os vencimentos médios y (em dólares) de enfermeiras escolares na rede pública de ensino nos Estados Unidos são mostrados na tabela.
(Fonte: Educational Research Service)

Ano	2001	2002	2003	2004
Salário	37.188	38.221	39.165	40.201

Ano	2005	2006	2007	2008
Salário	40.520	41.746	43.277	46.025

Um modelo para os dados é dado por

$$y = 35.963(1,0279)^t$$

em que t representa o ano, com $t = 1$ correspondendo a 2001.

(a) Compare os salários reais com os obtidos pelo modelo. Quão bem o modelo ajusta os dados? Explique seu raciocínio.

(b) Use uma ferramenta gráfica para traçar o modelo.

(c) Use os recursos de *zoom* e *trace* de uma ferramenta gráfica para estimar o ano em que o salário médio de enfermeiras de escola chegará a $ 54.000.

4.2 Funções exponenciais naturais

- Calcular valores e traçar gráficos de funções envolvendo a função exponencial natural.
- Resolver problemas de juros compostos.
- Resolver problemas de valor presente.

Funções exponenciais naturais

Na Seção 4.1, as funções exponenciais foram apresentadas usando uma base não especificada a. Em cálculo, a escolha mais conveniente (ou natural) para uma base é o número irracional e cuja aproximação decimal é

$$e \approx 2{,}71828182846.$$

Escolher essa base pode parecer estranho, mas sua conveniência se tornará clara quando as regras para derivação de funções exponenciais forem desenvolvidas na Seção 4.3. Ali, será encontrado o limite usado na definição de e.

> **Definição por limite de e**
>
> O número irracional e é definido como o limite de $(1 + x)^{1/x}$ quando $x \to 0$. Isto é,
>
> $$\lim_{x \to 0} (1 + x)^{1/x} = e.$$

No Exercício 46, na página 263, você calculará o valor de uma função exponencial natural para encontrar estimativas da população de Las Vegas, Nevada, por vários anos.

Exemplo 1 Esboço do gráfico da função exponencial natural

Complete a tabela de valores para $f(x) = e^x$. Em seguida, esboce o gráfico de f.

x	-2	-1	0	1	2
$f(x)$					

SOLUÇÃO Comece completando a tabela, conforme é mostrado.

x	-2	-1	0	1	2
$f(x)$	$e^{-2} \approx 0{,}135$	$e^{-1} \approx 0{,}368$	$e^0 = 1$	$e^1 \approx 2{,}718$	$e^2 \approx 7{,}389$

Em seguida, use o método de marcação de pontos para esboçar o gráfico de f como mostra a Figura 4.5. Observe que e^x é positivo para todos os valores de x. Além disso, o gráfico tem o eixo de x como uma assíntota horizontal à esquerda. Isto é,

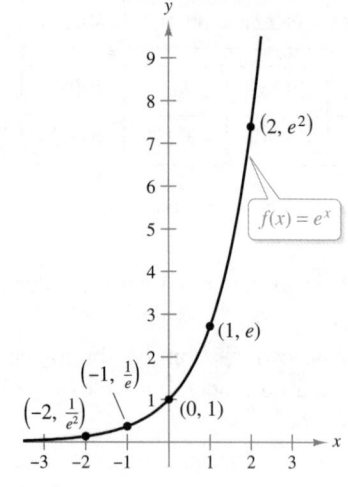

$$\lim_{x \to -\infty} e^x = 0.$$

FIGURA 4.5

✓ AUTOAVALIAÇÃO 1

Complete a tabela de valores para $g(x) = e^{-x}$. Esboce o gráfico de g.

x	-2	-1	0	1	2
$g(x)$					

Funções exponenciais são geralmente usadas para representar o crescimento de uma quantidade ou de uma população. Quando o crescimento da quantidade *não é restrito*, geralmente um modelo exponencial é utilizado. Quando o crescimento da quantidade *é restrito*, normalmente o melhor modelo é uma **função de crescimento logístico** da forma

$$f(t) = \frac{a}{1 + be^{-kt}}.$$

Os gráficos de ambos os tipos de modelos de crescimento populacional são mostrados na Figura 4.6. O gráfico de um modelo de crescimento logístico é chamado *curva logística*.

Modelo de crescimento exponencial: o crescimento não é restrito.

Modelo de crescimento logístico: o crescimento é restrito.

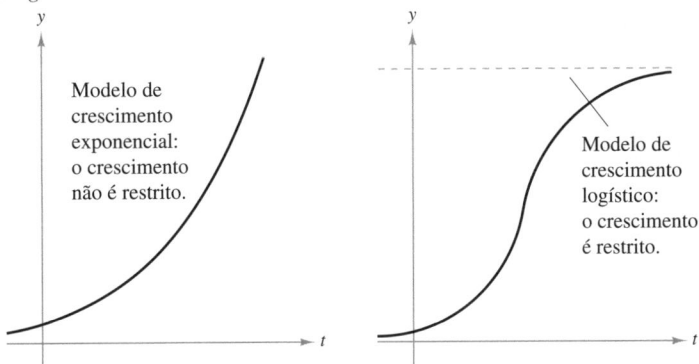

FIGURA 4.6

Exemplo 2 — Modelagem de uma população

Uma cultura de bactérias cresce de acordo com o modelo de crescimento logístico

$$y = \frac{1{,}25}{1 + 0{,}25e^{-0{,}4t}}, \quad t \geq 0$$

em que y é o peso da cultura (em gramas) e t é o tempo (em horas). Determine o peso da cultura após 0 hora, 1 hora e 10 horas. Qual é o limite do modelo à medida que t aumenta ilimitadamente? De acordo com o modelo, o peso da cultura chegará a 1,5 grama?

SOLUÇÃO O gráfico do modelo é mostrado na Figura 4.7.

$$y = \frac{1{,}25}{1 + 0{,}25e^{-0{,}4(0)}} = 1 \text{ grama} \quad \text{Peso quando } t = 0$$

$$y = \frac{1{,}25}{1 + 0{,}25e^{-0{,}4(1)}} \approx 1{,}071 \text{ grama} \quad \text{Peso quando } t = 1$$

$$y = \frac{1{,}25}{1 + 0{,}25e^{-0{,}4(10)}} \approx 1{,}244 \text{ grama} \quad \text{Peso quando } t = 10$$

Quando t tende ao infinito, o limite de y é

$$\lim_{t \to \infty} \frac{1{,}25}{1 + 0{,}25e^{-0{,}4t}} = \lim_{t \to \infty} \frac{1{,}25}{1 + (0{,}25/e^{0{,}4t})} = \frac{1{,}25}{1 + 0} = 1{,}25.$$

Assim, à medida que t aumenta ilimitadamente, o peso da cultura se aproxima de 1,25 grama.

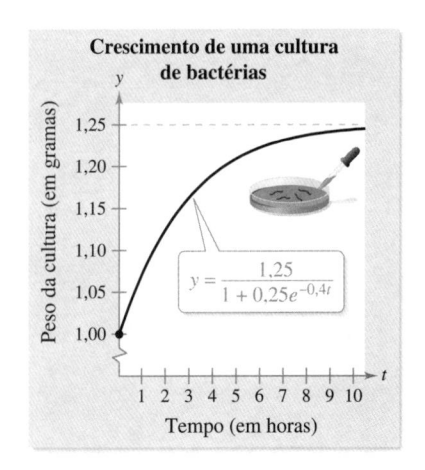

FIGURA 4.7 Quando uma cultura é criada em um recipiente, seu crescimento é limitado pelo tamanho do recipiente e pela quantidade de alimento disponível.

✓ AUTOAVALIAÇÃO 2

Uma cultura de bactérias cresce de acordo com o modelo $y = 1{,}50/(1 + 0{,}2e^{-0{,}5t})$, $t \geq 0$, no qual y é o peso da cultura (em gramas) e t é o tempo (em horas). Determine o peso da cultura após 0 hora, 1 hora e 10 horas. Qual é o limite do modelo quando t aumenta ilimitadamente?

Aplicação estendida: juros compostos

Se P dólares são depositados em uma conta a uma taxa de juros anual de r (em forma decimal), qual é o saldo após um ano? A resposta depende do número de vezes que os juros são capitalizados, de acordo com a fórmula

$$A = P\left(1 + \frac{r}{n}\right)^n$$

em que n é o número de vezes que os juros são capitalizados por ano. Os saldos para um depósito de $ 1.000 a 8%, em diversos períodos de capitalização, são mostrados na tabela.

Número de capitalizações por ano, n	Saldo (em dólares), A
Anualmente, $n = 1$	$A = 1.000\left(1 + \frac{0{,}08}{1}\right)^1 = \$1.080{,}00$
Semestralmente, $n = 2$	$A = 1.000\left(1 + \frac{0{,}08}{2}\right)^2 = \$1.081{,}60$
Trimestralmente, $n = 4$	$A = 1.000\left(1 + \frac{0{,}08}{4}\right)^4 \approx \$1.082{,}43$
Mensalmente, $n = 12$	$A = 1.000\left(1 + \frac{0{,}08}{12}\right)^{12} \approx \$1.083{,}00$
Diariamente, $n = 365$	$A = 1.000\left(1 + \frac{0{,}08}{365}\right)^{365} \approx \$1.083{,}28$

Pode ser surpreendente descobrir que, à medida que n aumenta, o saldo A se aproxima de um limite, como indicado no desenvolvimento a seguir. Nele, faça

$$x = \frac{r}{n}.$$

Então $x \to 0$ quando $n \to \infty$, e temos

$$\begin{aligned}
A &= \lim_{n\to\infty} P\left(1 + \frac{r}{n}\right)^n \\
&= P \lim_{n\to\infty} \left(1 + \frac{r}{n}\right)^n \\
&= P \lim_{n\to\infty} \left[\left(1 + \frac{r}{n}\right)^{n/r}\right]^r \\
&= P\left[\lim_{x\to 0} (1 + x)^{1/x}\right]^r \quad \text{Substitua } r/n \text{ por } x. \\
&= Pe^r.
\end{aligned}$$

Este limite é o saldo após um ano de **capitalização contínua**. Então, para um depósito de $ 1.000 a 8%, capitalizados continuamente, o saldo ao final do ano seria

$$A = 1.000 e^{0{,}08}$$
$$\approx \$ 1.083{,}29.$$

Resumo das fórmulas de juros compostos

Sejam P a quantia depositada, t o número de anos, A o saldo e r a taxa anual de juros (em forma decimal).

1. Capitalizado n vezes por ano: $A = P\left(1 + \dfrac{r}{n}\right)^{nt}$

2. Capitalizado continuamente: $A = Pe^{rt}$

A média das taxas de juros pagas pelos bancos sobre contas poupança variou muito durante os últimos trinta anos. Algumas vezes, as contas poupança renderam até 12% de juros anuais; outras renderam menos de 1%. O próximo exemplo mostra como a taxa de juros anual pode afetar o saldo de uma conta.

Exemplo 3 Determinação de saldos bancários

Você está abrindo uma poupança para seu sobrinho recém-nascido. Você deposita $ 12.000 em uma conta, com instruções para que a conta seja entregue a ele em seu

25º aniversário. Compare os saldos na conta para cada situação. Qual conta você deve escolher?

a. 7% capitalizados continuamente

b. 7% capitalizados trimestralmente

c. 11% capitalizados continuamente

d. 11% capitalizados trimestralmente

SOLUÇÃO

a. $12.000e^{0,07(25)} \approx 69.055,23$ — 7% capitalizados continuamente

b. $12.000\left(1 + \dfrac{0,07}{4}\right)^{4(25)} \approx 68.017,87$ — 7% capitalizados trimestralmente

c. $12.000e^{0,11(25)} \approx 187.711,58$ — 11% capitalizados continuamente

d. $12.000\left(1 + \dfrac{0,11}{4}\right)^{4(25)} \approx 180.869,07$ — 11% capitalizados trimestralmente

O rendimento da conta nos itens (a) e (c) é mostrado na Figura 4.8. Observe a diferença drástica entre os saldos a 7% e 11%. Você deve escolher a conta descrita na parte (c) porque ela rende mais que as outras contas.

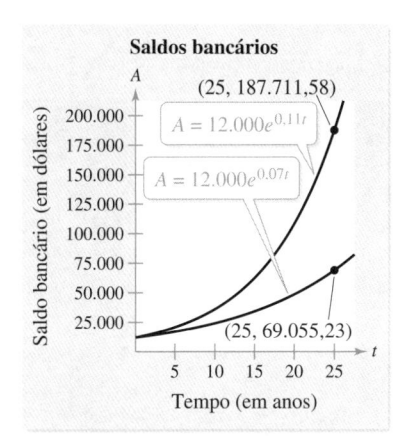

FIGURA 4.8

✓ AUTOAVALIAÇÃO 3

Determine o saldo em uma conta se $ 2.000 ficarem depositados por 10 anos a uma taxa de juros de 9%, capitalizados conforme abaixo. Compare os resultados e faça um comentário geral sobre a composição de juros.

a. mensalmente   **b.** trimestralmente

c. diariamente   **d.** continuamente

No Exemplo 3, observe que o rendimento dos juros depende da frequência com a qual os juros são capitalizados. A porcentagem anual é chamada de **taxa nominal** ou **taxa aparente**. No entanto, a taxa nominal não reflete a taxa real que os juros rendem, o que significa que a composição gera uma **taxa real** ou **efetiva**, que é maior que a taxa nominal. De modo geral, a taxa efetiva que corresponde a uma taxa nominal r capitalizada n vezes por ano é

$$\text{Taxa efetiva} = r_{ef} = \left(1 + \dfrac{r}{n}\right)^n - 1.$$

Exemplo 4 — Determinação da taxa efetiva de juros

Determine a taxa efetiva de juros correspondente a uma taxa nominal de 6% ao ano composta (a) anualmente, (b) semestralmente, (c) trimestralmente e (d) mensalmente.

SOLUÇÃO

a. $r_{ef} = \left(1 + \dfrac{r}{n}\right)^n - 1$ — Fórmula para a taxa de juros efetiva

$= \left(1 + \dfrac{0,06}{1}\right)^1 - 1$ — Substitua r e n.

$= 1,06 - 1$ — Simplifique.

$= 0,06$

Então, a taxa efetiva é de 6% ao ano.

b. $r_{ef} = \left(1 + \dfrac{r}{n}\right)^n - 1$ — Fórmula para a taxa de juros efetiva

$$= \left(1 + \frac{0{,}06}{2}\right)^2 - 1 \quad \text{Substitua } r \text{ e } n.$$

$$= (1{,}03)^2 - 1 \quad \text{Simplifique.}$$

$$= 0{,}0609$$

Então, a taxa efetiva é de 6,09% ao ano.

c. $r_{ef} = \left(1 + \dfrac{r}{n}\right)^n - 1$ \quad Fórmula para a taxa de juros efetiva

$$= \left(1 + \frac{0{,}06}{4}\right)^4 - 1 \quad \text{Substitua } r \text{ e } n.$$

$$= (1{,}015)^4 - 1$$

$$\approx 0{,}0614$$

Então, a taxa efetiva é de aproximadamente 6,14% ao ano.

d. $r_{ef} = \left(1 + \dfrac{r}{n}\right)^n - 1$ \quad Fórmula para a taxa de juros efetiva

$$= \left(1 + \frac{0{,}06}{12}\right)^{12} - 1 \quad \text{Substitua } r \text{ e } n.$$

$$= (1{,}005)^{12} - 1 \quad \text{Simplifique.}$$

$$\approx 0{,}0617$$

Portanto, a taxa efetiva é de aproximadamente 6,17% ao ano.

✓ AUTOAVALIAÇÃO 4

Repita o exemplo 4 utilizando uma taxa nominal de 7%.

Valor presente

Ao planejar o futuro, o seguinte problema sempre surge: "quanto dinheiro P deveria ser depositado agora, a uma taxa de juros fixa r, a fim de ter um saldo A, daqui a t anos?". A resposta a essa pergunta é dada pelo **valor presente** de A.

Para encontrar o valor presente de um investimento futuro, use a fórmula dos juros compostos, conforme mostrada.

$$A = P\left(1 + \frac{r}{n}\right)^{nt} \quad \text{Fórmula dos juros compostos}$$

Isolar P gera um valor presente de

$$P = \frac{A}{\left(1 + \dfrac{r}{n}\right)^{nt}} \quad \text{ou} \quad P = \frac{A}{(1 + i)^N}$$

em que $i = r/n$ é a taxa de juros por período de capitalização e $N = nt$ é o número total de períodos de capitalização. Outra forma de encontrar o valor presente de um investimento futuro será explicada na Seção 6.1.

Exemplo 5 Determinação do valor presente

Um investidor está comprando um certificado de depósito de 10 anos que paga uma taxa porcentual anual de 8%, capitalizados mensalmente. Quanto a pessoa deveria investir para obter um saldo de $ 15.000 no vencimento?

SOLUÇÃO Aqui, $A = 15.000$, $r = 0{,}08$, $n = 12$ e $t = 10$. Usando a fórmula do valor presente, obtemos

$$P = \frac{15.000}{\left(1 + \dfrac{0{,}08}{12}\right)^{12(10)}} \quad \text{Substitua } A, r, n \text{ e } t.$$

≈ 6.757,85.   Simplifique.

Então, a pessoa deveria investir $ 6.757,85 no certificado de depósito.

✓ AUTOAVALIAÇÃO 5

Qual quantia deveria ser depositada em uma conta que rende 6% de juros capitalizados mensalmente a fim de obter um saldo de $ 20.000 depois de três anos? ■

PRATIQUE (Seção 4.2)

1. Enuncie a definição por limite de *e (página 256)*. Para um exemplo de gráfico de função exponencial natural, veja o Exemplo 1.
2. Descreva em um exemplo da vida real como uma função exponencial pode ser usada para modelar uma população *(página 257, Exemplo 2)*.
3. Escreva as fórmulas de juros compostos para capitalizações anuais e para capitalizações contínuas *(página 258)*. Para aplicações dessas fórmulas, veja o Exemplo 3.
4. Escreva a fórmula para encontrar a taxa efetiva de juros *(página 259)*. Para uma aplicação dessa fórmula, veja o Exemplo 4.
5. Escreva a fórmula para o valor presente *(página 260)*. Para uma aplicação dessa fórmula, veja o Exemplo 5.

Recapitulação 4.2 — Os exercícios preparatórios a seguir envolvem conceitos vistos em seções anteriores. Esses conceitos serão utilizados no conjunto de exercícios desta seção. Para mais ajuda, consulte as Seções 1.6 e 3.6.

Nos Exercícios 1-4, analise a continuidade da função.

1. $f(x) = \dfrac{3x^2 + 2x + 1}{x^2 + 1}$

2. $f(x) = \dfrac{x + 1}{x^2 - 4}$

3. $f(x) = \dfrac{x^2 - 6x + 5}{x^2 - 3}$

4. $g(x) = \dfrac{x^2 - 9x + 20}{x - 4}$

Nos Exercícios 5-12, encontre a assíntota horizontal do gráfico da função.

5. $f(x) = \dfrac{25}{1 + 4x}$

6. $f(x) = \dfrac{16x}{3 + x^2}$

7. $f(x) = \dfrac{8x^3 + 2}{2x^3 + x}$

8. $f(x) = \dfrac{x}{2x}$

9. $f(x) = \dfrac{3}{2 + (1/x)}$

10. $f(x) = \dfrac{6}{1 + x^{-2}}$

11. $f(x) = 2^{-x}$

12. $f(x) = \dfrac{7}{1 + 5x}$

Exercícios 4.2

Aplicando as propriedades dos expoentes Nos Exercícios 1-4, use as propriedades dos expoentes para simplificar as expressões.

1. (a) $(e^3)(e^4)$ (b) $(e^3)^4$
   (c) $(e^3)^{-2}$ (d) e^0

2. (a) $\left(\dfrac{1}{e}\right)^{-2}$ (b) $\left(\dfrac{e^5}{e^2}\right)^{-1}$
   (c) $\dfrac{e^5}{e^3}$ (d) $\dfrac{1}{e^{-3}}$

3. (a) $(e^2)^{5/2}$ (b) $(e^2)(e^{1/2})$
   (c) $(e^{-2})^{-3}$ (d) $\dfrac{e^5}{e^{-2}}$

4. (a) $(e^{-3})^{2/3}$ (b) $\dfrac{e^4}{e^{-1/2}}$

(c) $(e^{-2})^{-4}$ (d) $(e^{-4})(e^{-3/2})$

Combinação Nos Exercícios 5-10, combine a função com o seu gráfico. [Os gráficos estão marcados (a)-(f).]

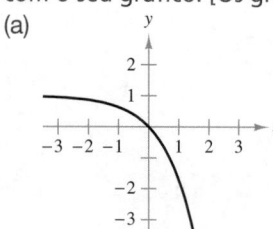

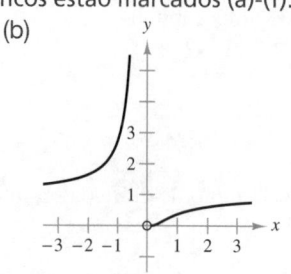

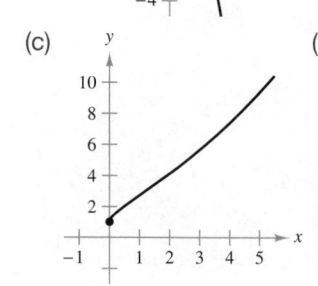

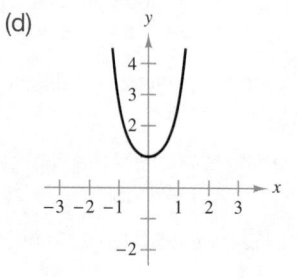

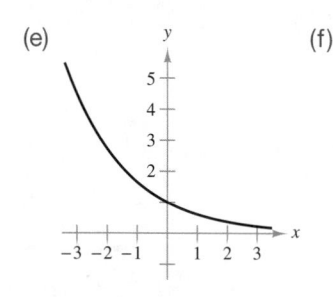

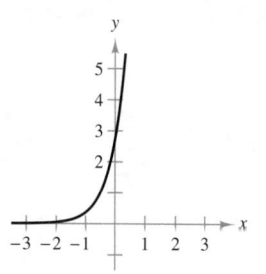

5. $f(x) = e^{2x+1}$
6. $f(x) = e^{-1/x}$
7. $f(x) = e^{x^2}$
8. $f(x) = e^{-x/2}$
9. $f(x) = e^{\sqrt{x}}$
10. $f(x) = -e^x + 1$

Gráfico de funções exponenciais Nos Exercícios 11-16, esboce o gráfico da função. Veja o *Exemplo 1*.

11. $f(x) = e^{-x/3}$
12. $f(x) = e^{2x}$
13. $g(x) = e^x - 2$
14. $h(x) = e^{-x} + 5$
15. $g(x) = e^{1-x}$
16. $j(x) = e^{-x+2}$

Gráfico de funções Nos Exercícios 17-24, use uma ferramenta gráfica para traçar a função. Determine se a função tem quaisquer assíntotas horizontais e discuta sua continuidade.

17. $N(t) = 500e^{-0,2t}$
18. $A(t) = 500e^{0,15t}$
19. $g(x) = \dfrac{2}{1 + e^{x^2}}$
20. $f(x) = \dfrac{2}{1 + 2e^{-0,2x}}$
21. $f(x) = \dfrac{e^x + e^{-x}}{2}$
22. $f(x) = \dfrac{e^x - e^{-x}}{2}$
23. $f(x) = \dfrac{2}{1 + e^{1/x}}$
24. $g(x) = \dfrac{10}{1 + e^{-x}}$

25. Gráfico de funções exponenciais Use uma ferramenta gráfica para traçar $f(x) = e^x$ e a função dada na mesma janela de visualização. Como os dois gráficos estão relacionados?

(a) $g(x) = e^{x-2}$
(b) $h(x) = -\tfrac{1}{2}e^x$
(c) $q(x) = e^x + 3$

26. Gráfico de funções de crescimento logístico Use uma ferramenta gráfica para traçar a função. Descreva a forma do gráfico para valores muito grandes e muito pequenos de x.

(a) $f(x) = \dfrac{8}{1 + e^{-0,5x}}$
(b) $g(x) = \dfrac{8}{1 + e^{-0,5/x}}$

Encontrando saldos de conta Nos Exercícios 27-30, preencha a tabela para determinar o saldo A para P dólares investidos com a taxa r por t anos, compostos n vezes por ano. Veja o *Exemplo 3*.

n	1	2	4	12	365	Juros compostos continuamente
A						

27. $P = \$\,1.000$, $r = 3\%$, $t = 10$ anos
28. $P = \$\,2.500$, $r = 5\%$, $t = 40$ anos
29. $P = \$\,1.000$, $r = 4\%$, $t = 20$ anos
30. $P = \$\,2.500$, $r = 2,5\%$, $t = 20$ anos

Encontrando o valor presente Nos Exercícios 31-34, preencha a tabela para determinar a quantidade de dinheiro P que deve ser investida na taxa r para produzir um saldo final de $\$\,100.000$ em t anos. Veja o *Exemplo 5*.

t	1	10	20	30	40	50
P						

31. $r = 4\%$, composto continuamente.
32. $r = 6\%$, composto continuamente.
33. $r = 5\%$, composto mensalmente.
34. $r = 3\%$, composto diariamente.

35. Fundo fiduciário No dia do nascimento de uma criança, um depósito de $\$\,20.000$ é feito em um fundo fiduciário que paga 8% de juros, compostos continuamente. Determine o saldo dessa conta no 21º aniversário da criança.

36. Fundo fiduciário Um depósito de $\$\,10.000$ é feito em um fundo fiduciário que paga 7% de juros, compostos continuamente. É especificado que o saldo será doado à faculdade pela qual o doador se formou depois que o dinheiro render juros por 50 anos. Quanto a faculdade receberá?

37. Taxa efetiva Encontre a taxa efetiva de juros correspondente a uma taxa nominal de 9% ao ano composta (a) anualmente, (b) semestralmente, (c) trimestralmente e (d) mensalmente.

38. Taxa efetiva Encontre a taxa efetiva de juros correspondente a uma taxa nominal de 7,5% ao ano composta (a) anualmente, (b) semestralmente, (c) trimestralmente e (d) mensalmente.

39. Valor presente Quanto deve ser depositado em uma conta que paga 7,2% de juros capitalizados mensalmente com a finalidade de obter um saldo de $\$\,8.000$ após 3 anos?

40. Valor presente Quanto deve ser depositado em uma conta que paga 7,8% de juros capitalizados mensalmente, com a finalidade de obter um saldo de $ 21.000 após 4 anos?

41. **Demanda** A função demanda para um produto é modelada por

$$p = 5.000\left(1 - \frac{4}{4 + e^{-0,002x}}\right).$$

Encontre o preço p (em dólares) do produto quando a quantidade demandada é (a) $x = 100$ unidades e (b) $x = 500$ unidades. (c) Qual é o limite do preço quando x cresce ilimitadamente?

42. **Demanda** A função demanda para um produto é modelada por

$$p = 10.000\left(1 - \frac{3}{3 + e^{-0,001x}}\right).$$

Encontre o preço p (em dólares) do produto quando a quantidade demandada é (a) $x = 1.000$ unidades e (b) $x = 1.500$ unidades. (c) Qual é o limite do preço quando x cresce ilimitadamente?

43. **Probabilidade** O tempo médio entre as chamadas recebidas em uma central é de 3 minutos. Se uma chamada acaba de entrar, a probabilidade de que a próxima chamada ocorra dentro dos próximos t minutos é $P(t) = 1 - e^{-t/3}$. Encontre a probabilidade de cada situação.

    (a) Uma chamada é recebida dentro de $\frac{1}{2}$ minuto.
    (b) Uma chamada é recebida dentro de 2 minutos.
    (c) Uma chamada é recebida dentro de 5 minutos.

44. **Consciência de consumo** Um automóvel anda 28 milhas por galão em velocidades de até 50 milhas por hora. Em velocidades superiores a 50 milhas por hora, o número de milhas por galão cai à taxa de 12% para cada 10 milhas por hora. Se s é a velocidade (em milhas por hora) e y é o número de milhas por galão, então $y = 28e^{0,6 - 0,012s}$, $s > 50$. Use essas informações e uma planilha para criar uma tabela mostrando as milhas por galão para $s = 50, 55, 60, 65$ e 70. O que você pode concluir?

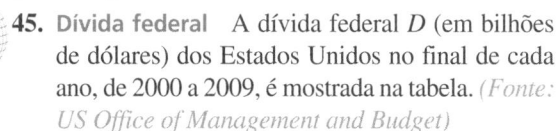

45. **Dívida federal** A dívida federal D (em bilhões de dólares) dos Estados Unidos no final de cada ano, de 2000 a 2009, é mostrada na tabela. *(Fonte: US Office of Management and Budget)*

Ano	2000	2001	2002	2003	2004
Dívida	5.629	5.770	6.198	6.760	7.355

Ano	2005	2006	2007	2008	2009
Dívida	7.905	8.451	8.951	9.986	11.876

Um modelo para esses dados é fornecido por $y = 5.364,1e^{0,0796t}$, em que t representa o ano, com $t = 0$ correspondendo a 2000.

(a) Quão bem o modelo ajusta os dados?
(b) Encontre um modelo linear para os dados. Quão bem o modelo ajusta os dados? Qual modelo, exponencial ou linear, é melhor?
(c) Use ambos os modelos para prever o ano em que a dívida federal será superior a 18.000 bilhões de dólares.

46. **População** As populações P (em milhares) de Las Vegas, Nevada, de 1960 a 2009, podem ser modeladas por $P = 70.751e^{0,0451t}$, em que t é o tempo em anos, com $t = 0$ correspondendo a 1960. *(Fonte: U.S. Census Bureau)*

    (a) Encontre as populações em 1960, 1970, 1980, 1990, 2000 e 2009.
    (b) Explique por que a mudança na população de 1960 a 1970 não é a mesma que a de 1980 a 1990.
    (c) Use o modelo para estimar a população em 2020.

47. **Biologia** A população y de uma cultura bacteriana é modelada pela função de crescimento logístico $y = 925/(1 + e^{-0,3t})$, em que t é o tempo em dias.

    (a) Use uma ferramenta gráfica para traçar o modelo.
    (b) A população tem um limite quando t aumenta ilimitadamente? Explique sua resposta.
    (c) Como seria a mudança no limite se o modelo fosse $y = 1.000/(1 + e^{-0,3t})$? Explique sua resposta. Tire algumas conclusões sobre esse tipo de modelo.

48. **VISUALIZE** A figura mostra os gráficos de $y = 2^x$, $y = e^x$, $y = 10^x$, $y = 2^{-x}$, $y = e^{-x}$ e $y = 10^{-x}$. Combine cada função com o seu gráfico. [Os gráficos estão marcados (a)-(f).] Explique seu raciocínio.

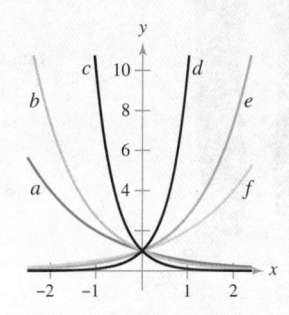

49. **Teoria da aprendizagem** Em um projeto de teoria da aprendizagem, a proporção P de respostas corretas depois de n tentativas pode ser modelada por $P = 0,83/(1 + e^{-0,2n})$.

    (a) Encontre a proporção de respostas corretas depois de 3 tentativas.
    (b) Encontre a proporção de respostas corretas depois de 7 tentativas.
    (c) Use uma ferramenta gráfica para traçar o modelo. Encontre o número de tentativas necessárias para a proporção de respostas corretas ser 0,75.
    (d) Será que a proporção de respostas corretas tem um limite quando n aumenta ilimitadamente? Explique seu raciocínio.

50. Teoria da aprendizagem Em uma aula de datilografia, o número médio N de palavras digitadas por minuto depois de t semanas de aulas pode ser modelado por $N = 95/(1 + 8{,}5e^{-0{,}12t})$.
(a) Encontre o número médio de palavras digitadas por minuto depois de 10 semanas.
(b) Encontre o número médio de palavras digitadas por minuto depois de 20 semanas.
(c) Use uma ferramenta gráfica para traçar o modelo. Encontre o número de semanas necessárias para atingir uma média de 70 palavras por minuto.
(d) Será que o número de palavras por minuto tem um limite quando t aumenta ilimitadamente? Explique seu raciocínio.

51. Certificado de depósito Você quer investir $\$5.000$ em um certificado de depósito por 12 meses. Você tem as opções abaixo. Qual você escolheria? Explique.
(a) $r = 5{,}25\%$, capitalização trimestral.
(b) $r = 5\%$, capitalização mensal.
(c) $r = 4{,}75\%$, capitalização contínua.

4.3 Derivadas das funções exponenciais

- Encontrar derivadas de funções exponenciais naturais.
- Utilizar o cálculo para analisar gráficos de funções que envolvem a função exponencial natural.
- Explorar a função densidade de probabilidade normal.

No Exercício 48, na página 271, você usará a derivada de uma função exponencial para encontrar a taxa de variação da velocidade média de digitação após 5, 10 e 30 semanas de aula.

Derivadas de funções exponenciais

Na Seção 4.2, foi afirmado que a base mais conveniente para funções exponenciais é o número irracional e. A conveniência dessa base origina-se principalmente no fato de que a função

$$f(x) = e^x$$

é sua própria derivada. Você verá que isso não é verdade para outras funções exponenciais da forma

$$y = a^x$$

nas quais $a \neq e$. Para verificar que $f(x) = e^x$ é sua própria derivada, observe que o limite

$$\lim_{\Delta x \to 0} (1 + \Delta x)^{1/\Delta x} = e$$

significa que, para valores pequenos de Δx,

$$e \approx (1 + \Delta x)^{1/\Delta x}$$

ou

$$e^{\Delta x} \approx 1 + \Delta x.$$

Esta aproximação é usada na dedução a seguir.

$$f'(x) = \lim_{\Delta x \to 0} \frac{f(x + \Delta x) - f(x)}{\Delta x} \quad \text{Definição de derivada}$$

$$= \lim_{\Delta x \to 0} \frac{e^{x+\Delta x} - e^x}{\Delta x} \quad \text{Use } f(x) = e^x.$$

$$= \lim_{\Delta x \to 0} \frac{e^x(e^{\Delta x} - 1)}{\Delta x} \quad \text{Fatore o numerador.}$$

$$= \lim_{\Delta x \to 0} \frac{e^x[(1 + \Delta x) - 1]}{\Delta x} \quad \text{Substitua } e^{\Delta x} \text{ por } 1 + \Delta x.$$

$$= \lim_{\Delta x \to 0} \frac{e^x(\Delta x)}{\Delta x} \quad \text{Cancele os fatores comuns.}$$

$$= \lim_{\Delta x \to 0} e^x \quad \text{Simplifique.}$$

$$= e^x \quad \text{Calcule o limite.}$$

Se u é uma função de x, pode-se aplicar a regra da cadeia para obter a derivada de e^u em relação a x. Ambas as fórmulas são resumidas a seguir.

Derivada da função exponencial natural

Seja u uma função diferenciável de x.

1. $\dfrac{d}{dx}[e^x] = e^x$ **2.** $\dfrac{d}{dx}[e^u] = e^u \dfrac{du}{dx}$

Exemplo 1 Encontrando inclinações de retas tangentes

Determine as inclinações das retas tangentes a

$$f(x) = e^x$$

nos pontos $(0, 1)$ e $(1, e)$. A que conclusão você pode chegar?

SOLUÇÃO Como a derivada de f é

$$f'(x) = e^x \qquad \text{Derivada}$$

a inclinação da reta tangente ao gráfico de f é

$$f'(0) = e^0 = 1 \qquad \text{Inclinação no ponto } (0, 1)$$

no ponto $(0, 1)$ e

$$f'(1) = e^1 = e \qquad \text{Inclinação no ponto } (1, e)$$

no ponto $(1, e)$, conforme mostra a Figura 4.9. A partir desse padrão, pode-se observar que a inclinação da reta tangente ao gráfico de $f(x) = e^x$ em qualquer ponto (x, e^x) é igual à coordenada y do ponto.

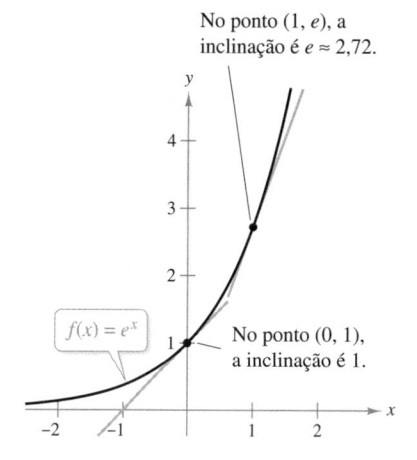

FIGURA 4.9

No ponto $(1, e)$, a inclinação é $e \approx 2{,}72$.

No ponto $(0, 1)$, a inclinação é 1.

$f(x) = e^x$

✓ **AUTOAVALIAÇÃO 1**

Determine as inclinações das retas tangentes a $f(x) = 2e^x$ nos pontos $(0, 2)$ e $(1, 2e)$.

Exemplo 2 Derivação de funções exponenciais

Derive cada função.

a. $f(x) = e^{2x}$ **b.** $f(x) = e^{-3x^2}$
c. $f(x) = 6e^{x^3}$ **d.** $f(x) = e^{-x}$

SOLUÇÃO

a. Seja $u = 2x$. Então $du/dx = 2$, e pode-se aplicar a regra da cadeia.

$$f'(x) = e^u \frac{du}{dx} = e^{2x}(2) = 2e^{2x}$$

b. Seja $u = -3x^2$. Então $du/dx = -6x$, e pode-se aplicar a regra da cadeia.

$$f'(x) = e^u \frac{du}{dx} = e^{-3x^2}(-6x) = -6xe^{-3x^2}$$

c. Seja $u = x^3$. Então $du/dx = 3x^2$, e pode-se aplicar a regra da cadeia.

$$f'(x) = 6e^u \frac{du}{dx} = 6e^{x^3}(3x^2) = 18x^2 e^{x^3}$$

d. Seja $u = -x$. Então $du/dx = -1$, e pode-se aplicar a regra da cadeia

$$f'(x) = e^u \frac{du}{dx} = e^{-x}(-1) = -e^{-x}$$

DICA DE ESTUDO

No Exemplo 2, observe que quando se deriva uma função exponencial, o expoente não muda. Por exemplo, a derivada de $y = e^{3x}$ é $y' = 3e^{3x}$. Na função e sua derivada o expoente é $3x$.

✓ AUTOAVALIAÇÃO 2

Derive cada função.

a. $f(x) = e^{3x}$ **b.** $f(x) = e^{-2x^3}$

c. $f(x) = 4e^{x^2}$ **d.** $f(x) = e^{-2x}$ ∎

As regras de derivação estudadas no Capítulo 2 podem ser usadas com funções exponenciais, conforme mostra o Exemplo 3.

Exemplo 3 Derivação de funções exponenciais

Derive cada função.

a. $f(x) = 4e$ **b.** $f(x) = e^{2x-1}$

c. $f(x) = xe^x$ **d.** $f(x) = \dfrac{e^x - e^{-x}}{2}$

e. $f(x) = \dfrac{e^x}{x}$ **f.** $f(x) = xe^x - e^x$

SOLUÇÃO

a. $f(x) = 4e$ — Escreva a função original.
$f'(x) = 0$ — Regra da constante

b. $f(x) = e^{2x-1}$ — Escreva a função original.
$f'(x) = (e^{2x-1})(2)$ — Regra da cadeia
$= 2e^{2x-1}$ — Simplifique.

c. $f(x) = xe^x$ — Escreva a função original.
$f'(x) = xe^x + e^x(1)$ — Regra do produto
$= xe^x + e^x$ — Simplifique.

d. $f(x) = \dfrac{e^x - e^{-x}}{2}$ — Escreva a função original.
$= \dfrac{1}{2}(e^x - e^{-x})$ — Reescreva.
$f'(x) = \dfrac{1}{2}[e^x - e^{-x}(-1)]$ — Regra do produto e regra da cadeia
$= \dfrac{1}{2}(e^x + e^{-x})$ — Simplifique.

e. $f(x) = \dfrac{e^x}{x}$ — Escreva a função original.
$f'(x) = \dfrac{xe^x - e^x(1)}{x^2}$ — Regra do quociente
$= \dfrac{e^x(x-1)}{x^2}$ — Simplifique.

f. $f(x) = xe^x - e^x$ — Escreva a função original.
$f'(x) = [xe^x + e^x(1)] - e^x$ — Regras do produto e da diferença
$= xe^x + e^x - e^x$
$= xe^x$ — Simplifique.

> **TUTOR TÉCNICO**
> Se você tiver acesso a uma ferramenta de derivação simbólica, tente utilizá-la para determinar as derivadas das funções no Exemplo 3.

✓ AUTOAVALIAÇÃO 3

Derive cada função.

a. $f(x) = 9e$ **b.** $f(x) = e^{3x+1}$ **c.** $f(x) = x^2 e^x$

d. $f(x) = \dfrac{e^x + e^{-x}}{2}$ **e.** $f(x) = \dfrac{e^x}{x^2}$ **f.** $f(x) = x^2 e^x - e^x$ ∎

Aplicações

No Capítulo 3, você aprendeu como usar as derivadas para analisar os gráficos de funções. O próximo exemplo aplica aquelas técnicas a uma função composta de funções exponenciais. No exemplo, observe que

$$e^a = e^b$$

significa que $a = b$.

Exemplo 4 — Análise de uma catenária

Quando um fio telefônico é pendurado entre dois postes, o fio forma uma curva em formato de U chamada de **catenária**. Por exemplo, a função

$$y = 30(e^{x/60} + e^{-x/60}), \quad -30 \leq x \leq 30$$

representa o formato de um fio telefônico pendurado entre dois postes que estão a 60 pés de distância (x e y são medidos em pés). Mostre que o ponto mais baixo do fio está no meio dos dois postes. Quanto o fio pende entre os dois postes?

SOLUÇÃO   Primeiro, encontre a derivada da função.

$y = 30(e^{x/60} + e^{-x/60})$ Escreva a função original.
$y' = 30\left[e^{x/60}\left(\dfrac{1}{60}\right) + e^{-x/60}\left(-\dfrac{1}{60}\right)\right]$ Derive.
$ = 30\left(\dfrac{1}{60}\right)(e^{x/60} - e^{-x/60})$ Fatore $\dfrac{1}{60}$.
$ = \dfrac{1}{2}(e^{x/60} - e^{-x/60})$ Simplifique.

Para encontrar os números críticos, iguale a derivada a zero.

$\dfrac{1}{2}(e^{x/60} - e^{-x/60}) = 0$ Iguale a derivada a 0.
$e^{x/60} - e^{-x/60} = 0$ Multiplique cada lado por 2.
$e^{x/60} = e^{-x/60}$ Adicione $e^{-x/60}$ a cada lado.
$\dfrac{x}{60} = -\dfrac{x}{60}$ Se $e^a = e^b$, então $a = b$.
$x = -x$ Multiplique cada lado por 60.
$2x = 0$ Adicione x a cada lado.
$x = 0$ Divida cada lado por 2.

Usando o teste de primeira derivada, é possível determinar que o número crítico $x = 0$ gera um mínimo relativo da função. A partir do gráfico na Figura 4.10, podemos observar que esse mínimo relativo é, na verdade, um mínimo no intervalo $[-30, 30]$.

Portanto, é possível concluir que o ponto mais baixo do cabo fica a meio caminho entre os dois postes. Para saber quanto o fio pende entre os dois postes, pode-se comparar sua altura em cada poste com sua altura no ponto central.

$y = 30(e^{-30/60} + e^{-(-30)/60}) \approx 67{,}7$ pés   Altura do poste à esquerda.
$y = 30(e^{0/60} + e^{-(0)/60}) = 60$ pés   Altura no ponto central.
$y = 30(e^{30/60} + e^{-(30)/60}) \approx 67{,}7$ pés   Altura do poste à direita.

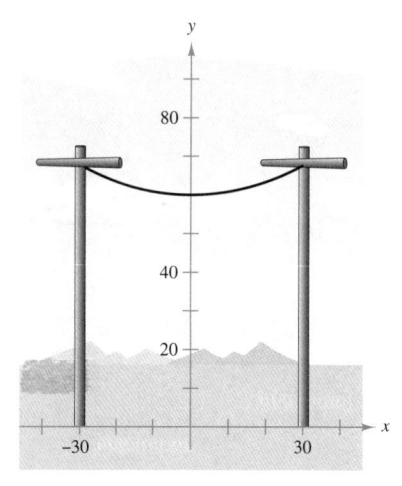

FIGURA 4.10

A partir disso, é possível observar que o fio pende cerca de 7,7 pés abaixo do fio nos postes.

✓ AUTOAVALIAÇÃO 4

Use uma ferramenta gráfica para traçar o gráfico da função no Exemplo 4. Verifique o valor mínimo. Use as informações no exemplo para escolher uma janela de visualização adequada. ∎

Exemplo 5 — Determinação da receita máxima

A função demanda de um produto é modelada por

$$p = 56e^{-0{,}000012x} \qquad \text{Função da demanda}$$

em que p é o preço por unidade (em dólares) e x é o número de unidades. Que preço gerará uma receita máxima?

SOLUÇÃO A função receita é

$$R = xp = 56xe^{-0{,}000012x}. \qquad \text{Função da receita}$$

Para determinar a receita máxima *analiticamente*, primeiro é preciso encontrar a receita marginal

$$\frac{dR}{dx} = 56xe^{-0{,}000012x}(-0{,}000012) + e^{-0{,}000012x}(56).$$

Em seguida, iguale dR/dx a zero.

$$56xe^{-0{,}000012x}(-0{,}000012) + e^{-0{,}000012x}(56) = 0$$

e resolva para x. Nesse ponto, você pode ver que a abordagem analítica é bastante complicada. Neste problema, é mais fácil usar uma abordagem *gráfica*. Após fazer experiências para encontrar uma janela de visualização adequada, pode-se obter um gráfico de R que é similar ao mostrado na Figura 4.11. Utilizando o recurso *maximum*, você pode concluir que a receita máxima ocorre quando x é aproximadamente 83.333 unidades. Para determinar o preço que corresponde a esse nível de produção, substitua $x \approx 83.333$ na função de demanda.

$$p \approx 56e^{-0{,}000012(83{,}333)} \approx \$\,20{,}60.$$

Então, um preço de cerca de $ 20,60 gerará uma receita máxima de

$$R \approx 56(83.333)e^{-0{,}000012(83.333)}$$
$$\approx \$\,1.716.771. \qquad \text{Receita máxima}$$

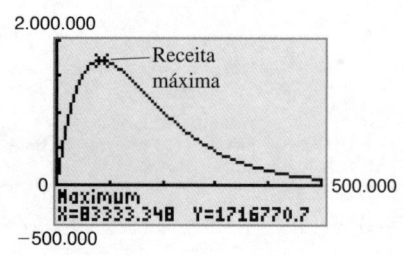

FIGURA 4.11 Use os recursos de *zoom* e *trace* para aproximar o valor de *x* que corresponde à receita máxima.

✓ AUTOAVALIAÇÃO 5

A função demanda de um produto é modelada por

$$p = 50e^{-0{,}0000125x}$$

em que p é o preço por unidade em dólares e x é o número de unidades. Que preço gerará uma receita máxima?

Tente resolver o problema no Exemplo 5 analiticamente. Quando fizer isso, você obterá

$$56xe^{-0{,}000012x}(-0{,}000012) + e^{-0{,}000012x}(56) = 0.$$

Explique como essa equação poderia ser resolvida. Qual é a solução?

Função densidade de probabilidade normal

Em um curso de estatística ou análise de negócios quantitativa, um bom tempo é dedicado ao estudo das características e do uso da **função densidade de probabilidade normal** dada por

$$f(x) = \frac{1}{\sigma\sqrt{2\pi}} e^{-(x-\mu)^2/2\sigma^2}$$

na qual σ, a letra grega minúscula "sigma", representa o *desvio-padrão* da distribuição de probabilidade e μ, a letra grega minúscula "mi", representa a *média* da distribuição de probabilidade.

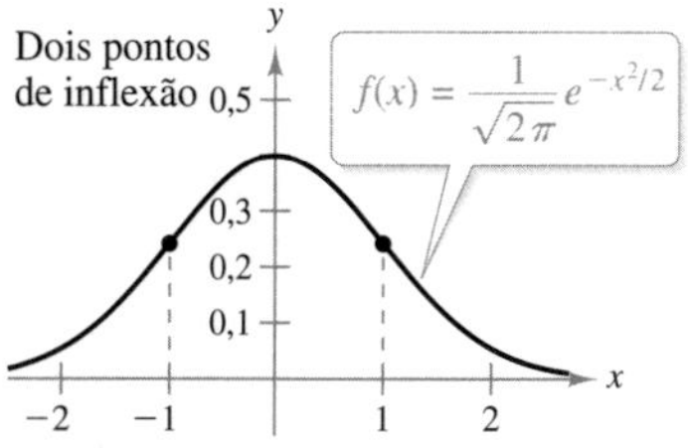

FIGURA 4.12 O gráfico da função densidade de probabilidade normal tem formato de sino.

Exemplo 6 — Exploração de uma função densidade de probabilidade

Mostre que o gráfico da função densidade de probabilidade normal

$$f(x) = \frac{1}{\sqrt{2\pi}} e^{-x^2/2}$$

possui pontos de inflexão em $x = \pm 1$.

SOLUÇÃO Comece por encontrar a segunda derivada da função.

$$f'(x) = \frac{1}{\sqrt{2\pi}}(-x)e^{-x^2/2} \quad \text{Primeira derivada}$$

$$f''(x) = \frac{1}{\sqrt{2\pi}}[(-x)(-x)e^{-x^2/2} + (-1)e^{-x^2/2}] \quad \text{Segunda derivada}$$

$$= \frac{1}{\sqrt{2\pi}}(e^{-x^2/2})(x^2 - 1) \quad \text{Simplifique.}$$

Ao igualar a segunda derivada a 0, determina-se que $x = \pm 1$. Ao testar a concavidade do gráfico, podemos concluir que esses valores de x geram pontos de inflexão conforme mostra a Figura 4.12.

✓ AUTOAVALIAÇÃO 6

Desenhe o gráfico da função densidade de probabilidade normal

$$f(x) = \frac{1}{4\sqrt{2\pi}} e^{-x^2/32}$$

e aproxime os pontos de inflexão. ■

PRATIQUE (Seção 4.3)

1. Escreva a derivada da função exponencial natural *(página 265)*. Para exemplos da derivada da função exponencial natural, veja os Exemplos 2 e 3.

2. Descreva em um exemplo da vida real como a função exponencial natural pode ser utilizada para analisar o gráfico de uma catenária *(página 267, Exemplo 4)*.

3. Descreva em um exemplo da vida real como a função exponencial natural pode ser usada para analisar a receita máxima de uma empresa *(página 268, Exemplo 5)*.

4. Descreva um uso da função exponencial natural em estatística *(página 268)*. Para um exemplo da função exponencial natural em estatística, veja o Exemplo 6.

Recapitulação 4.3

Os exercícios preparatórios a seguir envolvem conceitos vistos em cursos ou seções anteriores. Esses conceitos serão utilizados no conjunto de exercícios desta seção. Para mais ajuda, consulte as Seções A.4 do Apêndice e as Seções 2.2, 2.4 e 3.2.

Nos Exercícios 1-4, fatore a expressão.

1. $x^2 e^x - \frac{1}{2}e^x$
2. $(xe^{-x})^{-1} + e^x$
3. $xe^x - e^{2x}$
4. $e^x - xe^{-x}$

Nos Exercícios 5-8, determine a derivada da função.

5. $f(x) = \dfrac{3}{7x^2}$
6. $g(x) = 3x^2 - \dfrac{x}{6}$
7. $f(x) = (4x - 3)(x^2 + 9)$
8. $f(t) = \dfrac{t-2}{\sqrt{t}}$

Nos Exercícios 9 e 10, determine os extremos relativos da função.

9. $f(x) = \frac{1}{8}x^3 - 2x$
10. $f(x) = x^4 - 2x^2 + 5$

Exercícios 4.3

Derivando funções exponenciais Nos Exercícios 1-16, encontre a derivada da função. *Veja os Exemplos 2 e 3.*

1. $f(x) = 3e$
2. $f(x) = -5e$
3. $y = e^{5x}$
4. $y = e^{1-x}$
5. $y = e^{-x^2}$
6. $g(x) = e^{\sqrt{x}}$
7. $f(x) = e^{-1/x^2}$
8. $f(x) = e^{1/x}$
9. $f(x) = (x^2 + 1)e^{4x}$
10. $y = 4x^3 e^{-x}$
11. $f(x) = \dfrac{2}{(e^x + e^{-x})^3}$
12. $f(x) = \dfrac{(e^x + e^{-x})^4}{2}$
13. $f(x) = \dfrac{e^x + 1}{e^x - 1}$
14. $f(x) = \dfrac{e^{2x}}{e^{2x} + 1}$
15. $y = xe^x - 4e^{-x}$
16. $y = x^2 e^x - 2xe^x + 2e^x$

Encontrando a inclinação de uma reta tangente Nos Exercícios 17-20, encontre a inclinação da reta tangente à função exponencial no ponto (0, 1).

17. $y = e^{4x}$ 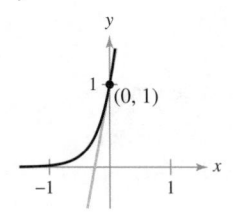
18. $y = e^{-x/2}$ 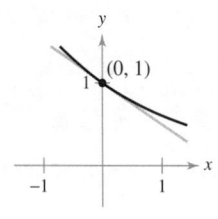
19. $y = e^{-3x}$ 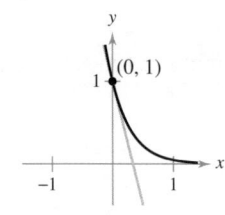
20. $y = e^{x/2}$

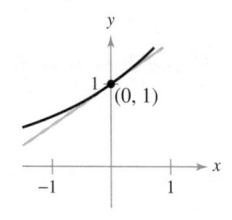

Encontrando a equação de uma reta tangente Nos Exercícios 21-26, encontre uma equação da reta tangente ao gráfico da função no ponto dado.

21. $y = e^{-2x+x^2}$, $(2, 1)$
22. $g(x) = e^{x^3}$, $\left(-1, \dfrac{1}{e}\right)$
23. $y = x^2 e^{-x}$, $\left(2, \dfrac{4}{e^2}\right)$
24. $y = \dfrac{x}{e^{2x}}$, $\left(1, \dfrac{1}{e^2}\right)$
25. $y = (e^{2x} + 1)^3$, $(0, 8)$
26. $y = (e^{4x} - 2)^2$, $(0, 1)$

Encontrando derivadas implicitamente Nos Exercícios 27-30, encontre dy/dx implicitamente.

27. $xe^y - 10x + 3y = 0$
28. $e^{xy} + x^2 - y^2 = 10$
29. $x^2 e^{-x} + 2y^2 - xy = 0$
30. $x^2 y - e^y - 4 = 0$

Encontrando segundas derivadas Nos Exercícios 31-34, encontre a segunda derivada.

31. $f(x) = 2e^{3x} + 3e^{-2x}$
32. $f(x) = (3 + 2x)e^{-3x}$
33. $f(x) = (1 + 2x)e^{4x}$
34. $f(x) = 5e^{-x} - 2e^{-5x}$

Analisando um gráfico Nos Exercícios 35-38, analise e esboce o gráfico da função. Assinale quaisquer extremos relativos, pontos de inflexão e assíntotas.

35. $f(x) = \dfrac{1}{2 - e^{-x}}$
36. $f(x) = \dfrac{e^x - e^{-x}}{2}$
37. $f(x) = x^2 e^{-x}$
38. $f(x) = xe^{-x}$

Resolvendo equações Nos Exercícios 39-42, resolva a equação para x.

39. $e^{-3x} = e$
40. $e^{-1/x} = e^{1/2}$
41. $e^{\sqrt{x}} = e^3$
42. $e^x = 1$

Depreciação Nos Exercícios 43 e 44, o valor V (em dólares) de um produto é uma função do tempo t (em anos).

(a) Desenhe a função no intervalo [0, 10]. Use uma ferramenta gráfica para verificar seu gráfico.
(b) Encontre a taxa de variação de V quando t = 1.
(c) Encontre a taxa de variação de V quando t = 5.
(d) Use os valores (0, V(0)) e (10, V(10)) para encontrar o modelo de depreciação linear para o item.

(e) Compare a função exponencial e o modelo da parte (d). Quais são as vantagens de cada um?

43. $V = 15.000e^{-0,6286t}$ **44.** $V = 500.000e^{-0,2231t}$

45. Emprego De 2000 a 2009, o número y (em milhões) de pessoas empregadas nos Estados Unidos pode ser modelado por

$$y = 136,855 - 0,5841t + 0,31664t^2 - 0,002166e^t$$

em que t representa o ano, com $t = 0$ correspondendo a 2000. *(Fonte: U.S. Bureau of Labor Statistics)*

(a) Use uma ferramenta gráfica para traçar o modelo.

(b) Use o gráfico para estimar as taxas de variação do número de pessoas empregadas em 2000, 2004 e 2009.

(c) Confirme os resultados da parte (b) analiticamente.

46. VISUALIZE A colheita y (em libras por acre) de um pomar com idade t (em anos) é modelada por

$$y = 7.955,6e^{-0,0458/t}.$$

O gráfico é mostrado abaixo.

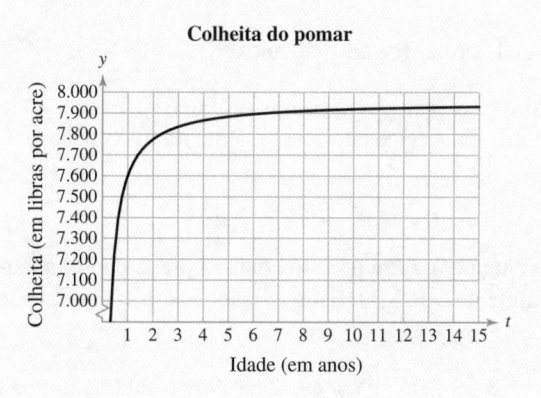

Colheita do pomar

(a) O que acontece com a colheita a longo prazo?

(b) O que acontece com a taxa de variação da colheita a longo prazo?

47. Juros compostos O saldo A (em dólares) em uma conta de poupança é dado por $A = 5.000e^{0,08t}$, em que t é medido em anos. Encontre as taxas nas quais o saldo está variando quando (a) $t = 1$ ano, (b) $t = 10$ anos e (c) $t = 50$ anos.

48. Teoria da aprendizagem A velocidade média de digitação N (em palavras por minuto) após t semanas de aulas é modelada por

$$N = \frac{95}{1 + 8,5e^{-0,12t}}.$$

Encontre as taxas nas quais a velocidade de digitação está variando quando (a) $t = 5$ semanas, (b) $t = 10$ semanas e (c) $t = 30$ semanas.

49. Probabilidade Em um ano recente, a pontuação média das notas de idosos vinculados a faculdade na parte de matemática foi de 516, com um desvio padrão de 116. *(Fonte: The College Board)*

(a) Assumindo que os dados podem ser modelados por uma função densidade de probabilidade normal, encontre um modelo para esses dados.

(b) Use uma ferramenta gráfica para traçar o modelo. Certifique-se de escolher uma janela de visualização apropriada.

(c) Encontre a derivada do modelo.

(d) Mostre que $f' > 0$ para $x < \mu$ e $f' < 0$ para $x > \mu$.

50. Probabilidade Uma pesquisa em uma turma de calouros da faculdade determinou que a altura média das mulheres na classe é de 64 polegadas, com um desvio padrão de 3,2 polegadas.

(a) Assumindo que os dados podem ser modelados por uma função densidade de probabilidade normal, encontre um modelo para esses dados.

(b) Use uma ferramenta gráfica para traçar o modelo. Certifique-se de escolher uma janela de visualização apropriada.

(c) Encontre a derivada do modelo.

(d) Mostre que $f' > 0$ para $x < \mu$ e $f' < 0$ para $x > \mu$.

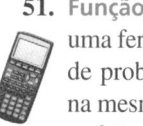

51. Função densidade de probabilidade normal Use uma ferramenta gráfica para traçar a função densidade de probabilidade normal com $\mu = 0$ e $\sigma = 2, 3$ e 4 na mesma janela de visualização. Qual efeito o desvio padrão σ tem sobre a função? Explique seu raciocínio.

52. Função densidade de probabilidade normal Use uma ferramenta gráfica para traçar a função densidade de probabilidade normal com

$$\sigma = 1 \quad \text{e} \quad \mu = -2, 1 \text{ e } 3$$

na mesma janela de visualização. Qual efeito a média μ tem na função? Explique seu raciocínio.

53. Função densidade de probabilidade normal Use o Exemplo 6 como um modelo para mostrar que o gráfico da função densidade de probabilidade normal com $\mu = 0$

$$f(x) = \frac{1}{\sigma\sqrt{2\pi}}e^{-x^2/(2\sigma^2)}$$

tem pontos de inflexão em

$$x = \pm\sigma.$$

Qual é o valor máximo da função? Use uma ferramenta gráfica para verificar a sua resposta traçando a função para vários valores de σ.

TESTE PRELIMINAR

Faça este teste como se estivesse em uma sala de aula. Ao concluí-lo, compare suas respostas às respostas fornecidas no final do livro.

Nos Exercícios 1-8, calcule cada expressão.

1. $4^3(4^2)$
2. $\left(\dfrac{1}{6}\right)^{-3}$
3. $\dfrac{3^8}{3^5}$
4. $(5^{1/2})(3^{1/2})$
5. $(e^2)(e^5)$
6. $(e^{2/3})(e^3)$
7. $\dfrac{e^2}{e^{-4}}$
8. $(e^{-1})^{-3}$

Nos Exercícios 9-14, esboce o gráfico da função.

9. $f(x) = 3^x - 2$
10. $f(x) = 5^{-x} + 2$
11. $f(x) = 6^{x-3}$
12. $f(x) = e^{x+2}$
13. $f(x) = e^x + 3$
14. $f(x) = e^{-2x} + 1$

15. Depois de 15 anos, a massa restante (em gramas) de uma massa inicial de 35 gramas de um elemento radioativo cuja meia-vida é de 80 anos é dada por

$$y = 35\left(\dfrac{1}{2}\right)^{t/80}, \quad t \geq 0.$$

Quanto da massa inicial permanece após 50 anos?

16. Com uma taxa anual de inflação de 4,5% nos próximos 10 anos, o custo C aproximado de produtos ou serviços durante qualquer ano na década é dado por

$$C(t) = P(1{,}045)^t, \quad 0 \leq t \leq 10$$

em que t é o tempo (em anos) e P é o custo atual. O preço da entrada para o jogo de beisebol atualmente é de $ 20. Estime o preço para 10 anos a partir de agora.

17. Para $P = \$ 3.000$, $r = 3{,}5\%$, e $t = 5$ anos, determine o saldo em uma conta quando os juros são compostos (a) trimestralmente, (b) mensalmente e (c) continuamente.

18. Quanto deverá ser depositado em uma conta que paga 6% de juros compostos mensalmente para se obter um saldo de $ 14.000 depois de 5 anos?

Nos Exercícios 19-22, determine a derivada da função.

19. $y = e^{5x}$
20. $y = e^{x-4}$
21. $y = 5e^{x+2}$
22. $y = 3e^x - xe^x$

23. Determine uma equação da reta tangente a

$$y = e^{-2x}$$

no ponto (0, 1).

24. Esboce o gráfico da função

$$f(x) = 0{,}5x^2 e^{-0{,}5x}.$$

e analise-a. Inclua os extremos, os pontos de inflexão e as assíntotas em sua análise.

4.4 Funções logarítmicas

- Esboçar os gráficos das funções logarítmicas naturais.
- Utilizar as propriedades dos logaritmos para simplificar, expandir e condensar expressões logarítmicas.
- Utilizar as propriedades inversas das funções exponenciais e logarítmicas para resolver equações exponenciais e logarítmicas.
- Utilizar as propriedades de logaritmos naturais para responder a perguntas sobre situações da vida real.

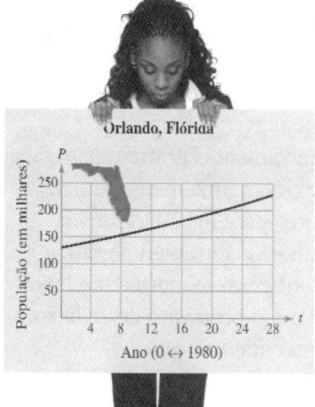

Função logarítmica natural

Em seus estudos de álgebra anteriores, você deve ter aprendido um pouco sobre os logaritmos. Por exemplo, o **logaritmo comum** $\log_{10} x$ é definido como

$$\log_{10} x = b \quad \text{se, e somente se,} \quad 10^b = x.$$

A base de logaritmos comuns é 10. Em cálculo, a base mais útil para logaritmos é o número e.

Definição da função logarítmica natural

A **função logarítmica natural**, denotada $\ln x$, é definida como

$$\ln x = b \quad \text{se, e somente se,} \quad e^b = x.$$

Lê-se $\ln x$ como "ele ene de x" ou "o logaritmo natural de x".

No Exercício 77, da página 280, você resolverá uma equação exponencial natural para prever quando a população de Orlando, Flórida, atingirá os 300.000 habitantes.

Essa definição implica que a função logarítmica natural e a função exponencial natural são funções inversas. Então, toda equação logarítmica pode ser escrita em uma forma exponencial equivalente e toda equação exponencial pode ser escrita em forma logarítmica. Veja alguns exemplos:

Forma logarítmica: *Forma exponencial:*

$\ln 1 = 0$ $e^0 = 1$

$\ln e = 1$ $e^1 = e$

$\ln \dfrac{1}{e} = -1$ $e^{-1} = \dfrac{1}{e}$

$\ln 2 \approx 0{,}693$ $e^{0{,}693} \approx 2$

$\ln 0{,}1 \approx -2{,}303$ $e^{-2{,}303} \approx 0{,}1$

Já que as funções $f(x) = e^x$ e $g(x) = \ln x$ são funções inversas, seus gráficos são reflexões um do outro em relação à reta

$y = x.$

Essa propriedade reflexiva é ilustrada na Figura 4.13. A figura também contém um resumo de diversas propriedades do gráfico da função logarítmica natural.

Observe que o domínio da função logarítmica natural é o conjunto dos *números reais positivos* – perceba que $\ln x$ não está definido para zero ou para números negativos. Isso pode ser comprovado usando a calculadora. Se tentar calcular

$\ln(-1)$ ou $\ln 0$

ela indicará que o valor não é um número real.

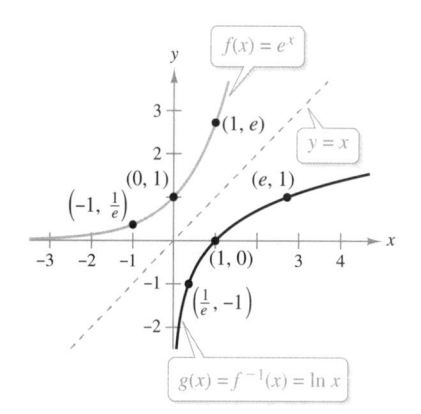

$g(x) = \ln x$

- Domínio: $(0, \infty)$
- Imagem: $(-\infty, \infty)$
- Intersecção com os eixos: $(1, 0)$
- Sempre crescente
- $\ln x \to \infty$ quando $x \to \infty$
- $\ln x \to -\infty$ quando $x \to 0^+$
- Contínua
- Bijetora

FIGURA 4.13

Exemplo 1 **Esboço de funções logarítmicas**

Esboce o gráfico de cada função.

a. $f(x) = \ln(x + 1)$ **b.** $f(x) = 2\ln(x - 2)$

SOLUÇÃO

a. Como a função logarítmica natural é definida somente para valores positivos, o domínio da função é $x + 1 > 0$, ou

$x > -1$. *Domínio*

Para esboçar o gráfico, comece por construir uma tabela de valores, como mostrado abaixo. Então marque os pontos da tabela e conecte-os com uma curva lisa, conforme mostra a Figura 4.14(a).

x	$-0,5$	0	0,5	1	1,5	2
$\ln(x+1)$	$-0,693$	0	0,405	0,693	0,916	1,099

b. O domínio dessa função é $x - 2 > 0$, ou

$x > 2$. *Domínio*

Uma tabela de valores da função é dada abaixo e seu gráfico mostrado na Figura 4.14(b).

x	2,5	3	3,5	4	4,5	5
$2\ln(x-2)$	$-1,386$	0	0,811	1,386	1,833	2,197

(a)   (b)

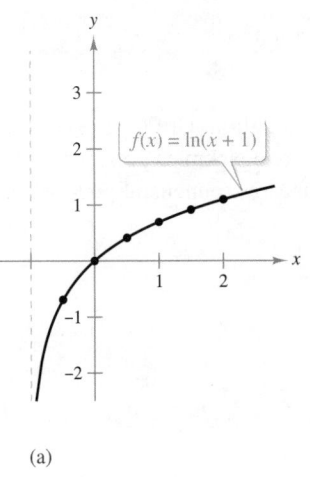

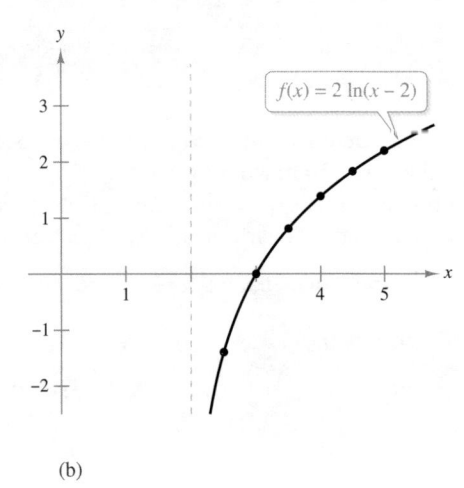

FIGURA 4.14

TUTOR TÉCNICO

O que acontece ao se tentar encontrar o logaritmo de um número negativo? Algumas ferramentas gráficas não exibem uma mensagem de erro para $\ln(-1)$. Em vez disso, a ferramenta gráfica exibe um número complexo. Para o propósito deste livro, no entanto, vamos considerar que o domínio da função logarítmica é o conjunto de números reais positivos.

DICA DE ESTUDO

Como o gráfico de $f(x) = \ln(x + 1)$ está relacionado com o gráfico de $y = \ln x$? O gráfico de f é uma translação do gráfico de $y = \ln x$ uma unidade para a esquerda.

✓ AUTOAVALIAÇÃO 1

Use uma ferramenta gráfica para completar a tabela e esboçar o gráfico da função.

$f(x) = \ln(x + 2)$

x	$-1,5$	-1	$-0,5$	0	0,5	1
$f(x)$						

Propriedade das funções logarítmicas

Lembre-se de que a Seção 1.4 mostrou que as funções inversas têm a propriedade

$f(f^{-1}(x)) = x$ e $f^{-1}(f(x)) = x$.

As propriedades listadas a seguir se originam do fato de que a função logarítmica natural e a função exponencial natural são funções inversas.

Propriedades inversas de logaritmos e expoentes

1. $\ln e^x = x$ **2.** $e^{\ln x} = x$

Exemplo 2   Aplicação das propriedades inversas

Simplifique cada expressão.

a. $\ln e^{\sqrt{2}}$ **b.** $e^{\ln 3x}$

SOLUÇÃO

a. Como $\ln e^x = x$, segue que
$$\ln e^{\sqrt{2}} = \sqrt{2}.$$

b. Como $e^{\ln x} = x$, segue que
$$e^{\ln 3x} = 3x.$$

✓ AUTOAVALIAÇÃO 2

Simplifique cada expressão.

a. $\ln e^3$ **b.** $e^{\ln(x+1)}$ ∎

A maioria das propriedades das funções exponenciais podem ser reescritas em termos de funções logarítmicas. Por exemplo, a propriedade

$$e^x e^y = e^{x+y}$$

afirma que é possível multiplicar duas expressões exponenciais adicionando seus expoentes. Na forma de logaritmos, esta propriedade torna-se

$$\ln xy = \ln x + \ln y.$$

Essa e duas outras propriedades de logaritmos estão resumidas abaixo.

DICA DE ESTUDO

Não há uma propriedade geral que possa ser usada para reescrever $\ln(x + y)$. Especificamente, $\ln(x + y)$ não é igual a $\ln x + \ln y$.

Propriedades de logaritmos

1. $\ln xy = \ln x + \ln y$ **2.** $\ln \dfrac{x}{y} = \ln x - \ln y$ **3.** $\ln x^n = n \ln x$

O ato de reescrever um logaritmo de uma única quantidade como a soma, diferença ou a multiplicação de logaritmos é denominado *expansão* da expressão logarítmica. O procedimento inverso é chamado de *condensação* de uma expressão logarítmica.

Exemplo 3   Expansão de expressões logarítmicas

Use as propriedades de logaritmos para reescrever cada expressão como uma soma, diferença ou multiplicação de logaritmos. (Suponha que $x > 0$ e $y > 0$.)

a. $\ln \dfrac{10}{9}$ **b.** $\ln \sqrt{x^2 + 1}$ **c.** $\ln \dfrac{xy}{5}$ **d.** $\ln[x^2(x + 1)]$

TUTOR TÉCNICO

Tente usar uma ferramenta gráfica para conferir os resultados do Exemplo 3(b). Ou seja, tente traçar o gráfico das funções

$$y = \ln \sqrt{x^2 + 1}$$

e

$$y = \dfrac{1}{2} \ln(x^2 + 1).$$

Como essas duas funções são equivalentes, seus gráficos devem coincidir.

SOLUÇÃO

a. $\ln \dfrac{10}{9} = \ln 10 - \ln 9$ Propriedade 2

b. $\ln \sqrt{x^2 + 1} = \ln(x^2 + 1)^{1/2}$ Reescreva com expoente racional.
$\qquad\qquad\quad\; = \dfrac{1}{2} \ln(x^2 + 1)$ Propriedade 3

c. $\ln \dfrac{xy}{5} = \ln(xy) - \ln 5$ Propriedade 2
$\qquad\quad\; = \ln x + \ln y - \ln 5$ Propriedade 1

d. $\ln[x^2(x+1)] = \ln x^2 + \ln(x+1)$ Propriedade 1
$ = 2\ln x + \ln(x+1)$ Propriedade 3

✓ AUTOAVALIAÇÃO 3

Use as propriedades de logaritmos para reescrever cada expressão como uma soma, diferença ou multiplicação de logaritmos. (Suponha que $x > 0$ e $y > 0$.)

a. $\ln \dfrac{2}{5}$ **b.** $\ln \sqrt[3]{x+2}$ **c.** $\ln \dfrac{x}{5y}$ **d.** $\ln x(x+1)^2$ ∎

Exemplo 4   Condensação de expressões logarítmicas

Use as propriedades dos logaritmos para reescrever cada expressão como logaritmo de uma única quantidade. (Suponha que $x > 0$ e $y > 0$.)

a. $\ln x + 2 \ln y$

b. $2 \ln(x+2) - 3 \ln x$

SOLUÇÃO

a. $\ln x + 2 \ln y = \ln x + \ln y^2$ Propriedade 3
$ = \ln xy^2$ Propriedade 1

b. $2 \ln(x+2) - 3 \ln x = \ln(x+2)^2 - \ln x^3$ Propriedade 3
$ = \ln \dfrac{(x+2)^2}{x^3}$ Propriedade 2

✓ AUTOAVALIAÇÃO 4

Use as propriedades dos logaritmos para reescrever cada expressão como logaritmo de uma única quantidade. (Suponha que $x > 0$ e $y > 0$.)

a. $4 \ln x + 3 \ln y$

b. $\ln(x+1) - 2 \ln(x+3)$ ∎

Resolução de equações exponenciais e logarítmicas

As propriedades inversas de logaritmos e expoentes podem ser usadas para resolver equações logarítmicas e exponenciais, conforme ilustram os próximos dois exemplos.

Exemplo 5   Resolução de equações exponenciais

Resolva cada equação.

a. $e^x = 5$ **b.** $10 + e^{0,1t} = 14$

SOLUÇÃO

a. $e^x = 5$ Escreva a equação original.
$\ln e^x = \ln 5$ Tome o log natural de cada lado.
$x = \ln 5$ Propriedade inversa: $\ln e^x = x$

b. $10 + e^{0,1t} = 14$ Escreva a equação original.
$e^{0,1t} = 4$ Subtraia 10 de cada lado.
$\ln e^{0,1t} = \ln 4$ Tome o log natural de cada lado.
$0,1t = \ln 4$ Propriedade inversa: $\ln e^x = x$
$t = 10 \ln 4$ Multiplique cada lado por 10.

✓ AUTOAVALIAÇÃO 5

Resolva cada equação.

a. $e^x = 6$ **b.** $5 + e^{0,2t} = 10$ ■

Para resolver uma equação logarítmica, primeiro isole a expressão logarítmica. Então tome a exponencial de cada lado da equação e isole a variável.

Exemplo 6 Resolução de equações logarítmicas

Resolva as equações

a. $\ln x = 5$

b. $3 + 2\ln x = 7$

SOLUÇÃO

a. $\ln x = 5$ Escreva a equação original.
   $e^{\ln x} = e^5$ Tome a exponencial de cada lado.
   $x = e^5$ Propriedade inversa: $e^{\ln x} = x$

b. $3 + 2\ln x = 7$ Escreva a equação original.
   $2\ln x = 4$ Subtraia 3 de cada lado.
   $\ln x = 2$ Divida cada lado por 2.
   $e^{\ln x} = e^2$ Tome a exponencial de cada lado.
   $x = e^2$ Propriedade inversa: $e^{\ln x} = x$

✓ AUTOAVALIAÇÃO 6

Resolva cada equação.

a. $\ln x = 4$

b. $4 + 5\ln x = 19$ ■

Aplicação

Exemplo 7 Determinação do tempo de duplicação

P dólares são depositados em uma conta cuja taxa de juros anual é r, capitalizados continuamente. Quanto tempo demorará para que esse saldo duplique?

SOLUÇÃO O saldo na conta após t anos é $A = Pe^{rt}$. Então, o saldo terá duplicado quando $Pe^{rt} = 2P$. Para determinar o "tempo de duplicação", resolva esta equação para t.

$Pe^{rt} = 2P$ O saldo na conta duplicou.
$e^{rt} = 2$ Divida cada lado por P.
$\ln e^{rt} = \ln 2$ Tome o log natural de cada lado.
$rt = \ln 2$ Propriedade inversa: $\ln e^{rt} = rt$
$t = \dfrac{1}{r}\ln 2$ Divida cada lado por r.

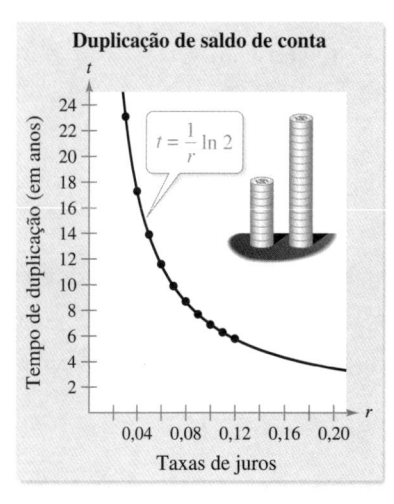

FIGURA 4.15

Por esse resultado, podemos observar que o tempo necessário para que o saldo dobre é inversamente proporcional à taxa de juros r. A tabela mostra os tempos de duplicação para diversas taxas de juros. Observe que o tempo de duplicação diminui à medida que a taxa aumenta. A relação entre o tempo de duplicação e a taxa de juros é mostrada graficamente na Figura 4.15.

r	3%	4%	5%	6%	7%	8%	9%	10%	11%	12%
t	23,1	17,3	13,9	11,6	9,9	8,7	7,7	6,9	6,3	5,8

✓ **AUTOAVALIAÇÃO 7**

Use a equação do Exemplo 7 para determinar o tempo necessário para que um saldo duplique à taxa de juros de 8,75%.

PRATIQUE (Seção 4.4)

1. Dê a definição de função logarítmica natural *(página 273)*. Para um exemplo de representação gráfica de funções logarítmicas, veja o Exemplo 1.

2. Enuncie as propriedades inversas de logaritmos e expoentes *(página 275)*. Para um exemplo da aplicação dessas propriedades, veja o Exemplo 2.

3. Enuncie as propriedades dos logaritmos *(página 275)*. Para exemplos de como usar essas propriedades para expandir e condensar expressões logarítmicas, veja os Exemplos 3 e 4.

4. Identifique as propriedades dos logaritmos e expoentes utilizadas para resolver as equações exponenciais e logarítmicas nos Exemplos 5 e 6 *(página 276)*.

5. Descreva em um exemplo da vida real como um logaritmo é usado para determinar quanto tempo levará para dobrar o saldo de uma conta de investimento *(página 277, Exemplo 7)*.

Recapitulação 4.4

Os exercícios preparatórios a seguir envolvem conceitos vistos em cursos ou seções anteriores. Esses conceitos serão utilizados no conjunto de exercícios desta seção. Para mais ajuda, consulte a Seção A.1 do Apêndice e as Seções 1.4 e 4.2.

Nos Exercícios 1-4, encontre a função inversa de f.

1. $f(x) = 5x$
2. $f(x) = x - 6$
3. $f(x) = 3x + 2$
4. $f(x) = \frac{3}{4}x - 9$

Nos Exercícios 5-8, resolva para determinar x.

5. $0 < x + 4$
6. $0 < x^2 + 1$
7. $0 < \sqrt{x^2 - 1}$
8. $0 < x - 5$

Nos Exercícios 9 e 10, encontre o saldo na conta de poupança após dez anos.

9. $P = \$1.900$, $r = 6\%$, capitalizados continuamente.
10. $P = \$2.500$, $r = 3\%$, capitalizados continuamente.

Exercícios 4.4

Formas logarítmicas e exponenciais das equações Nos Exercícios 1-8, escreva a equação logarítmica como uma equação exponencial, ou vice-versa.

1. $\ln 2 = 0{,}6931\ldots$
2. $\ln 0{,}05 = -2{,}9957\ldots$
3. $\ln 0{,}2 = -1{,}6094\ldots$
4. $\ln 9 = 2{,}1972\ldots$
5. $e^0 = 1$
6. $e^2 = 7{,}3891\ldots$
7. $e^{-3} = 0{,}0498\ldots$
8. $e^{0.25} = 1{,}2840\ldots$

Combinação Nos Exercícios 9-12, combine a função com o seu gráfico. [Os gráficos estão marcados (a)-(d).]

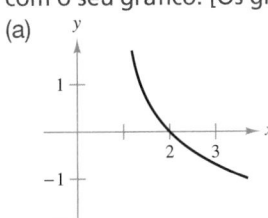

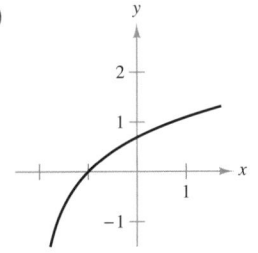

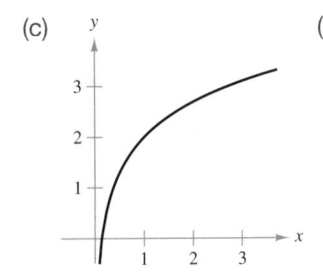

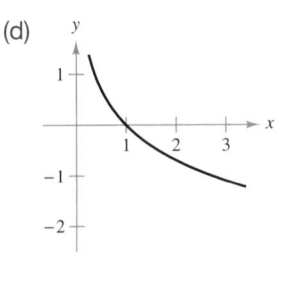

(a)
(b)
(c)
(d)

9. $f(x) = 2 + \ln x$
10. $f(x) = -\ln(x - 1)$
11. $f(x) = \ln(x + 2)$
12. $f(x) = -\ln x$

Representando funções logarítmicas Nos Exercícios 13-18, esboce o gráfico da função. *Veja o Exemplo 1.*

13. $y = \ln(x - 1)$
14. $y = \ln|x|$
15. $y = \ln 2x$
16. $y = \frac{1}{4} \ln x$
17. $y = 3 \ln x$
18. $y = 5 + \ln x$

Aplicando propriedades inversas Nos Exercícios 19-24, aplique as propriedades inversas das funções exponenciais e logarítmicas para simplificar a expressão. *Veja o Exemplo 2.*

19. $\ln e^{x^2}$
20. $\ln e^{2x-1}$
21. $e^{\ln(5x+2)}$
22. $e^{\ln \sqrt{x}}$
23. $-1 + \ln e^{2x}$
24. $-8 + e^{\ln x^3}$

Expandindo expressões logarítmicas Nos Exercícios 25-34, use as propriedades dos logaritmos para reescrever a expressão como uma soma, diferença ou múltiplo de logaritmos. *Veja o Exemplo 3.*

25. $\ln \frac{2}{3}$
26. $\ln \frac{1}{5}$
27. $\ln xyz$
28. $\ln \frac{xy}{z}$
29. $\ln \sqrt[3]{2x+7}$
30. $\ln \sqrt{\frac{x^3}{x+1}}$
31. $\ln[z(z-1)^2]$
32. $\ln\left(x\sqrt[3]{x^2+1}\right)$
33. $\ln \frac{3x(x+1)}{(2x+1)^2}$
34. $\ln \frac{2x}{\sqrt{x^2-1}}$

Funções inversas Nos Exercícios 35-38, mostre analiticamente que as funções são inversas. Em seguida, use uma ferramenta gráfica para mostrar isso graficamente.

35. $f(x) = e^{2x}$
    $g(x) = \ln \sqrt{x}$
36. $f(x) = e^{x/3}$
    $g(x) = \ln x^3$
37. $f(x) = e^{2x-1}$
    $g(x) = \frac{1}{2} + \ln \sqrt{x}$
38. $f(x) = e^x - 1$
    $g(x) = \ln(x+1)$

Usando propriedades dos logaritmos Nos Exercícios 39 e 40, use as propriedades dos logaritmos e o fato de que $\ln 2 \approx 0{,}6931$ e $\ln 3 \approx 1{,}0986$ para aproximar o logaritmo. Em seguida, use uma calculadora para confirmar a sua aproximação.

39. (a) $\ln 6$ (b) $\ln \frac{3}{2}$ (c) $\ln 81$ (d) $\ln \sqrt{3}$
40. (a) $\ln 0{,}25$ (b) $\ln 24$ (c) $\ln \sqrt[3]{12}$ (d) $\ln \frac{1}{72}$

Condensação de expressões logarítmicas Nos Exercícios 41-50, use as propriedades dos logaritmos para reescrever a expressão como o logaritmo de uma quantidade única. *Veja o Exemplo 4.*

41. $\ln(x-2) - \ln(x+2)$
42. $\ln(2x+1) + \ln(2x-1)$
43. $3 \ln x + 2 \ln y - 4 \ln z$
44. $4 \ln x + 6 \ln y - \ln z$
45. $4 \ln(x-6) - \frac{1}{2} \ln(3x+1)$
46. $2 \ln(5x+3) + \frac{3}{2} \ln(x+5)$
47. $3[\ln x + \ln(x+3) - \ln(x+4)]$
48. $\frac{1}{3}[2 \ln(x+3) + \ln x - \ln(x^2-1)]$
49. $\frac{3}{2}[\ln x(x^2+1) - \ln(x+1)]$
50. $2\left[\ln x + \frac{1}{4} \ln(x+1)\right]$

Resolvendo equações exponenciais e logarítmicas Nos Exercícios 51-72, resolva para x ou t. *Veja os exemplos 5 e 6.*

51. $e^{\ln x} = 4$
52. $e^{-0{,}5x} = 0{,}075$
53. $e^{x+1} = 4$
54. $e^{\ln x^2} - 9 = 0$
55. $300e^{-0{,}2t} = 700$
56. $400e^{-0{,}0174t} = 1.000$
57. $4e^{2x-1} - 1 = 5$
58. $2e^{-x+1} - 5 = 9$
59. $\ln x = 0$
60. $\ln 4x = 1$
61. $\ln 2x = 2{,}4$
62. $2 \ln x = 4$
63. $3 + 4 \ln x = 15$
64. $6 + 3 \ln x = 8$
65. $\ln x - \ln(x-6) = 3$
66. $\ln x + \ln(x+2) = 0$
67. $5^{2x} = 15$
68. $2^{1-x} = 6$
69. $500(1{,}07)^t = 1.000$
70. $400(1{,}06)^t = 1.300$
71. $\left(1 + \frac{0{,}07}{12}\right)^{12t} = 3$
72. $\left(1 + \frac{0{,}06}{12}\right)^{12t} = 5$

Juros compostos Nos Exercícios 73 e 74, $\$3.000$ são investidos em uma conta com taxa de juros r, compostos continuamente. Encontre o tempo necessário para que a quantidade (a) dobre e (b) triplique.

73. $r = 0,085$ **74.** $r = 0,045$

75. Juros compostos Um depósito de $ 1.000 é feito em uma conta que rende juros a uma taxa anual de 5%. Quanto tempo levará para o saldo dobrar quando os juros forem compostos (a) anualmente, (b) mensalmente, (c) diariamente e (d) continuamente?

76. Juros compostos Complete a tabela para determinar o tempo t necessário para P dólares triplicarem quando os juros forem contabilizados continuamente à taxa de r.

r	2%	4%	6%	8%	10%	12%	14%
t							

77. Crescimento populacional A população P (em milhares) de Orlando, Flórida, de 1980 a 2009, pode ser modelada por $P = 130e^{0,0205t}$, em que $t = 0$ corresponde a 1980. *(Fonte: U.S. Census Bureau)*
(a) Qual era a população de Orlando em 2009?
(b) Em que ano estima-se que Orlando terá uma população de 300.000 de habitantes?

78. Crescimento populacional A população P (em milhares) de Phoenix, Arizona, de 1980 a 2009, pode ser modelada por
$$P = 788e^{0,0248t}$$
em que $t = 0$ corresponde a 1980. *(Fonte: U.S. Census Bureau)*
(a) Qual era a população de Phoenix em 2009?
(b) Em que ano estima-se que Phoenix terá uma população de 2.000.000 de habitantes?

Datação por carbono Nos Exercícios 79-82, é dada a proporção de átomos de carbono em um fóssil. Use a informação para estimar a idade do fóssil. Em material orgânico vivo, a proporção de isótopos radioativos de carbono para o número total de átomos de carbono é de cerca de 1 para 10^{12}. (Veja Exemplo 2 na Seção 4.1.) Quando o material orgânico morre, seus isótopos radioativos de carbono começam a decair, com uma meia-vida de cerca de 5.715 anos. Assim, a proporção R de isótopos de carbono para átomos de carbono-14 é modelada por $R = 10^{-12}(\frac{1}{2})^{t/5.715}$, em que t é o tempo (em anos) e $t = 0$ representa o momento em que o material orgânico morreu.

79. $R = 0,32 \times 10^{-12}$ **80.** $R = 0,27 \times 10^{-12}$
81. $R = 0,22 \times 10^{-12}$ **82.** $R = 0,13 \times 10^{-12}$

83. Teoria da aprendizagem Estudantes em uma aula de matemática fizeram um exame e então foram novamente testados mensalmente com exames equivalentes. As notas médias S (em uma escala de 100 pontos) para a classe podem ser modeladas por $S = 80 - 14\ln(t + 1)$, $0 \leq t \leq 12$, em que t é o tempo em meses.
(a) Qual foi a nota média no exame original?
(b) Qual foi a nota média após 4 meses?
(c) Depois de quantos meses a nota média foi 46?

84. VISUALIZE O gráfico mostra a porcentagem de norte-americanos do sexo masculino e do sexo feminino com 20 anos ou mais que não têm mais que x polegadas de altura. *(Fonte: National Center for Health Statistics)*

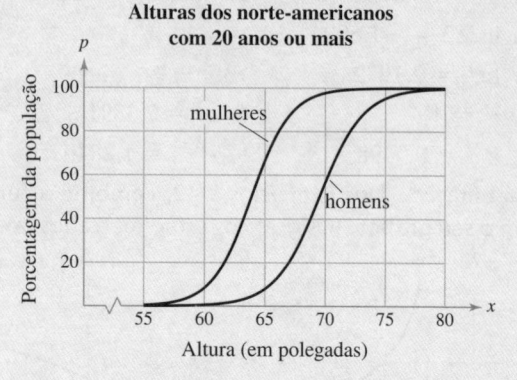

(a) Use o gráfico para determinar o limite de cada função quando x tende ao infinito. O que eles querem dizer?
(b) Qual é a altura média de cada sexo?

85. Demanda A função demanda para um produto é dada por
$$p = 5.000\left(1 - \frac{4}{4 + e^{-0,002x}}\right)$$
em que p é o preço por unidade (em dólares) e x é o número de unidades vendidas. Encontre o número de unidades vendidas pelos preços de (a) $p = $ 200$ e (b) $p = $ 800$.

86. Demanda A função demanda para um produto é dada por
$$p = 10.000\left(1 - \frac{3}{3 + e^{-0,001x}}\right)$$
em que p é o preço por unidade (em dólares) e x é o número de unidades vendidas. Encontre os números de unidades vendidas pelos preços de (a) $p = $ 500$ e (b) $p = $ 1.500$.

87. Usando uma propriedade dos logaritmos Mostre que
$$\frac{\ln x}{\ln y} \neq \ln \frac{x}{y} = \ln x - \ln y$$
usando uma planilha para completar a tabela.

x	y	$\dfrac{\ln x}{\ln y}$	$\ln \dfrac{x}{y}$	$\ln x - \ln y$
1	2			
3	4			
10	5			
4	0,5			

88. Encontrando limites e extremos relativos Use uma planilha para completar a tabela usando

$$f(x) = \frac{\ln x}{x}.$$

x	1	5	10	10^2	10^4	10^6
$f(x)$						

(a) Utilize a tabela para estimar o limite: $\lim_{x \to \infty} f(x)$.

(b) Use uma ferramenta gráfica para estimar os extremos relativos de f.

Verificando propriedades de logaritmos Nos Exercícios 89 e 90, utilize uma ferramenta gráfica para verificar que as funções são equivalentes para $x > 0$.

89. $f(x) = \ln \dfrac{x^2}{4}$

$g(x) = 2 \ln x - \ln 4$

90. $f(x) = \ln \sqrt{x(x^2 + 1)}$

$g(x) = \tfrac{1}{2}[\ln x + \ln(x^2 + 1)]$

Verdadeiro ou falso? Nos Exercícios 91-96, determine se a afirmação é verdadeira ou falsa, dado que $f(x) = \ln x$. Se for falsa, explique por que ou forneça um exemplo que mostre isso.

91. $f(0) = 0$

92. $\sqrt{f(x)} = \tfrac{1}{2} f(x)$

93. $f(x - 2) = f(x) - f(2)$, $x > 2$

94. $f(ax) = f(a) + f(x)$, $a > 0, x > 0$

95. Se $f(u) = 2f(v)$, então $v = u^2$.

96. Se $f(x) < 0$, então $0 < x < 1$.

97. Finanças Você está investindo P dólares a uma taxa de juros anual de r, compostos continuamente, por t anos. Qual das seguintes opções você escolheria para obter o maior valor do investimento? Explique seu raciocínio.

(a) Dobrar o valor que você investe.

(b) Dobrar sua taxa de juros.

(c) Dobrar o número de anos.

98. Pense sobre isso Os tempos necessários para que os investimentos nos Exercícios 75 e 76 quadrupliquem são duas vezes o tempo para que eles dobrem? Dê uma razão para sua resposta e verifique a sua resposta algebricamente.

99. Curva de perseguição Use uma ferramenta gráfica para traçar

$$y = 10 \ln\left(\frac{10 + \sqrt{100 - x^2}}{10}\right) - \sqrt{100 - x^2}$$

no do intervalo (0, 10]. Este gráfico é denominado *tractriz* ou *curva de perseguição*. Use a biblioteca de sua escola, a internet ou outra fonte de referência para encontrar informações sobre uma tractriz. Explique como essa curva pode surgir em um cenário da vida real.

4.5 Derivadas de funções logarítmicas

- Determinar derivadas de funções logarítmicas naturais.
- Determinar derivadas de funções exponenciais e logarítmicas envolvendo outras bases.

Derivadas de funções logarítmicas

A derivação implícita pode ser usada para deduzir a derivada da função logarítmica.

$y = \ln x$	Função logarítmica natural
$e^y = x$	Escreva na forma exponencial.
$\dfrac{d}{dx}[e^y] = \dfrac{d}{dx}[x]$	Derive com relação a x.
$e^y \dfrac{dy}{dx} = 1$	Regra da cadeia
$\dfrac{dy}{dx} = \dfrac{1}{e^y}$	Divida cada lado por e^y.
$\dfrac{dy}{dx} = \dfrac{1}{x}$	Substitua e^y por x.

Esse resultado e sua versão da regra da cadeia estão resumidos abaixo.

No Exercício 73, na página 288, você usará a derivada de uma função logarítmica para encontrar a taxa de variação da função demanda.

> **Derivada da função logarítmica natural**
>
> Seja u uma função diferenciável de x.
>
> **1.** $\dfrac{d}{dx}[\ln x] = \dfrac{1}{x}$ **2.** $\dfrac{d}{dx}[\ln u] = \dfrac{1}{u}\dfrac{du}{dx}$

Exemplo 1 Derivação de uma função logarítmica

Determine a derivada de

$$f(x) = \ln 2x.$$

SOLUÇÃO Seja $u = 2x$. Então $du/dx = 2$ e pode-se aplicar a regra da cadeia, como mostrado.

$$\begin{aligned} f'(x) &= \frac{1}{u}\frac{du}{dx} &&\text{Regra da cadeia} \\ &= \frac{1}{2x}(2) \\ &= \frac{1}{x} &&\text{Simplifique.} \end{aligned}$$

✓ AUTOAVALIAÇÃO 1

Determine a derivada de $f(x) = \ln 5x$. ∎

Exemplo 2 Derivação de funções logarítmicas

Determine a derivada de cada função.

a. $f(x) = \ln(2x^2 + 4)$ **b.** $f(x) = x \ln x$ **c.** $f(x) = \dfrac{\ln x}{x}$

SOLUÇÃO

a.
$$\begin{aligned} f'(x) &= \frac{1}{u}\frac{du}{dx} &&\text{Regra da cadeia} \\ &= \frac{1}{2x^2 + 4}(4x) &&u = 2x^2 + 4,\ du/dx = 4x \\ &= \frac{2x}{x^2 + 2} &&\text{Simplifique.} \end{aligned}$$

b.
$$\begin{aligned} f'(x) &= x\frac{d}{dx}[\ln x] + (\ln x)\frac{d}{dx}[x] &&\text{Regra do produto} \\ &= x\left(\frac{1}{x}\right) + (\ln x)(1) \\ &= 1 + \ln x &&\text{Simplifique.} \end{aligned}$$

c.
$$\begin{aligned} f'(x) &= \frac{x\dfrac{d}{dx}[\ln x] - (\ln x)\dfrac{d}{dx}[x]}{x^2} &&\text{Regra do quociente} \\ &= \frac{x\left(\dfrac{1}{x}\right) - \ln x}{x^2} \\ &= \frac{1 - \ln x}{x^2} &&\text{Simplifique.} \end{aligned}$$

✓ AUTOAVALIAÇÃO 2

Determine a derivada de cada função.
a. $f(x) = \ln(x^2 - 4)$ **b.** $f(x) = x^2 \ln x$ **c.** $f(x) = -\dfrac{\ln x}{x^2}$ ∎

Exemplo 3 — Reescrever antes de derivar

$f(x) = \ln\sqrt{x+1}$ Função original

$\quad = \ln(x+1)^{1/2}$ Reescreva com expoente racional.

$\quad = \dfrac{1}{2}\ln(x+1)$ Propriedade dos logaritmos

$f'(x) = \dfrac{1}{2}\left(\dfrac{1}{x+1}\right)$ Derive.

$\quad = \dfrac{1}{2(x+1)}$ Simplifique.

✓ AUTOAVALIAÇÃO 3
Determine a derivada de $f(x) = \ln\sqrt[3]{x+1}$.

Exemplo 4 — Reescrever antes de derivar

Encontre a derivada de $f(x) = \ln[x(x^2+1)^2]$.

SOLUÇÃO

$f(x) = \ln[x(x^2+1)^2]$ Escreva a função original.

$\quad = \ln x + \ln(x^2+1)^2$ Propriedades dos logaritmos

$\quad = \ln x + 2\ln(x^2+1)$ Propriedades dos logaritmos

$f'(x) = \dfrac{1}{x} + 2\left(\dfrac{2x}{x^2+1}\right)$ Derive.

$\quad = \dfrac{1}{x} + \dfrac{4x}{x^2+1}$ Simplifique.

✓ AUTOAVALIAÇÃO 4
Determine a derivada de $f(x) = \ln[x^2\sqrt{x^2+1}]$.

> **DICA DE ESTUDO**
>
> Ao derivar funções logarítmicas, em geral é útil usar as propriedades dos logaritmos para reescrever a função *antes* de derivá-la. Para perceber a vantagem de reescrever antes de derivar, tente usar a regra da cadeia para derivar $f(x) = \ln\sqrt{x+1}$ e compare seu trabalho ao mostrado no Exemplo 3.

> **TUTOR TÉCNICO**
>
> Uma ferramenta de derivação simbólica geralmente não exibirá a derivada da função logarítmica na forma mostrada no Exemplo 4. Use uma ferramenta de derivação simbólica para determinar a derivada da função no Exemplo 4. Mostre que ambas as formas são equivalentes reescrevendo a resposta obtida no Exemplo 4.

Determinar a derivada da função no Exemplo 4 sem antes reescrevê-la seria uma tarefa muito difícil.

$$f'(x) = \dfrac{1}{x(x^2+1)^2}\dfrac{d}{dx}[x(x^2+1)^2]$$

Você pode tentar mostrar que isso gera o mesmo resultado que o obtido no Exemplo 4 – mas atenção, a álgebra envolvida é bastante trabalhosa.

Exemplo 5 — Encontrando a equação da reta tangente

Encontre a equação da reta tangente ao gráfico de $f(x) = 2 + 3x\ln x$ no ponto $(1, 2)$.

SOLUÇÃO Comece encontrando a derivada de f.

$f(x) = 2 + 3x\ln x$ Escreva a função original.

$f'(x) = 3x\left(\dfrac{1}{x}\right) + (\ln x)(3)$ Derive.

$\quad = 3 + 3\ln x$ Simplifique.

A inclinação da reta tangente ao gráfico de f em $(1, 2)$ é

$$f'(1) = 3 + 3\ln 1 = 3 + 3(0) = 3.$$

Usando a forma ponto-inclinação de uma reta, você pode determinar a equação da reta tangente como

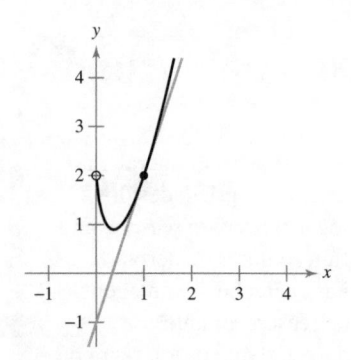

FIGURA 4.16

$y = 3x - 1.$

O gráfico da função e a reta tangente são mostrados na Figura 4.16.

✓ AUTOAVALIAÇÃO 5

Encontre a equação da reta tangente para o gráfico de $f(x) = 4 \ln x$ no ponto $(1, 0)$.

Exemplo 6 — Análise de um gráfico

Analise o gráfico da função $f(x) = \dfrac{x^2}{2} - \ln x$.

SOLUÇÃO A partir da Figura 4.17, parece que a função tem um mínimo em $x = 1$. Para determinar analiticamente o mínimo, encontre os números críticos igualando a derivada de f a zero e resolvendo a equação para x.

$$f(x) = \frac{x^2}{2} - \ln x \qquad \text{Escreva a função original.}$$

$$f'(x) = x - \frac{1}{x} \qquad \text{Derive.}$$

$$x - \frac{1}{x} = 0 \qquad \text{Iguale a derivada a 0.}$$

$$x = \frac{1}{x} \qquad \text{Adicione } 1/x \text{ a cada lado.}$$

$$x^2 = 1 \qquad \text{Multiplique cada lado por } x.$$

$$x = \pm 1 \qquad \text{Tire a raiz quadrada de cada lado.}$$

Desses dois possíveis números críticos, somente o positivo está no domínio de f. Aplicando o teste de primeira derivada, é possível confirmar que a função tem um mínimo relativo quando $x = 1$.

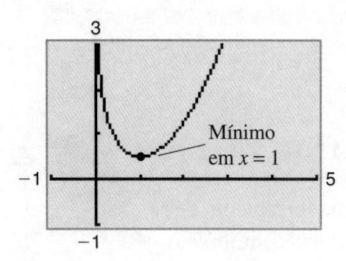

FIGURA 4.17

✓ AUTOAVALIAÇÃO 6

Determine os extremos relativos da função $f(x) = x - 2 \ln x$.

Exemplo 7 — Determinação de uma taxa de variação

Um grupo de 200 universitários foi testado semestralmente durante um período de quatro anos. O grupo era composto de alunos que fizeram um curso de espanhol durante o outono de seu primeiro ano de faculdade e não continuaram a estudar o idioma. A pontuação média no teste p (em porcentagem) é modelada por

$$p = 91{,}6 - 15{,}6 \ln(t + 1), \quad 0 \leq t \leq 48$$

na qual t é o tempo em meses, conforme mostra a Figura 4.18. Qual foi a taxa de variação da pontuação média depois de um ano?

SOLUÇÃO A taxa de variação é

$$\frac{dp}{dt} = -\frac{15{,}6}{t+1}.$$

A taxa de variação quando $t = 12$ é

$$\frac{dp}{dt} = -\frac{15{,}6}{12+1} = -\frac{15{,}6}{13} = -1{,}2.$$

Isso significa que a pontuação média estava decrescendo à taxa de 1,2% ao mês.

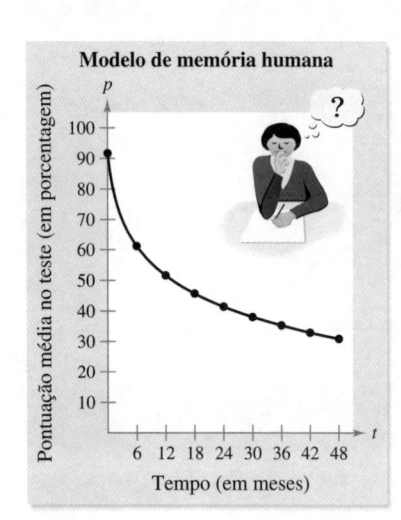

FIGURA 4.18

✓ **AUTOAVALIAÇÃO 7**

Suponha que a pontuação média no teste p no Exemplo 6 foi modelada por

$$p = 92,3 - 16,9 \ln(t + 1), \quad 0 \le t \le 48$$

em que t é o tempo em meses. Como se compara a taxa na qual a pontuação média no teste estava variando, após um ano, com aquela do modelo no Exemplo 7? ■

Outras bases

Este capítulo começou com uma definição de uma função exponencial geral

$$f(x) = a^x$$

na qual a é um número positivo tal que $a \ne 1$. O **logaritmo na base a** correspondente é definido por

$$\log_a x = b \quad \text{se, e somente se,} \quad a^b = x.$$

Como na função logarítmica natural, o domínio da função logarítmica na base a é o conjunto dos números reais positivos.

Exemplo 8 Cálculo de logaritmos

Calcule cada logaritmo sem usar uma calculadora.

a. $\log_2 8 = 3$ $\qquad 2^3 = 8$

b. $\log_{10} 100 = 2$ $\qquad 10^2 = 100$

c. $\log_{10} \frac{1}{10} = -1$ $\qquad 10^{-1} = \frac{1}{10}$

d. $\log_3 81 = 4$ $\qquad 3^4 = 81$

✓ **AUTOAVALIAÇÃO 8**

Calcule cada logaritmo sem usar uma calculadora.

a. $\log_2 16$ **b.** $\log_{10} \frac{1}{100}$ **c.** $\log_2 \frac{1}{32}$ **d.** $\log_5 125$ ■

Os logaritmos na base 10 são chamados de **logaritmos comuns**. A maioria das calculadoras só tem duas teclas de logaritmo – uma para logaritmos naturais, denotada [LN], e outra para logaritmos comuns, denotada [LOG]. Os logaritmos em outras bases podem ser calculados com a seguinte fórmula de mudança de base.

$$\log_a x = \frac{\ln x}{\ln a} \qquad \text{Fórmula de mudança de base}$$

Exemplo 9 Mudança de base para calcular logaritmos

Use a fórmula de mudança de base e uma calculadora para calcular cada logaritmo.

a. $\log_2 3$ **b.** $\log_3 6$ **c.** $\log_2(-1)$

SOLUÇÃO Em cada caso, use a fórmula de mudança de base e uma calculadora.

a. $\log_2 3 = \dfrac{\ln 3}{\ln 2} \approx 1,585$ $\qquad \log_a x = \dfrac{\ln x}{\ln a}$

b. $\log_3 6 = \dfrac{\ln 6}{\ln 3} \approx 1,631$ $\qquad \log_a x = \dfrac{\ln x}{\ln a}$

c. $\log_2(-1)$ não é definido.

DICA DE ESTUDO

Lembre-se de que é possível converter para a base e usando as fórmulas

$$a^x = e^{(\ln a)x}$$

e

$$\log_a x = \left(\frac{1}{\ln a}\right) \ln x.$$

✓ AUTOAVALIAÇÃO 9

Use a fórmula de mudança de base para calcular cada logaritmo.
a. $\log_2 5$ **b.** $\log_3 18$ **c.** $\log_4 80$ **d.** $\log_{16} 0{,}25$

Para encontrar as derivadas de funções exponenciais ou logarítmicas em bases diferentes de e, é possível converter para a base e ou usar as regras de derivação mostradas a seguir.

Outras bases e derivação

Seja u uma função diferenciável de x.

1. $\dfrac{d}{dx}[a^x] = (\ln a)a^x$ **2.** $\dfrac{d}{dx}[a^u] = (\ln a)a^u \dfrac{du}{dx}$

3. $\dfrac{d}{dx}[\log_a x] = \left(\dfrac{1}{\ln a}\right)\dfrac{1}{x}$ **4.** $\dfrac{d}{dx}[\log_a u] = \left(\dfrac{1}{\ln a}\right)\left(\dfrac{1}{u}\right)\dfrac{du}{dx}$

DEMONSTRAÇÃO Por definição, $a^x = e^{(\ln a)x}$. Então, pode-se demonstrar a primeira regra fazendo $u = (\ln a)x$ e derivando na base e para obter

$$\frac{d}{dx}[a^x] = \frac{d}{dx}[e^{(\ln a)x}] = e^u \frac{du}{dx} = e^{(\ln a)x}(\ln a) = (\ln a)a^x.$$

Exemplo 10 Determinação da taxa de variação

Os isótopos radioativos de carbono têm meia-vida de 5.715 anos. Se um grama dos isótopos estiver presente em um objeto nesse instante, a quantidade A (em gramas) que estará presente em t anos é

$$A = \left(\frac{1}{2}\right)^{t/5{,}715}.$$

Qual a taxa de variação quando $t = 10.000$ anos?

SOLUÇÃO A derivada de A em relação a t é

$$\frac{dA}{dt} = \left(\ln \frac{1}{2}\right)\left(\frac{1}{2}\right)^{t/5{,}715}\left(\frac{1}{5{,}715}\right).$$

Quando $t = 10.000$, a taxa na quantidade que varia é

$$\left(\ln \frac{1}{2}\right)\left(\frac{1}{2}\right)^{10.000/5{,}715}\left(\frac{1}{5{,}715}\right) \approx -0{,}000036$$

o que significa que a quantidade de isótopos no objeto decresce a uma taxa de aproximadamente 0,000036 grama por ano.

✓ AUTOAVALIAÇÃO 10

Use uma ferramenta gráfica para traçar o gráfico do modelo no Exemplo 10. Descreva a taxa de variação quando o tempo t aumenta.

PRATIQUE (Seção 4.5)

1. Escreva a derivada da função logarítmica natural *(página 282)*. Para exemplos da derivada da função logarítmica natural, veja os Exemplos 1, 2, 3 e 4.

2. Escreva a derivada da função logarítmica na base a *(página 286)*. Para um exemplo da derivada de função logarítmica na base a, veja o Exemplo 10.

Recapitulação 4.5 — Os exercícios preparatórios a seguir envolvem conceitos vistos em seções anteriores. Esses conceitos serão utilizados no conjunto de exercícios desta seção. Para mais ajuda, consulte as Seções 2.6, 2.7 e 4.4.

Nos Exercícios 1-6, expanda a expressão logarítmica.

1. $\ln(x+1)^2$
2. $\ln x(x+1)$
3. $\ln \dfrac{x}{x+1}$
4. $\ln\left(\dfrac{x}{x-3}\right)^3$
5. $\ln \dfrac{4x(x-7)}{x^2}$
6. $\ln x^3(x+1)$

Nos Exercícios 7 e 8, determine dy/dx implicitamente.

7. $y^2 + xy = 7$
8. $x^2y - xy^2 = 3x$

Nos Exercícios 9 e 10, determine a segunda derivada de f.

9. $f(x) = x^2(x+1) - 3x^3$
10. $f(x) = -\dfrac{1}{x^2}$

Exercícios 4.5

Derivação de uma função logarítmica Nos Exercícios 1-22, encontre a derivada da função. *Veja os Exemplos 1, 2, 3 e 4.*

1. $y = \ln x^2$
2. $f(x) = \ln 7x$
3. $y = \ln(x^2 + 3)$
4. $y = \ln(1-x)^{3/2}$
5. $y = \ln\sqrt{x-4}$
6. $f(x) = \ln(1-x^2)$
7. $y = (\ln x)^4$
8. $y = (\ln x^2)^2$
9. $f(x) = 2x \ln x$
10. $y = \dfrac{\ln x}{x^2}$
11. $y = \ln\left(x\sqrt{x^2-1}\right)$
12. $y = \ln[x(2x+3)^2]$
13. $y = \ln \dfrac{x}{x+1}$
14. $y = \ln \dfrac{x}{x^2+1}$
15. $y = \ln \sqrt[3]{\dfrac{x-1}{x+1}}$
16. $y = \ln\sqrt{\dfrac{x+1}{x-1}}$
17. $y = \ln \dfrac{\sqrt{4+x^2}}{x}$
18. $y = \ln \dfrac{(6-x)^{3/2}}{x^{2/3}}$
19. $g(x) = e^{-x} \ln x$
20. $y = e^{x^2} \ln 4x^3$
21. $g(x) = \ln \dfrac{e^x + e^{-x}}{2}$
22. $f(x) = \ln \dfrac{1+e^x}{1-e^x}$

Calculando o valor de logaritmos Nos Exercícios 23-28, calcule o logaritmo sem usar uma calculadora. *Veja o Exemplo 8.*

23. $\log_5 25$
24. $\log_8 512$
25. $\log_3 \tfrac{1}{27}$
26. $\log_6 \tfrac{1}{36}$
27. $\log_7 49$
28. $\log_4 64$

Mudando bases no cálculo de logaritmos Nos Exercícios 29-34, utilize a fórmula de mudança de base e uma calculadora para calcular o logaritmo. *Veja o Exemplo 9.*

29. $\log_4 7$
30. $\log_5 12$
31. $\log_2 48$
32. $\log_6 10$
33. $\log_3 \tfrac{1}{2}$
34. $\log_7 \tfrac{2}{9}$

Derivando funções em outras bases Nos Exercícios 35-44, encontre a derivada da função.

35. $y = 3^x$
36. $f(x) = 10^{x^2}$
37. $f(x) = \log_2 x$
38. $g(x) = \log_5 x$
39. $h(x) = 4^{2x-3}$
40. $y = \left(\tfrac{1}{4}\right)^x$
41. $y = \log_{10}(x^2 + 6x)$
42. $g(x) = \log_8(2x-5)$
43. $y = x2^x$
44. $y = x3^{x+1}$

Encontrando uma equação da reta tangente Nos Exercícios 45-52, encontre uma equação da reta tangente ao gráfico da função no ponto dado. *Veja o Exemplo 5.*

45. $y = \ln x^3;\ (1, 0)$
46. $y = \ln x^{5/2};\ (1, 0)$
47. $y = x \ln x;\ (e, e)$
48. $y = \dfrac{\ln x}{x};\ \left(e, \dfrac{1}{e}\right)$
49. $f(x) = \ln \dfrac{5(x+2)}{x};\ \left(-\dfrac{5}{2}, 0\right)$
50. $f(x) = \ln\left(x\sqrt{x+3}\right);\ \left(\tfrac{6}{5}, \tfrac{9}{10}\right)$
51. $y = \log_3 x;\ (27, 3)$
52. $g(x) = \log_{10} 2x;\ (5, 1)$

Encontrando derivadas implicitamente Nos Exercícios 53-56, encontre dy/dx implicitamente

53. $x^2 - 3 \ln y + y^2 = 10$
54. $4xy + \ln(x^2 y) = 7$
55. $4x^3 + \ln y^2 + 2y = 2x$
56. $\ln xy + 5x = 30$

Encontrando uma equação da reta tangente Nos Exercícios 57 e 58, utilize a derivação implícita para encontrar uma equação da reta tangente ao gráfico da função no ponto dado.

57. $x + y - 1 = \ln(x^2 + y^2); (1, 0)$

58. $y^2 + \ln(xy) = 2; (e, 1)$

Encontrando derivadas de ordem superior Nos Exercícios 59-64, encontre a segunda derivada da função.

59. $f(x) = x \ln \sqrt{x} + 2x$ **60.** $f(x) = \log_{10} x$

61. $f(x) = 2 + x^3 \ln x$ **62.** $f(x) = \dfrac{\ln x}{x^3} + x$

63. $f(x) = 5^x$ **64.** $f(x) = 3 + 2\ln x$

65. Intensidade do som A relação entre o número de decibéis β e a intensidade de um som I (em watts por centímetro quadrado) é dada por

$$\beta = 10 \log_{10}\left(\dfrac{I}{10^{-16}}\right).$$

Encontre a taxa de variação no número de decibéis quando a intensidade é 10^{-4} watt por centímetro quadrado.

66. Química As temperaturas T (em °F) nas quais a água ferve a pressões selecionadas p (em libras por polegada quadrada) podem ser modeladas por

$T = 87{,}97 + 34{,}96 \ln p + 7{,}91\sqrt{p}$.

Encontre a taxa de variação da temperatura, quando a pressão é de 60 libras por polegada quadrada.

Analisando um gráfico Nos Exercícios 67-72, analise e esboce o gráfico da função. Assinale quaisquer extremos relativos, pontos de inflexão e assíntotas. *Veja o Exemplo 6.*

67. $y = x - \ln x$ **68.** $y = (\ln x)^2$

69. $y = \dfrac{x}{\ln x}$ **70.** $y = \dfrac{\ln 5x}{x^2}$

71. $y = x^2 \ln \dfrac{x}{4}$ **72.** $y = \ln 2x - 2x^2$

Demanda Nos Exercícios 73 e 74, encontre dx/dp para a função demanda. Interprete essa taxa de variação para um preço de $10.

73. $x = \ln \dfrac{1.000}{p}$ **74.** $x = \dfrac{500}{\ln(p^2 + 1)}$

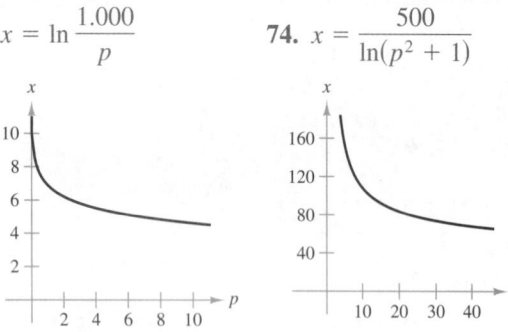

75. Demanda Isole p na função demanda no Exercício 73. Use o resultado para encontrar dp/dx. Em seguida, encontre a taxa de variação quando $p = \$10$. Qual é a relação entre essa derivada e dx/dp?

76. Demanda Isole p na função demanda no Exercício 74. Use o resultado para encontrar dp/dx. Em seguida, encontre a taxa de variação quando $p = \$10$. Qual é a relação entre essa derivada e dx/dp?

77. Custo médio mínimo O custo de produção de x unidades de um produto é modelado por

$C = 500 + 300x - 300 \ln x, \quad x \geq 1$.

(a) Encontre a função custo médio $\overline{C}$.

(b) Encontre o custo médio mínimo analiticamente. Use uma ferramenta gráfica para confirmar seu resultado.

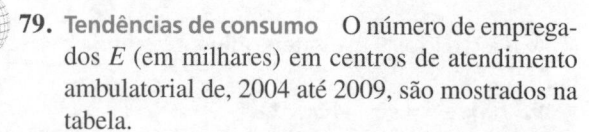

78. Custo médio mínimo O custo de produção de x unidades de um produto é modelado por

$C = 100 + 25x - 120 \ln x, \quad x \geq 1$.

(a) Encontre a função custo médio $\overline{C}$.

(b) Encontre o custo médio mínimo analiticamente. Use uma ferramenta gráfica para confirmar seu resultado.

79. Tendências de consumo O número de empregados E (em milhares) em centros de atendimento ambulatorial de, 2004 até 2009, são mostrados na tabela.

Ano	2004	2005	2006	2007	2008	2009
Funcionários	451	473	493	512	533	543

Os dados podem ser modelados por $E = 287 + 116{,}7 \ln t$, em que $t = 4$ corresponde a 2004. *(Fonte: U.S. Bureau of Labor Statistics)*

(a) Use uma ferramenta gráfica para marcar os dados e traçar E no intervalo [4, 9].

(b) A que taxa o número de trabalhadores estava variando em 2006?

80. VISUALIZE O gráfico mostra a temperatura T (em °C) de um objeto h horas após ter sido removido de um forno.

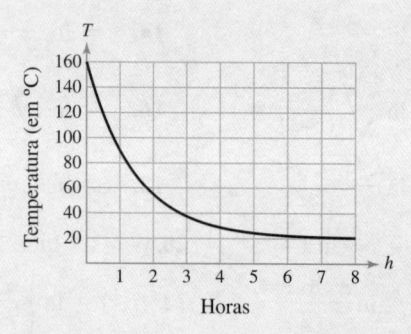

(a) Encontre o $\lim\limits_{h \to \infty} T$. O que esse limite representa?

(b) Quando a temperatura está mudando mais rapidamente?

81. Hipoteca residencial O prazo t (em anos) da hipoteca de uma casa de $ 200.000 com 7,5% de juros pode ser aproximado por

$$t = -13{,}375 \ln \dfrac{x - 1.250}{x}, \quad x > 1.250$$

em que x é o pagamento mensal em dólares.

(a) Use uma ferramenta gráfica para traçar o modelo.

(b) Use o modelo para aproximar o prazo da hipoteca de uma casa para a qual o pagamento mensal é de $ 1.398,43. Qual é o montante total pago?

(c) Use o modelo para aproximar o prazo de uma hipoteca da casa para a qual o pagamento mensal é de $ 1.611,19. Qual é o montante total pago?

(d) Encontre a taxa de variação instantânea de t em relação a x, quando $x =$ $ 1.398,43 e $x =$ $ 1.611,19.

(e) Escreva um breve parágrafo descrevendo o benefício do pagamento mensal mais elevado.

82. Intensidade de um terremoto Na escala Richter, a magnitude R de um terremoto de intensidade I é dada por

$$R = \frac{\ln I - \ln I_0}{\ln 10}$$

em que I_0 é a intensidade mínima utilizada para comparação. Assuma $I_0 = 1$.

(a) Encontre a intensidade do terremoto de 11 de março de 2011, no Japão, para o qual $R = 9,0$.

(b) Encontre a intensidade do terremoto de 12 de janeiro de 2010, no Haiti, para o qual $R = 7,0$.

(c) Encontre o fator pelo qual a intensidade aumenta quando o valor de R dobra.

(d) Encontre dR/dI.

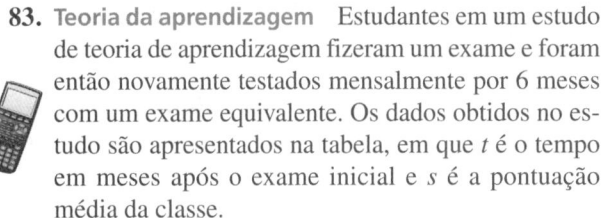

83. Teoria da aprendizagem Estudantes em um estudo de teoria de aprendizagem fizeram um exame e foram então novamente testados mensalmente por 6 meses com um exame equivalente. Os dados obtidos no estudo são apresentados na tabela, em que t é o tempo em meses após o exame inicial e s é a pontuação média da classe.

t	1	2	3	4	5	6
s	84,2	78,4	72,1	68,5	67,1	65,3

(a) Use uma ferramenta gráfica para encontrar um modelo logarítmico para a pontuação s média em termos do tempo t.

(b) Use uma ferramenta gráfica para marcar os dados e traçar o modelo. Quão bem o modelo ajusta os dados?

(c) Encontre a taxa de variação de s com relação a t quando $t = 2$. Interprete o significado dessa taxa de variação no contexto do problema.

Cápsula de negócios

Quando na faculdade, Heikal Gani teve uma experiência infeliz tentando comprar um terno novo. Ele criou com seu amigo Kyle Vucko um modelo de negócio on-line para fornecer ternos sob medida para homens. Com um investimento inicial de $ 800.000, a Indochino.com nasceu em 2007. Hoje, a empresa tem um faturamento de sete dígitos, com mais de 17.000 clientes. A Indochino oferece a promessa de caimento perfeito; eles pagarão por alterações em um alfaiate local ou emitirão reembolso total.

84. Projeto de pesquisa Use a biblioteca de sua escola, a Internet ou alguma outra fonte de referência para pesquisar informações sobre uma empresa de comércio eletrônico, como a discutida acima. Colete dados sobre a empresa (vendas ao longo de um período de 10 anos, por exemplo) e encontre um modelo matemático que represente os dados.

4.6 Crescimento e decrescimento exponenciais

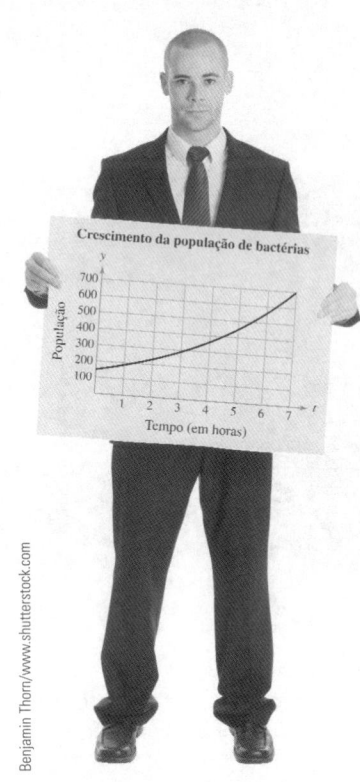

■ Utilizar o crescimento e o decrescimento exponenciais para modelar situações da vida real.

Crescimento e decrescimento exponenciais

Nesta seção, veremos como criar modelos de *crescimento e decrescimento exponenciais*. Situações reais que envolvem crescimento e decrescimento exponenciais lidam com uma substância ou população cuja *taxa de variação em qualquer instante t é proporcional à quantidade de substância presente naquele instante*. Por exemplo, a taxa de decomposição de uma substância radioativa é proporcional à quantidade de substância radioativa em dado instante. Em sua forma mais simples, a relação é descrita pela equação abaixo.

A taxa de variação de y é proporcional a y.

$$\frac{dy}{dt} = ky.$$

Nessa equação, k é uma constante e y é uma função de t. A solução dessa equação é mostrada abaixo.

Lei do crescimento e decrescimento exponenciais

Se y é uma quantidade positiva cuja taxa de variação com relação ao tempo é proporcional à quantidade presente em qualquer instante t, então y é da forma

$$y = Ce^{kt}$$

em que C é o **valor inicial** e k é a **constante de proporcionalidade**. O **crescimento exponencial** é indicado por $k > 0$ e o **decrescimento exponencial** por $k < 0$.

DEMONSTRAÇÃO Como a taxa de variação de y é proporcional a y, podemos escrever

$$\frac{dy}{dt} = ky.$$

Pode-se conferir que $y = Ce^{kt}$ é uma solução dessa equação derivando y para obter $dy/dt = kCe^{kt}$ e fazendo a substituição

$y = Ce^{kt}$ Equação original

$\dfrac{dy}{dt} = kCe^{kt}$ Derive.

$\quad\;\; = k(Ce^{kt})$ Reescreva.

$\quad\;\; = ky$ Substitua Ce^{kt} por y.

No Exercício 23, na página 295, você adotará uma função de crescimento exponencial para encontrar o tempo que leva para dobrar a população de bactérias.

DICA DE ESTUDO

No modelo $y = Ce^{kt}$, C é chamado de "valor inicial" porque quando $t = 0$,

$y = Ce^{k(0)}$

$\;\; = C(1)$

$\;\; = C.$

O decaimento radioativo é medido em termos da **meia-vida**, o número de anos necessários para que metade dos átomos da amostra de material radioativo decaia. As meia-vidas de alguns dos isótopos radioativos mais comuns são:

Urânio (^{238}U)	4.470.000.000 anos
Plutônio (^{239}Pu)	24.100 anos
Carbono (^{14}C)	5.715 anos
Rádio (^{226}Ra)	1.599 anos
Einstéinio (^{254}Es)	276 dias
Nobélio (^{257}No)	25 segundos

Exemplo 1 Modelagem do decaimento radioativo

Uma amostra contém 1 grama de rádio. Após mil anos, ainda haverá mais de 0,5 grama de rádio?

SOLUÇÃO Suponha que y represente a massa (em gramas) de rádio da amostra. Como a taxa de decaimento é proporcional a y, pode-se aplicar a lei do decrescimento exponencial para concluir que y é da forma $y = Ce^{kt}$, em que t é o tempo em anos. A partir das informações fornecidas, sabe-se que $y = 1$ quando $t = 0$. Inserindo esses valores no modelo, tem-se:

$$1 = Ce^{k(0)} \qquad \text{Substitua } y \text{ por 1 e } t \text{ por 0.}$$

o que significa que $C = 1$. Como o rádio tem meia-vida de 1.599 anos, sabe-se que $y = \frac{1}{2}$ quando $t = 1.599$. Inserir esses valores no modelo permite que se resolva a equação para k.

$$y = e^{kt} \qquad \text{Modelo de decrescimento exponencial}$$
$$\tfrac{1}{2} = e^{k(1.599)} \qquad \text{Substitua } y \text{ por } \tfrac{1}{2} \text{ e } t \text{ por 1.599.}$$
$$\ln \tfrac{1}{2} = 1.599k \qquad \text{Tire o log natural de cada lado.}$$
$$\tfrac{1}{1.599} \ln \tfrac{1}{2} = k \qquad \text{Divida cada lado por 1.599.}$$

Então, $k \approx -0{,}0004335$, e o modelo do decrescimento exponencial é

$$y = e^{-0,0004335t}$$

Para encontrar a quantidade de rádio remanescente na amostra após mil anos, é necessário inserir $t = 1.000$ no modelo.

$$y = e^{-0,0004335(1.000)} \approx 0{,}648 \text{ grama.}$$

Portanto, sim, sobrará mais de 0,5 grama de rádio após mil anos. A Figura 4.19 mostra o gráfico do modelo.

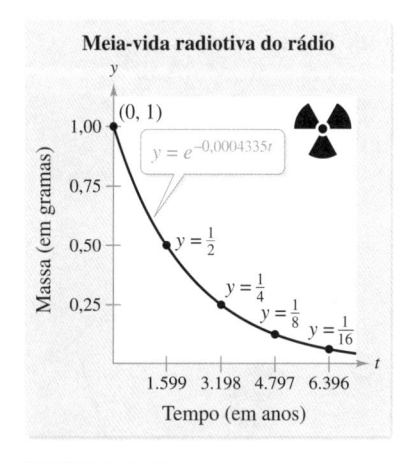

FIGURA 4.19

✓ AUTOAVALIAÇÃO 1

Use o modelo do Exemplo 1 para determinar o número de anos necessários para uma amostra de 1 grama de rádio decair para 0,4 grama. ■

Em vez de aproximar o valor de k no Exemplo 1, seria possível deixar o valor exato e obter

$$y = e^{[(1/1.599)\ln(1/2)]t}$$
$$= e^{\ln[(1/2)^{(t/1.599)}]}$$
$$= \left(\frac{1}{2}\right)^{t/1.599}.$$

Esta versão do modelo claramente mostra a "meia-vida". Quando $t = 1.599$, o valor de y é $\frac{1}{2}$. Quando $t = 2(1.599)$, o valor de y é $\frac{1}{4}$, e assim por diante.

Diretrizes para a modelagem de crescimento e decrescimento exponenciais

1. Use as informações fornecidas para escrever *dois* conjuntos de condições envolvendo y e t.
2. Insira as condições fornecidas no modelo $y = Ce^{kt}$ e use os resultados para determinar as constantes C e k (se uma das condições envolver $t = 0$, substitua esse valor primeiro para determinar C).
3. Use o modelo $y = Ce^{kt}$ para responder à questão.

Exemplo 2 — Modelagem do crescimento populacional

Em uma experiência, uma população de moscas-das-frutas está crescendo de acordo com o modelo de crescimento exponencial. Após dois dias, existem cem moscas, e após quatro dias, há trezentas moscas. Quantas moscas existirão depois de cinco dias?

SOLUÇÃO Seja y o número de moscas no instante t. A partir das informações fornecidas, sabe-se que $y = 100$ quando $t = 2$ e $y = 300$ quando $t = 4$. Inserindo essas informações no modelo $y = Ce^{kt}$ tem-se

$$100 = Ce^{2k} \quad \text{e} \quad 300 = Ce^{4k}.$$

Para determinar k, isole C na primeira equação e substitua o resultado na segunda equação.

$$300 = Ce^{4k} \qquad \text{Segunda equação}$$

$$300 = \left(\frac{100}{e^{2k}}\right)e^{4k} \qquad \text{Substitua } C \text{ por } 100/e^{2k}.$$

$$\frac{300}{100} = e^{2k} \qquad \text{Divida cada lado por 100.}$$

$$\ln 3 = 2k \qquad \text{Tire o log natural de cada lado.}$$

$$\frac{1}{2}\ln 3 = k \qquad \text{Determine } k.$$

Usando $k = \frac{1}{2}\ln 3 \approx 0{,}5493$, pode-se determinar que

$$C \approx 100/e^{2(0{,}5493)}$$
$$\approx 33$$

Então o modelo de crescimento exponencial é

$$y = 33e^{0{,}5493t}$$

conforme mostra a Figura 4.20. Isso significa que, após cinco dias, a população é

$$y = 33e^{0{,}5493(5)} \approx 514 \text{ moscas.}$$

TUTOR DE ÁLGEBRA

Para ajuda com a álgebra do Exemplo 2, consulte o Exemplo 1(c) do *Tutor de álgebra* do Capítulo 4, na página 298.

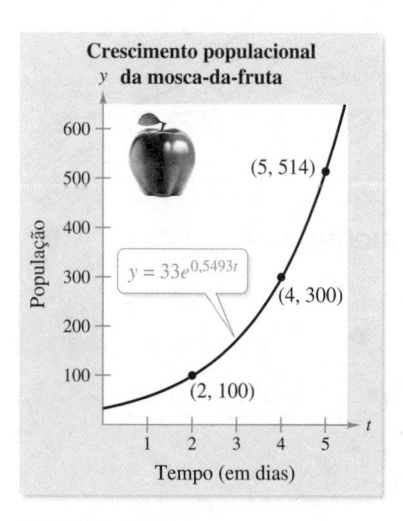

FIGURA 4.20

✓ AUTOAVALIAÇÃO 2

Determine o modelo do crescimento exponencial se uma população de moscas-das-frutas for de cem indivíduos após dois dias e quatrocentos após quatro dias. ∎

Exemplo 3 — Modelagem de juros compostos

Uma quantia é depositada em uma conta na qual os juros são capitalizados continuamente. O saldo na conta dobra em seis anos. Qual é a taxa de juros anual?

SOLUÇÃO O saldo A em uma conta com juros capitalizados continuamente é dado pelo modelo de crescimento exponencial

$$A = Pe^{rt} \qquad \text{Modelo de crescimento exponencial}$$

no qual P é o depósito original, r é a taxa de juros anual (em forma decimal) e t é o tempo (em anos). A partir da informação dada, sabe-se que

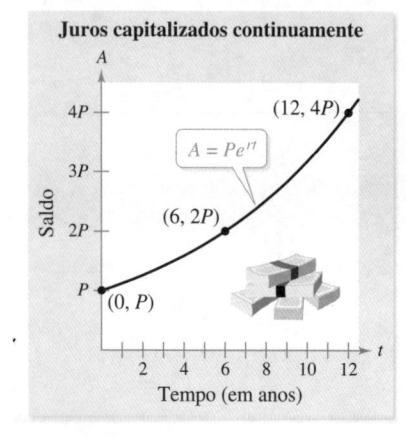

FIGURA 4.21

$$A = 2P$$

quando $t = 6$, como mostra a Figura 4.21. Use essas informações para determinar r.

$A = Pe^{rt}$	Modelo de crescimento exponencial
$2P = Pe^{r(6)}$	Substitua A por $2P$ e t por 6.
$2 = e^{6r}$	Divida cada lado por P.
$\ln 2 = 6r$	Tire o log natural de cada lado.
$\frac{1}{6} \ln 2 = r$	Divida cada lado por 6.

Então, a taxa de juros anual é

$$r = \tfrac{1}{6} \ln 2$$
$$\approx 0{,}1155$$

ou 11,55%.

✓ AUTOAVALIAÇÃO 3

Determine a taxa de juros anual se o saldo em uma conta dobrar em oito anos com juros capitalizados continuamente. ∎

Cada um dos exemplos nesta seção usa o modelo de crescimento exponencial $y = Ce^{kt}$, no qual a base é e. O crescimento exponencial, no entanto, pode ser representado em *qualquer* base. Ou seja, o modelo

$$y = Ca^{bt}$$

também representa crescimento exponencial (para compreender melhor, observe que o modelo pode ser escrito no formato $y = Ce^{(\ln a)bt}$). Em alguns cenários reais, bases diferentes de e são mais adequadas. Por exemplo, no Exemplo 1, sabendo que a meia-vida do rádio é 1.599 anos, pode-se escrever imediatamente o modelo do decrescimento exponencial como

$$y = \left(\frac{1}{2}\right)^{t/1.599}.$$

Usando esse modelo, a quantidade de rádio restante na amostra após mil anos é

$$y = \left(\frac{1}{2}\right)^{1.000/1.599} \approx 0{,}648 \text{ grama}$$

que é a mesma resposta obtida no Exemplo 1.

Exemplo 4 Modelagem de vendas

Quatro meses depois de interromper a publicidade em rede de televisão nacional, um fabricante percebe que as vendas caíram de 100.000 MP3 *players* por mês para 80 000 aparelhos. Se as vendas seguem um padrão exponencial de declínio, qual será o número de aparelhos vendidos depois de outros quatro meses?

SOLUÇÃO Represente por y o número de MP3 *players*, t o tempo (em meses) e considere o modelo de decrescimento exponencial

$$y = Ce^{kt}.$$ Modelo de decrescimento exponencial

A partir das informações fornecidas, sabe-se que $y = 100.000$ quando $t = 0$. Usando essas informações, temos

$$100.000 = Ce^0$$

o que significa que $C = 100.000$. Para determinar k, use o fato de que $y = 80.000$ quando $t = 4$.

$y = 100.000 e^{kt}$	Modelo de decrescimento exponencial
$80.000 = 100.000 e^{k(4)}$	Substitua y por 80.000 e t por 4.

> **TUTOR DE ÁLGEBRA**
>
> Para ajuda com a álgebra do Exemplo 4, consulte o Exemplo 1(b) do *Tutor de álgebra* do Capítulo 4, na página 298.

Modelo exponencial de vendas

$$0{,}8 = e^{4k} \quad \text{Divida cada lado por 100.000.}$$
$$\ln 0{,}8 = 4k \quad \text{Tire o log natural de cada lado.}$$
$$\tfrac{1}{4}\ln 0{,}8 = k \quad \text{Divida cada lado por 4.}$$

Então, $k = \tfrac{1}{4}\ln 0{,}8 \approx -0{,}0558$, o que significa que o modelo é

$$y = 100.000 e^{-0{,}0558 t}.$$

Após mais quatro meses ($t = 8$), espera-se que as vendas caiam a

$$y = 100.000 e^{-0{,}0558(8)}$$
$$\approx 64.000 \text{ MP3 } players$$

como mostra a Figura 4.22.

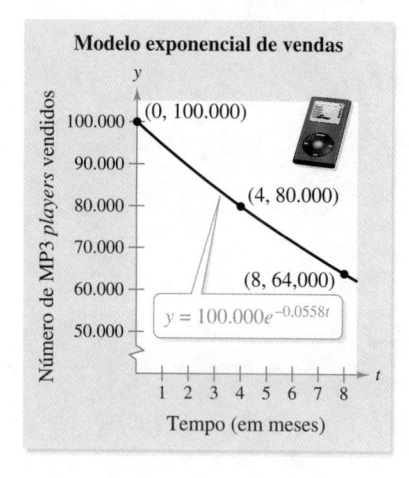

FIGURA 4.22

✓ AUTOAVALIAÇÃO 4

Use o modelo no Exemplo 4 para determinar quando as vendas cairão a 50.000 MP3 *players*.

PRATIQUE (Seção 4.6)

1. Descreva o modelo utilizado para o crescimento e o decrescimento exponencial *(página 290)*. Para exemplos da utilização desse modelo, veja os Exemplos 1, 2, 3 e 4.

2. Diga as diretrizes para a modelagem do crescimento e do decrescimento exponencial *(página 292)*. Para exemplos do uso dessas diretrizes, veja os Exemplos 2, 3 e 4.

3. Descreva um exemplo da vida real de um modelo de decrescimento exponencial *(páginas 291 e 293, Exemplos 1 e 4)*.

4. Descreva um exemplo da vida real de um modelo de crescimento exponencial *(página 292, Exemplos 2 e 3)*.

Recapitulação 4.6 — Os exercícios preparatórios a seguir envolvem conceitos vistos em seções anteriores. Esses conceitos serão utilizados no conjunto de exercícios desta seção. Para obter mais ajuda, consulte as Seções 4.3, 4.4.

Nos Exercícios 1-4, resolva a equação para k.

1. $12 = 24e^{4k}$
2. $10 = 3e^{5k}$
3. $25 = 16e^{-0,01k}$
4. $22 = 32e^{-0,02k}$

Nos Exercícios 5-8, determine a derivada da função.

5. $y = 32e^{0,23t}$
6. $y = 18e^{0,072t}$
7. $y = 24e^{-1,4t}$
8. $y = 25e^{-0,001t}$

Nos Exercícios 9-12, simplifique a expressão.

9. $e^{\ln 4}$
10. $4e^{\ln 3}$
11. $e^{\ln(2x+1)}$
12. $e^{\ln(x^2+1)}$

Exercícios 4.6

Modelando o crescimento e o decrescimento exponencial Nos Exercícios 1-6, encontre a função exponencial $y = Ce^{kt}$ que passa pelos dois pontos indicados.

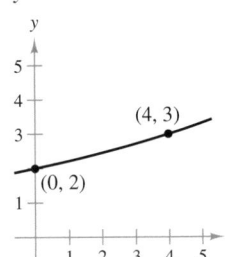

1. $y = Ce^{kt}$

(0, 2), (4, 3)

2. $y = Ce^{kt}$

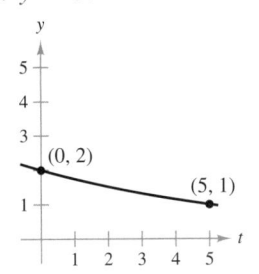

(0, 2), (5, 1)

3. $y = Ce^{kt}$

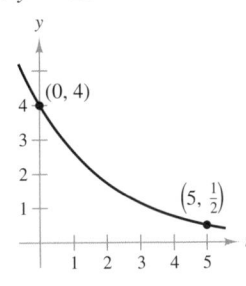

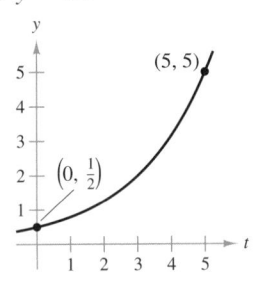

(0, 4), (5, 1/2)

4. $y = Ce^{kt}$

(0, 1/2), (5, 5)

5. $y = Ce^{kt}$

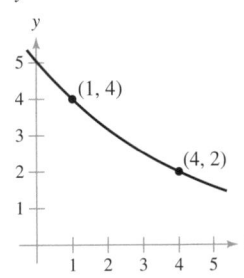

(1, 4), (4, 2)

6. $y = Ce^{kt}$

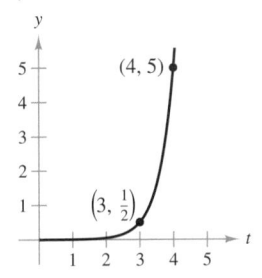

(3, 1/2), (4, 5)

Determinando o crescimento e o decrescimento exponencial Nos Exercícios 7-10, use as informações fornecidas para escrever uma equação exponencial para y. A função representa um crescimento ou um decrescimento exponencial?

7. $\dfrac{dy}{dt} = 2y$, $y = 10$ quando $t = 0$

8. $\dfrac{dy}{dt} = -\dfrac{2}{3}y$, $y = 20$ quando $t = 0$

9. $\dfrac{dy}{dt} = -4y$, $y = 30$ quando $t = 0$

10. $\dfrac{dy}{dt} = 5{,}2y$, $y = 18$ quando $t = 0$

Modelando o decaimento radioativo Nos Exercícios 11-16, complete a tabela para cada isótopo radioativo. *Veja o Exemplo 1.*

	Isótopo	Meia-vida (em anos)	Quant. inicial	Quant. após 1.000 anos	Quant. após 10.000 anos
11.	^{226}Ra	1.599	10 gramas		
12.	^{14}C	5.715			2 gramas
13.	^{14}C	5.715	3 gramas		
14.	^{226}Ra	1.599		1,5 grama	
15.	^{239}Pu	24.100		2,1 gramas	
16.	^{239}Pu	24.100			0,4 grama

17. Decaimento radioativo Qual percentual de uma quantidade presente de rádio radioativo (^{226}Ra) permanecerá após 900 anos?

18. Decaimento radioativo Encontre a meia-vida de um material radioativo do qual 99,57% da quantidade inicial permanece depois de 1 ano.

19. Datação por carbono A datação por carbono-14 (^{14}C) assume que o dióxido de carbono na Terra hoje tem o mesmo conteúdo radioativo que séculos atrás. Se isso é verdadeiro, então a quantidade de ^{14}C absorvida por uma árvore que cresceu vários séculos atrás deve ser a mesma que a quantidade de ^{14}C absorvida por uma árvore semelhante hoje. Um pedaço de carvão antigo contém apenas 15% do carbono radioativo de um pedaço de carvão moderno. Há quanto tempo atrás a árvore foi queimada para fazer o antigo carvão? (A meia-vida do ^{14}C é de 5.715 anos.)

20. Datação por carbono Repita o Exercício 19 para um pedaço de carvão que contém 30% do carbono radioativo que um pedaço moderno.

Encontrando modelos exponenciais Nos Exercícios 21 e 22, encontre os modelos exponenciais $y_1 = Ce^{k_1 t}$ e $y_2 = C(2)^{k_2 t}$ que passam pelos dois pontos indicados. Compare os valores de k_1 e k_2. Explique resumidamente os resultados.

21. $(0, 5)$, $(12, 20)$ **22.** $(0, 8)$, $(20, \tfrac{1}{2})$

23. Crescimento populacional O número de um determinado tipo de bactérias aumenta continuamente a uma taxa proporcional ao número presente. Há 150 bactérias em um determinado momento e 450 bactérias 5 horas depois.

(a) Quantas bactérias haverá 10 horas após o instante inicial?

(b) Quanto tempo levará para a população duplicar?

(c) A resposta para a parte (b) depende do instante inicial? Explique seu raciocínio.

24. VISUALIZE O gráfico mostra as populações (em milhares) de Cleveland, Ohio e Atlanta, Geórgia, de 2000 a 2008, utilizando modelos exponenciais. *(Fonte: U.S. Census Bureau)*

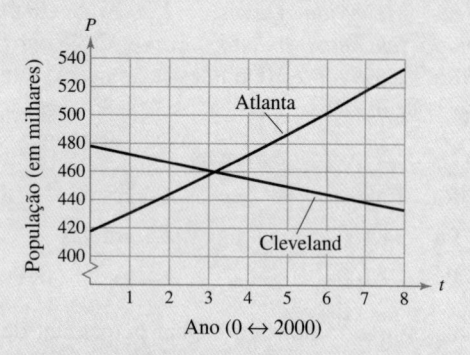

(a) Determine se a população de cada cidade é modelada por crescimento exponencial ou decrescimento exponencial. Explique seu raciocínio.

(b) Estime o ano em que as duas cidades tiveram a mesma população. Qual foi essa população?

Modelando juros compostos Nos Exercícios 25-32, complete a tabela para uma conta em que o juros são capitalizados continuamente. *Veja o Exemplo 3.*

	Investimento inicial	Taxa anual	Tempo para dobrar	Quant. após 10 anos	Quant. após 25 anos
25.	$ 1.000	12%			
26.	$ 10.000		10 anos		
27.	$ 750		8 anos		
28.	$ 20.000	$10\frac{1}{2}$%			
29.	$ 500			$ 1.292.85	
30.	$ 2.000				$ 6.008,33
31.		4.5%		$ 10.000,00	
32.		2%			$ 2.000,00

Encontrando o valor presente Nos Exercícios 33 e 34, determine o principal P que deve ser investido à taxa de juros r, capitalizados continuamente, de modo que $ 1.000.000 estejam disponíveis para a aposentadoria em t anos.

33. $r = 7,5\%, t = 40$

34. $r = 10\%, t = 25$

35. Taxa efetiva A taxa efetiva de juros r_{ef} é à taxa anual que produzirá os mesmos juros por ano que a taxa nominal r.

(a) Para a taxa r (na forma decimal) que é capitalizada n vezes por ano, mostre que a taxa efetiva r_{ef} (na forma decimal) é

$$r_{ef} = \left(1 + \frac{r}{n}\right)^n - 1.$$

(b) Para uma taxa r (na forma decimal) que é capitalizada continuamente, mostre que a taxa efetiva r_{ef} (na forma decimal) é $r_{ef} = e^r - 1$.

36. Taxa efetiva Use os resultados do Exercício 35 para completar a tabela mostrando as taxas efetivas para as taxas nominais de (a) $r = 5\%$, (b) $r = 6\%$ e (c) $r = 7\frac{1}{2}\%$.

Número de capitalizações por ano	4	12	365	Contínua
Rendimento efetivo				

37. Investimento: regra dos 70 Verifique que o tempo necessário para um investimento duplicar em valor é de aproximadamente 70/r, em que r é a taxa de juros anual introduzida como uma porcentagem.

38. Investimento: regra dos 70 Use a regra dos 70 do Exercício 37 para aproximar o tempo necessário para um investimento duplicar de valor quando (a) $r = 10\%$ e (b) $r = 7\%$.

39. Depreciação Um veículo utilitário esportivo novo que custa $ 21.500 tem um valor contábil de $ 13.600 depois de 2 anos.

(a) Encontre um modelo linear para o valor do veículo.

(b) Encontre um modelo exponencial para o valor do veículo.

(c) Encontre os valores contábeis do veículo depois de 1 ano e depois de 4 anos usando cada modelo.

(d) Use uma ferramenta gráfica para traçar os dois modelos na mesma janela de visualização. Que modelo se desvaloriza mais rápido nos primeiros 2 anos?

(e) Explique as vantagens e desvantagens do uso de cada modelo para um comprador e para um vendedor.

40. População A tabela mostra as populações P (em milhões) dos Estados Unidos de 1960 a 2010. *(Fonte: U.S. Census Bureau)*

Ano	1960	1970	1980	1990	2000	2010
População, P	181	205	228	250	282	309

(a) Use os dados de 1960 e 1970 para encontrar um modelo exponencial P_1. Faça $t = 0$ representar 1960.

(b) Utilize uma ferramenta gráfica para encontrar um modelo exponencial P_2 para todos os dados. Faça $t = 0$ representar 1960.

(c) Use uma ferramenta gráfica para marcar os dados e traçar ambos os modelos na mesma janela de visualização. Compare os dados reais com as estimativas dos modelos. Qual modelo é mais preciso?

41. **Vendas** As vendas acumuladas S (em milhares de unidades) de um novo produto depois de ter sido colocado no mercado por t anos são modeladas por $S = Ce^{k/t}$. Durante o primeiro ano, 5.000 unidades foram vendidas. O ponto de saturação para o mercado é de 30.000 unidades. Isto é, o limite de S quando $t \to \infty$ é 30.000.
    (a) Determine C e k no modelo.
    (b) Quantas unidades serão vendidas depois de 5 anos?
    (c) Use uma ferramenta gráfica para traçar a função das vendas.

42. **Vendas** As vendas acumuladas S (em milhares de unidades) de um novo produto depois de ter sido colocado no mercado por t anos são modeladas por
    $S = 50(1 - e^{kt})$.
    Durante o primeiro ano, 8.000 unidades foram vendidas.
    (a) Determine k no modelo.
    (b) Qual é o ponto de saturação para esse produto?
    (c) Quantas unidades serão vendidas depois de 5 anos?
    (d) Use uma ferramenta gráfica para traçar a função das vendas.

43. **Curva de aprendizagem** A gestão de uma fábrica verifica que o número máximo de unidades que um trabalhador pode produzir em um dia é 30. A curva de aprendizagem para o número de unidades N produzidas por dia depois que um novo empregado trabalhou por t dias é modelada por
    $N = 30(1 - e^{kt})$.
    Após 20 dias no trabalho, um trabalhador está produzindo 19 unidades em um dia. Quantos dias devem passar antes desse trabalhador produzir 25 unidades por dia?

44. **Curva de aprendizagem** A gestão no Exercício 43 exige que um novo empregado esteja produzindo pelo menos 20 unidades por dia após 30 dias no trabalho.
    (a) Encontre um modelo de curva de aprendizagem que descreva esse requisito mínimo.
    (b) Encontre o número de dias antes de um funcionário normal produzir 25 unidades por dia.

45. **Receita** Uma pequena empresa assume que a função demanda para um dos seus novos produtos pode ser modelada por
    $p = Ce^{kx}$.
    Quando $p = \$ 45$, $x = 1.000$ unidades, e quando $p = \$ 40$, $x = 1.200$ unidades.
    (a) Determine C e k no modelo.
    (b) Encontre os valores de x e p que maximizarão a receita para esse produto.

46. **Receita** Repita o Exercício 45 dado que, quando $p = \$ 5$, $x = 300$ unidades, e quando $p = \$ 4$, $x = 400$ unidades.

TUTOR DE ÁLGEBRA

Resolução de equações exponenciais e logarítmicas

Para determinar os extremos ou pontos de inflexão de uma função exponencial ou logarítmica, é preciso saber como resolver equações exponenciais e logarítmicas. Alguns exemplos são fornecidos nas páginas 276 e 277. Exemplos adicionais serão apresentados neste Tutor de álgebra.

Assim como em qualquer equação, lembre-se de que seu objetivo básico é isolar a variável em um dos lados da equação. Para esse fim, são utilizadas as operações inversas. Por exemplo, para isolar x em

$$e^x = 7$$

tome o logaritmo natural de ambos os lados da equação e use a propriedade $\ln e^x = x$. Da mesma forma, para isolar x em

$$\ln x = 5$$

tome a exponencial de cada lado da equação e use a propriedade $e^{\ln x} = x$.

Exemplo 1 — Resolução de equações exponenciais

Resolva cada equação exponencial.

a. $25 = 5e^{7t}$ **b.** $80.000 = 100.000 e^{k(4)}$ **c.** $300 = \left(\dfrac{100}{e^{2k}}\right) e^{4k}$

SOLUÇÃO

a.
$25 = 5e^{7t}$	Escreva a equação original.
$5 = e^{7t}$	Divida cada lado por 5.
$\ln 5 = \ln e^{7t}$	Tire o log natural de cada lado.
$\ln 5 = 7t$	Aplique a propriedade $\ln e^a = a$.
$\dfrac{1}{7} \ln 5 = t$	Divida cada lado por 7.

b.
$80.000 = 100.000 e^{k(4)}$	Exemplo 4, página 293
$0,8 = e^{4k}$	Divida cada lado por 100.000.
$\ln 0,8 = \ln e^{4k}$	Tire o log natural de cada lado.
$\ln 0,8 = 4k$	Aplique a propriedade $\ln e^a = a$.
$\dfrac{1}{4} \ln 0,8 = k$	Divida cada lado por 4.

c.
$300 = \left(\dfrac{100}{e^{2k}}\right) e^{4k}$	Exemplo 2, página 292
$300 = (100) \dfrac{e^{4k}}{e^{2k}}$	Reescreva o produto.
$300 = 100 e^{4k-2k}$	Para dividir potências, subtraia os expoentes.
$300 = 100 e^{2k}$	Simplifique.
$3 = e^{2k}$	Divida cada lado por 100.
$\ln 3 = \ln e^{2k}$	Tire o log natural de cada lado.
$\ln 3 = 2k$	Aplique a propriedade $\ln e^a = a$.
$\dfrac{1}{2} \ln 3 = k$	Divida cada lado por 2.

Exemplo 2 Resolução de equações logarítmicas

Resolva cada equação logarítmica.

a. $\ln x = 2$ **b.** $5 + 2\ln x = 4$

c. $2\ln 3x = 4$ **d.** $\ln x - \ln(x-1) = 1$

SOLUÇÃO

a. $\ln x = 2$ Escreva a equação original.
   $e^{\ln x} = e^2$ Tome a exponencial de cada lado.
   $x = e^2$ Aplique a propriedade $e^{\ln a} = a$.

b. $5 + 2\ln x = 4$ Escreva a equação original.
   $2\ln x = -1$ Subtraia 5 de cada lado.
   $\ln x = -\dfrac{1}{2}$ Divida cada lado por 2
   $e^{\ln x} = e^{-1/2}$ Tome a exponencial de cada lado.
   $x = e^{-1/2}$ Aplique a propriedade $e^{\ln a} = a$.

c. $2\ln 3x = 4$ Escreva a equação original.
   $\ln 3x = 2$ Divida cada lado por 2.
   $e^{\ln 3x} = e^2$ Tome a exponencial de cada lado.
   $3x = e^2$ Aplique a propriedade $e^{\ln a} = a$.
   $x = \dfrac{1}{3}e^2$ Divida cada lado por 3.

d. $\ln x - \ln(x-1) = 1$ Escreva a equação original.
   $\ln \dfrac{x}{x-1} = 1$ $\ln m - \ln n = \ln(m/n)$
   $e^{\ln[x/(x-1)]} = e^1$ Tome a exponencial de cada lado.
   $\dfrac{x}{x-1} = e^1$ Aplique a propriedade $e^{\ln a} = a$.
   $x = ex - e$ Multiplique cada lado por $x - 1$.
   $x - ex = -e$ Subtraia ex de cada lado.
   $x(1 - e) = -e$ Fatore.
   $x = \dfrac{-e}{1-e}$ Divida cada lado por $1 - e$.
   $x = \dfrac{e}{e-1}$ Simplifique.

DICA DE ESTUDO

Visto que o domínio de uma função logarítmica geralmente não inclui todos os números reais, certifique-se de eliminar as falsas soluções.

RESUMO DO CAPÍTULO E ESTRATÉGIAS DE ESTUDO

Depois de estudar este capítulo, você deve ter adquirido as habilidades descritas a seguir.
Os números dos exercícios referem-se aos Exercícios de revisão que começam na página 302.
As respostas dos Exercícios de revisão ímpares estão no final do livro.

Seção 4.1	Exercícios de Revisão
■ Usar as propriedades dos expoentes para calcular e simplificar expressões e funções exponenciais.	1, 2

$$a^0 = 1, \quad a^x a^y = a^{x+y}, \quad \frac{a^x}{a^y} = a^{x-y}, \quad (a^x)^y = a^{xy}$$

$$(ab)^x = a^x b^x, \quad \left(\frac{a}{b}\right)^x = \frac{a^x}{b^x}, \quad a^{-x} = \frac{1}{a^x}$$

■ Esboçar os gráficos de funções exponenciais.	3-8
■ Usar as propriedades dos expoentes para responder a questões sobre situações da vida real.	9-12

Seção 4.2

■ Usar as propriedades dos expoentes para calcular e simplificar expressões exponenciais naturais.	13, 14
■ Esboçar os gráficos de funções exponenciais naturais.	15-18
■ Resolver problemas de juros compostos.	19-24

$$A = P(1 + r/n)^{nt}, \quad A = Pe^{rt}$$

■ Resolver problemas de taxa efetiva de juros.	25, 26

$$r_{eff} = (1 + r/n)^n - 1$$

■ Resolver problemas de valor presente.	27, 28

$$P = \frac{A}{(1 + r/n)^{nt}}$$

■ Responder questões envolvendo a função exponencial natural como um modelo da vida real.	29-34

Seção 4.3

■ Determinar as derivadas de funções exponenciais naturais.	35-40

$$\frac{d}{dx}[e^x] = e^x, \quad \frac{d}{dx}[e^u] = e^u \frac{du}{dx}$$

■ Encontrar equações de retas tangentes aos gráficos das funções exponenciais naturais.	41-44
■ Usar cálculo para analisar os gráficos de funções que envolvem a função exponencial natural.	45-48

Seção 4.4

■ Usar a definição da função logarítmica natural para escrever equações exponenciais na forma logarítmica e vice-versa.	49-52

$$\ln x = b \quad \text{se, e somente se,} \quad e^b = x.$$

■ Esboçar os gráficos de funções logarítmicas naturais.	53-56
■ Usar as propriedades dos logaritmos para simplificar e condensar expressões logarítmicas.	57-66

$$\ln xy = \ln x + \ln y, \quad \ln \frac{x}{y} = \ln x - \ln y, \quad \ln x^n = n \ln x$$

■ Usar as propriedades inversas das funções exponenciais e logarítmicas para resolver equações exponenciais e logarítmicas.	67-80

$$\ln e^x = x, \quad e^{\ln x} = x$$

■ Usar as propriedades dos logaritmos naturais para responder a questões sobre situações da vida real.	81-84

Seção 4.5

- Determinar as derivadas das funções logarítmicas naturais. *85-98*

$$\frac{d}{dx}[\ln x] = \frac{1}{x}, \quad \frac{d}{dx}[\ln u] = \frac{1}{u}\frac{du}{dx}$$

- Usar a definição de logaritmos para calcular expressões logarítmicas envolvendo outras bases. *99-102*

$$\log_a x = b \quad \text{se, e somente se,} \quad a^b = x$$

- Usar a fórmula de mudança de base para calcular expressões logarítmicas envolvendo outras bases. *103-106*

$$\log_a x = \frac{\ln x}{\ln a}$$

- Determinar derivadas de funções logarítmicas e exponenciais envolvendo outras bases. *107-112*

$$\frac{d}{dx}[a^x] = (\ln a)a^x, \quad \frac{d}{dx}[a^u] = (\ln a)a^u\frac{du}{dx}$$

$$\frac{d}{dx}[\log_a x] = \left(\frac{1}{\ln a}\right)\frac{1}{x}, \quad \frac{d}{dx}[\log_a u] = \left(\frac{1}{\ln a}\right)\left(\frac{1}{u}\right)\frac{du}{dx}$$

- Usar cálculo para analisar gráficos de funções que envolvem a função logarítmica natural. *113-116*
- Usar cálculo para responder a questões sobre situações da vida real. *117, 118*

Seção 4.6

- Usar o crescimento e decrescimento exponenciais para modelar situações da vida real. *119–132*

Estratégias de Estudo

- **Classificação de regras de derivação** As regras de derivação são classificadas em duas categorias diferentes: (1) regras gerais que se aplicam a todas as funções diferenciáveis; e (2) regras específicas que se aplicam a tipos especiais de funções. A essa altura do curso, seis regras gerais já foram estudadas: a regra da constante, a regra do múltiplo por constante, a regra da soma, a regra da diferença, a regra do produto e a regra do quociente. Apesar de essas regras terem sido apresentadas no contexto de funções algébricas, lembre-se de que elas também podem ser usadas com funções exponenciais e logarítmicas. Também foram estudadas três regras específicas: a regra da potência, a derivada da função exponencial natural e a derivada da função logarítmica natural. Cada uma delas pode ser usada de duas formas: a versão "simples", como $D_x[e^x] = e^x$, e a versão da regra da cadeia, como $D_x[e^u] = e^u(du/dx)$.

- **Memorizar ou não memorizar?** Ao estudar matemática, é necessário memorizar algumas fórmulas e regras. Isso em grande parte vem com a prática – as fórmulas usadas com mais frequência serão memorizadas automaticamente. Algumas fórmulas, porém, são usadas com menos frequência. Para estas, é muito útil saber *deduzir* a fórmula de *outra* fórmula conhecida. Por exemplo, saber a regra do log para derivação e a fórmula de mudança de base, $\log_a x = (\ln x)/(\ln a)$, permite que se deduza a fórmula da derivada de uma função logarítmica na base a.

Exercícios de revisão

Aplicando as propriedades dos expoentes Nos Exercícios 1 e 2, use as propriedades dos expoentes para simplificar a expressão.

1. (a) $(4^5)(4^2)$ (b) $(7^2)^3$
(c) 2^{-4} (d) $\dfrac{3^8}{3^4}$

2. (a) $(5^4)(25^2)$ (b) $(9^{1/3})(3^{1/3})$
(c) $\left(\dfrac{1}{3}\right)^{-3}$ (d) $(6^4)(6^{-5})$

Gráfico de funções exponenciais Nos Exercícios 3-8, esboce o gráfico da função.

3. $f(x) = 9^{x/2}$
4. $g(x) = 16^{3x/2}$
5. $f(t) = \left(\dfrac{1}{6}\right)^t$
6. $g(t) = \left(\dfrac{1}{3}\right)^{-t}$
7. $f(x) = \left(\dfrac{1}{2}\right)^{2x} + 4$
8. $g(x) = \left(\dfrac{2}{3}\right)^{2x} + 1$

9. Crescimento populacional As populações residentes P (em milhares) de Wisconsin entre 2000 e 2009 podem ser modeladas pela função exponencial

$P(t) = 5.382(1{,}0057)^t$

em que t é o tempo em anos, com $t = 0$ correspondendo a 2000. Use o modelo para estimar as populações nos anos (a) 2016 e (b) 2025. *(Fonte: U.S. Census Bureau)*

10. Receita As receitas R (em milhões de dólares) para a Panera Bread Company, de 2000 a 2009, podem ser modeladas pela função exponencial

$R(t) = 163{,}82(1{,}2924)^t$

em que t é o tempo em anos, com $t = 0$ correspondendo a 2000. Use o modelo para estimar as vendas nos anos (a) 2014 e (b) 2017. *(Fonte: Panera Bread Company)*

11. Valor de propriedade Suponha que o valor de uma propriedade dobre a cada 12 anos. Se você comprar a propriedade por $ 55.000, o seu valor t anos após a data da compra deve ser

$V(t) = 55.000(2)^{t/12}.$

Use o modelo para aproximar o valor da propriedade (a) 4 anos e (b) 25 anos após a compra.

12. Taxa de inflação Suponha a taxa anual de inflação média de 2% ao longo dos próximos 10 anos. Com esta taxa de inflação, o custo aproximado C de bens ou serviços durante cada ano na década será dado por

$C(t) = P(1{,}02)^t,\ 0 \leq t \leq 10$

em que t é o tempo em anos e P é o custo atual. Se o custo de uma calculadora gráfica é atualmente $ 80, estime o custo 10 anos a partir de agora.

Aplicando as propriedades dos expoentes Nos Exercícios 13 e 14, use as propriedades dos expoentes para simplificar a expressão.

13. (a) $(e^5)^2$ (b) $\dfrac{e^3}{e^5}$
(c) $(e^4)(e^{3/2})$ (d) $(e^2)^{-4}$

14. (a) $(e^6)(e^{-3})$ (b) $(e^{-2})^{-5}$
(c) $\left(\dfrac{e^6}{e^2}\right)^{-1}$ (d) $(e^3)^{4/3}$

Gráfico de funções exponenciais Nos Exercícios 15-18, esboce o gráfico da função.

15. $f(x) = e^{-x} + 1$
16. $g(x) = e^{2x} - 1$
17. $f(x) = 1 - e^x$
18. $g(x) = 2 + e^{x-1}$

Encontrando saldos na conta Nos Exercícios 19-22, preencha a tabela para determinar o saldo A para P dólares investidos com a taxa r por t anos, compostos n vezes por ano.

n	1	2	4	12	365	Capitalização contínua
A						

19. $P = \$\,1.000,\ r = 4\%,\ t = 5$ anos
20. $P = \$\,7.000,\ r = 6\%,\ t = 20$ anos
21. $P = \$\,3.000,\ r = 3{,}5\%,\ t = 10$ anos
22. $P = \$\,4.500,\ r = 2\%,\ t = 25$ anos

Comparando saldos na conta Nos Exercícios 23 e 24, $ 2.000 são depositados em uma conta. Decida qual conta, (a) ou (b), terá o maior saldo depois de 10 anos.

23. (a) 5%, composto continuamente
(b) 6%, composto trimestralmente

24. (a) $6\tfrac{1}{2}\%$, composto mensalmente
(b) $6\tfrac{1}{4}\%$, composto continuamente

25. Taxa efetiva Encontre a taxa efetiva de juros correspondente a uma taxa nominal de 6% por ano, capitalizados (a) anualmente, (b) semestralmente, (c) trimestralmente e (d) mensalmente.

26. Taxa efetiva Encontre a taxa efetiva de juros correspondente a uma taxa nominal de 8,25% ao ano capitalizados (a) anualmente, (b) semestralmente, (c) trimestralmente e (d) mensalmente.

27. Valor presente Quanto deve ser depositado em uma conta que paga 5% de juros capitalizados trimestralmente, com a finalidade de ter um saldo de $ 12.000 três anos a partir de agora?

28. Valor presente Quanto deve ser depositado em uma conta que paga 8% de juros capitalizados mensalmente, com a finalidade de ter um saldo de $ 20.000 cinco anos a partir de agora?

29. Demanda A função demanda para um produto é modelada por

$p = 12.500 - \dfrac{10.000}{2 + e^{-0{,}001x}}.$

Encontre o preço p (em dólares) do produto quando a quantidade demandada é (a) $x = 1.000$ unidades e (b) $x = 2.500$ unidades. (c) Qual é o limite do preço quando x cresce ilimitadamente?

30. Demanda A função demanda para um produto é modelada por

$$p = 8.000\left(1 - \frac{5}{5 + e^{-0,002x}}\right).$$

Encontre o preço p (em dólares) do produto quando a quantidade demandada é (a) $x = 1.000$ unidades e (b) $x = 2.500$ unidades. (c) Qual é o limite do preço quando x aumenta ilimitadamente?

31. Lucro Os lucros líquidos P (em milhões de dólares) da Medco Health Solutions, de 2000 a 2009, são mostrados na tabela.

Ano	2000	2001	2002	2003	2004
Lucro	216,8	256,6	361,6	425,8	481,6

Ano	2005	2006	2007	2008	2009
Lucro	602,0	729,8	912,0	1.102,9	1.280,3

Um modelo para esses dados é $P = 223,89e^{0,1979t}$, em que t representa o ano, com $t = 0$ correspondendo a 2000.
(Fonte: Medco Health Solutions, Inc.)

(a) Quão bem o modelo ajusta os dados?

(b) Encontre um modelo linear para os dados. Quão bem o modelo ajusta os dados? Qual modelo, exponencial ou linear, é melhor?

(c) Use os dois modelos para prever o lucro líquido em 2015.

32. População As populações P (em milhares) de Albuquerque, Novo México, de 2000 a 2009, podem ser modeladas por $P = 450e^{0,019t}$, em que t é o tempo em anos, com $t = 0$ correspondendo a 2000. *(Fonte: U.S. Census Bureau)*

(a) Encontre as populações em 2000, 2005 e 2009.

(b) Use o modelo para estimar a população em 2020.

33. Biologia Um lago é abastecido com 500 peixes, e a população de peixes P começa a aumentar de acordo com o modelo de crescimento logístico

$$P = \frac{10.000}{1 + 19e^{-t/5}}, \quad t \geq 0$$

onde t é medido em meses.

(a) Encontre o número de peixes no lago após 4 meses.

(b) Use uma ferramenta gráfica para traçar o modelo. Encontre o número de meses que leva para a população de peixes P alcançar 4.000.

(c) A população tem um limite quando t aumenta ilimitadamente? Explique seu raciocínio.

34. Medicina Em um *campus* universitário de 5.000 alunos, a propagação de um vírus da gripe entre o corpo discente é modelada por

$$P = \frac{5.000}{1 + 4.999e^{-0,8t}}, \quad t \geq 0$$

em que P é o número total de pessoas infectadas e t é o tempo, medido em dias.

(a) Encontre o número de alunos infectados após 5 dias.

(b) Use uma ferramenta gráfica para traçar o modelo. Encontre o número de dias necessários para que 2.000 alunos sejam infectados pela gripe.

(c) De acordo com esse modelo, todos os estudantes no *campus* serão infectados com a gripe? Explique seu raciocínio.

Derivando funções exponenciais Nos Exercícios 35-40, encontre a derivada da função.

35. $y = 4e^{x^2}$ **36.** $y = 4e^{\sqrt{x}}$

37. $y = \dfrac{x}{e^{2x}}$ **38.** $y = x^2 e^x$

39. $y = \dfrac{5}{1 + e^{2x}}$ **40.** $y = \dfrac{10}{1 - 2e^x}$

Encontrando uma equação da reta tangente Nos Exercícios 41-44, encontre uma equação da reta tangente ao gráfico da função no ponto dado.

41. $y = e^{2-x}$, $(2, 1)$ **42.** $y = e^{2x^2}$, $(1, e^2)$

43. $y = x^2 e^{-x}$, $\left(1, \dfrac{1}{e}\right)$ **44.** $y = xe^x - e^x$, $(1, 0)$

Analisando um gráfico Nos Exercícios 45-48, analise e esboce o gráfico da função. Assinale quaisquer extremos relativos, pontos de inflexão e assíntotas.

45. $f(x) = x^3 e^x$ **46.** $f(x) = \dfrac{e^x}{x^2}$

47. $f(x) = \dfrac{1}{xe^x}$ **48.** $f(x) = \dfrac{x^2}{e^x}$

Formas logarítmicas e exponenciais das equações Nos Exercícios 49-52, escreva a equação logarítmica como uma equação exponencial, ou vice-versa.

49. $\ln 12 = 2,4849\ldots$ **50.** $\ln 0,6 = -0,5108\ldots$

51. $e^{1,5} = 4,4816\ldots$ **52.** $e^{-4} = 0,0183\ldots$

Gráficos de expressões logarítmicas Nos Exercícios 53-56, esboce o gráfico da função.

53. $y = \ln(4 - x)$ **54.** $y = \ln x - 3$

55. $y = \ln \dfrac{x}{3}$ **56.** $y = -2 \ln x$

Expandindo expressões logarítmicas Nos Exercícios 57-62, use as propriedades dos logaritmos para reescrever a expressão como uma soma, diferença ou múltiplo de logaritmos.

57. $\ln \sqrt{x^2(x-1)}$ **58.** $\ln \sqrt[3]{x^2 - 1}$

59. $\ln \dfrac{x^2}{(x+1)^3}$ **60.** $\ln \dfrac{x^2}{x^2 + 1}$

61. $\ln\left(\dfrac{1-x}{3x}\right)^3$ **62.** $\ln\left(\dfrac{x-1}{x+1}\right)^2$

Condensando expressões logarítmicas Nos Exercícios 63-66, use as propriedades dos logaritmos para reescrever a expressão como o logaritmo de uma quantidade única.

63. $\ln(2x + 5) + \ln(x - 3)$
64. $\frac{1}{3}\ln(x^2 - 6) - 2\ln(3x + 2)$
65. $4[\ln(x^3 - 1) + 2\ln x - \ln(x - 5)]$
66. $\frac{1}{2}[\ln x + 3\ln(x + 1) - \ln(x - 2)]$

Resolvendo equações exponenciais e logarítmicas Nos Exercícios 67-80, determine x.

67. $e^{\ln x} = 3$
68. $e^{\ln(x+2)} = 5$
69. $\ln x = 3$
70. $\ln 5x = 2$
71. $\ln 2x - \ln(3x - 1) = 0$
72. $\ln x - \ln(x + 1) = 2$
73. $\ln x + \ln(x - 3) = 0$
74. $2\ln x + \ln(x - 2) = 0$
75. $e^{-1,386x} = 0,25$
76. $e^{-0,01x} - 5,25 = 0$
77. $e^{2x-1} - 6 = 0$
78. $4e^{2x-3} - 5 = 0$
79. $100(1,21)^x = 110$
80. $500(1,075)^{120x} = 100.000$

81. Juros compostos Um depósito de $ 400 é feito em uma conta que rende juros a uma taxa anual de 2,5%. Quanto tempo levará para o saldo dobrar quando o juros é composto (a) anualmente, (b) mensalmente, (c) diariamente e (d) continuamente?

82. Remuneração horária Os salários médios por hora w (em dólares) para os empregados do setor privado nos Estados Unidos, de 1990 a 2009, podem ser modelados por

$$w = 10,2e^{0,0315t}$$

em que $t = 0$ corresponde a 1990. *(Fonte: U.S. Bureau of Labor Statistics)*

(a) Qual foi o salário médio por hora em 2000?

(b) Em que ano o salário médio por hora será $ 23?

83. Teoria da aprendizagem Estudantes em um experimento de psicologia fizeram um exame e, em seguida, foram novamente testados mensalmente com exames equivalentes. As notas médias S (em uma escala de 100 pontos) para os alunos podem ser modeladas por

$$S = 75 - 6\ln(t + 1), \quad 0 \le t \le 12$$

em que t é o tempo em meses.

(a) Qual foi a nota média no exame original?

(b) Qual foi a nota média após 4 meses?

(c) Depois de quantos meses a nota média foi 60?

84. Demanda A função demanda para um produto é dada por

$$p = 8.000\left(1 - \frac{5}{5 + e^{-0,002x}}\right)$$

em que p é o preço por unidade (em dólares) e x é o número de unidades vendidas. Encontre o número de unidades vendidas pelos preços de (a) $p = $ 200$ e (b) $p = $ 800$.

Derivação de função logarítmica Nos Exercícios 85-98, encontre a derivada da função.

85. $f(x) = \ln 3x^2$
86. $y = \ln \sqrt{x}$
87. $y = \ln \frac{x(x - 1)}{x - 2}$
88. $y = \ln \frac{x^2}{x + 1}$
89. $f(x) = \ln e^{2x+1}$
90. $f(x) = \ln e^{x^2}$
91. $y = \frac{\ln x}{x^3}$
92. $y = \frac{x^2}{\ln x}$
93. $y = \ln(x^2 - 2)^{2/3}$
94. $y = \ln \sqrt[3]{x^3 + 1}$
95. $f(x) = \ln(x^2\sqrt{x + 1})$
96. $f(x) = \ln \frac{x}{\sqrt{x + 1}}$
97. $y = \ln \frac{e^x}{1 + e^x}$
98. $y = \ln(e^{2x}\sqrt{e^{2x} - 1})$

Cálculo de logaritmos Nos Exercícios 99-102, calcule o logaritmo sem usar uma calculadora.

99. $\log_6 36$
100. $\log_2 32$
101. $\log_{10} 1$
102. $\log_4 \frac{1}{64}$

Mudança de bases para o cálculo de logaritmos Nos Exercícios 103-106, utilize a fórmula de mudança de base e uma calculadora para calcular o logaritmo.

103. $\log_5 13$
104. $\log_4 18$
105. $\log_{16} 64$
106. $\log_4 125$

Derivando funções em outras bases Nos Exercícios 107-112, encontre a derivada da função.

107. $y = 5^{2x+1}$
108. $y = 8^{x^3}$
109. $y = \log_3(2x - 1)$
110. $y = \log_{16}(x^2 - 3x)$
111. $y = \log_{10}\frac{3}{x}$
112. $y = \log_2 \frac{1}{x^2}$

Analisando um gráfico Nos Exercícios 113-116, analise e esboce o gráfico da função. Assinale quaisquer extremos relativos, pontos de inflexão e assíntotas.

113. $y = \ln(x + 3)$
114. $y = \frac{8\ln x}{x^2}$
115. $y = \ln \frac{10}{x + 2}$
116. $y = \ln \frac{x^2}{9 - x^2}$

117. Música Os números de músicas baixadas D (em milhões) entre 2004 e 2009 podem ser modelados por

$$D = -1.671,88 + 1.282 \ln t$$

em que $t = 4$ corresponde a 2004. Encontre as taxas de variação do número de músicas baixadas em 2005 e 2008. *(Fonte: Recording Industry Association of America)*

118. Custo médio mínimo O custo de produção de x unidades de um produto é modelado por

$$C = 200 + 75x - 300\ln x, \quad x \ge 1.$$

(a) Encontre a função custo médio $\overline{C}$.

(b) Encontre o custo médio mínimo analiticamente. Use uma ferramenta gráfica para confirmar seu resultado.

Modelando o crescimento e o decrescimento exponencial Nos Exercícios 119 e 120, encontre a função exponencial

$y = Ce^{kt}$

que passa pelos dois pontos dados.

119. (0, 3), (4, 1)
120. (1, 1), (5, 5)

Modelando o decaimento radioativo Nos Exercícios 121-126, complete a tabela para cada isótopo radioativo.

Isótopo	Meia-vida (em anos)	Quant. inicial	Quant. após 1.000 anos	Quant. após 10.000 anos
121. ^{226}Ra	1.599	8 gramas		
122. ^{226}Ra	1.599		0,7 grama	
123. ^{14}C	5.715			6 gramas
124. ^{14}C	5.715	5 gramas		
125. ^{239}Pu	24.100		2,4 gramas	
126. ^{239}Pu	24.100			7,1 gramas

Modelando juros compostos Nos Exercícios 127-130, complete a tabela para uma conta em que os juros são capitalizados continuamente.

	Invest. inicial	Taxa anual	Tempo para dobrar	Quant. após 10 anos	Quant. após 25 anos
127.	$ 600	8%			
128.	$ 2.000		7 anos		
129.	$ 15.000			$ 18.321,04	
130.		4%			$ 11.934,60

131. Ciências médicas Logo após uma injeção, a concentração D (em miligramas por mililitro) de um medicamento na corrente sanguínea do paciente é de 500 miligramas por mililitro. Após 6 horas, 50 miligramas por mililitro do fármaco permanecem na corrente sanguínea.

(a) Encontre um modelo exponencial para a concentração D após t horas.

(b) Qual é a concentração da droga após 4 horas?

132. Crescimento populacional O número de certo tipo de bactérias aumenta continuamente a uma taxa proporcional ao número presente. Após 2 horas, existem 200 bactérias e, após 4 horas, existem 300 bactérias.

(a) Encontre um modelo exponencial que dê a população P após t horas.

(a) Quantas bactérias haverá depois de 7 horas?

(a) Quanto tempo levará para a população duplicar?

TESTE DO CAPÍTULO

Faça este teste como faria um teste em sala de aula. Quando terminar, confira seus resultados comparando-os com as respostas dadas no final do livro.

Nos Exercícios 1-4, use as propriedades dos expoentes para simplificar a expressão.

1. $3^2(3^{-2})$
2. $\left(\dfrac{2^3}{2^{-5}}\right)^{-1}$
3. $(e^{1/2})(e^4)$
4. $(e^3)^4$

Nos Exercícios 5-10, use uma ferramenta gráfica para traçar o gráfico da função.

5. $f(x) = 5^{x-2}$
6. $f(x) = 4^{-x}$
7. $f(x) = e^{x-3}$
8. $f(x) = 8 + \ln x^2$
9. $f(x) = \ln(x - 5)$
10. $f(x) = 0{,}5 \ln x$

Nos Exercícios 11-13, use as propriedades dos logaritmos para escrever a expressão como uma soma, diferença ou multiplicação de logaritmos.

11. $\ln \dfrac{3}{2}$
12. $\ln \sqrt{x + y}$
13. $\ln \dfrac{x + 1}{y}$

Nos Exercícios 14-16, condense a expressão logarítmica.

14. $\ln y + \ln(x + 1)$
15. $3 \ln x - 2 \ln(x - 1)$
16. $\ln x + 4 \ln y - \tfrac{1}{2} \ln(z + 4)$

Nos Exercícios 17-19, resolva a equação.

17. $e^{x-1} = 9$
18. $10 e^{2x+1} = 900$
19. $50(1{,}06)^x = 1.500$

20. Um depósito de $ 500 é feito em uma conta que rende juros a uma taxa anual de 4%. Quanto tempo levará para esse saldo dobrar se os juros forem capitalizados (a) anualmente, (b) mensalmente, (c) diariamente e (d) continuamente?

Nos Exercícios 21-24, determine a derivada da função.

21. $y = e^{-3x} + 5$
22. $y = 7e^{x+2} + 2x$
23. $y = \ln(3 + x^2)$
24. $y = \ln \dfrac{5x}{x + 2}$

25. As receitas R (em milhões de dólares) das pistas de esqui nos Estados Unidos de 2000 a 2008 podem ser modeladas por

    $R = 1.548 e^{0{,}0617t}$

    em que $t = 0$ corresponde a 2000. (*Fonte: U.S. Census Bureau*)

    (a) Use esse modelo para estimar as receitas em 2006.
    (b) A que taxa as receitas estavam variando em 2006?

26. Que porcentagem de uma quantidade presente de rádio radioativo (^{226}Ra) restará após 1.200 anos? (A meia-vida do ^{266}Ra é 1.599 anos.)

27. Uma população está crescendo continuamente a uma taxa de 1,75% por ano. Determine o tempo necessário para essa população duplicar de tamanho.

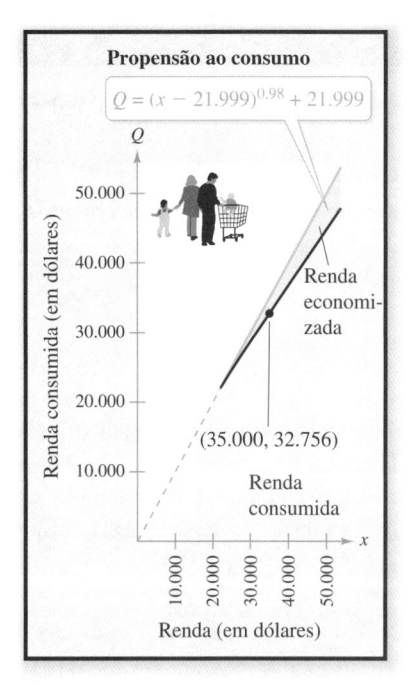

5 Integração e suas aplicações

Propensão ao consumo
$$Q = (x - 21.999)^{0.98} + 21.999$$

O Exemplo 8, na página 323, mostra como a integração pode ser utilizada para analisar a propensão marginal ao consumo.

- **5.1** Primitivas e integrais indefinidas
- **5.2** Integração por substituição e regra da potência geral
- **5.3** Integrais exponenciais e logarítmicas
- **5.4** Área e o teorema fundamental do cálculo
- **5.5** Área de uma região limitada por dois gráficos
- **5.6** Integral definida como limite de uma soma

5.1 Primitivas e integrais indefinidas

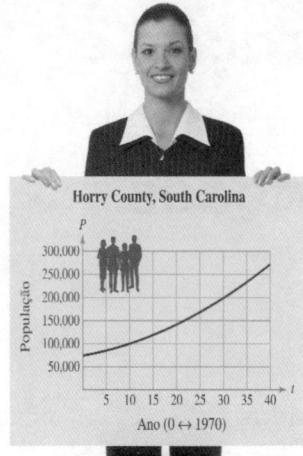

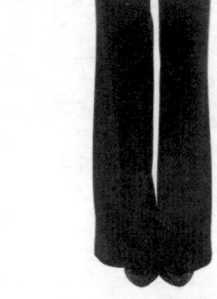

- Compreender a definição de primitiva e utilizar a notação de integral indefinida para primitivas.
- Utilizar regras básicas da integração para encontrar primitivas.
- Utilizar condições iniciais para encontrar soluções particulares de integrais indefinidas.
- Utilizar primitivas para resolver problemas reais.

Primitivas

No Capítulo 2, você estava preocupado principalmente com o problema: *dada a função, encontre a derivada*. Algumas aplicações importantes do cálculo envolvem o problema inverso: *dada a derivada, encontre a função*. Por exemplo, considere a derivada $f'(x) = 3x^2$. Para determinar a função você pode observar que

$$f(x) = x^3 \quad \text{porque} \quad \frac{d}{dx}[x^3] = 3x^2.$$

Esta operação de determinar a função original a partir de sua derivada é a operação inversa da derivação e é chamada de **primitivação**.

> **Definição de primitiva**
>
> Uma função F é uma **primitiva** de uma função f se, para cada x no domínio de f, ocorrer que $F'(x) = f(x)$.

Se $F(x)$ é uma primitiva de $f(x)$, então $F(x) + C$, em que C é qualquer constante, também é uma primitiva de $f(x)$. Por exemplo,

$$F(x) = x^3, \quad G(x) = x^3 - 5 \quad \text{e} \quad H(x) = x^3 + 0{,}3$$

são primitivas de $3x^2$ porque a derivada de cada uma é $3x^2$. No final das contas, todas as primitivas de $3x^2$ têm a forma de $x^3 + C$. Então, o processo de primitivação não determina uma única função, mas uma *família* de funções, diferindo entre si por constantes.

O processo de primitivação também é chamado de **integração** e é denotado pelo símbolo

$$\int \qquad \text{símbolo de integral}$$

que é chamado de **símbolo de integral**. O símbolo

$$\int f(x)\, dx \qquad \text{integral indefinida}$$

é a **integral indefinida** de $f(x)$ e denota a família de primitivas de $f(x)$. Ou seja, se $F'(x) = f(x)$ para todo x, então podemos escrever

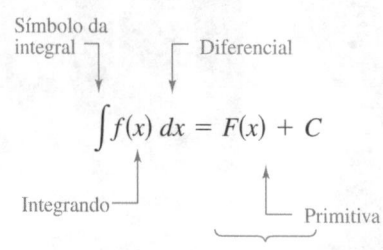

$$\underbrace{\int}_{\text{Símbolo da integral}} \underbrace{f(x)}_{\text{Integrando}} \underbrace{dx}_{\text{Diferencial}} = \underbrace{F(x)}_{\text{Primitiva}} + C$$

em que $f(x)$ é o **integrando** e C é a **constante de integração**. A diferencial dx na integral indefinida identifica a variável de integração. Isto é, o símbolo $\int f(x)\, dx$ de-

---

No Exercício 69, na página 316, você usará a integração para encontrar um modelo para a população de um município.

DICA DE ESTUDO

Neste livro, a expressão "$F(x)$ é uma primitiva de $f(x)$" é usada como sinônimo de "F é uma primitiva de f".

nota a "*primitiva de f em relação a x*" assim como o símbolo dy/dx denota a "*derivada de y em relação a x*".

Determinação de primitivas

A relação inversa entre as operações de integração e derivação pode ser mostrada simbolicamente, conforme segue.

$$\frac{d}{dx}\left[\int f(x)\,dx\right] = f(x)$$ A derivação é o inverso da integração.

$$\int f'(x)\,dx = f(x) + C$$ A integração é o inverso da derivação.

Esta relação inversa entre integração e derivação permite que as fórmulas de integração sejam obtidas diretamente das fórmulas de derivação. O resumo a seguir lista as fórmulas de integração que correspondem a algumas das fórmulas de derivação que já foram estudadas.

Regras básicas da integração

1. $\int k\,dx = kx + C$, k é uma constante.   Regra da constante

2. $\int kf(x)\,dx = k\int f(x)\,dx$ Regra do múltiplo por constante

3. $\int [f(x) + g(x)]\,dx = \int f(x)\,dx + \int g(x)\,dx$ Regra da soma

4. $\int [f(x) - g(x)]\,dx = \int f(x)\,dx - \int g(x)\,dx$ Regra da diferença

5. $\int x^n\,dx = \dfrac{x^{n+1}}{n+1} + C$, $n \neq -1$ Regra da potência simples

---

> **DICA DE ESTUDO**
>
> Serão estudadas a regra da potência geral para integração na Seção 5.2 e as regras exponencial e logarítmica na Seção 5.3.

Certifique-se de compreender que a regra da potência simples tem a restrição de n não poder ser -1. Então, *não* se pode usar a regra da potência simples para calcular a integral.

$$\int \frac{1}{x}\,dx.$$

Para calcular essa integral, é necessário usar a regra logarítmica, que será descrita na Seção 5.3.

Exemplo 1 Determinação de integrais indefinidas

Determine cada integral indefinida.

a. $\displaystyle\int \frac{1}{2}\,dx$ **b.** $\displaystyle\int 1\,dx$ **c.** $\displaystyle\int -5\,dt$

SOLUÇÃO

a. $\displaystyle\int \frac{1}{2}\,dx = \frac{1}{2}x + C$ **b.** $\displaystyle\int 1\,dx = x + C$ **c.** $\displaystyle\int -5\,dt = -5t + C$

> **DICA DE ESTUDO**
>
> No Exemplo 2(b), a integral $\int 1\,dx$ é geralmente reduzida para a forma $\int dx$.

✓ AUTOAVALIAÇÃO 1

Encontre cada integral indefinida.

a. $\displaystyle\int 5\,dx$ **b.** $\displaystyle\int -1\,dr$ **c.** $\displaystyle\int 2\,dt$

TUTOR TÉCNICO

Se tiver acesso a um programa de integração simbólica, tente usá-lo para encontrar primitivas.

Exemplo 2 Determinação de uma integral indefinida

$$\int 3x\,dx = 3\int x\,dx \qquad \text{Regra do múltiplo por constante}$$

$$= 3\int x^1\,dx \qquad \text{Reescreva } x \text{ como } x^1.$$

$$= 3\left(\frac{x^2}{2}\right) + C \qquad \text{Regra da potência simples com } n = 1$$

$$= \frac{3}{2}x^2 + C \qquad \text{Simplifique.}$$

✓ AUTOAVALIAÇÃO 2

Determine $\int 5x\,dx$.

■

Para determinar integrais indefinidas, uma aplicação rígida das regras básicas de integração tende a produzir constantes de integração complicadas. Por exemplo, no Exemplo 3, você poderia chegar em

$$\int 3x\,dx = 3\int x\,dx = 3\left(\frac{x^2}{2} + C\right) = \frac{3}{2}x^2 + 3C.$$

Contudo, como C representa *qualquer* constante, é desnecessário escrever $3C$ como a constante de integração. Você pode simplesmente escrever $\frac{3}{2}x^2 + C$.

No Exemplo 2, observe que o padrão geral de integração é similar ao da derivação.

| Integral original: $\int 3x\,dx$ | ⇒ | Reescreva: $3\int x^1\,dx$ | ⇒ | Integre: $3\left(\frac{x^2}{2}\right) + C$ | ⇒ | Simplifique: $\frac{3}{2}x^2 + C$ |

Exemplo 3 Reescrever antes de integrar

	Integral original	*Reescreva*	*Integre*	*Simplifique*
a.	$\int \frac{1}{x^3}\,dx$	$\int x^{-3}\,dx$	$\frac{x^{-2}}{-2} + C$	$-\frac{1}{2x^2} + C$
b.	$\int \sqrt{x}\,dx$	$\int x^{1/2}\,dx$	$\frac{x^{3/2}}{3/2} + C$	$\frac{2}{3}x^{3/2} + C$

✓ AUTOAVALIAÇÃO 3

Determine cada integral indefinida.

a. $\int \frac{1}{x^2}\,dx$ **b.** $\int \sqrt[3]{x}\,dx$

■

Lembre-se de que pode conferir sua resposta a um problema de primitivação derivando. Por exemplo, no Exemplo 3(b), podemos verificar que $\frac{2}{3}x^{3/2} + C$ é a primitiva correta derivando para obter

$$\frac{d}{dx}\left[\frac{2}{3}x^{3/2} + C\right] = \left(\frac{2}{3}\right)\left(\frac{3}{2}\right)x^{1/2} = \sqrt{x}.$$

Com as cinco regras básicas de integração, pode-se integrar *qualquer* função polinomial, como mostrado no exemplo a seguir.

Exemplo 4 Integração de funções polinomiais

Encontre (a) $\int (x + 2)\, dx$ e (b) $\int (3x^4 - 5x^2 + x)\, dx$.

SOLUÇÃO

a. $\int (x + 2)\, dx = \int x\, dx + \int 2\, dx$ — Aplique a regra da soma.

$= \dfrac{x^2}{2} + C_1 + 2x + C_2$ — Aplique a regra da potência simples e a regra da constante

$= \dfrac{x^2}{2} + 2x + C$ — $C = C_1 + C_2$

A segunda linha da solução é geralmente omitida.

b. $\int (3x^4 - 5x^2 + x)\, dx = 3\left(\dfrac{x^5}{5}\right) - 5\left(\dfrac{x^3}{3}\right) + \dfrac{x^2}{2} + C$

$= \dfrac{3}{5}x^5 - \dfrac{5}{3}x^3 + \dfrac{1}{2}x^2 + C$

✓ **AUTOAVALIAÇÃO 4**

Determine (a) $\int (x + 4)\, dx$ e (b) $\int (4x^3 - 5x + 2)\, dx$

Exemplo 5 Reescrever antes de integrar

Determine $\int \dfrac{x - 1}{\sqrt{x}}\, dx$.

SOLUÇÃO Comece por reescrever o quociente no integrando como uma diferença. Então reescreva cada termo usando expoentes racionais.

$\int \dfrac{x - 1}{\sqrt{x}}\, dx = \int \left(\dfrac{x}{\sqrt{x}} - \dfrac{1}{\sqrt{x}}\right) dx$ — Reescreva como uma diferença.

$= \int (x^{1/2} - x^{-1/2})\, dx$ — Reescreva usando expoentes racionais.

$= \int x^{1/2}\, dx - \int x^{-1/2}\, dx$ — Aplique a regra da diferença.

$= \dfrac{x^{3/2}}{3/2} - \dfrac{x^{1/2}}{1/2} + C$ — Aplique a regra da potência.

$= \dfrac{2}{3}x^{3/2} - 2x^{1/2} + C$ — Simplifique.

$= \dfrac{2}{3}\sqrt{x}(x - 3) + C$ — Fatore.

✓ **AUTOAVALIAÇÃO 5**

Determine $\int \dfrac{x + 2}{\sqrt{x}}\, dx$.

DICA DE ESTUDO

Ao integrar quocientes, lembre-se de *não* integrar o numerador e o denominador separadamente. No Exemplo 5, perceba que

$\int \dfrac{x - 1}{\sqrt{x}}\, dx = \dfrac{2}{3}\sqrt{x}(x - 3) + C$

não é o mesmo que

$\dfrac{\int (x - 1)\, dx}{\int \sqrt{x}\, dx} = \dfrac{\frac{1}{2}x^2 - x + C_1}{\frac{2}{3}x\sqrt{x} + C_2}$.

TUTOR DE ÁLGEBRA

Para ajuda com a álgebra do Exemplo 5, consulte o Exemplo 1(a) do *Tutor de álgebra* do Capítulo 5, na página 361.

Soluções particulares

Você já viu que a equação $y = \int f(x)\, dx$ tem muitas soluções, cada uma diferindo das demais por constante. Isso significa que os gráficos de quaisquer duas primitivas de f são translações verticais um dos outros. Por exemplo, a Figura 5.1 mostra os gráficos de diversas primitivas da forma

$y = F(x) = \int (3x^2 - 1)\, dx = x^3 - x + C$

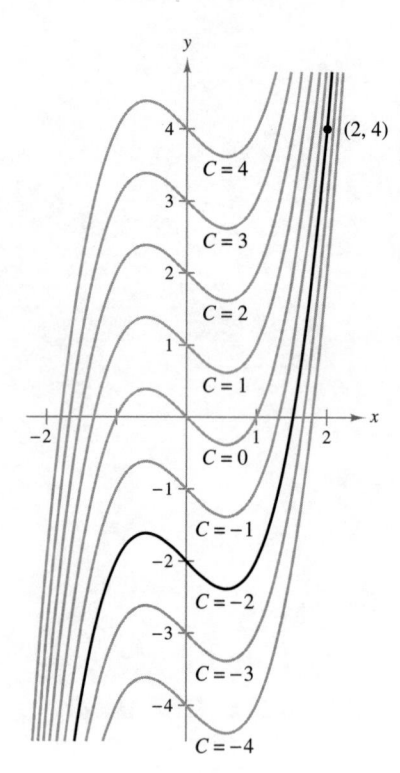

para vários valores inteiros de C. Cada uma dessas primitivas é uma solução da *equação diferencial*

$$dy/dx = 3x^2 - 1.$$

Uma **equação diferencial** em x e y é uma equação que envolve x, y e derivadas de y. A **solução geral** de $dy/dx = 3x^2 - 1$ é $F(x) = x^3 - x + C$.

Em muitas aplicações de integração são fornecidas informações suficientes para determinar uma **solução particular**. Para fazê-lo, somente é preciso saber o valor de $F(x)$ para um único valor de x. (Esta informação é chamada de **condição inicial**). Por exemplo, na Figura 5.1, só há uma curva que passa pelo ponto (2, 4). Para encontrar essa curva, utilize as informações abaixo.

$F(x) = x^3 - x + C$ Solução geral
$F(2) = 4$ Condição inicial

Usando a condição inicial na solução geral, pode-se determinar que $F(2) = 2^3 - 2 + C = 4$, o que significa que $C = -2$. Então, a solução particular é

$F(x) = x^3 - x - 2.$ Solução particular

Exemplo 6 Determinação de uma solução particular

Determine a solução geral de

$$F'(x) = 2x - 2$$

e a solução particular que satisfaça a condição inicial $F(1) = 2$.

SOLUÇÃO Comece por integrar para determinar a solução geral.

$$F(x) = \int (2x - 2)\, dx \quad \text{Integre } F'(x) \text{ para obter } F(x).$$
$$= x^2 - 2x + C \quad \text{Solução geral}$$

Usando a condição inicial $F(1) = 2$, podemos escrever

$$F(1) = 1^2 - 2(1) + C = 2$$

o que significa que $C = 3$. Então, a solução particular é

$F(x) = x^2 - 2x + 3.$ Solução particular

Esta solução é mostrada graficamente na Figura 5.2. Observe que cada uma das curvas cinza representa uma solução da equação $F'(x) = 2x - 2$. A curva preta, no entanto, é a única solução que passa pelo ponto (1, 2), o que significa que $F(x) = x^2 - 2x + 3$ é a única solução que satisfaz a condição inicial.

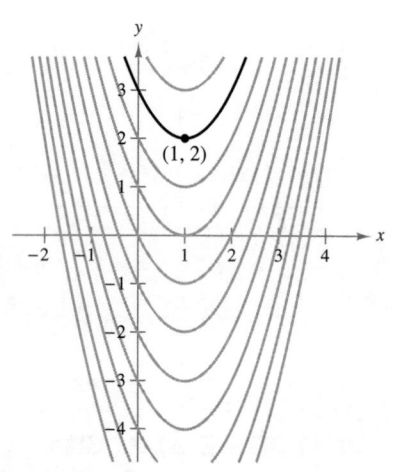

✓ **AUTOAVALIAÇÃO 6**

Encontre a solução geral de $F'(x) = 4x + 2$ e determine a solução particular que satisfaça a condição inicial $F(1) = 8$.

FIGURA 5.1 — $F(x) = x^3 - x + C$

FIGURA 5.2

Aplicações

No Capítulo 2, usou-se a função posição geral (desprezando a resistência do ar) de um objeto em queda livre

$$s(t) = -16t^2 + v_0 t + s_0$$

em que $s(t)$ é a altura (em pés) e t é o tempo (em segundos). No próximo exemplo, a integração será usada para *deduzir* essa função.

Exemplo 7 Dedução de uma função posição

Uma bola é jogada para cima com uma velocidade inicial de 64 pés por segundo a partir de uma altura de 80 pés, como na Figura 5.3. Deduza a função posição, fornecendo a altura s (em pés) em função do tempo t (em segundos). A bola ficará no ar por mais de cinco segundos?

SOLUÇÃO Tome $t = 0$ como o instante inicial. Então, as duas condições dadas podem ser escritas como

$s(0) = 80$ A altura inicial é 80 pés.

$s'(0) = 64.$ A velocidade inicial é 64 pés por segundo.

Como a aceleração da gravidade é -32 pés por segundo por segundo, pode-se integrar a função aceleração para determinar a função velocidade conforme mostrado.

$s''(t) = -32$ Aceleração da gravidade

$s'(t) = \int -32 \, dt$ Integre $s''(t)$ para obter $s'(t)$.

$\quad\quad = -32t + C_1$ Função velocidade

Usando a velocidade inicial, pode-se concluir que $C_1 = 64$.

$s'(t) = -32t + 64$ Função velocidade

$s(t) = \int (-32t + 64) \, dt$ Integre $s'(t)$ para obter $s(t)$.

$\quad\quad = -16t^2 + 64t + C_2$ Função posição

Usando a altura inicial, segue que $C_2 = 80$. Dessa forma, a função posição é dada por

$s(t) = -16t^2 + 64t + 80.$ Função posição

Para determinar o momento em que a bola atinge o chão, iguale a função posição a 0 e determine t.

$-16t^2 + 64t + 80 = 0$ Iguale $s(t)$ a zero.

$-16(t + 1)(t - 5) = 0$ Fatore.

$\quad\quad t = -1, \quad t = 5$ Determine t.

Como esse tempo deve ser positivo, podemos concluir que a bola atinge o chão cinco segundos após ser jogada para cima. Não, a bola não ficou no ar por mais de cinco segundos.

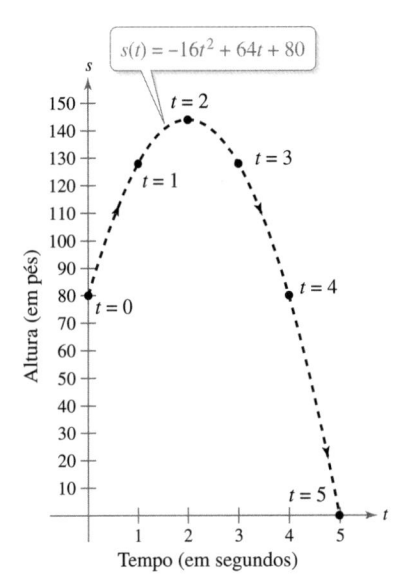

FIGURA 5.3

✓ **AUTOAVALIAÇÃO 7**

Deduza a função posição se uma bola for jogada para cima com velocidade inicial de 32 pés por segundo a partir de uma altura de 48 pés. Quando a bola atingirá o chão? Com que velocidade ela atingirá o chão?

Exemplo 8   Determinação de uma função custo

O custo marginal para produzir x unidades de um produto é modelado por

$\dfrac{dC}{dx} = 32 - 0{,}04x.$ Custo marginal

O preço para produzir uma unidade é $\$ 50$. Determine o custo total para produzir 200 unidades.

SOLUÇÃO Para determinar a função custo, integre a função custo marginal.

$C = \int (32 - 0{,}04x) \, dx$ Integre $\dfrac{dC}{dx}$ para obter C.

$\quad = 32x - 0{,}04\left(\dfrac{x^2}{2}\right) + K$

$\quad = 32x - 0{,}02x^2 + K$ Função custo

Para determinar K, use a condição inicial $C = 50$ quando $x = 1$.

$50 = 32(1) - 0,02(1)^2 + K$ Substitua C por 50 e x por 1.

$18,02 = K$ Determine K.

Então, a função custo total é dada por

$C = 32x - 0,02x^2 + 18,02$ Função custo

o que significa que o custo de produzir 200 unidades é

$C = 32(200) - 0,02(200)^2 + 18,02$

$= \$ 5.618,02.$

DICA DE ESTUDO

No Exemplo 8, observe que K é utilizado para representar a constante de integração em vez de C. Isto é necessário para evitar a confusão entre a constante C e a função custo

$C = 32x - 0,02x^2 + 18,02.$

✓ AUTOAVALIAÇÃO 8

A função custo marginal para produzir x unidades de um produto é modelada por

$$\frac{dC}{dx} = 28 - 0,02x.$$

O preço para produzir uma unidade é de $\$ 40$. Determine o custo de produção 200 unidades. ∎

PRATIQUE   (Seção 5.1)

1. Dê a definição de primitiva *(página 308)*. Para exemplos de primitivas, veja os Exemplos 1, 2, 3, 4 e 5.
2. Enuncie a regra da constante *(página 309)*. Para um exemplo da regra da constante, veja o Exemplo 1.
3. Enuncie a regra múltipla da constante *(página 309)*. Para um exemplo da regra múltipla da constante, veja o Exemplo 2.
4. Enuncie a regra da soma *(página 309)*. Para um exemplo da regra da soma, veja o Exemplo 4.
5. Enuncie a regra da diferença *(página 309)*. Para um exemplo da regra da diferença, veja o Exemplo 5.
6. Enuncie a regra da potência simples *(página 309)*. Para exemplos da regra da potência simples, veja os Exemplos 2, 3, 4 e 5.
7. Descreva em um exemplo da vida real como a primitivização pode ser usada para encontrar a função custo *(página 313, Exemplo 8)*.

Recapitulação 5.1

Os exercícios preparatórios a seguir envolvem conceitos vistos em cursos ou seções anteriores. Esses conceitos serão utilizados no conjunto de exercícios desta seção. Para obter mais ajuda, consulte a Seção A3 do Apêndice e a Seção 1.2.

Nos Exercícios 1-6, reescreva as expressões usando expoentes racionais.

1. $\dfrac{\sqrt{x}}{x}$ 2. $\sqrt[3]{2x}(2x)$ 3. $\sqrt{5x^3} + \sqrt{x^5}$

4. $\dfrac{1}{\sqrt{x}} + \dfrac{1}{\sqrt[3]{x^2}}$ 5. $\dfrac{(x+1)^3}{\sqrt{x+1}}$ 6. $\dfrac{\sqrt{x}}{\sqrt[3]{x}}$

Nos Exercícios 7-10, faça $(x, y) = (2, 2)$, e resolva a equação para C.

7. $y = x^2 + 5x + C$ 8. $y = 3x^3 - 6x + C$

9. $y = -16x^2 + 26x + C$ 10. $y = -\tfrac{1}{4}x^4 - 2x^2 + C$

Exercícios 5.1

Integração e derivação Nos Exercícios 1-6, verifique a afirmação mostrando que a derivada do lado direito é igual ao integrando do lado esquerdo.

1. $\int 4x\, dx = 2x^2 + C$
2. $\int 4x^3\, dx = x^4 + C$
3. $\int \left(-\dfrac{9}{x^4}\right) dx = \dfrac{3}{x^3} + C$
4. $\int \dfrac{4}{\sqrt{x}}\, dx = 8\sqrt{x} + C$
5. $\int \left(4x^3 - \dfrac{1}{x^2}\right) dx = x^4 + \dfrac{1}{x} + C$
6. $\int \left(1 - \dfrac{1}{\sqrt[3]{x^2}}\right) dx = x - 3\sqrt[3]{x} + C$

Encontrando integrais indefinidas Nos Exercícios 7-18, encontre a integral indefinida. Verifique seu resultado por derivação. *Veja os Exemplos 1 e 2.*

7. $\int du$
8. $\int dr$
9. $\int 6\, dx$
10. $\int -4\, dx$
11. $\int 7x\, dx$
12. $\int 2x\, dx$
13. $\int 5t^2\, dt$
14. $\int 4y^{-2}\, dy$
15. $\int 5x^{-3}\, dx$
16. $\int 3t^4\, dt$
17. $\int y^{3/2}\, dy$
18. $\int v^{-1/2}\, dv$

Reescrevendo antes de integrar Nos Exercícios 19-24, encontre a integral indefinida. *Veja o Exemplo 3.*

Integral original   Reescreva   Integre   Simplifique

19. $\int \sqrt[3]{x^2}\, dx$
20. $\int x(x^2 + 3)\, dx$
21. $\int \dfrac{1}{x\sqrt{x}}\, dx$
22. $\int \dfrac{1}{x^4}\, dx$
23. $\int \dfrac{1}{2x^3}\, dx$
24. $\int \dfrac{1}{(3x)^2}\, dx$

Encontrando integrais indefinidas Nos Exercícios 25-36, encontre a integral indefinida. Verifique seu resultado por derivação. *Veja os Exemplos 4 e 5.*

25. $\int (x + 3)\, dx$
26. $\int (x^2 - 7)\, dx$
27. $\int (x^3 + 2)\, dx$
28. $\int (5 - x)\, dx$
29. $\int (3x^3 - 6x^2 + 2)\, dx$
30. $\int (x^3 - 4x + 2)\, dx$
31. $\int (x^2 + 5x + 1)\, dx$
32. $\int (2x^4 - x^2 + 3)\, dx$
33. $\int \dfrac{2x^3 - 1}{x^3}\, dx$
34. $\int \dfrac{t^2 + 2}{t^2}\, dt$
35. $\int \dfrac{5x + 4}{\sqrt[3]{x}}\, dx$
36. $\int \dfrac{2x - 1}{\sqrt{x}}\, dx$

Interpretando um gráfico Nos Exercícios 37-40, o gráfico da derivada de uma função é dado. Esboce os gráficos de duas funções que têm a derivada dada. (Há mais de uma resposta correta.)

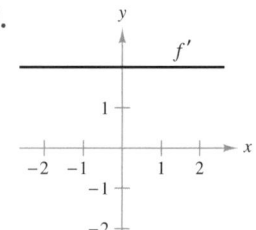

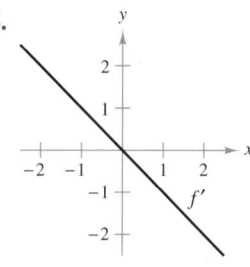

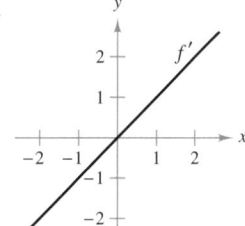

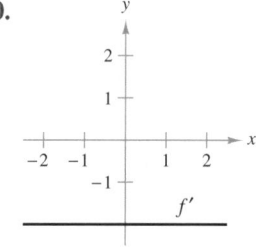

37.
38.
39.
40.

Encontrando soluções particulares Nos Exercícios 41-48, encontre a solução particular que satisfaça a equação diferencial e a condição inicial. *Veja o Exemplo 6.*

41. $f'(x) = 4x;\ f(0) = 6$
42. $f'(x) = \frac{1}{5}x - 2;\ f(10) = -10$
43. $f'(x) = 2x + 4;\ f(-2) = 3$
44. $f'(x) = 9x^2;\ f(0) = -1$
45. $f'(x) = 10x - 12x^3;\ f(3) = 2$
46. $f'(x) = 2\sqrt{x};\ f(4) = 12$
47. $f'(x) = \dfrac{2 - x}{x^3},\ x > 0;\ f(2) = \dfrac{3}{4}$
48. $f'(x) = \dfrac{x^2 - 5}{x^2},\ x > 0;\ f(1) = 2$

Encontrando soluções particulares Nos Exercícios 49-52, encontre uma função que satisfaça as condições iniciais.

49. $f''(x) = 2,\ f'(2) = 5,\ f(2) = 10$

50. $f''(x) = x^2$, $f'(0) = 6$, $f(0) = 3$
51. $f''(x) = x^{-2/3}$, $f'(8) = 6$, $f(0) = 0$
52. $f''(x) = x^{-3/2}$, $f'(1) = 2$, $f(9) = -4$

Encontrando uma função custo Nos Exercícios 53-56, encontre a função custo para o custo marginal e o custo fixo dados. *Veja o Exemplo 8.*

	Custo marginal	Custo fixo ($x = 0$)
53.	$\dfrac{dC}{dx} = 85$	$ 5.500
54.	$\dfrac{dC}{dx} = \dfrac{1}{50}x + 10$	$ 1.000
55.	$\dfrac{dC}{dx} = \dfrac{1}{20\sqrt{x}} + 4$	$ 750
56.	$\dfrac{dC}{dx} = \dfrac{\sqrt[4]{x}}{10} + 10$	$ 2.300

Receita e Demanda Nos Exercícios 57 e 58, encontre as funções receita e demanda para a receita marginal dada. (Use o fato de que $R = 0$ quando $x = 0$.)

57. $\dfrac{dR}{dx} = 225 - 3x$ **58.** $\dfrac{dR}{dx} = 310 - 4x$

Lucro Nos Exercícios 59-62, encontre a função lucro para o lucro marginal e a condição inicial dados.

	Lucro marginal	Condição inicial
59.	$\dfrac{dP}{dx} = -18x + 1.650$	$P(15) = $ 22.725
60.	$\dfrac{dP}{dx} = -30x + 920$	$P(8) = $ 6.500
61.	$\dfrac{dP}{dx} = -24x + 805$	$P(12) = $ 8.000
62.	$\dfrac{dP}{dx} = -40x + 250$	$P(5) = $ 650

Movimento vertical Nos Exercícios 63-66, use $s''(t) = -32$ pés por segundo como a aceleração da gravidade. *Veja o Exemplo 7.*

63. O Grand Canyon tem 6.000 pés de profundidade na parte mais profunda. Deixa-se cair uma rocha dessa altura. Expresse a altura s (em pés) da rocha como uma função do tempo t (em segundos). Quanto tempo levará para a rocha atingir o solo do cânion?

64. Uma bola é lançada para cima com uma velocidade inicial de 60 pés por segundo de uma altura inicial de 16 pés. Expresse a altura s (em pés) da bola como uma função do tempo t (em segundos). Quanto tempo a bola ficará no ar?

65. Com que velocidade inicial um objeto deve ser atirado para cima a partir do solo para alcançar a altura do Monumento de Washington (550 pés)?

66. Com que velocidade inicial um objeto deve ser atirado para cima de uma altura de 5 pés para alcançar uma altura máxima de 230 pés?

67. Custo Uma empresa produz um produto no qual o custo marginal de produção de x unidades é modelado por $dC/dx = 2x - 12$, e os custos fixos são $ 125.

(a) Encontre a função custo total e do custo médio.

(b) Encontre o custo de produção de 50 unidades.

(c) Na parte (b), quanto do custo total é fixo? Quanto é variável? Dê exemplos de custos fixos associados à fabricação de um produto. Dê exemplos de custos variáveis.

68. Crescimento das árvores Um viveiro de arbustos normalmente vende um certo arbusto após 6 anos de crescimento e formação. A taxa de crescimento durante esses 6 anos é aproximada por $dh/dt = 1,5t + 5$, onde t é o tempo (em anos) e h é a altura (em centímetros). As mudas têm 12 centímetros de altura quando plantadas ($t = 0$).

(a) Encontre a função altura.

(b) Qual a altura dos arbustos quando são vendidos?

69. Crescimento populacional A taxa de crescimento da população de Horry County, na Carolina do Sul, de 1970 a 2009 pode ser modelada por

$$\dfrac{dP}{dt} = 158,80t + 1.758,6$$

em que t é o tempo em anos, com $t = 0$ correspondendo a 1970. A população do município era 263.868 em 2009. *(Fonte: U.S. Census Bureau)*

(a) Encontre o modelo para a população de Horry County.

(b) Use o modelo para prever a população em 2015. Sua resposta parece razoável? Explique seu raciocínio.

70. VISUALIZE O gráfico mostra a taxa de variação da receita de uma empresa de 1990 a 2010.

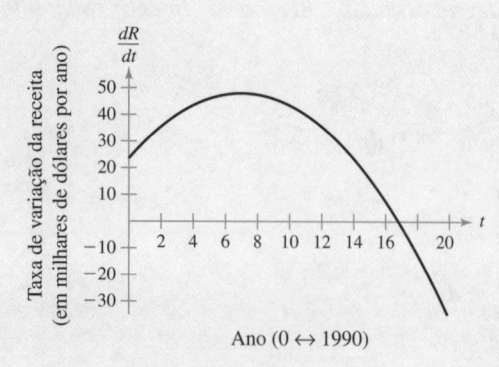

(a) Aproxime a taxa de variação da receita em 1993. Explique seu raciocínio.

(b) Aproxime o ano na qual a receita é máxima. Explique seu raciocínio.

71. Estatística demográfica A taxa de aumento do número de casais casados M (em milhares) nos Estados Unidos, de 1980 a 2009 pode ser modelada por

$$\frac{dM}{dt} = -0{,}105t^2 + 14{,}02t + 217{,}8$$

em que t é o tempo em anos, com $t = 0$ correspondendo a 1980. O número de casais casados em 2009 era de 60.844 mil. *(Fonte: U.S. Census Bureau)*

(a) Encontre o modelo para o número de casais casados nos Estados Unidos.

(b) Use o modelo para prever o número de casais casados nos Estados Unidos em 2015. Sua resposta parece razoável? Explique seu raciocínio.

72. Usuários de Internet A taxa de crescimento do número de usuários de Internet I (em milhões) no mundo, de 1991 a 2009, pode ser modelada por

$$\frac{dI}{dt} = 0{,}0556t^3 - 1{,}557t^2 + 25{,}70t - 59{,}2$$

em que t é o tempo em anos, com $t = 1$ correspondendo a 1991. O número de usuários da Internet em 2009 foi de 1.833 milhões. *(Fonte: International Telecommunication Union)*

(a) Encontre o modelo para o número de usuários da Internet no mundo.

(b) Use o modelo para prever o número de usuários de Internet no mundo em 2015. Sua resposta parece razoável? Explique seu raciocínio.

73. Economia: benefícios e custos marginais A tabela dá o benefício marginal e o custo marginal da produção de x unidades de um produto para determinada empresa. (a) Marque os pontos em cada coluna e use o recurso *regression* de uma ferramenta gráfica para encontrar um modelo linear para o benefício marginal e um modelo quadrático para o custo marginal. (b) Use a integração para encontrar as equações do benefício B e do custo C. Assuma $B(0) = 0$ e $C(0) = 425$. (c) Encontre os intervalos nos quais o benefício excede o custo de produção de x unidades. Faça uma recomendação para quantas unidades a empresa deve produzir com base em suas descobertas. *(Fonte: Adaptado de Taylor, Economics, 5. ed.)*

Número de unidades	1	2	3	4	5
Benefício marginal	330	320	290	270	250
Custo marginal	150	120	100	110	120

Número de unidades	6	7	8	9	10
Benefício marginal	230	210	190	170	160
Custo marginal	140	160	190	250	320

5.2 Integração por substituição e regra da potência geral

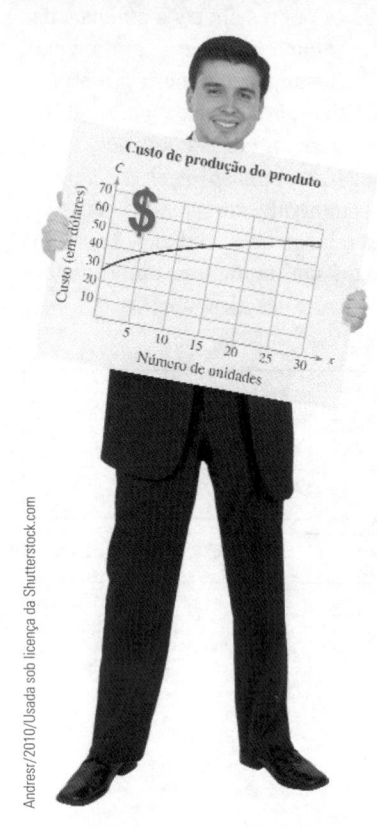

- Utilizar a regra da potência geral para determinar integrais indefinidas.
- Utilizar a substituição para determinar integrais indefinidas.
- Utilizar a regra da potência geral para resolver problemas reais.

Regra da potência geral

Na Seção 5.1, usou-se a regra da potência simples

$$\int x^n \, dx = \frac{x^{n+1}}{n+1} + C, \quad n \neq -1$$

para determinar as primitivas de funções expressas apenas como potências de x. Nesta seção, veremos uma técnica para determinar primitivas de funções mais complexas.

Para começar, considere como você poderia encontrar a primitiva de

$$2x(x^2 + 1)^3.$$

Como você está procurando uma função cuja derivada é $2x(x^2 + 1)^3$, pode-se encontrar a primitiva como mostrado a seguir.

$$\frac{d}{dx}[(x^2 + 1)^4] = 4(x^2 + 1)^3(2x) \quad \text{Use a regra da cadeia.}$$

$$\frac{d}{dx}\left[\frac{(x^2 + 1)^4}{4}\right] = (x^2 + 1)^3(2x) \quad \text{Divida ambos os lados por 4.}$$

$$\frac{(x^2 + 1)^4}{4} + C = \int 2x(x^2 + 1)^3 \, dx \quad \text{Escreva em forma integral.}$$

A chave para essa solução é a presença do fator $2x$ no integrando. Em outras palavras, essa solução funciona porque $2x$ é precisamente a derivada de $(x^2 + 1)$. Sendo $u = x^2 + 1$, podemos escrever

$$\int \underbrace{(x^2 + 1)^3}_{u^3} \underbrace{2x \, dx}_{du} = \int u^3 \, du$$

$$= \frac{u^4}{4} + C.$$

Esse é um exemplo da **regra da potência geral** para integração.

Regra da potência geral para integração

Se u é uma função diferenciável de x, então

$$\int u^n \frac{du}{dx} \, dx = \int u^n \, du = \frac{u^{n+1}}{n+1} + C, \quad n \neq -1.$$

Ao usar a regra da potência geral, deve-se primeiramente identificar um fator u do integrando que é elevado a dada potência. Então, deve-se mostrar que sua derivada du/dx também é um fator do integrando. Isso é ilustrado no Exemplo 1.

Exemplo 1 Aplicação da regra da potência geral

Determine cada integral indefinida.

a. $\displaystyle\int 3(3x - 1)^4 \, dx$ b. $\displaystyle\int (2x + 1)(x^2 + x) \, dx$

No Exercício 49, na página 325, você usará integração para encontrar um modelo para o custo de produção de um produto.

c. $\displaystyle\int 3x^2\sqrt{x^3-2}\,dx$ d. $\displaystyle\int \frac{-4x}{(1-2x^2)^2}\,dx$

SOLUÇÃO

a. $\displaystyle\int 3(3x-1)^4\,dx = \int \overbrace{(3x-1)^4}^{u^n}\overbrace{(3)}^{\frac{du}{dx}}dx$ Faça $u = 3x - 1$.

$= \dfrac{(3x-1)^5}{5} + C$ Regra da potência geral

b. $\displaystyle\int (2x+1)(x^2+x)\,dx = \int \overbrace{(x^2+x)}^{u^n}\overbrace{(2x+1)}^{\frac{du}{dx}}dx$ Faça $u = x^2 + x$.

$= \dfrac{(x^2+x)^2}{2} + C$ Regra da potência geral

DICA DE ESTUDO

O Exemplo 1(b) ilustra um caso de regra da potência geral – que, às vezes, é negligenciada – quando a potência é $n = 1$. Nesse caso, a regra toma a seguinte forma

$$\int u\,\frac{du}{dx}\,dx = \frac{u^2}{2} + C.$$

c. $\displaystyle\int 3x^2\sqrt{x^3-2}\,dx = \int \overbrace{(x^3-2)^{1/2}}^{u^n}\overbrace{(3x^2)}^{\frac{du}{dx}}dx$ Faça $u = x^3 - 2$.

$= \dfrac{(x^3-2)^{3/2}}{3/2} + C$ Regra da potência geral

$= \dfrac{2}{3}(x^3-2)^{3/2} + C$ Simplifique.

d. $\displaystyle\int \frac{-4x}{(1-2x^2)^2}\,dx = \int \overbrace{(1-2x^2)^{-2}}^{u^n}\overbrace{(-4x)}^{\frac{du}{dx}}dx$ Faça $u = 1 - 2x^2$.

$= \dfrac{(1-2x^2)^{-1}}{-1} + C$ Regra da potência geral

$= -\dfrac{1}{1-2x^2} + C$ Simplifique.

✓ AUTOAVALIAÇÃO 1

Determine cada integral indefinida.

a. $\displaystyle\int (3x^2 + 6)(x^3 + 6x)^2\,dx$ b. $\displaystyle\int 2x\sqrt{x^2-2}\,dx$

Lembre-se de que é possível conferir o resultado de uma integral indefinida derivando a função. Por exemplo, confira a resposta do Exemplo 1(d) derivando a função

$\dfrac{d}{dx}\left[\dfrac{(3x-1)^5}{5} + C\right] = \left(\dfrac{1}{5}\right)(5)(3x-1)^4(3)$ Aplique a regra da cadeia.

$= 3(3x-1)^4$ Simplifique.

Muitas vezes, parte da derivada du/dx está faltando no integrando e em *alguns* casos pode-se fazer os ajustes necessários para aplicar a regra da potência geral.

TUTOR DE ÁLGEBRA

Para ajuda com a álgebra do Exemplo 2, consulte o Exemplo 1(b) do *Tutor de álgebra* do Capítulo 5, na página 361.

DICA DE ESTUDO

Tente usar a regra da cadeia para verificar o resultado do Exemplo 2. Após derivar

$-\frac{1}{24}(3 - 4x^2)^3 + C$

e simplificar, deve-se obter o integrando original.

Exemplo 2 Multiplicação e divisão por uma constante

Determine $\int x(3 - 4x^2)^2 \, dx$.

SOLUÇÃO Faça $u = 3 - 4x^2$. Para aplicar a regra da potência geral, é necessário criar $du/dx = -8x$ como um fator do integrando. É possível fazê-lo multiplicando e dividindo pela constante -8.

$$\int x(3 - 4x^2)^2 \, dx = \int \left(-\frac{1}{8}\right)\overbrace{(3 - 4x^2)^2}^{u^n}\overbrace{(-8x)}^{du/dx} dx \quad \text{Multiplique e divida por } -8$$

$$= -\frac{1}{8}\int (3 - 4x^2)^2(-8x) \, dx \quad \text{Tire o } -\tfrac{1}{8} \text{ do integrando.}$$

$$= \left(-\frac{1}{8}\right)\left[\frac{(3 - 4x^2)^3}{3}\right] + C \quad \text{Regra da potência geral}$$

$$= -\frac{(3 - 4x^2)^3}{24} + C \quad \text{Simplifique.}$$

✓ AUTOAVALIAÇÃO 2

Determine $\int x^3(3x^4 + 1)^2 \, dx$.

Exemplo 3 Multiplicando e dividindo por uma constante

Encontre $\int (x^2 + 2x)^3(x + 1) \, dx$.

SOLUÇÃO Faça $u = x^2 + 2x$. Para aplicar a regra da potência geral, você precisa criar $du/dx = 2x + 2$ como um fator do integrando. Você pode fazer isso multiplicando e dividindo pela constante 2.

$$\int (x^2 + 2x)^3(x + 1) \, dx = \int \left(\frac{1}{2}\right)\overbrace{(x^2 + 2x)^3}^{u^n}\overbrace{(2)(x + 1)}^{du/dx} dx \quad \text{Multiplique e divida por 2.}$$

$$= \frac{1}{2}\int (x^2 + 2x)^3(2x + 2) \, dx \quad \text{Reescreva o integrando.}$$

$$= \frac{1}{2}\left[\frac{(x^2 + 2x)^4}{4}\right] + C \quad \text{Regra da potência geral}$$

$$= \frac{1}{8}(x^2 + 2x)^4 + C \quad \text{Simplifique.}$$

✓ AUTOAVALIAÇÃO 3

Encontre $\int (x^3 - 3x)^2(x^2 - 1) \, dx$.

Exemplo 4 Um caso no qual a regra da potência geral falha

Determine $\int -8(3 - 4x^2)^2 \, dx$.

SOLUÇÃO Faça $u = 3 - 4x^2$. Como no Exemplo 2, para aplicar a regra da potência geral, deve-se gerar $du/dx = -8x$ como um fator do integrando. No Exemplo 2, foi possível fazê-lo ao multiplicar e dividir por uma constante e então tirar tal constante do integrando. Esta estratégia não funciona com variáveis. Ou seja,

$$\int -8(3 - 4x^2)^2 \, dx \neq \frac{1}{x}\int (3 - 4x^2)^2(-8x) \, dx.$$

Para determinar essa integral indefinida, pode-se expandir o integrando e usar a regra da potência simples.

$$\int -8(3 - 4x^2)^2 \, dx = \int (-72 + 192x^2 - 128x^4) \, dx$$
$$= -72x + 64x^3 - \frac{128}{5}x^5 + C$$

✓ AUTOAVALIAÇÃO 4

Determine $\int 2(3x^4 + 1)^2 \, dx$. ∎

Quando um integrando contém um fator constante extra que não é necessário como parte de du/dx, pode-se simplesmente tirar o fator do sinal de integral, como mostra o exemplo a seguir.

Exemplo 5 **Aplicação da regra da potência geral**

Determine $\int 7x^2\sqrt{x^3 + 1} \, dx$.

SOLUÇÃO Faça $u = x^3 + 1$. Então, é preciso criar $du/dx = 3x^2$ multiplicando e dividindo por 3. O fator constante $\frac{7}{3}$ não é necessário como parte de du/dx, e, portanto, pode ser retirado do sinal de integral.

$$\int 7x^2\sqrt{x^3 + 1} \, dx = \int 7x^2(x^3 + 1)^{1/2} \, dx \quad \text{Reescreva com um expoente racional.}$$
$$= \int \frac{7}{3}(x^3 + 1)^{1/2}(3x^2) \, dx \quad \text{Multiplique e divida por 3.}$$
$$= \frac{7}{3}\int (x^3 + 1)^{1/2}(3x^2) \, dx \quad \text{Tire } \tfrac{7}{3} \text{ da integral.}$$
$$= \frac{7}{3}\left[\frac{(x^3 + 1)^{3/2}}{3/2}\right] + C \quad \text{Regra da potência geral}$$
$$= \frac{14}{9}(x^3 + 1)^{3/2} + C \quad \text{Simplifique.}$$

✓ AUTOAVALIAÇÃO 5

Determine $\int 5x\sqrt{x^2 - 1} \, dx$. ∎

Substituição

A técnica de integração usada nos Exemplos 1, 2 e 4 depende da sua capacidade de reconhecer ou criar um integrando da forma

$$u^n \frac{du}{dx}.$$

Com integrandos mais complexos, é difícil reconhecer os passos necessários para ajustar o integrando a uma fórmula de integração básica. Quando isso ocorre, um procedimento alternativo chamado de **substituição** ou **mudança de variáveis** pode ser útil. Com esse procedimento, a integral é completamente reescrita em função de u e du. Isto é, se $u = f(x)$, então $du = f'(x) \, dx$, e a regra da potência geral toma a seguinte forma

---

DICA DE ESTUDO

No Exemplo 4, perceba que não se pode tirar quantidades variáveis do sinal de integral. Afinal, se isso fosse permitido, seria possível mover todo o integrando para fora do sinal de integral e eliminar a necessidade de todas as regras de integração, exceto a regra

$$\int dx = x + C.$$

TUTOR DE ÁLGEBRA

Para ajuda com a álgebra do Exemplo 4, consulte o Exemplo 1(c) do *Tutor de álgebra* do Capítulo 5, na página 361.

$$\int u^n \frac{du}{dx} dx = \int u^n\, du.$$
Regra da potência geral

Exemplo 6 Integração por substituição

Determine $\int \sqrt{1-3x}\, dx$.

SOLUÇÃO Para começar, faça $u = 1 - 3x$. Então $du/dx = -3$ e $du = -3\, dx$. Isso implica que

$$dx = -\frac{1}{3} du$$

e é possível determinar a integral indefinida conforme mostrado a seguir.

$$\begin{aligned}
\int \sqrt{1-3x}\, dx &= \int (1-3x)^{1/2}\, dx & \text{Reescreva com um expoente racional.} \\
&= \int u^{1/2}\left(-\frac{1}{3} du\right) & \text{Substitua } x \text{ e } dx. \\
&= -\frac{1}{3}\int u^{1/2}\, du & \text{Tire } -\tfrac{1}{3} \text{ do integrando.} \\
&= \left(-\frac{1}{3}\right)\left(\frac{u^{3/2}}{3/2}\right) + C & \text{Aplique a regra da potência.} \\
&= -\frac{2}{9} u^{3/2} + C & \text{Simplifique.} \\
&= -\frac{2}{9}(1-3x)^{3/2} + C & \text{Substitua } u \text{ por } 1-3x.
\end{aligned}$$

Você pode verificar este resultado derivando.

$$\begin{aligned}
\frac{d}{dx}\left[-\frac{2}{9}(1-3x)^{3/2} + C\right] &= \left(-\frac{2}{9}\right)\left(\frac{3}{2}\right)(1-3x)^{1/2}(-3) \\
&= \left(-\frac{1}{3}\right)(-3)(1-3x)^{1/2} \\
&= \sqrt{1-3x}
\end{aligned}$$

✓ AUTOAVALIAÇÃO 6

Determine $\int \sqrt{1-2x}\, dx$ pelo método da substituição. ■

Os passos básicos para a integração por substituição estão destacados nas diretrizes a seguir.

Diretrizes para integração por substituição

1. Tome u como uma função de x (geralmente parte do integrando).
2. Escreva x e dx como função de u e du.
3. Converta toda a integral para a variável u.
4. Após a integração, reescreva a primitiva como uma função de x.
5. Confira sua resposta por meio de derivação.

Exemplo 7 Integração por substituição

Determine $\int x\sqrt{x^2-1}\, dx$.

SOLUÇÃO Considere a substituição $u = x^2 - 1$, que gera

$du = 2x\,dx.$

Para criar $2x\,dx$ como parte da integral, multiplique e divida por 2.

$$\int x\sqrt{x^2-1}\,dx = \frac{1}{2}\int \overbrace{(x^2-1)^{1/2}}^{u^{1/n}}\overbrace{2x\,dx}^{du} \qquad \text{Multiplique e divida por 2.}$$

$$= \frac{1}{2}\int u^{1/2}\,du \qquad \text{Substitua } x \text{ e } dx.$$

$$= \frac{1}{2}\left(\frac{u^{3/2}}{3/2}\right) + C \qquad \text{Aplique a regra da potência.}$$

$$= \frac{1}{3}u^{3/2} + C \qquad \text{Simplifique.}$$

$$= \frac{1}{3}(x^2-1)^{3/2} + C \qquad \text{Substitua } u.$$

É possível conferir este resultado por meio da derivação.

$$\frac{d}{dx}\left[\frac{1}{3}(x^2-1)^{3/2} + C\right] = \frac{1}{3}\left(\frac{3}{2}\right)(x^2-1)^{1/2}(2x)$$

$$= \frac{1}{2}(2x)(x^2-1)^{1/2}$$

$$= x\sqrt{x^2-1}$$

✓ AUTOAVALIAÇÃO 7

Determine $\int x\sqrt{x^2+4}\,dx$ pelo método de substituição. ∎

Para ser eficiente em integração, deve-se dominar *ambas* as técnicas discutidas nesta seção. Em integrais mais simples, é necessário reconhecer padrões e criar du/dx multiplicando e dividindo por constantes adequadas. Para integrais mais complicadas, deve-se usar uma mudança formal de variáveis, como mostram os Exemplos 6 e 7. Para as integrais dos exercícios desta seção, tente resolver alguns dos problemas duas vezes – uma vez por meio do reconhecimento de padrões e outra usando a substituição formal.

Aplicação estendida: propensão ao consumo

Em 2009, o nível de pobreza nos Estados Unidos, de uma família de quatro pessoas, era de cerca de $ 21.000 anuais. As famílias nesse patamar de pobreza ou abaixo dele tendem a consumir 100% de sua renda – ou seja, usam toda sua renda em necessidades básicas como comida, roupas e moradia. À medida que o nível de renda aumenta, o consumo médio tende a cair abaixo de 100%. Por exemplo, uma família que ganha $ 25.000 ao ano pode conseguir economizar $ 500 e consumir apenas $ 24.500 (98%) de sua renda. À medida que a renda aumenta, a proporção do consumo em relação à economia tende a cair. A taxa de variação do consumo em relação à renda é denominada **propensão marginal ao consumo**. (*Fonte: U.S. Census Bureau*)

Exemplo 8 Análise do consumo

Para uma família de quatro pessoas em 2009, a propensão marginal ao consumo x (em dólares) pode ser modelada por

$$\frac{dQ}{dx} = \frac{0{,}98}{(x-21.999)^{0{,}02}}, \quad x \geq 22.000$$

em que Q representa a renda consumida (em dólares). Use o modelo para estimar a quantia consumida por uma família de quatro pessoas cuja renda em 2009 foi de $ 35.000.

Propensão ao consumo

$Q = (x - 21.999)^{0.98} + 21.999$

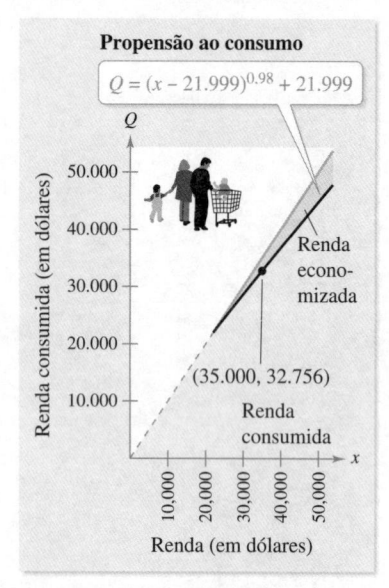

FIGURA 5.4

SOLUÇÃO Comece por integrar dQ/dx para determinar um modelo para o consumo Q.

$$Q = \int \frac{0{,}98}{(x - 21.999)^{0{,}02}} dx \qquad \text{Integre } \frac{dQ}{dx} \text{ para obter } Q.$$

$$= \int 0{,}98(x - 21.999)^{-0{,}02} dx \qquad \text{Reescreva.}$$

$$= (x - 21.999)^{0{,}98} + C \qquad \text{Regra da potência geral}$$

A fim de determinar C, use a condição inicial que $Q = 22.000$ quando $x = 22.000$.

$$22.000 = (22.000 - 21.999)^{0{,}98} + C$$
$$22.000 = 1 + C$$
$$21.999 = C$$

Assim, você pode usar o modelo $Q = (x - 21.999)^{0{,}98} + 21.999$ para estimar que uma família de quatro pessoas com renda de $x = 35.000$ consumiu cerca de

$$Q = (35.000 - 21.999)^{0{,}98} + 21.999 \approx \$\, 32.756.$$

O gráfico de Q é mostrado na Figura 5.4.

✓ **AUTOAVALIAÇÃO 8**

De acordo com o modelo do Exemplo 8, qual seria o nível de renda de uma família de quatro pessoas que consumisse $\$\,32.000$?

PRATIQUE (Seção 5.2)

1. Enuncie a regra da potência geral para integração *(página 318)*. Para exemplos da regra da potência geral, veja os Exemplos 1, 2, 3 e 5.

2. Enumere as diretrizes para a integração por substituição *(página 322)*. Para exemplos de integração por substituição, veja os Exemplos 6 e 7.

3. Descreva em um exemplo da vida real como a regra da potência geral pode ser usada para analisar a propensão marginal ao consumo *(página 323, Exemplo 8)*.

Recapitulação 5.2 Os exercícios preparatórios a seguir envolvem conceitos vistos em seções anteriores. Esses conceitos serão utilizados no conjunto de exercícios desta seção. Para obter mais ajuda, consulte a Seção 5.1.

Nos Exercícios 1-9, determine a integral indefinida.

1. $\int (2x^3 + 1) \, dx$
2. $\int (x^{1/2} + 3x - 4) \, dx$
3. $\int \frac{1}{x^2} \, dx$
4. $\int \frac{1}{3t^3} \, dt$
5. $\int (1 + 2t)t^{3/2} \, dt$
6. $\int \sqrt{x}(2x - 1) \, dx$
7. $\int \frac{5x^3 + 2}{x^2} \, dx$
8. $\int \frac{2x^2 - 5}{x^4} \, dx$
9. $\int \frac{8x^2 + 3}{\sqrt{x}} \, dx$

Exercícios 5.2

Encontrando u e du/dx Nos Exercícios 1-8, identifique u e du/dx para a integral $\int u^n (du/dx)\, dx$.

1. $\int (5x^2 + 1)^2 (10x)\, dx$
2. $\int (3 - 4x^2)^3 (-8x)\, dx$
3. $\int \sqrt{1 - x^2}(-2x)\, dx$
4. $\int 3x^2 \sqrt{x^3 + 1}\, dx$
5. $\int \left(4 + \dfrac{1}{x^2}\right)^5 \left(\dfrac{-2}{x^3}\right) dx$
6. $\int \dfrac{1}{(1 + 2x)^2}(2)\, dx$
7. $\int (1 + \sqrt{x})^3 \left(\dfrac{1}{2\sqrt{x}}\right) dx$
8. $\int (4 - \sqrt{x})^2 \left(\dfrac{-1}{2\sqrt{x}}\right) dx$

Aplicando a regra da potência geral Nos Exercícios 9-34, encontre a integral indefinida. Verifique seu resultado por derivação. *Veja os Exemplos 1, 2, 3 e 5.*

9. $\int (x - 1)^4\, dx$
10. $\int (x - 3)^{5/2}\, dx$
11. $\int (1 + 2x)^4 (2)\, dx$
12. $\int (x^2 - 1)^3 (2x)\, dx$
13. $\int (x^2 + 3x)(2x + 3)\, dx$
14. $\int \sqrt[3]{1 - 2x^2}(-4x)\, dx$
15. $\int \sqrt{4x^2 - 5}(8x)\, dx$
16. $\int (x^3 + 6x)^2 (3x^2 + 6)\, dx$
17. $\int \dfrac{6x}{(3x^2 - 5)^4}\, dx$
18. $\int \dfrac{x^2}{(x^3 - 1)^2}\, dx$
19. $\int x^2 (2x^3 - 1)^4\, dx$
20. $\int x(1 - 2x^2)^3\, dx$
21. $\int t\sqrt{t^2 + 6}\, dt$
22. $\int t^4 \sqrt[3]{t^5 - 9}\, dt$
23. $\int \dfrac{x^5}{(4 - x^6)^3}\, dx$
24. $\int \dfrac{-12x^2}{(1 - 4x^3)^2}\, dx$
25. $\int (x^2 - 6x)^4 (x - 3)\, dx$
26. $\int (4x^3 + 8x)^3 (3x^2 + 2)\, dx$
27. $\int \dfrac{x + 1}{(x^2 + 2x - 3)^2}\, dx$
28. $\int \dfrac{x - 2}{\sqrt{x^2 - 4x + 3}}\, dx$
29. $\int 5x\sqrt[3]{1 - x^2}\, dx$
30. $\int 9x^3 \sqrt{x^4 + 2}\, dx$
31. $\int \dfrac{6x}{(1 + x^2)^3}\, dx$
32. $\int \dfrac{3x^2}{\sqrt{1 - x^3}}\, dx$
33. $\int \dfrac{-3}{\sqrt{2t + 3}}\, dt$
34. $\int \dfrac{4x + 6}{(x^2 + 3x + 7)^3}\, dx$

Integração por substituição Nos Exercícios 35-42, use a substituição formal para encontrar a integral indefinida. Verifique seu resultado por derivação. *Veja os Exemplos 6 e 7.*

35. $\int 12x(6x^2 - 1)^3\, dx$
36. $\int t\sqrt{t^2 + 1}\, dt$
37. $\int \sqrt[3]{4x + 3}\, dx$
38. $\int 3x^2 (1 - x^3)^2\, dx$
39. $\int \dfrac{x}{\sqrt{x^2 + 25}}\, dx$
40. $\int \dfrac{3}{\sqrt{2x + 1}}\, dx$
41. $\int \dfrac{x^2 + 1}{\sqrt{x^3 + 3x + 4}}\, dx$
42. $\int \dfrac{x^2 + 3}{\sqrt[3]{x^3 + 9x}}\, dx$

Comparando métodos Nos Exercícios 43-46, (a) faça a integração de duas maneiras: uma vez usando a regra da potência simples e uma vez utilizando a regra da potência geral. (b) Explique a diferença nos resultados. (c) Qual método você prefere? Explique seu raciocínio.

43. $\int (x - 1)^2\, dx$
44. $\int x(2x^2 + 1)^2\, dx$
45. $\int x(x^2 - 1)^2\, dx$
46. $\int (3 - x)^2\, dx$

47. **Encontrando a equação de uma função** Encontre a equação da função f cujo gráfico passa pelo ponto $(2, 10)$ e cuja derivada é
$$f'(x) = 2x(4x^2 - 10)^2.$$

48. **Encontrando a equação de uma função** Encontre a equação da função f cujo gráfico passa pelo ponto $\left(0, \dfrac{7}{3}\right)$ e cuja derivada é
$$f'(x) = x\sqrt{1 - x^2}.$$

49. **Custo** O custo marginal de um produto é modelado por
$$\dfrac{dC}{dx} = \dfrac{4}{\sqrt{x + 1}}$$
em que x é o número de unidades. Quando $x = 15$, $C = 50$.
  (a) Encontre a função custo.
  (b) Encontre o custo de produção de 50 unidades.

50. **Custo** O custo marginal de um produto é modelado por
$$\dfrac{dC}{dx} = \dfrac{12}{\sqrt[3]{12x + 1}}$$
em que x é o número de unidades. Quando $x = 13$, $C = 100$.
  (a) Encontre a função custo.
  (b) Encontre o custo para produzir 30 unidades.

Oferta Nos Exercícios 51 e 52, encontre a função oferta $x = f(p)$ que satisfaça as condições iniciais.

51. $\dfrac{dx}{dp} = p\sqrt{p^2 - 25}$
   $x = 600$ quando $p = \$13$

52. $\dfrac{dx}{dp} = \dfrac{10}{\sqrt{p-3}}$

$x = 100$ quando $p = \$3$

Demanda Nos Exercícios 53 e 54, encontre a função demanda $x = f(p)$ que satisfaça as condições iniciais.

53. $\dfrac{dx}{dp} = -\dfrac{6.000p}{(p^2-16)^{3/2}}$

$x = 5.000$ quando $p = \$5$

54. $\dfrac{dx}{dp} = -\dfrac{400}{(0,02p-1)^3}$

$x = 10.000$ quando $p = \$100$

55. Jardinagem Um viveiro de arbustos normalmente vende certo tipo de arbusto após 5 anos de crescimento e formação. A taxa de crescimento durante esses 5 anos é aproximada por

$\dfrac{dh}{dt} = \dfrac{17,6t}{\sqrt{17,6t^2+1}}$

em que t é o tempo (em anos) e h é a altura (em polegadas). As mudas têm 6 polegadas de altura quando plantadas ($t = 0$).

(a) Encontre a função altura.

(b) Qual é a altura dos arbustos quando são vendidos?

56. VISUALIZE O gráfico mostra a taxa de variação da receita de uma empresa de 1990 a 2010.

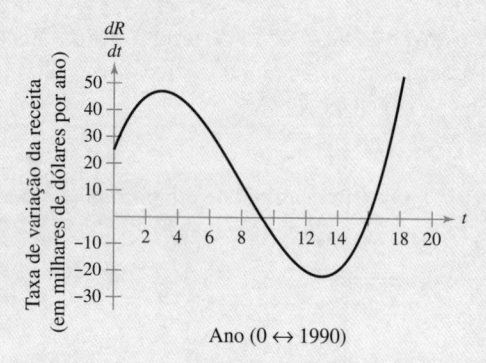

(a) Aproxime a taxa de variação da receita em 2007. Explique seu raciocínio.

(b) É verdade que $R(7) - R(6) > 0$? Explique seu raciocínio.

(c) Aproxime os anos nos quais o gráfico da receita é côncavo para cima e os anos nos quais ele é côncavo para baixo. Aproxime os anos de todos os pontos de inflexão.

Propensão marginal ao consumo Nos Exercícios 57 e 58, (a) use a propensão marginal ao consumo, dQ/dx, para escrever Q como uma função de x, em que x é o rendimento (em dólares) e Q é a renda consumida (em dólares). Assuma que as famílias que têm rendimentos anuais de \$ 25.000 ou menos consomem 100% de sua renda. (b) Use o resultado da parte (a) e uma planilha para completar a tabela, mostrando a renda consumida e a renda economizada, $x - Q$, para vários rendimentos. (c) Use uma ferramenta gráfica para traçar o rendimento consumido e poupado. Veja o Exemplo 8.

x	25.000	50.000	100.000	150.000
Q				
$x - Q$				

57. $\dfrac{dQ}{dx} = \dfrac{0,95}{(x-24.999)^{0,05}}$, $x \geq 25.000$

58. $\dfrac{dQ}{dx} = \dfrac{0,93}{(x-24.999)^{0,07}}$, $x \geq 25.000$

Integração usando a tecnologia Nos Exercícios 59 e 60, use uma ferramenta de integração simbólica para encontrar a integral indefinida. Verifique seu resultado por derivação.

59. $\displaystyle\int \dfrac{1}{\sqrt{x}+\sqrt{x+1}}\,dx$

60. $\displaystyle\int \dfrac{x}{\sqrt{3x+2}}\,dx$

5.3 Integrais exponenciais e logarítmicas

- Utilizar a regra exponencial para determinar integrais indefinidas.
- Utilizar a regra logarítmica para determinar integrais indefinidas.

Uso da regra exponencial

Cada uma das regras de derivação para funções exponenciais tem sua regra de integração correspondente.

Integrais de funções exponenciais

Seja u uma função diferenciável de x.

$$\int e^x \, dx = e^x + C \qquad \text{Regra exponencial simples}$$

$$\int e^u \frac{du}{dx} \, dx = \int e^u \, du = e^u + C \qquad \text{Regra exponencial geral}$$

Exemplo 1 Integração de funções exponenciais

Determine cada integral indefinida.

a. $\displaystyle\int 2e^x \, dx$ **b.** $\displaystyle\int 2e^{2x} \, dx$ **c.** $\displaystyle\int (e^x + x) \, dx$

SOLUÇÃO

a. $\displaystyle\int 2e^x \, dx = 2 \int e^x \, dx$ Regra do múltiplo por constante

$\qquad\qquad\quad = 2e^x + C$ Regra exponencial simples

b. $\displaystyle\int 2e^{2x} \, dx = \int e^{2x}(2) \, dx$ Faça $u = 2x$, então $\frac{du}{dx} = 2$.

$\qquad\qquad\quad = \int e^u \frac{du}{dx} \, dx$ Substitua u e $\frac{du}{dx}$.

$\qquad\qquad\quad = e^u + C$ Regra exponencial geral

$\qquad\qquad\quad = e^{2x} + C$ Substitua u.

c. $\displaystyle\int (e^x + x) \, dx = \int e^x \, dx + \int x \, dx$ Regra da soma

$\qquad\qquad\quad = e^x + \frac{x^2}{2} + C$ Regras de potência e exponencial simples

É possível verificar cada um desses resultados por meio da derivação. Por exemplo, na parte (a).

$$\frac{d}{dx}[2e^x + C] = 2e^x.$$

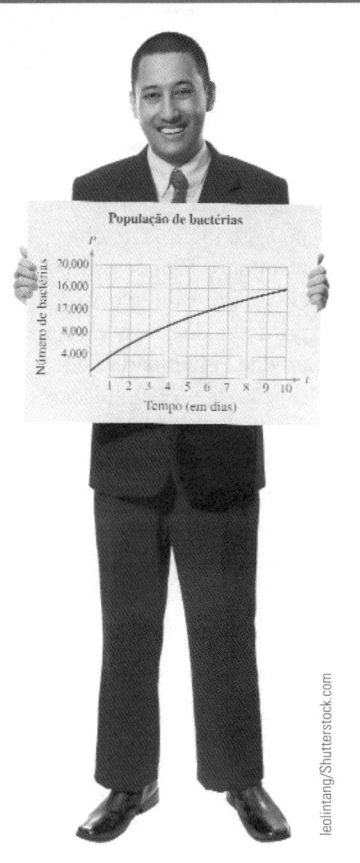

No Exercício 51, na página 333, você usará a integração para encontrar um modelo para uma população de bactérias.

✓ **AUTOAVALIAÇÃO 1**

Determine cada integral indefinida.

a. $\displaystyle\int 3e^x \, dx$ **b.** $\displaystyle\int 5e^{5x} \, dx$ **c.** $\displaystyle\int (e^x - x) \, dx$ ∎

> **TUTOR TÉCNICO**
>
> Ao usar uma ferramenta de integração simbólica para determinar primitivas de funções exponenciais ou logarítmicas, pode-se facilmente obter resultados fora do escopo deste curso. Por exemplo, a primitiva de e^{x^2} envolve a unidade imaginária i e a função da probabilidade chamada de "ERF". Não está no âmbito deste curso que você interprete ou use tais resultados.

Exemplo 2 Integração de uma função exponencial

Determine $\int e^{3x+1}\, dx$.

SOLUÇÃO Faça $u = 3x + 1$, então $du/dx = 3$. É possível introduzir o fator 3 que falta no integrando multiplicando e dividindo por 3.

$$\int e^{3x+1}\, dx = \frac{1}{3}\int e^{3x+1}(3)\, dx \qquad \text{Multiplique e divida por 3.}$$

$$= \frac{1}{3}\int e^u \frac{du}{dx}\, dx \qquad \text{Substitua por } u \text{ e } \frac{du}{dx}.$$

$$= \frac{1}{3}e^u + C \qquad \text{Regra exponencial geral}$$

$$= \frac{1}{3}e^{3x+1} + C \qquad \text{Substitua } u.$$

✓ AUTOAVALIAÇÃO 2

Determine $\int e^{2x+3}\, dx$. ■

Exemplo 3 Integração de uma função exponencial

Determine $\int 5xe^{-x^2}\, dx$.

SOLUÇÃO Faça $u = -x^2$, então $du/dx = -2x$. É possível criar o fator $-2x$ no integrando ao multiplicar e dividir por -2.

$$\int 5xe^{-x^2}\, dx = \int \left(-\frac{5}{2}\right)e^{-x^2}(-2x)\, dx \qquad \text{Multiplique e divida por } -2.$$

$$= -\frac{5}{2}\int e^{-x^2}(-2x)\, dx \qquad \text{Tire o } -\tfrac{5}{2} \text{ do integrando.}$$

$$= -\frac{5}{2}\int e^u \frac{du}{dx}\, dx \qquad \text{Substitua por } u \text{ e } \frac{du}{dx}.$$

$$= -\frac{5}{2}e^u + C \qquad \text{Regra exponencial geral}$$

$$= -\frac{5}{2}e^{-x^2} + C \qquad \text{Substitua } u.$$

> **TUTOR DE ÁLGEBRA**
>
> Para ajuda com a álgebra do Exemplo 3, consulte o Exemplo 1(d) do *Tutor de álgebra* do Capítulo 5, na página 361.

✓ AUTOAVALIAÇÃO 3

Determine $\int 4xe^{x^2}\, dx$. ■

Lembre-se de que não se pode introduzir uma *variável* que esteja faltando no integrando. Por exemplo, não se pode determinar $\int e^{x^2}\, dx$ multiplicando e dividindo por $2x$ e então tirando $1/(2x)$ para fora da integral. Ou seja,

$$\int e^{x^2}\, dx \neq \frac{1}{2x}\int e^{x^2}(2x)\, dx.$$

Uso da regra logarítmica

Quando as regras de potências para integração foram apresentadas nas Seções 5.1 e 5.2, viu-se que elas funcionam para potências diferentes de $n = -1$.

$$\int x^n\, dx = \frac{x^{n+1}}{n+1} + C, \qquad n \neq -1 \qquad \text{Regra da potência simples}$$

$$\int u^n \frac{du}{dx} dx = \int u^n \, du = \frac{u^{n+1}}{n+1} + C, \quad n \neq -1 \qquad \text{Regra da potência geral}$$

As regras logarítmicas para integração permitem integrar funções da forma $\int x^{-1} \, dx$ e $\int u^{-1} \, du$.

Regra logarítmica para integração

Seja u uma função diferenciável de x.

$$\int \frac{1}{x} dx = \ln|x| + C \qquad \text{Regra logarítmica simples}$$

$$\int \frac{du/dx}{u} dx = \int \frac{1}{u} du = \ln|u| + C \qquad \text{Regra logarítmica geral}$$

É possível conferir cada uma dessas regras por meio da derivação. Por exemplo, para verificar que $d/dx[\ln|x|] = 1/x$, observe que

$$\frac{d}{dx}[\ln x] = \frac{1}{x} \quad \text{e} \quad \frac{d}{dx}[\ln(-x)] = \frac{-1}{-x} = \frac{1}{x}.$$

Exemplo 4 Integração de funções logarítmicas

Determine cada integral indefinida.

a. $\displaystyle\int \frac{4}{x} dx$ **b.** $\displaystyle\int \frac{2x}{x^2} dx$ **c.** $\displaystyle\int \frac{3}{3x+1} dx$

SOLUÇÃO

a. $\displaystyle\int \frac{4}{x} dx = 4 \int \frac{1}{x} dx$ Regra do múltiplo por constante

$\qquad = 4 \ln|x| + C$ Regra logarítmica simples

b. $\displaystyle\int \frac{2x}{x^2} dx = \int \frac{du/dx}{u} dx$ Faça $u = x^2$; então $\frac{du}{dx} = 2x$.

$\qquad = \ln|u| + C$ Regra logarítmica geral
$\qquad = \ln x^2 + C$ Substitua u.

c. $\displaystyle\int \frac{3}{3x+1} dx = \int \frac{du/dx}{u} dx$ Faça $u = 3x + 1$; então $\frac{du}{dx} = 3$.

$\qquad = \ln|u| + C$ Regra logarítmica geral
$\qquad = \ln|3x+1| + C$ Substitua u.

> **DICA DE ESTUDO**
>
> Observe os valores absolutos nas regras logarítmicas. Para aqueles casos especiais nos quais u ou x não podem ser negativos, pode-se omitir o valor absoluto. Por exemplo, no Exemplo 4(b), não é necessário escrever a primitiva como $\ln|x^2| + C$, pois x^2 não pode ser negativo.

✓ **AUTOAVALIAÇÃO 4**

Determine cada integral indefinida.

a. $\displaystyle\int \frac{2}{x} dx$ **b.** $\displaystyle\int \frac{3x^2}{x^3} dx$ **c.** $\displaystyle\int \frac{2}{2x+1} dx$ ∎

Exemplo 5 Uso da regra logarítmica para integração

Determine $\displaystyle\int \frac{1}{2x-1} dx$.

SOLUÇÃO Faça $u = 2x - 1$, então $du/dx = 2$. É possível criar o fator necessário 2 no integrando ao multiplicar e dividir por 2.

$$\int \frac{1}{2x - 1} dx = \frac{1}{2} \int \frac{2}{2x - 1} dx \qquad \text{Multiplique e divida por 2.}$$

$$= \frac{1}{2} \int \frac{du/dx}{u} dx \qquad \text{Substitua por } u \text{ e } \frac{du}{dx}.$$

$$= \frac{1}{2} \ln|u| + C \qquad \text{Regra logarítmica geral}$$

$$= \frac{1}{2} \ln|2x - 1| + C \qquad \text{Substitua } u.$$

✓ **AUTOAVALIAÇÃO 5**

Determine $\int \frac{1}{4x + 1} dx$.

Exemplo 6 — Uso da regra logarítmica para integração

Determine $\int \frac{6x}{x^2 + 1} dx$.

SOLUÇÃO Faça $u = x^2 + 1$, então

$$\frac{du}{dx} = 2x.$$

É possível criar o fator necessário $2x$ no integrando ao fatorar o 3 do integrando.

$$\int \frac{6x}{x^2 + 1} dx = 3 \int \frac{2x}{x^2 + 1} dx \qquad \text{Tire o 3 do integrando.}$$

$$= 3 \int \frac{du/dx}{u} dx \qquad \text{Substitua por } u \text{ e } \frac{du}{dx}.$$

$$= 3 \ln|u| + C \qquad \text{Regra logarítmica geral}$$

$$= 3 \ln(x^2 + 1) + C \qquad \text{Substitua } u.$$

✓ **AUTOAVALIAÇÃO 6**

Determine $\int \frac{3x}{x^2 + 4} dx$.

TUTOR DE ÁLGEBRA

Para ajuda com a álgebra da integral à direita, consulte o Exemplo 2(d) do *Tutor de álgebra* do Capítulo 5, na página 362.

As integrais às quais a regra logarítmica pode ser aplicada são geralmente dadas de forma disfarçada. Por exemplo, se uma função racional tem um numerador de grau maior ou igual ao do denominador, deve-se usar uma divisão de polinômios para reescrever o integrando. Segue um exemplo.

$$\int \frac{x^2 + 6x + 1}{x^2 + 1} dx = \int \left(1 + \frac{6x}{x^2 + 1}\right) dx$$

$$= x + 3 \ln(x^2 + 1) + C$$

O próximo exemplo resume algumas situações adicionais nas quais é útil reescrever o integrando para reconhecer a primitiva.

TUTOR DE ÁLGEBRA

Para ajuda com a álgebra no Exemplo 7, consulte o Exemplo 2(a)-(c) do *Tutor de álgebra* do Capítulo 5, na página 362.

Exemplo 7 — Reescrever antes de integrar

Determine cada integral indefinida.

a. $\int \frac{3x^2 + 2x - 1}{x^2} dx$ **b.** $\int \frac{1}{1 + e^{-x}} dx$ **c.** $\int \frac{x^2 + x + 1}{x - 1} dx$

SOLUÇÃO

a. Comece por reescrever o integrando como a soma de três frações.

$$\int \frac{3x^2 + 2x - 1}{x^2} dx = \int \left(\frac{3x^2}{x^2} + \frac{2x}{x^2} - \frac{1}{x^2}\right) dx$$

$$= \int \left(3 + \frac{2}{x} - \frac{1}{x^2}\right) dx$$

$$= 3x + 2\ln|x| + \frac{1}{x} + C$$

b. Comece por reescrever o integrando multiplicando e dividindo por e^x.

$$\int \frac{1}{1 + e^{-x}} dx = \int \left(\frac{e^x}{e^x}\right) \frac{1}{1 + e^{-x}} dx$$

$$= \int \frac{e^x}{e^x + 1} dx$$

$$= \ln(e^x + 1) + C$$

c. Comece por dividir o numerador pelo denominador.

$$\int \frac{x^2 + x + 1}{x - 1} dx = \int \left(x + 2 + \frac{3}{x - 1}\right) dx$$

$$= \frac{x^2}{2} + 2x + 3\ln|x - 1| + C$$

✓ AUTOAVALIAÇÃO 7

Determine cada integral indefinida.

a. $\int \frac{4x^2 - 3x + 2}{x^2} dx$ **b.** $\int \frac{2}{e^{-x} + 1} dx$ **c.** $\int \frac{x^2 + 2x + 4}{x + 1} dx$ ■

PRATIQUE (Seção 5.3)

1. Enuncie a regra exponencial simples *(página 327)*. Para um exemplo da regra exponencial simples, veja o Exemplo 1.

2. Enuncie a regra exponencial geral *(página 327)*. Para exemplos da regra exponencial geral, veja os Exemplos 2 e 3.

3. Enuncie a regra logarítmica simples *(página 329)*. Para um exemplo da regra logarítmica simples, veja o Exemplo 4.

4. Enuncie a regra logarítmica geral *(página 329)*. Para exemplos da regra logarítmica geral, veja os Exemplos 5 e 6.

Recapitulação 5.3

Os exercícios preparatórios a seguir envolvem conceitos vistos em seções anteriores. Esses conceitos serão utilizados no conjunto de exercícios desta seção. Para obter mais ajuda, consulte a Seção 5.1.

Nos Exercícios 1-4, utilize a divisão de polinômios para reescrever o quociente.

1. $\dfrac{x^2 + 4x + 2}{x + 2}$

2. $\dfrac{x^2 - 6x + 9}{x - 4}$

3. $\dfrac{x^3 + 4x^2 - 30x - 4}{x^2 - 4x}$

4. $\dfrac{x^4 - x^3 + x^2 + 15x + 2}{x^2 + 5}$

Nos Exercícios 5-8, encontre a integral indefinida.

5. $\displaystyle\int \left(x^3 + \dfrac{1}{x^2} \right) dx$

6. $\displaystyle\int \dfrac{x^2 + 2x}{x} dx$

7. $\displaystyle\int \dfrac{x^3 + 4}{x^2} dx$

8. $\displaystyle\int \dfrac{x + 3}{x^3} dx$

Exercícios 5.3

Integrando funções exponenciais Nos Exercícios 1-12, use a regra exponencial para encontrar a integral indefinida. *Veja os Exemplos 1, 2 e 3.*

1. $\displaystyle\int 2e^{2x} dx$

2. $\displaystyle\int -3e^{-3x} dx$

3. $\displaystyle\int e^{4x} dx$

4. $\displaystyle\int e^{-0{,}25x} dx$

5. $\displaystyle\int e^{5x-3} dx$

6. $\displaystyle\int e^{-x-1} dx$

7. $\displaystyle\int 9xe^{-x^2} dx$

8. $\displaystyle\int 3xe^{0{,}5x^2} dx$

9. $\displaystyle\int 5x^2 e^{x^3} dx$

10. $\displaystyle\int -3x^3 e^{-2x^4} dx$

11. $\displaystyle\int (2x + 1)e^{x^2+x} dx$

12. $\displaystyle\int (x - 4)e^{x^2-8x} dx$

Usando a regra logarítmica para integração Nos Exercícios 13-30, use a regra Logarítmica para encontrar a integral indefinida. *Veja os Exemplos 4, 5 e 6.*

13. $\displaystyle\int \dfrac{1}{x + 1} dx$

14. $\displaystyle\int \dfrac{1}{x - 5} dx$

15. $\displaystyle\int \dfrac{5}{5x + 2} dx$

16. $\displaystyle\int \dfrac{1}{6x - 5} dx$

17. $\displaystyle\int \dfrac{1}{3 - 2x} dx$

18. $\displaystyle\int \dfrac{4}{4x - 7} dx$

19. $\displaystyle\int \dfrac{2}{3x + 5} dx$

20. $\displaystyle\int \dfrac{5}{2x - 1} dx$

21. $\displaystyle\int \dfrac{x}{x^2 + 1} dx$

22. $\displaystyle\int \dfrac{x}{x^2 + 4} dx$

23. $\displaystyle\int \dfrac{x^2}{x^3 + 1} dx$

24. $\displaystyle\int \dfrac{x^2}{3 - x^3} dx$

25. $\displaystyle\int \dfrac{x + 3}{x^2 + 6x + 7} dx$

26. $\displaystyle\int \dfrac{x^2 + 2x + 3}{x^3 + 3x^2 + 9x + 1} dx$

27. $\displaystyle\int \dfrac{1}{x \ln x} dx$

28. $\displaystyle\int \dfrac{e^x}{1 + e^x} dx$

29. $\displaystyle\int \dfrac{e^{-x}}{1 - e^{-x}} dx$

30. $\displaystyle\int \dfrac{1}{x(\ln x)^2} dx$

Encontrando integrais indefinidas Nos Exercícios 31-46, use quaisquer fórmulas de integração básicas para encontrar a integral indefinida. Enuncie qual(is) fórmula(s) de integração você usou para encontrar a integral.

31. $\displaystyle\int \dfrac{x^3 - 8x}{2x^2} dx$

32. $\displaystyle\int \dfrac{x - 1}{4x} dx$

33. $\displaystyle\int \dfrac{8x^3 + 3x^2 + 6}{x^3} dx$

34. $\displaystyle\int \dfrac{2x^3 - 6x^2 - 5x}{x^2} dx$

35. $\displaystyle\int \dfrac{e^{2x} + 2e^x + 1}{e^x} dx$

36. $\displaystyle\int \dfrac{e^{5x} - 3e^{3x} + e^x}{e^{3x}} dx$

37. $\displaystyle\int e^x \sqrt{1 - e^x} dx$

38. $\displaystyle\int (6x + e^x)\sqrt{3x^2 + e^x} dx$

39. $\displaystyle\int \dfrac{1 + e^{-x}}{1 + xe^{-x}} dx$

40. $\displaystyle\int \dfrac{3}{1 + e^{-3x}} dx$

41. $\displaystyle\int \dfrac{5}{e^{-5x} + 7} dx$

42. $\displaystyle\int \dfrac{2(e^x - e^{-x})}{(e^x + e^{-x})^2} dx$

43. $\displaystyle\int \dfrac{x^2 + 2x + 5}{x - 1} dx$

44. $\displaystyle\int \dfrac{x^2 + x + 1}{x^2 + 1} dx$

45. $\int \dfrac{x-3}{x+3}\,dx$

46. $\int \dfrac{x^3 - 36x + 3}{x+6}\,dx$

Encontrando uma equação de uma função Nos Exercícios 47-50, encontre a equação da função f cujo gráfico passa pelo ponto dado.

47. $f'(x) = \dfrac{1}{x^2}e^{2/x};\ (4, 6)$

48. $f'(x) = \dfrac{2}{1+e^{-x}};\ (0, 3)$

49. $f'(x) = \dfrac{x^2 + 4x + 3}{x - 1};\ (2, 4)$

50. $f'(x) = \dfrac{x^3 - 4x^2 + 3}{x - 3};\ (4, -1)$

51. Biologia Uma população P de bactérias está crescendo a uma taxa de

$$\dfrac{dP}{dt} = \dfrac{3.000}{1 + 0{,}25t}$$

em que t é o tempo (em dias). Quando $t = 0$, a população é 1.000.

(a) Encontre um modelo para a população.

(b) Qual é a população depois de 3 dias?

(c) Depois de quantos dias a população será de 12.000?

52. Biologia Por causa de um suprimento de oxigênio insuficiente, a população de trutas P em um lago está morrendo. A taxa de variação da população pode ser modelada por

$$\dfrac{dP}{dt} = -125e^{-t/20}$$

onde t é o tempo (em dias). Quando $t = 0$, a população é de 2.500.

(a) Encontre um modelo para a população.

(b) Qual é a população depois de 15 dias?

(c) Quanto tempo levará para a população total de trutas morrer?

53. Demanda O preço marginal para a demanda de um produto pode ser modelado por

$$\dfrac{dp}{dx} = 0{,}1e^{-x/500}$$

em que x é a quantidade demandada. Quando a demanda é de 600 unidades, o preço p é $\$30$.

(a) Encontre a função demanda.

(b) Use uma ferramenta gráfica para traçar a função demanda. O preço aumenta ou diminui conforme a demanda aumenta?

(c) Use os recursos de *zoom* e *trace* da ferramenta gráfica para encontrar a quantidade demandada quando o preço é $\$22$.

54. VISUALIZE O gráfico mostra a taxa de variação da receita de uma empresa de 1990 a 2010.

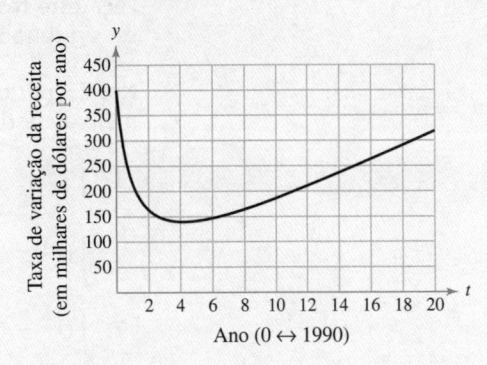

(a) Aproxime a taxa de variação da receita em 2009. Explique seu raciocínio.

(b) Aproxime o ano em que a taxa de variação da receita é maior. Explique seu raciocínio.

(c) Aproxime o ano no qual a receita é máxima. Explique seu raciocínio.

55. Receita A taxa de variação na receita para a Cablevision de 2002 a 2009 pode ser modelada por

$$\dfrac{dR}{dt} = 320{,}1e^{0{,}0993t}$$

em que R é a receita (em milhões de dólares) e t é o tempo (em anos), com $t = 2$ correspondendo a 2002. Em 2007, a receita para a Cablevision foi de $\$6.484{,}5$ milhões. *(Fonte: Cablevision Systems Corporation)*

(a) Encontre um modelo para a receita da Cablevision.

(b) Encontre a receita da Cablevision em 2009.

56. Receita A taxa de variação na receita para a Under Armour de 2004 a 2009 pode ser modelada por

$$\dfrac{dR}{dt} = 13{,}897t + \dfrac{284{,}653}{t}$$

em que R é a receita (em milhões de dólares) e t é o tempo (em anos), com $t = 4$ correspondendo a 2004. Em 2008, a receita para a Under Armour foi $\$725{,}2$ milhões. *(Fonte: Under Armour, Inc.)*

(a) Encontre um modelo para a receita da Under Armour.

(b) Encontre a receita da Under Armour em 2006.

Verdadeiro ou falso Nos Exercícios 57 e 58, determine se a afirmação é verdadeira ou falsa. Se for falsa, explique por que ou forneça um exemplo que mostre isso.

57. $(\ln x)^{1/2} = \tfrac{1}{2}(\ln x)$

58. $\int \dfrac{1}{x}\,dx = \ln|ax| + C,\ a \neq 0$

TESTE PRELIMINAR

Faça este teste como o faria em uma sala de aula. Quando terminar, confira seus resultados, comparando-os às respostas fornecidas no final do livro.

Nos Exercícios 1-9, determine a integral indefinida e confira seu resultado por meio de derivação.

1. $\int 3\, dx$
2. $\int 10x\, dx$
3. $\int \dfrac{1}{x^5}\, dx$
4. $\int (x^2 - 2x + 15)\, dx$
5. $\int (6x + 1)^3 (6)\, dx$
6. $\int x(5x^2 - 2)^4\, dx$
7. $\int (x^2 - 5x)(2x - 5)\, dx$
8. $\int \dfrac{3x^2}{(x^3 + 3)^3}\, dx$
9. $\int \sqrt{5x + 2}\, dx$

Nos Exercícios 10 e 11, determine a solução particular que satisfaz a equação diferencial e a condição inicial.

10. $f'(x) = 16x;\ f(0) = 1$
11. $f'(x) = 9x^2 + 4;\ f(1) = 5$

12. A função do custo marginal para produzir x unidades de um produto é modelada por

$$\dfrac{dC}{dx} = 16 - 0{,}06x.$$

O custo para se produzir uma unidade é $ 25. Determine (a) a função custo C (em dólares) e (b) o custo total da produção de 500 unidades.

13. Determine a equação da função f cujo gráfico passa pelo ponto $(0, 1)$ e cuja derivada é

$$f'(x) = 2x^2 + 1.$$

14. O número de parafusos B produzidos por uma fundição varia de acordo com o modelo

$$\dfrac{dB}{dt} = \dfrac{250t}{\sqrt{t^2 + 36}},\quad 0 \le t \le 40$$

em que t é o tempo (em horas). Determine o número de parafusos produzidos em (a) 8 horas e (b) 40 horas.

Nos Exercícios 15-17, utilize a regra exponencial para encontrar a integral indefinida.

15. $\int 5e^{5x+4}\, dx$
16. $\int 3x^2 e^{x^3}\, dx$
17. $\int (x - 3)e^{x^2 - 6x}\, dx$

Nos Exercícios de 18-20, utilize a regra logarítmica para encontrar a integral indefinida.

18. $\int \dfrac{2}{2x - 1}\, dx$
19. $\int \dfrac{1}{3 - 8x}\, dx$
20. $\int \dfrac{x}{3x^2 + 4}\, dx$

21. A taxa de variação nas vendas da Advance Auto Parts, de 2001 a 2009, pode ser modelada por

$$\dfrac{dS}{dt} = 26{,}32t + \dfrac{848{,}99}{t}$$

em que S são as vendas (em milhões) e t é o tempo em anos, com $t = 1$ correspondendo a 2001. Em 2001, as vendas da Advance Auto Parts foram de $ 2.517,6 milhões. (*Fonte: Advance Auto Parts*)

(a) Determine um modelo para as vendas da Advance Auto Parts.
(b) Determine as vendas da Advance Auto Parts em 2008.

5.4 Área e o teorema fundamental do cálculo

- Compreender a relação entre a área e as integrais definidas.
- Calcular integrais definidas usando o teorema fundamental do cálculo.
- Utilizar as integrais definidas para resolver problemas de análise marginal.
- Determinar os valores médios de funções em intervalos fechados.
- Utilizar as propriedades de funções pares e ímpares para ajudar a calcular integrais definidas.
- Determinar valores de anuidades.

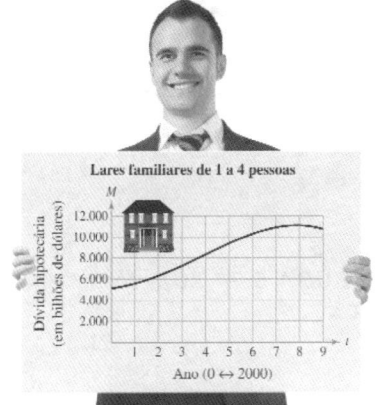

Área e integrais definidas

Nos estudos de geometria, aprendemos que área é um número que representa o tamanho de uma região limitada. Para regiões simples, como retângulos, triângulos e círculos, a área pode ser determinada por meio de fórmulas geométricas.

Nesta seção, aprenderemos como usar o cálculo para determinar também áreas de regiões que não são padrão, como a região R mostrada na Figura 5.5.

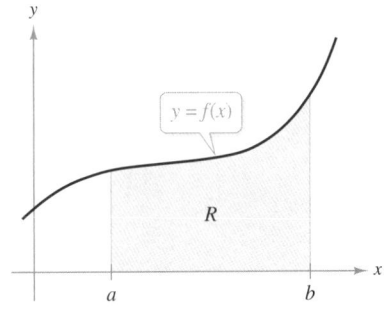

No Exercício 79, na página 345, você usará a integração para encontrar um modelo para a dívida hipotecária pendente para casas de uma a quatro famílias.

Definição de uma integral definida

Seja f não negativa e contínua no intervalo fechado $[a, b]$. A área da região limitada pelo gráfico de f, pelo eixo x e pelas retas $x = a$ e $x = b$ é denotada por

$$\text{Área} = \int_a^b f(x)\, dx.$$

A expressão $\int_a^b f(x)\, dx$ é chamada de **integral definida** de a até b, em que a é o **limite inferior de integração** e b é o **limite superior de integração**.

FIGURA 5.5 $\int_a^b f(x)\, dx$ = área.

Exemplo 1 Cálculo de uma integral definida utilizando uma fórmula geométrica

A integral definida

$$\int_0^2 2x\, dx.$$

representa a área da região limitada pelo gráfico de $f(x) = 2x$, pelo eixo x e pela reta $x = 2$, conforme a Figura 5.6. A região é triangular, com uma altura de quatro unidades e uma base de duas unidades. Utilizando a fórmula para a área de um triângulo, você tem

$$\int_0^2 2x\, dx. = \frac{1}{2}(\text{base})(\text{altura}) = \frac{1}{2}(2)(4) = 4$$

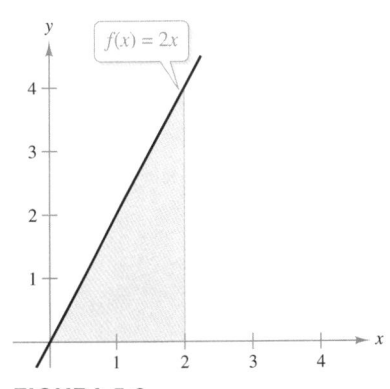

✓ AUTOAVALIAÇÃO 1

Calcule a integral definida usando uma fórmula geométrica. Ilustre sua resposta com um gráfico apropriado.

$$\int_0^3 4x\, dx$$

FIGURA 5.6

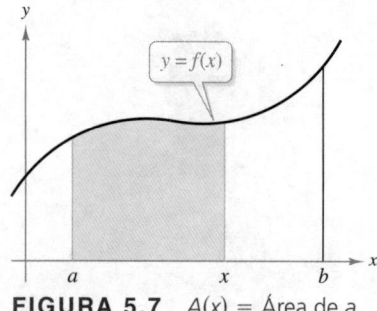

FIGURA 5.7 $A(x)$ = Área de a até x.

Teorema fundamental do cálculo

Considere a função A, que denota a área da região mostrada na Figura 5.7. Para descobrir a relação entre A e f, considere que x aumenta por uma quantidade Δx. Isso aumenta a área em ΔA. Sejam $f(m)$ e $f(M)$ os valores mínimo e máximo de f no intervalo $[x, x + \Delta x]$.

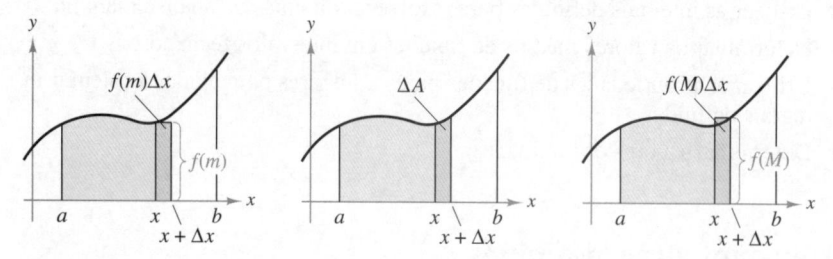

FIGURA 5.8

Conforme indicado na Figura 5.8, podemos escrever a desigualdade abaixo.

$f(m) \Delta x \leq \Delta A \leq f(M) \Delta x$ — Veja a Figura 5.8.

$f(m) \leq \dfrac{\Delta A}{\Delta x} \leq f(M)$ — Divida cada termo por Δx.

$\lim_{\Delta x \to 0} f(m) \leq \lim_{\Delta x \to 0} \dfrac{\Delta A}{\Delta x} \leq \lim_{\Delta x \to 0} f(M)$ — Tome o limite de cada termo.

$f(x) \leq A'(x) \leq f(x)$ — Definição de derivada de $A(x)$

Então, $f(x) = A'(x)$, e $A(x) = F(x) + C$, onde $F'(x) = f(x)$. Como $A(a) = 0$, segue que $C = -F(a)$. Então $A(x) = F(x) - F(a)$, o que significa que

$$A(b) = \int_a^b f(x)\, dx = F(b) - F(a).$$

Esta equação nos diz que, *se for possível determinar uma primitiva de f*, então ela pode ser usada para calcular a integral definida $\int_a^b f(x)\, dx$. Este resultado é o chamado **teorema fundamental do cálculo**.

DICA DE ESTUDO

Há duas maneiras básicas de introduzir o teorema fundamental do cálculo. Uma forma usa uma função área, conforme mostrado aqui. A outra usa um processo de soma, como mostra o Apêndice B.

Teorema fundamental do cálculo

Se f é não negativa e contínua no intervalo fechado $[a, b]$, então

$$\int_a^b f(x)\, dx = F(b) - F(a)$$

em que F é qualquer função com $F'(x) = f(x)$ para todo x em $[a, b]$.

Diretrizes para o uso do teorema fundamental do cálculo

1. O teorema fundamental do cálculo descreve uma forma de *encontrar o valor* de uma integral definida, não um procedimento para determinar primitivas.

2. Ao aplicar o teorema fundamental do cálculo, é útil usar a notação

$$\int_a^b f(x)\, dx = F(x) \Big]_a^b = F(b) - F(a).$$

Por exemplo, para calcular $\int_1^3 x^3\, dx$, você pode escrever

$$\int_1^3 x^3\, dx = \dfrac{x^4}{4}\Big]_1^3$$
$$= \dfrac{3^4}{4} - \dfrac{1^4}{4}$$
$$= 20.$$

3. A constante de integração C pode ser removida porque

$$\int_a^b f(x)\,dx = \Big[F(x) + C\Big]_a^b$$
$$= [F(b) + C] - [F(a) + C]$$
$$= F(b) - F(a) + C - C$$
$$= F(b) - F(a).$$

Na dedução do teorema fundamental do cálculo, assumia-se que f era não negativa no intervalo fechado $[a, b]$. Assim, a integral definida era definida como uma área. Agora, a partir do teorema fundamental, a definição pode ser estendida para incluir funções negativas em todo o intervalo fechado $[a, b]$ ou em parte dele. Especificamente, se f for qualquer função contínua em um intervalo fechado $[a, b]$, então a **integral definida** de $f(x)$ de a até b é definida como

$$\int_a^b f(x)\,dx = F(b) - F(a)$$

em que F é uma primitiva de f. Lembre-se de que as integrais definidas não representam necessariamente áreas e podem ser negativas, positivas ou zero.

Propriedades das integrais definidas

Sejam f e g contínuas no intervalo fechado $[a, b]$.

1. $\displaystyle\int_a^b kf(x)\,dx = k\int_a^b f(x)\,dx$, k é uma constante

2. $\displaystyle\int_a^b [f(x) \pm g(x)]\,dx = \int_a^b f(x)\,dx \pm \int_a^b g(x)\,dx$

3. $\displaystyle\int_a^b f(x)\,dx = \int_a^c f(x)\,dx + \int_c^b f(x)\,dx$, $a < c < b$

4. $\displaystyle\int_a^a f(x)\,dx = 0$

5. $\displaystyle\int_a^b f(x)\,dx = -\int_b^a f(x)\,dx$

DICA DE ESTUDO

Certifique-se de que compreende a diferença entre integral indefinida e integral definida. A *integral indefinida*

$$\int f(x)\,dx$$

denota uma *família de funções* na qual cada membro é uma primitiva de f, enquanto a *integral definida*

$$\int_a^b f(x)\,dx$$

é um *número*.

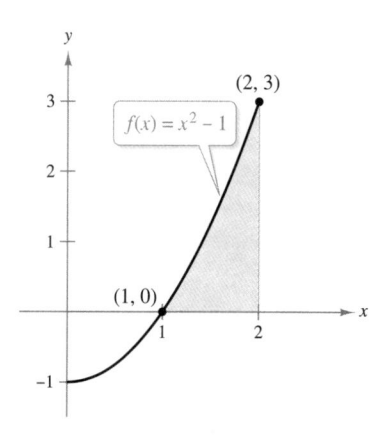

Exemplo 2 Determinação da área pelo teorema fundamental

Determine a área da região limitada pelo eixo x e pelo gráfico de

$$f(x) = x^2 - 1, \quad 1 \le x \le 2.$$

SOLUÇÃO Observe que $f(x) \ge 0$ no intervalo $1 \le x \le 2$, conforme mostrado na Figura 5.9. Podemos, então, representar a área da região por uma integral definida. Para determinar a área, use o teorema fundamental do cálculo.

$$\text{área} = \int_1^2 (x^2 - 1)\,dx \qquad \text{Definição de integral definida}$$

$$= \left[\frac{x^3}{3} - x\right]_1^2 \qquad \text{Determine a primitiva.}$$

$$= \left(\frac{2^3}{3} - 2\right) - \left(\frac{1^3}{3} - 1\right) \qquad \text{Aplique o teorema fundamental.}$$

$$= \frac{2}{3} - \left(-\frac{2}{3}\right)$$

$$= \frac{4}{3} \qquad \text{Simplifique.}$$

$$\text{área} = \int_1^2 (x^2 - 1)\,dx.$$

FIGURA 5.9

DICA DE ESTUDO

É fácil cometer erros de sinais ao calcular integrais definidas. Para evitar tais erros, separe os valores da primitiva nos limites superior e inferior de integração, colocando-os entre parênteses, como mostrado no Exemplo 2.

Então, a área da região é $\frac{4}{3}$ unidades quadradas.

✓ AUTOAVALIAÇÃO 2

Determine a área da região limitada pelo eixo x e pelo gráfico de
$$f(x) = x^2 + 1, \quad 2 \leq x \leq 3.$$

Exemplo 3 Cálculo de uma integral definida

Calcule a integral definida
$$\int_0^1 (4t + 1)^2 \, dt$$

e esboce um gráfico da região cuja área é representada pela integral.

SOLUÇÃO

$$\int_0^1 (4t + 1)^2 \, dt = \frac{1}{4} \int_0^1 (4t + 1)^2 (4) \, dt \qquad \text{Multiplique e divida por 4.}$$

$$= \frac{1}{4} \left[\frac{(4t + 1)^3}{3} \right]_0^1 \qquad \text{Determine a primitiva.}$$

$$= \frac{1}{4} \left[\left(\frac{5^3}{3} \right) - \left(\frac{1}{3} \right) \right] \qquad \text{Aplique o teorema fundamental.}$$

$$= \frac{1}{4} \left(\frac{124}{3} \right)$$

$$= \frac{31}{3} \qquad \text{Simplifique.}$$

A região é mostrada na Figura 5.10.

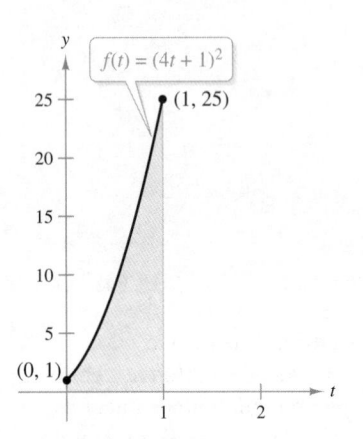

FIGURA 5.10

✓ AUTOAVALIAÇÃO 3

Calcule $\int_0^1 (2t + 3)^3 \, dt$.

Exemplo 4 Cálculo de integrais definidas

Calcule cada integral definida.

a. $\int_0^3 e^{2x} \, dx$ **b.** $\int_1^2 \frac{1}{x} \, dx$ **c.** $\int_1^4 -3\sqrt{x} \, dx$

SOLUÇÃO

a. $\int_0^3 e^{2x} \, dx = \frac{1}{2} e^{2x} \Big]_0^3 = \frac{1}{2}(e^6 - e^0) \approx 201{,}21$

b. $\int_1^2 \frac{1}{x} \, dx = \ln x \Big]_1^2 = \ln 2 - \ln 1 = \ln 2 \approx 0{,}69$

c. $\int_1^4 -3\sqrt{x} \, dx = -3 \int_1^4 x^{1/2} \, dx \qquad \text{Reescreva com expoente racional.}$

$= -3 \left[\frac{x^{3/2}}{3/2} \right]_1^4 \qquad \text{Determine a primitiva.}$

$= -2 x^{3/2} \Big]_1^4$

$= -2(4^{3/2} - 1^{3/2}) \qquad \text{Aplique o teorema fundamental}$

$= -2(8 - 1)$

$= -14 \qquad \text{Simplifique.}$

DICA DE ESTUDO

No Exemplo 4(c), observe que o valor de uma integral definida pode ser negativo.

✓ AUTOAVALIAÇÃO 4

Calcule cada integral definida.

a. $\displaystyle\int_0^1 e^{4x}\,dx$ **b.** $\displaystyle\int_2^5 -\frac{1}{x}\,dx$

Exemplo 5 **Interpretação do valor absoluto**

Calcule $\displaystyle\int_0^2 |2x - 1|\,dx$.

SOLUÇÃO A região representada pela integral definida é mostrada na Figura 5.11. A partir da definição de valor absoluto, é possível escrever

$$|2x - 1| = \begin{cases} -(2x - 1), & x < \tfrac{1}{2} \\ 2x - 1, & x \geq \tfrac{1}{2} \end{cases}.$$

Usando a Propriedade 3 das integrais definidas, podemos reescrever a integral como duas integrais definidas.

$$\int_0^2 |2x - 1|\,dx = \int_0^{1/2} -(2x - 1)\,dx + \int_{1/2}^2 (2x - 1)\,dx$$

$$= \left[-x^2 + x\right]_0^{1/2} + \left[x^2 - x\right]_{1/2}^2$$

$$= \left(-\frac{1}{4} + \frac{1}{2}\right) - (0 + 0) + (4 - 2) - \left(\frac{1}{4} - \frac{1}{2}\right)$$

$$= \frac{5}{2}$$

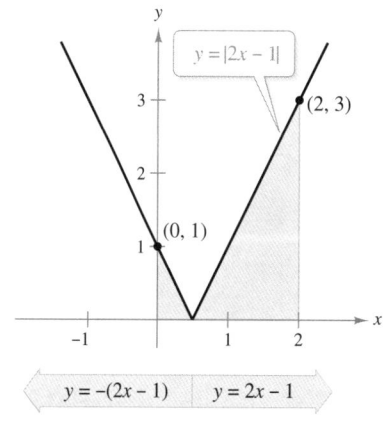

FIGURA 5.11

✓ AUTOAVALIAÇÃO 5

Calcule $\displaystyle\int_0^5 |x - 2|\,dx$.

Análise marginal

Já estudamos análise marginal no contexto de derivadas e diferenciais (Seções 2.3 e 3.8). Naquelas seções, a partir da função custo, receita ou lucro, usávamos a derivada para aproximar o custo, a receita ou o lucro adicional obtido com a venda de uma unidade adicional. Nesta seção, examinaremos o processo inverso. Isto é, será fornecido o custo marginal, a receita marginal ou o lucro marginal e teremos de usar uma integral definida para determinar o aumento ou a diminuição exata no custo, na receita ou no lucro obtido com a venda de uma ou mais unidades adicionais.

Por exemplo, suponha que quiséssemos determinar a receita adicional obtida pelo aumento das vendas de x_1 para x_2 unidades. Se soubéssemos a função da receita R, poderíamos simplesmente subtrair $R(x_1)$ de $R(x_2)$. Se não soubéssemos a função da demanda, mas soubéssemos a função da receita marginal, poderíamos ainda assim determinar a receita adicional usando uma integral definida, conforme mostrado.

$$\int_{x_1}^{x_2} \frac{dR}{dx}\,dx = R(x_2) - R(x_1)$$

TUTOR TÉCNICO

Ferramentas de integração simbólica podem ser usadas para calcular tanto integrais definidas como indefinidas. Se tiver acesso a um desses programas, tente usá-lo para calcular muitas das integrais definidas nesta seção.

Exemplo 6 **Análise de uma função lucro**

O lucro marginal de um produto é modelado por

$$\frac{dP}{dx} = -0{,}0005x + 12{,}2.$$

a. Determine a variação no lucro quando as vendas aumentam de 100 para 101 unidades.

b. Determine a variação no lucro quando as vendas aumentam de 100 para 110 unidades.

SOLUÇÃO

a. A variação no lucro obtido pelo aumento das vendas de 100 para 101 unidades é

$$\int_{100}^{101} \frac{dP}{dx} dx = \int_{100}^{101} (-0{,}0005x + 12{,}2) \, dx$$
$$= \left[-0{,}00025x^2 + 12{,}2x \right]_{100}^{101}$$
$$\approx \$ \, 12{,}15.$$

b. A variação no lucro obtido pelo aumento das vendas de 100 para 110 unidades é

$$\int_{100}^{110} \frac{dP}{dx} dx = \int_{100}^{110} (-0{,}0005x + 12{,}2) \, dx$$
$$= \left[-0{,}00025x^2 + 12{,}2x \right]_{100}^{110}$$
$$\approx \$ \, 121{,}48.$$

✓ AUTOAVALIAÇÃO 6

O lucro marginal de um produto é modelado por

$$\frac{dP}{dx} = -0{,}0002x + 14{,}2.$$

a. Determine a variação no lucro quando as vendas aumentam de 100 para 101 unidades.
b. Determine a variação no lucro quando as vendas aumentam de 100 para 110 unidades.

Valor médio

O *valor médio* de uma função em um intervalo fechado é definido abaixo.

Definição do valor médio de uma função

Se f é contínua em $[a, b]$, então o **valor médio** de f em $[a, b]$ é

$$\text{Valor médio de } f \text{ em } [a, b] = \frac{1}{b - a} \int_a^b f(x) \, dx.$$

Na Seção 3.5, estudamos os efeitos dos níveis de produção sobre o custo usando uma função custo médio. No próximo exemplo, estudaremos os efeitos do tempo sobre o custo usando a integração para determinar o custo médio.

Exemplo 7 Determinação do custo médio

O custo por unidade c para produzir aparelhos de MP3 durante um período de dois anos é modelado por

$$c = 0{,}005t^2 + 0{,}01t + 13{,}15, \quad 0 \leq t \leq 24$$

em que t é o tempo em meses. Aproxime o custo médio por unidade durante o período de dois anos.

SOLUÇÃO O custo médio pode ser encontrado por meio da integração de c no intervalo $[0, 24]$.

$$\text{Custo médio por unidade} = \frac{1}{24} \int_0^{24} (0{,}005t^2 + 0{,}01t + 13{,}15) \, dt$$
$$= \frac{1}{24} \left[\frac{0{,}005t^3}{3} + \frac{0{,}01t^2}{2} + 13{,}15t \right]_0^{24}$$

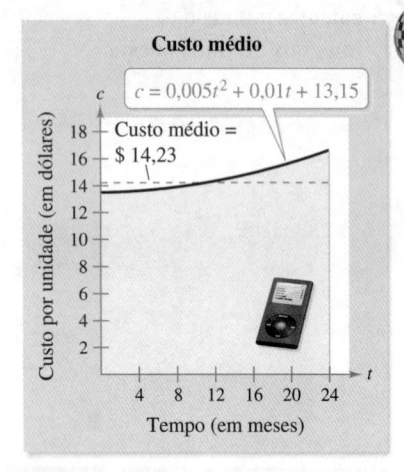

FIGURA 5.12

$$= \frac{1}{24}(341{,}52)$$
$$= \$\, 14{,}23 \qquad \text{(Veja a Figura 5.12)}$$

✓ AUTOAVALIAÇÃO 7

Determine o custo médio por unidade durante um período de dois anos se o custo unitário c de patins for dado por

$$c = 0{,}005t^2 + 0{,}02t + 12{,}5, \text{ para } 0 \leq t \leq 24,$$

em que t é o tempo em meses.

Você pode usar uma planilha, como a mostrada à direita para verificar que o valor médio encontrado no Exemplo 7 é razoável. Suponha que uma unidade seja produzida a cada mês, começando com $t = 0$ e terminando em $t = 24$. Quando $t = 0$, o custo é

$$c = 0{,}005(0)^2 + 0{,}01(0) + 13{,}15$$
$$= \$\, 13{,}15.$$

e, quando $t = 1$, o custo é

$$c = 0{,}005(1)^2 + 0{,}01(1) + 13{,}15$$
$$\approx \$\, 13{,}165.$$

e assim por diante. Observe na planilha que o custo aumenta a cada mês e a média dos 25 custos é de $ 14,25. Assim, você pode concluir que o resultado do Exemplo 7 é razoável.

	A	B
1	t	c = 0,005t² + 0,01t + 13,15
2	0	13,15
3	1	13,165
4	2	13,19
5	3	13,225
6	4	13,27
7	5	13,325
8	6	13,39
9	7	13,465
10	8	13,55
11	9	13,645
12	10	13,75
13	11	13,865
14	12	13,99
15	13	14,125
16	14	14,27
17	15	14,425
18	16	14,59
19	17	14,765
20	18	14,95
21	19	15,145
22	20	15,35
23	21	15,565
24	22	15,79
25	23	16,025
26	24	16,27
27		
28	Soma	356,25
29	Média	14,25

Funções pares e ímpares

Diversas funções comuns possuem gráficos simétricos em relação ao eixo y ou à origem, como mostrado na Figura 5.13. Se o gráfico de f for simétrico em relação ao eixo y, como na Figura 5.13(a), então

$$f(-x) = f(x) \qquad \text{Função par}$$

e f é chamada de função **par**. Se o gráfico de f for simétrico em relação à origem, como na Figura 5.13(b), então

$$f(-x) = -f(x) \qquad \text{Função ímpar}$$

e f é chamada de função **ímpar**.

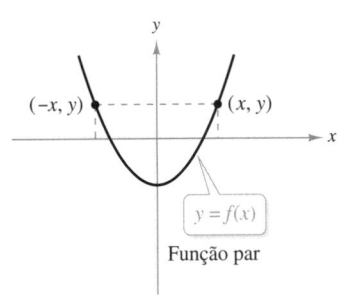

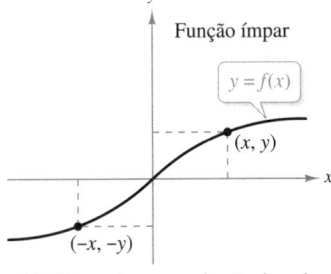

(a) Simetria em relação ao eixo y (b) Simetria em relação à origem

FIGURA 5.13

Integração de funções pares e ímpares

1. Se f for uma função *par*, então $\displaystyle\int_{-a}^{a} f(x)\, dx = 2\int_{0}^{a} f(x)\, dx.$

2. Se f for uma função *ímpar*, então $\displaystyle\int_{-a}^{a} f(x)\, dx = 0.$

Exemplo 8 — Integração de funções pares e ímpares

Calcule cada integral definida.

a. $\displaystyle\int_{-2}^{2} x^2\,dx$ b. $\displaystyle\int_{-2}^{2} x^3\,dx$

SOLUÇÃO

a. Como $f(x) = x^2$ é uma função par,

$$\int_{-2}^{2} x^2\,dx = 2\int_{0}^{2} x^2\,dx = 2\left[\frac{x^3}{3}\right]_0^2 = 2\left(\frac{8}{3} - 0\right) = \frac{16}{3}.$$

b. Como $f(x) = x^3$ é uma função ímpar,

$$\int_{-2}^{2} x^3\,dx = 0.$$

✓ AUTOAVALIAÇÃO 8

Calcule cada integral definida.

a. $\displaystyle\int_{-1}^{1} x^4\,dx$ b. $\displaystyle\int_{-1}^{1} x^5\,dx$

Anuidade

Uma sequência de pagamentos iguais feitos em intervalos de tempo regulares durante um período é chamada de **anuidade**. Alguns exemplos de anuidades são planos de poupança com desconto em folha, parcelas mensais de hipotecas e contas de aposentadoria. O **valor de uma anuidade** é a soma dos pagamentos mais os juros obtidos.

Valor de uma anuidade

Se c representa uma função renda contínua em dólares por ano (na qual t é o tempo em anos), r representa a taxa de juros, capitalizados continuamente, e T representa o prazo da anuidade em anos, então o **valor da anuidade** é

$$\text{Valor de uma anuidade} = e^{rT}\int_0^T c(t)e^{-rt}\,dt.$$

Exemplo 9 — Determinação do valor de uma anuidade

São depositados $ 2.000 todo ano, por 15 anos, em um plano de aposentadoria que rende 5% de juros. Qual será o saldo do plano após 15 anos?

SOLUÇÃO A função renda para o seu depósito é

$c(t) = 2.000.$

Então o valor da anuidade após 15 anos será

$$\begin{aligned}
\text{Valor da anuidade} &= e^{rT}\int_0^T c(t)e^{-rt}\,dt \\
&= e^{(0,05)(15)}\int_0^{15} 2.000 e^{-0,05t}\,dt \\
&= 2.000 e^{0,75}\left[-\frac{e^{-0,05t}}{0,05}\right]_0^{15} \\
&\approx \$\,44.680.
\end{aligned}$$

✓ AUTOAVALIAÇÃO 9

Se forem depositados $ 1.000 a cada ano em uma poupança que rende anualmente 4% de juros, quanto haverá na conta após dez anos?

PRATIQUE (Seção 5.4)

1. Dê a definição de uma integral definida *(página 335)*. Para um exemplo de integral definida, veja o Exemplo 1.
2. Enuncie o teorema fundamental do cálculo *(página 336)*. Para exemplos do teorema fundamental do cálculo, veja os Exemplos 2 e 3.
3. Dê as propriedades das integrais definidas *(página 337)*. Para exemplos das propriedades, veja os Exemplos 4 e 5.
4. Dê a definição do valor médio da função *(página 340)*. Para um exemplo de como encontrar o valor médio da função, veja o Exemplo 7.
5. Diga as regras para a integração de funções pares e ímpares *(página 341)*. Para um exemplo de integração de funções pares e ímpares, veja o Exemplo 8.

Recapitulação 5.4

Os exercícios preparatórios a seguir envolvem conceitos vistos em seções anteriores. Esses conceitos serão utilizados no conjunto de exercícios desta seção. Para obter mais ajuda, consulte as Seções 5.1 a 5.3.

Nos Exercícios 1-4, determine a integral indefinida.

1. $\int (3x + 7)\, dx$
2. $\int \left(x^{3/2} + 2\sqrt{x}\right) dx$
3. $\int \dfrac{1}{5x}\, dx$
4. $\int e^{-6x}\, dx$

Nos Exercícios 5-8, integre a função marginal.

5. $\dfrac{dC}{dx} = 0{,}02x^{3/2} + 29.500$
6. $\dfrac{dR}{dx} = 9.000 + 2x$
7. $\dfrac{dP}{dx} = 25.000 - 0{,}01x$
8. $\dfrac{dC}{dx} = 0{,}03x^2 + 4.600$

Exercícios 5.4

Cálculo de uma integral definida usando uma fórmula geométrica Nos Exercícios 1-6, esboce a região cuja área é representada pela integral definida. Use então uma fórmula geométrica para calcular a integral. *Veja o Exemplo 1.*

1. $\int_0^2 3\, dx$
2. $\int_0^3 4\, dx$
3. $\int_0^4 x\, dx$
4. $\int_0^3 \dfrac{x}{3}\, dx$
5. $\int_{-3}^3 \sqrt{9 - x^2}\, dx$
6. $\int_0^2 \sqrt{4 - x^2}\, dx$

Usando propriedades de integrais definidas Nos Exercícios 7 e 8, use os valores $\int_0^5 f(x)\, dx = 6$ e $\int_0^5 g(x)\, dx = 2$ para calcular a integral definida.

7. (a) $\int_0^5 [f(x) + g(x)]\, dx$ (b) $\int_0^5 [f(x) - g(x)]\, dx$
   (c) $\int_0^5 -4f(x)\, dx$ (d) $\int_0^5 [f(x) - 3g(x)]\, dx$

8. (a) $\int_0^5 2g(x)\, dx$ (b) $\int_5^0 f(x)\, dx$
   (c) $\int_5^5 f(x)\, dx$ (d) $\int_0^5 [f(x) - f(x)]\, dx$

Encontrando a área pelo teorema fundamental Nos Exercícios 9-16, encontre a área da região. *Veja o Exemplo 2.*

9. $y = x - x^2$

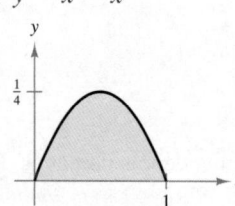

10. $y = 1 - x^4$

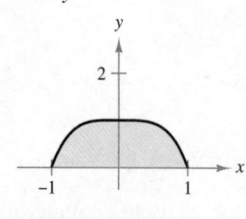

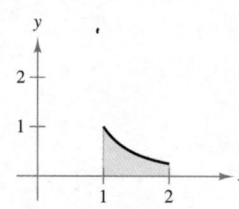

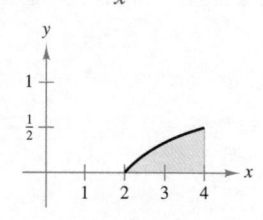

11. $y = \dfrac{1}{x^2}$

12. $y = \dfrac{x-2}{x}$

13. $y = 3e^{-x/2}$

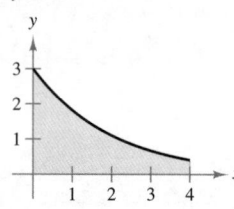

14. $y = 2e^{x/4}$

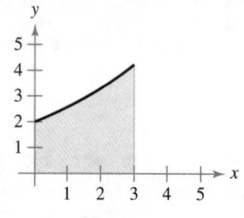

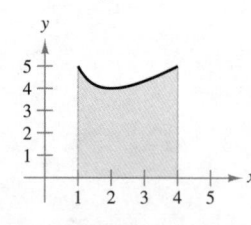

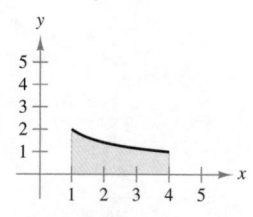

15. $y = \dfrac{x^2 + 4}{x}$

16. $y = \dfrac{2}{\sqrt{x}}$

Cálculo de uma integral definida Nos Exercícios 17-38, calcule a integral definida. *Veja os Exemplos 3 e 4.*

17. $\displaystyle\int_0^1 2x\, dx$

18. $\displaystyle\int_2^7 3v\, dv$

19. $\displaystyle\int_{-1}^0 (x - 2)\, dx$

20. $\displaystyle\int_2^5 (-3x + 4)\, dx$

21. $\displaystyle\int_{-1}^1 (3t + 4)^2\, dt$

22. $\displaystyle\int_0^1 (1 - 2x)^2\, dx$

23. $\displaystyle\int_0^3 (x - 2)^3\, dx$

24. $\displaystyle\int_0^4 (x^{1/2} + x^{1/4})\, dx$

25. $\displaystyle\int_{-1}^1 (\sqrt[3]{t} - 2)\, dt$

26. $\displaystyle\int_{-1}^1 (e^x - e^{-x})\, dx$

27. $\displaystyle\int_{-1}^0 (t^{1/3} - t^{2/3})\, dt$

28. $\displaystyle\int_1^3 (x - 3)^4\, dx$

29. $\displaystyle\int_2^8 \dfrac{3}{x}\, dx$

30. $\displaystyle\int_1^4 -\dfrac{4}{x}\, dx$

31. $\displaystyle\int_0^4 \dfrac{1}{\sqrt{2x + 1}}\, dx$

32. $\displaystyle\int_0^2 \dfrac{x}{\sqrt{1 + 2x^2}}\, dx$

33. $\displaystyle\int_1^2 e^{1-x}\, dx$

34. $\displaystyle\int_1^4 (\sqrt{x} + x)\, dx$

35. $\displaystyle\int_0^1 e^{2x}\sqrt{e^{2x} + 1}\, dx$

36. $\displaystyle\int_0^1 \dfrac{e^{-x}}{\sqrt{e^{-x} + 1}}\, dx$

37. $\displaystyle\int_0^2 \dfrac{x}{1 + 4x^2}\, dx$

38. $\displaystyle\int_0^1 \dfrac{e^{2x}}{e^{2x} + 1}\, dx$

Interpretando o valor absoluto Nos Exercícios 39-42, calcule a integral definida. *Veja o Exemplo 5.*

39. $\displaystyle\int_{-2}^1 |4x|\, dx$

40. $\displaystyle\int_{-1}^3 \left|\dfrac{x}{3}\right|\, dx$

41. $\displaystyle\int_2^8 |3x - 9|\, dx$

42. $\displaystyle\int_0^3 |2x - 3|\, dx$

Área de uma região Nos Exercícios 43-46, encontre a área da região limitada pelos gráficos das equações. Use uma ferramenta gráfica para verificar seus resultados.

43. $y = 3x^2 + 1$, $y = 0$, $x = 0$, e $x = 2$

44. $y = e^x$, $y = 0$, $x = 0$, e $x = 2$

45. $y = 4/x$, $y = 0$, $x = 1$, e $x = 3$

46. $y = 1 + \sqrt{x}$, $y = 0$, $x = 0$, e $x = 4$

Análise marginal Nos Exercícios 47-52, encontre a variação no custo C, na receita R, ou no lucro P, para o marginal dado. Em cada caso, assuma que o número de unidades x aumenta em 3 a partir do valor especificado de x. *Veja o Exemplo 6.*

Marginal	Número de unidades, x
47. $\dfrac{dC}{dx} = 2{,}25$	$x = 100$
48. $\dfrac{dC}{dx} = \dfrac{20.000}{x^2}$	$x = 10$
49. $\dfrac{dR}{dx} = 48 - 3x$	$x = 12$
50. $\dfrac{dP}{dx} = 12{,}5(40 - 3\sqrt{x})$	$x = 125$
51. $\dfrac{dP}{dx} = \dfrac{400 - x}{150}$	$x = 200$
52. $\dfrac{dR}{dx} = 75\left(20 + \dfrac{900}{x}\right)$	$x = 500$

Valor médio de uma função Nos Exercícios 53-60, encontre o valor médio da função no intervalo. Encontre então todos os valores de x no intervalo nos quais a função é igual ao valor médio.

53. $f(x) = 6x$; $[1, 3]$

54. $f(x) = x^3$; $[0, 2]$

55. $f(x) = 4 - x^2$; $[-2, 2]$

56. $f(x) = e^{x/4}$; $[0, 4]$

57. $f(x) = 2e^x$; $[-1, 1]$

58. $f(x) = x - 2\sqrt{x}$; $[0, 4]$

59. $f(x) = \dfrac{3}{x + 2}$; $[1, 5]$

60. $f(x) = \dfrac{1}{(x - 3)^2}$; $[0, 2]$

Integrando funções pares e ímpares Nos Exercícios 61-64, calcule a integral definida usando as propriedades das funções pares e ímpares. *Veja o Exemplo 8.*

61. $\displaystyle\int_{-1}^1 3x^4\, dx$

62. $\displaystyle\int_{-2}^2 (x^3 - 4x)\, dx$

63. $\int_{-1}^{1} (2t^5 - 2t)\, dt$ **64.** $\int_{-2}^{2} \left(\frac{1}{2}t^4 + 1\right) dt$

65. Usando propriedades de integrais definidas Use o valor $\int_{0}^{1} x^2\, dx = \frac{1}{3}$ para calcular cada integral definida. Explique seu raciocínio.

(a) $\int_{-1}^{0} x^2\, dx$

(b) $\int_{-1}^{1} x^2\, dx$

(c) $\int_{0}^{1} -x^2\, dx$

66. Usando propriedades de integrais definidas Use o valor $\int_{0}^{4} x^3\, dx = 64$ para calcular cada integral definida. Explique seu raciocínio.

(a) $\int_{-4}^{0} x^3\, dx$

(b) $\int_{-4}^{4} x^3\, dx$

(c) $\int_{0}^{4} 2x^3\, dx$

Encontrando o valor de uma anuidade Nos Exercícios 67-70, encontre o valor de uma anuidade com a função renda c(t), taxa de juros r, e prazo T. *Veja o Exemplo 9.*

67. $c(t) = \$ 250, r = 8\%, T = 6$ anos

68. $c(t) = \$ 2.000, r = 3\%, T = 15$ anos

69. $c(t) = \$ 1.500, r = 2\%, T = 10$ anos

70. $c(t) = \$ 500, r = 7\%, T = 4$ anos

Acúmulo de capital Nos Exercícios 71-74, é dada a taxa de investimento dI/dt. Encontre o acúmulo de capital em um período de cinco anos, calculando a integral definida

$$\text{Acúmulo de capital} = \int_{0}^{5} \frac{dI}{dt}\, dt$$

em que t é o tempo (em anos).

71. $\dfrac{dI}{dt} = 500$ **72.** $\dfrac{dI}{dt} = 100t$

73. $\dfrac{dI}{dt} = 500\sqrt{t+1}$

74. $\dfrac{dI}{dt} = \dfrac{12.000t}{(t^2 + 2)^2}$

75. Custo O custo total da compra de uma peça de equipamento e sua manutenção por x anos pode ser modelado por

$$C = 5.000 \left(25 + 3 \int_{0}^{x} t^{1/4}\, dt\right).$$

Encontre o custo total depois de (a) 1 ano, (b) 5 anos e (c) 10 anos.

76. Depreciação Uma empresa compra uma nova máquina cuja a taxa de depreciação pode ser modelada por

$$\frac{dV}{dt} = 10.000(t - 6),\quad 0 \le t \le 5$$

em que V é o valor da máquina depois de t anos. Escreva e calcule a integral definida que fornece a perda total do valor da máquina durante os primeiros 3 anos.

77. Juros compostos Um depósito de $ 2.250 é feito em uma conta de poupança a uma taxa de juros anual de 6%, capitalizados continuamente. Encontre o saldo médio na conta durante os primeiros 5 anos.

78. VISUALIZE Um graduado na faculdade tem duas ofertas de emprego. O salário inicial para cada uma é de $ 32.000 e após 8 anos de serviço cada uma pagará $ 54.000. O aumento de salário para cada oferta é mostrado na figura. Do ponto de vista estritamente monetário, qual é a melhor oferta? Explique seu raciocínio.

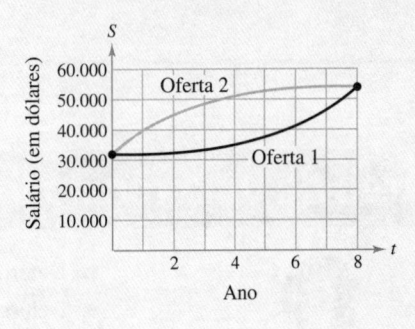

79. Dívida hipotecária A taxa de variação da dívida hipotecária pendente de casas para uma a quatro famílias nos Estados Unidos entre 2000 e 2009 pode ser modelada por

$$\frac{dM}{dt} = 547{,}56t - 69{,}459t^2 + 331{,}258e^{-t}$$

em que M é a dívida hipotecária em aberto (em bilhões de dólares) e t é o ano, com $t = 0$ correspondendo a 2000. Em 2000, a dívida hipotecária nos Estados Unidos foi de $ 5.107 bilhões. *(Fonte: Board of Governors of the Federal Reserve System)*

(a) Escreva um modelo para a dívida em função de t.

(b) Qual foi a dívida hipotecária média pendente de 2000 a 2009?

Cápsula de Negócios

Depois de perder seu emprego como executiva de contabilidade, em 1985, Avis Yates Rivers usou $ 2.500 para iniciar um negócio de processamento de textos no porão de sua casa. Em 1996, como consequência, a Sra. Yates Rivers fundou o Technology Concepts Group. Hoje, essa empresa com sede em Somerset, New Jersey, fornece ampla gama de soluções de tecnologia da informação. As receitas em 2010 foram de cerca de $ 3 milhões e a empresa projetou receitas de $ 30 milhões em 2011, com a aquisição de conhecimentos sobre locação de equipamentos. A Sra. Yates Rivers tornou-se uma líder reconhecida nacionalmente, palestrante e advogada de pequenas empresas que são de propriedade de mulheres e de minorias.

80. Projeto de Pesquisa Use a biblioteca da sua escola, a internet ou alguma outra fonte de referência para pesquisar uma pequena empresa semelhante à descrita acima. Descreva o impacto dos diferentes fatores sobre a receita de uma empresa, como as condições de mercado e o capital inicial.

5.5 Área de uma região limitada por dois gráficos

- Determinar as áreas de regiões limitadas por dois gráficos.
- Determinar os excedentes do consumidor e do produtor.
- Utilizar as áreas de regiões limitadas por dois gráficos para resolver problemas da vida real.

Área de uma região limitada por dois gráficos

Com poucas modificações, é possível ampliar o uso das integrais definidas na determinação da área de regiões *abaixo de um gráfico* para a determinação da área de uma região *limitada por dois gráficos*. Para entender como isso pode ser feito, considere a região limitada pelos gráficos de

$$f, g, x = a \text{ e } x = b,$$

conforme a Figura 5.14. Se os gráficos de f e g estiverem acima do eixo x, então é possível interpretar a área da região entre os gráficos como a área da região abaixo do gráfico de f menos a área da região abaixo do gráfico de g, conforme mostra a Figura 5.14.

No Exercício 49, na página 353, você usará a integração para encontrar o montante poupado em custos de combustível decorrente da mudança para motores de avião mais eficientes.

(Área entre f e g) = (Área da região abaixo de f) − (Área da região abaixo de g)

$$\int_a^b [f(x) - g(x)]\, dx = \int_a^b f(x)\, dx - \int_a^b g(x)\, dx$$

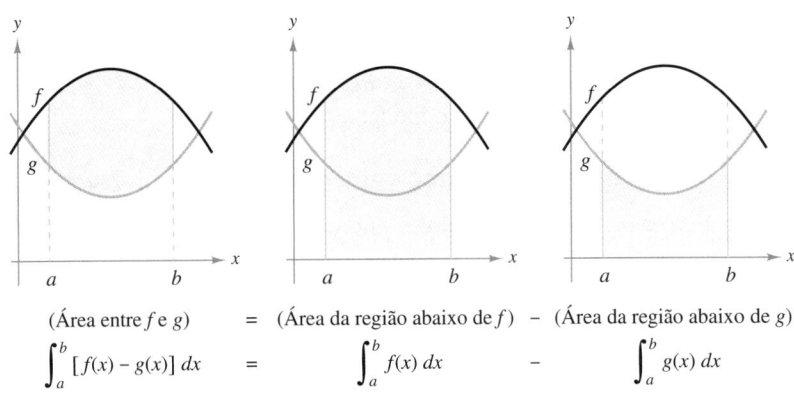

FIGURA 5.14

Apesar de a Figura 5.14 mostrar os gráficos de f e g acima do eixo x, isso não é obrigatório. O mesmo integrando

$$[f(x) - g(x)]$$

pode ser usado, contanto que ambas as funções sejam contínuas e $g(x) \leq f(x)$ no intervalo $[a, b]$.

Área de uma região limitada por dois gráficos

Se f e g são contínuas em $[a, b]$ e $g(x) \leq f(x)$ para todo x em $[a, b]$, então a área da região limitada pelos gráficos de

$$f,\quad g,\quad x = a\quad \text{e}\quad x = b$$

(veja a Figura 5.15) é dada por

$$A = \int_a^b [f(x) - g(x)]\, dx.$$

FIGURA 5.15

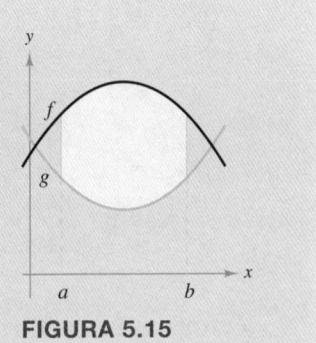

Exemplo 1 Determinação da área limitada por dois gráficos

Determine a área da região limitada pelos gráficos de $y = x^2 + 2$ e $y = x$ para $0 \leq x \leq 1$.

SOLUÇÃO Comece por esboçar os gráficos de ambas as funções, conforme a Figura 5.16. A partir da figura, podemos ver que $x \leq x^2 + 2$ para todos x em $[0, 1]$. Assim, podemos tomar $f(x) = x^2 + 2$ e $g(x) = x$. Então, calcule a área da forma mostrada.

$$\begin{aligned}
\text{Área} &= \int_a^b [f(x) - g(x)]\, dx && \text{Área entre } f \text{ e } g. \\
&= \int_0^1 [(x^2 + 2) - (x)]\, dx && \text{Substitua } f \text{ e } g. \\
&= \int_0^1 (x^2 - x + 2)\, dx \\
&= \left[\frac{x^3}{3} - \frac{x^2}{2} + 2x\right]_0^1 && \text{Determine a primitiva.} \\
&= \frac{11}{6}\ \text{unidades quadradas} && \text{Aplique o teorema fundamental.}
\end{aligned}$$

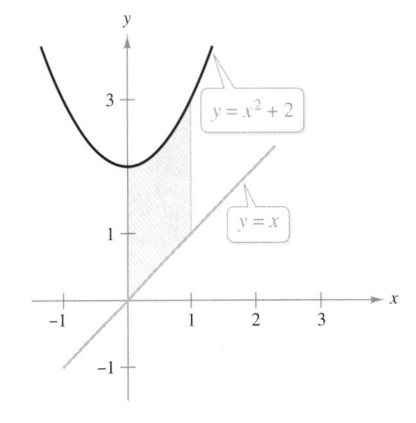

FIGURA 5.16

✓ AUTOAVALIAÇÃO 1

Determine a área da região limitada pelos gráficos de $y = x^2 + 1$ e $y = x$ para $0 \leq x \leq 2$. Esboce o gráfico da região limitada pelos gráficos. ∎

Exemplo 2 Determinação da área entre gráficos com intersecção

Determine a área da região limitada pelos gráficos de $y = 2 - x^2$ e $y = x$.

SOLUÇÃO Como os valores de a e b não são fornecidos, você deve determiná-los, encontrando as coordenadas x dos pontos de intersecção dos dois gráficos. Para fazer isso, igualamos as duas funções e resolvemos para determinar x.

$$2 - x^2 = x \quad \text{Iguale as funções.}$$
$$-x^2 - x + 2 = 0 \quad \text{Escreva na forma geral.}$$
$$-(x + 2)(x - 1) = 0 \quad \text{Fatore.}$$
$$x = -2, \, x = 1 \quad \text{Determine } x.$$

Portanto, $a = -2$ e $b = 1$. Na Figura 5.17, é possível ver que o gráfico de $f(x) = 2 - x^2$ está acima do gráfico de $g(x) = x$ para qualquer x no intervalo $[-2, 1]$.

$$\text{Área} = \int_a^b [f(x) - g(x)] \, dx \quad \text{Área entre } f \text{ e } g$$
$$= \int_{-2}^{1} [(2 - x^2) - (x)] \, dx \quad \text{Substitua } f \text{ e } g.$$
$$= \int_{-2}^{1} (-x^2 - x + 2) \, dx$$
$$= \left[-\frac{x^3}{3} - \frac{x^2}{2} + 2x \right]_{-2}^{1} \quad \text{Determine uma primitiva.}$$
$$= \frac{9}{2} \text{ unidades quadradas} \quad \text{Aplique o teorema fundamental.}$$

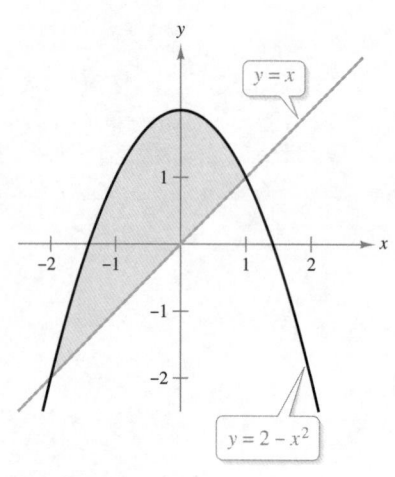

FIGURA 5.17

✓ AUTOAVALIAÇÃO 2

Determine a área da região limitada pelos gráficos de $y = 3 - x^2$ e $y = 2x$. ∎

Exemplo 3 Determinação de uma área abaixo do eixo x

Determine a área da região limitada pelo gráfico de
$$y = x^2 - 3x - 4$$
e pelo eixo x.

SOLUÇÃO Comece por determinar as intersecções do gráfico com o eixo x. Para fazê-lo, iguale a função a zero e determine x.

$$x^2 - 3x - 4 = 0 \quad \text{Iguale a função a 0.}$$
$$(x - 4)(x + 1) = 0 \quad \text{Fatore.}$$
$$x = 4, \, x = -1 \quad \text{Determine } x.$$

A partir da Figura 5.18, é possível observar que $x^2 - 3x - 4 \leq 0$ para todo x no intervalo $[-1, 4]$.

Então podemos tomar
$$f(x) = 0 \text{ e } g(x) = x^2 - 3x - 4,$$
e calcular a área como mostrado.

$$\text{Área} = \int_a^b [f(x) - g(x)] \, dx \quad \text{Área entre } f \text{ e } g$$
$$= \int_{-1}^{4} [(0) - (x^2 - 3x - 4)] \, dx \quad \text{Substitua } f \text{ e } g.$$

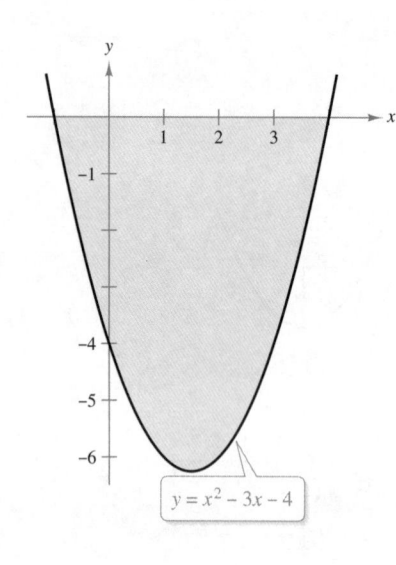

FIGURA 5.18

$$= \int_{-1}^{4} (-x^2 + 3x + 4)\, dx$$

$$= \left[-\frac{x^3}{3} + \frac{3x^2}{2} + 4x \right]_{-1}^{4} \qquad \text{Determine a primitiva.}$$

$$= \frac{125}{6} \text{ unidades quadradas} \qquad \text{Aplique o teorema fundamental.}$$

✓ AUTOAVALIAÇÃO 3

Determine a área da região limitada pelo gráfico de

$$y = x^2 - x - 2$$

e pelo eixo x.

Algumas vezes dois gráficos se interceptam em mais de dois pontos. Para determinar a área da região limitada por dois de tais gráficos, devemos determinar *todos* os pontos de intersecção e descobrir qual gráfico está acima de outro em qual intervalo determinado pelos pontos.

Exemplo 4 | Uso de pontos de intersecção múltiplos

Determine a área da região limitada pelos gráficos de

$$f(x) = 3x^3 - x^2 - 10x \quad \text{e} \quad g(x) = -x^2 + 2x.$$

SOLUÇÃO Para determinar os pontos de intersecção dos dois gráficos, iguale as funções e determine x.

$$\begin{aligned}
f(x) &= g(x) & &\text{Iguale } f(x) \text{ a } g(x).\\
3x^3 - x^2 - 10x &= -x^2 + 2x & &\text{Substitua } f(x) \text{ e } g(x).\\
3x^3 - 12x &= 0 & &\text{Escreva de forma geral.}\\
3x(x^2 - 4) &= 0 & &\\
3x(x - 2)(x + 2) &= 0 & &\text{Fatore.}\\
x &= 0,\ x = 2,\ x = -2 & &\text{Determine } x.
\end{aligned}$$

Estes três pontos de intersecção determinam dois intervalos de integração:

$$[-2, 0] \text{ e } [0, 2].$$

Na Figura 5.19, é possível ver que

$$g(x) \le f(x)$$

para todo x no intervalo $[-2, 0]$ e que

$$f(x) \le g(x)$$

para todo x no intervalo $[0, 2]$. Então, devemos usar duas integrais para determinar a área da região limitada pelos gráficos de f e g: uma para o intervalo $[-2, 0]$ e uma para o intervalo $[0, 2]$.

$$\begin{aligned}
\text{Área} &= \int_{-2}^{0} [f(x) - g(x)]\, dx + \int_{0}^{2} [g(x) - f(x)]\, dx\\
&= \int_{-2}^{0} (3x^3 - 12x)\, dx + \int_{0}^{2} (-3x^3 + 12x)\, dx\\
&= \left[\frac{3x^4}{4} - 6x^2 \right]_{-2}^{0} + \left[-\frac{3x^4}{4} + 6x^2 \right]_{0}^{2}\\
&= (0 - 0) - (12 - 24) + (-12 + 24) - (0 + 0)\\
&= 24
\end{aligned}$$

Então, a região tem uma área de 24 unidades quadradas.

TUTOR TÉCNICO

A maioria das ferramentas gráficas consegue exibir regiões limitadas por dois gráficos. Por exemplo, para traçar o gráfico da região no Exemplo 3, configure a janela de visualização para $-1 \le x \le 4$ e $-7 \le y \le 1$. Consulte o manual de usuário para informações sobre comandos específicos para sombrear o gráfico. O resultado deve ser o gráfico mostrado abaixo.

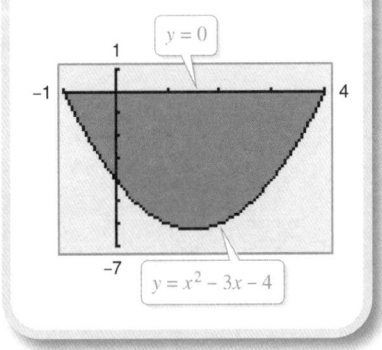

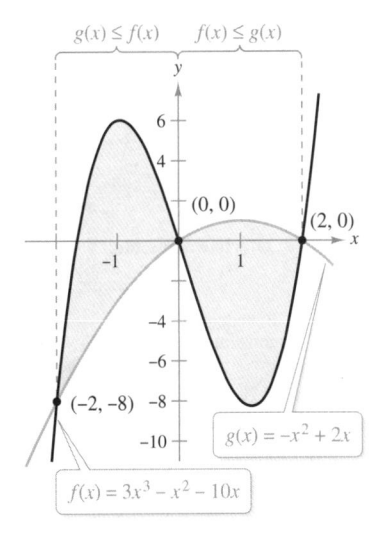

FIGURA 5.19

DICA DE ESTUDO

É fácil cometer um erro ao calcular áreas como aquelas do Exemplo 4. Para verificar sua solução, faça um esboço cuidadoso da região em papel para gráficos e use o quadriculado para aproximar a área. Tente fazer isso com o gráfico mostrado na Figura 5.19. Sua aproximação ficou próxima a 24 unidades quadradas?

✓ **AUTOAVALIAÇÃO 4**

Determine a área de uma região limitada pelos gráficos de

$$f(x) = x^3 + 2x^2 - 3x \text{ e } g(x) = x^2 + 3x.$$

Esboce o gráfico da região.

Excedente do consumidor e do produtor

Na Seção 1.2, aprendemos que a função demanda relaciona o preço de um produto à demanda do consumidor. Aprendemos também que uma função oferta relaciona o preço de um produto com a disposição do produtor de oferecer o produto. O ponto (x_0, p_0) no qual uma função demanda $p = D(x)$ e uma função oferta $p = S(x)$ se interceptam é o ponto de equilíbrio.

Economistas chamam a área da região limitada pelo gráfico da função da demanda, pela reta horizontal $p = p_0$ e pela reta vertical $x = 0$ de **excedente do consumidor** como mostra a Figura 5.20. O excedente do consumidor é a diferença entre o valor que os consumidores estariam dispostos a pagar e o valor efetivamente pago por um produto. A área da região limitada pelo gráfico da função oferta pela reta horizontal $p = p_0$ e pela reta vertical $x = 0$ é chamada de **excedente do produtor**, como mostra a Figura 5.20. O excedente do produtor é a diferença entre o valor que um produtor recebe pela venda de um produto e o preço mínimo necessário para que o produtor possa fornecer o produto.

Exemplo 5 — Determinação dos excedentes

As funções demanda e oferta de um produto são modeladas por

$$\textit{Demanda: } p = -0{,}36x + 9 \quad \text{e} \quad \textit{Oferta: } p = 0{,}14x + 2$$

em que p é o preço (em dólares) e x é o número de unidades (em milhões). Determine os excedentes do consumidor e do produtor para esse produto.

SOLUÇÃO Ao igualar as funções demanda e oferta, podemos determinar que o ponto de equilíbrio ocorre quando $x = 14$ (milhões) e o preço é $\$3,96$ por unidade.

$$\text{Excedente do consumidor} = \int_0^{14} (\text{função demanda} - \text{preço})\, dx$$

$$= \int_0^{14} [(-0{,}36x + 9) - 3{,}96]\, dx$$

$$= \left[-0{,}18x^2 + 5{,}04x \right]_0^{14}$$

$$= 35{,}28$$

O excedente do consumidor é $\$35,28$.

$$\text{Excedente do produtor} = \int_0^{14} (\text{preço} - \text{função oferta})\, dx$$

$$= \int_0^{14} [3{,}96 - (0{,}14x + 2)]\, dx$$

$$= \left[-0{,}07x^2 + 1{,}96x \right]_0^{14}$$

$$= 13{,}72$$

O excedente do produtor é $\$13,72$. Os excedentes do consumidor e do produtor são mostrados na Figura 5.21.

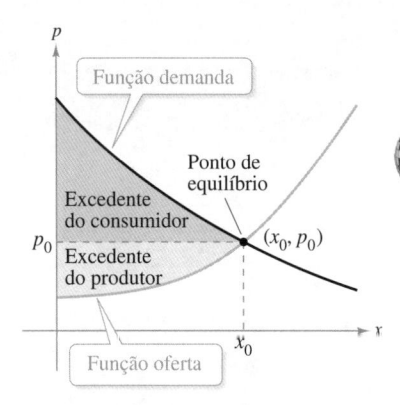

FIGURA 5.20

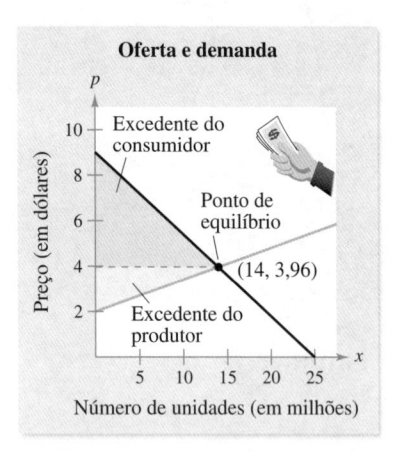

FIGURA 5.21

✓ **AUTOAVALIAÇÃO 5**

As funções demanda e oferta de um produto são modeladas por

$$\textit{Demanda: } p = -0{,}2x + 8 \quad \text{e} \quad \textit{Oferta: } p = 0{,}1x + 2$$

onde p é o preço (em dólares) e x é o número de unidades (em milhões). Determine os excedentes do consumidor e do produtor para esse produto. ■

Aplicação

Além dos excedentes do consumidor e do produtor, há diversos tipos de aplicações que envolvem a área de uma região limitada por dois gráficos. O Exemplo 6 mostra outra dessas aplicações.

Exemplo 6 — Modelo do consumo de petróleo

No *Annual Energy Outlook*, a U.S. Energy Information Administration projetou que o consumo C (em quatrilhões de Btus por ano) de petróleo seguiria o modelo

$$C_1 = 0{,}00078t^3 - 0{,}0445t^2 + 0{,}917t + 35{,}49, \quad 15 \le t \le 35$$

em que $t = 15$ corresponde a 2015. Determine a quantidade de petróleo que será economizada quando o consumo real seguir o modelo.

$$C_2 = 0{,}0067t^2 - 0{,}211t + 40{,}95, \quad 15 \le t \le 35.$$

SOLUÇÃO O petróleo economizado pode ser representado pela área da região entre os gráficos de C_1 e C_2, conforme mostra a Figura 5.22.

$$\begin{aligned}
\text{Petróleo economizado} &= \int_{15}^{35} (C_1 - C_2)\, dt \\
&= \int_{15}^{35} (0{,}00078t^3 - 0{,}0512t^2 + 1{,}128t - 5{,}46)\, dt \\
&= \left[\frac{0{,}00078}{4}t^4 - \frac{0{,}0512}{3}t^3 + \frac{1{,}128}{2}t^2 - 5{,}46t \right]_{15}^{35} \\
&\approx 63{,}42
\end{aligned}$$

Então, aproximadamente 63,42 quatrilhões de Btus de petróleo seriam economizados.

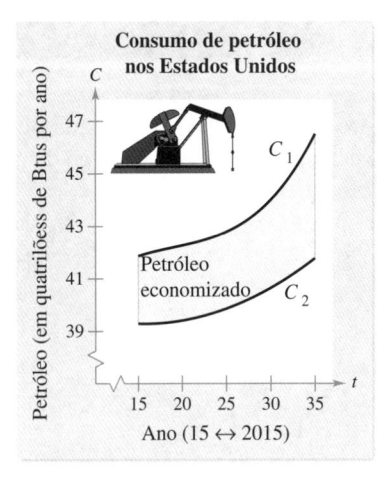

FIGURA 5.22

✓ AUTOAVALIAÇÃO 6

O custo previsto do combustível C (em milhões de dólares por ano) para uma empresa de transporte entre 2012 e 2024 é

$$C_1 = 2{,}21t + 5{,}6, \quad 12 \le t \le 24$$

em que $t = 12$ corresponde a 2012. Se a empresa comprar motores de caminhões mais eficientes, espera-se que o custo com combustível caia e siga o modelo

$$C_2 = 2{,}04t + 4{,}7, \quad 12 \le t \le 24.$$

Quanto a empresa pode economizar usando motores mais eficientes? ■

> **PRATIQUE** (Seção 5.4)
>
> 1. Dê a definição da área de uma região delimitada por dois gráficos *(página 347)*. Para exemplos de encontrar a área de uma região delimitada por dois gráficos, veja os Exemplos 1, 2, 3 e 4.
>
> 2. Descreva em um exemplo da vida real como encontrar a área de uma região delimitada por dois gráficos pode ser usado para determinar os excedentes do consumidor e do produtor para um produto *(página 350, Exemplo 5)*.
>
> 3. Descreva em um exemplo da vida real como encontrar a área de uma região delimitada por dois gráficos pode ser utilizado para analisar o consumo de petróleo *(página 351, Exemplo 6)*.

Cálculo aplicado

Recapitulação 5.5 — Os exercícios preparatórios a seguir envolvem conceitos vistos em seções anteriores. Esses conceitos serão utilizados no conjunto de exercícios desta seção. Para mais ajuda, consulte a Seção 1.2.

Nos Exercícios 1-4, simplifique a expressão.

1. $(-x^2 + 4x + 3) - (x + 1)$
2. $(-2x^2 + 3x + 9) - (-x + 5)$
3. $(-x^3 + 3x^2 - 1) - (x^2 - 4x + 4)$
4. $(3x + 1) - (-x^3 + 9x + 2)$

Nos Exercícios 5-8, determine os pontos de intersecção dos gráficos.

5. $f(x) = x^2 - 4x + 4$, $g(x) = 4$
6. $f(x) = -3x^2$, $g(x) = 6 - 9x$
7. $f(x) = x^2$, $g(x) = -x + 6$
8. $f(x) = \frac{1}{2}x^3$, $g(x) = 2x$

Exercícios 5.5

Encontrando a área delimitada por dois gráficos Nos Exercícios 1-8, encontre a área da região. *Veja os Exemplos 1, 2, 3 e 4.*

1. $f(x) = x^2 - 6x$
$g(x) = 0$

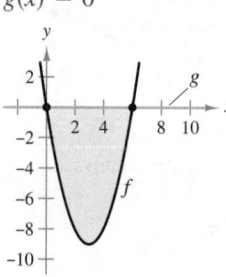

2. $f(x) = x^2$
$g(x) = x^3$

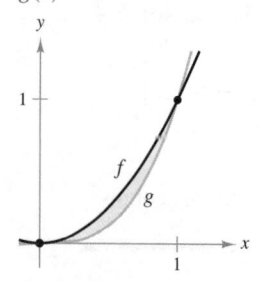

3. $f(x) = x^2 - 4x + 3$
$g(x) = -x^2 + 2x + 3$

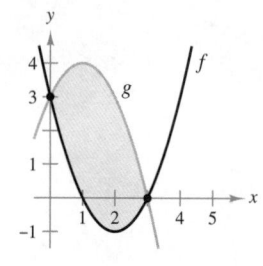

4. $f(x) = x^2 + 2x + 1$
$g(x) = 2x + 5$

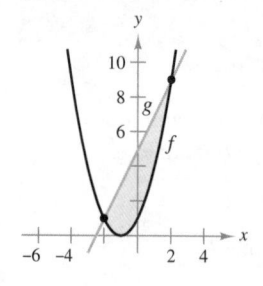

5. $f(x) = e^x - 1$
$g(x) = 0$

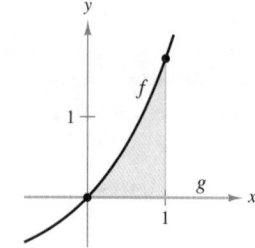

6. $f(x) = -x + 3$
$g(x) = \frac{2}{x}$

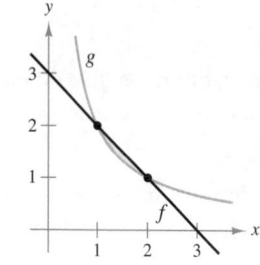

7. $f(x) = 3(x^3 - x)$
$g(x) = 0$

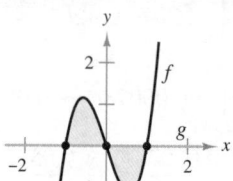

8. $f(x) = (x - 1)^3$
$g(x) = x - 1$

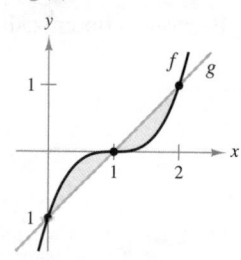

Encontrando a região Nos Exercícios 9-12, o integrando da integral definida é uma diferença de duas funções. Esboce o gráfico de cada função e sombreie a região cuja área é representada pela integral.

9. $\int_0^4 \left[(x + 1) - \frac{1}{2}x\right] dx$

10. $\int_{-1}^{1} \left[(1 - x^2) - (x^2 - 1)\right] dx$

11. $\int_{-2}^{2} \left[2x^2 - (x^4 - 2x^2)\right] dx$

12. $\int_{-4}^{0} \left[(x - 6) - (x^2 + 5x - 6)\right] dx$

Pense sobre isso Nos Exercícios 13 e 14, determine qual valor melhor se aproxima da área da região limitada pelos gráficos de *f* e *g*. Faça a sua seleção com base em um esboço da região e não realizando quaisquer cálculos.

13. $f(x) = x + 1$, $g(x) = (x - 1)^2$
(a) -2 (b) 2 (c) 10 (d) 4 (e) 8

14. $f(x) = 2 - \frac{1}{2}x$, $g(x) = 2 - \sqrt{x}$
(a) 1 (b) 6 (c) -3 (d) 3 (e) 4

Encontrando a área delimitada por dois gráficos Nos Exercícios 15-30, esboce a região delimitada pelos gráficos das funções e encontre a área da região. *Veja os Exemplos 1, 2, 3 e 4.*

15. $y = \dfrac{1}{x^2}, y = 0, x = 1, x = 5$

16. $y = -x^3 + 3, y = x, x = -1, x = 1$

17. $y = x^2 - 4x + 3, y = 3 + 4x - x^2$

18. $y = 4 - x^2, y = x^2$

19. $y = x^2 - 1, y = -x + 2, x = 0, x = 1$

20. $y = 2x - 3, y = x^2 + 2x + 1, x = -2, x = 1$

21. $f(x) = \sqrt[3]{x}, g(x) = x$

22. $f(x) = \sqrt{3x} + 1, g(x) = x + 1$

23. $f(x) = x^3 + 4x^2, g(x) = x + 4$

24. $f(x) = 1 - x, g(x) = x^4 - x$

25. $y = xe^{-x^2}, y = 0, x = 0, x = 1$

26. $f(x) = \dfrac{1}{x}, g(x) = -e^x, x = \dfrac{1}{2}, x = 1$

27. $f(x) = e^{0,5x}, g(x) = -\dfrac{1}{x}, x = 1, x = 2$

28. $y = \dfrac{e^{1/x}}{x^2}, y = 0, x = 1, x = 3$

29. $y = \dfrac{8}{x}, y = x^2, y = 0, x = 1, x = 4$

30. $y = x^2 - 2x + 1, y = x^2 - 10x + 25, y = 0$

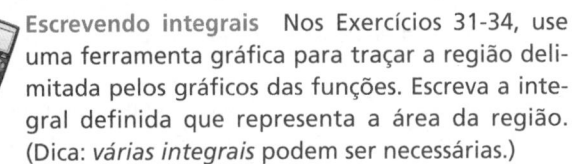

Escrevendo integrais Nos Exercícios 31-34, use uma ferramenta gráfica para traçar a região delimitada pelos gráficos das funções. Escreva a integral definida que representa a área da região. (Dica: *várias integrais* podem ser necessárias.)

31. $f(x) = 2x, \; g(x) = 4 - 2x, \; h(x) = 0$

32. $y = x^3 - 4x^2 + 1, y = x - 3$

33. $y = \dfrac{4}{x}, y = x, x = 1, x = 4$

34. $f(x) = x(x^2 - 3x + 3), g(x) = x^2$

Encontrando a área Nos Exercícios 35-38, use uma ferramenta gráfica para traçar a região delimitada pelos gráficos das funções. Encontre a área da região à mão.

35. $f(x) = x^2 - 4x, g(x) = 0$

36. $f(x) = 3 - 2x - x^2, g(x) = 0$

37. $f(x) = x^2 + 2x + 1, g(x) = x + 1$

38. $f(x) = -x^2 + 4x + 2, g(x) = x + 2$

Área de uma região Nos Exercícios 39 e 40, use a integração para encontrar a área da região triangular que têm os vértices dados.

39. $(0, 0), (4, 0), (4, 4)$

40. $(0, 0), (4, 0), (6, 4)$

Excedentes do consumidor e do produtor Nos Exercícios 41-46, encontre os excedentes do consumidor e do produtor, utilizando as funções oferta e demanda, em que *p* é o preço (em dólares) e *x* é o número de unidades (em milhões). *Veja o Exemplo 5.*

Função demanda *Função oferta*

41. $p = 50 - 0{,}5x$ $p = 0{,}125x$

42. $p = 300 - x$ $p = 100 + x$

43. $p = 200 - 0{,}4x$ $p = 100 + 1{,}6x$

44. $p = 62 - 0{,}3x$ $p = 0{,}002x^2 + 12$

45. $p = 42 - 0{,}015x^2$ $p = 0{,}01x^2 + 2$

46. $p = 975 - 23x$ $p = 42x$

Receita Nos Exercícios 47 e 48, dois modelos, R_1 e R_2, são dados para a receita (em bilhões de dólares) de uma grande corporação. Ambos os modelos são estimativas de receitas de 2015 a 2020, em que $t = 15$ corresponde a 2015. Qual modelo projeta a maior receita? Quanta receita total a mais esse modelo projeta ao longo do período de seis anos?

47. $R_1 = 7{,}21 + 0{,}58t, R_2 = 7{,}21 + 0{,}45t$

48. $R_1 = 7{,}21 + 0{,}26t + 0{,}02t^2$,
$R_2 = 7{,}21 + 0{,}1t + 0{,}01t^2$

49. Custo do combustível O custo projetado do combustível C (em milhões de dólares) de uma companhia aérea de 2015 até 2025 é

$$C_1 = 568{,}5 + 7{,}15t$$

em que $t = 15$ corresponde a 2015. Se uma companhia aérea comprar motores de avião mais eficientes, então espera-se que o custo do combustível diminua e siga o modelo

$$C_2 = 525{,}6 + 6{,}43t.$$

Quanto a companhia aérea pode economizar com os motores mais eficientes? Explique seu raciocínio.

50. Saúde Uma epidemia está se espalhando de tal forma que t semanas após o seu aparecimento ela tinha infectado

$$N_1(t) = 0{,}1t^2 + 0{,}5t + 150, \quad 0 \leq t \leq 50,$$

pessoas. Vinte e cinco semanas após a eclosão, foi desenvolvida uma vacina que foi administrada ao público. Nesse ponto, o número de pessoas infectadas foi descrito pelo modelo

$$N_2(t) = -0{,}2t^2 + 6t + 200.$$

Aproxime o número de pessoas que a vacina impediu de adoecer durante a epidemia.

51. Tendências do consumidor Para os anos de 1998 a 2008, o consumo *per capita* C de todas as frutas (em libras) nos Estados Unidos pode ser modelado por

$$C(t) = \begin{cases} -0{,}443t^2 + 5{,}02t + 277{,}7, & 8 \leq t \leq 12 \\ -0{,}775t^2 + 18{,}73t + 170{,}5, & 12 < t \leq 18 \end{cases}$$

em que *t* é o ano, com $t = 8$ correspondendo a 1998. *(Fonte: U.S. Department of Agriculture)*

(a) Use uma ferramenta gráfica para traçar esse modelo.

(b) Suponha que o consumo de frutas de 2003 a 2008 tivesse continuado a seguir o modelo de 1998 a 2002. Quantas libras de frutas a mais ou a menos teriam sido consumidas de 2003 a 2008?

52. VISUALIZE Uma legislatura estadual está debatendo duas propostas para eliminar os déficits orçamentários anuais até o ano de 2020. A taxa de redução dos déficits para cada proposta está mostrada na figura.

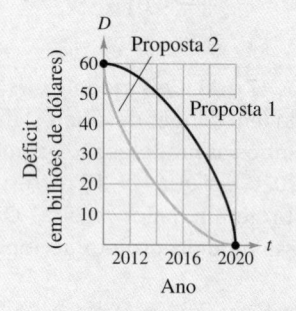

(a) O que representa a área entre os dois gráficos?

(b) Do ponto de vista de minimizar o déficit acumulativo do estado, qual é a melhor proposta? Explique seu raciocínio.

53. Custo, receita e lucro Foi previsto que a receita de um processo de fabricação (em milhões de dólares) seguirá o modelo $R = 100$ por 10 anos. Foi previsto também que, durante o mesmo período de tempo, o custo (em milhões de dólares) seguirá o modelo $C = 60 + 0,2t^2$, em que t é o tempo (em anos). Aproxime o lucro sobre os 10 anos do período.

54. Custo, receita e lucro Repita o Exercício 53 para modelos de receita e de custo dados por $R = 100 + 0,08t$ e $C = 60 + 0,2t^2$. O lucro aumentou ou diminuiu? Explique por quê.

55. Excedentes do consumidor e do produtor Os pedidos de fabricação de um ar-condicionado são de cerca de 6.000 unidades por semana quando o preço é de $ 331 e cerca de 8.000 unidades por semana, quando o preço é de $ 303. A função de oferta é dada por $p = 0,0275x$. Encontre os excedentes do consumidor e do produtor. (Assuma que a função de demanda é linear.)

56. Excedentes do consumidor e do produtor Repita o Exercício 55 com uma demanda de cerca de 6.000 unidades por semana, quando o preço é de $ 325 e cerca de 8.000 unidades por semana, quando o preço é de $ 300. Encontre os excedentes do consumidor e do produtor. (Assuma que a função de demanda é linear.)

57. Curva de Lorenz Os economistas usam as *curvas de Lorenz* para ilustrar a distribuição de renda em um país. Fazendo x representar a porcentagem de famílias em um país e y a porcentagem da renda total, o modelo $y = x$ representaria um país no qual cada família tem o mesmo rendimento. A curva de Lorenz, $y = f(x)$, representa a distribuição de renda real. A área entre esses dois modelos, para $0 \leq x \leq 100$, indica a "desigualdade de renda" de um país. Em 2009, a curva de Lorenz para os Estados Unidos poderia ser modelada por

$y = (0,00061x^2 + 0,0224x + 1,666)^2$,
$0 \leq x \leq 100$

em que x é medido das famílias mais pobres para as mais ricas. Encontre a desigualdade de renda para os Estados Unidos em 2009. *(Fonte: U.S. Census Bureau)*

58. Distribuição de renda Usando a curva de Lorenz no Exercício 57 e uma planilha, complete a tabela que lista o percentual de rendimento total recebido por cada quintil nos Estados Unidos em 2009.

Quintil	Menor	2º	3º	4º	Maior
Percentual					

5.6 Integral definida como limite de uma soma

- Utilizar a regra do ponto médio para aproximar as integrais definidas.
- Entender a integral definida como o limite de uma soma.

Regra do ponto médio

Na Seção 5.4, vimos que não se pode usar o teorema fundamental do cálculo para calcular uma integral definida, a não ser que se encontre uma primitiva para o integrando. Nos casos em que isso não pode ser feito, você pode usar uma técnica de aproximação. Uma dessas técnicas é a chamada **regra do ponto médio**, que é ilustrada no Exemplo 1.

Exemplo 1 Aproximação da área de uma região plana

Use os cinco retângulos da Figura 5.23 para aproximar a área da região plana limitada pelo gráfico de $f(x) = -x^2 + 5$, pelo eixo x e pelas retas $x = 0$ e $x = 2$.

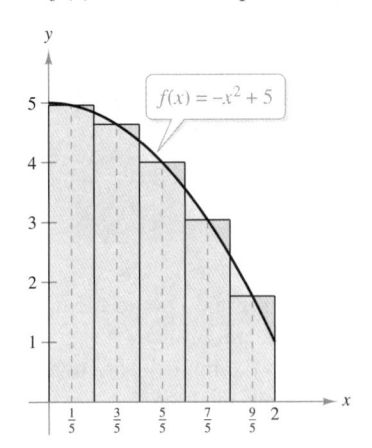

FIGURA 5.23

No Exercício 28, na página 360, você usará a regra do ponto médio para estimar a área da superfície de um campo de golfe.

SOLUÇÃO É possível encontrar as alturas dos cinco retângulos calculando f no ponto médio de cada um dos seguintes intervalos.

$$\left[0, \frac{2}{5}\right], \quad \left[\frac{2}{5}, \frac{4}{5}\right], \quad \left[\frac{4}{5}, \frac{6}{5}\right], \quad \left[\frac{6}{5}, \frac{8}{5}\right], \quad \left[\frac{8}{5}, \frac{10}{5}\right]$$

O comprimento de cada retângulo é de $\frac{2}{5}$. Então, a soma das cinco áreas é

$$\begin{aligned}
\text{Área} &\approx \frac{2}{5}f\left(\frac{1}{5}\right) + \frac{2}{5}f\left(\frac{3}{5}\right) + \frac{2}{5}f\left(\frac{5}{5}\right) + \frac{2}{5}f\left(\frac{7}{5}\right) + \frac{2}{5}f\left(\frac{9}{5}\right) \\
&= \frac{2}{5}\left[f\left(\frac{1}{5}\right) + f\left(\frac{3}{5}\right) + f\left(\frac{5}{5}\right) + f\left(\frac{7}{5}\right) + f\left(\frac{9}{5}\right)\right] \\
&= \frac{2}{5}\left(\frac{124}{25} + \frac{116}{25} + \frac{100}{25} + \frac{76}{25} + \frac{44}{25}\right) \\
&= \frac{920}{125} \\
&= 7{,}36.
\end{aligned}$$

✓ AUTOAVALIAÇÃO 1

Use quatro retângulos para aproximar a área da região delimitada pelo gráfico de $f(x) = x^2 + 1$, pelo eixo x e por $x = 0$ e $x = 2$.

Para a região do Exemplo 1, pode-se determinar a área exata com uma integral definida.

$$\text{Área} = \int_0^2 (-x^2 + 5)\, dx = \frac{22}{3} \approx 7{,}33.$$

O procedimento de aproximação usado no Exemplo 1 é a **regra do ponto médio**. Ela pode ser usada para aproximar *qualquer* integral definida – não somente as que representam áreas. Os passos básicos estão resumidos abaixo.

> **TUTOR TÉCNICO**
>
> Um programa para vários modelos de ferramentas gráficas que usa a regra do ponto médio para aproximar a integral definida
>
> $$\int_a^b f(x)\, dx$$
>
> pode ser encontrado no Apêndice E.

Diretrizes para usar a regra do ponto médio

Para aproximar a integral definida $\int_a^b f(x)\, dx$ pela regra do ponto médio, siga os passos abaixo.

1. Divida o intervalo $[a, b]$ em n subintervalos, cada um com comprimento
$$\Delta x = \frac{b-a}{n}.$$

2. Determine o ponto médio de cada intervalo.

   Pontos médios = $\{x_1, x_2, x_3, \ldots, x_n\}$

3. Calcule f em cada ponto médio e forme a soma como mostrado abaixo.
$$\int_a^b f(x)\, dx \approx \frac{b-a}{n}[f(x_1) + f(x_2) + f(x_3) + \cdots + f(x_n)]$$

Uma característica importante da regra do ponto médio é que a aproximação tende a melhorar à medida que n aumenta. A tabela a seguir mostra as aproximações para a área da região descrita no Exemplo 1 para diversos valores de n. Por exemplo, para $n = 10$, a regra do ponto médio gera

$$\int_0^2 (-x^2 + 5)\, dx \approx \frac{2}{10}\left[f\left(\frac{1}{10}\right) + f\left(\frac{3}{10}\right) + \cdots + f\left(\frac{19}{10}\right)\right]$$
$$= 7{,}34.$$

n	5	10	15	20	25	30
Aproximação	7,3600	7,3400	7,3363	7,3350	7,3344	7,3341

Observe que, à medida que n aumenta, a aproximação fica cada vez mais próxima do valor exato da integral, que era

$$\frac{22}{3} \approx 7{,}3333.$$

> **DICA DE ESTUDO**
>
> No Exemplo 1, a regra do ponto médio é usada para aproximar uma integral cujo valor exato pode ser encontrado com o teorema fundamental do cálculo. Isso foi feito para ilustrar a precisão da regra. Na prática, é claro, a regra do ponto médio seria usada para aproximar os valores das integrais definidas para as quais não se consegue encontrar uma primitiva. Os Exemplos 2 e 3 ilustram tais integrais.

Exemplo 2 — Uso da regra do ponto médio

Use a regra do ponto médio com $n = 5$ para aproximar a área da região delimitada pelo gráfico de

$$f(x) = \frac{1}{x^2 + 1},$$

pelo eixo x e pelas retas $x = 0$ e $x = 1$.

SOLUÇÃO A região é mostrada na Figura 5.24. Com $n = 5$, o intervalo $[0, 1]$ é dividido em cinco subintervalos.

$$\left[0, \frac{1}{5}\right], \quad \left[\frac{1}{5}, \frac{2}{5}\right], \quad \left[\frac{2}{5}, \frac{3}{5}\right], \quad \left[\frac{3}{5}, \frac{4}{5}\right], \quad \left[\frac{4}{5}, 1\right].$$

Os pontos médios destes intervalos são $\frac{1}{10}, \frac{3}{10}, \frac{5}{10}, \frac{7}{10}$ e $\frac{9}{10}$. Como cada subintervalo tem comprimento $\Delta x = (1 - 0)/5 = \frac{1}{5}$, pode-se aproximar o valor da integral definida conforme abaixo.

$$\int_0^1 \frac{1}{x^2 + 1}\, dx \approx \frac{1}{5}\left(\frac{1}{1{,}01} + \frac{1}{1{,}09} + \frac{1}{1{,}25} + \frac{1}{1{,}49} + \frac{1}{1{,}81}\right)$$
$$\approx 0{,}786$$

A área real dessa região é $\pi/4 \approx 0{,}785$. Assim, o erro da aproximação é de apenas cerca de 0,001.

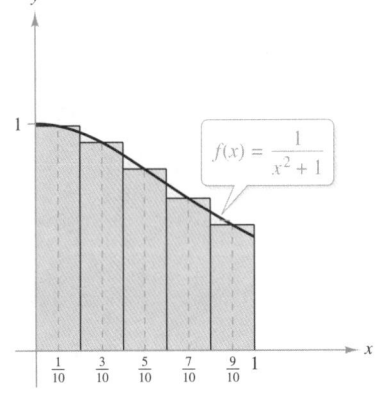

FIGURA 5.24

✓ AUTOAVALIAÇÃO 2

Use a regra do ponto médio com $n = 4$ para aproximar a área da região limitada pelo gráfico de $f(x) = 1/(x^2 + 2)$, pelo eixo x e pelas retas $= 0$ $x = 1$. ■

Exemplo 3 — Uso da regra do ponto médio

Use a regra do ponto médio com $n = 10$ para aproximar a área da região delimitada pelo gráfico de $f(x) = \sqrt{x^2 + 1}$, pelo eixo x e pelas retas $x = 1$ e $x = 3$.

SOLUÇÃO A região é mostrada na Figura 5.25. Depois de dividir o intervalo $[1, 3]$ em 10 subintervalos, você pode determinar que os pontos médios desses intervalos são

$$\frac{11}{10}, \quad \frac{13}{10}, \quad \frac{3}{2}, \quad \frac{17}{10}, \quad \frac{19}{10}, \quad \frac{21}{10}, \quad \frac{23}{10}, \quad \frac{5}{2}, \quad \frac{27}{10} \quad \text{e} \quad \frac{29}{10}.$$

Como cada subintervalo tem comprimento $\Delta x = (3 - 1)/10 = \frac{1}{5}$, pode-se aproximar o valor da integral definida como a seguir.

$$\int_1^3 \sqrt{x^2 + 1}\, dx \approx \frac{1}{5}\left[\sqrt{(1{,}1)^2 + 1} + \sqrt{(1{,}3)^2 + 1} + \cdots + \sqrt{(2{,}9)^2 + 1}\right]$$
$$\approx 4{,}504$$

É possível demonstrar que a área real é

$$\frac{1}{2}\left[3\sqrt{10} + \ln\left(3 + \sqrt{10}\right) - \sqrt{2} - \ln\left(1 + \sqrt{2}\right)\right] \approx 4{,}505.$$

Portanto, o erro da aproximação é de apenas cerca de 0,001.

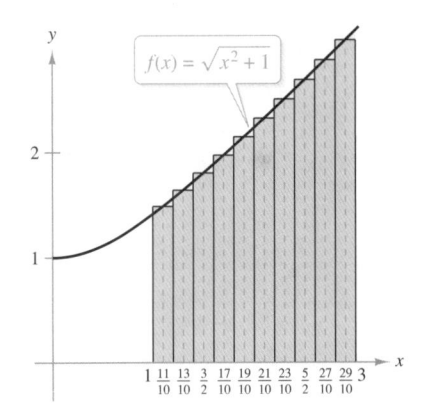

FIGURA 5.25

✓ AUTOAVALIAÇÃO 3

Use a regra do ponto médio com $n = 4$ para aproximar a área da região limitada pelo gráfico de $f(x) = \sqrt{x^2 - 1}$, pelo eixo x e pelas retas $x = 2$ e $x = 4$. ■

> **DICA DE ESTUDO**
>
> A regra do ponto médio é necessária para resolver certos problemas da vida real, como a medição de áreas irregulares – como corpos d'água (veja o Exercício 27).

Integral definida como limite de uma soma

Considere o intervalo fechado $[a, b]$, dividido em n subintervalos, cujos pontos médios são x_i e cujos comprimentos são $\Delta x = (b - a)/n$. Nesta seção, foi visto que a aproximação do ponto médio

$$\int_a^b f(x)\, dx \approx f(x_1)\Delta x + f(x_2)\Delta x + f(x_3)\Delta x + \cdots + f(x_n)\Delta x$$

$$= [f(x_1) + f(x_2) + f(x_3) + \cdots + f(x_n)]\Delta x$$

torna-se melhor à medida que n aumenta. Na verdade, o limite desta soma quando n tende ao infinito é exatamente igual à integral definida. Ou seja,

$$\int_a^b f(x)\, dx = \lim_{n \to \infty} [f(x_1) + f(x_2) + f(x_3) + \cdots + f(x_n)]\Delta x.$$

Pode-se demonstrar que este limite continua válido quando x_i for qualquer ponto no i-ésimo intervalo.

Exemplo 4 Aproximação de uma integral definida

Utilize o programa da regra do ponto médio no Apêndice E ou uma ferramenta de integração simbólica para aproximar a integral definida

$$\int_0^1 e^{-x^2}\, dx.$$

SOLUÇÃO Utilizando o programa da regra do ponto médio (veja a Figura 5.26), você pode completar a tabela a seguir.

n	10	20	30	40	50
Aproximação	0,7471	0,7469	0,7469	0,7468	0,7468

A partir da tabela, parece que

$$\int_0^1 e^{-x^2}\, dx \approx 0,7468.$$

Usando uma ferramenta de integração simbólica, o valor da integral é aproximadamente 0,7468241328.

✓ AUTOAVALIAÇÃO 4

Utilize o programa da regra do ponto médio no Apêndice E ou uma ferramenta de integração simbólica para aproximar a integral definida

$$\int_0^1 e^{x^2}\, dx.$$

```
UPPER LIMIT
?1
N DIVISIONS
?50
APPROXIMATION
        .7468363957
               Done
```

FIGURA 5.26

PRATIQUE (Seção 5.6)

1. Descreva como aproximar a área de uma região usando retângulos *(página 355, Exemplo 1)*.
2. Diga as diretrizes para a utilização da regra do ponto médio *(página 356)*. Para exemplos do uso dessas diretrizes, veja os Exemplos 2 e 3.
3. Descreva a integral definida como limite de uma soma *(página 358)*.

Recapitulação 5.6

Os exercícios preparatórios a seguir envolvem conceitos vistos em cursos ou seções anteriores. Esses conceitos serão utilizados no conjunto de exercícios desta seção. Para mais ajuda, consulte a Seção A.2 do Apêndice e a Seção 3.6.

Nos Exercícios 1-6, determine o ponto médio do intervalo.

1. $\left[0, \frac{1}{3}\right]$
2. $\left[\frac{1}{10}, \frac{2}{10}\right]$
3. $\left[\frac{3}{20}, \frac{4}{20}\right]$
4. $\left[1, \frac{7}{6}\right]$
5. $\left[2, \frac{31}{15}\right]$
6. $\left[\frac{26}{9}, 3\right]$

Nos Exercícios 7-10, determine o limite.

7. $\lim\limits_{x \to \infty} \dfrac{2x^2 + 4x - 1}{3x^2 - 2x}$
8. $\lim\limits_{x \to \infty} \dfrac{4x + 5}{7x - 5}$
9. $\lim\limits_{x \to \infty} \dfrac{x - 7}{x^2 + 1}$
10. $\lim\limits_{x \to \infty} \dfrac{5x^3 + 1}{x^3 + x^2 + 4}$

Exercícios 5.6

Aproximando a área de uma região plana Nos Exercícios 1-6, use os retângulos para aproximar a área da região. Compare seu resultado com a área exata obtida utilizando a integral definida. *Veja o Exemplo 1.*

1. $f(x) = -2x + 3, [0, 1]$ 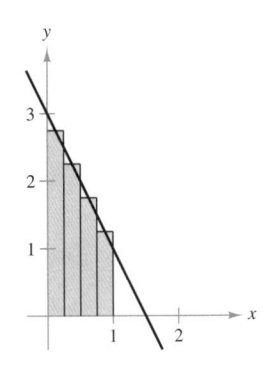
2. $f(x) = \dfrac{1}{x}, [1, 5]$ 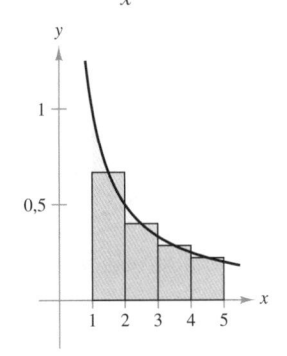
3. $f(x) = \sqrt{x}, [0, 1]$ 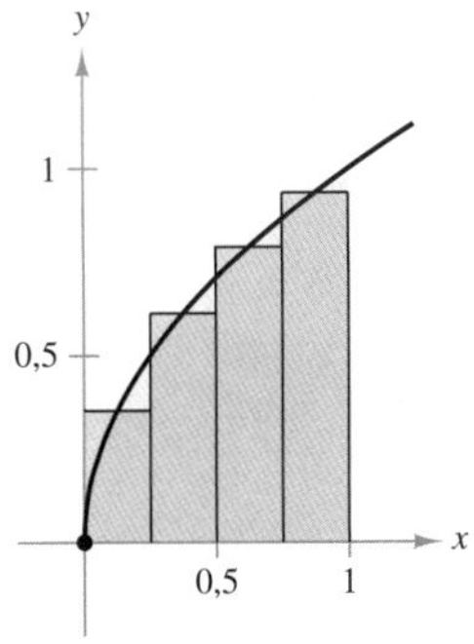
4. $f(x) = e^{-x/2}, [0, 3]$ 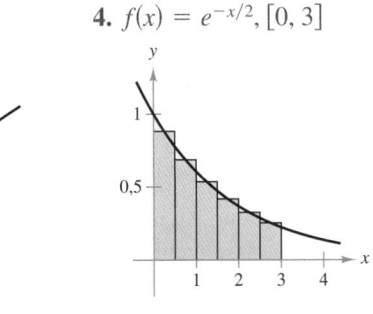
5. $f(x) = x^3 + 1, [0, 1]$
6. $f(x) = 1 - x^2, [-1, 1]$

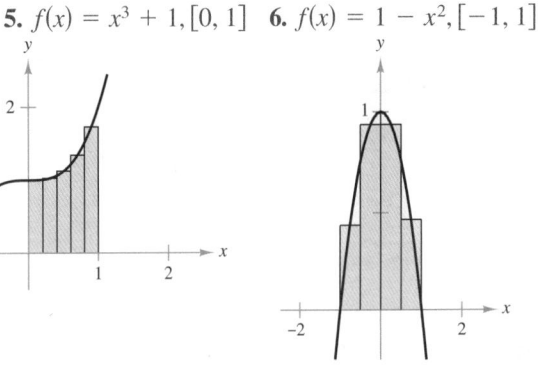

Usando a regra do ponto médio Nos Exercícios 7-12, use a regra do ponto médio com $n = 5$ para aproximar a área da região delimitada pelo gráfico de f e pelo eixo x sobre o intervalo. Esboce a região. *Veja os Exemplos 2 e 3.*

Função	Intervalo
7. $f(x) = x^2$	$[1, 6]$
8. $f(x) = 4 - x^2$	$[-1, 0]$
9. $f(x) = x\sqrt{x + 4}$	$[0, 1]$
10. $f(x) = (x^2 + 1)^{2/3}$	$[0, 5]$
11. $f(x) = \dfrac{8}{x^2 + 1}$	$[-5, 5]$
12. $f(x) = \dfrac{5x}{x + 1}$	$[0, 2]$

Usando a regra do ponto médio Nos Exercícios 13-18, use a regra do ponto médio com $n = 4$ para aproximar a área da região delimitada pelo gráfico de f e pelo eixo x sobre o intervalo. Esboce a região. *Veja os Exemplos 2 e 3.*

Função   *Intervalo*

13. $f(x) = 2x^2$ $[1, 3]$
14. $f(x) = x^2 - x^3$ $[0, 1]$
15. $f(x) = (x^2 - 4)^2$ $[-2, 2]$
16. $f(x) = \sqrt{x^2 + 3}$ $[-1, 1]$
17. $f(x) = \dfrac{1}{(x^2 + 1)^2}$ $[-1, 3]$
18. $f(x) = \dfrac{2}{x^2 + 1}$ $[0, 2]$

Aproximando uma integral definida Nos Exercícios 19-22, use o programa da regra do ponto médio no Apêndice E ou uma ferramenta de integração simbólica para aproximar a integral definida. Se você usar um programa da regra do ponto médio, complete a tabela. *Veja o Exemplo 4.*

n	10	20	30	40	50
Aproximação					

19. $\displaystyle\int_0^4 \sqrt{2 + 3x^2}\, dx$ 20. $\displaystyle\int_1^6 \dfrac{4}{\sqrt{1 + x^2}}\, dx$

21. $\displaystyle\int_1^3 x\sqrt[3]{x + 1}\, dx$ 22. $\displaystyle\int_0^2 \dfrac{5}{x^3 + 1}\, dx$

Fazendo uma aproximação mais precisa Nos Exercícios 23-26, use o programa da regra do ponto médio no Apêndice E para aproximar a integral definida. Quão grande deve ser n para obter uma aproximação que esteja correta de 0,01?

23. $\displaystyle\int_0^4 (2x^2 + 3)\, dx$ 24. $\displaystyle\int_1^2 \sqrt{x + 2}\, dx$

25. $\displaystyle\int_1^4 \dfrac{1}{x + 1}\, dx$ 26. $\displaystyle\int_1^2 (x^3 - 1)\, dx$

27. **Área de superfície** Use a regra do ponto médio para estimar a área da superfície do lago mostrado na figura.

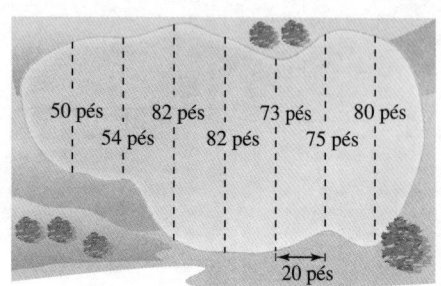

50 pés   82 pés   73 pés   80 pés
54 pés   82 pés   75 pés
20 pés

28. **Área de superfície** Use a regra do ponto médio para estimar a área da superfície do campo de golfe mostrado na figura.

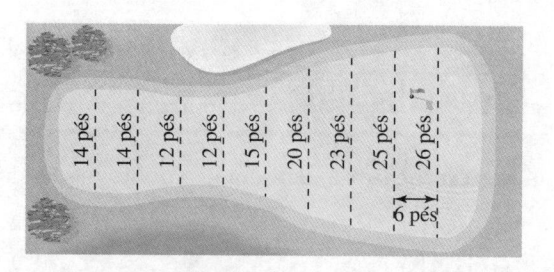

14 pés, 14 pés, 12 pés, 12 pés, 15 pés, 20 pés, 23 pés, 25 pés, 26 pés
6 pés

29. **Área de superfície** Use a regra do ponto médio para estimar a área da superfície do derramamento de petróleo mostrado na figura.

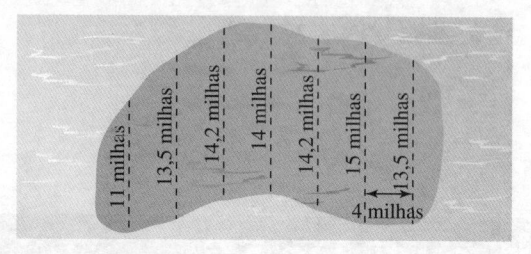

11 milhas, 13,5 milhas, 14,2 milhas, 14 milhas, 14,2 milhas, 15 milhas, 13,5 milhas
4 milhas

30. **VISUALIZE** O gráfico mostra três áreas que representam o tempo desperto, o tempo de sono REM (movimento rápido dos olhos) e o tempo de sono não REM, ao longo da vida de um indivíduo típico. *(Fonte: Adaptado de Bernstein/Clarke-Stewart/Roy/Wickens, Psychology, 7. ed.)*

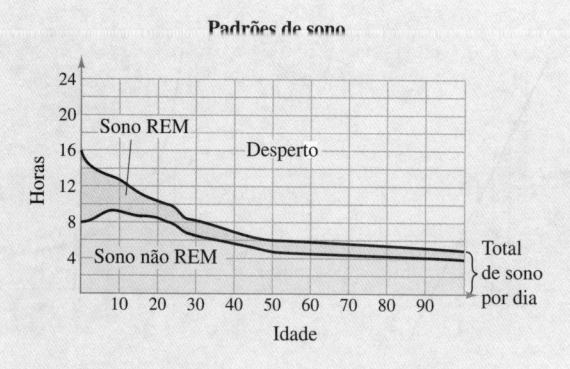

Padrões de sono

(a) Faça generalizações sobre a quantidade de tempo total de sono (REM e não REM) que um indivíduo tem à medida que fica mais velho.

(b) Como você usaria a regra do ponto médio para estimar a quantidade de tempo de sono REM que um indivíduo tem entre o nascimento e a idade de 10 anos?

31. **Aproximação numérica** Use a regra do ponto médio com $n = 4$ para aproximar π, em que

$$\pi = \int_0^1 \dfrac{4}{1 + x^2}\, dx.$$

Use então uma ferramenta gráfica para calcular a integral definida. Compare seus resultados.

TUTOR DE ÁLGEBRA

"Dessimplificação" de uma expressão algébrica

Em álgebra, em geral é útil escrever uma expressão da forma mais simples. Neste capítulo, foi visto que o inverso é frequentemente verdadeiro na integração. Isto é, para adequar um integrando a uma fórmula de integração, geralmente é útil "dessimplificar" a expressão. Para fazê-lo, as mesmas regras de álgebra são utilizadas, mas com diferentes intenções. Aqui estão alguns exemplos.

Exemplo 1 — Reescrever uma expressão algébrica

Reescreva cada expressão algébrica conforme indicado no exemplo.

a. $\dfrac{x-1}{\sqrt{x}}$
b. $x(3-4x^2)^2$
c. $7x^2\sqrt{x^3+1}$
d. $5xe^{-x^2}$

SOLUÇÃO

a. $\dfrac{x-1}{\sqrt{x}} = \dfrac{x}{\sqrt{x}} - \dfrac{1}{\sqrt{x}}$ Exemplo 5, página 311 / Reescreva como duas frações.

$= \dfrac{x^1}{x^{1/2}} - \dfrac{1}{x^{1/2}}$ Reescreva com expoentes racionais.

$= x^{1-1/2} - x^{-1/2}$ Propriedades dos expoentes

$= x^{1/2} - x^{-1/2}$ Simplifique o expoente.

b. $x(3-4x^2)^2 = \dfrac{-8}{-8}x(3-4x^2)^2$ Exemplo 2, página 320 / Multiplique e divida por -8.

$= \left(-\dfrac{1}{8}\right)(-8)x(3-4x^2)^2$ Reagrupe.

$= \left(-\dfrac{1}{8}\right)(3-4x^2)^2(-8x)$ Reagrupe.

c. $7x^2\sqrt{x^3+1} = 7x^2(x^3+1)^{1/2}$ Exemplo 5, página 321 / Reescreva com expoente racional.

$= \dfrac{3}{3}(7x^2)(x^3+1)^{1/2}$ Multiplique e divida por 3.

$= \dfrac{7}{3}(3x^2)(x^3+1)^{1/2}$ Reagrupe.

$= \dfrac{7}{3}(x^3+1)^{1/2}(3x^2)$ Reagrupe.

d. $5xe^{-x^2} = \dfrac{-2}{-2}(5x)e^{-x^2}$ Exemplo 3, página 328 / Multiplique e divida por -2.

$= \left(-\dfrac{5}{2}\right)(-2x)e^{-x^2}$ Reagrupe.

$= \left(-\dfrac{5}{2}\right)e^{-x^2}(-2x)$ Reagrupe.

Exemplo 2 Reescrever uma expressão algébrica

Reescreva cada expressão algébrica.

a. $\dfrac{3x^2 + 2x - 1}{x^2}$ **b.** $\dfrac{1}{1 + e^{-x}}$

c. $\dfrac{x^2 + x + 1}{x - 1}$ **d.** $\dfrac{x^2 + 6x + 1}{x^2 + 1}$

SOLUÇÃO

a. $\dfrac{3x^2 + 2x - 1}{x^2} = \dfrac{3x^2}{x^2} + \dfrac{2x}{x^2} - \dfrac{1}{x^2}$ Exemplo 7(a), página 330
Reescreva como frações separadas.

$= 3 + \dfrac{2}{x} - x^{-2}$ Propriedades dos expoentes

$= 3 + 2\left(\dfrac{1}{x}\right) - x^{-2}$ Reagrupe.

b. $\dfrac{1}{1 + e^{-x}} = \left(\dfrac{e^x}{e^x}\right)\dfrac{1}{1 + e^{-x}}$ Exemplo 7(b), página 330
Multiplique e divida por e^x.

$= \dfrac{e^x}{e^x + e^x(e^{-x})}$ Multiplique.

$= \dfrac{e^x}{e^x + e^{x-x}}$ Propriedades dos expoentes

$= \dfrac{e^x}{e^x + e^0}$ Simplifique os expoentes.

$= \dfrac{e^x}{e^x + 1}$ $e^0 = 1$

c. $\dfrac{x^2 + x + 1}{x - 1} = x + 2 + \dfrac{3}{x - 1}$ Exemplo 7(c), página 330
Use a divisão de polinômios, como mostrado abaixo.

$$\begin{array}{r} x + 2 \\ x - 1 \overline{\smash{\big)}\, x^2 + x + 1} \\ \underline{x^2 - x } \\ 2x + 1 \\ \underline{2x - 2} \\ 3 \end{array}$$

d. $\dfrac{x^2 + 6x + 1}{x^2 + 1} = 1 + \dfrac{6x}{x^2 + 1}$ Fim da página 330
Use a divisão de polinômios, como mostrado abaixo.

$$\begin{array}{r} 1 \\ x^2 + 1 \overline{\smash{\big)}\, x^2 + 6x + 1} \\ \underline{x^2 + 1} \\ 6x \end{array}$$

RESUMO DO CAPÍTULO E ESTRATÉGIAS DE ESTUDO

Depois de estudar este capítulo, deve-se ter adquirido as habilidades descritas a seguir.
Os números dos exercícios referem-se aos Exercícios de revisão que começam na página 365.
As respostas aos Exercícios de revisão ímpares estão ao final do livro.

Seção 5.1	Exercícios de Revisão
■ Usar regras básicas de integração para determinar integrais indefinidas.	1-14

$$\int k\, dx = kx + C$$

$$\int k f(x)\, dx = k \int f(x)\, dx$$

$$\int [f(x) + g(x)]\, dx = \int f(x)\, dx + \int g(x)\, dx$$

$$\int x^n\, dx = \frac{x^{n+1}}{n+1} + C, \quad n \neq -1$$

■ Usar condições iniciais para determinar soluções particulares de integrais indefinidas.	15–18
■ Usar primitivas para resolver problemas reais	19, 20

Seção 5.2

■ Usar a regra da potência geral ou integração por substituição para determinar integrais indefinidas.	21–32

$$\int u^n \frac{du}{dx}\, dx = \int u^n\, du = \frac{u^{n+1}}{n+1} + C, \quad n \neq -1$$

■ Usar a regra da potência geral ou integração por substituição para resolver problemas reais.	33, 34

Seção 5.3

■ Usar as regras exponencial e logarítmica para determinar integrais indefinidas.	33–46

$$\int e^x\, dx = e^x + C \qquad \int \frac{1}{x}\, dx = \ln|x| + C$$

$$\int e^u \frac{du}{dx}\, dx = \int e^u\, du = e^u + C \qquad \int \frac{du/dx}{u}\, dx = \int \frac{1}{u}\, du = \ln|u| + C$$

Seção 5.4

■ Determinar as áreas de regiões usando uma fórmula geométrica.	47–50
■ Usar as propriedades de integrais definidas.	51, 52
■ Determinar as áreas das regiões limitadas pelo gráfico de uma função e pelo eixo x.	53–58
■ Usar o teorema fundamental do cálculo para calcular integrais definidas.	59–70

$$\int_a^b f(x)\, dx = F(x)\Big]_a^b = F(b) - F(a), \quad \text{em que} \quad F'(x) = f(x)$$

■ Determinar valores médios de funções em intervalos fechados.	71–76

$$\text{Valor médio} = \frac{1}{b-a} \int_a^b f(x)\, dx$$

Seção 5.4 (continuação) — Exercícios de Revisão

- Usar propriedades de funções pares e ímpares para ajudar a calcular integrais definidas. *77–80*

  Função par: $f(-x) = f(x)$

  Se f é uma função *par*, então $\int_{-a}^{a} f(x)\, dx = 2\int_{0}^{a} f(x)\, dx$.

  Função ímpar: $f(-x) = -f(x)$

  Se f é uma função *ímpar*, então $\int_{-a}^{a} f(x)\, dx = 0$.

- Encontrar valores de anuidades. *81, 82*
- Usar integrais definidas para resolver problemas de análise marginal. *83, 84*
- Usar valores médios para resolver problemas reais. *85, 86*

Seção 5.5

- Determinar áreas de regiões limitadas por dois gráficos. *87–94*

  $$A = \int_{a}^{b} [f(x) - g(x)]\, dx$$

- Determinar os excedentes do consumidor e do produtor. *95–98*
- Usar áreas de regiões limitadas por dois gráficos para resolver problemas reais. *99–102*

Seção 5.6

- Usar a regra do ponto médio para aproximar valores de integrais definidas. *103–112*

  $$\int_{a}^{b} f(x)\, dx \approx \frac{b-a}{n}[f(x_1) + f(x_2) + f(x_3) + \cdots + f(x_n)]$$

- Usar a regra do ponto médio para resolver problemas reais. *113*

Estratégias de estudo

- **Integrais definidas e indefinidas** Ao calcular integrais, lembre-se de que uma integral indefinida é uma *família de primitivas*, na qual cada membro difere do outro por uma constante C, enquanto uma integral definida é um *número*.

- **Verificação de primitivas por derivação** Ao determinar uma primitiva, lembre-se de que você pode conferir seu resultado por meio da derivação. Por exemplo, podemos verificar que a primitiva

  $\int (3x^3 - 4x)\, dx = \frac{3}{4}x^4 - 2x^2 + C$ está correta derivando-a para obter $\frac{d}{dx}\left[\frac{3}{4}x^4 - 2x^2 + C\right] = 3x^3 - 4x$.

  Como a derivada é igual ao integrando original, sabe-se que a primitiva está correta.

- **Símbolos agrupadores e o teorema fundamental** Ao usar o teorema fundamental do cálculo para calcular uma integral definida, é possível evitar erros de sinais usando símbolos agrupadores. Segue abaixo um exemplo.

  $$\int_{1}^{3} (x^3 - 9x)\, dx = \left[\frac{x^4}{4} - \frac{9x^2}{2}\right]_{1}^{3} = \left[\frac{3^4}{4} - \frac{9(3^2)}{2}\right] - \left[\frac{1^4}{4} - \frac{9(1^2)}{2}\right] = \frac{81}{4} - \frac{81}{2} - \frac{1}{4} + \frac{9}{2} = -16$$

Exercícios de revisão

Encontrando integrais indefinidas Nos Exercícios 1-14, determine a integral indefinida. Verifique o seu resultado por derivação.

1. $\int 16 \, dx$
2. $\int -9 \, dx$
3. $\int \frac{3}{5}x \, dx$
4. $\int 6x \, dx$
5. $\int 3x^2 \, dx$
6. $\int 8x^3 \, dx$
7. $\int (2x^2 + 5x) \, dx$
8. $\int (5 - 6x^2) \, dx$
9. $\int \frac{2}{3\sqrt[3]{x}} \, dx$
10. $\int 6x^{5/2} \, dx$
11. $\int \left(\sqrt[3]{x^4} + 3x\right) dx$
12. $\int \left(\frac{4}{\sqrt{x}} + \sqrt{x}\right) dx$
13. $\int \frac{2x^4 - 1}{\sqrt{x}} \, dx$
14. $\int \frac{1 - 3x}{x^2} \, dx$

Encontrando soluções particulares Nos Exercícios 15-18, encontre a solução particular que satisfaça a equação diferencial e a condição inicial.

15. $f'(x) = 12x$; $f(0) = -3$
16. $f'(x) = 3x + 1$; $f(2) = 6$
17. $f'(x) = 3x^2 - 8x$; $f(1) = 12$
18. $f'(x) = \sqrt{x}$; $f(9) = 4$

19. **Movimento Vertical** Um objeto é projetado para cima a partir do chão, com uma velocidade inicial de 80 pés por segundo. Expresse a altura s (em pés) do objeto como função do tempo t (em segundos). Quanto tempo o objeto ficará no ar? (Use $s''(t) = -32$ pés por segundo como a aceleração da gravidade.)

20. **Receita** Uma empresa produz um novo produto cuja taxa de variação da receita pode ser modelada por

$$\frac{dR}{dt} = 0,675t^{3/2}, \quad 0 \le t \le 225$$

em que t é o tempo (em semanas). Quando $t = 0$, $R = 0$.

(a) Encontre um modelo para a função receita.
(b) Qual é a receita depois de 20 semanas?
(c) Quando a receita semanal será $ 27.000?

Aplicando a regra da potência geral Nos Exercícios 21-32, encontre a integral indefinida. Verifique o seu resultado por derivação.

21. $\int (x + 4)^3 \, dx$
22. $\int (x - 6)^{4/3} \, dx$
23. $\int (5x + 1)^4 (5) \, dx$
24. $\int (x^3 + 1)^2 (3x^2) \, dx$
25. $\int (1 + 5x)^2 \, dx$
26. $\int (6x - 2)^4 \, dx$
27. $\int x^2 (3x^3 + 1)^2 \, dx$
28. $\int x(1 - 4x^2)^3 \, dx$
29. $\int \frac{x^2}{(2x^3 - 5)^3} \, dx$
30. $\int \frac{x^2}{(x^3 - 4)^2} \, dx$
31. $\int \frac{1}{\sqrt{5x - 1}} \, dx$
32. $\int \frac{4x}{\sqrt{1 - 3x^2}} \, dx$

33. **Produção** A taxa de variação da produção de uma pequena serraria é modelada por

$$\frac{dP}{dt} = 2t(0,001t^2 + 0,5)^{1/4}, \quad 0 \le t \le 40$$

em que t é o tempo (em horas) e P é a produção (em pés de tábuas). Encontre os números de pés de tábuas produzidas em (a) 6 horas e (b) 12 horas.

34. **Custo** O custo marginal de um serviço de refeições para atender x pessoas pode ser modelado por

$$\frac{dC}{dx} = \frac{5x}{\sqrt{x^2 + 1.000}}.$$

Quando $x = 225$, o custo C(em dólares) é $ 1.136,06. Encontre os custos de atendimento para (a) 500 pessoas e (b) 1.000 pessoas.

Usando as regras exponenciais e logarítmicas Nos Exercícios 35-46, use a regra exponencial ou a regra logarítmica para encontrar a integral indefinida.

35. $\int 4e^{4x} \, dx$
36. $\int 3e^{-3x} \, dx$
37. $\int e^{-5x} \, dx$
38. $\int e^{6x} \, dx$
39. $\int 7xe^{3x^2} \, dx$
40. $\int (2t - 1)e^{t^2 - t} \, dt$
41. $\int \frac{1}{x - 6} \, dx$
42. $\int \frac{1}{1 - 4x} \, dx$
43. $\int \frac{4}{6x - 1} \, dx$
44. $\int \frac{5}{2x + 3} \, dx$
45. $\int \frac{x^2}{1 - x^3} \, dx$
46. $\int \frac{x - 4}{x^2 - 8x} \, dx$

Calculando uma integral definida usando uma fórmula geométrica Nos Exercícios 47-50, esboce a região cuja área é dada pela integral definida. Use então uma fórmula geométrica para calcular a integral.

47. $\int_0^3 2 \, dx$
48. $\int_0^6 \frac{x}{2} \, dx$
49. $\int_0^4 (4 - x) \, dx$
50. $\int_{-4}^4 \sqrt{16 - x^2} \, dx$

51. **Usando propriedades de integrais definidas** Dados

$$\int_2^6 f(x) \, dx = 10 \text{ e } \int_2^6 g(x) \, dx = 3$$

calcule a integral definida.

(a) $\int_2^6 [f(x) + g(x)] \, dx$
(b) $\int_2^6 [f(x) - g(x)] \, dx$
(c) $\int_2^6 [2f(x) - 3g(x)] \, dx$
(d) $\int_2^6 5f(x) \, dx$

52. Usando propriedades de integrais definidas Dados

$$\int_0^3 f(x)\,dx = 4 \quad \text{e} \quad \int_3^6 f(x)\,dx = -1$$

calcule a integral definida.

(a) $\int_0^6 f(x)\,dx$ (b) $\int_6^3 f(x)\,dx$

(c) $\int_4^4 f(x)\,dx$ (d) $\int_3^6 -10f(x)\,dx$

Encontrando a área pelo teorema fundamental Nos Exercícios 53-58, encontre a área da região.

53. $f(x) = 4 - x^2$

54. $f(x) = 9 - x^2$

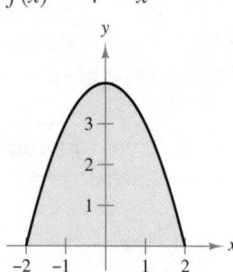

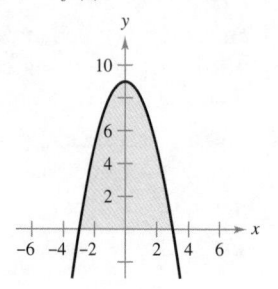

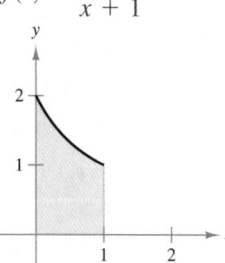

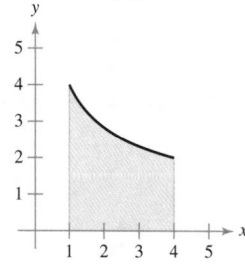

55. $f(x) = \dfrac{2}{x+1}$

56. $f(x) = \dfrac{4}{\sqrt{x}}$

57. $f(x) = 2e^{x/2}$

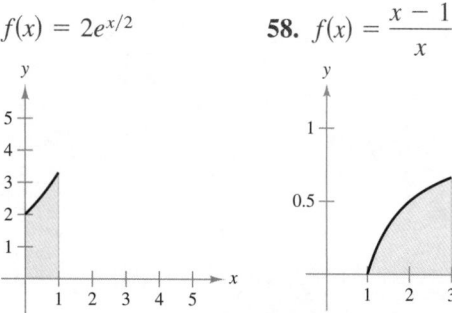

58. $f(x) = \dfrac{x-1}{x}$

Calculando uma integral definida Nos Exercícios 59-70, use o teorema fundamental do cálculo para calcular a integral indefinida.

59. $\int_0^4 (2+x)\,dx$

60. $\int_{-1}^1 (t^2 + 2)\,dt$

61. $\int_{-1}^1 (4t^3 - 2t)\,dt$

62. $\int_{-2}^2 (x^4 + 2x^2 - 5)\,dx$

63. $\int_{-2}^0 (x+2)^3\,dx$

64. $\int_2^4 (2x-3)^2\,dx$

65. $\int_0^3 \dfrac{1}{\sqrt{1+x}}\,dx$

66. $\int_3^6 \dfrac{x}{3\sqrt{x^2-8}}\,dx$

67. $\int_3^9 \dfrac{5}{x}\,dx$

68. $\int_1^2 \left(\dfrac{1}{x^2} - \dfrac{1}{x^3}\right)dx$

69. $\int_0^{\ln 5} e^{x/5}\,dx$

70. $\int_{-1}^1 3xe^{x^2-1}\,dx$

Valor médio de uma função Nos Exercícios 71-76, encontre o valor médio da função no intervalo. Encontre então todos os valores de x no intervalo para os quais a função é igual ao seu valor médio.

71. $f(x) = 3x;\ [0, 2]$

72. $f(x) = x^2 + 2;\ [-3, 3]$

73. $f(x) = -2e^x;\ [0, 3]$

74. $f(x) = e^{5-x};\ [2, 5]$

75. $f(x) = \dfrac{1}{\sqrt{x}};\ [4, 9]$

76. $f(x) = \dfrac{1}{(x+5)^2};\ [-1, 6]$

Integrando funções pares e ímpares Nos Exercícios 77-80, calcule a integral definida usando as propriedades das funções pares e ímpares.

77. $\int_{-2}^2 6x^5\,dx$

78. $\int_{-4}^4 3x^4\,dx$

79. $\int_{-3}^3 (x^4 + x^2)\,dx$

80. $\int_{-1}^1 (x^3 - x)\,dx$

Encontrando o valor de uma anuidade Nos Exercícios 81 e 82, encontre o valor de uma anuidade com a função renda c(t), taxa de juros r e prazo T.

81. $c(t) = \$3.000,\ r = 6\%,\ T = 5$ anos

82. $c(t) = \$1.200,\ r = 7\%,\ T = 8$ anos

83. Custo O custo marginal de atender um cliente típico adicional em um escritório de advocacia pode ser modelado por

$$\dfrac{dC}{dx} = 675 + 0{,}5x$$

em que x é o número de clientes. Encontre a alteração no custo C (em dólares), quando x aumenta de 50 para 51 clientes.

84. Lucro O lucro marginal obtido com a venda de x dólares de seguro de automóvel pode ser modelado por

$$\dfrac{dP}{dx} = 0{,}4\left(1 - \dfrac{5.000}{x}\right),\quad x \geq 5.000.$$

Encontre a mudança no lucro P (em dólares), quando x aumenta de $75.000 para $100.000.

85. Juros compostos Um depósito de $500 é feito em uma conta de poupança a uma taxa de juros anual de 4%, compostos continuamente. Encontre o saldo médio na conta durante os primeiros 2 anos.

86. Receita A taxa de variação da receita para a Texas Roadhouse, de 2003 a 2009, pode ser modelada por

$$\dfrac{dR}{dt} = -11{,}5000t^2 + 142{,}140t - 294{,}91$$

em que R é a receita (em milhões de dólares) e t é o tempo em anos, com t = 3 correspondendo a 2003. Em 2006, a receita da Texas Roadhouse foi de $597,1 milhões. *(Fonte: Texas Roadhouse, Inc.)*

(a) Encontre o modelo para a receita da Texas Roadhouse.

(b) Qual foi a receita média da Texas Roadhouse para 2003 a 2009?

Encontrando a área delimitada por dois gráficos Nos Exercícios 87-94, esboce a região delimitada pelos gráficos das funções e encontre a área da região.

87. $y = \dfrac{1}{x^3}, y = 0, x = 1, x = 3$

88. $y = x^2 + 4x - 5, y = 4x - 1$

89. $y = (x - 3)^2, y = 8 - (x - 3)^2$

90. $y = 4 - x, y = x^2 - 5x + 8, x = 0$

91. $y = \dfrac{4}{\sqrt{x + 1}}, y = 0, x = 0, x = 8$

92. $y = \sqrt{x}(1 - x), y = 0$

93. $y = x, y = x^3$

94. $y = x^3 - 4x, y = -x^2 - 2x$

Excedentes do consumidor e do produtor Nos Exercícios 95-98, encontre os excedentes do consumidor e do produtor, utilizando as funções oferta e demanda, onde p é o preço (em dólares) e x é o número de unidades (em milhões).

	Função de demanda	*Função de oferta*
95.	$p = 36 - 0,35x$	$p = 0,05x$
96.	$p = 200 - 0,2x$	$p = 50 + 1,3x$
97.	$p = 250 - x$	$p = 150 + x$
98.	$p = 500 - x$	$p = 1,25x + 162,5$

99. Receita Para os anos de 2015 a 2020, dois modelos, R_1 e R_2, usados para prever a receita (em milhões de dólares) de uma empresa são

$$R_1 = 24,3 + 8,24t \quad \text{e} \quad R_2 = 21,6 + 9,36t$$

onde $t = 15$ corresponde a 2015. Qual modelo prevê a maior receita? Quanta receita total a mais esse modelo prevê ao longo do período de seis anos?

100. Vendas Para os anos de 2000 a 2009, as vendas (em milhões de dólares) da Men's Wearhouse podem ser modeladas por

$$R = \begin{cases} 23,596t^2 - 41,55t + 1.310,5, & 0 \le t \le 6 \\ 38,7t^2 - 720,7t + 5.261,2, & 6 < t \le 9 \end{cases}$$

em que t é o ano, com $t = 0$ correspondendo a 2000.
(Fonte: Men's Wearhouse, Inc.)

(a) Use uma ferramenta gráfica para traçar esse modelo.

(b) Suponha que as vendas de 2007 a 2009 continuaram a seguir o modelo de 2000 a 2006. Quanto a mais ou a menos, teriam sido as vendas da Men's Wearhouse?

101. Custo, receita e lucro Foi previsto que a receita de um processo de fabricação (em milhões de dólares) deve seguir o modelo

$$R = 70$$

durante 10 anos. Também foi previsto que, durante o mesmo período de tempo, o custo (em milhões de dólares) deve seguir o modelo

$$C = 30 + 0,3t^2$$

em que t é o tempo (em anos). Aproxime o lucro durante os 10 anos do período.

102. Custo, receita e lucro Repita o Exercício 101 para os modelos de receita e de custo dados por

$$R = 70 + 0,1t \quad \text{e} \quad C = 30 + 0,3t^2.$$

O lucro aumentou ou diminuiu? Explique por quê.

Aproximando a área de uma região plana Nos Exercícios 103 e 104, use os retângulos para aproximar a área da região. Compare seu resultado com a área exata obtida utilizando a integral definida.

103. $f(x) = \dfrac{x}{3}, [0, 3]$ **104.** $f(x) = x^2 + 1, [0, 1]$

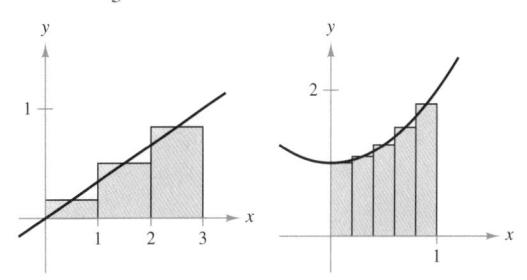

Usando a regra do ponto médio Nos Exercícios 105-108, use a regra do ponto médio com $n = 4$ para aproximar a área da região delimitada pelo gráfico de f e pelo eixo x sobre o intervalo. Esboce a região.

	Função	*Intervalo*
105.	$f(x) = x^2$	$[0, 2]$
106.	$f(x) = 2x - x^3$	$[0, 1]$
107.	$f(x) = (x^2 - 1)^2$	$[-1, 1]$
108.	$f(x) = \dfrac{3x}{x + 2}$	$[0, 4]$

Usando a regra do ponto médio Nos Exercícios 109-112, use a regra do ponto médio com $n = 6$ para aproximar a área da região delimitada pelo gráfico de f e pelo eixo x sobre o intervalo. Esboce a região.

	Função	*Intervalo*
109.	$f(x) = x + 3$	$[0, 3]$
110.	$f(x) = 9 - x^2$	$[-3, 3]$
111.	$f(x) = x\sqrt{x + 1}$	$[0, 2]$
112.	$f(x) = \dfrac{3}{x^2 + 1}$	$[-6, 6]$

113. Área de superfície Use a regra do ponto médio para estimar a área da superfície do pântano mostrado na figura.

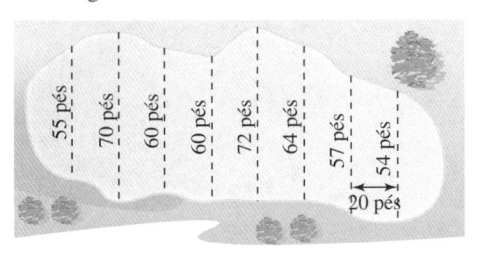

TESTE DO CAPÍTULO

Faça este teste como faria um teste em sala de aula. Quando terminar, confira seus resultados, comparando-os com as respostas dadas ao final do livro.

Nos Exercícios 1-6, determine a integral indefinida.

1. $\int (9x^2 - 4x + 13)\, dx$
2. $\int (x + 1)^2\, dx$
3. $\int 4x^3 \sqrt{x^4 - 7}\, dx$
4. $\int \dfrac{5x - 6}{\sqrt{x}}\, dx$
5. $\int 15e^{3x}\, dx$
6. $\int \dfrac{3}{4x - 1}\, dx$

Nos Exercícios 7 e 8, determine a solução particular que satisfaz a equação diferencial e a condição inicial.

7. $f'(x) = 6x - 5;\; f(-1) = 6$
8. $f'(x) = e^x + 1;\; f(0) = 1$

Nos Exercícios 9-14, calcule a integral definida.

9. $\int_0^1 16x\, dx$
10. $\int_{-3}^{3} (3 - 2x)\, dx$
11. $\int_{-1}^{1} (x^3 + x^2)\, dx$
12. $\int_{-1}^{2} \dfrac{2x}{\sqrt{x^2 + 1}}\, dx$
13. $\int_0^3 e^{4x}\, dx$
14. $\int_{-2}^{3} \dfrac{1}{x + 3}\, dx$

15. A taxa de variação nas vendas da PetSmart, Inc. de 2000 a 2009 pode ser modelada por

$$\dfrac{dS}{dt} = 226{,}912 e^{0{,}1013t}$$

em que S são as vendas (em milhões de dólares) e t é o tempo (em anos, com $t = 8$ correspondendo a 2000). Em 2004, as vendas da PetSmart foram de $ 3.363,5 milhões. (*Fonte: PetSmart, Inc.*)

(a) Determine o modelo para as vendas da PetSmart.

(b) Quais foram as médias de vendas entre 2000 e 2009?

Nos Exercícios 16 e 17, esboce a região delimitada pelos gráficos das funções e determine a área dessa região.

16. $f(x) = 6,\; g(x) = x^2 - x - 6$
17. $f(x) = \sqrt[3]{x},\; g(x) = x^2$

18. As funções oferta e demanda de um produto são modeladas por

Demanda: $p = -0{,}625x + 10$ e *Oferta*: $p = 0{,}25x + 3$

em que p é o preço (em dólares) e x é o número de unidades (em milhões). Determine os excedentes do consumidor e do produtor para este produto.

Nos Exercícios 19 e 20, use a regra do ponto médio com $n = 4$ para aproximar a área da região delimitada pelo gráfico de f e pelo eixo x sobre o intervalo. Compare seu resultado com a área exata. Esboce a região.

19. $f(x) = 3x^2,\; [0, 1]$
20. $f(x) = x^2 + 1,\; [-1, 1]$

Valor presente da renda prevista

$c(t) = 100.000te^{-0,05t}$

6 Técnicas de integração

6.1 Integração por partes e valor presente
6.2 Tabelas de integração
6.3 Integração numérica
6.4 Integrais impróprias

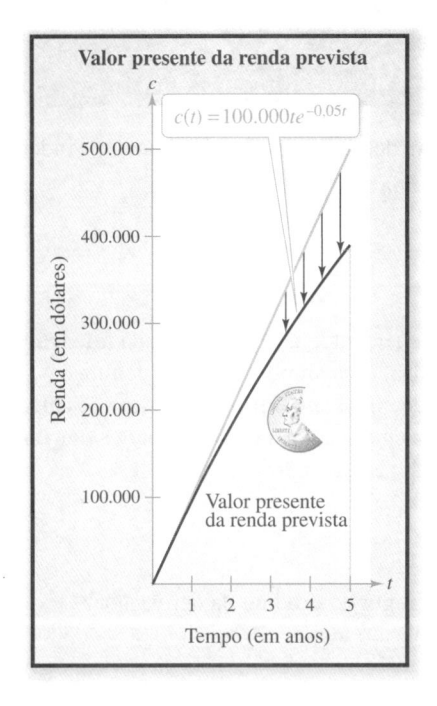

O Exemplo 7, na página 375, mostra como a integração por partes pode ser usada para encontrar o valor presente da renda futura de uma empresa.

6.1 Integração por partes e valor presente

- Utilizar a integração por partes para determinar integrais definidas e indefinidas.
- Determinar o valor presente da renda futura.

Integração por partes

Nesta seção, será estudada uma técnica de integração denominada **integração por partes**. Essa técnica pode ser aplicada a uma ampla variedade de funções e é particularmente útil para integrandos que envolvam o produto de funções algébricas e exponenciais ou logarítmicas. Por exemplo, a integração por partes funciona bem com integrais como essas

$$\int x^2 e^x \, dx \quad \text{e} \quad \int x \ln x \, dx.$$

A integração por partes baseia-se na regra do produto da derivação.

$$\frac{d}{dx}[uv] = u\frac{dv}{dx} + v\frac{du}{dx} \qquad \text{Regra do produto}$$

$$uv = \int u\frac{dv}{dx}\,dx + \int v\frac{du}{dx}\,dx \qquad \text{Integre cada lado.}$$

$$uv = \int u\,dv + \int v\,du \qquad \text{Escreva na forma diferencial.}$$

$$\int u\,dv = uv - \int v\,du \qquad \text{Reorganize.}$$

No Exercício 65, na página 378, você usará integração por partes para encontrar o valor médio de um modelo de habilidade de memorização para crianças.

Integração por partes

Sejam u e v funções diferenciáveis de x.

$$\int u\,dv = uv - \int v\,du$$

Observe que a fórmula para integração por partes expressa a integral original em termos de outra integral. Dependendo das escolhas de u e dv, pode ser mais fácil calcular a segunda integral do que a original. Uma vez que as escolhas de u e dv são fundamentais no processo de integração por partes, são fornecidas as diretrizes a seguir.

Diretrizes para a integração por partes

1. Tente deixar dv como a parte mais complexa do integrando que se encaixe em uma fórmula básica de integração. Então, u será o(s) fator(es) remanescente(s) do integrando.
2. Tente deixar u como a parte do integrando cuja derivada seja uma função mais simples que u. Então, dv será o(s) fator(es) remanescente(s) do integrando.

Observe que dv sempre inclui o dx do integrando original.

Ao utilizar integração por partes, observe que é possível escolher primeiro dv ou primeiro u. Feita a escolha, no entanto, a seleção do outro fator está determinada – ela deve ser a parte remanescente do integrando. Observe também que dv *deve* conter a diferencial dx da integral original.

Exemplo 1 — Integração por partes

Determine $\int xe^x \, dx$.

SOLUÇÃO Para aplicar a integração por partes, é necessário reescrever a integral original na forma $\int u \, dv$. Ou seja, separe $xe^x \, dx$ em dois fatores – um representando u e outro representando dv. Há muitos modos de se fazer isso.

$$\int \underbrace{(x)}_{u}\underbrace{(e^x \, dx)}_{dv} \qquad \int \underbrace{(e^x)}_{u}\underbrace{(x \, dx)}_{dv} \qquad \int \underbrace{(1)}_{u}\underbrace{(xe^x \, dx)}_{dv} \qquad \int \underbrace{(xe^x)}_{u}\underbrace{(dx)}_{dv}$$

As diretrizes na página anterior sugerem a primeira opção, pois $dv = e^x \, dx$ é a parte mais complexa do integrando que se adapta a uma fórmula básica de integração e porque a derivada de $u = x$ é mais simples que x.

$$dv = e^x \, dx \quad \Longrightarrow \quad v = \int dv = \int e^x \, dx = e^x$$

$$u = x \quad \Longrightarrow \quad du = dx$$

Em seguida, é possível aplicar a fórmula de integração por partes, como mostrado.

$$\int u \, dv = uv - \int v \, du \qquad \text{Fórmula da integração por partes}$$

$$\int xe^x \, dx = xe^x - \int e^x \, dx \qquad \text{Substitua.}$$

$$= xe^x - e^x + C \qquad \text{Integre } \int e^x \, dx.$$

Você pode verificar esse resultado por derivação.

$$\frac{d}{dx}[xe^x - e^x + C] = xe^x + e^x(1) - e^x = xe^x$$

✓ AUTOAVALIAÇÃO 1

Determine $\int xe^{2x} \, dx$. ■

No Exemplo 1, observe que não é necessário incluir uma constante de integração ao resolver $v = \int e^x \, dx = e^x$. Para ver por que isso é verdade, tente substituir e^x por $e^x + C_1$ na solução.

$$\int xe^x \, dx = x(e^x + C_1) - \int (e^x + C_1) \, dx$$

$$= xe^x + C_1 x - e^x - C_1 x + C$$

$$= xe^x - e^x + C$$

Ao fazer a integração, você pôde observar que os termos que envolvem C_1 se cancelam.

TUTOR TÉCNICO

Se tiver acesso a uma ferramenta de integração simbólica, tente utilizá-la para resolver diversos exercícios desta seção. Observe que a forma da integral pode ser ligeiramente diferente da que é obtida ao resolver o exercício à mão.

DICA DE ESTUDO

Para memorizar a fórmula de integração por partes, pode ser conveniente lembrar do padrão "Z" abaixo. A linha superior representa a integral original, a linha diagonal representa uv e a linha inferior representa a nova integral.

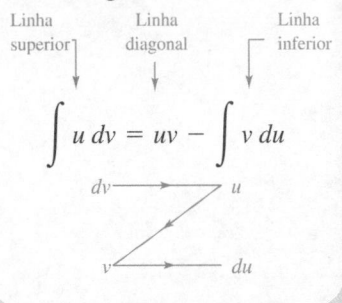

Linha superior   Linha diagonal   Linha inferior

$$\int u\,dv = uv - \int v\,du$$

$dv \longrightarrow u$
$v \longrightarrow du$

Exemplo 2 — Integração por partes

Determine $\int x^2 \ln x\,dx$.

SOLUÇÃO Neste caso, x^2 é mais fácil de integrar do que $\ln x$. Além disso, a derivada de $\ln x$ é mais simples que $\ln x$. Assim, escolha $dv = x^2\,dx$.

$$dv = x^2\,dx \implies v = \int dv = \int x^2\,dx = \frac{x^3}{3}$$

$$u = \ln x \implies du = \frac{1}{x}\,dx$$

Em seguida, aplique a fórmula de integração por partes, como mostrado.

$$\int u\,dv = uv - \int v\,du \quad \text{Fórmula da integração por partes}$$

$$\int x^2 \ln x\,dx = \frac{x^3}{3}\ln x - \int \left(\frac{x^3}{3}\right)\left(\frac{1}{x}\right)dx \quad \text{Substitua.}$$

$$= \frac{x^3}{3}\ln x - \frac{1}{3}\int x^2\,dx \quad \text{Simplifique.}$$

$$= \frac{x^3}{3}\ln x - \frac{x^3}{9} + C \quad \text{Integre.}$$

✓ AUTOAVALIAÇÃO 2

Determine $\int x \ln x\,dx$.

Exemplo 3 — Integração por partes com um único fator

Determine $\int \ln x\,dx$.

SOLUÇÃO Essa integral é incomum, pois possui apenas um fator. Nesses casos, faça $dv = dx$ e escolha u como o fator único.

$$dv = dx \implies v = \int dv = \int dx = x$$

$$u = \ln x \implies du = \frac{1}{x}\,dx$$

Em seguida, aplique a fórmula de integração por partes, como mostrado.

$$\int u\,dv = uv - \int v\,du \quad \text{Fórmula da integração por partes}$$

$$\int \ln x\,dx = x \ln x - \int (x)\left(\frac{1}{x}\right)dx \quad \text{Substitua.}$$

$$= x \ln x - \int dx \quad \text{Simplifique.}$$

$$= x \ln x - x + C \quad \text{Integre.}$$

✓ AUTOAVALIAÇÃO 3

Determine $\int \ln 2x\,dx$.

Exemplo 4 — Utilização repetida da integração por partes

Determine $\int x^2 e^x \, dx$.

SOLUÇÃO Ambos os fatores, x^2 e e^x, são fáceis de integrar. Observe, no entanto, que a derivada de x^2 se torna mais simples, ao passo que a derivada de e^x, não. Assim, faça $u = x^2$ e $dv = e^x \, dx$.

$$dv = e^x \, dx \implies v = \int dv = \int e^x \, dx = e^x$$

$$u = x^2 \implies du = 2x \, dx$$

Depois, aplique a fórmula de integração por partes, como mostrado.

$$\int x^2 e^x \, dx = x^2 e^x - \int 2x e^x \, dx \qquad \text{Primeira aplicação de integração por partes}$$

Este primeiro uso de integração por partes conseguiu simplificar a integral original, mas a integral à direita ainda não se encaixa em uma regra de integração básica. Para calcular a nova integral à direita, aplique a integração por partes uma segunda vez, utilizando as seguintes substituições:

$$dv = e^x \, dx \implies v = \int dv = \int e^x \, dx = e^x$$

$$u = 2x \implies du = 2 \, dx$$

Depois, aplique a fórmula de integração por partes, como mostrado.

$$\int x^2 e^x \, dx = x^2 e^x - \int 2x e^x \, dx \qquad \text{Primeira aplicação de integração por partes}$$

$$= x^2 e^x - \left(2x e^x - \int 2e^x \, dx\right) \qquad \text{Segunda aplicação de integração por partes}$$

$$= x^2 e^x - 2x e^x + 2e^x + C \qquad \text{Integre.}$$

$$= e^x(x^2 - 2x + 2) + C \qquad \text{Simplifique.}$$

Esse resultado pode ser confirmado por meio da derivação.

$$\frac{d}{dx}[e^x(x^2 - 2x + 2) + C] = e^x(2x - 2) + (x^2 - 2x + 2)(e^x)$$

$$= 2x e^x - 2e^x + x^2 e^x - 2x e^x + 2e^x$$

$$= x^2 e^x$$

✓ AUTOAVALIAÇÃO 4

Determine $\int x^3 e^x \, dx$.

■

Ao fazer aplicações repetidas da integração por partes, tenha cuidado para não trocar as substituições. No caso do Exemplo 4, as primeiras substituições foram $dv = e^x \, dx$ e $u = x^2$. Se na segunda aplicação você trocasse para $dv = 2x \, dx$ e $u = e^x$, teria obtido

$$\int x^2 e^x \, dx = x^2 e^x - \int 2x e^x \, dx$$

$$= x^2 e^x - \left(x^2 e^x - \int x^2 e^x \, dx\right)$$

$$= \int x^2 e^x \, dx$$

$$= \int x^2 e^x \, dx$$

desfazendo, portanto, a integração anterior e retornando à integral *original*.

Exemplo 5 Cálculo de uma integral definida

Calcule $\int_1^e \ln x \, dx$.

SOLUÇÃO A integração por partes foi utilizada para determinar a primitiva de ln x no Exemplo 3. Utilizando esse resultado, é possível calcular a integral definida, como mostrado.

$$\int_1^e \ln x \, dx = \Big[x \ln x - x \Big]_1^e \quad \text{Utilize o resultado do Exemplo 3.}$$
$$= (e \ln e - e) - (1 \ln 1 - 1) \quad \text{Aplique o teorema fundamental.}$$
$$= (e - e) - (0 - 1)$$
$$= 1 \quad \text{Simplifique.}$$

A área representada por essa integral definida é mostrada na Figura 6.1.

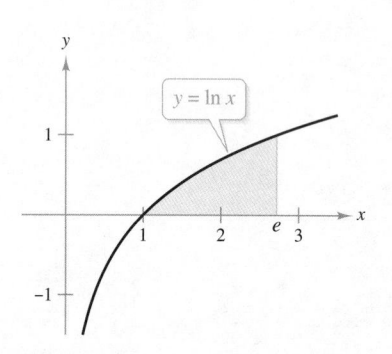

FIGURA 6.1

TUTOR DE ÁLGEBRA xy

Para obter ajuda sobre a álgebra no Exemplo 5, veja o Exemplo 1 no *Tutor de álgebra*, do Capítulo 6, na página 404.

✓ AUTOAVALIAÇÃO 5

Calcule $\int_0^1 x^2 e^x \, dx$.

Antes de começar os exercícios desta seção, lembre-se de que não é suficiente saber *como* utilizar as diferentes técnicas de integração. Também é necessário saber *quando* utilizá-las. A integração é essencialmente um problema de reconhecimento: reconhecer qual fórmula ou técnica aplicar para obter a primitiva. Com frequência, uma ligeira alteração de um integrando exigirá a utilização de uma técnica de integração diferente. Aqui estão alguns exemplos.

Integral	Técnica	Primitiva
$\int x \ln x \, dx$	Integração por partes	$\dfrac{x^2}{2} \ln x - \dfrac{x^2}{4} + C$
$\int \dfrac{\ln x}{x} \, dx$	Regra da potência: $\int u^n \dfrac{du}{dx} dx$	$\dfrac{(\ln x)^2}{2} + C$
$\int \dfrac{1}{x \ln x} \, dx$	Regra logarítmica: $\int \dfrac{1}{u} \dfrac{du}{dx} dx$	$\ln|\ln x| + C$

Conforme for ganhando experiência na integração por partes, sua habilidade em determinar u e dv se aprimorará. O resumo a seguir enumera diversas integrais comuns com sugestões para escolher u e dv.

Resumo das integrais comuns utilizando a integração por partes

1. Para integrais da forma

   $$\int x^n e^{ax} \, dx$$

   faça $u = x^n$ e $dv = e^{ax} \, dx$. (Exemplos 1 e 4)

2. Para integrais da forma

   $$\int x^n \ln x \, dx$$

   faça $u = \ln x$ e $dv = x^n \, dx$. (Exemplos 2 e 3)

Valor presente

Lembre-se, da Seção 4.2, de que o valor presente de um pagamento futuro é a quantidade que deveria ser depositada hoje para produzir dada quantia no futuro. Qual é o valor presente de um pagamento futuro de $ 1.000 daqui a um ano? Devido à inflação, $ 1.000 hoje compram mais que $ 1.000 daqui a um ano. A definição a seguir considera apenas o efeito da inflação.

> **Valor presente**
>
> Se c representa uma função de renda contínua em dólares por ano e a taxa anual de inflação é r, então a renda total real após t_1 anos é
>
> $$\text{Renda real após } t_1 \text{ anos} = \int_0^{t_1} c(t)\, dt$$
>
> e seu **valor presente** é
>
> $$\text{Valor presente} = \int_0^{t_1} c(t)e^{-rt}\, dt.$$

DICA DE ESTUDO

De acordo com essa definição, se a taxa anual de inflação for de 4%, o valor presente de $ 1.000 daqui a um ano seria de apenas $ 980,26.

Ignorando a inflação, a equação do valor presente também se aplica a uma conta poupança, em que a taxa de juros r é capitalizada continuamente e c é uma função de renda em dólares por ano.

Exemplo 6 Determinação do valor presente

Você acabou de ganhar $ 1.000.000 na loteria, a serem recebidos em anuidades de $ 50.000 durante vinte anos. Assumindo-se uma taxa de inflação anual de 6%, qual é o valor presente dessa renda?

SOLUÇÃO A função de renda dos seus ganhos é dada por $c(t) = 50.000$. Assim,

$$\text{Renda real} = \int_0^{20} 50.000\, dt$$

$$= \Big[50.000 t\Big]_0^{20}$$

$$= \$ 1.000.000.$$

Como não receberá toda essa quantia agora, seu valor presente é

$$\text{Valor presente} = \int_0^{20} 50.000 e^{-0,06t}\, dt$$

$$= \left[\frac{50.000}{-0,06} e^{-0,06t}\right]_0^{20}$$

$$\approx \$ 582.338.$$

Esse valor presente representa a quantia que o Estado deve depositar agora para cobrir seus pagamentos pelos próximos vinte anos. Isso mostra por que as loterias estaduais são tão lucrativas – para os governos!

✓ AUTOAVALIAÇÃO 6

Determine o valor presente da renda decorrente do bilhete de loteria do Exemplo 6 se a taxa de inflação for 7%. ∎

Exemplo 7 Determinação do valor presente

A renda prevista de uma empresa para os próximos cinco anos é dada por

$$c(t) = 100.000t, \quad 0 \le t \le 5. \qquad \text{Veja a Figura 6.2(a).}$$

Assumindo-se uma taxa inflação anual de 5%, a empresa pode alegar que o valor presente dessa renda é de, pelo menos, $ 1 milhão?

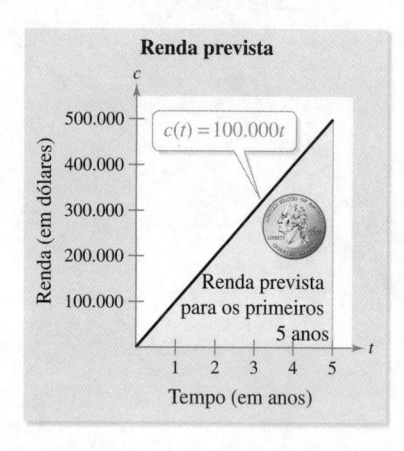

Renda prevista

(a)

Valor presente da renda prevista

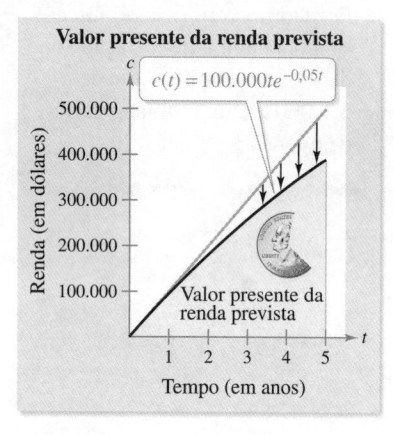

(b)
FIGURA 6.2

SOLUÇÃO O valor presente é

$$\text{Valor presente} = \int_0^5 100.000 t e^{-0,05t}\, dt = 100.000 \int_0^5 t e^{-0,05t}\, dt.$$

Utilizando a integração por partes, faça $dv = e^{-0,05t}\, dt$.

$$dv = e^{-0,05t}\, dt \quad \Longrightarrow \quad v = \int dv = \int e^{-0,05t}\, dt = -20 e^{-0,05t}$$

$$u = t \quad \Longrightarrow \quad du = dt$$

Isso implica que

$$\int t e^{-0,05t}\, dt = -20 t e^{-0,05t} + 20 \int e^{-0,05t}\, dt$$

$$= -20 t e^{-0,05t} - 400 e^{-0,05t}$$

$$= -20 e^{-0,05t}(t + 20).$$

Assim, o valor presente é

$$\text{Valor presente} = 100.000 \int_0^5 t e^{-0,05t}\, dt \qquad \text{Veja a Figura 6.2(b).}$$

$$= 100.000 \left[-20 e^{-0,05t}(t + 20) \right]_0^5$$

$$\approx \$\, 1.059.961.$$

Sim, a empresa pode alegar que o valor presente dessa renda esperada durante os próximos cinco anos é de pelo menos $ 1 milhão.

✓ AUTOAVALIAÇÃO 7

Uma empresa prevê sua renda, durante os próximos dez anos pela fórmula $c(t) = 20.000t$, para $0 \le t \le 10$. Assumindo-se uma taxa de inflação anual de 5%, qual é o valor presente dessa renda? ∎

PRATIQUE (Seção 6.1)

1. Dê a fórmula de integração por partes *(página 370)*. Para exemplos de como usar essa fórmula, veja os Exemplos 1, 2, 3, 4 e 7.

2. Enuncie as diretrizes para a integração por partes *(página 370)*. Para um exemplo de como usar essas diretrizes, veja o Exemplo 1.

3. Forneça um resumo das integrais comuns usando a integração por partes *(página 374)*. Para exemplos dessas integrais comuns, veja os Exemplos 1, 2, 3 e 4.

4. Descreva em um exemplo da vida real como a integração por partes pode ser utilizada para encontrar o valor presente de uma anuidade *(página 375, Exemplo 6)*.

Recapitulação 6.1 — Os exercícios preparatórios a seguir envolvem conceitos vistos em seções anteriores. Esses conceitos serão utilizados no conjunto de exercícios desta seção. Para mais ajuda, consulte as Seções 4.3, 4.5 e 5.5.

Nos Exercícios 1-6, determine $f'(x)$.

1. $f(x) = \ln(x + 1)$ **2.** $f(x) = \ln(x^2 - 1)$ **3.** $f(x) = e^{x^3}$
4. $f(x) = e^{-x^2}$ **5.** $f(x) = x^2 e^x$ **6.** $f(x) = x e^{-2x}$

Nos Exercícios 7-10, determine a área entre os gráficos de f e g.

7. $f(x) = -x^2 + 4,\ g(x) = x^2 - 4$ **8.** $f(x) = -x^2 + 2,\ g(x) = 1$
9. $f(x) = 4x,\ g(x) = x^2 - 5$ **10.** $f(x) = x^3 - 3x^2 + 2,\ g(x) = x - 1$

Exercícios 6.1

Configurando a integração por partes Nos Exercícios 1-4, identifique u e dv para encontrar a integral usando a integração por partes. (Não calcule a integral.)

1. $\int xe^{3x}\, dx$
2. $\int x^2 e^{3x}\, dx$
3. $\int x \ln 2x\, dx$
4. $\int \ln 4x\, dx$

Integração por partes Nos Exercícios 5-16, use a integração por partes para encontrar a integral indefinida. *Veja os Exemplos 1, 2, 3 e 4.*

5. $\int xe^{3x}\, dx$
6. $\int xe^{-x}\, dx$
7. $\int x^3 \ln x\, dx$
8. $\int \ln x^2\, dx$
9. $\int \ln 2x\, dx$
10. $\int x^4 \ln x\, dx$
11. $\int x^2 e^{-x}\, dx$
12. $\int x^2 \sqrt{x-3}\, dx$
13. $\int \sqrt{x} \ln x\, dx$
14. $\int x^2 e^{2x}\, dx$
15. $\int 2x^2 e^x\, dx$
16. $\int \dfrac{2x}{e^x}\, dx$

Encontrando integrais indefinidas Nos Exercícios 17-38, encontre a integral indefinida. (*Dica*: a integração por partes não é necessária para todas as integrais.)

17. $\int e^{4x}\, dx$
18. $\int e^{-2x}\, dx$
19. $\int xe^{4x}\, dx$
20. $\int xe^{-2x}\, dx$
21. $\int \dfrac{x}{e^{x/4}}\, dx$
22. $\int \dfrac{1}{2}x^3 e^x\, dx$
23. $\int t \ln(t+1)\, dt$
24. $\int (x-1)e^x\, dx$
25. $\int \dfrac{e^{1/t}}{t^2}\, dt$
26. $\int \dfrac{1}{x(\ln x)^3}\, dx$
27. $\int x(\ln x)^2\, dx$
28. $\int \ln 3x\, dx$
29. $\int \dfrac{(\ln x)^2}{x}\, dx$
30. $\int \dfrac{1}{x \ln 3x}\, dx$
31. $\int \dfrac{\ln x}{x^2}\, dx$
32. $\int \dfrac{\ln 2x}{x^2}\, dx$
33. $\int x\sqrt{x-1}\, dx$
34. $\int \dfrac{x}{\sqrt{x-1}}\, dx$
35. $\int x(x+1)^2\, dx$
36. $\int \dfrac{x}{\sqrt{2+3x}}\, dx$
37. $\int \dfrac{xe^{2x}}{(2x+1)^2}\, dx$
38. $\int \dfrac{x^3 e^{x^2}}{(x^2+1)^2}\, dx$

Calculando integrais definidas Nos Exercícios 39-46, use a integração por partes para calcular a integral indefinida. *Veja o Exemplo 5.*

39. $\int_1^e x^5 \ln x\, dx$
40. $\int_1^e 2x \ln x\, dx$
41. $\int_0^1 \ln(1+2x)\, dx$
42. $\int_0^{12} \dfrac{x}{\sqrt{x+4}}\, dx$
43. $\int_0^8 x\sqrt{x+1}\, dx$
44. $\int_0^4 \dfrac{x}{e^{x/2}}\, dx$
45. $\int_1^2 x^2 e^x\, dx$
46. $\int_0^2 \dfrac{x^2}{e^{3x}}\, dx$

Área de uma região Nos Exercícios 47-52, encontre a área da região limitada pelos gráficos das equações. Use uma ferramenta gráfica para verificar seus resultados.

47. $y = x^3 e^x$, $y = 0$, $x = 0$, $x = 2$
48. $y = x^{-3} \ln x$, $y = 0$, $x = e$
49. $y = \tfrac{1}{9}xe^{-x/3}$, $y = 0$, $x = 0$, $x = 3$
50. $y = (x^2 - 1)e^x$, $y = 0$, $x = -1$, $x = 1$
51. $y = x^2 \ln x$, $y = 0$, $x = 1$, $x = e$
52. $y = \dfrac{\ln x}{x^2}$, $y = 0$, $x = 1$, $x = e$

Verificando fórmulas Nos Exercícios 53 e 54, use a integração por partes para verificar a fórmula.

53. $\int x^n \ln x\, dx = \dfrac{x^{n+1}}{(n+1)^2}[-1 + (n+1) \ln x] + C$, $n \neq -1$

54. $\int x^n e^{ax}\, dx = \dfrac{x^n e^{ax}}{a} - \dfrac{n}{a}\int x^{n-1} e^{ax}\, dx$, $n > 0$

Usando fórmulas Nos Exercícios 55-58, use os resultados dos Exercícios 53 e 54 para encontrar a integral indefinida.

55. $\int x^2 e^{5x}\, dx$
56. $\int x^{3/2} \ln x\, dx$
57. $\int x^{-4} \ln x\, dx$
58. $\int xe^{-3x}\, dx$

Integração usando tecnologia Nos Exercícios 59-62, use uma ferramenta de integração simbólica para calcular a integral.

59. $\int_0^2 t^3 e^{-4t}\, dt$
60. $\int_1^4 (x^2 + 4) \ln x\, dx$
61. $\int_0^5 x^4 (25 - x^2)^{3/2}\, dx$
62. $\int_1^e x^9 \ln x\, dx$

63. **Demanda** Uma empresa de manufatura prevê que a demanda x (em unidades) para seu produto, ao longo dos próximos 10 anos, pode ser modelada por

$$x = 500(20 + te^{-0,1t}), \quad 0 \leq t \leq 10$$

em que t é o tempo em anos.

(a) Use uma ferramenta gráfica para decidir se a empresa está prevendo um aumento ou uma diminuição da procura ao longo da década.

(b) Encontre a demanda total nos próximos 10 anos.

(c) Encontre a demanda média anual durante o período de 10 anos.

64. Campanha de capital O conselho de administração de uma faculdade está planejando uma campanha de doação de capital de cinco anos para arrecadar dinheiro para a faculdade. O objetivo é ter uma entrada de renda anual I que é modelada por

$$I = 2.000(375 + 68te^{-0,2t}), \quad 0 \le t \le 5$$

em que t é o tempo em anos.

(a) Use uma ferramenta gráfica para decidir se o conselho de administração espera que a entrada de renda aumente ou diminua ao longo do período de cinco anos.

(b) Encontre a entrada de renda total esperada no período de cinco anos.

(c) Determine a entrada de renda anual média durante o período de cinco anos.

65. Modelo de habilidade de memorização Um modelo para a habilidade M de uma criança em memorizar, medida em uma escala de 0 a 10, é

$$M = 1 + 1,6t \ln t, \quad 0 < t \le 4$$

em que t é a idade da criança em anos.

(a) Encontre o valor médio desse modelo entre o primeiro e o segundo aniversário da criança.

(b) Encontre o valor médio desse modelo entre o terceiro e o quarto aniversário da criança.

66. Receita Uma empresa vende um produto sazonal. A receita R (em dólares) gerada pelas vendas do produto pode ser modelada por

$$R = 410,5t^2 e^{-t/30} + 25.000, \quad 0 \le t \le 365$$

em que t é o tempo em dias.

(a) Encontre a receita média diária durante o primeiro trimestre, que é dado por $0 \le t \le 90$.

(b) Encontre a receita média diária durante o quarto trimestre, que é dado por $274 \le t \le 365$.

(c) Encontre a receita diária total durante o ano.

Encontrando o valor presente Nos Exercícios 67-72, encontre o valor presente da renda c (em dólares) em t_1 anos, a uma determinada taxa de inflação anual r. Veja os Exemplos 6 e 7.

67. $c = 5.000, \ r = 4\%, \ t_1 = 4$ anos

68. $c = 450, \ r = 4\%, \ t_1 = 10$ anos

69. $c = 100.000 + 4.000t, \ r = 5\%, \ t_1 = 10$ anos

70. $c = 5.000 + 25te^{t/10}, \ r = 6\%, \ t_1 = 10$ anos

71. $c = 1.000 + 50e^{t/2}, \ r = 6\%, \ t_1 = 4$ anos

72. $c = 30.000 + 500t, \ r = 7\%, \ t_1 = 6$ anos

73. Valor presente Você acabou de ganhar $ 1.500.000 em uma loteria estadual. Será pago para você uma anuidade de $ 100.000 durante 15 anos. Quando a taxa de inflação anual é de 5%, qual é o valor presente dessa renda?

74. Valor presente Você acabou de ganhar $ 65.000.000 em uma loteria. Será paga para você uma anuidade de $ 2.500.000 durante 26 anos. Se a taxa de inflação anual for de 3%, qual será o valor presente desta renda?

75. Valor presente Uma empresa espera que seu lucro c durante os próximos 4 anos seja modelado por

$$c = 150.000 + 75.000t, \quad 0 \le t \le 4.$$

(a) Encontre o rendimento real para o negócio ao longo de 4 anos.

(b) Supondo uma taxa de inflação anual de 4%, qual é o valor presente dessa renda?

76. Valor presente Um atleta profissional assina um contrato de três anos nos quais os ganhos c podem ser modelados por $c = 500.000 + 125.000t$, em que t representa o ano.

(a) Encontre o valor real do contrato do atleta.

(b) Supondo uma taxa de inflação anual de 3%, qual é o valor presente dessa renda?

77. Valor presente Um atleta profissional assina um contrato de quatro anos nos quais os ganhos c podem ser modelados por $c = 3.000.000 + 750.000t$, em que t representa o ano.

(a) Encontre o valor real do contrato do atleta.

(b) Supondo uma taxa de inflação anual de 5%, qual é o valor presente do contrato?

78. VISUALIZE Os gráficos de duas equações mostram a renda esperada e o valor presente da renda esperada de uma empresa. Qual gráfico representa a renda esperada e qual gráfico representa o valor presente da renda esperada? Explique seu raciocínio.

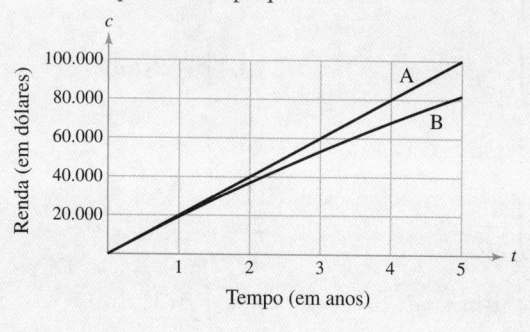

Valor futuro Nos Exercícios 79 e 80, encontre o valor futuro da renda (em dólares) dada por $f(t)$ durante t_1 anos, à taxa de juros anual de r. Se a função f representa um investimento contínuo durante um período de t_1 anos, a uma taxa de juros anual r (composta continuamente), então o valor futuro do investimento é dado por

$$\text{Valor futuro} = e^{rt_1} \int_0^{t_1} f(t)e^{-rt} \, dt.$$

79. $f(t) = 3.000, \ r = 8\%, \ t_1 = 10$ anos

80. $f(t) = 3.000e^{0,05t}, \ r = 10\%, \ t_1 = 5$ anos

81. Finanças: valor futuro Use a equação dos Exercícios 79 e 80 para calcular o seguinte. *(Fonte: Adaptado de Garman/Forgue, Personal Finance, 8. ed.)*

(a) O valor futuro de $ 1.200 poupado a cada ano, por 10 anos, ganhando juros de 7%.

(b) Uma pessoa que deseja investir $ 1.200 a cada ano encontra uma opção de investimento que espera pagar 9% de juros ao ano e outra, mais arriscada, que pode pagar 10% de juros ao ano. Qual é a diferença de retorno (valor futuro) se o investimento é feito por 15 anos?

82. Fundo de mensalidade da faculdade Suponha que seus avós investiram continuamente em um fundo da faculdade de acordo com o modelo

$$f(t) = 400t$$

por 18 anos, a uma taxa de juros anual de 7%.

(a) Em 2010, o custo total dos alunos da Pennsylvania State University por 1 ano foi estimado em $ 26.276. O fundo cresceu o suficiente para permitir que você cubra 4 anos de gastos na Pennsylvania State University? *(Fonte: The Pennsylvania State University)*

(b) Em 2010, o custo total dos alunos da Ohio State University para 1 ano foi estimado em $ 23.604. O fundo cresceu o suficiente para permitir que você cubra 4 anos de gastos na Ohio State University? *(Fonte: The Ohio State University)*

83. Regra do ponto médio Use um programa semelhante ao programa da regra do ponto médio do Apêndice E, com $n = 10$, para aproximar

$$\int_1^4 \frac{4}{\sqrt{x} + \sqrt[3]{x}}\, dx.$$

84. Regra do ponto médio Use um programa semelhante ao programa da regra do ponto médio do Apêndice E, com $n = 12$, para aproximar a área limitada pelos gráficos de

$$y = \frac{10}{\sqrt{x}e^x}, \quad y = 0, \quad x = 1 \quad \text{e} \quad x = 4.$$

6.2 Tabelas de integração

- Usar tabelas de integração para encontrar integrais definidas e indefinidas.
- Utilizar fórmulas de redução para determinar integrais indefinidas.
- Usar tabelas de integração para resolver problemas da vida real.

Tabelas de integração

Já foram estudadas diversas técnicas que podem ser utilizadas com as fórmulas básicas de integração. Certamente essas técnicas e fórmulas não englobam todos os métodos possíveis para determinar uma primitiva, mas abarcam a maioria dos métodos importantes.

Nesta seção, a lista de fórmulas de integração será expandida para criar uma tabela de integrais. Adicionar novas fórmulas à lista básica tem dois resultados. Se, de um lado, torna-se mais difícil memorizar e até mesmo familiarizar-se com a lista inteira, por outro, com uma lista maior, menos técnicas são necessárias para adequar uma integral a uma das fórmulas da lista. O procedimento de integração por meio de uma longa lista de fórmulas é chamado **integração por tabelas** (a tabela do Apêndice C constitui apenas uma listagem parcial de fórmulas de integração; há listas muito mais longas, algumas com várias centenas de fórmulas).

A integração por tabelas não deve ser considerada uma tarefa trivial. Ela exige considerável capacidade de raciocínio e de percepção e, com frequência, requer substituições. Muitas pessoas consideram a tabela de integrais um complemento valioso às técnicas de integração discutidas neste livro. Encorajamos a prática no uso dessas tabelas, bem como o aprimoramento na aplicação das várias técnicas de integração. Ao fazer isso, será possível perceber que a combinação entre técnicas e tabelas é a abordagem mais versátil para integrar.

Cada fórmula de integração da tabela do Apêndice C pode ser deduzida utilizando-se uma ou mais técnicas estudadas. Você deveria tentar verificar várias dessas fórmulas. Por exemplo, a Fórmula 17

$$\int \frac{\sqrt{a + bu}}{u}\, du = 2\sqrt{a + bu} + a\int \frac{1}{u\sqrt{a + bu}}\, du \quad \text{Fórmula 17}$$

pode ser verificada usando integração por partes. A Fórmula 39

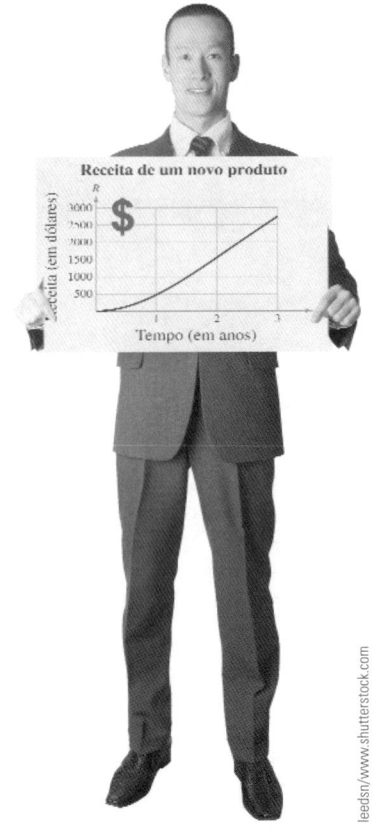

No Exercício 59, na página 385, você utilizará uma fórmula da tabela de integração do Apêndice C para encontrar a receita total de um novo produto durante os primeiros 2 anos.

$$\int \frac{1}{1+e^u} du = u - \ln(1+e^u) + C \qquad \text{Fórmula 39}$$

pode ser verificada usando substituição e a Fórmula 44

$$\int (\ln u)^2 \, du = u[2 - 2\ln u - (\ln u)^2] + C \qquad \text{Fórmula 44}$$

pode ser verificada usando a integração por partes duas vezes.

Na tabela de integrais no Apêndice C, as fórmulas foram agrupadas em oito categorias distintas, de acordo com a forma dos integrandos.

- Fórmulas que envolvam u^n
- Fórmulas que envolvam $a + bu$
- Fórmulas que envolvam $\sqrt{a + bu}$
- Fórmulas que envolvam $u^2 - a^2$
- Fórmulas que envolvam $\sqrt{u^2 \pm a^2}$
- Fórmulas que envolvam $\sqrt{a^2 - u^2}$
- Fórmulas que envolvam e^u
- Fórmulas que envolvam $\ln u$

TUTOR TÉCNICO

Nesta seção, lembre-se de que, em vez de tabelas de integração, pode-se utilizar uma ferramenta de integração simbólica. Se tiver acesso a uma dessas ferramentas, tente usá-la para determinar as integrais indefinidas dos Exemplos 1 e 2.

Exemplo 1 — Utilização de tabelas de integração

Determine $\int \frac{x}{\sqrt{x-1}} dx$.

SOLUÇÃO Como a expressão dentro da raiz é linear, ela deve ser considerada uma forma que envolve $\sqrt{a + bu}$, como na Fórmula 19.

$$\int \frac{u}{\sqrt{a+bu}} du = -\frac{2(2a-bu)}{3b^2}\sqrt{a+bu} + C \qquad \text{Fórmula 19}$$

Para utilizar essa fórmula, faça $a = -1$, $b = 1$ e $u = x$. Então, $du = dx$, obtendo-se

$$\int \frac{x}{\sqrt{x-1}} dx = -\frac{2(-2-x)}{3}\sqrt{x-1} + C \qquad \text{Substitua os valores de } a, b \text{ e } u.$$

$$= \frac{2}{3}(2+x)\sqrt{x-1} + C. \qquad \text{Simplifique.}$$

✓ AUTOAVALIAÇÃO 1

Utilize a tabela de integração do Apêndice C para determinar

$$\int \frac{x}{\sqrt{2+x}} dx.$$

Exemplo 2 — Utilização de tabelas de integração

Determine $\int x\sqrt{x^4 - 9}\, dx$.

SOLUÇÃO Como não está claro qual fórmula utilizar, comece fazendo $u = x^2$ e $du = 2x\, dx$. Com essas substituições, é possível escrever a integral da seguinte maneira:

$$\int x\sqrt{x^4 - 9}\, dx = \frac{1}{2}\int \sqrt{(x^2)^2 - 9}\,(2x)\, dx \qquad \text{Multiplique e divida por 2.}$$

$$= \frac{1}{2}\int \sqrt{u^2 - 9}\, du \qquad \text{Substitua por } u \text{ e } du.$$

Agora, parece ser possível utilizar a Fórmula 23.

$$\int \sqrt{u^2 - a^2}\, du = \frac{1}{2}\left(u\sqrt{u^2 - a^2} - a^2 \ln\left|u + \sqrt{u^2 - a^2}\right|\right) + C$$

Tomando $a = 3$, obtém-se

$$\int x\sqrt{x^4 - 9}\, dx = \frac{1}{2}\int \sqrt{u^2 - a^2}\, du$$
$$= \frac{1}{2}\left[\frac{1}{2}\left(u\sqrt{u^2 - a^2} - a^2 \ln\left|u + \sqrt{u^2 - a^2}\right|\right)\right] + C$$
$$= \frac{1}{4}\left(x^2\sqrt{x^4 - 9} - 9\ln\left|x^2 + \sqrt{x^4 - 9}\right|\right) + C.$$

✓ AUTOAVALIAÇÃO 2

Utilize a tabela de integração do Apêndice C para determinar

$$\int \frac{\sqrt{x^2 + 16}}{x}\, dx.$$

Exemplo 3 Utilização de tabelas de integração

Determine $\int \dfrac{1}{x\sqrt{x+1}}\, dx$.

SOLUÇÃO Considerando as fórmulas que envolvem $\sqrt{a + bu}$, em que $a = 1$, $b = 1$ e $u = x$, pode-se utilizar a Fórmula 15.

$$\int \frac{1}{u\sqrt{a + bu}}\, du = \frac{1}{\sqrt{a}} \ln\left|\frac{\sqrt{a + bu} - \sqrt{a}}{\sqrt{a + bu} + \sqrt{a}}\right| + C, \quad a > 0$$

Assim,

$$\int \frac{1}{x\sqrt{x+1}}\, dx = \int \frac{1}{u\sqrt{a+bu}}\, du$$
$$= \frac{1}{\sqrt{a}} \ln\left|\frac{\sqrt{a+bu} - \sqrt{a}}{\sqrt{a+bu} + \sqrt{a}}\right| + C$$
$$= \ln\left|\frac{\sqrt{x+1} - 1}{\sqrt{x+1} + 1}\right| + C.$$

✓ AUTOAVALIAÇÃO 3

Utilize a tabela de integração do Apêndice C para determinar $\int \dfrac{1}{x^2 - 4}\, dx$.

Exemplo 4 Utilização de tabelas de integração

Calcule $\displaystyle\int_0^2 \frac{x}{1 + e^{-x^2}}\, dx$.

SOLUÇÃO Entre as fórmulas que envolvem e^u, a Fórmula 39

$$\int \frac{1}{1 + e^u}\, du = u - \ln(1 + e^u) + C$$

parece a mais apropriada. Para utilizá-la, tome $u = -x^2$ e $du = -2x\, dx$.

$$\int \frac{x}{1 + e^{-x^2}}\, dx = -\frac{1}{2}\int \frac{1}{1 + e^{-x^2}}(-2x)\, dx$$
$$= -\frac{1}{2}\int \frac{1}{1 + e^u}\, du$$
$$= -\frac{1}{2}[u - \ln(1 + e^u)] + C$$
$$= -\frac{1}{2}[-x^2 - \ln(1 + e^{-x^2})] + C$$
$$= \frac{1}{2}[x^2 + \ln(1 + e^{-x^2})] + C$$

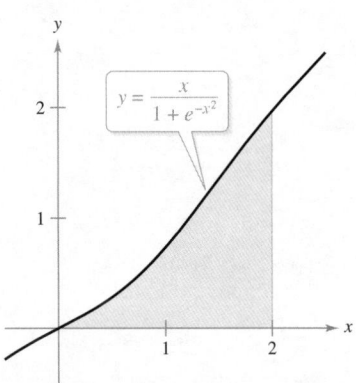

FIGURA 6.3

Assim, o valor da integral definida é

$$\int_0^2 \frac{x}{1+e^{-x^2}}\,dx = \frac{1}{2}\left[x^2 + \ln(1+e^{-x^2})\right]_0^2 \approx 1{,}66.$$

Veja a Figura 6.3.

como mostrado na Figura 6.3.

✓ AUTOAVALIAÇÃO 4

Utilize a tabela de integração do Apêndice C para calcular $\int_0^1 \frac{x^2}{1+e^{x^3}}\,dx$.

Fórmulas de redução

Muitas fórmulas da tabela de integração apresentam a forma

$$\int f(x)\,dx = g(x) + \int h(x)\,dx$$

na qual o lado direito contém uma integral. Essas fórmulas de integração são chamadas **fórmulas de redução**, pois reduzem a integral original à soma de uma função e uma integral mais simples.

Exemplo 5 Utilização de uma fórmula de redução

Determine $\int x^2 e^x\,dx$.

SOLUÇÃO Para utilizar a Fórmula 38

$$\int u^n e^u\,du = u^n e^u - n\int u^{n-1} e^u\,du$$

pode-se tomar $u = x$ e $n = 2$. Então, $du = dx$, sendo possível escrever

$$\int x^2 e^x\,dx = x^2 e^x - 2\int x e^x\,dx.$$

Então, utilizando-se a Fórmula 37

$$\int u e^u\,du = (u-1)e^u + C$$

pode-se escrever

$$\begin{aligned}\int x^2 e^x\,dx &= x^2 e^x - 2\int x e^x\,dx\\ &= x^2 e^x - 2(x-1)e^x + C\\ &= x^2 e^x - 2x e^x + 2e^x + C\\ &= e^x(x^2 - 2x + 2) + C.\end{aligned}$$

Você pode verificar esse resultado por meio de derivação.

$$\begin{aligned}\frac{d}{dx}[e^x(x^2 - 2x + 2) + C] &= e^x(2x - 2) + (x^2 - 2x + 2)(e^x)\\ &= 2x e^x - 2e^x + x^2 e^x - 2x e^x + 2e^x\\ &= x^2 e^x\end{aligned}$$

✓ AUTOAVALIAÇÃO 5

Utilize a tabela de integração do Apêndice C para determinar a integral indefinida $\int (\ln x)^2\,dx$.

TUTOR DE ÁLGEBRA

Para auxílio com a álgebra utilizada no Exemplo 5, consulte o Exemplo 3 no *Tutor de álgebra* do Capítulo 6, página 405.

TUTOR TÉCNICO

Já foram estudados dois modos de determinar a integral indefinida do Exemplo 5. Nesse exemplo, é utilizada uma tabela de integração; no Exemplo 4 da Seção 6.1, foi feita a integração por partes. Um terceiro modo seria usar uma ferramenta de integração simbólica.

Aplicação

A integração pode ser utilizada para se determinar a probabilidade de que dado evento ocorra. Em tais aplicações, uma situação da vida real é modelada por uma *função densidade de probabilidade f*, e a probabilidade de x se encontrar entre a e b é representada por

$$P(a \leq x \leq b) = \int_a^b f(x)\, dx.$$

A probabilidade $P(a \leq x \leq b)$ deve ser um número entre 0 e 1.

Exemplo 6 — Determinação de uma probabilidade

Um psicólogo encontra que a probabilidade de que um participante de uma experiência sobre memorização seja capaz de memorizar de a a b por cento (em forma decimal) do material é

$$P(a \leq x \leq b) = \int_a^b \frac{1}{e-2} x^2 e^x\, dx, \quad 0 \leq a \leq b \leq 1.$$

Determine a probabilidade de que um participante escolhido aleatoriamente lembre-se de 0% a 87,5% do material.

SOLUÇÃO
É possível utilizar a regra do múltiplo por constante para reescrever a integral como

$$\frac{1}{e-2} \int_a^b x^2 e^x\, dx.$$

Observe que o integrando é igual ao do Exemplo 5. Utilize o resultado do Exemplo 5 para determinar a probabilidade com $a = 0$ e $b = 0{,}875$.

$$\frac{1}{e-2} \int_0^{0{,}875} x^2 e^x\, dx = \frac{1}{e-2}\left[e^x(x^2 - 2x + 2)\right]_0^{0{,}875} \approx 0{,}608$$

Assim, a probabilidade é de aproximadamente 60,8%, como indicado na Figura 6.4.

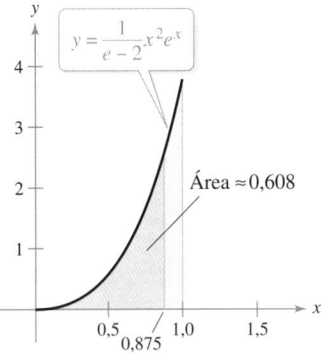

FIGURA 6.4

✓ AUTOAVALIAÇÃO 6

Utilize o Exemplo 6 para determinar a probabilidade de que um participante memorize de 0% a 62,5% do material.

> **PRATIQUE** (Seção 6.2)
>
> 1. Descreva o que se entende por integração por tabelas *(página 379)*. Para exemplos de integração por tabelas, veja os Exemplos 1, 2, 3 e 4.
> 2. Descreva o que se entende por fórmula de redução *(página 382)*. Para um exemplo de fórmula de redução, veja o Exemplo 5.
> 3. Descreva em um exemplo da vida real como a integração por tabelas pode ser usada para analisar os resultados de uma experiência de memorização *(página 383, Exemplo 6)*.

Recapitulação 6.3

Os exercícios preparatórios a seguir envolvem conceitos vistos em cursos ou seções anteriores. Esses conceitos serão utilizados no conjunto de exercícios desta seção. Para mais ajuda, consulte a Seção A4 do Apêndice e a Seção 6.1.

Nos Exercícios 1-4, expanda a expressão.

1. $(x + 4)^2$
2. $(x - 1)^2$
3. $\left(x + \frac{1}{2}\right)^2$
4. $\left(x - \frac{1}{3}\right)^2$

Nos Exercícios 5 e 6, utilize a integração por partes para determinar a integral indefinida.

5. $\int 2xe^x \, dx$
6. $\int 3x^2 \ln x \, dx$

Exercícios 6.2

Usando tabelas de integração Nos Exercícios 1-8, use a fórmula indicada na tabela de integração no Apêndice C para encontrar a integral indefinida. *Veja os Exemplos 1, 2 e 3.*

1. $\int \dfrac{x}{(2 + 3x)^2} \, dx$, Fórmula 4
2. $\int \dfrac{4}{x^2 - 9} \, dx$, Fórmula 21
3. $\int \dfrac{x}{\sqrt{2 + 3x}} \, dx$, Fórmula 19
4. $\int \dfrac{1}{x(2 + 3x)^2} \, dx$, Fórmula 11
5. $\int \dfrac{2x}{\sqrt{x^4 - 9}} \, dx$, Fórmula 27
6. $\int x^2 \sqrt{x^2 + 9} \, dx$, Fórmula 24
7. $\int x^3 e^{x^2} \, dx$, Fórmula 37
8. $\int \dfrac{x}{1 + e^{x^2}} \, dx$, Fórmula 39

Usando tabelas de integração Nos Exercícios 9-36, utilize a tabela de integração do Apêndice C para determinar a integral indefinida. *Veja os Exemplos 1, 2, 3 e 5.*

9. $\int \dfrac{1}{x(1 + x)} \, dx$
10. $\int \dfrac{1}{\sqrt{x^2 - 1}} \, dx$
11. $\int \dfrac{1}{x\sqrt{x^2 + 9}} \, dx$
12. $\int \dfrac{1}{x(1 + x)^2} \, dx$
13. $\int \dfrac{1}{x\sqrt{4 - x^2}} \, dx$
14. $\int \dfrac{\sqrt{x^2 - 9}}{x^2} \, dx$
15. $\int 3x \ln 3x \, dx$
16. $\int (\ln 5x)^2 \, dx$
17. $\int \dfrac{6x}{1 + e^{3x^2}} \, dx$
18. $\int \dfrac{1}{1 + e^x} \, dx$
19. $\int x^2 \sqrt{3 + x} \, dx$
20. $\int \dfrac{x}{x^4 - 9} \, dx$
21. $\int \dfrac{t^2}{(2 + 3t)^3} \, dt$
22. $\int \dfrac{\sqrt{3 + 4t}}{t} \, dt$
23. $\int \dfrac{1}{x\sqrt{3 + 4x}} \, dx$
24. $\int \sqrt{3 + x^2} \, dx$
25. $\int \dfrac{x^2}{1 + x} \, dx$
26. $\int \dfrac{1}{1 + e^{2x}} \, dx$
27. $\int \dfrac{x^2}{(3 + 2x)^5} \, dx$
28. $\int \dfrac{1}{x^2 \sqrt{x^2 - 4}} \, dx$
29. $\int \dfrac{1}{x^2 \sqrt{1 - x^2}} \, dx$
30. $\int \dfrac{2x}{(1 - 3x)^2} \, dx$
31. $\int 4x^2 \ln 2x \, dx$
32. $\int (\ln x)^3 \, dx$
33. $\int \dfrac{x^2}{(3x - 5)^2} \, dx$
34. $\int \dfrac{1}{2x^2(2x - 1)^2} \, dx$
35. $\int \dfrac{\ln x}{x(4 + 3 \ln x)} \, dx$
36. $\int xe^{x^2} \, dx$

Usando tabelas de integração Nos Exercícios 37-44, use a tabela de integração no Apêndice C para encontrar a integral definida. *Veja o Exemplo 4.*

37. $\int_0^1 \dfrac{x}{\sqrt{1 + x}} \, dx$
38. $\int_0^5 \dfrac{x}{\sqrt{5 + 2x}} \, dx$
39. $\int_0^5 \dfrac{x}{(4 + x)^2} \, dx$
40. $\int_2^4 \dfrac{x^2}{(3x - 5)} \, dx$
41. $\int_0^4 \dfrac{6}{1 + e^{0,5x}} \, dx$
42. $\int_2^4 \sqrt{3 + x^2} \, dx$
43. $\int_1^2 x^3 \ln x^2 \, dx$
44. $\int_0^3 \dfrac{x}{(1 + 3x)^4} \, dx$

Área de uma região Nos Exercícios 45-50, use a tabela de integração no Apêndice C para encontrar a área exata da região limitada pelos gráficos das equações. Use uma ferramenta gráfica para verificar seus resultados.

45. $y = \dfrac{1}{(16 - x^2)^{3/2}}$, $y = 0$, $x = -2$, $x = 2$
46. $y = \dfrac{2}{1 + e^{4x}}$, $y = 0$, $x = 0$, $x = 1$
47. $y = \dfrac{1}{9x^2(2 + 3x)}$, $y = 0$, $x = 1$, $x = 2$
48. $y = \dfrac{-e^x}{1 - e^{2x}}$, $y = 0$, $x = 1$, $x = 2$

49. $y = x^2\sqrt{x^2 + 4}$, $y = 0$, $x = \sqrt{5}$

50. $y = x \ln x^2$, $y = 0$, $x = 4$

Encontrando integrais indefinidas usando dois métodos Nos Exercícios 51-54, encontre a integral indefinida (a) utilizando a tabela de integração no Apêndice C e (b) utilizando a integração por partes.

51. $\int \ln \dfrac{x}{3}\, dx$

52. $\int 7x \ln 7x\, dx$

53. $\int \dfrac{x}{\sqrt{7x - 3}}\, dx$

54. $\int 4xe^{4x}\, dx$

55. Probabilidade A probabilidade de recordar entre a e b por cento (na forma decimal) do material aprendido em um experimento de memorização é modelada por

$$P(a \le x \le b) = \int_a^b \dfrac{75}{14}\left(\dfrac{x}{\sqrt{4 + 5x}}\right) dx,$$

$0 \le a \le b \le 1$.

Quais são as probabilidades de recordar (a) entre 40% e 80% e (b) entre 0% e 50% do material?

56. Probabilidade A probabilidade de encontrar entre a e b por cento de ferro (na forma decimal) em amostras de minério é modelada por

$$P(a \le x \le b) = \int_a^b 2x^3 e^{x^2}\, dx, \quad 0 \le a \le b \le 1.$$

Quais são as probabilidades de encontrar (a) entre 0% e 25% e (b) entre 50% e 100% de ferro em uma amostra?

Crescimento populacional Nos Exercícios 57 e 58, use uma ferramenta gráfica para traçar a função de crescimento. Utilize a tabela de integração no Apêndice C para encontrar o valor médio da função de crescimento no intervalo, em que N é o tamanho de uma população e t é o tempo em dias.

57. $N = \dfrac{5.000}{1 + e^{4,8 - 1,9t}}$, $[0, 2]$

58. $N = \dfrac{375}{1 + e^{4,20 - 0,25t}}$, $[21, 28]$

59. Receita A receita (em dólares) para um novo produto é modelada por $R = 10.000[1 - 1/(1 + 0,1t^2)^{1/2}]$, em que t é o tempo em anos. Estime a receita total do produto nos seus primeiros 2 anos no mercado.

60. VISUALIZE O gráfico mostra a taxa de variação das vendas de um produto novo.

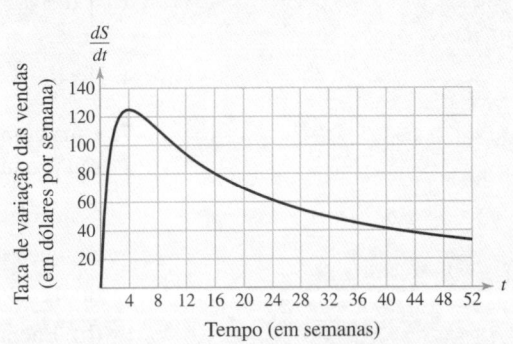

(a) Aproxime a taxa de variação das vendas após 16 semanas. Explique seu raciocínio.

(b) Aproxime as semanas para as quais as vendas estão aumentando. Explique seu raciocínio.

61. Excedentes do consumidor e do produtor As funções demanda e oferta para um produto são modeladas por

Demanda: $p = 60/\sqrt{x^2 + 81}$,

Oferta: $p = x/3$

em que p é o preço (em dólares) e x é o número de unidades (em milhões). Encontre os excedentes do consumidor e do produtor para esse produto.

TESTE PRELIMINAR

Faça este teste como o faria em uma sala de aula. Quando terminar, confira seus resultados comparando-os com as respostas dadas no final do livro.

Nos Exercícios 1-6, utilize a integração por partes para determinar a integral indefinida.

1. $\int xe^{5x}\,dx$
2. $\int \ln x^3\,dx$
3. $\int (x+1)\ln x\,dx$
4. $\int x\sqrt{x+3}\,dx$
5. $\int x\ln\sqrt{x}\,dx$
6. $\int x^2 e^{-2x}\,dx$

7. Uma companhia de manufatura prevê que a demanda x (em unidades) para o seu produto ao longo dos próximos 5 anos pode ser modelada por

   $x = 1.000(45 + 20te^{-0,5t})$

   em que t é o tempo em anos.

   (a) Encontre a demanda total durante os próximos 5 anos.
   (b) Encontre a demanda média anual durante o período de 5 anos.

8. Uma pequena empresa espera que sua renda durante os próximos 7 anos seja dada por

   $c(t) = 32.000t,\ 0 \le t \le 7.$

   (a) Encontre o rendimento real para o negócio durante os 7 anos.
   (b) Supondo uma taxa de inflação anual de 3,3%, qual é o valor atual dessa renda?

Nos Exercícios 9-14, utilize a tabela de integrais no Apêndice C para determinar a integral indefinida.

9. $\int \dfrac{x}{1+2x}\,dx$
10. $\int \dfrac{1}{x(0,1+0,2x)}\,dx$
11. $\int \dfrac{\sqrt{x^2-16}}{x^2}\,dx$
12. $\int \dfrac{1}{x\sqrt{4+9x}}\,dx$
13. $\int \dfrac{2x}{1+e^{4x^2}}\,dx$
14. $\int 2x(x^2+1)e^{x^2+1}\,dx$

15. A receita (em milhões de dólares) para um novo produto é modelada por

    $R = \sqrt{144t^2+400}$

    em que t é o tempo em anos.

    (a) Estime a receita total do produto durante os primeiros 3 anos no mercado.
    (b) Estime a receita total do produto durante os primeiros 6 anos no mercado.

Nos Exercícios 16-21, calcule a integral definida.

16. $\int_{-2}^{0} xe^{x/2}\,dx$
17. $\int_{1}^{2} 5x\ln x\,dx$
18. $\int_{0}^{8} \dfrac{x}{\sqrt{x+8}}\,dx$
19. $\int_{1}^{e} (\ln x)^2\,dx$
20. $\int_{2}^{3} \dfrac{1}{x^2\sqrt{9-x^2}}\,dx$
21. $\int_{4}^{6} \dfrac{2x}{x^4-4}\,dx$

6.3 Integração numérica

- Utilizar a regra do trapézio para aproximar integrais definidas.
- Utilizar a regra de Simpson para aproximar integrais definidas.
- Analisar o tamanho dos erros ao aproximar integrais definidas pela regra do trapézio ou pela regra de Simpson.

Regra do trapézio

Na Seção 5.6, estudamos uma técnica para aproximar o valor de uma integral *definida* – a regra do ponto médio. Nesta seção, veremos outras duas técnicas de aproximação: a **regra do trapézio** e a **regra de Simpson**.

Para desenvolver a regra do trapézio, considere uma função f que seja não negativa e contínua no intervalo fechado $[a, b]$. Para aproximar a área representada por

$$\int_a^b f(x)dx$$

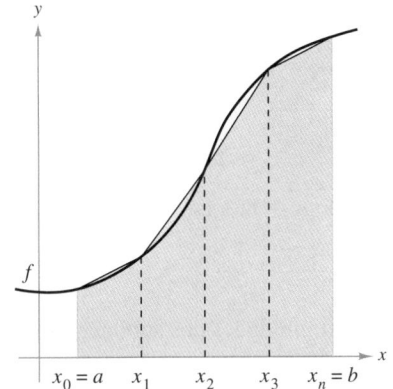

divida o intervalo em n subintervalos, cada um de largura

$$\Delta x = \frac{b-a}{n}.$$ Largura de cada subintervalo

FIGURA 6.5 A área da região pode ser aproximada utilizando-se quatro trapézios.

Em seguida, forme n trapézios, conforme mostrado na Figura 6.5. Como você pode ver na Figura 6.6, a área do primeiro trapézio é

$$\text{Área do primeiro trapézio} = \left(\frac{b-a}{n}\right)\left[\frac{f(x_0) + f(x_1)}{2}\right].$$

As áreas dos outros trapézios seguem um padrão similar e a soma das n áreas é

$$\text{Área} = \left(\frac{b-a}{n}\right)\left[\frac{f(x_0) + f(x_1)}{2} + \frac{f(x_1) + f(x_2)}{2} + \cdots + \frac{f(x_{n-1}) + f(x_n)}{2}\right]$$

$$= \left(\frac{b-a}{2n}\right)[f(x_0) + f(x_1) + f(x_1) + f(x_2) + \cdots + f(x_{n-1}) + f(x_n)]$$

$$= \left(\frac{b-a}{2n}\right)[f(x_0) + 2f(x_1) + 2f(x_2) + \cdots + 2f(x_{n-1}) + f(x_n)].$$

Embora essa dedução pressuponha que f seja contínua *e* não negativa em $[a, b]$, a fórmula resultante é válida sempre que f for contínua em $[a, b]$.

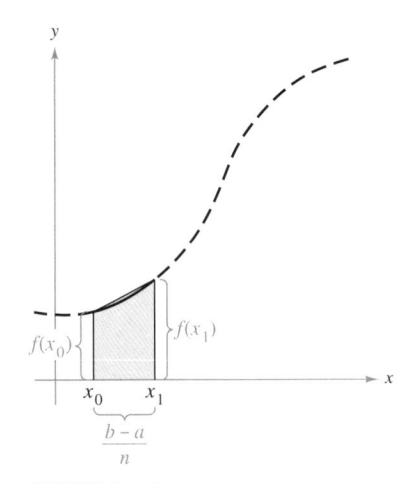

FIGURA 6.6

> **Regra do trapézio**
>
> Se f for contínua em $[a, b]$, então
>
> $$\int_a^b f(x)dx \approx \left(\frac{b-a}{2n}\right)[f(x_0) + 2f(x_1) + \cdots + 2f(x_{n-1}) + f(x_n)].$$

No Exercício 43, na página 394, você usará a regra de Simpson para determinar a idade média da população residente nos Estados Unidos de 2001 a 2009.

Observe que os coeficientes da regra do trapézio têm o seguinte o padrão

1 2 2 2 ... 2 2 1.

Exemplo 1   **Utilização da regra do trapézio**

Utilize a regra do trapézio para calcular aproximadamente $\int_0^1 e^x dx$. Compare os resultados para $n = 4$ e $n = 8$.

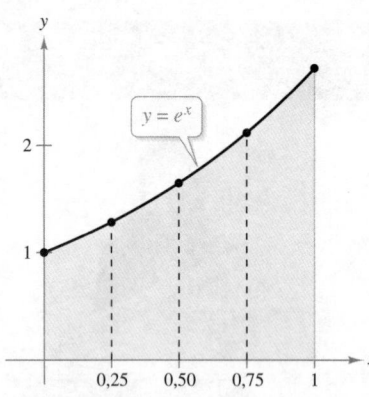

FIGURA 6.7 Quatro subintervalos.

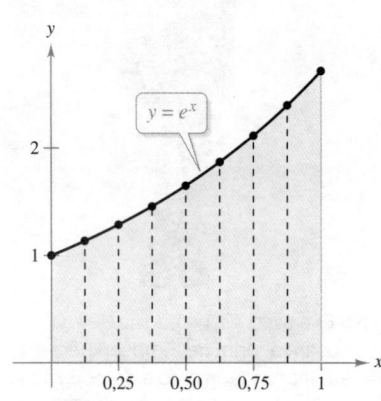

FIGURA 6.8 Oito subintervalos.

SOLUÇÃO Quando $n = 4$, a largura de cada subintervalo é

$$\frac{1-0}{4} = \frac{1}{4}$$

e as extremidades dos subintervalos são

$$x_0 = 0, \quad x_1 = \frac{1}{4}, \quad x_2 = \frac{1}{2}, \quad x_3 = \frac{3}{4} \quad \text{e} \quad x_4 = 1$$

como indicado na Figura 6.7. Assim, pela regra do trapézio

$$\int_0^1 e^x dx = \frac{1}{8}(e^0 + 2e^{0,25} + 2e^{0,5} + 2e^{0,75} + e^1)$$

$$\approx 1{,}7272. \qquad \text{Aproximação utilizando } n = 4$$

Quando $n = 8$, a largura de cada subintervalo é

$$\frac{1-0}{8} = \frac{1}{8}$$

e as extremidades dos subintervalos são

$$x_0 = 0, \quad x_1 = \frac{1}{8}, \quad x_2 = \frac{1}{4}, \quad x_3 = \frac{3}{8}, \quad x_4 = \frac{1}{2}$$

$$x_5 = \frac{5}{8}, \quad x_6 = \frac{3}{4}, \quad x_7 = \frac{7}{8} \quad \text{e} \quad x_8 = 1$$

como indicado na Figura 6.8. Assim, pela regra do trapézio

$$\int_0^1 e^x dx = \frac{1}{16}(e^0 + 2e^{0,125} + 2e^{0,25} + \cdots + 2e^{0,875} + e^1)$$

$$\approx 1{,}7205. \qquad \text{Aproximação utilizando } n = 8$$

É claro que, para essa integral *especificamente*, teria sido possível determinar uma primitiva e utilizar o teorema fundamental do cálculo para obter o valor exato da integral definida. Esse valor é

$$\int_0^1 e^x dx = e - 1 \qquad \text{Valor exato}$$

que é aproximadamente 1,718282.

✓ AUTOAVALIAÇÃO 1

Utilize a regra do trapézio com $n = 4$ para calcular aproximadamente

$$\int_0^1 e^{2x} \, dx.$$

Há dois pontos importantes que devem ser levados em consideração quanto à regra do trapézio. Primeiro, a aproximação tende a tornar-se mais precisa conforme n aumenta. No caso do Exemplo 1, se $n = 16$, a regra do trapézio resulta em uma aproximação de 1,7188. Em segundo lugar, embora tenha sido possível utilizar o teorema fundamental do cálculo para obter a integral do Exemplo 1, esse teorema não pode ser utilizado para calcular uma integral tão simples quanto $\int_0^1 e^{x^2} dx$. No entanto, a regra do trapézio pode ser facilmente aplicada a essa integral.

Regra de Simpson

Um modo de visualizar a regra do trapézio é dizer que, em cada subintervalo, f é aproximada por um polinômio do primeiro grau. Na regra de Simpson, f é aproximada em cada subintervalo por um polinômio do segundo grau.

Para deduzir a regra de Simpson, divida o intervalo $[a, b]$ em um *número par* n de subintervalos, cada um de largura

$$\Delta x = \frac{b-a}{n}.$$

TUTOR TÉCNICO

Uma ferramenta de integração simbólica pode ser utilizada para calcular uma integral definida. Utilize uma ferramenta de integração simbólica para aproximar a integral $\int_0^1 e^{x^2} \, dx$.

No subintervalo $[x_0, x_2]$, aproxime a função f pelo polinômio de segundo grau $p(x)$ que passa pelos pontos

$$(x_0, f(x_0)), \quad (x_1, f(x_1)) \quad \text{e} \quad (x_2, f(x_2))$$

como mostrado na Figura 6.9. O teorema fundamental do cálculo pode ser utilizado para mostrar que

$$\int_{x_0}^{x_2} f(x)\,dx \approx \int_{x_0}^{x_2} p(x)\,dx$$
$$= \left(\frac{x_2 - x_0}{6}\right)\left[p(x_0) + 4p\left(\frac{x_0 + x_2}{2}\right) + p(x_2)\right]$$
$$= \frac{2[(b-a)/n]}{6}[p(x_0) + 4p(x_1) + p(x_2)]$$
$$= \left(\frac{b-a}{3n}\right)[f(x_0) + 4f(x_1) + f(x_2)].$$

A repetição desse processo nos subintervalos $[x_{i-2}, x_i]$ produz

$$\int_a^b f(x)\,dx \approx \left(\frac{b-a}{3n}\right)[f(x_0) + 4f(x_1) + f(x_2) + f(x_2) + 4f(x_3) +$$
$$f(x_4) + \cdots + f(x_{n-2}) + 4f(x_{n-1}) + f(x_n)].$$

Agrupando-se os termos iguais, pode-se obter a aproximação mostrada abaixo, que é conhecida como regra de Simpson. O nome dessa regra é uma homenagem ao matemático inglês Thomas Simpson (1710-1761).

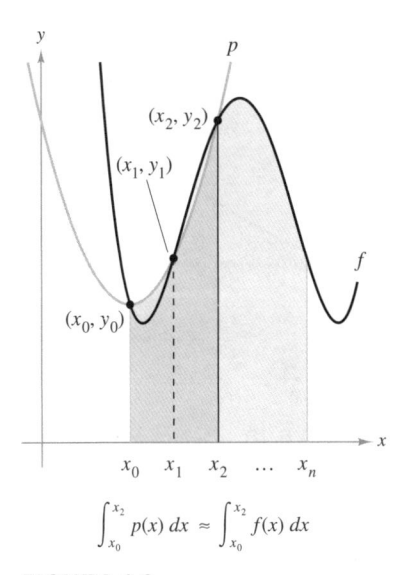

FIGURA 6.9

$$\int_{x_0}^{x_2} p(x)\,dx \approx \int_{x_0}^{x_2} f(x)\,dx$$

Regra de Simpson (n é par)

Se f for contínua em $[a, b]$, então

$$\int_a^b f(x)\,dx \approx \left(\frac{b-a}{3n}\right)[f(x_0) + 4f(x_1) + 2f(x_2) + 4f(x_3) +$$
$$\cdots + 4f(x_{n-1}) + f(x_n)].$$

Observe que os coeficientes da regra de Simpson têm o seguinte o padrão

$$1 \quad 4 \quad 2 \quad 4 \quad 2 \quad 4 \ldots 4 \quad 2 \quad 4 \quad 1.$$

A regra do trapézio e a regra de Simpson são necessárias para resolver determinados problemas da vida real, tais como a aproximação do valor presente de uma renda. Esses problemas serão vistos no conjunto de exercícios desta seção.

No Exemplo 1, a regra do trapézio foi utilizada para estimar o valor de

$$\int_0^1 e^x\,dx.$$

O próximo exemplo utiliza a regra de Simpson para aproximar a mesma integral.

Exemplo 2 Utilização da regra de Simpson

Utilize a regra de Simpson para aproximar

$$\int_0^1 e^x\,dx.$$

Compare os resultados para $n = 4$ e $n = 8$.

SOLUÇÃO Quando $n = 4$, a largura de cada subintervalo é

$$\frac{1-0}{4} = \frac{1}{4}$$

e as extremidades dos subintervalos são

$$x_0 = 0, \quad x_1 = \frac{1}{4}, \quad x_2 = \frac{1}{2}, \quad x_3 = \frac{3}{4} \quad \text{e} \quad x_4 = 1$$

conforme indicado na Figura 6.10. Assim, pela regra de Simpson

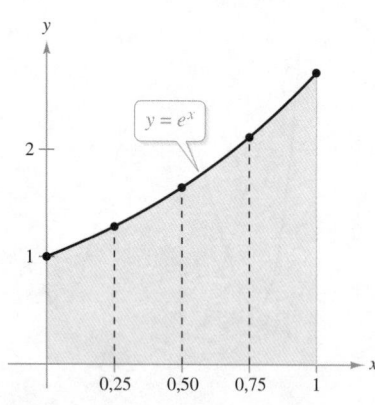

FIGURA 6.10 Quatro subintervalos.

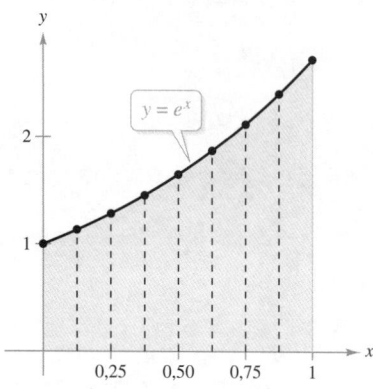

FIGURA 6.11 Oito subintervalos.

$$\int_0^1 e^x dx = \frac{1}{12}(e^0 + 4e^{0,25} + 2e^{0,5} + 4e^{0,75} + e^1)$$

$$\approx 1{,}718319. \qquad \text{Aproximação utilizando } n = 4$$

Quando $n = 8$, a largura de cada subintervalo é $(1 - 0)/8 = \frac{1}{8}$ e as extremidades dos subintervalos são

$$x_0 = 0, \quad x_1 = \frac{1}{8}, \quad x_2 = \frac{1}{4}, \quad x_3 = \frac{3}{8}, \quad x_4 = \frac{1}{2}$$

$$x_5 = \frac{5}{8}, \quad x_6 = \frac{3}{4}, \quad x_7 = \frac{7}{8} \quad \text{e} \quad x_8 = 1$$

conforme indicado na Figura 6.11. Assim, pela regra de Simpson

$$\int_0^1 e^x dx = \frac{1}{24}(e^0 + 4e^{0,125} + 2e^{0,25} + \cdots + 4e^{0,875} + e^1)$$

$$\approx 1{,}718284. \qquad \text{Aproximação utilizando } n = 8$$

Lembre-se de que o valor exato dessa integral é

$$\int_0^1 e^x dx = e - 1 \qquad \text{Valor exato}$$

que é aproximadamente

$$1{,}718282. \qquad \text{Valor aproximado}$$

Assim, com apenas oito subintervalos, foi possível obter uma aproximação que tem precisão de 0,000002 – um resultado impressionante.

✓ AUTOAVALIAÇÃO 2

Utilize a regra de Simpson com $n = 4$ para aproximar $\int_0^1 e^{2x} dx$. ■

Análise de erro

Nos Exemplos 1 e 2, foi possível calcular o valor exato da integral e comparar esse valor com as aproximações para verificar o quão precisas elas eram. Na prática, é necessário um outro modo para dizer quão boa é uma aproximação: tal modo é fornecido no resultado a seguir.

Erros na regra do trapézio e na regra de Simpson

Os erros E na aproximação de

$$\int_a^b f(x)\, dx$$

são como mostrados.

Regra do trapézio: $|E| \leq \dfrac{(b-a)^3}{12n^2}\bigl[\max|f''(x)|\bigr], \quad a \leq x \leq b$

Regra de Simpson: $|E| \leq \dfrac{(b-a)^5}{180n^4}\bigl[\max|f^{(4)}(x)|\bigr], \quad a \leq x \leq b$

Esse resultado indica que os erros gerados pela regra do trapézio e pela regra de Simpson possuem limitantes superiores que dependem dos valores extremos de

$$f''(x) \quad \text{e} \quad f^{(4)}(x)$$

no intervalo $[a, b]$. Além disso, é possível tornar os limitantes dos erros arbitrariamente pequenos, *aumentando-se* n. Para determinar qual valor de n escolher, considere as etapas a seguir.

DICA DE ESTUDO

Comparando os resultados dos Exemplos 1 e 2, é possível ver que, para dado valor de n, a regra de Simpson tende a ser mais precisa do que a regra do trapézio.

TUTOR TÉCNICO

Um programa para vários modelos de ferramentas gráficas que utiliza a regra de Simpson para aproximar a integral definida $\int_a^b f(x)\, dx$ pode ser encontrado no Apêndice E.

Regra do trapézio

1. Determine $f''(x)$.
2. Determine o máximo de $|f''(x)|$ no intervalo $[a, b]$.
3. Escreva a desigualdade

$$|E| \leq \frac{(b-a)^3}{12n^2}\left[\max|f''(x)|\right].$$

4. Para um erro inferior a ϵ, determine n a partir da desigualdade

$$\frac{(b-a)^3}{12n^2}\left[\max|f''(x)|\right] < \epsilon.$$

5. Divida $[a, b]$ em n subintervalos e aplique a regra do trapézio.

Regra de Simpson

1. Determine $f^{(4)}(x)$.
2. Determine o máximo de $|f^{(4)}(x)|$ no intervalo $[a, b]$.
3. Escreva a desigualdade

$$|E| \leq \frac{(b-a)^5}{180n^4}\left[\max|f^{(4)}(x)|\right].$$

4. Para um erro menor que ϵ, determine n a partir da desigualdade

$$\frac{(b-a)^5}{180n^4}\left[\max|f^{(4)}(x)|\right] < \epsilon.$$

5. Divida $[a, b]$ em n subintervalos e aplique a regra de Simpson.

Exemplo 3 — O erro aproximado na regra do trapézio

Utilize a regra do trapézio para estimar o valor de $\int_0^1 e^{-x^2}\,dx$, de modo que o erro na aproximação da integral seja inferior a 0,01.

SOLUÇÃO

1. Comece determinando a segunda derivada de $f(x) = e^{-x^2}$.

$$f(x) = e^{-x^2}$$
$$f'(x) = -2xe^{-x^2}$$
$$f''(x) = 4x^2 e^{-x^2} - 2e^{-x^2}$$
$$= 2e^{-x^2}(2x^2 - 1)$$

2. f'' possui apenas um número crítico no intervalo $[0, 1]$, e o valor máximo de $|f''(x)|$ nesse intervalo é $|f''(0)| = 2$.

3. O erro E, utilizando-se a regra do trapézio, é limitado por

$$|E| \leq \frac{(b-a)^3}{12n^2}(2) = \frac{1}{12n^2}(2) = \frac{1}{6n^2}.$$

4. Para assegurar que a aproximação possui um erro inferior a 0,01, você deve escolher n de modo que

$$\frac{1}{6n^2} < 0,01.$$

Isolando n, é possível determinar que n deve ser maior ou igual a 5.

5. Divida $[0, 1]$ em cinco subintervalos, como mostrado na Figura 6.12. Em seguida, aplique a regra do trapézio para obter

TUTOR DE ÁLGEBRA

Para obter ajuda sobre álgebra no Exemplo 3, veja o Exemplo 4 no *Tutor de álgebra* do Capítulo 6, na página 405.

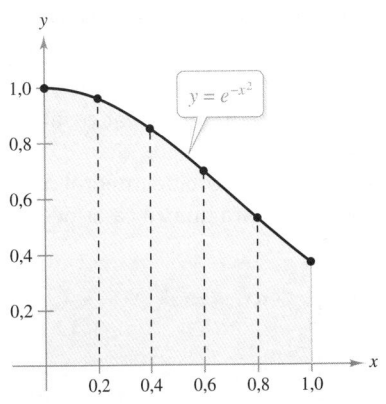

FIGURA 6.12

$$\int_0^1 e^{-x^2} dx = \frac{1}{10}\left(\frac{1}{e^0} + \frac{2}{e^{0,04}} + \frac{2}{e^{0,16}} + \frac{2}{e^{0,36}} + \frac{2}{e^{0,64}} + \frac{1}{e^1}\right)$$
$$\approx 0,744.$$

Assim, com um erro menor ou igual a 0,01, sabe-se que

$$0,734 \leq \int_0^1 e^{-x^2} dx \leq 0,754.$$

✓ AUTOAVALIAÇÃO 3

Utilize a regra do trapézio para estimar o valor de

$$\int_0^1 \sqrt{1 + x^2}\, dx$$

de modo que o erro na aproximação seja inferior a 0,01.

PRATIQUE (Seção 6.3)

1. Enuncie a regra do trapézio *(página 387)*. Para um exemplo da regra do trapézio, veja o Exemplo 1.
2. Enuncie a regra de Simpson *(página 389)*. Para um exemplo da regra de Simpson, veja o Exemplo 2.
3. Dê os erros aproximados na regra do trapézio e na regra de Simpson *(página 390)*. Para um exemplo da utilização do erro aproximado na regra do trapézio, veja o Exemplo 3.

Recapitulação 6.3

Os exercícios preparatórios a seguir envolvem conceitos vistos em curso ou seções anteriores. Esses conceitos serão utilizados no conjunto de exercícios desta seção. Para obter mais ajuda, consulte a Seção A1 do Apêndice e as Seções 2.2, 2.6, 3.2, 4.3 e 4.5.

Nos Exercícios 1-6, determine a derivada indicada.

1. $f(x) = \dfrac{1}{x}$, $f''(x)$
2. $f(x) = \ln(2x + 1)$, $f^{(4)}(x)$
3. $f(x) = 2\ln x$, $f^{(4)}(x)$
4. $f(x) = x^3 - 2x^2 + 7x - 12$, $f''(x)$
5. $f(x) = e^{2x}$, $f^{(4)}(x)$
6. $f(x) = e^{x^2}$, $f''(x)$

Nos Exercícios 7 e 8, determine o máximo absoluto de *f* no intervalo.

7. $f(x) = -x^2 + 6x + 9$, $[0, 4]$
8. $f(x) = \dfrac{8}{x^3}$, $[1, 2]$

Nos Exercícios 9 e 10, determine *n*.

9. $\dfrac{1}{4n^2} < 0,001$
10. $\dfrac{1}{16n^4} < 0,0001$

Exercícios 6.3

Usando a regra do trapézio e a regra de Simpson Nos Exercícios 1-10, use a regra do trapézio e a regra de Simpson para aproximar o valor da integral definida para o valor indicado de *n*. Compare esses resultados com o valor exato da integral definida. Arredonde suas respostas para quatro casas decimais. *Veja os Exemplos 1 e 2.*

1. $\int_0^2 x^2\, dx$, $n = 4$
2. $\int_0^1 \left(\dfrac{x^2}{2} + 1\right) dx$, $n = 4$
3. $\int_0^2 e^{-4x}\, dx$, $n = 8$
4. $\int_1^3 (4 - x^2)\, dx$, $n = 4$
5. $\int_1^2 \dfrac{1}{x}\, dx$, $n = 8$
6. $\int_0^8 \sqrt[3]{x}\, dx$, $n = 8$
7. $\int_0^4 \sqrt{x}\, dx$, $n = 8$
8. $\int_1^2 \dfrac{1}{x^2}\, dx$, $n = 4$
9. $\int_0^1 xe^{3x^2}\, dx$, $n = 4$
10. $\int_0^2 x\sqrt{x^2 + 1}\, dx$, $n = 4$

Usando a regra do trapézio e a regra de Simpson Nos Exercícios 11-20, aproxime o valor da integral definida usando (a) a regra do trapézio e (b) a regra de Simpson para o valor indicado de *n*. Arredonde suas respostas para três casas decimais. *Veja os Exemplos 1 e 2.*

11. $\int_0^1 \frac{1}{1 + x^2} dx, \ n = 4$

12. $\int_0^2 \frac{1}{\sqrt{1 + x^3}} dx, \ n = 4$

13. $\int_0^4 \frac{1}{\sqrt[3]{x^2 + 1}} dx, \ n = 8$

14. $\int_0^4 \frac{8}{x^2 + 3} dx, \ n = 4$

15. $\int_0^2 \sqrt{1 + x^3} \, dx, \ n = 4$

16. $\int_0^1 \sqrt{1 - x^2} \, dx, \ n = 8$

17. $\int_0^1 e^{x^2} dx, \ n = 8$

18. $\int_0^2 e^{-x^2} dx, \ n = 4$

19. $\int_0^3 \frac{1}{2 - 2x + x^2} dx, \ n = 6$

20. $\int_0^3 \frac{x}{2 + x + x^2} dx, \ n = 6$

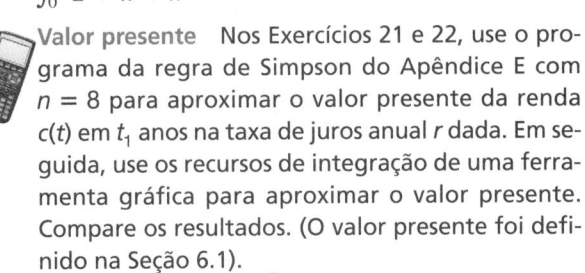

Valor presente Nos Exercícios 21 e 22, use o programa da regra de Simpson do Apêndice E com *n* = 8 para aproximar o valor presente da renda *c*(*t*) em t_1 anos na taxa de juros anual *r* dada. Em seguida, use os recursos de integração de uma ferramenta gráfica para aproximar o valor presente. Compare os resultados. (O valor presente foi definido na Seção 6.1).

21. $c(t) = 6.000 + 200\sqrt{t}, \ r = 7\%, \ t_1 = 4$

22. $c(t) = 200.000 + 15.000\sqrt[3]{t}, \ r = 10\%, \ t_1 = 8$

Análise marginal Nos Exercícios 23 e 24, use o programa da regra de Simpson do Apêndice E com *n* = 4 para aproximar a variação na receita a partir da função receita marginal *dR/dx*. Em cada caso, assuma que o número de unidades vendidas *x* aumenta de 14 a 16.

23. $\frac{dR}{dx} = 5\sqrt{8.000 - x^3}$ **24.** $\frac{dR}{dx} = 50\sqrt{x}\sqrt{20 - x}$

Probabilidade Nos Exercícios 25-28, use o programa da Regra de Simpson no Apêndice E com *n* = 6 para aproximar a probabilidade normal indicada. A função densidade de probabilidade normal padrão é

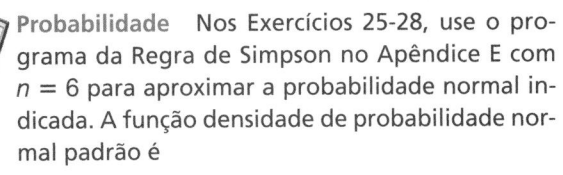

$f(x) = \frac{1}{\sqrt{2\pi}} e^{-x^2/2}.$

Se *x* for escolhido aleatoriamente de uma população com essa densidade, então a probabilidade de que *x* esteja no intervalo [a, b] é

$P(a \le x \le b) = \int_a^b f(x) \, dx.$

25. $P(0 \le x \le 1)$ **26.** $P(0 \le x \le 1,5)$
27. $P(0 \le x \le 4)$ **28.** $P(0 \le x \le 2)$

Agrimensura Nos Exercícios 29 e 30, use o programa da regra de Simpson do Apêndice E para estimar o número de pés quadrados de terra no lote, em que *x* e *y* são medidos em pés, como mostrado nas figuras. Em cada caso, a terra é delimitada por um riacho e duas estradas retas.

29.

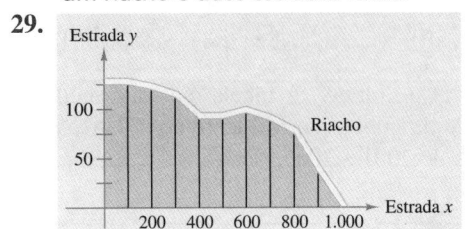

x	0	100	200	300	400	500
y	125	125	120	112	90	90

x	600	700	800	900	1000
y	95	88	75	35	0

30.

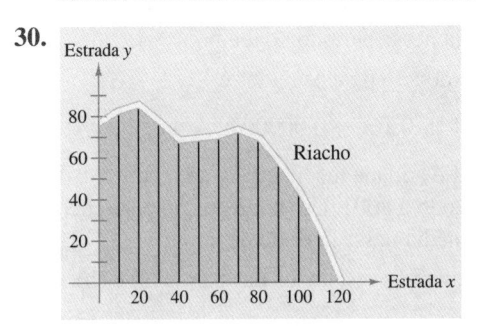

x	0	10	20	30	40	50	60
y	75	81	84	76	67	68	69

x	70	80	90	100	110	120
y	72	68	56	42	23	0

Análise de erro Nos Exercícios 31-34, use as fórmulas de erro para encontrar limitantes para o erro na aproximação da integral definida usando (a) regra do trapézio e (b) regra de Simpson. Seja *n* = 4.

31. $\int_0^2 (x^2 + 2x) \, dx$ **32.** $\int_0^1 \frac{1}{x + 1} dx$

33. $\int_0^1 e^{x^3} dx$ **34.** $\int_0^1 e^{2x^2} dx$

Análise de erro Nos Exercícios 35-38, use as fórmulas de erro para encontrar *n* de modo que o erro na aproximação da integral definida seja menor que 0,0001 usando (a) a regra do trapézio e (b) a regra de Simpson. *Veja o Exemplo 3.*

35. $\int_0^2 x^4 \, dx$ **36.** $\int_1^3 \frac{1}{x} dx$

37. $\int_1^3 e^{2x} dx$ **38.** $\int_3^5 \ln x \, dx$

Usando a regra de Simpson Nos Exercícios 39-42, use o programa da regra de Simpson do Apêndice E com $n = 100$ para aproximar a integral definida.

39. $\int_{1}^{4} x\sqrt{x+4}\,dx$ **40.** $\int_{2}^{5} 10x^2 e^{-x}\,dx$

41. $\int_{2}^{5} 10xe^{-x}\,dx$ **42.** $\int_{1}^{4} x^2\sqrt{x+4}\,dx$

43. Média de idade A tabela mostra a média de idade da população residente nos EUA para os anos de 2001 a 2009. *(Fonte: U. S. Census Bureau)*

Ano	2001	2002	2003	2004	2005
Média de idade	35,5	35,7	35,9	36,0	36,2

Ano	2006	2007	2008	2009
Média de idade	36,3	36,5	36,7	36,8

(a) Use a regra de Simpson para estimar a idade média nesse período de tempo.

(b) Um modelo para os dados é

$A = 35{,}4 + 0{,}16t - 0{,}000004e^t$, $1 \le t \le 9$

em que A é a idade média e t é o ano, com $t = 1$ correspondendo a 2001. Use a integração para encontrar a idade média nesse período de tempo.

(c) Compare os resultados das partes (a) e (b).

44. Eletricidade A tabela mostra os preços da eletricidade residencial (em centavos de dólar por quilowatt-hora) para os anos de 2001 a 2009. *(Fonte: U. S. Energy Information Administration)*

Ano	2001	2002	2003	2004	2005
Preço	8,58	8,44	8,72	8,95	9,45

Ano	2006	2007	2008	2009
Preço	10,40	10,65	11,26	11,55

(a) Use a regra de Simpson para estimar o preço médio da eletricidade residencial nesse período de tempo.

(b) Um modelo para os dados é

$E = 8{,}4 - 1{,}39t + 0{,}291t^2 - 0{,}0160t^3 + 1{,}27097\sqrt{t}$

para $1 \le t \le 9$, em que E é o preço de energia elétrica residencial (em centavos de dólar por quilowatt-hora) e t é o ano, com $t = 1$ correspondendo a 2001. Use a integração para encontrar o preço médio da eletricidade residencial nesse período de tempo.

(c) Compare os resultados das partes (a) e (b).

45. Medicina Um corpo assimila um comprimido para resfriado, que deve ser tomado a cada 12 horas, a uma taxa modelada por $dC/dt = 8 - \ln(t^2 - 2t + 4)$, $0 \le t \le 12$, em que dC/dt é medido em miligramas por hora e t é o tempo em horas. Use a regra de Simpson com $n = 8$ para estimar a quantidade total de fármaco absorvida no corpo durante as 12 horas.

46. VISUALIZE O gráfico mostra a receita semanal (em milhares de dólares) de uma empresa.

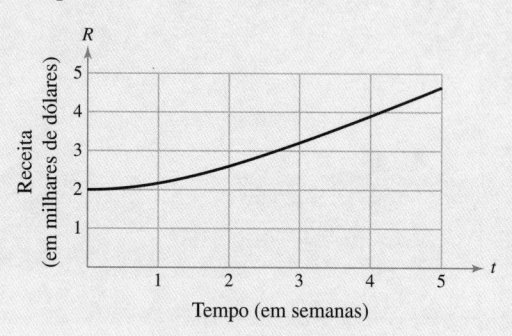

(a) Qual fornece uma aproximação mais precisa da receita total semanal para as primeiras 4 semanas utilizando a regra do trapézio, $n = 8$ ou $n = 16$?

(b) Qual fornece uma aproximação mais precisa da receita total semanal para as primeiras 4 semanas, a regra do trapézio com $n = 8$ ou a regra de Simpson com $n = 8$?

47. Tendências de consumo A taxa de variação do número de assinantes S de uma revista colocada à venda recentemente introduzida é modelada por

$$\frac{dS}{dt} = 1.000t^2 e^{-t}, \quad 0 \le t \le 6$$

em que t é o tempo em anos. Use a regra de Simpson com $n = 12$ para estimar o aumento total do número de assinantes durante os primeiros 6 anos.

48. Usando a regra de Simpson Demonstre que a regra de Simpson é exata quando usada para aproximar a integral de uma função polinomial cúbica e ilustre o resultado para

$$\int_{0}^{1} x^3\,dx$$

com $n = 2$.

Cápsula de negócios

Susie Wang e Ric Kostick se graduaram em 2002 pela Universidade da Califórnia, em Berkeley, com formação em matemática. Juntos, eles lançaram uma marca de cosméticos chamada 100% Pure, que utiliza pigmentos de frutas e vegetais para colorir cosméticos e emprega somente ingredientes orgânicos para proporcionar o mais puro cuidado da pele. A empresa cresceu rapidamente e agora tem vendas anuais de mais de $ 15 milhões. Wang e Kostick atribuem o sucesso à aplicação do que aprenderam em seus estudos. "A matemática ensina lógica, disciplina e precisão, o que auxilia em todos os aspectos da vida cotidiana", diz Ric Kostick.

49. Projeto de Pesquisa Use a biblioteca de sua escola, a internet ou outra fonte de referência para pesquisar o custo de frequentar a escola de pós-graduação por 2 anos para receber o Mestrado em Administração de Empresas (MBA), em vez de trabalhar por 2 anos com diploma de bacharel. Escreva um pequeno artigo descrevendo esses custos.

6.4 Integrais impróprias

- Reconhecer integrais impróprias.
- Calcular integrais impróprias com limites de integração infinitos.
- Utilizar integrais impróprias para resolver problemas da vida real.
- Determinar o valor presente de uma perpetuidade.

Integrais impróprias

A definição de integral definida

$$\int_a^b f(x)\, dx$$

exige que o intervalo $[a, b]$ seja finito. Além disso, o teorema fundamental do cálculo, por meio do qual você tem calculado integrais definidas, requer que f seja contínua em $[a, b]$. Algumas integrais não satisfazem essas exigências por causa de uma das seguintes condições:

1. um ou ambos os limites de integração são infinitos.
2. a função f possui uma descontinuidade infinita no intervalo $[a, b]$.

As integrais que possuem uma dessas características são chamadas **integrais impróprias**. Nesta seção, você estudará integrais em que um ou ambos os limites de integração são infinitos. Por exemplo, a integral

$$\int_0^\infty e^{-x}\, dx$$

é imprópria porque um limite de integração é infinito, como indicado na Figura 6.13.

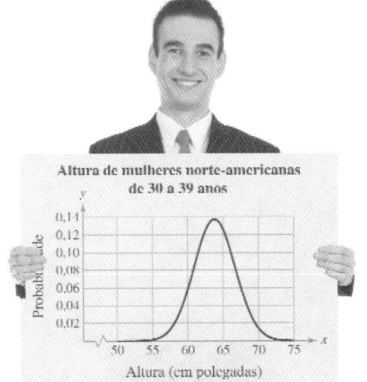

No Exercício 27, na página 403, você calculará uma integral imprópria para determinar a probabilidade de que uma mulher de 30 a 39 anos de idade tenha 6 pés de altura ou mais.

FIGURA 6.13   **FIGURA 6.14**

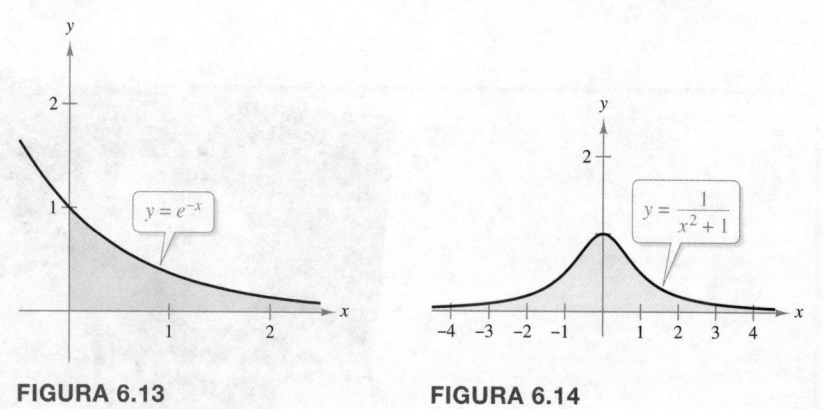

Da mesma forma, a integral

$$\int_{-\infty}^{\infty} \frac{1}{x^2 + 1}\, dx$$

é imprópria porque ambos os limites de integração são infinitos, como indicado na Figura 6.14.

As integrais

$$\int_{1}^{5} \frac{1}{\sqrt{x - 1}}\, dx \quad \text{e} \quad \int_{-2}^{2} \frac{1}{(x + 1)^2}\, dx$$

são impróprias, pois seus integrandos possuem uma **descontinuidade infinita** – ou seja, eles tendem ao infinito em algum lugar do intervalo de integração. O cálculo de integrais cujo integrando tem uma descontinuidade infinita está além do escopo deste texto.

Integrais com limites infinitos de integração

Para entender como calcular uma integral imprópria, considere a integral mostrada na Figura 6.15.

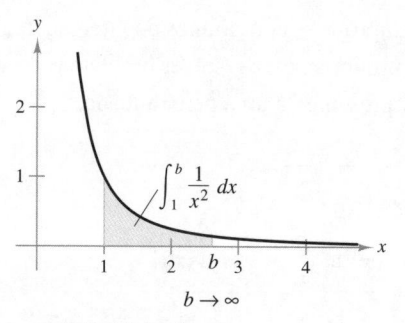

FIGURA 6.15

Contanto que b seja um número real maior que 1 (não importa o quão maior), trata-se de uma integral definida cujo valor é

$$\int_{1}^{b} \frac{1}{x^2}\, dx = \left[-\frac{1}{x}\right]_{1}^{b} = -\frac{1}{b} + 1 = 1 - \frac{1}{b}.$$

A tabela mostra os valores dessa integral para vários valores de b.

b	2	5	10	100	1.000	10.000
$\int_{1}^{b} \frac{1}{x^2}\, dx = 1 - \frac{1}{b}$	0,5000	0,8000	0,9000	0,9900	0,9990	0,9999

Essa tabela sugere que o valor da integral tende a um limite quando b aumenta ilimitadamente. Esse limite é denotado pela *integral imprópria* mostrada a seguir.

$$\int_1^\infty \frac{1}{x^2}\,dx = \lim_{b\to\infty}\int_1^b \frac{1}{x^2}\,dx = \lim_{b\to\infty}\left(1 - \frac{1}{b}\right) = 1$$

Esta integral imprópria pode ser interpretada como a área da região *ilimitada* entre o gráfico de $f(x) = 1/x^2$ e o eixo x (à direita de $x = 1$).

Integrais impróprias (limites infinitos de integração)

1. Se f for contínua no intervalo $[a, \infty)$, então

$$\int_a^\infty f(x)\,dx = \lim_{b\to\infty}\int_a^b f(x)\,dx.$$

2. Se f for contínua no intervalo $(-\infty, b]$, então

$$\int_{-\infty}^b f(x)\,dx = \lim_{a\to-\infty}\int_a^b f(x)\,dx.$$

3. Se f for contínua no intervalo $(-\infty, \infty)$, então

$$\int_{-\infty}^\infty f(x)\,dx = \int_{-\infty}^c f(x)\,dx + \int_c^\infty f(x)\,dx$$

em que c é qualquer número real.

Nos dois primeiros casos, se o limite existir, então a integral imprópria será **convergente**; do contrário, ela será **divergente**. No terceiro caso, a integral à esquerda será divergente se uma das integrais à direita for divergente.

Exemplo 1 Cálculo de uma integral imprópria

Determine a convergência ou divergência de $\int_1^\infty \frac{1}{x}\,dx$.

SOLUÇÃO   Comece aplicando a definição de integral imprópria.

$$\int_1^\infty \frac{1}{x}\,dx = \lim_{b\to\infty}\int_1^b \frac{1}{x}\,dx \quad \text{Definição de integral imprópria}$$

$$= \lim_{b\to\infty}\Big[\ln x\Big]_1^b \quad \text{Determine a primitiva.}$$

$$= \lim_{b\to\infty}(\ln b - 0) \quad \text{Aplique o teorema fundamental.}$$

$$= \infty \quad \text{Calcule o limite.}$$

Como o limite é infinito, a integral imprópria é divergente.

> **TUTOR TÉCNICO**
>
> As ferramentas de integração simbólica calculam integrais impróprias de um modo semelhante ao que calculam integrais definidas. Utilize uma dessas ferramentas para calcular a integral no Exemplo 1.

✓ **AUTOAVALIAÇÃO 1**

Determine a convergência ou a divergência de cada integral imprópria.

a. $\int_1^\infty \frac{1}{x^3}\,dx$ **b.** $\int_1^\infty \frac{1}{\sqrt{x}}\,dx$

Ao começar a trabalhar com integrais impróprias, descobrimos que integrais que parecem semelhantes possuem valores muito diferentes. Por exemplo, considere as duas integrais impróprias

$$\int_1^\infty \frac{1}{x}\,dx = \infty \quad \text{Integral divergente}$$

e

$$\int_1^\infty \frac{1}{x^2}\,dx = 1. \quad \text{Integral convergente}$$

A primeira integral diverge e a segunda converge para 1. Graficamente, isso significa que as áreas, mostradas na Figura 6.16, são bem diferentes. A região localizada entre o gráfico

$$y = \frac{1}{x}$$

e o eixo x (para $x \geq 1$) possui área *infinita* e a região localizada entre o gráfico de

$$y = \frac{1}{x^2}$$

e o eixo x (para $x \geq 1$) possui área *finita*.

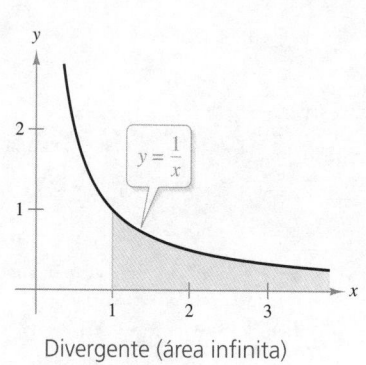

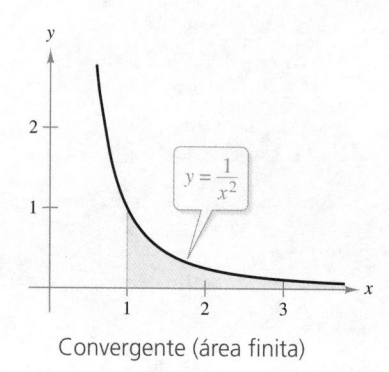

Divergente (área infinita)   Convergente (área finita)
FIGURA 6.16

Exemplo 2   Cálculo de uma integral imprópria

Calcule a integral imprópria.

$$\int_{-\infty}^{0} \frac{1}{(1-2x)^{3/2}} \, dx$$

SOLUÇÃO   Comece aplicando a definição de integral imprópria.

$$\int_{-\infty}^{0} \frac{1}{(1-2x)^{3/2}} \, dx = \lim_{a \to -\infty} \int_{a}^{0} \frac{1}{(1-2x)^{3/2}} \, dx \quad \text{Definição de integral imprópria}$$

$$= \lim_{a \to -\infty} \left[\frac{1}{\sqrt{1-2x}} \right]_{a}^{0} \quad \text{Determine a primitiva.}$$

$$= \lim_{a \to -\infty} \left(1 - \frac{1}{\sqrt{1-2a}} \right) \quad \text{Aplique o teorema fundamental.}$$

$$= 1 - 0 \quad \text{Calcule o limite.}$$

$$= 1 \quad \text{Simplifique.}$$

Assim, a integral imprópria converge para 1. Como mostrado na Figura 6.17, isso implica que a região localizada entre o gráfico de $y = 1/(1-2x)^{3/2}$ e o eixo x (para $x \leq 0$) possui uma área de 1 unidade quadrada.

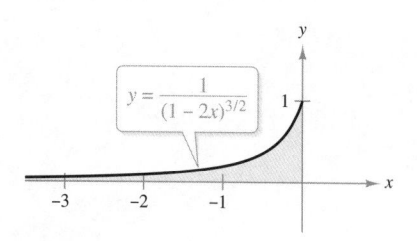

FIGURA 6.17

TUTOR DE ÁLGEBRA

Para obter ajuda sobre álgebra no Exemplo 2, veja o Exemplo 2(a) no *Tutor de álgebra* do Capítulo 6, na página 405.

✓ **AUTOAVALIAÇÃO 2**

Calcule a integral imprópria, se possível.

$$\int_{-\infty}^{0} \frac{1}{(x-1)^2} \, dx$$

Exemplo 3   Cálculo de uma integral imprópria

Calcule a integral imprópria.

$$\int_0^\infty 2xe^{-x^2}\,dx$$

SOLUÇÃO Comece aplicando a definição de integral imprópria.

$$\int_0^\infty 2xe^{-x^2}\,dx = \lim_{b\to\infty}\int_0^b 2xe^{-x^2}\,dx \qquad \text{Definição de integral imprópria}$$

$$= \lim_{b\to\infty}\left[-e^{-x^2}\right]_0^b \qquad \text{Determine a primitiva.}$$

$$= \lim_{b\to\infty}\left(-e^{-b^2}+1\right) \qquad \text{Aplique o teorema fundamental.}$$

$$= 0+1 \qquad \text{Calcule o limite.}$$

$$= 1 \qquad \text{Simplifique.}$$

Assim, a integral imprópria converge para 1. Como mostrado na Figura 6.18, isso implica que a região localizada entre o gráfico de $y = 2xe^{-x^2}$ e o eixo x (para $x \geq 0$) possui uma área de 1 unidade quadrada.

✓ AUTOAVALIAÇÃO 3

Calcule a integral imprópria, se possível.

$$\int_{-\infty}^0 e^{2x}\,dx$$

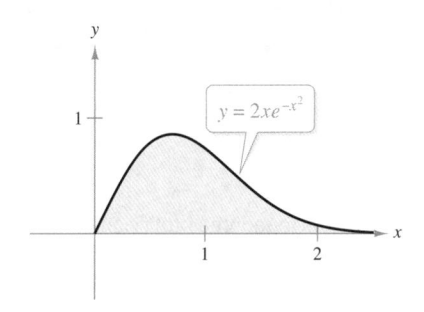

FIGURA 6.18

> **TUTOR DE ÁLGEBRA**
>
> Para obter ajuda sobre álgebra no Exemplo 3, veja o Exemplo 2(b) no *Tutor de álgebra* do Capítulo 6, na página 405.

Aplicação

Na Seção 4.3, você estudou o gráfico da *função densidade de probabilidade normal*

$$f(x) = \frac{1}{\sigma\sqrt{2\pi}}e^{-(x-\mu)^2/2\sigma^2}.$$

Essa função é utilizada em estatística para representar uma população que é normalmente distribuída com média μ e desvio padrão σ. Especificamente, se um resultado x for escolhido aleatoriamente entre a população, a probabilidade de que x tenha um valor entre a e b é

$$P(a \leq x \leq b) = \int_a^b \frac{1}{\sigma\sqrt{2\pi}}e^{-(x-\mu)^2/2\sigma^2}\,dx.$$

Como mostrado na Figura 6.19, a probabilidade $P(-\infty < x < \infty)$ é

$$P(-\infty < x < \infty) = \int_{-\infty}^\infty \frac{1}{\sigma\sqrt{2\pi}}e^{-(x-\mu)^2/2\sigma^2}\,dx = 1.$$

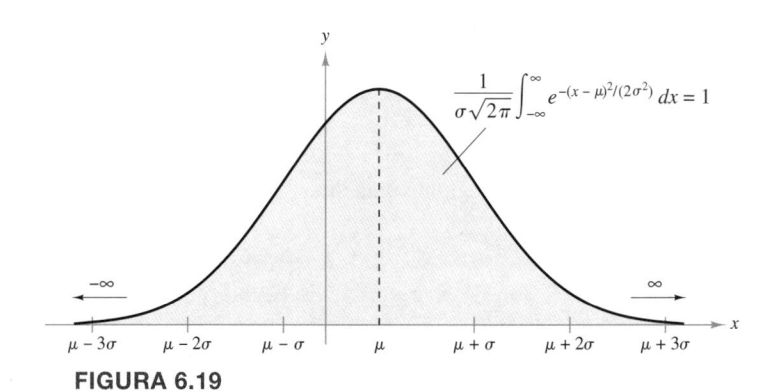

FIGURA 6.19

Exemplo 4 | Determinação de uma probabilidade

A altura média do homem norte-americano (entre 20 e 29 anos de idade) é de 69 polegadas e o desvio padrão, de 3 polegadas. Um homem entre 20 e 29 anos é aleatoriamente escolhido na população. Qual é a probabilidade de que ele tenha 6 pés ou mais de altura? (*Fonte*: *U. S. National Center for Health Statistics*)

SOLUÇÃO Observe que a média e o desvio padrão são dados em polegadas e a altura do homem escolhido aleatoriamente é dada em pés. Para calcular a probabilidade, você precisa utilizar as mesmas unidades para essas quantidades. Uma vez que é mais fácil converter pés para polegadas, utilize 72 polegadas (1 pé = 12 polegadas) para a altura do homem. Assim, a probabilidade pode ser escrita como $P(72 \leq x < \infty)$. Utilizando uma média $\mu = 69$ e um desvio padrão $\sigma = 3$, a probabilidade $P(72 \leq x < \infty)$ é dada pela integral imprópria

$$P(72 \leq x < \infty) = \int_{72}^{\infty} \frac{1}{3\sqrt{2\pi}} e^{-(x-69)^2/18} dx.$$

Utilizando uma ferramenta de integração simbólica, é possível aproximar o valor dessa integral por 0,158. Assim, a probabilidade de que o homem tenha 6 pés ou mais de altura é de aproximadamente 15,8%.

✓ AUTOAVALIAÇÃO 4

Utilize o Exemplo 4 para determinar a probabilidade de que um homem norte-americano entre 20 e 29 anos de idade escolhido aleatoriamente na população tenha 6 pés e 6 polegadas ou mais de altura. ∎

Muitos jogadores profissionais de basquete têm mais de 6 1/2 pés (cerca de 1,98 metro) de altura. Quando um homem é escolhido aleatoriamente na população norte-americana, a probabilidade de que este homem tenha 1,98 metro de ou mais altura é menor do que meio por cento.

Valor presente de uma perpetuidade

Lembre-se, da Seção 6.1, que para uma conta com incidência de juros, o valor presente em t_1 anos é

$$\text{Valor presente} = \int_0^{t_1} c(t) e^{-rt} dt$$

em que c representa uma função de renda contínua (em dólares por ano) e a taxa de juros anual r é capitalizada continuamente. Se o montante de pagamento de uma anuidade é um número constante de dólares P, então $c(t)$ é igual a P e o valor presente é

$$\text{Valor presente} = \int_0^{t_1} P e^{-rt} dt = P \int_0^{t_1} e^{-rt} dt. \qquad \text{Valor presente de uma anuidade com pagamento } P$$

Considere uma anuidade, como um fundo para bancar seus estudos universitários, que pague a mesma quantidade anualmente *para sempre*. Como a anuidade continuará indefinidamente, o número de anos t_1 tende ao infinito. Essa anuidade é denominada **anuidade perpétua** ou **perpetuidade**. Essa situação pode ser representada pela seguinte integral imprópria.

$$\text{Valor presente} = P \int_0^{\infty} e^{-rt} dt \qquad \text{Valor presente de uma perpetuidade com pagamento } P$$

Essa integral é simplificada da seguinte maneira.

$$P \int_0^{\infty} e^{-rt} dt = P \lim_{b \to \infty} \int_0^b e^{-rt} dt \qquad \text{Definição de integral imprópria}$$

$$= P \lim_{b \to \infty} \left[-\frac{e^{-rt}}{r} \right]_0^b \qquad \text{Determine a primitiva.}$$

$$= P \lim_{b \to \infty} \left(-\frac{e^{-rb}}{r} + \frac{1}{r} \right) \qquad \text{Aplique o teorema fundamental.}$$

$$= P\left(0 + \frac{1}{r}\right) \qquad \text{Calcule o limite.}$$

$$= \frac{P}{r} \qquad \text{Simplifique.}$$

Assim, a integral imprópria converge para P/r. Como mostrado na Figura 6.20, isso implica que a região delimitada pelo gráfico de

$$y = Pe^{-rt}$$

e o eixo t para $t \geq 0$ possui uma área igual ao pagamento anual P dividido pela taxa de juros anual r.

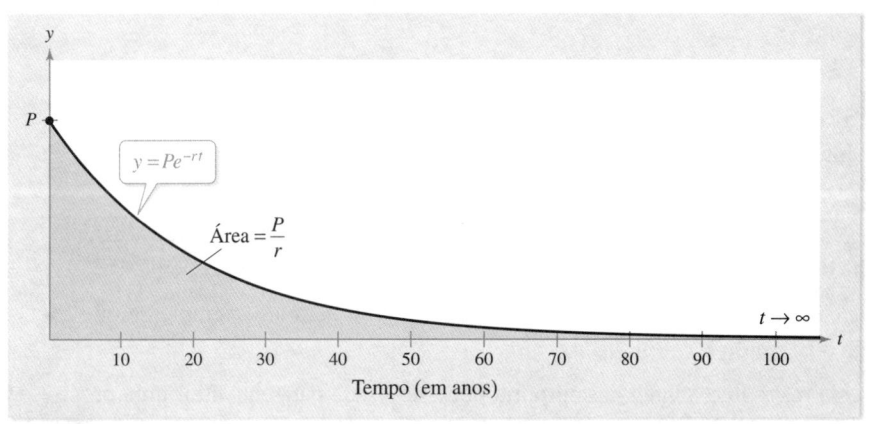

FIGURA 6.20

O valor presente de uma perpetuidade é definido da seguinte maneira.

Valor presente de uma perpetuidade

Se P representa o montante de cada pagamento anual em dólares e a taxa de juros anual é r (capitalizada continuamente), então o valor presente da perpetuidade é

$$\text{Valor presente} = P \int_0^\infty e^{-rt}\, dt = \frac{P}{r}.$$

Essa definição é útil para determinar a quantidade de dinheiro necessária para dar início a uma dotação, como fundos de bolsas de estudos universitários, conforme mostrado no Exemplo 5.

Exemplo 5 — Determinação do valor presente

Você quer dar início a um fundo para um programa de bolsas de estudos em sua universidade. Você planeja conceder uma bolsa por ano no valor anual de $ 9.000 começando daqui um ano, e você dispõe de, no máximo, $ 120.000 para dar início ao fundo. Deseja, ainda, que a bolsa seja concedida indefinidamente. Assumindo-se uma taxa de juros anual de 8% (capitalizada continuamente), você dispõe de dinheiro suficiente para o fundo de bolsas de estudos?

SOLUÇÃO Para responder a essa questão, é necessário determinar o valor presente do fundo. Como a concessão deve ser feita todo ano, indefinidamente, o período de tempo é infinito. O fundo é uma perpetuidade com $P = 9.000$ e $r = 0,08$. O valor presente é

$$\text{Valor presente} = \frac{P}{r}$$

$$= \frac{9.000}{0,08}$$

$$= 112.500.$$

A quantia necessária para dar início ao fundo de bolsa seria $ 112.500. Sim, você dispõe de dinheiro suficiente para começar esse fundo.

✓ AUTOAVALIAÇÃO 5

No Exemplo 5, haveria dinheiro suficiente para dar início a um fundo de bolsas de estudo que pague $ 10.000 anualmente? Sim ou não? Explique por quê. ■

PRATIQUE (Seção 6.4)

1. Descreva os diferentes tipos de integrais impróprias *(página 397)*. Para exemplos de cálculo de integrais impróprias, veja os Exemplos 1, 2 e 3.

2. Defina o termo *converge* como ele se aplica a integrais impróprias *(página 397)*. Para exemplos de integrais impróprias que convergem, veja os Exemplos 2 e 3.

3. Defina o termo *diverge* como ele se aplica a integrais impróprias *(página 397)*. Para um exemplo de integral imprópria que diverge, veja o Exemplo 1.

4. Descreva em um exemplo da vida real como a integral imprópria pode ser usada para encontrar uma probabilidade *(página 400, Exemplo 4)*.

5. Descreva em um exemplo da vida real como a integral imprópria pode ser usada para encontrar o valor presente de uma perpetuidade *(página 401, Exemplo 5)*.

Recapitulação 6.4

Os exercícios preparatórios a seguir envolvem conceitos vistos em seções anteriores. Esses conceitos serão utilizados no conjunto de exercícios desta seção. Para mais ajuda, consulte as Seções 1.5, 4.1 e 4.4.

Nos Exercícios 1-6, determine o limite.

1. $\lim\limits_{x \to 2}(2x + 5)$

2. $\lim\limits_{x \to 1}\left(\frac{1}{x} + 2x^2\right)$

3. $\lim\limits_{x \to -4} \frac{x + 4}{x^2 - 16}$

4. $\lim\limits_{x \to 0} \frac{x^2 - 2x}{x^3 + 3x^2}$

5. $\lim\limits_{x \to 1} \frac{1}{\sqrt{x - 1}}$

6. $\lim\limits_{x \to -3} \frac{x^2 + 2x - 3}{x + 3}$

Nos Exercícios 7-10, calcule a expressão (a) quando $x = b$ e (b) quando $x = 0$.

7. $\frac{4}{3}(2x - 1)^3$

8. $\frac{1}{x - 5} + \frac{3}{(x - 2)^2}$

9. $\ln(5 - 3x^2) - \ln(x + 1)$

10. $e^{3x^2} + e^{-3x^2}$

Exercícios 6.4

Determinando se uma integral é imprópria Nos exercícios 1-6, decida se a Integral é imprópria. Explique seu raciocínio.

1. $\int_0^1 \dfrac{dx}{3x-2}$
2. $\int_1^\infty x^2\,dx$
3. $\int_0^1 \dfrac{2x-5}{x^2-5x+6}\,dx$
4. $\int_1^3 \dfrac{dx}{x^2}$
5. $\int_0^5 e^{-x}\,dx$
6. $\int_{-\infty}^\infty \dfrac{1}{x^2+3}\,dx$

Calculando uma integral imprópria Nos Exercícios 7-20, determine se a integral imprópria diverge ou converge. Calcule a integral, se ela convergir. *Veja os Exemplos 1, 2 e 3.*

7. $\int_1^\infty \dfrac{1}{x^2}\,dx$
8. $\int_1^\infty \dfrac{1}{\sqrt[3]{x}}\,dx$
9. $\int_0^\infty e^{x/3}\,dx$
10. $\int_{-\infty}^{-1} \dfrac{1}{x^2}\,dx$
11. $\int_5^\infty \dfrac{x}{\sqrt{x^2-16}}\,dx$
12. $\int_5^\infty \dfrac{1}{\sqrt{2x-1}}\,dx$
13. $\int_{-\infty}^0 e^{-x}\,dx$
14. $\int_0^\infty \dfrac{5}{e^{2x}}\,dx$
15. $\int_1^\infty \dfrac{e^{\sqrt{x}}}{\sqrt{x}}\,dx$
16. $\int_{-\infty}^0 \dfrac{x}{x^2+1}\,dx$
17. $\int_{-\infty}^\infty 2xe^{-3x^2}\,dx$
18. $\int_{-\infty}^\infty x^2 e^{-x^3}\,dx$
19. $\int_4^\infty \dfrac{1}{x(\ln x)^3}\,dx$
20. $\int_{-\infty}^0 \dfrac{1}{\sqrt[3]{1-x}}\,dx$

Área de uma região Nos Exercícios 21-26, encontre a área da região sombreada não limitada.

21. $y = e^{-x}$ 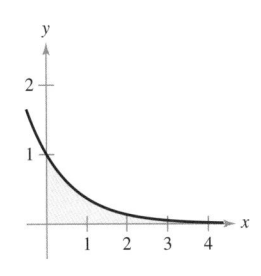
22. $y = e^{x/4}$ 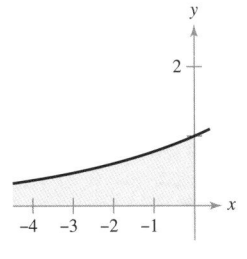
23. $y = -\dfrac{1}{x^3}$ 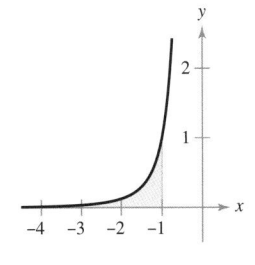
24. $y = \dfrac{16x}{x^2+4}$ 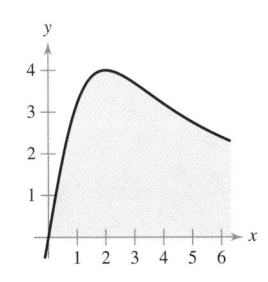
25. $y = \dfrac{6x}{x^2+1}$
26. $y = \dfrac{5}{\sqrt{4-x}}$

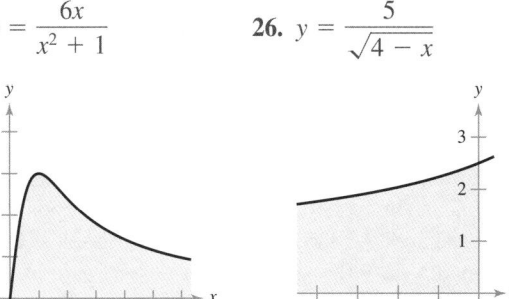

27. **Altura das mulheres** A altura média das mulheres norte-americanas (de 30 a 39 anos de idade) é de 63,8 polegadas e o desvio padrão é de 2,9 polegadas. Use uma ferramenta de integração simbólica ou uma ferramenta gráfica para encontrar a probabilidade de que uma mulher de 30 a 39 anos de idade escolhida ao acaso tenha

    (a) entre 5 e 6 pés de altura.
    (b) 5 pés e 8 polegadas ou mais de altura.
    (c) 6 pés ou mais de altura.

    (Fonte: U.S. National Center for Health Statistics)

28. **VISUALIZE** O gráfico mostra a função densidade de probabilidade para uma marca de carro que tem uma eficiência média de combustível de 26 milhas por galão e um desvio padrão de 2,4 milhas por galão.

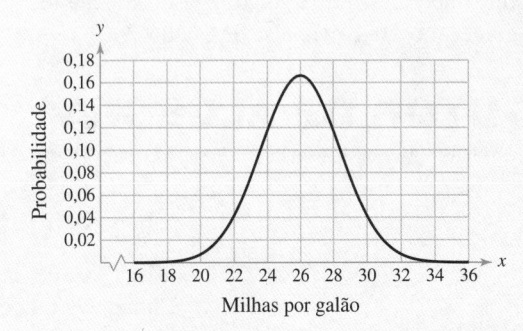

    (a) Qual é maior, a probabilidade de escolher, de forma aleatória, um carro que faz entre 26 e 28 milhas por galão, ou a probabilidade de escolher, de forma aleatória, um carro que faz entre 22 e 24 milhas por galão?

    (b) Qual é maior, a probabilidade de escolher, de forma aleatória, um carro que faz entre 20 e 22 milhas por galão, ou a probabilidade de escolher, de forma aleatória, um carro que faz pelo menos 30 milhas por galão?

29. Controle de qualidade Uma empresa fabrica réguas de madeira. Os comprimentos das réguas são normalmente distribuídos com uma média de 36 polegadas e um desvio padrão de 0,2 polegadas. Use uma ferramenta de integração simbólica ou uma ferramenta gráfica para encontrar a probabilidade de que uma régua escolhida aleatoriamente seja

(a) maior que 35,5 polegadas.

(b) maior que 35,9 polegadas.

30. Controle de qualidade Uma empresa fabrica lâmpadas fluorescentes compactas. Os tempos de vida das lâmpadas são normalmente distribuídos com uma média de 9.000 horas e um desvio padrão de 500 horas. Use uma ferramenta de integração simbólica ou uma ferramenta gráfica para encontrar a probabilidade de que uma lâmpada escolhida aleatoriamente tenha vida útil que esteja

(a) entre 8.000 e 10.000 horas.

(b) acima de 11.000 horas.

Doação Nos Exercícios 31 e 32, determine a quantidade de dinheiro necessária para instituir uma doação de caridade que paga o valor P a cada ano, indefinidamente, para a taxa de juros anual r composta continuamente. *Veja o Exemplo 5.*

31. $P = \$5.000$, $r = 7,5\%$

32. $P = \$12.000$, $r = 6\%$

33. Fundo de bolsa de estudos Você quer começar um fundo de bolsa de estudos na escola em que se formou. Você pretende dar uma bolsa de $\$18.000$ anualmente começando daqui a um ano e tem no máximo $\$400.000$ para iniciar o fundo. Você também quer que a bolsa seja dada por tempo indeterminado. Assumindo uma taxa de juros anual de 5% compostos continuamente, você tem dinheiro suficiente para começar o fundo de bolsa de estudos?

34. Fundação de caridade Uma fundação de caridade quer ajudar as escolas a comprarem computadores. A fundação planeja doar $\$35.000$ todo ano para uma escola, começando daqui a um ano, e a fundação tem no máximo $\$500.000$ para iniciar o fundo. A fundação quer que a doação seja feita por tempo indeterminado. Assumindo uma taxa de juros anual de 8% compostos continuamente, a fundação tem dinheiro suficiente para criar o fundo de doação?

35. Valor presente É esperado que um negócio produza um fluxo contínuo de lucro à taxa de $\$500.000$ por ano. Assumindo uma taxa de juro anual de 9% composta continuamente, qual é o valor presente do negócio

(a) durante 20 anos?

(b) para sempre?

36. Valor presente Espera-se que uma fazenda tenha um fluxo contínuo de lucro à taxa de $\$75.000$ por ano. Assumindo uma taxa de juros anuais de 8% compostos continuamente, qual é o valor presente da fazenda

(a) durante 20 anos?

(b) para sempre?

Custo capitalizado Nos Exercícios 37-40, o custo capitalizado C de um ativo é dado por

$$C = C_0 + \int_0^n c(t)e^{-rt}\,dt$$

em que C_0 é o investimento inicial, t é o tempo em anos, r é a taxa anual de juros compostos continuamente e $c(t)$ é o custo anual de manutenção (em dólares). Encontre o custo capitalizado de um ativo (a) por 5 anos, (b) por 10 anos e (c) para sempre.

37. $C_0 = \$650.000$, $c(t) = 25.000$, $r = 10\%$

38. $C_0 = \$800.000$, $c(t) = 30.000$, $r = 4\%$

39. $C_0 = \$300.000$, $c(t) = 15.000t$, $r = 6\%$

40. $C_0 = \$650.000$, $c(t) = 25.000(1 + 0,08t)$, $r = 12\%$

TUTOR DE ÁLGEBRA

Álgebra e técnicas de integração

Técnicas de integração envolvem muitas habilidades algébricas diferentes. Para uma integral definida são necessárias diversas habilidades algébricas para aplicar o teorema fundamental do cálculo e calcular a expressão resultante. Estude os exemplos neste Tutor de álgebra. Certifique-se de entender a álgebra utilizada em cada etapa.

Exemplo 1 Calculando a expressão

Calcule a expressão

$$(e \ln e - e) - (1 \ln 1 - 1).$$

SOLUÇÃO Lembre-se de que

$$\ln e = 1 \quad \text{porque} \quad e^1 = e$$

e

$$\ln 1 = 0 \quad \text{porque} \quad e^0 = 1.$$

$$(e \ln e - e) - (1 \ln 1 - 1)$$
$$= [e(1) - e] - [1(0) - 1] \quad \text{Propriedades logarítmicas}$$
$$= (e - e) - (0 - 1) \quad \text{Multiplique.}$$
$$= 0 - (-1) \quad \text{Simplifique.}$$
$$= 1 \quad \text{Simplifique.}$$

Exemplo 5, página 374

Exemplo 2 Calculando expressões

Encontre o limite.

a. $\lim\limits_{a \to -\infty} \left(1 - \dfrac{1}{\sqrt{1 - 2a}}\right)$

b. $\lim\limits_{b \to \infty} (-e^{-b^2} + 1)$

SOLUÇÃO

a. $\lim\limits_{a \to -\infty} \left(1 - \dfrac{1}{\sqrt{1 - 2a}}\right)$ \quad Exemplo 2, página 398

$$= \lim_{a \to -\infty} 1 - \lim_{a \to -\infty} \left(\dfrac{1}{\sqrt{1 - 2a}}\right) \quad \lim_{x \to -\infty}[f(x) - g(x)] = \lim_{x \to -\infty} f(x) - \lim_{x \to -\infty} g(x)$$
$$= 1 - 0 \quad \text{Calcule os limites.}$$
$$= 1 \quad \text{Simplifique.}$$

b. $\lim\limits_{b \to \infty} (-e^{-b^2} + 1)$ \quad Exemplo 3, página 398

$$= \lim_{b \to \infty} (-e^{-b^2}) + \lim_{b \to \infty} 1 \quad \lim_{x \to \infty}[f(x) + g(x)] = \lim_{x \to \infty} f(x) + \lim_{x \to \infty} g(x)$$
$$= \lim_{b \to \infty} \left(\dfrac{1}{-e^{b^2}}\right) + \lim_{b \to \infty} 1 \quad \text{Reescreva com expoente positivo.}$$
$$= 0 + 1 \quad \text{Calcule os limites.}$$
$$= 1 \quad \text{Simplifique.}$$

Exemplo 3 Álgebra e técnicas de integração

Simplifique a expressão

$$x^2 e^x - 2(x - 1)e^x.$$

SOLUÇÃO

$$x^2 e^x - 2(x - 1)e^x \quad \text{Exemplo 5, página 382}$$
$$= x^2 e^x - 2(xe^x - e^x) \quad \text{Multiplique os fatores.}$$
$$= x^2 e^x - 2xe^x + 2e^x \quad \text{Multiplique os fatores.}$$
$$= e^x(x^2 - 2x + 2) \quad \text{Fatore.}$$

Exemplo 4 Resolvendo uma inequação racional

Resolva a inequação racional

$$\dfrac{1}{6n^2} < 0{,}01$$

para determinar n, em que n é um número inteiro positivo.

SOLUÇÃO

$$\frac{1}{6n^2} < 0{,}01 \qquad \text{Exemplo 3, página 391}$$

$$\frac{1}{6n^2} < \frac{1}{100} \qquad \text{Reescreva o número decimal como uma fração.}$$

$$\frac{100}{6n^2} < 1 \qquad \text{Multiplique cada lado por 100.}$$

$$100 < 6n^2 \qquad \text{Multiplique cada lado por } 6n^2 \ (n > 0).$$

$$\frac{100}{6} < n^2 \qquad \text{Divida cada lado por 6.}$$

$$\frac{50}{3} < n^2 \qquad \text{Simplifique.}$$

$$\sqrt{\frac{50}{3}} < n \qquad \text{Tome a raiz quadrada positiva de cada lado } (n > 0).$$

Como n é um número inteiro positivo e

$$\sqrt{\frac{50}{3}} \approx 4{,}08$$

n deve ser 5 ou mais. Você pode verificar esse resultado utilizando uma ferramenta gráfica. Faça $y_1(x) = 1/6x^2$ e $y_2(x) = 0{,}01$. Em seguida, use o recurso *intersect* (veja a figura) para determinar que $x \approx 4{,}08$. Assim, a solução encontrada algebricamente está correta.

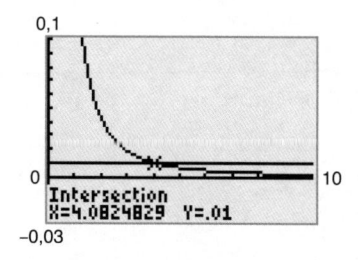

RESUMO DO CAPÍTULO E ESTRATÉGIAS DE ESTUDO

Após estudar este capítulo, você deve ter adquirido as habilidades abaixo.
Os números de exercícios estão relacionados aos Exercícios de revisão que começam na página 409.
As respostas dos Exercícios de revisão ímpares estão ao final no livro.

Seção 6.1 **Exercícios de Revisão**

- Utilizar a integração por partes para determinar integrais indefinidas e definidas.   *1-12*

$$\int u\,dv = uv - \int v\,du$$

- Para integrais da forma

$$\int x^n e^{ax}\,dx$$

faça $u = x^n$ e $dv = e^{ax}\,dx$.
Para integrais da forma

$$\int x^n \ln x\,dx$$

faça $u = \ln x$ e $dv = x^n\,dx$.

- Determinar o valor presente da renda futura.   *13-18*

$$\text{Renda real em } t_1 \text{ anos} = \int_0^{t_1} c(t)\,dt$$

$$\text{Valor presente} = \int_0^{t_1} c(t)e^{-rt}\,dt$$

Seção 6.2

- Utilizar tabelas de integração para determinar integrais indefinidas.   *19-32*
- Utilizar tabelas de integração para resolver problemas da vida real.   *33, 34*

Seção 6.3

- Utilizar a regra do trapézio e a regra de Simpson para aproximar integrais definidas.   *35-46*

  Regra do trapézio

  $$\int_a^b f(x)\,dx \approx \left(\frac{b-a}{2n}\right)[f(x_0) + 2f(x_1) + \cdots + 2f(x_{n-1}) + f(x_n)]$$

  Regra de Simpson

  $$\int_a^b f(x)\,dx \approx \left(\frac{b-a}{3n}\right)[f(x_0) + 4f(x_1) + 2f(x_2) + 4f(x_3) + \cdots + 4f(x_{n-1}) + f(x_n)]$$

- Analisar o tamanho dos erros ao aproximar integrais definidas pela regra do trapézio e pela regra de Simpson.   *47-50*

  Erros na regra do trapézio

  $$|E| \leq \frac{(b-a)^3}{12n^2}[\max|f''(x)|], \quad a \leq x \leq b$$

  Erros na regra de Simpson

  $$|E| \leq \frac{(b-a)^5}{180n^4}[\max|f^{(4)}(x)|], \quad a \leq x \leq b$$

Seção 6.4

- Calcular integrais impróprias com limites infinitos de integração. *51-56*

$$\int_a^\infty f(x)\, dx = \lim_{b \to \infty} \int_a^b f(x)\, dx,$$

$$\int_{-\infty}^b f(x)\, dx = \lim_{a \to -\infty} \int_a^b f(x)\, dx,$$

$$\int_{-\infty}^\infty f(x)\, dx = \int_{-\infty}^c f(x)\, dx + \int_c^\infty f(x)\, dx$$

- Encontrar a área de uma região ilimitada. *56-60*
- Determinar o valor presente de uma perpetuidade. *61-64*

$$\text{Valor presente} = P \int_0^\infty e^{-rt}\, dt = \frac{P}{r}$$

Estratégias de estudo

- **Utilizar várias abordagens**   Para maior eficiência no cálculo de primitivas, é necessário utilizar várias abordagens.
  1. Verificar se a integral se encaixa em uma das fórmulas básicas de integração – essas fórmulas devem ser memorizadas.
  2. Tente usar técnicas de integração, tais como substituição ou integração por partes, para reescrever a integral em uma forma compatível com alguma fórmula básica de integração.
  3. Utilizar uma tabela de integrais.
  4. Utilizar uma ferramenta de integração simbólica.

- **Utilizar integração numérica**   Ao resolver integrais definidas, lembre-se de que não é possível aplicar o teorema fundamental do cálculo, a menos que se possa determinar uma primitiva do integrando. Isso nem sempre é possível, mesmo com uma ferramenta de integração simbólica. Nesses casos, utilize uma técnica numérica, como a regra do ponto médio, do trapézio ou de Simpson, para aproximar o valor da integral.

Exercícios de revisão

Integração por partes Nos exercícios 1-8, utilize a integração por partes para encontrar a integral indefinida.

1. $\int \dfrac{\ln x}{\sqrt{x}}\,dx$
2. $\int x \ln 4x\,dx$
3. $\int (x+1)e^x\,dx$
4. $\int xe^{-3x}\,dx$
5. $\int x\sqrt{x-5}\,dx$
6. $\int \dfrac{x}{\sqrt{x+8}}\,dx$
7. $\int 2x^2 e^{2x}\,dx$
8. $\int (\ln x)^3\,dx$

Calculando integrais definidas Nos Exercícios 9-12, use a integração por partes para calcular a integral definida.

9. $\int_1^e 6x \ln x\,dx$
10. $\int_0^4 \ln(1+3x)\,dx$
11. $\int_0^1 \dfrac{x}{e^{x/4}}\,dx$
12. $\int_0^2 x^2 e^{3x}\,dx$

Encontrando o valor presente Nos Exercícios 13-16 determine o valor presente da renda dada por c (em dólares) em t anos, considerando a taxa de inflação anual r.

13. $c = 20.000$, $r = 4\%$, $t_1 = 5$ anos
14. $c = 10.000 + 1.500t$, $r = 6\%$, $t_1 = 10$ anos
15. $c = 24.000t$, $r = 5\%$, $t_1 = 10$ anos
16. $c = 20.000 + 100e^{t/2}$, $r = 5\%$, $t_1 = 5$ anos

17. **Valor presente** Uma empresa espera que a renda durante os próximos 4 anos seja modelada por
    $c = 200.000 + 50.000t$, $0 \le t \le 4$.
    (a) Encontre o rendimento real para o negócio em 4 anos.
    (b) Assumindo uma taxa de inflação anual de 6%, qual é o valor presente desta renda?

18. **Valor presente** Uma empresa espera que a receita c durante os próximos 7 anos seja modelada por
    $c = 400.000 + 175.000t$, $0 \le t \le 7$.
    (a) Encontre o rendimento real para o negócio nos 7 anos.
    (b) Assumindo uma taxa de inflação anual de 4%, qual é o valor presente desta receita?

Utilizando tabelas de integração Nos exercícios 19-22, utilize a fórmula indicada da tabela de integração, no Apêndice C, para encontrar a integral indefinida.

19. $\int \dfrac{x^2}{2+3x}\,dx$, Fórmula 6
20. $\int \dfrac{1}{1+e^{6x}}\,dx$, Fórmula 40
21. $\int \sqrt{x^2-16}\,dx$, Fórmula 23
22. $\int x^5 \ln x\,dx$, Fórmula 43

Utilizando tabelas de integração Nos exercícios 23-32, utilize a tabela de integração, no Apêndice C, para encontrar a integral indefinida.

23. $\int \dfrac{x}{(2+3x)^2}\,dx$
24. $\int \dfrac{x}{\sqrt{2+3x}}\,dx$
25. $\int \dfrac{\sqrt{x^2+25}}{x}\,dx$
26. $\int \dfrac{1}{x(4+3x)}\,dx$
27. $\int \dfrac{1}{x^2-4}\,dx$
28. $\int (\ln 3x)^2\,dx$
29. $\int \dfrac{x}{\sqrt{1+x}}\,dx$
30. $\int \dfrac{1}{x^2\sqrt{16-x^2}}\,dx$
31. $\int \dfrac{\sqrt{1+x}}{x}\,dx$
32. $\int \dfrac{1}{(x^2-9)^2}\,dx$

33. **Probabilidade** A probabilidade de alguém se lembrar entre a e b por cento (na forma decimal) do material aprendido em uma experiência de memorização é modelada por
    $$P(a \le x \le b) = \int_a^b \dfrac{96}{11}\left(\dfrac{x}{\sqrt{9+16x}}\right) dx,$$
    $0 \le a \le b \le 1$.

    Quais são as probabilidades de alguém se lembrar (a) entre 0% e 80% e (b) entre 0% e 50% do material?

34. **Probabilidade** A probabilidade de localização entre a e b por cento dos depósitos de petróleo e gás (na forma decimal) em uma região é modelada por
    $$P(a \le x \le b) = \int_a^b 1{,}5x^2 e^{x^{1.5}}\,dx,$$
    $0 \le a \le b \le 1$.

    Quais são as probabilidades de localização de (a) entre 40% e 60%, e (b) entre 0% e 50% dos depósitos?

Usando a regra do trapézio e regra de Simpson Nos Exercícios 35-40, use a regra do trapézio e a regra de Simpson para aproximar o valor da integral definida para o valor indicado de n. Compare esses resultados com o valor exato da integral definida. Arredonde as respostas para quatro casas decimais.

35. $\int_1^3 \dfrac{1}{x^2}\,dx$, $n = 4$
36. $\int_0^2 (x^2+1)\,dx$, $n = 8$
37. $\int_1^2 \dfrac{1}{x^3}\,dx$, $n = 8$
38. $\int_1^2 x^3\,dx$, $n = 4$
39. $\int_0^4 e^{-x/2}\,dx$, $n = 4$
40. $\int_0^8 \sqrt{x+3}\,dx$, $n = 8$

Usando a regra do trapézio e a regra de Simpson Nos exercícios 41-46, aproxime o valor da integral definida usando (a) a regra do trapézio e (b) a regra de Simpson para o valor indicado de *n*. Arredonde as respostas para três casas decimais.

41. $\int_1^2 \frac{1}{1 + \ln x} dx, \; n = 4$

42. $\int_0^2 \frac{1}{\sqrt{1 + x^3}} dx, \; n = 8$

43. $\int_0^1 \frac{x^{3/2}}{2 - x^2} dx, \; n = 4$

44. $\int_0^1 e^{x^2} dx, \; n = 6$

45. $\int_0^8 \frac{3}{x^2 + 2} dx, \; n = 8$

46. $\int_0^1 \sqrt{1 - x} \, dx, \; n = 4$

Análise de erro Nos Exercícios 47 e 48, use as fórmulas de erro para encontrar os limitantes para o erro na aproximação da integral definida usando (a) a regra do trapézio e (b) a regra de Simpson.

47. $\int_0^2 e^{2x} dx, \; n = 4$ **48.** $\int_2^4 \frac{1}{x - 1} dx, \; n = 8$

Análise de erro Nos Exercícios 49 e 50, use as fórmulas de erro para encontrar *n* de modo que o erro na aproximação da integral definida seja inferior a 0,0001 usando (a) a regra do trapézio e (b) a regra de Simpson.

49. $\int_0^3 x^2 \, dx$ **50.** $\int_0^5 e^{x/5} dx$

Calculando uma integral imprópria Nos Exercícios 51-56, determine se as integrais impróprias divergem ou convergem. Calcule a integral, se ela convergir.

51. $\int_{-\infty}^{-1} \frac{1}{x^5} dx$ **52.** $\int_1^\infty \frac{1}{\sqrt{x}} dx$

53. $\int_{-\infty}^0 \frac{1}{\sqrt[3]{8 - x}} dx$ **54.** $\int_0^\infty e^{-2x} dx$

55. $\int_1^\infty \frac{\ln x}{x} dx$ **56.** $\int_0^\infty \frac{e^x}{1 + e^x} dx$

Área de uma região Nos Exercícios 57-60, encontre a área da região sombreada ilimitada.

57. $y = e^{-x/4}$

58. $y = \frac{2x}{x^2 + 2}$

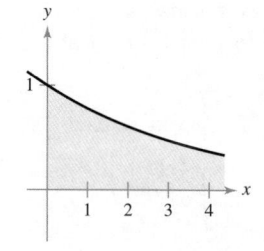

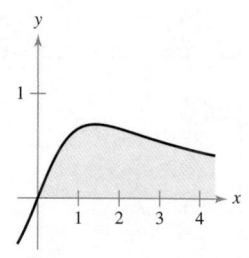

59. $y = 4xe^{-2x^2}$

60. $y = \frac{3}{(1 - 3x)^{2/3}}$

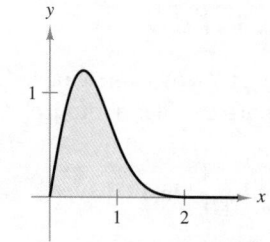

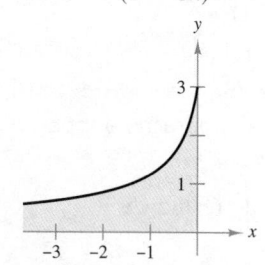

Doação Nos Exercícios 61 e 62, determine a quantidade de dinheiro necessária para instituir uma doação de caridade que pague o valor *P* cada ano, indefinidamente, para a taxa anual de juros compostos continuamente.

61. $P = \$ 8.000, \; r = 3\%$

62. $P = \$ 15.000, \; r = 5\%$

63. Fundo para bolsa de estudos Você quer começar um fundo para bolsas de estudos na universidade. Você pretende oferecer uma bolsa de estudos de $ 21.000 anualmente, iniciando um ano a partir de agora, e tem, no máximo, $ 325.000 para iniciar o fundo. Você também quer que a bolsa seja oferecida indefinidamente. Assumindo uma taxa de juros anuais de 7% compostos continuamente, você tem dinheiro suficiente para instituir o fundo de bolsa de estudo?

64. Valor presente Você está pensando em comprar uma franquia que produz um fluxo de renda contínuo de $ 100.000 por ano. Assumindo uma taxa de juros anuais de 6% compostos continuamente, qual é o valor presente da franquia (a) por 15 anos e (b) para sempre?

TESTE DO CAPÍTULO

Faça este teste como o faria em uma sala de aula. Quando terminar, confira seus resultados, comparando-os com as respostas dadas no final do livro.

Nos Exercícios 1-3, utilize a integração por partes para determinar a integral indefinida.

1. $\int xe^{x+1}\,dx$
2. $\int 9x^2 \ln x\,dx$
3. $\int x^2 e^{-x/3}\,dx$

4. A receita R (em milhões de dólares) da P.F. Chang China Bistro, de 2001 a 2009, pode ser modelada por

$$R = 295{,}1 + 147{,}66\sqrt{t}\ln t, \quad 1 \le t \le 9$$

em que t é o ano, com $t = 1$ correspondendo a 2001. *(Fonte: P.F. Chang's China Bistro)*

   (a) Encontre a receita total para os anos de 2001 a 2009.
   (b) Encontre a receita média para os anos de 2001 a 2009.

Nos Exercícios 5-7, use a tabela de integração no Apêndice C para encontrar a integral indefinida.

5. $\int \dfrac{x}{(7 + 2x)^2}\,dx$
6. $\int \dfrac{3x^2}{1 + e^{x^3}}\,dx$
7. $\int \dfrac{2x^3}{\sqrt{1 + 5x^2}}\,dx$

Nos Exercícios 8-10, use a integração por partes ou a tabela de integração no Apêndice C para calcular a integral definida.

8. $\int_0^1 \ln(3 - 2x)\,dx$
9. $\int_3^6 \dfrac{x}{\sqrt{x - 2}}\,dx$
10. $\int_{-3}^{-1} \dfrac{\sqrt{x^2 + 16}}{x}\,dx$

11. Utilize a regra do trapézio com $n = 4$ para aproximar

$$\int_2^5 (x^2 - 2x)\,dx.$$

Compare o resultado ao valor exato da integral definida.

12. Utilize a regra de Simpson com $n = 4$ para aproximar

$$\int_0^1 9xe^{3x}\,dx.$$

Compare o resultado com o valor exato da integral definida.

Nos Exercícios 13-15, determine se a integral imprópria é convergente ou divergente. Calcule a integral, se ela convergir.

13. $\int_0^\infty e^{-3x}\,dx$
14. $\int_0^9 \dfrac{2}{\sqrt{x}}\,dx$
15. $\int_{-\infty}^0 \dfrac{1}{(4x - 1)^{2/3}}\,dx$

16. A editora de uma revista oferece dois planos de assinatura. O plano A é uma assinatura de um ano por $ 19,95. O plano B é uma assinatura vitalícia (que dura indefinidamente) por $ 149.

   (a) Um assinante cogita a utilização do plano A indefinidamente. Assumindo-se uma taxa de inflação anual de 4%, determine o valor presente do dinheiro gasto pelo assinante utilizando o plano A.
   (b) Com base na resposta do item (a), por qual plano o assinante deveria optar? Explique.

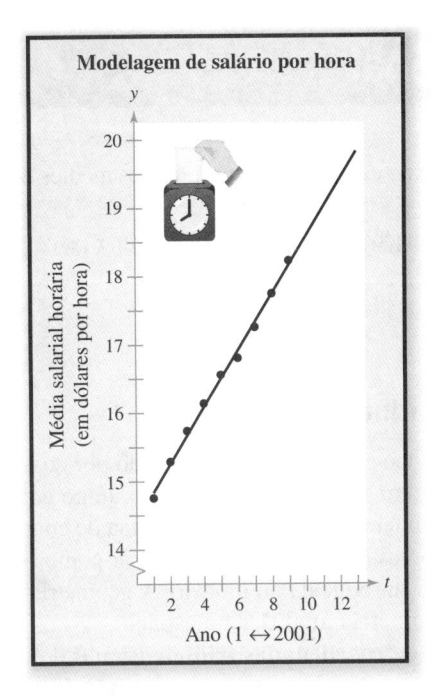

7 Funções de várias variáveis

Modelagem de salário por hora

O Exemplo 3, na página 470, mostra como a análise de regressão por mínimos quadrados pode ser usada para encontrar a reta de melhor ajuste que modela os salários por hora dos trabalhadores da produção em indústrias de manufatura.

7.1 Sistema de coordenadas tridimensional
7.2 Superfícies no espaço
7.3 Funções de várias variáveis
7.4 Derivadas parciais
7.5 Extremos de funções de duas variáveis
7.6 Multiplicadores de Lagrange
7.7 Análise de regressão por mínimos quadrados
7.8 Integrais duplas e áreas no plano
7.9 Aplicações de integrais duplas

7.1 Sistema de coordenadas tridimensional

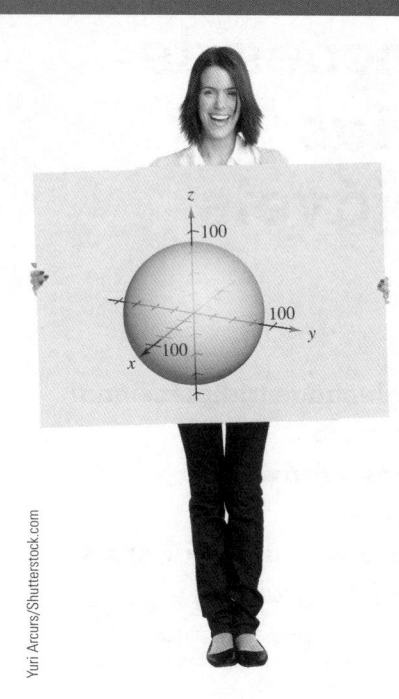

- Marcar pontos no espaço.
- Determinar distâncias entre pontos no espaço e encontrar pontos médios de segmentos de reta no espaço.
- Escrever as formas-padrão das equações de esferas e determinar os centros e raios de esferas.
- Esboçar os cortes de superfícies nos planos coordenados.

No Exercício 57, na página 420, você modelará a forma de um edifício esférico usando a equação padrão de uma esfera.

Sistema de coordenadas tridimensional

Lembre-se, da Seção 1.1, de que o plano cartesiano é determinado por duas retas reais perpendiculares denominadas eixo x e eixo y. Esses eixos, junto com seu ponto de intersecção (a origem), permitem desenvolver um sistema de coordenadas bidimensional para identificar pontos no plano. Para identificar pontos no espaço, uma terceira dimensão deve ser introduzida no modelo. A geometria desse modelo tridimensional é chamada **geometria analítica no espaço**.

Você pode construir um **sistema de coordenadas tridimensional** definindo um eixo z perpendicular tanto ao eixo x quanto ao eixo y na origem. A Figura 7.1 mostra a parte positiva de cada eixo coordenado. Tomados aos pares, os eixos determinam três **planos coordenados**: o **plano xy**, o **plano xz** e o **plano yz**. Esses três planos coordenados separam o sistema de coordenadas tridimensional em oito **octantes**. O primeiro octante é aquele para o qual as três coordenadas são positivas. Nesse sistema tridimensional, um ponto P no espaço é determinado por uma tripla ordenada (x, y, z), em que x, y e z são:

$x =$ distância orientada do plano yz a P

$y =$ distância orientada do plano xz a P

$z =$ distância orientada do plano xy a P

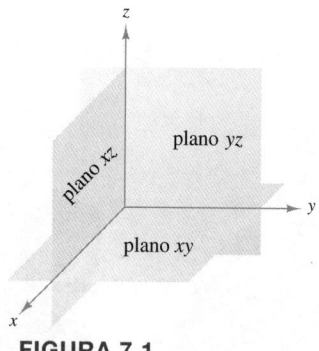

FIGURA 7.1

Exemplo 1   Marcação de pontos no espaço

Marque os pontos no mesmo sistema de coordenadas tridimensional.

a. $(2, -3, 3)$ b. $(-2, 6, 2)$
c. $(1, 4, 0)$ d. $(2, 2, -3)$

SOLUÇÃO Para ajudar a visualizar o ponto, localize o ponto $(2, -3)$ no plano xy (denotado por uma cruz na Figura 7.2). O ponto localiza-se três unidades acima da cruz. Você pode traçar os outros pontos de modo semelhante, como mostra a Figura 7.2.

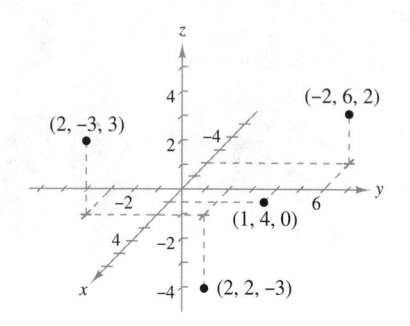

FIGURA 7.2

✓ AUTOAVALIAÇÃO 1

Marque cada ponto no sistema de coordenadas tridimensional.

a. $(2, 5, 1)$ b. $(-2, -4, 3)$ c. $(4, 0, -5)$

Fórmulas da distância e do ponto médio

Muitas das fórmulas estabelecidas para o sistema de coordenadas bidimensional podem ser estendidas para três dimensões. Por exemplo, para determinar a distância entre dois pontos no espaço, pode-se utilizar o teorema de Pitágoras duas vezes, como mostrado na Figura 7.3. Fazendo isso, é possível obter a fórmula da distância entre dois pontos no espaço.

Fórmula da distância no espaço

A distância entre os pontos (x_1, y_1, z_1) e (x_2, y_2, z_2) é

$$d = \sqrt{(x_2 - x_1)^2 + (y_2 - y_1)^2 + (z_2 - z_1)^2}.$$

Exemplo 2 Determinação da distância entre dois pontos

Determine a distância entre $(1, 0, 2)$ e $(2, 4, -3)$.

SOLUÇÃO

$$\begin{aligned} d &= \sqrt{(x_2 - x_1)^2 + (y_2 - y_1)^2 + (z_2 - z_1)^2} &&\text{Escreva a fórmula da distância.} \\ &= \sqrt{(2 - 1)^2 + (4 - 0)^2 + (-3 - 2)^2} &&\text{Substitua.} \\ &= \sqrt{1 + 16 + 25} &&\text{Simplifique.} \\ &= \sqrt{42} &&\text{Simplifique.} \end{aligned}$$

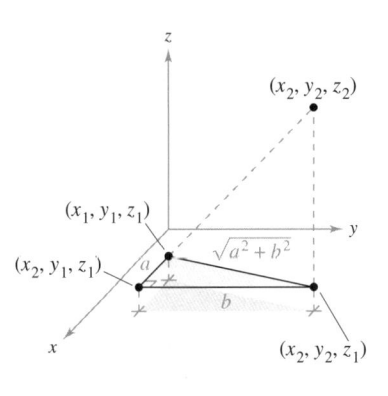

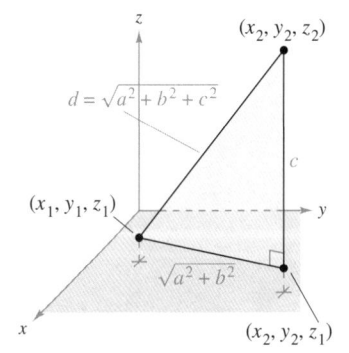

FIGURA 7.3

✓ **AUTOAVALIAÇÃO 2**

Determine a distância entre $(2, 3, -1)$ e $(0, 5, 3)$.

Observe a semelhança entre a fórmula da distância no plano e a fórmula da distância no espaço. As fórmulas do ponto médio no plano e no espaço também são semelhantes.

Fórmula do ponto médio no espaço

O ponto médio do segmento de reta que une dois pontos (x_1, y_1, z_1) e (x_2, y_2, z_2) é

$$\text{Ponto médio} = \left(\frac{x_1 + x_2}{2}, \frac{y_1 + y_2}{2}, \frac{z_1 + z_2}{2} \right).$$

Exemplo 3 Utilização da fórmula do ponto médio

Determine o ponto médio do segmento de reta que une

$$(5, -2, 3) \text{ e } (0, 4, 4).$$

SOLUÇÃO Utilizando a fórmula do ponto médio, obtemos

$$\left(\frac{5 + 0}{2}, \frac{-2 + 4}{2}, \frac{3 + 4}{2} \right) = \left(\frac{5}{2}, 1, \frac{7}{2} \right)$$

como mostra a Figura 7.4.

✓ **AUTOAVALIAÇÃO 3**

Determine o ponto médio do segmento de reta que une $(3, -2, 0)$ e $(-8, 6, -4)$.

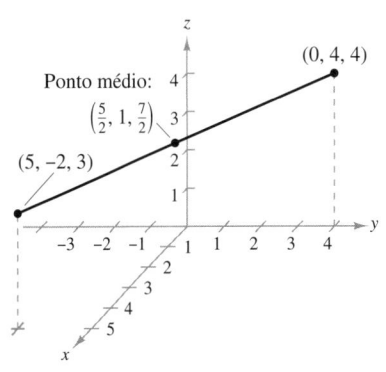

FIGURA 7.4

Equação de uma esfera

Define-se uma **esfera** com centro em (h, k, l) e raio r como o conjunto dos pontos (x, y, z) tais que a distância entre (x, y, z) e (h, k, l) é igual a r, como mostrado na Figura 7.5. Utilizando a fórmula da distância, essa condição pode ser escrita como

$$\sqrt{(x - h)^2 + (y - k)^2 + (z - l)^2} = r.$$

Elevando ambos os lados dessa equação ao quadrado, obtém-se a equação padrão de uma esfera.

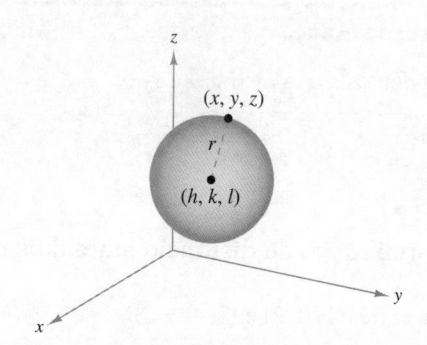

FIGURA 7.5 Esfera: raio r, centro (h, k, l).

Equação padrão de uma esfera

A **equação padrão de uma esfera** de centro (h, k, l) e de raio r é

$$(x - h)^2 + (y - k)^2 + (z - l)^2 = r^2.$$

Exemplo 4 Determinação da equação de uma esfera

Determine a equação padrão da esfera de centro $(2, 4, 3)$ e de raio 3. Essa esfera intercepta o plano xy?

SOLUÇÃO

$(x - h)^2 + (y - k)^2 + (z - l)^2 = r^2$	Escreva a equação padrão.
$(x - 2)^2 + (y - 4)^2 + (z - 3)^2 = 3^2$	Substitua.
$(x - 2)^2 + (y - 4)^2 + (z - 3)^2 = 9$	Simplifique.

A partir do gráfico exibido na Figura 7.6, pode-se ver que o centro da esfera localiza-se três unidades acima do plano xy. Como a esfera possui raio 3, pode-se concluir que ela intercepta o plano xy no ponto $(2, 4, 0)$.

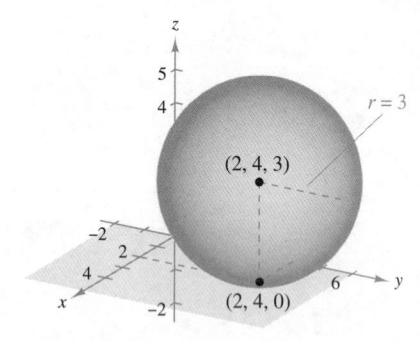

FIGURA 7.6

✓ AUTOAVALIAÇÃO 4

Determine a equação padrão da esfera de centro $(4, 3, 2)$ e de raio 5. ∎

Exemplo 5 Determinação da equação de uma esfera

Determine a equação da esfera que possui as extremidades de um diâmetro nos pontos $(3, -2, 6)$ e $(-1, 4, 2)$.

SOLUÇÃO Pela fórmula do ponto médio, o centro da esfera é

$$(h, k, l) = \left(\frac{3 + (-1)}{2}, \frac{-2 + 4}{2}, \frac{6 + 2}{2}\right) \quad \text{Aplique a fórmula do ponto médio.}$$

$$= (1, 1, 4). \quad \text{Simplifique.}$$

Pela fórmula da distância, o raio é

$$r = \sqrt{(3 - 1)^2 + (-2 - 1)^2 + (6 - 4)^2} \quad \text{Aplique a fórmula da distância.}$$

$$= \sqrt{4 + 9 + 4} \quad \text{Simplifique.}$$

$$= \sqrt{17}.$$ Simplifique.

Então, a equação padrão da esfera é

$(x - h)^2 + (y - k)^2 + (z - l)^2 = r^2$ Escreva a fórmula da esfera.
$(x - 1)^2 + (y - 1)^2 + (z - 4)^2 = 17.$ Substitua.

✓ AUTOAVALIAÇÃO 5

Determine a equação da esfera que possui como extremidades de um diâmetro os pontos $(-2, 5, 7)$ e $(4, 1, -3)$.

Exemplo 6   Determinação do centro e do raio de uma esfera

Determine o centro e o raio da esfera cuja equação é

$$x^2 + y^2 + z^2 - 2x + 4y - 6z + 8 = 0.$$

SOLUÇÃO   É possível obter a equação padrão da esfera completando os quadrados. Para fazer isso, comece agrupando os termos com a mesma variável. Então, some "o quadrado da metade do coeficiente de cada termo linear" a cada lado da equação. Por exemplo, para completar o quadrado de $(x^2 - 2x)$, some $\left[\frac{1}{2}(-2)\right]^2 = 1$ a cada lado. Para completar o quadrado de $(y^2 + 4y)$, adicione $\left[\frac{1}{2}(4)\right]^2 = 4$ a cada lado. Para completar o quadrado de $(z^2 - 6z)$, adicione $\left[\frac{1}{2}(-6)\right]^2 = 9$ a cada lado.

$$x^2 + y^2 + z^2 - 2x + 4y - 6z + 8 = 0$$
$$(x^2 - 2x + \quad) + (y^2 + 4y + \quad) + (z^2 - 6z + \quad) = -8$$
$$(x^2 - 2x + 1) + (y^2 + 4y + 4) + (z^2 - 6z + 9) = -8 + 1 + 4 + 9$$
$$(x - 1)^2 + (y + 2)^2 + (z - 3)^2 = 6$$

Então, o centro da esfera é $(1, -2, 3)$ e seu raio é $\sqrt{6}$, como mostrado na Figura 7.7.

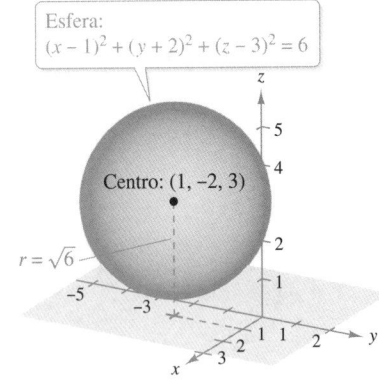

FIGURA 7.7

✓ AUTOAVALIAÇÃO 6

Determine o centro e o raio da esfera cuja equação é

$$x^2 + y^2 + z^2 + 6x - 8y + 2z - 10 = 0.$$

Observe no Exemplo 6 que os pontos que satisfazem a equação da esfera são "pontos na superfície", não "pontos interiores". Em geral, o conjunto de pontos que satisfazem uma equação que envolva x, y e z é chamado de **superfície no espaço**.

Cortes de superfícies

Determinar a intersecção de uma superfície com um dos três planos coordenados (ou com um plano paralelo a um deles) ajuda a visualizar a superfície. Essa intersecção é chamada **corte** da superfície. Por exemplo, o corte xy de uma superfície consiste em todos os pontos comuns à superfície e ao plano xy. De modo similar, o corte xz de uma superfície consiste de todos os pontos comuns tanto à superfície quanto ao plano xz.

Exemplo 7   Determinação do corte de uma superfície

Esboce o corte xy da esfera cuja equação é

$$(x - 3)^2 + (y - 2)^2 + (z + 4)^2 = 5^2.$$

SOLUÇÃO   Para determinar o corte xy dessa superfície, utilize o fato de que todo ponto no plano xy possui coordenada z nula. Isso significa que, substituindo $z = 0$ na equação original, a equação resultante representará a intersecção da superfície com o plano xy.

$$(x-3)^2 + (y-2)^2 + (z+4)^2 = 5^2 \quad \text{Escrever a equação original.}$$
$$(x-3)^2 + (y-2)^2 + (0+4)^2 = 25 \quad \text{Tome } z = 0 \text{ para determinar o corte } xy.$$
$$(x-3)^2 + (y-2)^2 + 16 = 25 \quad \text{Simplifique}$$
$$(x-3)^2 + (y-2)^2 = 9 \quad \text{Subtraia 16 de cada lado.}$$
$$(x-3)^2 + (y-2)^2 = 3^2 \quad \text{Equação do círculo}$$

A partir dessa equação, pode-se ver que o corte xy é um círculo de raio 3, como mostra a Figura 7.8.

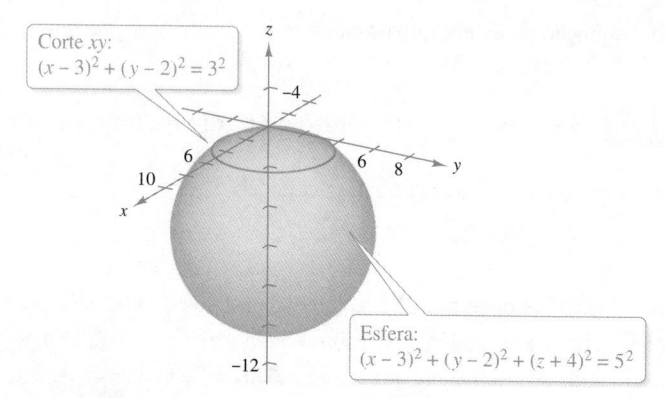

FIGURA 7.8

✓ AUTOAVALIAÇÃO 7

Determine a equação do corte xy da esfera cuja equação é

$$(x+1)^2 + (y-2)^2 + (z+3)^2 = 5^2.$$

PRATIQUE (Seção 7.1)

1. Dê a fórmula da distância no espaço *(página 415)*. Para um exemplo da fórmula da distância no espaço, veja o Exemplo 2.

2. Dê a fórmula do ponto médio no espaço *(página 415)*. Para um exemplo da fórmula do ponto médio no espaço, veja o Exemplo 3.

3. Dê a equação padrão da esfera *(página 416)*. Para exemplos de encontrar equações de esferas, veja os Exemplos 4 e 5.

4. Explique o que significa corte de uma superfície *(página 417)*. Para um exemplo de como encontrar o corte de uma superfície, veja o Exemplo 7.

Recapitulação 7.1 — Os exercícios preparatórios a seguir envolvem conceitos vistos em seções anteriores. Esses conceitos serão utilizados no conjunto de exercícios desta seção. Para mais ajuda, consulte as Seções 1.1 e 1.2.

Nos Exercícios 1-4 determine a distância entre os pontos.

1. $(5, 1), (3, 5)$ **2.** $(2, 3), (-1, -1)$ **3.** $(-5, 4), (-5, -4)$ **4.** $(-3, 6), (-3, -2)$

Nos Exercícios 5-8, determine o ponto médio do segmento de reta que une os pontos.

5. $(2, 5), (6, 9)$ **6.** $(-1, -2), (3, 2)$ **7.** $(-6, 0), (6, 6)$ **8.** $(-4, 3), (2, -1)$

Nos Exercícios 9 e 10, forneça a forma padrão da equação do círculo.

9. Centro: $(2, 3)$; raio: 2   **10.** Extremidades de um diâmetro: $(4, 0), (-2, 8)$

Exercícios 7.1

Marcando pontos no espaço Nos Exercícios 1-4, marque os pontos no mesmo sistema de coordenadas tridimensionais. *Veja o Exemplo 1*.

1. $(2, 1, 3), (-1, 2, 1), (3, -2, 5), \left(\frac{3}{2}, 4, -2\right)$
2. $(-3, 0, -1), (2, -1, 1), (-1, -3, -2), (1, 3, 4)$
3. $(0, 4, -5), (4, 0, 5), \left(-2, \frac{1}{2}, 0\right), \left(-\frac{1}{2}, 3, 1\right)$
4. $(-5, -2, 2), (5, -2, -2), (1, 3, 1), (-2, 4, -3)$

Encontrando pontos no espaço Nos Exercícios 5-8, encontre as coordenadas do ponto.

5. O ponto está localizado três unidades atrás do plano yz, quatro unidades à direita do plano xz e cinco unidades acima do plano xy.
6. O ponto está localizado sete unidades em frente ao plano yz, duas unidades à esquerda do plano xz e uma unidade abaixo do plano xy.
7. O ponto está localizado no eixo x, 10 unidades em frente ao plano yx.
8. O ponto está localizado no plano yz, três unidades à direita do plano xz e duas unidades acima do plano xy.
9. **Pense sobre isso** Qual é a coordenada z de qualquer ponto no plano xy?
10. **Pense sobre isso** Qual é a coordenada y de qualquer ponto no plano xz?

Encontrando a distância entre dois pontos Nos Exercícios 11-14, encontre a distância entre os dois pontos. *Veja o Exemplo 2*.

11. $(4, 1, 5), (8, 2, 6)$
12. $(8, -2, 2), (8, -2, 4)$
13. $(-1, -5, 7), (-3, 4, -4)$
14. $(-4, -1, 1), (2, -1, 5)$

Utilizando a fórmula do ponto médio Nos Exercícios 15-18, encontre o ponto médio do segmento de reta que une os dois pontos. *Veja o Exemplo 3*.

15. $(6, -4, 2), (-2, 1, 3)$
16. $(0, -2, 5), (4, 2, 7)$
17. $(-5, -2, 5), (6, 3, -7)$
18. $(4, 0, -6), (8, 8, 20)$

Usando a fórmula do ponto médio Nos Exercícios 19-22, encontre (x, y, z).

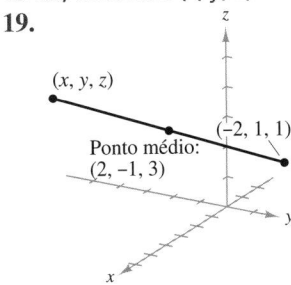

19. (x, y, z); $(-2, 1, 1)$; Ponto médio: $(2, -1, 3)$

20. $(0, -2, 1)$; Ponto médio: $(1, 0, 0)$; (x, y, z)

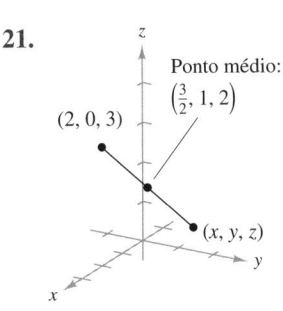

21. $(2, 0, 3)$; Ponto médio: $\left(\frac{3}{2}, 1, 2\right)$; (x, y, z)

22. Ponto médio: $(0, 1, 1)$; (x, y, z); $(3, 3, 0)$

Identificando triângulos Nos Exercícios 23-26, encontre os comprimentos dos lados de um triângulo com os vértices dados e determine se o triângulo é retângulo, isósceles, ou nenhum deles.

23. $(0, 0, 0), (2, 2, 1), (2, -4, 4)$
24. $(5, 0, 0), (0, 2, 0), (0, 0, -3)$
25. $(-1, 0, -2), (-1, 5, 2), (-3, -1, 1)$
26. $(5, 3, 4), (7, 1, 3), (3, 5, 3)$
27. **Pense sobre isso** O triângulo no Exercício 23 é transladado três unidades para a direita ao longo do eixo z. Determine as coordenadas do triângulo transladado.
28. **Pense sobre isso** O triângulo no Exercício 26 é transladado cinco unidades para abaixo ao longo do eixo y. Determine as coordenadas do triângulo transladado.

Encontrando a equação de uma esfera Nos Exercícios 29-38, encontre a equação padrão da esfera. *Veja os Exemplos 4 e 5*.

29. (esfera com centro $(0, 2, 2)$, $r = 2$)

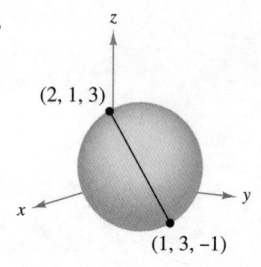

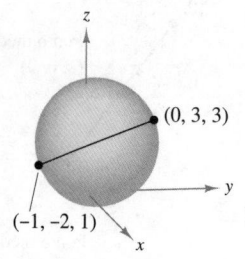

30. (esfera com centro $(2, 3, 1)$, $r = 3$)

31. (esfera com extremidades de diâmetro $(2, 1, 3)$ e $(1, 3, -1)$)

32. (esfera com extremidades de diâmetro $(0, 3, 3)$ e $(-1, -2, 1)$)

33. Centro: $(3, -2, -3)$; raio: 4
34. Centro: $(4, -1, 1)$; raio: 5
35. Extremidades de um diâmetro: $(2, 0, 0), (0, 6, 0)$
36. Extremidades de um diâmetro: $(1, 0, 0), (0, 5, 0)$
37. Centro: $(-4, 3, 2)$; tangente do plano xy
38. Centro: $(1, 2, 0)$; tangente do plano yz

Encontrando o centro e o raio de uma esfera Nos Exercícios 39-44, encontre o centro e o raio da esfera. *Veja o Exemplo 6.*

39. $x^2 + y^2 + z^2 - 5x = 0$
40. $x^2 + y^2 + z^2 - 8y = 0$
41. $x^2 + y^2 + z^2 + 4x - 2y + 8z - 4 = 0$
42. $x^2 + y^2 + z^2 - 4y + 6z + 4 = 0$
43. $2x^2 + 2y^2 + 2z^2 - 4x - 12y - 8z + 3 = 0$
44. $4x^2 + 4y^2 + 4z^2 - 8x + 16y + 11 = 0$

Encontrando o corte de uma superfície Nos Exercícios 45-48, esboce o corte xy da esfera. *Veja o Exemplo 7.*

45. $(x - 1)^2 + (y - 3)^2 + (z - 2)^2 = 25$
46. $(x + 1)^2 + (y + 2)^2 + (z - 2)^2 = 16$
47. $x^2 + y^2 + z^2 - 6x - 10y + 6z + 30 = 0$
48. $x^2 + y^2 + z^2 - 4y + 2z - 60 = 0$

Encontrando o corte de uma superfície Nos Exercícios 49-52, esboce o corte de yz da esfera. *Veja o Exemplo 7.*

49. $x^2 + (y + 3)^2 + z^2 = 25$
50. $x^2 + y^2 + z^2 - 6x - 10y + 6z + 30 = 0$
51. $x^2 + y^2 + z^2 - 4x - 4y - 6z - 12 = 0$
52. $(x + 2)^2 + (y - 3)^2 + z^2 = 9$

Encontrando o corte de uma superfície Nos Exercícios 53-56, esboce o gráfico da intersecção de cada plano com a esfera dada.

53. $x^2 + y^2 + z^2 = 25$
   (a) $z = 3$ (b) $x = 4$

54. $x^2 + y^2 + z^2 = 169$
   (a) $x = 5$ (b) $y = 12$

55. $x^2 + y^2 + z^2 - 4x - 6y + 9 = 0$
   (a) $x = 2$ (b) $y = 3$

56. $x^2 + y^2 + z^2 - 8x - 6z + 16 = 0$
   (a) $x = 4$ (b) $z = 3$

57. Arquitetura Um prédio esférico tem um diâmetro de 165 pés. O centro do prédio é colocado na origem de um sistema de coordenada tridimensional. Qual é a equação da esfera que modela o formato do prédio?

58. VISUALIZE Cristais são classificados de acordo com suas simetrias.

(a) Cristais no formato de cubos são classificados como isométricos. Os vértices de um cristal isométrico mapeado em um sistema de coordenada tridimensional é mostrado na figura. Determine (x, y, z).

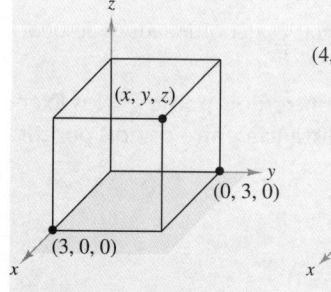

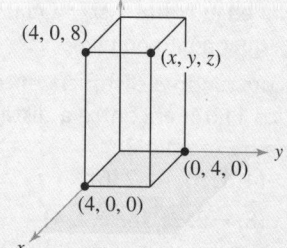

Figura para (a): cubo com vértices $(3, 0, 0)$, $(0, 3, 0)$ e (x, y, z).

Figura para (b): prisma com vértices $(4, 0, 0)$, $(0, 4, 0)$, $(4, 0, 8)$ e (x, y, z).

(b) Cristais no formato de prismas retangulares são classificados como tetragonais. Os vértices de um cristal tetragonal mapeado em um sistema de coordenada tridimensional é mostrado na figura. Determine (x, y, z).

7.2 Superfícies no espaço

- Esboçar planos no espaço.
- Desenhar planos no espaço com diferentes números de intersecções com os eixos.
- Classificar superfícies quadráticas no espaço.

Equações de planos no espaço

Na Seção 7.1, você estudou um tipo de superfície no espaço – uma esfera. Nesta seção, um segundo tipo será estudado – um plano no espaço. A **equação geral do plano** no espaço é

$$ax + by + cz = d.$$ Equação geral do plano

Observe a semelhança dessa equação com a equação geral de uma reta no plano. De fato, se for feita a intersecção do plano representado por essa equação com cada um dos três planos coordenados, serão obtidos cortes que são retas, como mostra a Figura 7.9.

Na Figura 7.9, os pontos nos quais o plano intercepta os três eixos coordenados são as intersecções com os eixos x, y e z do plano. Conectando esses três pontos, formar-se uma região triangular que ajuda a visualizar o plano no espaço.

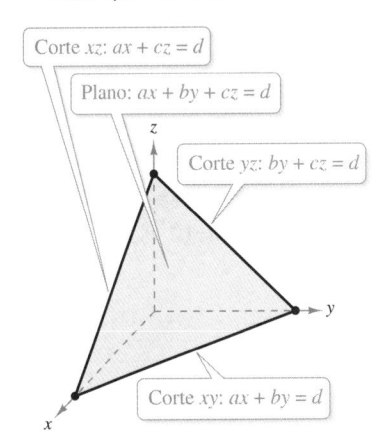

Exemplo 1 Esboço de um plano no espaço

Determine as intersecções com os eixos x, y e z do plano dado por

$$3x + 2y + 4z = 12.$$

Em seguida, esboce a posição triangular do plano formado.

SOLUÇÃO Para determinar a intersecção com o eixo x, tome y e z ambos iguais a zero.

$3x + 2(0) + 4(0) = 12$ Substitua y e z por 0.
$3x = 12$ Simplifique.
$x = 4$ Determine x.

Portanto, a intersecção com o eixo x é $(4, 0, 0)$. Para determinar a intersecção com o eixo y, toma-se x e z ambos zero, concluindo que $y = 6$. Portanto, a intersecção com o eixo y é $(0, 6, 0)$. De modo similar, tomando x e y ambos zero, pode-se determinar que $z = 3$ e que a intersecção com o eixo z é $(0, 0, 3)$. A Figura 7.10 mostra a porção triangular do plano formada pela conexão das três intersecções com os eixos

$(4, 0, 0),\quad (0, 6, 0)\quad e\quad (0, 0, 3).$

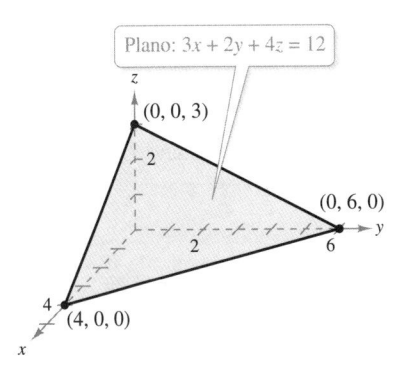

No Exercício 49, na página 429, você usará as dimensões da Terra para escrever uma equação de um elipsoide que modela sua forma.

Corte xz: $ax + cz = d$
Plano: $ax + by + cz = d$
Corte yz: $by + cz = d$
Corte xy: $ax + by = d$

FIGURA 7.9

Plano: $3x + 2y + 4z = 12$

FIGURA 7.10 Esboço obtido conectando-se as intersecções com os eixos: $(4, 0, 0)$, $(0, 6, 0)$, $(0, 0, 3)$.

✓ **AUTOAVALIAÇÃO 1**

Determine as intersecções com os eixos x, y e z do plano dado por

$$2x + 4y + z = 8.$$

Em seguida, esboce o plano.

Desenho de planos no espaço

Os planos mostrados nas Figuras 7.9 e 7.10 possuem três intersecções com os eixos. Quando isso ocorre, sugerimos desenhar o plano a partir do esboço da região triangular formada pela conexão das três intersecções.

É possível que um plano no espaço tenha menos de três intersecções com os eixos. Isso ocorre quando um ou mais coeficientes na equação $ax + by + cz = d$

são nulos. A Figura 7.11 mostra alguns planos no espaço que possuem apenas uma intersecção com os eixos e a Figura 7.12 mostra alguns que possuem apenas duas intersecções com os eixos. Em cada figura, observe o uso de linhas tracejadas e sombreados para dar a ilusão de três dimensões.

Plano $ax = d$ é paralelo ao plano yz.　　Plano $by = d$ é paralelo ao plano xz.　　Plano $cz = d$ é paralelo ao plano xy.

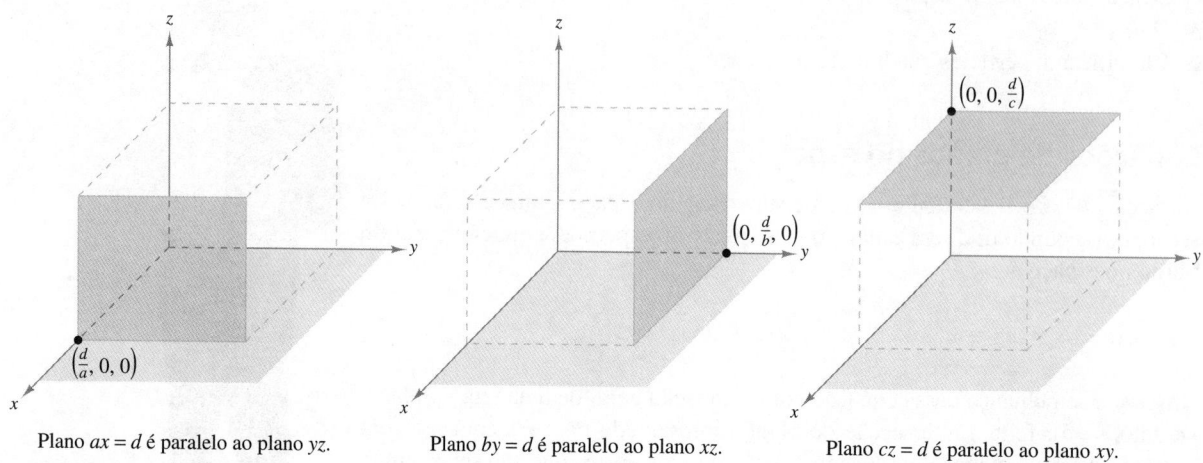

FIGURA 7.11 Planos paralelos aos planos coordenados

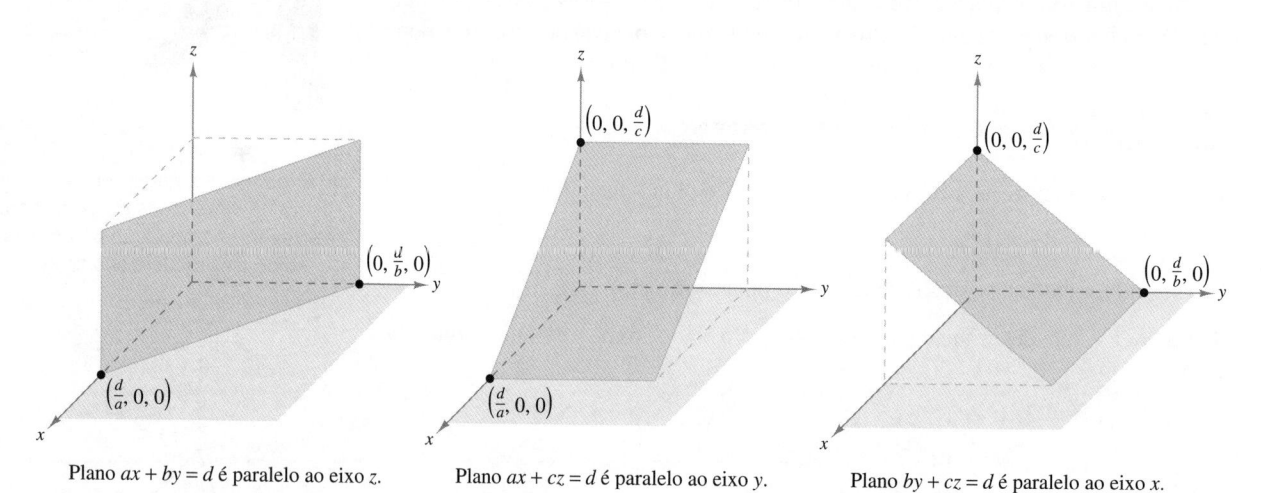

Plano $ax + by = d$ é paralelo ao eixo z.　　Plano $ax + cz = d$ é paralelo ao eixo y.　　Plano $by + cz = d$ é paralelo ao eixo x.

FIGURA 7.12 Planos paralelos aos eixos coordenados.

Quando a equação de um plano tem uma variável faltando, tal como

$$2x + z = 1 \qquad \text{Veja a Figura 7.13.}$$

o plano deve ser *paralelo ao eixo* representado pela variável que falta, como mostra a Figura 7.12 e 7.13. Quando duas variáveis estão faltando na equação de um plano, o plano é *paralelo ao plano coordenado* representado pelas variáveis que faltam, como mostra a Figura 7.11.

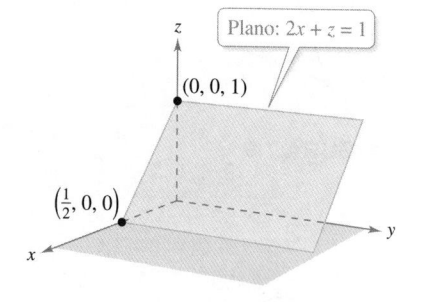

FIGURA 7.13 O plano $2x + z = 1$ é paralelo ao eixo y.

Superfícies quadráticas

Um terceiro tipo comum de superfície no espaço é uma **superfície quadrática**. Superfícies quádraticas são as análogas tridimensionais das seções cônicas. A equação de uma superfície quadrática no espaço é uma equação de segundo grau em três variáveis, tais como

$$Ax^2 + By^2 + Cz^2 + Dx + Ey + Fz + G = 0. \qquad \text{Equação do segundo grau}$$

Há seis tipos básicos de superfícies quadráticas.

1. Cone elíptico
2. Paraboloide elíptico

3. Paraboloide hiperbólico
4. Elipsoide
5. Hiperboloide de uma folha
6. Hiperboloide de duas folhas

Esses seis tipos estão resumidos nas duas páginas seguintes. Observe que cada superfície é representada por dois tipos de figuras tridimensionais. As figuras geradas por computador utilizam cortes com retas ocultas para dar a ilusão de três dimensões. Os esboços artísticos utilizam sombras para criar a mesma ilusão.

Todas as superfícies quadráticas nas duas páginas seguintes estão centradas na origem e possuem eixos na direção dos eixos coordenados. Além disso, apenas uma de várias orientações possíveis de cada superfície é exibida. Se a superfície possuir outro centro ou estiver orientada no sentido de outro eixo, então sua equação padrão mudará em decorrência disso. Por exemplo, o elipsoide

$$\frac{x^2}{1^2} + \frac{y^2}{3^2} + \frac{z^2}{2^2} = 1$$

possui $(0, 0, 0)$ como seu centro, mas o elipsoide

$$\frac{(x-2)^2}{1^2} + \frac{(y+1)^2}{3^2} + \frac{(z-4)^2}{2^2} = 1$$

possui $(2, -1, 4)$ como seu centro. Um gráfico gerado por computador, do primeiro elipsoide, é exibido na Figura 7.14.

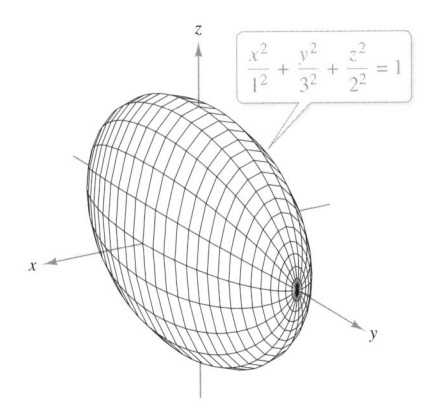

FIGURA 7.14

TUTOR TÉCNICO

Se você tem acesso a uma ferramenta gráfica tridimensional, tente usá-la para traçar a superfície da Figura 7.14. Ao fazer isso, descobrirá que esboçar superfícies no espaço não é uma tarefa simples – mesmo com uma ferramenta gráfica.

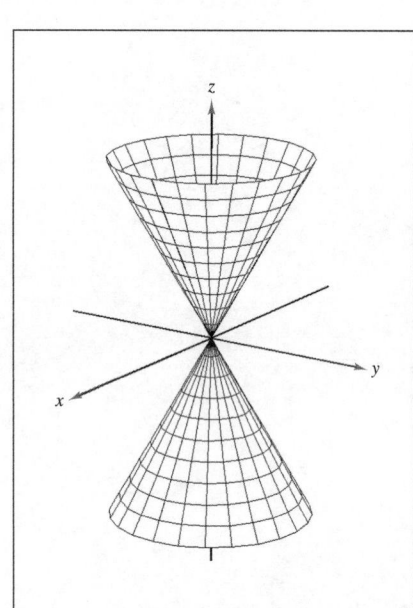

Cone elíptico

$$\frac{x^2}{a^2} + \frac{y^2}{b^2} - \frac{z^2}{c^2} = 0$$

Corte	Plano
Elipse	Paralelo ao plano xy
Hipérbole	Paralelo ao plano xz
Hipérbole	Paralelo ao plano yz

O eixo do cone corresponde à variável de coeficiente negativo. Os cortes nos planos coordenados paralelos a esse eixo são retas que se interceptam.

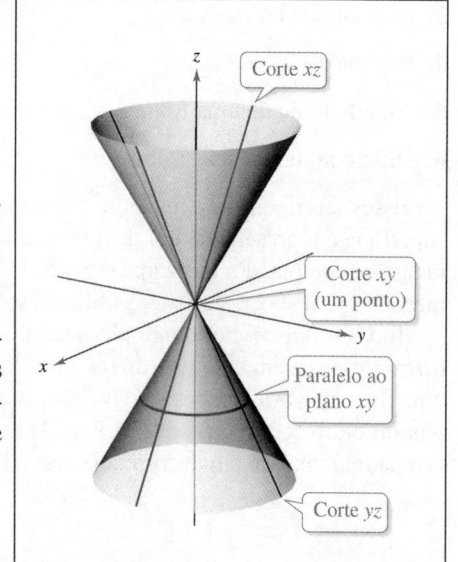

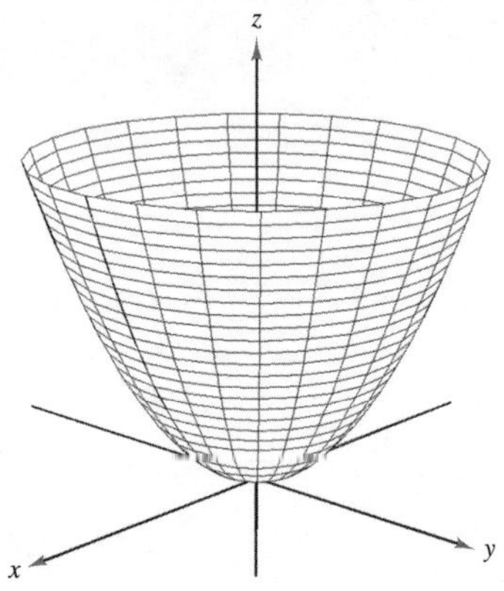

Paraboloide elíptico

$$z = \frac{x^2}{a^2} + \frac{y^2}{b^2}$$

Corte	Plano
Elipse	Paralelo ao plano xy
Parábola	Paralelo ao plano xz
Parábola	Paralelo ao plano yz

O eixo do paraboloide corresponde à variável elevada à primeira potência.

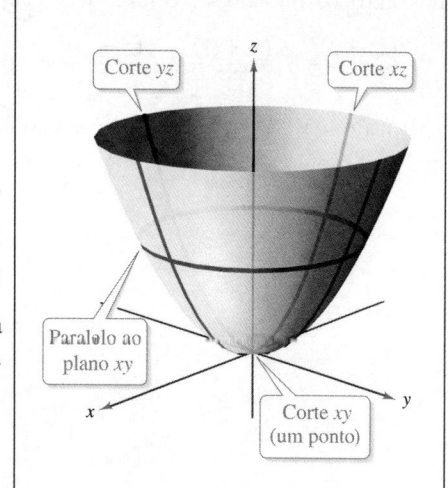

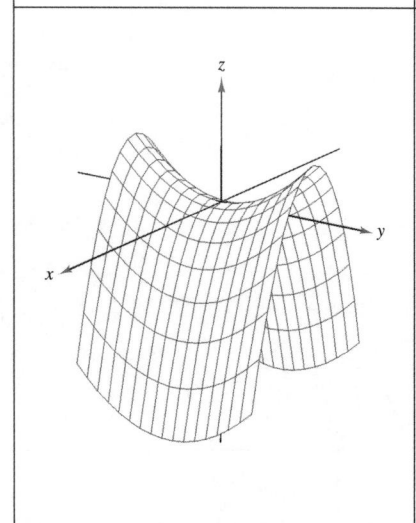

Paraboloide hiperbólico

$$z = \frac{y^2}{b^2} - \frac{x^2}{a^2}$$

Corte	Plano
Hipérbole	Paralelo ao plano xy
Parábola	Paralelo ao plano xz
Parábola	Paralelo ao plano yz

O eixo do paraboloide corresponde à variável elevada à primeira potência.

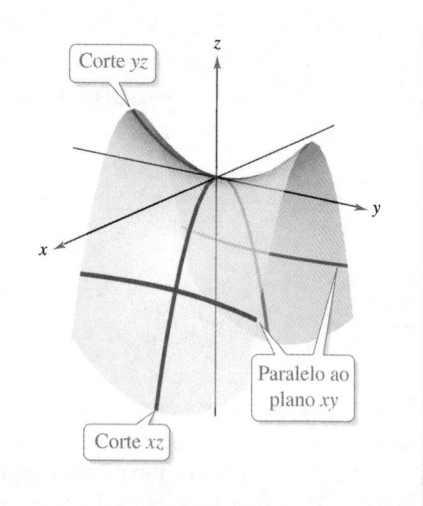

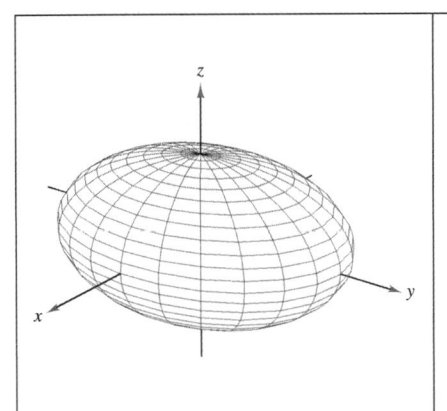

Elipsoide

$$\frac{x^2}{a^2} + \frac{y^2}{b^2} + \frac{z^2}{c^2} = 1$$

Corte	Plano
Elipse	Paralelo ao plano xy
Elipse	Paralelo ao plano xz
Elipse	Paralelo ao plano yz

A superfície é uma esfera se os coeficientes a, b e c forem iguais e diferentes de zero.

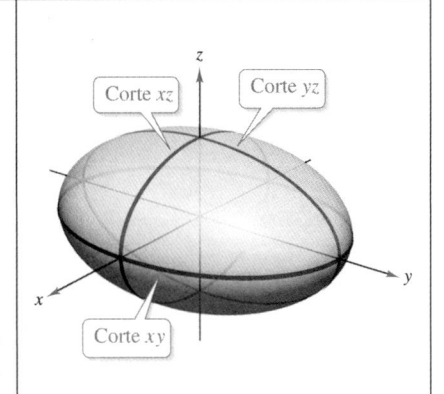

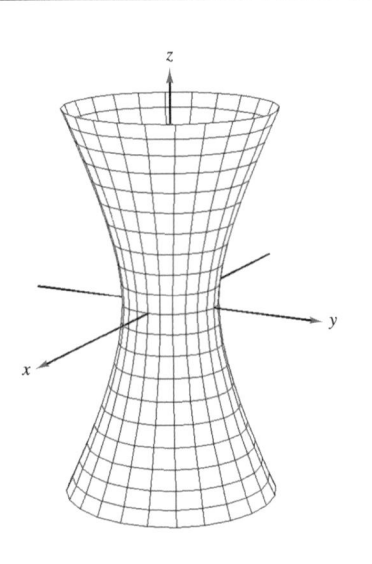

Hiperboloide de uma folha

$$\frac{x^2}{a^2} + \frac{y^2}{b^2} - \frac{z^2}{c^2} = 1$$

Corte	Plano
Elipse	Paralelo ao plano xy
Hipérbole	Paralelo ao plano xz
Hipérbole	Paralelo ao plano yz

O eixo do hiperboloide corresponde à variável de coeficiente negativo.

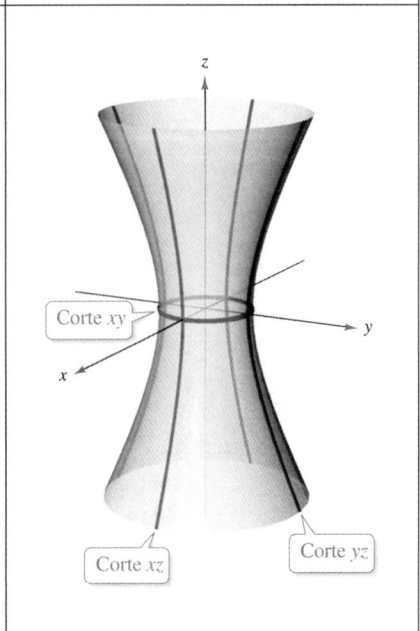

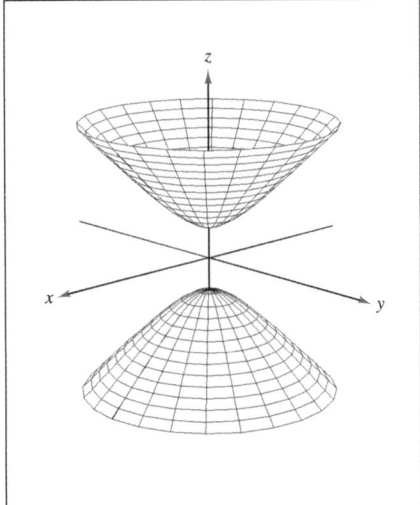

Hiperboloide de duas folhas

$$\frac{z^2}{c^2} - \frac{x^2}{a^2} - \frac{y^2}{b^2} = 1$$

Corte	Plano
Elipse	Paralelo ao plano xy
Hipérbole	Paralelo ao plano xz
Hipérbole	Paralelo ao plano yz

O eixo do hiperboloide corresponde à variável de coeficiente positivo. Não há corte no plano coordenado perpendicular ao eixo.

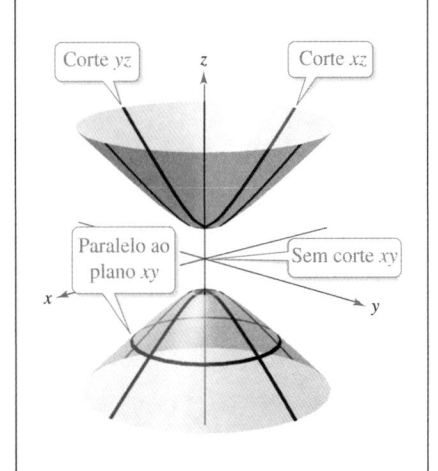

Ao classificar superfícies quadráticas, observe que os dois tipos de paraboloides possuem uma variável elevada à primeira potência. Os outros quatro tipos de superfícies quadráticas possuem equações que são do segundo grau em *todas* as três variáveis.

Exemplo 2 Classificação de uma superfície quadrática

Descreva os cortes da superfície dada por $x - y^2 - z^2 = 0$ nos planos xy, xz e no plano dado por $x = 1$. Em seguida, classifique a superfície.

SOLUÇÃO Como x está elevado à primeira potência, a superfície é um paraboloide com eixo x. Na forma padrão, a equação é $x = y^2 + z^2$. Os cortes no plano xy, no plano xz e no plano dado por $x = 1$ são conforme mostrados.

Corte no plano xy ($z = 0$):	$x = y^2$	Parábola
Corte no plano xz ($y = 0$):	$x = z^2$	Parábola
Corte no plano $x = 1$:	$y^2 + z^2 = 1$	Circunferência

Esses três cortes são mostrados na Figura 7.15.

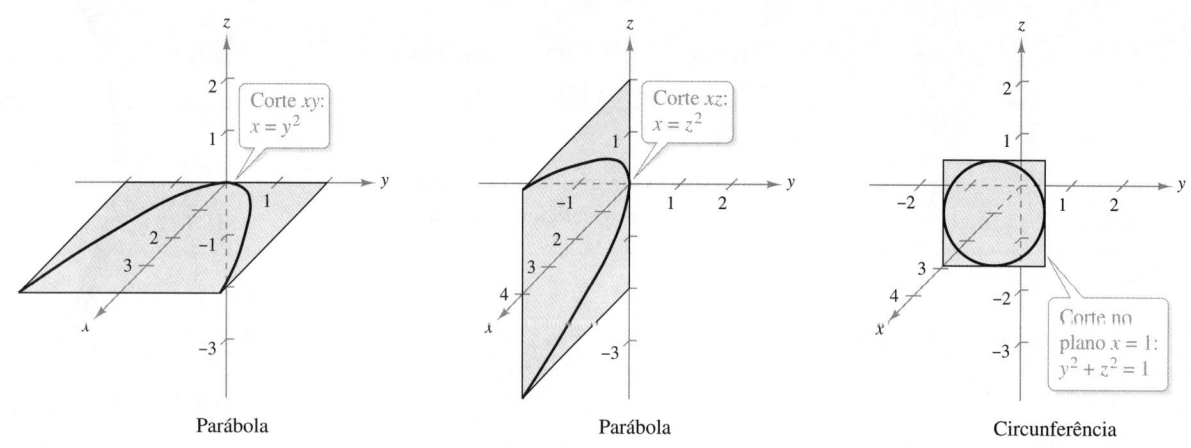

FIGURA 7.15

A partir desses cortes, é possível ver que a superfície é um paraboloide elíptico (ou circular) como mostra a Figura 7.16.

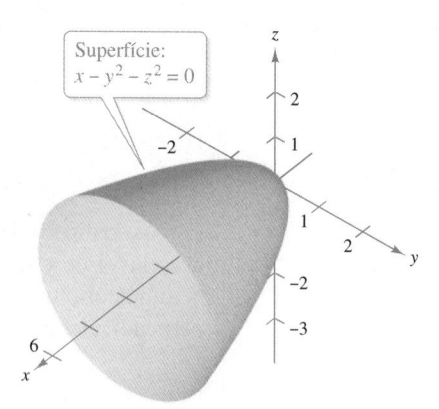

FIGURA 7.16 Paraboloide elíptico.

✓ AUTOAVALIAÇÃO 2

Descreva os cortes da superfície dada por $x^2 + y^2 - z^2 = 1$ no plano xy, no plano yz, no plano xz e no plano dado por $z = 3$. Em seguida, classifique a superfície. ■

Exemplo 3 — Classificação de superfícies quadráticas

Classifique a superfície dada por cada equação.

a. $x^2 - 4y^2 - 4z^2 - 4 = 0$

b. $x^2 + 4y^2 + z^2 - 4 = 0$

SOLUÇÃO

a. A equação $x^2 - 4y^2 - 4z^2 - 4 = 0$ pode ser apresentada na forma padrão

$$\frac{x^2}{4} - y^2 - z^2 = 1. \qquad \text{Forma padrão}$$

A partir da forma padrão, pode-se ver que o gráfico é um hiperboloide de duas folhas que possui x como eixo, conforme mostrado na Figura 7.17(a).

b. A equação $x^2 + 4y^2 + z^2 - 4 = 0$ pode ser apresentada na forma padrão como

$$\frac{x^2}{4} + y^2 + \frac{z^2}{4} = 1. \qquad \text{Forma padrão}$$

A partir da forma padrão, pode-se ver que o gráfico é um elipsoide, como mostrado na Figura 7.17 (b).

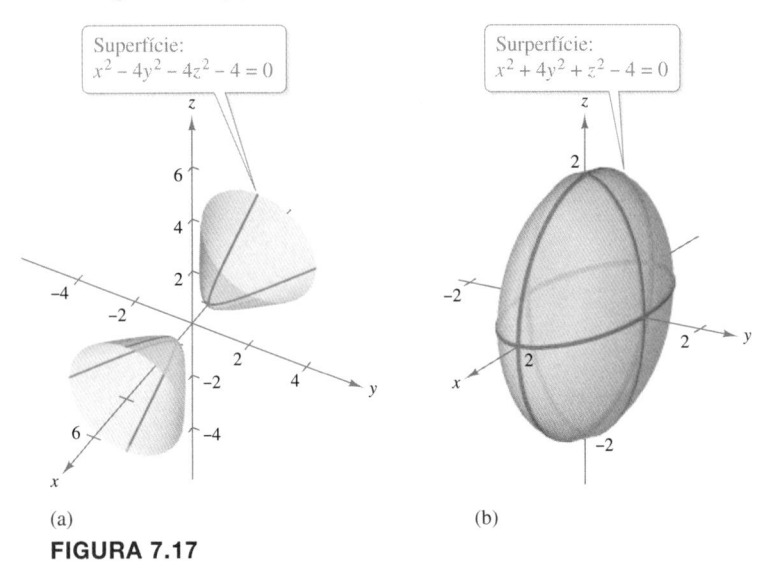

FIGURA 7.17

✓ AUTOAVALIAÇÃO 3

Classifique a superfície dada por cada equação.

a. $4x^2 + 9y^2 - 36z = 0$

b. $36x^2 + 16y^2 - 144z^2 = 0$

PRATIQUE (Seção 7.2)

1. Dê a equação geral do plano no espaço *(página 421)*. Para um exemplo de como esboçar um plano no espaço, veja o Exemplo 1.

2. Liste os seis tipos básicos de superfícies quadráticas *(página 422)*. Para exemplos de classificação de superfícies quadráticas, veja os Exemplos 2 e 3.

Recapitulação 7.2

Os exercícios preparatórios a seguir envolvem conceitos vistos em seções anteriores. Esses conceitos serão utilizados no conjunto de exercícios desta seção. Para mais ajuda, consulte as Seções 1.2 e 7.1.

Nos Exercícios 1-4, determine as intersecções com os eixos x e y da função.

1. $3x + 4y = 12$
2. $6x + y = -8$
3. $-2x + y = -2$
4. $-x - y = 5$

Nos Exercícios 5 e 6, escreva a equação da esfera na forma padrão.

5. $16x^2 + 16y^2 + 16z^2 = 4$
6. $9x^2 + 9y^2 + 9z^2 = 36$

Exercícios 7.2

Esboçando um plano no espaço Nos Exercícios 1-12, encontre as intersecções com os eixos e esboce o gráfico do plano. *Veja o Exemplo 1.*

1. $4x + 2y + 6z = 12$
2. $x + y + z = 3$
3. $3x + 3y + 5z = 15$
4. $3x + 6y + 2z = 6$
5. $2x - y + 3z = 4$
6. $2x - y + z = 4$
7. $z = 8$
8. $x = 5$
9. $y + z = 5$
10. $x - 3z = 3$
11. $x + z = 6$
12. $x + 2y = 4$

Comparando planos Nos Exercícios 13-22, determine se os planos $a_1x + b_1y + c_1z = d_1$ e $a_2x + b_2y + c_2z = d_2$ são paralelos, perpendiculares ou nenhum dos dois. Os planos são paralelos quando existe uma constante não nula k de modo que $a_1 = ka_2$, $b_1 = kb_2$, e $c_1 = kc_2$, e são perpendiculares quando $a_1a_2 + b_1b_2 + c_1c_2 = 0$.

13. $5x - 3y + z = 4, x + 4y + 7z = 1$
14. $3x + y - 4z = 3, -9x - 3y + 12z = 4$
15. $x - 5y - z = 1, 5x - 25y - 5z = -3$
16. $2x - z = 1, 4x + y + 8z = 10$
17. $x + 2y = 3, 4x + 8y = 5$
18. $x + 3y + z = 7, x - 5z = 0$
19. $2x + y = 3, 3x - 5z = 0$
20. $x + 3y + 2z = 6, 4x - 12y + 8z = 24$
21. $x = 3, z = -1$
22. $x = -2, y = 4$

Combinação Nos Exercícios 23-28, combine a equação com o seu gráfico. Em seguida, classifique a superfície quadrática. [Os gráficos estão marcados (a)-(f).]

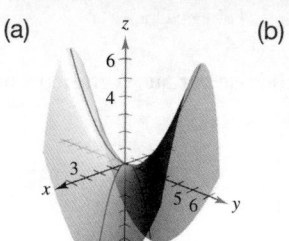

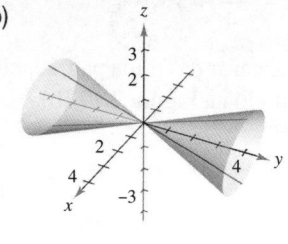

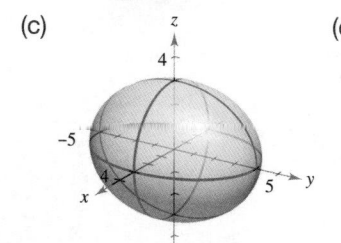

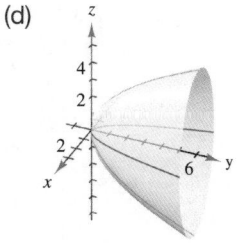

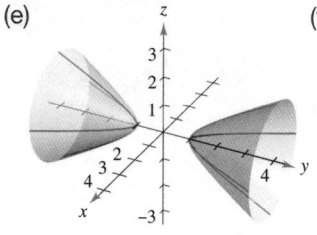

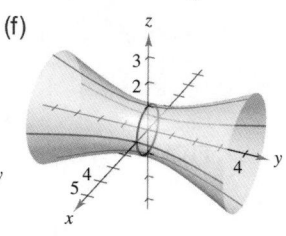

23. $\dfrac{x^2}{9} + \dfrac{y^2}{16} + \dfrac{z^2}{9} = 1$
24. $15x^2 - 4y^2 + 15z^2 = -4$
25. $4x^2 - y^2 + 4z^2 = 4$
26. $y^2 = 4x^2 + 9z^2$
27. $4x^2 - 4y + z^2 = 0$
28. $4x^2 - y^2 + 4z = 0$

Classificando uma superfície quadrática Nos Exercícios 29-34, descreva os cortes da superfície nos planos dados. Em seguida, classifique a superfície. *Veja o Exemplo 2.*

29. $z = x^2 - y^2$
   (a) plano xy (b) $x = 3$ (c) plano xz
30. $y = x^2 + z^2$
   (a) plano xy (b) $y = 1$ (c) plano yz

31. $\dfrac{x^2}{4} + y^2 + z^2 = 1$

   (a) plano xy (b) plano xz (c) plano yz

32. $y^2 + \dfrac{z^2}{4} - x^2 = 0$

   (a) $y = -1$ (b) $z = 4$ (c) plano yz

33. $z^2 - \dfrac{x^2}{9} - \dfrac{y^2}{16} = 1$

   (a) plano xz (b) $x = 2$ (c) $z = 4$

34. $y^2 + z^2 - x^2 = 1$

   (a) plano xy (b) plano xz (c) plano yz

Classificando uma superfície quadrática Nos Exercícios 35-48, classifique a superfície quadrática. *Veja o Exemplo 3.*

35. $x^2 + \dfrac{y^2}{4} + z^2 = 1$ 36. $z^2 = 2x^2 + 2y^2$

37. $25x^2 + 25y^2 - z^2 = 5$ 38. $z = 4x^2 + y^2$

39. $x^2 - y^2 + z = 0$ 40. $z^2 - x^2 - \dfrac{y^2}{4} = 1$

41. $x^2 - y + z^2 = 0$ 42. $9x^2 + 4y^2 - 8z^2 = 72$

43. $z^2 = 9x^2 + y^2$ 44. $\dfrac{x^2}{9} + \dfrac{y^2}{16} + \dfrac{z^2}{16} = 1$

45. $2x^2 - y^2 + 2z^2 = -4$

46. $4y = x^2 + z^2$

47. $3z = -y^2 + x^2$

48. $z^2 = x^2 + \dfrac{y^2}{4}$

49. **Ciência física** Devido às forças causadas por sua rotação, a Terra é na verdade um elipsoide achatado, em vez de uma esfera. O raio equatorial tem 3.963 milhas e o raio polar tem 3.950 milhas. Encontre uma equação do elipsoide. Suponha que o centro da Terra é a origem e que o corte xy ($z = 0$) corresponde ao Equador.

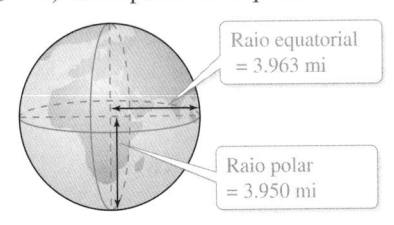

50. **VISUALIZE** Cada paraboloide elíptico abaixo representa uma mesma estátua que é modelada pela superfície quadrática $z = x^2 + y^2$. Combine cada um dos quatro gráficos com o ponto no espaço do qual a estátua é vista. Os quatro pontos são $(0, 0, 20)$, $(0, 20, 0)$, $(20, 0, 0)$, e $(10, 10, 20)$.

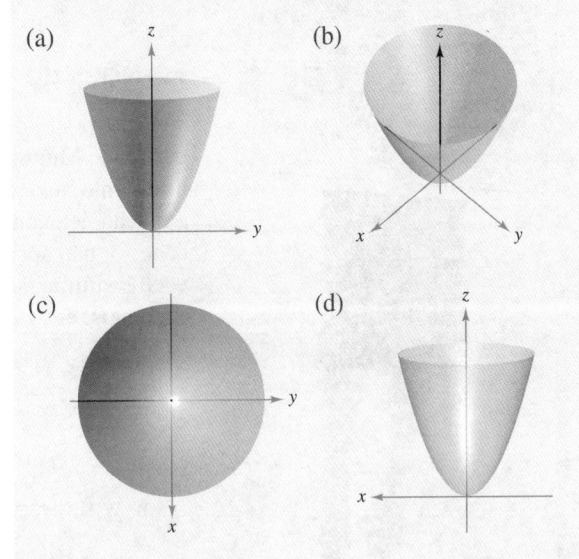

51. **Modelagem de dados** Gastos com consumo pessoal (em bilhões de dólares) para vários tipos de recreação, de 2004 a 2009, são mostrados na tabela, em que x são os gastos com parques de diversões e acampamento, y são os gastos com entretenimento ao vivo (excluindo esportes), e z os gastos em esportes para o público.

Ano	2004	2005	2006	2007	2008	2009
x	33,1	34,9	37,4	40,6	43,0	41,8
y	13,2	13,8	14,9	15,0	15,4	14,5
z	15,5	16,3	17,8	19,5	20,5	20,7

Um modelo para os dados na tabela é dado por $-0,62x + 0,41y + z = 0,38$. *(Fonte: U. S. Bureau of Economic Analysis)*

(a) Complete uma quarta linha da tabela usando o modelo para aproximar z para os valores dados de x e y. Compare as aproximações com os valores reais de z.

(b) De acordo com esse modelo, o aumento dos gastos com as recreações dos tipos y e z corresponderiam a que tipo de mudança nos gastos com a recreação do tipo x?

7.3 Funções de várias variáveis

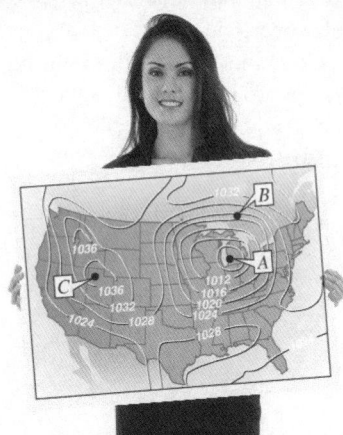

- Calcular funções de várias variáveis.
- Determinar o domínio e imagem de funções de várias variáveis.
- Ler mapas de contorno e esboçar curvas de nível de funções de duas variáveis.
- Utilizar funções de várias variáveis para responder a questões sobre situações da vida real.

No Exercício 49, na página 436, você observará um mapa do tempo e identificará áreas de alta e baixa pressão.

Funções de várias variáveis

Até este ponto do texto, foram estudadas funções com uma única variável independente. Muitos aspectos quantitativos da ciência, dos negócios e da tecnologia, no entanto, não são funções de uma, mas de duas ou mais variáveis. Por exemplo, a função demanda de um produto frequentemente depende do preço e da publicidade – e não apenas do preço. A notação para uma função de duas ou mais variáveis é similar àquela para uma função de uma única variável. Seguem dois exemplos.

$$z = f(\underbrace{x, y}_{\text{2 variáveis}}) = x^2 + xy \qquad \text{Função de duas variáveis}$$

e

$$w = f(\underbrace{x, y, z}_{\text{3 variáveis}}) = x + 2y - 3z \qquad \text{Função de três variáveis}$$

> **Definição de uma função de duas variáveis**
>
> Seja D um conjunto de pares ordenados de números reais. Se a cada par ordenado (x, y) em D corresponder um único número real $f(x, y)$, então f será chamada de **função de x e y**. O conjunto D é o **domínio** de f e o conjunto correspondente de valores de z é a **imagem** de f. As funções de três, quatro ou mais variáveis são definidas de maneira semelhante.

Para a função dada por

$$z = f(x, y)$$

x e y são chamados de **variáveis independentes** e z é denominado **variável dependente**.

Exemplo 1 Cálculo de funções de várias variáveis

a. Para $f(x, y) = 2x^2 - y^2$, pode-se calcular $f(2, 3)$ conforme mostrado.
$$f(2, 3) = 2(2)^2 - (3)^2 = 8 - 9 = -1$$

b. Para $f(x, y, z) = e^x(y + z)$, pode-se calcular $f(0, -1, 4)$ conforme mostrado.
$$f(0, -1, 4) = e^0(-1 + 4) = (1)(3) = 3$$

✓ AUTOAVALIAÇÃO 1

Determine os valores indicados da função.

a. Para $f(x, y) = x^2 + 2xy$, determine $f(2, -1)$.

b. Para $f(x, y, z) = \dfrac{2x^2 z}{y^3}$, determine $f(-3, 2, 1)$.

O domínio e a imagem de uma função de duas variáveis

Uma função de duas variáveis pode ser representada graficamente como uma superfície no espaço, fazendo

$$z = f(x, y).$$ Função de duas variáveis

Ao esboçar o gráfico de uma função de x e y, lembre-se de que, embora o gráfico seja tridimensional, o domínio da função é bidimensional – ele consiste nos pontos no plano xy para os quais a função é definida. Da mesma forma que nas funções de uma única variável, a menos que especificamente restrito, pressupõe-se que o domínio de uma função de duas variáveis seja o conjunto de todos os pontos (x, y) para os quais a equação definidora faça sentido. Em outras palavras, a cada ponto (x, y) no domínio de f, corresponde a um ponto (x, y, z) sobre a superfície e, reciprocamente, a cada ponto (x, y, z) sobre a superfície, corresponde a um ponto (x, y) no domínio de f.

Exemplo 2 — Determinação do domínio e da imagem de uma função

Determine o domínio e a imagem da função

$$f(x, y) = \sqrt{64 - x^2 - y^2}.$$

SOLUÇÃO Como nenhuma restrição foi dada, pressupõe-se que o domínio seja o conjunto de todos os pontos para os quais a equação definidora faça sentido.

$64 - x^2 - y^2 \geq 0$ A quantidade no interior da raiz deve ser não negativa.
$-x^2 - y^2 \geq -64$ Subtraia 64 de cada lado.
$x^2 + y^2 \leq 64$ Multiplique cada lado por -1 e reverta o sinal de desigualdade.

Assim, o domínio é o conjunto de todos os pontos que se localizam sobre ou dentro da circunferência dada por

$x^2 + y^2 \leq 8^2$ Domínio da função

como mostra a Figura 7.18. A imagem de f é

$0 \leq z \leq 8.$ Imagem da função

Como mostra a Figura 7.19, o gráfico da função é um hemisfério.

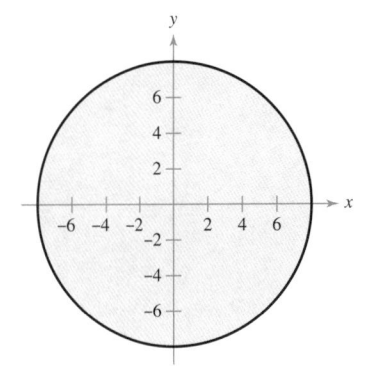

Domínio de $f(x, y) = \sqrt{64 - x^2 - y^2}$
FIGURA 7.18

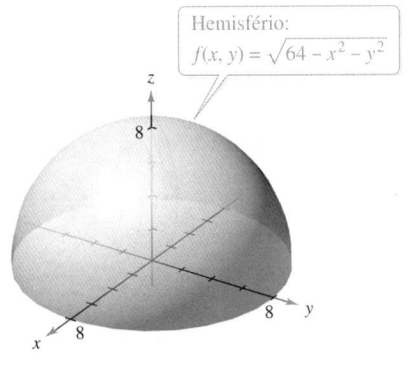

Hemisfério:
$f(x, y) = \sqrt{64 - x^2 - y^2}$

Domínio: $x^2 + y^2 \leq 64$
Imagem: $0 \leq z \leq 8$
FIGURA 7.19

✓ AUTOAVALIAÇÃO 2

Considere a função

$$f(x, y) = \sqrt{9 - x^2 - y^2}.$$

a. Determine o domínio de f.
b. Determine a imagem de f.

Mapas de contorno e curvas de nível

Um **mapa de contorno** de uma superfície é criado pela *projeção*, no plano xy, de cortes tomados em planos igualmente espaçados paralelos ao plano xy. Cada projeção é uma **curva de nível** da superfície.

Os mapas de contorno são utilizados para gerar mapas climáticos, topográficos e de densidade populacional. Por exemplo, a Figura 7.20(a) mostra um gráfico de uma superfície de "montanha e vale", dada por $z = f(x, y)$. Cada curva de nível na Figura 7.20(b) representa a intersecção da superfície $z = f(x, y)$ com um plano $z = c$, em que $c = 828, 830, \ldots, 854$.

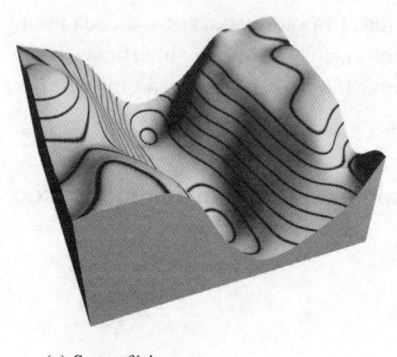

(a) Surperfície   (b) Mapa de contorno

FIGURA 7.20

Exemplo 3 Esboçando um mapa de contorno

O hemisfério dado por $f(x, y) = \sqrt{64 - x^2 - y^2}$ é mostrado na Figura 7.21. Esboce um mapa de contorno desta superfície usando as curvas de nível correspondentes a $c = 0, 1, 2, \ldots, 8$.

SOLUÇÃO Para cada valor de c, a equação dada por $f(x, y) = c$ é uma circunferência (ou ponto) no plano xy. Por exemplo, quando $c_1 = 0$, a curva de nível é

$$x^2 + y^2 = 8^2 \quad \text{Circunferência de raio 8.}$$

que é uma circunferência de raio 8. A Figura 7.22 mostra as nove curvas de nível do hemisfério.

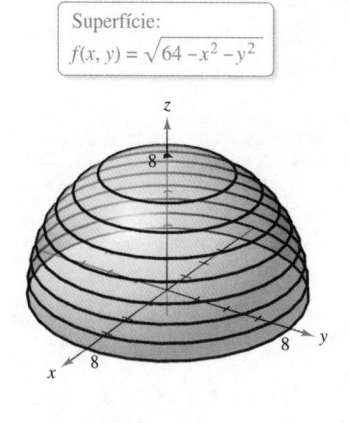

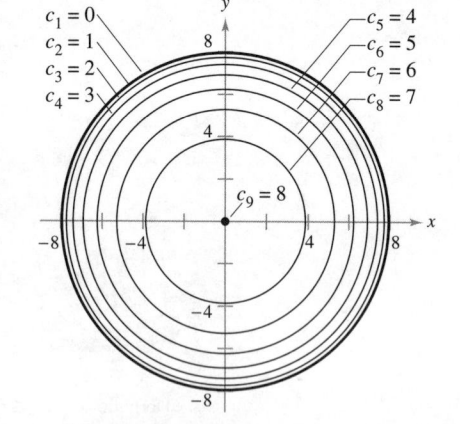

Superfície:
$f(x, y) = \sqrt{64 - x^2 - y^2}$

Hemisfério   Mapa de contorno

FIGURA 7.21   **FIGURA 7.22**

✓ AUTOAVALIAÇÃO 3

Descreva as curvas de nível de $f(x, y) = \sqrt{9 - x^2 - y^2}$. Esboce as curvas de nível para $c = 0, 1, 2, $ e 3.

Aplicações

A **função produção de Cobb-Douglas** é utilizada em economia para representar o número de unidades produzidas por quantidades variáveis de mão de obra e de capital. Assuma que x represente o número de unidades de mão de obra e y o número de unidades de capital. Então, o número de unidades produzidas é modelado por

$$f(x, y) = Cx^a y^{1-a}$$

em que C e a são constantes com $0 < a < 1$.

Exemplo 4 — Utilização de uma função produção

Um fabricante estima que sua produção (medida em unidades de um produto) pode ser modelada por $f(x, y) = 100x^{0,6}y^{0,4}$, em que a mão de obra x é medida em pessoas-hora e o capital y, em milhares de dólares.

a. Qual é o nível de produção quando $x = 1.000$ e $y = 500$?

b. Qual é o nível de produção quando $x = 2.000$ e $y = 1.000$?

c. Como dobrar a quantidade de mão de obra e capital dos itens (a) e (b) afeta a produção?

SOLUÇÃO

a. Quando $x = 1.000$ e $y = 500$, o nível de produção é

$$f(1.000, 500) = 100(1.000)^{0,6}(500)^{0,4} \approx 75.786 \text{ unidades.}$$

b. Quando $x = 2.000$ e $y = 1\,000$, o nível de produção é

$$f(2.000, 1.000) = 100(2.000)^{0,6}(1.000)^{0,4} \approx 151.572 \text{ unidades.}$$

c. Quando as quantidades de mão de obra e capital são dobradas, o nível de produção também dobra. No Exercício 44, será solicitado que se demonstre que essa é uma característica da função de produção Cobb-Douglas.

Um gráfico de contorno dessa função é mostrado na Figura 7.23. Observe que as curvas de nível ocorrem em gradações de 10.000.

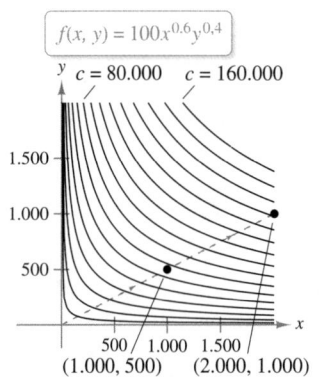

FIGURA 7.23 Curvas de nível (com incrementos de 10.000)

✓ AUTOAVALIAÇÃO 4

Utilize a função produção de Cobb-Douglas no Exemplo 5 para determinar os níveis de produção quando $x = 1.500$ e $y = 1.000$ e $x = 1.000$ e $y = 1.500$. Utilize seus resultados para determinar qual variável possui maior influência sobre a produção. ■

Exemplo 5 — Determinação de pagamentos mensais

O pagamento mensal M de um empréstimo parcelado de P dólares, tomado por t anos, a uma taxa de juros anual de r, é dado por

$$M = f(P, r, t) = \dfrac{\dfrac{Pr}{12}}{1 - \left[\dfrac{1}{1 + (r/12)}\right]^{12t}}.$$

a. Determine o pagamento mensal de uma hipoteca residencial de $ 100.000, tomada por trinta anos a uma taxa anual de juros de 7%.

b. Determine o pagamento mensal do financiamento de um automóvel no valor de $ 22.000, tomado por cinco anos a uma taxa anual de juros de 8%.

SOLUÇÃO

a. Se $P = \$ 100.000$, $r = 0,07$ e $t = 30$, o pagamento mensal é

$$M = f(100.000, 0{,}07, 30)$$

$$= \frac{\dfrac{(100.000)(0{,}07)}{12}}{1 - \left[\dfrac{1}{1 + (0{,}07/12)}\right]^{12(30)}}$$

$$\approx \$\,665{,}30.$$

b. Quando $P = \$\,22.000$, $r = 0{,}08$, e $t = 5$, o pagamento mensal é

$$M = f(22.000, 0{,}08, 5)$$

$$= \frac{\dfrac{(22.000)(0{,}08)}{12}}{1 - \left[\dfrac{1}{1 + (0{,}08/12)}\right]^{12(5)}}$$

$$\approx \$\,446{,}08.$$

✓ AUTOAVALIAÇÃO 5

a. Determine o pagamento mensal M de uma hipoteca residencial de $\$\,100.000$, tomada por trinta anos a uma taxa de juros mensal de 3%.

b. Determine a quantidade total de dinheiro a ser paga nessa hipoteca.

PRATIQUE (Seção 7.3)

1. Dê a definição de função de duas variáveis *(página 430)*. Para um exemplo do cálculo de uma função de duas variáveis, veja o Exemplo 1.

2. Descreva como um mapa de contorno de uma superfície é criado *(página 432)*. Para um exemplo de como esboçar um mapa de contorno, veja o Exemplo 3.

3. Dê a função produção de Cobb-Douglas *(página 433)*. Para um exemplo do uso da função produção de Cobb-Douglas, veja o Exemplo 4.

4. Descreva em um exemplo da vida real como a função de diversas variáveis pode ser usada para encontrar o pagamento mensal de um empréstimo *(página 433, Exemplo 5)*.

Recapitulação 7.3

Os exercícios preparatórios a seguir envolvem conceitos vistos em cursos ou seções anteriores. Esses conceitos serão utilizados no conjunto de exercícios desta seção. Para mais ajuda, consulte a Seção A.3 do Apêndice e a Seção 1.4.

Nos Exercícios 1-4, calcule a função para $x = -3$.

1. $f(x) = 5 - 2x$ **2.** $f(x) = -x^2 + 4x + 5$ **3.** $y = \sqrt{4x^2 - 3x + 4}$ **4.** $y = \sqrt[3]{34 - 4x + 2x^2}$

Nos Exercícios 5-8, determine o domínio da função.

5. $f(x) = 5x^2 + 3x - 2$ **6.** $g(x) = \dfrac{1}{2x} - \dfrac{2}{x+3}$ **7.** $h(y) = \sqrt{y-5}$ **8.** $f(y) = \sqrt{y^2 - 5}$

Nos Exercícios 9 e 10, calcule a expressão.

9. $(476)^{0{,}65}$ **10.** $(251)^{0{,}35}$

Exercícios 7.3

Cáculo de funções de várias variáveis Nos Exercícios 1-14, encontre os valores das funções. *Veja o Exemplo 1.*

1. $f(x, y) = \dfrac{x}{y}$

 (a) $f(3, 2)$ (b) $f(-1, 4)$ (c) $f(30, 5)$
 (d) $f(5, y)$ (e) $f(x, 2)$ (f) $f(5, t)$

2. $g(x, y) = \ln|x + y|$

 (a) $g(2, 3)$ (b) $g(5, 6)$ (c) $g(e, 0)$
 (d) $g(0, 1)$ (e) $g(2, -3)$ (f) $g(e, e)$

3. $f(x, y) = xe^y$

 (a) $f(5, 0)$ (b) $f(3, 2)$ (c) $f(2, -1)$
 (d) $f(5, y)$ (e) $f(x, 2)$ (f) $f(t, t)$

4. $f(x, y) = 4 - x^2 - 4y^2$

 (a) $f(0, 0)$ (b) $f(0, 1)$ (c) $f(2, 3)$
 (d) $f(1, y)$ (e) $f(x, 0)$ (f) $f(t, 1)$

5. $h(x, y, z) = \dfrac{xy}{z}$

 (a) $h(2, 3, 9)$ (b) $h(1, 0, 1)$

6. $f(x, y, z) = \sqrt{x + y + z}$

 (a) $f(0, 5, 4)$ (b) $f(6, 8, -3)$

7. $V(r, h) = \pi r^2 h$

 (a) $V(3, 10)$ (b) $V(5, 2)$

8. $F(r, N) = 500\left(1 + \dfrac{r}{12}\right)^N$

 (a) $F(0{,}09, 60)$ (b) $F(0{,}14, 240)$

9. $A(P, r, t) = P\left[\left(1 + \dfrac{r}{12}\right)^{12t} - 1\right]\left(1 + \dfrac{12}{r}\right)$

 (a) $A(100, 0{,}10, 10)$ (b) $A(275, 0{,}0925, 40)$

10. $A(P, r, t) = Pe^{rt}$

 (a) $A(500, 0{,}10, 5)$ (b) $A(1500, 0{,}12, 20)$

11. $f(x, y) = \displaystyle\int_x^y (2t - 3)\, dt$

 (a) $f(1, 2)$ (b) $f(1, 4)$

12. $g(x, y) = \displaystyle\int_x^y \dfrac{1}{t}\, dt$

 (a) $g(4, 1)$ (b) $g(6, 3)$

13. $f(x, y) = x^2 - 2y$

 (a) $f(x + \Delta x, y)$ (b) $\dfrac{f(x, y + \Delta y) - f(x, y)}{\Delta y}$

14. $f(x, y) = 3xy + y^2$

 (a) $f(x + \Delta x, y)$ (b) $\dfrac{f(x, y + \Delta y) - f(x, y)}{\Delta y}$

Encontrando o domínio e a imagem de uma função Nos Exercícios 15-30, encontre o domínio e a imagem da função. *Veja o Exemplo 2.*

15. $f(x, y) = \sqrt{16 - x^2 - y^2}$
16. $z = \sqrt{4 - x^2 - y^2}$
17. $f(x, y) = x^2 + y^2$
18. $f(x, y) = x^2 + y^2 - 1$
19. $f(x, y) = e^{x/y}$
20. $f(x, y) = \ln(x + y)$
21. $g(x, y) = \ln(4 - x - y)$
22. $f(x, y) = ye^{1/x}$
23. $z = \sqrt{9 - 3x^2 - y^2}$
24. $z = \sqrt{4 - x^2 - 4y^2}$
25. $z = \dfrac{y}{x}$
26. $f(x, y) = \dfrac{x}{y}$
27. $f(x, y) = \dfrac{1}{xy}$
28. $g(x, y) = \dfrac{1}{x - y}$
29. $h(x, y) = x\sqrt{y}$
30. $f(x, y) = \sqrt{xy}$

Combinação Nos Exercícios 31-34, combine o gráfico da superfície com um dos mapas de contorno. [Os mapas de contorno estão marcados (a)-(d).]

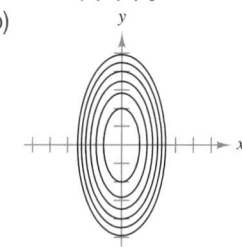

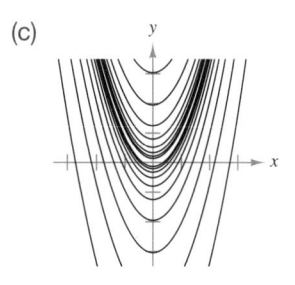

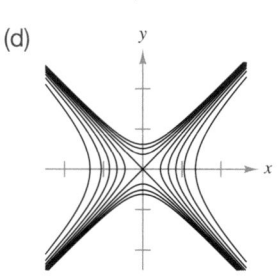

(a) (b)

(c) (d)

31. $f(x, y) = x^2 + \dfrac{y^2}{4}$ **32.** $f(x, y) = \ln|y - x^2|$

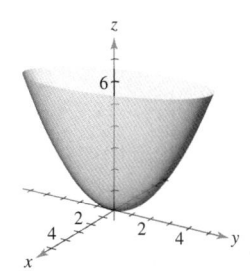

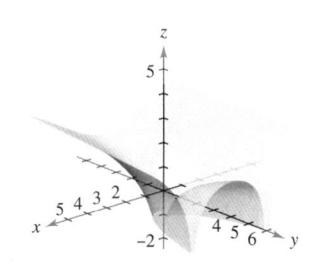

33. $f(x, y) = e^{1 - x^2 - y^2}$ **34.** $f(x, y) = e^{1 - x^2 + y^2}$

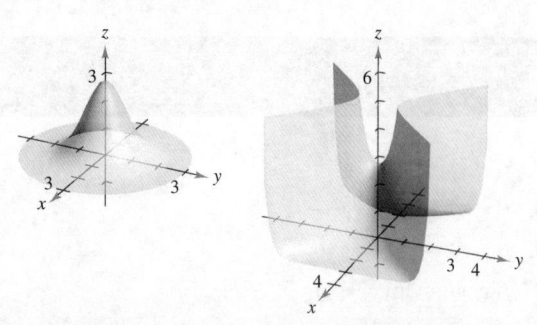

Esboçando um mapa de contorno Nos Exercícios 35-42, descreva as curvas de nível da função. Esboce um mapa de contorno da superfície usando as curvas de nível para os valores de c dados. *Veja o Exemplo 3.*

Função	Valores de c
35. $z = x + y$	$c = -1, 0, 2, 4$
36. $f(x, y) = x^2 + y^2$	$c = 0, 2, 4, 6, 8$
37. $z = \sqrt{25 - x^2 - y^2}$	$c = 0, 1, 2, 3, 4, 5$
38. $z = 6 - 2x - 3y$	$c = 0, 2, 4, 6, 8, 10$
39. $f(x, y) = xy$	$c = \pm 1, \pm 2, \ldots, \pm 6$
40. $z = e^{xy}$	$c = 1, 2, 3, 4, \frac{1}{2}, \frac{1}{3}, \frac{1}{4}$
41. $f(x, y) = \dfrac{x}{x^2 + y^2}$	$c = \pm\frac{1}{2}, \pm 1, \pm\frac{3}{2}, \pm 2$
42. $f(x, y) = \ln(x - y)$	$c = 0, \pm\frac{1}{2}, \pm 1, \pm\frac{3}{2}, \pm 2$

43. Função produção de Cobb-Douglas Um fabricante estima a função produção de Cobb-Douglas como dada por

$$f(x, y) = 100x^{0,75}y^{0,25}.$$

Estime o nível de produção quando $x = 1.500$ e $y = 1.000$.

44. Função produção de Cobb-Douglas Use a função produção de Cobb-Douglas (Exemplo 4) para mostrar que, quando ambos os números de unidades de trabalho e de capital dobram, o nível da produção também dobra.

45. Lucro Um fabricante de artigos esportivos produz bolas de futebol em duas fábricas. Os custos da produção de x_1 unidades na fábrica 1 e x_2 unidades na fábrica 2 são dados por

$$C_1(x_1) = 0,02x_1^2 + 4x_1 + 500$$

e

$$C_2(x_2) = 0,05x_2^2 + 4x_2 + 275$$

respectivamente. Se o produto é vendido por $ 50 por unidade, então, a função lucro para o produto é dada por

$$P(x_1, x_2) = 50(x_1 + x_2) - C_1(x_1) - C_2(x_2).$$

Encontre (a) $P(250,150)$, (b) $P(300, 200)$ e (c) $P(600, 400)$.

46. Modelo de filas A quantidade média de tempo que um cliente espera na fila pelo serviço é dada por

$$W(x, y) = \dfrac{1}{x - y}, \quad y < x$$

em que y é a taxa média de chegada e x é a taxa média de serviço (x e y são medidas pelo número de clientes por hora). Calcule W em cada ponto.

(a) $(15, 10)$ (b) $(12, 9)$ (c) $(12, 6)$ (d) $(4, 2)$

47. Investimento Em 2011, um investimento de $ 2.000 foi feito em títulos rendendo 10% capitalizados anualmente. O investidor paga imposto à taxa R, e a taxa anual de inflação é I. No ano de 2021, o valor V dos títulos em dólares constantes de 2011 é dado por

$$V(I, R) = 2000\left[\dfrac{1 + 0,10(1 - R)}{1 + I}\right]^{10}.$$

Use esta função das duas variáveis e uma planilha para completar a tabela.

Taxa de impostos	Taxa de inflação		
	0	0,03	0,05
0			
0,28			
0,35			

48. Investimento Um depósito de $ 5.000 é feito em uma conta poupança que rende uma taxa de juros de r (na forma decimal), capitalizados continuamente. O valor $A(r, t)$ depois de t anos é

$$A(r, t) = 5000e^{rt}.$$

Use esta função das duas variáveis e uma planilha para completar a tabela.

Taxa	Números de anos			
	5	10	15	20
0,02				
0,04				
0,06				
0,08				

49. Meteorologia Os meteorologistas medem a pressão atmosférica em milibares. A partir destas observações eles criam mapas climáticos nos quais as curvas de pressão atmosférica igual (isobáricas) estão desenhadas (ver figura). No mapa, quanto mais perto as isobáricas, maior a velocidade do vento. Combine os pontos A, B e C com (a) a pressão mais alta, (b) a pressão mais baixa e (c) a maior velocidade do vento.

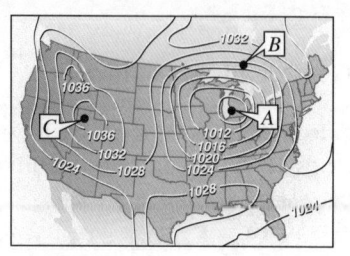

50. Lucros por ação Os lucros por ação z (em dólares) para a Apple, de 2005 a 2010, podem ser modelados por $z = 0{,}379x - 0{,}135y - 3{,}45$, em que x representa as vendas (em bilhões de dólares) e y é o capital próprio (em bilhões de dólares). *(Fonte: Apple Inc.)*
   (a) Encontre os ganhos por ação quando $x = 20$ e $y = 10$.
   (b) Qual das duas variáveis nesse modelo tem mais influência sobre o lucro por ação? Explique.

51. Capital próprio O capital próprio z (em milhões de dólares) da Sketchers de, 2001 a 2009, pode ser modelado por $z = 0{,}175x + 0{,}772y - 275$, em que x são as vendas (em milhões de dólares) e y o total de ativos (em milhões de dólares). *(Fonte: Sketchers U.S.A. Inc.)*
   (a) Encontre o capital próprio quando $x = 1.000$ e $y = 500$.
   (b) Qual das duas variáveis nesse modelo tem mais influência sobre o capital próprio? Explique.

52. Pagamentos mensais Você está fazendo a hipoteca de uma casa por \$ 120.000, e as opções abaixo lhes são dadas. Encontre o pagamento mensal e o valor total que você pagará por cada hipoteca. Qual opção você escolheria? Explique seu raciocínio.
   (a) Uma taxa anual fixa de 8%, por um período de 20 anos.
   (b) Uma taxa anual fixa de 7%, por um período de 30 anos.
   (c) Uma taxa anual fixa de 7%, por um período de 15 anos.

7.4 Derivadas parciais

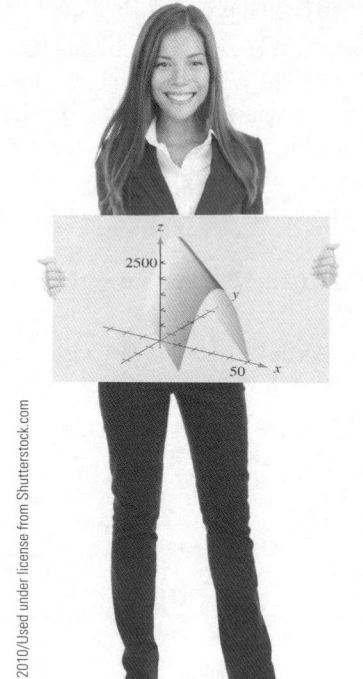

- Determinar as primeiras derivadas parciais de funções de duas variáveis.
- Determinar as inclinações de superfícies nas direções x e y e utilizar derivadas parciais para responder a questões sobre situações da vida real.
- Determinar derivadas parciais de funções de várias variáveis.
- Determinar derivadas parciais de ordem superior.

Funções de duas variáveis

Na vida real, muitas vezes, as funções de várias variáveis são utilizadas em aplicações que analisam como as alterações em uma das variáveis podem afetar os valores das funções. Por exemplo, um economista que queira determinar o efeito de um aumento de imposto sobre a economia pode fazer cálculos utilizando diferentes taxas tributárias, mantendo constantes as demais variáveis – o desemprego, por exemplo.

É possível adotar um procedimento semelhante para determinar a taxa de variação de uma função f em relação a uma de suas variáveis independentes. Ou seja, determinar a derivada de f em relação a uma variável independente, enquanto a(s) outra(s) variável(is) é(são) mantida(as) constante(es). Esse processo é denominado **derivação parcial** e cada derivada é chamada de **derivada parcial**. Uma função com mais de uma variável possui tantas derivadas parciais quantas forem suas variáveis independentes.

No Exercício 60, na página 447, você usará derivadas parciais para encontrar as receitas marginais de uma empresa farmacêutica em dois locais que produzem o mesmo medicamento.

Derivadas parciais de uma função de duas variáveis

Se $z = f(x, y)$, então as **primeiras derivadas parciais ou derivadas parciais de primeira ordem de f em relação a x e y** são as funções $\partial z/\partial x$ e $\partial z/\partial y$, definidas da seguinte forma:

$$\frac{\partial z}{\partial x} = \lim_{\Delta x \to 0} \frac{f(x + \Delta x, y) - f(x, y)}{\Delta x} \qquad y \text{ é mantido constante.}$$

$$\frac{\partial z}{\partial y} = \lim_{\Delta y \to 0} \frac{f(x, y + \Delta y) - f(x, y)}{\Delta y} \qquad x \text{ é mantido constante.}$$

DICA DE ESTUDO

A notação $\partial z/\partial x$ é lida como "derivada parcial de z com relação a x" e $\partial z/\partial y$ é lida como "derivada parcial de z com relação a y."

Essa definição indica que se $z = f(x, y)$, então para encontrar $\partial z/\partial x$, você *considera y constante* e deriva com relação a x. Da mesma forma, para encontrar $\partial z/\partial y$, você *considera x constante* e deriva com com respeito a y.

Exemplo 1 Determinação de derivadas parciais

Determine $\partial z/\partial x$ e $\partial z/\partial y$ para a função $z = 3x - x^2y^2 + 2x^3y$.

SOLUÇÃO

$$\frac{\partial z}{\partial x} = 3 - 2xy^2 + 6x^2y \qquad \text{Mantenha } y \text{ constante e derive em relação a } x.$$

$$\frac{\partial z}{\partial y} = -2x^2y + 2x^3 \qquad \text{Mantenha } x \text{ constante e derive em relação a } y.$$

✓ AUTOAVALIAÇÃO 1

Determine $\dfrac{\partial z}{\partial x}$ e $\dfrac{\partial z}{\partial y}$ para $z = 2x^2 - 4x^2y^3 + y^4$.

> **Notação das primeiras derivadas parciais**
>
> As primeiras derivadas parciais de $z = f(x, y)$ são denotadas por
>
> $$\frac{\partial z}{\partial x} = f_x(x, y) = z_x = \frac{\partial}{\partial x}[f(x, y)]$$
>
> e
>
> $$\frac{\partial z}{\partial y} = f_y(x, y) = z_y = \frac{\partial}{\partial y}[f(x, y)].$$
>
> Os valores das primeiras derivadas parciais no ponto (a, b) são denotados por
>
> $$\left.\frac{\partial z}{\partial x}\right|_{(a, b)} = f_x(a, b) \quad \text{e} \quad \left.\frac{\partial z}{\partial y}\right|_{(a, b)} = f_y(a, b).$$

Exemplo 2 Cálculo de derivadas parciais

Determine as primeiras derivadas parciais de $f(x, y) = xe^{x^2 y}$ e calcule cada uma delas no ponto $(1, \ln 2)$.

SOLUÇÃO
Para encontrar a primeira derivada parcial em relação a x, mantenha y constante e derive usando a regra do produto.

$$f_x(x, y) = x\frac{\partial}{\partial x}[e^{x^2 y}] + e^{x^2 y}\frac{\partial}{\partial x}[x] \quad \text{Aplique a regra do produto.}$$

$$= x(2xy)e^{x^2 y} + e^{x^2 y} \quad \text{y é mantido constante.}$$

$$= e^{x^2 y}(2x^2 y + 1) \quad \text{Simplifique.}$$

No ponto $(1, \ln 2)$, o valor dessa derivada é

$$f_x(1, \ln 2) = e^{(1)^2(\ln 2)}[2(1)^2(\ln 2) + 1] \quad \text{Substitua } x \text{ e } y.$$

$$= 2(2 \ln 2 + 1) \quad \text{Simplifique.}$$

$$\approx 4{,}773. \quad \text{Utilize uma calculadora.}$$

Para determinar a primeira derivada parcial em relação a y, mantenha x constante e derive para obter

$$f_y(x, y) = x(x^2)e^{x^2 y} \quad \text{Aplique a regra do múltiplo por constante.}$$

$$= x^3 e^{x^2 y}. \quad \text{Simplifique.}$$

No ponto $(1, \ln 2)$, o valor dessa derivada é

$$f_y(1, \ln 2) = (1)^3 e^{(1)^2(\ln 2)} \quad \text{Substitua } x \text{ e } y.$$

$$= 2. \quad \text{Simplifique.}$$

> **TUTOR TÉCNICO**
>
> Ferramentas de derivação simbólica podem ser utilizadas para obter derivadas parciais de uma função de duas variáveis. Experimente utilizar uma dessas ferramentas para obter as primeiras derivadas parciais da função do Exemplo 2.

✓ AUTOAVALIAÇÃO 2

Determine as primeiras derivadas parciais de

$$f(x, y) = x^2 y^3$$

e calcule cada uma delas no ponto $(1, 2)$.

Interpretação gráfica de derivadas parciais

Anteriormente, neste curso, foram estudadas as interpretações gráficas de derivadas de funções de uma única variável. Ali, vimos que $f'(x_0)$ representa a inclinação da reta tangente ao gráfico de $y = f(x)$ no ponto (x_0, y_0). As derivadas parciais de uma função de duas variáveis também apresentam interpretações gráficas úteis. Considere a função

$$z = f(x, y). \quad \text{Função de duas variáveis}$$

Como mostra a Figura 7.24(a), o gráfico dessa função é uma superfície no espaço. Se a variável y for mantida fixa, digamos, em $y = y_0$, então

$$z = f(x, y_0) \qquad \text{Função de uma variável}$$

é uma função de uma variável. O gráfico dessa função é uma curva que corresponde à intersecção do plano $y = y_0$ com a superfície $z = f(x, y)$. Nessa curva, a derivada parcial

$$f_x(x, y_0) \qquad \text{Inclinação na direção } x$$

representa a inclinação no plano $y = y_0$, como mostrado na Figura 7.24(a). De modo similar, se a variável x for mantida fixa, digamos, em $x = x_0$, então

$$z = f(x_0, y) \qquad \text{Função de uma variável}$$

é uma função de uma variável. Seu gráfico é a intersecção do plano $x = x_0$ com a superfície $z = f(x, y)$. Nessa curva, a derivada parcial

$$f_y(x_0, y) \qquad \text{Inclinação na direção } y$$

representa a inclinação no plano $x = x_0$, como mostrado na Figura 7.24(b).

(a) $f_x(x, y_0) = $ inclinação na direção x

(b) $f_y(x_0, y) = $ inclinação na direção y

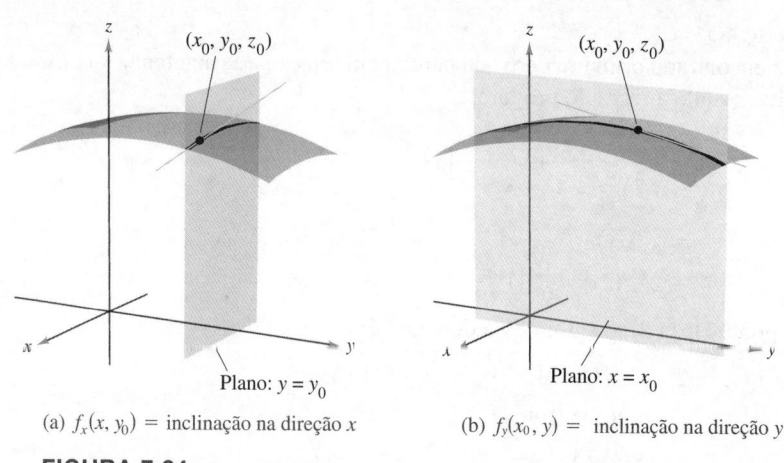

FIGURA 7.24

Informalmente, $f_x(x_0, y_0)$ e $f_y(x_0, y_0)$ no ponto (x_0, y_0, z_0) denotam as **inclinações da superfície na direção de x e y**, respectivamente.

Diretrizes para encontrar as inclinações de uma superfície em um ponto

Seja (x_0, y_0, z_0) um ponto na superfície de

$z = f(x, y)$.

1. Encontre as derivadas parciais em relação a x e y.
2. A inclinação na direção x em (x_0, y_0, z_0) é $f_x(x_0, y_0)$.
3. A inclinação na direção y em (x_0, y_0, z_0) é $f_y(x_0, y_0)$.

Exemplo 3 Determinação de inclinações nas direções x e y

Determine as inclinações da superfície dada por

$$f(x, y) = -\frac{x^2}{2} - y^2 + \frac{25}{8}$$

no ponto $\left(\frac{1}{2}, 1, 2\right)$ na
a. direção x.
b. direção y.

SOLUÇÃO

a. Para determinar a inclinação na direção x, mantenha y constante e derive em relação a x, obtendo

$$f_x(x, y) = -x. \quad \text{Derivada parcial em relação a } x$$

No ponto $\left(\frac{1}{2}, 1, 2\right)$, a inclinação na direção x é

$$f_x\left(\frac{1}{2}, 1\right) = -\frac{1}{2} \quad \text{Inclinação na direção } x$$

como mostrado na Figura 7.25(a).

b. Para determinar a inclinação na direção y, mantenha x constante e derive em relação a y, obtendo

$$f_y(x, y) = -2y. \quad \text{Derivada parcial em relação a } y$$

No ponto $\left(\frac{1}{2}, 1, 2\right)$, a inclinação na direção y é

$$f_y\left(\frac{1}{2}, 1\right) = -2 \quad \text{Inclinação na direção } y$$

como mostrado na Figura 7.25(b).

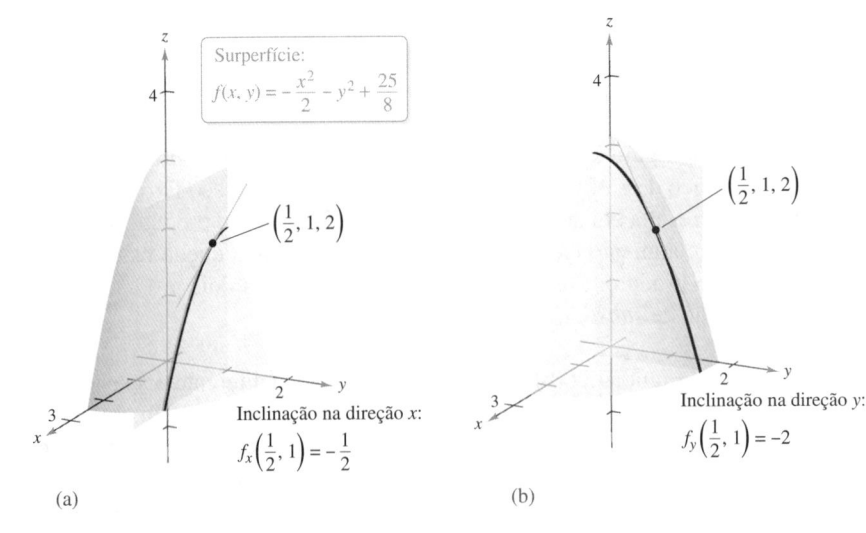

FIGURA 7.25

✓ AUTOAVALIAÇÃO 3

Determine as inclinações da superfície dada por

$$f(x, y) = 4x^2 + 9y^2 + 36$$

no ponto $(1, -1, 49)$ na
a. direção x.
b. direção y.

Os produtos de consumo no mesmo mercado ou em mercados relacionados podem ser classificados como **produtos complementares** ou **produtos substitutos**. Se dois produtos possuírem uma relação de complementaridade, um aumento na venda de um deles é acompanhando por um aumento na venda do outro. Por exemplo, aparelhos e discos de Blue-ray™ possuem uma relação de complementaridade.

Se dois produtos apresentam uma relação de substituição, um aumento na venda de um produto será acompanhado por uma queda na venda do outro. Por exemplo, aparelhos de Blue-ray™ e de DVD competem no mesmo mercado de entretenimento doméstico e pode-se esperar que uma queda no preço de um deles seja um empecilho à venda do outro.

Em 2010, a Subway foi escolhida como a franquia "número 1" pela revista *Entrepreneur*. No início de 2011, a Subway tinha mais de 34.000 franquias no mundo todo. Que tipo de produto poderia ser complementar ao sanduíche da Subway? Que tipo de produto poderia ser substituto?

Exemplo 4 — Análise de funções demanda

As funções demanda de dois produtos são representadas por

$$x_1 = f(p_1, p_2) \quad \text{e} \quad x_2 = g(p_1, p_2)$$

em que p_1 e p_2 são os preços por unidade dos dois produtos e x_1 e x_2 são os números de unidades vendidas. Os gráficos de duas funções de demanda diferentes para x_1 são mostrados abaixo. Utilize-os para classificar os produtos como complementares ou substitutos.

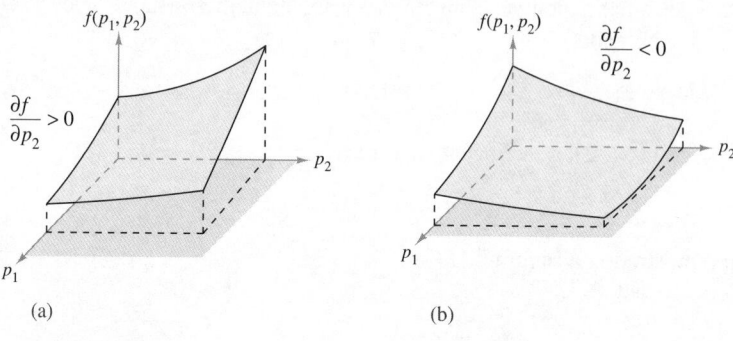

FIGURA 7.26

SOLUÇÃO

a. Observe que a Figura 7.26(a) representa a demanda pelo *primeiro produto*. A partir do gráfico dessa função, pode-se ver que, para um preço fixo p_1, um aumento em p_2 resulta em aumento na demanda pelo primeiro produto. Lembre-se de que um aumento em p_2 também resultaria em uma queda na demanda pelo segundo produto. Portanto, quando $\partial f/\partial p_2 > 0$, os dois produtos apresentam relação de *substituição*.

b. Observe que a Figura 7.26(b) representa uma demanda diferente pelo *primeiro produto*. A partir do gráfico dessa função, pode-se ver que, para um preço fixo p_1, um aumento em p_2 resulta em uma queda na demanda pelo primeiro produto. Lembre-se de que um aumento de p_2 também resultará em uma queda na demanda pelo segundo produto. Portanto, quando $\partial f/\partial p_2 < 0$, os dois produtos apresentam relação de *complementaridade*.

✓ AUTOAVALIAÇÃO 4

Determine se as funções demanda a seguir descrevem uma relação de complementaridade ou de substituição entre produtos.

$$x_1 = 100 - 2p_1 + 1{,}5p_2 \qquad x_2 = 145 + \tfrac{1}{2}p_1 - \tfrac{3}{4}p_2$$

Funções de três variáveis

O conceito de derivada parcial pode ser estendido naturalmente para funções de três ou mais variáveis. Por exemplo, a função

$$w = f(x, y, z) \qquad \text{Função de três variáveis}$$

possui três derivadas parciais, cada uma delas formada considerando-se duas variáveis constantes. Ou seja, para definir a derivada parcial de w em relação a x, considere y e z constantes e escreva

$$\frac{\partial w}{\partial x} = f_x(x, y, z) = \lim_{\Delta x \to 0} \frac{f(x + \Delta x, y, z) - f(x, y, z)}{\Delta x}.$$

Para definir a derivada parcial de w em relação a y, considere x e z constantes e escreva

$$\frac{\partial w}{\partial y} = f_y(x, y, z) = \lim_{\Delta y \to 0} \frac{f(x, y + \Delta y, z) - f(x, y, z)}{\Delta y}.$$

Para definir a derivada parcial de w em relação a z, considere x e y constantes e escreva

$$\frac{\partial w}{\partial z} = f_z(x, y, z) = \lim_{\Delta z \to 0} \frac{f(x, y, z + \Delta z) - f(x, y, z)}{\Delta z}.$$

Exemplo 5 Determinação das derivadas parciais de uma função

Determine as três derivadas parciais da função

$$w = xe^{xy+2z}.$$

SOLUÇÃO Mantendo y e z constantes, obtém-se

$$\frac{\partial w}{\partial x} = x\frac{\partial}{\partial x}[e^{xy+2z}] + e^{xy+2z}\frac{\partial}{\partial x}[x] \quad \text{Aplique a regra do produto.}$$
$$= x(e^{xy+2z})(y) + e^{xy+2z}(1) \quad \text{Mantenha } y \text{ e } z \text{ constantes.}$$
$$= (xy + 1)e^{xy+2z}. \quad \text{Simplifique.}$$

Mantendo x e z constantes, obtém-se

$$\frac{\partial w}{\partial y} = x\frac{\partial}{\partial y}[e^{xy+2z}] \quad \text{Aplique a regra do múltiplo constante.}$$
$$= x(e^{xy+2z})(x) \quad \text{Mantenha } x \text{ e } z \text{ constantes.}$$
$$= x^2 e^{xy+2z}. \quad \text{Simplifique.}$$

Mantendo x e y constantes, obtém-se

$$\frac{\partial w}{\partial z} = x\frac{\partial}{\partial z}[e^{xy+2z}] \quad \text{Aplique a regra do múltiplo constante.}$$
$$= x(e^{xy+2z})(2) \quad \text{Mantenha } x \text{ e } y \text{ constantes.}$$
$$= 2xe^{xy+2z}. \quad \text{Simplifique.}$$

> **TUTOR TÉCNICO**
>
> Uma ferramenta de derivação simbólica pode ser utilizada para obter derivadas parciais de funções de três ou mais variáveis. Experimente utilizar uma dessas ferramentas para determinar a primeira derivada parcial $f_y(x, y, z)$ da função do Exemplo 5.

✓ **AUTOAVALIAÇÃO 5**

Determine as três derivadas parciais da função

$$w = x^2 y \ln(xz).$$

No Exemplo 5, a regra do produto é utilizada somente ao encontrar a derivada parcial com relação a x. Para $\partial w/\partial y$ e $\partial w/\partial z$, x é considerado constante, por isso, a regra do múltiplo constante é utilizada.

Derivadas parciais de ordem superior

Como nas derivadas comuns, é possível calcular as segundas, terceiras derivadas parciais, bem como as de ordens superiores, de uma função com mais de uma variável, contanto que essas derivadas existam. Derivadas de ordem superior são denotadas pela ordem na qual ocorre a derivação. Por exemplo, há quatro modos diferentes de determinar uma segunda derivada parcial de $z = f(x, y)$.

1. $\dfrac{\partial}{\partial x}\left(\dfrac{\partial f}{\partial x}\right) = \dfrac{\partial^2 f}{\partial x^2} = f_{xx}$ Derive duas vezes em relação a x.

2. $\dfrac{\partial}{\partial y}\left(\dfrac{\partial f}{\partial y}\right) = \dfrac{\partial^2 f}{\partial y^2} = f_{yy}$ Derive duas vezes em relação a y.

3. $\dfrac{\partial}{\partial y}\left(\dfrac{\partial f}{\partial x}\right) = \dfrac{\partial^2 f}{\partial y \partial x} = f_{xy}$ Derive primeiro em relação a x e depois em relação a y.

4. $\dfrac{\partial}{\partial x}\left(\dfrac{\partial f}{\partial y}\right) = \dfrac{\partial^2 f}{\partial x \partial y} = f_{yx}$ Derive primeiro em relação a y e depois em relação a x.

O terceiro e o quarto casos são **derivadas parciais mistas**. Observe que, com os dois tipos de notação para derivadas parciais mistas, são utilizadas convenções diferentes para indicar a ordem de derivação. Por exemplo, a derivada parcial

$$\frac{\partial}{\partial y}\left(\frac{\partial f}{\partial x}\right) = \frac{\partial^2 f}{\partial y \partial x} \qquad \text{Ordem da direita para a esquerda}$$

indica a derivação primeiro em relação a x, mas a derivada parcial

$$(f_y)_x = f_{yx} \qquad \text{Ordem da esquerda para a direita}$$

indica a derivação primeiro em relação a y. Para lembrar-se disso, observe que em cada caso deriva-se primeiro em relação à variável "mais próxima" de f.

Exemplo 6 Determinação de segundas derivadas parciais

Determine as segundas derivadas parciais de

$$f(x, y) = 3xy^2 - 2y + 5x^2y^2$$

e determine o valor de $f_{xy}(-1, 2)$.

SOLUÇÃO Comece determinando as primeiras derivadas parciais.

$$f_x(x, y) = 3y^2 + 10xy^2 \qquad f_y(x, y) = 6xy - 2 + 10x^2y$$

Em seguida, a derivação em relação a x e y produz

$$f_{xx}(x, y) = 10y^2, \qquad f_{yy}(x, y) = 6x + 10x^2$$
$$f_{xy}(x, y) = 6y + 20xy, \qquad f_{yx}(x, y) = 6y + 20xy.$$

Por fim, o valor de $f_{xy}(x, y)$ no ponto $(-1, 2)$ é

$$f_{xy}(-1, 2) = 6(2) + 20(-1)(2) = 12 - 40 = -28.$$

✓ AUTOAVALIAÇÃO 6

Determine as segundas derivadas parciais de

$$f(x, y) = 4x^2y^2 + 2x + 4y^2.$$

Observe no Exemplo 6 que as duas derivadas parciais mistas são iguais. É possível demonstrar que, quando a função possui segundas derivadas parciais contínuas, então a ordem em que se calculam as derivadas parciais é irrelevante.

Uma função de duas variáveis possui duas primeiras derivadas parciais e quatro segundas derivadas parciais. Para uma função de três variáveis, há três primeiras parciais

$$f_x, f_y \quad \text{e} \quad f_z$$

e nove segundas derivadas parciais

$$f_{xx}, f_{xy}, f_{xz}, f_{yx}, f_{yy}, f_{yz}, f_{zx}, f_{zy} \quad \text{e} \quad f_{zz}$$

das quais seis são derivadas parciais mistas. Para determinar derivadas parciais de ordem três ou superior, siga o mesmo padrão utilizado na obtenção de segundas derivadas parciais. Por exemplo, se $z = f(x, y)$, então

$$z_{xxx} = \frac{\partial}{\partial x}\left(\frac{\partial^2 f}{\partial x^2}\right) = \frac{\partial^3 f}{\partial x^3} \quad \text{e} \quad z_{xxy} = \frac{\partial}{\partial y}\left(\frac{\partial^2 f}{\partial x^2}\right) = \frac{\partial^3 f}{\partial y \partial x^2}.$$

Exemplo 7 Determinação de segundas derivadas parciais

Determine as segundas derivadas parciais de

$$f(x, y, z) = ye^x + x \ln z.$$

SOLUÇÃO Comece determinando as primeiras derivadas parciais.

$$f_x(x, y, z) = ye^x + \ln z, \qquad f_y(x, y, z) = e^x, \qquad f_z(x, y, z) = \frac{x}{z}$$

Em seguida, derive em relação a x, y e z para determinar as nove segundas derivadas parciais.

$$f_{xx}(x, y, z) = ye^x, \qquad f_{xy}(x, y, z) = e^x, \qquad f_{xz}(x, y, z) = \frac{1}{z}$$

$$f_{yx}(x, y, z) = e^x, \qquad f_{yy}(x, y, z) = 0, \qquad f_{yz}(x, y, z) = 0$$

$$f_{zx}(x, y, z) = \frac{1}{z}, \qquad f_{zy}(x, y, z) = 0, \qquad f_{zz}(x, y, z) = -\frac{x}{z^2}$$

✓ AUTOAVALIAÇÃO 7

Determine as segundas derivadas parciais de
$f(x, y, z) = xe^y + 2xz + y^2$.

PRATIQUE (Seção 7.4)

1. Dê a definição das derivadas parciais de uma função de duas variáveis *(página 438)*. Para um exemplo de como encontrar as derivadas parciais de uma função de duas variáveis, veja o Exemplo 1.

2. Descreva a notação usada para as primeiras derivadas parciais *(página 439)*. Para exemplos desta notação, veja os Exemplos 1 e 2.

3. Diga as diretrizes para encontrar as inclinações de uma superfície em um ponto *(página 440)*. Para um exemplo de como encontrar inclinações, veja o Exemplo 3.

4. Descreva em um exemplo da vida real como as derivadas parciais podem ser usadas para examinar as funções demanda de dois produtos *(página 442, Exemplo 4)*.

5. Explique como encontrar as derivadas parciais de uma função de três variáveis *(página 442)*. Para obter um exemplo de encontrar as derivadas parciais de uma função de três variáveis, veja o Exemplo 5.

6. Liste as diferentes maneiras de encontrar as segundas derivadas parciais de uma função de duas variáveis *(página 443)*. Para um exemplo de como encontrar as segundas derivadas parciais de uma função de duas variáveis, veja o Exemplo 6.

Recapitulação 7.4

Os exercícios preparatórios a seguir envolvem conceitos vistos em seções anteriores. Esses conceitos serão utilizados no conjunto de exercícios desta seção. Para mais ajuda, consulte as Seções 2.2, 2.4, 2.5, 4.3 e 4.5.

Nos Exercícios 1-8, determine a derivada da função.

1. $f(x) = \sqrt{x^2 + 3}$
2. $g(x) = (3 - x^2)^3$
3. $g(t) = te^{2t+1}$
4. $f(x) = e^{2x}\sqrt{1 - e^{2x}}$
5. $f(x) = \ln(3 - 2x)$
6. $u(t) = \ln\sqrt{t^3 - 6t}$
7. $g(x) = \dfrac{5x^2}{(4x - 1)^2}$
8. $f(x) = \dfrac{(x + 2)^3}{(x^2 - 9)^2}$

Nos Exercícios 9 e 10, calcule a derivada no ponto (2, 4).

9. $f(x) = x^2 e^{x-2}$
10. $g(x) = x\sqrt{x^2 - x + 2}$

Exercícios 7.4

Encontrando derivadas parciais Nos Exercícios 1-14, encontre as primeiras derivadas parciais. *Veja o Exemplo 1.*

1. $z = 3x + 5y - 1$
2. $f(x, y) = x + 4y^{3/2}$
3. $f(x, y) = 3x - 6y^2$
4. $z = x^2 - 2y$
5. $f(x, y) = \dfrac{x}{y}$
6. $f(x, y) = \dfrac{xy}{x^2 + y^2}$
7. $f(x, y) = \sqrt{x^2 + y^2}$
8. $z = x\sqrt{y}$
9. $z = x^2 e^{2y}$
10. $g(x, y) = e^{x/y}$
11. $h(x, y) = e^{-(x^2+y^2)}$
12. $z = xe^{x+y}$
13. $z = \ln\dfrac{x+y}{x-y}$
14. $g(x, y) = \ln(x^2 + y^2)$

Encontrando e calculando derivadas parciais Nos Exercícios 15-22, encontre as primeiras derivadas parciais e calcule o valor de cada uma no ponto dado. *Veja o Exemplo 2.*

Função	Ponto
15. $f(x, y) = 3x^2 + xy - y^2$	$(2, 1)$
16. $f(x, y) = x^2 - 3xy + y^2$	$(1, -1)$
17. $f(x, y) = e^{3xy}$	$(0, 4)$
18. $f(x, y) = e^x y^2$	$(0, 2)$
19. $f(x, y) = \dfrac{xy}{x-y}$	$(2, -2)$
20. $f(x, y) = \dfrac{4xy}{\sqrt{x^2+y^2}}$	$(1, 0)$
21. $f(x, y) = \ln(3x + 5y)$	$(1, 0)$
22. $f(x, y) = \ln\sqrt{xy}$	$(-1, -1)$

Encontrando inclinações nas direções x e y Nos Exercícios 23-26, encontre as inclinações da superfície no ponto dado na (a) direção x e (b) direção y. *Veja o Exemplo 3.*

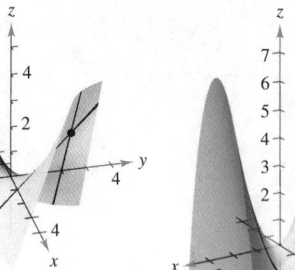

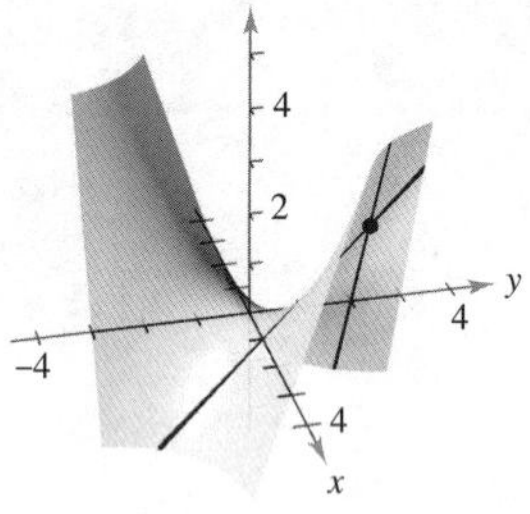

23. $z = xy$
    $(1, 2, 2)$
24. $z = x^2 - y^2$
    $(-2, 1, 3)$ 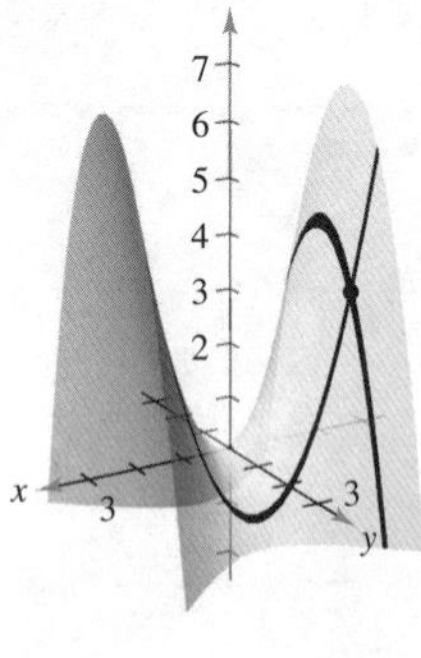
25. $z = 4 - x^2 - y^2$
    $(1, 1, 2)$ 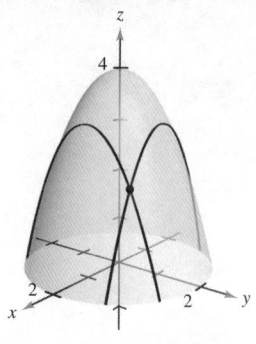
26. $z = \sqrt{25 - x^2 - y^2}$
    $(3, 0, 4)$

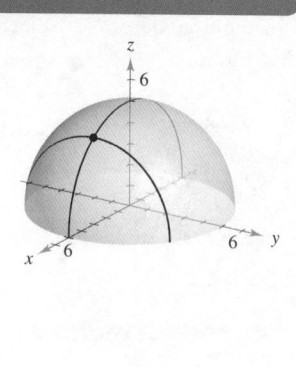

Encontrando derivadas parciais Nos Exercícios 27-30, encontre as primeiras derivadas parciais. *Veja o Exemplo 5.*

27. $w = xy^2 z^4$
28. $w = x^3 y z^2$
29. $w = \dfrac{2z}{x+y}$
30. $w = \dfrac{xy}{x+y+z}$

Encontrando e calculando derivadas parciais Nos Exercícios 31-38, encontre as primeiras derivadas parciais e calcule o valor de cada uma no ponto dado.

Função	Ponto
31. $w = 2xz^2 + 3xyz - 6y^2 z$	$(1, -1, 2)$
32. $w = 3x^2 y - 5xyz + 10yz^2$	$(3, 4, -2)$
33. $w = \sqrt{x^2 + y^2 + z^2}$	$(2, -1, 2)$
34. $w = \ln\sqrt{x^2 + y^2 + z^2}$	$(3, 0, 4)$
35. $w = y^3 z^2 e^{2x^2}$	$(\tfrac{1}{2}, -1, 2)$
36. $w = xye^{z^2}$	$(2, 1, 0)$
37. $w = \ln(5x + 2y^3 - 3z)$	$(4, 1, -1)$
38. $w = \sqrt{3x^2 + y^2 - 2z^2}$	$(1, -2, 1)$

Usando derivadas parciais de primeira ordem Nos Exercícios 39-42, encontre os valores de *x* e *y* de modo que $f_x(x, y) = 0$ e $f_y(x, y) = 0$ simultaneamente.

39. $f(x, y) = x^2 + 4xy + y^2 - 4x + 16y + 3$
40. $f(x, y) = \ln(x^2 + y^2 + 1)$
41. $f(x, y) = \dfrac{1}{x} + \dfrac{1}{y} + xy$
42. $f(x, y) = 3x^3 - 12xy + y^3$

Encontrando derivadas parciais de segunda ordem Nos Exercícios 43-50, encontre as quatro derivadas parciais de segunda ordem. *Veja o Exemplo 6.*

43. $z = x^3 - 4y^2$
44. $z = y^3 - 4xy^2 - 1$
45. $z = x^2 - 2xy + 3y^2$
46. $z = 2x^2 + y^5$
47. $z = (3x^4 - 2y^3)^3$
48. $z = \sqrt{9 - x^2 - y^2}$
49. $z = \dfrac{x^2 - y^2}{2xy}$
50. $z = \dfrac{x}{x+y}$

Encontrando e calculando derivadas parciais de segunda ordem Nos Exercícios 51-54, encontre as quatro derivadas parciais de segunda ordem e calcule o valor de cada uma no ponto dado.

Função	Ponto
51. $f(x,y) = x^4 - 3x^2y^2 + y^2$	$(1, 0)$
52. $f(x,y) = x^3 + 2xy^3 - 3y$	$(3, 2)$
53. $f(x,y) = y^3 e^{x^2}$	$(1, -1)$
54. $f(x,y) = x^2 e^y$	$(-1, 0)$

Encontrando derivadas parciais de segunda ordem

Nos Exercícios 55-58, encontre as nove derivadas parciais de segunda ordem. *Veja o Exemplo 7.*

55. $w = x^2 - 3xy + 4yz + z^3$

56. $w = x^2y^3 + 2xyz - 3yz$

57. $w = \dfrac{4xz}{x+y}$

58. $w = \dfrac{xy}{x+y+z}$

59. **Custo marginal** Uma empresa fabrica dois modelos de bicicletas: uma mountain bike e uma de corrida. A função custo para produzir x mountain bikes e y bicicletas de corrida é dada por

$C = 10\sqrt{xy} + 149x + 189y + 675$.

(a) Encontre os custos marginais ($\partial C/\partial x$ e $\partial C/\partial y$) quando $x = 120$ e $y = 160$.

(b) Quando é necessária uma produção adicional, qual modelo de bicicleta resulta no aumento de custo a uma taxa mais elevada? Como isso pode ser determinado pelo modelo de custo?

60. **Receita marginal** Uma empresa farmacêutica tem duas fábricas que produzem o mesmo medicamento. Se x_1 e x_2 são os números de unidades produzidas na fábrica 1 e fábrica 2, respectivamente, então, a receita total para o produto é dada por

$R = 200x_1 + 200x_2 - 4x_1^2 - 8x_1x_2 - 4x_2^2$.

Quando $x_1 = 4$ e $x_2 = 12$, encontre

(a) a receita marginal para a fábrica 1, $\partial R/\partial x_1$.

(b) a receita marginal para a fábrica 2, $\partial R/\partial x_2$.

61. **Produtividade marginal** Considere a função produção de Cobb-Douglas

$f(x, y) = 200x^{0,7}y^{0,3}$.

Quando $x = 1.000$ e $y = 500$, encontre

(a) a produtividade marginal do trabalho, $\partial f/\partial x$.

(b) a produtividade marginal do capital, $\partial f/\partial y$.

62. **Produtividade marginal** Repita o Exercício 61 para a função produção dada por $f(x,y) = 100x^{0,75}y^{0,25}$.

Produtos complementares e substitutos Nos Exercícios 63 e 64, determine se as funções demanda descrevem relações complementares ou de substituição de produtos. Usando a notação do Exemplo 4, denote por x_1 e x_2 as demandas para dois produtos cujos preços são p_1 e p_2, respectivamente. Veja o Exemplo 4.

63. $x_1 = 150 - 2p_1 - \tfrac{5}{2}p_2$, $x_2 = 350 - \tfrac{3}{2}p_1 - 3p_2$

64. $x_1 = 150 - 2p_1 + 1,8p_2$, $x_2 = 350 + \tfrac{3}{4}p_1 - 1,9p_2$

65. **Despesas** As despesas z (em bilhões de dólares) dos espectadores de esportes, de 2004 a 2009, podem ser modeladas por

$z = 0,62x - 0,41y + 0,38$

em que x é a despesa em parques de diversões e acampamentos, e y é a despesa em entretenimento ao vivo (excluindo esportes), ambas em bilhões de dólares. *(Fonte: U.S. Bureau of Economic Analysis)*

(a) Encontre $\partial z/\partial x$ e $\partial z/\partial y$.

(b) Interprete as derivadas parciais no contexto do problema.

66. **Capital próprio** O capital próprio z (em milhões de dólares) da Sketchers, de 2001 a 2009, pode ser modelado por

$z = 0,175x - 0,772y - 275$

em que x representa as vendas (em milhões de dólares) e y o total de bens (em milhões de dólares). *(Fonte: Sketchers U.S.A. Inc.)*

(a) Encontre $\partial z/\partial x$ e $\partial z/\partial y$.

(b) Interprete as derivadas parciais no contexto do problema.

67. **Psicologia** No início do século XX, um teste de inteligência chamado de teste de Stanford-Binet (mais comumente conhecido como o teste de QI) foi desenvolvido. No teste, a idade mental de um indivíduo M é dividida pela idade cronológica C e o quociente é multiplicado por 100. O resultado é o QI do indivíduo.

$IQ(M, C) = \dfrac{M}{C} \times 100$

Encontre as derivadas parciais do QI com relação a M e a C. Calcule as derivadas parciais no ponto $(12, 10)$ e interprete o resultado. *(Fonte: Adaptado de Bernstein/Clarke-Stewart/Roy/Wickens, Psychology, 4ª ed.)*

68. **VISUALIZE** Use o gráfico da superfície para determinar o sinal de cada derivada parcial. Explique seu raciocínio.

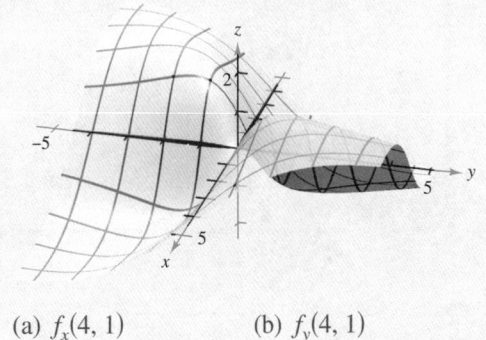

(a) $f_x(4, 1)$ (b) $f_y(4, 1)$

(c) $f_x(-1, -2)$ (d) $f_y(-1, -2)$

69. **Investimento** O valor de um investimento de $ 1.000 ganhando 10% de juros, capitalizados anualmente é

$V(I, R) = 1.000 \left[\dfrac{1 + 0,10(1 - R)}{1 + I} \right]^{10}$

em que I é a taxa anual de inflação e R é a taxa de imposto para a pessoa que faz o investimento. Calcule $V_I(0,03, 0,28)$ e $V_R(0,03, 0,28)$. Determine se a taxa de imposto ou a taxa de inflação é a maior influência "negativa" para o crescimento do investimento.

70. Pense sobre isso Seja N o número de candidatos a uma universidade, p o preço para comida e habitação na universidade e t a mensalidade. Suponha que N seja uma função de p e t, de modo que $\partial N/\partial p < 0$ e $\partial N/\partial t < 0$. Como você interpretaria o fato de ambas as derivadas parciais serem negativas?

71. Utilidade marginal A função utilidade $U = f(x, y)$ é uma medida de utilidade (ou satisfação) alcançada por uma pessoa a partir do consumo de dois produtos x e y. Suponha que a função de utilidade é dada por $U = -5x^2 + xy - 3y^2$.

(a) Determine a utilidade marginal do produto x.

(b) Determine a utilidade marginal do produto y.

(c) Quando $x = 2$ e $y = 3$, a pessoa deveria consumir mais uma unidade do produto x ou mais uma unidade do produto y? Explique seu raciocínio.

(d) Use uma ferramenta gráfica tridimensional para traçar a função. Interprete as utilidades marginais dos produtos x e y graficamente.

Cápsula de negócios

Em 1996, as gêmeas Izzy e Coco Tihanyi iniciaram a Surf Diva, uma empresa-escola de surfe e de roupas para mulheres e meninas, em La Jolla, Califórnia. Para fazerem propaganda de seu negócio, elas doariam aulas de surfe e fariam reportagens sobre surfe nas estações de rádio locais em troca de tempo de transmissão. Hoje, elas têm escolas e acampamentos de surfe em Los Angeles, San Diego e Costa Rica. Sua linha de roupas pode ser encontrada na Surf Diva Boutique, bem como outras lojas de surfe e especializadas, lojas de produtos esportivos e de presentes de *free-shop*.

72. Projeto de Pesquisa Use a biblioteca de sua escola, a Internet ou outra fonte de consulta para pesquisar uma empresa que aumentou a demanda para seu produto por intermédio de uma propaganda criativa. Escreva um pequeno artigo sobre a empresa. Use gráficos para mostrar como uma mudança na demanda está relacionada a uma mudança na utilidade marginal de um produto ou serviço.

7.5 Extremos de funções de duas variáveis

- Compreender os extremos relativos de funções de duas variáveis.
- Utilizar o teste de primeiras derivadas parciais para determinar os extremos relativos de funções de duas variáveis.
- Utilizar o teste de segundas derivadas parciais para determinar os extremos relativos de funções de duas variáveis.
- Utilizar extremos relativos para responder a questões sobre situações da vida real.

Extremos relativos

Em seções anteriores do livro, discutiu-se como utilizar derivadas para determinar os valores de máximo e de mínimo relativos de uma função de uma única variável. Nesta seção, derivadas parciais serão utilizadas para determinar os valores de

> **Extremos relativos de uma função de duas variáveis**
>
> Suponha que f seja uma função definida em uma região que contém (x_0, y_0). A função f possui um **máximo relativo** em (x_0, y_0) se houver uma região circular R com centro em (x_0, y_0) tal que
>
> $$f(x, y) \leq f(x_0, y_0) \qquad f \text{ possui um máximo relativo em } (x_0, y_0).$$
>
> para todo (x, y) em R. A função f possui um **mínimo relativo em** (x_0, y_0) se houver uma região circular R com centro em (x_0, y_0) tal que
>
> $$f(x, y) \geq f(x_0, y_0) \qquad f \text{ possui um mínimo relativo em } (x_0, y_0).$$
>
> para todo (x, y) em R.

No Exercício 43, na página 456, você encontrará as dimensões de um pacote retangular de volume máximo que pode ser enviado por uma empresa de transporte.

máximo e de mínimo relativos de uma função de duas variáveis.

Dizer que f possui um máximo relativo em (x_0, y_0) significa que o ponto (x_0, y_0, z_0) é pelo menos tão alto quanto todos os pontos próximos no gráfico de $z = f(x, y)$. De modo similar, f possui um mínimo relativo em (x_0, y_0) se (x_0, y_0, z_0) for pelo menos tão baixo quando todos os pontos próximos no gráfico (veja a Figura 7.27).

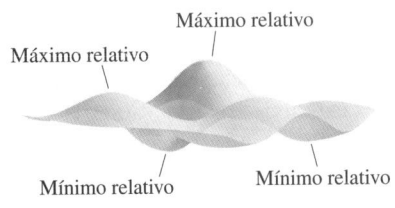

FIGURA 7.27 Extremos relativos.

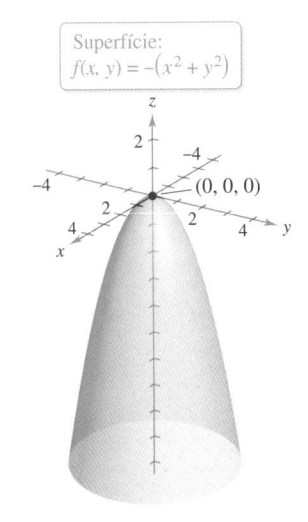

Como no cálculo de uma única variável, nas funções de duas variáveis é também necessário distinguir entre extremos relativos e absolutos. O número $f(x_0, y_0)$ é um máximo absoluto de f na região R se for maior ou igual a todos os outros valores de função na região. (Um mínimo absoluto de f em uma região é definido de modo similar.) Por exemplo, a função

$$f(x, y) = -(x^2 + y^2)$$

é uma paraboloide, com abertura para baixo, com vértice em $(0, 0, 0)$. (Veja a Figura 7.28.) O número

$$f(0, 0) = 0$$

é um máximo absoluto da função no plano xy inteiro.

FIGURA 7.28 f possui um máximo absoluto em $(0, 0, 0)$.

Teste das primeiras derivadas parciais para extremos relativos

Para localizar os extremos relativos de uma função de duas variáveis, pode-se utilizar um procedimento semelhante ao teste da primeira derivada utilizado para funções de uma única variável.

> **Teste das primeiras derivadas parciais para extremos relativos**
>
> Se f possui um extremo relativo em (x_0, y_0) em uma região aberta R no plano xy e as primeiras derivadas parciais de f existem em R, então
>
> $$f_x(x_0, y_0) = 0$$
>
> e
>
> $$f_y(x_0, y_0) = 0$$
>
> como mostra a Figura 7.29.

Máximo relativo   Mínimo relativo

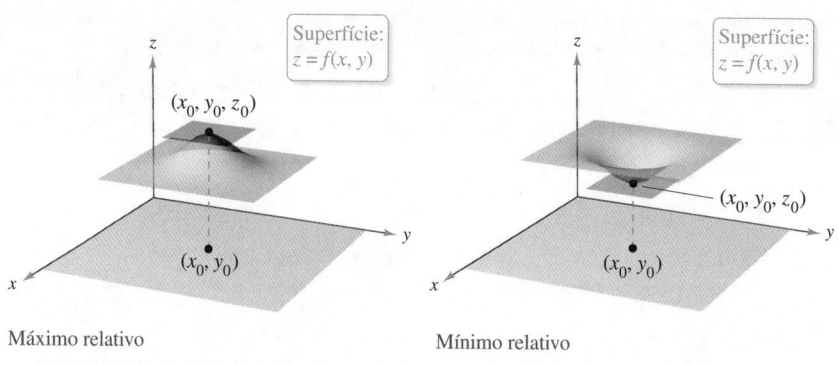

FIGURA 7.29

Uma região aberta no plano xy é similar a um intervalo aberto na reta real. Por exemplo, a região R, que consiste no interior da circunferência $x^2 + y^2 = 1$, é uma região aberta. Se a região R consiste no interior da circunferência e dos pontos na circunferência, então trata-se de uma região *fechada*.

Um ponto (x_0, y_0) será um **ponto crítico** de f quando $f_x(x_0, y_0)$ ou $f_y(x_0, y_0)$ não for definida ou quando

$$f_x(x_0, y_0) = 0 \quad \text{e} \quad f_y(x_0, y_0) = 0. \quad \text{Ponto crítico}$$

O teste das primeiras derivadas parciais afirma que, se as primeiras derivadas parciais existem, então é necessário apenas verificar os valores de $f(x, y)$ nos pontos críticos para determinar os extremos relativos. Como ocorre para funções de uma única variável, os pontos críticos de uma função de duas variáveis nem sempre resultam em extremos relativos. Por exemplo, o ponto $(0, 0)$ é um ponto crítico da superfície mostrada na Figura 7.30, mas $f(0, 0)$ não é um extremo relativo da função. Pontos como esse são chamados **pontos de sela** da função.

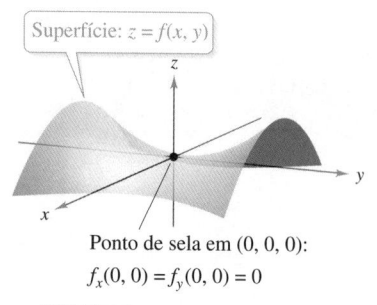

Ponto de sela em $(0, 0, 0)$:
$f_x(0, 0) = f_y(0, 0) = 0$

FIGURA 7.30

Exemplo 1 — Determinação de extremos relativos

Determine os extremos relativos de

$$f(x, y) = 2x^2 + y^2 + 8x - 6y + 20.$$

SOLUÇÃO Comece determinando as primeiras derivadas parciais de f.

$$f_x(x, y) = 4x + 8 \quad \text{e} \quad f_y(x, y) = 2y - 6$$

Como essas derivadas parciais são definidas para todos os pontos no plano xy, os únicos pontos críticos são aqueles para os quais ambas as primeiras derivadas parciais são zero. Para localizar esses pontos, iguale $f_x(x, y)$ e $f_y(x, y)$ a 0 e resolva o sistema de equações resultante.

$4x + 8 = 0$ \quad Tome $f_x(x, y)$ igual a 0.
$2y - 6 = 0$ \quad Tome $f_y(x, y)$ igual a 0.

A solução desse sistema é $x = -2$ e $y = 3$. Portanto, o ponto $(-2, 3)$ é o único ponto crítico de f. A partir do gráfico da função mostrado na Figura 7.31, pode-se ver que esse ponto crítico resulta em um mínimo relativo da função. Assim, a função possui apenas um extremo relativo, que é

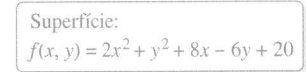

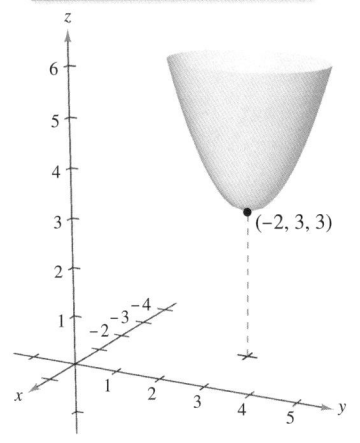

$$f(-2, 3) = 3. \quad \text{Mínimo relativo}$$

FIGURA 7.31

✓ AUTOAVALIAÇÃO 1

Determine os extremos relativos de $f(x, y) = x^2 + 2y^2 + 16x - 8y + 8$.

O Exemplo 1 mostra um mínimo relativo que ocorre em um tipo de ponto crítico, o tipo para o qual tanto $f_x(x, y)$ como $f_y(x, y)$ são zero. O próximo exemplo mostra um máximo relativo que ocorre no outro tipo de ponto crítico para o qual $f_x(x, y)$ ou $f_y(x, y)$ não é definida.

Exemplo 2 — Determinação de extremos relativos

Determine os extremos relativos de

$$f(x, y) = 1 - (x^2 + y^2)^{1/3}.$$

SOLUÇÃO Comece determinando as primeiras derivadas parciais de f.

$$f_x(x, y) = -\frac{2x}{3(x^2 + y^2)^{2/3}} \quad \text{e} \quad f_y(x, y) = -\frac{2y}{3(x^2 + y^2)^{2/3}}$$

Essas derivadas parciais são definidas para todos os pontos no plano xy, *exceto* o ponto $(0, 0)$. Portanto, $(0, 0)$ é um ponto crítico de f. Além disso, esse é o único ponto crítico, pois não há outros valores de x e y para os quais uma das derivadas parciais não seja definida ou nos quais ambas sejam zero. A partir do gráfico da função, mostrado na Figura 7.32, pode-se ver que esse ponto crítico resulta em um máximo relativo da função. Assim, ela possui apenas um extremo relativo que é

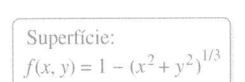

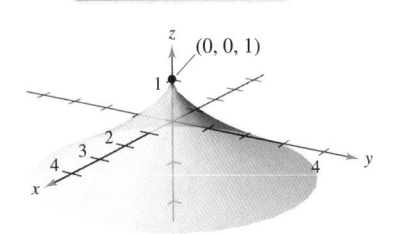

$$f(0, 0) = 1. \quad \text{Máximo relativo}$$

FIGURA 7.32 $f_x(x, y)$ e $f_y(x, y)$ não são definidas em $(0, 0)$.

✓ AUTOAVALIAÇÃO 2

Determine os extremos relativos de

$$f(x, y) = \sqrt{1 - \frac{x^2}{16} - \frac{y^2}{4}}.$$

Teste das segundas derivadas parciais para extremos relativos

Para funções como as dos Exemplos 1 e 2, pode-se determinar os *tipos* de extremos nos pontos críticos esboçando-se o gráfico da função. Para funções mais complicadas, uma abordagem gráfica não é tão fácil de utilizar. O **teste das segundas derivadas parciais** é um teste analítico que pode ser utilizado para determinar se um número crítico fornece um mínimo relativo, um máximo relativo ou nenhum dos dois.

Teste das segundas derivadas parciais para extremos relativos

Suponha que f possua segundas derivadas parciais contínuas em uma região aberta que contenha (a, b), para o qual

$$f_x(a, b) = 0 \text{ e } f_y(a, b) = 0.$$

Para testar a ocorrência de um extremo relativo de f no ponto, considere a quantidade

$$d = f_{xx}(a, b)f_{yy}(a, b) - [f_{xy}(a, b)]^2.$$

1. Se $d > 0$ e $f_{xx}(a, b) > 0$, então f possui um **mínimo relativo** em (a, b).
2. Se $d > 0$ e $f_{xx}(a, b) < 0$, então f possui um **máximo relativo** em (a, b).
3. Se $d < 0$, então $(a, b, f(a, b))$ é um **ponto de sela**.
4. O teste não fornece nenhuma informação se $d = 0$.

Observe no teste das segundas derivadas parciais que se $d > 0$, então $f_{xx}(a, b)$ e $f_{yy}(a, b)$ devem possuir o mesmo sinal. Assim, pode-se substituir $f_{xx}(a, b)$ por $f_{yy}(a, b)$ nas duas primeiras partes do teste.

Exemplo 3 Aplicação do teste das segundas derivadas parciais

Determine os extremos relativos e os pontos de sela de $f(x, y) = xy - \frac{1}{4}x^4 - \frac{1}{4}y^4$.

SOLUÇÃO Comece determinando os pontos críticos de f. Como

$$f_x(x, y) = y - x^3 \quad \text{e} \quad f_y(x, y) = x - y^3$$

estão definidos para todos os pontos no plano xy, os únicos pontos críticos são aqueles para os quais ambas as primeiras derivadas parciais são zero. Resolvendo-se as equações

$$y - x^3 = 0 \quad \text{e} \quad x - y^3 = 0$$

simultaneamente, pode-se determinar que os pontos críticos são $(1, 1)$, $(-1, -1)$ e $(0, 0)$. Além disso, como

$$f_{xx}(x, y) = -3x^2, \quad f_{yy}(x, y) = -3y^2 \quad \text{e} \quad f_{xy}(x, y) = 1$$

pode-se utilizar a quantidade $d = f_{xx}(a, b)f_{yy}(a, b) - [f_{xy}(a, b)]^2$ para classificar os pontos críticos do modo mostrado abaixo.

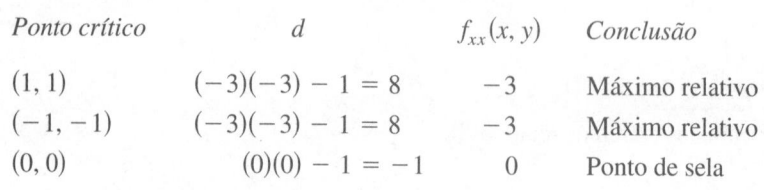

Ponto crítico	d	$f_{xx}(x, y)$	Conclusão
$(1, 1)$	$(-3)(-3) - 1 = 8$	-3	Máximo relativo
$(-1, -1)$	$(-3)(-3) - 1 = 8$	-3	Máximo relativo
$(0, 0)$	$(0)(0) - 1 = -1$	0	Ponto de sela

O gráfico de f é mostrado na Figura 7.33.

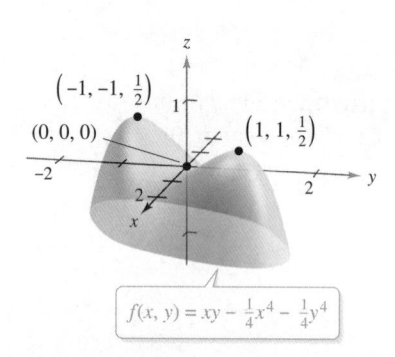

FIGURA 7.33

TUTOR DE ÁLGEBRA *xy*

Para ajuda na solução do sistema de equações

$$y - x^3 = 0$$
$$x - y^3 = 0$$

no Exemplo 3, consulte o Exemplo 1(a) no *Tutor de álgebra* do Capítulo 7, na página 490.

✓ AUTOAVALIAÇÃO 3

Determine os extremos relativos e pontos de sela de $f(x, y) = \dfrac{y^2}{16} - \dfrac{x^2}{4}$.

Aplicações

Exemplo 4 Determinação do lucro máximo

Uma empresa fabrica dois produtos substitutos cujas funções demanda são dadas por

$x_1 = 200(p_2 - p_1)$ Demanda pelo produto 1
$x_2 = 500 + 100p_1 - 180p_2$ Demanda pelo produto 2

em que p_1 e p_2 são os preços por unidade (em dólares) e x_1 e x_2 são os números de unidades vendidas. Os custos de produção dos dois produtos são, respectivamente, $ 0,50 e $ 0,75 por unidade. Determine os preços que resultarão em lucro máximo.

SOLUÇÃO A função custo é

$C = 0,5x_1 + 0,75x_2$ Escreva a função custo.
$ = 0,5(200)(p_2 - p_1) + 0,75(500 + 100p_1 - 180p_2)$ Substitua.
$ = 375 - 25p_1 - 35p_2$ Simplifique.

A função receita é

$R = p_1 x_1 + p_2 x_2$ Escreva a função receita.
$ = p_1(200)(p_2 - p_1) + p_2(500 + 100p_1 - 180p_2)$ Substitua.
$ = -200p_1^2 - 180p_2^2 + 300p_1 p_2 + 500p_2$ Simplifique.

Isso significa que a função lucro é

$P = R - C$ Escreva a função lucro
$ = -200p_1^2 - 180p_2^2 + 300p_1 p_2 + 500p_2 - (375 - 25p_1 - 35p_2)$
$ = -200p_1^2 - 180p_2^2 + 300p_1 p_2 + 25p_1 + 535p_2 - 375.$

Em seguida, encontre as primeiras derivadas parciais de P.

$\dfrac{\partial P}{\partial p_1} = -400p_1 + 300p_2 + 25$ $\dfrac{\partial P}{\partial p_2} = 300p_1 - 360p_2 + 535$

Igualando as primeiras derivadas parciais a zero e resolvendo as equações

$-400p_1 + 300p_2 + 25 = 0$
$300p_1 - 360p_2 + 535 = 0$

simultaneamente, é possível concluir que a solução é $p_1 \approx $ 3,14$ e $p_2 \approx $ 4,10$. A partir do gráfico de P mostrado na Figura 7.34, você pode verificar que esse número crítico gera um máximo. Portanto, o lucro máximo é

$P(p_1, p_2) \approx P(3,14, 4,10) = $ 761,48$

✓ AUTOAVALIAÇÃO 4

Determine os preços que resultarão em lucro máximo para os produtos do Exemplo 4 se os custos de produção dos dois produtos forem, respectivamente, $ 0,75 e $ 0,50 por unidade.

No Exemplo 4, para se convencer de que o lucro máximo é $ 761,48, tente substituir outros preços, por exemplo, $p_1 = $ 2$ e $p_2 = $ 3$, na função lucro. Para cada par de preços, você obterá um lucro que é menor que $ 761,48.

Exemplo 5 Determinação de um volume máximo

Uma caixa retangular (ou seja, um paralelepípedo reto retângulo) está apoiada no plano xy com um vértice na origem. O vértice oposto está no plano

$6x + 4y + 3z = 24$

DICA DE ESTUDO

No Exemplo 4, pode-se verificar que os dois produtos são substitutos observando que x_1 aumenta conforme p_2 aumenta e x_2 aumenta conforme p_1 aumenta.

TUTOR DE ÁLGEBRA

Para ajuda na solução do sistema de equações do Exemplo 4, consulte o Exemplo 1(b) no *Tutor de álgebra* do Capítulo 7, na página 490.

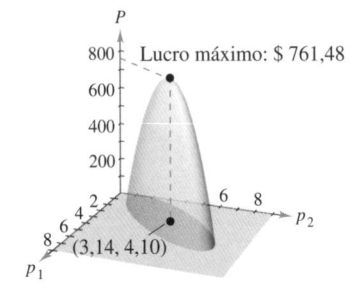

FIGURA 7.34

(0, 0, 8)

Plano:
$6x + 4y + 3z = 24$

$\left(\frac{4}{3}, 2, \frac{8}{3}\right)$

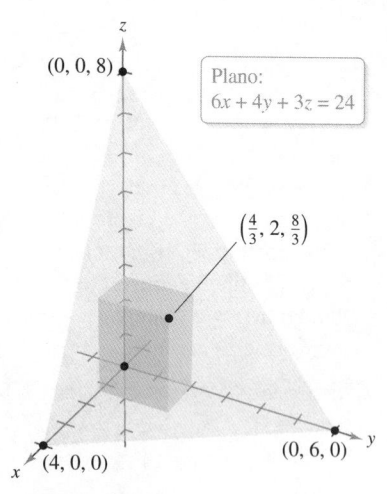

(4, 0, 0) (0, 6, 0)

FIGURA 7.35

como mostra a Figura 7.35. Determine o volume máximo de uma caixa desse tipo.

SOLUÇÃO Suponha que x, y e z representem o comprimento, a largura e a altura da caixa. Como um vértice da caixa está no plano dado por $6x + 4y + 3z = 24$ ou

$$z = \tfrac{1}{3}(24 - 6x - 4y) \qquad \text{Isole } z$$

você pode representar o volume da caixa como uma função de duas variáveis.

$$V = xyz \qquad \text{Volume} = (\text{largura})(\text{comprimento})(\text{altura})$$
$$= xy\left(\tfrac{1}{3}\right)(24 - 6x - 4y) \qquad \text{Substitua } z.$$
$$= \tfrac{1}{3}(24xy - 6x^2y - 4xy^2) \qquad \text{Simplifique.}$$

Em seguida, encontre as primeiras derivadas parciais de V.

$$V_x = \tfrac{1}{3}(24y - 12xy - 4y^2) \qquad \text{Derivada parcial em relação a } x$$
$$= \tfrac{1}{3}y(24 - 12x - 4y) \qquad \text{Fatore.}$$
$$V_y = \tfrac{1}{3}(24x - 6x^2 - 8xy) \qquad \text{Derivada parcial em relação a } y$$
$$= \tfrac{1}{3}x(24 - 6x - 8y) \qquad \text{Fatore.}$$

Resolvendo as equações

$$\tfrac{1}{3}y(24 - 12x - 4y) = 0 \qquad \text{Faça } V_x \text{ igual a 0.}$$
$$\tfrac{1}{3}x(24 - 6x - 8y) = 0 \qquad \text{Faça } V_y \text{ igual a 0.}$$

simultaneamente, é possível concluir que as soluções são (0, 0), (0, 6), (4, 0) e $\left(\tfrac{4}{3}, 2\right)$. Utilizando o teste de segundas derivadas parciais, você pode determinar que o volume máximo ocorre quando a largura é $x = \tfrac{4}{3}$ e o comprimento é $y = 2$. Para esses valores, a altura da caixa é

$$z = \tfrac{1}{3}\left[24 - 6\left(\tfrac{4}{3}\right) - 4(2)\right] = \tfrac{8}{3}.$$

Assim, o volume máximo é

$$V = xyz = \left(\tfrac{4}{3}\right)(2)\left(\tfrac{8}{3}\right) = \tfrac{64}{9} \text{ unidades cúbicas.}$$

TUTOR DE ÁLGEBRA

xy

Para ajuda na resolução do sistema de equações

$$y(24 - 12x - 4y) = 0$$
$$x(24 - 6x - 8y) = 0$$

no Exemplo 5, consulte o Exemplo 2(a) no *Tutor de álgebra* do Capítulo 7, na página 521.

✓ **AUTOAVALIAÇÃO 5**

Determine o volume máximo de uma caixa retangular que esteja apoiada sobre o plano xy com um vértice na origem e o vértice oposto no plano $2x + 4y + z = 8$.

PRATIQUE (Seção 7.5)

1. Dê a definição de extremos relativos de função de duas variáveis *(página 449)*. Para exemplos de extremos relativos, veja os Exemplos 1 e 2.

2. Enuncie o teste das primeiras derivadas parciais para extremos relativos *(página 450)*. Para exemplos de como usar o teste das primeiras derivadas parciais, veja os Exemplos 1 e 2.

3. Enuncie o teste das segundas derivadas parciais para os extremos relativos *(página 452)*. Para exemplos de utilização do teste das segundas derivadas parciais, veja os Exemplos 3 e 5.

4. Descreva em um exemplo da vida real como os extremos relativos podem ser usados para encontrar o lucro máximo de uma empresa *(página 453, Exemplo 4)*.

Recapitulação 7.5

Os exercícios preparatórios a seguir envolvem conceitos vistos em seções anteriores. Esses conceitos serão utilizados no conjunto de exercícios desta seção. Para mais ajuda, consulte a Seção 7.4.

Nos Exercícios 1-8, resolva o sistema de equações.

1. $\begin{cases} 5x = 15 \\ 3x - 2y = 5 \end{cases}$
2. $\begin{cases} \frac{1}{2}y = 3 \\ -x + 5y = 19 \end{cases}$
3. $\begin{cases} x + y = 5 \\ x - y = -3 \end{cases}$
4. $\begin{cases} x + y = 8 \\ 2x - y = 4 \end{cases}$
5. $\begin{cases} 2x - y = 8 \\ 3x - 4y = 7 \end{cases}$
6. $\begin{cases} 2x - 4y = 14 \\ 3x + y = 7 \end{cases}$
7. $\begin{cases} x^2 + x = 0 \\ 2yx + y = 0 \end{cases}$
8. $\begin{cases} 3y^2 + 6y = 0 \\ xy + x + 2 = 0 \end{cases}$

Nos Exercícios 9-14, determine todas as primeiras e segundas derivadas parciais da função.

9. $z = 4x^3 - 3y^2$
10. $z = 2x^5 - y^3$
11. $z = x^4 - \sqrt{xy} + 2y$
12. $z = 2x^2 - 3xy + y^2$
13. $z = ye^{xy^2}$
14. $z = xe^{xy}$

Exercícios 7.5

Aplicando o teste das segundas derivadas parciais Nos Exercícios 1-18, encontre os pontos críticos, extremos relativos e pontos de sela da função. *Veja os Exemplos 1, 2 e 3.*

1. $f(x, y) = x^2 - y^2 + 4x - 8y - 11$
2. $f(x, y) = x^2 + y^2 + 2x - 6y + 6$
3. $f(x, y) = \sqrt{x^2 + y^2 + 1}$
4. $f(x, y) = \sqrt{25 - (x - 2)^2 - y^2}$
5. $f(x, y) = (x - 1)^2 + (y - 3)^2$
6. $f(x, y) = 9 - (x - 3)^2 - (y + 2)^2$
7. $f(x, y) = 2x^2 + 2xy + y^2 + 2x - 3$
8. $f(x, y) = x^2 + 6xy + 10y^2 - 4y + 4$
9. $f(x, y) = -5x^2 + 4xy - y^2 + 16x + 10$
10. $f(x, y) = -x^2 - 5y^2 + 8x - 10y - 13$
11. $f(x, y) = 3x^2 + 2y^2 - 6x - 4y + 16$
12. $f(x, y) = x^2 - 3xy - y^2$
13. $f(x, y) = -x^3 + 4xy - 2y^2 + 1$
14. $f(x, y) = -3x^2 - 2y^2 + 3x - 4y + 5$
15. $f(x, y) = \dfrac{1}{2}xy$ 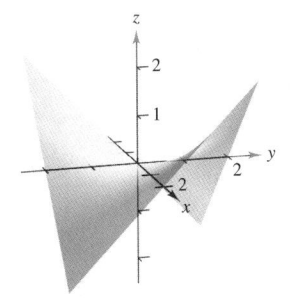
16. $f(x, y) = x + y + 2xy - x^2 - y^2$ 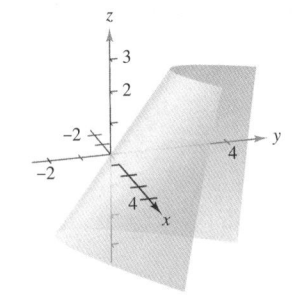
17. $f(x, y) = (x + y)e^{1 - x^2 - y^2}$ 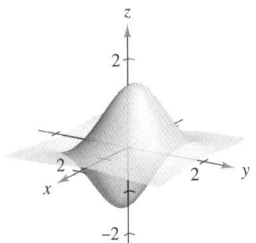
18. $f(x, y) = 3e^{-(x^2 + y^2)}$

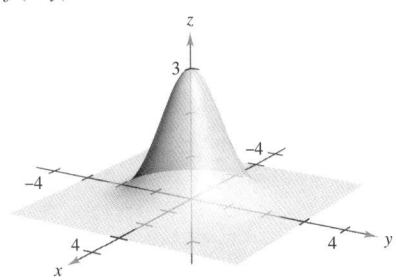

Pense sobre isso Nos Exercícios 19-24, determine se há um máximo relativo, um mínimo relativo, um ponto de sela ou informação insuficiente para determinar a natureza da função $f(x, y)$ no ponto crítico (x_0, y_0).

19. $f_{xx}(x_0, y_0) = 9$, $f_{yy}(x_0, y_0) = 4$, $f_{xy}(x_0, y_0) = 6$
20. $f_{xx}(x_0, y_0) = -3$, $f_{yy}(x_0, y_0) = -8$, $f_{xy}(x_0, y_0) = 2$
21. $f_{xx}(x_0, y_0) = -9$, $f_{yy}(x_0, y_0) = 6$, $f_{xy}(x_0, y_0) = 10$
22. $f_{xx}(x_0, y_0) = 8$, $f_{yy}(x_0, y_0) = 7$, $f_{xy}(x_0, y_0) = 9$

23. $f_{xx}(x_0, y_0) = 5$, $f_{yy}(x_0, y_0) = 5$, $f_{xy}(x_0, y_0) = 3$

24. $f_{xx}(x_0, y_0) = 25$, $f_{yy}(x_0, y_0) = 8$, $f_{xy}(x_0, y_0) = 10$

Analisando uma função Nos Exercícios 25-30, encontre os pontos críticos, os extremos relativos e os pontos de sela da função. Liste os pontos críticos para os quais o teste das segundas derivadas parciais falham.

25. $f(x, y) = (xy)^2$

26. $f(x, y) = \sqrt{x^2 + y^2}$

27. $f(x, y) = x^3 + y^3$

28. $f(x, y) = (x^2 + y^2)^{2/3}$

29. $f(x, y) = x^{2/3} + y^{2/3}$

30. $f(x, y) = x^3 + y^3 - 3x^2 + 6y^2 + 3x + 12y + 7$

Analisando uma função de três variáveis Nos Exercícios 31 e 32, encontre os pontos críticos da função e, a partir da forma da função, determine se um máximo relativo ou um mínimo relativo ocorre em cada ponto.

31. $f(x, y, z) = (x - 1)^2 + (y + 3)^2 + z^2$

32. $f(x, y, z) = 6 - [x(y + 2)(z - 1)]^2$

Encontrando números positivos Nos Exercícios 33-36, encontre três números positivos x, y e z que satisfaçam as condições dadas.

33. A soma é 45 e o produto é máximo.

34. A soma é 2 e a soma dos quadrados é mínimo.

35. A soma é 60 e a soma dos quadrados é mínimo.

36. A soma é 32 e $P = xy^2z$ é máximo.

37. Receita Uma empresa fabrica dois tipos de tênis, de corrida e de basquete. A receita total de x_1 unidades do tênis de corrida e x_2 unidades do tênis de basquete é

$$R = -5x_1^2 - 8x_2^2 - 2x_1x_2 + 42x_1 + 102x_2$$

em que x_1 e x_2 estão em milhares de unidades. Encontre x_1 e x_2 de modo a maximizar a receita.

38. Receita Uma loja de varejo vende dois tipos de cortadores de grama, cujos preços são p_1 e p_2. Encontre p_1 e p_2 de modo a maximizar a receita total, em que

$$R = 515p_1 + 805p_2 + 1{,}5p_1p_2 - 1{,}5p_1^2 - p_2^2.$$

Receita Nos Exercícios 39 e 40, encontre p_1 e p_2, os preços por unidade (em dólares), de modo a maximizar a receita total

$$R = x_1p_1 + x_2p_2$$

em que x_1 e x_2 são os números de unidades vendidas, para uma loja varejista que vende dois produtos competitivos com as funções demanda dadas. *Veja o Exemplo 4.*

39. $x_1 = 1.000 - 2p_1 + p_2$, $x_2 = 1.500 + 2p_1 - 1{,}5p_2$

40. $x_1 = 1.000 - 4p_1 + 2p_2$, $x_2 = 900 + 4p_1 - 3p_2$

41. Lucro Uma empresa fabrica um produto para um motor automotivo de alto desempenho em duas fábricas. O custo de produzir x_1 unidades na fábrica 1 é

$$C_1 = 0{,}05x_1^2 + 15x_1 + 5.400$$

e o custo de produzir x_2 unidades na fábrica 2 é

$$C_2 = 0{,}03x_2^2 + 15x_2 + 6.100.$$

A função de demanda para o produto é

$$p = 225 - 0{,}4(x_1 + x_2)$$

e a função da receita total é

$$R = [225 - 0{,}4(x_1 + x_2)](x_1 + x_2).$$

Encontre os níveis de produção nas duas fábricas que maximizarão o lucro

$$P = R - C_1 - C_2.$$

42. Lucro Uma empresa fabrica velas em duas fábricas. O custo de produzir x unidades na fábrica 1 é

$$C_1 = 0{,}02x_1^2 + 4x_1 + 500$$

e o custo de produzir x unidades na fábrica 2 é

$$C_2 = 0{,}05x_2^2 + 4x_2 + 275.$$

As velas são vendidas a $ 15 por unidade. Encontre a quantidade que deveria ser produzida em cada fábrica para maximizar o lucro

$$P = 15(x_1 + x_2) - C_1 - C_2.$$

43. Volume Encontre as dimensões de um pacote retangular de volume máximo que pode ser enviado por uma transportadora, assumindo que a soma do comprimento e do perímetro (perímetro de uma seção transversal) não possa exceder 96 polegadas.

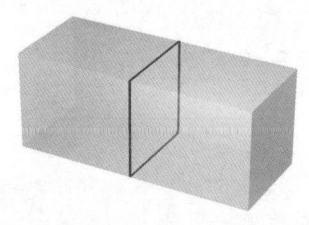

44. Volume Repita o Exercício 43, assumindo que a soma do comprimento e do perímetro não possa exceder 144 polegadas.

45. Custo Uma fábrica faz uma caixa de madeira com o topo aberto, com um volume de 18 pés cúbicos. O custo dos materiais é de $ 0,20 por pé quadrado para a base e $ 0,15 por pé quadrado para as laterais. Encontre as dimensões que minimizem os custos de cada caixa. Qual é o custo mínimo?

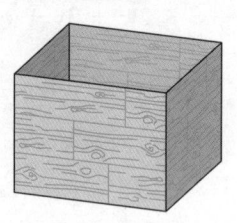

46. Custo Uma empreiteira de reformas de casa está pintando as paredes e o teto de um quarto retangular. O volume do quarto é de 1.584 pés cúbicos. O custo da pintura da parede é de $ 0,06 por pé quadrado e o custo da pintura no teto é de $ 0,11 por pé quadrado. Encontre as dimensões do quarto que minimizarão os custos de cada pintura. Qual é o custo mínimo da pintura?

47. Custo Uma fábrica de automóveis determinou que seu custo anual de mão de obra e equipamento (em milhões de dólares) podem ser modelados por

$$C(x, y) = 2x^2 + 3y^2 - 15x - 20y + 4xy + 39$$

em que x é o valor gasto por ano com mão de obra e y é o valor gasto por ano com equipamentos (ambos em milhões de dólares). Encontre os valores de x e y que minimizem os custos anuais com mão de obra e equipamentos. Quais são esses custos?

48. **Medicamento** Para tratar de certa infecção bacteriana, uma combinação de duas drogas está sendo testada. Os estudos mostraram que a duração de uma infecção nos testes laboratoriais pode ser modelada por

$$D(x, y) = x^2 + 2y^2 - 18x - 24y + 2xy + 120$$

em que x é a dose da primeira droga e y é a dose da segunda (ambas em centenas de miligramas). Encontre a quantidade necessária de cada droga para minimizar a duração da infecção.

49. **Biologia** Um lago será abastecido com bacalhaus-de-boca-pequena e bacalhaus-de-boca-grande. Seja x o número de bacalhaus-de-boca-pequena e seja y o número de bacalhaus-de-boca-grande. O peso de cada peixe depende da densidade populacional. Depois de um período de seis meses, o peso de um bacalhau-boca-pequena é dado por

$$W_1 = 3 - 0{,}002x - 0{,}001y$$

e o peso de um bacalhau-de-boca-grande é dado por

$$W_2 = 4{,}5 - 0{,}004x - 0{,}005y.$$

Assumindo que nenhum peixe morre durante o período de seis meses, quantos bacalhaus-de-boca-pequena e bacalhaus-de-boca-grande devem ser colocados no lago de modo que o peso total T de peixes no lago seja máximo?

51. **Lei de Hardy-Weinberg** Tipos comuns de sangue são determinados geneticamente pelos três alelos A, B e O. (Um alelo é qualquer integrante de um grupo de possíveis formas de mutação de um gene.) Uma pessoa cujo tipo sanguíneo é AA, BB ou OO é homozigoto. Uma pessoa cujo tipo sanguíneo é AB, AO ou BO é heterozigoto. A Lei de Hardy-Weinberg afirma que a proporção P de indivíduos heterozigotos em qualquer população é modelada por

$$P(p, q, r) = 2pq + 2pr + 2qr$$

em que p representa a porcentagem do alelo A na população, q representa a porcentagem do alelo B na população e r representa a porcentagem do alelo O na população. Use o fato de que $p + q + r = 1$ (a soma dos três deve ser igual a 100%) para mostrar que a máxima proporção de indivíduos heterozigóticos em qualquer população é $\frac{2}{3}$.

52. **Índice de diversidade de Shannon** Uma forma de medir a diversidade de espécies é usar o índice de diversidade de Shannon H. Um hábitat é composto de três espécies A, B e C e o índice de diversidade de Shannon é

$$H = -x \ln x - y \ln y - z \ln z$$

em que x é a porcentagem da espécie A no hábitat, y é a porcentagem da espécie B no hábitat e z é a percentagem da espécie C no hábitat. Use o fato de que $x + y + z = 1$ (a soma dos três deve ser igual a 100%) para mostrar que o valor máximo de H ocorre quando

$$x = y = z = \tfrac{1}{3}.$$

Qual é o valor máximo de H?

Verdadeiro ou falso? Nos Exercícios 53 e 54, determine se a afirmação é verdadeira ou falsa. Se for falsa, explique por que ou forneça um exemplo que mostre isso.

53. Um ponto de sela sempre ocorre em um ponto crítico.
54. Se $f(x, y)$ tem um máximo relativo em (x_0, y_0, z_0), então $f_x(x_0, y_0) = f_y(x_0, y_0) = 0$.

50. **VISUALIZE** A figura mostra as curvas de níveis de uma função $f(x, y)$. O que, se possível, pode ser dito sobre f nos pontos A, B, C e D? Explique seu raciocínio.

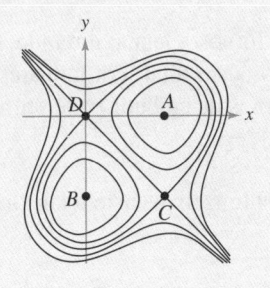

TESTE PRELIMINAR

Faça este teste como o faria em sala de aula. Quando terminar, confira seus resultados comparando-os aos resultados fornecidos no final do livro.

Nos Exercícios 1-3, (a) marque os pontos em um sistema de coordenadas tridimensional, (b) determine a distância entre os pontos e (c) determine as coordenadas do ponto médio do segmento de reta que une os pontos.

1. $(1, 3, 2), (-1, 2, 0)$ **2.** $(-1, 3, 4), (5, 1, -6)$ **3.** $(0, -3, 3), (3, 0, -3)$

Nos Exercícios 4 e 5, determine a equação padrão da esfera.

4. Centro: $(2, -1, 3)$; raio: 4

5. Extremidades de um diâmetro: $(0, 3, 1), (2, 5, -5)$

6. Determine o centro e o raio da esfera cuja equação é

$$x^2 + y^2 + z^2 - 8x - 2y - 6z - 23 = 0.$$

Nos Exercícios 7-9, determine as intersecções com os eixos e esboce o gráfico do plano.

7. $2x + 3y + z = 6$ **8.** $x - 2z = 4$ **9.** $y = 3$

Nos Exercícios 10-12, identifique a superfície quadrática.

10. $\dfrac{x^2}{4} + \dfrac{y^2}{9} + \dfrac{z^2}{16} = 1$ **11.** $z^2 - x^2 - y^2 = 25$ **12.** $81z - 9x^2 - y^2 = 0$

Nos Exercícios 13-15, determine $f(1, 0)$ e $f(4, -1)$.

13. $f(x, y) = x - 9y^2$ **14.** $f(x, y) = \sqrt{4x^2 + y}$ **15.** $f(x, y) = \ln(x - 2y)$

16. O mapa de contorno mostra as curvas de nível de temperaturas iguais (isotérmicas), medidas em graus Fahrenheit, na América do Norte em um dia de primavera. Utilize o mapa para determinar a faixa aproximada de temperatura (a) na região dos Grandes Lagos, (b) nos Estados Unidos e (c) no México.

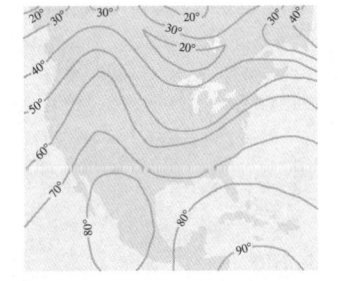

Figura para o Exercício 16.

Nos Exercícios 17-20, determine as primeiras derivadas parciais e calcule cada uma delas no ponto $(-2, 3)$.

17. $f(x, y) = x^2 + 2y^2 - 3x - y + 1$ **18.** $f(x, y) = \dfrac{3x - y^2}{x + y}$

19. $f(x, y) = x^3 e^{2y}$ **20.** $f(x, y) = \ln(2x + 7y)$

Nos Exercícios 21 e 22, determine todos os pontos críticos, extremos relativos e pontos de sela da função.

21. $f(x, y) = 3x^2 + y^2 - 2xy - 6x + 2y$

22. $f(x, y) = -x^3 + 4xy - 2y^2 + 1$

23. Uma empresa fabrica dois tipos de fornos a lenha: um modelo de piso e um modelo para embutir em lareiras. O custo total (em milhares de dólares) da produção de x fornos de piso e y fornos de embutir pode ser modelado por

$$C(x, y) = \tfrac{1}{16}x^2 + y^2 - 10x - 40y + 820.$$

Determine os valores de x e y que minimizem o custo total. Qual é esse custo?

7.6 Multiplicadores de Lagrange

- Compreender o método dos multiplicadores de Lagrange.
- Usar os multiplicadores de Lagrange para resolver problemas de otimização restritos.

Multiplicadores de Lagrange com uma restrição

No Exemplo 5 da Seção 7.5, foi solicitado que se determinassem as dimensões da caixa retangular de volume máximo que se encaixava no primeiro octante abaixo do plano

$$6x + 4y + 3z = 24$$

conforme exibido na Figura 7.36. Outro modo de descrever esse problema é dizer que se devia determinar o máximo de

$$V = xyz \qquad \text{Função objetivo}$$

sujeito à restrição

$$6x + 4y + 3z - 24 = 0. \qquad \text{Restrição}$$

Esse tipo de problema é chamado de problema de **otimização restrita**. Na Seção 7.5, respondeu-se a essa questão isolando z na equação de restrição e reescrevendo V como uma função de duas variáveis.

Nesta seção, será estudado um modo diferente (e muitas vezes melhor) de resolver problemas de otimização restrita. Esse método envolve o uso de variáveis denominadas **multiplicadores de Lagrange** cujo nome é uma homenagem ao matemático francês Joseph Louis Lagrange (1736-1813).

No Exercício 37, na página 465, você usará multiplicadores de Lagrange para encontrar as dimensões que minimizarão o custo de cercas em dois currais.

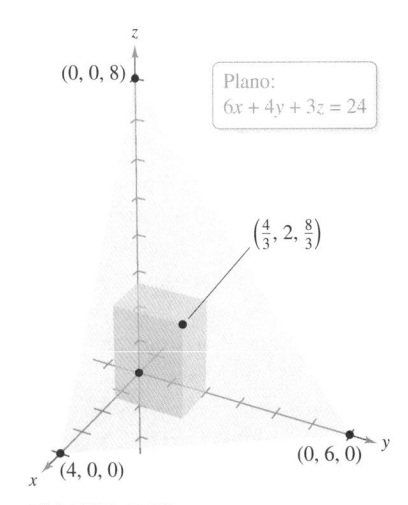

Método dos multiplicadores de Lagrange

Se $f(x, y)$ possui um máximo ou um mínimo sujeito à restrição $g(x, y) = 0$, então ele ocorrerá em um dos números críticos da função F definida por

$$F(x, y, \lambda) = f(x, y) - \lambda g(x, y).$$

A variável λ (a letra grega minúscula lambda) é chamada **multiplicador de Lagrange**. Para determinar o mínimo ou máximo de f, siga as seguintes etapas.

1. Resolva o seguinte sistema de equações.

$$F_x(x, y, \lambda) = 0 \qquad F_y(x, y, \lambda) = 0 \qquad F_\lambda(x, y, \lambda) = 0$$

2. Calcule f em cada ponto da solução obtida na primeira etapa. O maior valor resulta no máximo de f sujeito à restrição $g(x, y) = 0$ e o menor valor resulta no mínimo de f sujeito à restrição $g(x, y) = 0$.

Ao utilizar o método dos multiplicadores de Lagrange para funções de três variáveis, F tem a forma

$$F(x, y, z, \lambda) = f(x, y, z) - \lambda g(x, y, z).$$

O sistema de equações utilizado na Etapa 1 é

$$F_x(x, y, z, \lambda) = 0 \quad F_y(x, y, z, \lambda) = 0 \quad F_z(x, y, z, \lambda) = 0 \quad F_\lambda(x, y, z, \lambda) = 0.$$

O método dos multiplicadores de Lagrange fornece um modo para determinar os pontos críticos, mas não diz se esses pontos são mínimos, máximos ou nenhum dos dois. Para fazer essa distinção, deve-se levar em conta o contexto do problema.

FIGURA 7.36

Problemas de otimização restritos

Exemplo 1 Utilização de multiplicadores de Lagrange

Determine o máximo de

$$V = xyz \qquad \text{Função objetivo}$$

sujeito à restrição

$$6x + 4y + 3z - 24 = 0. \qquad \text{Restrição}$$

SOLUÇÃO Primeiro, faça $f(x, y, z) = xyz$ e $g(x, y, z) = 6x + 4y + 3z - 24$. Então, defina uma nova função F por

$$F(x, y, z, \lambda) = f(x, y, z) - \lambda g(x, y, z)$$
$$= xyz - \lambda(6x + 4y + 3z - 24).$$

Para determinar os números críticos de F, iguale a zero as derivadas parciais de F em relação a x, y, z e λ e obtenha

$$F_x(x, y, z, \lambda) = yz - 6\lambda \quad \Rightarrow \quad yz - 6\lambda = 0$$
$$F_y(x, y, z, \lambda) = xz - 4\lambda \quad \Rightarrow \quad xz - 4\lambda = 0$$
$$F_z(x, y, z, \lambda) = xy - 3\lambda \quad \Rightarrow \quad xy - 3\lambda = 0$$
$$F_\lambda(x, y, z, \lambda) = -6x - 4y - 3z + 24 \quad \Rightarrow \quad -6x - 4y - 3z + 24 = 0$$

Isolando para λ na primeira equação obtemos

$$yz - 6\lambda = 0 \quad \Rightarrow \quad \lambda = \frac{yz}{6}.$$

Substituindo λ na segunda e na terceira equações obtemos o seguinte

$$xz - 4\left(\frac{yz}{6}\right) = 0 \quad \Rightarrow \quad y = \frac{3}{2}x$$
$$xy - 3\left(\frac{yz}{6}\right) = 0 \quad \Rightarrow \quad z = 2x$$

Em seguida, substitua y e z na equação $F_\lambda(x, y, z, \lambda) = 0$ e resolva-a para determinar x.

$$F_\lambda(x, y, z, \lambda) = 0$$
$$-6x - 4y - 3z + 24 = 0$$
$$-6x - 4\left(\tfrac{3}{2}x\right) - 3(2x) + 24 = 0$$
$$-18x = -24$$
$$x = \tfrac{4}{3}$$

Utilizando esse valor de x, pode-se concluir que os valores críticos são $x = \frac{4}{3}$, $y = 2$ e $z = \frac{8}{3}$, o que significa que o máximo é

$$V = xyz \qquad \text{Escreva a função objetivo.}$$
$$= \left(\frac{4}{3}\right)(2)\left(\frac{8}{3}\right) \qquad \text{Substitua os valores de } x, y \text{ e } z.$$
$$= \frac{64}{9} \text{ unidades cúbicas.} \qquad \text{Volume máximo}$$

✓ AUTOAVALIAÇÃO 1

Determine o volume máximo de $V = xyz$, sujeito à restrição $2x + 4y + z - 8 = 0$.

DICA DE ESTUDO

O Exemplo 1 mostra como os multiplicadores de Lagrange podem ser utilizados para resolver o mesmo problema do Exemplo 5 da Seção 7.5.

TUTOR DE ÁLGEBRA

O aspecto mais difícil dos problemas de multiplicadores de Lagrange é a complicada álgebra necessária para resolver o sistema de equações que surge de

$$F(x, y, \lambda) = f(x, y) - \lambda g(x, y).$$

Não há um procedimento geral para todos os casos; portanto, deve-se estudar os exemplos cuidadosamente e consultar o *Tutor de álgebra* do Capítulo 7, nas páginas 490 e 491.

Exemplo 2 — Determinação de um nível de produção máximo

A produção de um fabricante é modelada pela função de Cobb-Douglas

$$f(x, y) = 100x^{3/4}y^{1/4} \qquad \text{Função objetivo}$$

em que x representa as unidades de mão de obra (a \$ 150 por unidade) e y as unidades de capital (a \$ 250 por unidade). As despesas totais com mão de obra e capital não podem exceder \$ 50.000. O nível máximo de produção excederá 16.000 unidades?

SOLUÇÃO Como a despesa total com mão de obra e capital não pode exceder \$ 50.000, a restrição é

$$150x + 250y = 50.000 \qquad \text{Restrição}$$
$$150x + 250y - 50.000 = 0. \qquad \text{Escreva na forma padrão.}$$

Para determinar o nível de produção máximo, comece escrevendo a função

$$F(x, y, \lambda) = 100x^{3/4}y^{1/4} - \lambda(150x + 250y - 50.000).$$

Em seguida, determine as derivadas parciais de F com relação a x, y e λ.

$$F_x(x, y, \lambda) = 75x^{-1/4}y^{1/4} - 150\lambda$$
$$F_y(x, y, \lambda) = 25x^{3/4}y^{-3/4} - 250\lambda$$
$$F_\lambda(x, y, \lambda) = -150x - 250y + 50.000$$

Depois, iguale as derivadas parciais a zero para obter o seguinte sistema de equações.

$$75x^{-1/4}y^{1/4} - 150\lambda = 0 \qquad \text{Equação 1}$$
$$25x^{3/4}y^{-3/4} - 250\lambda = 0 \qquad \text{Equação 2}$$
$$-150x - 250y + 50.000 = 0 \qquad \text{Equação 3}$$

Isolando λ na primeira equação

$$75x^{-1/4}y^{1/4} - 150\lambda = 0 \qquad \text{Equação 1}$$
$$\lambda = \tfrac{1}{2}x^{-1/4}y^{1/4} \qquad \text{Isole } \lambda.$$

e substituindo λ na Equação 2, você obtém

$$25x^{3/4}y^{-3/4} - 250\left(\tfrac{1}{2}\right)x^{-1/4}y^{1/4} = 0 \qquad \text{Substitua na Equação 2.}$$
$$25x - 125y = 0 \qquad \text{Multiplique por } x^{1/4}y^{3/4}.$$
$$x = 5y. \qquad \text{Isole } x.$$

portanto, $x = 5y$. Substituindo x na Equação 3, você obtém

$$-150(5y) - 250y + 50.000 = 0 \qquad \text{Substitua na Equação 3.}$$
$$-1.000y = -50.000 \qquad \text{Simplifique.}$$
$$y = 50 \qquad \text{Determine } y.$$

Quando $y = 50$ unidades de capital, segue que $x = 5(50) = 250$ unidades de mão de obra. Portanto, o nível de produção máximo é

$$f(250, 50) = 100(250)^{3/4}(50)^{1/4} \qquad \text{Substitua } x \text{ e } y.$$
$$\approx 16\,719 \text{ unidades} \qquad \text{Produção máxima}$$

Portanto, você pode concluir que o nível de produção máximo excederá 16.000 unidades.

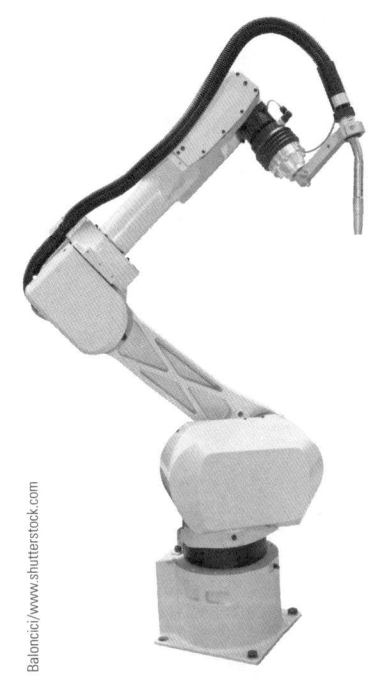

Para algumas aplicações industriais, um robô simples pode custar mais do que os salários e benefícios do período de um ano dados a um empregado. Assim, os fabricantes devem equilibrar cuidadosamente a quantia de dinheiro gasta para a mão de obra e o capital.

TUTOR TÉCNICO

Pode-se utilizar uma planilha para resolver problemas de otimização restrita. Experimente utilizar uma planilha para resolver o problema no Exemplo 2. (Consulte o manual do usuário do software da planilha para instruções específicas sobre como resolver problemas de otimização restrita.)

✓ AUTOAVALIAÇÃO 2

No Exemplo 2, suponha que cada unidade de mão de obra custe \$ 200 e cada unidade de capital custe \$ 250. Determine o nível de produção máximo quando mão de obra e capital não puderem exceder \$ 50.000.

Os economistas chamam o multiplicador de Lagrange em uma função produção de **produtividade marginal do capital**. No caso do Exemplo 2, a produtividade marginal do capital quando $x = 250$ e $y = 50$ é

$$\lambda = \tfrac{1}{2}x^{-1/4}y^{1/4} = \tfrac{1}{2}(250)^{-1/4}(50)^{1/4} \approx 0{,}334.$$

Isso significa que, para cada unidade monetária adicional investida na produção, aproximadamente 0,334 unidade adicional do produto poderá ser produzida.

Exemplo 3 — Determinação de um nível de produção máximo

O fabricante no Exemplo 2 agora tem $ 70.000 disponíveis para mão de obra e capital. Qual é o número máximo de unidades que podem ser produzidas?

SOLUÇÃO Seria possível reconstruir o problema inteiro como mostrado no Exemplo 2. No entanto, como a única alteração no problema é a disponibilidade de dinheiro adicional gasta com mão de obra e capital, pode-se utilizar o fato de que a produtividade marginal do capital é

$$\lambda \approx 0{,}334.$$

Como está disponível um adicional de $ 20.000 e a produção máxima no Exemplo 2 era de ≈ 16.719 unidades, pode-se concluir que a produção máxima agora será

$$16.719 + (0{,}334)(20.000) \approx 23.400 \text{ unidades}.$$

Experimente utilizar o procedimento mostrado no Exemplo 2 para confirmar esse resultado.

✓ AUTOAVALIAÇÃO 3

No Exemplo 2, o fabricante agora tem $ 80.000 disponíveis para mão de obra e capital. Qual é o número máximo de unidades que podem ser produzidas?

TUTOR TÉCNICO

Ferramentas gráficas tridimensionais podem ser utilizadas para confirmar graficamente os resultados dos Exemplos 2 e 3. Comece traçando a superfície $f(x, y) = 100x^{3/4}y^{1/4}$. Em seguida, trace o plano vertical dado por $150x + 250y = 50.000$. Como mostrado abaixo, o nível de produção máximo corresponde ao ponto mais alto da intersecção da superfície com o plano.

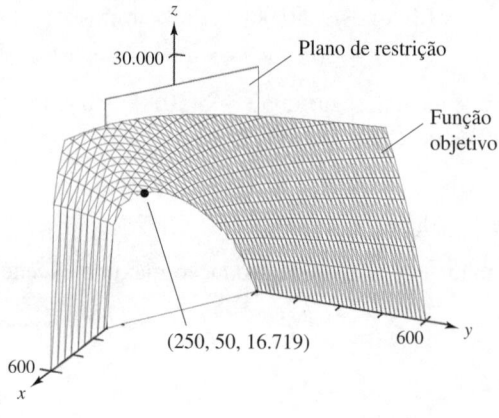

No Exemplo 4 da Seção 7.5, pôde-se determinar o lucro máximo de dois produtos substitutos com funções demanda dadas por

$x_1 = 200(p_2 - p_1)$ Demanda pelo produto 1
$x_2 = 500 + 100p_1 - 180p_2$.   Demanda pelo produto 2

Com esse modelo, a demanda total $x_1 + x_2$ era totalmente determinada pelos preços p_1 e p_2. Em muitas situações da vida real, esse pressuposto é por demais simplista; independentemente dos preços das marcas substitutas, as demandas anuais totais de alguns produtos, como pastas de dente, são relativamente constantes. Nessas situações, a demanda total é **limitada** e as variações de preço não afetam a demanda total tanto quanto afetam a distribuição de mercado de marcas substitutas.

Exemplo 4 — Determinação do lucro máximo

Uma empresa faz dois produtos substitutos cujas funções demanda são dadas por

$x_1 = 200(p_2 - p_1)$ Demanda pelo produto 1
$x_2 = 500 + 100p_1 - 180p_2$ Demanda pelo produto 2

em que p_1 e p_2 são os preços por unidade (em dólares) e x_1 e x_2 são os números de unidades vendidas. Os custos de produção dos dois produtos são respectivamente, $ 0,50 e $ 0,75 por unidade. A demanda total está limitada a 200 unidades por ano. Determine os preços que resultarão em lucro máximo.

SOLUÇÃO   A partir do Exemplo 4 da Seção 7.5, a função lucro é modelada por

$$P = -200p_1^2 - 180p_2^2 + 300p_1p_2 + 25p_1 + 535p_2 - 375.$$

A demanda total pelos dois produtos é

$$\begin{aligned}x_1 + x_2 &= 200(p_2 - p_1) + 500 + 100p_1 - 180p_2 \\ &= 200p_2 - 200p_1 + 500 + 100p_1 - 180p_2 \\ &= -100p_1 + 20p_2 + 500.\end{aligned}$$

Como a demanda total está limitada a 200 unidades,

$-100p_1 + 20p_2 + 500 = 200.$ Restrição

Utilizando multiplicadores de Lagrange, pode-se determinar que o lucro máximo ocorre quando $p_1 \approx \$ 3,94$ e $p_2 \approx \$ 4,69$. Isso corresponde a um lucro anual de $ 712,21.

DICA DE ESTUDO

O problema de otimização restrita do Exemplo 4, nesta página, está representado graficamente na Figura 7.37. O gráfico da função objetivo é um paraboloide e o gráfico da restrição é um plano vertical. No problema de otimização irrestrita da página 453, o lucro máximo ocorria no vértice do paraboloide. Neste problema com restrição, no entanto, o lucro máximo corresponde ao ponto mais alto na curva que é a intersecção do paraboloide com o plano de restrição vertical.

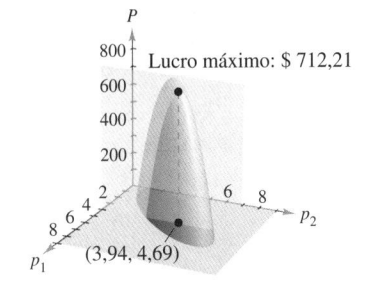

FIGURA 7.37

✓ AUTOAVALIAÇÃO 4

No Exemplo 4, encontre os preços que produzirão lucro máximo quando a demanda total é limitada a 250 unidades por ano.

PRATIQUE   (Seção 7.6)

1. Explique o método de multiplicadores de Lagrange *(página 459)*. Para um exemplo de como utilizar os multiplicadores de Lagrange, veja o Exemplo 1.

2. Descreva um exemplo da vida real do uso dos multiplicadores de Lagrange para encontrar o nível máximo de produção do fabricante *(página 461, Exemplo 2)*.

3. Descreva um exemplo da vida real do uso dos multiplicadores de Lagrange para encontrar o lucro máximo de uma empresa *(página 463, Exemplo 4)*.

Recapitulação 7.6

Os exercícios preparatórios a seguir envolvem conceitos vistos em seções anteriores. Esses conceitos serão utilizados no conjunto de exercícios desta seção. Para mais ajuda, consulte a Seção 7.4.

Nos Exercícios 1-6, resolva o sistema de equações lineares.

1. $\begin{cases} 4x - 6y = 3 \\ 2x + 3y = 2 \end{cases}$

2. $\begin{cases} 6x - 6y = 5 \\ -3x - y = 1 \end{cases}$

3. $\begin{cases} 5x - y = 25 \\ x - 5y = 15 \end{cases}$

4. $\begin{cases} 4x - 9y = 5 \\ -x + 8y = -2 \end{cases}$

5. $\begin{cases} 2x - y + z = 3 \\ 2x + 2y + z = 4 \\ -x + 2y + 3z = -1 \end{cases}$

6. $\begin{cases} -x - 4y + 6z = -2 \\ x - 3y - 3z = 4 \\ 3x + y + 3z = 0 \end{cases}$

Nos Exercícios 7-10, determine todas as derivadas parciais.

7. $f(x, y) = x^2 y + xy^2$

8. $f(x, y) = 25(xy + y^2)^2$

9. $f(x, y, z) = x(x^2 - 2xy + yz)$

10. $f(x, y, z) = z(xy + xz + yz)$

Exercícios 7.6

Usando os multiplicadores de Lagrange Nos Exercícios 1-12, use os multiplicadores de Lagrange para encontrar o extremo dado. Em cada caso, assuma que x e y são positivos. *Veja o Exemplo 1.*

1. Maximizar $f(x, y) = xy$
   Restrição: $x + y = 10$

2. Maximizar $f(x, y) = xy$
   Restrição: $x + 3y = 6$

3. Minimizar $f(x, y) = x^2 + y^2$
   Restrição: $x + y - 8 = 0$

4. Minimizar $f(x, y) = x^2 - y^2$
   Restrição: $x - 2y + 6 = 0$

5. Maximizar $f(x, y) = x^2 - y^2$
   Restrição: $2y - x^2 = 0$

6. Minimizar $f(x, y) = x^2 + y^2$
   Restrição: $-2x - 4y + 5 = 0$

7. Maximizar $f(x, y) = 2x + 2xy + y$
   Restrição: $2x + y = 100$

8. Minimizar $f(x, y) = 2x + y$
   Restrição: $xy = 32$

9. Maximizar $f(x, y) = \sqrt{6 - x^2 - y^2}$
   Restrição: $x + y - 2 = 0$

10. Minimizar $f(x, y) = \sqrt{x^2 + y^2}$
    Restrição: $2x + 4y - 15 = 0$

11. Maximizar $f(x, y) = e^{xy}$
    Restrição: $x^2 + y^2 - 8 = 0$

12. Minimizar $f(x, y) = 3x + y + 10$
    Restrição: $x^2 y = 6$

Usando os multiplicadores de Lagrange Nos Exercícios 13-18, use os multiplicadores de Lagrange para encontrar o extremo dado. Em cada caso, assuma que x e y são positivos. *Veja o Exemplo 1.*

13. Minimizar $f(x, y, z) = 2x^2 + 3y^2 + 2z^2$
    Restrição: $x + y + z - 24 = 0$

14. Maximizar $f(x, y, z) = x^2 y^2 z^2$
    Restrição: $x^2 + y^2 + z^2 = 1$

15. Minimizar $f(x, y, z) = x^2 + y^2 + z^2$
    Restrição: $x + y + z = 1$

16. Minimizar $f(x, y) = x^2 - 8x + y^2 - 12y + 48$
    Restrição: $x + y = 8$

17. Maximizar $f(x, y, z) = x + y + z$
    Restrição: $x^2 + y^2 + z^2 = 1$

18. Maximizar $f(x, y, z) = xyz$
    Restrição: $x + y + z - 6 = 0$

Encontrando números positivos Nos Exercícios 19-22, encontre três números positivos x, y e z que satisfaçam as condições dadas.

19. A soma é 60 e o produto é máximo.

20. A soma é 36 e a soma dos cubos é mínimo.

21. A soma é 120 e a soma dos quadrados é mínimo.

22. A soma é 80 e $P = x^2 yz$ é máximo.

Encontrando distâncias Nos Exercícios 23-26, encontre a distância mínima da curva ou superfície ao ponto dado. (*Dica*: comece minimizando o quadrado da distância.)

23. Reta: $x + y = 6$, $(0, 0)$
    Minimize $d^2 = x^2 + y^2$

24. Círculo: $(x - 4)^2 + y^2 = 4$, $(0, 10)$
    Minimize $d^2 = x^2 + (y - 10)^2$

25. Plano: $x + y + z = 1$, $(2, 1, 1)$
    Minimize $d^2 = (x - 2)^2 + (y - 1)^2 + (z - 1)^2$

26. Cone: $z = \sqrt{x^2 + y^2}$, $(4, 0, 0)$
    Minimize $d^2 = (x - 4)^2 + y^2 + z^2$

27. **Volume** Uma caixa retangular está no plano xy com um vértice na origem. O vértice oposto está situado no plano $2x + 3y + 5z = 90$. Encontre as dimensões que maximizam o volume. (*Dica*: maximize $V = xyz$ sujeito a restrição $2x + 3y + 5z - 90 = 0$.)

28. **Volume** Encontre as dimensões de um pacote retangular com o maior volume sujeito a restrição que a soma do comprimento e do perímetro não exceda 108 polegadas (ver figura). (*Dica*: maximize $V = xyz$ sujeito a restrição $x + 2y + 2z = 108$.)

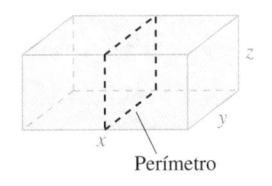

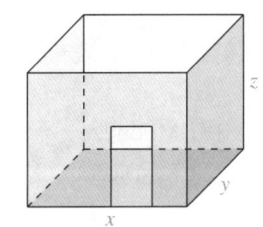

Figura para 28.   Figura para 29.

29. **Custo** Para redecorar um escritório, o custo para o novo carpete é de $ 3 por pé quadrado e o custo para colocar papel de parede é $ 1 por pé quadrado. Encontre as dimensões do maior escritório que pode ser redecorado por $ 1.296 (veja a figura). (*Dica*: maximize $V = xyz$ sujeito a $3xy + 2xz + 2yz = 1296$.)

30. **Custo** Um container industrial (na forma de um sólido retangular) deve ter um volume de 480 pés cúbicos. Encontre as dimensões de um container que tenha um custo mínimo, se o fundo custará $ 5 por pé quadrado para construir e as laterais e o topo custarão $ 3 por pé quadrado para construir.

31. **Custo** Um fabricante tem um pedido de 1.000 unidades de um papel fino que pode ser produzido em duas fábricas. Sejam x_1 e x_2 os números de unidades produzidas nas duas fábricas. A função custo é modelada por
    $C = 0{,}25x_1^2 + 25x_1 + 0{,}05x_2^2 + 12x_2$.
    Encontre o número de unidades que deveriam ser produzidas em cada fábrica para minimizar o custo.

32. **Custo** Um fabricante tem um pedido de 2.000 unidades de um pneu de veículo para todos os terrenos que pode ser produzido em duas fábricas. Sejam x_1 e x_2 os números de unidades produzidas nas duas fábricas. A função custo é modelada por
    $C = 0{,}25x_1^2 + 10x_1 + 0{,}15x_2^2 + 12x_2$.
    Encontre o número de unidades que deveriam ser produzidas em cada fábrica para minimizar o custo.

33. **Produção** A função produção de uma empresa é dada por
    $f(x, y) = 100x^{0{,}25}y^{0{,}75}$
    em que x é o número de unidades de trabalho (a $ 48 por unidade) e y é o número de unidades de capital (a $ 36 por unidade). O custo total para o trabalho e o capital não pode exceder $ 100.000.

    (a) Encontre o nível máximo de produção para este fabricante.
    (b) Encontre a produtividade marginal do dinheiro.
    (c) Use a produtividade marginal do capital para encontrar o número máximo de unidades que podem ser produzidas quando $ 125.000 estão disponíveis para o trabalho e o capital.
    (d) Use a produtividade marginal do capital para encontrar o número máximo de unidades que podem ser produzidas quando $ 350.000 estão disponíveis para o trabalho e o capital.

34. **Produção** Repita o Exercício 33 para a função produção dada por
    $f(x, y) = 100x^{0{,}6}y^{0{,}4}$.

35. **Regra do menor custo** A função produção para uma empresa é dada por
    $f(x, y) = 100x^{0{,}7}y^{0{,}3}$
    em que x é o número de unidades de trabalho (a $ 50 por unidade) e y é o número de unidade de capital (a $ 100 por unidade). A gerência estabelece um objetivo de produção de 20.000 unidades.

    (a) Encontre os números de unidades de trabalho e capital necessários para atender o objetivo de produção enquanto minimiza o custo.
    (b) Mostre que as condições da parte (a) são atendidas quando
    $$\frac{\text{Produtividade marginal do trabalho}}{\text{Produtividade marginal do capital}} = \frac{\text{Preço unitário do trabalho}}{\text{Preço unitário do capital}}.$$
    Esta proporção é chamada de *regra do menor custo (ou regra equimarginal)*.

36. **Regra do menor custo** Repita o Exercício 35 para a função da produção dada por
    $f(x, y) = 100x^{0{,}4}y^{0{,}6}$.

37. **Construção** Um fazendeiro planeja usar uma parede de pedra existente e o lado de um celeiro como um limite para dois currais retangulares adjacentes (ver figura). Cercar o perímetro custa $ 10 por pé. Para separar os currais, uma cerca que custa $ 4 por pé dividirá a área. A área total de dois currais deve ser de 6.000 pés quadrados.

    (a) Encontre as dimensões que minimizarão os custos da cerca.
    (b) Qual é o custo mínimo?

38. Espaço no escritório Divisórias serão usadas em um escritório para formarem quatro áreas de trabalho iguais com uma área total de 360 pés quadrados (ver figura). As divisórias que têm x pés de comprimento custam $ 100 por pé e as divisórias que têm y pés de comprimento custam $ 120 por pé.

(a) Encontre as dimensões x e y que minimizarão os custos das divisórias.

(b) Qual é o custo mínimo?

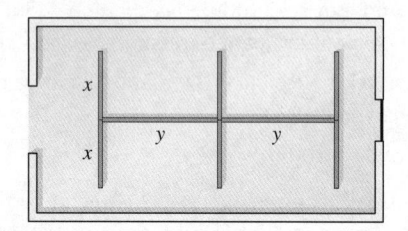

39. Biologia Um microbiologista deve preparar um meio de cultura no qual cresça certo tipo de bactéria. A proporção de sal nesse meio é dada por

$$S = 12xyz$$

em que x, y e z são valores (em litros) de três soluções nutritivas a serem misturadas no meio. Para que a bactéria cresça, o meio deve ter 13% de sal. As soluções nutritivas x, y e z custam $ 1, $ 2 e $ 3 por litro, respectivamente. Quanto de cada solução nutritiva deveria ser usada para minimizar o custo do meio de cultura?

40. Biologia Repita o Exercício 39 para o modelo de conteúdo de sal dado por

$$S = 0{,}01x^2y^2z^2.$$

41. Nutrição O número de gramas do seu sorvete favorito pode ser modelado por

$$G(x, y, z) = 0{,}05x^2 + 0{,}16xy + 0{,}25z^2$$

em que x é o número de gramas de gordura, y é o número de gramas de carboidrato e z é o número de gramas de proteína. Encontre o número máximo de gramas do sorvete que você pode comer sem consumir mais que 400 calorias. Assuma que há 9 calorias por grama de gordura, 4 calorias por grama de carboidrato e 4 calorias por grama de proteína.

42. VISUALIZE Os gráficos mostram a restrição e várias curvas de nível da função objetivo. Use o gráfico para aproximar o extremo indicado.

(a) Maximize $z = xy$

Restrição: $2x + y = 4$

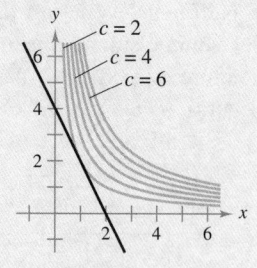

(b) Minimize $z = x^2 + y^2$

Restrição: $x + y - 4 = 0$

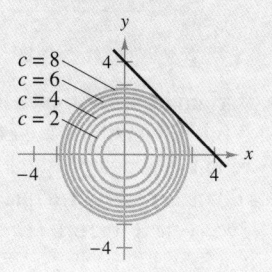

43. Propaganda Um clube privado de golfe está determinando como gastará seu orçamento de $ 2.700 com propaganda. O clube sabe por experiência que o número de respostas A é dado por

$$A = 0{,}0001t^2pr^{1{,}5}$$

em que t é o número de anúncios da televisão a cabo, p é o número de anúncios nos jornais e r o número de anúncios no rádio. Um anúncio na televisão a cabo custa $ 30, um anúncio no jornal custa $ 12 e um anúncio no rádio custa $ 15.

(a) Quanto deve ser gasto em cada tipo de propaganda para obter o número máximo de respostas? (Assuma que o clube de golfe usa todos os tipos de anúncio.)

(b) Qual é o número máximo da respostas esperadas?

7.7 Análise de regressão por mínimos quadrados

- Determinar a soma de erros quadráticos de modelos matemáticos.
- Determinar retas de regressão por mínimos quadrados para os dados.

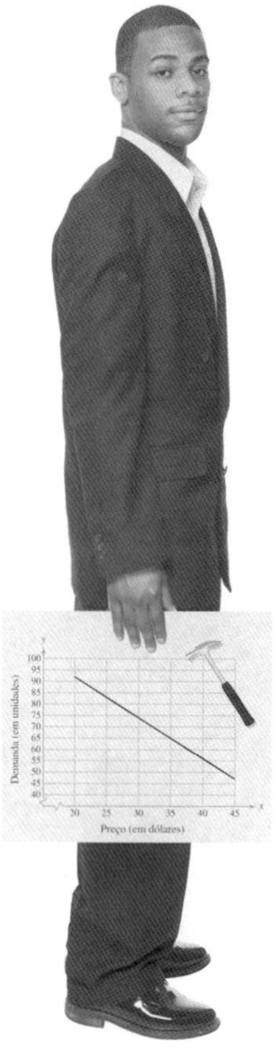

Medição da precisão de um modelo matemático

Ao procurar um modelo matemático para ajustar os dados, os objetivos são simplicidade e precisão. Por exemplo, um modelo linear simples para os pontos mostrados na Figura 7.38(a) é

$$f(x) = 1{,}9x - 5. \qquad \text{Modelo linear}$$

No entanto, a Figura 7.38(b) mostra que, escolhendo-se o modelo quadrático, ligeiramente mais complicado,

$$g(x) = 0{,}20x^2 - 0{,}7x + 1 \qquad \text{Modelo quadrático}$$

obtém-se uma precisão significativamente maior.*

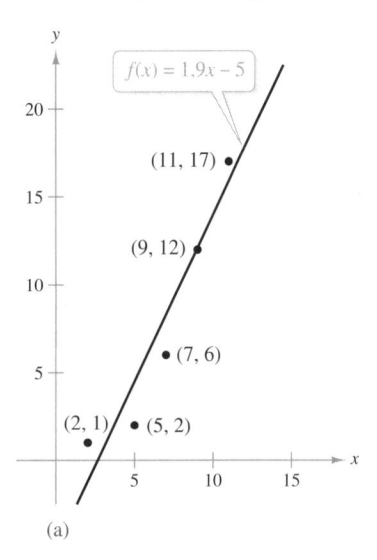

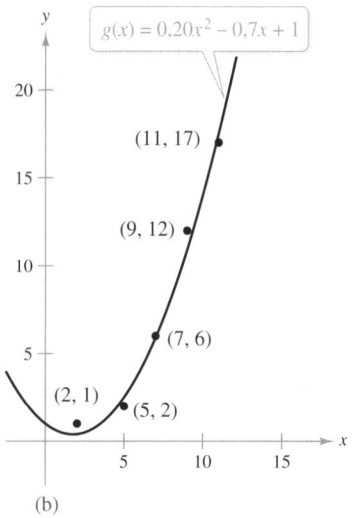

FIGURA 7.38

No Exercício 14, na página 472, você encontrará a reta de regressão dos quadrados mínimos que modela a demanda da ferramenta em uma loja de ferragens em termos do preço.

Para medir o quão bem o modelo $y = f(x)$ se ajusta a um conjunto de pontos, some os quadrados das diferenças entre os valores reais de y e os valores de y no modelo. Essa soma, chamada **soma dos erros quadráticos**, é denotada por S. Graficamente, S pode ser interpretado como a soma dos quadrados das distâncias verticais entre o gráfico de f e os pontos dados no plano, como mostrado na Figura 7.39. Se o modelo tiver um ajuste perfeito, então

$$S = 0.$$

No entanto, quando um ajuste perfeito não for possível, deve-se utilizar um modelo que minimize S.

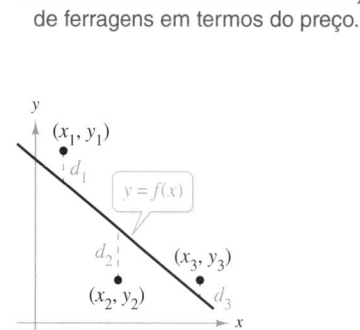

Soma dos quadrados dos erros:
$S = d_1^2 + d_2^2 + d_3^2$

FIGURA 7.39

Definição da soma dos erros quadráticos

A **soma dos erros quadráticos** do modelo $y = f(x)$ em relação aos pontos $(x_1, y_1), (x_2, y_2), \ldots, (x_n, y_n)$ é dada por

$$S = [f(x_1) - y_1]^2 + [f(x_2) - y_2]^2 + \cdots + [f(x_n) - y_n]^2.$$

---

* Um método analítico para encontrar o modelo quadrático para a coleção de dados não é fornecido neste texto. Você pode executar essa tarefa usando uma ferramenta gráfica ou uma planilha que tenha um programa de bibliotecas para encontrar a regressão quadrática por mínimos quadrados.

Exemplo 1 — Determinação da soma dos erros quadráticos

Determine a soma dos erros quadráticos do modelo linear

$$f(x) = 1{,}9x - 5 \quad \text{Modelo linear}$$

e do modelo quadrático

$$g(x) = 0{,}20x^2 - 0{,}7x + 1 \quad \text{Modelo quadrático}$$

(veja a Figura 7.38) em relação aos pontos

(2, 1), (5, 2), (7, 6), (9, 12), (11, 17).

SOLUÇÃO Comece calculando cada modelo nos valores dados de x, como mostra a tabela.

x	2	5	7	9	11
Valores reais de y	1	2	6	12	17
Modelo linear, $f(x)$	−1,2	4,5	8,3	12,1	15,9
Modelo quadrático, $g(x)$	0,4	2,5	5,9	10,9	17,5

Para o modelo linear f, a soma dos erros quadráticos é

$$S = (-1{,}2 - 1)^2 + (4{,}5 - 2)^2 + (8{,}3 - 6)^2 + (12{,}1 - 12)^2 + (15{,}9 - 17)^2$$
$$= 17{,}6.$$

De modo similar, a soma dos erros quadráticos do modelo quadrático g é

$$S = (0{,}4 - 1)^2 + (2{,}5 - 2)^2 + (5{,}9 - 6)^2 + (10{,}9 - 12)^2 + (17{,}5 - 17)^2$$
$$= 2{,}08.$$

✓ AUTOAVALIAÇÃO 1

Determine a soma dos erros quadráticos do modelo linear

$$f(x) = 2{,}9x - 6 \quad \text{Modelo linear}$$

e do modelo quadrático

$$g(x) = 0{,}20x^2 + 0{,}5x - 1 \quad \text{Modelo quadrático}$$

em relação aos pontos

(2, 1), (4, 5), (6, 9), (8, 16), (10, 24).

Em seguida, decida qual modelo é mais adequado. ∎

No Exemplo 1, observe que a soma dos erros quadráticos do modelo quadrático é menor que a soma dos erros quadráticos do modelo linear, o que confirma que o modelo quadrático é mais adequado.

Reta de regressão por mínimos quadrados

A soma dos erros quadráticos pode ser utilizada para determinar qual entre diversos modelos ajusta melhor um conjunto de dados. Em geral, se a soma dos erros quadráticos de f é menor que a soma dos erros quadráticos de g, então f é considerado um ajuste melhor dos dados do que g. Em análise de regressão, consideram-se todos os modelos possíveis de um determinado tipo. Aquele que tiver a menor soma de erros quadráticos é definido como o modelo que melhor ajusta os dados. O Exemplo 2 mostra como utilizar as técnicas de otimização descritas na Seção 7.5 para determinar o modelo linear que melhor ajusta um conjunto de dados.

Exemplo 2 — Determinação do melhor modelo linear

Determine os valores de a e b tais que o modelo linear

$$f(x) = ax + b$$

tenha uma soma mínima de erros quadráticos nos pontos

$(-3, 0)$, $(-1, 1)$, $(0, 2)$, $(2, 3)$.

SOLUÇÃO A soma dos erros quadráticos é

$$\begin{aligned} S &= [f(x_1) - y_1]^2 + [f(x_2) - y_2]^2 + [f(x_3) - y_3]^2 + [f(x_4) - y_4]^2 \\ &= (-3a + b - 0)^2 + (-a + b - 1)^2 + (b - 2)^2 + (2a + b - 3)^2 \\ &= 14a^2 - 4ab + 4b^2 - 10a - 12b + 14. \end{aligned}$$

Para determinar os valores de a e b para os quais S seja mínimo, pode-se utilizar as técnicas descritas na Seção 7.5. Ou seja, determine as derivadas parciais de S.

$\dfrac{\partial S}{\partial a} = 28a - 4b - 10$ Derive em relação a a.

$\dfrac{\partial S}{\partial b} = -4a + 8b - 12$ Derive em relação a b.

Em seguida, iguale cada derivada parcial a zero.

$28a - 4b - 10 = 0$ Iguale $\partial S/\partial a$ a 0.

$-4a + 8b - 12 = 0$ Iguale $\partial S/\partial b$ a 0.

A solução desse sistema de equações lineares é

$$a = \frac{8}{13} \quad \text{e} \quad b = \frac{47}{26}.$$

Portanto, o modelo linear que melhor ajusta os pontos dados é

$$f(x) = \frac{8}{13}x + \frac{47}{26}.$$

O gráfico desse modelo é mostrado na Figura 7.40.

TUTOR DE ÁLGEBRA

Para ajuda na solução do sistema de equações do Exemplo 2, consulte o Exemplo 2(b) no *Tutor de álgebra* do Capítulo 7, na página 491.

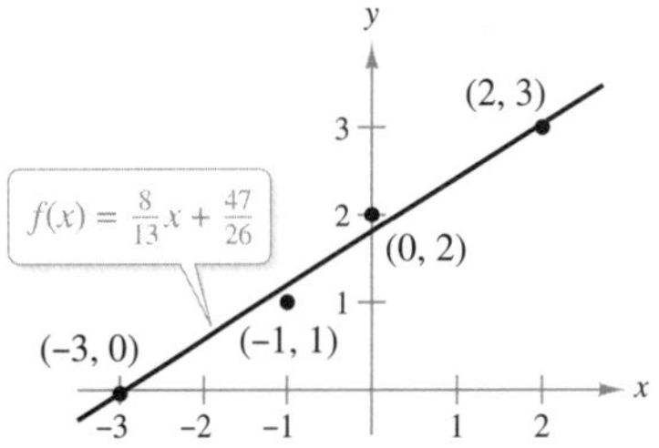

FIGURA 7.40

✓ AUTOAVALIAÇÃO 2

Determine os valores de a e b tais que o modelo linear

$$f(x) = ax + b$$

possua uma soma mínima de erros quadráticos nos pontos

$(-2, 0)$, $(0, 2)$, $(2, 5)$, $(4, 7)$. ∎

A reta no Exemplo 2 é chamada **reta de regressão por mínimos quadrados** para os dados em questão. A solução mostrada no Exemplo 2 pode ser generalizada para se obter uma fórmula para a reta de regressão por mínimos quadrados. Considere o modelo linear

$$f(x) = ax + b$$

e os pontos

$(x_1, y_1), (x_2, y_2), \ldots, (x_n, y_n)$.

A soma dos erros quadráticos é

$$\begin{aligned} S &= [f(x_1) - y_1]^2 + [f(x_2) - y_2]^2 + \cdots + [f(x_n) - y_n]^2 \\ &= (ax_1 + b - y_1)^2 + (ax_2 + b - y_2)^2 + \cdots + (ax_n + b - y_n)^2. \end{aligned}$$

Para minimizar S, iguale as derivadas parciais $\partial S/\partial a$ e $\partial S/\partial b$ a zero e resolva para a e b. Os resultados estão resumidos a seguir.

TUTOR TÉCNICO

A maioria das ferramentas gráficas e planilhas tem um programa de regressão linear incorporado. Quando você executa tal programa, o "valor de r" fornece uma medida de quão bem o modelo ajusta os dados. Quanto mais perto o valor de $|r|$ estiver de 1, melhor o ajuste. Você deve usar uma ferramenta gráfica ou uma planilha para verificar as suas soluções para os exercícios.

> **Reta de regressão por mínimos quadrados**
>
> A **reta de regressão por mínimos quadrados** para os pontos
>
> $$(x_1, y_1), (x_2, y_2), \ldots, (x_n, y_n)$$
>
> é $y = ax + b$, em que
>
> $$a = \frac{n\sum_{i=1}^{n} x_i y_i - \sum_{i=1}^{n} x_i \sum_{i=1}^{n} y_i}{n\sum_{i=1}^{n} x_i^2 - \left(\sum_{i=1}^{n} x_i\right)^2} \quad \text{e} \quad b = \frac{1}{n}\left(\sum_{i=1}^{n} y_i - a\sum_{i=1}^{n} x_i\right).$$

A notação de somatória

$$\sum_{i=1}^{n} x_i$$

em que Σ é a letra grega sigma, é utilizada para indicar a soma dos números

$$x_1 + x_2 + \cdots + x_n.$$

De modo semelhante,

$$\sum_{i=1}^{n} x_i y_i = x_1 y_1 + x_2 y_2 + \ldots + x_n y_n, \quad \sum_{i=1}^{n} x_i^2 = x_1^2 + x_2^2 + \ldots + x_n^2,$$

e assim por diante.

Na fórmula da reta de regressão por mínimos quadrados, observe que se os valores de x estiverem simetricamente espaçados em torno de zero, então

$$\sum_{i=1}^{n} x_i = 0$$

e as fórmulas de a e b são simplificadas para

$$a = \frac{n\sum_{i=1}^{n} x_i y_i}{n\sum_{i=1}^{n} x_i^2} \quad \text{e} \quad b = \frac{1}{n}\sum_{i=1}^{n} y_i.$$

Observe também que apenas a *dedução* da reta de regressão por mínimos quadrados envolve derivadas parciais. A *aplicação* dessa fórmula é simplesmente uma questão de calcular os valores de a e b – uma tarefa desempenhada de modo muito mais simples utilizando uma calculadora ou um computador do que a mão.

Exemplo 3 Modelagem de salários por hora

O salário médio por hora y (em dólares por hora) para trabalhadores de produção em setores da indústria de 2000 a 2009 são exibidos na tabela. Determine a reta de regressão por mínimos quadrados para os dados e utilize o resultado para estimar o salário médio por hora em 2013. (*Fonte: U. S. Bureau of Labor Statistics*)

SOLUÇÃO Considere que t representa o ano, com $t = 8$ correspondendo a 2001.

Ano	2001	2002	2003	2004	2005	2006	2007	2008	2009
y	14,76	15,29	15,74	16,14	16,56	16,81	17,26	17,75	18,23

Em seguida, é necessário determinar o modelo linear que melhor ajusta os pontos

(1, 14,76), (2, 15,29), (3, 15,74), (4, 16,14), (5, 16,56), (6, 16,81),
(7, 17,26), (8, 17,75), (9, 18,23).

Utilizando uma calculadora com um programa integrado de regressão por mínimos quadrados, pode-se determinar que a reta de melhor ajuste é

$y = 0{,}416t + 14{,}42.$ Reta de melhor ajuste

Com esse modelo, você pode estimar o salário médio por hora em 2013, utilizando $t = 13$, sendo

$y = 0{,}416(13) + 14{,}42$

$= 19.828$

$\approx \$\, 19{,}83$ por hora.

Esse resultado é mostrado graficamente na Figura 7.41.

✓ AUTOAVALIAÇÃO 3

Os números de assinantes de telefones celulares y (em milhares) para os anos 2000 a 2009 são exibidos na tabela. Determine a reta de regressão por mínimos quadrados para os dados e utilize o resultado para fazer uma estimativa do número de assinantes em 2003. Assuma que t represente o ano, com $t = 0$ correspondendo a 2000. (*Fonte: CTIA-The Wireless Association*)

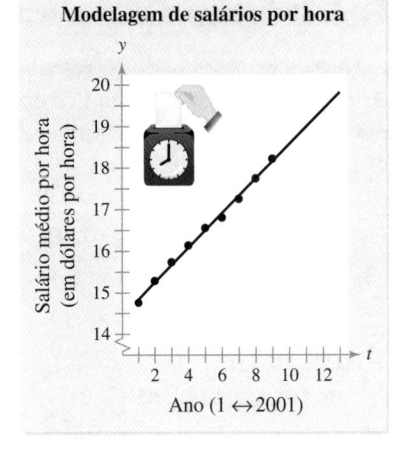

FIGURA 7.41

Ano	2000	2001	2002	2003	2004
y	190.478	128.375	140.767	158.722	182.140

Ano	2005	2006	2007	2008	2009
y	207.896	233.041	255.396	270.334	285.646

PRATIQUE (Seção 7.7)

1. Dê a definição da soma dos erros quadráticos *(página 467)*. Para um exemplo de como encontrar a soma dos erros quadráticos, veja o Exemplo 1.

2. Dê a definição da reta de regressão por mínimos quadrados *(página 468)*. Para um exemplo de como encontrar a reta de regressão por mínimos quadrados, veja o Exemplo 2.

3. Descreva um exemplo da vida real de modelagem dos salários por hora utilizando a reta de regressão por mínimos quadrados *(página 470, Exemplo 3)*.

Recapitulação 7.7

Os exercícios preparatórios a seguir envolvem conceitos vistos em cursos e seções anteriores. Esses conceitos serão utilizados no conjunto de exercícios desta seção. Para mais ajuda, consulte a Seção A.3 do Apêndice e a Seção 7.4.

Nos Exercícios 1 e 2, calcule a expressão.

1. $(2{,}5 - 1)^2 + (3{,}25 - 2)^2 + (4{,}1 - 3)^2$

2. $(1{,}1 - 1)^2 + (2{,}08 - 2)^2 + (2{,}95 - 3)^2$

Nos Exercícios 3 e 4, determine as derivadas parciais de S.

3. $S = a^2 + 6b^2 - 4a - 8b - 4ab + 6$

4. $S = 4a^2 + 9b^2 - 6a - 4b - 2ab + 8$

Nos Exercícios 5-10, calcule a soma.

5. $\sum_{i=1}^{5} i$

6. $\sum_{i=1}^{6} 2i$

7. $\sum_{i=1}^{4} \frac{1}{i}$

8. $\sum_{i=1}^{3} i^2$

9. $\sum_{i=1}^{6} (2 - i)^2$

10. $\sum_{i=1}^{5} (30 - i^2)$

Exercícios 7.7

Encontrando a soma dos erros quadráticos Nos Exercícios 1-4, encontre a soma dos erros quadráticos para o modelo linear $f(x)$ e o modelo quadrático $g(x)$, usando os pontos dados. *Veja o Exemplo 1.*

1. $f(x) = 1{,}6x + 6$, $g(x) = 0{,}29x^2 + 2{,}2x + 6$
   $(-3, 2), (-2, 2), (-1, 4), (0, 6), (1, 8)$
2. $f(x) = 2{,}0x - 3$, $g(x) = 0{,}14x^2 + 1{,}3x - 3$
   $(-1, -4), (1, -3), (2, 0), (4, 5), (6, 9)$
3. $f(x) = -3{,}3x + 11$, $g(x) = -1{,}25x^2 + 0{,}5x + 10$
   $(0, 10), (1, 9), (2, 6), (3, 0)$
4. $f(x) = -0{,}7x + 2$, $g(x) = 0{,}06x^2 - 0{,}7x + 1$
   $(-3, 4), (-1, 2), (1, 1), (3, 0)$

Encontrando a reta de regressão por mínimos quadrados Nos Exercícios 5-8, encontre a reta de regressão por mínimos quadrados nos pontos dados. Em seguida, marque os pontos e esboce a reta de regressão. *Veja o Exemplo 2.*

5. $(-2, -1), (0, 0), (2, 3)$
6. $(-5, -3), (-4, -2), (-2, -1), (-1, 1)$
7. $(-2, 4), (-1, 1), (0, -1), (1, -3)$
8. $(-3, 0), (-1, 1), (1, 1), (3, 2)$

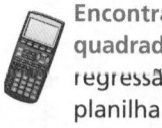

Encontrando a reta de regressão por mínimos quadrados Nos Exercícios 9-12, use os recursos de regressão de uma ferramenta gráfica ou de uma planilha para encontrar a reta de regressão por mínimos quadrados para os pontos dados.

9. $(-4, -1), (-2, 0), (2, 4), (4, 5)$
10. $(-5, 1), (1, 3), (2, 3), (2, 5)$
11. $(0, 6), (4, 3), (5, 0), (8, -4), (10, -5)$
12. $(-10, 10), (-5, 8), (3, 6), (7, 4), (5, 0)$

13. **Vendas** As tabelas fornecem as vendas y (em bilhões de dólares) da Best Buy de 2002 a 2009. *(Fonte: Best Buy Company, Inc.)*

Ano	2002	2003	2004	2005
Vendas, y	20,9	24,5	27,4	30,8

Ano	2006	2007	2008	2009
Vendas, y	35,9	40,0	45,0	49,7

    (a) Use os recursos de regressão de uma ferramenta gráfica ou de uma planilha para encontrar a reta de regressão por mínimos quadrados para os dados. Faça $t = 2$ representar 2002.
    (b) Estime as vendas em 2014.
    (c) Em que ano as vendas serão de $ 85 bilhões?

14. **Demanda** Um varejista de ferragem quer saber a demanda y para uma ferramenta como uma função do preço x. As vendas mensais para quatro preços diferentes da ferramenta estão listadas na tabela.

Preço, x	$ 25	$ 30	$ 35	$ 40
Demanda, y	82	75	67	55

    (a) Use os recursos de regressão de uma ferramenta gráfica ou de uma planilha para encontrar a reta de regressão por mínimos quadrados para os dados.
    (b) Estime a demanda quando o preço é $ 32,95.
    (c) Qual preço criará uma demanda de 83 ferramentas?

15. **Agricultura** Um agrônomo usou quatro áreas de teste para determinar a relação entre o rendimento do trigo y (em *bushels* por acre) e a quantidade de fertilizante x (em libras por acre). Os resultados estão mostrados na tabela.

Fertilizante, x	100	150	200	250
Rendimento, y	35	44	50	56

    (a) Use os recursos de regressão de uma ferramenta gráfica ou de uma planilha para encontrar a reta de regressão por mínimos quadrados para os dados.
    (b) Estime a produção para uma aplicação de fertilizante de 160 libras por acre.

16. **VISUALIZE** Combine a equação de regressão com o gráfico apropriado. Explique seu raciocínio. (Observe que os eixos x e y estão quebrados.)
    (a) $y = 0{,}22x - 7{,}5$
    (b) $y = -0{,}35x + 11{,}5$
    (c) $y = 0{,}09x + 19{,}8$
    (d) $y = -1{,}29x + 89{,}8$

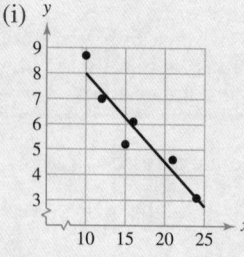

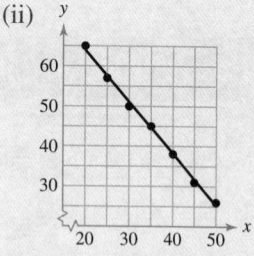

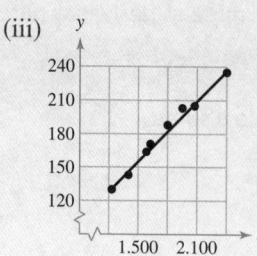

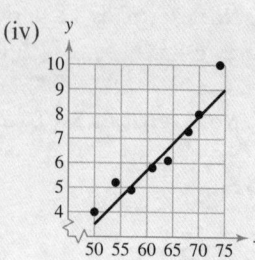

Determinando correlação Nos Exercícios 17-22, marque os pontos e determine se os dados têm correlação positiva, negativa ou não linear (ver figuras abaixo). Depois, use uma ferramenta gráfica para encontrar o valor de r e confirmar seu resultado. O número r é chamado de coeficiente de correlação. Ele é uma medida de como o modelo ajusta os dados. Os coeficientes de correlação variam entre -1 e 1 e quanto mais próximo $|r|$ está de 1, melhor o modelo.

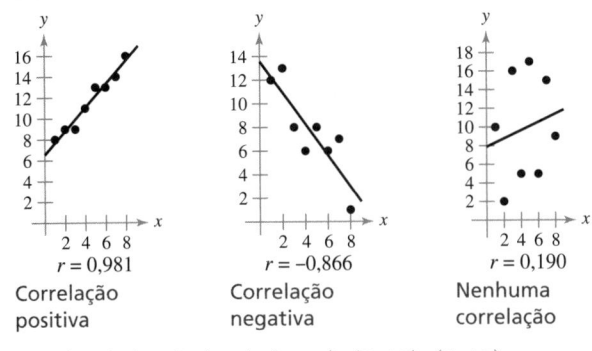

$r = 0,981$ Correlação positiva

$r = -0,866$ Correlação negativa

$r = 0,190$ Nenhuma correlação

17. $(1, 4), (2, 6), (3, 8), (4, 11), (5, 13), (6, 15)$

18. $(1, 7{,}5), (2, 7), (3, 7), (4, 6), (5, 5), (6, 4{,}9)$

19. $(1, 3), (2, 6), (3, 2), (4, 3), (5, 9), (6, 1)$

20. $(0{,}5, 9), (1, 8{,}5), (1{,}5, 7), (2, 5{,}5), (2{,}5, 5), (3, 3{,}5)$

21. $(1, 36), (2, 10), (3, 0), (4, 4), (5, 16), (6, 36)$

22. $(0{,}5, 2), (0{,}75, 1{,}75), (1, 3), (1{,}5, 3{,}2), (2, 3{,}7), (2{,}6, 4)$

Verdadeiro ou falso? Nos Exercícios 23-28, determine se a afirmação é verdadeira ou falsa. Se for falsa, explique por que ou forneça um exemplo que mostre isso.

23. Os dados que são modelados por

$$y = 3{,}29x - 4{,}17$$

têm uma correlação negativa.

24. Os dados que são modelados por

$$y = -0{,}238x + 25$$

têm uma correlação negativa.

25. Quando o coeficiente de correlação é $r \approx -0{,}98781$, o modelo é um bom ajuste.

26. Um coeficiente de correlação $r \approx 0{,}201$ implica que os dados não têm correlação.

27. Um modelo de regressão linear com um coeficiente de correlação positivo terá uma inclinação que é maior que 0.

28. Quando o coeficiente de correlação para um modelo de regressão linear está perto de -1, a reta de regressão não pode ser usada para descrever os dados.

7.8 Integrais duplas e áreas no plano

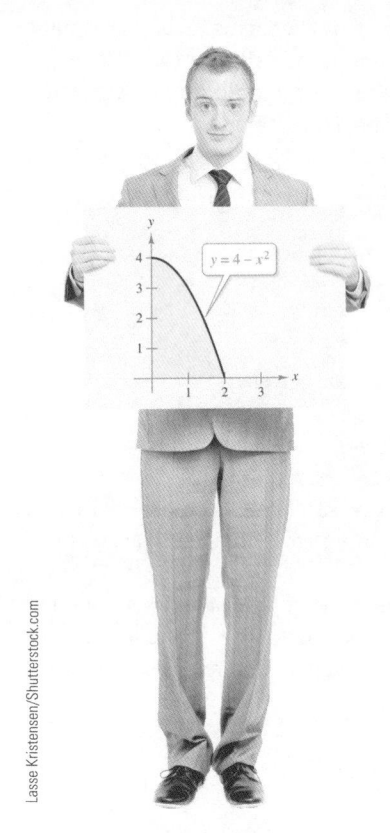

- Calcular integrais duplas.
- Utilizar integrais duplas para determinar áreas de regiões.

Integrais duplas

Na Seção 7.4, você aprendeu que tem significado derivar funções com mais de uma variável, derivando-as em relação a uma variável por vez, enquanto as outras são mantidas fixas. Você pode *integrar* funções de duas ou mais variáveis utilizando um procedimento semelhante. Por exemplo, dada uma derivada parcial

$$f_x(x, y) = 2xy \qquad \text{Derivada parcial em relação a } x$$

então, mantendo y constante, é possível integrá-la em relação a x, obtendo

$$\begin{aligned} f(x, y) &= \int f_x(x, y)\, dx & &\text{Integre com relação a } x.\\ &= \int 2xy\, dx & &\text{Mantenha } y \text{ constante.}\\ &= y \int 2x\, dx & &\text{Fatore a constante } y.\\ &= y(x^2) + C(y) & &\text{A primitiva de } 2x \text{ é } x^2.\\ &= x^2 y + C(y). & &C(y) \text{ é uma função de } y. \end{aligned}$$

Esse procedimento é chamado **integração parcial em relação a x**. Observe que a "constante de integração" $C(y)$ é considerada uma função de y, pois y é fixado durante a integração em relação a x. De modo semelhante, se for fornecida a derivada parcial

$$f_y(x, y) = x^2 + 2 \qquad \text{Derivada parcial em relação a } y$$

então, mantendo x constante, é possível integrar em relação a y para obter

$$\begin{aligned} f(x, y) &= \int f_y(x, y)\, dy & &\text{Integre com relação a } y.\\ &= \int (x^2 + 2)\, dy & &\text{Mantenha } x \text{ constante.}\\ &= (x^2 + 2) \int dy & &\text{Fatore a constante } x^2 + 2.\\ &= (x^2 + 2)(y) + C(x) & &\text{A primitiva de 1 é } y.\\ &= x^2 y + 2y + C(x). & &C(x) \text{ é uma função de } x. \end{aligned}$$

Nesse caso, a "constante de integração" $C(x)$ é considerada uma função de x, pois x é fixado durante a integração em relação a y.

Para calcular uma integral definida de uma função de duas ou mais variáveis, é possível aplicar o teorema fundamental do cálculo a uma das variáveis, mantendo as demais fixas, conforme mostrado.

$$\int_1^{2y} 2xy\, dx = x^2 y \Big]_1^{2y} = (2y)^2 y - (1)^2 y = 4y^3 - y$$

x é a variável de integração e y é fixo. — Substitua x pelos limites de integração. — O resultado é uma função de y.

Observe que você pode omitir a constante de integração, assim como para a integral definida de uma função de uma única variável.

Exemplo 1 Determinação de integrais parciais

a. $\displaystyle\int_1^x (2x^2y^{-2} + 2y)\, dy = \left[\dfrac{-2x^2}{y} + y^2\right]_1^x$ Mantenha x constante.

$\qquad\qquad\qquad\qquad = \left(\dfrac{-2x^2}{x} + x^2\right) - \left(\dfrac{-2x^2}{1} + 1\right)$

$\qquad\qquad\qquad\qquad = 3x^2 - 2x - 1$

b. $\displaystyle\int_y^{5y} \sqrt{x - y}\, dx = \left[\dfrac{2}{3}(x - y)^{3/2}\right]_y^{5y}$ Mantenha y constante.

$\qquad\qquad\qquad\quad = \dfrac{2}{3}[(5y - y)^{3/2} - (y - y)^{3/2}]$

$\qquad\qquad\qquad\quad = \dfrac{16}{3}y^{3/2}$

✓ AUTOAVALIAÇÃO 1

Determine cada integral parcial.

a. $\displaystyle\int_1^x (4xy + y^3)\, dy$ **b.** $\displaystyle\int_y^{y^2} \dfrac{1}{x + y}\, dx$

No Exemplo 1(a), observe que a integral definida determina uma função de x e ela mesma pode ser integrada. Uma "integral de uma integral" é chamada **integral dupla**. Com uma função de duas variáveis, há dois tipos de integrais duplas.

$$\int_a^b \int_{g_1(x)}^{g_2(x)} f(x, y)\, dy\, dx = \int_a^b \left[\int_{g_1(x)}^{g_2(x)} f(x, y)\, dy\right] dx$$

$$\int_a^b \int_{g_1(y)}^{g_2(y)} f(x, y)\, dx\, dy = \int_a^b \left[\int_{g_1(y)}^{g_2(y)} f(x, y)\, dx\right] dy$$

DICA DE ESTUDO

Observe que a diferença entre os dois tipos de integrais duplas é a ordem na qual a integração é feita, $dy\, dx$ ou $dx\, dy$.

Exemplo 2 Cálculo de uma integral dupla

$\displaystyle\int_1^2 \int_0^x (2xy + 3)\, dy\, dx = \int_1^2 \left[\int_0^x (2xy + 3)\, dy\right] dx$

$\qquad\qquad\qquad\qquad = \displaystyle\int_1^2 \left[xy^2 + 3y\right]_0^x dx$

$\qquad\qquad\qquad\qquad = \displaystyle\int_1^2 (x^3 + 3x)\, dx$

$\qquad\qquad\qquad\qquad = \left[\dfrac{x^4}{4} + \dfrac{3x^2}{2}\right]_1^2$

$\qquad\qquad\qquad\qquad = \left(\dfrac{2^4}{4} + \dfrac{3(2^2)}{2}\right) - \left(\dfrac{1^4}{4} + \dfrac{3(1^2)}{2}\right)$

$\qquad\qquad\qquad\qquad = \dfrac{33}{4}$

TUTOR TÉCNICO

Uma ferramenta de integração simbólica pode ser utilizada para calcular integrais duplas. Para fazer isso, é necessário inserir o integrando, em seguida integrar duas vezes – uma vez em relação a uma das variáveis e, em seguida, em relação à outra variável. Utilize uma ferramenta de integração simbólica para calcular a integral dupla do Exemplo 2.

✓ AUTOAVALIAÇÃO 2

Calcule $\displaystyle\int_1^2 \int_0^x (5x^2y - 2)\, dy\, dx$

Cálculo de área com integral dupla

Uma das aplicações mais simples de uma integral dupla é determinar a área de uma região do plano. Por exemplo, considere a região R limitada por

$$a \leq x \leq b \quad \text{e} \quad g_1(x) \leq y \leq g_2(x)$$

como mostra a Figura 7.42. Utilizando as técnicas descritas na Seção 5.5, descobre-se que a área de R é

$$\int_a^b [g_2(x) - g_1(x)] \, dx. \qquad \text{Área de } R$$

Essa mesma área também é dada por uma integral dupla

$$\int_a^b \int_{g_1(x)}^{g_2(x)} dy \, dx \qquad \text{Área de } R$$

pois

$$\int_a^b \int_{g_1(x)}^{g_2(x)} dy \, dx = \int_a^b \left[y \right]_{g_1(x)}^{g_2(x)} dx = \int_a^b [g_2(x) - g_1(x)] \, dx.$$

A Figura 7.43 mostra os dois tipos básicos de regiões do plano cujas áreas podem ser determinadas por uma integral dupla.

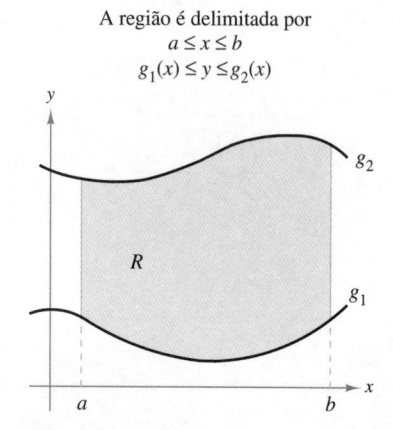

FIGURA 7.42
A região é delimitada por
$a \leq x \leq b$
$g_1(x) \leq y \leq g_2(x)$

Determinação da área no plano por integrais duplas

A região é delimitada por
$a \leq x \leq b$
$g_1(x) \leq y \leq g_2(x)$

$$\text{Área} = \int_a^b \int_{g_1(x)}^{g_2(x)} dy \, dx$$

A região é delimitada por
$c \leq y \leq d$
$h_1(y) \leq x \leq h_2(y)$

$$\text{Área} = \int_c^d \int_{h_1(y)}^{h_2(y)} dx \, dy$$

FIGURA 7.43

> **DICA DE ESTUDO**
>
> Para designar a integral dupla ou a área da região sem especificar a ordem particular de integração, você pode usar o símbolo
>
> $$\int_R \int dA$$
>
> onde $dA = dx \, dy$ ou $dA = dy \, dx$.

> **DICA DE ESTUDO**
>
> Na Figura 7.43, observe que a orientação horizontal ou vertical do retângulo estreito indica a ordem de integração. A variável "externa" de integração sempre corresponde à largura do retângulo. Observe também que os limites externos de integração para uma integral dupla são constantes, ao passo que os limites internos podem ser funções da variável externa.

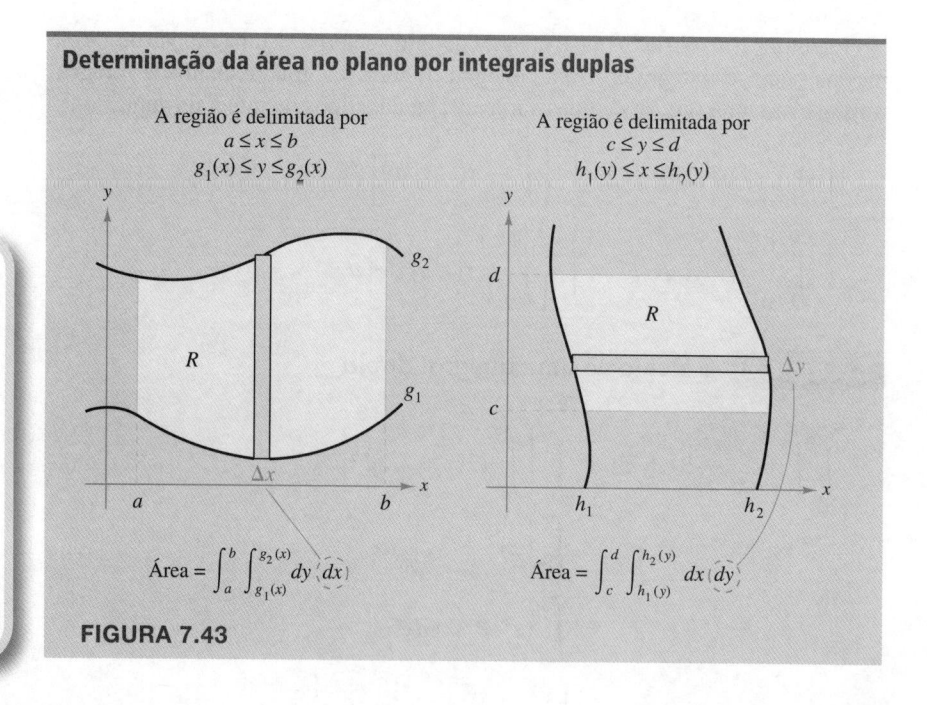

Exemplo 3 — Cálculo de área com integral dupla

Utilize uma integral dupla para determinar a área da região retangular mostrada na Figura 7.44.

SOLUÇÃO Os limites de x são $1 \leq x \leq 5$ e os limites de y são $2 \leq y \leq 4$. Assim, a área da região é

$$\int_1^5 \int_2^4 dy\, dx = \int_1^5 \Big[y\Big]_2^4 dx \qquad \text{Integre em relação a } y.$$

$$= \int_1^5 (4-2)\, dx \qquad \text{Aplique o teorema fundamental do cálculo.}$$

$$= \int_1^5 2\, dx \qquad \text{Simplifique.}$$

$$= \Big[2x\Big]_1^5 \qquad \text{Integre em relação a } x.$$

$$= 10 - 2 \qquad \text{Aplique o teorema fundamental do cálculo.}$$

$$= 8 \text{ unidades quadradas.} \qquad \text{Simplifique.}$$

Pode-se confirmar isso observando que o retângulo mede duas unidades por quatro unidades.

R: $1 \leq x \leq 5$
$2 \leq y \leq 4$

Área $= \int_1^5 \int_2^4 dy\, dx$

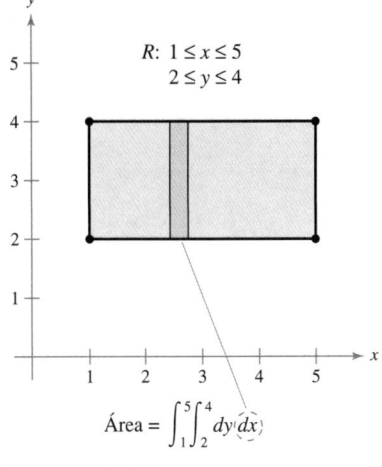

FIGURA 7.44

✓ AUTOAVALIAÇÃO 3

Utilize uma integral dupla para determinar a área da região retangular mostrada no Exemplo 3, integrando em relação a x e, em seguida, em relação a y. ∎

Exemplo 4 — Cálculo de área com integral dupla

Utilize uma integral dupla para determinar a área da região limitada pelos gráficos de $y = x^2$ e $y = x^3$.

SOLUÇÃO Conforme mostrado na Figura 7.45, os dois gráficos se interceptam quando $x = 0$ e $x = 1$. Escolhendo x como a variável externa, os limites de x são $0 \leq x \leq 1$. No intervalo $0 \leq x \leq 1$, a região é limitada acima por $y = x^2$ e abaixo por $y = x^3$. Assim, os limites para y são

$$x^3 \leq y \leq x^2.$$

Isso implica que a área da região é

$$\int_0^1 \int_{x^3}^{x^2} dy\, dx = \int_0^1 \Big[y\Big]_{x^3}^{x^2} dx \qquad \text{Integre em relação a } y.$$

$$= \int_0^1 (x^2 - x^3)\, dx \qquad \text{Aplique o teorema fundamental do cálculo.}$$

$$= \left[\frac{x^3}{3} - \frac{x^4}{4}\right]_0^1 \qquad \text{Integre em relação a } x.$$

$$= \frac{1}{3} - \frac{1}{4} \qquad \text{Aplique o teorema fundamental do cálculo.}$$

$$= \frac{1}{12} \text{ unidade quadrada} \qquad \text{Simplifique.}$$

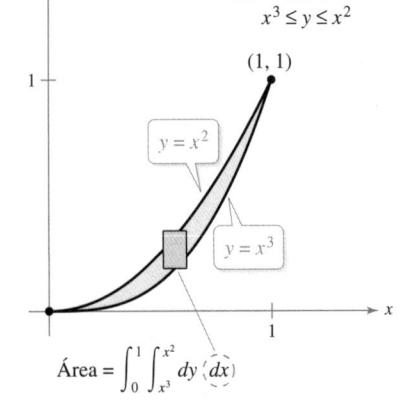

R: $0 \leq x \leq 1$
$x^3 \leq y \leq x^2$

(1, 1)

$y = x^2$

$y = x^3$

Área $= \int_0^1 \int_{x^3}^{x^2} dy\, dx$

FIGURA 7.45

✓ AUTOAVALIAÇÃO 4

Utilize uma integral dupla para determinar a área da região limitada pelos gráficos de
$$y = 2x \text{ e } y = x^2.$$
∎

Quando escrevemos integrais duplas, a tarefa mais difícil provavelmente será determinar os limites corretos de integração. Isso pode ser simplificado fazendo-se um esboço da região R e identificando limites apropriados de x e y.

Exemplo 5   Troca da ordem de integração

Para a integral dupla

$$\int_0^2 \int_{y^2}^4 dx\, dy$$

a. esboce a região R cuja área é representada pela integral,
b. reescreva a integral de modo que x seja a variável externa, e
c. mostre que ambas as ordens de integração resultam no mesmo valor.

SOLUÇÃO

a. A partir dos limites de integração, sabemos que

$$y^2 \leq x \leq 4 \qquad \text{Limites internos de integração}$$

o que significa que a região R é limitada à esquerda pela parábola $x = y^2$ e à direita pela reta $x = 4$. Além disso, como

$$0 \leq y \leq 2 \qquad \text{Limites externos da integração}$$

sabe-se que a região se localiza acima do eixo x, como mostra a Figura 7.46.

b. Se você trocar a ordem de integração de modo que x seja a variável externa, então, x terá limites de integração constantes dados por

$$0 \leq x \leq 4. \qquad \text{Limites externos da integração}$$

Isolando y na equação $x = y^2$, você pode concluir que os limites para y são

$$0 \leq y \leq \sqrt{x} \qquad \text{Limites internos da integração}$$

como mostra a Figura 7.47. Portanto, com x como variável externa, a integral pode ser escrita como

$$\int_0^4 \int_0^{\sqrt{x}} dy\, dx.$$

c. Integrando com relação a x você tem

$$\int_0^2 \int_{y^2}^4 dx\, dy = \int_0^2 \left[x\right]_{y^2}^4 dy = \int_0^2 (4 - y^2)\, dy = \left[4y - \frac{y^3}{3}\right]_0^2 = \frac{16}{3}.$$

Integrando com relação a y você tem

$$\int_0^4 \int_0^{\sqrt{x}} dy\, dx = \int_0^4 \left[y\right]_0^{\sqrt{x}} dx = \int_0^4 \sqrt{x}\, dx = \left[\frac{2}{3}x^{3/2}\right]_0^4 = \frac{16}{3}.$$

Portanto, as duas ordens de integração geram o mesmo valor.

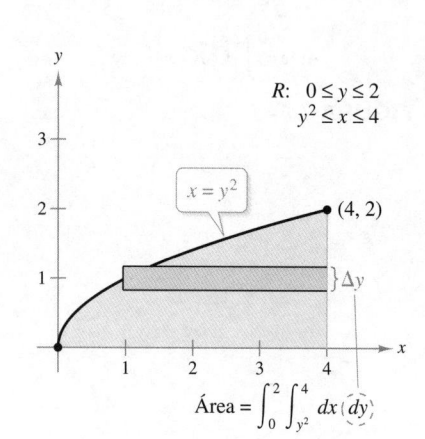

FIGURA 7.46

Área $= \int_0^2 \int_{y^2}^4 dx\, dy$

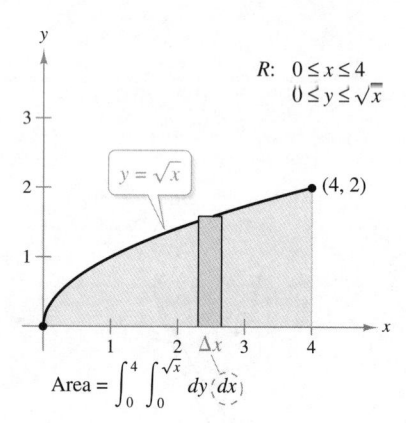

FIGURA 7.47

Área $= \int_0^4 \int_0^{\sqrt{x}} dy\, dx$

✓ AUTOAVALIAÇÃO 5

Para a integral dupla $\int_0^2 \int_{2y}^4 dx\, dy$,

a. esboce a região R cuja área é representada pela integral,
b. reescreva a integral de modo que x seja a variável externa, e
c. mostre que ambas as ordens de integração produzem o mesmo resultado.

Exemplo 6 Cálculo de área com integral dupla

Utilize uma integral dupla para calcular a área denotada por

$$\int_R \int dA$$

em que R é a região limitada por $y = x$ e $y = x^2 - x$.

SOLUÇÃO Comece esboçando a região R, como mostrado na Figura 7.48. A partir do esboço, pode-se ver que os retângulos verticais de largura dx são mais convenientes do que os horizontais. Assim, x é a variável externa de integração e seus limites constantes são $0 \leq x \leq 2$. Isso significa que os limites de y são $x^2 - x \leq y \leq x$, e a área é dada por

$$\int_R \int dA = \int_0^2 \int_{x^2-x}^x dy\, dx \qquad \text{Substitua os limites das regiões.}$$

$$= \int_0^2 \Big[y\Big]_{x^2-x}^x dx \qquad \text{Integre em relação a } y.$$

$$= \int_0^2 [x - (x^2 - x)]\, dx \qquad \text{Aplique o teorema fundamental do cálculo.}$$

$$= \int_0^2 (2x - x^2)\, dx \qquad \text{Simplifique.}$$

$$= \left[x^2 - \frac{x^3}{3}\right]_0^2 \qquad \text{Integre em relação a } x.$$

$$= 4 - \frac{8}{3} \qquad \text{Aplique o teorema fundamental do cálculo.}$$

$$= \frac{4}{3}\ \text{unidades quadradas} \qquad \text{Simplifique.}$$

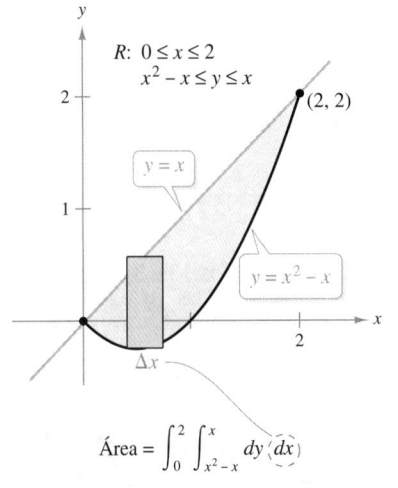

FIGURA 7.48

✓ AUTOAVALIAÇÃO 6

Utilize uma integral dupla para calcular a área dada por

$$\int_R \int dA$$

em que R é a região limitada por $y = 2x + 3$ e $y = x^2$.

Ao fazer os exercícios desta seção, saiba que os principais usos de integrais duplas serão discutidos na Seção 7.9. As integrais duplas para áreas no plano foram apresentadas para que se ganhe prática em determinar os limites de integração. Ao escrever uma integral dupla, lembre-se de que sua primeira etapa deve ser esboçar a região R. Isso feito, tem-se duas opções de ordem de integração: $dx\, dy$ ou $dy\, dx$.

PRATIQUE (Seção 7.8)

1. Descreva um procedimento para encontrar a integral parcial em relação a uma variável *(página 474)*. Para um exemplo de como encontrar a integral parcial em relação a x ou para y, veja o Exemplo 1.

2. Explique como determinar a área de uma região no plano usando uma integral dupla *(página 476)*. Para exemplos de como encontrar a área usando a integral dupla, veja os Exemplos 3, 4 e 5.

Recapitulação 7.8

Os exercícios preparatórios a seguir envolvem conceitos vistos em seções anteriores. Esses conceitos serão utilizados no conjunto de exercícios desta seção. Para mais ajuda, consulte as Seções 5.2 a 5.5.

Nos Exercícios 1-12, calcule a integral definida.

1. $\int_0^1 dx$
2. $\int_0^2 3\, dy$
3. $\int_1^4 2x^2\, dx$
4. $\int_0^1 2x^3\, dx$
5. $\int_1^2 (x^3 - 2x + 4)\, dx$
6. $\int_0^2 (4 - y^2)\, dy$
7. $\int_1^2 \frac{2}{7x^2}\, dx$
8. $\int_1^4 \frac{2}{\sqrt{x}}\, dx$
9. $\int_0^2 \frac{2x}{x^2 + 1}\, dx$
10. $\int_2^e \frac{1}{y - 1}\, dy$
11. $\int_0^2 xe^{x^2 + 1}\, dx$
12. $\int_0^1 e^{-2y}\, dy$

Nos Exercícios 13-16, esboce a região limitada pelos gráficos das equações.

13. $y = x$, $y = 0$, $x = 3$
14. $y = x$, $y = 3$, $x = 0$
15. $y = 4 - x^2$, $y = 0$, $x = 0$
16. $y = x^2$, $y = 4x$

Exercícios 7.8

Encontrando integrais parciais Nos Exercícios 1-10, encontre a integral parcial. *Veja o Exemplo 1.*

1. $\int_0^x (2x - y)\, dy$
2. $\int_0^y (5x + 8y)\, dx$
3. $\int_x^{x^2} \frac{y}{x}\, dy$
4. $\int_1^{2y} \frac{y}{x}\, dx$
5. $\int_2^y (6x^2 y + y^2)\, dx$
6. $\int_4^x (xy^3 + 4y)\, dy$
7. $\int_{x^3}^{\sqrt{x}} (x^2 + 3y^2)\, dy$
8. $\int_{-\sqrt{1-y^2}}^{\sqrt{1-y^2}} (x^2 + y^2)\, dx$
9. $\int_1^{e^y} \frac{y \ln x}{x}\, dx$
10. $\int_y^3 \frac{xy}{\sqrt{x^2 + 1}}\, dx$

Calculando a integral dupla Nos Exercícios 11-24, calcule a integral dupla. *Veja o Exemplo 2.*

11. $\int_0^1 \int_0^2 (x + y)\, dy\, dx$
12. $\int_0^2 \int_0^2 (6 - x^2)\, dy\, dx$
13. $\int_0^3 \int_0^4 xy\, dx\, dy$
14. $\int_{-1}^1 \int_{-2}^2 (x^2 - y^2)\, dy\, dx$
15. $\int_0^2 \int_0^{6x^2} x^3\, dy\, dx$
16. $\int_0^2 \int_0^{\sqrt{1-y^2}} -5xy\, dx\, dy$
17. $\int_0^1 \int_0^y (x + y)\, dx\, dy$
18. $\int_0^2 \int_{3y^2 - 6y}^{2y - y^2} 3y\, dx\, dy$
19. $\int_0^1 \int_0^{3x} (3x^2 + 3y^2 + 1)\, dy\, dx$
20. $\int_0^1 \int_y^{2y} (1 + 2x^2 + 2y^2)\, dx\, dy$
21. $\int_0^1 \int_0^x \sqrt{1 - x^2}\, dy\, dx$
22. $\int_0^4 \int_0^y \frac{2}{x^2 + 1}\, dy\, dx$
23. $\int_0^\infty \int_0^\infty e^{-(x+y)/2}\, dy\, dx$
24. $\int_0^\infty \int_0^\infty xye^{-(x^2 + y^2)}\, dx\, dy$

Encontrando a área com uma integral dupla Nos Exercícios 25-30, use uma integral dupla para encontrar a área da região especificada. *Veja o Exemplo 3.*

25. Região retangular com vértice $(8, 3)$.

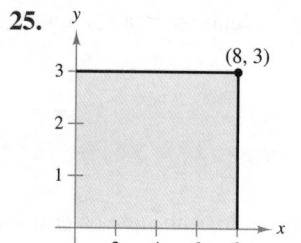

26. Região quadrada com vértices $(1, 1)$, $(3, 1)$, $(1, 3)$, $(3, 3)$.

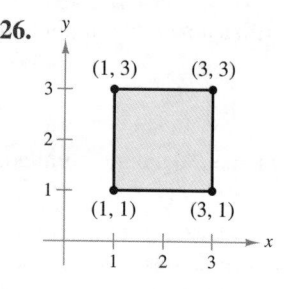

27. Região limitada por $y = x$.

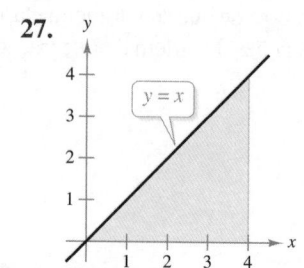

28. Região limitada por $y = \sqrt{x}$.

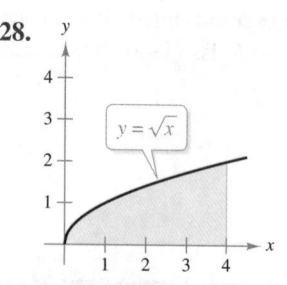

29. Região limitada por $y = 4 - x^2$.

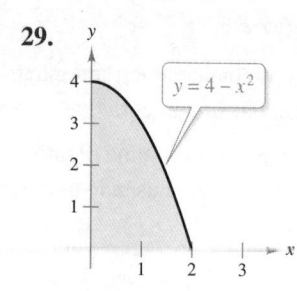

30. Região limitada por $y = \frac{x}{2}$.

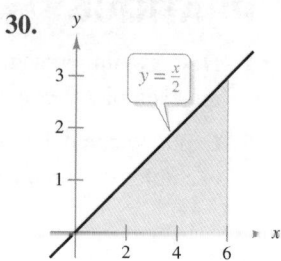

Encontrando a área com uma integral dupla Nos Exercícios 31-36, encontre a área da região limitada pelos gráficos das equações. *Veja o Exemplo 4.*

31. $y = 9 - x^2, y = 0$
32. $y = x^{3/2}, y = x$
33. $2x - 3y = 0, x + y = 5, y = 0$
34. $y = 4 - x^2, y = x + 2$
35. $y = x, y = 2x, x = 2$
36. $xy = 9, y = x, y = 0, x = 9$

Trocando a ordem da integração Nos Exercícios 37-44, esboce a região R cuja área é dada pela integral dupla. Em seguida, troque a ordem da integração e mostre que ambas as ordens produzem o mesmo valor. *Veja o Exemplo 5.*

37. $\int_0^1 \int_0^2 dy\, dx$
38. $\int_1^2 \int_2^4 dx\, dy$
39. $\int_0^1 \int_{2y}^2 dx\, dy$
40. $\int_0^4 \int_{\sqrt{x}}^2 dy\, dx$
41. $\int_0^2 \int_{x/2}^1 dy\, dx$
42. $\int_0^4 \int_0^{\sqrt{x}} dy\, dx$
43. $\int_0^1 \int_{y^2}^{\sqrt[3]{y}} dx\, dy$
44. $\int_{-2}^2 \int_0^{4-y^2} dx\, dy$

45. **Pense sobre isso** Explique por que você precisa trocar a ordem da integração para calcular a integral dupla. Em seguida, calcule a integral dupla.

(a) $\int_0^3 \int_y^3 e^{x^2} dx\, dy$ (b) $\int_0^2 \int_x^2 e^{-y^2} dy\, dx$

46. **VISUALIZE** Complete as integrais duplas de modo que cada uma represente a área da região R (veja figura).

(a) Área $= \iint dx\, dy$ (b) Área $= \iint dy\, dx$

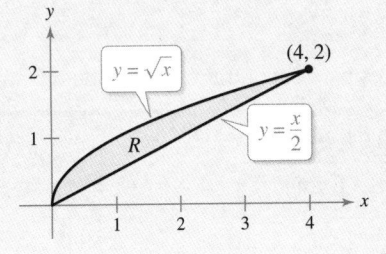

Calculando uma integral dupla Nos Exercícios 47-54, use uma ferramenta de integração simbólica para calcular a integral dupla.

47. $\int_0^1 \int_0^2 e^{-x^2 - y^2} dx\, dy$
48. $\int_0^2 \int_{x^2}^{2x} (x^3 + 3y^2)\, dy\, dx$
49. $\int_1^2 \int_0^x e^{xy}\, dy\, dx$
50. $\int_0^3 \int_0^{x^2} \sqrt{x}\sqrt{1+x}\, dy\, dx$
51. $\int_0^1 \int_x^1 \sqrt{1-x^2}\, dy\, dx$
52. $\int_1^2 \int_y^{2y} \ln(x+y)\, dx\, dy$
53. $\int_0^2 \int_{\sqrt{4-x^2}}^{4-x^2/4} \frac{xy}{x^2 + y^2 + 1}\, dy\, dx$
54. $\int_0^4 \int_0^y \frac{2}{(x+1)(y+1)}\, dx\, dy$

Verdadeiro ou falso? Nos Exercícios 55 e 56, determine se a afirmação é verdadeira ou falsa. Se for falsa, explique por que ou forneça um exemplo que mostre isso.

55. $\int_{-1}^1 \int_{-2}^2 y\, dy\, dx = \int_{-1}^1 \int_{-2}^2 y\, dx\, dy$
56. $\int_2^5 \int_1^6 x\, dy\, dx = \int_1^6 \int_2^5 x\, dx\, dy$

7.9 Aplicações de integrais duplas

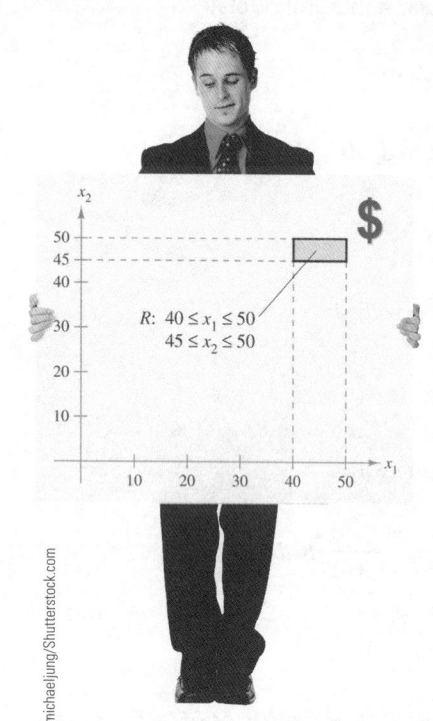

- Utilizar integrais duplas para determinar volumes de sólidos.
- Utilizar integrais duplas para determinar valores médios em modelos da vida real.

Volume de uma região sólida

Na Seção 7.8, as integrais foram utilizadas como modo alternativo de determinar a área de uma região plana. Nesta seção, serão estudados os principais usos de integrais duplas: a determinação do volume de um sólido e do valor médio de uma função.

Considere uma função $z = f(x, y)$ contínua e não negativa sobre uma região R. Seja S o sólido que se localiza entre o plano xy e a superfície

$$z = f(x, y)$$

diretamente acima da região R, como mostrado na Figura 7.49. Pode-se determinar o volume de S integrando $f(x, y)$ na região R.

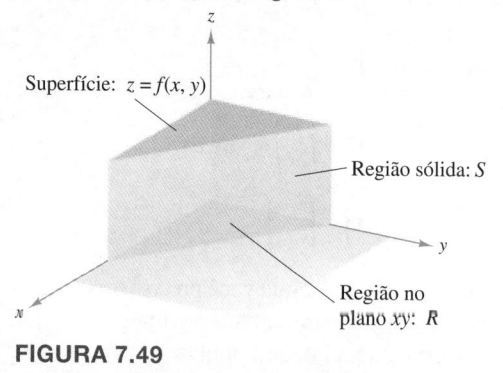

FIGURA 7.49

Determinação do volume com integrais duplas

Se R for uma região limitada no plano xy e f for contínua e não negativa sobre R, então o **volume do sólido** entre a superfície

$$z = f(x, y)$$

e R será dado pela integral dupla

$$\int_R \int f(x, y)\, dA$$

em que $dA = dx\, dy$ ou $dA = dy\, dx$.

Você pode usar as seguintes diretrizes para encontrar o volume de um sólido.

Diretrizes para encontrar o volume do sólido

1. Escreva a equação da superfície sob a forma
$$z = f(x, y)$$
e esboce a região sólida.

2. Esboce a região R no plano xy e determine a ordem e os limites de integração.

3. Calcule a integral dupla
$$\int_R \int f(x, y)\, dA$$
utilizando a ordem e os limites definidos no segundo passo.

Exemplo 1 — Determinação do volume de um sólido

Determine o volume do sólido delimitado no primeiro octante pelo plano

$z = 2 - x - 2y$.

SOLUÇÃO

1. A equação da superfície já está na forma $z = f(x, y)$. Um gráfico da região sólida é mostrado na Figura 7.50.

$$\iint_R f(x, y) \, dA = \int_0^2 \int_0^{(2-x)/2} (2 - x - 2y) \, dy \, dx$$

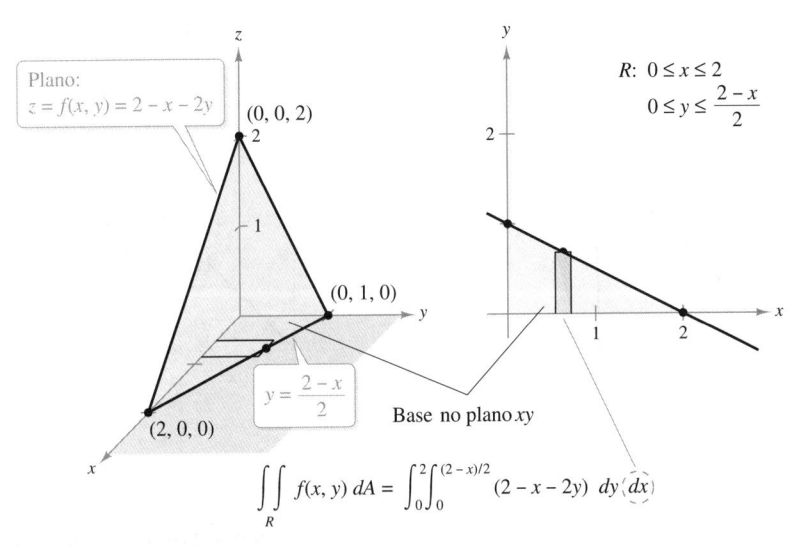

FIGURA 7.50

2. Esboce a região R no plano xy. Na Figura 7.50, pode-se ver que a região R é delimitada pelas retas $x = 0$, $y = 0$ e $y = \frac{1}{2}(2 - x)$. Um modo de escrever a integral dupla é escolher x como a variável externa. Com essa escolha, os limites constantes de x são $0 \le x \le 2$ e os limites variáveis de y são $0 \le y \le \frac{1}{2}(2 - x)$.

3. O volume da região sólida é

$$V = \int_0^2 \int_0^{(2-x)/2} (2 - x - 2y) \, dy \, dx$$

$$= \int_0^2 \left[(2 - x)y - y^2 \right]_0^{(2-x)/2} dx$$

$$= \int_0^2 \left\{ (2 - x)\left(\frac{1}{2}\right)(2 - x) - \left[\frac{1}{2}(2 - x)\right]^2 \right\} dx$$

$$= \frac{1}{4} \int_0^2 (2 - x)^2 \, dx$$

$$= \frac{1}{4} \left[-\frac{1}{3}(2 - x)^3 \right]_0^2$$

$$= \frac{2}{3} \text{ unidade cúbica.}$$

✓ AUTOAVALIAÇÃO 1

Determine o volume do sólido limitado no primeiro octante pelo plano $z = 4 - 2x - y$.

O Exemplo 1 usa $dy\, dx$ como ordem de integração. A outra ordem, $dx\, dy$, como indicada na Figura 7.51, produz o mesmo resultado. Tente verificar isso.

No Exemplo 1, o problema poderia ser resolvido com qualquer ordem de integração. Além disso, se você utilizou a ordem $dx\, dy$, obtete uma integral dupla de dificuldade comparável. Existem, no entanto, algumas ocasiões em que uma ordem de integração é muito mais conveniente que a outra. O Exemplo 2 mostra esta situação.

$$\int_0^1 \int_0^{2-2y} (2 - x - 2y) \, dx \, dy$$

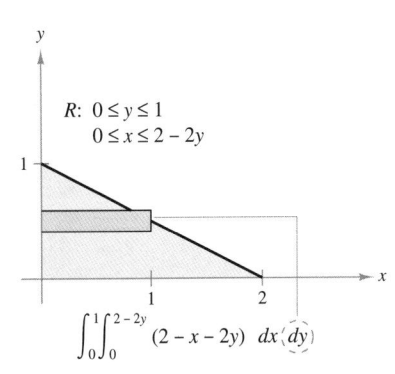

FIGURA 7.51

FIGURA 7.52

Exemplo 2 — Comparação de diferentes ordens de integração

Encontre o volume da região sólida delimitada pela superfície

$$f(x, y) = e^{-x^2} \quad \text{Superfície}$$

e os planos $z = 0$, $y = 0$, $y = x$, e $x = 1$, como mostrado na Figura 7.52.

SOLUÇÃO No plano xy, os limites da região R são as retas

$$y = 0, \quad x = 1, \quad \text{e} \quad y = x.$$

As duas ordens de integração possíveis são indicadas na Figura 7.53.

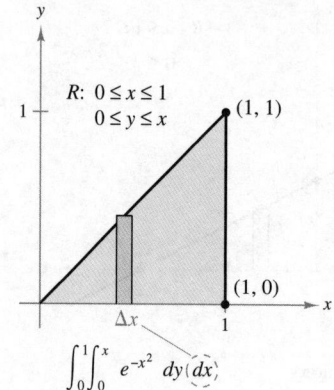

$$\int_0^1 \int_0^x e^{-x^2}\, dy\, dx \qquad \int_0^1 \int_y^1 e^{-x^2}\, dx\, dy$$

FIGURA 7.53

Ao escrever as integrais correspondentes, você pode ver que a ordem $dy\, dx$ produz a integral que é mais fácil de calcular que a ordem $dx\, dy$.

$$\begin{aligned}
V &= \int_0^1 \int_0^x e^{-x^2}\, dy\, dx \\
&= \int_0^1 \left[e^{-x^2} y \right]_0^x dx \\
&= \int_0^1 x e^{-x^2}\, dx \\
&= \left[-\frac{1}{2} e^{-x^2} \right]_0^1 \\
&= -\frac{1}{2}\left(\frac{1}{e} - 1 \right) \\
&\approx 0{,}316 \text{ unidades cúbicas}
\end{aligned}$$

TUTOR TÉCNICO

Utilize uma ferramenta de integração simbólica para calcular a integral dupla do Exemplo 2.

✓ AUTOAVALIAÇÃO 2

Determine o volume sob a superfície

$$f(x, y) = e^{x^2},$$

limitado pelo plano xz e pelos planos $y = 2x$ e $x = 1$. ∎

Nas diretrizes para encontrar o volume de um sólido dado no início desta seção, o primeiro passo sugere que você esboce a região do sólido tridimensional. Esta é uma boa sugestão, mas não é sempre possível e não é tão importante como fazer um esboço da região bidimensional R.

Exemplo 3 — Determinação do volume de um sólido

Determine o volume do sólido limitado no topo pela superfície

$$f(x, y) = 6x^2 - 2xy$$

e abaixo pela região plana R da Figura 7.54.

SOLUÇÃO Como a região R é limitada pela parábola

$$y = 3x - x^2$$

e pela reta

$$y = x,$$

os limites de y são $x \leq y \leq 3x - x^2$. Os limites de x são $0 \leq x \leq 2$, e o volume do sólido é

$$V = \int_0^2 \int_x^{3x-x^2} (6x^2 - 2xy) \, dy \, dx$$

$$= \int_0^2 \left[6x^2 y - xy^2 \right]_x^{3x-x^2} dx$$

$$= \int_0^2 \left[(18x^3 - 6x^4 - 9x^3 + 6x^4 - x^5) - (6x^3 - x^3) \right] dx$$

$$= \int_0^2 (4x^3 - x^5) \, dx$$

$$= \left[x^4 - \frac{x^6}{6} \right]_0^2$$

$$= \frac{16}{3} \text{ unidades cúbicas.}$$

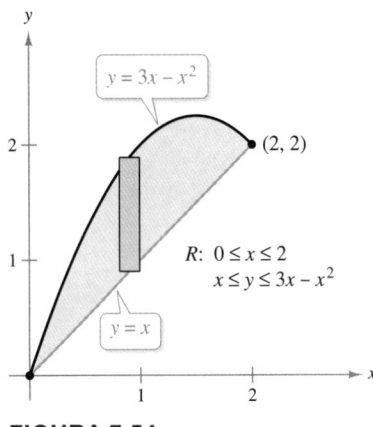

FIGURA 7.54

✓ AUTOAVALIAÇÃO 3

Determine o volume do sólido limitado no topo pela superfície

$$f(x, y) = 4x^2 + 2xy$$

e abaixo pela região plana limitada por $y = x^2$ e $y = 2x$.

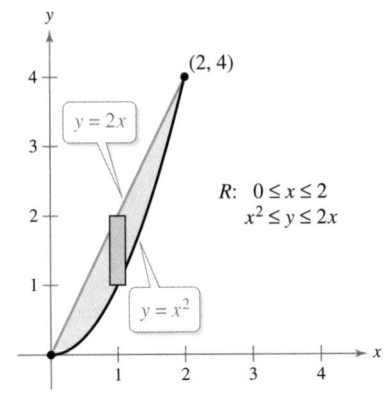

Uma *função de densidade populacional*

$$p = f(x, y)$$

é um modelo que descreve a densidade (em pessoas por unidade quadrada) de uma região. Para determinar a população de uma região R, calcule a integral dupla

$$\int_R \int f(x, y) \, dA.$$

Exemplo 4 **Determinação da população de uma região**

A densidade populacional (em pessoas por milha quadrada) da cidade mostrada na Figura 7.55 pode ser modelada por

$$f(x, y) = \frac{50.000}{x + |y| + 1}$$

em que x e y são medidos em milhas. Calcule aproximadamente a população da cidade. A densidade populacional média da cidade será inferior a 10.000 pessoas por milha quadrada?

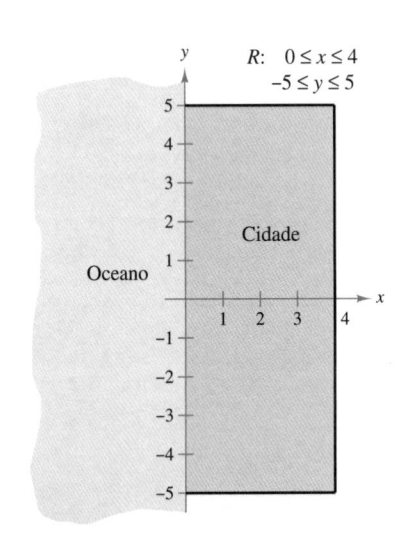

FIGURA 7.55

SOLUÇÃO Como o modelo envolve valores absolutos de y, segue que a densidade populacional é simétrica em relação ao eixo x. Assim, a população do primeiro quadrante é igual à do quarto quadrante. Isso significa que é possível determinar a população total dobrando-se a população do primeiro quadrante.

$$\text{População} = 2\int_0^4 \int_0^5 \frac{50.000}{x+y+1}\,dy\,dx$$

$$= 100.000 \int_0^4 \int_0^5 \frac{1}{x+y+1}\,dy\,dx$$

$$= 100.000 \int_0^4 \Big[\ln(x+y+1)\Big]_0^5 dx$$

$$= 100.000 \int_0^4 [\ln(x+6) - \ln(x+1)]\,dx$$

$$= 100.000\Big[(x+6)\ln(x+6) - (x+6) - (x+1)\ln(x+1) + (x+1)\Big]_0^4$$

$$= 100.000\Big[(x+6)\ln(x+6) - (x+1)\ln(x+1) - 5\Big]_0^4$$

$$= 100.000[10\ln(10) - 5\ln(5) - 5 - 6\ln(6) + 5]$$

$$\approx 422.810 \text{ pessoas}$$

Assim, a população da cidade é de aproximadamente 422.810 habitantes. Como a cidade estende-se por uma região de 4 milhas de largura por 10 milhas de comprimento, sua área é de 40 milhas quadradas. Então, a densidade populacional média é

$$\text{Densidade populacional média} = \frac{422.810}{40}$$

$$\approx 10.570 \text{ pessoas por milha quadrada}$$

Portanto, não, a densidade populacional média da cidade não será inferior a 10.000 pessoas por milha quadrada.

✓ AUTOAVALIAÇÃO 4

No Exemplo 4, que técnica de integração foi utilizada para integrar

$$\int [\ln(x+6) - \ln(x+1)]\,dx?$$

Valor médio de uma função em uma região

> **Valor médio de uma função em uma região**
>
> Se f for integrável em uma região plana R com área A, então seu valor médio em R é
>
> $$\text{Valor médio} = \frac{1}{A}\int_R\int f(x,y)\,dA.$$

Exemplo 5 Determinação do lucro médio

Um fabricante determina que o lucro da venda de x unidades de um produto e y unidades de um segundo produto é modelado por

$$P = -(x - 200)^2 - (y - 100)^2 + 5.000.$$

As vendas semanais do produto 1 variam entre 150 e 200 unidades e as do produto 2, entre 80 e 100 unidades. Calcule o lucro médio semanal dos dois produtos.

SOLUÇÃO Como $150 \leq x \leq 200$ e $80 \leq y \leq 100$, pode-se estimar o lucro semanal como a média da função lucro sobre a região retangular mostrada na Figura 7.56. Como a área dessa região retangular é $(50)(20) = 1.000$, segue que o lucro médio V é

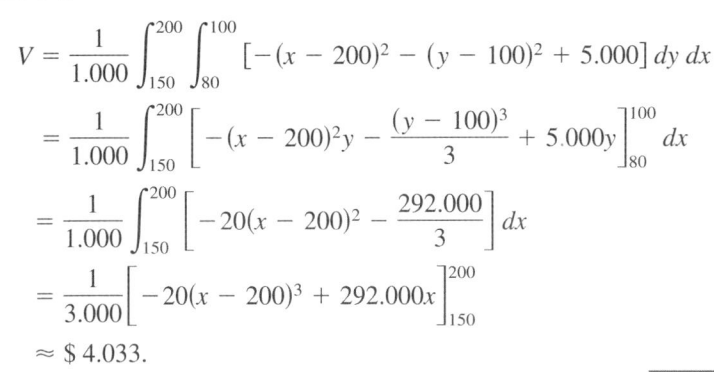

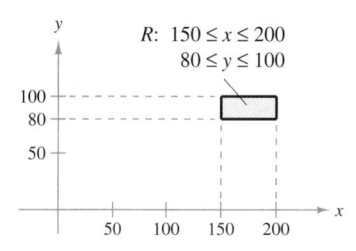

$$V = \frac{1}{1.000} \int_{150}^{200} \int_{80}^{100} [-(x - 200)^2 - (y - 100)^2 + 5.000] \, dy \, dx$$

$$= \frac{1}{1.000} \int_{150}^{200} \left[-(x - 200)^2 y - \frac{(y - 100)^3}{3} + 5.000y \right]_{80}^{100} dx$$

$$= \frac{1}{1.000} \int_{150}^{200} \left[-20(x - 200)^2 - \frac{292.000}{3} \right] dx$$

$$= \frac{1}{3.000} \left[-20(x - 200)^3 + 292.000x \right]_{150}^{200}$$

$$\approx \$ \, 4.033.$$

FIGURA 7.56

✓ **AUTOAVALIAÇÃO 5**

Determine o valor médio de $f(x, y) = 4 - \frac{1}{2}x - \frac{1}{2}y$ na região $0 \leq x \leq 2$ e $0 \leq y \leq 2$. ■

PRATIQUE (Seção 7.9)

1. Dê o volume da região sólida, utilizando integrais duplas *(página 482)*. Para exemplos de como encontrar o volume do sólido, veja os Exemplos 1, 2 e 3.

2. Forneça as diretrizes para encontrar o volume sólido *(página 482)*. Para exemplos do uso dessas diretrizes, veja os Exemplos 1, 2 e 3.

3. Descreva em um exemplo da vida real como a integral dupla pode ser usada para encontrar a população de uma cidade *(página 485, Exemplo 4)*.

4. Dê o valor médio de uma função em uma região *(página 486)*. Para um exemplo de como encontrar o valor médio da função, veja o Exemplo 5.

Recapitulação 7.9

Os exercícios preparatórios a seguir envolvem conceitos vistos em seções anteriores. Esses conceitos serão utilizados no conjunto de exercícios desta seção. Para mais ajuda, consulte as Seções 5.4 e 7.8.

Nos Exercícios 1-4, esboce a região descrita.

1. $0 \leq x \leq 2,\ 0 \leq y \leq 1$ **2.** $1 \leq x \leq 3,\ 2 \leq y \leq 3$
3. $0 \leq x \leq 4,\ 0 \leq y \leq 2x - 1$ **4.** $0 \leq x \leq 2,\ 0 \leq y \leq x^2$

Nos Exercícios 5-10, calcule a integral dupla.

5. $\displaystyle\int_0^1 \int_1^2 dy \, dx$ **6.** $\displaystyle\int_0^3 \int_1^3 dx \, dy$ **7.** $\displaystyle\int_0^1 \int_0^x x \, dy \, dx$

8. $\displaystyle\int_0^4 \int_1^y y \, dx \, dy$ **9.** $\displaystyle\int_1^3 \int_x^{x^2} 2 \, dy \, dx$ **10.** $\displaystyle\int_0^1 \int_x^{-x^2+2} dy \, dx$

Exercícios 7.9

Encontrando o volume de um sólido Nos Exercícios 1-8 esboce a região da integração no plano *xy* e calcule a integral dupla. *Veja o Exemplo 1.*

1. $\int_0^2 \int_0^1 (3x + 4y) \, dy \, dx$
2. $\int_0^3 \int_0^1 (2x + 6y) \, dy \, dx$
3. $\int_{-1}^1 \int_0^{\sqrt{1-x^2}} x^2 y \, dy \, dx$
4. $\int_0^6 \int_{y/2}^3 (x + y) \, dx \, dy$
5. $\int_0^1 \int_{y^2}^y (x^2 + y^2) \, dx \, dy$
6. $\int_0^2 \int_0^{4-x^2} xy^2 \, dy \, dx$
7. $\int_{-a}^a \int_{-\sqrt{a^2-x^2}}^{\sqrt{a^2-x^2}} dy \, dx$
8. $\int_0^a \int_0^{\sqrt{a^2-x^2}} dy \, dx$

Comparando diferentes ordens da integração Nos Exercícios 9-12, escreva a integral em ambas as ordens de integração e use a ordem mais conveniente para calcular a integral sobre a região *R*. *Veja o Exemplo 2.*

9. $\iint_R xy \, dA$

    R: retângulo com vértices em (0, 0), (0, 5), (3, 5), (3, 0)

10. $\iint_R x \, dA$

    R: semicírculo limitado por $y = \sqrt{25 - x^2}$ e $y = 0$

11. $\iint_R \frac{y}{x^2 + y^2} \, dA$

    R: triângulo limitado por $y = x$, $y = 2x$, $x = 2$

12. $\iint_R \frac{y}{1 + x^2} \, dA$

    R: região limitada por $y = 0$, $y = \sqrt{x}$, $x = 4$

Encontrando o volume de um sólido Nos Exercícios 13-20, use uma integral dupla para encontrar o volume do sólido especificado. *Veja o Exemplo 3.*

13. $z = \frac{y}{2}$; $0 \le x \le 4$, $0 \le y \le 2$

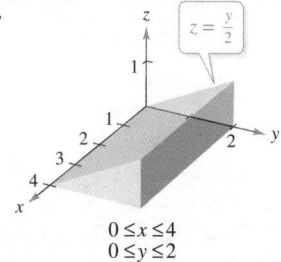

14. $x + y + z = 2$

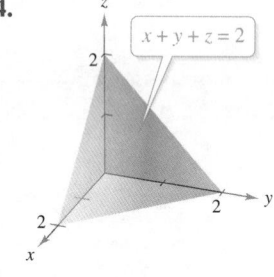

15. $2x + 3y + 4z = 12$

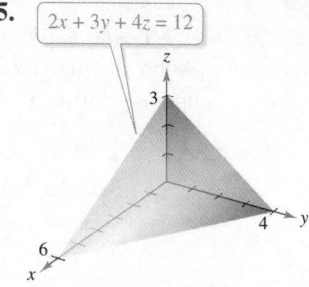

16. $z = 6 - 2y$; $0 \le x \le 4$, $0 \le y \le 2$

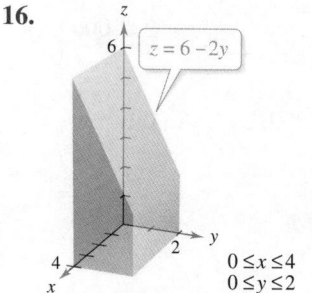

17. $z = 4 - x - y$; $y = x$, $y = 2$

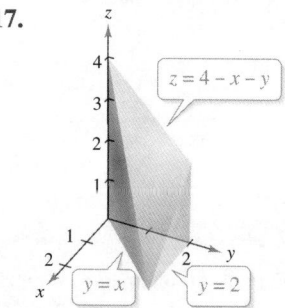

18. $z = 1 - xy$; $y = x$, $y = 1$

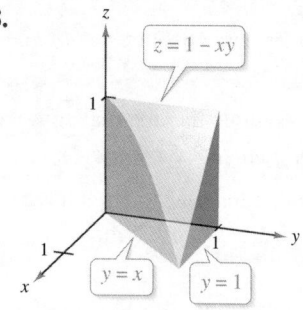

19. $z = 4 - x^2 - y^2$; $-1 \le x \le 1$, $-1 \le y \le 1$

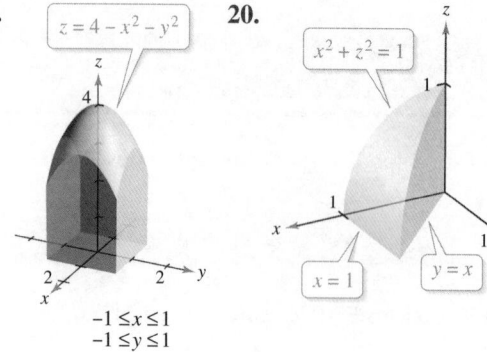

20. $x^2 + z^2 = 1$; $x = 1$, $y = x$

Encontrando o volume de um sólido Nos Exercícios 21-24, use uma integral dupla para encontrar o volume do sólido limitado pelos gráficos das equações.

21. $z = xy$, $z = 0$, $y = 2x$, $y = 0$, $x = 0$, $x = 3$
22. $z = x$, $z = 0$, $y = x$, $y = 0$, $x = 0$, $x = 4$
23. $z = 9 - x^2$, $z = 0$, $y = x + 2$, $y = 0$, $x = 0$, $x = 2$
24. $z = x + y$, $x^2 + y^2 = 4$ (primeiro octante)
25. **Densidade populacional** A densidade populacional (pessoas por milha quadrada) de uma cidade costeira pode ser modelada por

$$f(x, y) = \frac{120.000}{(2 + x + y)^3}$$

em que x e y são medidos em milhas. Qual é a população dentro da área retangular definida pelos vértices

$(0, 0)$, $(2, 0)$, $(0, 2)$, e $(2, 2)$?

26. **Densidade populacional** A densidade populacional (pessoas por milha quadrada) de uma cidade costeira pode ser modelada por

$$f(x, y) = \frac{5.000xe^y}{1 + 2x^2}$$

em que x e y são medidos em milhas. Qual é a população dentro da área retangular definida pelos vértices

$(0, 0)$, $(4, 0)$, $(0, -2)$, e $(4, -2)$?

Valor médio de uma função em uma região Nos Exercícios 27-30, encontre o valor médio de $f(x, y)$ na região R. Veja o Exemplo 5.

27. $f(x, y) = y$
    R: retângulo com vértices $(0, 0)$, $(5, 0)$, $(5, 3)$, $(0, 3)$
28. $f(x, y) = e^{x+y}$
    R: triângulo com vértices $(0, 0)$, $(0, 1)$, $(1, 1)$
29. $f(x, y) = x^2 + y^2$
    R: quadrado com vértices $(0, 0)$, $(2, 0)$, $(2, 2)$, $(0, 2)$
30. $f(x, y) = xy$
    R: retângulo com vértices $(0, 0)$, $(4, 0)$, $(4, 2)$, $(0, 2)$
31. **Lucro semanal médio** O lucro semanal médio de uma empresa (em dólares) com a comercialização de dois produtos é dado por

$$P = 192x_1 + 576x_2 - x_1^2 - 5x_2^2 - 2x_1x_2 - 5.000$$

em que x_1 e x_2 representam os números de unidades de cada produto vendido semanalmente. Estime o lucro semanal médio quando x_1 varia entre 40 e 50 unidades e x_2 varia entre 45 e 50 unidades.

32. **Lucro semanal médio** Depois de uma mudança na comercialização, o lucro semanal da empresa no Exercício 31 é dado por

$$P = 200x_1 + 580x_2 - x_1^2 - 5x_2^2 - 2x_1x_2 - 7500.$$

Estime o lucro semanal médio quando x_1 varia entre 55 e 65 unidades e x_2 varia entre 50 e 60 unidades.

33. **Receita média** Uma empresa vende dois produtos cujas funções demanda são dadas por

$$x_1 = 500 - 3p_1 \quad \text{e} \quad x_2 = 750 - 2{,}4p_2.$$

Assim, a receita total é dada por

$$R = x_1p_1 + x_2p_2.$$

Estime a receita média quando o preço p_1 varia entre $ 50 e $ 75 e o preço p_2 varia entre $ 100 e $ 150.

34. **VISUALIZE** A figura abaixo mostra Erie County, Nova York. Represente por $f(x, y)$ o total anual de neve no ponto (x, y), em que R é o município. Interprete cada um dos itens seguintes.

(a) $\iint_R f(x, y) \, dA$

(b) $\dfrac{\iint_R f(x, y) \, dA}{\iint_R dA}$

35. **Produção média** A função produção de Cobb-Douglas para um fabricante de automóveis é

$$f(x, y) = 100x^{0,6}y^{0,4}$$

em que x é o número de unidades de trabalho e y é o número de unidades de capital. Estime o nível médio de produção quando o número de unidades de trabalho x varia entre 200 e 250 e o número de unidades de capital y varia entre 300 e 325.

36. **Produção média** Repita o Exercício 35 para a função produção dada por $f(x, y) = x^{0,25}y^{0,75}$.

TUTOR DE ÁLGEBRA

Resolução de sistemas de equações

Três seções deste capítulo (7.5, 7.6 e 7.7) envolvem soluções de sistemas de equações. Esses sistemas podem ser lineares ou não lineares, conforme mostrado a seguir.

Sistema não linear em duas variáveis
$$\begin{cases} 4x + 3y = 6 \\ x^2 - y = 4 \end{cases}$$

Sistema linear em três variáveis
$$\begin{cases} -x + 2y + 4z = 2 \\ 2x - y + z = 0 \\ 6x + 2z = 3 \end{cases}$$

Há muitas técnicas para resolver um sistema de equações lineares. As duas mais comuns são listadas abaixo.

1. *Substituição*: isole uma das variáveis em uma das equações e substitua o valor em outra.
2. *Eliminação*: some múltiplos de uma equação a uma outra equação para eliminar uma variável dessa segunda equação.

Exemplo 1 Resolução de sistemas de equações

Resolva cada sistema de equações:

a. $\begin{cases} y - x^3 = 0 \\ x - y^3 = 0 \end{cases}$

b. $\begin{cases} -400p_1 + 300p_2 = -25 \\ 300p_1 - 360p_2 = -535 \end{cases}$

SOLUÇÃO

a. Exemplo 3, página 452

$\begin{cases} y - x^3 = 0 \\ x - y^3 = 0 \end{cases}$	Equação 1 Equação 2
$y = x^3$	Isole y na Equação 1.
$x - (x^3)^3 = 0$	Substitua y por x^3 na Equação 2.
$x - x^9 = 0$	$(x^m)^n = x^{mn}$
$x(x-1)(x+1)(x^2+1)(x^4+1) = 0$	Fatore.
$x = 0$	Iguale os fatores a zero.
$x = 1$	Iguale os fatores a zero.
$x = -1$	Iguale os fatores a zero.

b. Exemplo 4, página 453

$\begin{cases} -400p_1 + 300p_2 = -25 \\ 300p_1 - 360p_2 = -535 \end{cases}$	Equação 1 Equação 2
$p_2 = \frac{1}{12}(16p_1 - 1)$	Isole p_2 na Equação 1.
$300p_1 - 360\left(\frac{1}{12}\right)(16p_1 - 1) = -535$	Substitua p_2 na Equação 2.
$300p_1 - 30(16p_1 - 1) = -535$	Multiplique os fatores.
$-180p_1 = -565$	Some os termos semelhantes.
$p_1 = \frac{113}{36} \approx 3{,}14$	Divida cada lado por -180.
$p_2 = \frac{1}{12}\left[16\left(\frac{113}{36}\right) - 1\right]$	Determine p_2 substituindo p_1.
$p_2 \approx 4{,}10$	Determine p_2.

Exemplo 2 Resolução de sistemas de equações

Resolva estes sistemas de equações:

a. $\begin{cases} y(24 - 12x - 4y) = 0 \\ x(24 - 6x - 8y) = 0 \end{cases}$ **b.** $\begin{cases} 28a - 4b = 10 \\ -4a + 8b = 12 \end{cases}$

SOLUÇÃO

a. Exemplo 5, página 453

Antes de resolver o sistema de equações, divida a primeira equação por 4 e a segunda equação por 2.

$\begin{cases} y(24 - 12x - 4y) = 0 \\ x(24 - 6x - 8y) = 0 \end{cases}$ Equação original 1
Equação original 2

$\begin{cases} y(4)(6 - 3x - y) = 0 \\ x(2)(12 - 3x - 4y) = 0 \end{cases}$ Fatore 4 na Equação 1.
Fatore 2 na Equação 2.

$\begin{cases} y(6 - 3x - y) = 0 \\ x(12 - 3x - 4y) = 0 \end{cases}$ Equação 1
Equação 2

Em cada equação, ambos os fatores podem ser 0, o que gera quatro sistemas lineares diferentes. Para o primeiro sistema, substitua $y = 0$ na segunda equação para obter $x = 4$.

$\begin{cases} y = 0 \\ 12 - 3x - 4y = 0 \end{cases}$ (4, 0) é uma solução.

É possível resolver o segundo sistema pelo método de eliminação.

$\begin{cases} 6 - 3x - y = 0 \\ 12 - 3x - 4y = 0 \end{cases}$ $\left(\frac{4}{3}, 2\right)$ é uma solução.

O terceiro sistema já está resolvido.

$\begin{cases} y = 0 \\ x = 0 \end{cases}$ (0, 0) é uma solução.

É possível resolver o último sistema substituindo $x = 0$ na primeira equação para obter $y = 6$.

$\begin{cases} 6 - 3x - y = 0 \\ x = 0 \end{cases}$ (0, 6) é uma solução.

b. Exemplo 2, página 469

$\begin{cases} 28a - 4b = 10 \\ -4a + 8b = 12 \end{cases}$ Equação 1
Equação 2

$-2a + 4b = 6$ Divida a Equação 2 por 2.

$26a = 16$ Some a nova equação à Equação 1.

$a = \frac{8}{13}$ Divida cada lado por 26.

$28\left(\frac{8}{13}\right) - 4b = 10$ Substitua a na Equação 1.

$b = \frac{47}{26}$ Determine b.

RESUMO DO CAPÍTULO E ESTRATÉGIAS DE ESTUDO

Após estudar este capítulo, deve-se ter adquirido as habilidades abaixo.
Os números de exercícios estão relacionados aos Exercícios de revisão que começam na página 494.
As respostas dos Exercícios de revisão ímpares encontram-se no final do livro.

Seção 7.1 — Exercícios de Revisão

- Marcar pontos no espaço. — *1, 2*
- Determinar a distância entre dois pontos no espaço. — *3, 4*
  $$d = \sqrt{(x_2 - x_1)^2 + (y_2 - y_1)^2 + (z_2 - z_1)^2}$$
- Determinar o ponto médio de segmentos de reta no espaço. — *5, 6*
  $$\text{Ponto médio} = \left(\frac{x_1 + x_2}{2}, \frac{y_1 + y_2}{2}, \frac{z_1 + z_2}{2}\right)$$
- Escrever as formas padrão das equações de esferas. — *7-10*
  $$(x - h)^2 + (y - k)^2 + (z - l)^2 = r^2$$
- Determinar os centros e raios de esferas. — *11, 12*
- Esboçar cortes de esferas nos planos coordenados. — *13, 14*

Seção 7.2

- Esboçar planos no espaço. — *15-18*
- Classificar superfícies quadráticas no espaço. — *19-26*

Seção 7.3

- Calcular funções de várias variáveis. — *27, 28*
- Determinar os domínios e as imagens de funções de várias variáveis. — *29-32*
- Esboçar curvas de nível de funções de duas variáveis. — *33-36*
- Utilizar funções de várias variáveis para responder a questões sobre situações da vida real. — *37-40*

Seção 7.4

- Determinar as primeiras derivadas parciais de funções de várias variáveis. — *41-50*
- Determinar a inclinação de superfícies nas direções x e y. — *51-54*
- Determinar segundas derivadas parciais de funções de várias variáveis. — *55-60*
- Utilizar derivadas parciais para responder a questões sobre situações da vida real. — *61, 62*

Seção 7.5

- Determinar extremos relativos de funções de duas variáveis. — *63-70*
- Utilizar extremos relativos para responder a questões sobre situações da vida real. — *71, 72*

Seção 7.6

- Utilizar multiplicadores de Lagrange para determinar extremos de funções de várias variáveis. — *73-78*
- Utilizar multiplicadores de Lagrange para responder a questões sobre situações da vida real. — *79, 80*

Seção 7.7

- Determinar a reta de regressão por mínimos quadrados $y = ax + b$ para dados.   *81, 82*

$$a = \left[n\sum_{i=1}^{n} x_i y_i - \sum_{i=1}^{n} x_i \sum_{i=1}^{n} y_i\right] \bigg/ \left[n\sum_{i=1}^{n} x_i^2 - \left(\sum_{i=1}^{n} x_i\right)^2\right], \quad b = \frac{1}{n}\left(\sum_{i=1}^{n} y_i - a\sum_{i=1}^{n} x_i\right)$$

- Utilizar retas de regressão por mínimos quadrados para modelar dados da vida real.   *83, 84*

Seção 7.8

- Calcular integrais duplas.   *85-88*
- Utilizar integrais duplas para determinar áreas de regiões.   *89-92*

Seção 7.9

- Utilizar integrais duplas para determinar volumes de sólidos.   *93-98*

$$\text{Volume} = \int_R \int f(x, y)\, dA$$

- Utilizar integrais duplas para determinar valores médios de funções.   *99-103*

$$\text{Valor médio} = \frac{1}{A} \int_R \int f(x, y)\, dA$$

Estratégias de Estudo

- **Comparar duas e três dimensões**   Muitas fórmulas e técnicas deste capítulo são generalizações de fórmulas e técnicas utilizadas em capítulos anteriores do livro. Aqui estão alguns exemplos.

Sistema de coordenadas bidimensional	Sistema de coordenadas tridimensional
Fórmula da distância $d = \sqrt{(x_2 - x_1)^2 + (y_2 - y_1)^2}$	*Fórmula da distância* $d = \sqrt{(x_2 - x_1)^2 + (y_2 - y_1)^2 + (z_2 - z_1)^2}$
Fórmula do ponto médio Ponto médio $= \left(\dfrac{x_1 + x_2}{2}, \dfrac{y_1 + y_2}{2}\right)$	*Fórmula do ponto médio* Ponto médio $= \left(\dfrac{x_1 + x_2}{2}, \dfrac{y_1 + y_2}{2}, \dfrac{z_1 + z_2}{2}\right)$
Equação da circunferência $(x - h)^2 + (y - k)^2 = r^2$	*Equação da esfera* $(x - h)^2 + (y - k)^2 + (z - l)^2 = r^2$
Equação da reta $ax + by = c$	*Equação do plano* $ax + by + cz = d$
Derivada de $y = f(x)$ $\dfrac{dy}{dx} = \lim\limits_{\Delta x \to 0} \dfrac{f(x + \Delta x) - f(x)}{\Delta x}$	*Derivada parcial de* $z = f(x, y)$ $\dfrac{\partial z}{\partial x} = \lim\limits_{\Delta x \to 0} \dfrac{f(x + \Delta x, y) - f(x, y)}{\Delta x}$
Área da região $A = \displaystyle\int_a^b f(x)\, dx$	*Volume da região* $V = \displaystyle\int_R \int f(x, y)\, dA$

Exercícios de revisão

Marcando pontos no espaço Nos Exercícios 1 e 2, represente os pontos no mesmo sistema de coordenadas tridimensional.

1. $(2, -1, 4), (-1, 3, -3), (-2, -2, 1), (3, 1, 2)$
2. $(1, -2, -3), (-4, -3, 5), (4, \frac{5}{2}, 1), (-2, 2, 2)$

Encontrando a distância entre dois pontos Nos Exercícios 3 e 4, encontre as distâncias entre dois pontos.

3. $(1, 0, 2), (3, 5, 8)$
4. $(-4, 1, 5), (1, 3, 7)$

Utilizando a fórmula do ponto médio Nos Exercícios 5 e 6, encontre o ponto médio do segmento de reta que une os dois pontos.

5. $(2, 6, 4), (-4, 2, 8)$
6. $(5, 0, 7), (-1, -2, 9)$

Encontrando a equação de uma esfera Nos Exercícios 7-10, determine a equação padrão da esfera.

7. Centro: $(0, 1, 0)$; raio: 5
8. Centro: $(4, -5, 3)$; raio: 10
9. Extremidades de um diâmetro: $(3, -4, -1), (1, 0, -5)$
10. Extremidades de um diâmetro: $(3, 4, 0), (5, 8, 2)$

Encontrando o centro e o raio da esfera Nos Exercícios 11 e 12, encontre o centro e o raio da esfera.

11. $x^2 + y^2 + z^2 - 8x + 4y - 6z - 20 = 0$
12. $x^2 + y^2 + z^2 + 4y - 10z - 7 = 0$

Encontrando o corte de uma superfície Nos Exercícios 13 e 14, esboce o corte xy da esfera.

13. $(x + 2)^2 + (y - 1)^2 + (z - 3)^2 = 25$
14. $(x - 1)^2 + (y + 3)^2 + (z - 6)^2 = 72$

Esboçando um plano no espaço Nos Exercícios 15-18, determine as intersecções com os eixos e esboce o gráfico do plano.

15. $x + 2y + 3z = 6$
16. $2y + z = 4$
17. $3x - 6z = 12$
18. $4x - y + 2z = 8$

Classificando uma superfície quadrática Nos Exercícios 19-26, classifique a superfície quadrática.

19. $x^2 + y^2 + z^2 - 2x + 4y - 6z + 5 = 0$
20. $16x^2 + 16y^2 - 9z^2 = 0$
21. $x^2 + \dfrac{y^2}{16} + \dfrac{z^2}{9} = 1$
22. $x^2 - \dfrac{y^2}{16} - \dfrac{z^2}{9} = 1$
23. $z = \dfrac{x^2}{9} + y^2$
24. $-4x^2 + y^2 + z^2 = 4$
25. $z = \sqrt{x^2 + y^2}$
26. $z = x^2 - \dfrac{y^2}{4}$

Calculando funções de várias variáveis Nos Exercícios 27 e 28 determine os valores da função.

27. $f(x, y) = xy^2$
    (a) $f(2, 3)$ (b) $f(0, 1)$ (c) $f(-5, 7)$ (d) $f(-2, -4)$

28. $f(x, y) = \dfrac{x^2}{y}$
    (a) $f(6, 9)$ (b) $f(8, 4)$ (c) $f(t, 2)$ (d) $f(r, r)$

Encontrando o domínio e a imagem da função Nos Exercícios 29-32, encontre o domínio e a imagem da função.

29. $f(x, y) = \sqrt{1 - x^2 - y^2}$
30. $f(x, y) = x^2 + y^2 - 3$
31. $f(x, y) = e^{xy}$
32. $f(x, y) = \dfrac{1}{x + y}$

Esboçando o mapa de contorno Nos Exercícios 33-36, descreva as curvas de nível da função. Esboce um mapa de contorno da superfície utilizando curvas de nível para os valores de c dados.

Função	Valores de c
33. $z = 10 - 2x - 5y$	$c = 0, 2, 4, 5, 10$
34. $z = \sqrt{9 - x^2 - y^2}$	$c = 0, 1, 2, 3$
35. $z = (xy)^2$	$c = 1, 4, 9, 12, 16$
36. $z = y - x^2$	$c = 0, \pm 1, \pm 2$

37. **Meteorologia** O mapa de contorno mostrado a seguir representa a precipitação média anual em Oklahoma. *(Fonte: National Climatic Data Center)*

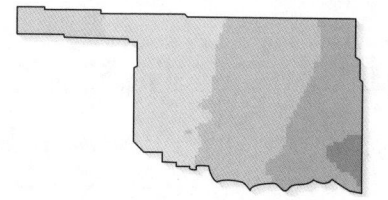

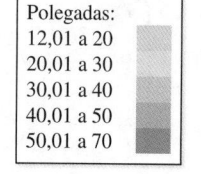

Polegadas:
12,01 a 20
20,01 a 30
30,01 a 40
40,01 a 50
50,01 a 70

(a) As curvas de nível correspondem a níveis igualmente espaçados de precipitação? Explique.

(b) Descreva como obter um mapa de contorno mais detalhado.

38. **Química** A acidez da água das chuvas é medida em unidades chamadas pH, e os valores menores de pH são cada vez mais ácidos. O mapa mostra as curvas de pH iguais e fornece evidências de que em áreas densamente industrializadas a favor do vento, a acidez está aumentando. Usando as curvas de nível do mapa, determine a direção predominante dos ventos no nordeste dos Estados Unidos.

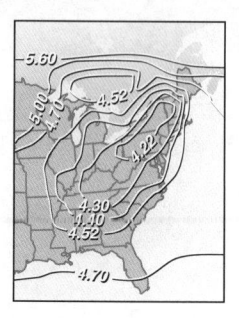

39. Lucros por ação Os lucros por ação z (em dólares) da Hewlett-Packard, de 2003 a 2010, pode ser modelado por

$$z = -4,51 + 0,046x + 0,060y$$

onde x representa as vendas (em bilhões de dólares) e y o capital próprio (em bilhões de dólares). *(Fonte: Hewlett-Packard Company)*

(a) Encontre os lucros por ações quando $x = 100$ e $y = 40$.

(b) Qual das duas variáveis nesse modelo tem mais influência sobre os lucros por ação? Explique.

40. Capital próprio O capital próprio z (em bilhões de dólares) do Wal-Mart, de 2000 a 2010, pode ser modelado por

$$z = 1,54 + 0,116x + 0,122y$$

em que x representa as vendas líquidas (em bilhões de dólares) e y o total de bens (em bilhões de dólares). *(Fonte: Wal-Mart Stores, Inc.)*

(a) Encontre o capital próprio quando $x = 300$ e $y = 130$.

(b) Qual das duas variáveis neste modelo tem mais influência sobre o capital próprio? Explique.

Encontrando derivadas parciais Nos Exercícios 41-50, encontre as primeiras derivadas parciais.

41. $f(x, y) = x^2y + 3xy + 2x - 5y$

42. $f(x, y) = 4xy + xy^2 - 3x^2y$

43. $z = \dfrac{x^2}{y^2}$

44. $z = (xy + 2x + 4y)^2$

45. $f(x, y) = \ln(5x + 4y)$

46. $f(x, y) = \ln\sqrt{2x + 3y}$

47. $f(x, y) = xe^y + ye^x$

48. $f(x, y) = x^2e^{-2y}$

49. $w = xyz^2$

50. $w = 3xy - 5xz + 2yz$

Encontrando inclinações nas direções x e y Nos Exercícios 51-54, encontre as inclinações da superfície no ponto dado na (a) direção x e (b) direção y.

51. $z = 3xy$
$(-2, -3, 18)$

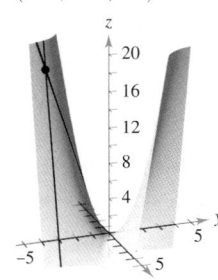

52. $z = y^2 - x^2$
$(1, 2, 3)$

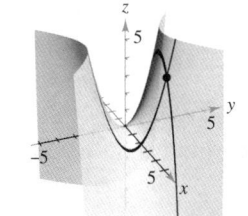

53. $z = 8 - x^2 - y^2$
$(1, 1, 6)$

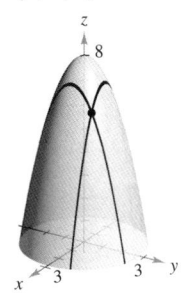

54. $z = \sqrt{100 - x^2 - y^2}$
$(0, 6, 8)$

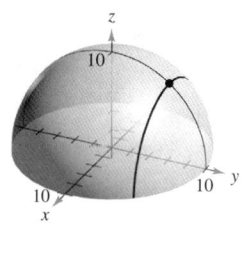

Encontrando derivadas parciais de segunda ordem Nos Exercícios 55-60, encontre todas as segundas derivadas parciais.

55. $f(x, y) = 3x^2 - xy + 2y^3$

56. $f(x, y) = \dfrac{y}{x + y}$

57. $f(x, y) = \sqrt{1 + x + y}$

58. $f(x, y) = x^2e^{-y^2}$

59. $f(x, y, z) = xy + 5x^2yz^3 - 3y^3z$

60. $f(x, y, z) = \dfrac{3yz}{x + z}$

61. Custo marginal Uma empresa fabrica dois modelos de esquis: esqui no estilo *cross-country* e esqui no estilo *downhill*. A função custo para produzir x pares de esquis *cross-crountry* e y pares de esquis *downhill* é dada por

$$C = 15(xy)^{1/3} + 99x + 139y + 2.293.$$

(a) Encontre os custos marginais ($\partial C/\partial x$ e $\partial C/\partial y$) quando $x = 500$ e $y = 250$.

(b) Quando é necessária uma produção adicional, qual modelo de esquis resulta no custo aumentando a uma taxa mais elevada? Como isso pode ser determinado pelo modelo de custo?

62. Receita marginal Em um estádio de beisebol, chapéus de lembranças são vendidos em dois locais. Se x_1 e x_2 são os números de chapéus de beisebol no local 1 e local 2, respectivamente, então, a receita total para os chapéus é dado por

$$R = 15x_1 + 16x_2 - \dfrac{1}{10}x_1^2 - \dfrac{1}{10}x_2^2 - \dfrac{1}{100}x_1x_2.$$

Quando $x_1 = 50$ e $x_2 = 40$, encontre

(a) o rendimento marginal para o local 1, $\partial R/\partial x_1$.

(b) o rendimento marginal para o local 2, $\partial R/\partial x_2$.

Aplicando o teste das segundas derivadas parciais Nos Exercícios 63-70, encontre os pontos críticos, extremos relativos e pontos de sela da função.

63. $f(x, y) = x^2 + 2y^2$

64. $f(x, y) = x^3 - 3xy + y^2$

65. $f(x, y) = 1 - (x + 2)^2 + (y - 3)^2$
66. $f(x, y) = e^x - x + y^2$
67. $f(x, y) = x^3 + y^2 - xy$
68. $f(x, y) = y^2 + xy + 3y - 2x + 5$
69. $f(x, y) = x^3 + y^3 - 3x - 3y + 2$
70. $f(x, y) = -x^2 - y^2$

71. **Receita** Uma empresa fabrica e vende dois produtos. A função demanda para os produtos são dadas por

$$p_1 = 100 - x_1 \quad \text{e} \quad p_2 = 200 - 0{,}5x_2$$

em que p_1 e p_2 são os preços por unidades (em dólares) e x_1 e x_2 são os números de unidades vendidas. A função receita total é dada por

$$R = x_1 p_1 + x_2 p_2.$$

Encontre x_1 e x_2 de modo a maximizar a receita.

72. **Lucro** Uma empresa fabrica um produto em duas fábricas. O custo de produzir x_1 unidades na fábrica 1 é

$$C_1 = 0{,}03x_1^2 + 4x_1 + 300$$

e o custo de produzir x_2 unidades na fábrica 2 é

$$C_2 = 0{,}05x_2^2 + 7x_2 + 175.$$

O produto é vendido por $ 10 a unidade. Encontre a quantidade que deveria ser produzida em cada fábrica para maximizar o lucro

$$P = 10(x_1 + x_2) - C_1 - C_2.$$

Usando os multiplicadores de Lagrange Nos Exercícios 73-78, use os multiplicadores de Lagrange para encontrar o extremo dado. Em cada caso, assuma que as variáveis são positivas.

73. Maximize $f(x, y) = 2xy$.
    Restrição: $2x + y = 12$
74. Maximize $f(x, y) = 2x + 3xy + y$.
    Restrição: $x + 2y = 29$
75. Minimize $f(x, y) = x^2 + y^2$.
    Restrição: $x + y = 4$
76. Minimize $f(x, y) = 3x^2 - y^2$.
    Restrição: $2x - 2y + 5 = 0$
77. Maximize $f(x, y, z) = xyz$.
    Restrição: $x + 2y + z - 4 = 0$
78. Maximize $f(x, y, z) = x^2 z + yz$.
    Restrição: $2x + y + z = 5$

79. **Custo** Um fabricante tem um pedido de 1000 unidades de um banco de madeira que pode ser produzido em duas fábricas. Sejam x_1 e x_2 os números de unidades produzidas nas duas fábricas. A função custo é modelada por

$$C = 0{,}25x_1^2 + 10x_1 + 0{,}15x_2^2 + 12x_2.$$

Use os multiplicadores de Lagrange para encontrar o número de unidades que devem ser produzidas em cada local para minimizar o custo.

80. **Produção** A função produção para uma empresa é dada por

$$f(x, y) = 4x + xy + 2y$$

em que x é o número de unidades de trabalho (a $ 20 por unidade) e y é o número de unidade de capital (a $ 4 por unidade). O custo total do trabalho e do capital não pode exceder $ 2.000. Use os multiplicadores de Lagrange para encontrar o nível máximo da produção para essa fábrica.

Encontrando a reta de regressão por mínimos quadrados Nos Exercícios 81 e 82, encontre a reta de regressão por mínimos quadrados nos pontos dados. Em seguida, marque os pontos e esboce a reta de regressão.

81. $(-2, -3), (-1, -1), (1, 2), (3, 2)$
82. $(-3, -1), (-2, -1), (0, 0), (1, 1), (2, 1)$

83. **Demanda** Um gerente de loja quer saber a demanda y para uma câmera digital como uma função do preço x. As vendas mensais para quatro preços diferentes da câmera digital estão relacionadas na tabela.

Preço, x	$ 80	$ 90	$ 100	$ 110
Demanda, y	140	117	91	63

(a) Use os recursos de regressão de uma ferramenta gráfica ou de uma planilha para encontrar a reta de regressão por mínimos quadrados, para os dados.
(b) Estime a demanda quando o preço é $ 85.
(c) Qual preço criará a demanda de 200 câmeras?

84. **Força de trabalho** O número de homens x (em milhões) e o número de mulheres y (em milhões) na força de trabalho de 2001 a 2010 são mostrados na tabela. *(Fonte: U.S. Bureau of Labor Statistics)*

Ano	2001	2002	2003	2004	2005
Homem, x	76,9	77,5	78,2	79,0	80,0
Mulher, y	66,8	67,4	68,3	68,4	69,3

Ano	2006	2007	2008	2009	2010
Homem, x	81,3	82,1	82,5	82,1	82,0
Mulher, y	70,2	71,0	71,8	72,0	71,9

(a) Use os recursos de regressão de uma ferramenta gráfica ou de uma planilha para encontrar a reta de regressão por mínimos quadrados para os dados.
(b) Estime o número de mulheres na força de trabalho quando houver 80 milhões de homens.

Calculando a integral dupla Nos Exercícios 85-88, calcule a integral dupla.

85. $\displaystyle\int_0^1 \int_0^{1+x} (4x - 2y)\, dy\, dx$

86. $\displaystyle\int_{-3}^3 \int_0^4 (x - y^2)\, dx\, dy$

87. $\displaystyle\int_1^2 \int_1^{2y} \frac{x}{y^2}\, dx\, dy$

88. $\displaystyle\int_0^4 \int_0^{\sqrt{16-x^2}} 2x\, dy\, dx$

Encontrando a área com uma integral dupla Nos Exercícios 89-92, use uma integral dupla para encontrar a área da região limitada pelos gráficos das equações.

89. $y = 9 - x^2,\ y = 5$

90. $y = \dfrac{4}{x},\ y = 0,\ x = 1,\ x = 4$

91. $y = \sqrt{x+3},\ y = \dfrac{1}{3}x + 1$

92. $y = x^2 - 2x - 2,\ y = -x$

Encontrando o volume de um sólido Nos Exercícios 93-96, use uma integral dupla para encontrar o volume do sólido especificado.

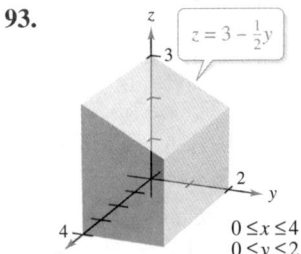

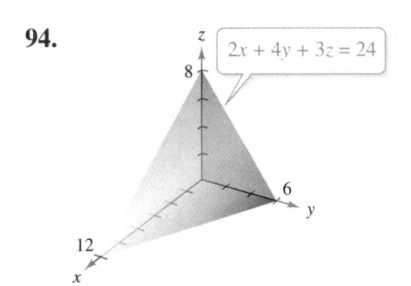

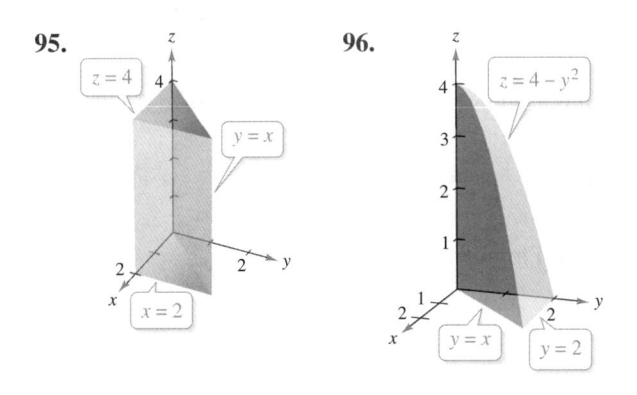

93.

$z = 3 - \tfrac{1}{2}y$

$0 \leq x \leq 4$
$0 \leq y \leq 2$

94.

$2x + 4y + 3z = 24$

95.

$z = 4$
$y = x$
$x = 2$

96.

$z = 4 - y^2$
$y = x$
$y = 2$

Encontrando o volume de um sólido Nos Exercícios 97 e 98, use uma integral dupla para encontrar o volume do sólido limitado pelos gráficos das equações.

97. $z = (xy)^2,\ z = 0,\ y = 0,\ y = 4,\ x = 0,\ x = 4$

98. $z = x + y,\ z = 0,\ x = 0,\ x = 3,\ y = x,\ y = 0$

Valor médio de uma função em uma região Nos Exercícios 99 e 100, encontre o valor médio de $f(x, y)$ na região R.

99. $f(x, y) = xy$

R: retângulo com vértices $(0, 0), (4, 0), (4, 3), (0, 3)$

100. $f(x, y) = x^2 + 2xy + y^2$

R: retângulo com vértices $(0, 0), (2, 0), (2, 5), (0, 5)$

101. Lucro médio semanal O lucro médio semanal de uma empresa (em dólares) com o marketing de dois produtos é dado por

$$P = 150x_1 + 400x_2 - x_1^2 - 5x_2^2 - 2x_1 x_2 - 3.000$$

em que x_1 e x_2 representam os números de unidades de cada produto vendido semanalmente. Estime o lucro médio semanal quando x_1 varia entre 30 e 40 unidades e x_2 varia entre 40 e 50 unidades.

102. Receita Média Uma empresa vende dois produtos cujas funções demanda são dadas por

$$x_1 = 500 - 2{,}5 p_1 \quad \text{e} \quad x_2 = 750 - 3p_2.$$

Assim, a receita total é dada por

$$R = x_1 p_1 + x_2 p_2.$$

Estime a receita média quando o preço p_1 varia entre \$ 25 e \$ 50 e o preço p_2 varia entre \$ 75 e \$ 125.

103. Imóveis O valor dos imóveis (em dólares por pé quadrado) para uma cidade é dado por

$$f(x, y) = 0{,}003 x^{2/3} y^{3/4}$$

em que x e y são medidos em pés. Qual é o valor médio dos imóveis dentro da área retangular definida pelos vértices $(0, 0), (5.280, 0), (5.280, 3.960)$ e $(0, 3.960)$?

TESTE DO CAPÍTULO

Faça este teste como o faria em uma sala de aula. Quando terminar, confira seus resultados, comparando-os com os resultados fornecidos no final do livro.

Nos Exercícios 1-3, (a) marque os pontos em um sistema de coordenadas tridimensional, (b) determine a distância entre os pontos e (c) determine as coordenadas do ponto médio do segmento de reta que une os pontos.

1. $(1, -3, 0), (3, -1, 0)$ **2.** $(-2, 2, 3), (-4, 0, 2)$

3. $(3, -7, 2), (5, 11, -6)$

4. Determine o centro e o raio da esfera cuja equação é

$$x^2 + y^2 + z^2 - 20x + 10y - 10z + 125 = 0.$$

Nos Exercícios 5-7, classifique a superfície quadrática.

5. $4x^2 + 2y^2 - z^2 = 16$ **6.** $36x^2 + 9y^2 - 4z^2 = 0$

7. $4x^2 - y^2 - 16z = 0$

Nos Exercícios 8-10, determine $f(3, 3)$ e $f(1, 1)$.

8. $f(x, y) = x^2 + xy + 1$ **9.** $f(x, y) = \dfrac{x + 2y}{3x - y}$ **10.** $f(x, y) = xy \ln \dfrac{x}{y}$

Nos Exercícios 11 e 12, determine as primeiras derivadas parciais e calcule cada uma no ponto $(10, -1)$.

11. $f(x, y) = 3x^2 + 9xy^2 - 2$ **12.** $f(x, y) = x\sqrt{x + y}$

Nos Exercícios 13 e 14, determine todos os pontos críticos, extremos relativos e pontos de sela da função.

13. $f(x, y) = 3x^2 + 4y^2 - 6x + 16y - 4$

14. $f(x, y) = 4xy - x^4 - y^4$

15. A função produção de um fabricante é dada por

$$f(x, y) = 60x^{0,7}y^{0,3}$$

em que x é o número de unidades de mão de obra (a $ 42 cada) e y é o número de unidades de capital (a $ 144 cada). O custo total de mão de obra e capital é limitado a $ 240.000. Utilize os multiplicadores de Lagrange para determinar o nível máximo de produção para esse fabricante.

16. Determine a reta de regressão por mínimos quadrados para os pontos $(1, 2)$, $(3, 3)$, $(6, 4)$, $(8, 6)$ e $(11, 7)$.

Nos Exercícios 17 e 18, calcule a integral dupla.

17. $\displaystyle\int_0^1 \int_x^1 (30x^2y - 1)\, dy\, dx$ **18.** $\displaystyle\int_0^{\sqrt{e-1}} \int_0^{2y} \dfrac{1}{y^2 + 1}\, dx\, dy$

19. Utilize uma integral dupla para determinar a área da região limitada pelos gráficos de $y = 3$ e $y = x^2 - 2x + 3$ (veja a figura).

20. Utilize uma integral dupla para determinar o volume de um sólido limitado pelos gráficos de $z = 8 - 2x$, $z = 0$, $y = 0$, $y = 3$, $x = 0$ e $x = 4$.

21. Determine o valor médio de $f(x, y) = x^2 + y$ na região definida pelo retângulo com vértices $(0, 0)$, $(1, 0)$, $(1, 3)$ e $(0, 3)$.

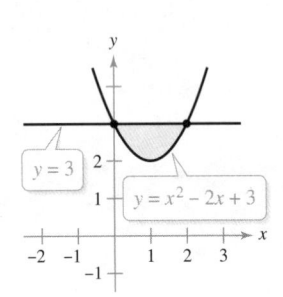

Figura para o Exercício 19.

Apêndices

A Revisão de pré-cálculo
- A.1 A reta de números reais e ordem
- A.2 Valor absoluto e distância na reta de números reais
- A.3 Expoentes e radicais
- A.4 Fatoração de polinômios
- A.5 Frações e racionalização

B Introdução alternativa ao teorema fundamental do cálculo

C Fórmulas
- C.1 Fórmulas de derivação e integração
- C.2 Fórmulas de negócios e finanças

Os apêndices D, E e F estão disponíveis para *download* na página deste livro no site da Cengage

D Propriedades e Medidas

E Programas em Ferramentas Gráficas

F Equações diferenciais

A Revisão de pré-cálculo

A.1 A reta de números reais e ordem

- Representar, classificar e ordenar números reais.
- Usar as desigualdades para representar conjuntos de números reais.
- Resolver inequações.
- Usar desigualdades para modelar e resolver problemas da vida real.

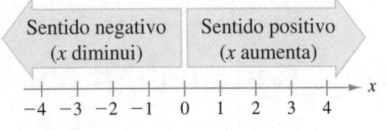

FIGURA A.1 Reta de números reais

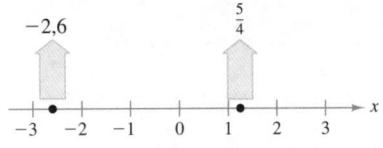

Cada ponto na reta de números reais corresponde a um e somente um número real.

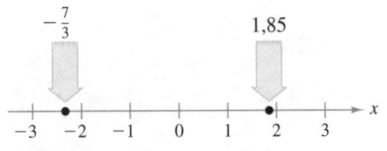

Cada número real corresponde a um e somente um ponto na reta de números reais.

FIGURA A.2

Reta de números reais

Os números reais podem ser representados com um sistema de coordenadas chamado **reta de números reais** (ou reta real ou eixo x), como mostra a Figura A.1. O **sentido positivo** (para a direita) é simbolizada por uma ponta de seta e indica o sentido de aumento dos valores de x. O número real que corresponde a um ponto específico na reta de números reais é chamado **coordenada** do ponto. Como mostra a Figura A.1, costuma-se marcar aqueles pontos cujas coordenadas são números inteiros.

O ponto na reta de números reais correspondente a zero é chamado **origem**. Os números à direita da origem são **positivos** e os números à esquerda da origem são **negativos**. O termo **não negativo** descreve um número positivo ou zero.

A importância da reta de números reais é que ela fornece uma imagem conceitualmente perfeita dos números reais. Ou seja, cada ponto na reta de números reais corresponde a um e somente um número real, e cada número real corresponde a um e somente um ponto da reta de números reais. Este tipo de relação é chamado **correspondência de "um a um"** (ou buinívoca) e é ilustrado na Figura A.2.

Cada um dos quatro pontos na Figura A.2 corresponde a um número real que pode ser expresso como a razão de dois inteiros.

$$-2,6 = -\frac{13}{5} \qquad \frac{5}{4} \qquad -\frac{7}{3} \qquad 1,85 = \frac{37}{20}$$

Tais números são chamados **racionais**. Números racionais têm representações decimais que acabam ou que se repetem infinitamente.

Decimais que acabam

$\dfrac{2}{5} = 0,4$

$\dfrac{7}{8} = 0,875$

Decimais que se repetem infinitamente

$\dfrac{1}{3} = 0,333\ldots = 0,\overline{3}$*

$\dfrac{12}{7} = 1,714285714285\ldots = 1,\overline{714285}$

Números reais não racionais são chamados **irracionais** e não podem ser representados como a razão de dois inteiros (ou como decimais que acabam ou que se repetem infinitamente). Assim, uma aproximação decimal é utilizada para representar um número irracional. Alguns números irracionais ocorrem tão frequentemente em aplicações, que os matemáticos inventaram símbolos especiais para representá-los. Por exemplo, os símbolos $\sqrt{2}$, π e e representam números irracionais cujas aproximações decimais são como as mostradas. (Veja a Figura A.3.)

$$\sqrt{2} \approx 1,4142135623$$
$$\pi \approx 3,1415926535$$
$$e \approx 2,7182818284$$

FIGURA A.3

---

* A barra indica qual dígito ou dígitos se repetem infinitamente.

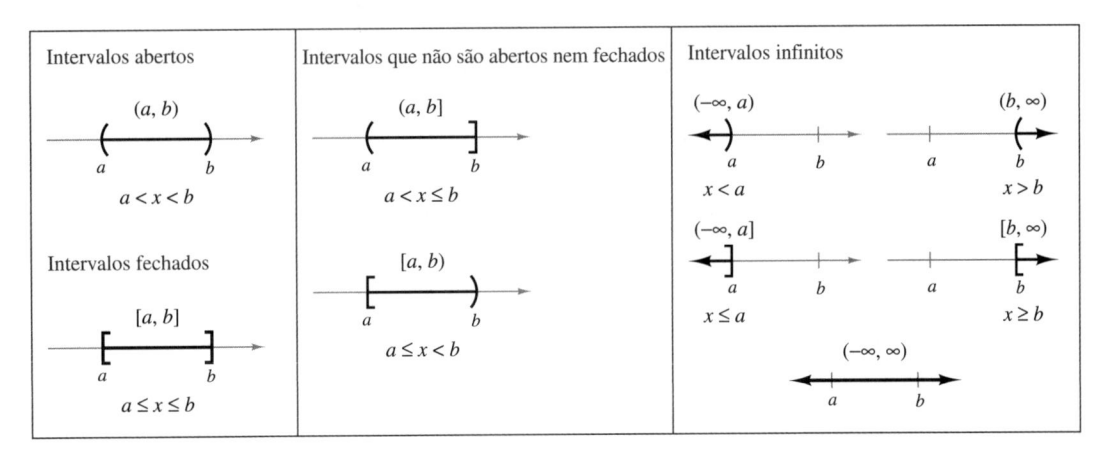

Ordem e intervalos na reta de números reais

Uma propriedade importante dos números reais é que eles são **ordenados**: 0 é menor que 1, -3 é menor que $-2,5$, π é menor que $\frac{22}{7}$, e assim por diante. Você pode visualizar essa propriedade na reta de números reais observando que a é menor que b se e somente se a estiver à esquerda de b na reta de números reais. Simbolicamente, "a é menor que b" é indicado pela desigualdade $a < b$. Por exemplo, a desigualdade

$$\frac{3}{4} < 1$$

decorre do fato de que $\frac{3}{4}$ está à esquerda de 1 na reta de números reais, tal como mostra a Figura A.4.

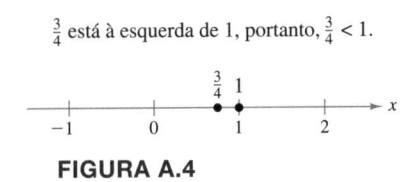

$\frac{3}{4}$ está à esquerda de 1, portanto, $\frac{3}{4} < 1$.

FIGURA A.4

Quando três números reais a, x e b são ordenados de tal forma que $a < x$ e $x < b$, dizemos que x está **entre** a e b e escrevemos

$a < x < b.$ x está entre a e b.

O conjunto de *todos* os números reais entre a e b é chamado **intervalo aberto** entre a e b e é indicado por (a, b). Um intervalo da forma (a, b) não contém as "extremidades" a e b. Intervalos que incluem as extremidades são chamados **fechados** e são indicados por $[a, b]$. Os intervalos da forma $[a, b)$ e $(a, b]$ não são nem abertos, nem fechados. A Figura A.5 mostra os nove tipos de intervalos na reta de números reais.

Intervalos abertos	Intervalos que não são abertos nem fechados	Intervalos infinitos
(a, b) $a < x < b$	$(a, b]$ $a < x \leq b$	$(-\infty, a)$ $x < a$ (b, ∞) $x > b$
Intervalos fechados $[a, b]$ $a \leq x \leq b$	$[a, b)$ $a \leq x < b$	$(-\infty, a]$ $x \leq a$ $[b, \infty)$ $x \geq b$ $(-\infty, \infty)$

FIGURA A.5 Intervalos na reta de números reais.

Observe que um colchete é utilizado para designar "menor ou igual a" ($\leq$) ou "maior ou igual a" ($\geq$). Além disso, os símbolos

∞ Infinito positivo

e

$-\infty$ Infinito negativo

denotam o **infinito positivo** e o **negativo**, respectivamente. Estes símbolos não denotam números reais; eles simplesmente permitem que você descreva condições ilimitadas de forma mais concisa. Por exemplo, o intervalo $[b, \infty)$ é ilimitado à direita porque inclui *todos* os números reais maiores que ou iguais a b.

Resolvendo inequações

Em cálculo, você é frequentemente solicitado a "resolver as inequações", envolvendo expressões variáveis como $3x - 4 < 5$. O número a é uma **solução** da inequação se a desigualdade for verdadeira quando a é substituído por x. O conjunto de todos os valores que satisfazem uma inequação é chamado de **conjunto solução** da inequação. As seguintes propriedades são úteis para resolver as inequações. (Propriedades semelhantes são obtidas quando < é substituído por ≤ e > é substituído por ≥.)

Propriedades de desigualdades

Suponha que a, b, c e d sejam números reais.

1. Propriedade transitiva: $a < b$ e $b < c$ ⟹ $a < c$
2. Somando desigualdades: $a < b$ e $c < d$ ⟹ $a + c < b + d$
3. Multiplicando por uma constante (positiva): $a < b$ ⟹ $ac < bc$, $c > 0$
4. Multiplicando por uma constante (negativa): $a < b$ ⟹ $ac > bc$, $c < 0$
5. Somando uma constante: $a < b$ ⟹ $a + c < b + c$
6. Subtraindo uma constante: $a < b$ ⟹ $a - c < b - c$

DICA DE ESTUDO

Observe as diferenças entre as Propriedades 3 e 4. Por exemplo,

$-3 < 4 \Rightarrow (-3)(2) < (4)(2)$

e

$-3 < 4$
$\Rightarrow (-3)(-2) > (4)(-2)$.

Observe que você *reverte a desigualdade* quando multiplica por um número negativo. Por exemplo, se $x < 3$, então $-4x > -12$. Este princípio também se aplica à divisão por um número negativo. Assim, se $-2x > 4$, então, $x < -2$.

Example 1 Resolvendo uma inequação

Encontre o conjunto solução da inequação

$3x - 4 < 5$.

SOLUÇÃO

$3x - 4 < 5$	Escreva a inequação original.
$3x - 4 + 4 < 5 + 4$	Adicione 4 a cada lado.
$3x < 9$	Simplifique.
$\frac{1}{3}(3x) < \frac{1}{3}(9)$	Multiplique cada lado por $\frac{1}{3}$.
$x < 3$	Simplifique.

Assim, o conjunto solução é o intervalo $(-\infty, 3)$, como mostra a Figura A.6. Após ter resolvido uma inequação, é uma boa ideia verificar alguns valores no conjunto solução para ver se eles satisfazem a desigualdade inicial. Você também deve verificar alguns valores fora do conjunto solução para verificar se eles *não* satisfazem a desigualdade. Por exemplo, a Figura A.6 mostra que quando $x = 0$ ou $x = 2$, a desigualdade é satisfeita, mas quando $x = 4$, a desigualdade não é satisfeita.

Para $x = 0$, $3(0) - 4 = -4$.
Para $x = 2$, $3(2) - 4 = 2$.
Para $x = 4$, $3(4) - 4 = 8$.

Conjunto solução para $3x - 4 < 5$

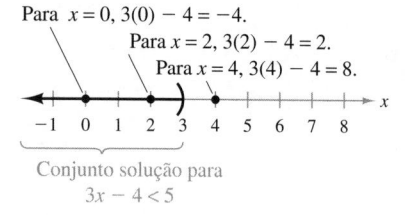

FIGURA A.6

✓ AUTOAVALIAÇÃO 1

Encontre o conjunto solução da inequação
$2x - 3 < 7$.

No Exemplo 1, todas as cinco inequações apresentadas como passos na solução têm o mesmo conjunto solução e são chamadas **inequações equivalentes**.

A inequação no Exemplo 1 envolve um polinômio de primeiro grau. Para resolver as inequações que envolvem polinômios de grau mais elevado, você pode usar o fato de que um polinômio pode mudar de sinal *apenas* nos seus zeros reais (os números reais que anulam o polinômio). Entre dois zeros reais consecutivos, um polinômio deve ser inteiramente positivo ou inteiramente negativo. Isto significa que quando os zeros reais de um polinômio são colocados em ordem, eles dividem a reta de números reais em **intervalos de teste** nos quais o polinômio não tem mudanças de sinal. Isto é, se um polinômio tem a forma fatorada

$$(x - r_1)(x - r_2), \ldots, (x - r_n), \qquad r_1 < r_2 < r_3 < \cdots < r_{n-1} < r_n$$

então, os intervalos de teste são

$$(-\infty, r_1), \quad (r_1, r_2), \quad \ldots, \quad (r_{n-1}, r_n), \quad \text{e} \quad (r_n, \infty).$$

Por exemplo, o polinômio

$$x^2 - x - 6 = (x - 3)(x + 2)$$

pode mudar sinais apenas em $x = -2$ e $x = 3$. Para determinar o sinal do polinômio nos intervalos $(-\infty, -2)$, $(-2, 3)$ e $(3, \infty)$, você precisa testar apenas *um valor* em cada intervalo.

Example 2 — Resolvendo uma inequação polinomial

$$x^2 < x + 6 \qquad \text{Inequação original}$$
$$x^2 - x - 6 < 0 \qquad \text{Forma polinomial}$$
$$(x - 3)(x + 2) < 0 \qquad \text{Fatore.}$$

Assim, o polinômio $x^2 - x - 6$ tem $x = -2$ e $x = 3$ como seus zeros. Você pode resolver a inequação testando o sinal do polinômio em cada um dos intervalos $(-\infty, -2)$, $(-2, 3)$ e $(3, \infty)$. Em cada intervalo, escolha um valor representativo e calcule o valor do polinômio.

Intervalo	Valor de x	Valor do polinômio	Conclusão
$(-\infty, -2)$	$x = -3$	$(-3)^2 - (-3) - 6 = 6$	Positivo
$(-2, 3)$	$x = 0$	$(0)^2 - (0) - 6 = -6$	Negativo
$(3, \infty)$	$x = 4$	$(4)^2 - (4) - 6 = 6$	Positivo

A partir disso, você pode concluir que a desigualdade é satisfeita para todos os valores de x em $(-2, 3)$. Isto implica que a solução da inequação $x^2 < x + 6$ é o intervalo $(-2, 3)$, como mostra a Figura A.7. Observe que a inequação original contém um símbolo "menor que". Isto significa que o conjunto solução não contém as extremidades do intervalo de teste $(-2, 3)$.

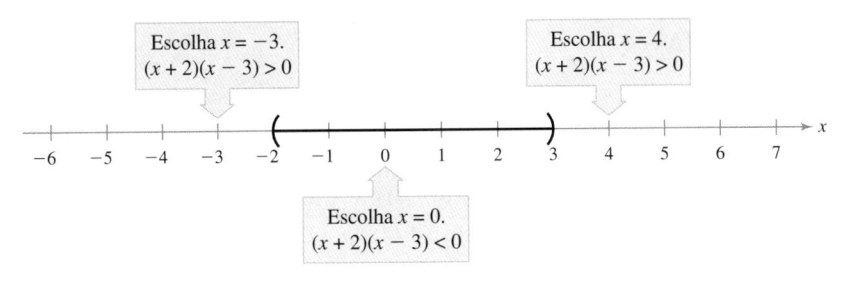

FIGURA A.7

✓ AUTOAVALIAÇÃO 2

Encontre o conjunto solução da inequação

$$x^2 > 3x + 10.$$

Aplicação

As inequações são frequentemente usadas para descrever condições que ocorrem nos negócios e na ciência. Por exemplo, a desigualdade

$$8,8 \leq W \leq 26,4$$

descreve os pesos típicos W (em libras) de macacos Rhesus adultos. O Exemplo 3 mostra como uma inequação pode ser usada para descrever os níveis de produção em uma fábrica.

Exemplo 3 — Níveis de produção

Além dos custos indiretos fixos de $ 500 por dia, o custo de produção de x unidades de um item é de $ 2,50 por unidade. Durante o mês de agosto, o custo total de produção variou de uma alta de $ 1.325 para uma baixa de $ 1.200 por dia. Encontre os *níveis de produção* mais alto e mais baixo durante o mês.

SOLUÇÃO Como custa $ 2,50 para produzir uma unidade, custa $2,5x$ para produzir x unidades. Além disso, como o custo fixo por dia é de $ 500, o custo total C diário (em dólares) para produzir x unidades é

$$C = 2,5x + 500.$$

Agora, como o custo variou de $ 1.200 a $ 1.325, você pode escrever o seguinte.

$1.200 \leq$	$2,5x + 500$	≤ 1.325	Escreva a inequação original
$1.200 - 500 \leq$	$2,5x + 500 - 500$	$\leq 1.325 - 500$	Subtraia 500 de cada parte.
$700 \leq$	$2,5x$	≤ 825	Simplifique.
$\dfrac{700}{2,5} \leq$	$\dfrac{2,5x}{2,5}$	$\leq \dfrac{825}{2,5}$	Divida cada parte por 2,5.
$280 \leq$	x	≤ 330	Simplifique.

Assim, os níveis de produção diários durante o mês de agosto variaram de um mínimo de 280 unidades a um máximo de 330 unidades, conforme mostra a Figura A.8.

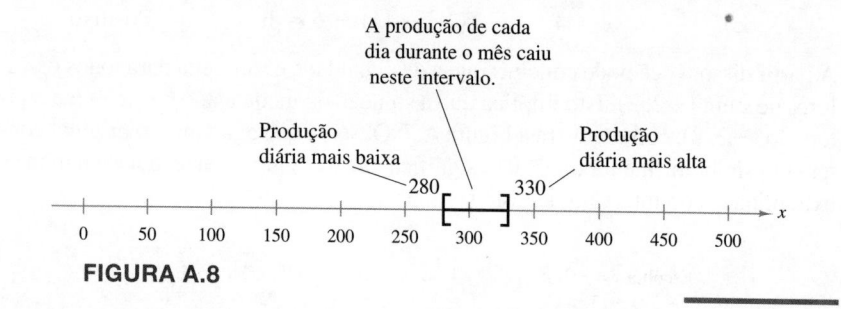

FIGURA A.8

✓ AUTOAVALIAÇÃO 3

Use a informação no Exemplo 3 para encontrar os níveis de produção mais alto e mais baixo durante o mês de outubro, quando o custo total de produção variou de uma alta de $ 1.500 para uma baixa de $ 1.000 por dia.

Exercícios A.1

Classificando números reais Nos Exercícios 1-10, determine se o número real é racional ou irracional.

1. $0{,}25$
2. $-3{,}678$
3. $\dfrac{3\pi}{2}$
4. $3\sqrt{2} - 1$
5. $4{,}\overline{3451}$
6. $\dfrac{22}{7}$
7. $\sqrt[3]{64}$
8. $0{,}\overline{8177}$
9. $\sqrt[3]{60}$
10. $2e$

Verificando soluções Nos Exercícios 11-14, determine se cada valor dado satisfaz a inequação.

11. $5x - 12 > 0$
    (a) $x = 3$ (b) $x = -3$ (c) $x = \tfrac{5}{2}$

12. $x + 1 < \dfrac{x}{3}$
    (a) $x = 0$ (b) $x = 4$ (c) $x = -4$

13. $0 < \dfrac{x-2}{4} < 2$
    (a) $x = 4$ (b) $x = 10$ (c) $x = 0$

14. $-1 < \dfrac{3-x}{2} \leq 1$
    (a) $x = 0$ (b) $x = 1$ (c) $x = 5$

Resolvendo uma inequação Nos Exercícios 15-28, resolva a inequação. Em seguida, represente graficamente o conjunto solução na reta de números reais. *Veja os Exemplos 1 e 2.*

15. $x - 5 \geq 7$
16. $2x > 3$
17. $4x + 1 < 2x$
18. $2x + 7 < 3$
19. $4 - 2x < 3x - 1$
20. $x - 4 \leq 2x + 1$
21. $-4 < 2x - 3 < 4$
22. $0 \leq x + 3 < 5$
23. $\dfrac{3}{4} > x + 1 > \dfrac{1}{4}$
24. $-1 < -\dfrac{x}{3} < 1$
25. $\dfrac{x}{2} + \dfrac{x}{3} > 5$
26. $\dfrac{x}{2} - \dfrac{x}{3} > 5$
27. $2x^2 - x < 6$
28. $2x^2 + 1 < 9x - 3$

Escrevendo desigualdades Nos Exercícios 29-32, use a notação de desigualdades para descrever o subconjunto dos números reais.

29. **Lucro por ação** Uma empresa espera que o lucro por ação E para o próximo trimestre seja não menos que $\$ 4{,}10$ e não mais que $\$ 4{,}25$.

30. **Produção** A produção diária estimada de petróleo em uma refinaria é superior a 2 milhões de barris, mas menos de 2,4 milhões de barris.

31. **Pesquisa** De acordo com uma pesquisa, o percentual p de americanos que agora realiza a maioria das transações bancárias pela internet não é maior que 40%.

32. **Renda** Espera-se que o lucro líquido de uma empresa seja de pelo menos $\$ 239$ milhões.

33. **Fisiologia** A frequência cardíaca máxima de uma pessoa saudável está relacionada com a idade da pessoa pela equação
    $$r = 220 - A$$
    em que r é a frequência cardíaca máxima (em batimentos por minuto) e A é a idade da pessoa (em anos). Alguns fisiologistas recomendam que durante a atividade física, uma pessoa sedentária deve se esforçar para aumentar a taxa do coração para, pelo menos, 60% da frequência cardíaca máxima, e uma pessoa altamente treinada deve se esforçar para aumentar a frequência cardíaca para, no máximo, 90% da frequência cardíaca máxima. Use a notação de inequação para expressar o intervalo da meta de frequência cardíaca para a atividade física para uma pessoa de 20 anos de idade.

34. **Custos operacionais anuais** Uma empresa de utilidades tem uma frota de vans. O custo anual de operação C (em dólares) de cada van é estimado como
    $$C = 0{,}35m + 2.500$$
    em que m é o número de milhas percorridas. Que número de milhas produzirá um custo operacional anual inferior a $\$ 13.000$?

35. **Lucro** A receita pela venda de x unidades de um produto é
    $$R = 115{,}95x$$
    e o custo de produção de x unidades é
    $$C = 95x + 750.$$
    Para obter lucro, a receita deve ser *maior que* o custo. Para quais valores de x esse produto retornará um lucro?

36. **Vendas** Uma loja de rosquinhas vende uma dúzia de rosquinhas por $\$ 4{,}50$. Além do custo fixo de $\$ 220$ por dia, custa $\$ 2{,}75$ para materiais e mão de obra suficientes para produzir cada dúzia de rosquinhas. Durante o mês de janeiro, o lucro diário varia entre $\$ 60$ e $\$ 270$. Entre quais níveis (em dúzias) as vendas diárias variam?

Verdadeiro ou falso? Nos Exercícios 37 e 38, determine se cada afirmação é verdadeira ou falsa, dado que $a < b$.

37. (a) $-2a < -2b$
    (b) $a + 2 < b + 2$
    (c) $6a < 6b$
    (d) $\dfrac{1}{a} < \dfrac{1}{b}$

38. (a) $a - 4 < b - 4$
    (b) $4 - a < 4 - b$
    (c) $-3b < -3a$
    (d) $\dfrac{a}{4} < \dfrac{b}{4}$

A.2 Valor absoluto e distância na reta de números reais

- Encontrar os valores absolutos dos números reais e compreender as propriedades do valor absoluto.
- Encontrar a distância entre dois números na reta de números reais.
- Definir intervalos na reta de números reais.
- Usar os intervalos para modelar e resolver problemas da vida real e encontrar o ponto médio de um intervalo.

Valor absoluto de um número real

Definição do valor absoluto

O **valor absoluto** de um número real a é

$$|a| = \begin{cases} a, & \text{se } a \geq 0 \\ -a, & \text{se } a < 0. \end{cases}$$

TUTOR TÉCNICO

Expressões com valor absoluto podem ser calculadas com uma ferramenta gráfica. Quando uma expressão como $|3 - 8|$ é calculada, parênteses devem rodear a expressão, como em abs(3 − 8).

À primeira vista pode parecer, a partir dessa definição, que o valor absoluto de um número real pode ser negativo, mas isto não é possível. Por exemplo, suponha que $a = -3$. Então, como $-3 < 0$, você tem

$$|a| = |-3| = -(-3) = 3.$$

As seguintes propriedades são úteis para trabalhar com valores absolutos.

Propriedades do valor absoluto

1. Multiplicação: $|ab| = |a||b|$
2. Divisão: $\left|\dfrac{a}{b}\right| = \dfrac{|a|}{|b|}, \quad b \neq 0$
3. Potência: $|a^n| = |a|^n$
4. Raiz quadrada: $\sqrt{a^2} = |a|$

Certifique-se de ter entendido a quarta propriedade nessa lista. Um erro comum em álgebra é imaginar que por elevar ao quadrado um número e, em seguida, tirar a raiz quadrada, você volta para o número original. Mas isso só é verdade se o número original for não negativo. Por exemplo, se $a = 2$, então

$$\sqrt{2^2} = \sqrt{4} = 2$$

mas se $a = -2$, então

$$\sqrt{(-2)^2} = \sqrt{4} = 2.$$

A razão para isto é que (por definição) o símbolo de raiz quadrada

$$\sqrt{}$$

indica apenas a raiz não negativa.

Distância na reta de números reais

Considere dois pontos distintos na reta de números reais, como mostra a Figura A.9.

1. A **distância orientada de a para b** é

    $b - a$.

2. A **distância orientada de b para a** é

    $a - b$.

3. A **distância entre a e b** é

    $|a - b|$ ou $|b - a|$.

Na Figura A.9, observe que, como b está à direita de a, a distância orientada de a para b (movendo para a direita) é positiva. Além disso, como a está à esquerda de b a distância orientada de b para a (movendo para a esquerda) é negativa. A distância *entre* dois pontos na reta de números reais nunca pode ser negativa.

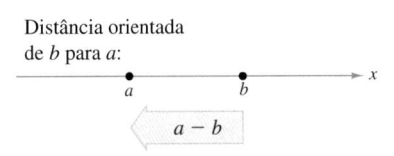

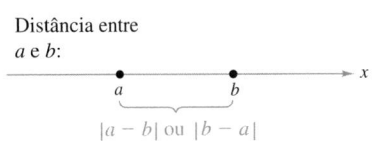

FIGURA A.9

Distância entre dois pontos na reta de números reais

A distância d entre os pontos x_1 e x_2 reta de números reais é dada por

$$d = |x_2 - x_1| = \sqrt{(x_2 - x_1)^2}.$$

Observe que a ordem de subtração entre x_1 e x_2 não importa, porque

$$|x_2 - x_1| = |x_1 - x_2| \quad \text{e} \quad (x_2 - x_1)^2 = (x_1 - x_2)^2.$$

Exemplo 1 — Encontrando a distância na reta de números reais

Determine a distância entre -3 e 4 na reta de números reais. Qual é a distância orientada de -3 a 4? Qual é a distância orientada de 4 a -3?

SOLUÇÃO A distância entre -3 e 4 é dada por

$$|-3 - 4| = |-7| = 7 \qquad |a - b|$$

ou

$$|4 - (-3)| = |7| = 7 \qquad |b - a|$$

como mostra a Figura A.10.

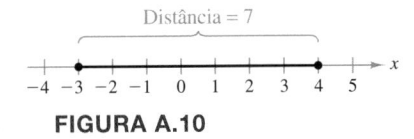

FIGURA A.10

A distância orientada de -3 a 4 é

$$4 - (-3) = 7. \qquad b - a$$

A distância orientada de 4 a -3 é

$$-3 - 4 = -7. \qquad a - b$$

✓ AUTOAVALIAÇÃO 1

Determine a distância entre -2 e 6 na reta de números reais. Qual é a distância orientada de -2 a 6? Qual é a distância orientada de 6 a -2?

Intervalos definidos pelo valor absoluto

Exemplo 2 **Definindo um intervalo na reta de números reais**

Encontre o intervalo na reta de números reais que contém todos os números que estão a não mais de duas unidades de 3.

SOLUÇÃO Digamos que x seja qualquer ponto nesse intervalo. É preciso encontrar todos os x tal que a distância entre eles e 3 seja menor ou igual a 2. Isso implica que

$$|x - 3| \leq 2.$$

Exigir que o valor absoluto de $x - 3$ seja menor ou igual a 2 significa que $x - 3$ deve situar-se entre -2 e 2. Assim, você pode escrever

$$-2 \leq x - 3 \leq 2.$$

Resolvendo esse par de inequações, você tem

$$-2 + 3 \leq x - 3 + 3 \leq 2 + 3$$
$$1 \leq \quad x \quad \leq 5. \qquad \text{Conjunto solução}$$

Assim, o intervalo é $[1, 5]$, como mostra a Figura A.11.

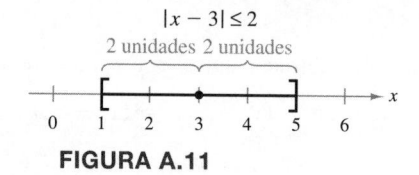

FIGURA A.11

✓ AUTOAVALIAÇÃO 2

Encontre o intervalo na reta de números reais que contém todos os números que estão a não mais de quatro unidades de 6.

Dois tipos básicos de inequações envolvendo o valor absoluto

Suponha que a e d sejam números reais, em que $d > 0$.

$|x - a| \leq d$ se e somente se $a - d \leq x \leq a + d$.

$|x - a| \geq d$ se e somente se $x \leq a - d$ ou $a + d \leq x$.

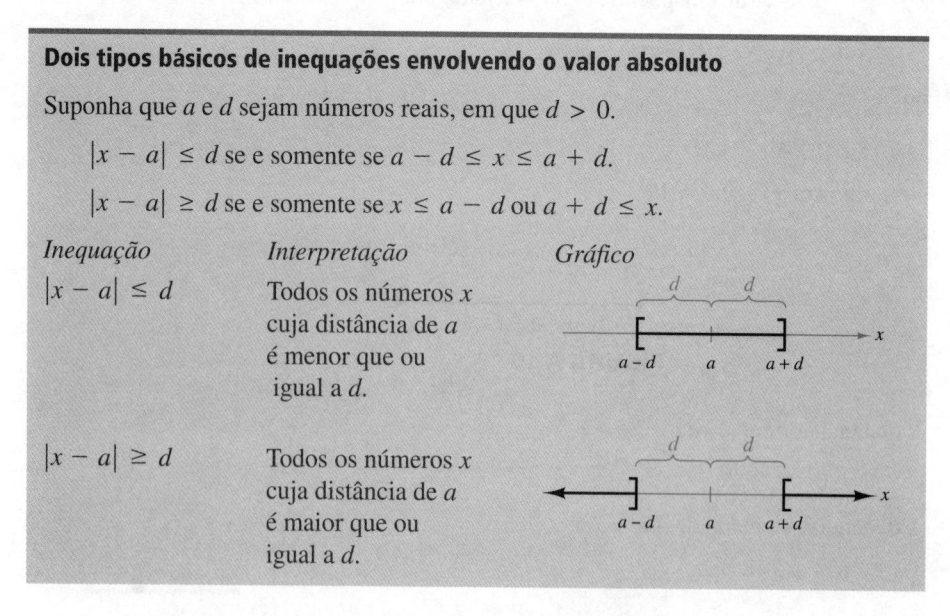

Inequação	Interpretação	Gráfico
$\|x - a\| \leq d$	Todos os números x cuja distância de a é menor que ou igual a d.	
$\|x - a\| \geq d$	Todos os números x cuja distância de a é maior que ou igual a d.	

Certifique-se de ter percebido que as inequações da forma $|x - a| \geq d$ têm conjuntos soluções que consistem em dois intervalos. Para descrever os dois intervalos sem utilizar valores absolutos, é necessário usar *duas* desigualdades separadas, conectadas por um "ou" para indicar união.

Aplicação

Exemplo 3 — Controle de qualidade

Um grande fabricante contratou uma empresa de controle de qualidade para determinar a confiabilidade de um produto. Usando métodos estatísticos, a empresa determinou que o fabricante poderia esperar 0,35% ± 0,17% das unidades com defeito. O fabricante oferece uma garantia de devolução do dinheiro sobre esse produto. Quanto deve ser orçado para cobrir as restituições para 100.000 unidades? (Suponha que o preço de varejo seja de $ 8,95.) O fabricante terá que estabelecer um orçamento de restituição maior que $ 5.000?

SOLUÇÃO Suponha que r represente a percentagem de unidades defeituosas (na forma decimal). Você sabe que r será diferente de 0,0035 por, no máximo 0,0017.

$$0,0035 - 0,0017 \leq r \leq 0,0035 + 0,0017$$
$$0,0018 \leq r \leq 0,0052 \qquad \text{Figura A.12(a)}$$

Agora, supondo que x seja o número de unidades defeituosas em cada 100.000, segue que $x = 100.000r$ e você tem

$$0,0018(100.000) \leq 100.000r \leq 0,0052(100.000)$$
$$180 \leq x \leq 520. \qquad \text{Figura A.12(b)}$$

Finalmente, assumindo que C seja o custo das restituições, você tem $C = 8,95x$. Assim, o custo total das restituições para 100.000 unidades deve estar dentro do intervalo dado por

$$180(8,95) \leq 8,95x \leq 520(8,95)$$
$$\$\,1.611 \leq C \leq \$\,4.654. \qquad \text{Figura A.12(c)}$$

O fabricante *não* terá que estabelecer um orçamento de restituição maior que $ 5.000.

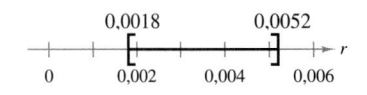

(a) Porcentagem de unidades com defeito

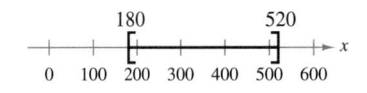

(b) Número de unidades com defefeito

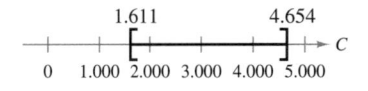

(c) Custo com restituição

FIGURA A.12

✓ AUTOAVALIAÇÃO 3

Use a informação no Exemplo 3 para determinar quanto deve ser orçado para cobrir as restituições de 250.000 unidades. ■

No Exemplo 3, o fabricante deve esperar gastar entre $ 1.611 e $ 4.654 para as restituições. É claro que o orçamento mais seguro para as restituições seria a maior dessas estimativas. De um ponto de vista estatístico, no entanto, a estimativa mais representativa seria a média destes dois extremos. Graficamente, a média de dois números é o **ponto médio** do intervalo com os dois números como extremidades, conforme mostra a Figura A.13.

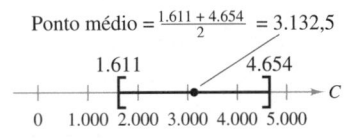

$$\text{Ponto médio} = \frac{1.611 + 4.654}{2} = 3.132,5$$

FIGURA A.13

Ponto médio do intervalo

O **ponto médio** do intervalo com extremidades a e b é encontrado tomando a média das extremidades.

$$\text{Ponto médio} = \frac{a + b}{2}$$

Exercícios A.2

Encontrando a distância na reta de números reais Nos Exercícios 1-6, determine (a) a distância entre a e b (b) a distância orientada de a para b e (c) a distância orientada de b para a. Veja o Exemplo 1.

1. $a = 126, b = 75$
2. $a = -126, b = -75$
3. $a = 9{,}34, b = -5{,}65$
4. $a = -2{,}05, b = 4{,}25$
5. $a = \frac{16}{5}, b = \frac{112}{75}$
6. $a = -\frac{18}{5}, b = \frac{61}{15}$

Descrevendo intervalos utilizando o valor absoluto Nos exercícios 7-18, utilize os valores absolutos para descrever o intervalo dado (ou par de intervalos) na reta de números reais.

7. $[-2, 2]$
8. $(-3, 3)$
9. $(-\infty, -2) \cup (2, \infty)$
10. $(-\infty, -3] \cup [3, \infty)$
11. $[2, 8]$
12. $(-7, -1)$
13. $(-\infty, 0) \cup (4, \infty)$
14. $(-\infty, 20) \cup (24, \infty)$
15. Todos os números a *menos de* três unidades de 5.
16. Todos os números a *mais de* cinco unidades de 2.
17. y está no máximo a *duas unidades* de a.
18. y está a *menos de h* unidades de c.

Resolvendo uma inequação Nos Exercícios 19-34, resolva a inequação. Em seguida, represente graficamente o conjunto solução na reta de números reais. Veja o Exemplo 2.

19. $|x| < 4$
20. $|2x| < 6$
21. $\left|\dfrac{x}{2}\right| > 3$
22. $|3x| > 12$
23. $|x - 5| < 2$
24. $|3x + 1| \geq 4$
25. $\left|\dfrac{x - 3}{2}\right| \geq 5$
26. $|2x + 1| < 5$
27. $|10 - x| > 4$
28. $|25 - x| \geq 20$
29. $|9 - 2x| < 1$
30. $\left|1 - \dfrac{2x}{3}\right| < 1$
31. $|x - a| \leq b, \ b > 0$
32. $|2x - a| \geq b, \ b > 0$
33. $\left|\dfrac{3x - a}{4}\right| < 2b, \ b > 0$
34. $\left|a - \dfrac{5x}{2}\right| > b, \ b > 0$

Encontrando o ponto médio Nos Exercícios 35-40, encontre o ponto médio do intervalo dado.

35. $[8, 24]$
36. $[7{,}3, 12{,}7]$
37. $[-6{,}85, 9{,}35]$
38. $[-4{,}6, -1{,}3]$
39. $\left[-\frac{1}{2}, \frac{3}{4}\right]$
40. $\left[\frac{5}{6}, \frac{5}{2}\right]$

41. **Preço de ações** Um analista do mercado de ações prevê que durante o próximo ano o preço de uma ação não mudará do preço atual de $ 33,15 em mais de $ 2. Use valores absolutos para escrever essa previsão como uma inequação.

42. **Produção** A produção diária estimada em uma refinaria é dada por
$$|x - 200.000| \leq 25.000$$
em que x é medido em barris de petróleo. Determine os níveis mais alto e mais baixo de produção.

43. **Fabricação** Os pesos aceitáveis para uma caixa de cereais de 20 onças são dados por
$$|x - 20| \leq 0{,}75$$
em que x é medido em onças. Determine o peso mais alto e mais baixo da caixa de cereais.

44. **Peso** O American Kennel Club desenvolveu diretrizes para julgar as características de várias raças de cães. Para não receber uma penalidade, as orientações especificam que os pesos dos *collies* machos devem satisfazer a inequação
$$\left|\dfrac{w - 67{,}5}{7{,}5}\right| \leq 1$$
em que w é o peso (em libras). Determine o intervalo na reta de números reais em que esses pesos caem. *(Fonte: The American Kennel Club, Inc.)*

Variação de orçamento Nos Exercícios 45-48, (a) use a notação de valor absoluto para representar os dois intervalos em que as despesas devem cair para estarem dentro de $ 500 e dentro de 5% do valor do orçamento especificado, e (b) utilizando a restrição mais rigorosa, determine se a despesa dada está em desacordo com a restrição do orçamento.

Item	Orçamento	Despesa
45. Utilitários	$ 4.750,00	$ 5.116,37
46. Seguro	$ 15.000,00	$ 14.695,00
47. Manutenção	$ 20.000,00	$ 22.718,35
48. Taxas	$ 7.500,00	$ 8.691,00

49. **Controle de qualidade** Ao determinar a confiabilidade de um produto, um fabricante determina que ele deve esperar 0,05% ± 0,01% das unidades com defeito. O fabricante oferece uma garantia de devolução do dinheiro deste produto. Quanto deve ser orçado para cobrir as restituições para 150.000 unidades produzidas? (Assuma que o preço de varejo é de $ 195,99.)

A.3 Expoentes e radicais

- Calcular expressões envolvendo expoentes ou radicais.
- Simplificar as expressões com expoentes.
- Encontrar os domínios das expressões algébricas.

Expressões envolvendo expoentes ou radicais

Propriedades dos expoentes

1. Expoentes de número inteiro: $x^n = \underbrace{x \cdot x \cdot x \cdots x}_{n \text{ fatores}}$

2. Expoente zero: $x^0 = 1, \quad x \neq 0$

3. Expoentes negativos: $x^{-n} = \dfrac{1}{x^n}, \quad x \neq 0$

4. Radicais (raiz *enésima* principal): $\sqrt[n]{x} = a \implies x = a^n$

5. Expoentes racionais $(1/n)$: $x^{1/n} = \sqrt[n]{x}$

6. Expoentes racionais (m/n): $x^{m/n} = (x^{1/n})^m = \left(\sqrt[n]{x}\right)^m$

   $x^{m/n} = (x^m)^{1/n} = \sqrt[n]{x^m}$

7. Convenção especial (raiz quadrada): $\sqrt[2]{x} = \sqrt{x}$

DICA DE ESTUDO

Se n é par, então a raiz *enésima* principal é positiva. Por exemplo, $\sqrt{4} = +2$ e $\sqrt[4]{81} = +3$.

Exemplo 1 Calculando expressões

Expressão	Valor de x	Substituição
a. $y = -2x^2$	$x = 4$	$y = -2(4^2) = -2(16) = -32$
b. $y = 3x^{-3}$	$x = -1$	$y = 3(-1)^{-3} = \dfrac{3}{(-1)^3} = \dfrac{3}{-1} = -3$
c. $y = (-x)^2$	$x = \dfrac{1}{2}$	$y = \left(-\dfrac{1}{2}\right)^2 = \dfrac{1}{4}$
d. $y = \dfrac{2}{x^{-2}}$	$x = 3$	$y = \dfrac{2}{3^{-2}} = 2(3^2) = 18$

✓ AUTOAVALIAÇÃO 1

Calcule $y = 4x^{-2}$ para $x = 3$.

Exemplo 2 Calculando expressões

Expressão	Valor de x	Substituição
a. $y = 2x^{1/2}$	$x = 4$	$y = 2\sqrt{4} = 2(2) = 4$
b. $y = \sqrt[3]{x^2}$	$x = 8$	$y = 8^{2/3} = (8^{1/3})^2 = 2^2 = 4$

✓ AUTOAVALIAÇÃO 2

Calcule $y = 4x^{1/3}$ para $x = 8$.

Operações com expoentes

TUTOR TÉCNICO

Ferramentas gráficas executam a ordem estabelecida das operações ao calcular uma expressão. Para ver isso, tente introduzir as expressões

$$1.200\left(1 + \frac{0{,}09}{12}\right)^{12 \cdot 6}$$

e

$$1.200 \times 1 + \left(\frac{0{,}09}{12}\right)^{12 \cdot 6}$$

em sua ferramenta gráfica para ver que as expressões resultam em valores diferentes.

Operações com expoentes

1. Multiplicando bases iguais: $\quad x^n x^m = x^{n+m}\quad$ Adicione os expoentes.

2. Dividindo bases iguais: $\quad \dfrac{x^n}{x^m} = x^{n-m}\quad$ Subtraia os expoentes.

3. Removendo parênteses:
$$(xy)^n = x^n y^n$$
$$\left(\frac{x}{y}\right)^n = \frac{x^n}{y^n}$$
$$(x^n)^m = x^{nm}$$

4. Convenções especiais:
$$-x^n = -(x^n), \quad -x^n \neq (-x)^n$$
$$cx^n = c(x^n), \quad cx^n \neq (cx)^n$$
$$x^{n^m} = x^{(n^m)}, \quad x^{n^m} \neq (x^n)^m$$

Exemplo 3 **Simplificando expressões com expoentes**

Simplifique cada expressão.

a. $2x^2(x^3)$ $\qquad$ **b.** $(3x)^2 \sqrt[3]{x}$ $\qquad$ **c.** $\dfrac{3x^2}{(x^{1/2})^3}$

d. $\dfrac{5x^4}{(x^2)^3}$ $\qquad$ **e.** $x^{-1}(2x^2)$ $\qquad$ **f.** $\dfrac{-\sqrt{x}}{5x^{-1}}$

SOLUÇÃO

a. $2x^2(x^3) = 2x^{2+3} = 2x^5 \qquad\qquad\qquad x^n x^m = x^{n+m}$

b. $(3x)^2 \sqrt[3]{x} = 9x^2 x^{1/3} = 9x^{2+(1/3)} = 9x^{7/3} \qquad x^n x^m = x^{n+m}$

c. $\dfrac{3x^2}{(x^{1/2})^3} = 3\left(\dfrac{x^2}{x^{3/2}}\right) = 3x^{2-(3/2)} = 3x^{1/2} \qquad (x^n)^m = x^{nm}, \ \dfrac{x^n}{x^m} = x^{n-m}$

d. $\dfrac{5x^4}{(x^2)^3} = \dfrac{5x^4}{x^6} = 5x^{4-6} = 5x^{-2} = \dfrac{5}{x^2} \qquad (x^n)^m = x^{nm}, \ \dfrac{x^n}{x^m} = x^{n-m}$

e. $x^{-1}(2x^2) = 2x^{-1}x^2 = 2x^{-1+2} = 2x \qquad\qquad x^n x^m = x^{n+m}$

f. $\dfrac{-\sqrt{x}}{5x^{-1}} = -\dfrac{1}{5}\left(\dfrac{x^{1/2}}{x^{-1}}\right) = -\dfrac{1}{5}x^{(1/2)+1} = -\dfrac{1}{5}x^{3/2} \qquad \dfrac{x^n}{x^m} = x^{n-m}$

✓ AUTOAVALIAÇÃO 3

Simplifique cada expressão.

a. $3x^2(x^4)$

b. $(2x)^3 \sqrt{x}$

c. $\dfrac{4x^2}{(x^{1/3})^2}$ ∎

Observe no Exemplo 3 que uma característica das expressões simplificadas é a ausência de expoentes negativos. Outra característica das expressões simplificadas é que as somas e diferenças são escritas em forma fatorada. Para fazer isso, você pode usar a **propriedade distributiva**.

$$abx^n + acx^{n+m} = ax^n(b + cx^m)$$

Estude cuidadosamente o exemplo a seguir para ter certeza de que você entende os conceitos envolvidos no processo de fatoração.

Exemplo 4 Simplificando por fatoração

Simplifique cada expressão por fatoração.

a. $2x^2 - x^3$ **b.** $2x^3 + x^2$ **c.** $2x^{1/2} + 4x^{5/2}$ **d.** $2x^{-1/2} + 3x^{5/2}$

SOLUÇÃO

a. $2x^2 - x^3 = x^2(2 - x)$

b. $2x^3 + x^2 = x^2(2x + 1)$

c. $2x^{1/2} + 4x^{5/2} = 2x^{1/2}(1 + 2x^2)$

d. $2x^{-1/2} + 3x^{5/2} = x^{-1/2}(2 + 3x^3) = \dfrac{2 + 3x^3}{\sqrt{x}}$

✓ AUTOAVALIAÇÃO 4

Simplifique cada expressão por fatoração.

a. $x^3 - 2x$

b. $2x^{1/2} + 8x^{3/2}$ ∎

DICA DE ESTUDO

Para verificar se uma expressão simplificada é equivalente à expressão original, tente atribuir valores para x em cada expressão.

Muitas expressões algébricas obtidas no cálculo ocorrem na forma não simplificada. Por exemplo, as duas expressões mostradas no exemplo a seguir são o resultado de uma operação em cálculo chamada *derivação*. [A primeira é a derivada de $2(x + 1)^{3/2}(2x - 3)^{5/2}$ e a segunda é a derivada de $2(x + 1)^{1/2}(2x - 3)^{5/2}$.]

Exemplo 5 Simplificando por fatoração

a. $3(x + 1)^{1/2}(2x - 3)^{5/2} + 10(x + 1)^{3/2}(2x - 3)^{3/2}$
$$= (x + 1)^{1/2}(2x - 3)^{3/2}[3(2x - 3) + 10(x + 1)]$$
$$= (x + 1)^{1/2}(2x - 3)^{3/2}(6x - 9 + 10x + 10)$$
$$= (x + 1)^{1/2}(2x - 3)^{3/2}(16x + 1)$$

b. $(x + 1)^{-1/2}(2x - 3)^{5/2} + 10(x + 1)^{1/2}(2x - 3)^{3/2}$
$$= (x + 1)^{-1/2}(2x - 3)^{3/2}[(2x - 3) + 10(x + 1)]$$
$$= (x + 1)^{-1/2}(2x - 3)^{3/2}(2x - 3 + 10x + 10)$$
$$= (x + 1)^{-1/2}(2x - 3)^{3/2}(12x + 7)$$
$$= \dfrac{(2x - 3)^{3/2}(12x + 7)}{(x + 1)^{1/2}}$$

✓ AUTOAVALIAÇÃO 5

Simplifique a expressão por fatoração.

$(x + 2)^{1/2}(3x - 1)^{3/2} + 4(x + 2)^{-1/2}(3x - 1)^{5/2}$ ∎

O Exemplo 6 mostra alguns tipos adicionais de expressões que podem ocorrer em cálculo. [A expressão no Exemplo 6(d) é uma primitiva de $(x + 1)^{2/3}(2x + 3)$, e a expressão no Exemplo 6(e) é a derivada de $(x + 2)^3/(x - 1)^3$.]

TUTOR TÉCNICO

Uma ferramenta gráfica oferece várias maneiras de calcular expoentes e raízes racionais. Você deve estar familiarizado com a tecla que indica $\boxed{x^2}$. Ela eleva ao quadrado o valor de uma expressão.

Para expoentes racionais ou expoentes diferentes de 2, utilize a tecla $\boxed{\wedge}$.

Para expressões radicais, você pode usar a tecla raiz quadrada $\boxed{\sqrt{\ }}$, a tecla raiz cúbica $\boxed{\sqrt[3]{\ }}$ ou a tecla raiz enésima $\boxed{\sqrt[x]{\ }}$. Consulte o manual do usuário da ferramenta gráfica para encontrar teclas específicas que você pode usar para calcular expoentes racionais e expressões radicais.

Exemplo 6 — Fatores envolvendo quocientes

Simplifique cada expressão por fatoração.

a. $\dfrac{3x^2 + x^4}{2x}$

b. $\dfrac{\sqrt{x} + x^{3/2}}{x}$

c. $(9x + 2)^{-1/3} + 18(9x + 2)$

d. $\dfrac{3}{5}(x + 1)^{5/3} + \dfrac{3}{4}(x + 1)^{8/3}$

e. $\dfrac{3(x + 2)^2(x - 1)^3 - 3(x + 2)^3(x - 1)^2}{[(x - 1)^3]^2}$

SOLUÇÃO

a. $\dfrac{3x^2 + x^4}{2x} = \dfrac{x^2(3 + x^2)}{2x} = \dfrac{x^{2-1}(3 + x^2)}{2} = \dfrac{x(3 + x^2)}{2}$

b. $\dfrac{\sqrt{x} + x^{3/2}}{x} = \dfrac{x^{1/2}(1 + x)}{x} = \dfrac{1 + x}{x^{1-(1/2)}} = \dfrac{1 + x}{\sqrt{x}}$

c. $(9x + 2)^{-1/3} + 18(9x + 2) = (9x + 2)^{-1/3}[1 + 18(9x + 2)^{4/3}]$

$= \dfrac{1 + 18(9x + 2)^{4/3}}{\sqrt[3]{9x + 2}}$

d. $\dfrac{3}{5}(x + 1)^{5/3} + \dfrac{3}{4}(x + 1)^{8/3} = \dfrac{12}{20}(x + 1)^{5/3} + \dfrac{15}{20}(x + 1)^{8/3}$

$= \dfrac{3}{20}(x + 1)^{5/3}[4 + 5(x + 1)]$

$= \dfrac{3}{20}(x + 1)^{5/3}(4 + 5x + 5)$

$= \dfrac{3}{20}(x + 1)^{5/3}(5x + 9)$

e. $\dfrac{3(x + 2)^2(x - 1)^3 - 3(x + 2)^3(x - 1)^2}{[(x - 1)^3]^2}$

$= \dfrac{3(x + 2)^2(x - 1)^2[(x - 1) - (x + 2)]}{(x - 1)^6}$

$= \dfrac{3(x + 2)^2(x - 1 - x - 2)}{(x - 1)^{6-2}}$

$= \dfrac{-9(x + 2)^2}{(x - 1)^4}$

✓ AUTOAVALIAÇÃO 6

Simplifique a expressão por fatoração.

$\dfrac{5x^3 + x^6}{3x}$

Domínio de uma expressão algébrica

Ao trabalhar com expressões algébricas envolvendo x, você enfrenta a dificuldade potencial de atribuir um valor de x para o qual a expressão não é definida (não produz um número real). Por exemplo, a expressão $\sqrt{2x + 3}$ *não é definida* quando $x = -2$ porque

$$\sqrt{2(-2)+3} = \sqrt{-1}$$

não é um número real.

O conjunto de todos os valores para os quais a expressão está definida é chamado de seu domínio. Assim, o domínio de $\sqrt{2x+3}$ é o conjunto de todos os valores de x tais que $\sqrt{2x+3}$ é um número real. Para que $\sqrt{2x+3}$ represente um número real, é necessário que

$2x + 3 \geq 0.$ A expressão deve ser não negativa.

Em outras palavras, $\sqrt{2x+3}$ é definido apenas para os valores que estão no intervalo de $\left[-\frac{3}{2}, \infty\right)$, como mostra a Figura A.14.

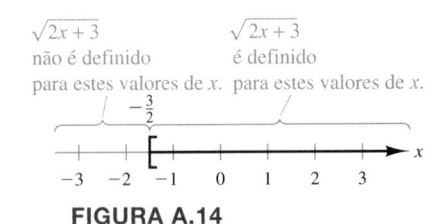

FIGURA A.14

Exemplo 7 Encontrando o domínio de uma expressão

Encontre o domínio de cada expressão.

a. $\sqrt{3x-2}$

b. $\dfrac{1}{\sqrt{3x-2}}$

c. $\sqrt[3]{9x+1}$

SOLUÇÃO

a. O domínio de $\sqrt{3x-2}$ consiste em todos os x tais que

   $3x - 2 \geq 0$ A expressão deve ser não negativa.

   o que implica que $x \geq \frac{2}{3}$. Assim, o domínio é $\left[\frac{2}{3}, \infty\right)$.

b. O domínio de $1/\sqrt{3x-2}$ é o mesmo que o domínio de $\sqrt{3x-2}$, exceto que $1/\sqrt{3x-2}$ não é definido quando $3x - 2 = 0$. Já que isso ocorre quando $x = \frac{2}{3}$, o domínio é $\left(\frac{2}{3}, \infty\right)$.

c. Como $\sqrt[3]{9x+1}$ é definido para todos os números reais, seu domínio é $(-\infty, \infty)$.

✓ AUTOAVALIAÇÃO 7

Encontre o domínio de cada expressão.

a. $\sqrt{x-2}$

b. $\dfrac{1}{\sqrt{x-2}}$

c. $\sqrt[3]{x-2}$

Exercícios A.3

Calculando expressões Nos Exercícios 1-20, calcule a expressão para o valor dado de x. Veja os Exemplos 1 e 2.

Expressão	Valor de x	Expressão	Valor de x
1. $-2x^3$	$x = 3$	2. $\dfrac{x^2}{3}$	$x = 6$
3. $4x^{-3}$	$x = 2$	4. $7x^{-2}$	$x = 5$
5. $\dfrac{1 + x^{-1}}{x^{-1}}$	$x = 3$	6. $x - 4x^{-2}$	$x = 3$
7. $3x^2 - 4x^3$	$x = -2$	8. $5(-x)^3$	$x = 3$
9. $6x^0 - (6x)^0$	$x = 10$	10. $\dfrac{1}{(-x)^{-3}}$	$x = 4$
11. $\sqrt[3]{x^2}$	$x = 27$	12. $\sqrt{x^3}$	$x = \tfrac{1}{9}$
13. $x^{-1/2}$	$x = 4$	14. $x^{-3/4}$	$x = 16$
15. $x^{-2/5}$	$x = -32$	16. $(x^{2/3})^3$	$x = 10$
17. $500x^{60}$	$x = 1{,}01$	18. $\dfrac{10.000}{x^{120}}$	$x = 1{,}1$
19. $\sqrt[3]{x}$	$x = -54$	20. $\sqrt[6]{x}$	$x = 325$

Simplifique expressões com expoentes Nos Exercícios 21-30, simplifique a expressão. Veja o Exemplo 3.

21. $6y^{-2}(2y^4)^{-3}$

22. $z^{-3}(3z^4)$

23. $10(x^2)^2$

24. $(4x^3)^2$

25. $\dfrac{7x^2}{x^{-3}}$

26. $\dfrac{r^{-3}}{\sqrt{x}}$

27. $\dfrac{10(x+y)^3}{4(x+y)^{-2}}$

28. $\left(\dfrac{12s^2}{9s}\right)^3$

29. $\dfrac{3x\sqrt{x}}{x^{1/2}}$

30. $\left(\sqrt[3]{x^2}\right)^3$

Simplificando radicais Nos Exercícios 31-36, simplifique removendo todos os fatores possíveis do radical.

31. $\sqrt{8}$

32. $\sqrt[3]{\dfrac{16}{27}}$

33. $\sqrt[3]{54x^5}$

34. $\sqrt[4]{(3x^2y^3)^4}$

35. $\sqrt[3]{144x^9y^{-4}z^5}$

36. $\sqrt[4]{32xy^5z^{-8}}$

Simplificando por fatoração Nos Exercícios 37-44, simplifique cada expressão por fatoração. Veja os Exemplos 4, 5 e 6.

37. $3x^3 - 12x$

38. $8x^4 - 6x^2$

39. $2x^{5/2} + x^{-1/2}$

40. $5x^{3/2} - x^{-3/2}$

41. $3x(x+1)^{3/2} - 6(x+1)^{1/2}$

42. $2x(x-1)^{5/2} - 4(x-1)^{3/2}$

43. $\dfrac{5x^6 + x^3}{3x^2}$

44. $\dfrac{(x+1)(x-1)^2 - (x-1)^3}{(x+1)^2}$

Encontrando o domínio da expressão Nos Exercícios 45-52, encontre o domínio da expressão. Veja o Exemplo 7.

45. $\sqrt{x-4}$

46. $\sqrt{5-2x}$

47. $\sqrt{x^2+3}$

48. $\sqrt{4x^2+1}$

49. $\dfrac{1}{\sqrt[3]{x-4}}$

50. $\dfrac{1}{\sqrt[3]{x+4}}$

51. $\dfrac{\sqrt{x+2}}{1-x}$

52. $\dfrac{1}{\sqrt{2x+3}} + \sqrt{6-4x}$

Juros compostos Nos Exercícios 53-56, um certificado de depósito tem um capital de P dólares e uma taxa percentual anual de r (expressa como decimal), capitalizada n vezes por ano. O saldo A na conta é dado por

$$A = P\left(1 + \dfrac{r}{n}\right)^N$$

em que N é o número de capitalizações. Use uma ferramenta gráfica para encontrar o saldo na conta.

53. $P = \$\,10.000$, $r = 6{,}5\%$, $n = 12$, $N = 120$

54. $P = \$\,7.000$, $r = 5\%$, $n = 365$, $N = 1.000$

55. $P = \$\,5.000$, $r = 5{,}5\%$, $n = 4$, $N = 60$

56. $P = \$\,8.000$, $r = 7\%$, $n = 6$, $N = 90$

57. **Período de um pêndulo** O período de um pêndulo é

$$T = 2\pi\sqrt{\dfrac{L}{32}}$$

em que T é o período (em segundos) e L é o comprimento (em pés) do pêndulo. Encontre o período de um pêndulo cujo comprimento é de 4 pés.

58. **Anuidade** Depois que n pagamentos anuais de P dólares foram feitos em uma anuidade que rende uma taxa percentual anual de r, capitalizada anualmente, o saldo é dado por

$$A = P(1+r) + P(1+r)^2 + \cdots + P(1+r)^n.$$

Reescreva esta fórmula, completando a seguinte fatoração.

$$A = P(1+r)(\quad\quad)$$

A.4 Fatoração polinômios

- Usar produtos especiais e técnicas de fatoração para fatorar polinômios.
- Usar divisão sintética para fatorar polinômios de grau três ou mais.
- Usar o teorema do zero racional para encontrar os zeros reais dos polinômios.

Técnicas de fatoração

O **teorema fundamental da álgebra** afirma que todo polinômio de enésimo grau

$$a_n x^n + a_{n-1} x^{n-1} + \cdots + a_1 x + a_0, \quad a_n \neq 0$$

tem precisamente n **zeros**. (Os zeros podem ser repetidos ou complexos.) Os zeros de um polinômio em x são os valores de x que fazem o polinômio ser zero. O problema de encontrar os zeros de um polinômio é equivalente ao de fatorar o polinômio em fatores lineares.

Produtos especiais e técnicas de fatoração

Fórmula quadrática

$ax^2 + bx + c = 0 \implies x = \dfrac{-b \pm \sqrt{b^2 - 4ac}}{2a}$

Exemplo

$x^2 + 3x - 1 = 0 \implies x = \dfrac{-3 \pm \sqrt{13}}{2}$

Produtos especiais

$x^2 - a^2 = (x - a)(x + a)$

$x^3 - a^3 = (x - a)(x^2 + ax + a^2)$

$x^3 + a^3 = (x + a)(x^2 - ax + a^2)$

$x^4 - a^4 = (x - a)(x + a)(x^2 + a^2)$

Exemplos

$x^2 - 9 = (x - 3)(x + 3)$

$x^3 - 8 = (x - 2)(x^2 + 2x + 4)$

$x^3 + 64 = (x + 4)(x^2 - 4x + 16)$

$x^4 - 16 = (x - 2)(x + 2)(x^2 + 4)$

Teorema binomial

$(x + a)^2 = x^2 + 2ax + a^2$

$(x - a)^2 = x^2 - 2ax + a^2$

$(x + a)^3 = x^3 + 3ax^2 + 3a^2x + a^3$

$(x - a)^3 = x^3 - 3ax^2 + 3a^2x - a^3$

$(x + a)^4 = x^4 + 4ax^3 + 6a^2x^2 + 4a^3x + a^4$

$(x - a)^4 = x^4 - 4ax^3 + 6a^2x^2 - 4a^3x + a^4$

Exemplos

$(x + 3)^2 = x^2 + 6x + 9$

$(x^2 - 5)^2 = x^4 - 10x^2 + 25$

$(x + 2)^3 = x^3 + 6x^2 + 12x + 8$

$(x - 1)^3 = x^3 - 3x^2 + 3x - 1$

$(x + 2)^4 = x^4 + 8x^3 + 24x^2 + 32x + 16$

$(x - 4)^4 = x^4 - 16x^3 + 96x^2 - 256x + 256$

$(x + a)^n = x^n + nax^{n-1} + \dfrac{n(n-1)}{2!}a^2x^{n-2} + \dfrac{n(n-1)(n-2)}{3!}a^3x^{n-3} + \cdots + na^{n-1}x + a^n$ *

$(x - a)^n = x^n - nax^{n-1} + \dfrac{n(n-1)}{2!}a^2x^{n-2} - \dfrac{n(n-1)(n-2)}{3!}a^3x^{n-3} + \cdots \pm na^{n-1}x \mp a^n$

Fatorando por agrupamento

$acx^3 + adx^2 + bcx + bd = ax^2(cx + d) + b(cx + d)$
$\qquad\qquad\qquad\qquad\qquad = (ax^2 + b)(cx + d)$

Exemplo

$3x^3 - 2x^2 - 6x + 4 = x^2(3x - 2) - 2(3x - 2)$
$\qquad\qquad\qquad\qquad = (x^2 - 2)(3x - 2)$

---

* O símbolo fatorial! é definido como segue: $0! = 1$, $1! = 1$, $2! = 2 \cdot 1 = 2$, $3! = 3 \cdot 2 \cdot 1 = 6!$, $4! = 4 \cdot 3 \cdot 2 \cdot 1 = 24$, e assim por diante.

Exemplo 1 — Aplicando a fórmula quadrática

Utilize a fórmula quadrática para encontrar todos os zeros reais de cada polinômio.

a. $4x^2 + 6x + 1$

b. $x^2 + 6x + 9$

c. $2x^2 - 6x + 5$

SOLUÇÃO

a. Usando $a = 4$, $b = 6$, e $c = 1$, você pode escrever

$$x = \frac{-b \pm \sqrt{b^2 - 4ac}}{2a} = \frac{-6 \pm \sqrt{6^2 - 4(4)(1)}}{2(4)}$$

$$= \frac{-6 \pm \sqrt{36 - 16}}{8}$$

$$= \frac{-6 \pm \sqrt{20}}{8}$$

$$= \frac{-6 \pm 2\sqrt{5}}{8}$$

$$= \frac{2(-3 \pm \sqrt{5})}{2(4)}$$

$$= \frac{-3 \pm \sqrt{5}}{4}.$$

Assim, há dois zeros reais:

$$x = \frac{-3 - \sqrt{5}}{4} \approx -1{,}309 \quad \text{e} \quad x = \frac{-3 + \sqrt{5}}{4} \approx -0{,}191.$$

b. Neste caso, $a = 1$, $b = 6$, e $c = 9$, e a fórmula quadrática resulta em

$$x = \frac{-b \pm \sqrt{b^2 - 4ac}}{2a} = \frac{-6 \pm \sqrt{36 - 36}}{2} = -\frac{6}{2} = -3.$$

Assim, existe um zero real (repetido): $x = -3$.

c. Para essa equação quadrática, $a = 2$, $b = -6$, e $c = 5$. Assim,

$$x = \frac{-b \pm \sqrt{b^2 - 4ac}}{2a} = \frac{6 \pm \sqrt{36 - 40}}{4} = \frac{6 \pm \sqrt{-4}}{4}.$$

Como $\sqrt{-4}$ é imaginário, não existem zeros reais.

✓ AUTOAVALIAÇÃO 1

Utilize a fórmula quadrática para encontrar todos os zeros reais de cada polinômio.

a. $2x^2 + 4x + 1$

b. $x^2 - 8x + 16$

c. $2x^2 - x + 5$

Os zeros no Exemplo 1(a) são irracionais e os zeros no Exemplo 1(c) são complexos. Em ambos os casos, se diz que a expressão quadrática é **irredutível** porque não pode ser fatorada em fatores lineares com coeficientes racionais. O exemplo seguinte mostra como encontrar os zeros associados com expressões quadráticas *redutíveis*. Neste exemplo, a fatoração é usada para encontrar os zeros de cada expressão quadrática. Tente usar a fórmula quadrática para obter os mesmos zeros.

Recorde que os zeros de um polinômio em x são os valores de x que anulam o polinômio. Para encontrar os zeros, fatore o polinômio em fatores lineares e iguale cada fator a zero. Por exemplo, os zeros de $(x - 2)(x - 3)$ ocorrem quando $x - 2 = 0$ ou $x - 3 = 0$.

Exemplo 2 — Encontrando zeros reais por fatoração

Encontre todos os zeros reais de cada polinômio quadrático.

a. $x^2 - 5x + 6$ **b.** $x^2 - 6x + 9$ **c.** $2x^2 + 5x - 3$

SOLUÇÃO

a. Como
$$x^2 - 5x + 6 = (x - 2)(x - 3)$$
os zeros são $x = 2$ e $x = 3$.

b. Como
$$x^2 - 6x + 9 = (x - 3)^2$$
o único zero é $x = 3$.

c. Como
$$2x^2 + 5x - 3 = (2x - 1)(x + 3)$$
os zeros são $x = \frac{1}{2}$ e $x = -3$.

✓ AUTOAVALIAÇÃO 2

Encontre todos os zeros reais de cada polinômio quadrático.

a. $x^2 - 2x - 15$ **b.** $x^2 + 2x + 1$ **c.** $2x^2 - 7x + 6$

Exemplo 3 — Encontrando o domínio da expressão radical

Encontre o domínio de $\sqrt{x^2 - 3x + 2}$.

SOLUÇÃO Como
$$x^2 - 3x + 2 = (x - 1)(x - 2)$$

você sabe que os zeros da expressão quadrática são $x = 1$ e $x = 2$. Assim, você precisa testar o sinal da expressão quadrática nos três intervalos $(-\infty, 1)$, $(1, 2)$, e $(2, \infty)$, como mostra a Figura A.15. Depois de testar cada um desses intervalos, você pode ver que a expressão quadrática é negativa no intervalo central, e positiva, nos dois intervalos exteriores. Além disso, como a expressão quadrática é zero quando $x = 1$ e $x = 2$, você pode concluir que o domínio de $\sqrt{x^2 - 3x + 2}$ é

$(-\infty, 1] \cup [2, \infty)$.   Domínio

Valores de $\sqrt{x^2 - 3x + 2}$

x	$\sqrt{x^2 - 3x + 2}$
0	$\sqrt{2}$
1	0
1,5	Não definido
2	0
3	$\sqrt{2}$

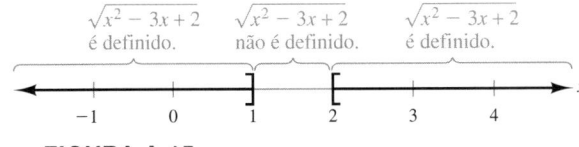

FIGURA A.15

✓ AUTOAVALIAÇÃO 3

Encontre o domínio de
$$\sqrt{x^2 + x - 2}.$$

Fatorando polinômios de grau três ou mais

Pode ser difícil encontrar os zeros de polinômios de grau três ou mais. No entanto, se um dos zeros de um polinômio for conhecido, então você pode usá-lo para reduzir o grau do polinômio. Por exemplo, se você souber que $x = 2$ é um zero de

$$x^3 - 4x^2 + 5x - 2$$

então você sabe que $(x - 2)$ é um fator e você pode usar a divisão de polinômios para fatorar o polinômio como é mostrado.

$$x^3 - 4x^2 + 5x - 2 = (x - 2)(x^2 - 2x + 1)$$
$$= (x - 2)(x - 1)(x - 1)$$

Como uma alternativa para efetuar a divisão de polinômios, muitas pessoas preferem usar a **divisão sintética** para reduzir o grau de um polinômio.

Divisão sintética para um polinômio cúbico

Dado: $x = x_1$ é um zero de $ax^3 + bx^2 + cx + d$.

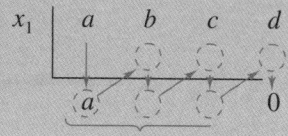

$$\begin{array}{c|cccc} x_1 & a & b & c & d \\ & & & & \\ \hline & a & & & 0 \end{array}$$

Padrão vertical: *Adicionar termos.*

Padrão diagonal: *Multiplicar por x_1.*

Coeficientes para um fator quadrático

Realizando divisão sintética no polinômio

$$x^3 - 4x^2 + 5x - 2$$

usando o zero dado, $x = 2$, obtemos o seguinte.

$$\begin{array}{c|cccc} 2 & 1 & -4 & 5 & -2 \\ & & 2 & -4 & 2 \\ \hline & 1 & -2 & 1 & 0 \end{array}$$

$(x - 2)(x^2 - 2x + 1) = x^3 - 4x^2 + 5x - 2$

Quando você usar a divisão sintética, lembre-se de levar em conta *todos* os coeficientes – *mesmo quando alguns deles forem zero*. Por exemplo, quando você sabe que $x = -2$ é um zero de $x^3 + 3x + 14$, você pode aplicar a divisão sintética como é mostrado.

$$\begin{array}{c|cccc} -2 & 1 & 0 & 3 & 14 \\ & & -2 & 4 & -14 \\ \hline & 1 & -2 & 7 & 0 \end{array}$$

$(x + 2)(x^2 - 2x + 7) = x^3 + 3x + 14$

DICA DE ESTUDO

O algoritmo para a divisão sintética dado acima *só* funciona para divisores na forma $x - x_1$. Lembre-se de que $x + x_1 = x - (-x_1)$.

Teorema do zero racional

Há uma maneira sistemática de encontrar os zeros racionais de um polinômio. Você pode usar o **teorema do zero racional** (também chamado de teorema da raiz racional).

Teorema do zero racional

Se um polinômio

$$a_n x^n + a_{n-1} x^{n-1} + \cdots + a_1 x + a_0$$

tem coeficientes inteiros, então cada zero racional é da forma

$$x = \frac{p}{q}$$

em que p é um fator de a_0 e q é um fator de a_n.

Exemplo 4   Usando o teorema do zero racional

Encontre todos os zeros reais do polinômio.

$$2x^3 + 3x^2 - 8x + 3$$

SOLUÇÃO

$$\underset{\text{Fatores do coeficiente dominante: } \pm 1, \pm 2}{\underset{\text{Fatores do termo constante: } \pm 1, \pm 3}{2x^3 + 3x^2 - 8x + 3}}$$

Os possíveis zeros racionais são os fatores do termo constante divididos pelos fatores do coeficiente dominante.

$$1, -1, 3, -3, \frac{1}{2}, -\frac{1}{2}, \frac{3}{2}, -\frac{3}{2}$$

Ao testar esses possíveis zeros, você pode ver que $x = 1$ funciona.

$$2(1)^3 + 3(1)^2 - 8(1) + 3 = 2 + 3 - 8 + 3 = 0$$

Agora, pela divisão sintética você tem o seguinte.

```
1 | 2   3   -8    3
  |     2    5   -3
  |_____
    2   5   -3    0
```

$(x - 1)(2x^2 + 5x - 3) = 2x^3 + 3x^2 - 8x + 3$

Por fim, pela fatoração da expressão quadrática

$$2x^2 + 5x - 3 = (2x - 1)(x + 3)$$

você tem

$$2x^3 + 3x^2 - 8x + 3 = (x - 1)(2x - 1)(x + 3)$$

e é possível concluir que os zeros são $x = 1$, $x = \frac{1}{2}$, e $x = -3$.

DICA DE ESTUDO

No Exemplo 4, é possível verificar que os zeros estão corretos, substituindo x no polinômio original.

Verifique que $x = 1$ é um zero.
$2(1)^3 + 3(1)^2 - 8(1) + 3$
$= 2 + 3 - 8 + 3$
$= 0$

Verifique que $x = \frac{1}{2}$ é um zero.
$2\left(\frac{1}{2}\right)^3 + 3\left(\frac{1}{2}\right)^2 - 8\left(\frac{1}{2}\right) + 3$
$= \frac{1}{4} + \frac{3}{4} - 4 + 3$
$= 0$

Verifique que $x = -3$ é um zero.
$2(-3)^3 + 3(-3)^2 - 8(-3) + 3$
$= -54 + 27 + 24 + 3$
$= 0$

✓ AUTOAVALIAÇÃO 4

Encontre todos os zeros reais do polinômio.

$$2x^3 - 3x^2 - 3x + 2$$

Exercícios A.4

Aplicando a fórmula quadrática Nos Exercícios 1-8, use a fórmula quadrática para encontrar todos os zeros reais do polinômio de segundo grau. *Veja o Exemplo 1.*

1. $6x^2 - 7x + 1$
2. $8x^2 - 2x - 1$
3. $4x^2 - 12x + 9$
4. $9x^2 + 12x + 4$
5. $y^2 + 4y + 1$
6. $y^2 + 5y - 2$
7. $2x^2 + 3x - 4$
8. $3x^2 - 8x - 4$

Fatorando polinômios Nos Exercícios 9-18, escreva o polinômio de segundo grau como o produto de dois fatores lineares.

9. $x^2 - 4x + 4$
10. $x^2 + 10x + 25$
11. $4x^2 + 4x + 1$
12. $9x^2 - 12x + 4$
13. $3x^2 - 4x + 1$
14. $2x^2 - x - 1$
15. $3x^2 - 5x + 2$
16. $4x^2 + 19x + 12$
17. $x^2 - 4xy + 4y^2$
18. $x^2 - xy - 2y^2$

Fatorando polinômios Nos Exercícios 19-34, fatore completamente o polinômio.

19. $81 - y^4$
20. $x^4 - 16$
21. $x^3 - 8$
22. $y^3 - 64$
23. $y^3 + 64$
24. $z^3 + 125$
25. $x^3 - y^3$
26. $(x - a)^3 + b^3$
27. $x^3 - 4x^2 - x + 4$
28. $x^3 - x^2 - x + 1$
29. $2x^3 - 3x^2 + 4x - 6$
30. $x^3 - 5x^2 - 5x + 25$
31. $2x^3 - 4x^2 - x + 2$
32. $x^3 - 7x^2 - 4x + 28$
33. $x^4 - 15x^2 - 16$
34. $2x^4 - 49x^2 - 25$

Encontrando zeros reais por fatoração Nos Exercícios 35-54, encontre todos os zeros reais do polinômio. *Veja o Exemplo 2.*

35. $x^2 - 5x$
36. $2x^2 - 3x$
37. $x^2 - 9$
38. $x^2 - 25$
39. $x^2 - 3$
40. $x^2 - 8$
41. $(x - 3)^2 - 9$
42. $(x + 1)^2 - 36$
43. $x^2 + x - 2$
44. $x^2 + 5x + 6$
45. $x^2 - 5x - 6$
46. $x^2 + x - 20$
47. $3x^2 + 5x + 2$
48. $2x^2 - x - 1$
49. $x^3 + 64$
50. $x^3 - 216$
51. $x^4 - 16$
52. $x^4 - 625$
53. $x^3 - x^2 - 4x + 4$
54. $2x^3 + x^2 + 6x + 3$

Encontrando o domínio da expressão radical Nos Exercícios 55-60, encontre o domínio da expressão. *Veja o Exemplo 3.*

55. $\sqrt{x^2 - 4}$
56. $\sqrt{4 - x^2}$
57. $\sqrt{x^2 - 7x + 12}$
58. $\sqrt{x^2 - 8x + 15}$
59. $\sqrt{5x^2 + 6x + 1}$
60. $\sqrt{3x^2 - 10x + 3}$

Utilizando a divisão sintética Nos Exercícios 61-64, use a divisão sintética para completar a fatoração indicada.

61. $x^3 - 3x^2 - 6x - 2 = (x + 1)(\quad)$
62. $x^3 - 2x^2 - x + 2 = (x - 2)(\quad)$
63. $2x^3 - x^2 - 2x + 1 = (x + 1)(\quad)$
64. $x^4 - 16x^3 + 96x^2 - 256x + 256 = (x - 4)(\quad)$

Utilizando o teorema do zero racional Nos Exercícios 65-74, use o teorema do zero racional para encontrar todos os zeros reais do polinômio. *Veja o Exemplo 4.*

65. $x^3 - x^2 - 10x - 8$
66. $x^3 - 7x - 6$
67. $x^3 - 6x^2 + 11x - 6$
68. $x^3 + 2x^2 - 5x - 6$
69. $6x^3 - 11x^2 - 19x - 6$
70. $18x^3 - 9x^2 - 8x + 4$
71. $x^3 - 3x^2 - 3x - 4$
72. $2x^3 - x^2 - 13x - 6$
73. $4x^3 + 11x^2 + 5x - 2$
74. $3x^3 + 4x^2 - 13x + 6$

75. **Nível de produção** O custo médio mínimo de produção de x unidades de um produto ocorre quando o nível de produção é fixado na solução (positiva) de
$$0{,}0003x^2 - 1.200 = 0.$$
Quantas soluções esta equação tem? Encontre e interprete a(s) solução(ões) no contexto do problema. Que nível de produção minimizará o custo médio?

76. **Lucro** O lucro P (em dólares) de vendas é dado por
$$P = -200x^2 + 2.000x - 3.800$$
em que x é o número de unidades vendidas por dia (em centenas). Determine o intervalo para x tal que o lucro seja maior do que $ 1.000.

A.5 Frações e racionalização

- Simplificar as expressões racionais.
- Adicionar e subtrair expressões racionais.
- Simplificar expressões racionais envolvendo radicais.
- Racionalizar os numeradores e os denominadores das expressões racionais.

Simplificando expressões racionais

Nesta seção você irá rever as operações que envolvem expressões fracionárias, tais como

$$\frac{2}{x}, \quad \frac{x^2 + 2x - 4}{x + 6} \quad \text{e} \quad \frac{1}{\sqrt{x^2 + 1}}.$$

As duas primeiras expressões têm polinômios tanto como numerador quanto como denominador e são chamadas de **expressões racionais**. Uma expressão racional é **própria** quando o grau de numerador é menor que o grau do denominador. Por exemplo,

$$\frac{x}{x^2 + 1}$$

é própria. Se o grau do numerador for maior ou igual ao grau do denominador, então a expressão racional é **imprópria**. Por exemplo,

$$\frac{x^2}{x^2 + 1} \quad \text{e} \quad \frac{x^3 + 2x + 1}{x + 1}$$

são ambas impróprias.

Uma fração está na forma mais simples quando o numerador e o denominador não têm fatores comuns além de ± 1. Para escrever uma fração na forma mais simples, cancele os fatores comuns.

$$\frac{a \cdot c}{b \cdot c} = \frac{a}{b}, \quad c \neq 0$$

A chave para o sucesso na simplificação de expressões racionais reside na capacidade de fatorar polinômios. Ao simplificar expressões racionais certifique-se de fatorar cada polinômio completamente antes de concluir que o numerador e o denominador não têm fatores comuns.

Exemplo 1 Simplificando uma expressão racional

Escreva $\dfrac{12 + x - x^2}{2x^2 - 9x + 4}$ na forma mais simples.

SOLUÇÃO

$$\frac{12 + x - x^2}{2x^2 - 9x + 4} = \frac{(4 - x)(3 + x)}{(2x - 1)(x - 4)} \quad \text{Fatore completamente.}$$

$$= \frac{-(x - 4)(3 + x)}{(2x - 1)(x - 4)} \quad (4 - x) = -(x - 4)$$

$$= -\frac{3 + x}{2x - 1}, \quad x \neq 4 \quad \text{Cancele os fatores comuns.}$$

> **DICA DE ESTUDO**
>
> Para simplificar uma expressão racional, pode ser necessário mudar o sinal de um fator pela fatoração de (-1), como mostrado no Exemplo 1.

✓ AUTOAVALIAÇÃO 1

Escreva $\dfrac{x^2 + 8x - 20}{x^2 + 11x + 10}$ na forma mais simples.

Operações com frações

Operações com frações

1. Soma de frações (encontre um denominador comum):

$$\frac{a}{b} + \frac{c}{d} = \frac{a}{b}\left(\frac{d}{d}\right) + \frac{c}{d}\left(\frac{b}{b}\right) = \frac{ad}{bd} + \frac{bc}{bd} = \frac{ad + bc}{bd}, \quad b \neq 0, d \neq 0$$

2. Subtração de frações (encontre um denominador comum):

$$\frac{a}{b} - \frac{c}{d} = \frac{a}{b}\left(\frac{d}{d}\right) - \frac{c}{d}\left(\frac{b}{b}\right) = \frac{ad}{bd} - \frac{bc}{bd} = \frac{ad - bc}{bd}, \quad b \neq 0, d \neq 0$$

3. Multiplicação de frações:

$$\left(\frac{a}{b}\right)\left(\frac{c}{d}\right) = \frac{ac}{bd}, \quad b \neq 0, d \neq 0$$

4. Divisão de frações (inverta e multiplique):

$$\frac{a/b}{c/d} = \left(\frac{a}{b}\right)\left(\frac{d}{c}\right) = \frac{ad}{bc}, \quad b \neq 0, c \neq 0, d \neq 0$$

$$\frac{a/b}{c} = \frac{a/b}{c/1} = \left(\frac{a}{b}\right)\left(\frac{1}{c}\right) = \frac{a}{bc}, \quad b \neq 0, c \neq 0$$

5. Cancelamento de fatores comuns:

$$\frac{\cancel{a}b}{\cancel{a}c} = \frac{b}{c}, \quad a \neq 0, c \neq 0$$

$$\frac{ab + ac}{ad} = \frac{\cancel{a}(b + c)}{\cancel{a}d} = \frac{b + c}{d}, \quad a \neq 0, d \neq 0$$

Exemplo 2 — Somando e subtraindo expressões racionais

Faça cada operação indicada e simplifique.

a. $x + \dfrac{1}{x}$ **b.** $\dfrac{1}{x + 1} - \dfrac{2}{2x - 1}$

SOLUÇÃO

a. $x + \dfrac{1}{x} = \dfrac{x^2}{x} + \dfrac{1}{x}$ Escreva com o denominador comum.

$\phantom{x + \dfrac{1}{x}} = \dfrac{x^2 + 1}{x}$ Some as frações.

b. $\dfrac{1}{x + 1} - \dfrac{2}{2x - 1} = \dfrac{(2x - 1)}{(x + 1)(2x - 1)} - \dfrac{2(x + 1)}{(x + 1)(2x - 1)}$

$\phantom{\dfrac{1}{x + 1} - \dfrac{2}{2x - 1}} = \dfrac{2x - 1 - 2x - 2}{2x^2 + x - 1}$

$\phantom{\dfrac{1}{x + 1} - \dfrac{2}{2x - 1}} = \dfrac{-3}{2x^2 + x - 1}$

✓ AUTOAVALIAÇÃO 2

Faça cada operação indicada e simplifique.

a. $x + \dfrac{2}{x}$ **b.** $\dfrac{2}{x + 1} - \dfrac{1}{2x + 1}$

Na soma (ou subtração) de frações cujos denominadores não têm fatores comuns, é conveniente usar o seguinte padrão.

$$\frac{a}{b} + \frac{c}{d} = \frac{ad + bc}{bd}$$

Por exemplo, no Exemplo 2(b), você poderia ter usado esse padrão como é mostrado.

$$\frac{1}{x+1} - \frac{2}{2x-1} = \frac{(2x-1) - 2(x+1)}{(x+1)(2x-1)}$$

$$= \frac{2x - 1 - 2x - 2}{(x+1)(2x-1)}$$

$$= \frac{-3}{2x^2 + x - 1}$$

No Exemplo 2, os denominadores das expressões racionais não têm fatores comuns. Quando os denominadores têm fatores comuns, é melhor encontrar o mínimo denominador comum antes de somar ou subtrair. Por exemplo, ao somar

$$\frac{1}{x} \quad \text{e} \quad \frac{2}{x^2}$$

você pode reconhecer que o mínimo denominador comum é x^2 e escrever

$$\frac{1}{x} + \frac{2}{x^2} = \frac{x}{x^2} + \frac{2}{x^2} \qquad \text{Escreva com o denominador comum.}$$

$$= \frac{x + 2}{x^2}. \qquad \text{Some as frações.}$$

Isso é ilustrado novamente no Exemplo 3.

Exemplo 3 **Somando expressões racionais**

Some as expressões racionais.

$$\frac{x}{x^2 - 1} + \frac{3}{x + 1}$$

SOLUÇÃO
Como $x^2 - 1 = (x + 1)(x - 1)$, o mínimo denominador comum é $x^2 - 1$.

$$\frac{x}{x^2 - 1} + \frac{3}{x + 1} = \frac{x}{(x-1)(x+1)} + \frac{3}{x+1} \qquad \text{Fatore.}$$

$$= \frac{x}{(x-1)(x+1)} + \frac{3(x-1)}{(x-1)(x+1)} \qquad \text{Escreva com o denominador comum.}$$

$$= \frac{x + 3(x-1)}{(x-1)(x+1)} \qquad \text{Some as frações.}$$

$$= \frac{x + 3x - 3}{(x-1)(x+1)} \qquad \text{Multiplique.}$$

$$= \frac{4x - 3}{x^2 - 1} \qquad \text{Simplifique.}$$

✓ **AUTOAVALIAÇÃO 3**

Some as expressões racionais.

$$\frac{x}{x^2 - 4} + \frac{2}{x - 2}$$

Exemplo 4 Subtraindo expressões racionais

Subtraia as expressões racionais.

$$\frac{1}{2(x^2 + 2x)} - \frac{1}{4x}$$

SOLUÇÃO Neste caso, o mínimo denominador comum é $4x(x + 2)$.

$$\begin{aligned}
\frac{1}{2(x^2 + 2x)} - \frac{1}{4x} &= \frac{1}{2x(x + 2)} - \frac{1}{2(2x)} & \text{Fatore.} \\
&= \frac{2}{2(2x)(x + 2)} - \frac{x + 2}{2(2x)(x + 2)} & \text{Escreva com o denominador comum.} \\
&= \frac{2 - (x + 2)}{4x(x + 2)} & \text{Subtraia as frações.} \\
&= \frac{2 - x - 2}{4x(x + 2)} & \text{Remova os parênteses.} \\
&= \frac{-\cancel{x}}{4\cancel{x}(x + 2)} & \text{Cancele o fator comum.} \\
&= \frac{-1}{4(x + 2)}, \quad x \neq 0 & \text{Simplifique.}
\end{aligned}$$

✓ **AUTOAVALIAÇÃO 4**

Subtraia as expressões racionais.

$$\frac{1}{3(x^2 + 2x)} - \frac{1}{3x}$$

Exemplo 5 Combinando três expressões racionais

Faça as operações e simplifique.

$$\frac{3}{x - 1} - \frac{2}{x} + \frac{x + 3}{x^2 - 1}$$

SOLUÇÃO Usando os denominadores fatorados $(x - 1)$, x e $(x + 1)(x - 1)$, você pode ver que o mínimo denominador comum é $x(x + 1)(x - 1)$.

$$\begin{aligned}
\frac{3}{x - 1} - \frac{2}{x} + \frac{x + 3}{x^2 - 1} &= \frac{3(x)(x + 1)}{x(x + 1)(x - 1)} - \frac{2(x + 1)(x - 1)}{x(x + 1)(x - 1)} + \frac{(x + 3)(x)}{x(x + 1)(x - 1)} \\
&= \frac{3(x)(x + 1) - 2(x + 1)(x - 1) + (x + 3)(x)}{x(x + 1)(x - 1)} \\
&= \frac{3x^2 + 3x - 2x^2 + 2 + x^2 + 3x}{x(x + 1)(x - 1)} \\
&= \frac{2x^2 + 6x + 2}{x(x + 1)(x - 1)} \\
&= \frac{2(x^2 + 3x + 1)}{x(x + 1)(x - 1)}
\end{aligned}$$

✓ **AUTOAVALIAÇÃO 5**

Faça as operações e simplifique.

$$\frac{4}{x} - \frac{2}{x^2} + \frac{4}{x + 3}$$

Expressões envolvendo radicais

Em cálculo, a operação de derivação tende a produzir expressões "confusas", quando aplicada às expressões fracionárias. Isso é especialmente verdadeiro quando as expressões fracionárias envolvem radicais. Quando a derivação for utilizada, é importante ser capaz de simplificar essas expressões, com a finalidade de obter formas mais manejáveis. As expressões no Exemplo 6 são resultados da derivação. Em cada caso, observe quão mais *simples* é a forma simplificada em relação à original.

Exemplo 6 Simplificando uma expressão com radicais

Simplifique cada expressão.

a. $\dfrac{\sqrt{x+1} - \dfrac{x}{2\sqrt{x+1}}}{x+1}$

b. $\left(\dfrac{1}{x + \sqrt{x^2+1}}\right)\left(1 + \dfrac{2x}{2\sqrt{x^2+1}}\right)$

SOLUÇÃO

a. $\dfrac{\sqrt{x+1} - \dfrac{x}{2\sqrt{x+1}}}{x+1} = \dfrac{\dfrac{2(x+1)}{2\sqrt{x+1}} - \dfrac{x}{2\sqrt{x+1}}}{x+1}$ Escreva como denominador comum.

$= \dfrac{\dfrac{2x+2-x}{2\sqrt{x+1}}}{\dfrac{x+1}{1}}$ Subtraia as frações.

$= \dfrac{x+2}{2\sqrt{x+1}}\left(\dfrac{1}{x+1}\right)$ Para dividir, inverta e multiplique.

$= \dfrac{x+2}{2(x+1)^{3/2}}$ Multiplique.

b. $\left(\dfrac{1}{x + \sqrt{x^2+1}}\right)\left(1 + \dfrac{2x}{2\sqrt{x^2+1}}\right) = \left(\dfrac{1}{x + \sqrt{x^2+1}}\right)\left(1 + \dfrac{x}{\sqrt{x^2+1}}\right)$

$= \left(\dfrac{1}{x + \sqrt{x^2+1}}\right)\left(\dfrac{\sqrt{x^2+1}}{\sqrt{x^2+1}} + \dfrac{x}{\sqrt{x^2+1}}\right)$

$= \left(\dfrac{1}{x + \sqrt{x^2+1}}\right)\left(\dfrac{x + \sqrt{x^2+1}}{\sqrt{x^2+1}}\right)$

$= \dfrac{1}{\sqrt{x^2+1}}$

✓ AUTOAVALIAÇÃO 6

Simplifique cada expressão.

a. $\dfrac{\sqrt{x+2} - \dfrac{x}{4\sqrt{x+2}}}{x+2}$

b. $\left(\dfrac{1}{x + \sqrt{x^2+4}}\right)\left(1 + \dfrac{x}{\sqrt{x^2+4}}\right)$

Técnicas de racionalização

Ao trabalhar com quocientes envolvendo radicais, em geral, é conveniente mover a expressão radical do denominador para o numerador, ou vice-versa. Por exemplo, você pode mover $\sqrt{2}$ do denominador para o numerador no seguinte quociente, multiplicando por $\sqrt{2}/\sqrt{2}$.

Radical no Denominador   *Racionalize*   *Radical no Numerador*

$$\frac{1}{\sqrt{2}} \quad \Longrightarrow \quad \frac{1}{\sqrt{2}}\left(\frac{\sqrt{2}}{\sqrt{2}}\right) \quad \Longrightarrow \quad \frac{\sqrt{2}}{2}$$

Esse processo é chamado **racionalizar o denominador**. Um processo semelhante é usado para **racionalizar o numerador**.

DICA DE ESTUDO

O sucesso da segunda e da terceira técnicas de racionalização se origina do seguinte.

$$(\sqrt{a} - \sqrt{b})(\sqrt{a} + \sqrt{b}) = a - b$$

Técnicas de racionalização

1. Quando o denominador for $\sqrt{a}$, multiplique por $\dfrac{\sqrt{a}}{\sqrt{a}}$.

2. Quando o denominador for $\sqrt{a} - \sqrt{b}$, multiplique por $\dfrac{\sqrt{a} + \sqrt{b}}{\sqrt{a} + \sqrt{b}}$.

3. Quando o denominador for $\sqrt{a} + \sqrt{b}$, multiplique por $\dfrac{\sqrt{a} - \sqrt{b}}{\sqrt{a} - \sqrt{b}}$.

As mesmas diretrizes se aplicam à racionalização de numeradores.

Exemplo 7   **Racionalizando denominadores e numeradores**

Racionalize o denominador ou o numerador.

a. $\dfrac{3}{\sqrt{12}}$ b. $\dfrac{\sqrt{x+1}}{2}$ c. $\dfrac{1}{\sqrt{5} + \sqrt{2}}$ d. $\dfrac{1}{\sqrt{x} - \sqrt{x+1}}$

SOLUÇÃO

a. $\dfrac{3}{\sqrt{12}} = \dfrac{3}{2\sqrt{3}} = \dfrac{3}{2\sqrt{3}}\left(\dfrac{\sqrt{3}}{\sqrt{3}}\right) = \dfrac{3\sqrt{3}}{2(3)} = \dfrac{\sqrt{3}}{2}$

b. $\dfrac{\sqrt{x+1}}{2} = \dfrac{\sqrt{x+1}}{2}\left(\dfrac{\sqrt{x+1}}{\sqrt{x+1}}\right) = \dfrac{x+1}{2\sqrt{x+1}}$

c. $\dfrac{1}{\sqrt{5} + \sqrt{2}} = \dfrac{1}{\sqrt{5} + \sqrt{2}}\left(\dfrac{\sqrt{5} - \sqrt{2}}{\sqrt{5} - \sqrt{2}}\right) = \dfrac{\sqrt{5} - \sqrt{2}}{5 - 2} = \dfrac{\sqrt{5} - \sqrt{2}}{3}$

d. $\dfrac{1}{\sqrt{x} - \sqrt{x+1}} = \dfrac{1}{\sqrt{x} - \sqrt{x+1}}\left(\dfrac{\sqrt{x} + \sqrt{x+1}}{\sqrt{x} + \sqrt{x+1}}\right)$

$= \dfrac{\sqrt{x} + \sqrt{x+1}}{x - (x+1)}$

$= -\sqrt{x} - \sqrt{x+1}$

✓ **AUTOAVALIAÇÃO 7**

Racionalize o denominador ou o numerador.

a. $\dfrac{5}{\sqrt{8}}$ b. $\dfrac{\sqrt{x+2}}{4}$ c. $\dfrac{1}{\sqrt{6} - \sqrt{3}}$ d. $\dfrac{1}{\sqrt{x} + \sqrt{x+2}}$ ■

Exercícios A.5

Simplificando a expressão racional Nos Exercícios 1-4, escreva a expressão racional na forma mais simples. *Veja o Exemplo 1.*

1. $\dfrac{x^2 - 7x + 12}{x^2 + 3x - 18}$
2. $\dfrac{x^2 - 5x - 6}{x^2 + 11x + 10}$
3. $\dfrac{x^2 + 3x - 10}{2x^2 - x - 6}$
4. $\dfrac{3x^2 + 13x + 12}{x^2 - 4x - 21}$

Somando e subtraindo expressões racionais Nos Exercícios 5-16, faça as operações indicadas e simplifique. *Veja os Exemplos 2, 3, 4 e 5.*

5. $\dfrac{x}{x-2} + \dfrac{3}{x-2}$
6. $\dfrac{5x+10}{2x-1} - \dfrac{2x+10}{2x-1}$
7. $x - \dfrac{3}{x}$
8. $3x + \dfrac{2}{x^2}$
9. $\dfrac{2}{x-3} + \dfrac{5x}{3x+4}$
10. $\dfrac{3}{3x-1} - \dfrac{1}{x+2}$
11. $\dfrac{2}{x^2-4} - \dfrac{1}{x-2}$
12. $\dfrac{5}{x^2-9} + \dfrac{x}{x+3}$
13. $\dfrac{x}{x^2+x-2} - \dfrac{1}{x+2}$
14. $\dfrac{2}{x+1} + \dfrac{3x-2}{x^2-2x-3}$
15. $\dfrac{2}{x^2+1} - \dfrac{1}{x} + \dfrac{1}{x^3+x}$
16. $\dfrac{3}{x+2} + \dfrac{3}{x-2} + \dfrac{1}{x^2-4}$

Simplificando uma expressão com radicais Nos Exercícios 17-28, simplifique a expressão. *Veja o Exemplo 6.*

17. $\dfrac{-x}{(x+1)^{3/2}} + \dfrac{2}{(x+1)^{1/2}}$
18. $2\sqrt{x}(x-2) + \dfrac{(x-2)^2}{2\sqrt{x}}$
19. $\dfrac{2-t}{2\sqrt{1+t}} - \sqrt{1+t}$
20. $-\dfrac{\sqrt{x^2+1}}{x^2} + \dfrac{1}{\sqrt{x^2+1}}$
21. $\left(2x\sqrt{x^2+1} - \dfrac{x^3}{\sqrt{x^2+1}}\right) \div (x^2+1)$
22. $\left(\sqrt{x^3+1} - \dfrac{3x^3}{2\sqrt{x^3+1}}\right) \div (x^3+1)$
23. $\dfrac{(x^2+2)^{1/2} - x^2(x^2+2)^{-1/2}}{x^2}$
24. $\dfrac{x(x+1)^{-1/2} - (x+1)^{1/2}}{x^2}$
25. $\dfrac{\dfrac{\sqrt{x+1}}{\sqrt{x}} - \dfrac{\sqrt{x}}{\sqrt{x+1}}}{2(x+1)}$
26. $\dfrac{\dfrac{2x^2}{3(x^2-1)^{2/3}} - (x^2-1)^{1/3}}{x^2}$
27. $\dfrac{-x^2}{(2x+3)^{3/2}} + \dfrac{2x}{(2x+3)^{1/2}}$
28. $\dfrac{-x}{2(3+x^2)^{3/2}} + \dfrac{3}{(3+x^2)^{1/2}}$

Racionalizando denominadores e numeradores Nos Exercícios 29-42, racionalize o denominador ou o numerador e simplifique. *Veja o Exemplo 7.*

29. $\dfrac{2}{\sqrt{10}}$
30. $\dfrac{3}{\sqrt{21}}$
31. $\dfrac{4x}{\sqrt{x-1}}$
32. $\dfrac{5y}{\sqrt{y+7}}$
33. $\dfrac{49(x-3)}{\sqrt{x^2-9}}$
34. $\dfrac{10(x+2)}{\sqrt{x^2-x-6}}$
35. $\dfrac{5}{\sqrt{14}-2}$
36. $\dfrac{13}{6+\sqrt{10}}$
37. $\dfrac{1}{\sqrt{6}+\sqrt{5}}$
38. $\dfrac{x}{\sqrt{2}+\sqrt{3}}$
39. $\dfrac{2}{\sqrt{x}+\sqrt{x-2}}$
40. $\dfrac{10}{\sqrt{x}+\sqrt{x+5}}$
41. $\dfrac{\sqrt{x+2}-\sqrt{2}}{x}$
42. $\dfrac{\sqrt{x+1}-1}{x}$

43. **Parcela de empréstimo** O pagamento mensal M (em dólares) para uma parcela de um empréstimo é dado pela fórmula

$$M = P\left[\dfrac{r/12}{1 - \left(\dfrac{1}{(r/12)+1}\right)^N}\right]$$

em que P é o montante do empréstimo (em dólares), r é a taxa percentual anual (em forma decimal) e N é o número de pagamentos mensais. Digite a fórmula em uma ferramenta gráfica e utilize-a para encontrar o pagamento mensal de um empréstimo de $ 10.000 a uma taxa anual de 7,5% ($r = 0,075$) durante 5 anos ($N = 60$ pagamentos mensais).

44. **Inventário** Um varejista determinou que o custo (em dólares) de encomenda e armazenamento de x unidades de um produto é

$$C = 6x + \dfrac{900.000}{x}.$$

(a) Escreva a expressão para o custo como uma única fração.

(b) Qual tamanho de encomenda o varejista deve colocar: 240 unidades, 387 unidades ou 480 unidades? Explique seu raciocínio.

B Introdução alternativa ao teorema fundamental do cálculo

Neste apêndice é utilizado um processo de somatória para fornecer um desenvolvimento alternativo da integral definida. O objetivo é que este suplemento siga a Seção 5.3 do texto. Se utilizado, este apêndice pode substituir o material que antecede o Exemplo 2 da Seção 5.4. O Exemplo 1 a seguir mostra como a área de uma região no plano pode ser aproximada pelo uso de retângulos.

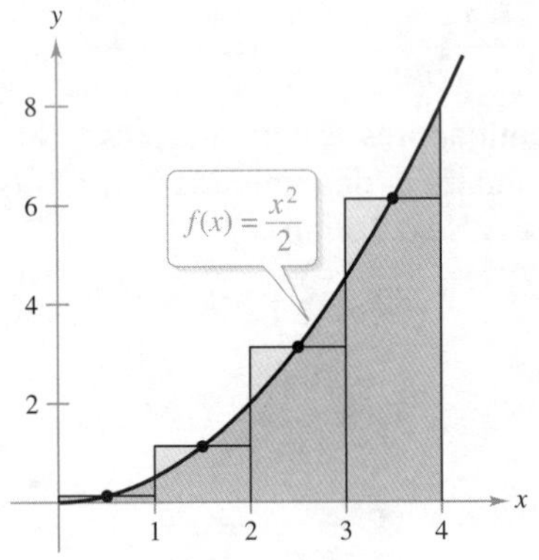

Exemplo 1 Utilização de retângulos para aproximar a área de uma região

Utilize os quatro retângulos indicados na Figura B.1 para aproximar a área da região que se localiza entre o gráfico de

$$f(x) = \frac{x^2}{2}$$

e o eixo x, entre $x = 0$ e $x = 4$.

SOLUÇÃO É possível determinar as alturas dos retângulos calculando a função f em cada um dos pontos médios dos subintervalos

$$[0, 1], \quad [1, 2], \quad [2, 3], \quad [3, 4].$$

Como a largura de cada retângulo é 1, a soma das áreas dos quatro retângulos é

$$S = \overbrace{(1)}^{\text{largura}} \overbrace{f\left(\frac{1}{2}\right)}^{\text{altura}} + \overbrace{(1)}^{\text{largura}} \overbrace{f\left(\frac{3}{2}\right)}^{\text{altura}} + \overbrace{(1)}^{\text{largura}} \overbrace{f\left(\frac{5}{2}\right)}^{\text{altura}} + \overbrace{(1)}^{\text{largura}} \overbrace{f\left(\frac{7}{2}\right)}^{\text{altura}}$$

$$= \frac{1}{8} + \frac{9}{8} + \frac{25}{8} + \frac{49}{8}$$

$$= \frac{84}{8}$$

$$= 10{,}5.$$

Assim, é possível aproximar a área da região por 10,5 unidades quadradas.

FIGURA B.1

DICA DE ESTUDO

A técnica de aproximação utilizada no Exemplo 1 é chamada *regra do ponto médio*. Essa regra é mais discutida na Seção 5.6.

O procedimento mostrado no Exemplo 1 pode ser generalizado. Suponha que f seja uma função contínua definida no intervalo fechado $[a, b]$. Para começar, particione o intervalo em n subintervalos, cada um com largura

$$\Delta x = \frac{b - a}{n}$$

conforme mostrado.

$$a = x_0 < x_1 < x_2 < \cdots < x_{n-1} < x_n = b$$

Em cada subintervalo $[x_{i-1}, x_i]$, escolha um ponto arbitrário c_i e construa a soma

$$S = f(c_1)\Delta x + f(c_2)\Delta x + \cdots + f(c_{n-1})\Delta x + f(c_n)\Delta x.$$

Esse tipo de soma é chamado **soma de Riemann** e frequentemente é escrita em notação de somatória como mostrado abaixo.

$$S = \sum_{i=1}^{n} f(c_i)\Delta x, \quad x_{i-1} \leq c_i \leq x_i$$

Para a soma de Riemann do Exemplo 1, o intervalo é $[a, b] = [0, 4]$, o número de subintervalos é $n = 4$, a largura de cada subintervalo é $\Delta x = 1$ e o ponto c_i em cada subintervalo é seu ponto médio. Assim, pode-se escrever a aproximação do Exemplo 1 como

$$S = \sum_{i=1}^{n} f(c_i) \Delta x$$
$$= \sum_{i=1}^{4} f(c_i)(1)$$
$$= \frac{1}{8} + \frac{9}{8} + \frac{25}{8} + \frac{49}{8}$$
$$= \frac{84}{8}.$$

Exemplo 2 Utilização de uma soma de Riemann para aproximar a área

Utilize uma soma de Riemann para aproximar a área da região limitada pelo gráfico de

$$f(x) = -x^2 + 2x$$

e o eixo x em $0 \leq x \leq 2$. Na soma de Riemann, faça $n = 6$ e escolha c_i como a extremidade esquerda de cada subintervalo.

SOLUÇÃO Subdivida o intervalo [0, 2] em seis subintervalos, cada um com largura

$$\Delta x = \frac{2 - 0}{6}$$
$$= \frac{1}{3}$$

conforme mostrado na Figura B.2. Como c_i é a extremidade esquerda de cada subintervalo, a soma de Riemann é dada por

$$S = \sum_{i=1}^{n} f(c_i) \Delta x$$
$$= \left[f(0) + f\left(\frac{1}{3}\right) + f\left(\frac{2}{3}\right) + f(1) + f\left(\frac{4}{3}\right) + f\left(\frac{5}{3}\right) \right]\left(\frac{1}{3}\right)$$
$$= \left[0 + \frac{5}{9} + \frac{8}{9} + 1 + \frac{8}{9} + \frac{5}{9} \right]\left(\frac{1}{3}\right)$$
$$= \frac{35}{27} \text{ unidades quadradas}.$$

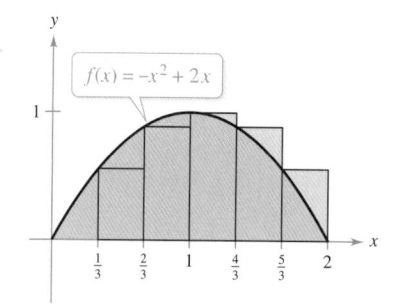

FIGURA B.2

O Exemplo 2 ilustra um ponto importante. Se uma função f for contínua e não negativa no intervalo $[a, b]$, então a soma de Riemann

$$S = \sum_{i=1}^{n} f(c_i) \Delta x$$

pode ser utilizada para aproximar a área da região limitada pelo gráfico de f e pelo eixo x entre $x = a$ e $x = b$. Além disso, para um dado intervalo, à medida que o número de subintervalos cresce, a aproximação da área real melhorará. Isso é ilustrado nos próximos dois exemplos utilizando somas de Riemann para aproximar a área de um triângulo.

Exemplo 3 Aproximação da área de um triângulo

Utilize uma soma de Riemann para aproximar a área da região triangular limitada pelo gráfico de $f(x) = 2x$ e pelo eixo x em $0 \leq x \leq 3$. Utilize uma partição de seis subintervalos e escolha c_i como a extremidade esquerda de cada subintervalo.

FIGURA B.3

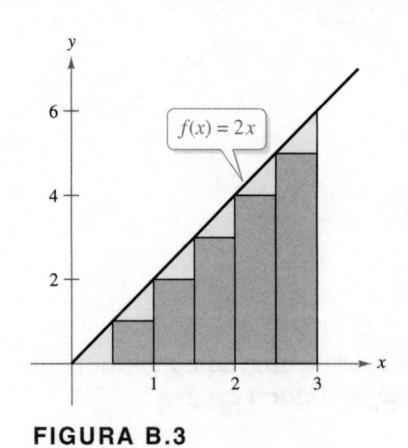

SOLUÇÃO Subdivida o intervalo [0, 3] em seis subintervalos, cada um de largura

$$\Delta x = \frac{3 - 0}{6}$$

$$= \frac{1}{2}$$

conforme mostrado na Figura B.3. Como c_i é a extremidade esquerda de cada subintervalo, a soma de Riemann é dada por

$$S = \sum_{i=1}^{n} f(c_i) \Delta x$$

$$= \left[f(0) + f\left(\frac{1}{2}\right) + f(1) + f\left(\frac{3}{2}\right) + f(2) + f\left(\frac{5}{2}\right) \right]\left(\frac{1}{2}\right)$$

$$= [0 + 1 + 2 + 3 + 4 + 5]\left(\frac{1}{2}\right)$$

$$= \frac{15}{2} \text{ unidades quadradas.}$$

As aproximações dos Exemplos 2 e 3 são chamadas **somas de Riemann à esquerda**, pois c_i foi escolhido como a extremidade esquerda de cada subintervalo. Se as extremidades direitas forem utilizadas no Exemplo 3, a **soma de Riemann à direita** seria $\frac{21}{2}$. Observe que a área exata da região triangular no Exemplo 3 é

$$\text{área} = \frac{1}{2}(\text{base})(\text{altura})$$

$$= \frac{1}{2}(3)(6)$$

$$= 9 \text{ unidades quadradas.}$$

Assim, a soma de Riemann à esquerda fornece uma aproximação que é menor do que a área real e a soma de Riemann à direita, uma aproximação que é maior do que a área real.

No Exemplo 4, será visto que a aproximação torna-se melhor conforme o número de subintervalos aumenta.

TUTOR TÉCNICO

A maioria das ferramentas gráficas é capaz de somar os primeiros n termos de uma sequência. Experimente utilizar uma dessas ferramentas gráficas para verificar a soma de Riemann à direita do Exemplo 3.

Exemplo 4 Aumento do número de subintervalos

Seja $f(x) = 2x$, em $0 \leq x \leq 3$. Utilize uma ferramenta gráfica para determinar as somas de Riemann à direita e à esquerda para $n = 10$, $n = 100$ e $n = 1.000$ subintervalos.

SOLUÇÃO Um programa de ferramenta gráfica, para esse problema, é mostrado na Figura B.4. [Observe que a função $f(x) = 2x$ é introduzida como Y1.]

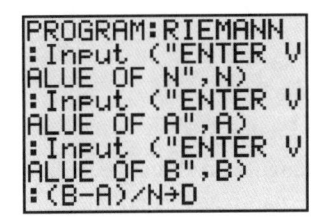

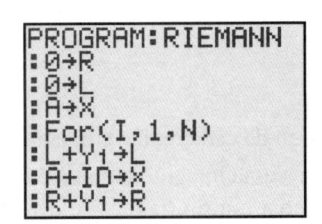

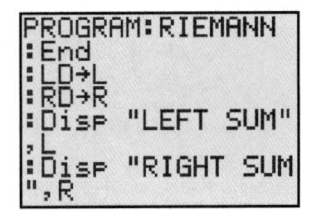

```
PROGRAM:RIEMANN
:Input ("ENTER V
ALUE OF N",N)
:Input ("ENTER V
ALUE OF A",A)
:Input ("ENTER V
ALUE OF B",B)
:(B-A)/N→D
```

```
PROGRAM:RIEMANN
:0→R
:0→L
:A→X
:For(I,1,N)
:L+Y₁→L
:A+ID→X
:R+Y₁→R
```

```
PROGRAM:RIEMANN
:End
:LD→L
:RD→R
:Disp "LEFT SUM"
,L
:Disp "RIGHT SUM
",R
```

FIGURE B.4

A execução desse programa para $n = 10$, $n = 100$ e $n = 1.000$ fornece os resultados mostrados na tabela.

n	Soma de Riemann à esquerda	Soma de Riemann à direita
10	8,100	9,900
100	8,910	9,090
1000	8,991	9,009

A partir dos resultados do Exemplo 4, parece que as somas de Riemann tendem ao limite 9, quando n tende ao infinito. É essa observação que motiva a definição de uma **integral definida**. Nessa definição, considere a partição de $[a, b]$ nos n subintervalos de largura igual $\Delta x = (b - a)/n$, conforme mostrado.

$$a = x_0 < x_1 < x_2 < \cdots < x_{n-1} < x_n = b$$

Além disso, considere que c_i seja um ponto arbitrário no i-ésimo subintervalo $[x_{i-1}, x_i]$. Dizer que o número de subintervalos n tende ao infinito é equivalente a dizer que a largura Δx dos subintervalos tende a zero.

Definição de integral definida

Se f é uma função contínua definida em um intervalo fechado $[a, b]$, então a **integral definida de f em $[a, b]$** é

$$\int_a^b f(x)\, dx = \lim_{\Delta x \to 0} \sum_{i=1}^n f(c_i)\, \Delta x$$

$$= \lim_{n \to \infty} \sum_{i=1}^n f(c_i)\, \Delta x.$$

Se f for contínua e não-negativa no intervalo $[a, b]$, então a integral definida de f em $[a, b]$ fornece a área da região limitada pelo gráfico de f, pelo eixo x e pelas retas verticais $x = a$ e $x = b$.

O cálculo de uma integral definida por essa definição por limite pode ser difícil. No entanto, há situações em que uma integral pode ser resolvida reconhecendo-se que ela representa a área de um tipo comum de figura geométrica.

Exemplo 5 Áreas de figuras geométricas comuns

Esboce a região correspondente a cada uma das integrais definidas. Em seguida, calcule cada integral definida utilizando uma fórmula geométrica.

a. $\displaystyle\int_1^3 4\, dx$

b. $\displaystyle\int_0^3 (x + 2)\, dx$

c. $\displaystyle\int_{-2}^{2} \sqrt{4 - x^2}\, dx$

SOLUÇÃO Um esboço de cada região é mostrado na Figura B.5.

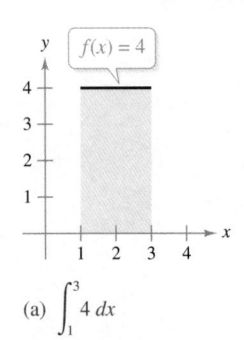

a. A região associada a essa integral definida é um retângulo de altura 4 e largura 2. Além disso, como a função $f(x) = 4$ é contínua e não-negativa no intervalo [1, 3], pode-se concluir que a área do retângulo é dada pela integral definida. Assim, o valor da integral definida é

$$\int_{1}^{3} 4\, dx = 4(2) = 8 \text{ unidades quadradas.}$$

b. A região associada a essa integral definida é um trapézio com altura 3 e bases paralelas de comprimentos 2 e 5. A fórmula da área de um trapézio é $\frac{1}{2}h(b_1 + b_2)$, de onde se obtém

$$\int_{0}^{3} (x + 2)\, dx = \frac{1}{2}(3)(2 + 5)$$

$$= \frac{21}{2} \text{ unidades quadradas.}$$

c. A região associada a essa integral definida é um semicírculo de raio 2. Assim a área é $\frac{1}{2}\pi r^2$, obtendo-se

$$\int_{-2}^{2} \sqrt{4 - x^2}\, dx = \frac{1}{2}\pi(2^2) = 2\pi \text{ unidades quadradas.}$$

(a) $\displaystyle\int_{1}^{3} 4\, dx$
Retângulo

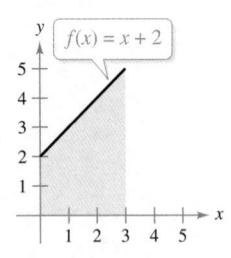

(b) $\displaystyle\int_{0}^{3} (x + 2)\, dx$
Trapézio

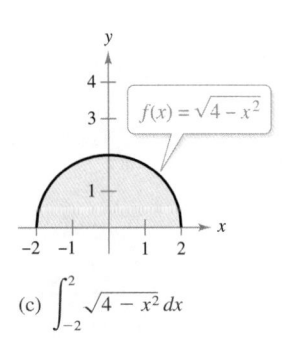

(c) $\displaystyle\int_{-2}^{2} \sqrt{4 - x^2}\, dx$
Semicírculo

FIGURA B.5

Para algumas funções simples, é possível calcular as integrais definidas pela definição de soma de Riemann. No próximo exemplo, será necessário utilizar o fato de que a soma dos primeiros n inteiros é dada pela fórmula

$$1 + 2 + \cdots + n = \sum_{i=1}^{n} i = \frac{n(n + 1)}{2} \qquad \text{Veja o Exercício 29.}$$

para calcular a área da região triangular dos Exemplos 3 e 4.

Exemplo 6 **Cálculo de uma integral definida por sua definição**

Calcule $\displaystyle\int_{0}^{3} 2x\, dx$.

SOLUÇÃO Faça

$$\Delta x = \frac{b - a}{n} = \frac{3}{n}$$

e escolha c_i como a extremidade direita de cada subintervalo,

$$c_i = \frac{3i}{n}.$$

Então, temos

$$\int_{0}^{3} 2x\, dx = \lim_{\Delta x \to 0} \sum_{i=1}^{n} f(c_i)\Delta x$$

$$= \lim_{n \to \infty} \sum_{i=1}^{n} 2\left(i\frac{3}{n}\right)\left(\frac{3}{n}\right)$$

$$= \lim_{n \to \infty} \frac{18}{n^2} \sum_{i=1}^{n} i$$

$$= \lim_{n \to \infty} \left(\frac{18}{n^2}\right)\left(\frac{n(n + 1)}{2}\right)$$

$$= \lim_{n \to \infty} \left(9 + \frac{9}{n}\right).$$

Esse limite pode ser calculado do mesmo modo que se calcularam as assíntotas horizontais da Seção 3.6. Em particular, quando n tende ao infinito, pode-se ver que $9/n$ tende a 0 e o limite acima é 9. Assim, conclui-se que

$$\int_0^3 2x\, dx = 9.$$

A partir do Exemplo 6, vê-se que pode ser difícil calcular a integral definida por somas de Riemann, mesmo para uma função simples. Um computador pode ajudar a calcular essas somas para valores grandes de n, mas esse procedimento daria somente uma aproximação da integral definida. Felizmente, o **teorema fundamental do cálculo** fornece uma técnica para calcular integrais definidas utilizando primitivas e, por esse motivo, ele frequentemente é considerado o teorema mais importante do cálculo. No restante do apêndice, será visto como derivadas e integrais estão relacionadas por meio do teorema fundamental do cálculo.

Para simplificar a discussão, suponha que f seja uma função contínua não negativa definida no intervalo $[a, b]$. Seja que $A(x)$ a área da região sob o gráfico de f de a a x, conforme indicado na Figura B.6. A área sob a região sombreada da Figura B.7 é

$$A(x + \Delta x) - A(x).$$

Se Δx for pequeno, então essa área é aproximada pela área do retângulo de altura $f(x)$ e largura Δx. Assim, temos

$$A(x + \Delta x) - A(x) \approx f(x)\, \Delta x.$$

A divisão por Δx produz

$$f(x) \approx \frac{A(x + \Delta x) - A(x)}{\Delta x}.$$

Tomando o limite quando Δx tende a 0, pode-se ver que

$$f(x) = \lim_{\Delta x \to 0} \frac{A(x + \Delta x) - A(x)}{\Delta x}$$
$$= A'(x)$$

e pode-se estabelecer o fato de que a função área $A(x)$ é uma primitiva de f. Embora se tenha assumido que f seja contínua e não negativa, essa dedução é válida se a função f for simplesmente contínua no intervalo fechado $[a, b]$. Esse resultado é utilizado na demonstração do teorema fundamental do cálculo.

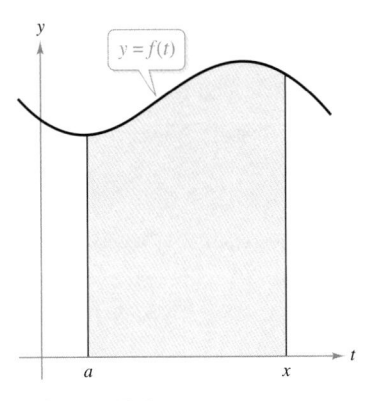

FIGURA B.6

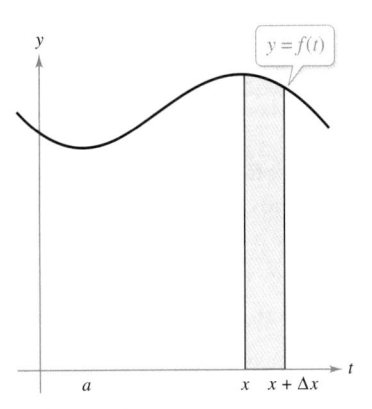

FIGURA B.7

Teorema fundamental do cálculo

Se f for uma função contínua no intervalo fechado $[a, b]$, então

$$\int_a^b f(x)\, dx = F(b) - F(a)$$

em que F é qualquer função tal que $F'(x) = f(x)$.

DEMONSTRAÇÃO   A partir da discussão acima, sabe-se que

$$\int_a^x f(x)\, dx = A(x)$$

e, em particular,

$$A(a) = \int_a^a f(x)\, dx = 0$$

e
$$A(b) = \int_a^b f(x)\,dx.$$

Se F for *qualquer* primitiva de f, então se sabe que F difere de A por uma constante. Ou seja, $A(x) = F(x) + C$. Então,

$$\begin{aligned}\int_a^b f(x)\,dx &= A(b) - A(a)\\ &= [F(b) + C] - [F(a) + C]\\ &= F(b) + C - F(a) - C\\ &= F(b) - F(a).\end{aligned}$$

Agora você está pronto para continuar a Seção 5.4, no Capítulo 5, logo após o enunciado do teorema fundamental do cálculo.

Exercícios B

Usando retângulos para aproximar a área de uma região Nos Exercícios 1 e 2, use os retângulos para aproximar a área da região. *Veja o Exemplo 1.*

1. $y = x + 1$

2. $y = 4 - x^2$

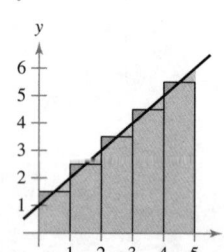

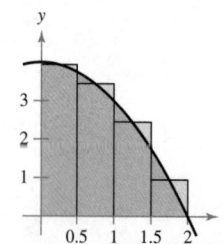

Usando uma soma de Riemann para aproximar a área Nos Exercícios 3-8, utilize a soma de Riemann à esquerda e à direita para aproximar a área da região utilizando o número indicado de subintervalos. *Veja os Exemplos 2 e 3.*

3. $y = \sqrt{x}$

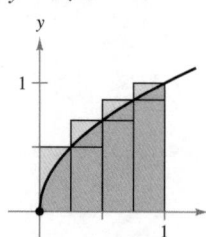

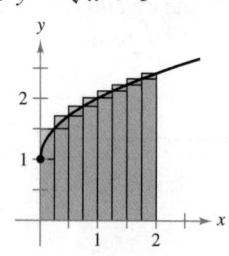

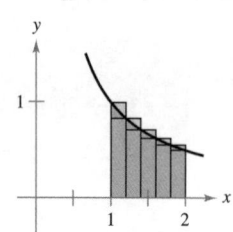

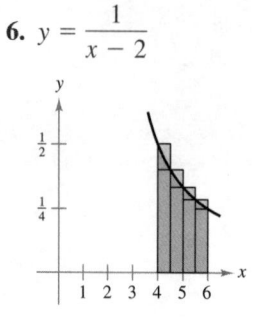

4. $y = \sqrt{x} + 1$

5. $y = \dfrac{1}{x}$

6. $y = \dfrac{1}{x - 2}$

7. $y = \sqrt{1 - x^2}$

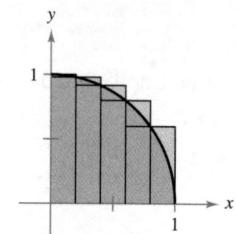

8. $y = \sqrt{x + 1}$

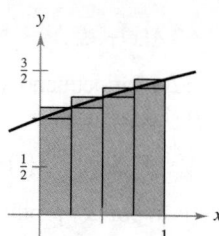

9. Comparando somas de Riemann Considere o triângulo de área 2 limitado pelos gráficos de $y = x$, $y = 0$ e $x = 2$.

(a) Esboce o gráfico da região.

(b) Divida o intervalo $[0, 2]$ em n subintervalos iguais e mostre que suas extremidades são

$$0 < 1\left(\frac{2}{n}\right) < \cdots < (n-1)\left(\frac{2}{n}\right) < n\left(\frac{2}{n}\right).$$

(c) Mostre que a soma de Riemann à esquerda é

$$S_L = \sum_{i=1}^{n} \left[(i-1)\left(\frac{2}{n}\right)\right]\left(\frac{2}{n}\right).$$

(d) Mostre que a soma de Riemann à direita é

$$S_R = \sum_{i=1}^{n} \left[i\left(\frac{2}{n}\right)\right]\left(\frac{2}{n}\right).$$

(e) Preencha a tabela abaixo.

n	5	10	50	100
Soma à esquerda, S_L				
Soma à direita, S_R				

(f) Mostre que $\lim_{n \to \infty} S_L = \lim_{n \to \infty} S_R = 2$.

10. **Comparando somas de Riemann** Considere o trapézio de área 4 limitado pelos gráficos de $y = x$, $y = 0$, $x = 1$, e $x = 3$.
    (a) Esboce o gráfico da região.
    (b) Divida o intervalo $[1, 3]$ em n subintervalos iguais e mostre que suas extremidades são
    $$1 < 1 + 1\left(\frac{2}{n}\right) < \cdots < 1 + (n-1)\left(\frac{2}{n}\right) < 1 + n\left(\frac{2}{n}\right).$$
    (c) Mostre que a soma de Riemann à esquerda é
    $$S_L = \sum_{i=1}^{n}\left[1 + (i-1)\left(\frac{2}{n}\right)\right]\left(\frac{2}{n}\right).$$
    (d) Mostre que a soma de Riemann à direita é
    $$S_R = \sum_{i=1}^{n}\left[1 + i\left(\frac{2}{n}\right)\right]\left(\frac{2}{n}\right).$$
    (e) Preencha a tabela abaixo.

n	5	10	50	100
Soma à esquerda, S_L				
Soma à direita, S_R				

    (f) Mostre que $\lim_{n \to \infty} S_L = \lim_{n \to \infty} S_R = 4$.

Escrevendo uma integral definida Nos Exercícios 11-18, escreva uma integral definida que resulte na área da região (não calcule a integral).

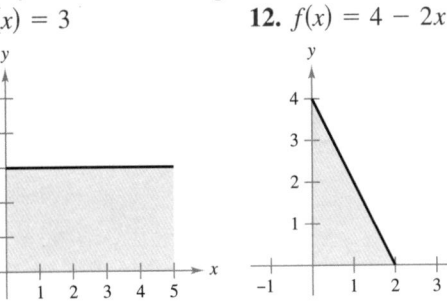

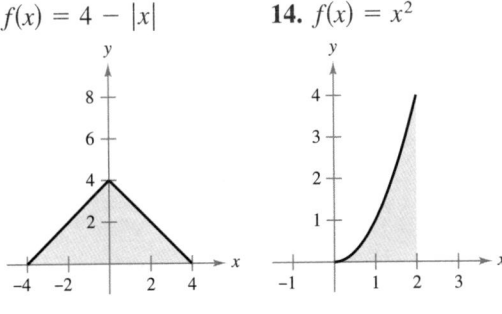

11. $f(x) = 3$
12. $f(x) = 4 - 2x$
13. $f(x) = 4 - |x|$
14. $f(x) = x^2$
15. $f(x) = 4 - x^2$ 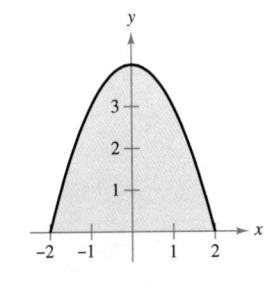
16. $f(x) = \dfrac{1}{x^2 + 1}$ 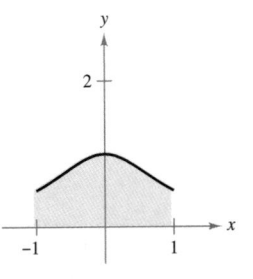
17. $f(x) = \sqrt{x + 1}$
18. $f(x) = (x^2 + 1)^2$

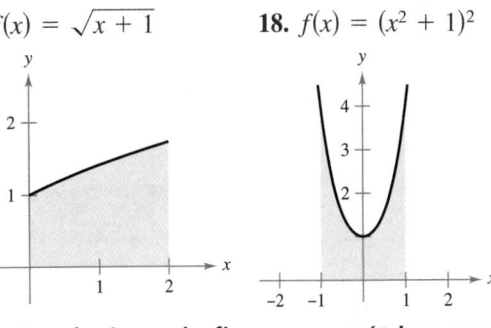

Encontrando áreas de figuras geométricas comuns
Nos Exercícios 19-28, esboce a região cuja área seja dada pela integral definida. Em seguida, utilize uma fórmula geométrica para calcular a integral ($a > 0$, $r > 0$). Veja o Exemplo 5.

19. $\displaystyle\int_{0}^{3} 4\, dx$
20. $\displaystyle\int_{-a}^{a} 4\, dx$
21. $\displaystyle\int_{0}^{4} x\, dx$
22. $\displaystyle\int_{0}^{4} \frac{x}{2}\, dx$
23. $\displaystyle\int_{0}^{2} (2x + 5)\, dx$
24. $\displaystyle\int_{0}^{5} (5 - x)\, dx$
25. $\displaystyle\int_{-1}^{1} (1 - |x|)\, dx$
26. $\displaystyle\int_{-a}^{a} (a - |x|)\, dx$
27. $\displaystyle\int_{-3}^{3} \sqrt{9 - x^2}\, dx$
28. $\displaystyle\int_{-r}^{r} \sqrt{r^2 - x^2}\, dx$

29. **Demonstrando uma soma** Mostre que
    $$\sum_{i=1}^{n} i = \frac{n(n+1)}{2}.$$
    (*Sugestão*: faça a adição das duas somas abaixo.)
    $$S = 1 + 2 + 3 + \cdots + (n-2) + (n-1) + n$$
    $$S = n + (n-1) + (n-2) + \cdots + 3 + 2 + 1$$

30. **Calculando a integral definida pela definição** Utilize a definição por soma de Riemann da integral definida e o resultado do Exercício 29 para calcular as integrais definidas.
    (a) $\displaystyle\int_{1}^{2} x\, dx$
    (b) $\displaystyle\int_{0}^{4} 3x\, dx$

Comparando uma soma com uma integral Nos Exercícios 31 e 32, utilize a figura para preencher os espaços vazios com os símbolos $<$, $>$, ou $=$.

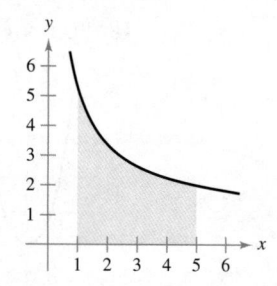

31. O intervalo [1, 5] é dividido em n subintervalos de mesma largura Δx e x_i é a extremidade esquerda do i-ésimo subintervalo.

$$\sum_{i=1}^{n} f(x_i)\,\Delta x \qquad \blacksquare \qquad \int_{1}^{5} f(x)\,dx$$

32. O intervalo [1, 5] é dividido em n subintervalos de mesma largura Δx e x_i é a extremidade direita do i-ésimo subintervalo.

$$\sum_{i=1}^{n} f(x_i)\,\Delta x \qquad \blacksquare \qquad \int_{1}^{5} f(x)\,dx$$

C Fórmulas

C.1 Fórmulas de derivação e integração

■ Utilizar as tabelas de derivação e integração para técnicas suplementares de derivação e integração.

Fórmulas de derivação

1. $\dfrac{d}{dx}[cu] = cu'$
2. $\dfrac{d}{dx}[u \pm v] = u' \pm v'$
3. $\dfrac{d}{dx}[uv] = uv' + vu'$
4. $\dfrac{d}{dx}\left[\dfrac{u}{v}\right] = \dfrac{vu' - uv'}{v^2}$
5. $\dfrac{d}{dx}[c] = 0$
6. $\dfrac{d}{dx}[u^n] = nu^{n-1}u'$
7. $\dfrac{d}{dx}[x] = 1$
8. $\dfrac{d}{dx}[\ln u] = \dfrac{u'}{u}$
9. $\dfrac{d}{dx}[e^u] = e^u u'$
10. $\dfrac{d}{dx}[\operatorname{sen} u] = (\cos u)u'$
11. $\dfrac{d}{dx}[\cos u] = -(\operatorname{sen} u)u'$
12. $\dfrac{d}{dx}[\operatorname{tg} u] = (\sec^2 u)u'$
13. $\dfrac{d}{dx}[\operatorname{cotg} u] = -(\csc^2 u)u'$
14. $\dfrac{d}{dx}[\sec u] = (\sec u \operatorname{tg} u)u'$
15. $\dfrac{d}{dx}[\operatorname{cosec} u] = -(\operatorname{cosec} u \operatorname{cotg} u)u'$

Fórmulas de integração

Fórmulas que envolvem u^n

1. $\displaystyle\int u^n\, du = \dfrac{u^{n+1}}{n+1} + C, \quad n \neq -1$
2. $\displaystyle\int \dfrac{1}{u}\, du = \ln|u| + C$

Fórmulas que envolvem $a + bu$

3. $\displaystyle\int \dfrac{u}{a + bu}\, du = \dfrac{1}{b^2}(bu - a\ln|a + bu|) + C$
4. $\displaystyle\int \dfrac{u}{(a + bu)^2}\, du = \dfrac{1}{b^2}\left(\dfrac{a}{a + bu} + \ln|a + bu|\right) + C$
5. $\displaystyle\int \dfrac{u}{(a + bu)^n}\, du = \dfrac{1}{b^2}\left[\dfrac{-1}{(n-2)(a+bu)^{n-2}} + \dfrac{a}{(n-1)(a+bu)^{n-1}}\right] + C, \quad n \neq 1, 2$
6. $\displaystyle\int \dfrac{u^2}{a + bu}\, du = \dfrac{1}{b^3}\left[-\dfrac{bu}{2}(2a - bu) + a^2\ln|a + bu|\right] + C$
7. $\displaystyle\int \dfrac{u^2}{(a + bu)^2}\, du = \dfrac{1}{b^3}\left(bu - \dfrac{a^2}{a + bu} - 2a\ln|a + bu|\right) + C$
8. $\displaystyle\int \dfrac{u^2}{(a + bu)^3}\, du = \dfrac{1}{b^3}\left[\dfrac{2a}{a + bu} - \dfrac{a^2}{2(a+bu)^2} + \ln|a + bu|\right] + C$
9. $\displaystyle\int \dfrac{u^2}{(a + bu)^n}\, du = \dfrac{1}{b^3}\left[\dfrac{-1}{(n-3)(a+bu)^{n-3}} + \dfrac{2a}{(n-2)(a+bu)^{n-2}} - \dfrac{a^2}{(n-1)(a+bu)^{n-1}}\right] + C, \quad n \neq 1, 2, 3$
10. $\displaystyle\int \dfrac{1}{u(a + bu)}\, du = \dfrac{1}{a}\ln\left|\dfrac{u}{a + bu}\right| + C$

11. $\int \dfrac{1}{u(a+bu)^2} du = \dfrac{1}{a}\left(\dfrac{1}{a+bu} + \dfrac{1}{a}\ln\left|\dfrac{u}{a+bu}\right|\right) + C$

12. $\int \dfrac{1}{u^2(a+bu)} du = -\dfrac{1}{a}\left(\dfrac{1}{u} + \dfrac{b}{a}\ln\left|\dfrac{u}{a+bu}\right|\right) + C$

13. $\int \dfrac{1}{u^2(a+bu)^2} du = -\dfrac{1}{a^2}\left[\dfrac{a+2bu}{u(a+bu)} + \dfrac{2b}{a}\ln\left|\dfrac{u}{a+bu}\right|\right] + C$

Fórmulas que envolvem $\sqrt{a+bu}$

14. $\int u^n \sqrt{a+bu}\, du = \dfrac{2}{b(2n+3)}\left[u^n(a+bu)^{3/2} - na\int u^{n-1}\sqrt{a+bu}\, du\right]$

15. $\int \dfrac{1}{u\sqrt{a+bu}} du = \dfrac{1}{\sqrt{a}}\ln\left|\dfrac{\sqrt{a+bu}-\sqrt{a}}{\sqrt{a+bu}+\sqrt{a}}\right| + C, \quad a > 0$

16. $\int \dfrac{1}{u^n \sqrt{a+bu}} du = \dfrac{-1}{a(n-1)}\left[\dfrac{\sqrt{a+bu}}{u^{n-1}} + \dfrac{(2n-3)b}{2}\int \dfrac{1}{u^{n-1}\sqrt{a+bu}} du\right], \quad n \neq 1$

17. $\int \dfrac{\sqrt{a+bu}}{u} du = 2\sqrt{a+bu} + a\int \dfrac{1}{u\sqrt{a+bu}} du$

18. $\int \dfrac{\sqrt{a+bu}}{u^n} du = \dfrac{-1}{a(n-1)}\left[\dfrac{(a+bu)^{3/2}}{u^{n-1}} + \dfrac{(2n-5)b}{2}\int \dfrac{\sqrt{a+bu}}{u^{n-1}} du\right], \quad n \neq 1$

19. $\int \dfrac{u}{\sqrt{a+bu}} du = -\dfrac{2(2a-bu)}{3b^2}\sqrt{a+bu} + C$

20. $\int \dfrac{u^n}{\sqrt{a+bu}} du = \dfrac{2}{(2n+1)b}\left(u^n\sqrt{a+bu} - na\int \dfrac{u^{n-1}}{\sqrt{a+bu}} du\right)$

Fórmulas que envolvem $u^2 - a^2$, $a > 0$

21. $\int \dfrac{1}{u^2-a^2} du = -\int \dfrac{1}{a^2-u^2} du = \dfrac{1}{2a}\ln\left|\dfrac{u-a}{u+a}\right| + C$

22. $\int \dfrac{1}{(u^2-a^2)^n} du = \dfrac{-1}{2a^2(n-1)}\left[\dfrac{u}{(u^2-a^2)^{n-1}} + (2n-3)\int \dfrac{1}{(u^2-a^2)^{n-1}} du\right], \quad n \neq 1$

Fórmulas que envolvem $\sqrt{u^2 \pm a^2}$, $a > 0$

23. $\int \sqrt{u^2 \pm a^2}\, du = \dfrac{1}{2}\left(u\sqrt{u^2 \pm a^2} \pm a^2 \ln|u + \sqrt{u^2 \pm a^2}|\right) + C$

24. $\int u^2 \sqrt{u^2 \pm a^2}\, du = \dfrac{1}{8}[u(2u^2 \pm a^2)\sqrt{u^2 \pm a^2} - a^4 \ln|u + \sqrt{u^2 \pm a^2}|] + C$

25. $\int \dfrac{\sqrt{u^2 + a^2}}{u} du = \sqrt{u^2 + a^2} - a\ln\left|\dfrac{a + \sqrt{u^2 + a^2}}{u}\right| + C$

26. $\int \dfrac{\sqrt{u^2 \pm a^2}}{u^2} du = \dfrac{-\sqrt{u^2 \pm a^2}}{u} + \ln|u + \sqrt{u^2 \pm a^2}| + C$

27. $\int \dfrac{1}{\sqrt{u^2 \pm a^2}} du = \ln|u + \sqrt{u^2 \pm a^2}| + C$

28. $\int \dfrac{1}{u\sqrt{u^2 + a^2}} du = \dfrac{-1}{a}\ln\left|\dfrac{a + \sqrt{u^2 + a^2}}{u}\right| + C$

29. $\int \dfrac{u^2}{\sqrt{u^2 \pm a^2}} du = \dfrac{1}{2}\left(u\sqrt{u^2 \pm a^2} \mp a^2 \ln|u + \sqrt{u^2 \pm a^2}|\right) + C$

30. $\int \dfrac{1}{u^2\sqrt{u^2 \pm a^2}} du = \mp \dfrac{\sqrt{u^2 \pm a^2}}{a^2 u} + C$

31. $\int \dfrac{1}{(u^2 \pm a^2)^{3/2}} du = \dfrac{\pm u}{a^2 \sqrt{u^2 \pm a^2}} + C$

Fórmulas que envolvem $\sqrt{a^2 - u^2}, a > 0$

32. $\displaystyle\int \frac{\sqrt{a^2 - u^2}}{u}\, du = \sqrt{a^2 - u^2} - a \ln\left|\frac{a + \sqrt{a^2 - u^2}}{u}\right| + C$

33. $\displaystyle\int \frac{1}{u\sqrt{a^2 - u^2}}\, du = \frac{-1}{a} \ln\left|\frac{a + \sqrt{a^2 - u^2}}{u}\right| + C$

34. $\displaystyle\int \frac{1}{u^2\sqrt{a^2 - u^2}}\, du = \frac{-\sqrt{a^2 - u^2}}{a^2 u} + C$

35. $\displaystyle\int \frac{1}{(a^2 - u^2)^{3/2}}\, du = \frac{u}{a^2\sqrt{a^2 - u^2}} + C$

Fórmulas que envolvem e^u

36. $\displaystyle\int e^u\, du = e^u + C$

37. $\displaystyle\int u e^u\, du = (u - 1)e^u + C$

38. $\displaystyle\int u^n e^u\, du = u^n e^u - n \int u^{n-1} e^u\, du$

39. $\displaystyle\int \frac{1}{1 + e^u}\, du = u - \ln(1 + e^u) + C$

40. $\displaystyle\int \frac{1}{1 + e^{nu}}\, du = u - \frac{1}{n}\ln(1 + e^{nu}) + C$

Fórmulas que envolvem ln u

41. $\displaystyle\int \ln u\, du = u(-1 + \ln u) + C$

42. $\displaystyle\int u \ln u\, du = \frac{u^2}{4}(-1 + 2\ln u) + C$

43. $\displaystyle\int u^n \ln u\, du = \frac{u^{n+1}}{(n+1)^2}[-1 + (n+1)\ln u] + C, \quad n \neq -1$

44. $\displaystyle\int (\ln u)^2\, du = u[2 - 2\ln u + (\ln u)^2] + C$

45. $\displaystyle\int (\ln u)^n\, du = u(\ln u)^n - n \int (\ln u)^{n-1}\, du$

Fórmulas que envolvem sen u **ou cos** u

46. $\displaystyle\int \operatorname{sen} u\, du = -\cos u + C$

47. $\displaystyle\int \cos u\, du = \operatorname{sen} u + C$

48. $\displaystyle\int \operatorname{sen}^2 u\, du = \frac{1}{2}(u - \operatorname{sen} u \cos u) + C$

49. $\displaystyle\int \cos^2 u\, du = \frac{1}{2}(u + \operatorname{sen} u \cos u) + C$

50. $\displaystyle\int \operatorname{sen}^n u\, du = -\frac{\operatorname{sen}^{n-1} u \cos u}{n} + \frac{n-1}{n} \int \operatorname{sen}^{n-2} u\, du$

51. $\displaystyle\int \cos^n u\, du = \frac{\cos^{n-1} u \operatorname{sen} u}{n} + \frac{n-1}{n} \int \cos^{n-2} u\, du$

52. $\displaystyle\int u \operatorname{sen} u\, du = \operatorname{sen} u - u \cos u + C$

53. $\displaystyle\int u \cos u\, du = \cos u + u \operatorname{sen} u + C$

54. $\displaystyle\int u^n \operatorname{sen} u\, du = -u^n \cos u + n \int u^{n-1} \cos u\, du$

55. $\displaystyle\int u^n \cos u\, du = u^n \operatorname{sen} u - n \int u^{n-1} \operatorname{sen} u\, du$

56. $\displaystyle\int \frac{1}{1 \pm \operatorname{sen} u}\, du = \operatorname{tg} u \mp \sec u + C$

57. $\displaystyle\int \frac{1}{1 \pm \cos u}\, du = -\operatorname{cotg} u \pm \operatorname{cosec} u + C$

58. $\displaystyle\int \frac{1}{\operatorname{sen} u \cos u}\, du = \ln|\operatorname{tg} u| + C$

Fórmulas que envolvem tg u, cotg u, sec u ou cosec u

59. $\int \text{tg } u \, du = -\ln|\cos u| + C$

60. $\int \text{cotg } u \, du = \ln|\text{sen } u| + C$

61. $\int \sec u \, du = \ln|\sec u + \text{tg } u| + C$

62. $\int \text{cosec } u \, du = \ln|\text{cosec } u - \text{cotg } u| + C$

63. $\int \text{tg}^2 u \, du = -u + \text{tg } u + C$

64. $\int \text{cotg}^2 u \, du = -u - \text{cotg } u + C$

65. $\int \sec^2 u \, du = \text{tg } u + C$

66. $\int \text{cosec}^2 u \, du = -\text{cotg } u + C$

67. $\int \text{tg}^n u \, du = \dfrac{\text{tg}^{n-1} u}{n-1} - \int \text{tg}^{n-2} u \, du, \quad n \neq 1$

68. $\int \text{cotg}^n u \, du = -\dfrac{\text{cotg}^{n-1} u}{n-1} - \int \text{cotg}^{n-2} u \, du, \quad n \neq 1$

69. $\int \sec^n u \, du = \dfrac{\sec^{n-2} u \, \text{tg } u}{n-1} + \dfrac{n-2}{n-1} \int \sec^{n-2} u \, du, \quad n \neq 1$

70. $\int \text{cosec}^n u \, du = -\dfrac{\text{cosec}^{n-2} u \, \text{cotg } u}{n-1} + \dfrac{n-2}{n-1} \int \text{cosec}^{n-2} u \, du, \quad n \neq 1$

71. $\int \dfrac{1}{1 \pm \text{tg } u} \, du = \dfrac{1}{2}(u \pm \ln|\cos u \pm \text{sen } u|) + C$

72. $\int \dfrac{1}{1 \pm \text{cotg } u} \, du = \dfrac{1}{2}(u \mp \ln|\text{sen } u \pm \cos u|) + C$

73. $\int \dfrac{1}{1 \pm \sec u} \, du = u + \text{cotg } u \mp \text{cosec } u + C$

74. $\int \dfrac{1}{1 \pm \text{cosec } u} \, du = u - \text{tg } u \pm \sec u + C$

C.2 Fórmulas de negócios e finanças

■ Resumo de fórmulas de negócios e finanças

Fórmulas de negócios

Termos básicos

x = número de unidades produzidas (ou vendidas)

p = preço por unidade

R = receita total da venda de x unidades

C = custo total de produção de x unidades

$\overline{C}$ = custo médio por unidade

P = lucro total na venda de x unidades

Equações básicas

$$R = xp \qquad \overline{C} = \frac{C}{x} \qquad P = R - C$$

Gráficos típicos de curvas de oferta e demanda

As curvas de oferta crescem conforme o preço aumenta, e as curvas de demanda decrescem conforme o preço aumenta. O ponto de equilíbrio ocorre quando as curvas de oferta e demanda se interceptam.

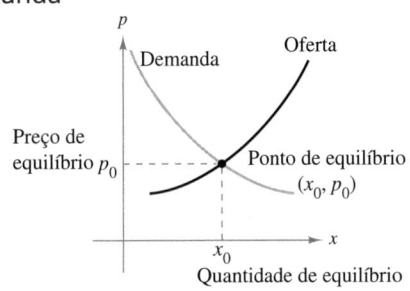

Função demanda: $p = f(x)$ = preço necessário para vender x unidades

$$\eta = \frac{p/x}{dp/dx} = \text{elasticidade} - \text{preço da demanda}$$

(Se $|\eta| < 1$, a demanda é inelástica. Se $|\eta| > 1$, a demanda é elástica.)

Gráficos típicos das funções receita, custo e lucro

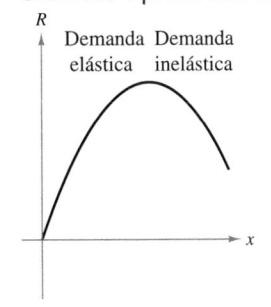

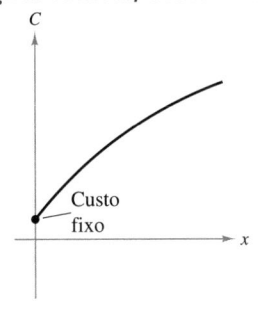

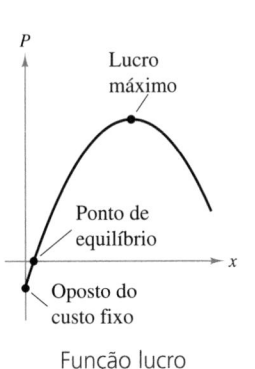

Função receita
Os baixos preços necessários para vender mais unidades resultam geralmente em receita decrescente.

Função custo
O custo total para produzir x unidades inclui o custo fixo.

Função lucro
O ponto de equilíbrio ocorre quando $R = C$.

Marginais

$\dfrac{dR}{dx}$ = receita marginal

$\approx$ aumento de receita decorrente de venda de uma unidade adicional

$\dfrac{dC}{dx}$ = custo marginal

$\approx$ aumento de custo decorrente da produção de uma unidade adicional

$$\frac{dP}{dx} = \text{lucro marginal}$$

$\approx$ aumento de lucro decorrente da venda de uma unidade adicional

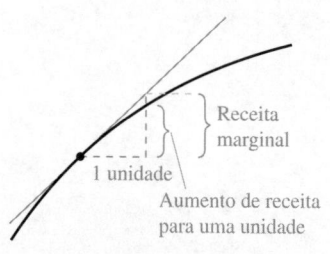

```
         Receita
         marginal
1 unidade
         Aumento de receita
         para uma unidade
Função receita
```

Fórmulas de finanças

Termos básicos
P = principal (quantidade depositada)
r = taxa de juros
n = número de vezes em que os juros são capitalizados por ano
t = número de anos
A = saldo após t anos

Fórmulas de juros compostos
1. Saldo com juros capitalizados n vezes por ano:

$$A = P\left(1 + \frac{r}{n}\right)^{nt}$$

2. Saldo com juros capitalizados continuamente:

$$A = Pe^{rt}$$

Taxa de juros efetiva
$$r_{eff} = \left(1 + \frac{r}{n}\right)^n - 1$$

Valor presente de um investimento futuro
$$P = \frac{A}{\left(1 + \frac{r}{n}\right)^{nt}}$$

Saldo de uma anuidade crescente após n depósitos de P por ano por t anos
$$A = P\left[\left(1 + \frac{r}{n}\right)^{nt} - 1\right]\left(1 + \frac{n}{r}\right)$$

Depósito inicial para uma anuidade decrescente com n resgates de W por ano por t anos
$$P = W\left(\frac{n}{r}\right)\left\{1 - \left[\frac{1}{1 + (r/n)}\right]^{nt}\right\}$$

Parcela mensal M de um empréstimo de P dólares por t anos a juros de $r\%$
$$M = P\left\{\frac{r/12}{1 - \left[\frac{1}{1 + (r/12)}\right]^{12t}}\right\}$$

Valor de uma anuidade
$$e^{rT} \int_0^T c(t)e^{-rt}\, dt$$

$c(t)$ é a função de renda contínua em dólares por ano e T é o prazo da anuidade em anos.

Capítulo 1

Seção 1.1 (página 7)

Recapitulação (página 7)
1. $3\sqrt{5}$ 2. $2\sqrt{5}$ 3. $\frac{1}{2}$ 4. -2 5. $5\sqrt{3}$
6. $-\sqrt{2}$ 7. $x = -3, x = 9$
8. $y = -8, y = 4$ 9. $x = 19$ 10. $y = 1$

1. [gráfico com pontos $(-5, 3)$, $(2, 0)$, $(1, -1)$, $(-2, -4)$, $(1, -6)$]

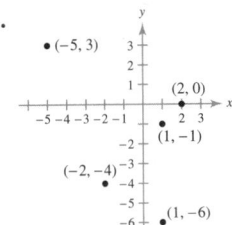

3. (a) [gráfico com pontos $(3, 1)$, $(4, 3)$, $(5, 5)$]
(b) $d = 2\sqrt{5}$
(c) Ponto médio: $(4, 3)$

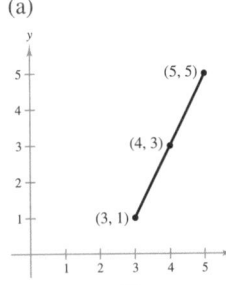

5. (a) [gráfico com pontos $\left(\frac{1}{2}, 1\right)$, $\left(-\frac{1}{2}, -2\right)$, $\left(-\frac{3}{2}, -5\right)$]
(b) $d = 2\sqrt{10}$
(c) Ponto médio: $\left(-\frac{1}{2}, -2\right)$

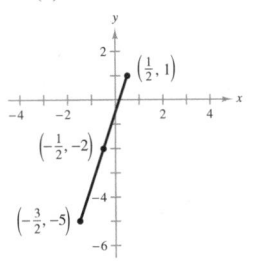

7. (a) [gráfico com pontos $(2, 2)$, $(3, 8)$, $(4, 14)$]
(b) $d = 2\sqrt{37}$
(c) Ponto médio: $(3, 8)$

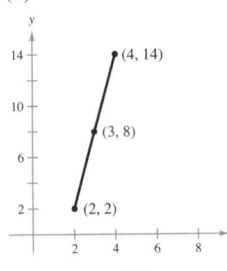

9. (a) [gráfico com pontos $(-5, -2)$, $\left(1, \frac{1}{2}\right)$, $(7, 3)$]
(b) $d = 13$
(c) Ponto médio: $\left(1, \frac{1}{2}\right)$

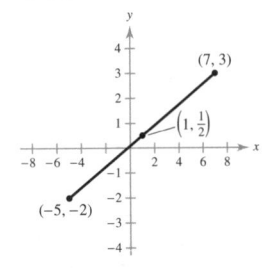

11. (a) [gráfico com pontos $(0,5, 6)$, $(0,25, 0,6)$, $(0, -4,8)$]
(b) $d = \sqrt{116{,}89}$ (c) Ponto médio: $(0{,}25, 0{,}6)$

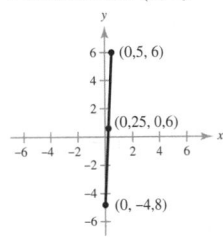

13. (a) $a = 4, b = 3, c = 5$
(b) $4^2 + 3^2 = 5^2$

15. (a) $a = 10, b = 3, c = \sqrt{109}$
(b) $10^2 + 3^2 = \left(\sqrt{109}\right)^2$

17. $d_1 = \sqrt{45}, d_2 = \sqrt{20}$,
$d_3 = \sqrt{65}$
$d_1^2 + d_2^2 = d_3^2$

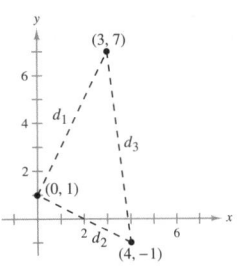

19. $d_1 = d_2 = d_3 = d_4 = \sqrt{5}$

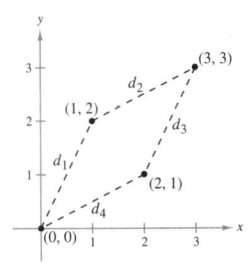

21. $x = 4, -2$ **23.** $y = \pm\sqrt{55}$ **25.** Cerca de 45 jardas.

27. [três gráficos mostrando dados de 2000 a 2010]

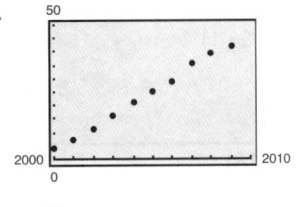

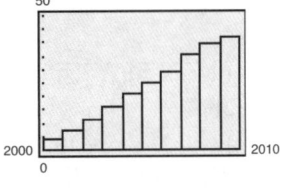

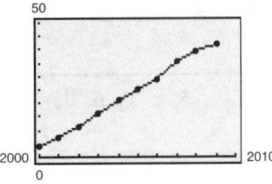

O número de clientes de internet a cabo de alta velocidade aumenta a cada ano.

29. (a) 7.600; 9.200; 10.500 (b) (b) 8,2% de diminuição

31. (a) Receitas: $ 434,3 milhões
 Lucro: $ 25,2 milhões
(b) Receita real de 2008: $ 422,4 milhões
 Lucro real de 2008: $ 24,4 milhões
(c) Sim, os valores reais foram muito próximos dos previstos pela fórmula do ponto médio.
(d) Despesas para 2007: $ 310 milhões
 Despesas para 2008: $ 398 milhões
 Despesas para 2009: $ 508,2 milhões
(e) As respostas irão variar.

33. (a) [gráfico: Número de infecções vs Número de médicos, com curvas Clínica média, Clínica grande, Clínica pequena]
(b) Quanto maior a clínica, mais pacientes um médico pode tratar.

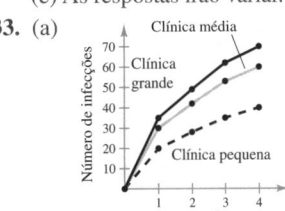

35. $(-6, -6), (-4, -7), (-3, -5)$

37. $\left(\dfrac{3x_1 + x_2}{4}, \dfrac{3y_1 + y_2}{4}\right), \left(\dfrac{x_1 + x_2}{2}, \dfrac{y_1 + y_2}{2}\right),$
$\left(\dfrac{x_1 + 3x_2}{4}, \dfrac{y_1 + 3y_2}{4}\right)$

39. $x_1 + \left(\dfrac{x_2 - x_1}{3}\right) = \dfrac{3x_1 + x_2 - x_1}{3} = \dfrac{1}{3}(2x_1 + x_2)$

$y_1 + \left(\dfrac{y_2 - y_1}{3}\right) = \dfrac{3y_1 + y_2 - y_1}{3} = \dfrac{1}{3}(2y_1 + y_2)$

Assim, $\left(\dfrac{1}{3}[2x_1 + x_2], \dfrac{1}{3}[2y_1 + y_2]\right)$ é um ponto de trisecção.

$\left(\dfrac{\frac{2}{3}x_1 + \frac{1}{3}x_2 + x_2}{2}, \dfrac{\frac{2}{3}y_1 + \frac{1}{3}y_2 + y_2}{2}\right)$

$= \left(\dfrac{\frac{2}{3}x_1 + \frac{4}{3}x_2}{2}, \dfrac{\frac{2}{3}y_1 + \frac{4}{3}y_2}{2}\right)$

$= \left(\dfrac{1}{3}x_1 + \dfrac{2}{3}x_2, \dfrac{1}{3}y_1 + \dfrac{2}{3}y_2\right)$

$= \left(\dfrac{1}{3}[x_1 + 2x_2], \dfrac{1}{3}[y_1 + 2y_2]\right)$

SEÇÃO 1.2 (página 18)

Recapitulação (página 18)
1. $y = \dfrac{1}{5}(x + 12)$ 2. $y = x - 15$
3. $y = \dfrac{1}{x^3 + 2}$
4. $y = \pm\sqrt{x^2 + x - 6} = \pm\sqrt{(x + 3)(x - 2)}$
5. $y = -1 \pm \sqrt{9 - (x - 2)^2}$
6. $y = 5 \pm \sqrt{81 - (x + 6)^2}$ 7. $y = -10$
8. $y = 5$ 9. $y = 9$ 10. $y = 1$
11. $(x - 2)(x - 1)$ 12. $(x + 3)(x + 2)$
13. $\left(y - \dfrac{3}{2}\right)^2$ 14. $\left(y - \dfrac{7}{2}\right)^2$

1. e   2. b   3. c   4. f   5. a   6. d

7. 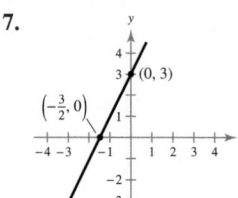
9. 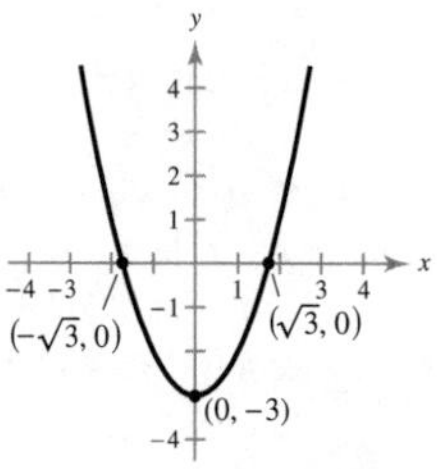
11. 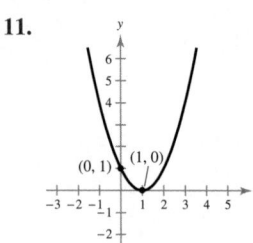
13. 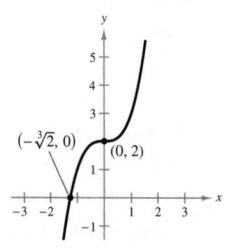
15. 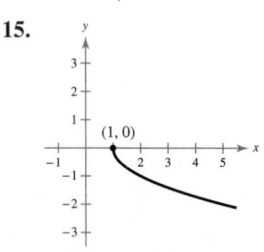
17. 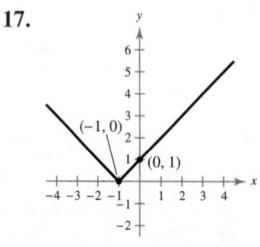
19.

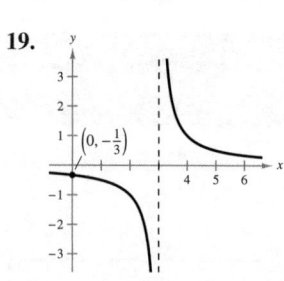

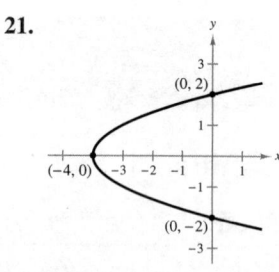

23. $(0, -3), \left(\dfrac{3}{2}, 0\right)$ **25.** $(0, -2), (-2, 0), (1, 0)$
27. $(-2, 0), (0, 2), (2, 0)$ **29.** $(-2, 0), (0, 2)$ **31.** $(0, 0)$
33. $x^2 + y^2 = 16$ **35.** $(x - 2)^2 + (y + 1)^2 = 9$

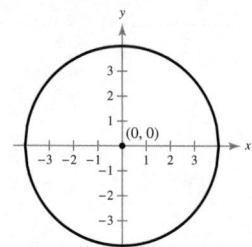

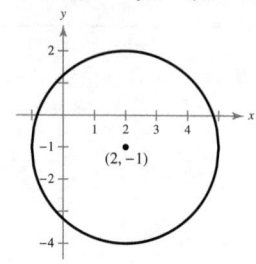

37. $(x + 1)^2 + (y - 1)^2 = 16$ **39.** $x^2 + y^2 = 100$

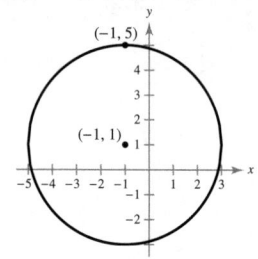

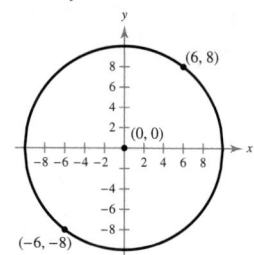

41. $(1, 1)$ **43.** $(1, 14), (-4, -1)$
45. $(0, 0), (\sqrt{2}, 2\sqrt{2}), (-\sqrt{2}, -2\sqrt{2})$
47. $(-1, 0), (0, 1), (1, 0)$
49. 50.000 unidades   **51.** 193 unidades   **53.** 1.250 unidades
55. (a) $C = 11{,}8x + 15.000; R = 19{,}3x$
   (b) 2.000 unidades
   (c) 2.134 unidades
57. $(15, 180)$
59. (a)

Ano	2004	2005	2006	2007	2008	2009
Quantidade	30	44	54	67	113	313
Modelo	26	55	48	56	126	308

O modelo ajusta bem os dados.
As respostas irão variar.
(b) $ 4.605 milhões

61. (a)

Ano	2004	2005	2006
Graduados	667,4	692	713,6

Ano	2007	2008	2012
Graduados	732,2	747,8	780,2

(b) As respostas irão variar.
(c) 764,6; não; o número de graduações de associados deverá se manter crescente com o passar do tempo.

63.

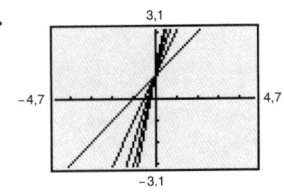

Quanto maior o valor de c, mais inclinada é a reta.

65.

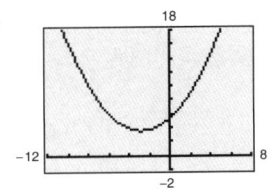

$(0, 5{,}36)$

67.

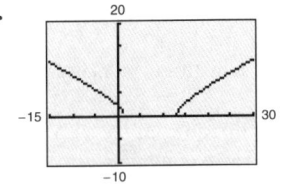

$(1{,}4780, 0), (12{,}8553, 0), (0, 2{,}3875)$

69.

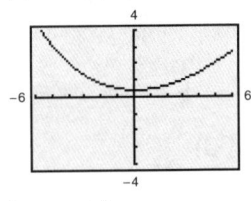

$(0, 0{,}4167)$

Seção 1.3 (página 30)

Recapitulação (página 29)
1. -1 **2.** 1 **3.** $\frac{1}{3}$ **4.** $-\frac{7}{6}$
5. $y = 4x + 7$ **6.** $y = 3x - 7$
7. $y = 3x - 10$ **8.** $y = -x - 7$
9. $y = 7x - 17$ **10.** $y = \frac{2}{3}x + \frac{5}{3}$

1. 1 **3.** 0 **5.** $m = 1, (0, 7)$ **7.** $m = -5, (0, 20)$
9. $m = -\frac{7}{6}, (0, 5)$ **11.** $m = 3, (0, -15)$
13. m não é definido; não existe intersecção com o eixo y.
15. $m = 0, (0, 4)$
17. 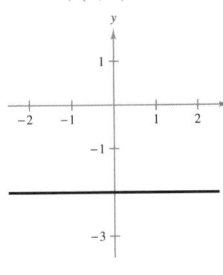
19. 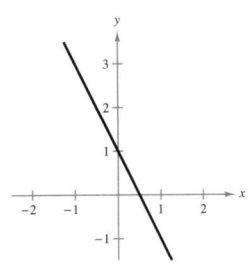
21. 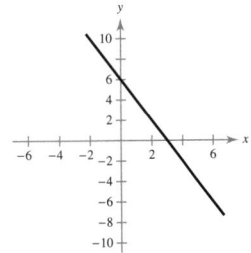
23. 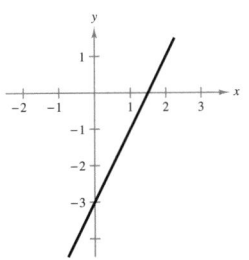
25. 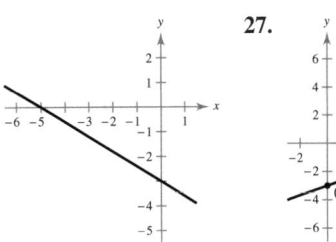
27.

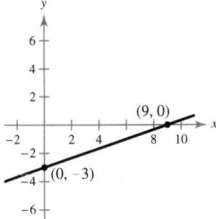

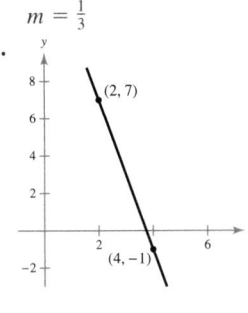

$m = \frac{1}{3}$

29.
31.

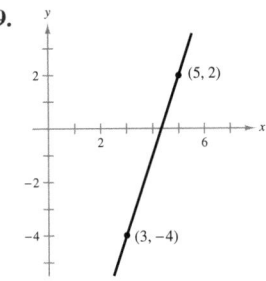

$m = 3 \qquad m = -4$

33.
35.

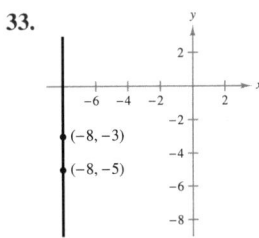

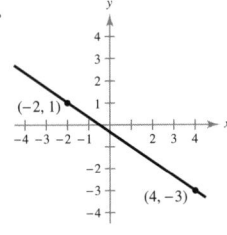

m não é definido. $m = -\frac{2}{3}$

37.
39.

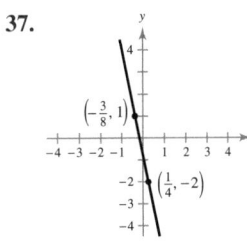

$m = -\frac{24}{5} \qquad m = 8$

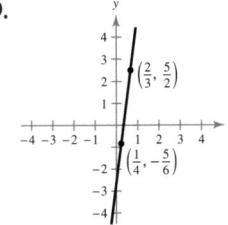

41. $(0, 1), (1, 1), (3, 1)$ **43.** $(0, 10), (2, 4), (3, 1)$
45. $(3, -6), (9, -2), (12, 0)$ **47.** $(-8, 0), (-8, 2), (-8, 3)$
49. Os pontos não são colineares. As ocorrências irão variar.
51. Os pontos são colineares. As explicações irão variar.
53. $3x - 4y + 12 = 0$ **55.** $x + 1 = 0$

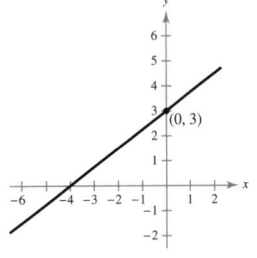

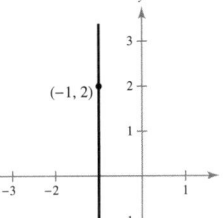

57. $y - 7 = 0$ **59.** $4x + y + 2 = 0$

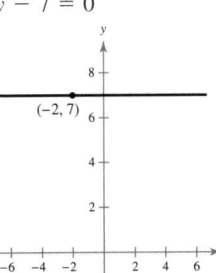

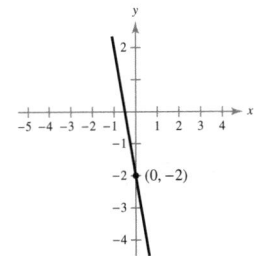

61. $9x - 12y + 8 = 0$ **63.** $y = 2x - 5$

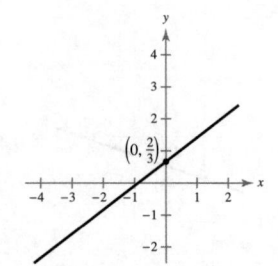

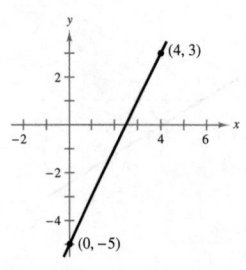

65. $3x + y = 0$

67. $x - 2 = 0$

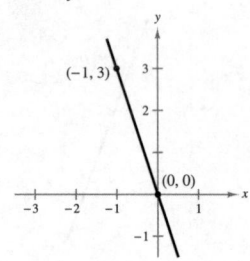

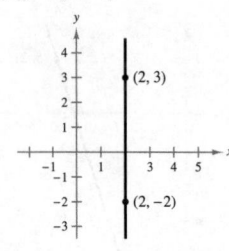

69. $y + 1 = 0$

71. $3x - 6y + 7 = 0$

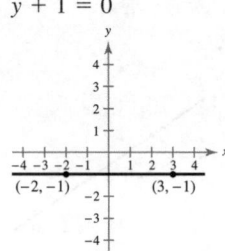

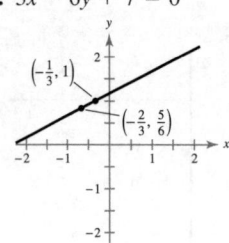

73. $4x - y + 6 = 0$

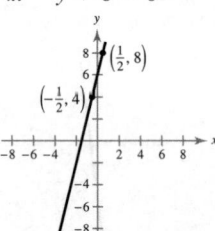

75. $x - 3 = 0$ **77.** $y + 10 = 0$

79. (a) $x + y + 1 = 0$ (b) $x - y + 5 = 0$

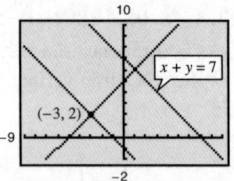

81. (a) $6x + 8y - 3 = 0$ (b) $96x - 72y + 127 = 0$

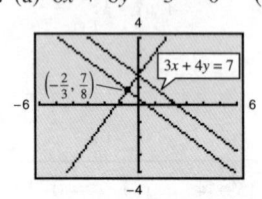

83. (a) $y = 0$ (b) $x + 1 = 0$

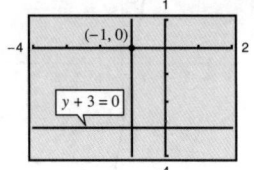

85. (a) $x - 1 = 0$ (b) $y - 1 = 0$

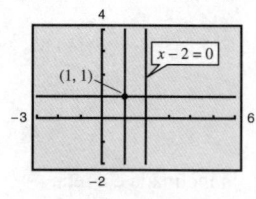

87. (a) O salário médio teve o maior aumento de 2006 a 2008 e teve o menor aumento de 2002 a 2004.
 (b) $m = 2.350,75$
 (c) O salário médio aumentou $ 2.350,75 por ano ao longo de 12 anos entre 1996 e 2008.

89. $F = \frac{9}{5}C + 32$ ou $C = \frac{5}{9}F - \frac{160}{9}$

91. (a) $y = 28,8t + 5.395,8$; a inclinação $m = 28,8$ indica que a população aumenta em 28,8 milhões a cada ano.
 (b) 5.578,6 mil (5.568.600)
 (c) 5.572 mil (5.572.000); a estimativa ficou muito próxima da população real.
 (d) O modelo poderia ser utilizado para prever a população em 2015, se a população continuasse a crescer à mesma taxa linear.

93. (a) $y = 447,6t + 8.146,6$ (b) $ 10.832,2 bilhões
 (c) $ 13.070,2 bilhões (d) As respostas irão variar.

95. (a) $C = 50x + 350.000; R = 120x$
 (b) $P = 70x - 350.000$ (c) Um lucro de $ 560.000.

Teste preliminar (página 33)

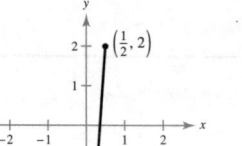

1. (a) (b) $d = 3\sqrt{5}$
 (c) Ponto médio: $(0, -0,5)$

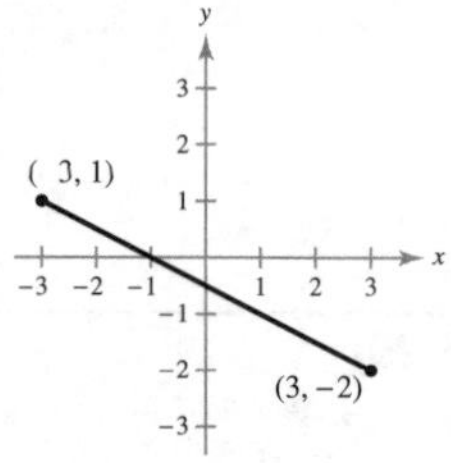

2. (a) (b) $d = \sqrt{12,3125}$
 (c) Ponto médio: $\left(\frac{3}{8}, \frac{1}{4}\right)$

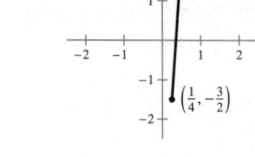

3. (a) (b) $d = 6\sqrt{10}$
 (c) Ponto médio: $(-3, 1)$

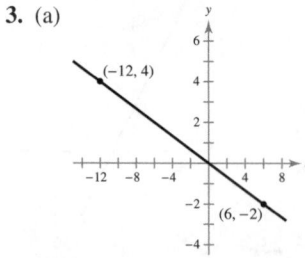

4. $d_1 = \sqrt{5}$
 $d_2 = \sqrt{45}$
 $d_3 = \sqrt{50}$
 $d_1^2 + d_2^2 = d_3^2$

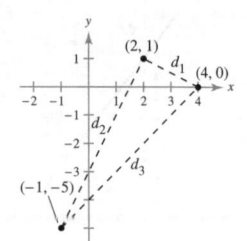

5. 9.681,5 mil

6. [gráfico]

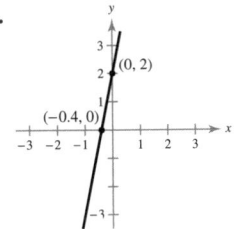

7. [gráfico]

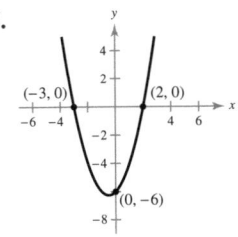

8. [gráfico]

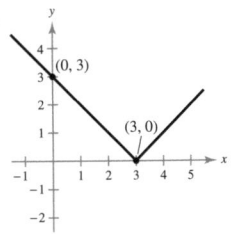

9. $x^2 + y^2 = 81$

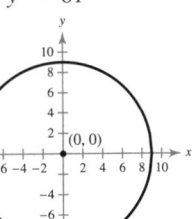

10. $(x + 1)^2 + y^2 = 36$

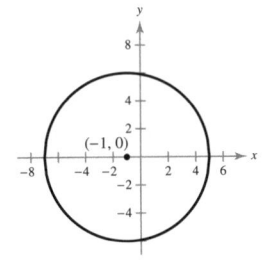

11. $(x - 2)^2 + (y + 2)^2 = 25$ 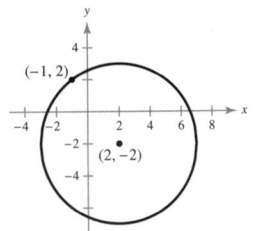   **12.** 4735 unidades

13. $y = \frac{1}{2}x - 3$

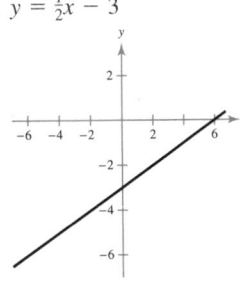

14. $y = 2x - 1$

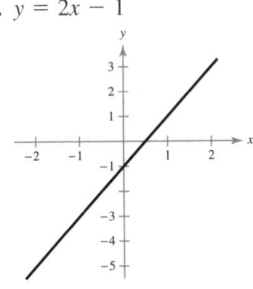

15. $y = -\frac{1}{3}x + 7$

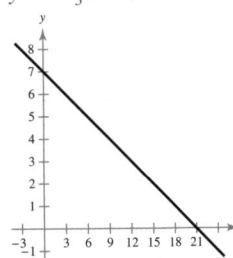

16. $y = -1{,}2x + 0{,}2$

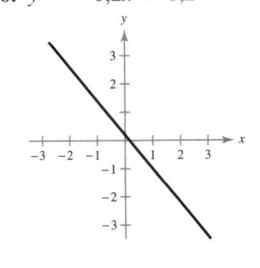

17. $x = -2$

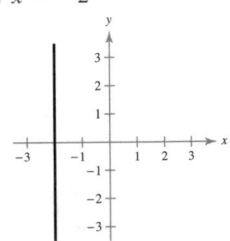

18. $y = 2$

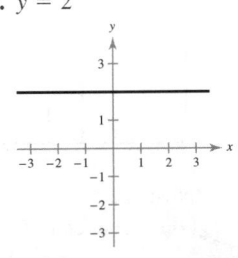

19. (a) $y = -0{,}25x - 4{,}25$ (b) $y = 4x - 17$
20. 2015: \$ 2.270.000; 2018: \$ 2.622.500
21. $C = 0{,}55x + 175$
22. (a) $S = 1.600t + 20.200$ (b) \$ 44.200

Seção 1.4 (página 42)

> **Recapitulação (página 42)**
> **1.** 20   **2.** 10   **3.** $x^2 + x - 6$
> **4.** $x^3 + 9x^2 + 26x + 30$ **5.** $\frac{1}{x}$ **6.** $\frac{2x-1}{x}$
> **7.** $y = -2x + 17$ **8.** $y = \frac{6}{5}x^2 + \frac{1}{5}$
> **9.** $y = 3 \pm \sqrt{5 + (x+1)^2}$ **10.** $y = \pm\sqrt{4x^2 + 2}$
> **11.** $y = 2x + \frac{1}{2}$ **12.** $y = \frac{x^3}{2} + \frac{1}{2}$

1. y não é uma função de x.
3. y é uma função de x.
5. y é uma função de x.
7. y é uma função de x.
9. y não é uma função de x.
11. y é uma função de x.
13. Domínio: $(-\infty, \infty)$ **15.** Domínio: $(-\infty, \infty)$
   Imagem: $(-\infty, \infty)$ Imagem: $(-\infty, 4]$

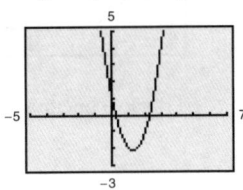

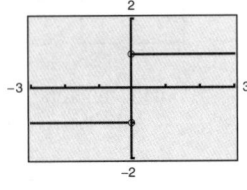

17. [gráfico]   **19.** [gráfico]
   Domínio: $(-\infty, \infty)$ Domínio: $(-\infty, 0) \cup (0, \infty)$
   Imagem: $[-2{,}125, \infty)$ Imagem: $y = -1$ ou $y = 1$

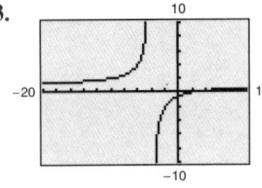

21. [gráfico]   **23.** [gráfico]
   Domínio: $(4, \infty)$ Domínio: $(-\infty, -4) \cup (-4, \infty)$
   Imagem: $[4, \infty)$ Imagem: $(-\infty, 1) \cup (1, \infty)$

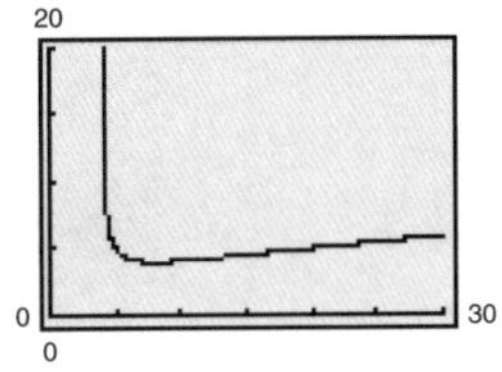

25. (a) -2 (b) 13   (c) $3x - 5$
27. (a) 4   (b) $-\frac{1}{4}$ (c) $\frac{1}{x+4}$
29. $\Delta x + 2x - 5,\ \Delta x \neq 0$
31. $\dfrac{1}{\sqrt{x + \Delta x + 1} + \sqrt{x + 1}},\ \Delta x \neq 0$
33. $-\dfrac{1}{(x + \Delta x - 2)(x - 2)},\ \Delta x \neq 0$
35. (a) $2x$ (b) $2x - 10$ (c) $10x - 25$ (d) $\dfrac{2x-5}{5}$
   (e) 5   (f) 5
37. (a) $x^2 + x$ (b) $x^2 - x + 2$
   (c) $(x^2 + 1)(x - 1) = x^3 - x^2 + x - 1$
   (d) $\dfrac{x^2 + 1}{x - 1}$ (e) $x^2 - 2x + 2$ (f) x^2
39. (a) 0   (b) 0   (c) -1 (d) $\sqrt{15}$
   (e) $\sqrt{x^2 - 1}$ (f) $x - 1,\ x \geq 0$
41. $f^{-1}(x) = \frac{1}{4}x$

$f(f^{-1}(x)) = 4(\frac{1}{4}x) = x$

$f^{-1}(f(x)) = \frac{1}{4}(4x) = x$

43. $f^{-1}(x) = x - 12$

$f(f^{-1}(x)) = (x - 12) + 12 = x$

$f^{-1}(f(x)) = (x + 12) - 12 = x$

45. $f^{-1}(x) = \dfrac{x + 3}{2}$ **47.** $f^{-1}(x) = \dfrac{2}{3}(x - 1)$

49. $f^{-1}(x) = \sqrt[5]{x}$ **51.** $f^{-1}(x) = \dfrac{1}{x}$

53. $f^{-1}(x) = \sqrt{9 - x^2}$, $0 \leq x \leq 3$

55. $f^{-1}(x) = x^{3/2}$, $x \geq 0$

57.

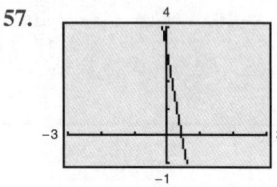

$f(x)$ é bijetora. $f^{-1}(x) = \dfrac{3 - x}{7}$

59. $f(x)$ não é bijetora.

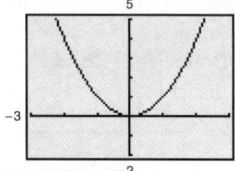

61. $f(x)$ não é bijetora.

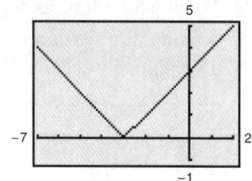

63. (a), (b), 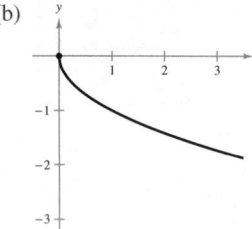 (c), 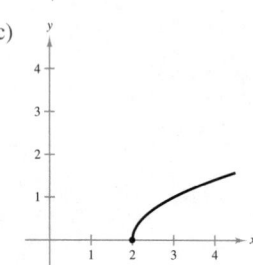 (d)

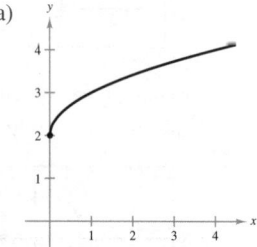

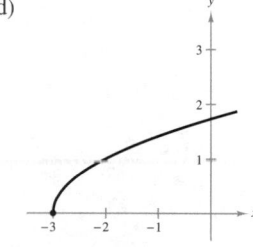

(e)

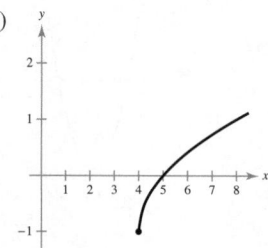

(f)

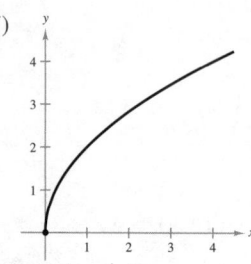

65. (a) $y = (x + 3)^2$ (b) $y = -(x + 6)^2 - 3$

67. (a) 2000: \$ 120 bilhões
2003: \$ 170 bilhões
2007: \$ 225 bilhões

(b) 2000: \$ 121,3 bilhões
2003: \$ 173,8 bilhões
2007: \$ 225,6 bilhões

O modelo ajusta bem os dados.

69. $R_T = R_1 + R_2 = -0,8t^2 - 7,22t + 1.148$

$t = 5, 6, \ldots, 11$

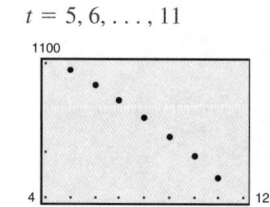

71. (a) $C(x) = 1,95x + 6.000$

(b) $\overline{C} = 1,95 + \dfrac{6.000}{x}$

(c) Mais de 2.000 unidades.

73. (a) $C(x(t)) = 2.800t + 500$

Esta função dá o custo de produção para t horas.

(b) \$ 11.700

(c) 6,25 horas

75. (a) $C(x) = 12,30x + 98.000$

(b) $R(x) = 17,98x$

(c) $P(x) = 5,68x - 98.000$

77.

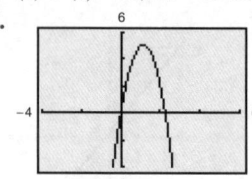

Zeros: $x = 0, \dfrac{9}{4}$

$f(x)$ não é bijetora.

79.

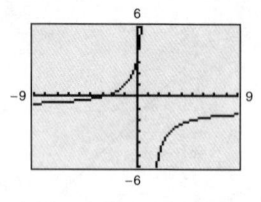

Zero: $t = -3$

$g(t)$ é bijetora.

81.

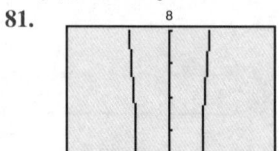

Zeros: ± 2

$g(x)$ não é bijetora.

83. As respostas irão variar.

Seção 1.5 (página 56)

Recapitulação (página 55)

1. $\frac{1}{3}x^2 + \frac{1}{6}x$ 2. $x^2(x+9)$ 3. $x+4$ 4. $x+6$
5. (a) 7 (b) $c^2 - 3c + 3$
   (c) $x^2 + 2xh + h^2 - 3x - 3h + 3$
6. (a) -4 (b) 10 (c) $3t^2 + 4$ 7. h 8. 4
9. Domínio: $(-\infty, 0) \cup (0, \infty)$
   Imagem: $(-\infty, 0) \cup (0, \infty)$

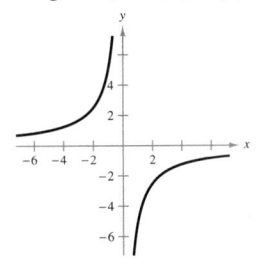

10. Domínio: $[-5, 5]$ 11. Domínio: $(-\infty, \infty)$
    Imagem: $[0, 5]$ Imagem: $[0, \infty)$

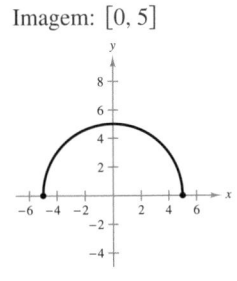

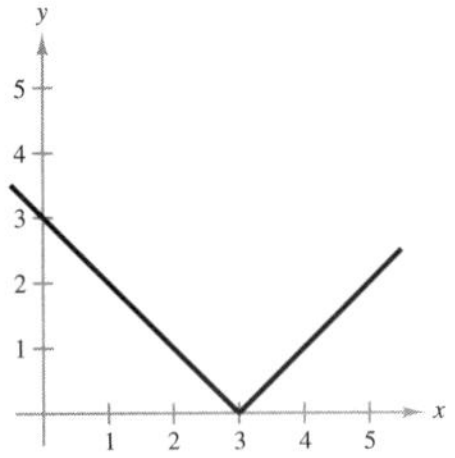

12. Domínio: 13. y não é uma função de x.
    $(-\infty, 0) \cup (0, \infty)$ 14. y é uma função de x.
    Imagem: $-1, 1$

1. (a) 1 (b) 3 3. (a) 1 (b) 3

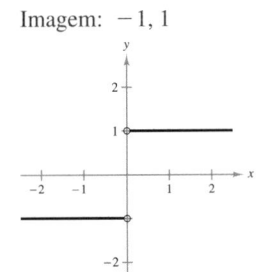

5.
x	1,9	1,99	1,999	2
$f(x)$	8,8	8,98	8,998	?

x	2,001	2,01	2,1
$f(x)$	9,002	9,02	9,2

$\lim\limits_{x \to 2}(2x + 5) = 9$

7.
x	1,9	1,99	1,999	2
$f(x)$	0,2564	0,2506	0,2501	?

x	2,001	2,01	2,1
$f(x)$	0,2499	0,2494	0,2439

$\lim\limits_{x \to 2} \dfrac{x-2}{x^2 - 4} = \dfrac{1}{4}$

9.
x	$-0,1$	$-0,01$	$-0,001$	0
$f(x)$	0,5132	0,5013	0,5001	?

x	0,001	0,01	0,1
$f(x)$	0,4999	0,4988	0,4881

$\lim\limits_{x \to 0} \dfrac{\sqrt{x+1} - 1}{x} = 0,5$

11.
x	$-4,1$	$-4,01$	$-4,001$	-4
$f(x)$	2,5	25	250	?

x	$-3,999$	$-3,99$	$-3,9$
$f(x)$	-250	-25	$-2,5$

Não existe o limite.

13. 6   15. -2 17. 49   19. 4
21. (a) 12   (b) 27   (c) $\frac{1}{3}$
23. (a) 4   (b) 48   (c) 256
25. -1 27. 0   29. 3   31. -2 33. $-\frac{3}{4}$ 35. 2
37. -6 39. $-\frac{1}{4}$ 41. 12   43. 2   45. $2t - 5$
47. $\frac{1}{6}$ 49. $\dfrac{1}{2\sqrt{5}}$ 51. 2   53. -1
55. Não existe o limite.   57. Não existe o limite.
59. $\lim\limits_{x \to -3^-} \dfrac{|x+3|}{x+3} = -1$, $\lim\limits_{x \to -3^+} \dfrac{|x+3|}{x+3} = 1$

61.
x	0	0,5	0,9	0,99
$f(x)$	-2	$-2,67$	$-10,53$	$-100,5$

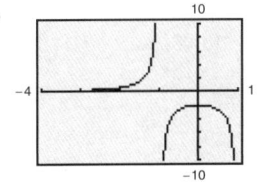

x	0,999	0,9999	1
$f(x)$	$-1.000,5$	$-10.000,5$	não definida

$-\infty$

63.
x	-3	$-2,5$	$-2,1$	$-2,01$
$f(x)$	-1	-2	-10	-100

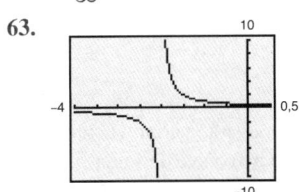

x	$-2,001$	$-2,0001$	-2
$f(x)$	-1.000	-10.000	não definida

$-\infty$

65. (a) 1   (b) 1   (c) 1
67. (a) 0   (b) 0   (c) 0

69. (a) 3 (b) −3 (c) Não existe o limite

71.

Não existe o limite

73.

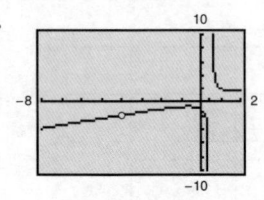

$-\frac{17}{9} \approx -1{,}8889$

75. (a) $ 25.000 (b) 80%
(c) ∞; a função custo aumenta ilimitadamente quando x tende a 100 pela esquerda. Portanto, de acordo com o modelo, não é possível remover 100% dos poluentes.

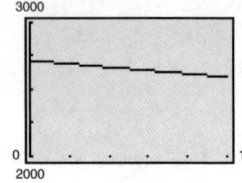

77. (a)

(b) Para $x = 0{,}25$, $A \approx $ 2.685{,}06$.
Para $x = \frac{1}{365}$, $A \approx $ 2.717{,}91$.

(c) $\lim_{x \to 0} 1.000(1 + 0{,}1x)^{10/x} = 1.000e \approx $ 2.718{,}28$;
Capitalização contínua

Seção 1.6 (página 65)

Recapitulação (página 65)
1. $\frac{x+4}{x-8}$ 2. $\frac{x+1}{x-3}$ 3. $\frac{x+2}{2(x-3)}$ 4. $\frac{x-4}{x-2}$
5. $x = 0, -7$ 6. $x = -5, 1$ 7. $x = -\frac{2}{3}, -2$
8. $x = 0, 3, -8$ 9. 13 10. −1

1. Contínua; a função é um polinômio.
3. Não contínua ($x \neq \pm 4$)
5. Contínua; o domínio da função racional é o conjunto de números reais.
7. Não contínua ($x \neq 3$ e $x \neq 5$)
9. Não contínua ($x \neq \pm 2$)
11. $(-\infty, 0)$ e $(0, \infty)$; as explicações irão variar. Há uma descontinuidade em $x = 0$ porque $f(0)$ não é definida.
13. $(-\infty, -1)$ e $(-1, \infty)$; as explicações irão variar. Há uma descontinuidade em $x = -1$ porque $f(-1)$ não é definida.
15. $(-\infty, \infty)$; as explicações irão variar.
17. $(-\infty, -1), (-1, 1)$, e $(1, \infty)$; as explicações irão variar. Há descontinuidades em $x = \pm 1$, porque $f(\pm 1)$ é não definida.
19. $(-\infty, \infty)$; as explicações irão variar.
21. $(-\infty, 4), (4, 5)$, e $(5, \infty)$; as explicações irão variar. Há descontinuidades em $x = 4$ e $x = 5$ porque $f(4)$ e $f(5)$ não são definidas.
23. $(-\infty, 4]$; as explicações irão variar.
25. $[0, \infty)$; as explicações irão variar.
27. $[-1, 3]$; as explicações irão variar.
29. $(-\infty, \infty)$; as explicações irão variar.

31. $(-\infty, -1)$ e $(-1, \infty)$; as explicações irão variar. Há uma descontinuidade em $x = -1$, porque $f(-1)$ não é definida.
33. $[-3, \infty)$; as explicações irão variar.
35. Contínua em todos os intervalos $\left(\frac{c}{2}, \frac{c}{2} + \frac{1}{2}\right)$, em que c é um número inteiro. As explicações irão variar. Existem descontinuidades em $x = \frac{c}{2}$, em que c é um número inteiro, porque $\lim_{x \to c} f\left(\frac{c}{2}\right)$ não existe.
37. Contínua em todos os intervalos $(c, c + 1)$, em que c é um número inteiro. As explicações irão variar. Existem descontinuidades em $x = c$, em que c é um número inteiro, porque $\lim_{x \to c} f(c)$ não existe.
39. $(1, \infty)$; as explicações irão variar.
41.

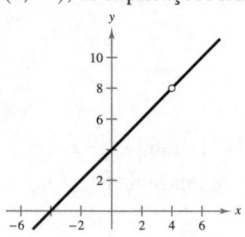

Contínua em $(-\infty, 4)$ e $(4, \infty)$

43.

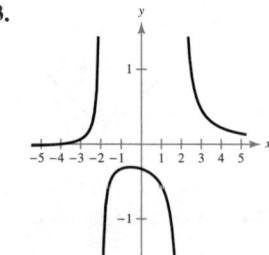

Contínua em $(-\infty, -2), (-2, 2)$ e $(2, \infty)$

45.

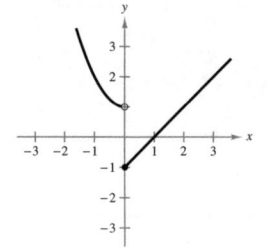

Contínua em $(-\infty, 0)$ e $(0, \infty)$
47. Contínua
49. Descontinuidade não removível em $x = 2$.
51.

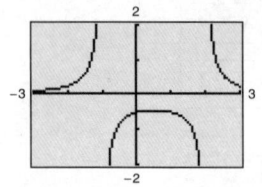

Não contínua em $x = 2$ e $x = -1$, porque $f(-1)$ e $f(2)$ não são definidas.

53.

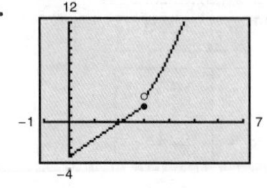

Não contínua em $x = 3$, porque $\lim_{x \to 3} f(3)$ não existe.

55.

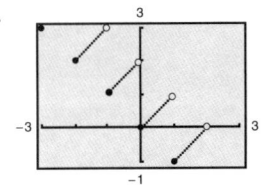

Não contínua em todos os números inteiros c, porque $\lim_{x \to c} f(c)$ não existe.

57. $a = 2$

59.

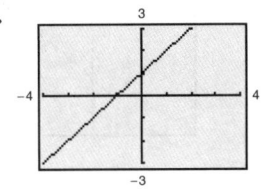

O gráfico de $f(x) = \dfrac{x^2 + x}{x}$ parece ser contínuo em $[-4, 4]$, mas f não é contínua em $x = 0$. As explicações irão variar.

61. (a) $[0, 100]$. As explicações irão variar.
(b)

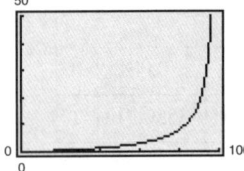

Contínua; as explicações irão variar.
(c) $6 milhões.

63.

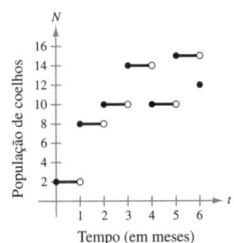

Existem descontinuidades não removíveis em $t = 1, 2, 3, 4, 5$ e 6.

65. (a)

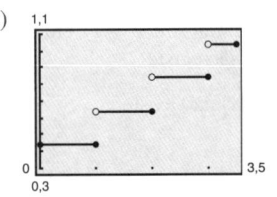

Descontinuidades em $x = 1, x = 2, x = 3$.
As explicações irão variar.
(b) $0,84

67. (a) O gráfico tem descontinuidades não removíveis em $t = \frac{1}{4}, \frac{1}{2}, \frac{3}{4}, 1, \frac{5}{4}, \ldots$
(b) $8.488,69
(c) $11.379,17

69. (a)

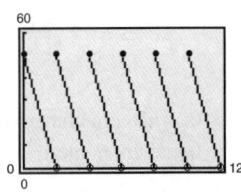

Descontinuidades não removíveis em $t = 2, 4, 6, 8, \ldots$; N não é contínua em $t = 2, 4, 6, 8, \ldots$.

(b) A companhia deve reabastecer seu estoque a cada dois meses.

Exercícios de revisão do capítulo 1 (página 72)

1.

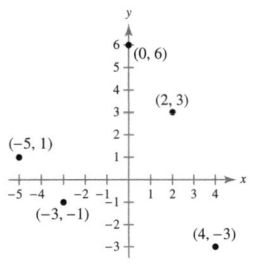

3. $\sqrt{29}$ **5.** $3\sqrt{2}$ **7.** $\dfrac{\sqrt{17}}{2}$ **9.** $(7, 4)$

11. $(-8, 6)$ **13.** $\left(\dfrac{5}{2}, \dfrac{2}{5}\right)$

15. $P = R - C$; a diferença na altura das barras que representam receitas e custos é igual à altura da barra que representa lucros.

17. $(-2, 7), (-1, 8), (1, 5)$

19.   **21.**

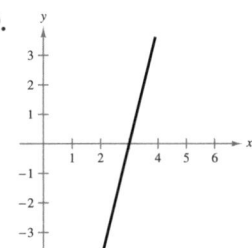

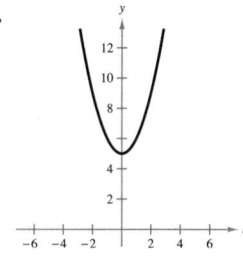

23. 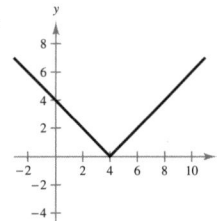   **25.**

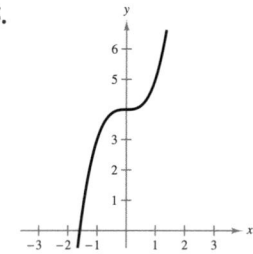

27.

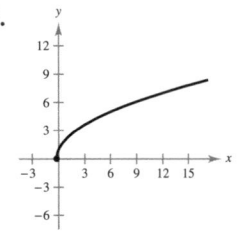

29. $\left(-\dfrac{3}{4}, 0\right), (0, -3)$ **31.** $(-4, 0), (2, 0), (0, -8)$

33. $x^2 + y^2 = 64$ **35.** $x^2 + y^2 = 9$

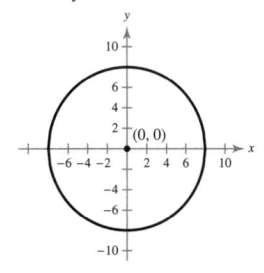

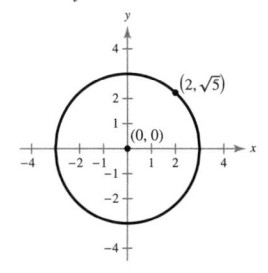

37. $(-2, 9)$ **39.** $(-1, -1), (0, 0), (1, 1)$

41. (a) $C = 10x + 200$ **43.** $p = \$46{,}40$
   $R = 14x$ $x = 5.000$ unidades
(b) 50 camisas

45. Inclinação: -1
intersecção com o eixo y:
$(0, 12)$

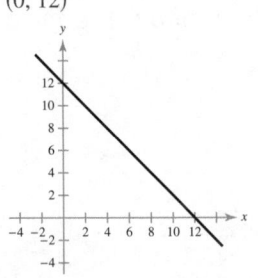

47. Inclinação: -3
intersecção com o eixo y:
$(0, -2)$

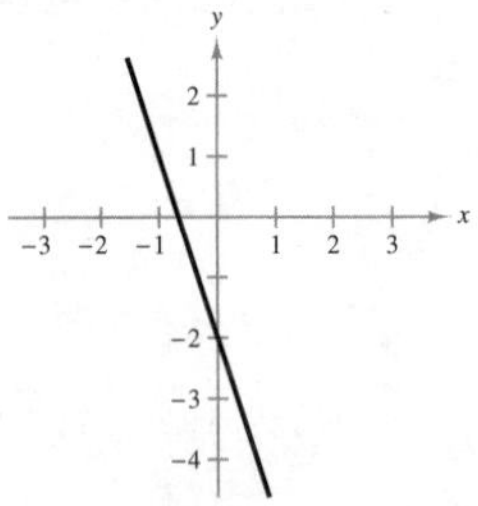

49. Inclinação: 0 (reta horizontal)
intersecção com o eixo y:
$\left(0, -\frac{5}{3}\right)$

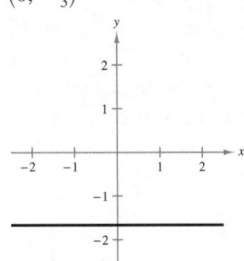

51. Inclinação: $-\frac{2}{5}$
intersecção com o eixo y: $(0, -1)$

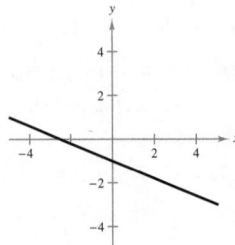

53. $\frac{6}{7}$ **55.** $\frac{20}{21}$
57. $y = -2x + 5$ **59.** $y = -4$

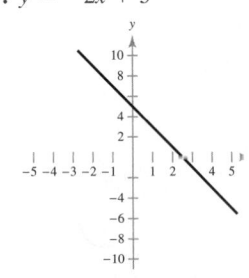

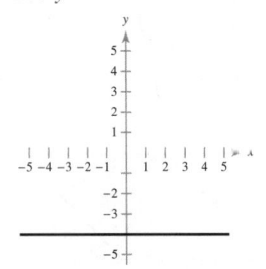

61. $y = 2x - 9$ 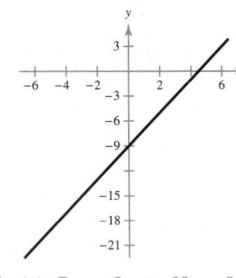   **63.** $x = 5$

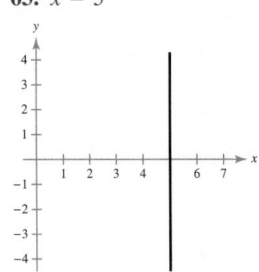

65. (a) $7x - 8y + 69 = 0$ (b) $2x + y = 0$
(c) $2x + y = 0$ (d) $2x + 3y - 12 = 0$

67. (a) $x = -10p + 1070$ (b) 725 unidades
(c) 650 unidades

69. y é uma função de x.

71. y não é uma função de x.

73. Domínio: $(-\infty, \infty)$ **75.** Domínio: $[-1, \infty)$
Imagem: $(-\infty, \infty)$ Imagem: $[0, \infty)$

77. Domínio: $(-\infty, -4) \cup (-4, 3) \cup (3, \infty)$
Imagem: $(-\infty, 0) \cup \left(0, \frac{1}{7}\right) \cup \left(\frac{1}{7}, \infty\right)$

79. (a) 7   (b) -11 (c) $3x + 7$

81. (a) $x^2 + 2x$ (b) $x^2 - 2x + 2$
(c) $2x^3 - x^2 + 2x - 1$
(d) $\frac{1 + x^2}{2x - 1}$ (e) $4x^2 - 4x + 2$ (f) $2x^2 + 1$

83.

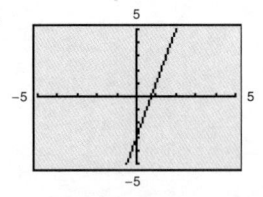

$f(x)$ é bijetora.
$f^{-1}(x) = \frac{1}{4}(x + 3)$

85.

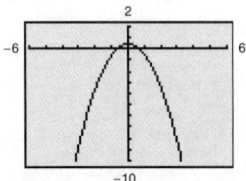

$f(x)$ não tem uma função inversa.

87.

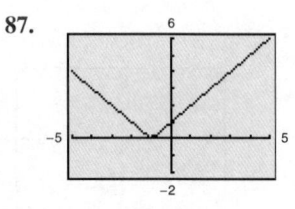

$f(x)$ não tem uma função inversa.

89.

x	0,9	0,99	0,999	1	1,001	1,01	1,1
$f(x)$	0,6	0,96	0,996	?	1,004	1,04	1,4

$\lim_{x \to 1}(4x - 3) = 1$

91.

x	$-0,1$	$-0,01$	$-0,001$	0
$f(x)$	35,71	355,26	3550,71	?

x	0,001	0,01	0,1
$f(x)$	$-3.550,31$	$-354,85$	$-35,30$

$\lim_{x \to 0} \frac{\sqrt{x + 6} - 6}{x}$ não existe.

93. 8   **95.** 7   **97.** $-\frac{2}{5}$ **99.** Não existe o limite.
101. $-\frac{1}{4}$ **103.** $-\infty$ **105.** Não existe o limite.
107. 5   **109.** $3x^2 - 1$

111. $(-\infty, \infty)$; para qualquer c na reta real; $F(c)$ é definida, $\lim_{x \to c} f(x)$ existe e $\lim_{x \to c} f(x) = f(c)$.

113. $(-\infty, -4)$ e $(-4, \infty)$; $f(-4)$ não é definida.

115. $(-\infty, -1)$ e $(-1, \infty)$; $f(-1)$ não é definida.

117. Contínua em todos os intervalos $(c, c + 1)$, em que c é um número inteiro; $\lim_{x \to c} f(c)$ não existe.

119. $(-\infty, 0)$ e $(0, \infty)$; $\lim_{x \to 0} f(x)$ não existe.

121. $a = 2$

123. (a)

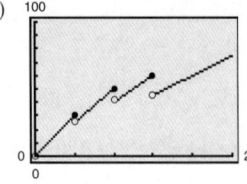

As explicações irão variar. A função é definida para todos os valores de x maiores do que zero. A função é descontínua quando $x = 5$, $x = 10$ e $x = 15$.

(b) \$ 49,90

125. (a)
$$C(t) = \begin{cases} 1 + 0,1[\![t]\!], & t > 0, \ t \text{ não um número é inteiro} \\ 1 + 0,1[\![t - 1]\!], & t > 0, \ t \text{ é um número inteiro} \end{cases}$$

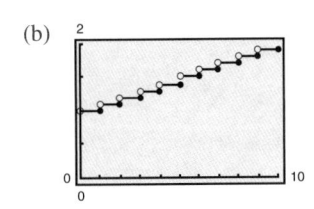

(b) C não é contínua em $t = 1, 2, 3, \ldots$

Teste do capítulo (página 76)

1. (a) $d = 5\sqrt{2}$ (b) Ponto médio: $(-1,5, 1,5)$
   (c) $m = -1$ (d) $y = -x$
   (e)

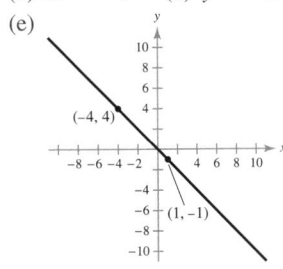

2. (a) $d = 2,5$ (b) Ponto médio: $(1,25, 2)$
   (c) $m = 0$ (d) $y = 2$
   (e)

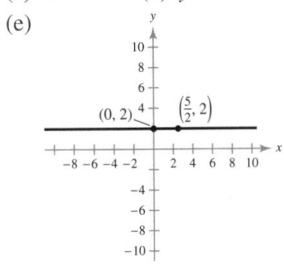

3. (a) $d = 2\sqrt{10}$ (b) Ponto médio: $(-1, 2)$
   (c) $m = \frac{1}{3}$ (d) $y = \frac{1}{3}x + \frac{7}{3}$
   (e)

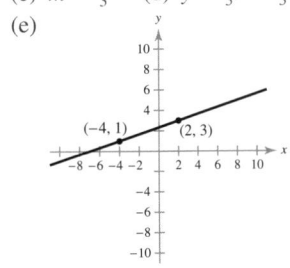

4. $(5,5, 53,45)$
5. $m = \frac{1}{5}; (0, -2)$

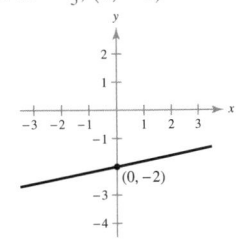

6. m não é definida; não existe intersecção com o eixo y.

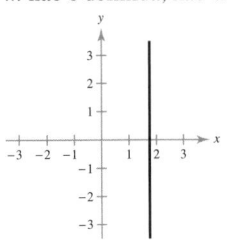

7. $m = -2,5; (0, 6,25)$

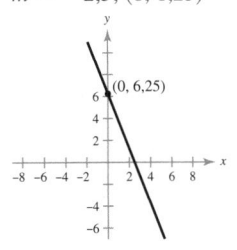

8. $y = -\frac{1}{4}x - \frac{29}{4}$ 9. $y = \frac{5}{2}x - 4$

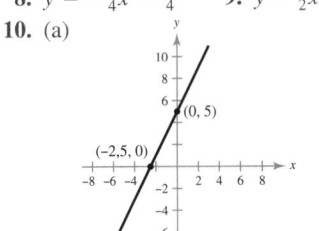

10. (a)
    (b) Domínio: $(-\infty, \infty)$
    Imagem: $(-\infty, \infty)$
    (c) $f(-3) = -1; f(-2) = 1; f(3) = 11$
    (d) A função é bijetora.

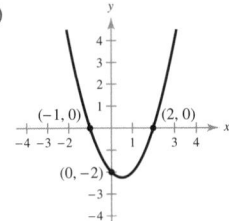

11. (a)
    (b) Domínio: $(-\infty, \infty)$
    Imagem: $(-2,25, \infty)$
    (c) $f(-3) = 10; f(-2) = 4; f(3) = 4$
    (d) A função não é bijetora.

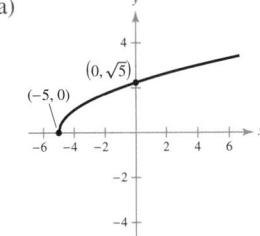

12. (a)
    (b) Domínio: $[-5, \infty)$
    Imagem: $[0, \infty)$
    (c) $f(-3) = \sqrt{2}; f(-2) = \sqrt{3}; f(3) = 2\sqrt{2}$
    (d) A função é bijetora.

13. $f^{-1}(x) = \frac{1}{4}x - \frac{3}{2}$ 14. $f^{-1}(x) = -\frac{1}{3}x^3 + \frac{8}{3}$
15. -1 16. Não existe o limite.   17. 2   18. $\frac{1}{6}$
19. $(-\infty, 4)$ e $(4, \infty)$; as explicações irão variar. Existe uma descontinuidade em $x = 4$, porque $f(4)$ não é definida.
20. $(-\infty, 5]$; as explicações irão variar.
21. $(-\infty, \infty)$; as explicações irão variar.

22. (a) O modelo ajusta bem os dados. As explicações irão variar.
(b) 128.087,392 mil (128.087.392)

Capítulo 2

Seção 2.1 (página 85)

Recapitulação (página 85)
1. $x = 2$ 2. $y = 2$ 3. $y = -x + 2$
4. $y = 3x - 4$ 5. $2x$ 6. $3x^2$ 7. $\dfrac{1}{x^2}$
8. $2x$ 9. $(-\infty, \infty)$ 10. $(-\infty, 1) \cup (1, \infty)$
11. $(-\infty, \infty)$ 12. $(-\infty, 0) \cup (0, \infty)$

1. 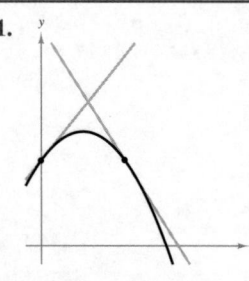
3. 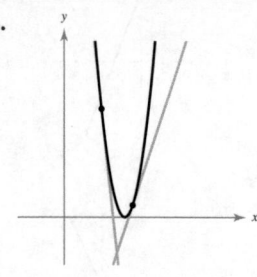
5.

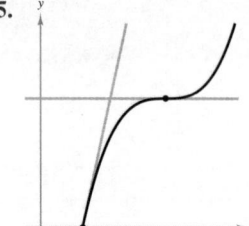

7. $m = 1$ 9. $m = 0$ 11. $m = -\dfrac{1}{3}$
13. 2005: $m \approx 119$
    2007: $m \approx 161$
    A inclinação é a taxa de variação da receita no instante de tempo dado.
15. $t = 3$: $m \approx 9$
    $t = 7$: $m \approx 0$
    $t = 10$: $m \approx -10$
    A inclinação é a taxa de variação da temperatura média no instante de tempo dado.
17. $f'(x) = 0$
    $f'(0) = 0$
19. $f'(x) = -3$
    $f'(2) = -3$
21. $f'(x) = 4x$
    $f'(2) = 8$
23. $f'(x) = 3x^2 - 1$
    $f'(2) = 11$
25. $f'(x) = \dfrac{1}{\sqrt{x}}$
    $f'(4) = \dfrac{1}{2}$
27. $f(x) = 3$
    $f(x + \Delta x) = 3$
    $f(x + \Delta x) - f(x) = 0$
    $\dfrac{f(x + \Delta x) - f(x)}{\Delta x} = 0$
    $\lim\limits_{\Delta x \to 0} \dfrac{f(x + \Delta x) - f(x)}{\Delta x} = 0$
29. $f(x) = -5x$
    $f(x + \Delta x) = -5x - 5\Delta x$
    $f(x + \Delta x) - f(x) = -5\Delta x$
    $\dfrac{f(x + \Delta x) - f(x)}{\Delta x} = -5$
    $\lim\limits_{\Delta x \to 0} \dfrac{f(x + \Delta x) - f(x)}{\Delta x} = -5$

31. $g(s) = \dfrac{1}{3}s + 2$
    $g(s + \Delta s) = \dfrac{1}{3}s + \dfrac{1}{3}\Delta s + 2$
    $g(s + \Delta s) - g(s) = \dfrac{1}{3}\Delta s$
    $\dfrac{g(s + \Delta s) - g(s)}{\Delta s} = \dfrac{1}{3}$
    $\lim\limits_{\Delta s \to 0} \dfrac{g(s + \Delta s) - g(s)}{\Delta s} = \dfrac{1}{3}$
33. $f(x) = 4x^2 - 5x$
    $f(x + \Delta x) = 4x^2 + 8x\Delta x + 4(\Delta x)^2 - 5x - 5\Delta x$
    $f(x + \Delta x) - f(x) = 8x\Delta x + 4(\Delta x)^2 - 5\Delta x$
    $\dfrac{f(x + \Delta x) - f(x)}{\Delta x} = 8x + 4\Delta x - 5$
    $\lim\limits_{\Delta x \to 0} \dfrac{f(x + \Delta x) - f(x)}{\Delta x} = 8x - 5$
35. $h(t) = \sqrt{t - 1}$
    $h(t + \Delta t) = \sqrt{t + \Delta t - 1}$
    $h(t + \Delta t) - h(t) = \sqrt{t + \Delta t - 1} - \sqrt{t - 1}$
    $\dfrac{h(t + \Delta t) - h(t)}{\Delta t} = \dfrac{1}{\sqrt{t + \Delta t - 1} + \sqrt{t - 1}}$
    $\lim\limits_{\Delta t \to 0} \dfrac{h(t + \Delta t) - h(t)}{\Delta t} = \dfrac{1}{2\sqrt{t - 1}}$
37. $f(t) = t^3 - 12t$
    $f(t + \Delta t) = t^3 + 3t^2\Delta t + 3t(\Delta t)^2 + (\Delta t)^3 - 12t - 12\Delta t$
    $f(t + \Delta t) - f(t) = 3t^2\Delta t + 3t(\Delta t)^2 + (\Delta t)^3 - 12\Delta t$
    $\dfrac{f(t + \Delta t) - f(t)}{\Delta t} = 3t^2 + 3t\Delta t + (\Delta t)^2 - 12$
    $\lim\limits_{\Delta t \to 0} \dfrac{f(t + \Delta t) - f(t)}{\Delta t} = 3t^2 - 12$
39. $f(x) = \dfrac{1}{x + 2}$
    $f(x + \Delta x) = \dfrac{1}{x + \Delta x + 2}$
    $f(x + \Delta x) - f(x) = \dfrac{-\Delta x}{(x + \Delta x + 2)(x + 2)}$
    $\dfrac{f(x + \Delta x) - f(x)}{\Delta x} = \dfrac{-1}{(x + \Delta x + 2)(x + 2)}$
    $\lim\limits_{\Delta x \to 0} \dfrac{f(x + \Delta x) - f(x)}{\Delta x} = -\dfrac{1}{(x + 2)^2}$
41. $y = 2x - 2$

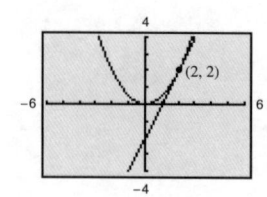

43. $y = -6x - 3$

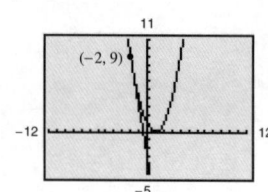

45. $y = \dfrac{x}{4} + 2$

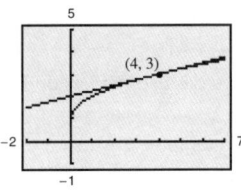

47. $y = -x + 2$

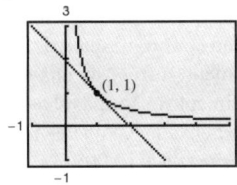

49. $y = -x + 1$ **51.** $y = -9x + 18, y = -9x - 18$

53. y é diferenciável para todo $x \neq -3$. Em $(-3, 0)$ o gráfico tem um nó.

55. y é diferenciável para todo $x \neq 3$. Em $(3, 0)$ o gráfico tem uma cúspide.

57. y é diferenciável para todo $x \neq \pm 2$. A função não é definida em $x = \pm 2$.

59. $f(x) = -3x + 2$

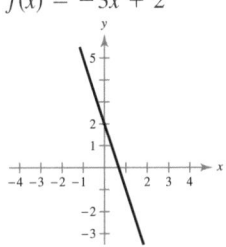

61. 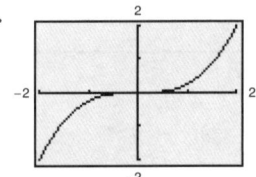 $f'(x) = \frac{3}{4}x^2$

x	-2	$-\frac{3}{2}$	-1	$-\frac{1}{2}$
$f(x)$	-2	$-0{,}8438$	$-0{,}25$	$-0{,}0313$
$f'(x)$	3	$1{,}6875$	$0{,}75$	$0{,}1875$

x	0	$\frac{1}{2}$	1	$\frac{3}{2}$	2
$f(x)$	0	$0{,}0313$	$0{,}25$	$0{,}8438$	2
$f'(x)$	0	$0{,}1875$	0.75	$1{,}6875$	3

63. $f'(x) = -\frac{3}{2}x^2$

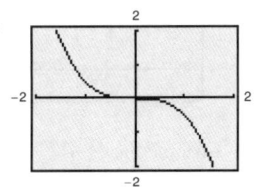

x	-2	$-\frac{3}{2}$	-1	$-\frac{1}{2}$
$f(x)$	4	$1{,}6875$	$0{,}5$	$0{,}0625$
$f'(x)$	-6	$-3{,}375$	$-1{,}5$	$-0{,}375$

x	0	$\frac{1}{2}$	1	$\frac{3}{2}$	2
$f(x)$	0	$-0{,}0625$	$-0{,}5$	$-1{,}6875$	-4
$f'(x)$	0	$-0{,}375$	$-1{,}5$	$-3{,}375$	-6

65. $f'(x) = 2x - 4$

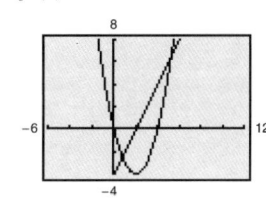

A intersecção com o eixo x da derivada indica um ponto de tangência horizontal para f.

67. $f'(x) = 3x^2 - 3$

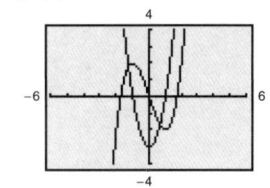

A intersecção com o eixo x da derivada indica pontos de tangência horizontal para f.

69. Verdadeira   **71.** Verdadeira

73. O gráfico de f é liso em $(0, 1)$, mas o gráfico de g tem um bico acentuado em $(0, 1)$. A função f é diferenciável em $x = 0$.

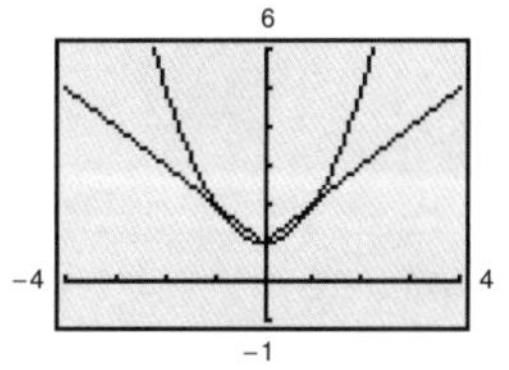

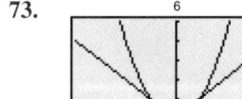

Seção 2.2 (página 97)

Recapitulação (página 96)

1. (a) 8 (b) 16 (c) $\frac{1}{2}$

2. (a) $\frac{1}{36}$ (b) $\frac{1}{32}$ (c) $\frac{1}{64}$

3. $4x(3x^2 + 1)$ **4.** $\frac{3}{2}x^{1/2}(x^{3/2} - 1)$ **5.** $\frac{1}{4x^{3/4}}$

6. $x^2 - \frac{1}{x^{1/2}} + \frac{1}{3x^{2/3}}$ **7.** $0, -\frac{2}{3}$

8. $0, \pm 1$ **9.** $-10, 2$ **10.** $-2, 12$

1. 0 **3.** $5x^4$ **5.** $9x^2$ **7.** $2x^2$ **9.** 4 **11.** $-3x^2$

13. $8x - 3$ **15.** $-6t + 2$ **17.** $3t^2 - 2$ **19.** $\frac{2}{3\sqrt[3]{x}}$

21. $\frac{16}{3}t^{1/3}$ **23.** $-\frac{8}{x^3} + 4x$

25. Função: $y = \frac{2}{7x^4}$

Reescreva: $y = \frac{2}{7}x^{-4}$

Derive: $y' = -\frac{8}{7}x^{-5}$

Simplifique: $y' = -\frac{8}{7x^5}$

27. Função: $y = \frac{1}{(4x)^3}$

Reescreva: $y = \frac{1}{64}x^{-3}$

Derive: $y' = -\frac{3}{64}x^{-4}$

Simplifique: $y' = -\frac{3}{64x^4}$

29. Função: $y = \frac{4}{(2x)^{-5}}$

Reescreva: $y = 128x^5$

Derive: $y' = 128(5)x^4$

Simplifique: $y' = 640x^4$

31. Função: $y = 6\sqrt{x}$

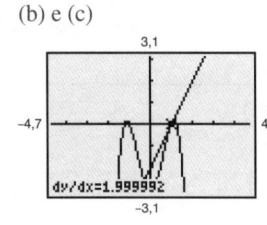

Reescreva: $y = 6x^{1/2}$

Derive: $y' = 6\left(\dfrac{1}{2}\right)x^{-1/2}$

Simplifique: $y' = \dfrac{3}{\sqrt{x}}$

33. Função: $y = \dfrac{1}{5\sqrt[5]{x}}$

Reescreva: $y = \dfrac{1}{5}x^{-1/5}$

Derive: $y' = \dfrac{1}{5}\left(-\dfrac{1}{5}\right)x^{-6/5}$

Simplifique: $y' = -\dfrac{1}{25\sqrt[5]{x^6}}$

35. Função: $y = \sqrt{3x}$
Reescreva: $y = (3x)^{1/2}$

Derive: $y' = \left(\dfrac{1}{2}\right)(3x)^{-1/2}(3)$

Simplifique: $y' = \dfrac{3}{2\sqrt{3x}}$

37. $\dfrac{3}{2}$ **39.** 8   **41.** -11 **43.** -2
45. (a) $y = 2x - 2$ **47.** (a) $y = \dfrac{8}{15}x + \dfrac{22}{15}$
(b) e (c) (b) e (c)

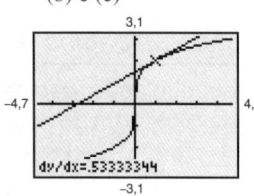

49. (a) $y = 36x - 54$
(b) e (c)

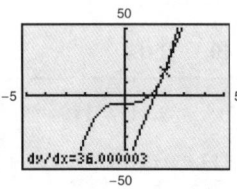

51. $2x + \dfrac{4}{x^2} + \dfrac{6}{x^3}$ **53.** $2x - 2 + \dfrac{8}{x^5}$ **55.** $\dfrac{4}{5x^{1/5}} + 1$

57. $3x^2 + 1$ **59.** $\dfrac{2x^3 - 6}{x^3}$ **61.** $\dfrac{4x^3 - 2x - 10}{x^3}$

63. $(0, -1)$, $\left(-\dfrac{\sqrt{6}}{2}, \dfrac{5}{4}\right)$, $\left(\dfrac{\sqrt{6}}{2}, \dfrac{5}{4}\right)$ **65.** $(-5, -12,5)$

67. (a)   (b) $f'(1) = g'(1) = 3$

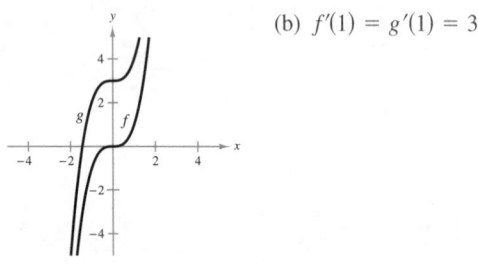

(c)   (d) $f' = g' = 3x^2$ para todo valor de x.

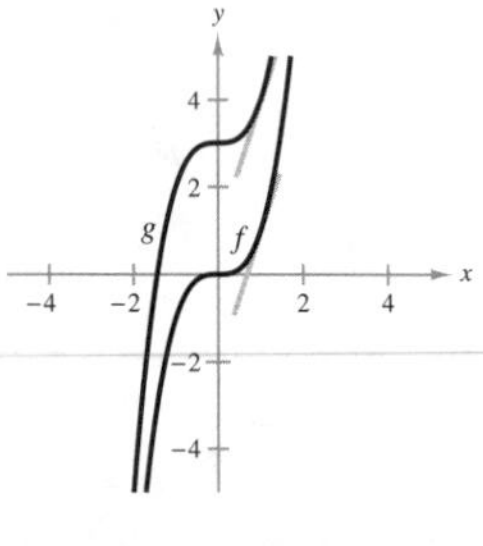

69. $f'(x) = g'(x)$ **71.** $-5f'(x) = g'(x)$
73. (a) 2005: $m \approx 119{,}2$; 2007: $m \approx 161$
(b) Esses resultados estão perto das estimativas do Exercício 13 na Seção 2.1.
(c) A inclinação do gráfico no tempo t é a taxa em que as vendas estão aumentando em milhões de dólares por ano.
75. (a) Os homens e as mulheres que parecem sofrer mais com enxaquecas são aqueles entre 30 e 40 anos de idade. Mais mulheres do que homens sofrem de enxaqueca. Menos pessoas cujos rendimentos são iguais ou superiores a $ 30.000 sofrem de enxaqueca que as pessoas cujos rendimentos são inferiores a $ 10.000.
(b) As derivadas são positivas até cerca de 37 anos de idade e negativas após cerca de 37 anos de idade. A percentagem de adultos que sofrem de enxaquecas aumenta até cerca de 37 anos de idade, depois diminui. As unidades da derivada são percentagens por ano de adultos que sofrem de enxaquecas.
77. $C = 7{,}75x + 500$
$C' = 7{,}75$, que é igual ao custo marginal
79. $(0{,}11, 0{,}14)$, $(1{,}84, -10{,}49)$

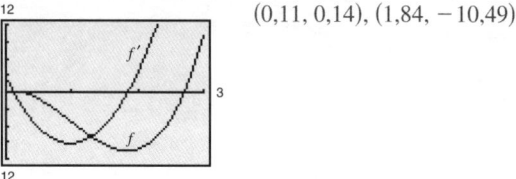

81. Falso. Suponha que $f(x) = x$ e $g(x) = x + 1$.

Seção 2.3 (página 110)

Recapitulação (página 109)
1. 3   **2.** -7 **3.** -3 **4.** 2,4
5. $y' = 8x - 2$ **6.** $y' = -9t^2 + 4t$
7. $s' = -32t + 24$ **8.** $y' = -32x + 54$
9. $A' = -\dfrac{3}{5}r^2 + \dfrac{3}{5}r + \dfrac{1}{2}$ **10.** $y' = 2x^2 - 4x + 7$
11. $y' = 12 - \dfrac{x}{2.500}$ **12.** $y' = 74 - \dfrac{3x^2}{10.000}$

1. (a) $ 10,4 bilhões/ano   (b) $ 7,4 bilhões/ano
(c) $ 6,4 bilhões/ano   (d) $ 16,6 bilhões/ano
(e) $ 11 bilhões/ano   (f) $ 11,96 bilhões/ano
(g) $ 13,67 bilhões/ano   (h) $ 16,38 bilhões/ano

3.   **5.**

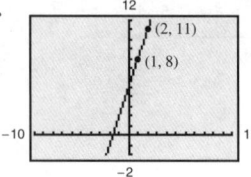

Taxa média: 3   Taxa média: -4
Taxas instantâneas: Taxas instantâneas:
$f'(1) = f'(2) = 3$ $h'(-2) = -8, h'(2) = 0$

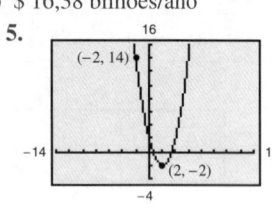

7.   **9.**

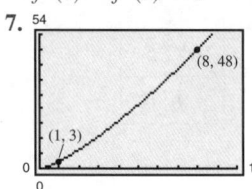

Taxa média: $\dfrac{45}{7}$ Taxa média: $-\dfrac{1}{4}$
Taxas instantâneas: Taxas instantâneas:
$f'(1) = 4, f'(8) = 8$ $f'(1) = -1, f'(4) = -\dfrac{1}{16}$

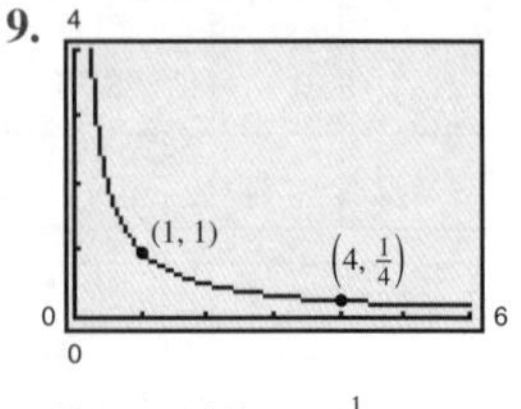

11.

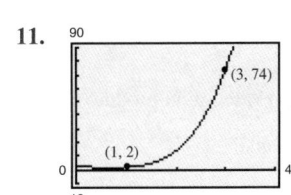

Taxa média: 36
Taxas instantâneas:
$g'(1) = 2$, $g'(3) = 102$

13. (a) -450

O número de visitantes ao parque está decrescendo a uma taxa média de 450 mil pessoas por mês, de setembro a dezembro.

(b) As respostas irão variar. A taxa instantânea de variação em $t = 8$ é aproximadamente 0.

15. (a) Taxa média: 14 pés/s

Taxas instantâneas: $s'(0) = 30$ pés/s
$s'(1) = -2$ pés/s

(b) Taxa média: -18 pés/s

Taxas instantâneas: $s'(1) = -2$ pés/s
$s'(2) = -34$ pés/s

(c) Taxa média: -50 pés/s

Taxas instantâneas: $s'(2) = -34$ pés/s
$s'(3) = -66$ pés/s

(d) Taxa média: -82 pés/s

Taxas instantâneas: $s'(3) = -66$ pés/s
$s'(4) = -98$ pés/s

17. (a) -80 pés/s

(b) $s'(2) = -64$ pés/s,
$s'(3) = -96$ pés/s

(c) $\dfrac{\sqrt{555}}{4} \approx 5{,}89$ s

(d) $-8\sqrt{555} \approx -188{,}5$ pés/s

19. 9.800 dólares **21.** $470 - 0{,}5x$ dólares, $0 \le x \le 940$

23. $50 - x$ dólares **25.** $-18x^2 + 16x + 200$ dólares

27. $-4x + 72$ dólares **29.** $0{,}0039x^2 + 12$ dólares

31. (a) $ 0,58 (b) $ 0,60

(c) Os resultados são praticamente os mesmos.

33. (a) $ 12,96

(b) $ 13,00

(c) Os resultados são praticamente os mesmos.

35. (a) $P(0) = 117.001.000$ pessoas
$P(5) = 120.622.500$ pessoas
$P(10) = 123.466.000$ pessoas
$P(15) = 125.531.500$ pessoas
$P(20) = 126.819.000$ pessoas
$P(25) = 127.328.500$ pessoas
$P(30) = 127.060.000$ pessoas

A população está crescendo de 1980 a 2005. Ela então começa a declinar.

(b) $\dfrac{dP}{dt} = -31{,}12t + 802{,}1$

(c) $P'(0) = 802.100$ pessoas por ano
$P'(5) = 646.500$ pessoas por ano
$P'(10) = 490.900$ pessoas por ano
$P'(15) = 335.300$ pessoas por ano
$P'(20) = 179.700$ pessoas por ano
$P'(25) = 24.100$ pessoas por ano
$P'(30) = -131.500$ pessoas por ano

A taxa de crescimento é decrescente.

37. (a) TR $= -10Q^2 + 160Q$

(b) (TR)$'$ = MR $= -20Q + 160$

(c)

Q	0	2	4	6	8	10
Modelo	160	120	80	40	0	-40
Tabela	–	130	90	50	10	-30

As respostas irão variar.

39. (a) $P = -0{,}0025x^2 + 2{,}65x - 25$

(b)

Quando $x = 300$, a inclinação é positiva.
Quando $x = 700$, inclinação é negativa.

(c) $P'(300) = 1{,}15$
$P'(700) = -0{,}85$

41. (a) $C = \dfrac{44.250}{x}$

(b) $\dfrac{dC}{dx} = \dfrac{-44.250}{x^2}$

Esta é a taxa de variação do custo do combustível.

(c)

x	10	15	20	25
C	4.425,00	2.950,00	2.212,50	1.770,00
dC/dx	$-442{,}5$	$-196{,}67$	$-110{,}63$	$-70{,}80$

x	30	35	40
C	1.475,00	1.264,29	1.106,25
dC/dx	$-49{,}17$	$-36{,}12$	$-27{,}66$

(d) O motorista que consegue 15 milhas/galão; as explicações irão variar.

43. (a) Taxa de variação média de 1995 a 2009:

$\dfrac{\Delta p}{\Delta t} = \dfrac{10.428{,}05 - 5.117{,}12}{19 - 5} \approx 379{,}35$ dólares por ano

(b) Taxa de variação média de 1996 a 2000:

$\dfrac{\Delta p}{\Delta t} = \dfrac{10.786{,}85 - 6.448{,}26}{10 - 6} \approx \$ 1.084{,}65$

(c) Taxa de variação média de 1997 a 1999:

$\dfrac{\Delta p}{\Delta t} = \dfrac{11.497{,}12 - 7.908{,}24}{9 - 7} \approx \$ 1.794{,}44$

(d) A taxa de variação média de 1997 a 1999 é uma estimativa melhor porque os dados estão mais próximos do ano em questão.

Seção 2.4 (página 121)

Recapitulação (página 120)

1. $2(3x^2 + 7x + 1)$ **2.** $4x^2(6 - 5x^2)$

3. $8x^2(x^2 + 2)^3 + (x^2 + 4)$

4. $(2x)(2x + 1)[2x + (2x + 1)^3]$

5. $\dfrac{23}{(2x + 7)^2}$ **6.** $-\dfrac{x^2 + 8x + 4}{(x^2 - 4)^2}$

7. $-\dfrac{2(x^2 + x - 1)}{(x^2 + 1)^2}$ **8.** $\dfrac{4(3x^4 - x^3 + 1)}{(1 - x^4)^2}$

9. $\dfrac{4x^3 - 3x^2 + 3}{x^2}$ **10.** $\dfrac{x^2 - 2x + 4}{(x - 1)^2}$

11. 11 **12.** 0 **13.** $-\dfrac{1}{4}$ **14.** $\dfrac{17}{4}$

1. $f'(x) = (2x - 3)(-5) + (2)(1 - 5x) = -20x + 17$
3. $f'(x) = (6x - x^2)(3) + (6 - 2x)(4 + 3x)$
   $= -9x^2 + 28x + 24$
5. $f'(x) = x(2x) + 1(x^2 + 3) = 3x^2 + 3$
7. $h'(x) = \left(\dfrac{2}{x} - 3\right)(2x) + \left(-\dfrac{2}{x^2}\right)(x^2 + 7)$
   $= -\dfrac{14}{x^2} - 6x + 2$
9. $g'(x) = (x^2 - 4x + 3)(1) + (2x - 4)(x - 2)$
   $= 3x^2 - 12x + 11$
11. $h'(x) = \dfrac{(x-5)(1) - (x)(1)}{(x-5)^2} = -\dfrac{5}{(x-5)^2}$
13. $f'(t) = \dfrac{(3t+1)(4t) - (2t^2 - 3)3}{(3t+1)^2} = \dfrac{6t^2 + 4t + 9}{(3t+1)^2}$
15. $f'(t) = \dfrac{(t+4)(2t) - (t^2 - 1)(1)}{(t+4)^2} = \dfrac{t^2 + 8t + 1}{(t+4)^2}$
17. $f'(x) = \dfrac{(2x-1)(2x+6) - (x^2+6x+5)(2)}{(2x-1)^2}$
    $= \dfrac{2x^2 - 2x - 16}{(2x-1)^2}$
19. $f'(x) = \dfrac{(3x-1)\left(-\dfrac{2}{x^2}\right) - \left(6 + \dfrac{2}{x}\right)(3)}{(3x-1)^2}$
    $= \dfrac{-18x^2 - 12x + 2}{x^2(3x-1)^2}$
21. Função: $f(x) = \dfrac{x^3 + 6x}{3}$
    Reescreva: $f(x) = \dfrac{x^3}{3} + 2x$
    Derive: $f'(x) = x^2 + 2$
    Simplifique: $f'(x) = x^2 + 2$
23. Função: $y = \dfrac{x^2 + 2x}{3}$
    Reescreva: $y = \dfrac{1}{3}(x^2 + 2x)$
    Derive: $y' = \dfrac{1}{3}(2x + 2)$
    Simplifique: $y' = \dfrac{2}{3}(x + 1)$
25. Função: $y = \dfrac{7}{3x^3}$
    Reescreva: $y = \dfrac{7}{3}x^{-3}$
    Derive: $y' = -7x^{-4}$
    Simplifique: $y' = -\dfrac{7}{x^4}$
27. Função: $y = \dfrac{4x^2 - 3x}{8\sqrt{x}}$
    Reescreva: $y = \dfrac{1}{2}x^{3/2} - \dfrac{3}{8}x^{1/2}, \; x \neq 0$
    Derive: $y' = \dfrac{3}{4}x^{1/2} - \dfrac{3}{16}x^{-1/2}$
    Simplifique: $y' = \dfrac{3}{4}\sqrt{x} - \dfrac{3}{16\sqrt{x}}$
29. Função: $y = \dfrac{x^2 - 4x + 3}{2(x-1)}$
    Reescreva: $y = \dfrac{1}{2}(x - 3), \; x \neq 1$
    Derive: $y' = \dfrac{1}{2}(1), \; x \neq 1$
    Simplifique: $y' = \dfrac{1}{2}, \; x \neq 1$
31. $10x^4 + 12x^3 - 3x^2 - 18x - 15$; regra do produto
33. $\dfrac{x^4 - 6x^2 - 4x - 3}{(x^2 - 1)^2}$; regra do quociente
35. 1; regra da potência
37. $12t^2(2t^3 - 1)$; regra do produto
39. $\dfrac{3s^2 - 2s - 5}{2s^{3/2}}$; regra do quociente
41. $\dfrac{12x^2 + 12x - 2}{(4x+2)^2}$; regra do quociente
43. $\dfrac{2x^3 + 11x^2 - 8x - 17}{(x+4)^2}$; regra do quociente
45. $y = 3x + 3$ 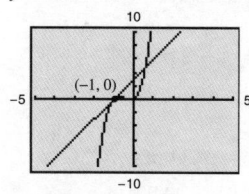
47. $y = -7x + 4$ 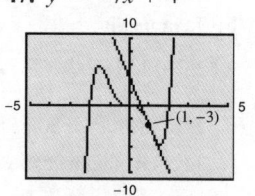
49. $y = \dfrac{3}{4}x - \dfrac{5}{4}$ 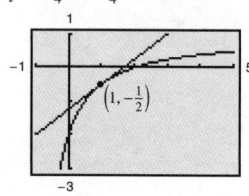
51. $y = \dfrac{31}{5}x + \dfrac{26}{5}$ 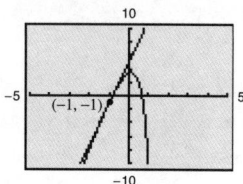
53. $(0, 0), (2, 4)$
55. $(0, 0), \left(\sqrt[3]{-4}, -2{,}117\right)$
57. 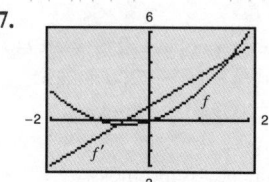
59. 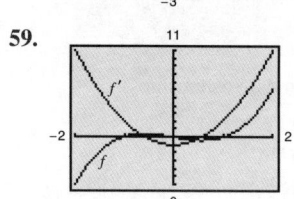
61. $-\$\,1{,}87$/unidade
63. $31{,}55$ bactéria/h
65. (a) $-0{,}480$/semana (b) $0{,}120$/semana (c) $0{,}015$/semana
    Cada taxa nas partes (a), (b) e (c) é a taxa na qual o nível de oxigênio na lagoa está mudando nesse momento específico.
67. (a) 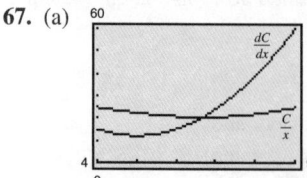
    (b) Em $x = 6{,}683$, $\dfrac{C}{x} = \dfrac{dC}{dx} \approx 20{,}50$.
    Assim, o ponto de intersecção é $(6{,}683,\ 20{,}50)$. Nesse ponto, o custo médio está em um mínimo.
69. (a) $-38{,}125$ (b) $-10{,}37$ (c) $-3{,}80$
    Aumentar a dimensão da encomenda reduz o custo por item; as escolhas e as explicações irão variar.
71. $f'(2) = 0$
73. $f'(2) = 14$
75. As respostas irão variar.

Respostas de exercícios selecionados   A63

Teste preliminar (*página 124*)
1. $f(x) = 5x + 3$
   $f(x + \Delta x) = 5x + 5\Delta x + 3$
   $f(x + \Delta x) - f(x) = 5\Delta x$
   $\dfrac{f(x + \Delta x) - f(x)}{\Delta x} = 5$
   $\lim_{\Delta x \to 0} \dfrac{f(x + \Delta x) - f(x)}{\Delta x} = 5$
   $f'(x) = 5$
   $f'(-2) = 5$
2. $f(x) = \sqrt{x + 3}$
   $f(x + \Delta x) = \sqrt{x + \Delta x + 3}$
   $f(x + \Delta x) - f(x) = \sqrt{x + \Delta x + 3} - \sqrt{x + 3}$
   $\dfrac{f(x + \Delta x) - f(x)}{\Delta x} = \dfrac{1}{\sqrt{x + \Delta x + 3} + \sqrt{x + 3}}$
   $\lim_{\Delta x \to 0} \dfrac{f(x + \Delta x) - f(x)}{\Delta x} = \dfrac{1}{2\sqrt{x + 3}}$
   $f'(x) = \dfrac{1}{2\sqrt{x + 3}}$
   $f'(1) = \dfrac{1}{4}$
3. $f(x) = x^2 - 2x$
   $f(x + \Delta x) = x^2 + 2x\Delta x + (\Delta x)^2 - 2x - 2\Delta x$
   $f(x + \Delta x) - f(x) = 2x\Delta x + (\Delta x)^2 - 2\Delta x$
   $\dfrac{f(x + \Delta x) - f(x)}{\Delta x} = 2x + \Delta x - 2$
   $\lim_{\Delta x \to 0} \dfrac{f(x + \Delta x) - f(x)}{\Delta x} = 2x - 2$
   $f'(x) = 2x - 2$
   $f'(3) = 4$
4. $f'(x) = 0$ 5. $f'(x) = 19$ 6. $f'(x) = -6x$
7. $f'(x) = \dfrac{3}{x^{3/4}}$ 8. $f'(x) = -\dfrac{8}{x^3}$ 9. $f'(x) = \dfrac{1}{\sqrt{x}}$
10. $f'(x) = -\dfrac{5}{(3x + 2)^2}$ 11. $f'(x) = -6x^2 + 8x - 2$
12. $f'(x) = 15x^2 + 26x + 14$ 13. $f'(x) = \dfrac{-4(x^2 - 3)}{(x^2 + 3)^2}$
14. 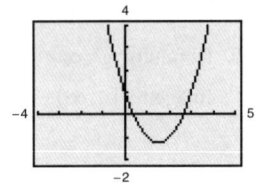
Taxa média: 0
Taxas instantâneas: $f'(0) = -3, f'(3) = 3$
15. 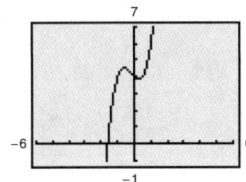
Taxa média: 1
Taxas instantâneas: $f'(-1) = 3, f'(1) = 7$
16. 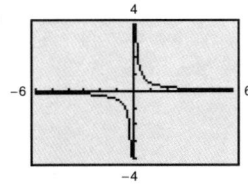
Taxa média: $-\dfrac{1}{20}$
Taxas instantâneas: $f'(2) = -\dfrac{1}{8}, f'(5) = -\dfrac{1}{50}$

17. 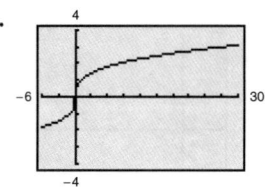
Taxa média: $\dfrac{1}{19}$
Taxas instantâneas: $f'(8) = \dfrac{1}{12}, f'(27) = \dfrac{1}{27}$
18. (a) \$ 11,61   (b) \$ 11,63
    (c) Os resultados são aproximadamente iguais.
19. $y = -4x - 6$ 20. $y = 10x - 8$

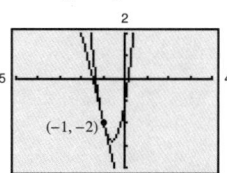

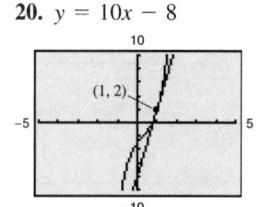

21. (a) $\dfrac{dS}{dt} = -0{,}40668t^2 + 3{,}7364t - 4{,}351$
    (b) 2004: \$ 4,08772/ano
        2007: \$ 1,87648/ano
        2008: −\$ 0,48732/ano

Seção 2.5 (*página 132*)

Recapitulação (*página 132*)
1. $(1 - 5x)^{2/5}$ 2. $(2x - 1)^{3/4}$
3. $(4x^2 + 1)^{-1/2}$ 4. $(x - 6)^{-1/3}$
5. $x^{1/2}(1 - 2x)^{-1/3}$ 6. $(2x)^{-1}(3 - 7x)^{3/2}$
7. $(x - 2)(3x^2 + 5)$ 8. $(x - 1)(5\sqrt{x} - 1)$
9. $(x^2 + 1)^2(4 - x - x^3)$
10. $(3 - x^2)(x - 1)(x^2 + x + 1)$

$y = f(g(x))$	$u = g(x)$	$y = f(u)$
1. $y = (6x - 5)^4$	$u = 6x - 5$	$y = u^4$
3. $y = \sqrt{5x - 2}$	$u = 5x - 2$	$y = \sqrt{u}$
5. $y = (3x + 1)^{-1}$	$u = 3x + 1$	$y = u^{-1}$

7. $\dfrac{dy}{du} = 2u$ 9. $\dfrac{dy}{du} = \dfrac{1}{2\sqrt{u}}$

$\dfrac{du}{dx} = 4$ $\dfrac{du}{dx} = -2x$

$\dfrac{dy}{dx} = 32x + 56$ $\dfrac{dy}{dx} = -\dfrac{x}{\sqrt{3 - x^2}}$

11. $\dfrac{dy}{du} = \dfrac{2}{3u^{1/3}}$

$\dfrac{du}{dx} = 20x^3 - 2$

$\dfrac{dy}{dx} = \dfrac{40x^3 - 4}{3\sqrt[3]{5x^4 - 2x}}$

13. c   15. b   17. a   19. c   21. $6(2x - 7)^2$
23. $\dfrac{3\sqrt{5x - x^2}(5 - 2x)}{2}$ 25. $6x(6 - x^2)(2 - x^2)$
27. $\dfrac{1}{2\sqrt{t + 1}}$ 29. $\dfrac{4t + 5}{2\sqrt{2t^2 + 5t + 2}}$ 31. $\dfrac{6x}{(9x^2 + 4)^{2/3}}$
33. $\dfrac{54}{(2 - 9x)^4}$ 35. $\dfrac{-x}{(25 + x^2)^{3/2}}$
37. $y = 216x - 378$ 39. $y = \dfrac{8}{3}x - \dfrac{7}{3}$

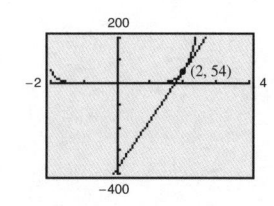

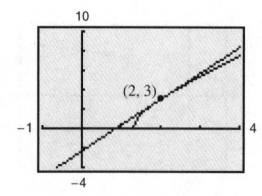

41. $y = x - 1$

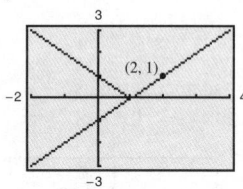

43. $f'(x) = \dfrac{1 - 3x^2 - 4x^{3/2}}{2\sqrt{x}(x^2 + 1)^2}$

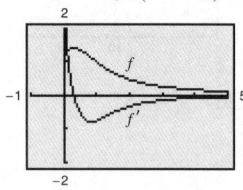

O zero de $f'(x)$ corresponde ao ponto no gráfico de $f(x)$ em que a reta tangente é horizontal.

45. $f'(x) = -\dfrac{\sqrt{(x+1)/x}}{2x(x+1)}$

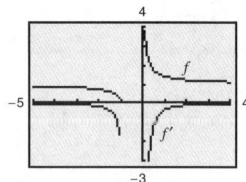

$f'(x)$ não tem zeros.

Nos Exercícios 47-61, a(s) regra(s) de derivação utilizada(s) pode(m) variar. É fornecida uma resposta como exemplo.

47. $\dfrac{2x}{(4 - x^2)^2}$; regra da cadeia

49. $\dfrac{8}{(t + 2)^3}$; regra da cadeia

51. $-6(3x^2 - x - 3)$; regra do produto

53. $-\dfrac{1}{2(x + 2)^{3/2}}$; regra da potência

55. $27(x - 3)^2(4x - 3)$; regra do produto e regra da cadeia

57. $\dfrac{3(x + 1)}{\sqrt{2x + 3}}$; regra do produto e regra da cadeia

59. $\dfrac{t(5t - 8)}{2\sqrt{t - 2}}$; regra do produto e regra do produto

61. $\dfrac{2(6 - 5x)(5x^2 - 12x + 5)}{(x^2 - 1)^3}$;

regra da cadeia e regra do quociente

63. $y = \tfrac{8}{3}t + 4$ **65.** $y = \tfrac{1}{2}x + 1$

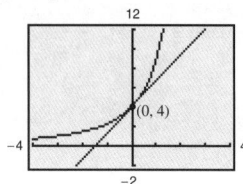

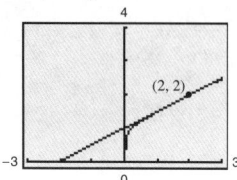

67. $y = -6t - 14$ 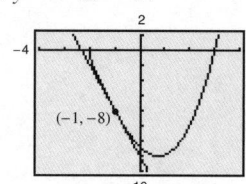   **69.** $y = -2x + 7$

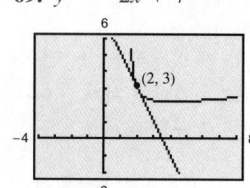

71. (a) \$ 74,00 por 1%
(b) \$ 81,59 por 1%
(c) \$ 89,94 por 1%

73. (a) $V = \dfrac{10.000}{\sqrt{t + 1}}$
(b) Cerca de – \$ 1.767,77 por ano
(b) – \$ 625,00 por ano

75. (a)
$r'(t) = \dfrac{11{,}4228t^3 - 218{,}376t^2 + 1.352{,}28t - 2.706}{2\sqrt{2{,}8557t^4 - 72{,}792t^3 + 676{,}14t^2 - 2.706t + 4.096}}$;
regra de cadeia

(b)

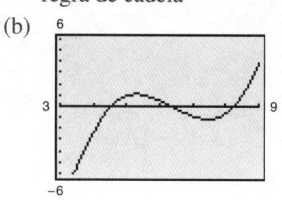

(c) $t = 3$ (d) $t \approx 4{,}52, t \approx 6{,}36, t \approx 8{,}24$

Seção 2.6 (página 139)

Recapitulação (página 138)
1. $t = 0, \tfrac{3}{2}$ **2.** $t = -2, 7$ **3.** $t = -2, 10$
4. $t = \dfrac{9 \pm 3\sqrt{10{,}249}}{32}$ **5.** $\dfrac{dy}{dx} = 6x^2 + 14x$
6. $\dfrac{dy}{dx} = 8x^3 + 18x^2 - 10x - 15$
7. $\dfrac{dy}{dx} = \dfrac{2x(x + 7)}{(2x + 7)^2}$ **8.** $\dfrac{dy}{dx} = -\dfrac{6x^2 + 10x + 15}{(2x^2 - 5)^2}$
9. Domínio: $(-\infty, \infty)$ **10.** Domínio: $[7, \infty)$
Imagem: $[-4, \infty)$ Imagem: $[0, \infty)$

1. 0   **3.** 2   **5.** $2t - 8$ **7.** $\dfrac{9}{2t^4}$

9. $18(2 - x^2)(5x^2 - 2)$ **11.** $\dfrac{4}{(x - 1)^3}$

13. $60x^2 - 72x$

15. $120x + 360$ **17.** $-\dfrac{9}{2x^5}$ **19.** 260   **21.** $-\dfrac{1}{648}$

23. 12   **25.** $4x$ **27.** $\dfrac{1}{\sqrt{x - 1}}$ **29.** $12x^2 + 4$

31. $f''(x) = 6(x - 3) = 0$ em $x = 3$.

33. $f''(x) = \dfrac{x(2x^2 - 3)}{(x^2 - 1)^{3/2}} = 0$ em $x = \pm\dfrac{\sqrt{6}}{2}$.

35. (a) $s(t) = -16t^2 + 144t$
$v(t) = -32t + 144$
$a(t) = -32$
(b) $s(3) = 288$ pés
$v(3) = 48$ pés/s
$a(3) = -32$ pés/s^2
(c) 4,5 s; 324 pés
(d) $v(9) = -144$ pés/s, o que representa a mesma velocidade que a velocidade inicial.

37.

t	0	10	20	30	40	50	60
$\dfrac{ds}{dt}$	0	45	60	67,5	72	75	77,1
$\dfrac{d^2s}{dt^2}$	9	2,25	1	0,56	0,36	0,25	0,18

À medida que o tempo passa, a velocidade aumenta e a aceleração diminui.

39. (a)

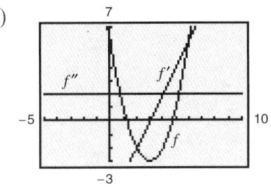

(b) O grau diminui em 1 para cada derivada sucessiva.

(c)

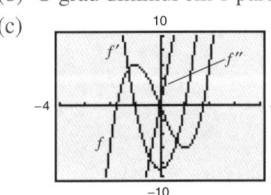

(d) O grau diminui em 1 para cada derivada sucessiva.

41. (a) $y = -68{,}991t^3 + 1{.}208{,}34t^2 - 5{.}445{,}4t + 10{.}145$

(b) $y'(t) = -206{,}973t^2 + 2{.}416{,}68t - 5{.}445{,}4$
$y''(t) = -413{,}946t + 2{.}416{,}68$

(c) $y'(t) > 0$ em $[5, 8]$

(d) 2005 ($t \approx 5{,}84$)

43. Falsa. A regra do produto é
$[f(x)g(x)]' = f(x)g'(x) + g(x)f'(x)$.

Seção 2.7 (página 146)

Recapitulação (página 146)

1. $y = x^2 - 2x$ **2.** $y = \dfrac{x-3}{4}$

3. $y = 1, x \neq -6$ **4.** $y = -4, x \neq \pm\sqrt{3}$

5. $y = \pm\sqrt{5-x^2}$ **6.** $y = \pm\sqrt{6-x^2}$ **7.** $\dfrac{8}{3}$

8. $-\dfrac{1}{2}$ **9.** $\dfrac{5}{7}$

1. $-\dfrac{y}{x}$ **3.** $-\dfrac{x}{y}$ **5.** $\dfrac{1-xy^2}{x^2y}$ **7.** $\dfrac{y}{8y-x}$ **9.** 0

11. $-\dfrac{1}{10y-2}$ **13.** 0 **15.** $-\dfrac{1}{4}$ **17.** $\dfrac{1}{2}$ **19.** -1

21. $-\dfrac{5}{4}$ **23.** $\dfrac{1}{4}$ **25.** $\dfrac{1}{3}$ **27.** 3 **29.** 0 **31.** 2

33. $\dfrac{1}{2y}, -\dfrac{1}{2}$

35. Em $(8, 6)$: $y = -\dfrac{4}{3}x + \dfrac{50}{3}$
Em $(-6, 8)$: $y = \dfrac{3}{4}x + \dfrac{25}{2}$

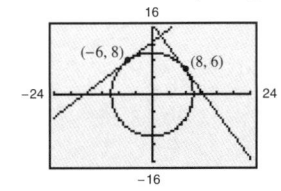

37. Em $(1, \sqrt{5})$: $15x - 2\sqrt{5}y - 5 = 0$
Em $(1, -\sqrt{5})$: $15x + 2\sqrt{5}y - 5 = 0$

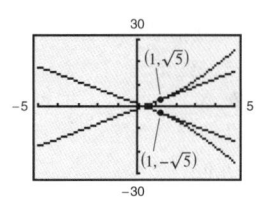

39. Em $(0, 2)$: $y = 2$
Em $(2, 0)$: $x = 2$

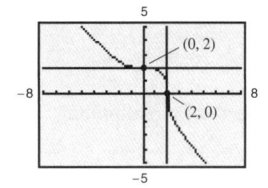

41. Em $(-2, 1)$: $y = \dfrac{1}{2}x + 2$
Em $\left(6, \dfrac{1}{5}\right)$: $y = -0{,}06x + 0{,}56$

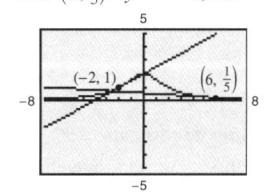

43. $-\dfrac{2}{p^2(0{,}00003x^2 + 0{,}1)}$ **45.** $-\dfrac{4xp}{2p^2 + 1}$

47. (a) -2

(b)

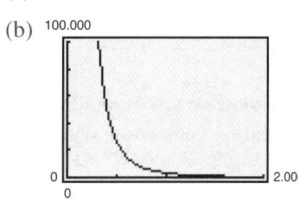

Quanto mais mão de obra for utilizada, menos capital estará disponível. Quanto mais capital é utilizado, menos mão de obra está disponível.

49. (a)

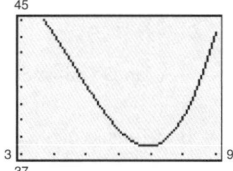

O número de casos de HIV/AIDS diminuiu de 2004 a 2007 e, então, aumentou.

(b) 2005

(c)

t	4	5	6	7	8
y	44,11	41,06	38,46	37,46	39,21
y'	$-2{,}95$	$-3{,}00$	$-2{,}01$	0,22	3,38

2005

Seção 2.8 (página 153)

Recapitulação (página 152)

1. $A = \pi r^2$ **2.** $V = \dfrac{4}{3}\pi r^3$ **3.** $S = 6s^2$

4. $V = s^3$ **5.** $V = \dfrac{1}{3}\pi r^2 h$ **6.** $A = \dfrac{1}{2}bh$

7. $-\dfrac{x}{y}$ **8.** $\dfrac{2x-3y}{3x}$ **9.** $-\dfrac{2x+y}{x+2}$

10. $-\dfrac{y^2 - y + 1}{2xy - 2y - x}$

1. (a) $\frac{3}{4}$ (b) 20   3. (a) $-\frac{5}{8}$ (b) $\frac{3}{2}$
5. (a) 36π pol.²/min (b) 144π pol.²/min
7. Se $\frac{dr}{dt}$ é constante, $\frac{dA}{dt} = 2\pi r \frac{dr}{dt}$ e, assim, é proporcional a r.
9. (a) $\frac{5}{2\pi}$ pés/min (b) $\frac{5}{8\pi}$ pés/min
11. (a) 112,50 dólares/semana
    (b) 7.500 dólares/semana
    (c) 7.387,50 dólares/semana
13. (a) 9 cm³/s (b) 900 cm³/s
15. (a) -18 pol./s (b) 0 pol./s
    (c) 6 pol./s (d) 18 pol./s
17. (a) $-10,4$ pés/s; à medida que $x \to 0$, $\frac{dx}{dt}$ diminui
19. 300 milhas/h
21. (a) -750 milhas/h (b) 20 min
23. Cerca de 37,7 pés³/min
25. 4 unidades/semana

Exercícios de revisão do Capítulo 2
(*página 159*)

1. -2 3. 0
5. As respostas irão variar. Exemplo de resposta:
   $t = 4$: inclinação $\approx$ \$ 290 milhões por ano; as vendas aumentaram em cerca de \$ 290 milhões por ano em 2004.
   $t = 7$: inclinação $\approx$ \$ 320 milhões por ano; as vendas aumentaram em cerca de \$ 320 milhões por ano em 2007.
7. As respostas irão variar. Exemplo de resposta:
   $t = 1$: inclinação $\approx$ 65 mil visitantes por mês; o número de visitantes ao Parque Nacional aumentou cerca de 65 mil visitantes por mês em janeiro.
   $t = 8$: inclinação $\approx$ 0 visitantes por mês; o número de visitantes ao Parque Nacional não aumentou nem diminuiu em agosto.
   $t = 12$: inclinação ≈ -1 milhão mil visitantes por mês; o número de visitantes ao Parque Nacional diminuiu cerca de 1.000.000 visitantes por mês em dezembro.
9. -3 11. -2 13. $\frac{1}{4}$ 15. -1 17. 9
19. $-x + 2$ 21. $\frac{1}{2\sqrt{x-5}}$ 23. $-\frac{5}{x^2}$
25. Todos os valores, exceto $x = 1$. A função não é definida em $x = 1$.
27. Todos os valores, exceto $x = 0$. A função não é diferenciável em uma descontinuidade.
29. 0   31. $3x^2$ 33. $8x$ 35. $\frac{8x^3}{5}$ 37. $8x^3 + 6x$
39. $2x + 6$ 41. $-0,125$ 43. 5
45. (a) $y = 5x - 7$
    (b) e (c) 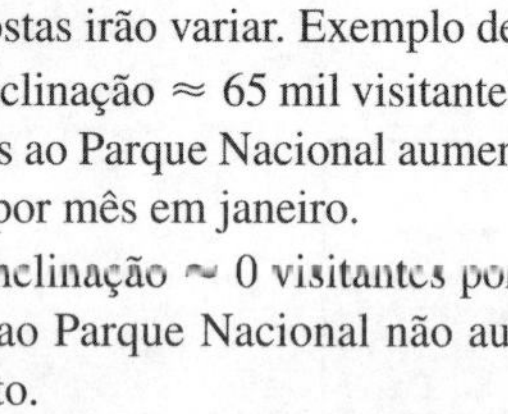
47. (a) $y = x - 1$
    (b) e (c)

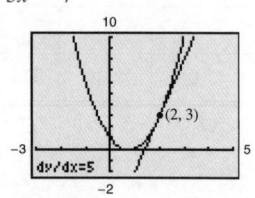

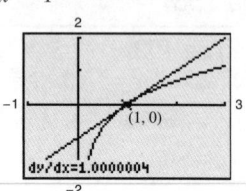

49. (a) 2004: $m \approx 290$
    2007: $m \approx 320$
    (b) Os resultados devem ser similares.
    (c) A inclinação mostra a taxa na qual as vendas aumentaram ou diminuíram em um determinado ano.

51. 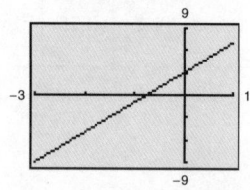
Taxa média de variação: 4
Taxa instantânea de variação em $t = -3$: 4
Taxa instantânea de variação em $t = 1$: 4

53. 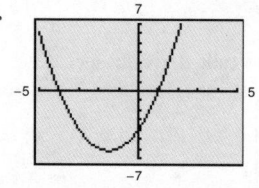
Taxa média de variação: 4
Taxa instantânea de variação em $x = 0$: 3
Taxa instantânea de variação em $x = 1$: 5

55. (a) -24 pés/s (b) $t = 1$: -8 pés/s
                       $t = 3$: -72 pés/s
    (c) 5,14 s
    (d) $-140,5$ pés/s
57. $\frac{dC}{dx} = 320$ 59. $\frac{dC}{dx} = \frac{1.275}{\sqrt{x}}$
61. $\frac{dR}{dx} = -1,2x + 150$ 63. $\frac{dR}{dx} = -12x^2 + 4x + 100$
65. $\frac{dP}{dx} = -0,0006x^2 + 12x - 1$
67. (a) \$ 9,95 (b) \$ 10
    (c) As partes (a) e (b) diferem em apenas \$ 0,05.

Nos Exercícios 69-89, a(s) regra(s) da derivação utilizada(s) pode(m) variar. Um exemplo de resposta é fornecido.
69. $15x^2(1 - x^2)$; regra da potência
71. $16x^3 - 33x^2 + 12x$; regra do produto
73. $\frac{3}{(x+3)^2}$; regra do quociente
75. $\frac{2(3 + 5x - 3x^2)}{(x^2+1)^2}$; regra da quociente
77. $30x(5x^2 + 2)^2$; regra da cadeia
79. $-\frac{1}{(x+1)^{3/2}}$; regra do quociente
81. $\frac{2x^2+1}{\sqrt{x^2+1}}$; regra do produto
83. $80x^4 - 24x^2 + 1$; regra do produto
85. $18x^5(x+1)(2x+3)^2$; regra da cadeia
87. $x(x-1)^4(7x-2)$; regra do produto
89. $\frac{3(9t+5)}{2\sqrt{3t+1}(1-3t)^3}$; regra do quociente
91. (a) $t = 1$: $-6,63$ $t = 3$: $-6,5$
       $t = 5$: $-4,33$ $t = 10$: $-1,36$

(b) 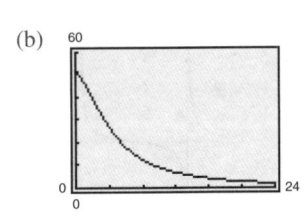 A taxa de diminuição está se aproximando de zero.

93. 6   **95.** $-\dfrac{120}{x^6}$ **97.** $\dfrac{35x^{3/2}}{2}$ **99.** $\dfrac{2}{x^{2/3}}$

101. (a) $s(t) = -16t^2 + 5t + 30$ (b) Cerca de 1,534 s
(c) Cerca de $-44,09$ pés/s   (d) -32 pés/s²

103. $-\dfrac{2x + 3y}{3(x + y^2)}$ **105.** $\dfrac{2x - 8}{2y - 9}$ **107.** $y = \dfrac{1}{3}x + \dfrac{1}{3}$

109. $y = \dfrac{4}{3}x + \dfrac{2}{3}$

111. (a) 12π polegadas quadradas por minuto
(b) 40π polegadas quadradas por minuto

113. $\dfrac{1}{64}$ pés/minuto

Teste do capítulo (página 166)

1. $f(x) = x^2 + 1$
$f(x + \Delta x) = x^2 + 2x\Delta x + \Delta x^2 + 1$
$f(x + \Delta x) - f(x) = 2x\Delta x + \Delta x^2$
$\dfrac{f(x + \Delta x) - f(x)}{\Delta x} = 2x + \Delta x$
$\lim_{\Delta x \to 0} \dfrac{f(x + \Delta x) - f(x)}{\Delta x} = 2x$
$f'(x) = 2x$
$f'(2) = 4$

2. $f(x) = \sqrt{x} - 2$
$f(x + \Delta x) = \sqrt{x + \Delta x} - 2$
$f(x + \Delta x) - f(x) = \sqrt{x + \Delta x} - \sqrt{x}$
$\dfrac{f(x + \Delta x) - f(x)}{\Delta x} = \dfrac{1}{\sqrt{x + \Delta x} + \sqrt{x}}$
$\lim_{\Delta x \to 0} \dfrac{f(x + \Delta x) - f(x)}{\Delta x} = \dfrac{1}{2\sqrt{x}}$
$f'(x) = \dfrac{1}{2\sqrt{x}}$
$f'(4) = \dfrac{1}{4}$

3. $f'(t) = 3t^2 + 2$ **4.** $f'(x) = 8x - 8$

5. $f'(x) = \dfrac{3\sqrt{x}}{2}$

6. $f'(x) = 3x^2 + 10x + 6$ **7.** $f'(x) = \dfrac{9}{x^4}$

8. $f'(x) = \dfrac{5 + x}{2\sqrt{x}} + \sqrt{x}$ **9.** $f'(x) = 36x^3 + 48x$

10. $f'(x) = -\dfrac{1}{\sqrt{1 - 2x}}$

11. $f'(x) = \dfrac{(10x + 1)(5x - 1)^2}{x^2} = 250x - 75 + \dfrac{1}{x^2}$

12. $y = 2x - 2$

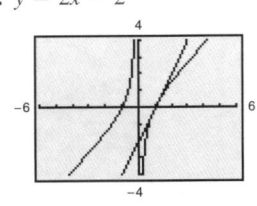

13. (a) $\$ 18,69$ bilhões por ano
(b) 2005: $\$ 10,50$ bilhões por ano
2008: $\$ 14,95$ bilhões por ano

(c) As vendas anuais da CVS Caremark, de 2005 a 2008, aumentaram em média cerca de $\$ 18,69$ bilhões por ano, e as taxas instantâneas de variação para 2005 e 2008 são $\$ 10,50$ bilhões por ano e $\$ 14,95$ bilhões por ano, respectivamente.

14. (a) $P = -0,016x^2 + 1.460x - 715.000$ (b) $\$ 1.437,60$

15. 0   **16.** $-\dfrac{3}{8(3 - x)^{5/2}}$ **17.** $-\dfrac{96}{(2x - 1)^4}$

18. $s(t) = -16t^2 + 30t + 75$ $s(2) = 71$ pés
$v(t) = -32t + 30$ $v(2) = -34$ pés/s
$a(t) = -32$ $a(2) = -32$ pés/s²

19. $\dfrac{dy}{dx} = -\dfrac{1 + y}{x}$ **20.** $\dfrac{dy}{dx} = -\dfrac{1}{y - 1}$ **21.** $\dfrac{dy}{dx} = \dfrac{x}{2y}$

22. (a) $3,75\pi$ cm³/min   (b) 15π cm³/min

Capítulo 3

Seção 3.1 (página 173)

> **Recapitulação (página 173)**
> **1.** $x = 0, x = 8$ **2.** $x = 0, x = 24$ **3.** $x = \pm 5$
> **4.** $x = 0$ **5.** $(-\infty, 3) \cup (3, \infty)$ **6.** $(-\infty, 1)$
> **7.** $(-\infty, -2) \cup (-2, 5) \cup (5, \infty)$ **8.** $(-\sqrt{3}, \sqrt{3})$
> **9.** $x = -2$: -6 **10.** $x = -2$: 60
> $x = 0$: 2 $x = 0$: -4
> $x = 2$: -6 $x = 2$: 60
> **11.** $x = -2$: $-\dfrac{1}{3}$ **12.** $x = -2$: $\dfrac{1}{18}$
> $x = 0$: 1 $x = 0$: $-\dfrac{1}{8}$
> $x = 2$: 5 $x = 2$: $-\dfrac{3}{2}$

1. Crescente em $(-\infty, -1)$
Decrescente em $(-1, \infty)$

3. Crescente em $(-1, 0)$ e $(1, \infty)$
Decrescente em $(-\infty, -1)$ e $(0, 1)$

5. $x = \dfrac{3}{4}$ **7.** $x = 0, x = -3$ **9.** $x = \pm 2$

11. Não há números críticos.
Crescente em $(-\infty, \infty)$

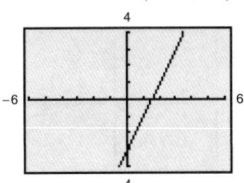

13. Número crítico: $x = 3$
Decrescente em $(-\infty, 3)$
Crescente em $(3, \infty)$

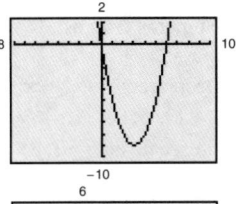

15. Número crítico: $x = 1$
Crescente em $(-\infty, 1)$
Decrescente em $(1, \infty)$

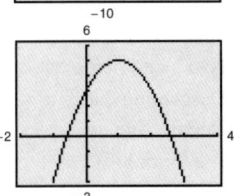

17. Números críticos:
$x = -1, x = -\dfrac{5}{3}$
Crescente em $\left(-\infty, -\dfrac{5}{3}\right)$
e $(-1, \infty)$
Decrescente em $\left(-\dfrac{5}{3}, -1\right)$

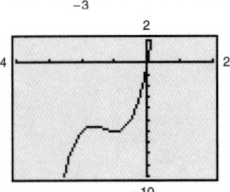

19. Números críticos:
$x = 0, x = \frac{3}{2}$
Decrescente em $\left(-\infty, \frac{3}{2}\right)$
Crescente em $\left(\frac{3}{2}, \infty\right)$

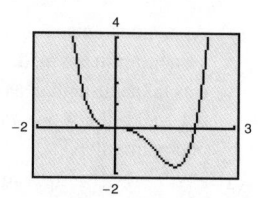

21. Número crítico: $x = -2$
Decrescente em $(-\infty, -2)$
Crescente em $(-2, \infty)$

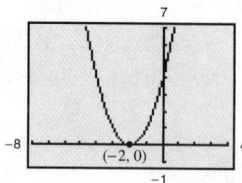

23. Número crítico: $x = 1$
Crescente em $(-\infty, 1)$
Decrescente em $(1, \infty)$

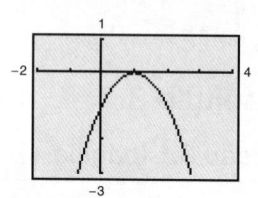

25. Número crítico: $x = 0$
Crescente em $(-\infty, 0)$
e $(0, \infty)$

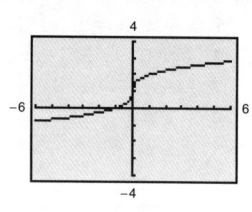

27. Números críticos:
$x = -1, x = 1$
Decrescente em $(-\infty, -1)$
Crescente em $(1, \infty)$

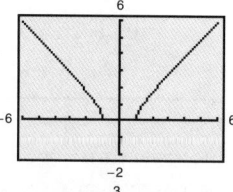

29. Número crítico: $x = -2$
Crescente em $(-\infty, -2)$
e $(-2, \infty)$

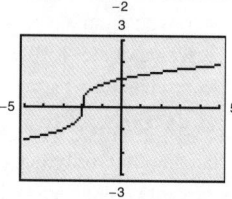

31. Número crítico:
$x = -1, x = -\frac{2}{3}$
Decrescente em $\left(-1, -\frac{2}{3}\right)$
Crescente em $\left(-\frac{2}{3}, \infty\right)$

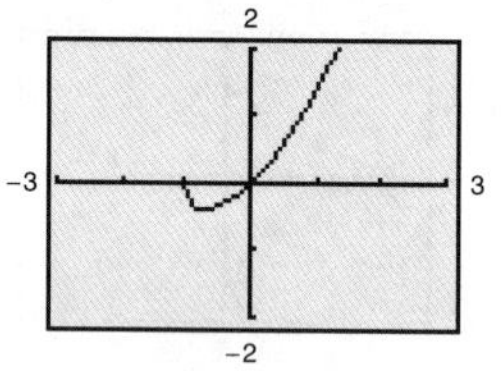

33. Números críticos:
$x = -3, x = 3$
Decrescente em $(-\infty, -3)$
e $(3, \infty)$
Crescente em $(-3, 3)$

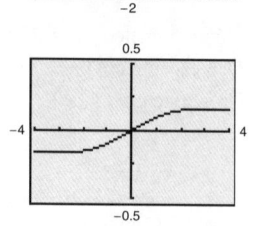

35. Não há números críticos.
Descontinuidade: $x = 5$
Decrescente em $(-\infty, 5)$
e $(5, \infty)$

37. Não há números críticos.
Descontinuidade: $x = \pm 4$
Crescente em $(-\infty, -4)$,
$(-4, 4)$ e $(4, \infty)$

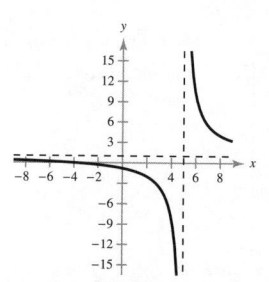

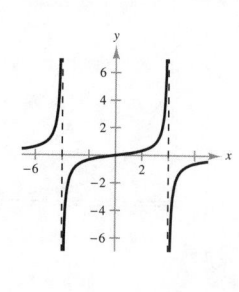

39. Número crítico: $x = 0$
Descontinuidade: $x = 0$
Crescente em $(-\infty, 0)$
Decrescente em $(0, \infty)$

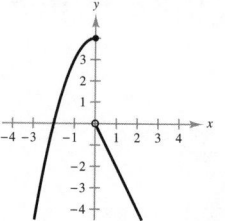

41. Número crítico: $x = -1, 0$
Crescente em $(-\infty, -1)$
e $(0, \infty)$
Decrescente em $(-1, 0)$

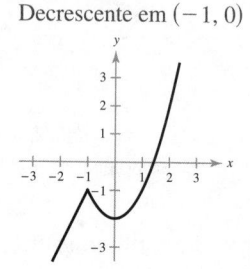

43. Não há números críticos.
$s'(t) = -3,196t + 45,61$
Crescente em $(3, 9)$

45. (a)

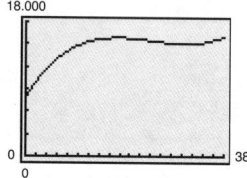

Crescente de 1970 até o final de 1987 e do final de 2000 a 2008
Decrescente do final de 1987 até o final de 2000

(b) $y' = 2,076t^2 - 100,22t + 1.119,7$
Números críticos: $t = 17,6, t = 30,7$
Portanto, o modelo está crescendo de 1970 até o final de 1987 e do final de 2000 a 2008 e decrescendo do final de 1987 até o final de 2000.

47. (a) Número crítico: $x = 29.500$
Crescente em $(0, 29.500)$
Decrescente em $(29.500, 50.000)$

(b) Você deverá cobrar o preço que implica na venda de 29.500 saquinhos de pipoca. Como a função muda de crescente para decrescente em $x = 29.500$, o máximo ocorre neste valor.

Seção 3.2 (página 182)

Recapitulação (página 181)
1. $0, \pm\frac{1}{2}$ **2.** $-2, 5$ **3.** 1 **4.** $0, 125$
5. $-4 \pm \sqrt{17}$ **6.** $1 \pm \sqrt{5}$
7. Negativo **8.** Positivo **9.** Positivo
10. Negativo **11.** Crescente **12.** Decrescente

1. Máximo relativo: $(1, 5)$
3. Mínimo relativo: $(3, -9)$
5. Mínimo relativo: $(9, -2.187)$
7. Nenhum extremo relativo
9. Máximo relativo: $(0, 15)$
Mínimo relativo: $(4, -17)$
11. Máximo relativo: $(-1, 2)$
Mínimo relativo: $(0, 0)$

13. 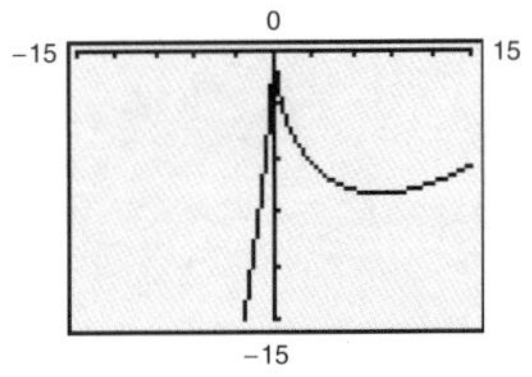 Máximo relativo: (0, 0)
Mínimo relativo: (8, −8)

15. 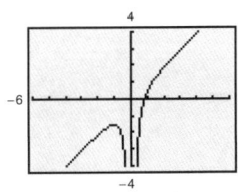 Máximo relativo: $\left(-1, -\frac{3}{2}\right)$

17. 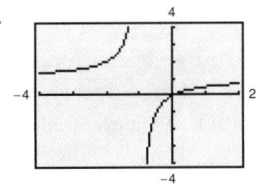 Nenhum extremo relativo

19. Mínimo: (2, 2)
Máximo: (−1, 8)

21. Máximo: (0, 5)
Mínimo: (3, −13)

23. Mínimos: (−1, −4), (2, −4)
Máximos: (0, 0), (3, 0)

25. Máximo: (2, 1)
Mínimo: $\left(0, \frac{1}{3}\right)$

27. Máximos: $\left(-1, \frac{1}{4}\right), \left(1, \frac{1}{4}\right)$
Mínimo: (0, 0)

29. Máximo: (−7, 4)
Mínimo: (1, 0)

31. 2, máximo absoluto (e máximo relativo)

33. 1, máximo absoluto (e máximo relativo)
2, mínimo absoluto (e mínimo relativo)
3, máximo absoluto (e máximo relativo)

35. Máximo: (5, 7)
Mínimo: (2,69, −5,55)

37. Máximo: (2, 2,6)
Mínimos: (0, 0), (3, 0)

39. Nenhum máximo relativo
Mínimo: (2, 12)

41. Máximo: $\left(2, \frac{1}{2}\right)$
Mínimo: (0, 0)

43. As respostas irão variar. Exemplo de resposta:

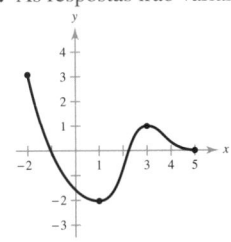

45. (a) A população tende a aumentar a cada ano, de modo que a população mínima ocorreu em 1790 e a população máxima ocorreu em 2010.
(b) População máxima: 310,07 milhões
População mínima: 3,69 milhões
(c) A população mínima era de aproximadamente 3,69 milhões em 1790 e a população máxima era de aproximadamente 310,07 milhões em 2010.

47. 82 unidades **49.** 3.500 unidades, $ 2,25

Seção 3.3 (página 191)

Recapitulação (página 191)
1. $f''(x) = 48x^2 - 54x$ **2.** $g''(s) = 12s^2 - 18s + 2$
3. $g''(x) = 56x^6 + 120x^4 + 72x^2 + 8$
4. $f''(x) = \dfrac{4}{9(x-3)^{2/3}}$ **5.** $h''(x) = \dfrac{190}{(5x-1)^3}$
6. $f''(x) = -\dfrac{42}{(3x+2)^3}$ **7.** $x = \pm\dfrac{\sqrt{3}}{3}$
8. $x = 0, 3$ **9.** $t = \pm 4$ **10.** $x = 0, \pm 5$

1. Sinal de $f'(x)$ em (0, 2) é positivo.
Sinal de $f''(x)$ em (0, 2) é positivo.

3. Sinal de $f'(x)$ em (0, 2) é negativo.
Sinal de $f''(x)$ em (0, 2) é negativo.

5. Côncavo para baixo em $(-\infty, \infty)$

7. Côncavo para cima em $(-\infty, 1)$
Côncavo para baixo em $(1, \infty)$

9. Côncavo para cima em $\left(-\infty, -\frac{1}{2}\right)$
Côncavo para baixo em $\left(-\frac{1}{2}, \infty\right)$

11. Côncavo para cima em $(-\infty, -2)$ e $(2, \infty)$
Côncavo para baixo em $(-2, 2)$

13. Côncavo para baixo em $(-\infty, 3)$
Côncavo para cima em $(3, \infty)$
Ponto de inflexão: (3, 0)

15. Côncavo para baixo em $\left(-\infty, \frac{1}{2}\right)$
Côncavo para cima em $\left(\frac{1}{2}, \infty\right)$
Ponto de inflexão: $\left(\frac{1}{2}, -\frac{3}{2}\right)$

17. Côncavo para cima em $(-\infty, \infty)$
Nenhum ponto de inflexão.

19. Côncavo para baixo em $(-\infty, 4)$
Côncavo para cima em $(4, \infty)$
Ponto de inflexão: (4, 16)

21. Máximo relativo: (3, 9)

23. Máximo relativo: (1, 3)
Mínimo relativo: $\left(\frac{7}{3}, \frac{49}{27}\right)$

25. Mínimo relativo: (0, −3)

27. Máximo relativo: (0, 1)

29. Máximo relativo: (0, 3)

31. Máximo relativo: (0, 4)

33. Nenhum extremo relativo.

35. Máximo relativo: (2, 9)
Mínimo relativo: (0, 5)

37. Máximo relativo: (0, 0)
Mínimos relativos: $(-0{,}5, -0{,}052), (1, -0{,}\overline{3})$

39. Máximo relativo: (−2, 16)
Mínimo relativo: (−2, 16)
Ponto de inflexão: (0, 0)

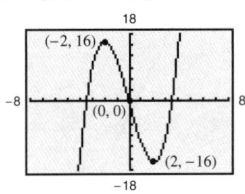

41. Nenhum máximo relativo.
Mínimo relativo: (4, 4)
Ponto de inflexão: $\left(12, \dfrac{8\sqrt{3}}{3}\right)$

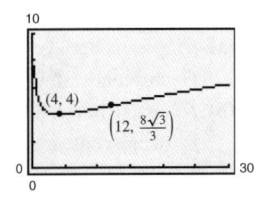

43. Máximo relativo: (0, 0)
Mínimos relativos: (±2, −4)
Pontos de inflexão:
$\left(\pm\dfrac{2\sqrt{3}}{3}, -\dfrac{20}{9}\right)$

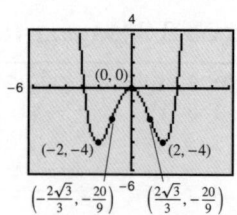

45. Máximo relativo: (−1, 0)
Mínimo relativo: (−1, 4)
Ponto de inflexão: (0, −2)

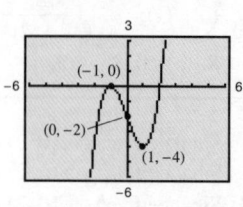

47. Mínimo relativo: (−2, −2)
Nenhum ponto de inflexão

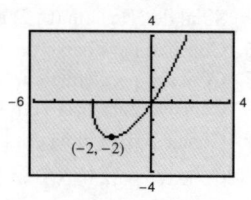

49. Máximo relativo: (0, 4)
Pontos de inflexão:
$\left(\pm\dfrac{\sqrt{3}}{3}, 3\right)$

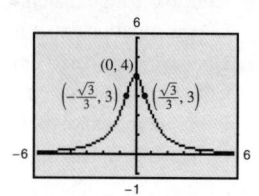

51.

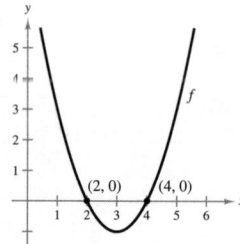

53.

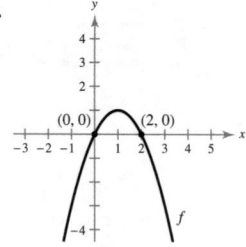

55.

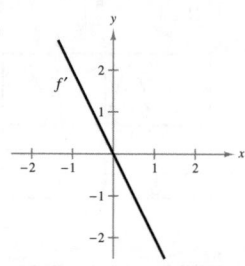

(a) f': positiva em $(-\infty, 0)$
  f: crescente em $(-\infty, 0)$
(b) f': negativa em $(0, \infty)$
  f: decrescente em $(0, \infty)$
(c) f': não crescente
  f: não côncava para cima

(d) f': decrescente em $(-\infty, \infty)$
  f: côncava para baixo em $(-\infty, \infty)$

57. (a) f': crescente em $(-\infty, \infty)$
(b) f: côncava para cima $(-\infty, \infty)$
(c) Mínimo relativo: $x = -2,5$
  Nenhum ponto de inflexão.

59. (a) f': crescente em $(-\infty, 1)$
  decrescente em $(1, \infty)$
(b) f: côncava para cima em $(-\infty, 1)$
  côncava para baixo em $(1, \infty)$
(c) Nenhum extremo relativo
  Ponto de inflexão: $x = 1$

61. (200, 320)   **63.** 20:30 horas

65. Mínimo relativo: (0, −5)
Máximo relativo: (3, 8,5)
Ponto de inflexão:
$\left(\dfrac{2}{3}, -3,2963\right)$

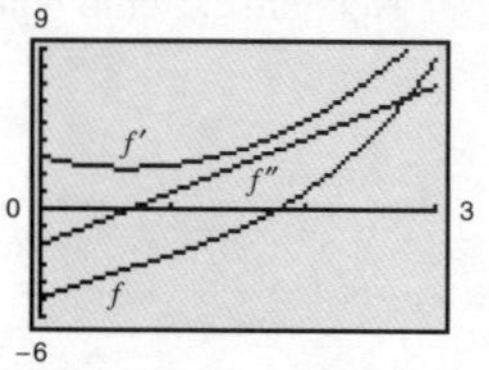

Quando f' é positiva, f é crescente. Quando f' é negativa, f é decrescente. Quando f' é positiva, f é côncava para cima. Quando f' é negativa, f é côncava para baixo.

67. Máximo relativo: (0, 2)
Pontos de inflexão:
(0,58, 1,5), (−0,58, 1,5)

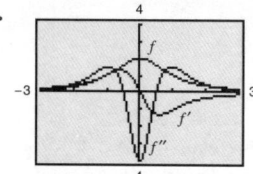

Quando f' é positiva, f é crescente. Quando f' é negativa, f é decrescente. Quando f' é positiva f, é côncava para cima. Quando f' é negativa, f é côncava para baixo.

69. 120 unidades

71. (a)

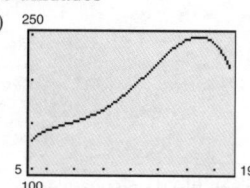

(b) 1995
(c) 2007
(d) Maior: 2003
  Menor: 2009

73. (a)

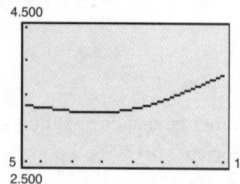

(b) Côncavo para baixo em (5, 6,6517)
  Côncavo para cima em (6,6517, 16,4123)
  Côncavo para baixo em (16,4123, 18)
(c) Pontos de inflexão: (6,6517, 3.291,0160) e (16,4123, 3638,4227)
(d) O primeiro ponto de inflexão é onde a variação no número de veteranos que recebem benefícios começa a aumentar depois de ter diminuído. O segundo ponto de inflexão é onde a variação no número de veteranos que recebem benefícios começa a diminuir novamente.

75. As respostas irão variar.

Seção 3.4 (página 199)

Recapitulação (página 198)
1. $x + \frac{1}{2}y = 12$ 2. $2xy = 24$ 3. $xy = 24$
4. $\sqrt{(x_2 - x_1)^2 + (y_2 - y_1)^2} = 10$
5. $x = -3$ 6. $x = -\frac{2}{3}, 1$ 7. $x = \pm 5$
8. $x = 4$ 9. $x = \pm 1$ 10. $x = \pm 3$

1. $l = w = 25$ m 3. $l = w = 8$ pés
5. $x = 25$ pés, $y = \frac{100}{3}$ pés
7. (a) Demonstração
   (b) $V_1 = 99$ pol.^{3}
   $V_2 = 125$ pol.^{3}
   $V_3 = 117$ pol.^{3}
   (c) 5 pol. × 5 pol. × 5 pol.
9. (a) $l = w = h = 20$ pol.
   (b) 2.400 pol.^{2}
11. Altura do retângulo: $\frac{100}{\pi} \approx 31,8$ m
    Largura do retângulo: 50 m
13. $l = w = 2\sqrt[3]{5} \approx 3,42$
    $h = 4\sqrt[3]{5} \approx 6,84$
15. $V = 16$ pol.^{3} 17. 9 pol. por 9 pol.
19. Largura: 3 unidades
    Altura: 1,5 unidade
21. Largura: $5\sqrt{2}$ unidades
    Altura: $\frac{5\sqrt{2}}{2}$ unidades
23. Raio: cerca de 1,51 pol.
    Comprimento: cerca de 3,02 pol.
25. $(1, 1)$ 27. $\left(3,5, \frac{\sqrt{14}}{2}\right)$
29. 18 pol. × 18 pol. × 36 pol.
31. Raio: $\sqrt[3]{\frac{562,5}{\pi}} \approx 5,636$ pés
    Comprimento: cerca de 22,545 pés
33. Raio do círculo: $\frac{8}{\pi + 4}$
    Lado do quadrado: $\frac{16}{\pi + 4}$
35. (a) $A(x) = \left(1 + \frac{4}{\pi}\right)x^2 - \frac{8}{\pi}x + \frac{4}{\pi}$
    (b) $0 \leq x \leq 1$
    (c) [gráfico]
    (d) A área total é mínima quando se utiliza 2,24 pés para o quadrado e 1,76 pé, para a circunferência.
        A área total é máxima quando se utiliza o total de 4 pés para a circunferência.
37. 4,75 semanas; 135 bushels; $ 3.645

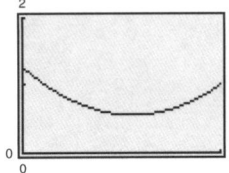

Teste preliminar (página 202)

1. Número crítico: $x = 3$
   Crescente em $(3, \infty)$
   Decrescente em $(-\infty, 3)$

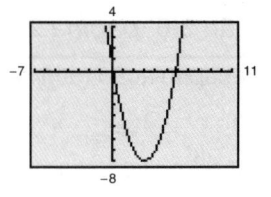

2. Número crítico:
   $x = -4, x = 0$
   Crescente em
   $(-\infty, -4)$ e $(0, \infty)$
   Decrescente em $(-4, 0)$

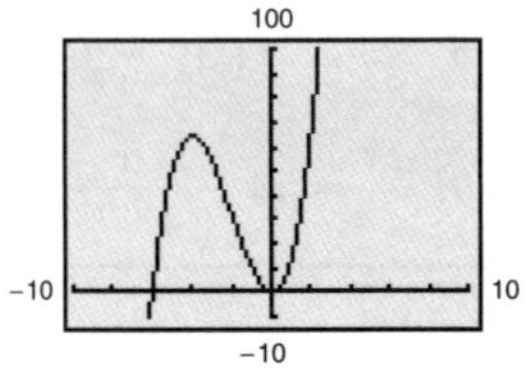

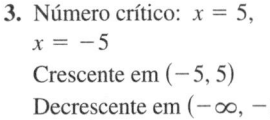

3. Número crítico: $x = 5$,
   $x = -5$
   Crescente em $(-5, 5)$
   Decrescente em $(-\infty, -5)$
   e $(5, \infty)$

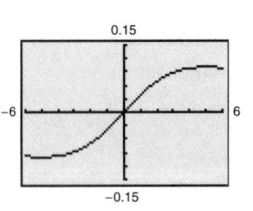

4. Mínimo relativo: $(0, -5)$
   Máximo relativo: $(-2, -1)$
5. Mínimos relativos: $(-2, 13)$ $(-2, -13)$
   Máximo relativo: $(0, 3)$
6. Mínimo relativo: $(0, 0)$
7. Mínimo: $(-1, -9)$ 8. Mínimo: $(3, -54)$
   Máximo: $(1, -5)$ Máximo: $(-3, 54)$

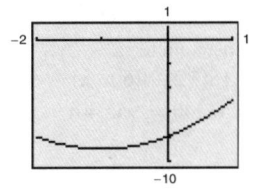

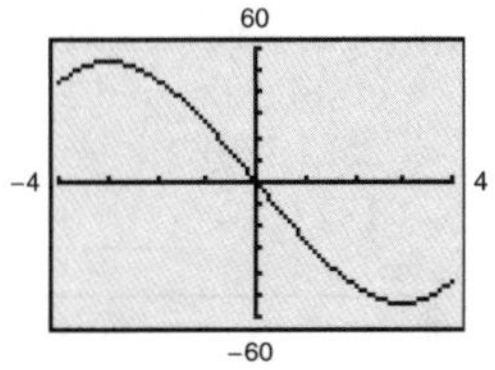

9. Mínimo: $(0, 0)$
   Máximo: $(1, 0.5)$

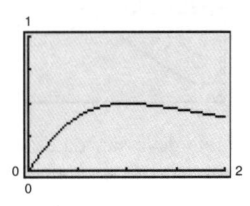

10. Ponto de inflexão: $(2, -2)$
    Côncavo para baixo em $(-\infty, 2)$
    Côncavo para cima em $(2, \infty)$
11. Pontos de inflexão: $(-2, -80)$ e $(2, -80)$
    Côncavo para baixo em $(-2, 2)$
    Côncavo para cima em $(-\infty, -2)$ e $(2, \infty)$
12. Mínimo relativo: $(1, 9)$
    Máximo relativo: $(-2, 36)$
13. Mínimo relativo: $(3, 12)$
    Máximo relativo: $(-3, -12)$
14. $ 120.000 $(x = 120)$ 15. 50 pés × 100 pés
16. (a) Aumenta de 2000 até o início de 2008
        Diminui do início de 2008 até 2009
    (b) Início de 2008; 2000

Seção 3.5 (página 210)

Recapitulação (página 210)

1. 1   2. $\frac{6}{5}$ 3. 2   4. $\frac{1}{2}$
5. $\frac{dC}{dx} = 1{,}2 + 0{,}006x$ 6. $\frac{dP}{dx} = 0{,}02x + 11$
7. $\frac{dP}{dx} = -1{,}4x + 7$ 8. $\frac{dC}{dx} = 4{,}2 + 0{,}003x^2$
9. $\frac{dR}{dx} = 14 - \frac{x}{1.000}$ 10. $\frac{dR}{dx} = 3{,}4 - \frac{x}{750}$

1. 2.000 unidades   3. 200 unidades   5. 200 unidades
7. 50 unidades   9. $ 60   11. $ 40
13. 3 unidades

$\overline{C}(3) = 17;\ \frac{dC}{dx} = 4x + 5$; quando $x = 3,\ \frac{dC}{dx} = 17$

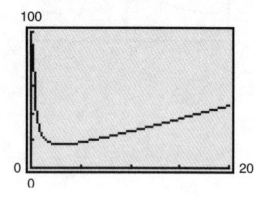

15. (a) $ 55   (b) $ 30,32
17. O lucro máximo ocorre quando $s = 10$ (ou $ 10.000). O ponto de retorno diminuído ocorre em $s = \frac{35}{6}$ (ou $ 5.833,33).
19. 350 jogadoress   21. $ 50
23. C = custo debaixo d'água + custo em terra
$= 25(5.280)\sqrt{x^2 + 0{,}25} + 18(5.280)(6 - x)$
$= 132.000\sqrt{x^2 + 0{,}25} + 570.240 - 95.040x$

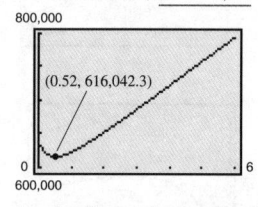

A reta deve sair da estação de energia para um ponto do outro lado do rio, aproximadamente 0,52 milhas à jusante.

$\left(\text{Exatamente: } x = \frac{9\sqrt{301}}{301} \text{ milhas}\right)$

25. $v = 60$ milhas/hora
27. -1, elasticidade unitária

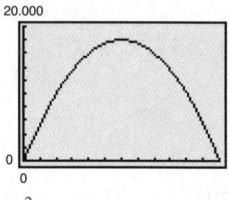

Elástico: $(0, 60)$
Inelástico: $(60, 120)$

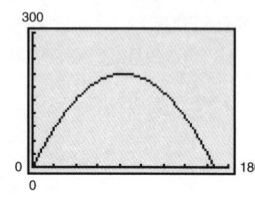

29. $-\frac{2}{3}$, inelástico

Elástico: $\left(0, 83\frac{1}{3}\right)$
Inelástico: $\left(83\frac{1}{3}, 166\frac{2}{3}\right)$

31. $-\frac{25}{23}$, elástico

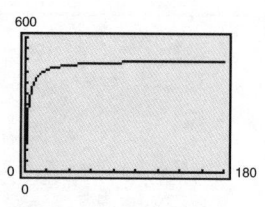

Elástico: $(0, \infty)$

33. (a) Elástico: $[0, 500)$
Elasticidade unitária: $x = 500$
Inelástico: $(500, 1.000]$
(b) A função receita aumenta no intervalo $[0, 500)$; então é horizontal em 500 e diminui no intervalo $(500, 1.000]$.

35. 500 unidades $(x = 5)$
37. Não; quando $p = 8$, $x = 540$ e $\eta = -\frac{2}{3}$.
Como $|\eta| = \frac{2}{3} < 1$, a demanda é inelástica.
39. (a) 2007
(b) 2001
(c) 2007; $ 237,55 milhões/ano
2001; $ 17,78 milhões/ano
(d)

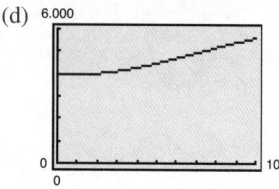

41. Demonstração   43. As respostas irão variar

Seção 3.6 (página 221)

Recapitulação (página 220)

1. 3   2. 1   3. -11 4. 4   5. $-\frac{1}{4}$
6. -2 7. 0   8. 1
9. $\overline{C} = \frac{150}{x} + 3$ 10. $\overline{C} = \frac{1.900}{x} + 1{,}7 + 0{,}002x$
$\frac{dC}{dx} = 3$ $\frac{dC}{dx} = 1{,}7 + 0{,}004x$
11. $\overline{C} = 0{,}005x + 0{,}5 + \frac{1.375}{x}$ 12. $\overline{C} = \frac{760}{x} + 0{,}05$
$\frac{dC}{dx} = 0{,}01x + 0{,}5$ $\frac{dC}{dx} = 0{,}05$

1. Assíntota vertical: $x = 0$
Assíntota horizontal: $y = 1$
3. Assíntotas verticais: $x = -1, x = 2$
Assíntota horizontal: $y = 1$
5. Assíntota vertical: nenhuma
Assíntota horizontal: $y = \frac{3}{2}$
7. Assíntotas verticais: $x = \pm 2$
Assíntota horizontal: $y = \frac{1}{2}$
9. $x = 0, x = -3$ 11. $x = -3$ 13. $x = 4$ 15. ∞
17. $-\infty$ 19. ∞ 21. 1   23. 7   25. $y = 2$
27. $y = 0$ 29. Nenhuma assíntota horizontal   31. $y = 5$
33. d   34. b   35. a   36. c
37. (a) ∞ (b) 5   (c) 0
39. (a) 0   (b) 1   (c) ∞

41.

x	10^0	10^1	10^2	10^3
$f(x)$	0,646	11,718	800,003	29.622,777

x	10^4	10^5	10^6
$f(x)$	980.000	31.422.776,6	998.000.000

$\lim_{x \to \infty} \sqrt{x^3 + 6} - 2x = \infty$

43.

x	10^0	10^1	10^2	10^3
$f(x)$	2,000	0,348	0,101	0,032

x	10^4	10^5	10^6
$f(x)$	0,010	0,003	0,001

$\lim_{x \to \infty} \dfrac{x+1}{x\sqrt{x}} = 0$

45.

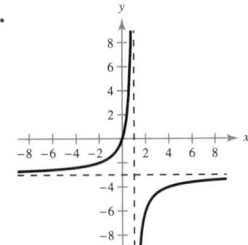

47.

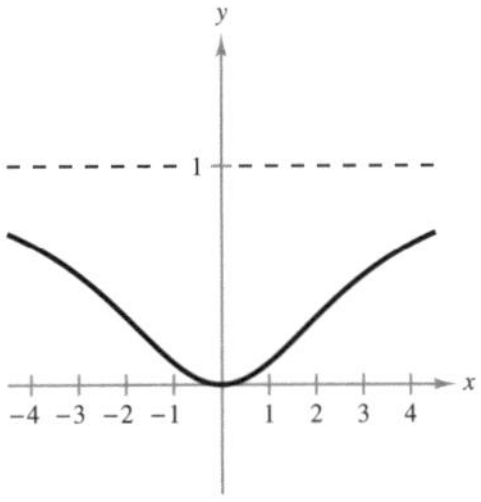

49.

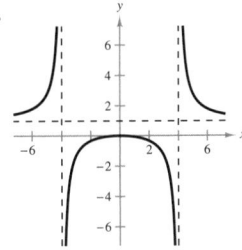

51.

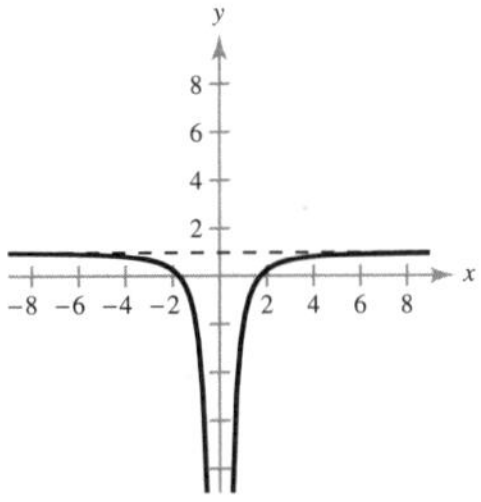

53.

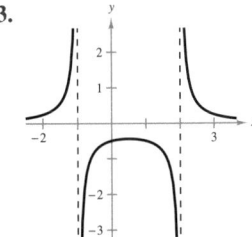

55.

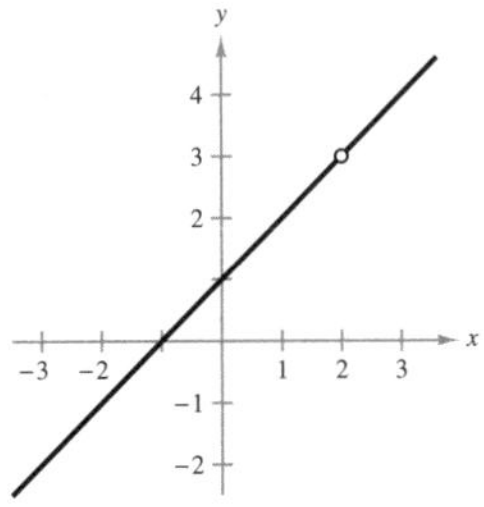

57.

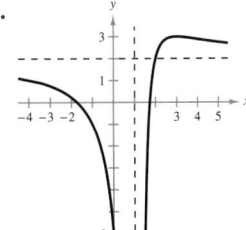

59.

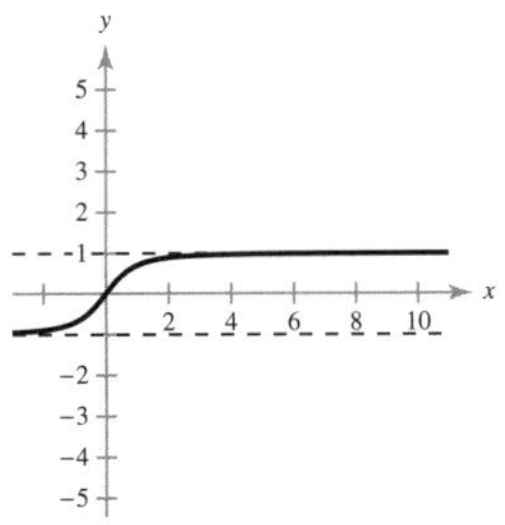

61. (a) $\overline{C} = 1,15 + \dfrac{6.000}{x}$

(b) $\overline{C}(600) = 11,15;\ \overline{C}(6.000) = 2,15$

(c) \$ 1,15; o custo se aproxima de \$1,15 à medida que o número de unidades produzidas aumenta.

63. (a) $\overline{P} = 35,4 - \dfrac{15.000}{x}$

(b) $\overline{P}(1000) = \$ 20,40;\ \overline{P}(10.000) = \$ 33,90;$
$\overline{P}(100.000) = \$ 35,25$

(c) \$ 35,40; as explicações irão variar.

65. (a) 25%: \$ 176 milhões; 50%: \$ 528 milhões; 75%: \$ 1.584 milhões

(b) ∞; o limite não existe, o que significa que o custo aumenta ilimitadamente, à medida que o governo se aproxima da apreensão de 100% de drogas ilegais que entram no país.

67. (a)

n	1	2	3	4	5
P	0,5	0,74	0,82	0,86	0,89

n	6	7	8	9	10
P	0,91	0,92	0,93	0,94	0,95

(b) 1

(c)

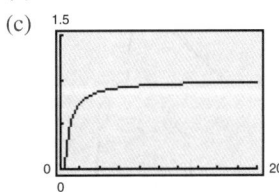

A porcentagem de respostas corretas se aproxima de 100% à medida que o número de vezes que a tarefa é executada aumenta.

Seção 3.7 (página 231)

Recapitulação (página 230)

1. Assíntota vertical: $x = 0$
Assíntota horizontal: $y = 0$

2. Assíntota vertical: $x = 2$
Assíntota horizontal: $y = 0$

3. Assíntota vertical: $x = -3$
Assíntota horizontal: $y = 40$

4. Assíntota vertical: $x = 1, x = 3$
Assíntota horizontal: $y = 1$

5. Decrescente em $(-\infty, -2)$
Crescente em $(-2, \infty)$

6. Crescente em $(-\infty, -4)$
Decrescente em $(-4, \infty)$

7. Crescente em $(-\infty, -1)$ e $(1, \infty)$
Decrescente em $(-1, 1)$

8. Decrescente em $(-\infty, 0)$ e $(\sqrt[3]{2}, \infty)$
Crescente em $(0, \sqrt[3]{2})$

9. Crescente em $(-\infty, 1)$ e $(1, \infty)$

10. Decrescente em $(-\infty, -3)$ e $(\frac{1}{3}, \infty)$
Crescente em $(-3, \frac{1}{3})$

1.

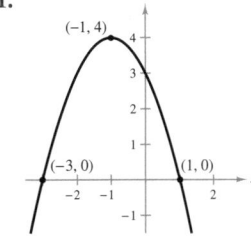

3.

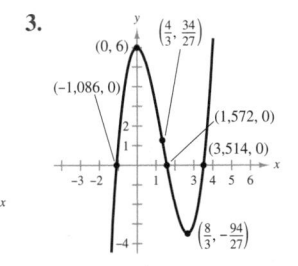

5. [graph: points (0,2), (1,0)]

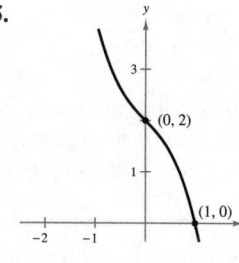

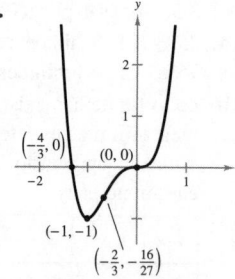

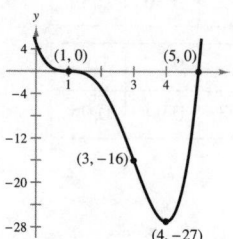

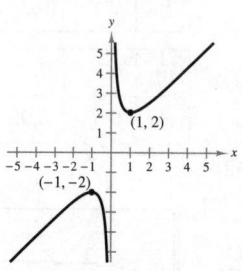

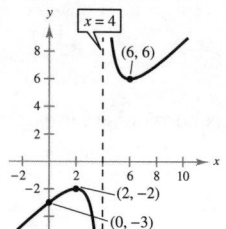

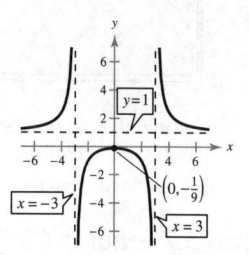

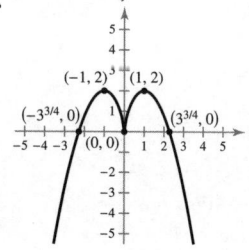

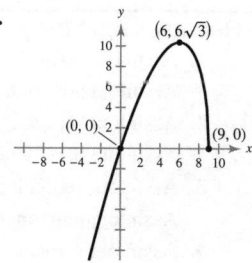

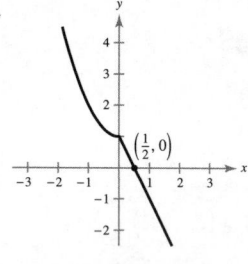

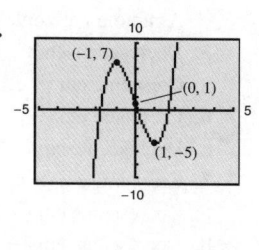

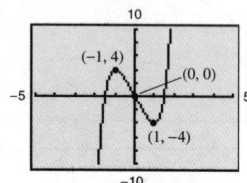

7. [graph: points (−4/3, 0), (0,0), (−1,−1), (−2/3, −16/27)]

9. [graph: points (1,0), (5,0), (3,−16), (4,−27)]

11. [graph: points (1,2), (−1,−2)]

13. [graph: $x = 4$, (6,6), (2,−2), (0,−3)]

15. [graph: $y = 1$, $x = -3$, $x = 3$, $(0, -\frac{1}{9})$]

17. [graph: (−1, 2), (1, 2), $(-3^{3/4}, 0)$, $(3^{3/4}, 0)$, (0, 0)]

19. [graph: $(6, 6\sqrt{3})$, (0, 0), (9, 0)]

21. [graph: $(\frac{1}{2}, 0)$]

23. [graph: (−1, 7), (0, 1), (1, −5)]

25. [graph: (−1, 4), (0, 0), (1, −4)]

27. [graph: $x = 2$, $y = -3$, $(\frac{5}{3}, 0)$, $(0, -\frac{5}{2})$]

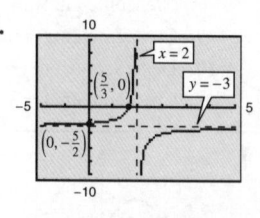

29. [graph: (0, 1)]

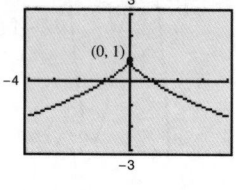

31. [graph: (0, 0)]

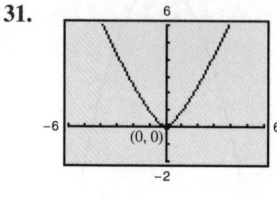

33. [graph]

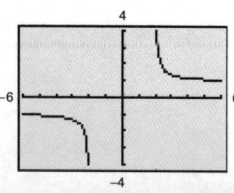

35. [graph: $y = 1$, $x = 1$, $\left(-\sqrt[3]{\frac{1}{2}}, \frac{1}{3}\right)$, (0, 0)]

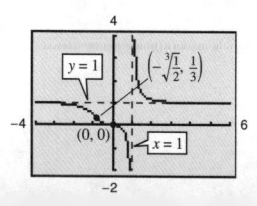

37. As respostas irão variar. Exemplo de resposta: [graph of f]

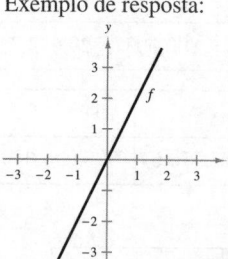

39. As respostas irão variar. Exemplo de resposta: [graph of f]

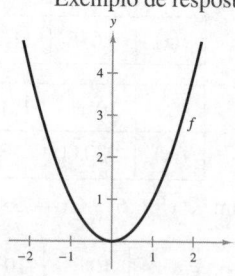

41. As respostas irão variar. Exemplo de resposta: [graph of f]

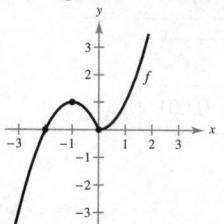

43. As respostas irão variar. Exemplo de resposta:
$$y = \frac{1}{x - 5}$$

45. (a) [scatter plot]

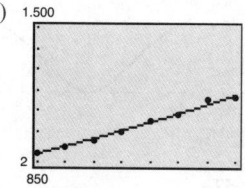

O modelo ajusta bem os dados.

(b) $ 1.468,54

(c) Não, porque os benefícios aumentam ilimitadamente à medida que o tempo se aproxima do ano de 2035 ($x = 35$), e os benefícios são negativos para os anos depois de 2035.

47. [graph]

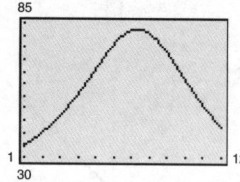

Máximo absoluto: (7, 82,28)
Mínimo absoluto: (1, 34,84)
A temperatura máxima de 82,28 °F ocorre em julho.
A temperatura mínima de 34,84 °F ocorre em janeiro.

49. [graph]

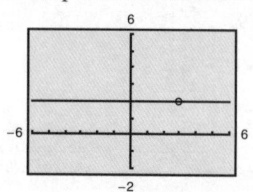

A função racional tem o fator comum $3 - x$ no numerador e denominador. Em $x = 3$, há um buraco no gráfico, não uma assíntota vertical.

51. (a) $f(x) = \dfrac{x^2 - 2x + 4}{x - 2} = \dfrac{x^2 - 2x}{x - 2} + \dfrac{4}{x - 2}$

$= \dfrac{x(x - 2)}{x - 2} + \dfrac{4}{x - 2} = x + \dfrac{4}{x - 2}$

(b)

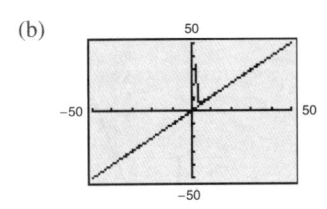

Os gráficos se tornam quase idênticos à medida que você se afasta.

(c) Uma assíntota inclinada não é horizontal nem vertical. É diagonal, seguindo $y = x$.

Seção 3.8 (página 238)

Recapitulação (página 238)

1. $\dfrac{dC}{dx} = 0{,}18x$ 2. $\dfrac{dC}{dx} = 0{,}15$
3. $\dfrac{dR}{dx} = 1{,}25 + 0{,}03\sqrt{x}$ 4. $\dfrac{dR}{dx} = 15{,}5 - 3{,}1x$
5. $\dfrac{dP}{dx} = -\dfrac{0{,}01}{\sqrt[3]{x^2}} + 1{,}4$ 6. $\dfrac{dP}{dx} = -0{,}04x + 25$
7. $\dfrac{dA}{dx} = \dfrac{\sqrt{3}}{2}x$ 8. $\dfrac{dA}{dx} = 12x$ 9. $\dfrac{dC}{dr} = 2\pi$
10. $\dfrac{dP}{dw} = 4$ 11. $\dfrac{dS}{dr} = 8\pi r$ 12. $\dfrac{dP}{dx} = 2 + \sqrt{2}$
13. $A = \pi r^2$ 14. $A = x^2$
15. $V = x^3$ 16. $V = \tfrac{4}{3}\pi r^3$

1. $dy = 0{,}6$ 3. $dy = -0{,}04$ 5. $dy = 0{,}075$
$\Delta y = 0{,}6305$ $\Delta y \approx -0{,}0394$ $\Delta y \approx 0{,}0745$

7.

$dx = \Delta x$	dy	Δy	$\Delta y - dy$	$\dfrac{dy}{\Delta y}$
1,000	4,000	5,000	1,0000	0,8000
0,500	2,000	2,2500	0,2500	0,8889
0,100	0,400	0,4100	0,0100	0,9756
0,010	0,040	0,0401	0,0001	0,9975
0,001	0,004	0,0040	0,0000	1,0000

9.

$dx = \Delta x$	dy	Δy	$\Delta y - dy$	$\dfrac{dy}{\Delta y}$
1,000	−0,25000	−0,13889	0,11111	1,79999
0,500	−0,12500	−0,09000	0,03500	1,38889
0,100	−0,02500	−0,02324	0,00176	1,07573
0,010	−0,00250	−0,00248	0,00002	1,00806
0,001	−0,00025	−0,00025	0,00000	1,00000

11.

$dx = \Delta x$	dy	Δy	$\Delta y - dy$	$\dfrac{dy}{\Delta y}$
1,000	0,14865	0,12687	−0,02178	1,17167
0,500	0,07433	0,06823	−0,00610	1,08940
0,100	0,01487	0,01459	−0,00028	1,01919
0,010	0,00149	0,00148	−0,00001	1,00676
0,001	0,00015	0,00015	0,00000	1,00000

13. $\$5{,}20$ 15. $\$7{,}50$ 17. $-\$1.250$ 19. $dy = 24x^3\,dx$
21. $dy = 6x\,dx$ 23. $dy = 12(4x - 1)^2\,dx$
25. $dy = -\dfrac{3}{(2x-1)^2}\,dx$ 27. $dy = \dfrac{-x}{\sqrt{9-x^2}}\,dx$
29. $y = 28x + 37$
Para $\Delta x = -0{,}01, f(x + \Delta x) = -19{,}281302$ e
$y(x + \Delta x) = -19{,}28$
Para $\Delta x = 0{,}01, f(x + \Delta x) = -18{,}721298$ e
$y(x + \Delta x) = -18{,}72$
31. $y = x$
Para $\Delta x = -0{,}01, f(x + \Delta x) = -0{,}009999$ e
$y(x + \Delta x) = -0{,}01$
Para $\Delta x = 0{,}01, f(x + \Delta x) = 0{,}009999$ e
$y(x + \Delta x) = 0{,}01$
33. (a) $dP = \$1.160$ (b) Real: $\$1.122{,}50$
35. (a) $\$71{,}50$ (b) $\$40{,}00$
37. Aproximadamente 19 cervos
39. $R = -\tfrac{1}{3}x^2 + 100x$; $\$6$

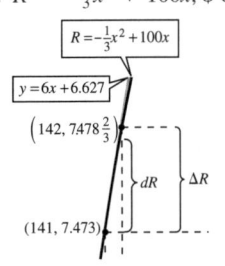

41. $\pm \tfrac{3}{4}$ pol.^{2} 43. Verdadeira
2,08%

Exercícios de revisão do Capítulo 3 (página 244)

1. $x = 1$ 3. $x = -3, x = 3$ 5. $x = 1, x = \tfrac{7}{3}$
7. Número crítico: $x = -\tfrac{1}{2}$
Crescente em $\left(-\tfrac{1}{2}, \infty\right)$
Decrescente em $\left(-\infty, -\tfrac{1}{2}\right)$
9. Números críticos: $x = 0, x = 4$
Crescente em $(0, 4)$
Decrescente em $(-\infty, 0)$ e $(4, \infty)$
11. Número crítico: $x = 1$
Crescente em $(1, \infty)$
Decrescente em $(-\infty, 1)$
13. O único número crítico é $t \approx -10{,}85$. Qualquer $t > -10{,}85$ produz um dR/dt, positivo, portanto, as vendas aumentaram de 2004 a 2009.
15. Máximo relativo: $(0, -2)$
Mínimo relativo: $(1, -4)$
17. Mínimo relativo: $(8, -52)$
19. Máximos relativos: $(-1, 1), (1, 1)$
Mínimo relativo: $(0, 0)$
21. Máximo relativo: $(0, 6)$
23. Máximo relativo: $(0, 0)$
Mínimo relativo: $(4, 8)$
25. Máximo: $(0, 6)$
Mínimo: $\left(-\tfrac{5}{2}, -\tfrac{1}{4}\right)$
27. Máximos: $(-2, 17), (4, 17)$
Mínimos: $(-4, -15), (2, -15)$
29. Máximo: $(1, 1)$
Mínimo: $(9, -3)$
31. Máximo: $(1, 1)$
Mínimo: $(-1, -1)$

33. $r \approx 1{,}58$ pol.

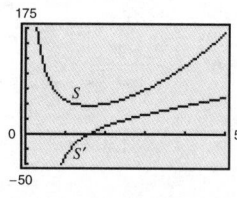

35. Côncavo para cima em $(2, \infty)$
Côncavo para baixo em $(-\infty, 2)$

37. Côncavo para cima em $\left(-\dfrac{2\sqrt{3}}{3}, \dfrac{2\sqrt{3}}{3}\right)$
Côncavo para baixo em $\left(-\infty, -\dfrac{2\sqrt{3}}{3}\right)$ e $\left(\dfrac{2\sqrt{3}}{3}, \infty\right)$

39. $(0, 0)$, $(4, -128)$

41. $(0, 0)$, $(1{,}0652, 4{,}5244)$, $(2{,}5348, 3{,}5246)$

43. Nenhum extremo relativo

45. Máximo relativo: $\left(-\sqrt{3}, 6\sqrt{3}\right)$
Mínimo relativo: $\left(\sqrt{3}, -6\sqrt{3}\right)$

47. Máximos relativos: $\left(-\dfrac{\sqrt{2}}{2}, \dfrac{1}{2}\right), \left(\dfrac{\sqrt{2}}{2}, \dfrac{1}{2}\right)$
Mínimo relativo: $(0, 0)$

49. $\left(50, 166\tfrac{2}{3}\right)$ **51.** $l = w = 15$ m **53.** 144 pol.³

55. $x = 900$ **57.** $x = 150$ **59.** (a) \$ 24 (b) \$ 8

61. (a) Para $0 < x < 750$, $|\eta| > 1$ e a demanda é elástica.
Para $750 < x < 1.500$, $|\eta| < 1$ e a demanda é inelástica.
Para $x = 750$, a demanda tem elasticidade unitária.
(b) De 0 a 750 unidades, a receita é crescente.
De 750 a 1500 unidades, a receita não aumenta.

63. $x = -7, x = 0$ **65.** $x = -\tfrac{1}{2}$ **67.** $-\infty$

69. ∞ **71.** $y = \tfrac{2}{3}$ **73.** $y = 0$

75. (a) $\overline{C} = 0{,}75 + \dfrac{4.000}{x}$
(b) $\overline{C}(100) = 40{,}75$
$\overline{C}(1000) = 4{,}75$
(c) O limite é 0,75. À medida que mais unidades são produzidas, o custo médio por unidade se aproxima de \$ 0,75.

77. (a) 20%: \$ 62,5 milhões
50%: \$ 250 milhões
90%: \$ 2.250 milhões
(b) O limite é ∞, o que significa que à medida que a porcentagem se aproxima de 100, o custo aumenta ilimitadamente.

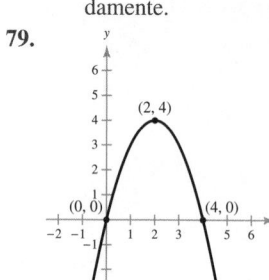

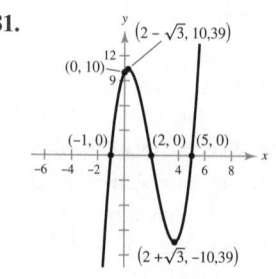

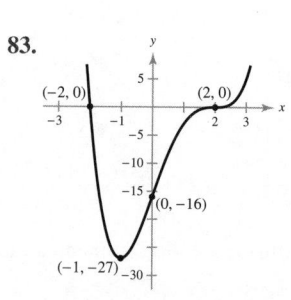

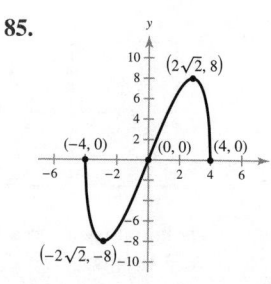

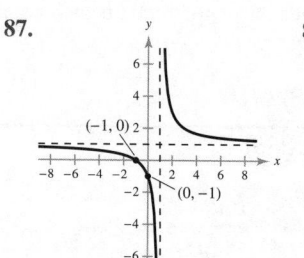

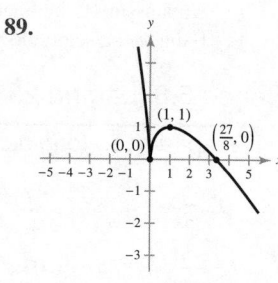

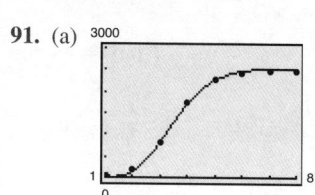

79. **81.** **83.** **85.** **87.** **89.**

91. (a) O modelo ajusta bem os dados.
(b) ≈ 2.434 bactérias
(c) As respostas irão variar.

93. $dy = 0{,}08, \Delta y = 0{,}0802$ **95.** $dy = -2{,}1, \Delta y = -2{,}191$

97. \$ 800 **99.** \$ 15,25 **101.** $\approx$ \$ 4,32

103. $dy = 1{,}5x^2\, dx$ **105.** $dy = 18x(3x^2 - 2)^2\, dx$

107. $dy = -\dfrac{7}{(x + 5)^2}\, dx$

109. (a) \$ 164
(b) \$ 163,2, a diferença é de \$ 0,80.

111. $B = 0{,}1\sqrt{5w}$
$\dfrac{dB}{dw} = \dfrac{0{,}05\sqrt{5}}{\sqrt{w}}$
$\Delta B \approx dB = \dfrac{0{,}05\sqrt{5}}{\sqrt{w}}\, dw$
$= \dfrac{0{,}05\sqrt{5}}{\sqrt{90}}(5)$
$\approx 0{,}059 \text{ m}^2$

Teste do capítulo (*página 248*)

1. Número crítico: $x = 0$
Crescente em $(0, \infty)$
Decrescente em $(-\infty, 0)$

2. Números críticos: $x = -2, x = 2$
Crescente em $(-\infty, -2)$ e $(2, \infty)$
Decrescente em $(-2, 2)$

3. Número crítico: $x = 5$
Crescente em $(5, \infty)$
Decrescente em $(-\infty, 5)$

4. Mínimo relativo: $(3, -14)$
Máximo relativo: $(-3, 22)$

5. Mínimos relativos: $(-1, -7)$ e $(1, -7)$
Máximo relativo: $(0, -5)$

6. Máximo relativo: $(0, 2{,}5)$

7. Mínimo: $(-3, -1)$
Máximo: $(0, 8)$

8. Mínimo: $(0, 0)$
Máximo: $(2{,}25, 9)$

9. Mínimo: $\left(2\sqrt{3}, 2\sqrt{3}\right)$
Máximo: $(1, 6{,}5)$

10. Côncavo para cima: $(2, \infty)$
    Côncavo para baixo: $(-\infty, 2)$
11. Côncavo para cima: $\left(-\infty, -\frac{2\sqrt{2}}{3}\right)$ e $\left(\frac{2\sqrt{2}}{3}, \infty\right)$
    Côncavo para baixo: $\left(-\frac{2\sqrt{2}}{3}, \frac{2\sqrt{2}}{3}\right)$
12. Não há ponto de inflexão.
    O gráfico é côncavo para cima em todo seu domínio.
13. Côncavo para cima: $(-\infty, -3)$ e $(3, \infty)$
    Côncavo para baixo: $(-3, 3)$
    Pontos de inflexão: $(-3, -175)$ e $(3, -175)$
14. Mínimo relativo: $(6, -166)$
    Máximo relativo: $(-2, 90)$
15. Mínimo relativo: $(3, -97,2)$
    Máximo relativo: $(-3, 97,2)$
16. Assíntota vertical: $x = 5$
    Assíntota horizontal: $y = 3$
17. Assíntota horizontal: $y = 2$
18. Assíntota vertical: $x = 1$
19. 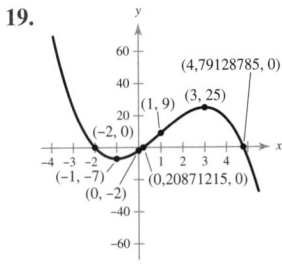
20. 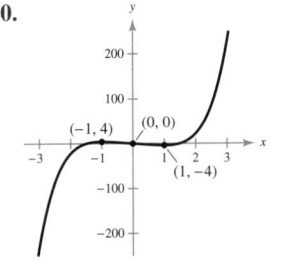
21. 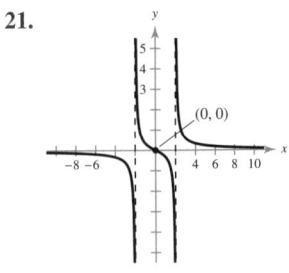
22. $dy = 10x\, dx$
23. $dy = \dfrac{-4}{(x+3)^2}\, dx$
24. $dy = 3(x+4)^2\, dx$
25. Para $0 \le x < 350$, $|\eta| > 1$ e a demanda é elástica.
    Para $350 < x \le 700$, $|\eta| < 1$ e a demanda é inelástica.
    Para $x = 350$, a demanda tem elasticidade unitária.

Capítulo 4

Seção 4.1 (página 254)

> **Recapitulação (página 254)**
> 1. Deslocamento horizontal de duas unidades à esquerda
> 2. Reflexão em torno do eixo x
> 3. Deslocamento vertical de uma unidade para baixo
> 4. Reflexão em torno do eixo y
> 5. Deslocamento horizontal de uma unidade para a direita
> 6. Deslocamento vertical para cima de duas unidades
> 7. 125   8. 22,63   9. 9   10. $\frac{1}{125}$
> 11. $\frac{1}{2}$ 12. $\frac{25}{64}$ 13. 5   14. $\frac{4}{3}$ 15. $-9, 1$
> 16. $2 \pm 2\sqrt{2}$ 17. $1, -5$ 18. $\frac{1}{2}, 1$

1. (a) 3.125   (b) $\frac{1}{5}$ (c) 625   (d) $\frac{1}{125}$
3. (a) $\frac{1}{5}$ (b) 27   (c) 5   (d) 4.096

5. 2 g
7. 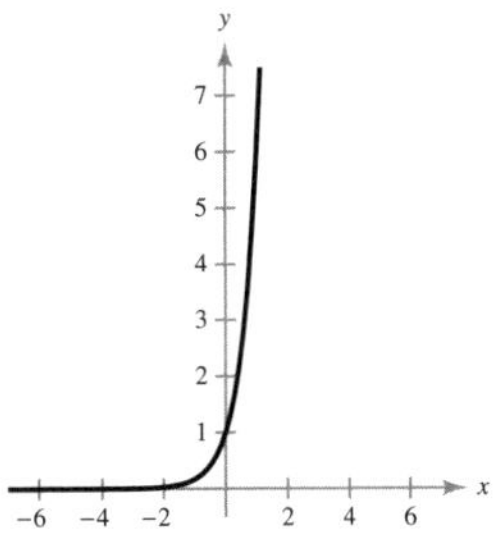
9. 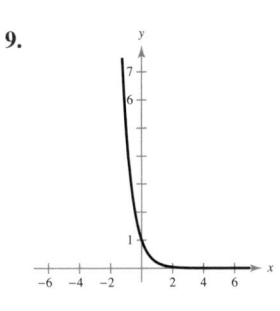
11. 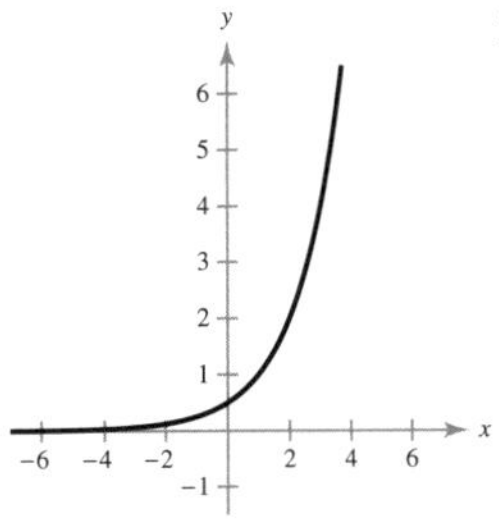
13. 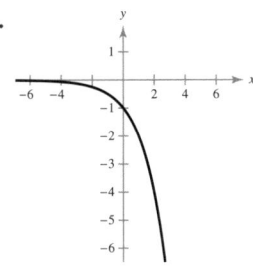
15. 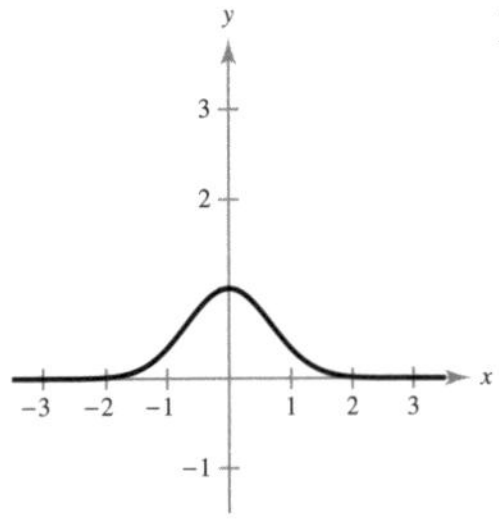
17. 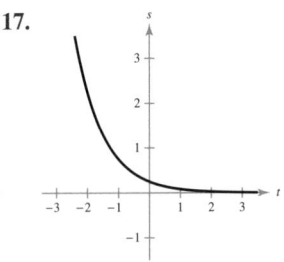
19. (a) $P(23) \approx 320{,}26$ milhões
    (b) $P(30) \approx 343{,}36$ milhões
21. (a) $V(5) \approx \$\,80.634{,}95$ (b) $V(20) \approx \$\,161.269{,}89$
23. $\$\,36{,}93$
25. $V(t) = 28.000\left(\frac{3}{4}\right)^t$

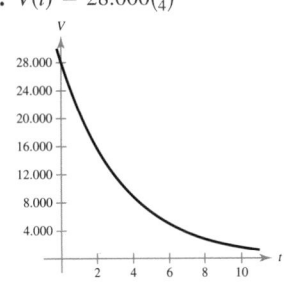

$V(4) = 28.000\left(\frac{3}{4}\right)^4 \approx 8.859{,}38$

27. (a)

Ano	2001	2002	2003	2004
Real	37.188	38.221	39.165	40.201
Modelo	36.966	37.998	39.058	40.148

Ano	2005	2006	2007	2008
Real	40.520	41.746	43.277	46.025
Modelo	41.268	42.419	43.603	44.819

O modelo ajusta bem os dados. As explicações irão variar.

(b)   (c) 2014

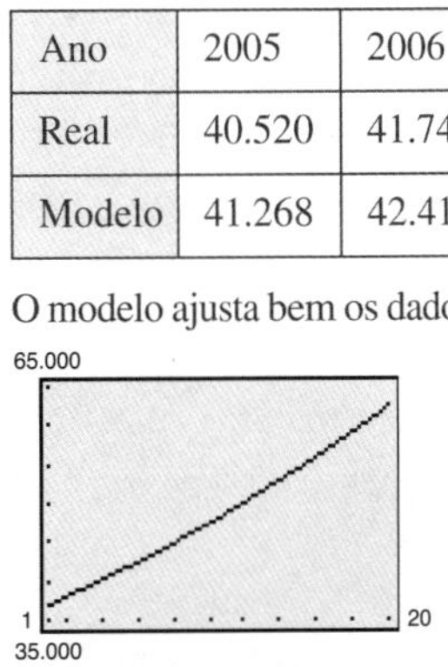

Seção 4.2 (página 261)

Recapitulação (página 261)
1. Contínua em $(-\infty, \infty)$
2. Descontínua em $x = \pm 2$
3. Descontínua em $x = \pm\sqrt{3}$
4. Descontinuidade removível em $x = 4$
5. $y = 0$ 6. $y = 0$ 7. $y = 4$ 8. $y = \frac{1}{2}$
9. $y = \frac{3}{2}$ 10. $y = 6$ 11. $y = 0$ 12. $y = 0$

1. (a) e^7 (b) e^{12} (c) $\dfrac{1}{e^6}$ (d) 1
3. (a) e^5 (b) $e^{5/2}$ (c) e^6 (d) e^7
5. f   6. e   7. d   8. b   9. c   10. a
11. [gráfico]
13. [gráfico]
15. [gráfico]
17. [gráfico]   Assíntota horizontal: $N = 0$
    Contínua em toda a reta real
19. [gráfico]   Assíntota horizontal: $g = 0$
    Contínua em toda a reta real
21. [gráfico]   Nenhuma assíntota horizontal
    Contínua em toda a reta real
23. [gráfico]   Assíntota horizontal: $y = 1$
    Descontínua em $x = 0$

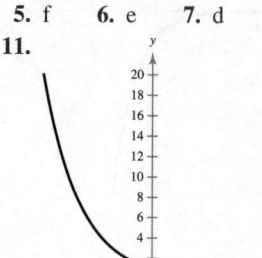

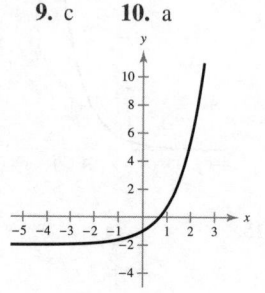

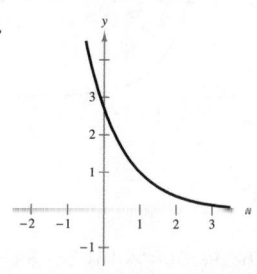

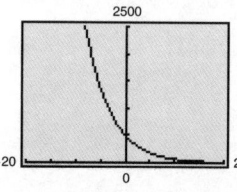

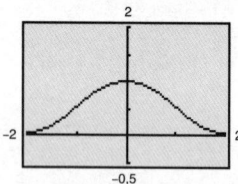

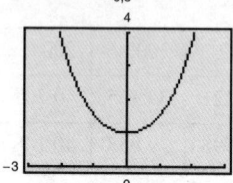

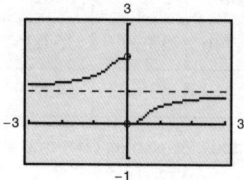

25. (a) [gráfico] O gráfico de $g(x) = e^{x-2}$ é deslocado horizontalmente duas unidades para a direita.
    (b) [gráfico] O gráfico de $h(x) = -\frac{1}{2}e^x$ diminui a uma taxa menor do que $f(x) = e^x$ aumenta.
    (c) [gráfico] O gráfico de $q(x) = e^x + 3$ é deslocado verticalmente três unidades para cima.

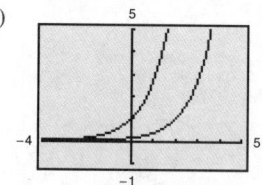

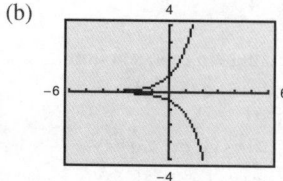

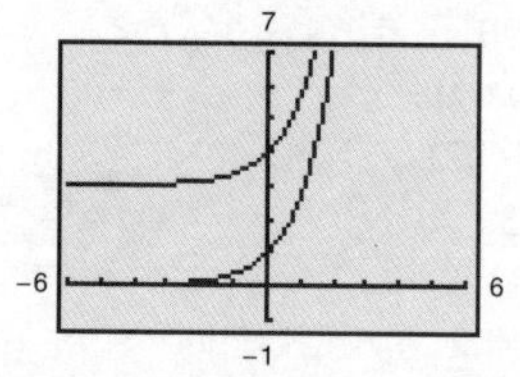

27.

n	1	2	4	12
A	1.343,92	1.346,86	1.348,35	1.349,35

n	365	Capitalização contínua
A	1.349,84	1.349,86

29.

n	1	2	4	12
A	2.191,12	2.208,04	2.216,72	2.222,58

n	365	Capitalização contínua
A	2.225,44	2.225,54

31.

t	1	10	20
P	96.078,94	67.032,00	44.932,90

t	30	40	50
P	30.119,42	20.189,65	13.533,53

33.

t	1	10	20
P	95.132,82	60.716,10	36.864,45

t	30	40	50
P	22.382,66	13.589,88	8.251,24

35. $ 107.311,12
37. (a) 9%   (b) 9,20%   (c) 9,31%   (d) 9,38%
39. $ 6.450,04
41. (a) $ 849,53   (b) $ 421,12   (c) $\lim\limits_{x\to\infty} p = 0$
43. (a) 0,1535   (b) 0,4866   (c) 0,8111
45. (a) O modelo ajusta bem os dados.
    (b) $y = 637,11x + 5.021,1$; o modelo linear ajusta bem os dados, mas o modelo exponencial ajusta melhor os dados.
    (c) Modelo exponencial: 2016
        Modelo linear: 2021

47. (a) [gráfico]

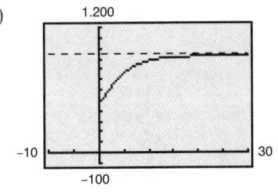

(b) Sim, $\lim_{t\to\infty} \dfrac{925}{1 + e^{-0,3t}} = 925$

(c) $\lim_{t\to\infty} \dfrac{1.000}{1 + e^{-0,3t}} = 1.000$

Modelos similares a esse modelo de crescimento logístico, em que $y = \dfrac{a}{1 + be^{-ct}}$ tem um limite de a quando $t \to \infty$.

49. (a) 0,536 (b) 0,666

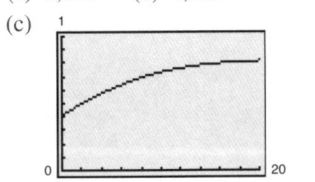

(c) [gráfico]

(d) Sim, $\lim_{n\to\infty} \dfrac{0,83}{1 + e^{-0,2n}} = 0,83$

51. Quantidade recebida:
(a) $ 5.267,71 (b) $ 5.255,81 (c) $ 5.243,23
Deve-se escolher o certificado de depósito na parte (a) porque rende mais que os outros.

Seção 4.3 (página 270)

Recapitulação (página 270)

1. $\dfrac{1}{2}e^x(2x^2 - 1)$ **2.** $\dfrac{e^x(x + 1)}{x}$ **3.** $e^x(x - e^x)$

4. $e^{-x}(e^{2x} - x)$ **5.** $-\dfrac{6}{7x^3}$ **6.** $6x - \dfrac{1}{6}$

7. $6(2x^2 - x + 6)$ **8.** $\dfrac{t + 2}{2t^{3/2}}$

9. Máximo relativo: $\left(-\dfrac{4\sqrt{3}}{3}, \dfrac{16\sqrt{3}}{9}\right)$

Mínimo relativo: $\left(\dfrac{4\sqrt{3}}{3}, -\dfrac{16\sqrt{3}}{9}\right)$

10. Máximo relativo: $(0, 5)$
Mínimo relativo: $(-1, 4), (1, 4)$

1. 0 **3.** $5e^{5x}$ **5.** $-2xe^{-x^2}$ **7.** $\dfrac{2}{x^3}e^{-1/x^2}$

9. $e^{4x}(4x^2 + 2x + 4)$ **11.** $-\dfrac{6(e^x - e^{-x})}{(e^x + e^{-x})^4}$

13. $-\dfrac{2e^x}{(e^x - 1)^2}$ **15.** $xe^x + e^x + 4e^{-x}$ **17.** 4 **19.** -3

21. $y = 2x - 3$ **23.** $y = \dfrac{4}{e^2}$ **25.** $y = 24x + 8$

27. $\dfrac{dy}{dx} = \dfrac{10 - e^y}{xe^y + 3}$ **29.** $\dfrac{dy}{dx} = \dfrac{e^{-x}(x^2 - 2x) + y}{4y - x}$

31. $6(3e^{3x} + 2e^{-2x})$ **33.** $32e^{4x}(x + 1)$

35. [gráfico]
Nenhum extremo relativo
Não há pontos de inflexão
Assíntota horizontal à direita: $y = \dfrac{1}{2}$
Assíntota horizontal à esquerda: $y = 0$
Assíntota vertical: $x \approx -0,693$

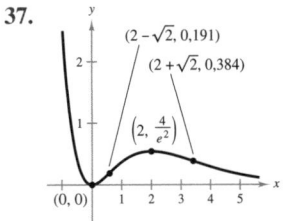

37. [gráfico]
Mínimo relativo: $(0, 0)$
Máximo relativo: $\left(2, \dfrac{4}{e^2}\right)$
Pontos de inflexão:
$(2 - \sqrt{2}, 0,191)$,
$(2 + \sqrt{2}, 0,384)$
Assíntota horizontal à direita: $y = 0$

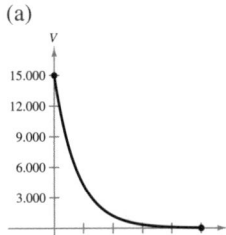

39. $x = -\dfrac{1}{3}$ **41.** $x = 9$

43. (a) [gráfico]

(b) $-$ $ 5.028,84/ano
(c) $-$ $ 406,89/ano
(d) $V = -1.497,2t + 15.000$
(e) Na função exponencial, a taxa inicial de depreciação é maior que no modelo linear. O modelo linear tem uma taxa de depreciação constante.

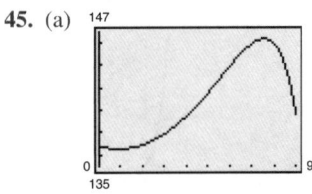

45. (a) [gráfico]

(b e c) 2000: $-0,59$ milhões de pessoas/ano
2004: 1,83 milhões de pessoas/ano
2009: $-12,44$ milhões de pessoas/ano

47. (a) $ 433,31 por ano
(b) $ 890,22 por ano
(c) $ 21.839,26 por ano

49. (a) $f(x) = \dfrac{1}{116\sqrt{2\pi}} e^{-(x-516)^2/26.912}$

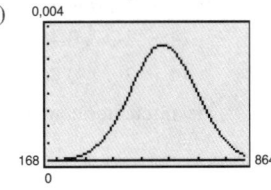

(b) [gráfico]

(c) $f'(x) = \dfrac{-1}{1.560.896\sqrt{2\pi}}(x - 516)e^{-(x-516)/26.912}$

(d) As respostas podem variar.

51. [gráfico]
À medida que σ aumenta, o gráfico se torna mais achatado.

53. Demonstração; máximo: $\left(0, \dfrac{1}{\sigma\sqrt{2\pi}}\right)$; as respostas irão variar.

Exemplo de resposta:

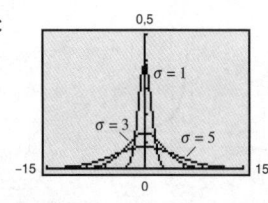

Teste preliminar (página 272)
1. 1,024   2. 216   3. 27   4. $\sqrt{15}$
5. e^7 6. $e^{11/3}$ 7. e^6 8. e^3
9.
10. 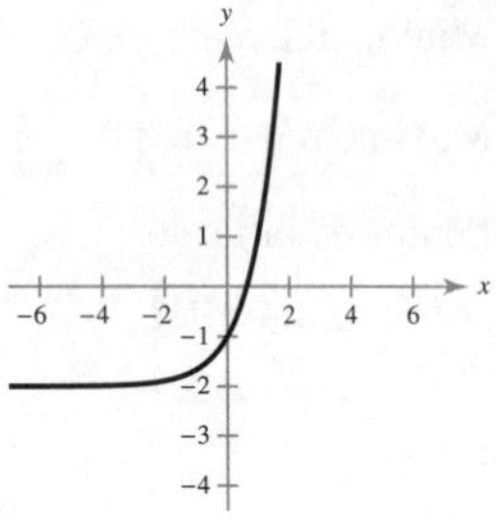
11. 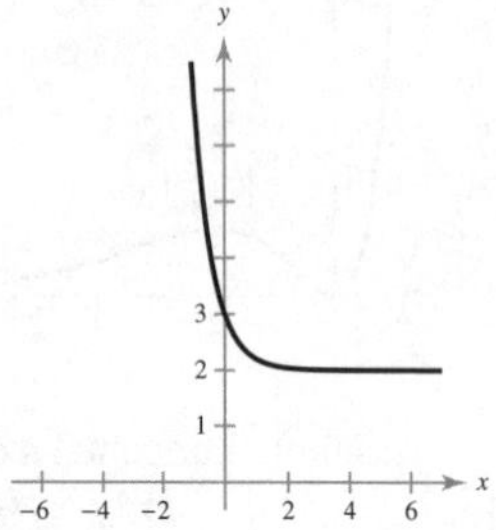
12. 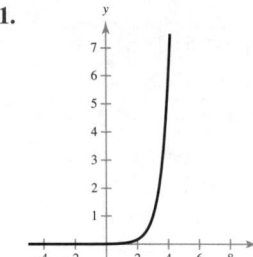
13. 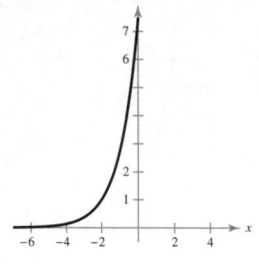
14. 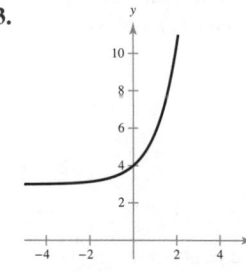
15. 22,69 gramas   16. $ 31,06
17. (a) $ 3.571,02   (b) $ 3.572,83   (c) $3.573,74
18. $ 10.379,21   19. $5e^{5x}$ 20. e^{x-4} 21. $5e^{x+2}$
22. $e^x(2 - x)$ 23. $y = -2x + 1$
24.
Máximo relativo: $(4, 8e^{-2})$ 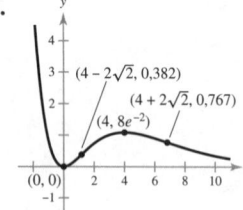
Mínimo relativo: $(0, 0)$
Pontos de inflexão:
$(4 - 2\sqrt{2}, 0{,}382)$,
$(4 + 2\sqrt{2}, 0{,}767)$
Assíntota horizontal à direita: $y = 0$

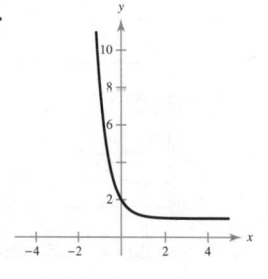

Seção 4.4 (página 279)

Recapitulação (página 278)
1. $f^{-1}(x) = \frac{1}{5}x$ 2. $f^{-1}(x) = x + 6$
3. $f^{-1}(x) = \dfrac{x - 2}{3}$ 4. $f^{-1}(x) = \frac{4}{3}(x + 9)$
5. $x > -4$ 6. Qualquer número real x
7. $x < -1$ ou $x > 1$ 8. $x > 5$
9. $ 3.462,03   10. $ 3.374,65

1. $e^{0{,}6931\ldots} = 2$ 3. $e^{-1{,}6094\ldots} = 0{,}2$ 5. $\ln 1 = 0$

7. $\ln(0{,}0498\ldots) = -3$ 9. c   10. d
11. b   12. a
13. 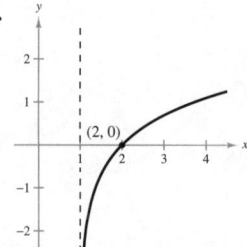
15. 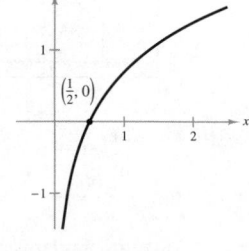
17. 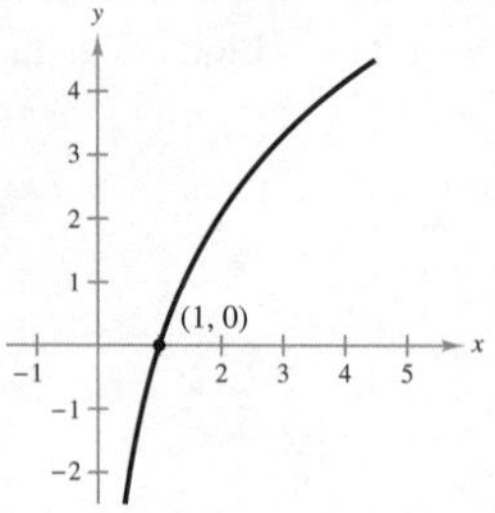
19. x^2 21. $5x + 2$ 23. $2x - 1$
25. $\ln 2 - \ln 3$ 27. $\ln x + \ln y + \ln z$
29. $\frac{1}{3}\ln(2x + 7)$ 31. $\ln z + 2\ln(z - 1)$
33. $\ln 3 + \ln x + \ln(x + 1) - 2\ln(2x + 1)$
35. As respostas irão variar.   37. As respostas irão variar.

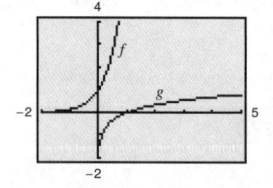

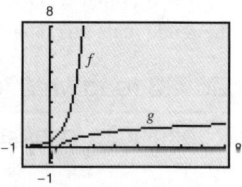

39. (a) 1,7917   (b) 0,4055   (c) 4,3944   (d) 0,5493
41. $\ln \dfrac{x - 2}{x + 2}$ 43. $\ln \dfrac{x^3 y^2}{z^4}$ 45. $\dfrac{\ln(x - 6)^4}{\sqrt{3x + 1}}$
47. $\ln\left[\dfrac{x(x + 3)}{x + 4}\right]^3$ 49. $\ln\left[\dfrac{x(x^2 + 1)}{x + 1}\right]^{3/2}$
51. $x = 4$ 53. $x = \ln 4 - 1 \approx 0{,}3863$
55. $t = \dfrac{\ln 7 - \ln 3}{-0{,}2} \approx -4{,}2365$
57. $x = \frac{1}{2}\left(1 + \ln \frac{3}{2}\right) \approx 0{,}7027$ 59. $x = 1$
61. $x = \dfrac{e^{2{,}4}}{2} \approx 5{,}5116$ 63. $x = e^3 \approx 20{,}0855$
65. $x = \dfrac{6e^3}{e^3 - 1} \approx 6{,}314$ 67. $x = \dfrac{\ln 15}{2 \ln 5} \approx 0{,}8413$
69. $t = \dfrac{\ln 2}{\ln 1{,}07} \approx 10{,}2448$
71. $t = \dfrac{\ln 3}{12 \ln[1 + (0{,}07/12)]} \approx 15{,}7402$
73. (a) 8,15 anos   (b) 12,92 anos
75. (a) 14,21 anos   (b) 13,89 anos
    (c) 13,86 anos   (d) 13,86 anos
77. (a) $P(29) \approx 235{,}576$ (b) 2020
79. 9395 anos   81. 12,484 anos
83. (a) 80   (b) 57,5   (c) 10 meses
85. (a) ≈ 896 unidades   (b) ≈ 136 unidades

87.

x	y	$\dfrac{\ln x}{\ln y}$	$\ln \dfrac{x}{y}$	$\ln x - \ln y$
1	2	0	$-0{,}6931$	$-0{,}6931$
3	4	$0{,}7925$	$-0{,}2877$	$-0{,}2877$
10	5	$1{,}4307$	$0{,}6931$	$0{,}6931$
4	$0{,}5$	-2	$2{,}0794$	$2{,}0794$

89.

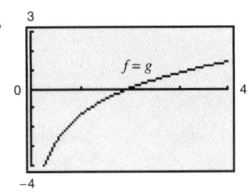

91. Falsa. $f(x) = \ln x$ não é definida para $x \leq 0$.

93. Falsa. $f\left(\dfrac{x}{2}\right) = f(x) - f(2)$ **95.** Falsa. $u = v^2$

97. As opções (b) e (c) fornecerão a mesma quantidade, mas faz mais sentido duplicar a taxa, não o tempo. Portanto, a opção (b) é melhor do que a opção (c). Se você estiver procurando por um investimento de longo prazo, escolha a opção (a).

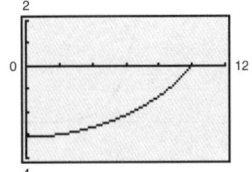

99. As respostas irão variar.

Seção 4.5 (página 287)

Recapitulação (página 287)
1. $2\ln(x+1)$ **2.** $\ln x + \ln(x+1)$
3. $\ln x - \ln(x+1)$ **4.** $3[\ln x - \ln(x-3)]$
5. $\ln 4 + \ln x + \ln(x-7) - 2\ln x$
6. $3\ln x + \ln(x+1)$
7. $-\dfrac{y}{x+2y}$ **8.** $\dfrac{3 - 2xy + y^2}{x(x-2y)}$
9. $-12x + 2$ **10.** $-\dfrac{6}{x^4}$

1. $\dfrac{2}{x}$ **3.** $\dfrac{2x}{x^2+3}$ **5.** $\dfrac{1}{2(x-4)}$ **7.** $\dfrac{4}{x}(\ln x)^3$

9. $2\ln x + 2$ **11.** $\dfrac{2x^2-1}{x(x^2-1)}$ **13.** $\dfrac{1}{x(x+1)}$

15. $\dfrac{2}{3(x^2-1)}$ **17.** $-\dfrac{4}{x(4+x^2)}$ **19.** $e^{-x}\left(\dfrac{1}{x} - \ln x\right)$

21. $\dfrac{e^x - e^{-x}}{e^x + e^{-x}}$ **23.** 2   **25.** -3 **27.** 2   **29.** $1{,}404$

31. $5{,}585$ **33.** $-0{,}631$ **35.** $(\ln 3)3^x$ **37.** $\dfrac{1}{x\ln 2}$

39. $(2\ln 4)4^{2x-3}$ **41.** $\dfrac{2x+6}{(x^2+6x)\ln 10}$ **43.** $2^x(1 + x\ln 2)$

45. $y = 3x - 3 = 3(x-1)$ **47.** $y = 2x - e$

49. $y = -\dfrac{8}{5}x - 4$ **51.** $y = \dfrac{1}{27\ln 3}x - \dfrac{1}{\ln 3} + 3$

53. $\dfrac{2xy}{3 - 2y^2}$ **55.** $\dfrac{y(1 - 6x^2)}{1 + y}$ **57.** $y = x - 1$

59. $\dfrac{1}{2x}$ **61.** $x(6\ln x + 5)$ **63.** $(\ln 5)^2 5^x$

65. $\dfrac{d\beta}{dI} = \dfrac{10}{(\ln 10)I}$, portanto, para $I = 10^{-4}$, a taxa de variação é de aproximadamente $43.429{,}4$ db/W/cm².

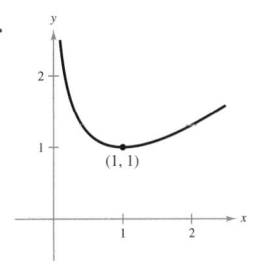

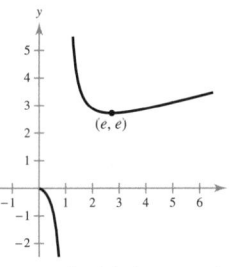

67. Mínimo relativo: $(1, 1)$

69. Descontinuidade: $x = 1$
Mínimo relativo: (e, e)
Ponto de inflexão: $\left(e^2, \dfrac{e^2}{2}\right)$

71. Mínimo relativo: $\left(4e^{-1/2}, \dfrac{-8}{e}\right)$

Ponto de inflexão: $\left(4e^{-3/2}, \dfrac{-24}{e^3}\right)$

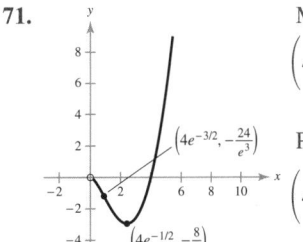

73. $-\dfrac{1}{p}, -\dfrac{1}{10}$

75. $p = 1000e^{-x}$

$\dfrac{dp}{dx} = -1000e^{-x}$

Em $p = 10$, taxa de variação $= -10$.

$\dfrac{dp}{dx}$ e $\dfrac{dx}{dp}$ são recíprocas uma da outra.

77. (a) $\overline{C} = \dfrac{500 + 300x - 300\ln x}{x}$

(b) Mínimo de $279{,}15$ em $e^{8/3}$

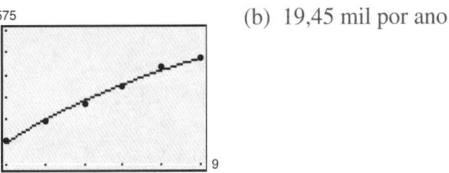

79. (a)   (b) $19{,}45$ mil por ano

81. (a)

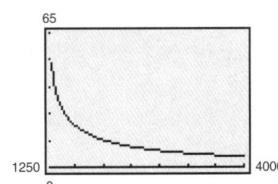

(b) $t \approx 30$; \$ $503.434{,}80$ (c) $t \approx 20$; \$ $386.685{,}60$
(d) $\approx -0{,}081$; $\approx -0{,}029$
(e) Para um pagamento mensal maior, o prazo é mais curto e a quantia total paga é menor.

83. (a) $s(t) = 84{,}66 - 11{,}00\ln t$
(b)

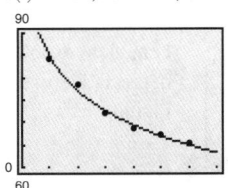

O modelo ajusta bem os dados.

(c) −5,5; a pontuação média diminui a uma taxa de 5,5 por mês após dois meses.

Seção 4.6 (página 295)

Recapitulação (página 294)
1. $-\frac{1}{4}\ln 2$ 2. $\frac{1}{5}\ln\frac{10}{3}$ 3. $-\frac{\ln(25/16)}{0,01}$
4. $-\frac{\ln(11/16)}{0,02}$ 5. $7,36e^{0,23t}$ 6. $1,296e^{0,072t}$
7. $-33,6e^{-1,4t}$ 8. $-0,025e^{-0,001t}$ 9. 4
10. 12 11. $2x+1$ 12. x^2+1

1. $y = 2e^{0,1014t}$ 3. $y = 4e^{-0,4159t}$
5. $y = 4\sqrt[3]{2}e^{((\ln 0,5)/3)t}$
7. $y = 10e^{2t}$, crescimento exponencial
9. $y = 30e^{-4t}$, decrescimento exponencial
11. Quantidade após 1.000 anos: 6,48 g
    Quantidade após 10.000 anos: 0,13 g
13. Quantidade inicial: 6,73 g
    Quantidade após 1.000 anos: 5,96 g
15. Quantidade inicial: 2,16 g
    Quantidade após 10.000 anos: 1,62 g
17. 68% 19. 15.642 anos
21. $k_1 = \frac{\ln 4}{12} \approx 0,1155$, assim $y_1 = 5e^{0,1155t}$.
    $k_2 = \frac{1}{6}$, assim $y_2 = 5(2)^{t/6}$.
    As explicações irão variar.
23. (a) 1350 (b) $\frac{5\ln 2}{\ln 3} \approx 3,15$ horas
    (c) Tempo para duplicação: ≈5,78 anos
25. Quantidade após 10 anos: $ 3.320,12
    Quantidade após 25 anos: $ 20.085,54
27. Taxa anual: 8,66%
    Quantidade após 10 anos: $ 1.783,04
    Quantidade após 25 anos: $ 6.535,95
29. Taxa anual: 9,50%
    Tempo para duplicação: ≈7,30 anos
    Quantidade após 25 anos: $ 5.375,51
31. Investimento inicial: $ 6.376,28
    Tempo para duplicação: ≈15,40 anos
    Quantidade após 25 anos: $ 19.640,33
33. $ 49.787,07
35. (a) As respostas irão variar.
    (b) As respostas irão variar.
37. As respostas irão variar.
39. (a) $y = 21.500 - 3.950x$
    (b) $y = 21.500e^{-0,229x}$
    (c) Modelo linear
        depois de 1 ano: $ 17.550
        depois de 4 anos: $ 5.700
        Modelo exponencial
        depois de 1 ano: $ 17.009,56
        depois de 4 anos: $ 8.602,50
    (d) O modelo exponencial se deprecia ligeiramente mais rápido.
(e) Depois do segundo ano, um comprador levaria vantagem ao utilizar um modelo linear, porque este gera um valor menor para o veículo. Um vendedor vai querer utilizar o modelo exponencial, porque este gera um valor maior para o veículo.

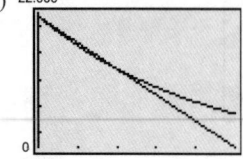

41. (a) $C = 30$
    $k = \ln\left(\frac{1}{6}\right) \approx -1,7918$
    (b) $30e^{-0,35836} = 20,9646$ mil, ou 20.965 unidades
    (c)

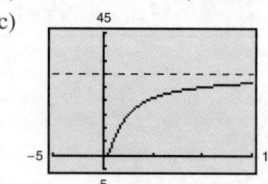

43. Cerca de 36 dias
45. (a) $C \approx 81,090, k = \frac{\ln(45/40)}{-200} \approx -0,0005889$
    (b) $x = 1/0,0005889 \approx 1.698$ unidades, $p \approx$ $ 29,83

Exercícios de revisão do Capítulo 4 (página 302)
1. (a) 16.384 (b) 117.649 (c) 0,0625 (d) 81
3. 5. 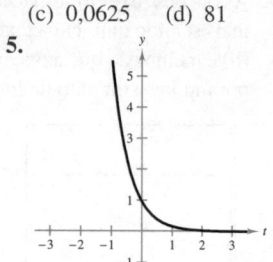
7. 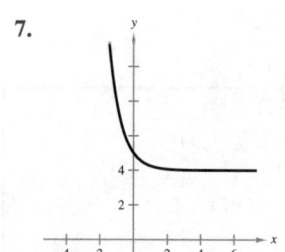
9. (a) 5.894,39 (mil) (b) 6.203,76 (mil)
11. (a) $ 69.295,66 (b) $ 233.081,88
13. (a) e^{10} (b) $\frac{1}{e^2}$ (c) $e^{11/2}$ (d) $\frac{1}{e^8}$
15. 17.

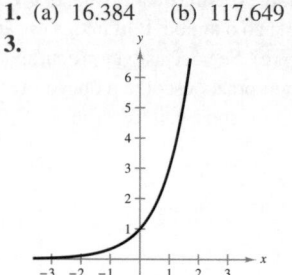

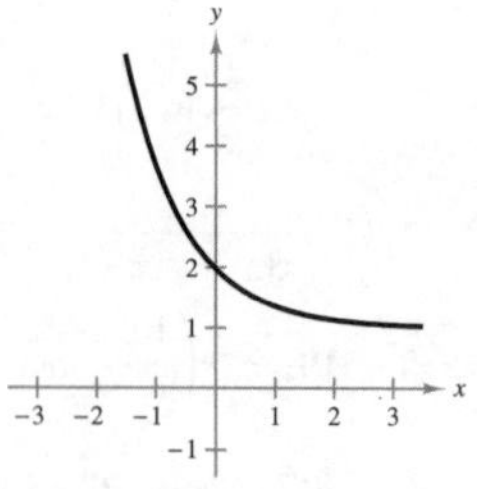

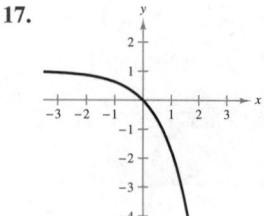

19.

n	1	2	4	12
A	$ 1.216,65	$ 1.218,99	$ 1.220,19	$ 1.221,00

n	365	Capitalização contínua
A	$ 1.221,39	$ 1.221,40

21.

n	1	2	4	12
A	4.231,80	4.244,33	4.250,73	4.255,03

n	365	Capitalização contínua
A	4.257,13	4.257,20

23. b
25. (a) 6% (b) 6,09% (c) 6,14% (d) 6,17%
27. $ 10.338,10
29. (a) $ 8.276,81 (b) $ 7.697,12 (c) $ 7.500
31. (a) O modelo ajusta muito bem os dados.
  (b) $y = 116,85x + 111,1$
  O modelo linear ajusta os dados relativamente bem.
  O modelo exponencial é um melhor ajuste.
  (c) Exponencial: $ 4.357,50 (milhões)
  Linear: $ 1.863,85 (milhões)
33. (a) $P \approx 1.049$ peixes
  (b) 13 meses
  (c) Sim, P tende a 10.000 peixes à medida que t tende a ∞.
35. $8xe^{x^2}$ **37.** $\dfrac{1-2x}{e^{2x}}$ **39.** $-\dfrac{10e^{2x}}{(1+e^{2x})^2}$
41. $y = 3 - x$ **43.** $y = \dfrac{x}{e}$
45. 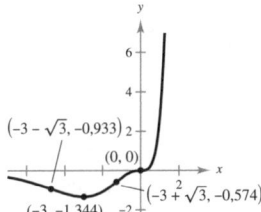
Mínimo relativo: $(-3, -1,344)$
Pontos de inflexão: $(0, 0)$, $(-3 + \sqrt{3}, -0,574)$,
  e $(-3 - \sqrt{3}, -0,933)$
Assíntota horizontal: $y = 0$
47. 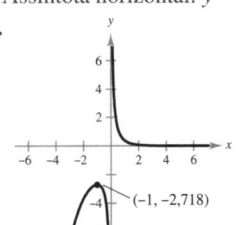
Máximo relativo: $(-1, -2,718)$
Assíntota horizontal: $y = 0$
Assíntota vertical: $x = 0$
49. $e^{2,4849} \approx 12$ **51.** $\ln 4,4816 \approx 1,5$
53. 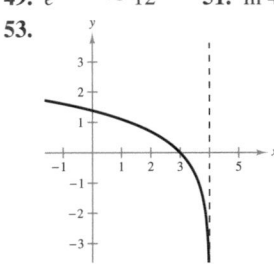
55. 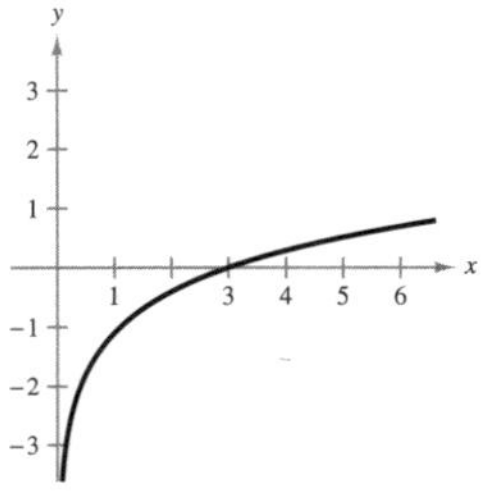
57. $\ln x + \tfrac{1}{2}\ln(x-1)$ **59.** $2\ln x - 3\ln(x+1)$
61. $3[\ln(1-x) - \ln 3 - \ln x]$
63. $\ln(2x^2 - x - 15)$ **65.** $4\ln\left(\dfrac{x^5 - x^2}{x-5}\right)$

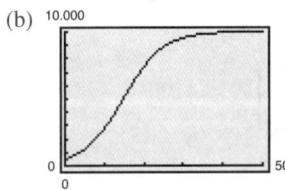

67. 3 **69.** $e^3 \approx 20,09$ **71.** 1
73. $\dfrac{3+\sqrt{13}}{2} \approx 3,3028$ **75.** $-\dfrac{\ln(0,25)}{1,386} \approx 1,0002$
77. $\tfrac{1}{2}(\ln 6 + 1) \approx 1,3959$ **79.** $\dfrac{\ln 1,1}{\ln 1,21} = 0,5$
81. (a) $\approx 28,07$ anos (b) $\approx 27,75$ anos
  (c) $\approx 27,73$ anos (d) $\approx 27,73$ anos
83. (a) 75 (b) 65,34 (c) ≈ 11 meses
85. $\dfrac{2}{x}$ **87.** $\dfrac{1}{x} + \dfrac{1}{x-1} - \dfrac{1}{x-2} = \dfrac{x^2 - 4x + 2}{x(x-2)(x-1)}$
89. 2 **91.** $\dfrac{1-3\ln x}{x^4}$ **93.** $\dfrac{4x}{3(x^2-2)}$
95. $\dfrac{2}{x} + \dfrac{1}{2(x+1)}$ **97.** $\dfrac{1}{1+e^x}$ **99.** 2 **101.** 0
103. 1,594 **105.** 1,500 **107.** $(2\ln 5)5^{2x+1}$
109. $\dfrac{2}{(2x-1)\ln 3}$ **111.** $\dfrac{-1}{\ln 10} \cdot \dfrac{1}{x} = -\dfrac{1}{x\ln 10}$
113. 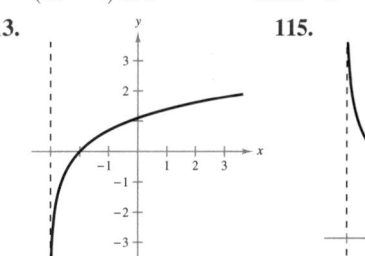
115.
Nenhum extremo relativo. Nenhum extremo relativo.
Nenhum ponto de inflexão. Nenhum ponto de inflexão.
117. 2005; 160,25 (milhões)
  2008; 160,25 (milhões)
119. $y = 3e^{-0,27465t}$ **121.** 5,19 g; 0,10 g
123. 20,18 g; 17,88 g **125.** 2,47 g; 1,85 g
127. 8,66 anos, $ 1.335,32, $ 4.433,43
129. 2%, 34,66 anos, $ 24.730,82
131. (a) $D = 500e^{-0,38376t}$
  (b) 107,72 miligramas por mililitros

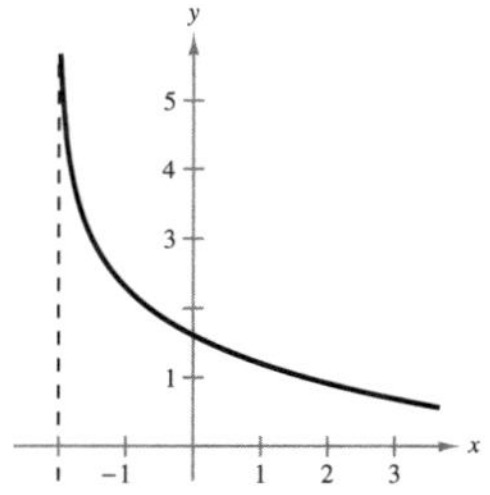

Teste do capítulo (página 306)
1. 1 **2.** $\tfrac{1}{256}$ **3.** $e^{9/2}$ **4.** e^{12}
5. 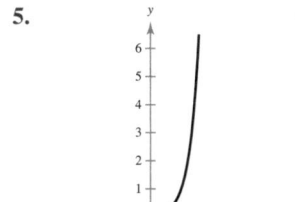
6. 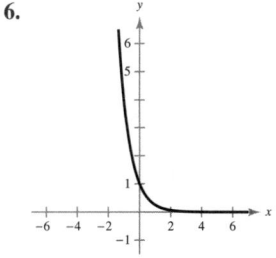
7. 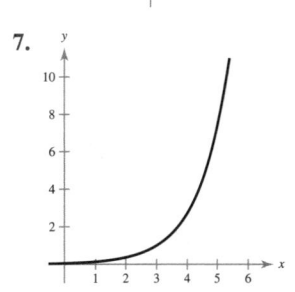
8.

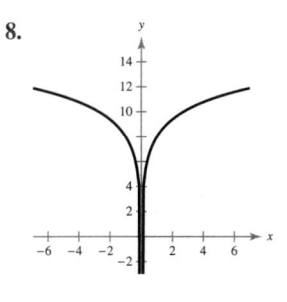

9. [graph] **10.** [graph]

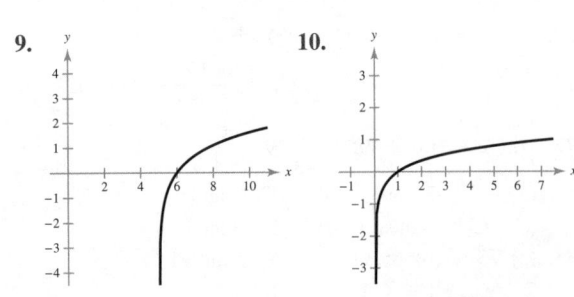

11. $\ln 3 - \ln 2$ **12.** $\frac{1}{2}\ln(x+y)$ **13.** $\ln(x+1) - \ln y$
14. $\ln[y(x+1)]$ **15.** $\ln\frac{x^3}{(x-1)^2}$ **16.** $\ln\frac{xy^4}{\sqrt{(z+4)}}$
17. $x \approx 3{,}197$ **18.** $x \approx 1{,}750$ **19.** $x \approx 58{,}371$
20. (a) 17,67 anos   (b) 17,36 anos
(c) 17,33 anos   (d) 17,33 anos
21. $-3e^{-3x}$ **22.** $7e^{x+2} + 2$
23. $\dfrac{2x}{3+x^2}$ **24.** $\dfrac{2}{x(x+2)}$
25. (a) $ 2.241,54 milhões   (b) $ 138,30 milhões
26. 59,4%   **27.** 39,61 anos

Capítulo 5

Seção 5.1 (página 315)

Recapitulação (página 314)
1. $x^{-1/2}$ **2.** $(2x)^{4/3}$ **3.** $5^{1/2}x^{3/2} + x^{5/2}$
4. $x^{-1/2} + x^{-2/3}$ **5.** $(x+1)^{5/2}$ **6.** $x^{1/6}$
7. -12 **8.** -10 **9.** 14   **10.** 14

1–5. As respostas irão variar.   **7.** $u + C$ **9.** $6x + C$
11. $\frac{7}{2}x^2 + C$ **13.** $\frac{5}{3}t^3 + C$
15. $-\dfrac{5}{2x^2} + C$ **17.** $\frac{2}{5}y^{5/2} + C$

Reescreva	Integre	Simplifique
19. $\int x^{2/3}\,dx$	$\dfrac{x^{5/3}}{5/3} + C$	$\frac{3}{5}x^{5/3} + C$
21. $\int x^{-3/2}\,dx$	$\dfrac{x^{-1/2}}{-1/2} + C$	$-\dfrac{2}{\sqrt{x}} + C$
23. $\frac{1}{2}\int x^{-3}\,dx$	$\frac{1}{2}\left(\dfrac{x^{-2}}{-2}\right) + C$	$-\dfrac{1}{4x^2} + C$

25. $\dfrac{x^2}{2} + 3x + C$ **27.** $\frac{1}{4}x^4 + 2x + C$
29. $\frac{3}{4}x^4 - 2x^3 + 2x + C$ **31.** $\frac{1}{3}x^3 + \frac{5}{2}x^2 + x + C$
33. $2x + \dfrac{1}{2x^2} + C$ **35.** $3x^{2/3}(x+2) + C$
37. [graph: $f(x) = 2x + 1$, $f'(x)=2$, $f(x)=2x$]
39. [graph: $f(x)=\frac{1}{2}x^2$, $f(x)=\frac{1}{2}x^2+2$, $f'(x)=x$]
41. $f(x) = 2x^2 + 6$ **43.** $f(x) = x^2 + 4x + 7$
45. $f(x) = 5x^2 - 3x^4 + 200$ **47.** $f(x) = -\dfrac{1}{x^2} + \dfrac{1}{x} + \dfrac{1}{2}$
49. $f(x) = x^2 + x + 4$ **51.** $f(x) = \frac{9}{4}x^{4/3}$
53. $C = 85x + 5500$ **55.** $C = \frac{1}{10}\sqrt{x} + 4x + 750$
57. $R = 225x - \frac{3}{2}x^2$, $p = 225 - \frac{3}{2}x$
59. $P = -9x^2 + 1650x$ **61.** $P = -12x^2 + 805x + 68$
63. $s(t) = -16t^2 + 6000$; cerca de 19,36 s
65. $v_0 = 40\sqrt{22} \approx 187{,}62$ pés/s
67. (a) $C = x^2 - 12x + 125$ (b) $ 2.025
$\overline{C} = x - 12 + \dfrac{125}{x}$
(c) $ 125 é fixo. $ 1.900 é variável. Os exemplos irão variar.
69. (a) $P(t) = 79{,}4t^2 + 1.758{,}6t + 74.515{,}2$
(b) 314.437,2; sim, isso parece razoável. As explicações irão variar.
71. (a) $M(t) = -0{,}035t^3 + 7{,}01t^2 + 217{,}8t + 49.486{,}005$
(b) 64.195,63; Sim, isto parece razoável. As explicações irão variar.
73. (a) [scatter plot]

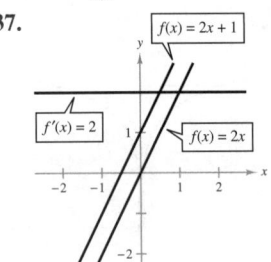

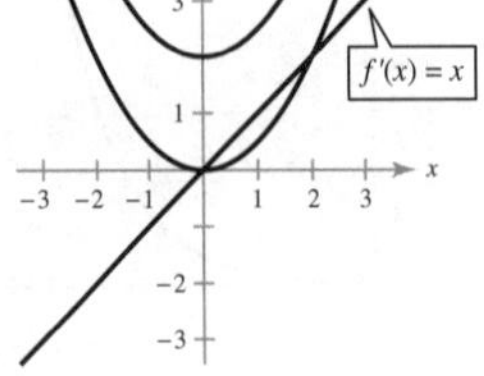

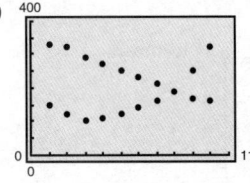

$\dfrac{dB}{dx} = -19{,}9x + 351$

$\dfrac{dC}{dx} = 5{,}38x^2 - 40{,}6x + 182$

(b) $B(x) = -9{,}95x^2 + 351x$;
$C(x) = 1{,}79x^3 - 20{,}3x^2 + 182x + 425$
(c) Traçando, juntas, as equações de benefícios e custos, você verá que os benefícios excedem os custos no intervalo (2,32, 12,00)

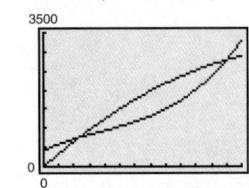

[graph] A companhia deverá produzir de 3 a 11 unidades.

SEÇÃO 5.2 (página 325)

Recapitulação (página 324)
1. $\frac{1}{2}x^4 + x + C$ **2.** $\frac{3}{2}x^2 + \frac{2}{3}x^{3/2} - 4x + C$
3. $-\dfrac{1}{x} + C$ **4.** $-\dfrac{1}{6t^2} + C$ **5.** $\frac{4}{7}t^{7/2} + \frac{2}{5}t^{5/2} + C$
6. $\frac{4}{5}x^{5/2} - \frac{2}{3}x^{3/2} + C$ **7.** $\dfrac{5x^3 - 4}{2x} + C$
8. $\dfrac{-6x^2 + 5}{3x^3} + C$ **9.** $\frac{2}{5}\sqrt{x}(8x^2 + 15) + C$

$\int u^n \dfrac{du}{dx}\,dx$	u	$\dfrac{du}{dx}$
1. $\int (5x^2 + 1)^2(10x)\,dx$	$5x^2 + 1$	$10x$
3. $\int \sqrt{1-x^2}\,(-2x)\,dx$	$1 - x^2$	$-2x$
5. $\int \left(4 + \dfrac{1}{x^2}\right)^5\left(\dfrac{-2}{x^3}\right)dx$	$4 + \dfrac{1}{x^2}$	$-\dfrac{2}{x^3}$
7. $\int (1 + \sqrt{x})^3\left(\dfrac{1}{2\sqrt{x}}\right)dx$	$1 + \sqrt{x}$	$\dfrac{1}{2\sqrt{x}}$

9. $\frac{1}{5}(x-1)^5 + C$ **11.** $\frac{1}{5}(1+2x)^5 + C$
13. $\frac{1}{2}(x^2+3x)^2 + C$ **15.** $\frac{2}{3}(4x^2-5)^{3/2} + C$
17. $\frac{1}{3(5-3x^2)^3} + C$ **19.** $\frac{(2x^3-1)^5}{30} + C$
21. $\frac{1}{3}(t^2+6)^{3/2} + C$ **23.** $\frac{1}{12(x^6-4)^2} + C$
25. $\frac{1}{10}(x^2-6x)^5 + C$ **27.** $-\frac{1}{2(x^2+2x-3)} + C$
29. $-\frac{15}{8}(1-x^2)^{4/3} + C$ **31.** $-\frac{3}{2(1+x^2)} + C$
33. $-3\sqrt{2t+3} + C$ **35.** $\frac{1}{4}(6x^2-1)^4 + C$
37. $\frac{3}{16}(4x+3)^{4/3} + C$ **39.** $\sqrt{x^2+25} + C$
41. $\frac{2}{3}\sqrt{x^3+3x+4} + C$
43. (a) $\frac{1}{3}x^3 - x^2 + x + C_1 = \frac{1}{3}(x-1)^3 + C_2$
  (b) As respostas diferem por uma constante: $C_1 = C_2 - \frac{1}{3}$
  (c) As respostas irão variar.
45. (a) $\frac{1}{6}x^6 - \frac{1}{2}x^4 + \frac{1}{2}x^2 + C_1 = \frac{(x^2-1)^3}{6} + C_2$
  (b) As respostas diferem por uma constante: $C_1 = C_2 - \frac{1}{6}$
  (c) As respostas irão variar.
47. $f(x) = \frac{1}{12}(4x^2-10)^3 - 8$
49. (a) $C = 8\sqrt{x+1} + 18$ (b) $ 75,13
51. $x = \frac{1}{3}(p^2-25)^{3/2} + 24$ **53.** $x = \frac{6000}{\sqrt{p^2-16}} + 3000$
55. (a) $h = \sqrt{17,6t^2+1} + 5$ (b) 26 polegadas
57. (a) $Q = (x-24.999)^{0,95} + 24.999$
  (b)

x	25.000	50.000	100.000	150.000
Q	25.000	40.067,14	67.786,18	94.512,29
x − Q	0	9.932,86	32.213,82	55.487,71

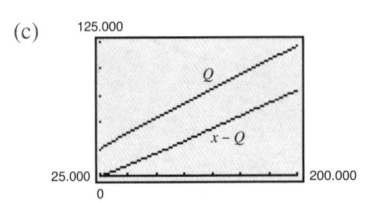

  (c)
59. $-\frac{2}{3}x^{3/2} + \frac{2}{3}(x+1)^{3/2} + C$

Seção 5.3 (página 332)

Recapitulação (página 332)

1. $x + 2 - \frac{2}{x+2}$ **2.** $x - 2 + \frac{1}{x-4}$
3. $x + 8 + \frac{2x-4}{x^2-4x}$ **4.** $x^2 - x - 4 + \frac{20x+22}{x^2+5}$
5. $\frac{1}{4}x^4 - \frac{1}{x} + C$ **6.** $\frac{1}{2}x^2 + 2x + C$
7. $\frac{1}{2}x^2 - \frac{4}{x} + C$ **8.** $-\frac{1}{x} - \frac{3}{2x^2} + C$

1. $e^{2x} + C$ **3.** $\frac{1}{4}e^{4x} + C$ **5.** $\frac{1}{5}e^{5x-3} + C$
7. $-\frac{9}{2}e^{-x^2} + C$ **9.** $\frac{5}{3}e^{x^3} + C$ **11.** $e^{x^2+x} + C$
13. $\ln|x+1| + C$ **15.** $\ln|5x+2| + C$
17. $-\frac{1}{2}\ln|3-2x| + C$ **19.** $\frac{2}{3}\ln|3x+5| + C$

21. $\ln\sqrt{x^2+1} + C$ **23.** $\frac{1}{3}\ln|x^3+1| + C$
25. $\frac{1}{2}\ln|x^2+6x+7| + C$ **27.** $\ln|\ln x| + C$
29. $\ln|1-e^{-x}| + C$
31. $\frac{1}{4}x^2 - 4\ln|x| + C$; regra da potência geral e regra logarítmica
33. $8x + 3\ln|x| - \frac{3}{x^2} + C$; regra da potência geral e regra logarítmica
35. $e^x + 2x - e^{-x} + C$; regra exponencial e regra da potência geral
37. $-\frac{2}{3}(1-e^x)^{3/2} + C$; regra exponencial
39. $\ln|e^x + x| + C$; regra logarítmica
41. $\frac{1}{7}\ln(7e^{5x}+1) + C$; regra logarítmica
43. $\frac{1}{2}x^2 + 3x + 8\ln|x-1| + C$; regra da potência geral e regra logarítmica
45. $x - 6\ln|x+3| + C$; regra da potência geral e regra logarítmica geral
47. $f(x) = \frac{-e^{2/x}}{2} + \frac{e^{1/2}}{2} + 6$
49. $f(x) = \frac{1}{2}x^2 + 5x + 8\ln|x-1| - 8$
51. (a) $P(t) = 1.000[1 + \ln(1+0,25t)^{12}]$
  (b) $P(3) \approx 7.715$ bactérias   (c) $t \approx 6$ dias
53. (a) $p = -50e^{-x/500} + 45,06$
  (b)

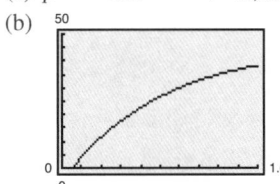

O preço aumenta à medida que a demanda aumenta.
  (c) 387
55. (a) $R(t) = 3.223,56e^{0,0993t} + 24,78$
  (b) $R(9) \approx $ 7.903,66
57. Falso. $\ln x^{1/2} = \frac{1}{2}\ln x$

Teste preliminar (página 334)

1. $3x + C$ **2.** $5x^2 + C$ **3.** $-\frac{1}{4x^4} + C$
4. $\frac{x^3}{3} - x^2 + 15x + C$ **5.** $\frac{(6x+1)^4}{4} + C$
6. $\frac{1}{50}(5x^2-2)^5 + C$ **7.** $\frac{(x^2-5x)^2}{2} + C$
8. $-\frac{1}{2(x^3+3)^2} + C$ **9.** $\frac{2}{15}(5x+2)^{3/2} + C$
10. $f(x) = 8x^2 + 1$ **11.** $f(x) = 3x^3 + 4x - 2$
12. (a) $C = -0,03x^2 + 16x + 9,03$
  (b) $ 9,03   (c) $ 509,03
13. $f(x) = \frac{2}{3}x^3 + x + 1$
14. (a) 1.000 parafusos   (b) Cerca de 8.612 parafusos
15. $e^{5x+4} + C$ **16.** $e^{x^3} + C$
17. $\frac{1}{2}e^{(x^2-6x)} + C$ **18.** $\ln|2x-1| + C$
19. $-\frac{1}{8}\ln|3-8x| + C$ **20.** $\frac{1}{6}\ln(3x^2+4) + C$
21. (a) $S(t) = 13,16t^2 + 848,99\ln(t) + 2.504,44$
  (b) $ 5.112,11 milhões

Seção 5.4 (página 343)

Recapitulação (página 343)

1. $\frac{3}{2}x^2 + 7x + C$ 2. $\frac{2}{5}x^{5/2} + \frac{4}{3}x^{3/2} + C$
3. $\frac{1}{5}\ln|x| + C$ 4. $-\frac{1}{6e^{6x}} + C$
5. $C = 0{,}008x^{5/2} + 29.500x + C$
6. $R = x^2 + 9.000x + C$
7. $P = 25.000x - 0{,}005x^2 + C$
8. $C = 0{,}01x^3 + 4.600x + C$

1. Área = 6   **3.** Área = 8

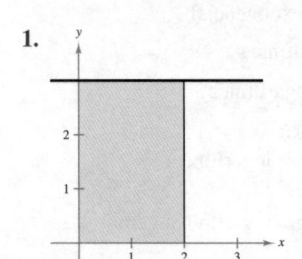

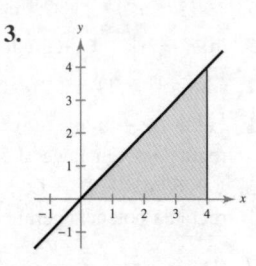

5. Área = $\frac{9\pi}{2}$

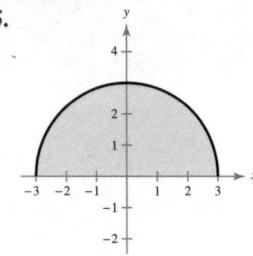

7. (a) 8   (b) 4   (c) −24   (d) 0
9. $\frac{1}{6}$ **11.** $\frac{1}{2}$ **13.** $6\left(1 - \frac{1}{e^2}\right)$ **15.** $8\ln 2 + \frac{15}{2}$
17. 1   **19.** $-\frac{5}{2}$ **21.** 38   **23.** $-\frac{15}{4}$ **25.** −4
27. $-\frac{27}{20}$ **29.** $6\ln 2 \approx 4{,}16$ **31.** 2
33. $-e^{-1} + 1 \approx 0{,}63$ **35.** $\frac{1}{3}[(e^2 + 1)^{3/2} - 2\sqrt{2}] \approx 7{,}157$
37. $\frac{1}{8}\ln 17 \approx 0{,}354$ **39.** 10   **41.** 39   **43.** 10
45. $4\ln 3 \approx 4{,}394$ **47.** $\$6{,}75$ **49.** $\$22{,}50$ **51.** $\$3{,}97$
53. Média = 12
 $x = 2$
55. Média = $\frac{8}{3}$
 $x = \pm\frac{2\sqrt{3}}{3} \approx \pm 1{,}155$
57. Média = $e - e^{-1} \approx 2{,}3504$
 $x = \ln\left(\frac{e - e^{-1}}{2}\right) \approx 0{,}1614$
59. Média = $\frac{3}{4}\ln\frac{7}{3} \approx 0{,}6355$ **61.** $\frac{6}{5}$ **63.** 0
 $x = 4/\ln(7/3) - 2 \approx 2{,}721$
65. (a) $\frac{1}{3}$ (b) $\frac{2}{3}$ (c) $-\frac{1}{3}$
 As explicações irão variar.
67. \$1.925,23   **69.** \$16.605,21
71. \$2.500   **73.** \$4.565,65
75. (a) \$137.000   (b) \$214.720,93   (c) \$338.393,53
77. \$2.623,94
79. (a)
 $M(t) = 273{,}78t^2 - 23{,}153t^3 - 331{,}258e^{-t} + 5{,}438{,}258$
 (b) \$8.573,88 bilhões

Seção 5.5 (página 352)

Recapitulação (página 352)

1. $-x^2 + 3x + 2$ 2. $-2x^2 + 4x + 4$
3. $-x^3 + 2x^2 + 4x - 5$ 4. $x^3 - 6x - 1$
5. $(0, 4), (4, 4)$ 6. $(1, -3), (2, -12)$
7. $(-3, 9), (2, 4)$ 8. $(-2, -4), (0, 0), (2, 4)$

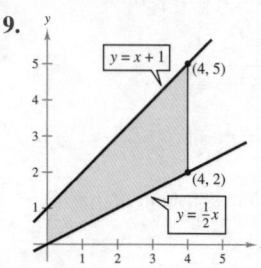

1. 36   **3.** 9   **5.** $e - 2$ **7.** $\frac{3}{2}$

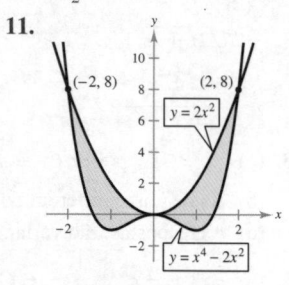

13. d

15. Área = $\frac{4}{5}$ **17.** Área = $\frac{64}{3}$

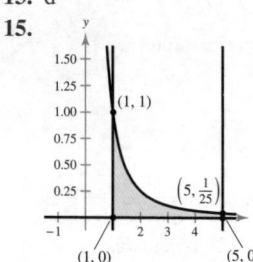

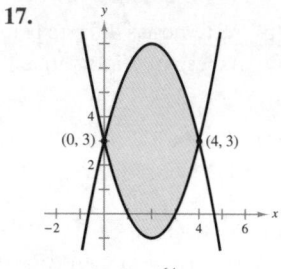

19. Área = $2\frac{1}{6}$ **21.** Área = $\frac{1}{2}$

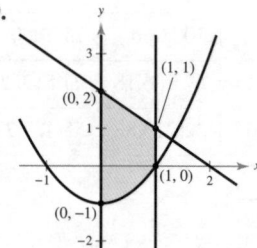

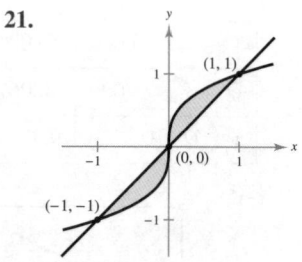

23. Área = $21\frac{1}{12}$ **25.** Área = $-\frac{1}{2}e^{-1} + \frac{1}{2}$

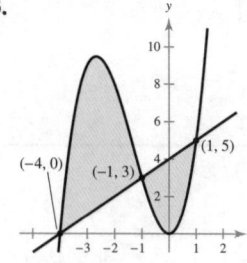

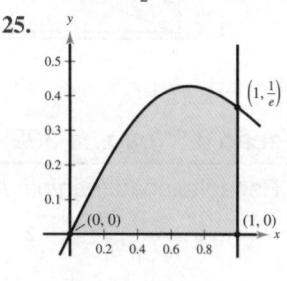

27. Área = $(2e + \ln 2) - 2e^{1/2}$ **29.** Área = $\frac{7}{3} + 8\ln 2$

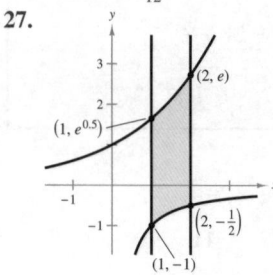

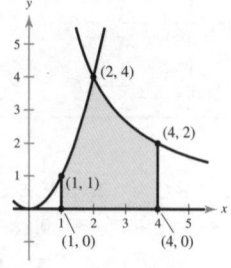

31.

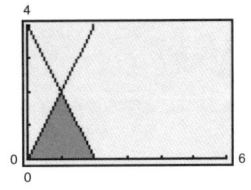

Área = $\int_0^1 2x\, dx + \int_1^2 (4-2x)\, dx$

33.

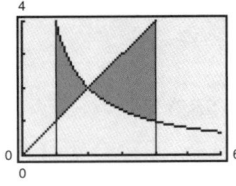

Área = $\int_1^2 \left(\frac{4}{x} - x\right) dx + \int_2^4 \left(x - \frac{4}{x}\right) dx$

35. Área = $\frac{32}{3}$ **37.** Área = $\frac{1}{6}$

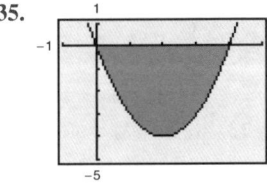

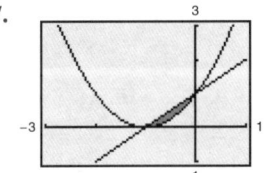

39. 8

41. Excedente do consumidor = 1.600
Excedente do produtor = 400

43. Excedente do consumidor = 500
Excedente do produtor = 2.000

45. Excedente do consumidor = 640,00
Excedente do produtor ≈ 426,67

47. R_1: $ 11.375 bilhões

49. $ 573 milhões; as explicações irão variar

51. (a)   (b) 124,25 libras a menos

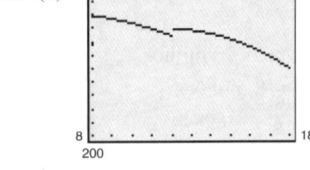

53. $ 333,33 milhões

55. CS = $ 700.000
PS = $ 1.375.000

57. 2.077,10

Seção 5.6 (página 359)

Recapitulação (página 359)

1. $\frac{1}{6}$ **2.** $\frac{3}{20}$ **3.** $\frac{7}{40}$ **4.** $\frac{13}{12}$ **5.** $\frac{61}{30}$ **6.** $\frac{53}{18}$
7. $\frac{2}{3}$ **8.** $\frac{4}{7}$ **9.** 0 **10.** 5

1. Aproximação: 2
Área exata: 2

3. Aproximação: 0,6730
Área exata: $\frac{2}{3} \approx 0,6667$

5. Aproximação: 1,245
Área exata: $\frac{5}{4} = 1,25$

7. 71,25

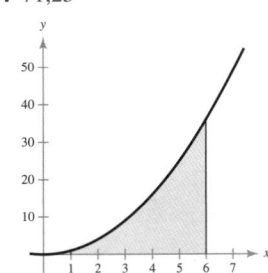

9. 1,079

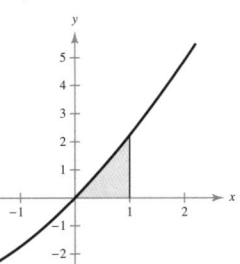

11. 24,28

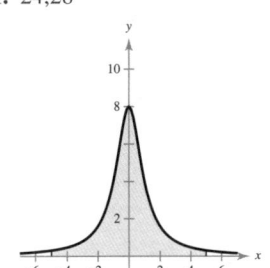

13. 17,25

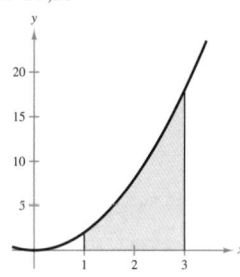

15. 34,25

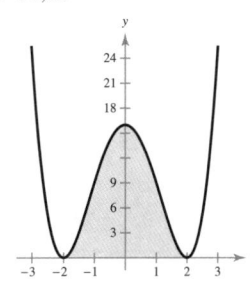

17. 1,39

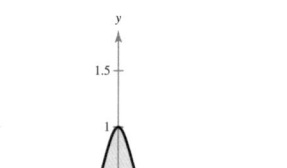

19.

n	10	20	30
Aproximação	15,4543	15,4628	15,4644

n	40	50
Aproximação	15,4650	15,4652

21.

n	10	20	30
Aproximação	5,8520	5,8526	5,8528

n	40	50
Aproximação	5,8528	5,8528

23. Área ≈ 54,6667, $n = 33$

25. Área ≈ 0,9163, $n = 3$

27. 9.920 pés² **29.** 381,6 milhões²

31. Regra do ponto médio: 3,1468
Ferramenta gráfica: 3,14193

Exercícios de revisão do Capítulo 5 (página 365)

1. $16x + C$ **3.** $\frac{3}{10}x^2 + C$ **5.** $x^3 + C$

7. $\frac{2}{3}x^3 + \frac{5}{2}x^2 + C$ **9.** $x^{2/3} + C$ **11.** $\frac{3}{7}x^{7/3} + \frac{3}{2}x^2 + C$

13. $\frac{4}{9}x^{9/2} - 2\sqrt{x} + C$ **15.** $6x^2 - 3$ **17.** $x^3 - 4x^2 + 15$

19. $s(t) = -16t^2 + 80t$
5 segundos

21. $\frac{1}{4}(x+4)^4 + C$ **23.** $\frac{1}{5}(5x+1)^5 + C$

25. $x + 5x^2 + \frac{25}{3}x^3 + C$ ou $\frac{1}{15}(1+5x)^3 + C_1$

27. $\frac{(3x^3+1)^3}{27} + C$ **29.** $\frac{-1}{12(2x^3-5)^2} + C$

31. $\frac{2}{5}\sqrt{5x-1} + C$

33. (a) 30,54 board-feet
(b) 125,2 board-feet

35. $e^{4x} + C$ **37.** $-\frac{1}{5}e^{-5x} + C$

39. $\frac{7e^{3x^2}}{6} + C$ **41.** $\ln|x-6| + C$

43. $\frac{2}{3}\ln|6x-1| + C$ **45.** $-\frac{1}{3}\ln|1-x^3| + C$

47. Área = 6 **49.** Área = 8

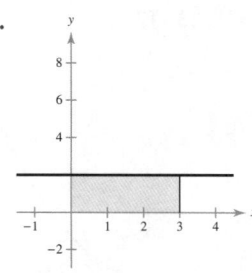

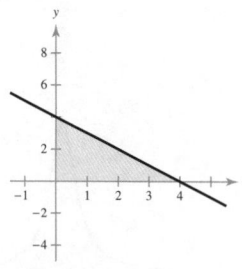

51. (a) 13 (b) 7 (c) 11 (d) 50
53. $\frac{32}{3}$ **55.** 2 ln 2 **57.** $4e^{1/2} - 4$ **59.** 16
61. 0 **63.** 4 **65.** 2 **67.** 5 ln 3 ≈ 5,49
69. 1,899 **71.** Valor médio = 3; $x = 1$
73. Valor médio = $\frac{2}{3}(1 - e^3) \approx -12{,}724$;
$x = \ln\left[-\frac{1}{3}(1 - e^3)\right] \approx 1{,}850$
75. Valor médio = $\frac{2}{5}$; $x = \frac{25}{4}$ **77.** 0 **79.** 115,2
81. $ 17.492,94 **83.** Aumenta em $ 700,25 **85.** $ 520,54
87. Área = $\frac{4}{9}$ **89.** Área = $\frac{64}{3}$
91. Área = 16 **93.** Área = $\frac{1}{2}$
95. Excedente do consumidor: 1.417,5
Excedente do produtor: 202,5
97. Excedente do consumidor: 1.250
Excedente do produtor: 1.250
99. R_2; $ 84,5 milhões
101. $ 300 milhões
103. Aproximação: 1,5
Área real: 1,5
105. 2,625 **107.** 1,070 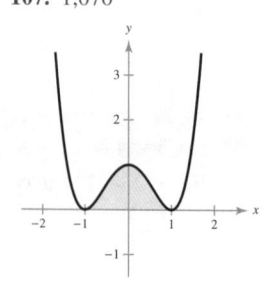
109. 13,5 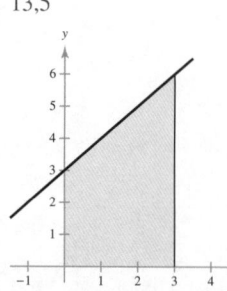 **111.** 3,032 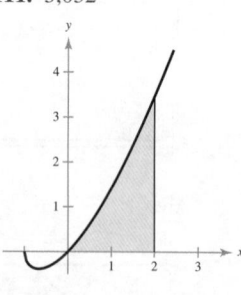
113. 9.840 pés

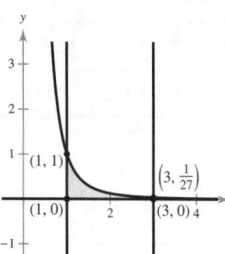

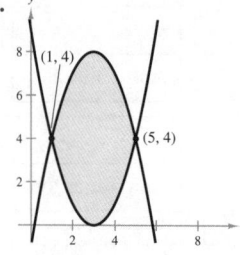

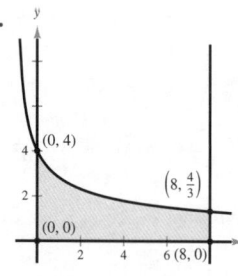

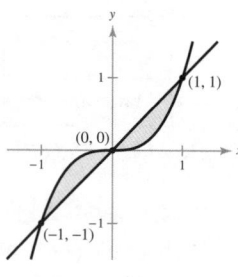

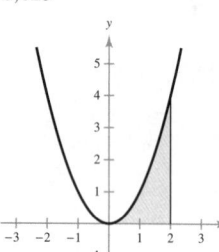

Teste do capítulo (*página 368*)

1. $3x^3 - 2x^2 + 13x + C$ **2.** $\frac{(x + 1)^3}{3} + C$
3. $\frac{2(x^4 - 7)^{3/2}}{3} + C$ **4.** $\frac{10x^{3/2}}{3} - 12x^{1/2} + C$
5. $5e^{3x} + C$ **6.** $\frac{3}{4}\ln|4x - 1| + C$
7. $f(x) = 3x^2 - 5x - 2$ **8.** $f(x) = e^x + x$
9. 8 **10.** 18 **11.** $\frac{2}{3}$
12. $2\sqrt{5} - 2\sqrt{2} \approx 1{,}644$ **13.** $\frac{1}{4}(e^{12} - 1) \approx 40.688{,}4$
14. ln 6 ≈ 1,792
15. (a) $S(t) = 2.240e^{0{,}1013t} + 4{,}3906,\ 0 \leq t \leq 9$
(b) $ 3.661,68 milhões
16. Área = $\frac{343}{6} \approx 57{,}167$ **17.** Área = $\frac{5}{12}$
18. Excedente do consumidor = 20 milhões
Excedente do produtor = 8 milhões
19. Regra do ponto médio: $\frac{63}{64} \approx 0{,}9844$
Área exata: 1 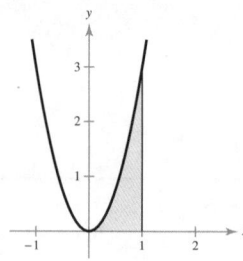
20. Regra do ponto médio: $\frac{21}{8} = 2{,}625$
Área exata: $\frac{8}{3} = 2{,}\overline{6}$

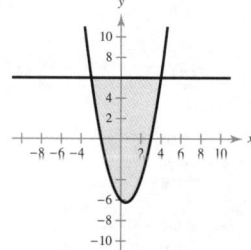

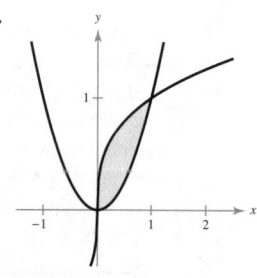

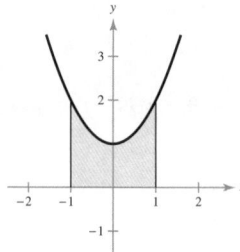

Capítulo 6

Seção 6.1 (página 377)

> **Recapitulação (página 376)**
>
> 1. $\dfrac{1}{x+1}$ 2. $\dfrac{2x}{x^2-1}$ 3. $3x^2 e^{x^3}$
> 4. $-2xe^{-x^2}$ 5. $e^x(x^2+2x)$ 6. $e^{-2x}(1-2x)$
> 7. $\dfrac{64}{3}$ 8. $\dfrac{4}{3}$ 9. 36 10. 8

1. $u = x; dv = e^{3x}\, dx$ 3. $u = \ln 2x; dv = x\, dx$
5. $\tfrac{1}{3}xe^{3x} - \tfrac{1}{9}e^{3x} + C$ 7. $\dfrac{x^4}{16}(4\ln x - 1) + C$
9. $x\ln 2x - x + C$ 11. $-x^2 e^{-x} - 2xe^{-x} - 2e^{-x} + C$
13. $\tfrac{2}{3}x^{3/2}\left(\ln x - \tfrac{2}{3}\right) + C$ 15. $2x^2 e^x - 4e^x x + 4e^x + C$
17. $\tfrac{1}{4}e^{4x} + C$ 19. $\tfrac{1}{4}xe^{4x} - \tfrac{1}{16}e^{4x} + C$
21. $-4e^{-x/4}(x + 4) + C$
23. $\tfrac{1}{2}t^2 \ln(t+1) - \tfrac{1}{2}\ln(t+1) - \tfrac{1}{4}t^2 + \tfrac{1}{2}t + C$
25. $-e^{1/t} + C$ 27. $\tfrac{1}{2}x^2(\ln x)^2 - \tfrac{1}{2}x^2 \ln x + \tfrac{1}{4}x^2 + C$
29. $\dfrac{1}{3}(\ln x)^3 + C$ 31. $-\dfrac{1}{x}(\ln x + 1) + C$
33. $\tfrac{2}{3}x(x-1)^{3/2} - \tfrac{4}{15}(x-1)^{5/2} + C$
35. $\tfrac{1}{4}x^4 + \tfrac{2}{3}x^3 + \tfrac{1}{2}x^2 + C$ 37. $\dfrac{e^{2x}}{4(2x+1)} + C$
39. $\tfrac{5}{36}e^6 + \tfrac{1}{36} \approx 56{,}060$ 41. $\tfrac{3}{2}\ln 3 - 1 \approx 0{,}648$
43. $\tfrac{1192}{15} \approx 79{,}467$ 45. $e(2e-1) \approx 12{,}060$
47. Área $= 2e^2 + 6 \approx 20{,}778$

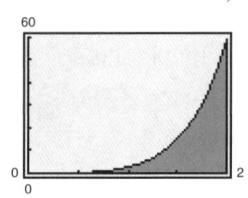

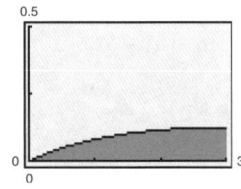

49. Área $= \dfrac{e-2}{e}$ 51. Área $= \dfrac{1}{9}(2e^3 + 1)$

$\approx 0{,}2642$ $\approx 4{,}575$

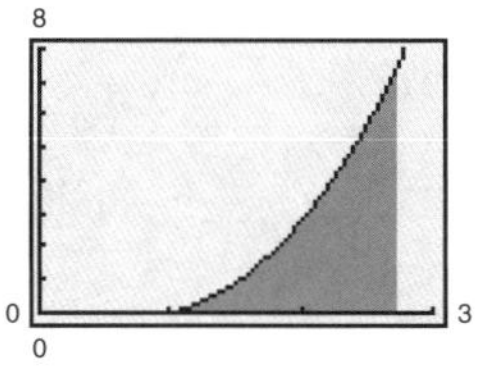

53. Demonstração 55. $\dfrac{e^{5x}}{125}(25x^2 - 10x + 2) + C$
57. $-\dfrac{1}{9x^3}(1 + 3\ln x) + C$ 59. $\dfrac{3}{128} - \dfrac{379}{128}e^{-8} \approx 0{,}022$
61. $\dfrac{1.171.875}{256}\pi \approx 14.381{,}070$

63. (a) Aumento
    (b) 113.212 unidades
    (c) 11.321 unidades/ano

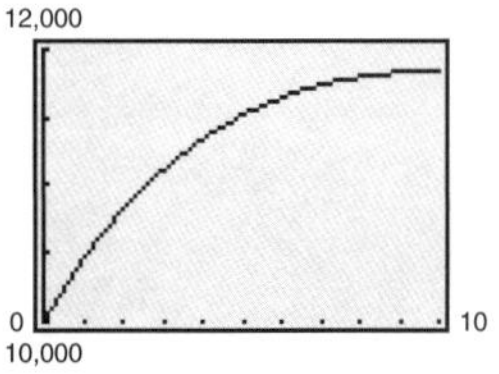

65. (a) $3{,}2\ln 2 - 0{,}2 \approx 2{,}018$
    (b) $12{,}8\ln 4 - 7{,}2\ln 3 - 1{,}8 \approx 8{,}035$
67. $\$\,18.482{,}03$ 69. $\$\,931.265{,}10$ 71. $\$\,4.103{,}07$
73. $\$\,1.055.267$ 75. (a) $\$\,1.200.000$ (b) $\$\,1.094.142{,}27$

77. (a) $\$\,18.000.000$ (b) $\$\,16.133.084$ 79. $\$\,45.957{,}78$
81. (a) $\$\,17.378{,}62$ (b) $\$\,3.681{,}26$ 83. $\approx 4{,}254$

Seção 6.2 (página 384)

> **Recapitulação (página 384)**
>
> 1. $x^2 + 8x + 16$ 2. $x^2 - 2x + 1$
> 3. $x^2 + x + \tfrac{1}{4}$ 4. $x^2 - \tfrac{2}{3}x + \tfrac{1}{9}$
> 5. $2e^x(x-1) + C$ 6. $x^3 \ln x - \dfrac{x^3}{3} + C$

1. $\dfrac{1}{9}\left(\dfrac{2}{2+3x} + \ln|2 + 3x|\right) + C$
3. $\dfrac{2(3x-4)}{27}\sqrt{2+3x} + C$ 5. $\ln(x^2 + \sqrt{x^4 - 9}) + C$
7. $\tfrac{1}{2}(x^2 - 1)e^{x^2} + C$ 9. $\ln\left|\dfrac{x}{1+x}\right| + C$
11. $-\dfrac{1}{3}\ln\left|\dfrac{3 + \sqrt{x^2+9}}{x}\right| + C$
13. $-\dfrac{1}{2}\ln\left|\dfrac{2 + \sqrt{4-x^2}}{x}\right| + C$ 15. $\tfrac{3}{4}x^2[-1 + 2\ln(3x)] + C$
17. $3x^2 - \ln(1 + e^{3x^2}) + C$
19. $\tfrac{2}{35}(x+3)^{3/2}(5x^2 - 12x + 24) + C$
21. $\dfrac{1}{27}\left[\dfrac{4}{2+3t} - \dfrac{2}{(2+3t)^2} + \ln|2+3t|\right] + C$
23. $\dfrac{1}{\sqrt{3}}\ln\left|\dfrac{\sqrt{3+4x} - \sqrt{3}}{\sqrt{3+4x} + \sqrt{3}}\right| + C$
25. $-\tfrac{1}{2}x(2-x) + \ln|x+1| + C$
27. $\dfrac{1}{8}\left[\dfrac{-1}{2(3+2x)^2} + \dfrac{2}{(3+2x)^3} - \dfrac{9}{4(3+2x)^4}\right] + C$
29. $-\dfrac{\sqrt{1-x^2}}{x} + C$ 31. $\dfrac{4}{9}x^3(3\ln 2x - 1) + C$
33. $\dfrac{1}{27}\left(3x - \dfrac{25}{3x-5} + 10\ln|3x-5|\right) + C$
35. $\tfrac{1}{9}(3\ln x - 4\ln|4 + 3\ln x|) + C$
37. $\dfrac{-2\sqrt{2} + 4}{3} \approx 0{,}3905$ 39. $-\dfrac{5}{9} + \ln\dfrac{9}{4} \approx 0{,}2554$
41. $12\left(2 + \ln\left|\dfrac{2}{1+e^2}\right|\right) \approx 6{,}7946$
43. $8\ln 2 - \dfrac{15}{8} \approx 3{,}6702$
45. Área $= \dfrac{1}{8\sqrt{3}} \approx 0{,}0722$ 47. Área $= \dfrac{3\ln\tfrac{4}{5} + 1}{36} \approx 0{,}0092$

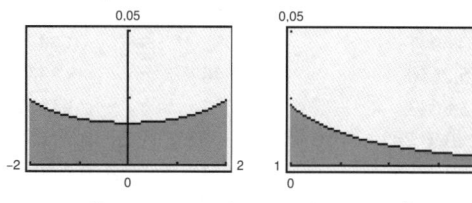

49. Área $= \tfrac{1}{4}\left[21\sqrt{5} - 8\ln(\sqrt{5} + 3) + 8\ln 2\right] \approx 9{,}8145$

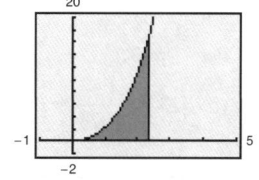

51. $x\left(\ln\dfrac{x}{3} - 1\right) + C$ 53. $\dfrac{2}{147}(7x+6)\sqrt{7x-3} + C$
55. (a) $0{,}483$ (b) $0{,}283$

57.

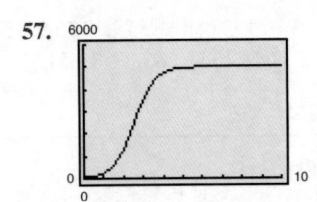

Valor médio: 401.40

59. $ 1138.43

61. Excedente do consumidor: $\approx 17{,}92$
Excedente do produtor: 24

Teste preliminar (página 386)

1. $\frac{1}{5}xe^{5x} - \frac{1}{25}e^{5x} + C$ **2.** $3x \ln x - 3x + C$

3. $\frac{1}{2}x^2 \ln x + x \ln x - \frac{1}{4}x^2 - x + C$

4. $\frac{2}{3}x(x+3)^{3/2} - \frac{4}{15}(x+3)^{5/2} + C$

5. $\frac{x^2}{4} \ln x - \frac{x^2}{8} + C$ **6.** $-\frac{1}{2}e^{-2x}\left(x^2 + x + \frac{1}{2}\right) + C$

7. (a) 282.016 unidades (b) 56.403 unidades

8. (a) $ 784.000 (b) $ 673.108,31

9. $\frac{1}{4}(2x - \ln|1 + 2x|) + C$ **10.** $10 \ln\left|\frac{x}{0{,}1 + 0{,}2x}\right| + C$

11. $\ln|x + \sqrt{x^2 - 16}| - \frac{\sqrt{x^2 - 16}}{x} + C$

12. $\frac{1}{2}\ln\left|\frac{\sqrt{4 + 9x} - 2}{\sqrt{4 + 9x} + 2}\right| + C$

13. $\frac{1}{4}[4x^2 - \ln(1 + e^{4x^2})] + C$ **14.** $x^2 e^{x^2 + 1} + C$

15. (a) $ 84.281.126,52 (b) $ 257.392.429,72

16. $\frac{8}{e} - 4 \approx -1{,}0570$ **17.** $10 \ln 2 - \frac{15}{4} \approx 3{,}1815$

18. $\frac{64}{3}(\sqrt{2} - 1) \approx 8{,}8366$ **19.** $e - 2 \approx 0{,}7183$

20. $\frac{\sqrt{5}}{18} \approx 0{,}1242$ **21.** $\frac{1}{4}\left(\ln\frac{17}{19} - \ln\frac{7}{9}\right) \approx 0{,}0350$

Seção 6.3 (página 392)

> **Recapitulação (página 392)**
> **1.** $\frac{2}{x^3}$ **2.** $-\frac{96}{(2x+1)^4}$ **3.** $-\frac{12}{x^4}$ **4.** $6x - 4$
> **5.** $16e^{2x}$ **6.** $e^{x^2}(4x^2 + 2)$ **7.** $(3, 18)$
> **8.** $(1, 8)$ **9.** $n < -5\sqrt{10}, n > 5\sqrt{10}$
> **10.** $n < -5, n > 5$

	Regra do trapézio	Regra de Simpson	Valor exato
1.	2,7500	2,6667	2,6667
3.	0,2704	0,2512	0,2499
5.	0,6941	0,6932	0,6931
7.	5,2650	5,3046	5,3333
9.	3,8643	3,3022	3,1809

11. (a) 0,783 (b) 0,785 **13.** (a) 2,540 (b) 2,541

15. (a) 3,283 (b) 3,240 **17.** (a) 1,470 (b) 1,463

19. (a) 1,879 (b) 1,888 **21.** $ 21.831,20; $ 21.836,98

23. $ 678,36 **25.** $0{,}3413 = 34{,}13\%$

27. $0{,}5000 = 50{,}00\%$ **29.** 89.500 pés^2

31. (a) $|E| \leq \frac{1}{12} \approx 0{,}0833$ (b) $|E| \leq 0$

33. (a) $|E| \leq \frac{5e}{64} \approx 0{,}212$ (b) $|E| \leq \frac{13e}{1024} \approx 0{,}035$

35. (a) $n = 566$ (b) $n = 16$

37. (a) $n = 3280$ (b) $n = 60$ **39.** 19,5215 **41.** 3,6558

43. (a) 36,2 anos (b) 36,2 anos
(c) Os resultados são os mesmos.

45. (a) 58,912 mg **47.** 1.878 assinantes

49. As respostas irão variar.

Seção 6.4 (página 403)

> **Recapitulação (página 402)**
> **1.** 9 **2.** 3 **3.** $-\frac{1}{8}$ **4.** O limite não existe.
> **5.** O limite não existe. **6.** -4
> **7.** (a) $\frac{32}{3}b^3 - 16b^2 + 8b - \frac{4}{3}$ (b) $-\frac{4}{3}$
> **8.** (a) $\frac{b^2 - b - 11}{(b-2)^2(b-5)}$ (b) $\frac{11}{20}$
> **9.** (a) $\ln\left(\frac{5 - 3b^2}{b + 1}\right)$ (b) $\ln 5 \approx 1{,}609$
> **10.** (a) $e^{-3b^2}(e^{6b^2} + 1)$ (b) 2

1. Imprópria; o integrando tem uma descontinuidade infinita quando $x = \frac{2}{3}$ e $0 \leq \frac{2}{3} \leq 1$.

3. Não imprópria; contínua em $[0, 1]$.

5. Não imprópria; contínua em $[0, 5]$.

7. Converge; 1. **9.** Diverge **11.** Diverge

13. Diverge **15.** Diverge **17.** Converge; 0

19. Converge; $\frac{1}{2(\ln 4)^2}$ **21.** 1 **23.** $\frac{1}{2}$ **25.** ∞

27. (a) 0,9026 (b) 0,0738 (c) 0,00235

29. (a) $\int_{35,5}^{\infty} f(x)\,dx \approx 0{,}9938$ (b) $\int_{35,9}^{\infty} f(x)\,dx \approx 0{,}6915$

31. $ 66.666,67 **33.** Sim, $ 360.000 < $ 400.000

35. (a) $ 4.637.228 (b) $ 5.555.556

37. (a) $ 748.367,34 (b) $ 808.030,14 (c) $ 900.000,00

39. (a) $ 453.901,30 (b) $ 807.922,43 (c) $ 4.466,67

Exercícios de revisão do Capítulo 6 (página 409)

1. $2\sqrt{x} \ln x - 4\sqrt{x} + C$ **3.** $xe^x + C$

5. $\frac{2}{15}(x - 5)^{3/2}(3x + 10) + C$ **7.** $x^2 e^{2x} - xe^{2x} + \frac{1}{2}e^{2x} + C$

9. $3e^2 - \frac{3(e^2 - 1)}{2} \approx 12{,}584$ **11.** $16 - 20e^{-1/4} \approx 0{,}4240$

13. $ 90.634,62 **15.** $ 865.958,50

17. (a) $ 1.200.000 (b) $ 1.052.649,52

19. $\frac{1}{54}(9x^2 - 12x + 8 \ln|3x + 2|) + C$

21. $\frac{x}{2}\sqrt{x^2 - 16} - 8 \ln(\sqrt{x^2 - 16} + x) + C$

23. $\frac{1}{9}\left(\frac{2}{2 + 3x} + \ln|2 + 3x|\right) + C$

25. $\sqrt{x^2 + 25} - 5 \ln\left|\frac{5 + \sqrt{x^2 + 25}}{x}\right| + C$

27. $\frac{1}{4}\ln\left|\frac{x - 2}{x + 2}\right| + C$ **29.** $\frac{2}{3}(x - 2)\sqrt{1 + x} + C$

31. $2\sqrt{1 + x} + \ln\left|\frac{\sqrt{1 + x} - 1}{\sqrt{1 + x} + 1}\right| + C$

33. (a) 0,675 (b) 0,290

35. Exato: $\frac{2}{3} \approx 0{,}6667$
Regra do trapézio: 0,7050
Regra de Simpson: 0,6715

37. Exato: $\frac{3}{8} = 0{,}375$
Regra do trapézio: 0,3786
Regra de Simpson: 0,3751

39. Exato: $2 - 2e^{-2} \approx 1{,}7293$ **41.** (a) 0,741 (b) 0,737
Regra do trapézio: 1,7652
Regra de Simpson: 1,7299
43. (a) 0,305 (b) 0,289 **45.** (a) 2,961 (b) 2,936
47. (a) $|E| \le \dfrac{e^4}{6} \approx 9{,}0997$ (b) $|E| \le \dfrac{e^4}{90} \approx 0{,}6066$
49. (a) $n = 214$ (b) $n = 2$
51. Converge; $-\dfrac{1}{4}$ **53.** Diverge **55.** Diverge
57. $A \approx 4$ **59.** $A = 1$ **61.** \$ 266.666,67 **63.** Não

Teste do capítulo (página 418)
1. $xe^{x+1} - e^{x+1} + C$ **2.** $3x^3 \ln x - x^3 + C$
3. $-3x^2 e^{-x/3} - 18xe^{-x/3} - 54e^{-x/3} + C$
4. (a) $\approx$ \$ 6.494,47 milhões (b) $\approx$ \$ 811,81 milhões
5. $\dfrac{1}{4}\left(\dfrac{7}{7+2x} + \ln|7+2x|\right) + C$
6. $x^3 - \ln(1 + e^{x^3}) + C$
7. $-\dfrac{2}{75}(2-5x^2)\sqrt{1+5x^2} + C$
8. $-1 + \dfrac{3}{2}\ln 3 \approx 0{,}6479$
9. $8\dfrac{2}{3}$ **10.** $4\ln[3(\sqrt{17}-4)] + \sqrt{17} - 5 \approx -4{,}8613$
11. Exato: 18,0
Trapézio: 18,28
12. Regra de Simpson: 41,3606; Exato: 41,1771
13. Converge; $\dfrac{1}{3}$ **14.** Converge; 12 **15.** Diverge
16. (a) \$ 498,75 (b) Plano B, porque \$ 149 < \$ 498,75.

Capítulo 7

Seção 7.1 (página 419)

> Recapitulação (página 418)
> **1.** $2\sqrt{5}$ **2.** 5 **3.** 8 **4.** 8 **5.** $(4, 7)$
> **6.** $(1, 0)$ **7.** $(0, 3)$ **8.** $(-1, 1)$
> **9.** $(x-2)^2 + (y-3)^2 = 4$
> **10.** $(x-1)^2 + (y-4)^2 = 25$

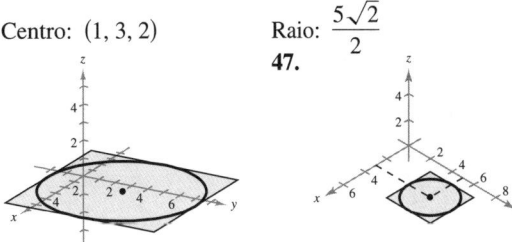

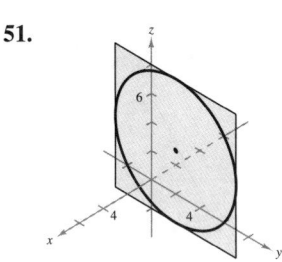

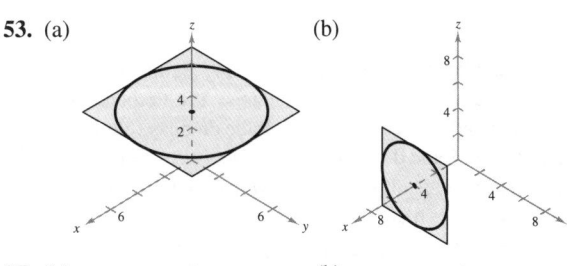

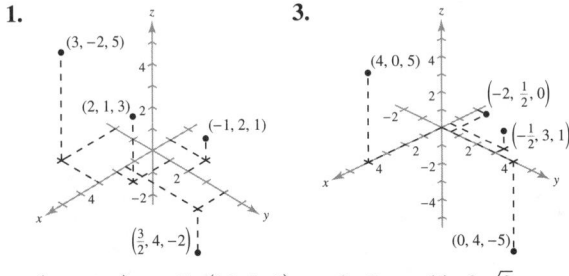

5. $(-3, 4, 5)$ **7.** $(10, 0, 0)$ **9.** 0 **11.** $3\sqrt{2}$
13. $\sqrt{206}$ **15.** $\left(2, -\dfrac{3}{2}, \dfrac{5}{2}\right)$ **17.** $\left(\dfrac{1}{2}, \dfrac{1}{2}, -1\right)$
19. $(6, -3, 5)$ **21.** $(1, 2, 1)$
23. $3, 3\sqrt{5}, 6$; triângulo retângulo
25. $\sqrt{41}, \sqrt{14}, \sqrt{41}$; triângulo isósceles
27. $(0, 0, -5), (2, 2, -4), (2, -4, -1)$
29. $x^2 + (y-2)^2 + (z-2)^2 = 4$
31. $\left(x - \dfrac{3}{2}\right)^2 + (y-2)^2 + (z-1)^2 = \dfrac{21}{4}$
33. $(x-3)^2 + (y+2)^2 + (z+3)^2 = 16$
35. $(x-1)^2 + (y-3)^2 + z^2 = 10$
37. $(x+4)^2 + (y-3)^2 + (z-2)^2 = 4$
39. Centro: $\left(\dfrac{5}{2}, 0, 0\right)$ **41.** Centro: $(-2, 1, -4)$
Raio: $\dfrac{5}{2}$ Raio: 5
43. Centro: $(1, 3, 2)$ Raio: $\dfrac{5\sqrt{2}}{2}$
57. $x^2 + y^2 + z^2 = 6.806{,}25$

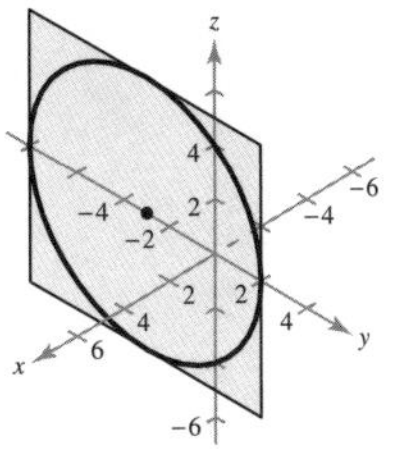

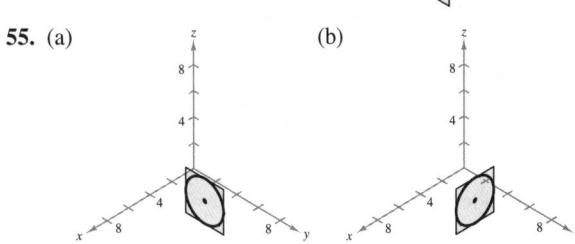

Seção 7.2 (página 428)

> Recapitulação (página 428)
> **1.** $(4, 0), (0, 3)$ **2.** $\left(-\dfrac{4}{3}, 0\right), (0, -8)$
> **3.** $(1, 0), (0, -2)$ **4.** $(-5, 0), (0, -5)$
> **5.** $x^2 + y^2 + z^2 = \dfrac{1}{4}$ **6.** $x^2 + y^2 + z^2 = 4$

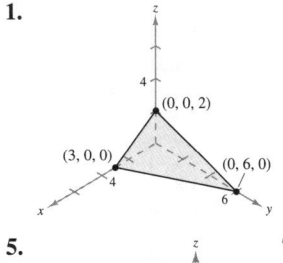

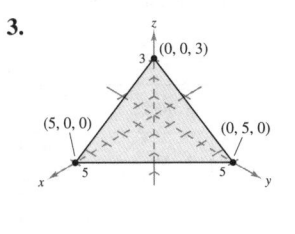

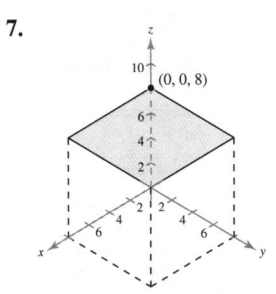

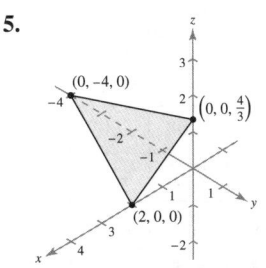

9.

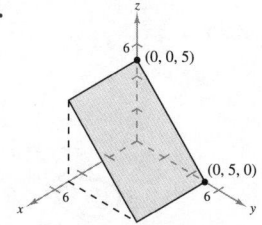

11.

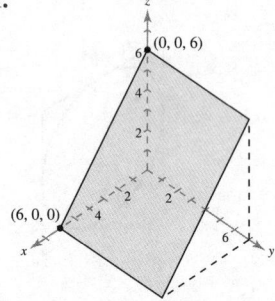

13. Perpendicular 15. Paralela 17. Paralela
19. Nem paralela nem perpendicular 21. Perpendicular
23. c; elipsoide 24. e; hiperboloide de duas folhas
25. f; hiperboloide de uma folha 26. b; cone elíptico
27. d; paraboloide elíptico 28. a; paraboloide hiperbólico
29. (a) $x = \pm y$; retas
(b) $z = 9 - y^2$; parábola
(c) $z = x^2$; parábola
Paraboloide hiperbólico
31. (a) $\dfrac{x^2}{4} + y^2 = 1$; elipse (b) $\dfrac{x^2}{4} + z^2 = 1$; elipse
(c) $y^2 + z^2 = 1$; circunferência
Elipsoide
33. (a) $z^2 - \dfrac{x^2}{9} = 1$; hipérbole
(b) $\dfrac{9}{13}z^2 - \dfrac{9}{208}y^2 = 1$; hipérbole
(c) $\dfrac{x^2}{135} + \dfrac{y^2}{240} = 1$; elipse
Hiperboloide de duas folhas
35. Elipsoide 37. Hiperboloide de uma folha
39. Paraboloide hiperbólico 41. Paraboloide elíptico
43. Cone elíptico 45. Hiperboloide de duas folhas
47. Paraboloide hiperbólico
49. $\dfrac{x^2}{3.963^2} + \dfrac{y^2}{3.963^2} + \dfrac{z^2}{3.950^2} = 1$

51. (a)

Ano	2004	2005	2006
x	33,1	34,9	37,4
y	13,2	13,8	14,9
z (real)	15,5	16,3	17,8
z (aproximado)	15,5	16,4	17,5

Ano	2007	2008	2009
x	40,6	43,0	41,8
y	15,0	15,4	14,5
z (real)	19,5	20,5	20,7
z (aproximado)	19,4	20,7	20,4

Os valores aproximados de z são muito próximos dos valores reais.

(b) De acordo com o modelo, aumentos no consumo de leite tipos y e z corresponderão a um aumento no consumo de leite tipo x.

Seção 7.3 (página 435)

Recapitulação (página 434)
1. 11 2. -16 3. 7 4. 4 5. $(-\infty, \infty)$
6. $(-\infty, -3) \cup (-3, 0) \cup (0, \infty)$
7. $[5, \infty)$ 8. $(-\infty, -\sqrt{5}] \cup [\sqrt{5}, \infty)$
9. 55,0104 10. 6,9165

1. (a) $\dfrac{3}{2}$ (b) $-\dfrac{1}{4}$ (c) 6 (d) $\dfrac{5}{y}$ (e) $\dfrac{x}{2}$ (f) $\dfrac{5}{t}$
3. (a) 5 (b) $3e^2$ (c) $2e^{-1}$ (d) $5e^y$ (e) xe^2 (f) te^t
5. (a) $\dfrac{2}{3}$ (b) 0 7. (a) 90π (b) 50π
9. (a) \$ 20.655,20 (b) \$ 1.397.672,67 11. (a) 0 (b) 6
13. (a) $x^2 + 2x\,\Delta x + (\Delta x)^2 - 2y$ (b) $-2, \Delta y \neq 0$
15. Domínio: todos os pontos (x, y) internos ou sobre a circunferência $x^2 + y^2 = 16$
Imagem: $[0, 4]$
17. Domínio: todos os pontos (x, y)
Imagem: $[0, \infty)$
19. Domínio: todos os pontos (x, y) tais que $y \neq 0$
Imagem: $(0, \infty)$
21. Domínio: o semiplano abaixo da reta $y = -x + 4$
Imagem: $(-\infty, \infty)$
23. Domínio: todos os pontos (x, y) internos ou sobre a elipse $3x^2 + y^2 = 9$
Imagem: $[0, 3]$
25. Domínio: todos os pontos (x, y) tais que $x \neq 0$
Imagem: $(-\infty, \infty)$
27. Domínio: todos os pontos (x, y) tais que $x \neq 0$ e $y \neq 0$
Imagem: $(-\infty, 0)$ e $(0, \infty)$
29. Domínio: todos os pontos (x, y) tais que $y \geq 0$
Imagem: $(-\infty, \infty)$
31. b 32. d 33. a 34. c
35. As curvas de nível são retas paralelas. 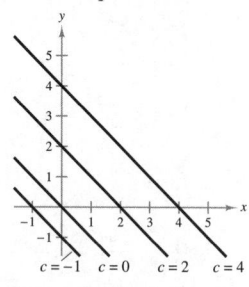
37. As curvas de nível são circunferências. 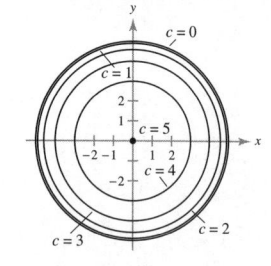
39. As curvas de nível são hipérboles 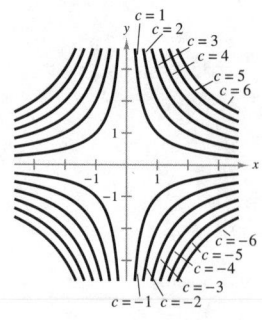
41. As curvas de nível são circunferências

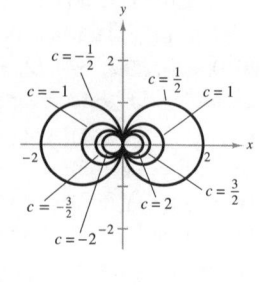

43. 135.540 unidades
45. (a) $ 15.250 (b) $ 18.425 (c) $ 30.025
47.

R \ I	0	0,03	0,05
0	$ 5.187,48	$ 3.859,98	$ 3.184,67
0,28	$ 4.008,46	$ 2.982,67	$ 2.460,85
0,35	$ 3.754,27	$ 2.793,53	$ 2.304,80

49. (a) C (b) A (c) B
50. (a) $ 2,78 de ganhos por ação
(b) x; as explicações irão variar. Exemplo de resposta: a variável x tem a maior influência nos ganhos por ação, porque o valor absoluto de seu coeficiente é maior do que o valor absoluto do coeficiente do termo y.
52. Opção (a): $ 1.007,73, $ 240.895,20
Opção (b): $ 798,36, $ 287.409,60
Opção (a): $ 1.078,59, $ 194.146,20
As respostas irão variar.

Seção 7.4 (página 446)

Recapitulação (página 445)

1. $\dfrac{x}{\sqrt{x^2+3}}$ **2.** $-6x(3-x^2)^2$ **3.** $e^{2t+1}(2t+1)$
4. $\dfrac{e^{2x}(2-3e^{2x})}{\sqrt{1-e^{2x}}}$ **5.** $-\dfrac{2}{3-2x}$ **6.** $\dfrac{3(t^2-2)}{2t(t^2-6)}$
7. $-\dfrac{10x}{(4x-1)^3}$ **8.** $-\dfrac{(x+2)^2(x^2+8x+27)}{(x^2-9)^3}$
9. $f'(2)=8$ **10.** $g'(2)=\dfrac{7}{2}$

1. $\dfrac{\partial z}{\partial x}=3$; $\dfrac{\partial z}{\partial y}=5$ **3.** $f_x(x,y)=3$; $f_y(x,y)=-12y$
5. $f_x(x,y)=\dfrac{1}{y}$; $f_y(x,y)=-\dfrac{x}{y^2}$
7. $f_x(x,y)=\dfrac{x}{\sqrt{x^2+y^2}}$; $f_y(x,y)=\dfrac{y}{\sqrt{x^2+y^2}}$
9. $\dfrac{\partial z}{\partial x}=2xe^{2y}$; $\dfrac{\partial z}{\partial y}=2x^2e^{2y}$
11. $h_x(x,y)=-2xe^{-(x^2+y^2)}$; $h_y(x,y)=-2ye^{-(x^2+y^2)}$
13. $\dfrac{\partial z}{\partial x}=-\dfrac{2y}{x^2-y^2}$; $\dfrac{\partial z}{\partial y}=\dfrac{2x}{x^2-y^2}$
15. $f_x(x,y)=6x+y$, 13; $f_y(x,y)=x-2y$, 0
17. $f_x(x,y)=3ye^{3xy}$, 12; $f_y(x,y)=3xe^{3xy}$, 0
19. $f_x(x,y)=-\dfrac{y^2}{(x-y)^2}$, $-\dfrac{1}{4}$; $f_y(x,y)=\dfrac{x^2}{(x-y)^2}$, $\dfrac{1}{4}$
21. $f_x(x,y)=\dfrac{3}{3x+5y}$, 1; $f_y(x,y)=\dfrac{5}{3x+5y}$, $\dfrac{5}{3}$
23. (a) 2 (b) 1 **25.** (a) -2 (b) -2
27. $w_x=y^2z^4$
$w_y=2xyz^4$
$w_z=4xy^2z^3$
29. $w_x=-\dfrac{2z}{(x+y)^2}$
$w_y=-\dfrac{2z}{(x+y)^2}$
$w_z=\dfrac{2}{x+y}$
31. $w_x=2z^2+3yz$, 2
$w_y=3xz-12yz$, 30
$w_z=4xz+3xy-6y^2$, -1

33. $w_x=\dfrac{x}{\sqrt{x^2+y^2+z^2}}$, $\dfrac{2}{3}$
$w_y=\dfrac{y}{\sqrt{x^2+y^2+z^2}}$, $-\dfrac{1}{3}$
$w_z=\dfrac{z}{\sqrt{x^2+y^2+z^2}}$, $\dfrac{2}{3}$
35. $w_x=4xy^3z^2e^{2x^2}$, $-8\sqrt{e}$
$w_y=3y^2z^2e^{2x^2}$, $12\sqrt{e}$
$w_z=2y^3ze^{2x^2}$, $-4\sqrt{e}$
37. $w_x=\dfrac{5}{5x+2y^3-3z}$, $\dfrac{1}{5}$
$w_y=\dfrac{6y^2}{5x+2y^3-3z}$, $\dfrac{6}{25}$
$w_z=-\dfrac{3}{5x+2y^3-3z}$, $-\dfrac{3}{25}$
39. $(-6,4)$ **41.** $(1,1)$
43. $\dfrac{\partial^2 z}{\partial x^2}=6x$ **45.** $\dfrac{\partial^2 z}{\partial x^2}=2$
$\dfrac{\partial^2 z}{\partial y^2}=-8$ $\dfrac{\partial^2 z}{\partial x\partial y}=\dfrac{\partial^2 z}{\partial y\partial x}=-2$
$\dfrac{\partial^2 z}{\partial y\partial x}=\dfrac{\partial^2 z}{\partial x\partial y}=0$ $\dfrac{\partial^2 z}{\partial y^2}=6$
47. $\dfrac{\partial^2 z}{\partial x^2}=108x^2(3x^4-2y^3)(11x^4-2y^3)$
$\dfrac{\partial^2 z}{\partial y^2}=36y(2y^3-3x^4)(3x^4-8y^3)$
$\dfrac{\partial^2 z}{\partial x\partial y}=\dfrac{\partial^2 z}{\partial y\partial x}=432x^3y^2(2y^3-3x^4)$
49. $\dfrac{\partial^2 z}{\partial x^2}=-\dfrac{y}{x^3}$
$\dfrac{\partial^2 z}{\partial x\partial y}=-\dfrac{x^2-y^2}{2x^2y^2}$
$\dfrac{\partial^2 z}{\partial y\partial x}=-\dfrac{x^2-y^2}{2x^2y^2}$
$\dfrac{\partial^2 z}{\partial y^2}=\dfrac{x}{y^3}$
51. $f_{xx}(x,y)=12x^2-6y^2$, 12
$f_{xy}(x,y)=-12xy$, 0
$f_{yy}(x,y)=-6x^2+2$, -4
$f_{yx}(x,y)=-12xy$, 0
53. $f_{xx}(x,y)=e^{x^2}(4x^2y^3+2y^3)$, $-6e$
$f_{xy}(x,y)=f_{yx}(x,y)=6xy^2e^{x^2}$, $6e$
$f_{yy}(x,y)=6ye^{x^2}$, $-6e$
55. $f_{xx}(x,y,z)=2$
$f_{xy}(x,y,z)=f_{yx}(x,y,z)=-3$
$f_{xz}(x,y,z)=f_{yy}(x,y,z)=f_{zx}(x,y,z)=0$
$f_{yz}(x,y,z)=f_{zy}(x,y,z)=4$
$f_{zz}(x,y,z)=6z$
57. $f_{xx}(x,y,z)=-\dfrac{8yz}{(x+y)^3}$
$f_{xy}(x,y,z)=\dfrac{4z(x-y)}{(x+y)^3}$
$f_{xz}(x,y,z)=\dfrac{4y}{(x+y)^2}$
$f_{yy}(x,y,z)=\dfrac{8xz}{(x+y)^3}$
$f_{yx}(x,y,z)=\dfrac{4z(x-y)}{(x+y)^3}$

$f_{yz}(x, y, z) = -\dfrac{4x}{(x + y)^2}$

$f_{zz}(x, y, z) = 0$

$f_{zx}(x, y, z) = \dfrac{4y}{(x + y)^2}$

$f_{zy}(x, y, z) = -\dfrac{4x}{(x + y)^2}$

59. (a) Em (120, 160), $\dfrac{\partial C}{\partial x} \approx 154{,}77$;

em (120, 160), $\dfrac{\partial C}{\partial y} \approx 193{,}33$

(b) Bicicletas de competição; as explicações irão variar. Exemplo de resposta: o valor absoluto de dC/dy é maior do que o valor absoluto de dC/dx em (120, 160).

61. (a) Cerca de 113,72 (b) Cerca de 97,47

63. Complementar

65. (a) $\dfrac{\partial z}{\partial x} = 0{,}62$; $\dfrac{\partial z}{\partial y} = -0{,}41$

(b) Para cada aumento de 1 bilhão de dólares em despesas com parques de diversão e acampamentos, os gastos com apresentações esportivas aumentarão em 0,62 bilhão de dólares. Para cada aumento de 1 bilhão de dólares em despesas com entretenimento ao vivo (excluindo esportes) os gastos com apresentações esportivas diminuirão em 0,41 bilhão de dólares.

67. $IQ_M(M, C) = \dfrac{100}{C}$, $IQ_M(12, 10) = 10$; para uma criança com idade mental atual de 12 anos e idade cronológica de 10 anos, o QI aumenta a uma taxa de 10 pontos de QI para cada aumento de 1 ano na idade mental da criança.

$IQ_C(M, C) = \dfrac{-100M}{C^2}$, $IQ_C(12, 10) = -12$; para uma criança com idade mental atual de 12 anos e idade cronológica de 10 anos, o QI diminui a uma taxa de 12 pontos de QI para cada aumento de 1 ano na idade cronológica da criança.

69. $V_I(0{,}03, 0{,}28) \approx -14.478{,}99$

$V_R(0{,}03, 0{,}28) \approx -1.391{,}17$

A taxa de inflação tem a maior influência negativa no aumento dos investimentos, porque $|-14.478{,}99| > |-1.391{,}17|$.

71. (a) $U_x = -10x + y$ (b) $U_y = x - 6y$

(c) Quando $x = 2$ e $y = 3$, $U_x = -17$ e $U_y = -16$. A pessoa deverá consumir mais uma unidade do produto y, porque a taxa de diminuição na satisfação é menor para y.

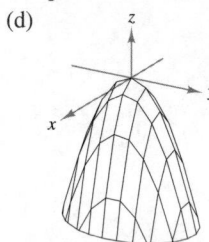

(d) A inclinação de U na direção de x é 0 quando $y = 10x$ e é negativa quando $y < 10x$. A inclinação de U na direção de y é 0 quando $x = 6y$ e é negativa quando $x < 6y$.

Seção 7.5 (página 455)

Recapitulação (página 455)

1. (3, 2) **2.** (11, 6) **3.** (1, 4) **4.** (4, 4)
5. (5, 2) **6.** (3, −2) **7.** (0, 0), (−1, 0)
8. (−2, 0), (2, −2)

9. $\dfrac{\partial z}{\partial x} = 12x^2$ $\dfrac{\partial^2 z}{\partial y^2} = -6$

$\dfrac{\partial z}{\partial y} = -6y$ $\dfrac{\partial^2 z}{\partial x \partial y} = 0$

$\dfrac{\partial^2 z}{\partial x^2} = 24x$ $\dfrac{\partial^2 z}{\partial y \partial x} = 0$

10. $\dfrac{\partial z}{\partial x} = 10x^4$ $\dfrac{\partial^2 z}{\partial y^2} = -6y$

$\dfrac{\partial z}{\partial y} = -3y^2$ $\dfrac{\partial^2 z}{\partial x \partial y} = 0$

$\dfrac{\partial^2 z}{\partial x^2} = 40x^3$ $\dfrac{\partial^2 z}{\partial y \partial x} = 0$

11. $\dfrac{\partial z}{\partial x} = 4x^3 - \dfrac{\sqrt{xy}}{2x}$ $\dfrac{\partial^2 z}{\partial y^2} = \dfrac{\sqrt{xy}}{4y^2}$

$\dfrac{\partial z}{\partial y} = -\dfrac{\sqrt{xy}}{2y} + 2$ $\dfrac{\partial^2 z}{\partial x \partial y} = -\dfrac{\sqrt{xy}}{4xy}$

$\dfrac{\partial^2 z}{\partial x^2} = 12x^2 + \dfrac{\sqrt{xy}}{4x^2}$ $\dfrac{\partial^2 z}{\partial y \partial x} = -\dfrac{\sqrt{xy}}{4xy}$

12. $\dfrac{\partial z}{\partial x} = 4x - 3y$ $\dfrac{\partial^2 z}{\partial y^2} = 2$

$\dfrac{\partial z}{\partial y} = 2y - 3x$ $\dfrac{\partial^2 z}{\partial x \partial y} = -3$

$\dfrac{\partial^2 z}{\partial x^2} = 4$ $\dfrac{\partial^2 z}{\partial y \partial x} = -3$

13. $\dfrac{\partial z}{\partial x} = y^3 e^{xy^2}$ $\dfrac{\partial^2 z}{\partial y^2} = 4x^2 y^3 e^{xy^2} + 6xy e^{xy^2}$

$\dfrac{\partial z}{\partial y} = 2xy^2 e^{xy^2} + e^{xy^2}$ $\dfrac{\partial^2 z}{\partial x \partial y} = 2xy^4 e^{xy^2} + 3y^2 e^{xy^2}$

$\dfrac{\partial^2 z}{\partial x^2} = y^5 e^{xy^2}$ $\dfrac{\partial^2 z}{\partial y \partial x} = 2xy^4 e^{xy^2} + 3y^2 e^{xy^2}$

14. $\dfrac{\partial z}{\partial x} = e^{xy}(xy + 1)$ $\dfrac{\partial^2 z}{\partial y^2} = x^3 e^{xy}$

$\dfrac{\partial z}{\partial y} = x^2 e^{xy}$ $\dfrac{\partial^2 z}{\partial x \partial y} = xe^{xy}(xy + 2)$

$\dfrac{\partial^2 z}{\partial x^2} = ye^{xy}(xy + 2)$ $\dfrac{\partial^2 z}{\partial y \partial x} = xe^{xy}(xy + 2)$

1. Ponto crítico: (−2, −4)
Não há extremos relativos
(−2, −4, 1) é um ponto de sela.

3. Ponto crítico: (0, 0)
Mínimo relativo: (0, 0, 1)

5. Ponto crítico: (1, 3)
Mínimo relativo: (1, 3, 0)

7. Ponto crítico: (−1, 1)
Mínimo relativo: (−1, 1, −4)

9. Ponto crítico: (8, 16)
   Máximo relativo: (8, 16, 74)
11. Ponto crítico: (1, 1)
    Mínimo relativo: (1, 1, 11)
13. Pontos críticos: $(0, 0), \left(\frac{4}{3}, \frac{4}{3}\right)$
    Ponto de sela: (0, 0, 1)
    Máximo relativo: $\left(\frac{4}{3}, \frac{4}{3}, \frac{59}{27}\right)$
15. Ponto crítico: (0, 0)
    Ponto de sela: (0, 0, 0)
17. Pontos críticos: $\left(\frac{1}{2}, \frac{1}{2}\right), \left(-\frac{1}{2}, -\frac{1}{2}\right)$
    Máximo relativo: $\left(\frac{1}{2}, \frac{1}{2}, e^{1/2}\right)$
    Mínimo relativo: $\left(-\frac{1}{2}, -\frac{1}{2}, -e^{1/2}\right)$
19. Informação insuficiente   21. $f(x_0, y_0)$ é ponto de sela.
23. $f(x_0, y_0)$ é um mínimo relativo.
25. Mínimos relativos: $(a, 0, 0), (0, b, 0)$
    O teste das segundas derivadas parciais falha em $(a, 0)$ e $(0, b)$.
27. Ponto de sela: (0, 0, 0)
    O teste das segundas derivadas parciais falha em (0, 0).
29. Mínimo relativo: (0, 0, 0)
    O teste das segundas derivadas parciais falha em (0, 0).
31. Mínimo relativo: $(1, -3, 0)$
33. 15, 15, 15   35. 20, 20, 20   37. $x_1 = 3, x_2 = 6$
39. $p_1 = 2.500, p_2 = 3.000$ 41. $x_1 \approx 94, x_2 \approx 157$
43. 32 pol. × 16 pol. × 16 pol.
45. Dimensões da base: 3 pés × 3 pés
    Altura: 2 pés; custo mínimo: $ 5,40
47. $x = 1,25, y = 2,5$; $ 4.625 milhões
49. 500 bacalhaus-de-boca-pequena; 200 bacalhaus-de-boca-grande
51. Demonstração   53. Verdadeira

Teste preliminar (página 458)

1. (a) 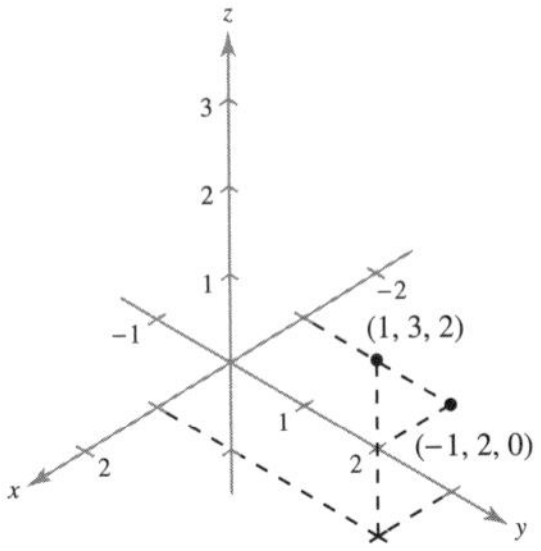
   (b) 3   (c) $\left(0, \frac{5}{2}, 1\right)$
2. (a) 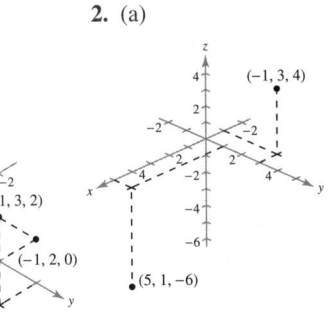
   (b) $2\sqrt{35}$ (c) $(2, 2, -1)$
3. (a) 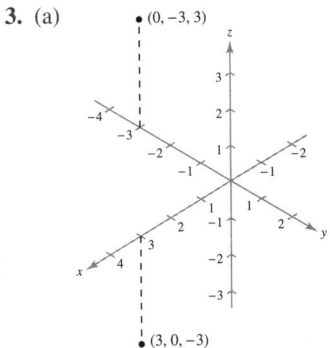
   (b) $3\sqrt{6}$ (c) $\left(\frac{3}{2}, -\frac{3}{2}, 0\right)$
4. $(x - 2)^2 + (y + 1)^2 + (z - 3)^2 = 16$
5. $(x - 1)^2 + (y - 4)^2 + (z + 2)^2 = 11$

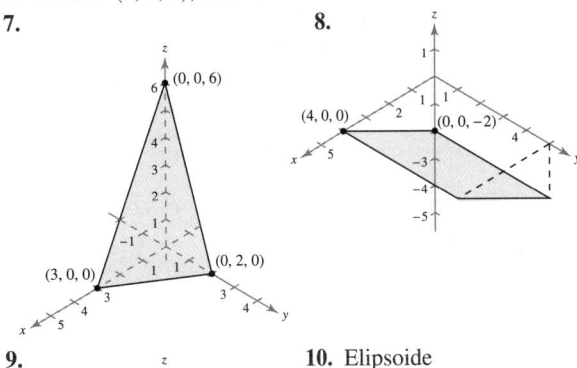

6. Centro: (4, 1, 3); raio: 7
7.
8.
9. 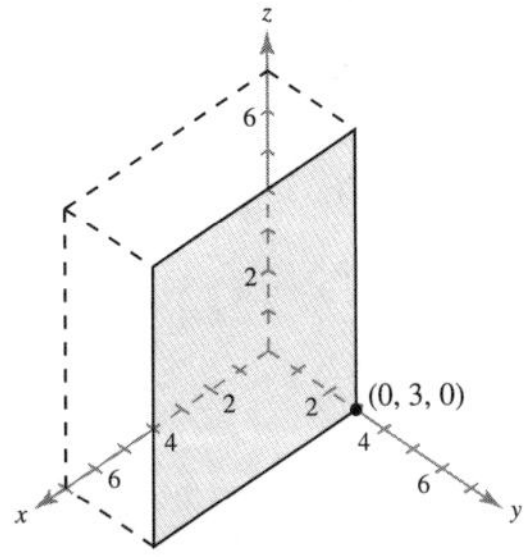
10. Elipsoide
11. Hiperboloide de duas folhas   12. Paraboloide elíptico
13. $f(1, 0) = 1$ 14. $f(1, 0) = 2$
    $f(4, -1) = -5$ $f(4, -1) = 3\sqrt{7}$
15. $f(1, 0) = 0$
    $f(4, -1) = \ln 6 \approx 1,79$
16. (a) Entre 30° e 50°   (b) Entre 40° e 80°
    (c) Entre 70° e 90°
17. $f_x = 2x - 3; f_x(-2, 3) = -7$
    $f_y = 4y - 1; f_y(-2, 3) = 11$
18. $f_x = \dfrac{y(3 + y)}{(x + y)^2}; f_x(-2, 3) = 18$
    $f_y = \dfrac{-2xy - y^2 - 3x}{(x + y)^2}; f_y(-2, 3) = 9$
19. $f_x = 3x^2 e^{2y}; f_x(-2, 3) = 12e^6 \approx 4.841,15$
    $f_y = 2x^3 e^{2y}; f_y(-2, 3) = -16e^6 \approx -6.454,86$
20. $f_x = \dfrac{2}{2x + 7y}; f_x(-2, 3) = \dfrac{2}{17} \approx 0,118$
    $f_y = \dfrac{7}{2x + 7y}; f_y(-2, 3) = \dfrac{7}{17} \approx 0,412$
21. Ponto crítico: (1, 0)
    Mínimo relativo: $(1, 0, -3)$
22. Pontos críticos: $(0, 0), \left(\frac{4}{3}, \frac{4}{3}\right)$
    Mínimo relativo: $\left(\frac{4}{3}, \frac{4}{3}, \frac{59}{27}\right)$
    Ponto de sela: (0, 0, 1)
23. $x = 80, y = 20$; $ 20.000

Seção 7.6 (página 464)

Recapitulação (página 464)

1. $\left(\frac{7}{8}, \frac{1}{12}\right)$ 2. $\left(-\frac{1}{24}, -\frac{7}{8}\right)$ 3. $\left(\frac{55}{12}, -\frac{25}{12}\right)$
4. $\left(\frac{22}{23}, -\frac{3}{23}\right)$ 5. $\left(\frac{5}{3}, \frac{1}{3}, 0\right)$ 6. $\left(\frac{14}{19}, -\frac{10}{19}, -\frac{32}{57}\right)$
7. $f_x = 2xy + y^2$ 8. $f_x = 50y^2(x + y)$
   $f_y = x^2 + 2xy$ $f_y = 50y(x + y)(x + 2y)$
9. $f_x = 3x^2 - 4xy + yz$ 10. $f_x = yz + z^2$
   $f_y = -2x^2 + xz$ $f_y = xz + z^2$
   $f_z = xy$ $f_z = xy + 2xz + 2yz$

1. $f(5, 5) = 25$ 3. $f(4, 4) = 32$ 5. $f(\sqrt{2}, 1) = 1$
7. $f(25, 50) = 2600$ 9. $f(1, 1) = 2$
11. $f(2, 2) = e^4$ 13. $f(9, 6, 9) = 432$
15. $f\left(\frac{1}{3}, \frac{1}{3}, \frac{1}{3}\right) = \frac{1}{3}$ 17. $f\left(\frac{\sqrt{3}}{3}, \frac{\sqrt{3}}{3}, \frac{\sqrt{3}}{3}\right) = \sqrt{3}$
19. 20, 20, 20   21. 40, 40, 40   23. $3\sqrt{2}$ 25. $\sqrt{3}$
27. 15 unidades × 10 unidades × 6 unidades
29. 12 pés × 12 pés × 18 pés
31. $x_1 = 145$ unidades, $x_2 = 855$ unidades
33. (a) $f\left(\frac{3{,}125}{6}, \frac{6{,}250}{3}\right) \approx 147{,}314$ (b) 1.473
    (c) 184.142 unidades   (d) 515.599 unidades
35. (a) $x \approx 317$ unidades, $y \approx 68$ unidades
    (b) As respostas irão variar.
37. (a) 50 pés × 120 pés   (b) $ 2.400
39. $x = \sqrt[3]{0{,}065} \approx 0{,}402$ L
    $y = \frac{1}{2}\sqrt[3]{0{,}065} \approx 0{,}201$ L
    $z = \frac{1}{3}\sqrt[3]{0{,}065} \approx 0{,}134$ L
41. Cerca de 190,7 g
43. (a) TV a cabo: $ 1.200
        Jornal: $ 600
        Rádio: $ 900
    (b) Cerca de 3.718 respostas

Seção 7.7   (página 472)

Recapitulação   (página 471)
1. 5,0225   2. 0,0189
3. $S_a = 2a - 4 - 4b$ 4. $S_a = 8a - 6 - 2b$
   $S_b = 12b - 8 - 4a$ $S_b = 18b - 4 - 2a$
5. 15   6. 42   7. $\frac{25}{12}$ 8. 14   9. 31   10. 95

1. $S = 1{,}6; S = 0{,}8259$ 3. $S = 6{,}46; S = 0{,}125$
5. $y = x + \frac{2}{3}$ 7. $y = -2{,}3x - 0{,}9$ 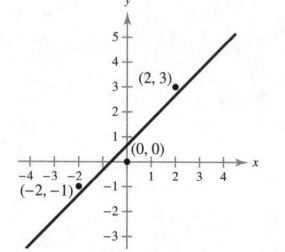 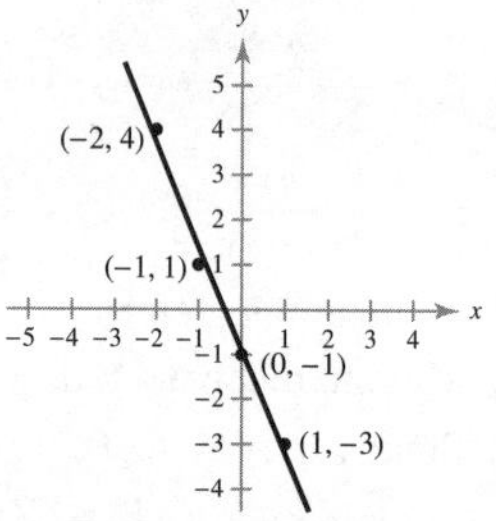
9. $y = 0{,}8x + 2$ 11. $y = -1{,}1824x + 6{,}385$
13. (a) $y = 4{,}13t + 11{,}6$ (b) Cerca de $ 69,4 bilhões
    (c) 2018
15. (a) $y = 0{,}138x + 22{,}1$ (b) 44,18 bushels/acre
17. Correlação positiva, $r \approx 0{,}9981$
19. Nenhuma correlação, $r = 0$
21. Nenhuma correlação, $r \approx 0{,}0750$
23. Falsa, os dados modelados por $y = 3{,}29x - 4{,}17$ têm uma correlação positiva.
25. Verdadeira   27. Verdadeira

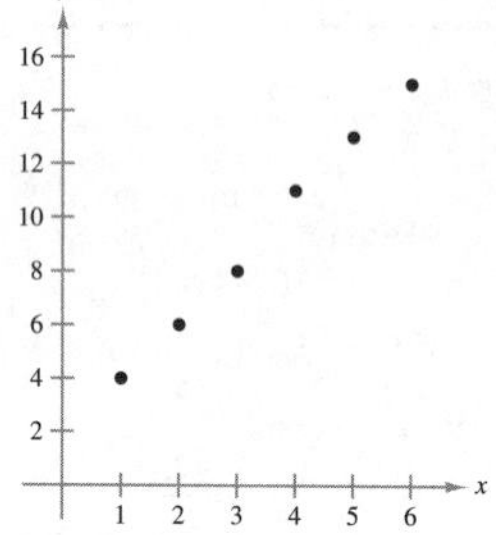

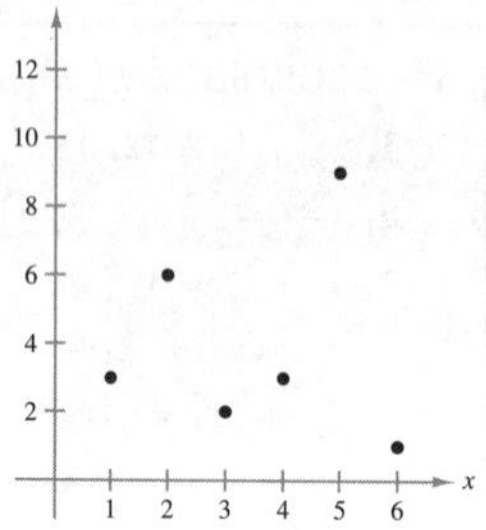

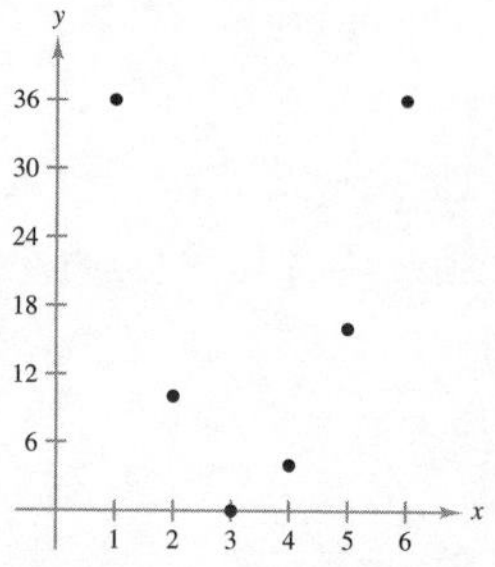

Seção 7.8   (página 480)

Recapitulação (página 480)
1. 1   2. 6   3. 42   4. $\frac{1}{2}$ 5. $\frac{19}{4}$
6. $\frac{16}{3}$ 7. $\frac{1}{7}$ 8. 4   9. $\ln 5$ 10. $\ln(e - 1)$
11. $\frac{e}{2}(e^4 - 1)$ 12. $\frac{1}{2}\left(1 - \frac{1}{e^2}\right)$

13. 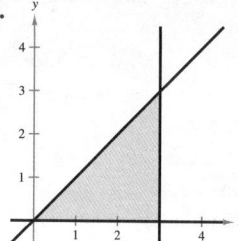
14. 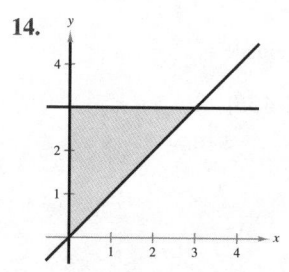
15. 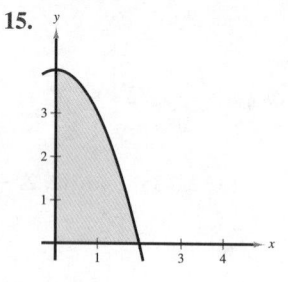
16.

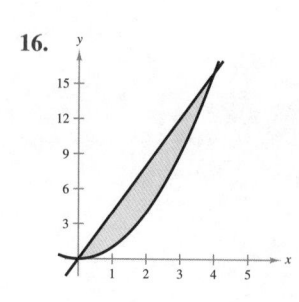

1. $\dfrac{3x^2}{2}$ 3. $\dfrac{x}{2}(x^2-1)$ 5. $2y^4+y^3-2y^2-16y$

7. $x^2\sqrt{x}+x^{3/2}-x^5-x^9$ 9. $\dfrac{y^3}{2}$ 11. 3   13. 36

15. 64   17. $\tfrac{1}{2}$ 19. $\tfrac{21}{2}$ 21. $\tfrac{1}{3}$ 23. 4   25. 24

27. 8   29. $\tfrac{16}{3}$ 31. 36   33. 5   35. 2

37.

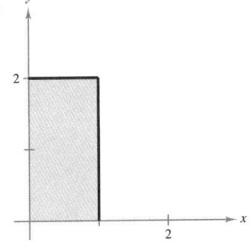

$$\int_0^1\int_0^2 dy\,dx = \int_0^2\int_0^1 dx\,dy = 2$$

39.

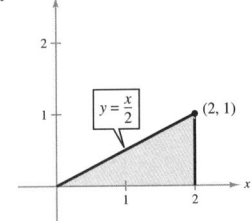

$$\int_0^1\int_{2y}^2 dx\,dy = \int_0^2\int_0^{x/2} dy\,dx = 1$$

41.

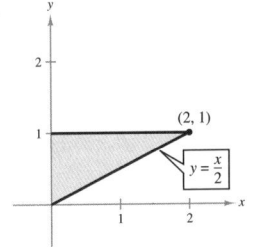

$$\int_0^2\int_{x/2}^1 dy\,dx = \int_0^1\int_0^{2y} dx\,dy = 1$$

43.

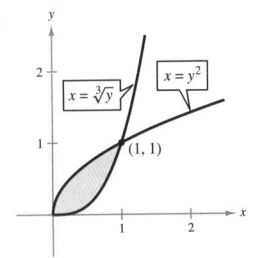

$$\int_0^1\int_{y^2}^{\sqrt[3]{y}} dx\,dy = \int_0^1\int_{x^3}^{\sqrt{x}} dy\,dx = \tfrac{5}{12}$$

45. (a) As respostas irão variar; $\tfrac{1}{2}(e^9-1) \approx 4.051{,}042$
    (b) As respostas irão variar; $\tfrac{1}{2}(1-e^{-4}) \approx 0{,}491$
47. 0,6588   49. 8,1747   51. 0,4521
53. 1,1190   55. Verdadeira

Seção 7.9   (página 487)

Recapitulação *(página 487)*

1.

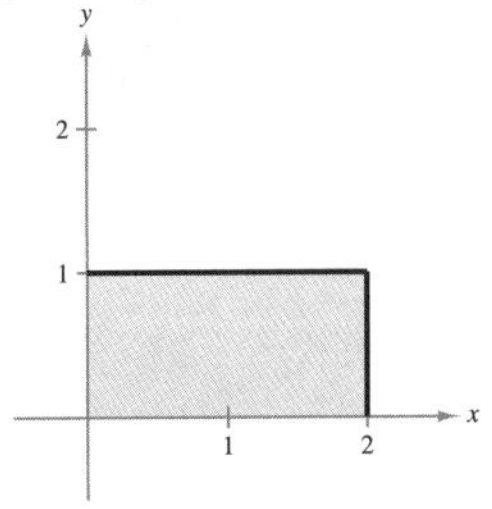

2.

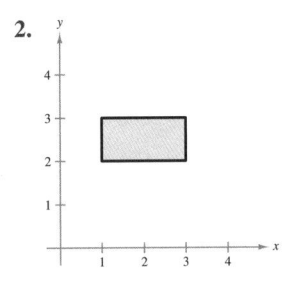

3.

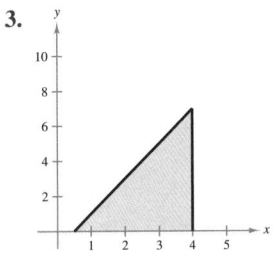

4.

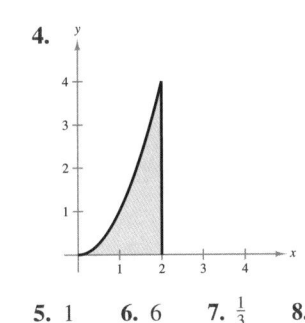

5. 1   6. 6   7. $\tfrac{1}{3}$ 8. $\tfrac{40}{3}$ 9. $\tfrac{28}{3}$ 10. $\tfrac{7}{6}$

1.

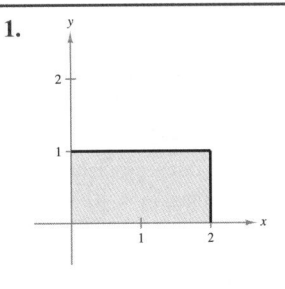

10

3.

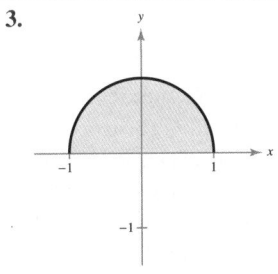

$\tfrac{2}{15}$

5.

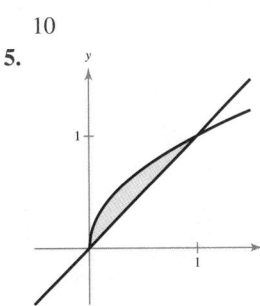

$\tfrac{3}{35}$

7.

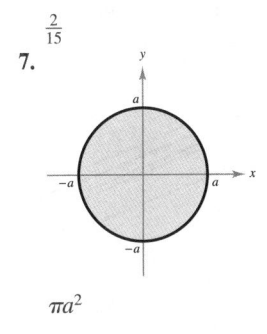

πa^2

9. $\int_0^3 \int_0^5 xy\, dy\, dx = \int_0^5 \int_0^3 xy\, dx\, dy = \frac{225}{4}$

11. $\int_0^2 \int_x^{2x} \frac{y}{x^2+y^2}\, dy\, dx = \int_0^2 \int_{y/2}^{y} \frac{y}{x^2+y^2}\, dx\, dy$
    $+ \int_2^4 \int_{y/2}^{2} \frac{y}{x^2+y^2}\, dx\, dy = \ln \frac{5}{2}$

13. 4   15. 12   17. 4   19. $\frac{40}{3}$ 21. $\frac{81}{2}$
23. $\frac{134}{3}$ 25. 10.000   27. $\frac{3}{2}$ 29. $\frac{8}{3}$
31. $ 13.400   33. $ 75.125   35. 25.645,24

Exercícios de revisão do capítulo 7 (página 494)

1.

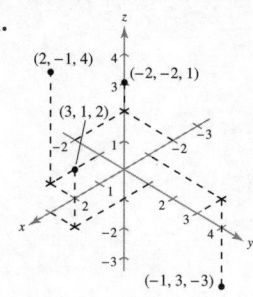

3. $\sqrt{65}$ 5. $(-1, 4, 6)$ 7. $x^2 + (y-1)^2 + z^2 = 25$
9. $(x-2)^2 + (y+2)^2 + (z+3)^2 = 9$
11. Centro: $(4, -2, 3)$; raio: 7
13. 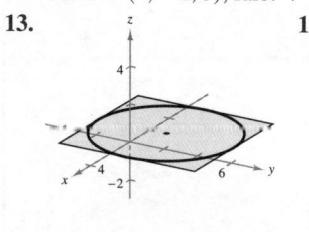
15. 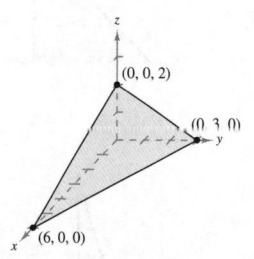
17.

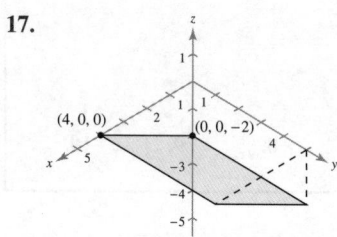

19. Esfera   21. Elipsoide   23. Paraboloide elíptico
25. Metade superior de um cone circular
27. (a) 18   (b) 0   (c) -245 (d) -32
29. O domínio é o conjunto de todos os pontos (x, y) internos ou na circunferência $x^2 + y^2 = 1$ e a imagem é: $[0, 1]$
31. Domínio: todos os pontos (x, y)
    Imagem: $(0, \infty)$
33. As curvas de nível são retas de inclinação $-\frac{2}{5}$. 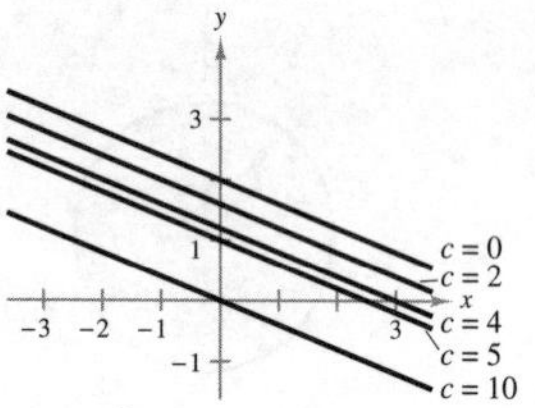
35. As curvas de nível são hipérboles.

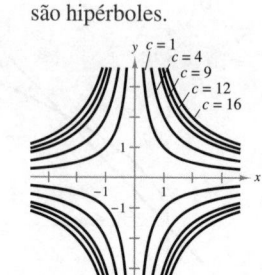

37. (a) Não, os aumentos de precipitação são de 7,99 polegadas, 9,99 polegadas, 9,99 polegadas, 9,99 polegadas e 19,99 polegadas.
    (b) Aumentar o número de curvas de nível para corresponder a menores aumentos de precipitação.
39. (a) $ 2,49
    (b) Como $\frac{\partial z}{\partial y} = 0,060 > \frac{\partial z}{\partial x} = 0,046$, y tem a maior influência.
41. $f_x = 2xy + 3y + 2$
    $f_y = x^2 + 3x - 5$
43. $z_x = \frac{2x}{y^2}$
    $z_y = \frac{-2x^2}{y^3}$
45. $f_x = \frac{5}{5x + 4y}$
    $f_y = \frac{4}{5x + 4y}$
47. $f_x = ye^x + e^y$
    $f_y = xe^y + e^x$
49. $w_x = yz^2$
    $w_y = xz^2$
    $w_z = 2xyz$
51. (a) -9 (b) -6 53. (a) -2 (b) -2
55. $f_{xx} = 6$
    $f_{yy} = 12y$
    $f_{xy} = f_{yx} = -1$
57. $f_{xx} = f_{yy} = f_{xy} = f_{yx} = \frac{-1}{4(1+x+y)^{3/2}}$
59. $f_{xx} = 10yz^3$ $f_{yx} = 1 + 10xz^3$ $f_{zx} = 30xyz^2$
    $f_{xy} = 1 + 10xz^3$ $f_{yy} = -18yz$ $f_{zy} = 15x^2z^2 - 9y^2$
    $f_{xz} = 30xyz^2$ $f_{yz} = 15x^2z^2 - 9y^2$ $f_{zz} = 30x^2yz$
61. (a) $C_x(500, 250) = 99,50$
    $C_y(500, 250) = 140$
    (b) Esquis para *downhill*; isso é determinado pela comparação entre os custos marginais para os dois modelos de esquis no nível de produção $(500, 250)$
63. Ponto crítico: $(0, 0)$
    Mínimo relativo: $(0, 0, 0)$
65. Ponto crítico: $(-2, 3)$
    Ponto de sela: $(-2, 3, 1)$
67. Pontos críticos: $(0, 0), \left(\frac{1}{6}, \frac{1}{12}\right)$
    Mínimo relativo: $\left(\frac{1}{6}, \frac{1}{12}, -\frac{1}{432}\right)$
    Ponto de sela: $(0, 0, 0)$
69. Pontos críticos: $(1, 1), (-1, -1), (1, -1), (-1, 1)$
    Mínimo relativo: $(1, 1, -2)$
    Máximo relativo: $(-1, -1, 6)$
    Ponto de sela: $(1, -1, 2), (-1, 1, 2)$
71. $x_1 = 50, x_2 = 200$
73. Em $(3, 6)$, o máximo relativo é 36.
75. Em $(2, 2)$, o mínimo relativo é 8.
77. Em $\left(\frac{4}{3}, \frac{2}{3}, \frac{4}{3}\right)$, o máximo relativo é $\frac{32}{27}$.
79. $x_1 = 378$ unidades; $x_2 = 623$ unidades
81. $y = \frac{60}{59}x - \frac{15}{59}$
83. (a) $y = -2,6x + 347$ 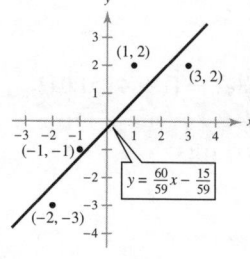
    (b) 126 câmeras
    (c) Cerca de $ 56,54
85. 1   87. $\frac{7}{4}$ 89. $\frac{32}{3}$ 91. $\frac{9}{2}$ 93. 20   95. 8
97. $\frac{4096}{9}$ 99. 3   101. $ 5.700
103. Cerca de $ 155,69/pés^2

Teste do capítulo (página 494)

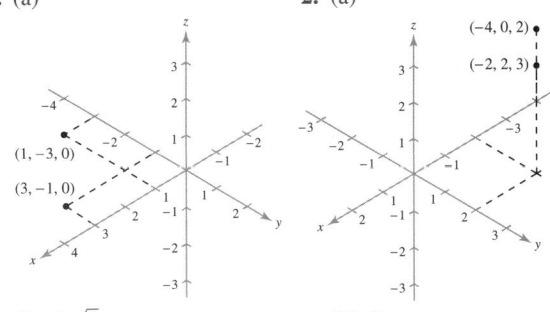

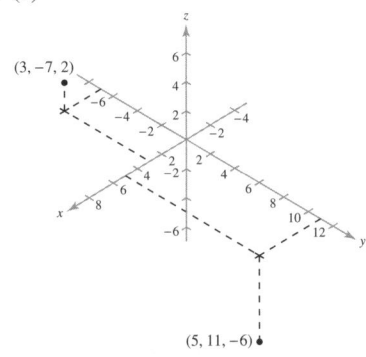

1. (a) [gráfico 3D com pontos $(1,-3,0)$ e $(3,-1,0)$]
(b) $2\sqrt{2}$
(c) $(2,-2,0)$

2. (a) [gráfico 3D com pontos $(-4,0,2)$ e $(-2,2,3)$]
(b) 3
(c) $(-3,1,2,5)$

3. (a) [gráfico 3D com pontos $(3,-7,2)$ e $(5,11,-6)$]
(b) $14\sqrt{2}$
(c) $(4,2,-2)$

4. Centro: $(10,-5,5)$; raio: 5
5. Hiperboloide de uma folha
6. Cone elíptico   **7.** Paraboloide hiperbólico
8. $f(3,3)=19$ **9.** $f(3,3)=\frac{3}{2}$
$f(1,4)=6$ $f(1,4)=-9$
10. $f(3,3)=0$
$f(1,4)=4\ln\frac{1}{4}\approx -5{,}5$
11. $f_x=6x+9y^2$; $f_x(10,-1)=69$
$f_y=18xy$; $f_y(10,-1)=-180$
12. $f_x=(x+y)^{1/2}+\dfrac{x}{2(x+y)^{1/2}}$; $f_x(10,-1)=\dfrac{14}{3}$
$f_y=\dfrac{x}{2(x+y)^{1/2}}$; $f_y(10,-1)=\dfrac{5}{3}$
13. Ponto crítico: $(1,-2)$; mínimo relativo: $(1,-2,-23)$
14. Pontos críticos: $(0,0), (1,1), (-1,-1)$
Ponto de sela: $(0,0,0)$
Máximos relativos: $(1,1,2), (-1,-1,2)$
15. Cerca de $128{,}613$ unidades   **16.** $y=0{,}52x+1{,}4$
17. $\frac{3}{2}$ **18.** 1 **19.** $\frac{4}{3}$ unidades^2 **20.** 48 **21.** $\frac{11}{6}$

Apêndice A

Seção A.1

1. Racional   **3.** Irracional   **5.** Racional   **7.** Racional
9. Irracional   **11.** (a) Sim   (b) Não   (c) Sim
13. (a) Sim   (b) Não   (c) Não
15. $x\geq 12$
17. $x<-\frac{1}{2}$
19. $x>1$
21. $-\frac{1}{2}<x<\frac{7}{2}$
23. $-\frac{3}{4}<x<-\frac{1}{4}$
25. $x>6$
27. $-\frac{3}{2}<x<2$
29. $4{,}1\leq E\leq 4{,}25$
31. $p\leq 0{,}4$
33. $120\leq r\leq 180$
35. $x\geq 36$
37. (a) Falsa   (b) Verdadeira   (c) Verdadeira   (d) Falsa

Seção A.2

1. (a) 51 (b) -51 (c) 51
3. (a) $14{,}99$ (b) $-14{,}99$ (c) $14{,}99$
5. (a) $\frac{128}{75}$ (b) $-\frac{128}{75}$ (c) $\frac{128}{75}$ **7.** $|x|\leq 2$
9. $|x|>2$ **11.** $|x-5|\leq 3$ **13.** $|x-2|>2$
15. $|x-5|<3$ **17.** $|y-a|\leq 2$
19. $-4<x<4$ **21.** $x<-6$ ou $x>6$
23. $3<x<7$ **25.** $x\leq -7$ ou $x\geq 13$
27. $x<6$ or $x>14$ **29.** $4<x<5$
31. $a-b\leq x\leq a+b$ **33.** $\dfrac{a-8b}{3}<x<\dfrac{a+8b}{3}$
35. 16 **37.** $1{,}25$ **39.** $\frac{1}{8}$ **41.** $|p-33{,}15|\leq 2$
43. $20{,}75$ onças e $19{,}25$ onças
45. (a) $|4750-E|\leq 500$,   **47.** (a) $|20.000-E|\leq 500$,
$|4.750-E|\leq 237{,}50$ $|20.000-E|\leq 1.000$
(b) Na variância   (b) Na variância
49. $\$\,11.759{,}40\leq C\leq \$\,17.639{,}10$

Seção A.3

1. -54 **3.** $\frac{1}{2}$ **5.** 4 **7.** 44 **9.** 5 **11.** 9
13. $\frac{1}{2}$ **15.** $\frac{1}{4}$ **17.** $908{,}3483$ **19.** $-3{,}7798$
21. $\dfrac{3}{4y^{14}}$ **23.** $10x^4$ **25.** $7x^5$ **27.** $\frac{5}{2}(x+y)^5, x\neq -y$
29. $3x, x>0$ **31.** $2\sqrt{2}$ **33.** $3x\sqrt[3]{2x^2}$
35. $\dfrac{2x^3 z}{y}\sqrt[3]{\dfrac{18z^2}{y}}$ **37.** $3x(x+2)(x-2)$ **39.** $\dfrac{2x^3+1}{x^{1/2}}$
41. $3(x+1)^{1/2}(x+2)(x-1)$ **43.** $\frac{1}{3}x(5x^3+1)$
45. $x\geq 4$ **47.** $(-\infty,\infty)$ **49.** $(-\infty,4)\cup(4,\infty)$
51. $x\neq 1, x\geq -2$ **53.** $\$\,19.121{,}84$ **55.** $\$\,11.345{,}46$
57. $\dfrac{\sqrt{2}}{2}\pi$ s ou cerca de $2{,}22$ s

Seção A.4

1. $\frac{1}{6},1$ **3.** $\frac{3}{2}$ **5.** $-2\pm\sqrt{3}$ **7.** $\dfrac{-3\pm\sqrt{41}}{4}$
9. $(x-2)^2$ **11.** $(2x+1)^2$ **13.** $(3x-1)(x-1)$
15. $(3x-2)(x-1)$ **17.** $(x-2y)^2$
19. $(3+y)(3-y)(9+y^2)$ **21.** $(x-2)(x^2+2x+4)$
23. $(y+4)(y^2-4y+16)$ **25.** $(x-y)(x^2+xy+y^2)$
27. $(x-4)(x-1)(x+1)$ **29.** $(2x-3)(x^2+2)$
31. $(x-2)(2x^2-1)$ **33.** $(x+4)(x-4)(x^2+1)$
35. $0,5$ **37.** ± 3 **39.** $\pm\sqrt{3}$ **41.** $0,6$ **43.** $-2,1$

35. 0, 5   **37.** ±3   **39.** ±$\sqrt{3}$ **41.** 0, 6   **43.** −2, 1
45. −1, 6   **47.** −1, −$\frac{2}{3}$ **49.** −4   **51.** ±2
53. 1, ±2   **55.** $(-\infty, -2] \cup [2, \infty)$
57. $(-\infty, 3] \cup [4, \infty)$ **59.** $(-\infty, -1] \cup [-\frac{1}{5}, \infty)$
61. $(x + 1)(x^2 - 4x - 2)$ **63.** $(x + 1)(2x^2 - 3x + 1)$
65. −2, −1, 4   **67.** 1, 2, 3   **69.** −$\frac{2}{3}$, −$\frac{1}{2}$, 3
71. 4   **73.** −2, −1, $\frac{1}{4}$
75. Duas soluções; as soluções da equação são ± 2.000, mas o custo mínimo médio ocorre no valor positivo, 2.000; 2.000 unidades

Seção A.5

1. $\dfrac{x - 4}{x + 6}, x \neq 3$ **3.** $\dfrac{x + 5}{2x + 3}, x \neq 2$ **5.** $\dfrac{x + 3}{x - 2}$
7. $\dfrac{x^2 - 3}{x}$ **9.** $\dfrac{5x^2 - 9x + 8}{(x - 3)(3x + 4)}$ **11.** $-\dfrac{x}{x^2 - 4}$
13. $\dfrac{1}{(x + 2)(x - 1)}$ **15.** $-\dfrac{x - 2}{x^2 + 1}$ **17.** $\dfrac{x + 2}{(x + 1)^{3/2}}$
19. $-\dfrac{3t}{2\sqrt{1 + t}}$ **21.** $\dfrac{x(x^2 + 2)}{(x^2 + 1)^{3/2}}$ **23.** $\dfrac{2}{x^2\sqrt{x^2 + 2}}$
25. $\dfrac{1}{2\sqrt{x}(x + 1)^{3/2}}$ **27.** $\dfrac{3x(x + 2)}{(2x + 3)^{3/2}}$ **29.** $\dfrac{\sqrt{10}}{5}$
31. $\dfrac{4x\sqrt{x - 1}}{x - 1}$ **33.** $\dfrac{49\sqrt{x^2 - 9}}{x + 3}$ **35.** $\dfrac{\sqrt{14} + 2}{2}$
37. $\sqrt{6} - \sqrt{5}$ **39.** $\sqrt{x} - \sqrt{x - 2}$
41. $\dfrac{1}{\sqrt{x + 2} + \sqrt{2}}$ **43.** $200,38

Apêndice B

1. 17,5 unidades quadradas
3. Soma de Riemann à esquerda: 0,518
   Soma de Riemann à direita: 0,768
5. Soma de Riemann à esquerda: 0,746
   Soma de Riemann à direita: 0,646
7. Soma de Riemann à esquerda: 0,859
   Soma de Riemann à direita: 0,659
9. (a)   (b) As respostas irão variar.
        (c) As respostas irão variar.
        (d) As respostas irão variar.

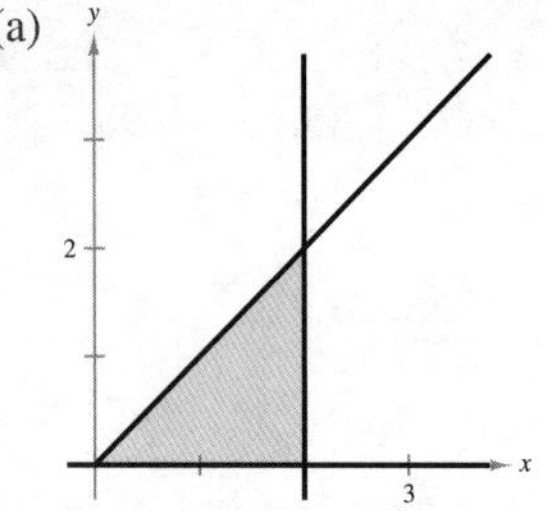

(e)

n	5	10	50	100
Soma à esquerda, S_L	1,6	1,8	1,96	1,98
Soma à direita, S_R	2,4	2,2	2,04	2,02

(f) As respostas irão variar.

11. $\displaystyle\int_0^5 3\, dx$

13. $\displaystyle\int_{-4}^{4} (4 - |x|)\, dx = \int_{-4}^{0} (4 + x)\, dx + \int_{0}^{4} (4 - x)\, dx$

15. $\displaystyle\int_{-2}^{2} (4 - x^2)\, dx$ **17.** $\displaystyle\int_{0}^{2} \sqrt{x + 1}\, dx$

19. Retângulo $A = 12$
21. Triângulo $A = 8$
23. Trapézio $A = 14$
25. Triângulo $A = 1$
27. Semicírculo $A = 9\pi/2$
29. As respostas irão variar.
31. >

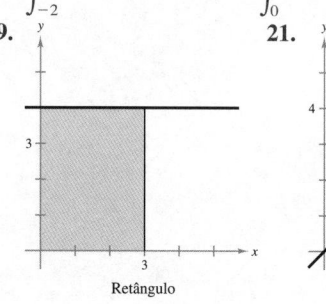

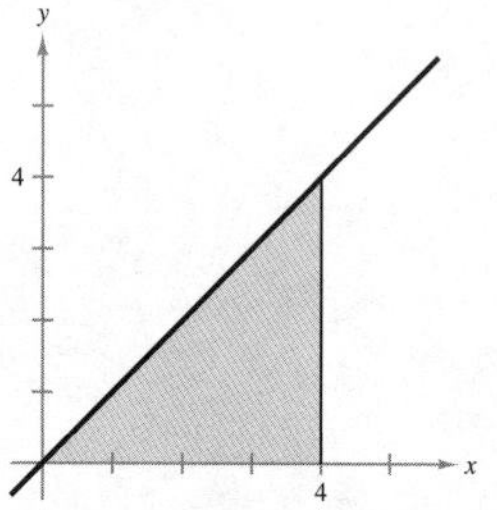

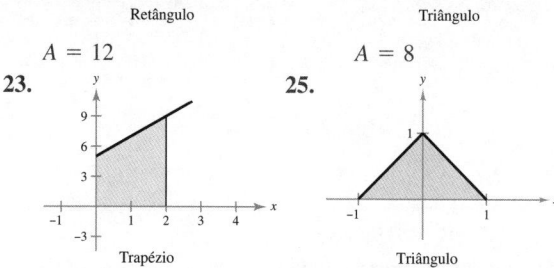

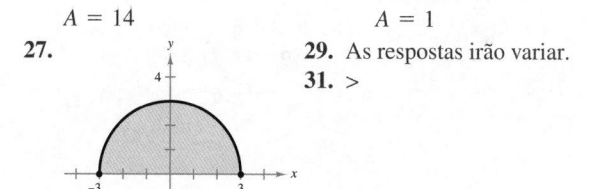

Respostas dos exercícios de autoavaliações

CAPÍTULO 1
AUTOAVALIAÇÕES DA SEÇÃO 1.1

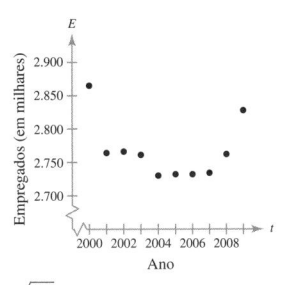

1 [gráfico com pontos $(-3, 2)$, $(3, 1)$, $(-1, -2)$, $(0, -2)$, $(4, -2)$]

2 [gráfico de Empregados (em milhares) vs Ano, 2000–2008]

3 5

4 $d_1 = \sqrt{20}, d_2 = \sqrt{45}, d_3 = \sqrt{65}$
$d_1^2 + d_2^2 = 20 + 45 = 65 = d_3^2$

5 25 jardas

6 $(-2, 5)$

7 \$ 8,75 bilhões

8 $(-1, -4), (1, -2), (1, 2), (-1, 0)$

AUTOAVALIAÇÕES DA SEÇÃO 1.2

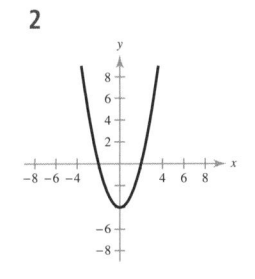

1 [gráfico de reta]

2 [gráfico de parábola]

3 Intersecção com o eixo x: $(3, 0), (-1, 0)$,
Intersecção com o eixo y: $(0, -3)$

4 $(x + 2)^2 + (y - 1)^2 = 25$

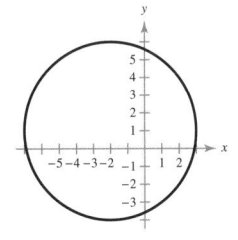

[gráfico de círculo]

5 12.500 unidades

6 4 milhões de unidades a \$ 122/unidade

7 A projeção obtida a partir do modelo é de \$ 10.814 milhões, que é menor do que a projeção da *Value Line*.

AUTOAVALIAÇÕES DA SEÇÃO 1.3

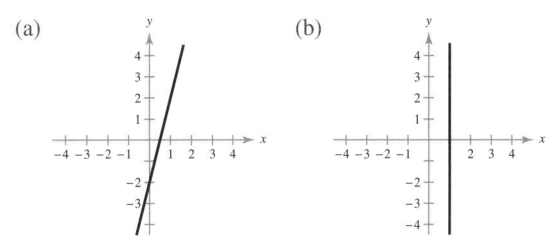

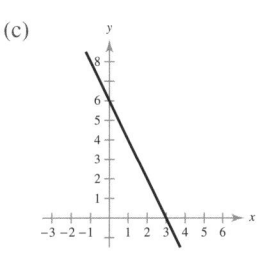

1
(a) [gráfico] (b) [gráfico]

(c) [gráfico]

2 Sim, $\frac{27}{312} \approx 0{,}08654 > \frac{1}{12} = 0{,}08\overline{3}$.

3 A interseção com o eixo y (0, 1.500) informa que o valor original da copiadora é \$ 1.500. A inclinação $m = -300$ revela que o valor diminui em \$ 300/ano.

4 (a) 2 (b) $-\frac{1}{2}$ (c) 0   **5** $y = 2x + 4$

6 $y = 0{,}52t - 2{,}67$; \$ 2,01

7 (a) $y = \frac{1}{2}x$ (b) $y = -2x + 5$

8 $V = -1.375t + 12.000$

AUTOAVALIAÇÕES DA SEÇÃO 1.4

1 (a) Sim, $y = x - 1$.
(b) Não, $y = \pm\sqrt{4 - x^2}$.
(c) Não, $y = \pm\sqrt{2 - x}$.
(d) Sim, $y = x^2$.

2 (a) Domínio: $[-1, \infty)$; imagem: $[0, \infty)$
(b) Domínio: $(-\infty, \infty)$; imagem: $[0, \infty)$

3 $f(0) = 1, f(1) = -3, f(4) = -3$
Não, f não é uma função bijetora.

4 (a) $x^2 + 2x\,\Delta x + (\Delta x)^2 + 3$ (b) $2x + \Delta x, \Delta x \neq 0$

5 (a) $2x^2 + 5$ (b) $4x^2 + 4x + 3$

6 (a) $f^{-1}(x) = 5x$ (b) $f^{-1}(x) = x + 6$

7 $f^{-1}(x) = \sqrt{x - 2}$

8
$$f(x) = x^2 + 4$$
$$y = x^2 + 4$$
$$x = y^2 + 4$$
$$x - 4 = y^2$$
$$\pm\sqrt{x-4} = y$$

AUTOAVALIAÇÕES DA SEÇÃO 1.5

1 6

2 (a) 4 (b) Não existe (c) 4

3 (a) 5 (b) 6 (c) 25 (d) −2

4 5 **5** 12 **6** 7 **7** $\frac{1}{4}$ **8** (a) −1 (b) 1 **9** 1

10 $\lim_{x \to 1^-} f(x) = 18$ e $\lim_{x \to 1^+} f(x) = 20$

$\lim_{x \to 1^-} f(x) \neq \lim_{x \to 1^+} f(x)$

11 Não existe.

AUTOAVALIAÇÕES DA SEÇÃO 1.6

1 (a) f é contínua em toda a reta real.

(b) f é contínua em toda a reta real.

(c) f é contínua em toda a reta real.

2 (a) f é contínua em $(-\infty, 1)$ e $(1, \infty)$.

(b) f é contínua em $(-\infty, 2)$ e $(2, \infty)$.

(c) f é contínua em toda a reta real.

3 f é contínua em $[2, \infty)$.

4 f é contínua em $[-1, 5]$.

5

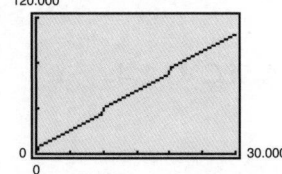

6 $A = 10.000(1 + 0,02)^{[\![4t]\!]}$

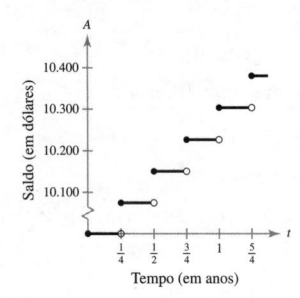

CAPÍTULO 2

AUTOAVALIAÇÕES DA SEÇÃO 2.1

1 3

2 Para os meses no gráfico à esquerda de julho, as retas tangentes apresentam inclinações positivas. Para os meses à direita de julho, as retas tangentes apresentam inclinações negativas. A temperatura diária média está aumentando antes de julho e diminuindo após este mês.

3 4

4 2

5 $m = 8x$

Em $(0, 1)$, $m = 0$.

Em $(1, 5)$, $m = 8$.

6 $2x - 5$

7 $-\dfrac{4}{t^2}$

AUTOAVALIAÇÕES DA SEÇÃO 2.2

1 (a) 0 (b) 0 (c) 0 (d) 0

2 (a) $4x^3$ (b) $-\dfrac{3}{x^4}$ (c) $2w$

3 $f'(x) = 3x^2$

$m = f'(-1) = 3$;

$m = f^{-1}(0) = 0$;

$m = f^{-1}(1) = 3$

4 (a) $8x$ (b) $\dfrac{8}{\sqrt{x}}$

5 (a) $\frac{1}{4}$ (b) $-\frac{2}{5}$

6 (a) $-\dfrac{9}{2x^3}$ (b) $-\dfrac{9}{8x^3}$

7 (a) $\dfrac{\sqrt{5}}{2\sqrt{x}}$ (b) $\dfrac{1}{4x^{3/4}}$

8 (a) $4x + 5$ (b) $4x^3 - 2$

9 −1 **10** $y = -x + 2$ **11** $ 0,34/ano

AUTOAVALIAÇÕES DA SEÇÃO 2.3

1 (a) $0,5\overline{6}$ mg/ml/min

(b) 0 mg/ml/min

(c) −1,5 mg/ml/min

2 (a) −16 pés/s (b) −48 pés/s

(c) −80 pés/s

3 Quando $t = 1,75$, $h'(1,75) = -56$ pés/s.

Quando $t = 2$, $h'(2) = -64$ pés/s.

4 (a) $\frac{3}{2}$ s (b) −32 pés/s

5 Quando $x = 100$, $\dfrac{dP}{dx} = $ 16/unidades.

Ganho real = $ 16,06

6 $p = -0,057x + 23,82$, $R = -0,057x^2 + 23,82x$

7 Receita: $R = 2.000x - 4x^2$

Receita marginal: $\dfrac{dR}{dx} = 2.000 - 8x$ $ 0/unidade

8 $\dfrac{dP}{dx} = $ 1,44/unidade

Aumento real nos lucros ≈ $ 1,44

AUTOAVALIAÇÕES DA SEÇÃO 2.4

1 $-27x^2 + 12x + 24$

2 $\dfrac{2x^2 - 1}{x^2}$

3 (a) $18x^2 + 30x$ (b) $12x + 15$

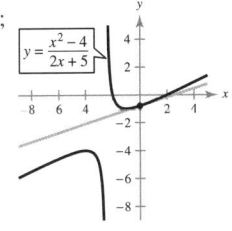

4 $-\dfrac{22}{(5x-2)^2}$

5 $y = \dfrac{8}{25}x - \dfrac{4}{5}$;

6 $\dfrac{-3x^2 + 4x + 8}{x^2(x+4)^2}$

7 (a) $\dfrac{2}{5}x + \dfrac{4}{5}$ (b) $3x^3$

8

t	0	1	2	3	4	5	6	7
$\dfrac{dP}{dt}$	0	-50	-16	-6	$-2,77$	$-1,48$	$-0,88$	$-0,56$

À medida que t aumenta, a taxa na qual a pressão sanguínea cai, diminui.

AUTOAVALIAÇÕES DA SEÇÃO 2.5

1 (a) $u = g(x) = x + 1$, $y = f(u) = \dfrac{1}{\sqrt{u}}$

(b) $u = g(x) = x^2 + 2x + 5$, $y = f(u) = u^3$

2 $6x^2(x^3 + 1)$

3 $4(2x + 3)(x^2 + 3x)^3$

4 $y = \dfrac{1}{3}x + \dfrac{8}{3}$

5 $-\dfrac{8}{(2x+1)^2}$

6 $\dfrac{x(3x^2 + 2)}{\sqrt{x^2+1}}$

7 $-\dfrac{12(x+1)}{(x-5)^3}$

8 Cerca de $ 3,48/ano

AUTOAVALIAÇÕES DA SEÇÃO 2.6

1 $f'(x) = 18x^2 - 4x$, $f''(x) = 36x - 4$, $f'''(x) = 36$, $f^{(4)}(x) = 0$

2 18

3 $\dfrac{120}{x^6}$

4 Altura = 144 pés
Velocidade = 0 pés/s
Aceleração = -32 pés/s^2

5 $-9,8$ m/s^2

6

A aceleração tende a zero.

AUTOAVALIAÇÕES DA SEÇÃO 2.7

1 $-\dfrac{2}{x^3}$

2 (a) $12x^2$ (b) $6y\dfrac{dy}{dx}$ (c) $1 + 5\dfrac{dy}{dx}$

(d) $y^3 + 3xy^2\dfrac{dy}{dx}$

3 $\dfrac{dy}{dx} = -\dfrac{x-2}{y-1}$ **4** $\dfrac{3}{4}$ **5** $\dfrac{5}{9}$

6 $\dfrac{dx}{dp} = -\dfrac{2}{p^2(0,002x+1)}$

AUTOAVALIAÇÕES DA SEÇÃO 2.8

1 9 **2** $12\pi \approx 37,7$ pés/s

3 $ 1.500/dia **4** $ 28.400/semana

CAPÍTULO 3

AUTOAVALIAÇÕES DA SEÇÃO 3.1

1 $f'(x) = 4x^3$

$f'(x) < 0$ se $x < 0$; portanto, f está diminuindo em $(-\infty, 0)$.

$f'(x) > 0$ se $x > 0$; portanto, f está aumentando em $(0, \infty)$.

2 $\dfrac{dF}{dt} = -1,5348t + 2,872 < 0$ quando $3 \le t \le 8$, o que implica que o consumo de frutas frescas estava diminuindo de 2003 a 2008.

3 $x = \dfrac{1}{2}$

4 Aumentando em $(-\infty, -2)$ e $(2, \infty)$
Diminuindo em $(-2, 2)$

5 Aumentando em $(0, \infty)$
Diminuindo em $(-\infty, 0)$

6 Aumentando em $(-\infty, -1)$ e $(1, \infty)$
Diminuindo em $(-1, 0)$ e $(0, 1)$

7 Como $f'(x) = -3x^2 = 0$ quando $x = 0$ e como f está diminuindo em $(-\infty, 0) \cup (0, \infty)$, f está diminuindo em $(-\infty, \infty)$.

8 $(0, 3.000)$

AUTOAVALIAÇÕES DA SEÇÃO 3.2

1 Máximo relativo em $(-1, 5)$
Mínimo relativo em $(1, -3)$

2 Mínimo relativo em $(3, -27)$

3 Máximo relativo em (1, 1)

Mínimo relativo em (0, 0)

4 Máximo absoluto em (0, 10)

Mínimo absoluto em (4, −6)

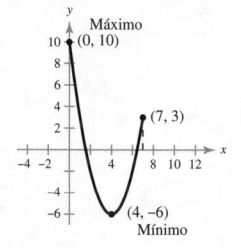

5

x (unidades)	24.000	24.200	24.300	24.400
P (lucro)	$ 24.760	$ 24.766	$ 24.767,50	$ 24.768

x (unidades)	24.500	24.600	24.800
P (lucro)	$ 24.767,50	$ 24.766	$ 24.760

AUTOAVALIAÇÕES DA SEÇÃO 3.3

1 (a) $f'' = -4$; como $f''(x) < 0$ para todo x, f é côncava para baixo para todo x.

(b) $f''(x) = \dfrac{1}{2x^{3/2}}$; como $f''(x) > 0$ para todo $x > 0$, f é côncava para cima para todo $x > 0$.

2 Como $f''(x) > 0$ para $x < -\dfrac{2\sqrt{3}}{3}$ e

$x > \dfrac{2\sqrt{3}}{3}$, f é côncava para cima em

$\left(-\infty, -\dfrac{2\sqrt{3}}{3}\right)$ e $\left(\dfrac{2\sqrt{3}}{3}, \infty\right)$.

Como $f''(x) < 0$ para $-\dfrac{2\sqrt{3}}{3} < x < \dfrac{2\sqrt{3}}{3}$, f é côncavo

para baixo em $\left(-\dfrac{2\sqrt{3}}{3}, \dfrac{2\sqrt{3}}{3}\right)$.

3 f é côncava para cima em $(-\infty, 0)$.

f é côncava para baixo em $(0, \infty)$.

Ponto de inflexão: $(0, 0)$

4 f é côncava para cima em $(-\infty, 0)$ e $(1, \infty)$.

f é côncava para baixo em $(0, 1)$.

Pontos de inflexão: $(0, 1), (1, 0)$

5 Mínimo relativo $(3, -26)$

6 Ponto de retorno diminuído: $x = $ 150$ mil

AUTOAVALIAÇÕES DA SEÇÃO 3.4

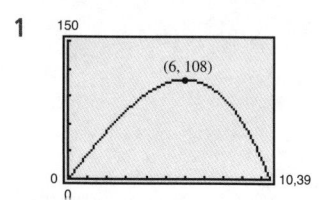

1

Volume máximo = 108 pol.^{3}

2 $\left(\sqrt{\tfrac{1}{2}}, \tfrac{7}{2}\right)$ e $\left(-\sqrt{\tfrac{1}{2}}, \tfrac{7}{2}\right)$

3 8 pol. por 12 pol.

AUTOAVALIAÇÕES DA SEÇÃO 3.5

1 125 unidades resultam em uma receita máxima de $ 1.562.500.

2 400 unidades

3 $ 6,25/unidades

4 $ 4,00

5 A demanda é elástica quando $0 < x < 144$.

A demanda é inelástica quando $144 < x < 324$.

A demanda é de elasticidade unitária quando $x = 144$.

AUTOAVALIAÇÕES DA SEÇÃO 3.6

1 (a) $\lim\limits_{x \to 2^-} \dfrac{1}{x-2} = -\infty$ (b) $\lim\limits_{x \to 2^+} \dfrac{1}{x-2} = \infty$

(c) $\lim\limits_{x \to -3^-} \dfrac{-1}{x+3} = -\infty$ (d) $\lim\limits_{x \to -3^+} \dfrac{-1}{x+3} = \infty$

2 $x = 0, x = 4$

3 $x = 3$

4 $\lim\limits_{x \to 2^-} \dfrac{x^2-4x}{x-2} = \infty$; $\lim\limits_{x \to 2^+} \dfrac{x^2-4x}{x-2} = -\infty$

5 2

6 (a) $y = 0$

(b) $y = \tfrac{1}{2}$

(c) Não há assíntota horizontal.

7 $C = 0,75x + 25.000$

$\overline{C} = 0,75 + \dfrac{25.000}{x}$

$\lim\limits_{x \to \infty} \overline{C} = $ 0,75/unidade

8 Não, a função custo não é definida em $p = 100$, o que significa ser impossível remover 100% dos poluentes.

AUTOAVALIAÇÕES DA SEÇÃO 3.7

1

	$f(x)$	$f'(x)$	$f''(x)$	Formato de gráfico
x em $(-\infty, -1)$		−	+	Decrescente, côncavo para cima
$x = -1$	−32	0	+	Mínimo relativo
x em $(-1, 1)$		+	+	Crescente, côncavo para cima
$x = 1$	−16	+	0	Ponto de inflexão
x em $(1, 3)$		+	−	Crescente, côncavo para baixo
$x = 3$	0	0	−	Máximo relativo
x em $(3, \infty)$		−	−	Decrescente, côncavo para baixo

2

	$f(x)$	$f'(x)$	$f''(x)$	Formato de gráfico
x em $(-\infty, 0)$		$-$	$+$	Decrescente, côncavo para cima
$x = 0$	5	0	0	Ponto de inflexão
x em $(0, 2)$		$-$	$-$	Decrescente, côncavo para baixo
$x = 2$	-11	$-$	0	Ponto de inflexão
x em $(2, 3)$		$-$	$+$	Decrescente, côncavo para cima
$x = 3$	-22	0	$+$	Mínimo relativo
x em $(3, \infty)$		$+$	$+$	Crescente, côncavo para cima

3

	$f(x)$	$f'(x)$	$f''(x)$	Formato de gráfico
x em $(-\infty, 0)$		$+$	$-$	Decrescente, côncavo para baixo
$x = 0$	0	0	$-$	Máximo relativo
x em $(0, 1)$		$-$	$-$	Decrescente, côncavo para baixo
$x = 1$	Não def.	Não def.	Não def.	Assíntota vertical
x em $(1, 2)$		$-$	$+$	Decrescente, côncavo para cima
$x = 2$	4	0	$+$	Mínimo relativo
x em $(2, \infty)$		$+$	$+$	Crescente, côncavo para cima

4

	$f(x)$	$f'(x)$	$f''(x)$	Formato de gráfico
x em $(-\infty, -1)$		$+$	$+$	Crescente, côncavo para cima
$x = -1$	Não def.	Não def.	Não def.	Assíntota vertical
x em $(-1, 0)$		$+$	$-$	Crescente, côncavo para baixo
$x = 0$	-1	0	$-$	Máximo relativo
x em $(0, 1)$		$-$	$-$	Decrescente, côncavo para baixo
$x = 1$	Não def.	Não def.	Não def.	Assíntota vertical
x em $(1, \infty)$		$-$	$+$	Decrescente, côncavo para cima

5

	$f(x)$	$f'(x)$	$f''(x)$	Formato de gráfico
x em $(0, 1)$		$-$	$+$	Decrescente, côncavo para cima
$x = 1$	-4	0	$+$	Mínimo relativo
x em $(1, \infty)$		$+$	$+$	Crescente, côncavo para cima

AUTOAVALIAÇÕES DA SEÇÃO 3.8

1 $dy = 0{,}32$; $\Delta y = 0{,}32240801$

2 $dR = \$\,22$; $\Delta R = \$\,21$

3 $dP = \$\,10{,}96$; $\Delta P = \$\,10{,}98$

4 (a) $dy = 12x^2\,dx$ (b) $dy = \frac{2}{3}\,dx$
   (c) $dy = (6x - 2)\,dx$ (d) $dy = -\frac{2}{x^3}\,dx$

CAPÍTULO 4

AUTOAVALIAÇÕES DA SEÇÃO 4.1

1 (a) 243 (b) 3 (c) 64
   (d) 8 (e) $\frac{1}{2}$ (f) $\sqrt{10}$

2 (a) $5{,}453 \times 10^{-13}$ (b) $1{,}621 \times 10^{-13}$
   (c) $2{,}629 \times 10^{-14}$

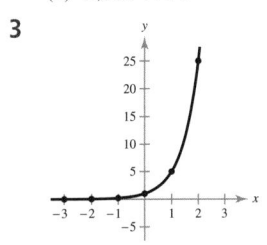

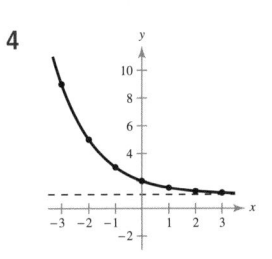

3

4

AUTOAVALIAÇÕES DA SEÇÃO 4.2

1

x	-2	-1	0	1	2
$f(x)$	$e^2 \approx 7{,}389$	$e \approx 2{,}718$	1	$\frac{1}{e} \approx 0{,}368$	$\frac{1}{e^2} \approx 0{,}135$

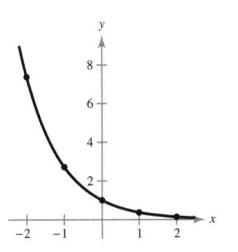

2 Após 0 h, $y = 1{,}25$ g.
   Após 1 h, $y \approx 1{,}338$ g.
   Após 10 h, $y \approx 1{,}498$ g.
   $\lim\limits_{t \to \infty} \dfrac{1{,}50}{1 + 0{,}2e^{-0{,}5t}} = 1{,}50$ g

3 (a) $4.870,38 (b) $4.902,71
(c) $4.918,66 (d) $4.919,21

Com todo o restante sendo igual, quanto maior for a frequência da capitalização dos juros maior é a renda.

4 (a) 7% (b) 7,12% (c) 7,19% (d) 7,23%

5 $16.712,90

AUTOAVALIAÇÕES DA SEÇÃO 4.3

1 Em (0, 2), a inclinação é 2. Em (1, 2e), a inclinação é 2e.

2 (a) $3e^{3x}$ (b) $-\dfrac{6x^2}{e^{2x^3}}$ (c) $8xe^{x^2}$ (d) $-\dfrac{2}{e^{2x}}$

3 (a) 0 (b) $3e^{3x+1}$ (c) $xe^x(x+2)$ (d) $\frac{1}{2}(e^x - e^{-x})$

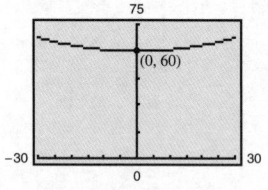

(e) $\dfrac{e^x(x-2)}{x^3}$ (f) $e^x(x^2 + 2x - 1)$

4

[gráfico com (0, 60), janela −30 a 30, 0 a 75]

5 $18,39/unidade (80.000 unidades)

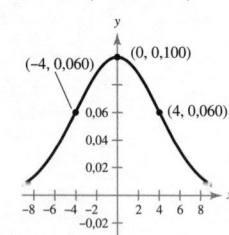

6

[gráfico com pontos (−4, 0,060), (0, 0,100), (4, 0,060)]

Pontos de inflexão: (−4, 0,060), (4, 0,060)

AUTOAVALIAÇÕES DA SEÇÃO 4.4

1

x	−1,5	−1	−0,5	0	0,5	1
$f(x)$	−0,693	0	0,405	0,693	0,916	1,099

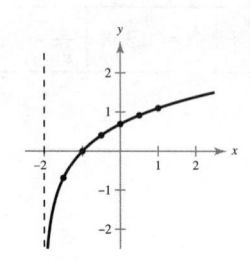

[gráfico]

2 (a) 3 (b) $x + 1$

3 (a) $\ln 2 - \ln 5$ (b) $\frac{1}{3}\ln(x+2)$
(c) $\ln x - \ln 5 - \ln y$
(d) $\ln x + 2\ln(x+1)$

4 (a) $\ln x^4 y^3$ (b) $\ln \dfrac{x+1}{(x+3)^2}$

5 (a) $\ln 6$ (b) $5\ln 5$

6 (a) e^4 (b) e^3

7 7,9 anos

AUTOAVALIAÇÕES DA SEÇÃO 4.5

1 $\dfrac{1}{x}$

2 (a) $\dfrac{2x}{x^2 - 4}$ (b) $x(1 + 2\ln x)$

(c) $\dfrac{2\ln x - 1}{x^3}$

3 $\dfrac{1}{3(x+1)}$

4 $\dfrac{2}{x} + \dfrac{x}{x^2+1}$ **5** $y = 4x - 4$

6 Mínimo relativo: $(2, 2 - 2\ln 2) \approx (2, 0,6137)$

7 $\dfrac{dp}{dt} = -1{,}3\%/\text{mo}$

A pontuação média cairia a uma taxa maior do que a do modelo do Exemplo 7.1.

8 (a) 4 (b) −2 (c) −5 (d) 3

9 (a) 2,322 (b) 2,631 (c) 3,161
(d) −0,5

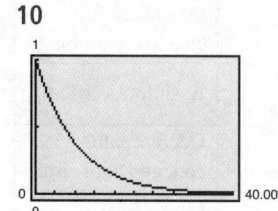

10

[gráfico, janela 0 a 40.000, 0 a 1]

À medida que o tempo aumenta, a derivada se aproxima de 0. A taxa de variação do total de isótopos de carbono é proporcional à quantidade presente.

AUTOAVALIAÇÕES DA SEÇÃO 4.6

1 Cerca de 2.113,7 anos

2 $y = 25e^{0,6931t}$

3 $r = \frac{1}{8}\ln 2 \approx 0{,}0866$ ou 8,66%

4 Cerca de 12,42 meses

CAPÍTULO 5

AUTOAVALIAÇÕES DA SEÇÃO 5.1

1 (a) $5x + C$ (b) $-r + C$ (c) $2t + C$

2 $\frac{5}{2}x^2 + C$

3 (a) $-\dfrac{1}{x} + C$ (b) $\dfrac{3}{4}x^{4/3} + C$

4 (a) $\frac{1}{2}x^2 + 4x + C$
(b) $x^4 - \frac{5}{2}x^2 + 2x + C$

5 $\frac{2}{3}x^{3/2} + 4x^{1/2} + C$

6 Solução geral: $F(x) = 2x^2 + 2x + C$
Solução particular: $F(x) = 2x^2 + 2x + 4$

7 $s(t) = -16t^2 + 32t + 48$. A bola atinge o chão 3 segundos após ser jogada, com uma velocidade de −64 pés por segundo.

8 $C = -0{,}01x^2 + 28x + 12{,}01$
$C(200) = \$5.212{,}01$

AUTOAVALIAÇÕES DA SEÇÃO 5.2

1 (a) $\dfrac{(x^3 + 6x)^3}{3} + C$ (b) $\dfrac{2}{3}(x^2 - 2)^{3/2} + C$

2 $\dfrac{1}{36}(3x^4 + 1)^3 + C$ **3** $\dfrac{1}{9}(x^3 - 3x)^3 + C$

4 $2x^9 + \dfrac{12}{5}x^5 + 2x + C$ **5** $\dfrac{5}{3}(x^2 - 1)^{3/2} + C$

6 $-\dfrac{1}{3}(1 - 2x)^{3/2} + C$ **7** $\dfrac{1}{3}(x^2 + 4)^{3/2} + C$

8 Aproximadamente $ 32.068

AUTOAVALIAÇÕES DA SEÇÃO 5.3

1 (a) $3e^x + C$ (b) $e^{5x} + C$ (c) $e^x - \dfrac{x^2}{2} + C$

2 $\dfrac{1}{2}e^{2x+3} + C$

3 $2e^{x^2} + C$

4 (a) $2\ln|x| + C$ (b) $\ln|x^3| + C$
   (c) $\ln|2x + 1| + C$

5 $\dfrac{1}{4}\ln|4x + 1| + C$

6 $\dfrac{3}{2}\ln(x^2 + 4) + C$

7 (a) $4x - 3\ln|x| - \dfrac{2}{x} + C$

   (b) $2\ln(1 + e^x) + C\, dx$

   (c) $\dfrac{x^2}{2} + x + 3\ln|x + 1| + C$

AUTOAVALIAÇÕES DA SEÇÃO 5.4

1 $\dfrac{1}{2}(3)(12) = 18$

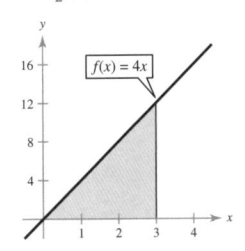

2 $\dfrac{22}{3}$ unidades²   **3** 68

4 (a) $\dfrac{1}{4}(e^4 - 1) \approx 13{,}3995$
   (b) $-\ln 5 + \ln 2 \approx -0{,}9163$

5 $\dfrac{13}{2}$ **6** (a) Aproximadamente $ 14,18   (b) $ 141,79

7 $13,70   **8** (a) $\dfrac{2}{5}$ (b) 0

9 Aproximadamente $ 12.295,62

AUTOAVALIAÇÕES DA SEÇÃO 5.5

1 $\dfrac{8}{3}$ unidades²

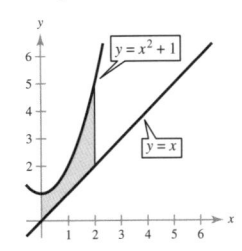

2 $\dfrac{32}{3}$ unidades²   **3** $\dfrac{9}{2}$ unidades²

4 $\dfrac{253}{12}$ unidades²

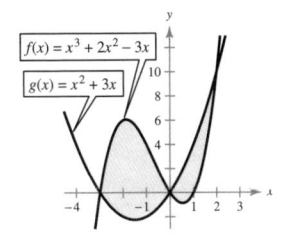

5 Excedente do consumidor: 40
   Excedente do produtor: 20

6 A empresa pode economizar $ 47,52 milhões.

AUTOAVALIAÇÕES DA SEÇÃO 5.6

1 $\dfrac{37}{8}$ unidades²

2 0,436 unidades²

3 5,642 unidades²

4 Cerca de 1,463

CAPÍTULO 6

AUTOAVALIAÇÕES DA SEÇÃO 6.1

1 $\dfrac{1}{2}xe^{2x} - \dfrac{1}{4}e^{2x} + C$

2 $\dfrac{x^2}{2}\ln x - \dfrac{1}{4}x^2 + C$

3 $x\ln 2x - x + C$

4 $e^x(x^3 - 3x^2 + 6x - 6) + C$

5 $e - 2$ **6** $ 538.145   **7** $ 721.632,08

AUTOAVALIAÇÕES DA SEÇÃO 6.2

1 $\dfrac{2}{3}(x - 4)\sqrt{2 + x} + C$ (Fórmula 19)

2 $\sqrt{x^2 + 16} - 4\ln\left|\dfrac{4 + \sqrt{x^2 + 16}}{x}\right| + C$ (Fórmula 25)

3 $\dfrac{1}{4}\ln\left|\dfrac{x - 2}{x + 2}\right| + C$ (Fórmula 21)

4 $\dfrac{1}{3}[1 - \ln(1 + e) + \ln 2] \approx 0{,}12663$ (Fórmula 39)

5 $x(\ln x)^2 + 2x - 2x\ln x + C$ (Fórmula 44)

6 Cerca de 18,2%

AUTOAVALIAÇÕES DA SEÇÃO 6.3

1 3,2608   **2** 3,1956   **3** 1,154

AUTOAVALIAÇÕES DA SEÇÃO 6.4

1 (a) Converge; $\dfrac{1}{2}$ (b) Diverge

2 1   **3** $\dfrac{1}{2}$ **4** 0,0013 ou 0,13%

5 Não, você não tem dinheiro suficiente para dar início ao fundo de bolsas de estudo porque precisa de $ 125.000. ($ 125.000 > $ 120.000)

CAPÍTULO 7

AUTOAVALIAÇÕES DA SEÇÃO 7.1

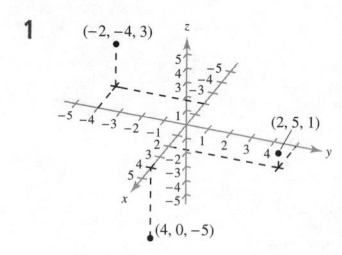

1 Pontos $(-2, -4, 3)$, $(2, 5, 1)$, $(4, 0, -5)$ representados no sistema tridimensional.

2 $2\sqrt{6}$

3 $\left(-\frac{5}{2}, 2, -2\right)$

4 $(x-4)^2 + (y-3)^2 + (z-2)^2 = 25$

5 $(x-1)^2 + (y-3)^2 + (z-2)^2 = 38$

6 Centro: $(-3, 4, -1)$; raio: 6

7 $(x+1)^2 + (y-2)^2 = 16$

AUTOAVALIAÇÕES DA SEÇÃO 7.2

1 Intersecção com o eixo x: $(4, 0, 0)$;
Intersecção com o eixo y: $(0, 2, 0)$;
Intersecção com o eixo z: $(0, 0, 8)$

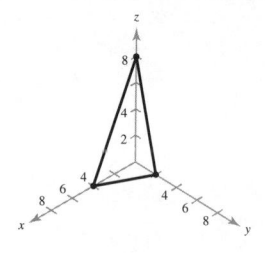

2 Corte xy: circunferência, $x^2 + y^2 = 1$;
Corte yz: hipérbole, $y^2 - z^2 = 1$;
Corte xz: hipérbole, $x^2 - z^2 = 1$;
Corte $z = 3$:
Circunferência, $x^2 + y^2 = 10$
Hiperboloide de uma folha

3 (a) Paraboloide elíptico (b) Cone elíptico

AUTOAVALIAÇÕES DA SEÇÃO 7.3

1 (a) 0 (b) $\frac{9}{4}$

2 Domínio: $x^2 + y^2 \leq 9$
Imagem: $0 \leq z \leq 3$

3 Para cada valor de c, a equação $f(x, y) = c$ é uma circunferência (ou ponto) no plano xy.

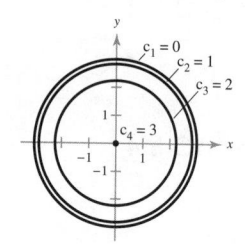

4 $f(1.500, 1.000) \approx 127.542$ unidades
$f(1.000, 1.500) \approx 117.608$ unidades
x, horas-pessoa, tem grande efeito sobre a produção.

5 (a) $M = \$ 421{,}60$/mês
(b) Total do pagamento $= (30 \times 12) \times 421{,}60$
$= \$ 151.776$

AUTOAVALIAÇÕES DA SEÇÃO 7.4

1 $\dfrac{\partial z}{\partial x} = 4x - 8xy^3$

$\dfrac{\partial z}{\partial y} = -12x^2y^2 + 4y^3$

2 $f_x(x, y) = 2xy^3;\ f_x(1, 2) = 16$
$f_y(x, y) = 3x^2y^2;\ f_y(1, 2) = 12$

3 (a) $f_x(1, -1, 49) = 8$ (b) $f_y(1, -1, 49) = -18$

4 Relação de produto substituto.

5 $\dfrac{\partial w}{\partial x} = xy + 2xy \ln(xz)$

$\dfrac{\partial w}{\partial y} = x^2 \ln xz$

$\dfrac{\partial w}{\partial z} = \dfrac{x^2 y}{z}$

6 $f_{xx} = 8y^2$
$f_{yy} = 8x^2 + 8$
$f_{xy} = 16xy$
$f_{yx} = 16xy$

7 $f_{xx} = 0 \quad f_{xy} = e^y \quad f_{xz} = 2$
$f_{yx} = e^y \quad f_{yy} = xe^y + 2 \quad f_{yz} = 0$
$f_{zx} = 2 \quad f_{zy} = 0 \quad f_{zz} = 0$

AUTOAVALIAÇÕES DA SEÇÃO 7.5

1 $f(-8, 2) = -64$: mínimo relativo

2 $f(0, 0) = 1$: máximo relativo

3 $f(0, 0) = 0$: ponto de sela

4 $P(3{,}11,\ 3{,}81) = \$ 744{,}81$ lucro máximo

5 $V\left(\frac{4}{3}, \frac{2}{3}, \frac{8}{3}\right) = \frac{64}{27}$ unidades^3

AUTOAVALIAÇÕES DA SEÇÃO 7.6

1 $V\left(\frac{4}{3}, \frac{2}{3}, \frac{8}{3}\right) = \frac{64}{27}$ unidades^3

2 $f(187{,}5,\ 50) \approx 13.474$ unidades

3 Cerca de 26.740 unidades

4 $P(3{,}35,\ 4{,}26) = \$ 758{,}08$ lucro máximo

AUTOAVALIAÇÕES DA SEÇÃO 7.7

1 Para $f(x)$, $S = 10$. Para $g(x)$, $S = 0{,}76$.
O modelo quadrático representa um ajuste melhor.

2 $f(x) = \frac{6}{5}x + \frac{23}{10}$

3 $y = 16.194{,}4t + 132.405$
Cerca de 342.932.200 assinantes

AUTOAVALIAÇÕES DA SEÇÃO 7.8

1 (a) $\frac{1}{4}x^4 + 2x^3 - 2x - \frac{1}{4}$ (b) $\ln|y^2 + y| - \ln|2y|$

2 $\frac{25}{2}$

3 $\int_{2}^{4}\int_{1}^{5} dx\,dy = 8$ **4** $\frac{4}{3}$

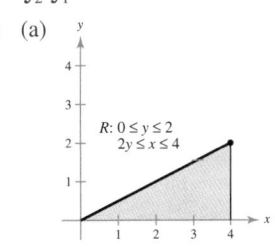

5 (a)

R: $0 \leq y \leq 2$, $2y \leq x \leq 4$

(b) $\int_{0}^{4}\int_{0}^{x/2} dy\,dx$

(c) $\int_{0}^{2}\int_{2y}^{4} dx\,dy = 4 = \int_{0}^{4}\int_{0}^{x/2} dy\,dx$

6 $\int_{-1}^{3}\int_{x^2}^{2x+3} dy\,dx = \frac{32}{3}$

AUTOAVALIAÇÕES DA SEÇÃO 7.9

1 $\frac{16}{3}$ **2** $e - 1$ **3** $\frac{176}{15}$

4 Integração por partes **5** 3

Apêndice A

AUTOAVALIAÇÕES DA SEÇÃO A.1

1 $x < 5$ ou $(-\infty, 5)$

2 $x < -2$ ou $x > 5$; $(-\infty, -2) \cup (5, \infty)$

3 $200 \leq x \leq 400$; de modo que os níveis de produção diária durante o mês variaram entre um nível baixo, de 200 unidades, e um nível alto, de 400 unidades.

AUTOAVALIAÇÕES DA SEÇÃO A.2

1 8; 8; −8 **2** $2 \leq x \leq 10$

3 \$ 4.027,50 $\leq C \leq$ \$ 11.635

AUTOAVALIAÇÕES DA SEÇÃO A.3

1 $\frac{4}{9}$ **2** 8 **3** (a) $3x^6$ (b) $8x^{7/2}$ (c) $4x^{4/3}$

4 (a) $x(x^2 - 2)$ (b) $2x^{1/2}(1 + 4x)$

5 $\frac{(3x - 1)^{3/2}(13x - 2)}{(x + 2)^{1/2}}$ **6** $\frac{x^2(5 + x^3)}{3}$

7 (a) $[2, \infty)$ (b) $(2, \infty)$ (c) $(-\infty, \infty)$

AUTOAVALIAÇÕES DA SEÇÃO A.4

1 (a) $\frac{-2 \pm \sqrt{2}}{2}$ (b) 4 (c) Não há zeros reais.

2 (a) $x = -3$ e $x = 5$ (b) $x = -1$
(c) $x = \frac{3}{2}$ e $x = 2$

3 $(-\infty, -2] \cup [1, \infty)$ **4** $-1, \frac{1}{2}, 2$

AUTOAVALIAÇÕES DA SEÇÃO A.5

1 $\frac{x - 2}{x + 1}$, $x \neq -10$

2 (a) $\frac{x^2 + 2}{x}$ (b) $\frac{3x + 1}{(x + 1)(2x + 1)}$

3 $\frac{3x + 4}{(x + 2)(x - 2)}$ **4** $-\frac{x + 1}{3x(x + 2)}$

5 $\frac{2(4x^2 + 5x - 3)}{x^2(x + 3)}$ **6** (a) $\frac{3x + 8}{4(x + 2)^{3/2}}$ (b) $\frac{1}{\sqrt{x^2 + 4}}$

7 (a) $\frac{5\sqrt{2}}{4}$ (b) $\frac{x + 2}{4\sqrt{x + 2}}$ (c) $\frac{\sqrt{6} + \sqrt{3}}{3}$
(d) $\frac{\sqrt{x + 2} - \sqrt{x}}{2}$

Respostas dos tutores técnicos

Tutor Técnico

Seção 1.3 *(página 28)*

As retas parecem perpendiculares na janela $-9 \leq x \leq 9$ e $-6 \leq y \leq 6$.

Seção 1.6 *(página 60)*

A maioria das calculadoras no modo conexo irá ligar os dois ramos do gráfico com uma reta quase vertical perto de $x = 2$. Essa reta não é parte do gráfico.

Seção 4.5 *(página 283)*

As respostas irão variar.

Seção 6.3 *(página 388)*

1,46265

Índice remissivo

A

Absoluto
 extremo, 179
 máximo, 179
 mínimo, 179
Aceleração, 135
 da gravidade, 136
 função, 135
Adição
 de funções, 38
Álgebra e técnicas de integração, 404
Análise
 de equilíbrio, 14
 marginal, 235, 339
Análise de regressão, mínimos quadrados, 16
Anuidade, 345
 perpétua, 400
  valor presente de, 400
 valor de, 345
Aproximação
 de integrais definidas, 355, 387
Aproximação, reta tangente, 233
Área
 de uma região limitada por dois gráficos, 346
 e integrais definidas, 335
 encontrando área com uma integral dupla, 476
Área no plano, encontrada com uma integral dupla, 476
Assíntota
 horizontal, 216
  de uma função exponencial, 253
  de uma função racional, 217
 vertical, 215
  de uma função racional, 215

B

Base
 de uma função exponencial, 250
 de uma função logarítmica natural, 273
Bases diferentes de e, e derivação, 286

C

Cálculo de um limite
 de uma função polinomial, 50
 substituição direta, 49
 técnica de cancelamento, 51
 teorema da substituição, 51
Capitalização contínua de juros, 258
Características dos gráficos das funções exponenciais, 252
Catenária, 267
Centro de um círculo, 13
Circunferências, 13
 centro de, 13
 forma padrão da equação de, 13
 raio de, 13
Classificando uma superfície quadrática, 429
Coeficiente de correlação, 473
Combinações de funções, 38
Comportamento, ilimitado, 54
Concavidade, 184
 teste para, 184
  diretrizes para aplicar, 185

Côncavo
 para baixo, 185
 para cima, 185
Condensação de expressões logarítmicas, 276
Condição(ões) inicial(ais), 312
Cone, elíptico, 424
Constante de integração, 308
Constante de proporcionalidade, 290
Contínua
 à direita, 61
 à esquerda, 61
 em um intervalo aberto, 59
 em um intervalo fechado, 61
 em um ponto, 59
 função, 59
Continuidade, 59
 de uma função polinomial, 60
 de uma função racional, 60
 e diferenciabilidade, 87
 em uma extremidade, 61
 em um intervalo fechado, 61
Convergência
 de uma integral imprópria, 399
Coordenada(s)
 coordenada x, 2
 coordenada y, 2
 coordenada z, 417
 de um ponto em um plano, 2
Corte de uma superfície, 417
Crescimento e decrescimento exponencial, 257
Crítico,
 número, 169
 ponto, 450
Cúbica(o)
 função, 230
 modelo, 17
Curva
 de demanda, 15
 de Lorenz, 354
 de nível, 433
 de oferta, 14
 de perseguição, 281
 logística, 257
Custo
 depreciado, 28
 fixo, 23
 marginal, 23, 104
 médio, 204
 total, 14, 104

D

Decaimento radioativo, 291
Definição por limite de e, 256
Demanda
 curva de, 15
 elástica, 207
 elasticidade-preço da, 207
 equação, 15
 função, 107
 inelástica, 207
 total limitada, 463
Depreciação linear, 28
Derivação, 82
 e outras bases diferentes de e, 286
 implícita, 141

 diretrizes para, 143
 parcial, 438
 regra da cadeia, 125
 regra da constante, 88
 regra da diferença, 94
 regra da potência geral, 127
 regra da potência simples, 89
 regra da soma, 94
 regra do múltiplo por constante, 91
 regra do produto, 114
 regra do quociente, 116
 regras, resumo das, 130
Derivação parcial, 439
Derivada de ordem superior, 134
 de uma função polinomial, 135
 notação para, 134
Derivada parcial, 439
 de uma função de duas variáveis, 439
 de uma função de três variáveis, 442
 interpretação gráfica de, 439
 mista, 443
 ordem superior, 443
 primeira, com relação a x e y, 439
 primeira, notação para, 439
Derivada(s), 82
 da função exponencial natural, 265
 da função logarítmica natural, 281
 de f em x, 82
 de ordem superior, 135
  de uma função polinomial, 136
  notação para, 135
 de uma função, 82
 de uma função exponencial
  com base a, 285
 de uma função logarítmica com base a, 285
 parcial, 438
  de ordem superior, 443
  de uma função de duas variáveis, 438
  de uma função de três variáveis, 442
  interpretação gráfica de, 439
  mista, 444
 primeira, 135
  com relação a x e y, 438
  notação para, 439
 segunda, 134
 simplificação, 129
 terceira, 134
Derivadas parciais de ordem superior, 443
Derivadas parciais mistas 446
Descontinuidade, 61
 infinita, 396
 não removível, 61
 removível, 61
Desigualdade
"Dessimplificando" uma expressão algébrica, 361
Desvio padrão de uma distribuição de probabilidade, 269
Determinação da área no plano, com integrais duplas, 476
Determinação do volume, com integrais duplas, 482
Diferença
 de duas funções, 40
Diferenciabilidade e continuidade, 84

Diferenciais, 233
    de x, 233
    de y, 233
Diferenciável, 82
Dinheiro, a produtividade marginal do, 462
direção x, inclinação de uma
    superfície na, 440
direção y, inclinação de uma
    superfície na, 440
Diretrizes
    para a aplicação de teste de
        concavidade, 185
    para a aplicação de teste para
        crescimento/decrescimento, 168
    para analisar o gráfico de uma função, 224
    para derivação implícita, 143
    para encontrar as inclinações de uma
        superfície em um ponto, 440
    para encontrar extremos relativos, 176
    para encontrar os extremos em um
        intervalo fechado, 180
    para encontrar o volume de um sólido, 482
    para integração por partes, 370
    para integração por substituição, 322
    para modelagem de crescimento e
        decaimento exponencial, 292
    para resolver problemas de otimização, 195
    para resolver um problema de taxa
        relacionada, 150
    para usar a regra do ponto médio, 356
    para usar o teorema fundamental do
        cálculo, 336
Divergência
    de uma integral imprópria, 395
Divisão
    de funções, 38
Domínio
    de uma função, 35
    de uma função composta, 38
    de uma função de duas variáveis, 430
    de uma função de x e y, 430
    de uma função inversa, 39
    implícito, 35
    viável, 194
Domínio implícito de uma função, 36
Domínio viável de uma função, 194
Duas variáveis, função de, 426
    derivadas parciais de, 439
    domínio, 426
    extremos relativos, 449, 452
    imagem, 426
    máximo relativo, 449, 452
    mínimo relativo, 449, 452

E

Eixo
    eixo x, 2
    eixo y, 2
    eixo z, 414
Elasticidade-preço da demanda, 206
Elasticidade unitária, 207
Elipsoide, 425
Encontrando
    área com uma integral dupla, 476
    extremos em um intervalo fechado,
        diretrizes para, 180
    extremos relativos, diretrizes para, 176
    função inversa, 40
    inclinação de uma reta, 21
    intersecções com os eixos, 12
    primitivas, 309
    volume com uma integral dupla, 482
    volume de um sólido, diretrizes para, 482
e, o número, 256
    definição por limite de, 256
Equação
    da demanda, 15
    de oferta, 15
    de uma circunferência, forma padrão da, 13
    de uma esfera, padrão, 416
    de um plano no espaço, geral, 421
    diferencial, 312
    gráfico de, 10
    linear, 21
        forma de dois pontos, 27
        forma geral de, 27
        forma inclinação-interseção, 21, 27
        forma ponto-inclinação, 27
    primária, 194, 195
    secundária, 195
    valor absoluto, 69
Equação de uma reta, 21
    forma de dois pontos, 26
    forma geral de, 27
    forma inclinação-intersecção, 21, 27
    forma ponto-inclinação, 26, 27
Equação diferencial, 312
    solução geral de, 312
    solução particular de, 312
Equação geral de um plano no espaço, 421
Equação linear, 21
    forma de dois pontos de, 26
    forma geral de, 27
    forma inclinação-intersecção de, 21, 27
    forma ponto-inclinação de, 26, 27
    gráfico, 22
    resolvendo, 69
Equação padrão de uma esfera, 416
Equação primária, 194, 195
Equação radical, resolução, 69
Equação secundária, 195
Equações algébricas básicas, gráficos de, 16
Equações algébricas básicas, gráficos de, 16
Equações exponenciais, resolução de, 276, 298
Equações logarítmicas, resolvendo, 276, 298
Equações, resolvendo,
    com valor absoluto, 68
    exponencial, 273, 298
    linear, 69
    logarítmica, 276, 298
    quadrática, 69
    radical, 69
    revisão, 69, 240
    sistemas de (revisão), 490
Equilíbrio,
    análise de, 15
    ponto de, 15
    preço de, 15
    quantidade de, 15
Erro
    na regra de Simpson, 390
    na regra do trapézio, 390
    porcentual, 239
    propagação de, 239
    propagado, 239
    relativo, 239
Erros quadráticos, soma de, 467
Erros, soma dos quadrados, 467
Esfera, 416
    equação padrão da, 416

Estratégias, resolução de problemas, 243
Excedente
    do consumidor, 350
    do produtor, 350
Existência de um limite, 53
Expoentes,
    propriedades de, 250
Expoentes e logaritmos, propriedades
    inversas de, 275
Exponencial,
    crescimento, 290
        diretrizes para modelagem, 292
        modelo, 257
    decrescimento, 290
        diretrizes para modelagem, 292
Expressão
    condensação de, 276
    "dessimplificação", 361
    expansão de, 275
    simplificação de, 155
Expressão(es) algébrica(s),
    "dessimplificação", 361
    simplificação, 156
Expressões logarítmicas,
    condensação de, 276
    expansão de, 275
Extrapolação, linear, 27
Extremidade, continuidade na, 62
Extremos
    absolutos, 179
    em um intervalo fechado, diretrizes para
        encontrar, 180
    relativos, 175
        de uma função de duas variáveis, 449,
            452
        diretrizes para encontrar, 176
        teste da primeira derivada para, 176
        teste das primeiras derivadas parciais
            para, 450, 452
        teste da segunda derivada para, 189
        testes das segundas derivadas parciais
            para, 175
Extremos relativos, 452
    de uma função de duas variáveis, 449, 450
    diretrizes para encontrar, 176
    ocorrências de, 175
    teste da primeira derivada para, 176
    teste da segunda derivada para, 189
    teste das primeiras derivadas parciais
        para, 450
    teste das segundas derivadas parciais
        para, 452

F

Família de funções, 308
Forma de dois pontos da equação de uma
    reta, 26
Forma diferencial, 236
Forma explícita de uma função, 141
Forma exponencial e logarítmica, 273
Forma geral da equação de uma reta, 27
Forma implícita de uma função, 141
Forma inclinação-intersecção da equação
    de uma reta, 21, 27
Forma padrão da equação de uma
    circunferência, 13
Forma ponto-inclinação da equação de uma
    reta, 26, 27
Formas diferenciais das regras de
    derivação, 237
Formas logarítmicas e exponenciais, 273

Fórmula
   da distância, 4
      no espaço, 415
   do ponto médio, 5
      no espaço, 415
   inclinação de uma reta, 21
   para mudança de base, 285
   para redução de integral, 382
Fórmulas
   resumo de fórmulas de juros
      compostos, 258
Fórmulas de redução
   integrais, 382
Função bijetora, 36
   teste da linha horizontal, 36
Função composta, 38
   domínio de, 39
Função constante, 166, 230
   teste para, 166
Função crescente, 166
   teste para, 166
Função decrescente, 166
   teste para, 166
Função definida por partes, 36
Função densidade de probabilidade, 383
   normal, 268, 400
Função densidade populacional, 485
Função custo médio, 204
Função escada, 63
Função exponencial natural, 256
   derivada de, 264
Função ímpar, 341
   integração de, 342
Função inversa, 40
   domínio de, 40
   encontrando, 40
   imagem de, 40
Função linear, 230
Função logarítmica
   na base a, derivada de, 286
   natural, 273
      base de, 273
      derivada de, 281
   propriedades de, 273, 275
Função logarítmica natural, 273
   base de, 273
   derivada de, 281
Função maior inteiro, 63
Função(ões), 34
   aceleração, 136
   adição de, 39
   bijetora, 36
   combinações de, 38
   composição de duas, 39
   composta, 39
      domínio de, 39
   constante, 166, 230
   contínua, 59
   continuidade
      polinomial, 60
      racional, 60
   crescente, 166
   cúbica, 230
   custo médio, 204
   decrescente, 166
   de duas variáveis, 426
      derivadas parciais de, 439
      domínio de, 426
      extremos relativos, 449, 450
      imagem de, 426
      máximo relativo, 449, 450
      mínimo relativo, 449, 450

definida por partes, 36
demanda, 107
densidade de probabilidade, 383
   normal, 268, 400
densidade populacional, 485
derivada de, 82
de três variáveis, 426, 442
   derivadas parciais de, 443
de x e y, 426
   domínio de, 426
   imagem de, 426
diferença de duas, 39
diretrizes para a análise do gráfico de, 224
divisão de, 39
domínio de, 34
domínio implícito de, 36
domínio viável de, 194
escada, 63
exponencial, 250
   assíntotas horizontais de, 253
   base de, 250
   características do gráfico de, 253
   gráfico de, 252
exponencial com base a, derivada de, 286
exponencial natural, 256
   derivada de, 264
família de, 308
forma explícita de, 141
forma implícita de, 141
ilimitada, 54
imagem de, 34
ímpar, 341
inversa, 40
   domínio de, 40
   encontrando, 40
   imagem de, 40
limite de, 49
linear, 230
logarítmica com base a, derivada de, 286
logarítmica natural, 273
   base de, 273
   derivada de, 281
   gráfico de, 273
logarítmicas, propriedades de, 273, 275
maior inteiro, 63
multiplicação de, 39
notação, 36
número crítico de, 168
par, 341
polinomial
   derivada de ordem superior, 135
   limite de, 50
posição, 104, 136
produção de Cobb-Douglas, 147, 433
produto de duas, 38
quadrática, 230
quociente de duas, 38
rational
   assíntotas horizontais de, 218
   assíntotas verticais de, 213
receita, 107
soma de duas, 38
subtração de, 38
teste da reta horizontal para, 36
teste da reta vertical para, 35
teste para crescente e decrescente, 166
   diretrizes para aplicação, 168
valor, 37
valor médio
   em uma região, 486
   em um intervalo fechado, 340
variável dependente, 34

variável independente, 34
velocidade, 104, 136
Função par, 341
   integração de, 342
Função polinomial
   continuidade de, 60
   derivada de ordem superior de, 135
   limite de, 50
Função posição, 104, 136
Função produção de Cobb-Douglas, 147, 433
Função racional
   assíntotas horizontais de, 216
   assíntotas verticais de, 213
   continuidade de, 59
Função receita, 107
Função(s) exponencial, 250
   assíntotas horizontais de, 253
   base de, 250
   características do gráfico de, 253
   com base a, derivada de, 286
   gráficos de, 252
   integral de, 327
   natural, 256
      derivada de, 264

G
Geometria analítica sólida, 414
Gráfico de barra, 3
Gráfico de dispersão, 3
Gráfico de reta, 3
Gráfico de uma equação linear, 22
Gráfico(s),
   da função logarítmica natural, 273
   de barras, 3
   de equações algébricas básicas, 17
   de reta, 3
   de uma equação, 10
   de uma função, diretrizes para análise, 224
   de uma função exponencial, 252
   inclinação de, 78, 79, 100
   intersecção de, 12
   resumo de gráficos polinomiais
      simples, 229
   reta tangente a, 78
Gráficos de polinômios simples, resumo
   de, 229
Gravidade, aceleração da, 136

H
Hipérbole, 144
Hiperboloide
   de duas folhas, 425
   de uma folha, 425

I
Ilimitada(o),
   comportamento, 54
   função, 54
Imagem
   de uma função, 34
   de uma função de duas variáveis, 430
   de uma função de x e y, 430
   de uma função inversa, 39
Inclinação
   de uma reta, 21, 23
      encontrando, 21
   de uma superfície
      em um ponto, 440
      na direção x, 440
      na direção y, 440
   de um gráfico, 78, 79, 100
   e o processo de limite, 79

Infinita(o)
  descontinuidade, 396
  limite, 213
  limite de integração, 396
Inflexão, ponto de, 186
  propriedade de, 187
Integração, 308
  constante de, 308
  de funções exponenciais, 327
  de funções ímpares, 341
  de funções pares, 341
  fórmulas de redução, 382
  limite inferior de, 335
  limite infinito de, 396
  limite superior de, 335
  numérica
    regra de Simpson, 388
    regra do trapézio, 387
  parcial, com relação a x, 474
  por mudança de variáveis, 321
  por partes, 370
    diretrizes para, 370
    resumo de uso de integrais comuns, 374
  por substituição, 321
    diretrizes para, 322
  por tabelas, 379
  regra da constante, 309
  regra da diferença, 309
  regra da potência geral, 318
  regra da potência simples, 309
  regra da soma, 309
  regra do múltiplo por constante, 309
  regra exponencial geral, 327
  regra exponencial simples, 327
  regra logarítmica geral, 329
  regra logarítmica simples, 329
  regras básicas, 309
  técnicas, e álgebra, 404
Integração numérica
  regra de Simpson, 388
  regra do trapézio, 387
Integração parcial com relação a x, 474
Integrais impróprias, 395
  convergência de, 397
  descontinuidade infinita, 396
  divergência de, 397
  limite infinito de integração, 397
Integral definida, 335, 337
  aproximação de, 355, 387
    regra de Simpson, 388
    regra do ponto médio, 355
    regra do trapézio, 387
  como o limite de uma soma, 355
  e área, 337
  propriedades de, 337
Integral dupla, 474
  encontrando área com, 476
  encontrando volume com, 482
Integral indefinida, 308
Integral(is)
  aproximação de, definida
    regra de Simpson, 388
    regra do trapézio, 387
    regra do ponto médio, 355
  definida, 335, 336
    propriedades de, 336
  de funções exponenciais, 327
  de funções ímpares, 341
  de funções pares, 341
  dupla, 474
    encontrando área com, 476
    encontrando volume com, 482
  imprópria, 396
    convergência de, 397
    divergência de, 397
  indefinida, 308
  parcial, com respeito a x, 474
Integrando, 308
Interpolação, linear, 27
Interpretação gráfica de derivadas parciais, 439
Intersecção, ponto de, 14
Intersecções com os eixos, 12
  encontrando, 12
  intersecções com o eixo x, 12
  intersecções com o eixo y, 12
Intervalo aberto
  contínua em, 59
Intervalo fechado
  contínua em, 61
  diretrizes para determinar extremos em, 180

J
Juros, composto, 64, 258
  resumo de fórmulas, 258
Juros compostos, 64, 258
  resumo de fórmulas, 258

L
Limite de integração inferior, 335
Limite(s)
  à direita, 53
  à esquerda, 53
  básicos, 49
  cálculo de, técnicas para, 51
  de integração
    inferior, 335
    infinito, 396
    superior, 335
  de uma função, 49
  de uma função polinomial, 50
  existência de, 53
  infinito, 213
  no infinito, 217
  propriedades de, 50
  substituição direta, 49
  técnica de cancelamento, 51
  teorema da substituição, 51
  unilateral, 53
Linear
  extrapolação, 27
  interpolação, 27
Logaritmo(s)
  comum, 273
  na base a, 285
  propriedades de, 275
Lucro
  marginal, 104
  total, 104

M
Mapa de contorno, 432
Marginais, 104
Marginal
  análise, 235, 339
  custo, 23, 104
  lucro, 104
  receita, 104
Máximo
  absoluto, 179
  relativo, 175
    de uma função de duas variáveis, 449, 450
Máximos relativos, 175
  de uma função de duas variáveis, 449, 452
Média de uma distribuição de probabilidade, 269
Medindo a precisão de um modelo matemático, 467
Meia-vida, 291
Método de marcação de pontos, 10
Método de multiplicadores de Lagrange, 459
Mínimo
  absoluto, 179
  relativo, 175
    de uma função de duas variáveis, 449, 450
Mínimos relativos, 175
  de uma função de duas variáveis, 449, 452
Modelagem de crescimento e decrescimento exponencial, diretrizes para, 292
Modelo
  crescimento exponencial, 257
  crescimento logístico, 257
  cúbico, 17
  linear, 17
  matemático, 15
    medição da precisão de, 467
  quadrático, 17
  racional, 17
  raiz quadrada, 17
  valor absoluto, 17
Mudança de variáveis, integração por, 321
Multiplicação de funções, 38
Multiplicadores de Lagrange, 459
  com uma restrição, 459
  método dos, 459

N
Notação
  para derivadas de ordem superior, 134
  para funções, 36
  para primeiras derivadas parciais, 439
Número crítico, 168

O
Ocorrências de extremos relativos, 175
Octantes, 414
Oferta,
  curva de, 15
  equação de, 15
Ordem de operações, 68
Origem no sistema de coordenadas retangulares, 2

P
Parábola, 11
Paraboloide
  elíptico, 424
  hiperbólico, 424
Paralelas(os),
  planos, 428
  retas, 27
Par ordenado, 2
Partes, integração por, 370
  diretrizes para, 370
  resumo de uso de integrais comuns, 374
Perpendiculares,
  planos, 428
  retas, 27
Perpetuidade, 400
  valor presente de, 400
Plano cartesiano, 2
Plano no espaço, equação geral de, 421

Plano(s)
   paralelos, 428
   paralelos aos eixos coordenados, 422
   paralelos aos planos coordenados, 422
   perpendiculares, 428
   plano xy, 414
   plano xz, 414
   plano yz, 414
Planos coordenados, 414
   plano xy, 414
   plano xz, 414
   plano yz, 414
Ponto de sela, 450, 452
Ponto médio
   de um segmento de reta, 5
      no espaço, 415
Ponto(s)
   continuidade de uma função em um, 59
   crítico, 450
   de inflexão, 186
      propriedade de, 187
   de intersecção, 14
   de retorno diminuído de, 189
   de sela, 449, 450
   reta tangente a um gráfico em um, 78
   transladando, 6
Precisão de um modelo matemático, medição, 467
Primeira derivada, 134
Primeira derivada parcial de f com relação a x e y, 439
Primeiras derivadas parciais, notação para, 439
Primitivação, 308
Primitiva(s), 311
   encontrando, 310
Problemas de otimização
   diretrizes para resolver, 195
   em negócios e economia, 203
   equação primária, 194, 195
   equação secundária, 194
   resolvendo, 194
   restrito, 459
Problemas de taxas relacionadas, diretrizes para resolver, 150
Produtividade marginal do dinheiro, 462
Produto de duas funções, 38
Produtos complementares, 441
Produtos substitutos, 441
Propensão para o consumo, 323
   marginal, 323
Proporcionalidade, constante de, 290
Propriedade de pontos de inflexão, 187
Propriedades
   de expoentes, 250
   de funções logarítmicas, 273, 275
   de integrais definidas, 3436
   de limites, 50
   de logaritmos, 275
   inversas, de logaritmos e expoentes, 275

Q
Quadrantes, 2
Quadrática(o)
   equação, resolução, 69
   função, 230
   modelo, 17
Quociente de diferenças, 38, 80
Quociente de duas funções, 38

R
Raio de uma circunferência, 13
Raiz quadrada, modelo, 17

Receita
   marginal, 104
   total, 14, 104
Região
   aberta, 450
   fechada, 450
   sólida
      diretrizes para encontrar volume, 482
      volume da, 482
   valor médio de uma função na, 486
Região limitada por dois gráficos, área de, 346
Regra da cadeia para derivação, 126
Regra da constante
   forma diferencial de, 237
   para derivação, 92
   para integração, 310
Regra da diferença
   forma diferencial de, 233
   para derivação, 93
   para integração, 309
Regra da potência
   forma diferencial de, 236
Regra da potência geral
   para derivação, 127
   para integração, 318
Regra da potência simples
   para derivação, 89
   para integração, 309
Regra de Simpson, 388
   erro na, 390
Regra de toras de Doyle, 161
Regra do menor custo, 465
Regra do múltiplo por constante
   forma diferencial da, 237
   para derivação, 92
   para integração, 310
Regra do ponto médio
   diretrizes para uso, 356
   para aproximação de uma integral definida, 356
Regra do produto
   forma diferencial da, 236
   para derivação, 114
Regra do quociente
   forma diferencial de, 236
   para derivação, 114
Regra do trapézio, 387
   erro na, 390
Regra equimarginal, 465
Regra exponencial
   para integração (geral), 327
   para integração (simples), 327
Regra logarítmica
   para integração (geral), 329
   para integração (simples), 329
Regras básicas de integração, 310
Regras de derivação, formas diferenciais de, 237
Relação, 23
Resolvendo
   equações (revisão), 69, 240
   problemas de otimização, 194
   sistemas de equações (revisão), 490
   uma equação de valor absoluto, 69
   uma equação exponencial, 276, 298
   uma equação linear, 69
   uma equação logarítmica, 276, 298
   uma equação quadrática, 69
   uma equação radical, 69
   um problema de taxas relacionadas, diretrizes para, 150

Resumo
   de fórmulas de juros compostos, 258
   de gráficos polinomiais simples, 229
   de integrais comuns usando integração por partes, 374
   de regras de derivação, 131
   de técnicas de esboçar curva, 224
   de termos e fórmulas de negócios, 208
Retas
   de regressão por mínimos quadrados, 468
   equação de, 21
      forma de dois pontos de, 26
      forma de inclinação-intersecção da, 21, 27
      forma de ponto-inclinação da, 26, 27
      forma geral da, 27
   horizontal, 22, 27
   inclinação de, 21
   paralelas, 27
   perpendiculares, 27
   secante, 79
   tangente, 78
   vertical, 21, 27
Retorno diminuído, 189
   ponto de, 189
Revisão da resolução de equações, 69, 240

S
Segmento de reta, ponto médio, 5
Segunda derivada, 134
Simplificação
   de derivadas, 132
   de expressões algébricas, 155
Sinal de integral, 308
Sistema de coordenadas
   retangular, 2
   tridimensional, 414
Sistema de coordenadas retangulares, 2
   origem no, 2
Sistema de coordenadas tridimensional, 414
Sistemas de equações, resolvendo (revisão), 490
Solução de uma equação diferencial
   geral, 312
   particular, 312
Solução, errada, 69
Solução geral de uma equação diferencial, 312
Solução particular de uma equação diferencial, 312
Soma
   de duas funções, 38
   de erros quadráticos, 467
   regrada
      forma diferencial da, 236
      para derivação, 94
      para integração, 309
Substituição
   direta, para cálculo de um limite, 49
   integração por, 321
      diretrizes para, 322
Subtração de funções, 38
Superfície
   corte de, 417
   inclinação de uma
      em um ponto, 440
      na direção x, 440
      na direção y, 440
   no espaço, 417
   quadrática, 423
      classificação de, 426

T

Tabelas, integração por, 379
Taxa, 23
   efetiva, 259
   especificada, 259
   nominal, 259
   relacionada, 148
Taxa de variação, 23, 100, 102
   instantânea, 102
      e velocidade, 102
   média, 100
Técnica de cancelamento para o cálculo de um limite, 51
Técnicas para esboçar curvas, resumo de, 224
Teorema
   da substituição, 51
   de Pitágoras, 3
   do valor extremo, 179
   fundamental do cálculo, 335
      diretrizes para o uso, 336
Terceira derivada, 134
Termos e fórmulas de negócios, resumo de, 208
Teste
   para concavidade, 184
      diretrizes para aplicação, 185
   para funções crescentes e decrescentes, 166
      diretrizes para aplicação, 168
Teste da primeira derivada para extremos relativos, 176
Teste da reta horizontal, 36
Teste da reta vertical, 35
Teste da segunda derivada, 189
Teste das primeiras derivadas parciais para extremos relativos, 450
Teste das segundas derivadas parciais para extremos relativos, 452
Total
   custo, 15, 104
   demanda, limitada, 463
   lucro, 104
   receita, 15, 104
Tractriz, 281
Transladando pontos no plano, 6
Três variáveis, função de, 426, 442
   derivadas parciais de, 443
Tripla ordenada, 414
Truncar um decimal, 63

U

Unidades de medida, 158

V

Valor absoluto
   equação, resolução de, 68
   modelo, 17
Valor contábil, 28
Valor de uma anuidade, 345
Valor de uma função, 37
Valor inicial, 290
Valor médio de uma função em um intervalo fechado, 340
   em uma região, 486
Valor presente, 260, 375
   de uma anuidade perpétua, 400
   de uma perpetuidade, 400
Variação
   em x, 80
   em y, 80
Variável(is)
   contínua, 105
   dependente, 34, 430
   discreta, 105
   independente, 35, 430
   mudança de, integração por, 321
   relacionadas, 148
Velocidade
   e taxa de variação instantânea, 102
   função, 104, 136
   média, 101
Velocidade escalar, 104
Volume
   de uma região sólida, 482
      diretrizes para encontrar, 482
   encontrando com uma integral dupla, 482

X

x
   diferencial de, 233
   variação em, 79
x e y
   função de, 426
      domínio, 426
      imagem, 426
   primeira derivada parcial de f em relação à, 439

Y

y
   diferencial de, 233
   variação em, 79

Índice de aplicações

Negócios e economia
Acúmulo de capital, 345
Análise de equilíbrio, 19, 20, 33, 73
Análise de lucro, 172, 174
Análise marginal, 234, 236, 238, 247, 344, 393
Anuidade, 342, 345, 366
Aumento da produção, 153
Benefícios da securidade social, 231
Bens imóveis, 497
Campanha de capitalização, 378
Casas, preços de venda médios, 8, 139, 192
Certificado de depósito, 264
Consciência de publicidade, 122
Construção, 465
Contrato de salário, 67, 75
Controle de qualidade, 122, 404
Curva de Lorenz, 354
Custo, 23, 45, 63, 99, 122, 133, 174, 183, 232, 313, 316, 325, 345, 365, 366, 456, 465, 495
Custo capitalizado, 404
Custo de combustível, 112, 351, 353
Custo marginal, 111, 161, 334, 447, 495
Custo médio, 192, 210, 218, 222, 245, 340
Custo médio mínimo, 204, 210, 245, 288, 304
Custo mínimo, 199, 200, 211, 458
Custo, receita e lucro, 45, 153, 354, 367
  Google, 72
Custos de publicidade, 154
Débito de hipoteca, 345
Déficit comercial, 110
Déficit orçamental, 354
Demanda, 45, 73, 106, 122, 145, 147, 211, 239, 247, 263, 280, 288, 302, 303, 326, 333, 377, 386, 442, 472, 496
Depreciação, 29, 74, 133, 255, 270, 296, 345
Depreciação linear, 29, 32, 74
Despesas reembolsadas, 33
Distribuição de renda, 354
Dívida federal, 263
Dotação, 403, 410
Dow Jones Industrial Average, 8, 113, 193
Economia, 112
  benefícios e custos marginais, 317
Elasticidade da demanda, 211, 245, 248
Elasticidade e receitas, 208
Escolhendo um trabalho, 32
Espaço do escritório, 466
Excedente do produtor e do consumidor, 350, 353, 367, 368, 385
Excedentes, 350, 353, 367, 368, 385
Excedentes do consumidor e do produtor, 350, 353, 367, 368, 385
Finanças, 281
Função produção de Cobb-Douglas, 147, 433, 436, 447, 461, 489
Fundação de caridade, 404
Fundo de bolsas de estudo, 404, 410
Fundo de investimento, 262
Fundo de matrícula de faculdade, 379
Fundo de securidade social, 353
Ganhos por hora, 304, 470
Gerenciando uma loja, 122

Inventário
  custo, 192
  gestão, 67
  reabastecimento, 122
Investimento, 436, 447
  Regra de, 70, 296
Juros compostos, 58, 64, 67, 133, 271, 272, 279, 292, 296, 304, 306, 345, 366
Lojas
  Tiffany & Co., 20
Lucro, 32, 45, 111, 124, 151, 154, 161, 163, 174, 183, 199, 232, 238, 244, 247, 316, 339, 366, 436, 456, 495
  Buffalo Wild Wings, 9
  Cablevision Systems Corporation, 9
  Medco Health Solutions, 303
Lucro marginal, 106, 108, 111, 112, 161
Lucro máximo, 180, 205, 210, 211, 244, 453, 463
Lucro médio, 222, 487, 489, 497
Lucro por ação
  Amazon.com, diluído, 27
  Apple, 437
  Hewlett-Packard, 495
  Tim Hortons, Inc., diluído, 27
Nível de produção máximo, 461, 462
Oferta, 325
Oferta de trabalho, 345
Oferta e demanda, 19, 73, 154
Pagamentos mensais, 434, 437
Parafusos produzidos por uma fundição, 334
Patrimônio líquido
  Skechers, 436, 447
  Wal-Mart, 495
Picapes vendidas em uma cidade, 9
Poder de compra do dólar, 385
Ponto de equilíbrio de uma empresa, 14, 19, 20
Ponto de equilíbrio entre oferta e demanda, 14, 76
Ponto de retorno diminuído, 190, 192, 202, 245
Possuindo
  uma franquia, 67
  um negócio, 46
Produção, 147, 365, 433, 436, 465, 495
Produção média, 489
Produtividade, 192
Produtividade marginal, 447
Produtos complementares e substitutos, 447
Publicidade, 466
Receita, 45, 211, 238, 297, 316, 326, 333, 353, 365, 367, 378, 385, 386, 394, 456, 495
  Buffalo Wild Wings, 9
  Cablevision Systems Corporation, 9, 333
  Chipotle Mexican Grill, 244
  Cintas, 244
  de instalações de esqui, 306
  eBay, 140
  e demanda, 316
  McDonald's, 96
  P.F. Chang's China Bistro, 411

  Panera Bread Company, 302
  Texas Roadhouse, 366
  Under Armour, 86, 98, 333
  Verizon Communications, 31
Receita marginal, 107, 111, 161, 447, 495
Receita máxima, 203, 205, 210, 211, 244, 268
Receita média, 489, 497
Receita por ação, US Cellular, 130
Receitas por ação, receitas e
Regra do menor custo, 465
Regra equimarginal, 465
Renda, 32, 378
Retorno diminuído, 190
Salário anual, 33
Salário médio
  de enfermeiras em escolas públicas, 255
  dos diretores do ensino médio, 31
Saldos de conta, 259, 262, 302
Taxa de cartão de crédito, 133
Taxa de inflação, 255, 272, 302
Taxa de juros efetiva, 259, 262, 296, 302
Tempo de duplicação, 277, 306
Valor da propriedade, 255, 302
Valor futuro, 378
Valor presente, 260, 262, 296, 302, 375, 376, 378, 386, 393, 401, 404, 409, 410
Vendas, 33, 154, 192, 294, 297, 385
  Advance Auto Parts, 334
  Best Buy, 472
  BJ Wholesale Club, 16
  99 Cents Only Stores, 16
  CVS Caremark Corporation, 6, 163
  de e-books, 19
  de gasolina, 112
  Dollar Tree, 16
  Ford Motor Company, 6
  Lockheed Martin Corporation, 212
  Men's Wearhouse, 367
  PetSmart, 368
  Scotts Miracle-Gro Company, 86, 98
  The Clorox Company, 212
  Tractor Supply Company, 159
  Walgreens, 254
  Wal-Mart, 174
Vendas por ação, 96, 124, 130

Ciências da vida
Biologia
  crescimento populacional, 113, 122, 292, 295, 305, 385
  cultura bacteriana, 133, 246, 257, 263, 333, 466
  estocando um lago com peixes, 457
  gestão de fauna, 239
  período de gestação de coelhos, 67
  população de peixes, 303
  população de trutas, 333
  taxas de fertilidade, 183
Ciências médicas
  velocidade do ar durante a tosse, 183
Colheita máxima de macieiras, 201
Crescimento de árvore, 316
Custo ambiental, remoção de poluentes, 66

Fisiologia, 247
Índice de diversidade de Shannon, 457
Lei de Hardy-Weinberg, 457
Medicamento
   absorção do medicamento, 394
   concentração do medicamento na corrente sanguínea, 101, 239, 255, 305
   duração de uma infecção, 457
   medicamentos prescritos, 44
   propagação de um vírus, 303
   quantidade de medicamento na corrente sanguínea, 110
   transplantes de pulmão, 20
Meio ambiente
   emissão de chaminé, 219
   mapa de contorno do buraco na camada de ozônio, 437
   nível de oxigênio em uma lagoa, 122
   remoção de poluentes, 58, 223, 246
   tamanho de uma mancha de petróleo, 154
Nascimentos e mortes, 45
Pressão arterial sistólica, 119
Saúde
   epidemia, 353
   epidemia de Aids/HIV nos EUA, 147
   infecções de ouvido tratadas por médicos, 9
   nutrição, 466
   temperatura do corpo, 111
Silvicultura, Regra da tora de Doyle, 161

Ciências sociais e do comportamento

Apreensão de drogas, 223, 246
Conscientização do consumidor
   assinatura de revista, 411
   consumo de combustível, 263
   custo de vitaminas, 75
   encargos de telefone celular, 75
   hipoteca da casa, 288
   veículos com combustível alternativo, 222
Crescimento populacional, 111, 161, 254, 280, 305, 316
Densidade populacional, 485, 489
Diplomas de medicina, número de, 174
Emprego
   centros de atendimento ambulatorial, 288
   federal, 3
   setor privado, 3
Estatísticas vitais
   idade média, 394
   pares casados, taxa de aumento, 317
Força de trabalho, homens e mulheres, 496
Modelo de filas, 436
Pesquisa e desenvolvimento, 110
População, 31, 33, 182, 202, 263, 295, 296, 302
Propensão marginal para o consumo, 323, 326
Psicologia
   curva de aprendizagem, 223, 297
   modelo de memorização, 378
   padrões de sono, 360
   prevalência de enxaqueca, 98
   taxa de variação, 284
   teoria da aprendizagem, 263, 271, 280, 289, 304
Reciclagem, 75
Taxas de correio de primeira classe do Serviço Postal nos EUA, 67
Tendências de consumo
   assinantes da revista, 394
   assinantes de telefone celular, 8, 296, 471
   consumo de energia, vento, 73
   consumo de fruta, 353
   consumo de frutas frescas, 167
   consumo de leite integral, 167
   consumo de petróleo, 351
   gastos com recreação, 429
   gastos para assistir esportes, 447
   número de downloads de músicas, 304
   utilidade marginal, 448
   visitantes de um parque nacional, 110, 159
Teste de Stanford-Binet (teste de QI), 447
Trabalhadores desempregados, 76
Usuários de Internet, 317
   cabo de alta velocidade, 8

Ciências físicas

Aceleração, 135
Aceleração da gravidade
   na lua, 136
   na Terra, 136
Área, 149, 152, 162, 200, 238
Área da superfície, 152, 244, 360, 367
Área de superfície mínima, 199, 200
Área máxima, 199, 200, 202
Área mínima, 197, 199, 200, 245
Catenária, 267
Ciência física
   temperatura da comida colocada em congelador, 161
   geladeira, 122
   Terra e sua forma, 429
Comprimento mínimo, 200
Conversão de temperatura, 31
Dimensões mínimas, 199
Distância de parada, 139
Distância mínima, 196, 200
Função posição, 312
Intensidade do som, decibéis, 288
Intensidade do terremoto, escala Richter, 289
Meteorologia, 79, 86, 232, 247, 436, 458, 489, 494
Movimento vertical, 316, 365
Nível de água, 162
Perímetro mínimo, 199, 245
Posição, velocidade e aceleração, 139, 163
Química
   acidez da água da chuva, 494
   datação de material orgânico, 251
   datação por carbono, 280, 295
   decaimento radioativo, 254, 272, 286, 291, 295, 305, 306
   frio do vento, 111
   temperatura de ebulição da água, 288
   velocidade molecular, 174
Taxa instantânea de variação, 103
Temperatura
   de uma torta de maçã removida de um forno, 222
   de um objeto, 288
   em uma casa, 45
Velocidade, 104, 111, 164,
Velocidade e aceleração, 138, 139, 162
   de um automóvel, 137, 139
Velocidade média, 102
Volume, 152, 163, 238, 456, 465
   de uma caixa, 200
Volume máximo, 194, 199, 200, 244, 454

Geral

Agricultura, 201
Agricultura, 472
   colheita do pomar, 271
Alturas de homens e mulheres, 280
Amendoins, custo, 67
Arquitetura, 420
Arrecadação de fundos políticos, 99
Atletismo, 4, 8, 86, 98, 154, 159, 162
Benefícios para veteranos, 193
Campos agrícolas, 159
Comprimento da sombra, 154
Controle de tráfego aéreo, 154
Cristais, 420
Eficiência de combustível, 403
Eletricidade
   preço residencial, 394
Galões de gasolina em um carro por dia, 67
Graus de associado conferidos, 20
Inclinação de uma rampa para cadeiras de rodas, 23
Jardinagem, 326
Passeios de barco, 153
Ponto em movimento, 154, 162
Pontuações SAT, 271
Probabilidade, 393
   alturas de calouros universitários do sexo feminino, 271
   alturas de homens americanos, 400
   alturas de mulheres americanas, 403
   amostras de minério de ferro, 385
   depósitos de petróleo e gás, 409
   experiência de memorização, 383, 385, 409
   tempo médio entre as chamadas recebidas, 263
Projeto, 20, 139, 222, 296, 353, 385, 472
Projeto de pesquisa, 46, 123, 193, 212, 289, 346, 395, 448
Propagação de erro, 239
Tempo mínimo, 201
Tractriz, 281

Regras de derivação básicas

1. $\dfrac{d}{dx}[cu] = cu'$
2. $\dfrac{d}{dx}[u \pm v] = u' \pm v'$
3. $\dfrac{d}{dx}[uv] = uv' + vu'$
4. $\dfrac{d}{dx}\left[\dfrac{u}{v}\right] = \dfrac{vu' - uv'}{v^2}$
5. $\dfrac{d}{dx}[c] = 0$
6. $\dfrac{d}{dx}[u^n] = nu^{n-1}u'$
7. $\dfrac{d}{dx}[x] = 1$
8. $\dfrac{d}{dx}[\ln u] = \dfrac{u'}{u}$
9. $\dfrac{d}{dx}[e^u] = e^u u'$
10. $\dfrac{d}{dx}[\log_a u] = \dfrac{u'}{(\ln a)u}$
11. $\dfrac{d}{dx}[a^u] = (\ln a)a^u u'$
12. $\dfrac{d}{dx}[\operatorname{sen} u] = (\cos u)u'$
13. $\dfrac{d}{dx}[\cos u] = -(\operatorname{sen} u)u'$
14. $\dfrac{d}{dx}[\operatorname{tg} u] = (\sec^2 u)u'$
15. $\dfrac{d}{dx}[\operatorname{cotg} u] = -(\operatorname{cossec}^2 u)u'$
16. $\dfrac{d}{dx}[\sec u] = (\sec u \operatorname{tg} u)u'$
17. $\dfrac{d}{dx}[\operatorname{cossec} u] = -(\operatorname{cossec} u \operatorname{cotg} u)u'$

Fórmulas de integração básicas

1. $\displaystyle\int kf(u)\, du = k\int f(u)\, du$
2. $\displaystyle\int [f(u) \pm g(u)]\, du = \int f(u)\, du \pm \int g(u)\, du$
3. $\displaystyle\int du = u + C$
4. $\displaystyle\int a^u\, du = \left(\dfrac{1}{\ln a}\right) a^u + C$
5. $\displaystyle\int e^u\, du = e^u + C$
6. $\displaystyle\int \ln u\, du = u(-1 + \ln u) + C$
7. $\displaystyle\int \operatorname{sen} u\, du = -\cos u + C$
8. $\displaystyle\int \cos u\, du = \operatorname{sen} u + C$
9. $\displaystyle\int \operatorname{tg} u\, du = -\ln|\cos u| + C$
10. $\displaystyle\int \cot u\, du = \ln|\operatorname{sen} u| + C$
11. $\displaystyle\int \sec u\, du = \ln|\sec u + \operatorname{tg} u| + C$
12. $\displaystyle\int \operatorname{cossec} u\, du = -\ln|\operatorname{cossec} u + \operatorname{cotg} u| + C$
13. $\displaystyle\int \sec^2 u\, du = \operatorname{tg} u + C$
14. $\displaystyle\int \operatorname{cossec}^2 u\, du = -\operatorname{cotg} u + C$

Identidades trigonométricas

Identidades pitagóricas

$\operatorname{sen}^2 \theta + \cos^2 \theta = 1$
$\operatorname{tg}^2 \theta + 1 = \sec^2 \theta$
$\operatorname{cotg}^2 \theta + 1 = \operatorname{cossec}^2 \theta$

Soma ou diferença de dois ângulos

$\operatorname{sen}(\theta \pm \phi) = \operatorname{sen} \theta \cos \phi \pm \cos \theta \operatorname{sen} \phi$
$\cos(\theta \pm \phi) = \cos \theta \cos \phi \mp \operatorname{sen} \theta \operatorname{sen} \phi$
$\operatorname{tg}(\theta \pm \phi) = \dfrac{\operatorname{tg} \theta \pm \operatorname{tg} \phi}{1 \mp \operatorname{tg} \theta \operatorname{tg} \phi}$

Ângulo duplo

$\operatorname{sen} 2\theta = 2 \operatorname{sen} \theta \cos \theta$
$\cos 2\theta = 2\cos^2 \theta - 1 = 1 - 2\operatorname{sen}^2 \theta$

Fórmulas de redução

$\operatorname{sen}(-\theta) = -\operatorname{sen} \theta$
$\cos(-\theta) = \cos \theta$
$\operatorname{tg}(-\theta) = -\operatorname{tg} \theta$
$\operatorname{sen} \theta = -\operatorname{sen}(\theta - \pi)$
$\cos \theta = -\cos(\theta - \pi)$
$\operatorname{tg} \theta = \operatorname{tg}(\theta - \pi)$

Meio Ângulo

$\operatorname{sen}^2 \theta = \tfrac{1}{2}(1 - \cos 2\theta)$
$\cos^2 \theta = \tfrac{1}{2}(1 + \cos 2\theta)$

ÁLGEBRA

Fórmula quadrática:

Se $p(x) = ax^2 + bx + c$, $a \neq 0$ e $b^2 - 4ac \geq 0$, então os zeros reais de p são $x = \left(-b \pm \sqrt{b^2 - 4ac}\right)/2a$.

Exemplo

Se $p(x) = x^2 + 3x - 1$, então $p(x) = 0$ se

$$x = \frac{-3 \pm \sqrt{13}}{2}.$$

Fatorações especiais:

$x^2 - a^2 = (x - a)(x + a)$
$x^3 - a^3 = (x - a)(x^2 + ax + a^2)$
$x^3 + a^3 = (x + a)(x^2 - ax + a^2)$
$x^4 - a^4 = (x - a)(x + a)(x^2 + a^2)$
$x^4 + a^4 = \left(x^2 + \sqrt{2}ax + a^2\right)\left(x^2 - \sqrt{2}ax + a^2\right)$
$x^n - a^n = (x - a)(x^{n-1} + ax^{n-2} + \cdots + a^{n-1})$, para n ímpares
$x^n + a^n = (x + a)(x^{n-1} - ax^{n-2} + \cdots + a^{n-1})$, para n ímpares
$x^{2n} - a^{2n} = (x^n - a^n)(x^n + a^n)$

Exemplos

$x^2 - 9 = (x - 3)(x + 3)$
$x^3 - 8 = (x - 2)(x^2 + 2x + 4)$
$x^3 + 4 = \left(x + \sqrt[3]{4}\right)\left(x^2 - \sqrt[3]{4}x + \sqrt[3]{16}\right)$
$x^4 - 4 = \left(x - \sqrt{2}\right)\left(x + \sqrt{2}\right)(x^2 + 2)$
$x^4 + 4 = (x^2 + 2x + 2)(x^2 - 2x + 2)$
$x^5 - 1 = (x - 1)(x^4 + x^3 + x^2 + x + 1)$
$x^7 + 1 = (x + 1)(x^6 - x^5 + x^4 - x^3 + x^2 - x + 1)$
$x^6 - 1 = (x^3 - 1)(x^3 + 1)$

Expoentes e radicais:

$a^0 = 1$, $a \neq 0$ $\qquad$ $\dfrac{a^x}{a^y} = a^{x-y}$ $\qquad$ $\left(\dfrac{a}{b}\right)^x = \dfrac{a^x}{b^x}$ $\qquad$ $\sqrt[n]{a^m} = a^{m/n} = \left(\sqrt[n]{a}\right)^m$

$a^{-x} = \dfrac{1}{a^x}$ $\qquad$ $(a^x)^y = a^{xy}$ $\qquad$ $\sqrt{a} = a^{1/2}$ $\qquad$ $\sqrt[n]{ab} = \sqrt[n]{a}\sqrt[n]{b}$

$a^x a^y = a^{x+y}$ $\qquad$ $(ab)^x = a^x b^x$ $\qquad$ $\sqrt[n]{a} = a^{1/n}$ $\qquad$ $\sqrt[n]{\left(\dfrac{a}{b}\right)} = \dfrac{\sqrt[n]{a}}{\sqrt[n]{b}}$

Erros algébricos que devem ser evitados::

$\dfrac{a}{x + b} \neq \dfrac{a}{x} + \dfrac{a}{b}$ $\qquad$ (Para perceber este erro, faça $a = b = x = 1$.)

$\sqrt{x^2 + a^2} \neq x + a$ $\qquad$ (Para perceber este erro, faça $x = 3$ e $a = 4$.)

$a - b(x - 1) \neq a - bx - b$ $\qquad$ [Lembre-se de distribuir os sinais negativos. A equação deve ser $a - b(x - 1) = a - bx + b$.]

$\dfrac{\left(\dfrac{x}{a}\right)}{b} \neq \dfrac{bx}{a}$ $\qquad$ [Para dividir as frações, inverta-as e as multiplique. A equação deve ser

$$\dfrac{\left(\dfrac{x}{a}\right)}{b} = \dfrac{\left(\dfrac{x}{a}\right)}{\left(\dfrac{b}{1}\right)} = \left(\dfrac{x}{a}\right)\left(\dfrac{1}{b}\right) = \dfrac{x}{ab}.]$$

$\sqrt{-x^2 + a^2} \neq -\sqrt{x^2 - a^2}$ $\qquad$ (O sinal negativo não pode ser fatorado da raiz quadrada.)

$\dfrac{\not{a} + bx}{\not{a}} \neq 1 + bx$ $\qquad$ (Este é um de muitos exemplos de divisão incorreta. A equação deve ser

$$\dfrac{a + bx}{a} = \dfrac{a}{a} + \dfrac{bx}{a} = 1 + \dfrac{bx}{a}.)$$

$\dfrac{1}{x^{1/2} - x^{1/3}} \neq x^{-1/2} - x^{-1/3}$ $\qquad$ (Este erro é uma versão mais complexa do primeiro erro.)

$(x^2)^3 \neq x^5$ $\qquad$ [Esta equação deve ser $(x^2)^3 = x^2 x^2 x^2 = x^6$.]